岩土工程安全监测手册

第三版

上 册

国家电力监管委员会大坝安全监察中心 主编

中国水利水电出版社
www.waterpub.com.cn

内 容 提 要

本书是由长期从事岩土工程安全监测技术工作多位专家教授共同编写的。本书收集了岩土工程安全监测的最新技术，全面总结了当前岩土工程安全监测的成果和经验，以可靠性理论为基础，以工程实际应用为主线，并以监测工程的形式提出了比较系统的技术原则和方法。同时，还编入了大量可供类比的工程实例。

本书第三版分上、下册共七章。主要内容为：概论、岩土工程安全监测设计、监测仪器选型及使用方法、监测资料的分析方法，并重点介绍了水电大坝、边（滑）坡、交通隧道、尾矿库（坝）、市政工程等安全监测的方法。

本书可供水利水电、交通隧道、市政、矿山等建筑工程领域中从事岩土工程安全监测设计、施工、监测、研究、管理和教学的人员参考。

图书在版编目（CIP）数据

岩土工程安全监测手册 ：全2册 / 国家电力监管委员会大坝安全监察中心主编. --3版. --北京 ：中国水利水电出版社，2013.10

ISBN 978-7-5170-1327-3

Ⅰ.①岩… Ⅱ.①国… Ⅲ.①岩土工程-安全监察-技术手册 Ⅳ.①TU43-62

中国版本图书馆CIP数据核字（2013）第249812号

书名	岩土工程安全监测手册 第三版（上册）
作者	国家电力监管委员会大坝安全监察中心 主编
出版发行	中国水利水电出版社 （北京市海淀区玉渊潭南路1号D座 100038） 网址：www.waterpub.com.cn E-mail：sales@waterpub.com.cn 电话：（010）68367658（发行部）
经售	北京科水图书销售中心（零售） 电话：（010）88383994、63202643、68545874 全国各地新华书店和相关出版物销售网点
排版	北京金奥都科技发展中心
印刷	三河市鑫金马印装有限公司
规格	184mm×260mm 16开本 67.25印张（总） 1664千字（总） 18插页（总）
版次	1999年8月第1版 1999年8月第1次印刷 2013年10月第3版 2013年10月第1次印刷
印数	0001—3000册
总定价	**238.00元（上、下册）**

凡购买我社图书，如有缺页、倒页、脱页的，本社发行部负责调换

重视岩土工程安全监测工作，为提高设计、施工水平，搞好基本建设服务

汪闻韶

一九九八年二月二日

发展岩土工程安全监测技术
促进我国工程建设技术水平
的不断提高。

张若尧

一九九八年一月六日

岩土工程　无限奥妙
综合监测　至关重要
安全之本　科研之宝
奋力攀登　开创新道

题岩土工程安全监测手册

潘家铮
一九九八年十二月

安全监测对预报、保证岩土工程的运行安全，检查监督勘测、设计、施工的质量安全，及改进提高勘测、设计、施工的水平，有十分重要的意义，必须给予高度的重视和认真严格的实施。

要不断提高安全监测的设计和布设水平，仪器制造水平，监测技术和资料的整理、分析和反馈的水平，赶超世界先进水平。

李鹗鼎

一九九八年二月

提高科技水平
搞好安全监测

王文泽
九八年二月

《岩土工程安全监测手册》

第 三 版

编 纂 委 员 会

《岩土工程安全监测手册》
第三版

撰稿人员

主　　编　殷世华　王玉洁　周晓刚

副 主 编　丁文其　何金平　苏生瑞　章一新　梁建宁

撰 稿 人　（按姓氏笔画排列）

丁文其　王万顺　王玉洁　王平亮　王振伟

石建舟　冯　军　吕　征　苏生瑞　李宏祥

李瑞冬　杨　豪　邱匡成　何金平　张秀丽

张宗申　张春燕　张砺丹　林清安　周建波

周晓刚　赵　成　郝耘庆　柳志云　钟世福

施　炜　姜春生　殷世华　殷颂棋　郭　巍

郭玉田　陶　阳　黄　铭　崔　岗　章一新

梁建宁　谭　斌　魏茂基

第三版　前言

《岩土工程安全监测手册》自1999年8月第一版出版以来，受到从事工程安全的各级领导和专家们支持和重视，特别是第二版部分内容更新后深受广大岩土工程界科研、设计、教学和从事安全监测现场工作的技术人员的欢迎和使用。以至第二版出版后很快脱销，能得到广大从事岩土工作的专家和同仁们的认可是我们最大的欣慰，也说明了岩土工程安全监测至关重要，是工程的安全之本。由于《岩土工程安全监测手册》适用性较强，近年来科学技术发展很快，尤其是岩土工程安全监测自动化技术的提升，GNSS测量精度的不断提高和普及，使外观监测实现了自动化，不仅减少了大量的繁重野外劳动，还实现了实时跟踪监测，并在多个领域取得了可喜的成果，许多专家和同仁希望能充实内容后再版。

受中国水利水电出版社的再次邀请，本书第三版在国家电力监管委员会大坝安全监察中心的组织领导下，由殷世华、王玉洁、周晓刚主持组织和担任主编。本书第三版的撰稿人中，大部分是从事现场工作的中青年科技工作者，他们将是我国岩土工程安全监测的新一代专家队伍。本书第三版对第二章、第三章、第四章、第六章、第七章都作了部分内容的更新并增加了新的内容和案例。根据国家有关部门对岩土工程灾害的防范、测控和对安全监测的要求，第三版中增加了尾矿坝的安全监测，更新了固定测斜仪的使用方法，增加采用更新了GNSS(GPS)的原理和应用及对自然灾害型滑坡的监测与新型长寿路面的健康监测等内容。为了便于读者使用携带方便，第三版将分为上、下册出版。

在本书第三版的编写出版过程中得到了同济大学土木工程学院、长安大学、武汉大学水利水电学院、河海大学卫星及空间信息研究所、合肥工业大学土木与水利工程学院、西安交通大学华腾光电公司、上海米度测控有限公司、基康仪器(北京)有限公司、上海华测导航技术有限公司、北京天拓斯特科技有限公司、株式会社拓普康北京事务所、上海辉固岩土工程技术有限公司等单位的大力支持,在此一并表示感谢!

限于多种原因,书中难免存在不足之处,恳请读者批评指正。

编　者

2013 年 8 月

《岩土工程安全监测手册》

第　一　版

编　纂　委　员　会

《岩土工程安全监测手册》

第 一 版

参 编 人 员

名誉主编 孙中弼

主　　编 王永年 殷世华

副 主 编 李　迪 章一新 张兴武 常　青 马连城

撰 稿 人 （按姓氏笔画为序）

王永年 冯兴常 叶绍圣 兰汝策 刘永燮
李　迪 张兴武 杨　柯 杨林德 姜允松
胡振赢 殷世华 高盈孟 章一新 程家梁
魏寿松

第一版　序

《岩工工程安全监测手册》一书,由中国水利水电出版社出版问世,这是我国岩土工程界的一件大好事。作为一名"老"岩土工程安全监测工作者,我对此感到由衷的欣慰和喜悦。

岩土工程被称为"隐蔽工程"和"灰色系统"。它与地面工程不同的一个显著特点是:安全监测工作在设计、施工、运行各阶段都发挥了相当大的作用。具体表现在:第一,岩土工程自身安全稳定性往往对整个工程建筑的安全起重要影响。它的失事不仅影响工程的正常施工和运营,还会造成人员财产的损失,在某些情况下甚至会导致社会性灾难。因此,安全监测和预报是确保岩土工程施工、运行安全的必不可少的技术措施。第二,由于岩土工程的透明度低,可预见性差,它的设计方案、施工程序和运行方式一般都要通过安全监测成果的反馈来进行检验,并做出修改和优化。安全监测工作既是完善岩土工程设计方法的关键性环节,又是进行施工、运行技术决策的重要依据。正因为如此,我国在进入20世纪70年代以来,安全监测工作在水利水电、工民建、铁路交通、煤炭矿山、军工等行业的岩土工程中均得到了迅速发展和广泛应用,并日益受到工程技术人员和各级工程决策机构的重视。

岩土工程安全监测技术是综合性新兴的工程应用技术,涉及到地质、设计、施工、仪器、监测技术和理论分析等比较广泛的知识领域。它目前仍处于发展阶段,还有大量的技术难题有待探讨、研究和解决。另外,岩土工程安全监测技术的推广工作也需要有权威性的"教材"和"手册"来加以规范。此《手册》的出版可谓是适应了岩土工程发展的需求,是广大安全监测工作者多年来的殷切期望,对于促进这一新技术的发展和在岩土工程实践中的进一步应用必将起到积极的推动作用。

我作为一名“老”专业工作者，怀着高兴的心情向读者们推荐这本《手册》。《手册》有以下较为突出的特点：

第一，内容较为系统全面；

第二，实用性较强；

第三，《手册》具有较高的理论水平和学术价值。

二滩水电开发有限责任公司对《手册》的编写和组织工作投入了大量的人力和财力，为《手册》的出版作出了很大的贡献，特此表示赞扬。

《手册》的作者们都是长期从事岩土工程安全监测工作的专家和学者，主持和完成过许多岩土工程安全监测设计、施工、监测、反馈和科研工作，具有丰富的工程实践经验和很高的理论造诣，对岩土工程安全监测技术的发展作出了重大的贡献，在我国岩土工程界具有相当高的知名度。《手册》是他们丰富工程经验和研究成果的结晶，是他们对岩土工程安全监测技术发展的新贡献。

岩土工程安全监测是十分艰苦和繁重的技术岗位。广大岩土工程安全监测工程技术人员勇于吃苦，甘心奉献，淡泊名利，为岩土工程安全监测技术的发展，作出了应有的贡献。他们是我国四化建设宏伟大业的创业者和拓荒牛，国家和人民对他们的奉献和功绩是不会忘记的。在此我谨向战斗在岩土工程安全监测第一线的同志们表示诚挚的慰问，并致以崇高的敬意。

严克强

第一版 前言

岩土工程的地质条件复杂多变，要在工程设计阶段准确无误地预测岩土体的基本状况及其在施工、运行过程中的变化，目前几乎是不可能的。因此，岩土工程的安全不仅取决于合理的设计、施工、运行，而且取决于贯穿在工程设计、施工和运行始终的安全监测。安全监测是岩土工程安全的重要保证条件之一，也是岩土工程设计、施工、运行的重要组成部分，并且又是具有自己独立系统的"监测工程"。在施工、运行过程中，监测岩土工程的实际状况及其稳定性，将为保证工程安全提供科学依据，监测信息将为修改设计指导施工提供可靠的资料。同时，监测成果还将为提高兴建岩土工程的技术水平积累丰富的经验。目前，安全监测已成为工程勘测、设计、施工和运行过程中不可缺少的重要手段，被视为工程设计效果、施工和运行安全的直接指示器。

岩土工程在迅速发展的同时，对安全监测提出了更高的要求。为了统一岩土工程安全监测技术方法和标准，保证安全监测质量，国家和行业制定了一些标准，建立健全了一些安全监测机构，使安全监测工作逐步走向正规。目前，安全监测设计、监测仪器设备选型与自动化、监测仪器安装埋设技术与观测方法、监测资料整理分析与反馈、安全预报技术等迫切需要有一本内容比较全面的技术手册来指导，并使监测工作逐步达到操作方法规范、统一。为此，水利部和原电力部联合发文委托水力发电杂志社和二滩水电开发有限责任公司组织编写本书。

本《手册》具有以下特点：①内容系统全面。全书既有监测设计的基本原则、断面的选择布置、监测仪器的选型、安装埋设技术要求、经费概算等安全监测工程设计内容，又有仪器的检验率定、安装埋设、资料整理分析、安全预报和信息反馈等操作实施方法。全面、系统、扼要地概括论述了岩土工程安全监测工作的各个环节，可以满足安全监测工作不同层次和各方面的需求，大大方便了同行的查询和使用。②实用性较强。内容侧重于工程应用，特别是加入了其他文献资料中易于忽视、而实际工程应用中十分需要的内容，并选编了工程应用实例，可供读者借鉴；有些章节还附有详细图表格式和操作细则，用户可在工程实际中直接选用。本书实用性和可操作性强,是初学者和工程一线人员不可多得的书籍。③具有较高的理论水平和学术价值。本书立论严谨,叙述深入浅出。在监测系统的设计布置、监测资料整理分析、安全预报和反馈、监测模型的建立和选择等方面的内容,都反映了各个技术领域的最新研究成果,具有较高的学术价值。本书还展望了这一新兴技术领域的发展动向。

本书是以可靠性理论为基础,以工程实际应用为主线,用"监测工程"这样一个整体形式,系统地提出了安全监测的技术原则、方法和实施步骤。便于工程类比,还编入了大量各种典型的工程实例,以及有关的资料、数据、公式、图表和资料。

参加本书编写的有从事岩土工程设计、管理、监理、施工、科研和高等院校(二滩水电开发有限责任公司鲁布革水电科技实业公司、水利部东北勘测设计研究院科学研究院、长江科学院、国家电力公司成都勘测设计研究院科研所、国家电力公司昆明勘测设计研究院、中国水利水电第十四工程局科研院、同济大学、重庆建筑大学、云南工业大学、国家电力公司南京电力自动化设备总厂)等单位的16名多年从事该项工作的专家教授和高级工程师。全书由王永年统编,分章统编王永年(第一、四章)、李迪(第二章)、章一新(第三章)、张兴武(第五章)、殷世华(第六章)。

受编委会的委托,本书编写过程由殷世华、常青、马连城主持。由25个单位55名高级工程师、专家、教授组成的编审委员会审查。他们提出了许多宝贵意见,特此表示衷心地感谢!

本书采用国内外较为成熟的经验和近年来最新的技术与先进成果。特此向提供资料的鲁布革、葛洲坝、隔河岩、广蓄、东风、龙羊峡、漫湾、五强溪、李家峡、白山、十三陵、天荒坪、二滩、小浪底、三峡等水电工程,以及未能一一列出的单位、工厂和个人表示衷心地感谢。

限于多种原因,谬误之处在所难免,恳切希望读者指正。

编　者

1998年12月

《岩土工程安全监测手册》

第 二 版

《岩土工程安全监测手册》

第　二　版

参　编　人　员

主　　编　殷世华

副 主 编　朱合华　丁文其　杨志余　王剑平　黄左坚

撰 稿 人　（按姓氏笔画排列）

丁文其　于　宁　王剑平　叶　飞　刘学增
刘庭金　朱合华　朱雁飞　吴亚辉　张　雷
张建跃　李景林　杨　豪　杨志余　苏生瑞
陆　旭　林　志　施　健　胡　敏　徐　凌
殷　越　殷世华　崔天麟　梁建宁　黄左坚
程崇国

第二版 前言

受水利部科教司和原电力部水电开发司(水利部司局文件"科教研［1994］144号文)的委托,于1994年邀请国内16位专家教授用近4年的时间完成了《岩土工程安全监测手册》一书的编撰工作。在二滩水电开发有限责任公司的大力支持下,1999年由中国水利水电出版社出版发行。水利部和原电力部有关领导为此书分别题词和作序。

《岩土工程安全监测手册》一书自出版发行以来,深受广大岩土工程界科研、设计、教学、特别是从事安全监测现场工作的工程技术人员的欢迎和使用,为我国水利水电工程、交通工程及建筑工程等的安全监测做出了较大的贡献。许多从事岩土工程安全监测的专家和同仁们都认为这是一本适用性很强的好书,但由于近十年来我国基本建设事业发展很快,带动了我国岩土工程安全监测仪器研发、生产及使用等行业的不断创新和发展,广大读者希望此书能对有关内容修改、充实再版。

受中国水利水电出版社的邀请,本书第二版的修订工作由殷世华主持组织和担任主编。在同济大学土木工程学院、南京水利科学研究院、常州金土木工程仪器有限公司、水利部水文仪器及岩土工程仪器质量监督检验测试中心等单位的支持下,于2007年初开始组织编写修订内容。第二版中对第三章中的常用仪器根据国内近年的发展作了较大的修改并增加了部分近年来发展较为成熟的仪器品种。第四章中主要增加了近年来一些新仪器的使用方法。原第五章监测资料的整理分析和反馈改为第六章。第二版的第五章中新增了市政工程、地铁工程、盾构隧道、公路隧道、软土地基等方面的安全监测内容。工程实例改为第七章,并增加了较多的市政工程、地铁、隧道、公路隧道、软基等安全监测实例。

参加本书第二版内容编写的主要是长期从事交通、地铁、市政、软基处理、仪器生产和应用等岩土工程安全监测研究和现场工作的高等院校、科研院所、工程业主、施工及仪器制造等18个单位(同济大学土木工程学院、长安大学、华南理工大学、常州金土木工程仪器有限公司、南京水利科学研究院、中铁隧道集团有限公司洛阳科学技术研究所、重庆交通科研设计院、中交上海航道勘察设计研究院有限公司、水利部水文仪器及岩土工程仪器质量监督检验测试中心、中国人民解放军空军空防三处三大队、北京市轨道交通发展有限公司、上海申通地铁集团有限公司、上海隧道工程股份有限公司、上海辉固岩土工程技术有限公司、上海同岩土木工程科技有限公司、湖北中葛项目管理有限公司、中国石化工程建设公司、中国石化集团上海工程有限公司等)的26位专家教授。为了方便读者寻找适合自己的各类安全监测仪器。本书附录二中引出了国内已获取“全国工业产品生产许可证”厂家的相关资料,供读者在网上查寻。附录三中刊录了部分厂家和代理商的部分产品外观照片。

本书在修改出版过程中得到来自32个单位47位编委会专家的审查,对本书提出了宝贵意见。在此表示衷心感谢!

本书限于多种原因,谬误之处在所难免,恳请广大读者指正。

编　者

2007年12月

目　　录

第三版　前言
第一版　序
第一版　前言
第二版　前言

上　　册

第一章　概论 …………………………………………………… (1)
第一节　岩土工程安全监测的必要性 ………………………… (1)
第二节　岩土工程安全监测工作的发展 ……………………… (2)
第三节　岩土工程安全的条件 ………………………………… (3)
一、岩土工程安全的自然条件 ……………………………… (3)
二、岩土工程安全的工程条件 ……………………………… (4)
三、岩土工程安全的监测条件 ……………………………… (4)
第四节　岩土工程安全监测的设计 …………………………… (6)
一、确定工程条件 …………………………………………… (7)
二、确定监测目的 …………………………………………… (7)
三、监测变量选择 …………………………………………… (8)
四、预测运行性状 …………………………………………… (10)
五、仪器选择 ………………………………………………… (10)
六、监测系统布置 …………………………………………… (11)
七、监测系统设计 …………………………………………… (12)
八、监测系统自动化设计 …………………………………… (12)
第五节　岩土工程安全监测仪器 ……………………………… (13)
一、选择仪器的基本原则 …………………………………… (13)
二、仪器的技术性能和质量标准 …………………………… (14)
三、监测仪器的适用范围及使用条件 ……………………… (14)
第六节　监测工程施工与观测 ………………………………… (19)

一、监测工程的内容 …………………………………………………………………… (19)
二、监测工程施工组织设计 ……………………………………………………………… (19)
三、观测仪器设备安装埋设 ……………………………………………………………… (20)
四、观测方法 ………………………………………………………………………………… (21)
五、观测频率 ………………………………………………………………………………… (22)
第七节　监测工程的质量控制 …………………………………………………………… (22)
一、质量控制的环节 ……………………………………………………………………… (22)
二、质量控制的保证 ……………………………………………………………………… (22)
三、质量控制的步骤和方法 ……………………………………………………………… (23)
第八节　观测数据处理与分析 …………………………………………………………… (24)
一、数据的处理与分析 …………………………………………………………………… (24)
二、岩土工程稳定性的评估 ……………………………………………………………… (26)
第二章　岩土工程安全监测设计 ………………………………………………………… (27)
第一节　监测设计的基本原则和标准 …………………………………………………… (27)
一、设计基本资料的确定 ………………………………………………………………… (27)
二、监测工程设计假定 …………………………………………………………………… (27)
三、监测目的与监测项目的确定原则 …………………………………………………… (27)
四、仪器选择与质量标准 ………………………………………………………………… (28)
五、监测系统布置原则 …………………………………………………………………… (29)
六、监测系统设计要求 …………………………………………………………………… (30)
七、编制观测计划的要求 ………………………………………………………………… (30)
八、自动化系统的一般设计原则 ………………………………………………………… (31)
九、监测系统更新改造设计原则 ………………………………………………………… (31)
第二节　大坝与坝基安全监测设计 ……………………………………………………… (32)
一、混凝土坝安全监测设计 ……………………………………………………………… (32)
二、堆石坝安全监测设计 ………………………………………………………………… (57)
三、土坝安全监测设计 …………………………………………………………………… (70)
第三节　边坡稳定性安全监测设计 ……………………………………………………… (73)
一、监测设计的原则 ……………………………………………………………………… (73)
二、监测设计需要的基本资料 …………………………………………………………… (74)
三、监测项目的选定及仪器的选型 ……………………………………………………… (74)
四、监测仪器布置 ………………………………………………………………………… (78)
五、监测技术要求 ………………………………………………………………………… (95)
第四节　地下工程安全监测设计 ………………………………………………………… (97)

一、地下工程安全监测设计原则 …… (97)
二、大型地下洞室安全监测设计 …… (98)
三、隧道安全监测设计 …… (111)
四、水工隧洞安全监测设计 …… (116)
五、城市地铁的监测设计 …… (121)
第五节　工业与民用建筑安全监测设计 …… (123)
一、安全监测的设计原则 …… (124)
二、基坑边坡及对环境影响的安全监测设计 …… (125)
三、基础及上部结构的安全监测设计 …… (128)
第六节　岩土工程安全监测设计的概预算 …… (138)
一、岩土工程安全监测设计概预算的意义 …… (138)
二、安全监测工程概预算的内容和方法 …… (139)
第三章　岩土工程安全监测常用仪器 …… (141)
第一节　概述 …… (141)
一、安全监测仪器的发展 …… (141)
二、安全监测仪器的基本要求 …… (147)
第二节　常用传感器的类型和工作原理 …… (148)
一、差动电阻式传感器的基本原理 …… (148)
二、振弦式传感器的基本原理 …… (149)
三、电感式传感器的基本原理 …… (152)
四、电阻应变片式传感器的基本原理 …… (154)
五、光纤传感器 …… (156)
六、其他原理的传感器 …… (159)
第三节　变形观测仪器 …… (160)
一、仪器的类型及分类 …… (160)
二、变形监测控制网用仪器 …… (160)
三、激光测量仪器 …… (163)
四、CNSS 地表位移监测系统 …… (168)
五、位移计 …… (174)
六、收敛计 …… (188)
七、测缝计 …… (190)
八、测斜类仪器 …… (198)
九、沉降仪 …… (212)
十、静力水准仪 …… (218)

十一、垂线坐标仪 …………………………………………………………………… (221)
十二、引张线仪 ……………………………………………………………………… (232)
十三、应变计 ………………………………………………………………………… (236)
第四节　压力测量仪器 ……………………………………………………………… (243)
一、仪器类型及分类 ………………………………………………………………… (243)
二、混凝土应力计 …………………………………………………………………… (243)
三、土压力计 ………………………………………………………………………… (244)
四、孔隙水压力计 …………………………………………………………………… (248)
五、钢筋(应力)计 …………………………………………………………………… (258)
六、岩体应力观测仪器 ……………………………………………………………… (261)
七、荷载(力)观测仪器 ……………………………………………………………… (262)
第五节　水位、渗流量及温度测量仪器 …………………………………………… (266)
一、水位观测仪器 …………………………………………………………………… (266)
二、渗流量观测仪器 ………………………………………………………………… (270)
三、温度测量仪器 …………………………………………………………………… (274)
第六节　水力学原型观测仪器 ……………………………………………………… (278)
一、水流流态、水面线、流速和流量观测仪器 …………………………………… (278)
二、动水压力观测仪器 ……………………………………………………………… (279)
三、掺气观测仪器 …………………………………………………………………… (279)
四、空蚀观测仪器 …………………………………………………………………… (280)
五、通气观测仪器 …………………………………………………………………… (280)
六、振动观测仪器 …………………………………………………………………… (280)
七、雾化观测仪器 …………………………………………………………………… (281)
八、消能和冲刷观测仪器 …………………………………………………………… (281)
第七节　岩体地球物理测试仪器 …………………………………………………… (281)
一、地震反应观测仪器 ……………………………………………………………… (281)
二、声波仪 …………………………………………………………………………… (285)
三、声波换能器 ……………………………………………………………………… (286)
第八节　测读仪表 …………………………………………………………………… (287)
一、差动电阻式传感器测读仪表 …………………………………………………… (287)
二、振弦式传感器测读仪表 ………………………………………………………… (293)
三、电容式传感器测读仪表 ………………………………………………………… (295)
四、电阻应变片式传感器接收仪表 ………………………………………………… (296)
五、光电跟踪式传感器的接收仪表 ………………………………………………… (297)
六、伺服加速度计式传感器的接收仪表 …………………………………………… (298)

七、电感式传感器的接收仪表 …… (298)
八、光纤式传感器的接收仪表 …… (299)
九、多用途读数记录仪 …… (300)
第九节　安全监测自动化 …… (301)
一、自动化的基本要求 …… (301)
二、自动化系统的性能要求 …… (302)
三、自动化监测内容 …… (303)
四、自动化系统结构模式 …… (303)
五、自动化采集系统的组成 …… (305)
六、目前常用的数据采集单元(MCU) …… (306)
第四章　岩土工程安全监测方法 …… (317)
第一节　监测工程施工组织设计 …… (317)
一、施工组织设计的依据和基本资料 …… (317)
二、施工组织设计内容 …… (317)
三、施工组织设计步骤 …… (317)
四、基本资料分析和现场调查 …… (318)
五、监测工程的施工特点和施工条件 …… (318)
六、监测工程的施工程序和施工方案 …… (319)
七、施工组织与作业循环流程 …… (319)
八、施工进度计划 …… (319)
九、施工技术规程 …… (320)
十、施工组织设计的经济条件 …… (321)
十一、监测工程施工监理要求 …… (321)
第二节　监测仪器现场检验与率定 …… (323)
一、监测仪器检验率定的目的 …… (323)
二、监测仪器现场检验内容 …… (324)
三、仪器的率定 …… (324)
四、振弦式仪器率定 …… (331)
五、锚杆测力计率定 …… (335)
第三节　常用监测仪器安装埋设技术 …… (335)
一、监测仪器安装埋设前的准备 …… (335)
二、仪器安装埋设 …… (339)
(一)应变计安装埋设 …… (339)
(二)钢筋计安装埋设 …… (340)

(三)测缝计安装埋设 …… (341)
(四)压力计安装埋设 …… (342)
(五)锚杆测力计安装 …… (344)
(六)渗压计安装埋设 …… (344)
(七)多点位移计安装埋设 …… (346)
(八)测斜管的安装埋设 …… (349)
(九)测斜仪的使用 …… (352)
(十)固定式测斜仪、倾角仪的安装 …… (355)
(十一)倾角计的安装埋设 …… (357)
(十二)梁式倾斜仪的安装 …… (358)
(十三)锚索计的安装 …… (359)
(十四)振弦式反(轴)力计的安装 …… (360)
(十五)静力水准仪的安装 …… (360)
(十六)位错计的安装埋设 …… (361)
(十七)脱空计的埋设 …… (362)
(十八)温度计的安装埋设 …… (362)
三、观测电缆走线 …… (363)
四、仪器安装埋设后的工作 …… (364)
第四节　常用监测仪器观测方法 …… (366)
一、观测基准值的确定 …… (366)
二、观测频率的确定 …… (367)
三、观测读数方法 …… (367)
四、观测物理量的计算 …… (368)
五、观测成果图表的绘制 …… (371)
六、监测报告 …… (371)
第五节　大坝及坝基监测方法 …… (372)
一、混凝土坝及坝基监测方法 …… (372)
二、土石坝及坝基监测方法 …… (402)
三、尾矿坝的监测方法 …… (421)
第六节　边(滑)坡工程监测方法 …… (442)
一、监测设计 …… (442)
二、监测仪器的组装率定检验 …… (443)
三、监测断面和测点定位放样 …… (443)
四、监测仪器安装埋设的土建施工 …… (443)
五、监测仪器安装埋设与观测 …… (444)
六、巡视检查 …… (456)

七、观测频率 …………………………………………………………………………………… (457)
八、观测资料整理分析 ……………………………………………………………………… (459)
第七节 地下工程监测方法……………………………………………………………… (459)
一、监测设计 ………………………………………………………………………………… (459)
二、监测仪器的组装率定检验 ……………………………………………………………… (459)
三、监测断面和测点的定位放样 …………………………………………………………… (460)
四、仪器安装埋设的土建工程施工 ………………………………………………………… (460)
五、监测仪器安装埋设与观测 ……………………………………………………………… (460)
附录一 常用监测仪器、测点的代号及符号
附录二 国内外部分常用仪器图片

下 册

第五章 隧道及部分建筑工程的安全监测 ……………………………… (481)
第一节 建筑工程安全监测方法 …………………………………………………… (481)
一、基坑边坡及对环境影响的安全监测方法 ……………………………………… (481)
二、基础及上部结构的安全监测方法 ……………………………………………… (484)
第二节 基坑变形监测 ………………………………………………………………… (497)
一、基坑变形监测的基本原则 ……………………………………………………… (497)
二、垂直位移和水平位移测量 ……………………………………………………… (500)
三、围护墙体测斜和锚固测试 ……………………………………………………… (503)
四、孔隙水压力与土压力测试 ……………………………………………………… (506)
五、水位测试 ………………………………………………………………………… (509)
六、支撑轴力测试 …………………………………………………………………… (510)
七、深层土体垂直和水平位移测试 ………………………………………………… (512)
八、变形监测初步成果及注意事项 ………………………………………………… (514)
九、基坑监测常用表格 ……………………………………………………………… (517)
第三节 城市盾构工程施工监测 …………………………………………………… (528)
一、盾构法施工的特点 ……………………………………………………………… (528)
二、盾构法施工监测目的 …………………………………………………………… (529)
三、盾构法施工监测内容 …………………………………………………………… (529)
四、常规监测项目及方法 …………………………………………………………… (530)
五、盾构隧道管片的安全监测 ……………………………………………………… (538)
第四节 公路岩石隧道监测…………………………………………………………… (540)

一、概述 …………………………………………………………………………… (540)
二、监控量测的内容和项目 ………………………………………………………… (541)
三、量测部位和测点的布置 ………………………………………………………… (543)
四、监控量测方法 …………………………………………………………………… (546)
五、监控量测的数据分析 …………………………………………………………… (557)
六、信息反馈与预测预报 …………………………………………………………… (559)
第五节 软土地基安全监测 ………………………………………………………… (561)
一、软基公路工程中的安全监测 …………………………………………………… (561)
二、港口工程中的软基安全监测 …………………………………………………… (573)
三、其他工程中的软基监测 ………………………………………………………… (580)
第六章 监测资料的整理分析和反馈 ……………………………………………… (585)
第一节 概述 ………………………………………………………………………… (585)
一、监测资料整理分析和反馈的目的意义 ………………………………………… (585)
二、监测资料整理分析反馈技术的发展 …………………………………………… (586)
三、监测资料整理分析反馈基本内容和方法 ……………………………………… (587)
四、监测资料整理分析和反馈的原则要求 ………………………………………… (588)
第二节 监测资料的搜集和整理 …………………………………………………… (589)
一、监测资料的搜集和表示 ………………………………………………………… (589)
二、原始观测资料的检验和处理 …………………………………………………… (591)
三、物理量计算 ……………………………………………………………………… (593)
四、绘图制表和文字报告 …………………………………………………………… (595)
五、监测数据的处理 ………………………………………………………………… (597)
六、初步分析和异常值判识 ………………………………………………………… (599)
七、监测资料整编 …………………………………………………………………… (599)
八、监测资料整理的计算机化 ……………………………………………………… (601)
第三节 监测资料的分析方法 ……………………………………………………… (603)
一、监测资料分析方法概述 ………………………………………………………… (603)
二、监测资料分析的常规方法 ……………………………………………………… (604)
三、数值计算分析方法 ……………………………………………………………… (606)
四、数学物理模型法 ………………………………………………………………… (613)
第四节 岩土工程安全监测预报的基本方法 ……………………………………… (616)
一、概述 ……………………………………………………………………………… (616)
二、工程地质因素的定性分析法 …………………………………………………… (616)
三、警戒界线法 ……………………………………………………………………… (620)
四、数学物理模型法 ………………………………………………………………… (625)

第五节　岩土工程安全监测反馈的基本方法 …… (625)
一、安全监测反馈的概念 …… (625)
二、安全监测反馈的基本内容 …… (627)
三、安全监测反馈分析的方法和步骤 …… (628)
四、对安全监测反馈的基本要求 …… (631)
五、理论验算反馈分析法的工程实例 …… (632)
第六节　大坝和坝基安全监测资料分析和反馈 …… (634)
一、概述 …… (634)
二、监测资料的定性分析 …… (635)
三、大坝和坝基监测资料分析的数学物理模型法 …… (638)
四、大坝和坝基的安全评估和预报方法 …… (646)
五、大坝和坝基的监测资料反馈 …… (653)
第七节　边坡工程监测资料分析和反馈 …… (656)
一、监测资料整理的内容 …… (656)
二、监测成果曲线的解释 …… (664)
三、监测资料的分析内容 …… (671)
四、边坡工程的安全预报和反馈 …… (677)
五、安全预报系统 …… (681)
第八节　地下工程监测资料整理分析和反馈 …… (683)
一、监测资料的搜集和整理 …… (683)
二、测点观测值影响因素定性分析 …… (686)
三、地下工程监测资料的定量分析方法 …… (690)
四、地下工程的安全监测预报 …… (711)
五、地下工程安全监测反馈技术 …… (724)
第九节　建筑物地基和基坑围护监测资料的分析 …… (735)
一、监测资料相关因素分析 …… (735)
二、监测项目和资料整理表示 …… (736)
三、监测资料分析方法 …… (743)
四、安全预报问题 …… (748)
五、监测资料的反馈和信息化施工 …… (750)
第七章　工程安全监测实例 …… (751)
第一节　大坝安全监测工程实例 …… (751)
一、龙羊峡水电站坝基的安全监测 …… (751)
二、鲁布革电站心墙堆石坝的安全监测 …… (762)

三、二滩水电站混凝土双曲拱坝的安全监测 …………………………………… (772)
四、天荒坪抽水蓄能电站混凝土面板堆石坝的安全监测 ……………………… (774)
第二节 边(滑)坡工程的安全监测实例 ………………………………………… (778)
一、隔河岩电站引水洞出口及厂房高边坡的安全监测 ………………………… (778)
二、漫湾水电站左岸边坡安全监测 ……………………………………………… (783)
三、隔河岩水库库岸茅坪滑坡稳定性(内观)的安全监测 ……………………… (791)
四、天生桥二级电站厂房高边坡的加固监测……………………………………… (798)
五、舟曲锁儿头自然滑坡的安全监测 …………………………………………… (800)
六、国内外边(滑)坡工程及安全监测统计 ……………………………………… (818)
第三节 水电站地下工程安全监测实例 ………………………………………… (823)
一、鲁布革水电站地下厂房的安全监测 ………………………………………… (823)
二、二滩水电站地下建筑物安全监测 …………………………………………… (832)
三、小浪底水电站地下建筑物安全监测设计 …………………………………… (836)
第四节 交通岩石隧道安全监测实例 …………………………………………… (847)
一、南岭铁路隧道安全监测 ……………………………………………………… (847)
二、特殊地质结构公路隧道的监控量测(一) …………………………………… (850)
三、特殊地质结构公路隧道的监控量测(二) …………………………………… (873)
四、小净距公路隧道的监控量测 ………………………………………………… (898)
五、隧道远程自动监测 …………………………………………………………… (914)
第五节 城市软土深基坑及盾构隧道安全监测实例 …………………………… (920)
一、基坑支撑结构体系的监测 …………………………………………………… (920)
二、上海地铁二号线某车站施工监测 …………………………………………… (932)
三、上海地铁徐家汇车站施工安全监测 ………………………………………… (939)
四、复杂环境条件下地铁车站的基坑监测 ……………………………………… (941)
五、上海某地铁盾构隧道监测 …………………………………………………… (950)
第六节 软土地基的安全监测实例 ……………………………………………… (955)
一、洋山深水港地基加固工程施工监测 ………………………………………… (955)
二、储罐地基充水预压监测 ……………………………………………………… (963)
三、软基公路监测 ………………………………………………………………… (974)
四、某港口工程吹填陆域软基处理监测 ………………………………………… (988)
五、长寿路面结构监测 …………………………………………………………… (1001)
参考文献…………………………………………………………………………… (1026)

第一章 概 论

岩土工程是建筑工程中的重要组成部分。它以岩土地基、岩土边坡、岩土围岩三种主要形式与结构物组成各种形式的建筑物整体。岩土工程的安全就是指建筑物的安全。因此，岩土工程的安全监测可按建筑物整体形式分为:大坝安全监测;边坡安全监测;地下建筑物安全监测;工业民用建筑安全监测等四大部分。

各种建筑物安全监测，在其工程中可以作为具有独立系统的监测工程进行设计、施工和运行管理。在本书中，根据监测工程的3个阶段将分为监测设计、监测仪器选型、仪器安装埋设与观测、监测资料整理分析与反馈四项具体内容，将分别加以论述。

第一节 岩土工程安全监测的必要性

建筑物建造在地质构造复杂、岩土特性不均匀的地基上，在各种力的作用和自然因素的影响下，其工作性态和安全状况随时都在变化。如果出现异常，而又不被我们及时掌握这种变化的情况和性质，任其险情发展，其后果不堪设想。1954年建成的坝高66.5m的法国马尔巴塞(Ma lpasset)双曲拱坝，蓄水后在扬压力作用下，左坝肩部分岩体产生了不均匀变形和滑动。由于没有必要的安全监测设施，结果在管理人员没有丝毫觉察下，于1959年12月2日突然溃决。短短45分钟，使坝下游8km处的一兵营500名士兵几乎全部丧生，距坝10km的一城镇变成废墟，直接经济损失6800万美元。1978年夏，香港半山区一座27层大楼，因边坡滑动，整座大楼塌滑到山脚下，沿途又切断一座大楼和一些房屋，造成人民生命财产巨大损失。但是，如能在事前设有必要的观测手段对这些工程进行监测，及时发现问题，采取有效的措施，上述灾难就可避免。1962年11月6日，安徽梅山连拱坝右岸基岩发现大量漏水，右岸13号坝垛垂线坐标仪，观测三天内向左岸倾斜了57.2mm，向下游位移了9.4mm，且右岸各垛陆续出现大裂缝，经分析是右岸基岩发生错动。对此，及时在垂线仪监测下放空水库进行加固处理，从而避免了一场溃坝事故。1981年8月，黄河上游龙羊峡水电站遇到了150年一遇的特大洪水，依靠埋设在围堰混凝土心墙中的48支观测仪器提供的测量数据，表明围堰工作性态正常，使领导作出加高围堰4m的抗洪决策，确保了工程安全施工和度汛。1985年6月12日在长江三峡的新滩，发生大滑坡，2000万m^3堆积体连带新滩古镇一起滑入江中。可是险区的居民却全部提前安全撤出，无一伤亡，这全靠安全监测所作出的准确预报。上述正反两方面的实例充分地阐明了采用仪器进行安全监测，对建筑物和人民的安危是何等的重要。

安全监测除了及时掌握建筑物的工作性态，确保其安全外，还有诊断、预测、法律和研究等4个方面的需要:一是诊断的需要，包括验证设计参数改进未来的设计;对新的施工技术优越性进行评估和改进;对不安全迹象和险情的诊断并采取措施进行加固;以及验证建筑物运行是否处于持续良好的正常状态。二是预测的需要，运用长期积累的观测资料掌握变化规律，对建筑物的未来性态作出及时有效的预报。三是法律的需要，对由于工程事故而引起的责任和赔偿问题，观测资料有助于确定其原因和责任，以便法庭作出公证判决。四是研究的需要，观测资料是建筑物工作性态的真实反映，为未来设计提供定量信息，可改进施工技术,利于设计概念的更新和对破坏机理的了解。正是这些必要性,各国都很重视安全监测工作,使其成为工程建设和管理工作中极其重要的组成部分。

第二节 岩土工程安全监测工作的发展

岩土工程历史悠久,长期以来,工程的安全主要依靠结构物的可靠度设计来保证。但是,岩土工程的安全监测起步较晚,它是随着岩土工程的失事为人们提供教训后,不断地寻求监测和监测手段而逐步发展起来的。20 世纪 50 年代以来,岩土工程界逐步认识到大坝和上部结构的失事多是因为地基失稳引起的,边坡工程、地下工程的事故也是岩土体失稳所致。如果能够在事故发生前得到信息,进行准确的判断,及时采取有效的防范措施,便可以制止事故的发生,于是监测工作逐步受到重视。由于岩土体复杂,岩土力学又是一门新的科学,尚属半经验半理论的性质。因此,在时间和空间上对岩土工程的安全度作出准确地判断还有很大困难,有关岩土工程安全问题的解决,更多的是依靠测试和观测,所以,人们越来越多地把工程安全情况的判断,寄希望于工程建设过程中和竣工后的原位监测。通过监测保证工程的施工、运行安全。同时,又通过监测验证设计,优化设计和提高设计水平。

岩土工程的失稳破坏,都是从渐变到突变的发展过程,一般单凭人们的直觉是难以发现的,必须依靠设置精密的监测仪器进行周密监测。为了做到这一步,首先要作出符合实际的监测设计,然而准确地作出一项监测布置和预计一项工程监测所用仪器,要考虑整个工程的地质条件,地形地貌特点、岩体的工程技术性质、建筑物结构等特性决定。所以,20 世纪 70 年代以来,对于监测项目的确定、仪器的选型、仪器的布置、仪器的埋设技术与观测方法、观测资料的整理分析等项目的研究工作逐步加深。在工程设计中也同时进行监测仪器布置,编写实施技术要求。

20 世纪 70 年代以前,我国岩土工程安全监测经验不足,且无规范性的实施方案可循,很难做到经济合理、安全可靠,当然也达不到时间和空间上连续性的要求。盲目布设仪器等造成浪费的现象时有发生;盲目采用进口仪器,或者主观地采用自己习惯的和自制的仪器,造成仪器失效或测得的资料不符合计量标准,无法分析;缺少仪器埋设技术和观测方法标准;有些新仪器虽然性能可靠,但由于实际应用较少,在环境恶劣的岩土工程中,不敢使用;用得多的仪器,安装埋设技术要求得不到保证,观测方法又不当,大量的仪器因此而失效,或得不到满意的成果。

我国从 20 世纪 80 年代初开始,科技攻关和工程实践对所存在的问题进行了广泛而深入地研究,监测设计和监测方法不断地改进。在一些大型工程中深入地研究了安全监测布置,一些考虑地质地貌条件、岩体工程技术性质、工程布置、监测空间和时间连续性的要求等因素的安全监测布置原则和方法,相继提出。在充分研究了岩土工程安全监测仪器的使用经验和效果、仪器种类和技术性能、质量评定标准的基础上,确认了一批供选型用的仪器。对这些仪器的技术指标、适用条件、稳定性等也有了评定标准。安全监测仪器安装埋设与观测的标准化、程序化和质量控制措施也逐步地形成、完善。相继编制了各种建筑物安全监测规程、规范、指南和手册。

进入 20 世纪 90 年代以来,随着科技进步以及工程实践经验的不断积累,仪器设备的改进完善,使安全监测工作中存在的许多影响可靠性、稳定性、耐久性的问题得到了逐步地解决，岩土工程安全监测手段的硬件和软件迅速发展，监测范围不断扩大，监测自动化系统、数据处理和资料分析系统、安全预报系统也在不断地完善。岩土工程设计采用新的可靠度设计理论与方法以来，安全监测成为必要的手段，成为提供设计依据、优化设计和可靠度评价不可缺少的手段，成为工程设计、施工质量控制的重要手段。

二滩、三峡、小浪底等大型工程的设计和施工，采用于大批20世纪90年代的先进技术，监测工程的设计、施工、观测、资料整理分析和质量控制基本实现标准化、自动化，监测技术水平有较大的提高，岩土工程安全监测将以一个新的面貌跨入21世纪。

第三节　岩土工程安全的条件

鉴于岩土工程出现事故很可能给人民生命和财产带来巨大损失这一事实，人们对岩土工程安全的条件进行了广泛深入地研究，为正确地进行设计、施工和运行提供了越来越先进的技术和准确的依据，工程的危险程度也逐渐得到科学的控制。

岩土工程安全的条件，比较实际地说法是：工程的自然条件是基本条件；工程设计、施工和运行水平与质量的工程条件是安全条件；贯穿在工程设计、施工和运行始终的安全监测，应该是工程安全的保证条件。

一、岩土工程安全的自然条件

岩土工程安全的自然条件包括岩土工程自身固有的工程地质条件和与其所处的自然环境有关的外部物理事件。这些条件对岩土工程而言，有安全的因素，也有危险的因素。从对岩土工程安全而言，应对这些自然因素有个全面地认识和准确地预测。这些主要因素包括：

（一）地应力

地应力是岩体中已存在的应力。一般情况下，地应力很大的地区，对岩体稳定不利；岩土工程均应仔细考虑地应力状况。主要通过实测地应力状态，观测地应力变化，计算分析地应力场，为岩体稳定分析提供依据。

（二）岩土体地质结构

岩体常为节理面、层面、片理面、断层等结构面所分割；土体也同样有分层、透镜体、裂缝和滑移面。这些结构面的强度较低，是影响岩土体稳定的主要因素之一。这些软弱结构面常常有很多组，各组的特点不同，即间距、连续性、宽度、充填情况、强度、成因、组合关系都不同，这种不均一性和不利的组合就是危险的因素。这些因素又常常与岩体应力、地下水互相影响加重危险程度，在工程建设中，要分辨这些因素对岩土体稳定的影响程度，确定岩体结构类型，然后决定工程的设计、施工和运行控制的安全度。

（三）岩土体的力学性质

岩土体强度和变形指标是影响岩土工程稳定的主要指标。一般情况下，岩体结构的状态是控制性的；在有利的结构状态下，结构体岩块的强度为控制性的因素。因此，岩土体力学属性不同，稳定性不同，力学分析方法也不同。岩土体强度和变形实测值的真实性和代表性，将直接影响工程安全的工程条件。

（四）地下水

地下水的存在及其活动常使岩土体的稳定性恶化：岩土工程形成新的渗流场，岩土体受到场力作用失稳。地下水使岩土软化，强度降低，对软岩尤为明显。对于有软弱结构面的岩体，会使弱面夹层加速侵蚀及泥化，减少层间摩擦。对于承受内水压力的水工洞室，内水外渗也可能引起山体失稳。因此，岩土工程设计、施工和运行时，对地下水的动态和影响必须充分考虑。

（五）岩土工程的环境因素

与岩土工程所处的自然环境有关的外部物理事件，主要有地震、水文、气象、地层错位等。自然地震活动以及爆破等诱发的振动，河流及其他地表径流的侵蚀，冻胀，各种风化作用等，是通过岩土体内部起破坏作用的，通常是不可抗拒的因素。因此，岩土工程应根据测定的作用强度为依据，通过工程条件提高安全度。

二、岩土工程安全的工程条件

岩土工程的工程措施是岩土工程安全的工程条件。它通过设计、施工、运行的水平和质量来体现。

工程设计的总体布置和体型设计主要取决于对自然条件的分析、地基的选线、地下工程位置和长轴方位的决定，合理的边坡角的确定都需要正确的岩土体稳定分析才能作出合理的安全度设计。符合实际的依据和可靠的方法是岩土工程安全的设计条件。

工程安全的施工条件包括工程的形状、大小、施工程序和施工方法，例如爆破法还是非爆破法，全断面开挖还是分层分段开挖等。还包括施工组织的好坏，例如及时加固还是没有及时加固等。尤其在自然条件较差的地区，施工条件将对岩土体稳定起重要作用。

及时地根据施工过程中暴露出来的事先未预计到的问题进行修改设计，也是岩土工程安全的重要工程条件。

工程运行条件是指正常运行和运行偏离值与设计值之差，对工程安全的影响情况，如：荷载的循环形式，人为的振动，超载情况，维护水平和质量，运行组织的好坏，以及工程老化程度的判断等，都是工程安全的运行条件。

三、岩土工程安全的监测条件

一般认为岩土工程的安全不仅取决于自然条件和工程条件，而且取决于贯穿在工程设计、施工以及整个工程寿命内对其实际状况监测的条件。合理的监测可以获得作为工程安全状况的正确评估，还可以改进分析方法和试验技术，使未来的设计、施工和运行更好、更安全。

为了保证工程的安全，有必要对工程的性态进行连续监测。这种必要性已为所有国家承认和接受，并都在为创建一个良好的监测条件而努力。

在当前的技术和设备的基础上，一个能够确保岩土工程安全的监测应具备下述条件。

（1）监测和分析方法　科学地选择岩土工程安全监测的方法和分析安全的整体方法，充分利用已有的先进技术，避免对已投入运行或将来要修建的工程所构成的危险。从观测仪器、数据传送和处理系统来讲，要有可靠性、精确性和测量数据采集速度的保证。在测量结果的记录、比较和评价以及远距离传送方面也要有一定的水平。

（2）建立正确的监测系统　不论是施工阶段还是运行阶段，监测系统必须能查明工程的性态是否与设计预测的一致。只要这种一致性存在，就表明工程具有设计时由设计人员规定，并经管理部门核准的安全度。如果在施工和运行期间，岩土工程性态与设计预测的性态有很大的偏离，此时监测系统应能揭示各种现象，并将其与所有对工程安全有影响的物理量联系起来，为工程复核和修改设计提供依据。

（3）监测的物理量及范围　确定工程安全和危险程度的最适宜时间应从设计阶段开始。为了避免施工和运行中对工程安全的主观分析，应由监测系统提供可靠的监测数据为依据。在设计阶段应参照模型，给出观测物理量及其变化范围。这些监测物理量不仅要包括与建筑物和工程有直接关系的物理量，而且要包括决定环境和运行状况的物理量。

对设计没有遵循上述准则的现有工程来说，运行监测不能参照设计阶段确定的模型。对这些工程进行复核或修改设计不仅是可能的，也是必要的，可以采用“后验的”监测准则，这要根据用统计方法对工程性态、监测结果所作的分析及其全面评价来确定。

（4）要有确定的监测准则　对于岩土工程性态的监测，已有两个基本准则（可以替换的或互补的）被确认，它们适用于正在设计的或施工的工程，也适用于已有的和运行中的工程。

第一个监测准则：将监测的工程性态与设计确定的分析模型预测值进行对比，这种比较是通过分析一组描述工程现在性态的物理量来实现的。预测值和与相应运行条件有关的允许偏离值均得自模型。因此，必须观测最能说明工程性态特征的物理量，以及那些能说明外部条件的物理量。再将这些物理量引入参照模型，以便得出与观测结果相比较的关系。

第二个监测准则：将一组重要的观测结果与工程历年取得的相应值进行统计性的比较。换句话说，就是需要证实：能够说明工程性态的变量以及有关环境和运行条件的变量是否在以前观测值范围之内，并且是否相互保持一致。如果取得的物理量很多，并能及时充分地扩大，足以重建一个工程性态的经验模型，那么这个监测准则实质上与前一准则相似。

统计准则的重要性和效能，随工程的寿命的延长而增大，它能验证设计模型和用以确定模型的参数。

上述监测准则在当前都是适用的，实际上也是有效的，可以作为评定工程安全的既合理又客观的工具，用于各类型的岩土工程。

（5）监测系统的先决条件　不管监测准则如何，监测系统的结构及数据采集和处理方法都应满足一定的先决条件，而且应当是实用合理的。

监测系统的基本先决条件是观测的速度和频次与要观测的现象的演变速度之间协调一致。在这方面，用自动化的数据采集方法代替人工方法，用电子数据系统代替机械式图表记录系统，可以对演变特别迅速的现象（如地震现象，弹性变形释放等）及其影响进行跟踪。

监测系统的另一个基本条件是能同时全面地考虑观测结果分析和比较的全过程。实际上，分析工作的依据应是全部观测到的物理量（其一致性可预先确定），而不是个别变量或某些变量组。还有一个现在能够实现的条件是能把观测与数据处理、分析之间的时间间隔限制在最小值（几乎为零）之内。

根据上列准则建立的监测系统具有灵活性，能在一个可以忽略的时期内，根据实际性态的观测及其分析，完成监控程序，从而几乎消除了监测程序中最不利的固有局限性。

(6)系统有效性　监测系统的有效性条件,应有标准的及时的率定、检验、维护等保证措施。监测组织和监测工程的施工水平与质量是监测系统有效性的重要条件。

(7)危险性分析　危险性分析是岩土工程安全的重要条件,贯穿在设计、施工和运行之中,也是监测系统中的重要组成部分。在确定用于安全监测的参照模型之前,重要的是通过危险性分析确认可能危害工程安全或至少妨碍其运行的各种危险因素。监测系统应确认具体的危险因素,并对工程本身在给定的时期暴露出来的危险因素,进行风险(危险程度或危险概率)评估。

第四节　岩土工程安全监测的设计

岩土工程安全监测设计应看成是整个工程设计中的一个组成部分,必须与其他设计(如结构设计、基础处理和水力学)一样,要努力认真去做,精心设计,并尽量做到优化设计。设计应以现场地质条件、环境条件及其与建筑物间的相互作用为基础。监测范围和性质取决于岩土工程的类型和复杂程度、荷载和开挖的规模,以及由此产生的不利后果的潜在因素。这些不利后果应包括:如果工程性能不能满足特定规范的要求时,造成的生命财产损失。监测设计不仅仅是仪器的选择和布置,而且是一项综合的工程技术,它从确定目标开始,到进行操作和根据资料进行分析提出评价为止。

监测工程的等级、设计与实施阶段,应与岩土工程的等级与设计、施工及运行阶段相一致。各阶段的工作应符合以下要求。

(1)可行性研究阶段　应拟定监测系统的总体设计方案、观测项目及其所需仪器设备的数量和投资估算(一般约占主体建筑物总投资的1%~3%)。

(2)初步设计阶段　应优化并初定监测系统的总体设计方案、测点布置、观测设备及仪器的数量和投资概算。对于70m以上的高坝或者监测系统复杂的中坝、低坝,应提出安全监测系统设计专题报告。

(3)招标设计阶段　应以可供审批的监测方案为基础,复核并确定安全监测设计方案。明确主要部位监测方法、测点布置、电缆走线、测站位置,提出监测数据的采集、传输、处理和反馈的要求。提出监测系统设计文件,包括监测系统布置图、仪器设备的主要技术指标和数量清单、各监测仪器设施的安装技术要求、监测技术要求,以及工程预算等。

(4)施工阶段　应根据监测系统设计和技术要求,提出施工详图。承包商应编制施工规程,做好仪器设备的安装、埋设、调试和保护、电缆走线和安全观测,应保证观测设施的完好率及观测数据连续、准确、完整;应按时进行监测资料分析,评价施工期岩土工程安全状况,做好监测成果反馈工作,为设计和施工提供决策依据。工程竣工验收时,应将观测设施和竣工图、埋设记录、施工期观测记录,以及整理分析等全部资料汇编成正式文件,移交管理单位。

(5)初期运行阶段(或初期蓄水阶段)　应制定监测工作计划和主要的监控技术指标,按计划要求做好仪器监测和巡视检查,并取得连续性的工程初始状态资料,对工程安全作出初步评估。

(6)正常运行阶段　应根据正常运行阶段的监测设计,进行正常的和特殊巡视检查与观测工作。并对监测系统的设施进行检查、维护、校验、更新、完善,对监测资料进行整编、分析、作出工程性态评价,提出监测报告和安全预报意见。

岩土工程的安全监测实施程序，在使用中还有相当大的适应性。因此，在实施中有的工程，特别是边坡和地下工程，满足设计和安全需要的那部分有效的监测程序，应当能够有步骤地发展。根据必要性，监测程序可以有三个级别，有时，这三级监测可能都需要，下面分别介绍以供参考使用。

（1）Ⅰ级监测　Ⅰ级监测主要建立这样一个系统，即用它探测工程的初始阶段的不稳定，并测量初步设计所专门需要的岩土工程技术参数。

（2）Ⅱ级监测　当原来的一般性监测和岩土工程技术资料收集系统不能达到精确测定，而必须进一步扩大时，则开始Ⅱ级监测。各种问题都可能促使进行这种更广泛的监测，它并不专门适用于某个阶段，一般是当原来的系统观测值大于预测值时，就是使用Ⅱ级监测的最恰当的时机。

（3）Ⅲ级监测　针对工程不稳定部位，需要确定经济而有效的工程措施和为工程连续施工或运行提供条件时，监测程序进入Ⅲ级监测。原先的监测系统有的将纳入Ⅲ级监测程序。

岩土工程安全监测设计由以下几个步骤组成。

一、确定工程条件

工程条件包括工程形式和几何尺寸、地质条件和工程技术特性、地下水情况、环境条件、对生命财产形成的威胁、临近建筑物或其他设施的状况、设计的施工方法和施工程序、使用年限。

监测系统的确定和建立取决于工程条件，不同类型的建筑物与安全相关的物理量不尽相同。可根据大坝、地下建筑物、边坡、工业民用建筑不同工程分类。又如大坝，可根据混凝土，松散材料（土和堆石）分类。混凝土坝又可根据结构形式分为拱坝、重力坝、支墩坝。土石坝则可分为具有上游防水面的坝、具有防水心墙的坝，需分别列出需要进行观测的物理量。

对每个观测物理量都要明确其在建筑物寿命的各个阶段（施工期、运行期）的安全、事故率和科学发展方面的重要性，对所用的最普通的观测仪器，也要有概略的说明。

总之，监测系统需要按每种不同工程条件分别确定。因此，在监测工程设计前，应对工程条件资料进行广泛地收集分析，必要时进行现场调查、勘测和试验。查清工程薄弱点和敏感区。

二、确定监测目的

监测目的必须根据工程条件明确地确定。监测主要目的是确定工程是否处于预计的状态，监测目的也可能是施工控制、诊断不利事件的特性、检验设计的合理程度、证明施工技术的适应程度、检验长期运行性能、检验承包商依据技术规范施工的情况、促进技术发展和确定其合法的依据。

一般情况下，监测目的包括：

1）监测最基本的和最重要的目的是提供用于为控制和显示各种不利情况下工程性能的评价和在施工期、运行初期和正常运行期对工程安全进行连续评估所需要的资料。

2）修改工程设计。监测除表明工程的"健康状况"外，研究监测工程状况的累积记录有助于对工程设计进行修改。并通过观测数据与理论上和试验中预测的工程特性指标进行比较，以便了解设计的合理程度。此外，观测数据可为工程的除险加固提供关键依据。

3）改进工程结构分析技术。工程设计一般需要根据岩土、材料特性和结构性能的保守假设来进行力学分析。这些假设是用来规定设计中的"未知数"或不定值。监测提供的资料及各种因素对工程运行性能影响的评价，将有助于减少这些未知数，从而可以进一步完善和改进分析技术及工程试验。使未来的各种设计参数的选择更加趋于经济、合理。

4）提高人们关于各种参数对工程性能影响的认识。例如，混凝土坝的柱状施工法对垂直应力分布的影响，使混凝土产生非线性应力分布，这是通过应力观测资料分析而得出的结论。这一应力分布规律的因素，在制定大坝施工方案时已被考虑进去。通过对孔隙水压力观测资料的研究，提高了对碾压土坝中孔隙水压力的形成和发展各种影响的认识，确立了现行边坡稳定分析中各种有关参数间更为合理的关系，使土坝设计更加安全可靠。对可能危害岩土工程安全的早期或发展中险情作出预先警报，从而保证及时采取补救措施。

有了上述明确的监测目的，可以有的放矢地进行监测物理量选择和监测系统的建立。

三、监 测 变 量 选 择

岩土工程在其施工期间，由于工程条件会引起各种物理量的变化。在其服务期限内会经受周围环境变化的作用，并根据环境的变化作出不同性质的反应。在观测工程的性态时，各种物理量的取得取决于：原因或环境量，即成因量，由于它们的变化而引起建筑物性态的变化；效应量为建筑物对原因量变化而产生的反应。按照监测目的不同又可分为工程性态监测物理量和科研工作监测物理量。

原因量和效应量随时间而不断地变化。为评估与建筑物的反应模式有关的相关关系，必须对这些变化进行测量。由于这种测量要在建筑物寿命期限内系统重复地进行很多次，唯一实用的解决办法是配备专用于监视的永久性监测系统。因此，建立一个有效的监测系统，必须选好监测物理量。一般的安全监测物理量如表1－4－1所示。

表1－4－1　　岩土工程安全监测的观测物理量

观测物理量	说　明
1. **成因量**	
(1) 大气条件(温度、湿度、气压、风)	
(2) 降水量	
(3) 地震：	自然的和人为的，如机械和爆破振动。振动物理量包括：竖向、径向、切向
1) 位移	
2) 速度	
3) 加速度	
4) 动孔隙水压力	
5) 动应变、应力	
6) 动水压力	
(4) 地壳变形	升、降、转动、错动、基础和河岸独立运动
(5) 冰冻：	
1) 冰压力	静压力、动压力
2) 冰厚	
3) 冰盖位移	
4) 冻融	
5) 冻胀	
6) 冻土厚	
(6) 水文条件：	
1) 水位	河、海、水库、拦水建筑物上下游水位
2) 水深	
3) 水温	
4) 波浪：①浪高 ②动水压力	
5) 洪水：①流量 ②流速	

续表 1－4－1

观测物理量	说明
2. 效应量	
(1) 变形：	
1) 位移：①平行位移(水平位移、垂直位移)	包括表面变形和内部变形相对于基础或不动点平行运动
②转动位移	相对于水平线的环向或倾斜运动
③相对位移	
④洞身净空收敛位移	岩土体或结构之间一部分相对其他部分的平行或旋转运动
2) 应变	
3) 沉陷：①地表沉陷	
②地中沉陷	
③分层沉陷	
④相对沉陷	岩土体、结构材料应变
⑤拱顶下沉	
⑥地基沉陷	
⑦建筑物沉陷	
4) 隆起	
5) 挠度	
6) 缝移动(开合度、错动位移)：	
①界面错动位移	如土坝与坝肩接触面或两种介质界面移动，包括软弱夹层错动位移、滑坡滑动面移动
②结构面移动	
③接触缝移动	
④裂缝移动	
7) 自生体积变形	
8) 温度变形	
9) 膨胀变形	
10) 岩爆	
(2) 压力(应力)：	
1) 土压力：①主动土压力	
②被动土压力	
③正面土压力	
④垂直土压力	
⑤水平土压力	
2) 围岩压力：①变形压力	
②松动压力	
③冲击压力	
④膨胀压力	
3) 地基压力	
4) 泥沙压力(坝前、库区淤积，下游冲淤)	
5) 支撑压力(应力)	
6) 应力：①岩体应力(初始应力、二次应力)	
②支护结构应力	衬砌应力、锚杆应力(轴力)
③混凝土结构应力	
④钢结构应力	
⑤锚杆预应力	
⑥锚杆预应力损失	
⑦接触应力(压力)	
⑧温度应力	
7) 荷载：①锚固荷载(力)	
②桩基承载力	
③桩侧摩阻力	
(3) 岩体松动范围：	
1) 爆破松动范围	
2) 塑性变形范围	
(4) 锚杆灌浆饱和度	砂浆黏结锚杆
(5) 渗流：	
1) 渗流量(渗漏量)	
2) 地下水位	
3) 浸润线	
4) 孔隙水压力	包括盾构施工时的超孔隙水压力
5) 绕坝渗流	
6) 坝体渗流压力	两岸坝端山体、土石坝与岸坡接触面、防渗齿墙与两岸接触部位渗流
7) 坝基渗流压力	
8) 扬压力	
9) 围岩渗流压力	
10) 外水压力	
11) 混浊度	
12) 水质分析(水温、化学成分)	
(6) 温度：	
1) 坝基温度	
2) 岩体温度	
3) 坝体温度	
(7) 岩土体及材料物理力学特性	包括岩体声发射、电阻率、声速
(8) 水力学：	
1) 流速	
2) 动水压力：①时均动水压力	
②脉动压力	
3) 空化	
4) 掺气	
5) 振动	
6) 雾化	
7) 冲刷	
8) 调压井水位	
(9) 有害气体和放射性	

四、预 测 运 行 性 状

预测工程运行性状，建立参照模型，是监测工程设计的重要环节。根据预测物理量最大和最小值可选定所需仪器的范围和精度；预测可以提供观测仪器布置时定位定向的依据；预测建立的参照模型是监测工程施工、观测及资料分析预报比较的依据。如果监测的目的是安全控制，在可能的情况下，应通过预测确定安全控制标准和实施补救的措施及参数。

预测工作应在详细调查和研究工程勘测、设计建立的模型和资料的基础上进行。同时，进行危险性分析。

监测工程是岩土工程的三维体系加一维时间，构成时空体系，即四维体系的监测系统，贯穿于工程的全程中。同时，要做到表面和内部结合，重点和一般结合，局部和整体结合，前期与施工期、运行期结合。因此，监测系统的参照模型应该是一个综合模型。一般应是空间效应状态、时间效应状态、饱和状态、流变状态、震动状态、应力状态、变形状态、地质力学和地质结构状态、温度等外部因素效应状态多种模型的组合模型。

五、仪 器 选 择

在选择仪器时，最重要的是仪器的可靠性。仪器固有的可靠性应该是最简易、在安装的环境中最耐久、对气候条件敏感性最小，并有良好的运行性能。应该选择不易受施工设备和人为的破坏，并不易受水、灰尘、温度或地下化学过程的损坏和不受周围物体变形影响其性能的元件。传感器、数字显示装置和两者之间的连接装置可以分别考虑，因为这些设备有不同的标准。

仪器的用途应是事先确定的，选定时，要有在同样用途下良好运行的考察资料为依据。

对仪器的使用范围必须加以规定，其内容包括：仪器规格确定、仪器采购、仪器校准和率定、仪器安装、仪器观测、仪器维护、数据处理、数据分析说明和补救措施的实施。这个任务的完成情况也是对责任委派工作的一个检查。同时，在进行不同仪器方案的经济评价时，应比较其采购、校准、安装、维护、观测和数据处理的总投资；单价最低的仪器不一定能使总投资达到最小。

安装后的仪器希望能校准和检验，仪器的安装与现场观测应对施工干扰最小，并考虑测读方便。仪器的安装不应对所要观测的物理量产生影响。同时，对施工期和长期的运行条件都应加以考虑，所选择的观测方法应与设计中确定的测读频率和周期相适应，并且可行。在系统出现故障时，应能更换或维修，最终仪器应能达到既定的测量标准。

对设计列出的每台仪器都应加以编号，并说明其目的。没有可行的专门目的的仪器应该去掉。

对仪器采购，应根据设计要求和选定的仪器参数和质量水平编制采购规范。规范中所列的仪器型号，可能是系列的、非系列的或特殊型号的，都应按规范采购。

六、监测系统布置

岩土工程的监测系统（包括静态的和动态的），是一个由许多仪器设备组成的协调的整体，由此获取各种物理量，并对取得的信息进行转换和处理的系统。这个监测系统要有统一的时间和空间基准，并根据工程的类型和使用年限来确定。

实际布置一个完整的监测系统，涉及以下几个条件的分析和确定。

1）根据预测确定表征工程安全的要素。

2）确定对工程整体安全起调节作用的单元。

3）确定能够最好地描述工程性状的物理量。

4）选择监测这些物理量的仪器及其安装方式、工艺要求。

5）选择仪器位置，确定仪器的数量、密度和分布。

6）确定观测频率。

监测系统的监控部位是工程安全的监控部位。对混凝土坝来说，主要监控部位有：基础岩体、基础岩体与坝的接触面、大坝结构、接缝。

对土石坝来说，观测要深入到坝与基础组合体内部，其主要监控部位有：基础地层、基础地层与坝体的接触面、坝体、基础中的止水结构、上游防水面、防水心墙、深入基础地层或坝体中的组装圬工结构物（导管、泄水设施等）排水和反滤设施。

对地下建筑物来说，主要监控部位是围岩易产生拉应变的部位，不利组合体、加固结构、衬砌结构单元。

对边坡而言，应控制滑动面、切割面、临空面，边坡加固结构。

工程各监控部位及其监测的重要性因工程所处的阶段（施工、临时运行、试运行、正常运行）以及监测本身的目的（安全、事故率、获取信息）而不同。

在施工和运行期间，能通过监测系统全面揭示工程这一整体的实际性态，对工程当前安全进行核查。工程的实际性态是由一些有时在设计阶段预见不到的复杂因素决定的。通过核查可使设计得到初步验证，如有必要在施工期间也可实现对设计及实施方式的修改。

在运行期间，进行核查提供工程的整体性态资料，亦可为特别重要的部位提供一定时间内发生演变的证据。

必要时，为了探讨解决超出工程设计考虑中的专门技术问题，也可以进行专用的监测布置。

监测系统布置应考虑下述原则：

1）仪器位置的选择，应能反应出预测的运行情况，特别是关键部位和关键施工阶段的情况。因此，要在施工过程中尽早地获取资料。位置选择应保持灵活性，以便根据施工中的具体资料修改仪器位置的设计。

2）为掌握岩土体的固有特性，宜用仪器充分装备少数几个点或断面，在其他一些位置上使用简单的或便宜的装置。如果用仪器充分装备的位置不能代表运行情况，则有可能需要另外补充安装仪器，在布置上应能使观测仪器进行交叉检查。即把几种完整性不同的监测工作和进一步的研究工作结合起来；在最重要的断面上进行最详细的监测工作，因为这里会取得最多的资料；在其他断面进行一种或几种不同详细程度的监测，通过与布置较多数量仪器的断面所提供的资料相比较，便能了解建筑物的全面性态。

3）为了提供足够的资料，便于进行分析，监测仪器不宜在较大的区域内分散布置，而要集中布置。

4）不宜限定初期安装仪器的数量和观测频率，应留有随机布置的数量和余地。因为施工过程中可能发现新的甚至更重要的安全监控部位或研究点；还应考虑到埋入的仪器往往是不能更换的或者可能寿命很短，有一定比例的仪器会失效；当要观测的基本参数已被确认或已满足要求时，设计确定的仪器可以做一些删减。随着对工程真实性状的了解不断加深，可以放弃一些仪器，或再补充安装一些其他仪器，使系统优化。

5）在可能的情况下，宜用几种仪器观测同一个物理量，以利于验证和核查。对于控制性的和对工程安全十分重要的观测物理量，至少应采用两种不同形式的观测系统。

6）尽量减少终端测站的数量，而增加各终端测站控制仪器的路数。提供至终端测站较便利的通道。尽量减少仪器种类，以便减少读数指示设备的类型。

7）监测系统中，巡视检查应是必要的项目；在自动化系统中，人工测读校验也是必要的。

七、监测系统设计

在上述各项工作的基础上进行系统设计。系统设计的主要项目如下：

1）监测系统的土建工程设计。土建工程设计包括钻孔、隧洞、竖井、交通洞（道）、标点、台架、廊道、保护设施、地面地下观测站、电缆敷设等与仪器安装埋设有关的工程设计。

2）仪器设备布置设计。

3）电缆走线设计。

4）编制仪器安装程序。根据工程的条件，编制逐步实施的程序。程序中应包括：从仪器安装埋设时机，到仪器观测的全部工作程序设计。同时，应包括关于影响仪器观测数据因素的记录编制要求和确保测读准确的程序，提出简单直观的误差检查、备用系统、周期性校准维修和自检装置的设置等设计。

5）编制安装埋设施工规程的纲要。编制施工规程是承包商的任务，但设计应提出为确保设计目标实现的技术要求和标准。

6）仪器安装后的程序编制。

设计者应向运行人员提出关于仪器标准与维护、数据收集与处理、资料分析的指南。并提出数据表格的准备，所有部门要做好解决观测中出现问题的方法。

八、监测系统自动化设计

自动监测系统可以按预定的频率获得可靠、均匀的数据，对观测数据进行初步证实。并进行一整套自动检测，确认传感器和系统运行是否正常，实现实时、直线连续控制。

自动监测不仅观测数据收集不需人工，而且能够将测量数据与由模拟的模型提供的同类预测数据联机和实时地进行比较，以便检查它们之间的差别是否在给定的允许范围内。经过比较认为是正确的情况就存储起来，而对不规律的和不满足设计基本假定的情况则要给予适当注意。使管理部门处于待命状态，并根据异常现象的“重要性”制定不同等级的

“技术报警”。据此可以进行深入的分析判别和人工巡视调查。自动监测系统似一种“技术过滤器”,使得专家的注意力集中在那些性态异常的建筑物上。

应当注意的是自动化监测不仅要求对建筑物最终决定性的安全评价由人工完成,而且必须定期按一定步骤进行人工巡视检查。

自动化系统也可能发出错误的报警,所以,应安装两个以上的报警系统,只有当几个系统都报警时才能采取紧急行动。

在设计工程安全监测自动化系统时,应考虑下述基本原则和功能的要求:

1)自动化系统可以覆盖全部工程,也可以在重点控制部位或某些关键的仪器等部分采用自动化监测。不论是哪种形式,均应对仪器的工作状态进行鉴定。

2)系统应具有多功能的硬、软件,能兼容各类传感器。系统采集的数据应包括设计、地质、试验、施工、环境等方面的观测数据信息,并能联网,要有操作灵活的数据库。

3)系统要体现当代先进技术水平,并留有扩展功能。

4)系统应设有人工观测接口,以便在系统完建之前或系统发生故障时,进行人工补测;在系统正常运行时进行校测。

5)系统应有离线输入口。包括动态观测数据,大地测量网数据的一次性转输和人工测值的键盘输入。

6)系统必须确保对重要信息能够实现联机实时的安全监控,以便得到恰当可靠的安全评价和预报。

7)系统应便于操作,而且成本功能比较低。

8)系统宜具有人工智能特性,建立知识库和多种功能的方法库。

第五节 岩土工程安全监测仪器

监测成果的可靠性和应用的及时性,取决于仪器的性能及其使用条件。同时,也取决于工作人员的素质。负责监测设计、施工和运行管理的技术人员,必须有丰富的经验,懂得仪器布置的目的和重要性,并应能发现和检查不正常的仪器读数、记录任何可能对数据有影响的不正常的施工活动和运行条件;对有疑问的数据产生原因能当场查明,确定数据是否反映仪器所在处的真实情况;设计、安装和测读人员能做到细心的程度和运用技巧等要求,都需要工作人员对仪器的用途、原理、结构、性能和使用条件熟悉和了解。因此,本书用一章的篇幅专门论述仪器设备,希望能满足工作人员对参考资料的基本要求。本节主要就仪器的选型原则、技术性能和标准、适用范围和使用条件加以综述。希望在仪器方面给读者一个参考总则。

一、选择仪器的基本原则

1)选择仪器时,应事先对仪器的适用条件和使用历史有比较详细的了解。这些应包括仪器正常运行过的最长年限和使用环境、仪器事故率、准确度和精度的变化范围等性能的记载资料,它比仪器出厂说明书和仪器的率定资料更能说明仪器真实性能。

2）要有可靠的、能保证仪器工作性能的制造厂家。主要根据该厂仪器产品在各种使用条件下的完好率和完好率保证期两个条件来判别。

3）仪器必须有足够的准确性、耐久性、可重复使用性、校正的一致性和可靠性。不可过分注重仪器的外观，要看其内芯的好坏，如弦式仪器的关键是弦的质量、组装工艺水平和弦的密封；电阻式仪器的关键是电阻丝的质量和绝缘保证。

4）仪器选择时，必须根据工程性态的预测结果、物理量的变化范围、使用条件和使用年限确定仪器类型和型号。

二、仪器的技术性能和质量标准

监测仪器最重要的特性是可靠性。仪器本身可靠可以减少许多麻烦。一般传感器可以按简易性和可靠性的递减排序，即光学的、机械式的、液压的、气动的和电力的。

值得注意的是，不应以仪器价格最低来支配仪器选定，而应全面比较仪器的采购、率定、埋设、维护、读数和资料处理后，确定其综合价格。最便宜的仪器其综合价不一定最低，因为它可能可靠性差。

可靠性和稳定性的评价标准：在观测过程中，其可靠性和稳定性对观测结果的影响应限定在设计所规定的限度以内。

准确度和精度是测量结果真值偏离的程度。系统误差是准确度的标志。其标准是：自身和外界影响引起的误差，均能通过检测或标定控制在允许误差之内。

灵敏度和分辨力，对传感器来说灵敏度愈高，分辨力愈强，其标准是：使其灵敏度控制在仪器本身所规定的范围内。

三、监测仪器的适用范围及使用条件

根据岩土工程安全监测仪器的现状和以往的使用情况，现对一些常用仪器的适用范围和使用条件作一介绍。

（一）变形观测仪器

1. 钻孔多点位移计

在各种岩土工程监测中均有应用，用得最多的是地下工程，主要用于岩土体内部位移的观测。所监测的是沿着埋设多点位移计钻孔的轴向位移。它可以提供围岩表面的相对锚固点的位移和围岩内部的位移分布，是当前围岩稳定分析的主要依据之一。目前在大型地下洞室监测中已普遍应用，并取得了许多令人满意的成果。

在其他类型的岩土工程监测中，也有不同程度的应用。在边坡工程监测中，主要用在稳定性可能有问题的边坡稳定观测，考虑到费用和作业因素，通常在永久性边坡上安装这种仪器。在大坝监测中，一般用于坝基变形监测。法国在坝基监测中曾使用串联式多点位移计（有固定式和移动式两种）。

多点位移计曾用在各类岩土体内的各种方向的钻孔内。在水下岩土体中的多点位移计，有的在1MPa以上的水压力下工作。并联式多点位移计主要用在永久监测工程中。

2. 地表多点位移计和 GPS

地表多点位移计主要用在边坡工程监测中。当已经确定了潜在的不稳定区时,布置地表多点位移计是为了进一步证实稳定情况;多点位移计是跨过一系列或单个不连续面布置。在建筑物表面或在基坑附近的地面上也曾使用过这种位移计。在垂直高边坡的排水观测隧洞中,如龙羊峡库区高边坡和三峡的永久船闸边坡都安装过这种位移计。

为了减少外界条件的影响,一般把系统装在廊道内或有支撑的钢套管内。

GPS 则是直接监测边坡的表面 X、Y、Z 三个方向位移的传感器,如拉西瓦电站边坡。

3. 滑动测微计

滑动测微计在岩土工程中适用范围比较广。一般用在坝体和坝基的变形观测,在地下工程监测中,通过任一方向的钻孔测定岩体的应变和位移,测定围岩松动范围和地中沉降等。在建筑工程监测中主要用在桩和挡墙的应变观测。

滑动测微计的使用条件比较简单,只要人能接近的工程部位都可以使用这种仪器。它需要在钻孔中装上带有测标的套管(见第三章)。

4. 钻孔三向位移计

钻孔三向位移计用在坝基和坝体之间的相互作用监测;地铁隧道施工时的地中沉降和水平位移;建筑物桩基和基坑边墙的沿垂直线的应变和水平偏位差。

这种仪器是通过探头在装有带测标的垂直套管中测定垂直向的应变和水平向的位移,需要在人可以接近的垂直钻孔中观测。

5. 沉降仪

沉降仪在土石坝观测中应用最多。法国常用的是水管式沉降仪,一般用在能自由排水的材料内。横臂式沉降仪是传统的观测仪器,可测坝体的分层沉降,目前各国都还在使用。电磁式沉降仪在测地中沉降和坝体内部的沉降方面用的越来越多,因为使用灵活,又可利用测斜仪的导管同时安装。钢弦式沉降仪有固定式和移动式两种,小浪底坝体沉降观测埋设 30 多支固定式的钢弦沉降仪,效果良好。

6. 收敛计

收敛计在地下洞室净空收敛位移观测中已经广泛使用,因为这种方法简易,可以快速获取资料,是地下工程施工安全监控和监控设计的主要观测手段。加拿大等国在边坡工程地表位移观测中,也比较多的使用收敛计,它能适应边坡位移较大时的量测。

收敛计在高度比较大(大于 10m)时,使用比较困难,需要有登高设备。在温度变化超过 2℃的环境中使用时,测值需要进行温度修正。

7. 应变计

应变计已经广泛地用于岩土体及混凝土结构的应力应变观测。加拿大在监测坝基的位移时,使用杆式应变计,将应变计从坝底伸入到岩石中。钢弦式或电感式长杆应变计(即土应变计或堤应变计)主要用在土坝大范围的水平应变观测,长杆水平应变计通常是锚固在坝一端的坝肩岩石或相邻混凝土建筑物上。应变计布置在潜在拉力裂缝区,例如较陡的坝肩和基岩高程急剧变化的部位。

差动电阻式应变计使用寿命可达 10 年以上,曾用在 6MPa 内水压力试验的混凝土衬砌中和具有 1.5MPa 水压力的混凝土衬砌长期观测中,仍可正常工作。这种应变计需要使用特制水工电缆,工作时的最低绝缘度不能小于 5MΩ。

钢弦式应变计，由于它对电缆的长度和绝缘情况没有严格要求，运输和安装时不易损坏。因此，在环境恶劣的岩土工程监测中，将会更加普及。

8. 测斜仪

钻孔测斜仪已经是岩土工程监测的主要仪器之一，被广泛地应用在各类工程中。在混凝土坝体内用其观测倾斜向移动，有的工程用其代替垂线。在土石坝观测中，用其观测内部水平位移、斜向位移和混凝土面板的挠度。边坡工程一般用来观测不稳定边坡潜在滑动面的位置或已有滑动面的移动。地下工程监测用其观测洞室两侧围岩的位移。目前，测斜仪用以测量深基坑墙体和土体的水平位移，对监视墙体和基坑的稳定状态变化起着极为重要的作用。

测斜仪的观测方式，一般采用活动式的。固定式的仅在实现活动式观测有困难或进行在线自动采集时采用。

9. 倾角计

倾角计主要用以观测岩土体和建筑物表面的转动位移，如三峡的边坡观测和一些城市地铁施工时的地面和地上建筑物的转动观测。使用条件比较简单，使用灵活、方便。

10. 挠度计

挠度计可安装在任意方向的钻孔里，可以做临时性观测，也可以做永久性观测。目前岩土工程监测用得比较少。

11. 静力水准

在大坝、高层建筑、矿山和边坡用静力水准观测两点或多点的高程变化，即垂直位移和倾斜。小浪底工程在地下厂房水轮机层、顶拱和吊车梁高程、进水塔基础廊道内均布置安装了多测点的静力水准，用以观测相对垂直位移，并与垂线联测确定绝对位移。

静力水准使用条件简单，可以目视观测，也容易实现自动观测。

12. 测缝计

测缝计是岩土工程监测的主要观测仪器之一。较多的用来观测岩土体和混凝土内部的或表面的接缝和裂缝。许多坝基，如葛洲坝用测缝计组装成各式基岩变形计和位错计，埋在接缝或弱结构面处。在土石坝监测中，测缝计用处比较多。用在土石坝裂缝和混凝土面板接缝观测和脱空观测，一般在最大断面处的周边缝埋设测缝计测其错动和开合度，在面板下埋设脱空计；在两岸坡周边缝埋设三向测缝计；面板的接缝有时也用三向测缝计。

测缝计的使用条件和应变计基本相同。

13. 剪切位移计

剪切位移计也叫界面变位计，工程中主要用来观测两种材料或结构的沿界面相对移动形成的剪切位移。土石坝工程如小浪底等工程在两岸和坝肩、土砂接合面埋设这种位移计观测错动变位。

14. 垂线

现在大家共认，垂线具有要求观测仪器应具备的所有性能，即可靠性、灵敏性、简易性，在任何气候条件下都可测，精度可达到0.1mm。各国一致认为，正倒垂线都很重要，是可以实现自动化的一种准确而简单的观测设备。许多工程在拱坝的数条廊道和竖井中安装正垂线，在坝基内装倒垂线，其锚点都有足够深度。常采用的光学遥测垂线坐标仪、电感遥测垂线坐标仪和激光垂线仪等。

15. 大地测量仪器

加拿大在边坡工程监测中，采用经纬仪和电磁位移测量仪器进行位移测量，利用测量网和觇标监测边坡位移是一种基本布置形式。

在光电测距——经纬仪地表测点已经安装作为边坡上部边界线位移监测系统一部分的地方，又布置了水准测量，充实边坡垂直位移观测，确定滑动区的横向范围以及垂直位移量。

瑞士对大地测量很重视，将其视为发生异常事件的一种控制手段。这种方法的要点在于他们建立了一个测量大坝和坝基位移的三维系统，即将一垂直网（水准）与水平网（三角网、多边网）相连。

现在已有许多工程采用电子测距仪的精密测量大坝位移的系统。用电子测距仪测量的工程，以三边测量代替三角测量，测量误差相对与距离无关，于是在大坝影响范围以外较容易地找到稳定的参考点。但是，使用的反射镜价格昂贵、复杂且易损。此方法尚未普及。

16. GPS 测量系统

目前 GPS 测量系统主要接受 GPS 系统信号，采用载波相位信息，通过设置参考站，利用载波相位差分技术，再通过建立相关模型，将参考站与各个监测站数据进行差分处理，可以有效地消除或减弱卫星测距的各种误差，使得定位精度得以大大提高，可以使用于变形监测的静态变形测量精度达到亚毫米级。

GPS 测量系统测点布置不受通视条件的限制，可实现全天候、快速地进行全自动的变形监测。但 GPS 测点布置一般应远离强电磁波发射区、高大障碍物和光滑的镜面物体。GPS 测量系统宜采用 24 小时实时在线采集，采集频率 1 ~ 10Hz。

（二）压力（应力）观测仪器

1. 压应力计

压力或压应力测量仪器的种类很多。常用的有差动电阻式压应力计和土压力计、钢弦式压力计和液压应力计。由于在理论上和技术上还需进一步探讨，所以使用时都十分谨慎，认为压应力与其邻近材料之间的阻抗匹配是重要的，为此应满足压应力计厚度与直径之比最小和压应力挠曲变形与其周围材料挠曲变形相当的要求。此外，在埋设回填料和校准压应力计的荷载过程中应该特别地谨慎。仪器埋设时，都特别注意减小埋设效应的影响，认真做仪器基床面的制备。有些工程为了慎重，在关键部位一般都安装两种不同类型压力计，其中一种为备用。

在澳大利亚的主要坝体上的混凝土内部应力测量系统，使用差动电阻应力计，取得了较好的效果。在土石坝观测中，一般都采用钢弦式土压力计。

在填筑坝工程中，均在其某些关键部位，例如陡坝肩、窄峡谷和填土与混凝土接触面等进行应力观测。土压力计直接给出接触区的应力分布情况，同时监测了由于材料内部应变而引起的材料强度变化，还用土压力计测定包括孔隙水压力在内的总压力。为了获得某个位置上的有效应力，均在土压力计附近安装一支测压管或渗压计。这些装置的观测结果可以指示坝体内部是否在发生水力劈裂或拱效应。

2. 锚杆应力计

锚杆应力计是将钢筋计串接在观测锚杆上测定锚杆轴力。钢筋计常用的有差动电阻式和钢弦式两种，锚杆应力计一般都使用钢弦式钢筋计。

20 世纪 70 年代以来，在锚固工程和地下工程监测中，锚杆应力计是锚固效果观测、锚固结构的工作状态和围岩稳定观测的常用仪器。

锚杆应力使用条件简单,安装方便,敏感性强,效果一般良好。

3. 锚固荷载测力计

在使用预应力锚杆加固的工程监测中,锚固荷载观测仪器已经是加固系统不可少的组成部分。最初,用其提供预应力锚杆安装方法的有效性依据;在运行期,监测锚索由于材料腐蚀产生断丝和锚固段损坏,而失去作用的情况发生;当设计将被锚固的破坏面上的剪切阻力估计得过高,测力计能尽早的指示出设计的不合理。因此,为采取补救措施提供了时间。

测力计使用所处的环境对其有特殊的技术要求是:耐腐蚀,耐振动,要有温度修正系数和便于遥测。

(三) 渗流观测仪器

1. 渗压计

常用的渗压计有气压式和电测式,后者又有差动电阻式和钢弦式两种。气压渗压计使用效果一直很好,但目前人们却更愿意使用电测渗压计,因为它便于实现遥测和自动化。

渗压计在岩土工程监测中属不可少的仪器,广泛地用于渗流压力、土体孔隙水压力、基础扬压力和衬砌的外水压力观测。

渗压计的使用条件容易控制,但埋设时都十分谨慎,一方面严格做到渗压计对使用条件的要求,同时还要注意做到不能因为渗压计的埋入而改变所在位置的观测条件。

2. 测压管

测压管是一种渗流观测的传统仪器,用于观测地下水位、土坝的浸润线。封闭式测压管也可用来测孔隙水压力和渗透压力。一般均用在渗透系数大于 10^{-4}cm/s 的土中,渗透压力变幅小的部位和监视防渗裂缝等。

(四) 温度观测仪器

温度观测也是岩土工程监测中不可少的。凡是观测与外界温度或自身温度有关的物理量,均观测温度。此外,许多工程还根据温度观测了解由温度直接反应的工程性状。有些工程严格监视,在相同作用条件和温度周期性变化的条件下,变形特性应重复呈现,否则可认为出现了异常现象。为了监测施工期和正常运行期的温度分布,而进行混凝土坝内部温度观测,一般都采用网络状布置温度计。

目前使用的温度计大多是电阻式温度计,使用差动电阻式仪器均可同时进行温度观测。

(五) 动态观测仪器

岩土工程中的动态观测,主要是观测由于地震和爆破等外界因素引起的岩土体和结构的振动和冲击。通过振动速度、加速度、位移、动应变应力、动土压力、动水压力和动孔隙水压力观测,确定振动波衰减速度,峰值速度和冲击压力。

动态观测使用的传感器有:速度计、加速度计、动水压力计、动土压力计、动孔隙水压力计等。

岩土工程的动态观测,还包括使用声波速度和地震波速度测试手段测试岩体波速,来确定岩体松动范围和动态力学参数。用声波法圈定地下洞室围岩松动范围和人工边坡的松动范围已经普及。

第六节　监测工程施工与观测

一、监测工程的内容

监测工程是岩土工程中的重要组成部分。它平行于总体工程，并贯穿于总体工程始终，是与总体工程不可分割的，又是独立实施和运行的工程。

监测工程是由以下几部分组成的：

1）监测工程中，为仪器安装埋设、电缆敷设、巡视观测、仪器设备维护等项目所做的土建工程。

2）仪器组装率定与安装埋设工程。

3）电缆敷设工程。

4）仪器设备及电缆维护工程。

5）观测与巡视及其有关工程。

6）资料整理分析、反馈、安全预报及其有关工程。

监测工程随着岩土工程的设计、施工、运行3个阶段也可分为相应的3个阶段。

监测工程的等级与岩土工程的等级相同。同时，监测工程又分为三种类型：

1）全面的监测。

2）查明潜在不稳定部位的监测。

3）对实际不稳定部位的监测。

由于岩土工程的分类，其相应的监测工程分为：

1）地基基础监测工程（将上部结构与其地基作为一个整体考虑时，也包括上部结构，例如水工建筑物和桥梁）。

2）边坡监测工程。

3）地下建筑物监测工程。

本书中，根据岩土工程的类型分为四个部分：

1）大坝及坝基安全监测。

2）边坡工程安全监测。

3）地下工程安全监测。

4）工业与民用建筑安全监测。

其中大坝与工业民用建筑是将上部结构与地基基础作为一个整体进行安全监测。

二、监测工程施工组织设计

岩土工程的监测工程是隐蔽性较强，精度和准确度要求较高的工程，同时它又贯穿在总体工程之中。基于这样一种特殊的工程，作好施工组织设计是十分必要的。施工组织设计是监测设计的重要组成部分，是编制工程概预算和招、投标文件的主要依据，是工程施工的指导性文件。它对于正确确定监测系统布置、优化设计方案、合理组织施工、保证工程质量、避免与总体工程干扰、缩短工期、降低造价都有十分重要的作用。

(一) 监测工程施工组织设计要求

监测工程施工组织设计应符合下列要求：

1）在设计中，必须明确地确定它在某一岩土工程施工中的特点，认真研究监测系统设计布置和技术要求，并要符合现行的施工组织设计规范和有关施工规程、规范，以保证工程质量。

2）施工程序应符合岩土工程总进度计划和施工程序的要求，要有与其协调平衡的措施，避免干扰、冲突，确保初期监测和施工期监测取得准确的初始状态值和时间与空间上连续的、全过程的资料，并确保仪器安装埋设的质量。

3）施工进度应符合工程施工总进度的要求。在满足工程总体施工的前提下，制定各项工作的方案，方案的确定要有比较，择优选用。

4）设计中必须编制完整的监测工程施工技术规程，用以保证监测工程施工严格遵循有关规程、规范，达到监测系统设计标准和要求。

5）设计中应考虑监理常规要求，并将要求编入设计文件中，便于施工人员对此有明确的认识和遵照执行。

(二) 施工组织设计步骤与内容

1. 调查分析研究工程特性和施工条件

掌握岩土工程和监测工程的特性和施工条件是施工组织设计的基础工作。

2. 确定施工程序和施工方法

监测工程的施工程序和方法，常常受到相邻工程和岩土工程施工的影响，因施工条件的变化而变化。因此，施工程序和方法需要准备多种方案，以适应这种多变的施工条件。

3. 编制施工进度计划

施工进度计划需在编制施工组织和作业循环图表、各种仪器设备安装埋设设计的基础上进行编制，并同时考虑工程总进度的要求。

4. 编制施工技术规程

编制的技术规程应包括：土建施工规程、仪器设备组装检验率定规程、仪器设备安装埋设规程和观测与资料整理分析规程。此外，在技术规程中，对监测工程施工有影响的施工条件提出有限定要求的文件。

三、观测仪器设备安装埋设

监测工程施工的中心内容是观测仪器设备的安装埋设。因为监测系统能否可靠和长期地工作，取决于仪器质量、仪器的安装与埋设，遥测仪器还与电缆的质量有关。控制仪器使用质量的主要因素，是仪器的安装埋设和电缆的质量。监测工程施工必须按照设计要求精心施工，保证安装和埋设的质量。

(一) 仪器安装埋设设计

仪器安装埋设前，首先要根据监测系统设计和技术要求、施工组织设计和施工技术规程，提出仪器设备安装埋设施工大样图、仪器与测站连接系统图、仪器组装结构图和附件加工图等。并提出技术准备和材料准备要求，以及电缆连接和仪器编号要求。

这项工作一般需要在现场进行，这样可以根据现场实际条件作出切实可行的方案，有效地克服各种影响因素,确保质量和人身设备安全。

(二)定位放样

放样前,应根据放样点的精度要求,现场作业条件和仪器设备状况,选择合理的放样方法,正确定位、定向。

(三)土建施工

仪器安装埋设的土建工程包括:填筑、钻孔、开挖、整平、灌浆等。仪器埋设、安装有各种不同的要求,而且常有一些特殊要求,施工标准和工艺比较高。所以土建施工时,要严格遵照设计要求,必要时需要采取一些技巧才能满足要求。

(四)仪器检验率定与试安装

仪器安装埋设前,应进行检验,有的需要通过率定检验。在准备工作完成之后,进行仪器试安装工作。通过检验率定和试安装,不仅可以检查仪器和附件是否合格,还可熟悉安装埋设业务,检查准备工作是否充分,这对正式安装埋设工作有很大的帮助,尤其对初次埋设人员来说更为重要。

(五)安装埋设仪器

仪器的安装埋设应按施工图和技术规程进行,要严格遵照设计中所规定的仪器布置图和结构组装图及其定位方向。为了确信仪器是完好的,必须在安装前后进行跟踪检测并记录。

仪器安装埋设时的主要操作人员,应明确目的,熟悉设计布置的意图,熟悉监测系统和工程特性,并掌握仪器性能和结构特性。对监理人员也要有同样的要求。否则,安装埋设的质量是不会有保证的。

(六)观测电缆敷设

仪器可靠地工作,在较大的程度上与电缆的连接、敷设质量有关。电缆敷设时,要严格按照仪器安装埋设设计书中所拟定的仪器与观测站的连接系统图、电缆连接敷设技术要求和走线程序进行施工。

(七)安装埋设记录

仪器安装埋设和电缆敷设应做好记录,绘制现场安装埋设草图。在仪器和电缆埋设后应及时绘制竣工图,填写考证表,编写技术报告。

四、观 测 方 法

这里所谈的观测包括仪器安装埋设后基准值的观测、岩土工程施工期的观测和仪器转入永久观测,即运行期的观测。不论是哪个阶段的观测都应根据监测系统的仪器使用程序和仪器厂家说明书,人工测读或自动采集测读;根据不同仪器的观测计划,对仪器进行基准值测读和定期测读。测读时,应格外细心,以确保与观测系统相应的最高精度和观测资料的可靠性。在开始观测一组新读数之前,应对观测仪表进行校验,以确保其良好的功能。

仪器读数应记录在专用表格中,以前的读数应随时用来对比,从而可以检验出数据的变化或由于仪器的失灵和错读引起的异常。当第一次读数出现异常或可疑现象时,应进行重读,并与第一次读数同时记录下来。对资料有影响的不正常的施工活动或其他外因全都应记录。

计算机进入观测系统，大大改变了数据采集存储、处理和数据进一步分析与绘图。但是就目前的水平来讲，人工校核仍是不可缺少的。

五、观　测　频　率

所有的专家几乎一致认为，根据监测类型将观测频率同建筑物寿命的不同阶段（施工前、施工期及施工期各阶段、初次运行和正常运行期）联系起来确定。当发生非常事件和性态异常时，比如高库水位期和水位骤降、大地震后，观测物理量达到临界状态以及观测物理量变化速率异常加大，建筑物和地基运行不正常或出现建筑物老化迹象时，应对观测频率进行调整。目前各个阶段适宜的观测频率值各国相差不大。

监测系统有效性的必要条件，不仅包括采用代表性的建筑物参照模型，还包括选择适当的读数频率，以及通过对比实测和预测资料得出正确的频率。此种频率取决于：要观测的物理量；对观测的物理量有影响的参数的变化速度；建筑物所处的阶段；测量装置的灵敏度；特殊要求，如科研、管理、可能发生的反常情况等方面的具体要求。

总之，观测频率应与相关物理量的变化速率和可能发生显著变化的时间间隔相适应，同时又要与测量装置相适应。测次应满足资料分析、各物理量变化稳定性和建筑物性态判断的需要。

应当注意的是，所有观测都应根据施工前的环境条件确定十分准确的起始基准，作为读数资料对比的基础。因此，仪器安装埋设后与岩土工程施工前的观测次数应满足此目的的要求。

第七节　监测工程的质量控制

监测工程，从设计到实施运行应有明确的质量标准和要求，以保证监测工程在设计基准期内具有规定的可靠度。

一、质量控制的环节

质量控制的主要环节应包括下列内容：

1）收集各类反映质量的信息和检测数据，制定监测的每项工作和设备的质量标准及控制方法的规定。

2）对监测工作实施的每一个环节进行质量检验。

3）对仪器设备进行定期检验和标定。

4）根据观测值分析判断反馈监测工作和仪器状态。

5）根据质量标准作出评价和处理意见。

二、质量控制的保证

监测工程质量控制应通过建立明确的责任制和检查校核制度予以保证：

1）监测工程设计要保证基本资料完备，数据可靠，设计采用的基本假定，计算方法正确无误，断面选择和仪器布置合理，设计文件、图纸符合有关规定；仪器设备选型符合选型原则要求；对监测工程的实施，指出严格的技术要求和规定。

2）监测人员在仪器组装率定、安装埋设、观测与记录、资料整理与分析、信息反馈与预报等每个程序中要保证合格质量水平。

3）监测工程质量的合格质量水平，应根据规范规定的目标可靠指标制定。质量控制的内容、步骤和方法，应在监测规范和实施技术要求中明确规定。

4）各类监测项目的设计文件应明确规定监测仪器设备的运用条件和维护要求，提出正常运用的标准，并进行现场标定和检查。当仪器使用条件与设计预定条件不符时，应进行检查，根据需要采取适当的保证措施或更换。

三、质量控制的步骤和方法

（1）初期控制　在设计阶段必须通过必要的勘测、试验和研究得出参数，用于确定仪器布置位置、深度和数量，避免盲目和简单类比。工程施工开始前，还必须进行各种试验，确定合理的标准和仪器安装工艺参数，以保证能满足设计和规范要求。

（2）施工控制　在仪器安装埋设的全过程中，必须对仪器的传感元件、材料、设备工艺等进行连续性的检验，以保证它们的质量的稳定性。这个阶段要做好安装记录：

1）仪器的种类、型号、编号和说明。

2）仪器的位置、坐标和高程。

3）仪器安装的日期和时间。

4）气候、温度、雨和风情况。

5）安装期周围施工状况。

6）钻孔（挖槽）时的记录、岩芯、地下水观测和任何例外观测的描述。

7）安装过程中的记录、方法、材料和任何例外的观察。

8）绘制按比例的平面和剖面图表示仪器埋设所在结构、仪器的位置、电缆的准确位置、电缆所有接头的部位和仪器安装所用的材料。

9）安装时彩色照片，包括仪器埋设前的特写镜头。

10）安装期间的调试及其测试数据。

11）测取初始读数。

所有安装记录应由承包商和监理工程师双方签字。

（3）监测控制　监测包括工程施工期和运行期的数据采集（人工读数或自动采集）记录、数据处理与反馈、仪器维护与标定。这个阶段，首先根据规定的读数频率，满足系统性和时间上的连续性要求，以仪器的精度和准确度为标准检测或判定数据的偏差是否正常。定期进行现场标定，以检查仪器工作状态，及时维修和校正。

（4）合格控制　合格控制可分为仪器安装合格验收和工程交付使用前的合格验收。控制监测工程合格质量水平的一个重要环节，是控制仪器性能的均值及其标准差能满足设计规定的最小变化速率要求。

第八节　观测数据处理与分析

一、数据的处理与分析

大家都认为对岩土工程安全进行控制，要求在获得仪器读数后尽快对测得的数据进行解释，但是采取怎样的分析和解释方法，各家的观点和做法各异。目前利用计算机提供的便利条件将数据储存起来后，在短时间内可以获得不同类型的图表，已成为通用的手段。大家公认，不论是人工还是自动数据处理，都是对观测进行初步检查。第二阶段是将观测资料与相应的预报值加以比较，国内外各专家都做了这方面的工作，但各家的重点和对这一阶段工作的重视程度以及获得预报资料的步骤有些差异。

最简便、应用最广泛的资料分析方法是统计方法，这种方法利用对建筑物演变历史的回归分析获得预报资料。

采用确定性方法是以建筑物的真实数学模型为基础的。事实上根据这种模型可以推导出被检查量的预报值，而与该量的历史无关。

在统计模型中允许将参数引入确定性模型进行改进，可称为一种混合方法。

除储存、绘图和初步分析求平均值、动态平均值和进行傅里叶分析等，以及与类似预报值进行比较外，正确分析观测数据还应包括对离差趋势进行深入评价，即确定观测值和计算值差值的变化趋势。在这方面，可采用“容许区”，根据离差值所在的范围确定建筑物性状的演变状况（正常、轻度警报、严重警报）。

另一种分析方法是将测得的参数值与建筑物设计中相应的参数值加以比较。由于计算分析方面的进展，现在可以将数学模型与实际建筑物进行比较。

各家共同认为，在进行数据分析时不能根据某一次观测结果评价建筑物的性状，而应将测得的几个量的变化趋势进行相关分析来评价建筑物的状况。

数据处理包括以下几个阶段：

1）把仪器读数整理成有意义的物理量。

2）认真检查测量值，以便发现突然变化和确定要求采取措施的趋势，或指出潜在的不足。

3）以图表形式汇总并指出工程安全监测必需的资料，将观测情况与预测情况做比较。

4）把所有资料存储在数据库中，便于将来出现问题时参考和分析。

如果没有计算机，数据整理应在为每台仪器特制的计算表格上进行。处理数据所用的公式，包括校准系数和修正数都应填写在表格里。

以图的形式提出的数据分析成果是数据处理的关键成果。在仪器数据分析成果的解释和对建筑物性状评估方面，它是主要的依据。图的绘制应采用适当的比例尺，所有图的比例应有统一标准，以便于在与其他时间或其他位置观测的数值进行对比。几种相关参数绘制在同一个图上，可以加速各参数关系的建立和对建筑物性状的评估。

（一）观测数据的自动处理

多年来，人们一直试图通过开发计算机的潜力创立观测数据的处理方法。

这种处理方法，目前分为两部分：

1）联机实时采集观测数据，并进行初步处理。

2）采用数据库存入观测数据，以便以后进行详细脱机研究。

后一部分中，人工和自动收集到的观测数据要送到工程师单位，该单位装有终端系统，此系统又可连接到远处的计算中心，中心应有可供使用的存储和处理程序。目前已通用的系统，由显示器、键盘、打印机、记录器和绘图仪组成。这个系统联机和脱机均可使用，其成本也远低于其效益。

为观测数据的存储和处理而建立的数据库和信息系统，能够存储有关建筑物施工和运行状况，安装的仪器和观测工作状况等全部资料，以及处理所有存储的观测数据而得到的成果。

这种处理方法的作用：

1）存储在建筑物施工前、施工和运行期收集到的原始数据。

2）将观测数据转换成有意义的物理量。

3）按照预先制定的标准，对物理量重新分组，打印并作图。

4）进行初步分析，以便核实变化趋势。

5）对多种观测进行一致性检查。

6）找出原因量和效应量之间的相关关系，开发各种回归模型。

7）对实测物理量值与参照模型的同类预报测值进行比较。

8）作出建筑物中所有观测物理量的图形，查明是否有用，并使观测计划更加合理。

9）按使用者要求的图形格式，将每个重要物理量迅速形象化。

10）利用简单的初步处理方法或更高级的参照模型，对设计假定进行检查。

（二）实测数据与预测数据的比较

如前所述，定期检查建筑物，评估建筑物的安全情况，结合观测数据处理结果以及预测模型进行比较，是客观评价建筑物的真实性态的基础。

目前采用的比较模型：

1. 后验回归模型

这种回归模型在数学模型中是最常见的一种，至今使用的最广泛，使用简单，不需作复杂处理。可用它来核查所有的实际效应量。建立此种模型需要有一定时期内按时间序列测得的原因量和效应量。

统计模型造价低，容易建立，在建筑物不出现特殊问题时，可取得满意的结果，所以得到广泛应用。

2. 先验确定模型

通过建筑物结构分析，确定了原因量和效应量之间的相关关系后，可利用先验确定模型进行物理量核查。

建立先验确定模型，除了需要建筑物几何参数外，还需要全面了解材料的物理力学特性。确定模型在施工期和正常运行期间是一种有效的核查工具，除此而外，它还可作为解释特殊运行和维修条件下建筑物性态的手段。

利用反分析法建立确定模型比较建立回归模型需要更多的技术和经济投入，然而一旦建立起来，它就是一种适合建筑物各种实际运行条件的有效、客观而可靠的工具。

此外，还有一些其他类型的数值模型，例如把确定和回归技术结合在一起而建立的模型。

二、岩土工程稳定性的评估

岩土工程稳定性评估应以各种参数值表示的监测仪器数据分析成果为基础。根据监测数据分析结果进行详细评估，并与设计假定进行对比，完成此项工作之前必须熟悉以下因素：整个监测设计的目的；仪器本身的物理偏差和限度；所评价建筑物的期望性能；超出误差范围读数的影响。

没有兼顾以上的评估，可能导致不正确的结论。

如果想从中得到最大效益，必须及时进行所有观测数据成果的详细评估和解释，在当前，最常见的最不可原谅的缺点是对观测资料不作解释而一直放到它们被更新的资料所代替。如果监测仪器系统的设置是应该的，那么及时的维护、观测、数据分析和性能评估工作，则应该是必须的。

评估应注意考虑以下几个原则：

1）观测数据的过程曲线和在建筑物平面及各剖面上的分布曲线，是必须的资料。

2）作图应选好比例尺，不正常的比例尺会导致歪曲的解释和结论。

3）数据中所有的小问题或错误都要有逻辑解释，有无补充的施工和运行的资料往往是决定因素。

4）一般结论应建立在一定时期内形成的变化趋势的基础上。

5）应建立不同种类数据间的相关关系，以便弄清监测性能的可靠性。

6）所有的仪器都是有限制的，超出限制范围的观测数据都是有疑问的数值。

7）所有建筑物和基础对位移、压力等都存在一定的偏差，在监测仪器评估之前，要合理的确定该偏差对工程性能的影响范围。

8）所有监测仪器计划都应有使用寿命，已经实现其目标的仪器不应再测读。以免搞混有价值的数据。

9）虽然偏离假设的，但可以接受的监测数据，不能说是有问题的数据，同样在允许范围内的数据不能保证没有问题。

10）当已经收集并分析完监测数据，对建筑物性能评估时，必须作出结论和处理决定。这种决定一定不能包含任何来自各方的不科学的主观意愿，做到：计划是高效的，但不能有不必要的压缩；对设计可以做出必要的修改和补充；在补救工作施工期间和以后，应注意持续的进行仪器观测、维护和评估。

对建筑物经常所遇到的不幸，是评估的一些合理的意见总是受到来自设计和业主在维持思想平衡的限制下而不能实现。如果在施工期间，承包商的索赔和额外投资的可能性，业主选择低廉的或不理想的方法使问题化为最小，设计者也有类似问题，当然评估者走另一个极端的问题也是可能存在的，关键在于监理工程师应坚持上述提到的3个目标的实现，而不作任何形式的妥协。

工程技术经验在性能评估方面是十分重要的。应该清楚，观测、评价和得出结论的质量与委托承担各项任务的人员资格、经验和献身精神成正比，要认识到计划成败的关键在于参与观测、评估和结论实现的每一个人。

第二章　岩土工程安全监测设计

第一节　监测设计的基本原则和标准

岩土工程的安全监测工程设计应看成是整个工程设计的一个重要的组成部分，监测工程设计必须与所有其他工程设计一样统一安排，认真做好。因此，设计时应按照建筑物的永久性和临时性，永久性建筑物中的主要和次要建筑物应分级别、作用及荷载情况等确定监测设计的基本原则和采用的标准。

一、设计基本资料的确定

设计以现场地形、地质、地下水、地表水和环境与建筑物间的相互作用为基础，监测的范围和性质取决于建筑物的类型，复杂程度和不利后果的潜在因素。监测设计不应只是仪器的选择和布置，而应从监测目的、原则到监测资料的整理与应用整个过程的系统全面的考虑。设计应根据工程具体条件有针对性地进行。设计需要的基本资料有：

1）工程形式、工程规模、使用年限、几何形状、尺寸以及边界条件。

2）地质条件和工程技术特性。

3）环境条件。水文气象、生命财产危险性、附近建筑物或其他设施的状况。

4）岩土体物理力学性质和地应力状态。

5）施工方法和程序、各种结构的类型。

6）工程前期试验资料、模拟计算成果、结构布置形式。

7）确定的安全监测参照模型。

8）预测的工程运行性能，通过预测选定的仪器量程与精度和确定仪器定位定向依据。

二、监测工程设计假定

监测工程设计中，对量测参数的选定，仪器安装布置以及观测资料整理计算等都需要考虑一些假定。例如，参照不动点、收敛位移假定、初始值确定等。这项工作要考虑以下原则：

1）以工程实际情况为基础。

2）因假定引起的偏差不能超过仪器精度和参照模型中各个量允许的偏差范围。

3）尽可能选定偏差小的假定范围和尽可能少的假定条件。

4）采用适当而经济的办法，消除或降低因假定而产生的偏差。例如，地下工程围岩内部位移观测不动点的假定，可以根据工程已有条件，通过预埋仪器或绝对位移量测，测得部分绝对位移，以求得包括假定偏差在内的位移释放率来修正位移。

三、监测目的与监测项目的确定原则

监测设计的目的必须根据工程条件明确地确定。一般情况下，岩土工程安全监测设计

均以工程安全施工和安全运行为主要目的。此外,还包括:施工控制、诊断不利事件的特性、检验设计的合理程度、证明施工技术的适应程度、检验工程的长期优良性能、检验承包商依据技术规范施工的情况以及为促进技术的发展或合法的依据等。

为此,监测项目的确定应考虑如下原则:

1)观测成果主要用于设计和施工的技术校核和修改时,选定起控制作用的项目。

2)观测成果用于及时预报施工和运行安全程度为目的时,应确定一项、多用、数据长期可靠的项目。

3)应针对危及建筑物稳定的关键问题和控制性观测来确定项目。

4)探查不稳定部位或影响稳定的因素时,应尽可能采用系统项目。

5)施工安全监测的项目要简单,不干扰施工,取得成果要快。

6)监测成果主要用于科研和发展新技术时,要按专项和全项两种方式选定。问题简单明确的用专项,问题模糊的尽可能用全项。

7)为了校正主要观测项目成果的观测,要针对影响因素的类型确定项目。

8)确定观测项目要考虑仪器设备的经济,使用方便及可能性等条件。

9)长期观测项目,应能较全面地反映建筑物的实际运行情况,力求少而精。

10)工程安全监测系统中都应当有巡视检查项目。

四、仪器选择与质量标准

(一)仪器选择

为实现监测目的,主要条件之一是正确选定仪器的性能及使用条件。因此,监测设计中必须按以下条件选择仪器,做好仪器的选择工作。

1)选择仪器最主要的要求是仪器的可靠性。仪器固有的可靠性是最简易,在安装的环境中最持久,对所在的条件敏感性最小,并能保持良好的运行性能。同时,选择不易受施工干扰和人为破坏,不易受水、灰尘、热或地下水化学过程损坏的传感器。

2)选择仪器应考虑工程的规模和重要性、使用年限、所确定的观测项目、地质条件、结构形式、施工和运行方式等因素。

3)仪器应有足够的准确性,而且对耐久性,可重复使用性,校正的一致性应具有足够的可靠性。

4)要有可靠的能保证仪器性能的厂家。

5)选择仪器前,对与仪器工作有关的结构与基础特性参数要有充分的估算。

6)所选仪器要经济,并易安装埋设、保养,易于检测和更换元件,同时易于实现自动化观测。

7)在进行不同仪器方案的经济评价时,应比较其采购、标准、安装、维护、观测和数据处理的总投资。

8)仪器安装与观测现场的施工干扰应最少,并应考虑测读时所需的特殊通道。

9)仪器安装不应对它所要观测的物理量产生影响。

10)设计文件中,对仪器的选型和采购应提出技术要求。提出仪器型号、厂家要求和替换仪器的批准程序。

（二）仪器质量标准

监测仪器应具备下列技术性能和标准：

1. 可靠性和稳定性

可靠性和稳定性是指仪器在设计规定的运行条件和运行时间内，检测元件、转换装置和测读仪器、仪表保持产品原有技术性能的程度。可靠性和稳定性的评价标准如下：

1）用于岩土工程安全监测的仪器，在监测过程中，应能经受时间和环境的考验，其可靠性和稳定性对监测成果的影响应在监测设计所规定的范围内。

2）由于温度影响引起的零漂，应限制在仪器设计所规定的限度以内。仪器允许使用的温度范围愈大，其适应性愈好。

2. 准确度和精密度

准确度，是指测量结果与真值偏离的程度，系统误差的大小是准确度的标志。系统误差愈小，测量结果愈准确，但准确不一定精密。

精密度，是指在相同条件下，测量同一个量所得结果重复一致的程度。由大量偶然因素影响所引起的随机误差的大小是精密度的标志，随机误差愈小，精密度愈高，但精密不等于准确。

准确度的评价标准：误差数值固定，即在整个测量过程中，数值和符号均保持不变的恒值误差；由于环境温度、湿度、电源、电压和外界磁场变化所引起的变值测量误差，均能通过检测或标定控制在允许误差之内。

精密度的评价标准：由偶然因素引起的随机误差能通过重复测读和检测控制在仪器精度范围内。

3. 灵敏度和分辨力

对传感器来说，灵敏度是输入量（被测信号）与输出量的比值。具有线性特性的传感器其灵敏度为常数。当用相等的被测量输入两个传感器时，灵敏度高的传感器的输出量高于灵敏度低的传感器。对于接收仪器来说，当同样一个微弱输入量，灵敏度高的接收仪器表头上的读数值要比灵敏度低的接收仪器上的读数值大。

分辨力，对传感器来说，是灵敏度的倒数，灵敏度愈高，分辨力愈强，传感器检测出的输入量变化愈小。对于机测设备（如百分表、千分表、游标尺等），其分辨力以表尺面的最小刻度表示。

五、监测系统布置原则

监测系统的布置原则如下：

1）监测系统的布置要按工程或试验研究的需要、地质条件、结构特点和观测项目来确定，选择有代表性的部位布置仪器，仪器布置要合理，注意时空关系，控制关键部位。

2）埋设仪器位置应选择能反映出预测的施工和运行情况，特别是关键部位和关键施工阶段的情况。有条件的应在开工初期进行仪器埋设观测，以便得到连续完整的记录。在施工中尽早地获取资料，并逐步修正数学解释模型中用到的参数。

3）位置选择应具有灵活性，以便根据施工中的具体资料修改仪器的具体位置设计。为了掌握岩土介质的固有特性或建筑物性能，要准备随机布置量。

4）为了校核设计计算方法，观测断面应在典型区段选择岩体或结构性态变化最大的部位;断面数量和仪器数量取决于被测工程的尺寸,并与控制的目的相吻合。

5）在观测断面上,应考虑岩体和结构的性态变化规律、结构物的尺寸与形状预计的变形、应力和其他物理量的分布特征布置测点。测点的数量,在考虑结构特征和地质代表性之后,依据上述特性变化情况和预计物理量变化梯度来确定。梯度大的部位,测点间距小;梯度小的部位,测点距要大。

6）观测布置要考虑便于与计算和参照模型比较和验证。

7）考虑到岩体和结构物的复杂性,可能发生的偶然误差和个别仪器的损坏等情况,为了获取正确的观测成果,对重要的断面或测点,仪器布置宜适当的重复和平行观测,以便进行校核。随着对建筑物性状了解的不断加深,可以放弃一些仪器,或再补充安装其他一些仪器,使系统优化。

8）有相关因素的观测仪器,要注意资料的相关性,布置要互相配合,以便综合分析。

9）仪器布置应力求以合理的最少量达到所要观测的目的。在满足精度要求的前提下,应达到观测方便,测值能互相对比校核。应尽量排除影响精度的因素(如基准点变位,测点滑移、温度影响等)。

10）对需要监测自动化的建筑物,安全运行的监测系统要考虑便于自动化数据采集的需要,同时保留人工观测的条件(接口和观测手段等)。

11）一般现场巡回观察是监测建筑物安全的重要手段之一,应列入设计内容,其项目和内容以及观察点布置和观测方法等可参照有关规程进行。设计应编制计划,对检查项目、部位、线路、记录格式、时间等应作出规定。检查记录、文字描述应作为资料文件存入数据库。同时,提出安全评价报告。

12）仪器设备布置总的原则是,突出重点(重点工程、重点部位、重点项目)且要兼顾全局,力求达到少而精的原则。仪器设备布置应以建筑物安全为主,应满足建立安全监控数学模型需要,同时应兼顾指导施工、校对设计,达到提高设计水平的目的。

六、监测系统设计要求

设计一个新的监测系统或者已建工程监测系统的改造设计,首先应预测控制性状的机理,确定仪器监测的目的,查清岩土工程问题,进行危险性分析,建立参照模型。然后,进行系统的设计。设计内容应包括:选定监测参数,预测参数变化范围,选定仪器;设计监测方案;编制施工程序、技术要求和安装工程施工标准;提出建立保证资料正确性的方法和监测系统维护管理方法。

七、编制观测计划的要求

监测设计中要编制仪器观测计划。计划中应按照建筑物有效期分为施工前、蓄水期、初次运行期、正常运行期四个基本阶段。这些阶段是建筑物的重要而敏感阶段,也是能证明建筑物是否能满足设计要求的阶段。此外,观测必须尽早开始,以便了解建筑物的初始状态,监测建筑物性状变化的全过程。施工期监测,可以监控施工安全,了解建筑物和地基在荷载变化情况下的反映。在敏感阶段观测,可以在短时期内获得大批资料。

观测设计中应对观测频次作出规定。

计划必须根据现场具体条件,考虑规章制度制定监测机构的实用要求。

计划必须有对下列情况作出反应的自动替代行动过程和灵活性:

1）预料的现场条件发生变化。

2）施工程序发生变化。

3）设计和施工要求的变化。

4）意外的或非常严重的自然现象发生。

八、自动化系统的一般设计原则

设计自动化系统的目的是组装一个具有灵活性的定型监测系统,就其组件和功能而言,它能够适应各种特定的实际情况,因为岩土工程安全监测的测点多、仪器种类多、面积大、周期长、人工观测同步性差,在紧急状态下不能连续完成数据采集。在设计和建立自动化监测系统时,要注意以下事项:

1）经济比较要放在首要位置,要考虑功能价格比。

2）自动观测仪器的选择及其在建筑物上的布置,必须适应自动化联网和采集系统的统一性。每个仪器都要进行性能和可靠性试验。

3）采集网络的选择,可根据要执行扫描的仪器数量和位置,网络可以是集中的,也可以是分散的。

4）在计算机上完成的比较模型要通过适当的证实后,才能开始正常使用。

5）装置必须加以保护,以防可能损害其功能的电磁场等的干扰。

6）系统应具有多功能的硬、软件,能兼容各种传感器,并能与工程中其他自动化系统联网,且数据、信息共享。

7）系统应有操作灵活的数据库群,其中包括:观测仪器测点特性、观测数据库、工程档案数据图形库、人工巡检数据信息库、数学模型及其参数库、环境量及其他辅助数据库。

8）系统应具有人工观测接口,以便在系统完建之前或发生故障时进行人工补测。系统正常运行时又可进行校测。

9）系统要有电线输入口,机械式测量和人工观测数据可用键盘输入。

10）系统对同一工程的各建筑物的重要信息能够实现联机实时的安全监控。以便得到恰当、可靠的安全评价和预测。

11）系统应具有人工智能特性,即以仿真模拟专家对工程的运行状况作出综合评估和决策的知识库为核心,综合应用最新成果,建立具有多种功能的方法库,结合数据库和图形库,利用推理求解公式,对工程安全状况进行综合评估和辅助决策,实现实时监测工程安全状态,综合评估工程安全,反馈控制运行,紧急防范决策以及及时反馈设计、施工等目标。

九、监测系统更新改造设计原则

老建筑物,可针对具体工程制定一些修正规则,修正的结果可能要求增设观测仪器或改造监测系统。一般来说,在这类建筑物中埋设的观测仪器必须十分简单,目的是能发现对建筑物安全有显著影响的异常现象，而不是为了获得有关建筑物性状的全面情况。

有些国家每5～6年对建筑物进行一次总检查，必要时对监测系统进行更新。

对监测系统不完备的建筑物来说，主要来自以下两方面原因：

（1）监测系统设计不当或装配得不合理　这与观测仪器的数量和检测物理量的类型有关，或是由于采用的观测频次不正确。

（2）建筑物的现状与设计阶段预见的情况不同　如性能下降比预想的严重，不可预见的结构或地质现象等。因此，即使最初认为是正确的监测系统，到时也满足不了要求。对这种情况，必须寻求最客观合理的准则来解决安全问题，这种准则要便于确定可能存在的危险状况。

不论是老建筑物、监测不完备的建筑物，还是存在特殊问题的建筑物，都应进行验证，而且这种验证应每10年重复一次，并对以下几方面进行全面验证：

1）对原设计和所有与建筑物寿命有关的文件重新检查。

2）对现有全部观测系统进行校核，验证其完整性和充分性。

3）对建筑物全部历史资料进行分析。

4）调查确定建筑物和基础的物理、力学、几何特性。

5）稳定状况评价和对建筑物及其基础进行数据物理模拟。

6）建立或调整控制建筑物静力和动力性质的预报模型。

7）对监测系统和数据处理进行修正和更新。

8）通过无损检测检查材料的状况。

9）为负责建筑物安全的人员起草监视程序。

根据以上分析结果，可以对建筑的安全进行客观的评价，并对进行修正安全监测的必要性、透明程度作出评价。另外，在极端情况下，考虑经济因素，停止使用建筑物原有监测系统，重新设计。

第二节　大坝与坝基安全监测设计

一、混凝土坝安全监测设计

（一）设计所需资料

大坝和坝基监测设计除工程的自然条件和工程条件的资料，还应对下列资料进行分析：

1）大坝设计计算成果和地质力学模型资料、坝基渗流资料、坝体应力和位移资料。特别是各种荷载不同组合情况下的应力与位移资料，常作为第一次蓄水时安全监控标准；地质力学模型试验的基岩弹性变形或破坏变形资料，用于确定基岩的安全监控指标；坝基渗流计算主要了解坝基渗流量，了解防渗帷幕效果和地基裂隙发育情况，用于确定渗流监控指标。

2）基岩和混凝土的物理力学性能，除需要基岩和混凝土的抗拉、抗压强度、弹模、泊桑比外，还需要混凝土和基岩的热膨胀系数、混凝土徐变、基岩流变以及混凝土的自生体积变形资料，它们是大坝混凝土温度控制、计算温度应力所需的基本数据；基岩弹模、热膨胀系数是埋设基岩应变计、计算基岩应力所需的基本数据；混凝土弹模和徐变资料是为计算混凝土应变和应力所需的数据；基岩流变资料是和观测资料进行比较用的。

3）混凝土大坝标号分区、施工进度、浇筑程序。了解混凝土大坝分区是在于掌握仪器埋处混凝土的性能，以便计算坝体应力；了解施工进度（主要指混凝土浇筑进度和先后顺序），在于了解仪器电缆引线是否被堵，决定是否应预埋电缆或预埋走线管路，以便将仪器电缆引至观测站。

4）水工模型试验资料。水力学观测仪器布置需了解水流形态，溢流坝表面的压力分布，以及坝面什么部位产生拉力（负压），以便确定时均压力、脉动压力、底流速仪测点的布置位置。

（二）监测设计原则

安全监测设计的基本原则除前面所述外，结合混凝土大坝实际情况，特提出大坝及其基础监测设计应遵循的以下原则：

（1）安全监测为主、兼顾设计、施工、科研的需要　布置仪器时，首先考虑如何获取满足安全监控和建立安全监测预报模型需要的主要效应量（坝基和坝体的水平位移、坝基的扬压力等）和原因参量（上下游水位、坝体温度和自重等）。其次，兼顾检验有关设计假定或施工中了解温度、接缝开合度资料的需要。在施工中结合进行新材料、新工艺及新的监测仪器的研究，也可予以考虑。

（2）突出重点、兼顾全面、统一规划、逐步实施　应根据结构特点、地质条件选取具有代表性的坝段和部位作为重要观测坝段，其他为一般性的或辅助观测坝段。对于坝基地质条件差的大坝，监测重点应放在基础上。重要观测坝段观测项目齐全，仪器布置相对集中。对重要的效应量应采取多种方法平行进行观测。辅助观测坝段也应以重要物理量为主。次要观测坝段仪器布置项目和数量相对减少，仪器布置主要针对基岩性态和为了与重要坝段进行比较，在坝踵、坝趾等重要部位也需布置仪器进行监测。一般性观测坝段，仅布置少量仪器和测点，以掌握工程的整体性状。

（3）技术先进，经济合理　监测仪器和监测方法应力求先进，但监测费用应能为工程所承受。

（4）监测设计要有针对性　要明确布设每支仪器的意图和作用，要针对安全监控所需要的效应量和原因量以及设计和施工中所需解决的问题而布置仪器。

（5）仪器设备应实用、可靠　仪器设备应满足观测精度和长期稳定性的要求，并力求结构简单、可靠、使用方便和易于置换。埋入坝内的传感器一般要求使用15年以上。同时，传感器应考虑满足监测自动化的需要。

（6）监测项目要互相协调和同步　变形监测、渗流渗压监测和应力应变温度等监测仪器宜在同一重要观测坝段上埋设，以便互相校核和检验。

（7）监测应尽量相互结合　临时与永久监测相结合，动态与静态监测相结合，人工巡检与仪表监测相结合，充分发挥仪器作用，尽量避免浪费人力和仪器设备，力求相互校核和补充。

（8）监测信息应及时反馈　监测资料要及时采集、分析处理，并将监测成果及时反馈到设计单位、施工单位、建设管理单位和监理单位，用以改进设计、指导施工，及时发挥监测应有的作用。

（三）监测项目的选定和仪器选型

1. 监测项目选择原则

要依建筑物工程等级、坝型、坝高以及安全监控的需要选定监测项目。各类混凝土水工建筑物监测项目见表 2－2－1、表 2－2－2。

表 2－2－1　　各类混凝土水工建筑物观测项目

坝高（m）	监测项目 坝型	水平位移	垂直位移	渗流量	扬压力	坝体应力	坝体温度	钢筋应力	基岩变形	裂缝	接缝	土压力	泥沙压力	水库水温	水位
<70	拱坝	△	△	△	∨	∨	△		△	△	△		∨	△	△
	重力坝	△	△	△	△	∨	∨	∨	∨	△	△	∨	∨	△	△
	支墩坝	△	△	△	∨	∨	∨	∨	∨	△	△	∨	∨	△	△
	船闸	△	△	△	∨	∨	∨	∨	∨	△	△	∨		∨	△
	泄水闸	△	△	△	△	∨	△	∨	∨	△	△			∨	△
>70	拱坝	△	△	△	∨	△	△	∨	△	△	△		△	△	△
	重力坝	△	△	△	△	△	△		△	△	△	△	△	△	△
	支墩坝	△	△	△	∨	△	△	∨	△	△	△	△	△	△	△
	船闸	△	△	△	△	∨	△	△	△	△	△	△		△	△
	泄水闸	△	△	△	△	∨	△	△	△	△	△△			△	△

注　“∨”表示建议观测项目；“△”表示必须观测项目。

表 2－2－2　　按等级划分安全监测的一般性项目

大坝级别	监测项目
一	位移、挠度、倾斜、接缝、裂缝、下游冲淤、坝前淤积、渗漏量、应力、扬压力、绕坝渗流、水质分析、应变、混凝土温度、坝基温度、水位、气温、库水温
二	位移、挠度、接缝、裂缝、下游冲淤、坝前淤积、渗漏量、混凝土温度、扬压力、绕坝渗流、水质分析、坝基温度、水位、库水温、气温
三	位移、渗漏量、扬压力、水位、气温
四	坝体位移、渗漏量、扬压力、水位、气温

表 2－2－1 为一般常规监测项目，根据需要还应增加一些内容：

（1）变形监测　除水平和垂直位移外，应增加转动监测、挠度监测以及库岸稳定和地形变形监测。

（2）渗流渗压监测　除渗流量、扬压力外，应增加绕坝渗流监测和坝体混凝土孔隙压力监测以及水质分析监测。

（3）应力应变温度监测　除坝体应力、钢筋应力、坝温、水温外，应增加锚杆应力、地应力及预应力锚索受力监测、基岩温度监测以及气温监测。

（4）基岩变形监测　包括含基岩垂直变形、水平变形、夹层错动变形以及地应力释放变形监测。

(5) 振动监测　包括振动位移监测、振动速度监测、振动加速度监测、动应变监测、强震监测。

(6) 水力学监测　其内容为时均压力、脉动压力、底流速、水流形态、掺气、雾化、冲刷等监测。

(7) 人工巡视检查　对大坝、坝基和坝肩、引水建筑物、泄水建筑物、岸坡、闸门等建筑物的工作性态进行人工巡视检查,必要时也可采用多媒体图像监视系统进行监测,如裂缝的发展、水流形态等。

2. 监测仪器设备选型原则

由于混凝土坝内埋设的监测仪器,多数不容易置换,同时工作环境恶劣,多在潮湿和水下工作。因此,对仪器设备选型除一般原则外,还有如下特殊的要求:

1) 仪器能长期稳定(不低于15年)。采集数据准确可靠,能真实地反映大坝及其基础的性状变化情况。

2) 仪器应具有良好的防潮性能和较高绝缘度。

3) 传感器应满足监测要求的量程和精度。在满足量程前提下,选取精度较高的传感器。

4) 传感器应具有良好的直线性和重复性。其次零漂小,并能控制在设计规定范围以内。

5) 应根据不同结构物类型和施工特点,选用不同类型的传感器。如碾压混凝土和防渗墙流态混凝土对仪器刚度和弹模要求较常态混凝土中的仪器高,宜选用弦式仪器或加大弹模的差动电阻仪器。

6) 对仪器选择要进行综合考虑。既要考虑其可靠性、适用性,同时要考虑其先进性和经济性。要进行成本和功能比较,力求功能强,成本低。

(四) 观测仪器布置

1. 观测断面的选择

观测断面的选择和观测仪器的布置应根据工程规模、建筑物等级、结构特点以及监测目的来确定监测项目、内容和部位。仪器布置应选择最具有代表性的坝段进行观测,所谓代表性坝段,或是坝的高度最大,或是观测成果易于与计算成果和模型试验成果比较。该代表性坝段一般作为重要坝段,其监测仪器布置应能反映建筑物性状,要求观测项目齐全、监测仪器集中。当坝基存在地质问题,如软弱破碎带,泥化夹层时,这些坝段监测重点应是基础和与基础结合的混凝土坝内的坝踵、坝趾部位。其他为一般性观测坝段。

重力坝拟在溢流坝段或非溢流坝段各选取一个坝段作为重点观测坝段。对地质复杂的工程还可增设一个坝段,作为次要观测坝段,其他为一般观测坝段;拱坝拟选拱冠梁和拱座作为重点观测坝段,对于较高拱坝还可以在1/4拱、3/4拱处各选一个坝段作为次要观测坝段,其他为一般坝段;对于支墩坝一般选择一个坝高较大的支墩作为重点观测坝段,对于重要和基础地质情况复杂的工程,可以增设观测坝段,并作为次要观测坝段,其他为一般观测坝段。

2. 变形监测测点的布置

混凝土坝位移标点的布置,应根据大坝的重要性、规模、施工、地质情况以及采用的观测方法而定,以能全面掌握大坝及其基础的变形状态为原则。通常将垂直位移标点与水平位移标点设在同一观测墩上。混凝土建筑物可根据需要,将水平位移标点和垂直位移标点分开设立。

(A) 变形监测的一般规定

各项位移量监测的测量中误差在施工期间的测量应符合表2－2－3；运行期间的永久性监测量中误差见第三章。表中位移量中误差是偶然误差和系统误差的综合值。坝体坝基的位移中误差相对于工作基点计算；滑坡体和高边坡的位移中误差相对于工作基点计算。变形监测除满足精度外，还有如下规定。

表2－2－3　施工期变形监测位移量中误差

观测项目	位移量中误差(mm)		备注
	平面	高程	
滑坡监测	±5	±5	相对于工作基点
高边坡稳定监测	±3～5	±5	相对于工作基点
临时围堰监测	±5	±10	相对于围堰轴线
基础沉陷(回弹)	±3		相对于工作基点
裂缝	±3		相对于观测线

注　对于施工区外的大滑坡和高边坡观测精度标准可另行确定。

1）建筑物上各类测点应和建筑物牢固结合，应能代表建筑物和基础变形。建筑物外各类测点应埋设在新鲜或微风化基岩上，保证测点稳定可靠，能代表该处岩体变形。

基准点应建在稳定区域，不受坝体应力和水库蓄水后水位变化的影响，一般应选在水库下游1～5km的新鲜岩石上。如丹江口大坝水库对下游10km以外才无影响，葛洲坝大坝对于下游5km以外才无影响。现将国内外几座大坝水准基点距大坝的距离见表2－2－4。

表2－2－4　水准基点位置设置情况

国家	电站名称	坝高(m)	坝型	库容(10^8m^3)	水准基点距大坝距离(km)
原苏联	泽依斯卡亚	112	支墩坝	684	1.8
	托克托克尔	215	混凝土重力坝	195	3.1
	契尔盖	233	拱坝	278	1
	萨阳—舒申斯克	242	拱坝	313	3
中国	葛洲坝	47	重力坝	15.8	7.5
	白山	149.5	拱坝	65.1	3.5
	丹江口	97	重力坝	209	5
	东江	157	双曲拱坝	81.2	3.2
	太平哨	40	重力坝	2.1	5
	隔河岩	151	重力拱坝	34	3

2）观测设备应有必要的保护装置。竖井、宽缝、大孔径垂线井的观测站及人行通道，应有人身安全保护设施。

3）变形观测的仪器设备必须与观测精度要求相适应，并应长期稳定可靠，使用、维护方便。仪器设备还应做好检查，校正工作，至少每年应检校一次。检验方法和要求可参见有关规定。

4）变形量的正负号应遵守下列规定：

水平位移：向下游为正，向左岸为正，反之为负。

船闸闸墙的水平位移：向闸室中心线为正，反之为负。

垂直位移：下沉为正，上抬为负。

倾斜：向下游转动为正，向左岸转动为正，反之为负。

接缝和裂缝开合度：张开为正，闭合为负。

5）有联系的各观测项目，应尽量同时观测。野外观测应选择有利时间进行。

光学机械观测仪器设备，在观测开始前，必须先量仪器，使仪器设备的温度与大气温度趋于一致，然后再精密调平，进行观测，在凉仪器和整个观测过程中，仪器不得受到日光的直接照射。

（B）水平位移和挠度监测设计

（1）方法的选择　坝体挠度宜用正倒垂线组观测。

重力坝或支墩坝坝体和坝基水平位移宜采用引张线法观测，必要时可采用真空激光准直法。若坝体较短，条件有利、坝体水平位移可采用视准线法或大气激光准直法观测。拱坝坝体和坝基水平位移宜采用导线法观测。若交会角较好，坝体水平位移可采用测边或测角交会法观测，有条件时亦可采用视准线法观测。

拱坝和高重力坝近坝区岩体水平位移，应布设边角网（包括三角网、测边网）观测，个别点可采用倒垂线或其他适宜方法观测。

准直线和导线以及引张线的两端点，应尽量设置倒垂线作为基准。

（2）测点的布置　垂线测点的设置，首先应选择地质或结构复杂的坝段，其次是最高坝段和其他有代表性坝段。拱坝的拱冠和拱座应设置垂线，较长的拱坝还应在1/4和3/4拱处设置垂线。各高程廊道与垂线相交处应设置垂线观测点。

水平位移测点，应尽量在坝顶和基础廊道设置。高坝还应在中间高程廊道内设置。每个坝段宜设置一个测点。

观测近坝区岩体水平位移的边角网，除坝轴线两端附近布设测点外，下游不宜少于4个测点，如图2-2-1。

（3）垂线的设计　正垂线就是在建筑物顶上悬挂垂球，在大坝基础廊道观测，利用垂线测量坝顶至基础廊道的相对位移，其设备简单、安装方便、观测迅速、测值精确。正垂线可采用一线多测点式或一线多支撑点式结构。一线多测点式由支点处的悬挂装置、多点观测墩、垂线、油箱、重锤等组成。而每个观测墩上设垂线坐标仪进行观测。多点支承一点观测由支承点的悬挂装置、固定夹线装置、活动夹线装置、垂线、垂球、油箱及高程最低位置的1个观测墩组成，该观测墩上也设有强制对中底座和安放坐标仪进行观测。

正垂线设计要点：

悬挂支点应尽量设在坝顶附近。必须保证换线前后位置不变，并考虑换线及调整方便。

垂线应设止动叶片。重锤重量一般按式（2-2-1）确定：

$$W > 20(1 + 0.02L) \tag{2-2-1}$$

式中　W——重锤重量，kg；

L——测线长度，m。

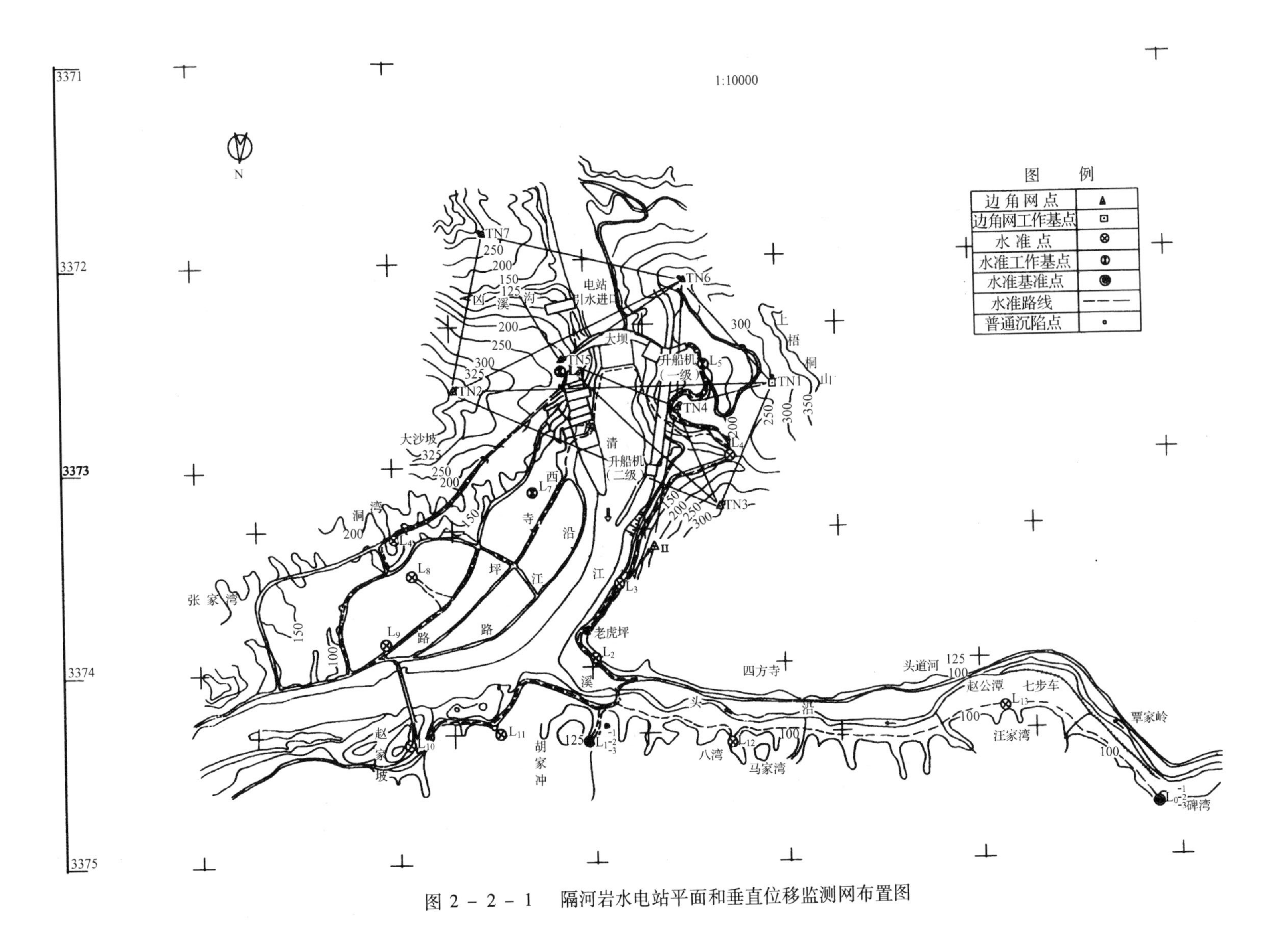

图 2-2-1　隔河岩水电站平面和垂直位移监测网布置图

测线宜采用强度较高的不锈钢丝或不锈铟钢丝，其直径应保证极限拉力大于重锤重量的两倍。阻尼箱内应装防锈、抗冻液体，其内径和高度应比重锤直径和高度大于15～20cm。观测站宜采用钢筋混凝土观测墩。观测站上宜设防风保护箱或安全保护观测室，并装门加锁。

在竖井、宽缝和直径较大的垂线井中，观测站上宜设防风保护管。防风管内径视变形幅度而定，但不宜小于100mm。

正垂线通常只能测得坝体各点相对于坝基点的位移量，至于坝基的位移量是测不出来的。但是对于任何一座大坝，尤其是薄拱坝，坝基的位移情况对分析坝体的安全却非常重要。为了精确测定坝基的位移情况，除了可用精密大地测量方法外，布设倒垂线进行监测是一种十分有效手段。正、倒垂线结合可测坝体相对基岩深处不动点的位移。

倒垂线为不锈钢丝，下端锚固在不变位的基岩深处，上端系于液箱中的浮筒上，利用浮筒浮力将不锈钢丝拉紧，成一铅直线，用以测定建筑物的绝对位移。倒垂线也作为引张线的工作基点。

倒垂线结构包括不锈钢丝、锚块、浮体组支架、观测墩和仪器底座，其装置见第三章。

倒垂线设计要点：

倒垂线钻孔深度宜根据坝工设计计算结果确定。要求达到变形可忽略不计处。缺少该项结果时，可取坝高的1/4～1/2，但最少不宜小于10m。

倒垂线组系在同一部位设置数条不同深度的倒垂线，各条垂线的观测站宜设在同一观测墩上。不同深度的倒垂可测量基岩软弱夹层变形。

倒垂孔内宜设保护管，必要时孔外还应装设测线防风管。保护管宜采用壁厚5～7mm的无缝钢管，保护管内径不宜小于100mm。防风管内径也不小于100mm。

浮体组宜采用恒定浮力式，也可以采用非恒定浮力式，浮筒的力一般按式（2－2－2）确定：

$$P > 200(1 + 0.01L) \tag{2-2-2}$$

式中 P——浮筒浮力，N；

L——测线长度，m。

测线宜采用强度较高的不锈钢丝或铟钢丝，其直径的选择应保证极限拉力大于浮筒浮力的3倍。

观测站的要求和正垂线观测站相同，设置浮体组的观测站，必须建造观测室。

应尽量减少倒垂线的长度，倒垂线一般引至基础灌浆廊道。当正、倒垂线结合布置时，正、倒垂线宜在同一观测墩衔接。若两者间距较长，不在同一观测墩衔接时，应在两个观测墩上设置标志，用铟钢尺量取两观测墩间距离的变化。

（4）引张线的设计：

1）引张线法系用来测量坝体沿水流方向的水平位移。引张测线沿坝轴线布置。

2）引张线测量系统由端点固定及夹线装置、测点装置、引张测线和保护管组成。

3）引张线应采用不锈优质钢材料制成，钢丝直径约1～2mm，表面光滑、粗细均匀、抗拉强度高。

4）引张线采用两端挂重锤或一端固定、一端挂重锤的方式拉紧；锤重40～80kg，视线长短而定。两端与倒垂线相连，作为工作基点。

5）当引张线很长，如大于200m时，必须在测点上设置浮托装置，以减小钢丝的垂度。

6）在自重作用下引张线成一悬链线状，其最大垂度由式（2-2-3）计算：

$$Y = W \cdot S^2/8H \tag{2-2-3}$$

式中 H——钢丝两端拉力，kg；

Y——最大垂度，m；

W——单位钢丝重，kg/m；

S——引张线两端间距离，m。

7）测量可采用步进电机光电跟踪式、电容感应式、CCD式和光机式等引张线读数仪器，根据具体情况选用。有关仪器详细情况见第三章。

（5）导线法测量设计　导线法包括测角量边导线和弦矢导线两种。导线测量多用于曲线型坝（拱坝）的变形测量，在拱坝水平廊道内的适当位置布置，选定导线的两端点和需要的导线点（测点），利用特制的导线点装置和测线装置，将端点和导线点按一定的要求连接起来，定期测量导线边长和转角，从而可求得导线点的位移值。此种导线两端不测定向角，端点的位移可用倒垂线控制，在有条件的地方，倒垂点可与坝外三角点组成联系图形，定期检测其稳定性。

现有测角量边（图2-2-2）和测高量边（图2-2-3）两种导线。前者观测点中分导线点和过渡点，在导线 i 点上观测两相邻导线点间折角 β_i 以及导线点与过渡点间的夹角 $C_{i后}$ 和 $C_{i前}$ 丈量导线点至过渡点的边长 $b_{i前}$，导线点 i 至 $i+1$ 的长度观测值 S_i 由 $b_{i+1后}$ 投影其上而得，详见式（2-2-4）。

$$S_i = b_{i前}\cos C_{i前} + b_{i+1后}\cos C_{i+1后} \tag{2-2-4}$$

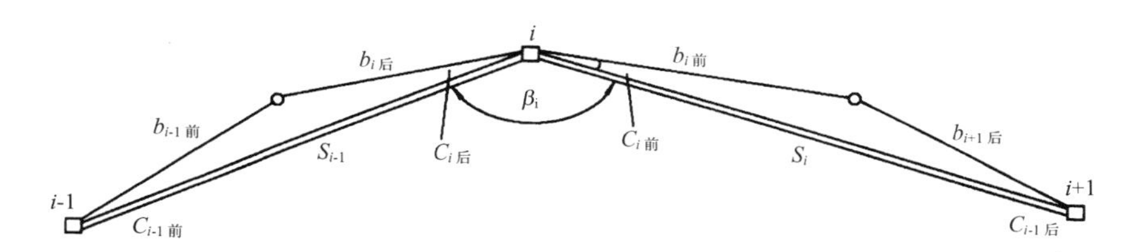

图2-2-2　测角量边导线

□—导线点；○—过渡点

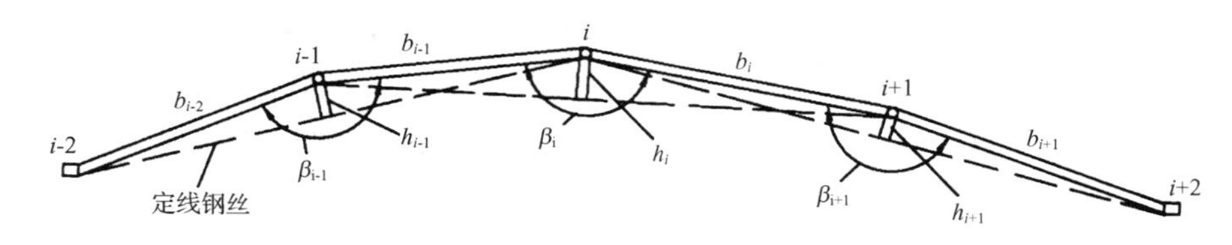

图2-2-3　测高量边导线（弦矢导线）

后者丈量相邻点 i 至 $i+1$ 间长度 b_i 以及由 $i-1$，i，$i+1$ 组成的三角形中 $i-1 \sim i+1$ 边上的高 h_i，则点上的拆角 β_i 为式（2-2-5）。

$$\beta_i = 180° - \sin^{-1}h_i/(b_i - 1) - \sin^{-1}h_i/b_i \tag{2-2-5}$$

导线法设计要点：

测角量边导线的边长不宜大于320m，边数不宜多于20条，采用隔点设站法测量导线转折角,其目的在于将相邻两边合成一条边,即视为折线量距法处理。

弦矢导线的边长度不宜大于400m,边数不宜多于25条,如矢距量测精度不能保证转角的中误差小于1in(英寸)时,导线边长应适当缩短,边数应适当减少。如矢距量测精度较高,边长也可适当放长。

相邻两导线边的长度不宜相差过大。

测角量边导线中测角中心、照准中心及轴杆头读数指标中心可以不严格同心,但三者相对位置应严格保持不变。因为该法是以导线点角度和边长的变化值计算各点位移值。

测高量边导线点上的轴杆头读数指标中心位置应与测高杆尺定位装置中心严密重合,测高时的定向钢丝两端应精确通过标点中心。

仪器座面应居水平位置;微型觇牌照准图案,中心线应居垂直位置;弦矢导线在安装仪器底盘时,应保证矢距必须在矢距测距仪的量程范围内,并应顾及位移量的变化范围。

(C) 垂直位移监测设计

大坝及其基础和近坝区岩体的垂直位移监测十分重要。它是安全监控的重要指标之一,通过垂直位移可了解坝基工作性状,如是否有不均匀沉降和裂缝的产生,沉陷变形的发展趋势及其变化规律,这对判断大坝是否安全起着重要作用。

(1) 基点的设置　基点分基准点(水准基点,检测基点)和工作基点两类。

基准点:为高程起始数据的原点,也是检测工作基点稳定性的依据,常设在坝的影响区之外,要求点位稳定可靠。基准点应在施工前或施工初期埋设。基准点应成组设置,每组不得少于3个水准标石。

工作基点:为建筑物定期观测垂直位移的起讫点,点位应相对稳定,且靠近大坝,定期用基点对其检测,遇有异常情况,应随时检测,工作基点通常是成组(2~3点)布设。一般两岸各设一组,每组不宜少于两个标石。

这两类基点的标型一般有双金属标、平洞标、测温钢管标和岩石嵌心标等。标点上应有保护设备。

(2) 测点的设置　测点有坝区垂直位移和倾斜以及坝下游地区地壳形变观测三类标点。这三类标点,一般有测温钢管标、连通管标、钢筋混凝土标、岩石嵌心标、混凝土嵌心标、墙上标等。

一般应在基础廊道和坝顶各设一排垂直位移测点,高坝还应在中间高程廊道内设一排测点。各排测点的分布,一般按每一个坝段布置一个点,并分布在坝段中心线上。近坝区岩体垂直位移测点的间距,在距坝较近处一般为0.3~0.5km,距坝较远处可适当放长,一般不超过1km。

垂直位移监测一般采用精密水准法。坝体、坝基和近坝区岩体垂直位移,应采用一等水准测量,并应尽量组成水准网。高边坡和滑坡体的垂直位移,可采用二等水准测量。一等水准应尽早建成,并取得基准值(首次值)。

水准基准点一般设在坝下游5~10km处。

为连接坝顶和不同高程廊道的水准路线,可通过竖井用铟钢尺作高程传递。

各类标石结构见图2-2-4。

(D) 转动监测设计

转动监测设计要点:

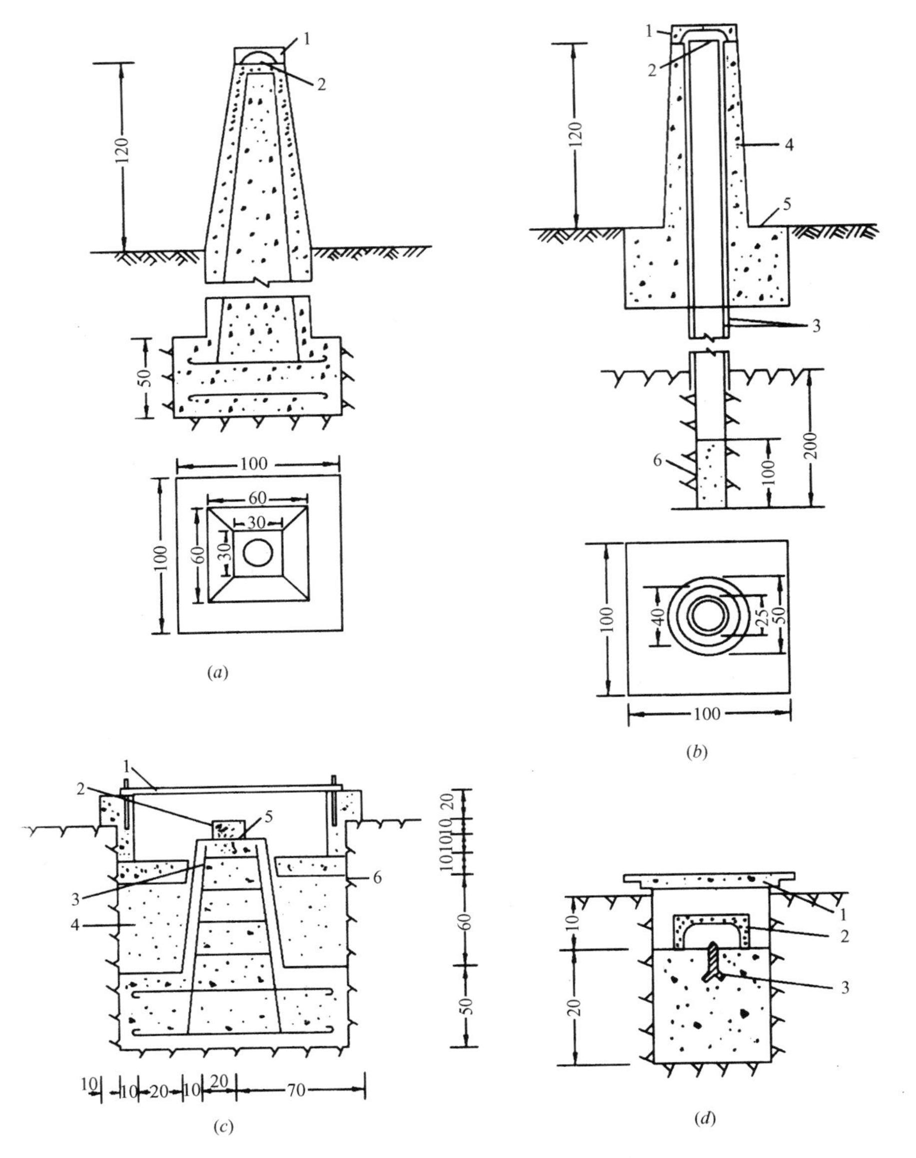

图 2－2－4　观测墩结构图　　单位：cm

（a）普通钢筋混凝土观测墩：1—标盖；2—仪器基座

（b）双层观测墩：1—标盖；2—仪器基座；

3—钢管；4—混凝土围井；5—围井垫座；6—水泥砂浆

（c）基岩标结构：1—20×115 钢板盖；

2—20×20×10 混凝土盖；3—沥青；4—砂；5—钢标心；6—岩石

（d）岩石标结构：1—保护盖；2—内盖；3—标志

1）坝体、坝基的倾斜，应采用一等水准观测，也可采用连通管式静力水准仪和遥测倾斜仪观测。坝体倾斜还可采用气泡倾斜仪观测。

2）基础附近测点宜设在横向廊道内，也可在下游排水廊道和基础灌浆廊道对应设点。坝体测点与基础测点宜设在同一垂直面上，并应尽量设在垂线所在的坝段内。

3）整个大坝倾斜观测的布置，在基础高程面附近不宜少于 3 处，在坝顶和高坝中部的高程面不宜少于4处。

4）用精密水准法观测倾斜，两点间距离在基础不宜小于20m，在坝顶不宜小于6m。

5）连通管应设在两端温差较小的部位。气泡倾斜仪宜用于坝体中、上部，其底座长度不宜小于300mm。

3. 渗流监测的布置

大坝及其基础的渗流监测，是安全监控的重要项目之一，是大于15m以上的大坝必须监测的项目。坝基扬压力是坝体外荷载之一，是影响大坝稳定的重要因素，是评价大坝是否安全的重要指标之一。坝体扬压力主要是指混凝土水平施工缝上的孔隙压力，如孔隙压力过大，说明施工缝面上结合不良。坝基渗流量突然增大，说明坝基破碎处理和灌浆效果不佳，两岸混凝土与基岩接触不良。若坝体渗流量突然增大，可能是混凝土产生裂缝所致。总之，渗流监测必不可少。

（A）扬压力监测布置

（1）坝基扬压力监测的布置　扬压力观测应根据建筑物的类型、规模、坝基地质条件和渗流控制的工程措施等设计布置。一般应设纵向观测断面1~2个。若下游有帷幕灌浆封闭抽排时可设2个断面，即上、下游灌浆帷幕后的排水幕；若下游无帷幕灌浆，仅设上游排水幕处一个断面。每个坝段不少于一个测点，若地质条件复杂，则应适当增加测点。横向观测断面至少2个，依据坝的长度而定，横断面间距一般为50~100m。横断面上测点的布置以能绘制扬压力分布图形为准，一般5~6个测点，帷幕前一个测点，该测点距坝基上游面1.0~3m，帷幕后一个测点，排水幕上一个测点，排水幕后2~3个测点。上述布置多为重力坝、重力拱坝及支墩坝。测点布置在坝段中心线或支墩中心线上。薄拱坝一般不测扬压力分布，仅在排水幕上布置测点，检验灌浆帷幕效果，测点也应每个坝段设一个测点。

为了解扬压力分布，坝后式厂房的建基面上一般也应设置3~4个扬压力测点，设两个横向观测断面，机组多时也可增加横向观测断面。

坝基扬压力监测一般埋设测压管，测压管用ϕ1~1.5in白铁管引至廊道观测。必要时也可埋设渗压计。扬压力观测孔一般在建基面下1.0m。排水幕处的测压管可采用单管，并布设在排水孔之间，决不能用排水孔作测压管观测孔，如用排水孔作观测孔，则改变了排水孔间距，与设计条件不符。

（2）坝体扬压力监测的布置　观测坝体混凝土的渗透压力，宜采用孔隙压力计，观测截面一般设在水平施工缝上，有时为了和施工缝面上的渗透压力比较，也布置在两层水平施工缝之间的混凝土内，低于70m混凝土坝可布设两个水平截面，高于70m以上的坝，可布设3~4个水平截面。每个截面上的测点宜在上游坝面至坝体排水管之间，或在该截面高程上最大静水压的十分之一处，而且在廊道上游面排水管中心线上观测。测点距上游面距离可为0.2、0.5、1.0、3.0、6.0m。

（B）渗流量监测布置

渗流量的布置应结合枢纽布置，对渗漏水的流向、集流和排水设施统筹规划，然后进行渗流量的观测设计。渗流量观测一般采用单孔排水量和量水堰观测，以及容积法观测。布置时应注意将坝体渗流量和坝基渗流量分开观测，坝体排水多流入排水沟内。因此，拟在不同高程的廊道内设置量水堰观测不同部位的渗流量。坝基渗流量应将河床坝段和两岸坝段分开观测，其观测方法可用孔口流量仪观测单个排水孔的渗流量，也可用容积法量筒观测单个排水孔渗流量，然后叠加求各部位的渗流量。也可利用集水井用体积法观测总渗流量。

（C）绕坝渗流监测布置

1）测点布置应根据地形、枢纽布置和渗流控制设施及绕坝渗流区岩体渗透特性而定。在两岸的灌浆平洞帷幕后顺帷幕方向布置两排测点，测点的分布靠坝肩附近应较密，帷幕前可布置少量测点。

2）对于层状渗流，应利用不同高程上的平洞布置测压管：无平洞时分别将观测孔钻入各层透水带，至该层天然地下水位以下的一定深处，埋设测压管或安装孔隙水压力计进行观测；有条件时，可在一个钻孔内埋设多管式测压管，或安装多个孔隙水压力计，也可采用滑动式多点渗压计进行观测，但必须做好上下两个测点间的隔水设施，通常回填黏土作隔水材料，防止层间水互相贯通。

（D）地下水位监测布置

1）对大坝安全有较大影响的滑坡体或高边坡，应尽量利用地质勘探孔作地下水位观测孔。

已查明有滑动面的，宜沿滑动面的倾斜方向或地下水渗流方向布置1～2个观测断面。地下水位观测孔的孔底应在滑动面以下0.5～1.0m，若滑坡体内有隔水层时，应分层布设观测孔，同时也应做好层间隔水。

无明显滑动面的近坝区岸坡或高边坡，应分析可能的滑动面，布设观测断面。若滑动面距地表较深，可利用勘探平洞或专设平洞，布置测压管进行观测。

若有地下水露头时，应布置浅孔观测，以监视表层水的流向和变化。

2）对坝基或坝肩的稳定性有重大影响的地质构造带，沿渗流方向通过构造带至少应布置一排测压管，也可利用通过构造带的平洞或专门开挖平洞布置测点观测地下水位状况。

（E）水质分析

应选择有代表性的排水孔或绕坝渗流观测孔，定期取水样作水质分析。若发现有析出物或有侵蚀性的水流出时，应取样进行全分析，在渗漏水水质分析的同时应作库水水质分析。

水质分析一般作简易分析，必要时应进行全分析或专门研究。分析内容有水温、气味、浑浊度、色度、pH值、耗氧量、生物原生质的亚硝酸根、硝酸根、铁离子、铵离子、硅、总碱度、总硬度及主要离子碳酸根、钙、镁、氯、钾、钠等离子及矿化度。

水质分析的主要目的是检验有无化学管涌和机械管涌及对混凝土有无侵蚀性。

4.应力、应变及深部位移监测布置

（A）混凝土的监测布置

（1）仪器布置要求　应根据坝型、结构特点、应力状况及分层分块的施工计划，合理的布置测点，使观测成果能反映结构应力分布及最大应力的大小和方向，以便和计算成果及模型试验成果进行对比，以及与其他观测资料综合分析。

应力、应变及温度监测应与变形监测和渗流渗压监测项目相结合布置，重要的物理量可布设互相验证的观测仪器。在布设应变监测仪器时，应进行混凝土热学、力学及徐变、自生体积膨胀等性能试验，设计选用的仪器设备和电缆的性能与质量应满足观测要求和有关技术规范的规定。

测点的应变计支数和方向应根据应力状态而定。空间应力状态宜布置7～9向应变计组，平面应力状态宜布置4～5向应变计组，主应力方向明确的部位可布置单向或两向应变计，同时每一应变计组旁1.0～1.5m处布设一支无应力计。

坝体受压部位可布设压应力计，以便和应变计互相比较，应力计和其他仪器的间距应保持0.6～1.0m的距离。

（2）重力坝的监测布置　应根据坝高、结构特点及地质条件选定重点观测坝段。

在重点观测坝段上依坝高选择水平观测截面1～2个，低于70m高的坝可选一个，高于70m的坝可选两个。第一个截面宜距坝基5m以上，以防坝基不均匀变形的影响；必要时另在混凝土与基岩结合面附近布设观测点。

为监测基岩变形，可在重点坝段基岩内沿水流向等距离布设3～5支垂直基岩变形计，间距15～20m一支为宜。另在灌浆廊道或横向交通廊道末端布设多点位移计各1支，上游灌浆廊道多点位移计与铅直线倾斜15°，向上游方向打孔、下游多点位移计测点拟平行下游坝面打孔，孔深30～50m。每支测点数可为4～6点。

坝内应力观测点宜布置在观测截面中心线上，每点仪器支数按平面应力状态考虑为4～5支，平行水流向的平面内布置4支，即水平、45°、铅直、135°等4支，另1支平行坝轴线方向（垂直水流方向）水平布置。为绘制应力分布图，每个浇筑块同一高程上宜布置3个测点，测点距块体上下游面距离1.0～1.5m，另一点在坝体中心，但不得少于2点，即纵缝两侧1.0～1.5m处布设对应测点。布设2点，是假设应力按直线分布，实际情况为曲线分布。因此，每一坝块布设3个测点距坝体上下游面的应力测点至少大于1.5～2.0m距离。

对于通仓浇筑的坝体，在观测截面上拟布设4～5向应变计组5点，而上下游的重要部位测点，必须布设校核仪器，一般靠上下游面的测点，在垂直方向加1支校核仪器。

重力坝的坝踵和坝趾是安全监控的重要部位，应加强观测，除布置应力、应变监测仪器外，在坝踵处混凝土与基岩接合面上，距上游面1.0m处还应布设1～2根铅直方向ϕ32mm的钢筋计，监测蓄水时缝面上产生的拉力。另外在距上游面1.0、3.0、5.0m处的缝面上，布设铅直向的测缝计，以监测缝面是否开裂及裂缝发展的深度。必要时在坝趾处混凝土与基岩结合面上也可布置钢筋计和测缝计，其成果可与坝踵观测成果进行对应比较分析。图2－2－5和图2－2－6是葛洲坝水电站部分仪器布置。❶

对陡峻的岸坡坝段，宜根据设计计算及试验的应力状态布设应变计组。一般在坡脚处的基岩内或基岩面上的混凝土内布设应变计组，以了解边坡的稳定性，而且应变计组拟按空间应力状态考虑，其主平面上4支仪器与坡面垂直，另两个平面按水平、45°、90°三方向布设应变计，其中一个平面与水流向平行，另一个平面为水平面。

当表面应力梯度变化较大时，可距坝面0.2、0.5、1.0m处布设平行坝面的单向应变计，了解表面应力分布。

（3）拱坝的监测布置　根据拱坝坝高、体形、坝体结构及地质条件，可在拱冠、1/4拱弧处选择铅直观测断面（观测坝段）1～3个，在不同高程上选择水平观测截面3～5个。

在薄拱坝的观测截面上，靠近拱冠或1/4拱处的1.0～1.5m处各布设一个测点。应变计组可按平面应力状态布置，即布置5向应变计组。而且仪器主干面4支仪器应平行坝面，另一支垂直坝面。在拱座处可按空间应力状态考虑，布设7向应变计组。仪器主平面内布设4支应变计，以观测平行拱座基岩面上的剪应力及拱推力。为观测拱推力，还可布设压应力计。

---

❶ 长江科学院，大坝安全监测科研成果汇编（第一期）（上册），1991.6。

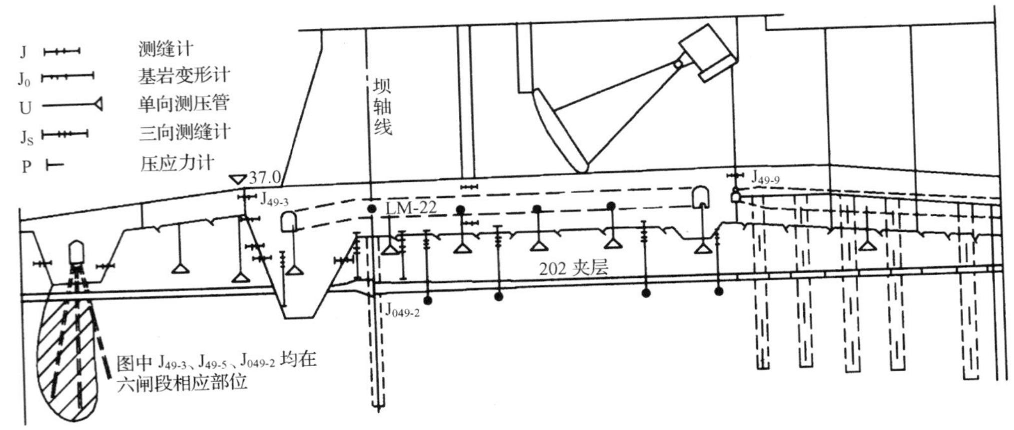

图 2-2-5 葛洲坝水电站二江泄水闸观测仪器布置示意图

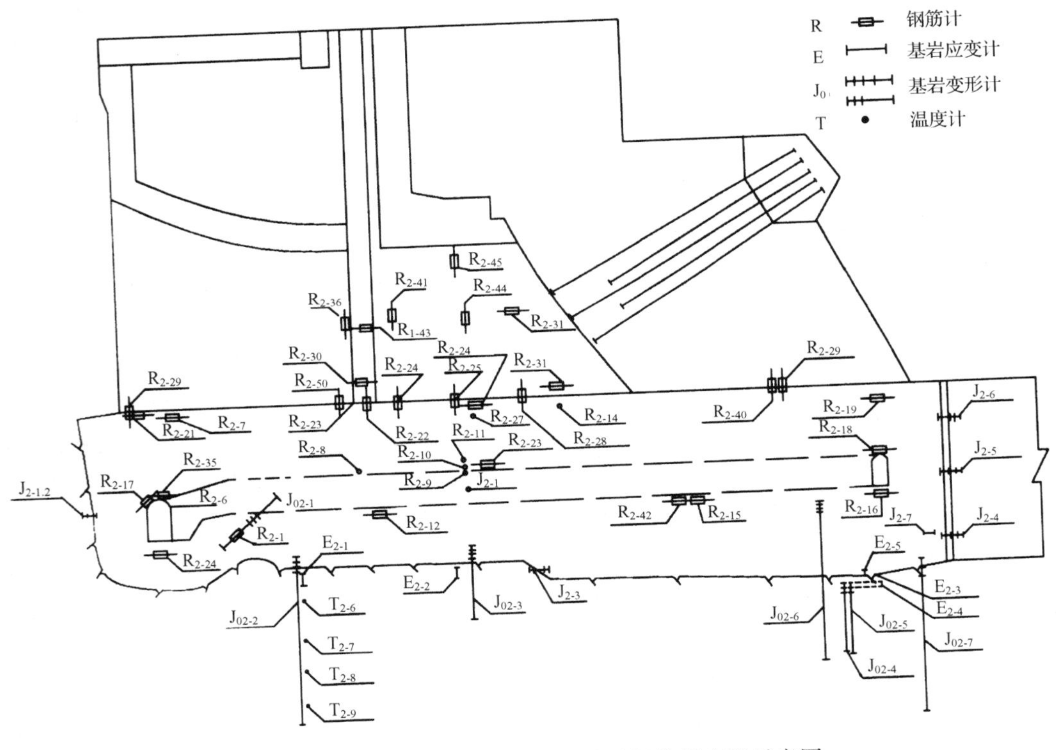

图 2-2-6 葛洲坝水电站三江冲砂闸仪器布置示意图

在厚拱坝或重力拱坝的观测截面上可布设 2～3 个测点，拱坝设有纵缝时，应力测点可多于 3 个。测点仪器数量与薄拱坝一样。第一个观测截面应距基岩 5.0m 以上。

拱冠梁坝段是重点观测坝段，尤其坝踵、坝趾处的梁向应力、拱向应力、径向应力非常重要，有时梁向和拱向应力需加校核仪器，拱冠处的坝踵处混凝土与基岩接合面上，可与重力坝布置相同的钢筋计和测缝计及基岩变形计。

在拱座处，除布置应变计、应力计外，还可布设基岩变形计或多点位移计。仪器方向为水平，并垂直拱座平面。基岩变形计深度可为 15m，多点位移计深度可达 20～30m。距上下游面 10m 处各布置基岩变形计或多点位移计。

应变计组旁边1.0~1.5m,仍需布设无应力计,以了解混凝土温度和自生体积变形及温度变形。无应力计与应变计距坝面的距离应相同,以保证温度、湿度条件相同。图2-2-7和图2-2-8分别是隔河岩和龙羊峡电站大坝仪器布置图。

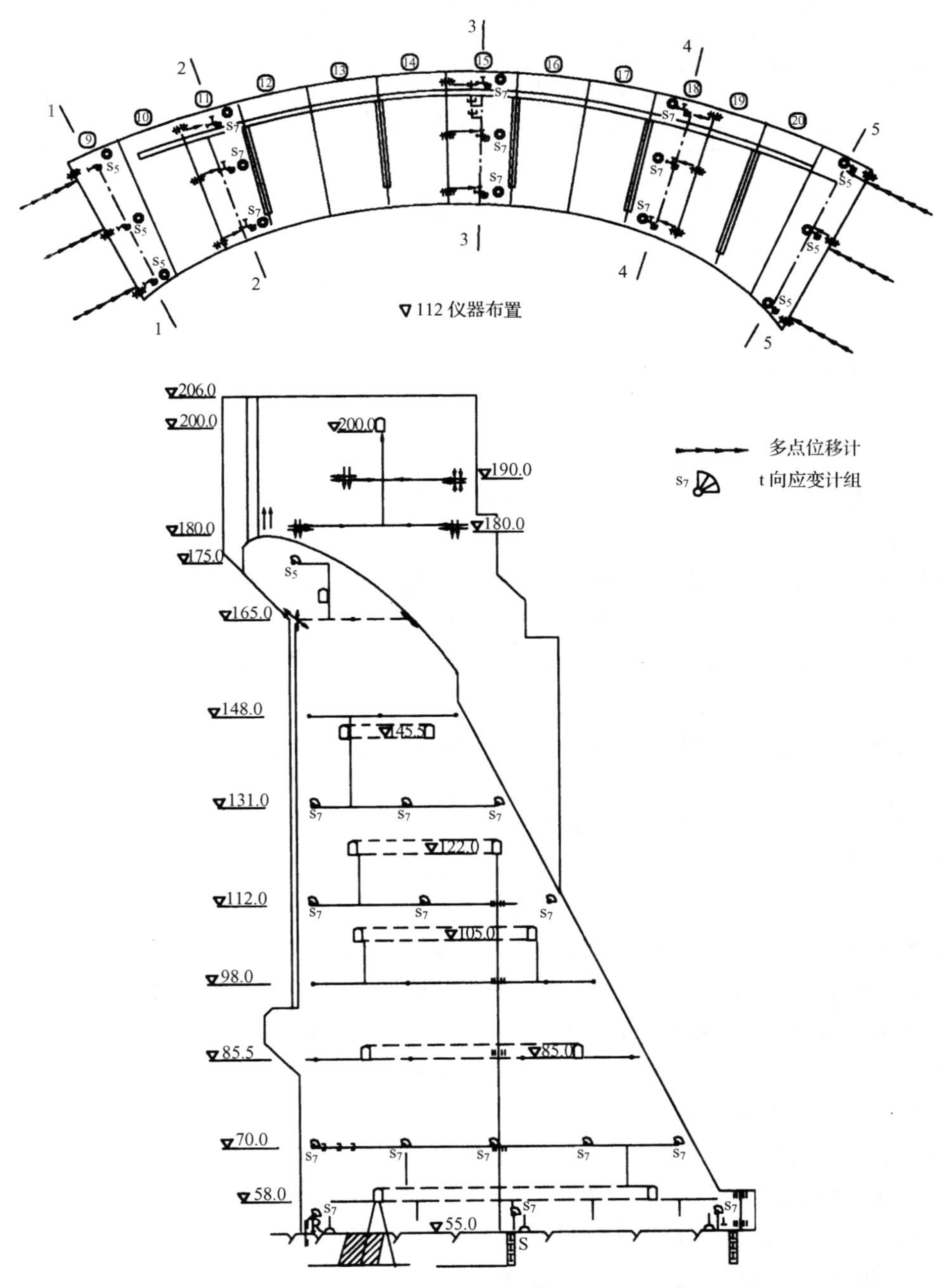

图2-2-7 隔河岩电站大坝仪器布置图❶

❶ 长江水利委员会,清江隔河岩水利枢纽工程安全监测修改技术设计报告及附图,1990.3。

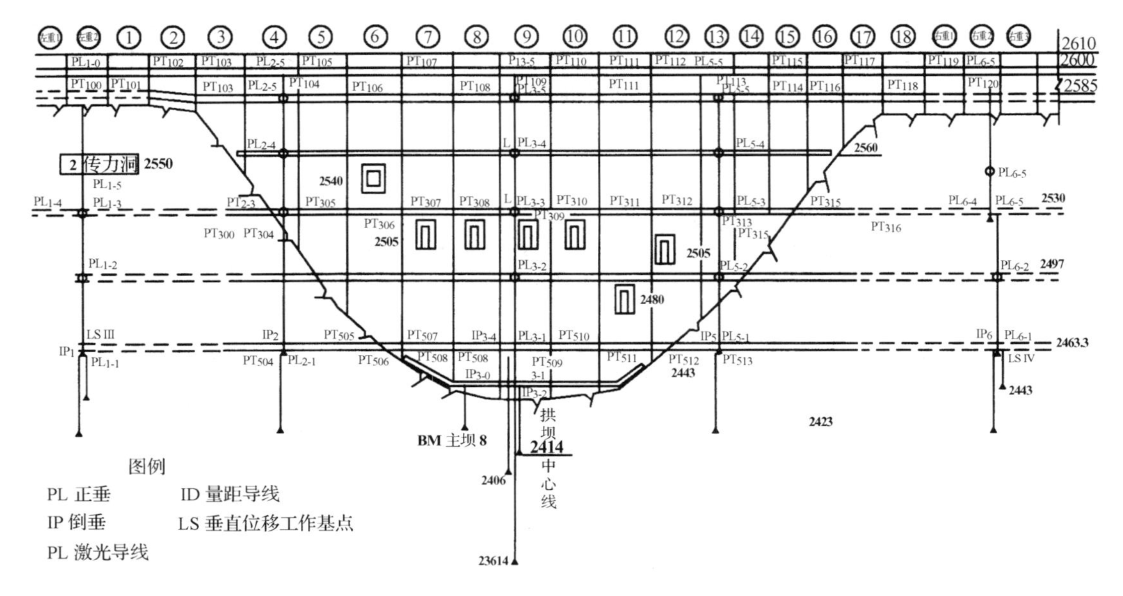

图 2－2－8　龙羊峡电站大坝仪器布置图

(4) 支墩坝测点布置　支墩坝的重点观测坝段(断面)、观测截面和测点布置可参照重力坝进行设计。

支墩坝挡水部分的应力、应变监测,应根据应力计算和试验成果布置测点。一般挡水的大头部分应力复杂,可按空间应力状态布置仪器。

无应力计结构形式和安装方法较多,规范中规定大口向上,这种方法埋设在靠近浇注层表面是可行的,但埋设在浇筑块底部和中部可靠性较差,其原因是当混凝土处于塑性状态时,筒内混凝土受外筒周边约束,不能自由变形,可能处于有应力状态。另外,混凝土振捣时,锥筒向上抬起,必须进行压重,即人必须站在锥筒口上。根据我们经验认为,无应力计大口向下,小口向上,而且小口是加盖密封,施工时筒内混凝土用人工振捣情况较清楚,混凝土浇注至距内筒顶 1 ~ 2cm 即可。若有泌水,用棉纱吸去,这种埋设安装方法是较理想的,其结构形式见第三章。

防渗墙内无应力计结构:根据葛洲坝工程应用经验,无应力计结构形式外筒采用 ϕ200mm × 295mm,厚 2mm 的钢筒,内筒采用 ϕ160mm × 260mm,厚 0.75mm 的白铁皮。内涂 5mm 沥青或 3mm 橡皮。预制钢筋混凝土块 ϕ300mm × 70mm,内筒混凝土在浇防渗墙前一小时埋设,且预制块应泡水饱和,按图埋设后吊入防渗墙内。

(B) 钢筋应力和钢管应力监测布置

(1) 钢筋应力测点的布置　为了解钢筋混凝土结构内钢筋受力情况,可在高压管道衬砌、船闸底板、泄水闸底板、闸墩以及厂房蜗壳和尾水管底板等钢筋混凝土部位布置钢筋计。为了解孔洞周边应力分析,如坝内廊道泄洪隧洞、泄水底孔以及船闸输水廊道顶部、底板中部、边墙中部受拉部位设置钢筋计进行观测。

矩形断面的泄水孔洞,拟每边布置 3 个测点,若考虑对称也可在断面的一半布置仪器。一般在洞顶中部、底板中部以及应力集中的角缘处易产生裂缝的受拉部位布置钢筋计进行观测。

钢筋计应布置在主要受力钢筋上。钢筋计焊接在同一轴线上的受力钢筋上。当钢筋为弧形时，其曲率半径应大于2m，并须保证钢筋计中间的钢套部分不受弯曲。为了解钢筋混凝土联合受力情况，在钢筋计附近布设应变计和无应力计。

为监测裂缝是否发展，可在混凝土裂缝上面布设钢筋计。

（2）钢管应力监测点的布置　在坝内引水发电钢管，引水隧洞衬砌钢管以及蜗壳周边可用钢板计观测其应力，测点布设在圆形断面的0°、90°、180°、270°等4处，每个测点按环向（切向）和轴向布置小应变计。应变计用专用夹具固定在钢管上。测点处钢板的曲率半径不宜小于1m。

为测量钢管受力状态，除布设钢板计外，还布设渗压计，以了解外水压力。

为了解钢管与混凝土接合情况，还应布设测缝计观测是否有裂隙产生。

为了解钢管周围钢筋混凝土钢筋受力情况，布设钢筋计进行观测，以了解钢管和钢筋受力状态。

钢管应力观测断面一般设在坝内钢管的上弯段、直线段、下弯段、平直段等4个断面，但由于平直段水压最大，该断面必须观测。下弯段处应力复杂，也是重点监测部位。

5. 接缝和裂缝开度监测布置

1）在可能产生裂缝的部位（如坝体受拉区，并缝处及基岩面高程突变部位）和裂缝可能扩展处（宜在混凝土内）布置裂缝计。

2）在重力坝重点观测坝段内，纵缝不同高程处设置3～7支测缝计，最好每一灌浆层设置一支，必要时也可在键槽斜面上布置测点。支墩坝和宽缝重力坝纵缝上靠空腔附近可布置测缝计。

3）为了解拱坝的整体性，除纵缝不同高程布设测缝计外，在横缝上的不同高程上也应布置测缝计。为减少仪器，有的是隔一条横缝进行布置，或者在廊道内布设机械式测缝计。

4）在岸坡较陡坝段和坝踵处基岩与混凝土结合处，宜布置单向、三向测缝计或裂缝计。在齿槽的上下游面混凝土与基岩接结处常布置测缝计，以了解混凝土与基岩接触是否良好以及蓄水后坝体是否产生位移。在坝踵处基岩与混凝土接合面上布置不同深度的测缝计（只距上游面不同距离），以了解是否产生裂缝和裂缝发展的深度。

为了解岩体抗力情况，有时在下游齿槽混凝土与基岩面上也布置测缝计进行监测。

5）在预留宽槽回填混凝土时，为了解回填混凝土与老混凝土结合情况，常在宽槽上下游面上不同高程处布置测缝计进行监测。

6. 温度监测布置

（A）温度计的布置原则

温度监测坝段应为监测系统的重点坝段，其测点分布应根据混凝土结构的特点和施工方法而定。

坝体温度测点应按温度场的状态进行布置，在温度梯度较大的坝面附近或孔口附近测点宜适当加密。在能兼测温度的其他仪器处，不应再布置温度计。

在布置坝体温度测点时，宜结合布置坝面温度和基岩温度测点。

坝体温度测点应结合安全监控预报模型需要设置，不作预报模型的坝段，温度测点可适当减少。

(B) 坝体温度测点布置

在重力坝观测坝段中心断面上，宜按网格布置温度测点，网格间距为 8 ~ 15m。若 150m 以上高坝，间距可适当增加至 20m，以能绘制坝体等温线为原则。

宽缝重力坝或重力坝引水坝段的测点布置应顾及空间温度场观测的需要。可在宽缝处选一截面观测宽缝至中心线的温度变化，引水管周围温度测点适当加密。

在拱坝观测坝段，根据坝高不同可布设 3 ~ 7 个观测截面。在坝段中心线上每个观测截面可布置 3 ~ 5 个测点。

在拱座的应力观测截面上可增设必要的温度测点。

支墩坝应在观测坝段不同高程选取 3 ~ 5 个截面布置测点，挡水部位的测点宜适当增加。

当支墩空腔下游面封闭时，可在不同高程适当布置测点，观测空腔内的温度。

(C) 坝面温度监测布置

可在距离上游面 5 ~ 10cm 的坝体混凝土内沿高程布置测点，间距一般为 1/10 ~ 1/15 的坝高死水位以下的测点间距可加大 1 倍。多泥沙河流的库底水温受异重流影响，该处测点间距不宜加大。该表面温度计在蓄水后可作为水库温度计。

在受日照影响的下游坝面，距坝面垂直距离为 0、10、20、40、60cm 处布置一排温度计，以了解气温对坝体温度影响和计算导温系数。

当拱坝两岸日照相差很大时，下游面应分别布置温度测点。

(D) 基岩温度监测布置

基岩温度监测不仅在于了解坝体混凝土温度对基岩的影响和温度计算的边界条件，更重要的是了解坝基渗流是否有异常现象。

在重点观测坝段的基岩内，宜在靠近上下游附近设置一排 5 ~ 10m 的钻孔，距基岩面 0、1.0、3.0、5.0、10.0m 布设温度计。

若基岩有软弱带从上游通至下游，宜在软弱破碎带从上游至下游布置一排温度计，根据温度分布可了解坝基渗流情况。帷幕前、帷幕后、排水幕、排水幕至下游之间应布测点。测点宜在基岩下 3.0m，而且温度计系高灵敏度的温度计。

7. 水文气象站的布置

(1) 水位监测　大坝上、下游水位所引起的水压是大坝重要的外荷载之一，是必须观测的项目。水位观测点应设在水流平稳、受风浪和泄水影响较小、观测方便的地方或河床和岸坡较稳固地点以及建筑物上。上游一般设在挡水坝段和纵向围堰内，下游多设在尾水导墙上。水位观测除设水尺外，一般采用自记水位计或遥测水位计。

(2) 水温监测　可利用坝面温度计测水温。

(3) 气温监测　应在坝址附近设立一个气象站，观测气温、降雨量、风速、风向。气温观测仪器应设在专用的百叶箱内，箱体应离地面 1.5m，并应水平地固定在支架上，支架牢固地埋入地下，箱门朝正北，仪器一般采用自记温度计。降雨量应采用自记雨量计，风速采用风速计，风向采用风向仪，这些仪器设备安装按气象站有关规定进行。

8. 振动监测布置

(1) 强震仪的布置　在地震区的大坝应设置强震仪观测坝体在地震时的振动状况，布点的要求是：

1）在坝体的溢流坝段和非溢流坝段应各选一个有代表性的坝段进行观测。拱坝的拱座也应进行观测。

2）测点应布置在坝顶和坝基灌浆廊道内及基岩内30～40m深处。在不同高程加设测点在离坝址较远的基岩上亦应设置一个测点，有时可设在1/2坝高左右两岸的灌浆廊道内。测点多为三分量的加速度计。

3）薄拱坝应加强对2/3坝高附近的地震反应观测。

（2）振动监测　应在易产生振动的部位进行监测，如溢流厂房的顶部面板、高压闸门、弧形支撑梁、导墙、输水管道、升船机塔柱、开关站等振动部位。多采用拾震器、磁电式位移传感器测振仪、接触式振动仪、振动表及动应变计等仪器进行监测。监测内容为振幅、频率、振动速度和加速度，振动位移等。

9. 水力学监测布置

（A）水力学监测内容

水流流态、水面线、动水压力、流速、泄流量、空蚀、通气量掺气浓度、振动、下游雾化等监测。

（B）测点布置及观测方法

（a）水流流态

泄水、引水、过坝建筑物的进口流态，包括侧向收缩、回流范围、旋涡漏斗大小和位置以及水流分布情况等。

泄水建筑物泄槽流态，包括水流形态，折冲水流，旁道水流及产生的横比降、闸墩和桥墩的绕流流态等监测。

泄水建筑物出口流态，包括上、下游水面衔接形式、排流、面流、戽流等观测。泄水建筑物下游河道的流态，包括水流流向、回流形态和范围、淤积区、水流分布对岸边和其他建筑物的影响等。

观测水流流态方法常采用目测法，用文字描述，摄影或录像记录。也可采用地面同步摄影测量方法进行。

（b）水面线

上、下游水面线衔接特性观测，包括排流水舌轨迹线和水跃观测。水舌轨迹线应量测水舌出射角、入射角、水舌厚度、平面扩散等；水跃应测量水跃长度和平面扩散。

观测水跃和水面线的方法常用方格坐标法，即在闸墩或导墙上用耐冲刷的白色磁漆绘制方格网，纵横间隔1m一条线，泄洪时用望远镜或经纬仪观察。

（c）动水压力

动水压力包括平均压力和瞬时压力（脉动压力、波浪压力、水锤压力）。水流脉动压力是引起闸坝、输水管道等结构振动的力，也是引起护坦、海漫、输水管路、溢流坝面等建筑物损坏的力。为了解脉动压力对水工建筑物的影响，配合建筑物的振动观测，应进行水流脉动压力观测。主要观测水流脉动时的振幅和频率。脉动压力监测点布置应选择具有代表性或边界条件有改变的部位，如闸门底缘、闸门槽、门后、闸墩后、鼻坎处、隧洞和泄水管道出口处、溢流坝面、护坦及水流扰动最大的地方。布置时按照下列情况进行：①对于溢流堰面，闸底板中心，闸墩下游中线和边墙，应沿水流方向均匀布置测点，但闸门附近应加密测点；②对于泄水孔、洞，应测其边壁压力；③对于有压隧洞，应在洞壁量测压力确定压波线；④脉动压力观测方法可埋设测压管或压力传感器，孔隙压力计配合示波仪进行观测。

(d) 流速、流量监测

沿水流方向选择若干断面，在每一断面上用流速仪量测不同水深点的流速，应特别注意水流特征与边界条件有突变部位的流速观测。

选择溢洪道单孔和泄洪洞，根据流速及水流断面推算泄流量。

(e) 空蚀监测

空蚀监测点拟布置在水流曲率突变或水流发生分离的下游处、扩散段、弯道岔管、消力墩背水面以及底孔出流与坝面溢流交汇处，水流受到干扰而流速达到12～15m/s的区域。

观测方法是在可能出现空穴处，用探测仪监测空泡溃灭时噪声强度变化。也可用地面近景摄影测量方法测出空蚀量，对于大型空蚀，应量测空蚀的面积和深度，计算空蚀量。

(f) 通气量监测

监测点布置在通过管形状比较规则且前后均有一定直线段的部位，进行通气量观测。其观测方法采用孔口板、毕托管、风速仪等方法测出通气孔风速，计算通气量。

(g) 掺气浓度监测

研究掺气发生及其发展过程。

研究掺气坝后水流底层的掺气浓度和掺气浓度分布规律，探索掺气防蚀保护范围。

应加密水舌落点附近的最大掺气浓度和冲击力的监测。

采用测压管法、电测法测量掺气浓度。

(h) 下游雾化监测

大坝泄洪溢流时下游产生雾化，拟在开关站、高压电线出线处、发电厂房以及下游两岸岩体边坡设置测点，可采用雨量器、自记雨量计、目测和地面摄影等方法测量。

10. 观测站的布置

观测站应设置在仪器比较集中、通风干燥、安全、有电源设施及便于到达的地方，并具有一定的空间，一般要求不少于6m^2。

观测站应设计安装集线箱和量测仪表的壁龛和工作台，永久观测站宜设计瓷砖铺面(包括工作台地面和墙壁贴瓷砖)。

永久观测站宜设置在便于观察大坝整体的地方，并尽量使联结电缆的长度最短。从实现观测自动化考虑，观测站之间应预埋电缆或电缆穿线管。

在施工期间应设置临时观测站，保证施工期能正常观测或自动采集数据的需要。

11. 电缆走线与维护

观测仪器电缆走线线路，设计时应予以规划，不得让施工单位任意像蜘蛛网那样牵引。设计应规定水平牵引时可挖槽埋入混凝土内，垂直牵引时必须用钢管保护。保护钢管的直径应大于电缆束的1.5～2倍。电缆数量与钢管直径见表2-2-5。集线箱预留孔洞尺寸与仪器数量，详见表2-2-6。

表2-2-5　　钢管尺寸参考表

电缆数量(根)	1～5	6～10	11～20	21～35	36～50
钢管直径(mm)	50	75	100	125	150

表 2-2-6　集线箱预留孔尺寸参考表

型　号	仪器数量（支）	预留孔尺寸(mm)		
		宽	高	深
Ⅰ	20	450	450	500
Ⅱ	40	700	450	500
Ⅲ	60	950	450	500

电缆纵、横跨过时一定要采取跨缝措施，以防不均匀沉陷拉断电缆。跨缝措施为在缝处埋设 150cm×150cm×450cm 的木盒。使电缆束弯曲装入木盒内，并回填沥青。

仪器布置设计图纸各专业应进行会签，以免其他专业布孔，施工时打坏仪器和电缆。

12. 监测设计符号及图例

工程制图标准和设计中所用符号，见附录一。

13. 数据采集和管理系统的设计

数据采集一般分人工采集和自动化采集，而人工采集速度慢，有人为误差，一般不能满足快速反馈和实时监控，有条件时，宜采用自动化监测。

当前自动化监测系统按其控制方式可分为集中控制型和分散控制型两种，但也有将二者组成起来称为混合型控制。

（A）集中控制型监测系统

集中式计算机控制系统可以对几十个甚至上千个测点进行监测，这种系统具有实现对所有测点进行数据采集、数据处理、数据存贮、显示结果、越限报警等功能。这些功能集中于一台庞大的检测设备中，计算机作为中心控制装置与检测设备共同形成一个自动化系统。集中控制型是在 20 世纪 60～70 年代电子技术的基础上发展起来的，主要存在的问题是：

（1）固有的脆弱性　一台计算机及检测设备面对所有的测点，故障的危险也集中了，一旦设备出现问题，将导致整个系统的瘫痪。

（2）传输距离长对信号电缆要求高　传感器输出的信号绝大多数是以模拟量传输，集中到一点再进行多路切换，模数转量和数据处理存贮等，由于长距离的模拟量信号，传输过程容易引入干扰信号和噪声。因此，传输距离不宜过长、对信号电缆的要求亦很苛刻（芯数多、屏蔽好、单价高）。

（3）系统性能不高　面对几百上千个测点逐点进行检测，速度太慢。

（4）开发应用困难　对于几百上千个测点的大系统，由于被测量大，传感器和变送器的品种也特别多，而且在实际工作中往往会出现一些对新型仪器的需要和增加测点的数量等，这一集中控制型检测设备很难适应。

集中控制型由于其高度集中对系统的最优化操作和控制比较容易，也有利于信息的综合和分析，因而在提高设备可靠性的前提下，对一些测点集中的小型工程也是可以考虑使用。但在较大型的工程上成功的应用经验不多。

（B）分散控制型监测系统

分散式控制系统由分散的测控、集中的操作管理和通信网络三部分构成。该系统是在 20 世纪 80 年代以来电子技术的发展、大规模、超大规模的集成电路、微处理器及网络通讯技术的发展基础上建立起来的，技术比较先进，其主要特点有：

（1）技术相对简单　分散数据采集系统是将数据采集工作分散到各传感器附近的DAU（数据采集单元）来实现，将一个技术复杂的庞大系统分为多个技术相对简单的独立部分，不存在传感输出的电信号（模拟量）的远传问题。各DAU之间的通讯路线虽较长，但线路上传输是数字信号，抗干扰能力强，加上通讯接口的硬件（物理层）和软件通讯协议有多种国际标准可遵循，有各种纠错技术的运用，信号传输可靠，对传输电缆无特殊要求。

（2）可靠性高　由于技术相对简单，故障率减少，可靠性提高，并且容易维护。各DAU数据采集单元都是相对独立的，如果其中一台DAU发生故障，不会影响整个系统的正常工作。

（3）适应能力强　可根据现场的要求，合理配置DAU的位置与数量。

（4）扩容性能好　随监测技术的发展，增加新的监测仪器后，系统很容易扩容，特别适用于大型工程。

（5）维护方便　每个DAU的基本功能相同，统一设计、加工、通用性好，可减少备件和品种。

（6）信号电缆数量少　总的电缆费用低。

（7）观测速度快　由于各DAU同时工作。因此，可以使观测时间达到最短，主机不直接参与数据的采集工作，只负责数据的接收和处理。

以上特点，使数据采集系统的研制、安装、调试及维护都很方便，也使系统结构合理，性能可靠，具有较高的性能价格比。20世纪80年代以来，分散控制型的数据采集系统，已得到广泛地应用，并在许多水利工程中取得成功的经验。

数据采集设计时不仅考虑传感器性能、价格，还要考虑自动化数据采集、传输等性能所需费用，进行综合性的对比论证。同时，还应考虑维修费用，以便进行优化的设计。见第三章监测自动化一节。

（五）监测技术要求

1. 变形监测仪器埋设安装技术要求

1）钻孔技术要求：

a）倒垂线钻孔应严格按设计要求放样及施钻，倒垂孔埋设保护管后的有效孔径必须大于100mm，倒垂孔经验收合格后，钻机方可撤离。

b）双金属标、深埋钢管标钻孔应严格按设计要求放样及施钻，验收合格后钻机方可撤离。

c）所有钻孔岩心均应进行地质素描，其钻孔柱状图是钻孔验收的资料之一。

2）倒垂线孔、正垂线孔的埋设安装，应严格按设计要求和SDJ 336—89《混凝土大坝安全监测技术规范》中的要求执行。正垂线预留孔或监测竖井不得偏离设计中心线15cm。

3）引张线、视准线、双金属标、水准标、岩石标等监测设施，均应按设计图纸和SDJ 336—89《混凝土大坝安全监测技术规范》中的要求执行。

4）竖直传高、静力水准按设计的要求和厂家仪器说明中埋设安装要求执行。

5）倾角计的埋设：埋设位置必须与设计图一致，测点必须牢固地安装在完整的岩石上，其中一个方向对准顺坡向。

6）所有观测设施必须按设计要求加以保护，并经常维修和保养。

2. 渗流监测仪器埋设安装技术要求

（A）扬压力观测孔施工技术要求

1）钻孔实际孔位与设计孔位的偏差不得超过5cm，孔深应达到设计深度，超（欠）深一般不大于10cm。

2）无测压管观测孔开口孔径为ϕ110mm，钻至1.0m深度后改用ϕ75mm钻头，一直钻至终孔深度。

3）孔口套管用ϕ89mm钢管，套管外壁与孔壁的空隙应用水泥浆灌注密实。

4）孔口装置应严格按图纸要求加工和安装，各接头不得有漏水现象。

（B）U型测压管施工技术要求

1）在建基面上挖一深70cm、平面尺寸为40cm×30cm的槽，在槽的底部钻ϕ50mm、深1.0~2.0m的集水孔，该孔应穿过岩石裂隙，并作注水检验，每分钟下降3cm视为合格，否则加大孔深，直至合格为止。

2）将外裹土工布的白铁镀锌U型管（ϕ36mm）花管段放入槽内，并分别回填ϕ0.5~2.0cm砾石，填至距孔口15cm处铺两层油毛毡，然后回填水泥砂浆到基岩面，这样可防止岩面水贯通，影响测点水压真实性。

3）管子水平牵引时应有1%的顺坡坡度，严禁倒坡，以防气塞。

4）管子接头涂油漆麻丝，接头应严密不漏水。如遇基础灌浆时，要用水洗管内水泥浆。

（C）渗压计埋设要求

1）埋前必须按规范要求检验，合格后才能联结电缆、硫化及埋设安装。

2）安装必须用砂包裹，并使其达到饱和状态。

3）应作注水检验，每分钟水位下降3.0cm视为合格，否则加大孔深，直至合格为止。

（D）量水堰施工技术要求

1）三角堰缺口为等腰三角形，底角为直角，直角加工误差不得大于0.5°。

2）堰板应与水流方向垂直，并需直立，垂直度误差不得大于1.0°。

3）堰身应用水泥浆抹平，水尺应设在堰口上游3~5倍堰上水头处，并与地面垂直。

3. 混凝土坝内仪器埋设技术要求

（A）仪器检验要求

仪器埋设前，所有埋设的传感器必须按要求进行力学性能、温度性能、防水性能、电阻比电桥性能等检验。

（B）埋设仪器的电缆及硫化接头应符合以下技术要求

1）埋设仪器应连接具有耐酸、耐碱、防水性能的专用电缆。差动电阻式仪器电缆应采用专门的水工电缆。

2）应在仪器端，电缆中部和测量端放仪器编号牌或测量端刻字编号，测量端芯线头部的铜丝应搪锡，并用防水蜡密封。

（C）监测仪器埋设的一般要求

1）仪器埋设的一般要求：

a）仪器周围的混凝土要小心填筑，除去大于8cm的骨料，由人工分层振捣密实。

b）混凝土下料应距仪器1.5m以上，振捣时，振捣器与仪器的距离应大于振动器振动范围的半径，一般不小于1.0m。

c）埋设时，应使仪器保持正确位置及方向，及时对仪器进行检验，发现问题及时处理或更换仪器。

d）埋设后，应作好标记，防止人或机械损坏仪器。仪器顶部混凝土厚达60cm以上时，守护人员方可离开。

e）电缆水平牵引时可埋设在混凝土内，垂直牵引应用钢管保护，跨越纵横缝时采取跨缝措施。

2）各类传感器的埋设要按要求进行。

4.观测技术要求

（A）变形观测要求

1）观测精度按水利水电工程施工测量规范和SDJ 336—89《混凝土坝安全监测技术规范》中的要求进行。

2）观测频率一般可按SDJ 336—89《混凝土坝安全监测技术规范》中的要求进行。需要时，可根据工程实际情况调整或编制。

3）首次值应在最短时间内连续独立地观测数次，取平均值作为首次值。

4）垂直位移监测网每年观测一次，按水准测量规范进行，水准测量等级按建筑物等级和规模确定。

5）蓄水前，正垂线、倒垂线、引张线、基础沉陷等观测项目，必须取得首次值。

（B）渗流观测要求

（1）混凝土坝基础扬压力监测　一般采取下列两种形式：当管中水位低于管口时，用电测水位计进行观测；当管中水位高出管口时，用压力表进行观测。

（2）基础渗流量监测　当坝基渗流量较小时，用容积截水法逐个测量排水孔的渗水量；当坝基渗流量较大时，则利用廊道水内排水沟设置量水堰进行观测。并要求水位量测时达到0.1mm，精度1mm。

（3）水质分析　水质分析取样时，一般每测点至少取水样122L，取样前，瓶及瓶塞必须用取样水冲洗三次以上，并标明采样日期、地点等。

（C）应力应变观测要求

（1）可靠性校验　观测时，应严格按照所使用的仪器测值质量控制要求进行可靠性校验。

（2）检验测值　对差动电阻式仪器，观测电阻比变化较大时，应进行反测，检验测值的可靠性。

（3）各阶段的观测要求：

1）施工期观测次数规定：①仪器埋设前后必须进行观测，以检查仪器工作是否正常；②仪器埋设过程中及混凝土振捣密实后应进行观测，如发现不正常应立即处理或更换仪器或重埋；③仪器埋设完毕后测一次，以后按规定要求进行观测。

2）第一次蓄水期间可参照下述要求：①大坝在蓄水前后及蓄水过程中应增加测次。一般上游水位升高3～5m加测一次；②分级蓄水时，每升一级水位加测两次；③蓄水稳定在一定水位时，第一周观测3次，以后每周观测两次持续一个月，再后改为每周观测一次；④下游围堰拆除之前观测一次，坝后水位达到下游水位时观测一次。

3）运行期观测次数可参照下述要求：①大坝竣工后，对于重型坝每月至少观测两次，轻型坝每周至少观测一次；②大坝按设计要求运行5年后，在工作性态和变化规律已基本稳定的情况下，重型坝可改为每月至少观测一次，轻型坝每月至少观测两次；③对于已完成监测任务的仪器，可以暂时封存起来，需要观测时再进行观测。

当遇以下特殊情况时，应加强观测：①当气温突变，大坝压力灌浆及人工冷却；②建筑物性态出现异常情况或仪器测值突变；③遇地震、洪水、荷载突变及其他外界特殊情况；④建立观测站，安装集线箱，改变电缆长度及改变观测条件。

5. 观测资料整理分析要求

1）每次观测后应立即对原始数据加以检查和整理，并应及时计算物理量和作出初步分析，同时反馈给建设、设计、施工、监理部门，每年应进行一次资料整编。在整理和整编的基础上，应定期进行资料分析。一般每年分析一次，提出年度分析报告。

2）资料整理和初步分析中，如发现不正常现象或确认的异常值，应立即向主管部门报告。

3）整编成果应做到项目齐全、考证清楚、数据可靠、方法合理、图表清晰、分析合理。

4）在下列时期应进行资料分析，并提出监测报告：

a）第一次蓄水前，提出施工阶段监测成果分析。

b）蓄水到规定高程时，提出蓄水期监测成果分析报告。

c）竣工验收时，应提出监测成果综合分析报告供验收。

d）运行期每年汛前应提出上一年度的年度专门的分析报告。

e）大坝鉴定时（每隔5～10年一次），提出大坝工作性态分析报告。

f）出现异常或险情时，随时提出分析报告。

监测资料分析成果作为蓄水、竣工验收、大坝鉴定的重要依据，应对大坝工作性态和安全状态作出评估。

二、堆石坝安全监测设计

按堆石坝防渗材料和防渗体布置方式的不同，常可分为心墙堆石坝和面板堆石坝。心墙防渗材料以黏土或软岩风化料最多，也有用混凝土或沥青混凝土的；面板防渗材料用得最多的是混凝土（钢筋混凝土），也有用沥青混凝土甚至木材或塑料薄膜的。随着堆石料的开挖、装卸运输和碾压使用大型的机械，堆石坝在我国被越来越多地采用，堆石坝的高度也在逐渐增加。

（一）堆石坝安全监测设计的资料

一个好的安全监测设计应该尽量贴近工程实际，并着力于解答设计提出的问题。为此，在进行安全监测设计前要尽量多地掌握工程的自然条件和设计、计算、科学试验的各种资料。概括起来有以下几个方面。

（1）坝区的地质和水文地质条件　包括各种岩层的生成年代和分布，基岩的岩性和各项物理力学参数，渗流参数及其活动规律。要特别注意坝基的地质构造，对它们的走向、倾向、延伸范围、构造带的宽度及充填物的性质、构造带的阻水和渗水性能都要搞清。

（2）设计计算成果　内容包括坝料设计、坝体断面设计、坝基处理、坝坡稳定计算、坝体应力应变计算以及坝体的和坝基的渗流计算。这些设计计算成果往往会对安全监测提出需要解决的问题，成为监测布置的依据。坝体和坝基应力应变和渗流常采用平面或空间有限元计算。有限元计算所得到的坝体沉降和水平位移的分布图及其最大值可以用来设计变形监测仪器的布置和选定仪器的量程；渗流计算成果所绘制的流网图和最大渗流量值可以用来设计渗流观测布置，以及以后观测时作为最大渗流量控制值的依据。

（3）施工组织设计　施工进度安排、坝体填筑分期和填筑分块，这些是监测断面选定和断面监测高程确定的依据，也为监测设计的实施提供一个时间表。

（4）科学试验成果　各种坝料的物理力学参数的试验成果是监测仪器选择特别是以后监测资料整理分析的重要依据。如心墙防渗土料的颗分曲线、最大干容重和最优含水量，土料的变形参数和渗透系数 K 值；堆石料的颗分曲线、容重和变形参数；混凝土的力学参数如弹性模量 E 值和泊桑系数 μ 值，极限拉应变值及徐变性能试验成果等。另一类是结构试验和水力学试验，这是按一定比例制作模型的结构的水力学或渗流的试验，试验成果所提供的结构受力特性，水力学和渗流状态，为观测项目选定和仪器布置提供依据。

（5）期望解决的问题　设计或施工所采用的新技术、新工艺，设计所期望解决的问题。如鲁布革心墙堆石坝用软岩风化料作为心墙防渗料，这在国内一百米级心墙堆石坝是首次使用，这就对心墙的变形、心墙料的固结过程和防渗性能等诸多项目提出了观测要求。

（二）堆石坝安全监测设计的原则

1）监测设计者必须了解堆石坝的结构设计、施工组织设计和运行情况，熟悉监测工作的全过程，针对堆石坝设计中期望解决的施工和运行中可能出现的问题进行监测设计，使监测设计能紧密结合工程。

2）安全监测必须根据工程等级、规模、结构形式、地质条件等进行设计，监测项目及其设置应符合 SL60—94《土石坝安全监测技术规范》。

3）监测仪器、设施的布置，应密切结合工程具体条件，突出重点，兼顾全面。

4）监测仪器、设施的选择，要在可靠、耐久、经济、实用的原则下，力求少而精和便于自动化。

5）监测仪器的埋设、观测读数、资料整编与分析、可行性研究、初设、施工、初期蓄水、运行各阶段的监测工作应符合 SL60—94《土石坝安全监测技术规范》的要求。

（三）堆石坝安全监测项目的选定和监测仪器的选择

一座大坝对于电站或水利工程应发挥的主要作用确定了监测项目选定和监测仪器选择的原则。

1. 监测项目的选定

（1）与大坝运行安全相关的项目　坝基、坝体与坝基的连接部位是一重点部位，特别是当地质构造带穿过坝址基岩时，与构造带的变形和蓄水后渗流条件变化有关的项目必须予以优先考虑。大坝的防渗体是又一个重点部位，它包括灌浆帷幕和反滤结构，蓄水后的防渗效果是需要监测的项目。

（2）与施工期安全和施工方法相关的项目　施工期是坝基、边坡和坝体自身变形发展最集中的时段，过大的或者过于集中的变形会引起坍塌、滑坡等危及人身及工程安全的事故，主要监测变形的项目需要及时展开。

（3）检验设计的项目　设计需要反馈的，特别是设计和施工采用了新技术、新工艺或者做了比较多的科学研究工作需要另加以验证的项目；为了提高水平，积累经验和资料需要观测的项目。

总之，按监测内容来选定项目，最能反映堆石坝工作状态和安全状况的是：①渗流，包括坝基坝体和绕坝渗流的各个项目，这在蓄水期显得尤为重要；②变形，包括堆石坝防渗体和堆石体变形的各个项目，这在施工期显得很突出，蓄水和运行期更为重要；③应力，包括结构内部的应力和接触面的土压力监测项目，它对于某些特殊部位如与心墙连接的陡岸坡也是需要考虑的。

监测项目的选择，可参照 SL 60—94《土石坝安全监测技术规范》，见表 2－2－7。

表 2－2－7　　土石坝安全监测项目分类表

序号	监测类别	观测项目	建筑物级别		
			Ⅰ	Ⅱ	Ⅲ
一	巡视检查	巡视检查（含日常、年度和特别三类）	★	★	★
二	变形	1. 表面变形	★	★	★
		2. 内部变形	★	☆	
		3. 裂缝及接缝	★	☆	
		4. 岸坡位移	★	☆	
		5. 混凝土面板变形	★	☆	
三	渗流	1. 渗流量	★	★	★
		2. 坝基渗流压力	★	★	☆
		3. 坝体渗流压力	★	★	☆
		4. 绕坝渗流	★	☆	
四	压力（应力）	1. 孔隙水压力	★	☆	
		2. 土压力（应力）	☆	☆	
		3. 接触土压力	★	☆	
		4. 混凝土面板应力	★	☆	
五	水文、气象	1. 上、下游水位	★	★	★
		2. 降水量、气温	★	★	★
		3. 水温	☆	☆	☆
		4. 波浪	☆		
		5. 坝前（及库区）泥沙	☆		
		6. 冰冻	☆		
六	地震反应	1. 地震强震	☆	☆	
		2. 动孔隙水压力	☆		
七	水流	泄水建筑物水力学	☆		

注　1. 有★者为必设项目；有☆者为一般项目，可根据需要选设。
　　2. 对必设项目，如有因工程实际情况难以实施者，应报上级主管部门批准后缓设或免设。

2. 监测仪器的选择

选用的仪器必须性能可靠。对于国内已定型生产的，并且已有较多工程使用又经历时间考验为正常运行的仪器应该首先考虑。

对于新开发的或者是超常规限定值的仪器必须经过科学试验又具有确实的把握性时才采用。当要求仪器承受超过其规定的高水头作用时，仪器的防水、防潮必须作专门处理，在经过具有相应安全度的外水压作用的稳定性能试验后才能使用。

（四）堆石坝安全监测的布置

1. 监测断面和仪器埋设高程的选定

应根据坝轴线的长短选定监测断面。通常需要选择两个以上监测横断面。沿河谷的坝体最大横断面常选作主监测断面，根据坝基的地质变化或者河谷的地形变化，选取另一个有代表性的断面作为监测横断面。对于坝轴线长度超过300m的，通常布置3个以上监测横断面。除最大横断面作为主观测断面外，在其两岸各选一个具有代表性的断面作为辅助监测断面，必要时再选一个断面。高度高的坝，或者左右岸岸坡有特殊的地形或地质缺陷时，还应布置监测断面。断面常沿坝轴线或心墙中心线布置。

按坝的高度不同选2~4个高程埋设仪器。第一个埋设高程选在坝体填筑到15~25m后，以便尽早地得到填筑坝体的变形等监测资料，用以修正各项施工参数，如填筑层厚度，碾压遍数等。把仪器埋设高程选在填筑分期高程上是有益的，可以保证该高程上的监测房的修建，并使仪器埋设有比较充裕的时间。

监测剖面图上应给出各类监测仪器、监测设施和地质剖面（特别是地质构造带的宽度和倾向）。

2. 仪器布置的分散和集中

为了捕捉到监测的最大值或者是确定某监测量的分布区域，仪器应布置在一个较大的范围内，而集中布置有利于仪器和电缆的埋设与保护，方便于施工期的观测读数，并可对各项监测成果作相互校对和对比。

3. 电缆的水平走线和竖向走线

电缆水平走线最好一次就进入观测房，这有利于电缆的保护和施工期的观测读数。前面提到在填筑分期高程建监测房，水平敷设电缆，并一次就进观测房是最为有利的布置。竖向走线和施工的交叉多，保护电缆较为困难，设计时要事先准备好电缆通道，某些区段需埋钢管或塑料管作为保护。监测仪器以及电缆走向的布置，还要特别考虑坝体填筑分期、填筑分块和施工进度安排等因素，在穿越不同的填筑分块和不同的材料分区时，要充分考虑不同区域的不均匀沉降（变形）造成仪器和电缆的损坏。

4. 永久观测房和临时观测房

永久观测房以电缆走线总量最短为原则，根据工程和建筑物的布置确定一个恰当的位置；使观测房在施工期能尽早建成又不至于遭到后续各项施工的损坏，也不会受蓄水和溢洪的影响。

施工期在永久观测房建成前有时不得不建临时观测房。临时观测房应建在电缆相对集中，方便观测，不会受施工损坏，又便于电缆向永久观测房转移的地方。

5. 施工后期布置或修改布置的项目

有些项目需要在施工后期布置或者修改原有布置，这些项目有：

（1）观测自动化　要等施工后期根据仪器埋设的情况设计或修改布置。但是，观测自动化所需的费用应在可行性研究阶段（原初步设计阶段）做概预算时计入。

（2）水库　库区内的滑坡，特别是对大坝安全会构成威胁的近坝库区的滑坡，需要根据水库蓄水前的库岸调查或水库蓄水后实际发生的情况再作监测设计或者修改布置。

（五）堆石坝安全监测设计的技术要求

1. 安全监测的及时性

安全监测的及时性首先体现在仪器埋设的时机，必须按图纸上规定的高程和位置，在坝体填筑到该高程和位置时埋设，错过了时间就永远不能挽回。有不少坝的视准线是在水库蓄水后很久才建成的，常常已失去了它存在的意义。应该在坝体填筑到视准线所在高程时，建成并开始观测，因为堆石体的沉降和水平位移在施工填筑期完成了约70%以上，紧跟着在蓄水期又有较大的增加，错过了这两个时机就只能量测到变形后期很小的部分。

安全监测的及时性还体现在不错过关键的测读时间并以最快的速度处理观测资料，提交大坝工作状态的报告，紧急状态的报警。进入正常运行的大坝容易出事故的时刻是汛期，由于上游大暴雨引发洪水，或者发生地震等自然灾害。平时要有警觉和准备，碰到这种突发时刻就迅速地投入对大坝的监测。

2. 安全监测的连续性和观测资料的完整性

一份完整的监测资料应该包括施工期、蓄水期和运行期3个时期的测值，不同时期测读的间隔时段可以不相同，例如，施工期可以每星期测读一次，蓄水期得加密到每天一次，进入正常运行期可间隔到一月一次，后期工作状态稳定后甚至是一季或半年一次。监测设计时应做出观测频次的规定。连续观测读的资料有利于正确分析和评价堆石坝的工作状态。

3. 安全监测资料的及时反馈和充分利用

无论是施工期或者在运行期，为工程安全目的服务的监测资料的处理必须迅速，这有赖于监测人员对堆石坝工作性态的了解和作出判断的经验。某个时期的结束，或者观测资料积累到一定数量，必须进行深入一步的分析和提高，这方面的工作就需要原设计单位或者委托某个科研单位、某所大专院校进行。20世纪五六十年代，国内的一些重点工程也积累了不少的观测资料，但往往缺少整理分析和利用，这除了对这一问题的认识和重视不够外，还和缺乏观测资料整理分析的工具和手段有关。进入20世纪90年代后，国内不少科研单位和大专院校开发并且完善了一批电子计算机存贮和处理大坝观测资料的软件，为观测资料的反馈和充分利用提供了强有力的手段。

（六）心墙堆石坝

下面就渗流、变形、测点的布置、土压力和孔隙水压力、水库地震、坝区降雨量和天气及水库水位、近坝库区的滑坡等6个方面的监测及其自动化有关的问题分别加以叙述。

1. 渗流监测

渗流监测包括渗流量、渗水压力与绕坝渗流监测。对于一座堆石坝，渗流监测是第一位的。

（A）渗流量监测

渗流量一般采用量水堰测量。当渗流量大于70L/s时用标准梯形量水堰，渗流量小于70L/s时用三角量水堰，当渗水成滴水状时可用量筒加跑表测量。几个需要注意的问题是：

1）为了测到一个真实的（或者说是完整而无漏走的）渗水量，必须沿量水堰断面修建截水墙，对于建在冲积层上的堆石坝更是如此。截水墙要嵌入基岩0.5～1.0m，可以用素混凝土的，当冲积层厚时也可以用连接基岩的灌浆或者高压喷灌。

2）当坝基河床部位有渗水量大的泉眼或者宽河床时，可在坝基做隔墙，分区观测。

3）如堰板前要有2m以上的平直稳水段，堰口过水部分要开坡口。

(B) 渗水水质监测

应该经常地巡视观测，看涌水点是否带出砂粒、土粒，出水是否混浊，并定期地做水质分析。

(C) 绕坝渗流监测

在坝肩布置测压管观测绕坝渗流水位。坝肩有灌浆帷幕时，测压管布置在帷幕幕端的帷幕上游侧和帷幕下游侧。帷幕下游侧测压管可以顺渗流流线方向成梅花形布置。考虑钻孔水位计测头的直径和以后实行钻孔水位自动观测的要求，测压管管径取50mm以上。对于基岩岩性差或者穿过地质构造带的钻孔，必须下花管保护，以防坍孔。测压管深度应在旱季地下水位以下5～10m。

(D) 心墙内渗水压和接触面渗水压监测

在心墙内分几个高程布置渗压计。同一高程应在心墙中心线及其上下游侧至少各布置一支渗压计，在心墙与坝基础面及两岸坡的接触面埋渗压计以观测蓄水后的渗水压力，监视可能产生的水力劈裂或者接触面冲蚀。

2. 变形监测

变形监测分表面变形和内部变形监测。为了控制大坝和各建筑物的表面监测点的位置，以及测量基岩标点的位移，必须建立坝区和近坝库区的监测网。

(A) 建立监测网

监测网分三角测量监测网和水准测量监测网。建立监测网的目的是：①对包括视准线工作基点和观测房测量标点以及建筑物和基岩的变形监测点作定期测量，以确定上述各标点的绝对空间位置和相对位移值；②对水库蓄水和泄洪冲刷后的冲刷坑范围与深度以及水库淤积进行测量。

独立监测网的建立常在施工后期，以避开各主要建筑物的开挖和施工对地形的改变和基岩的损坏，并且排除掉由于坝基的大开挖所产生的河谷收敛变形。在独立监测网未建立前，还不得不用施工测量控制网测量某些先期建立的变形监测点。为了变形观测资料的连续性，必须建立独立监测网和施工测量控制网的坐标、高程和衔接关系。

在坝基、岸坡或建筑物基础大开挖后，或者在首次泄洪后，监测网自身必须作复核测量。

(B) 表面变形监测

表面变形监测主要用视准线法。

布置4～6条视准线。一般沿坝轴线或心墙中心线布置一条，这条坝顶视准线可对大坝的整体变形作出评价，特别是在蓄水期可以明显地反映出坝轴线绕曲和库水位的关系。在上游坝坡面正常高水位以上布置一条，这条视准线可监测上游坝坡在蓄水后的湿陷或者当库水位下降时的坝坡坍塌，下游坝坡布置2～4条，视准线布置的高程最好与施工分期填筑的高程相对应。布置前要做现场踏勘，以保证各条视准线的通视良好。

视准线的工作基点应建在大坝填筑和水库蓄水的变形影响范围之外，必须建在基岩上。当两坝肩地势开阔、通视好时，可沿视准线两端延长线埋设校核基点。但对建在狭窄河谷里的大坝，两岸坡经常是陡峭的，通视条件和过大的高程差，难于找到校准基点的位置，这时，工作基点的校核只能纳入监测网。视准线的长度在500m以内为宜，超过500m时，需在中间加辅助的工作基点。

沿视准线布置的坝面标点间距，在中间河谷部位可密些。坝面标点可同时作为高程测量点，也可作沉降观测用。坝面标点的埋设以能简捷完成为好，可在坝面选择稳定的大石块，用风钻钻孔，以砂浆固定观测标杆。

建在下游坝坡上的观测房，应该在房顶上设两个测量标点，通过视准线或者监测网的测量，以确定观测房自身的绝对位置和高程，并用此计算出埋在坝体内部相对于观测房位移的各个测头的空间位置和位移值。

（C）内部变形监测

内部变形监测包括对心墙变形、堆石体位移与反滤层位移的监测。

（a）心墙的沉降和水平位移的监测

心墙的沉降量是评价心墙防渗效果和心墙工作状态好坏的重要指标。

监测心墙分层沉降的仪器最早是美国垦务局推出的横梁管式沉降仪。它是由管座、带横梁的细管和中间套管三部分组成的一种机械式的仪器。使用时将其两端焊接翼板的横梁水平地埋在心墙土体里随填土一同沉降，测定与横梁固结的细管下管端口的高程即能确定横梁所处的高程和沉降量。这种沉降仪在云南毛家村土坝中埋设过，使用效果良好。后面叙述的测堆石体沉降的水管式沉降仪，同样可用于测心墙内部沉降。

测斜仪暨电磁沉降仪把心墙不同高程测水平位移和测沉降两种仪器的功能集中到一起。在埋设测斜仪导管的同时，把测沉降的电磁沉降盘套在导管外埋设。以电磁感应原理制作的测点沿导管下放，测定电磁沉降盘所在的高程。用伺服式测头量测导管垂直坝轴线方向或者是成正交的两个方向的水平位移量。测斜仪导管底座段需要固定在坝基基岩中，随着坝面往上填筑，1.5m 或 2.0m 一段一段地往上埋导管，这是一项与心墙填筑始终都同步的长期埋设工作。图 2－2－9 是小浪底水电站拦河大坝测斜仪的典型断面布置图。

（b）两坝肩心墙料沿坝轴线方向的拉压变形监测

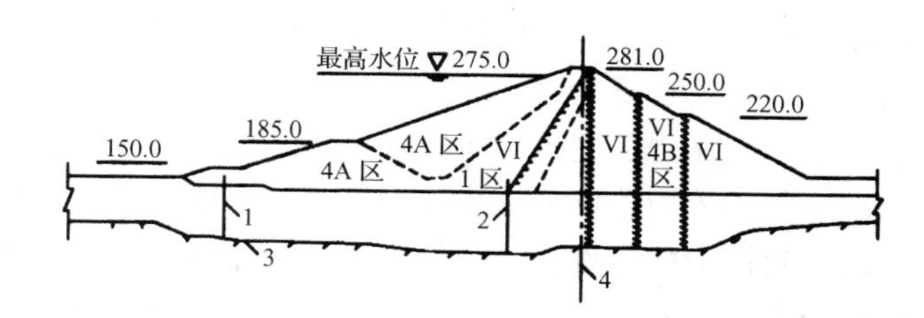

图 2－2－9　小浪底土石坝测斜管布设典型断面示意图　高程：m
VI—倾斜或垂直测斜管；
1 区、4A 区、4B 区—坝体填筑料类别；
1—上游围堰防渗墙；2—主坝防渗墙；
3—近似基岩面；4—主坝轴线

已建的土坝在两坝肩的坝面下 3～5m 深度范围内发现有横向上下游贯穿裂缝，有必要观测两坝肩的心墙料沿坝轴线方向的拉压变形。使用的仪器是土变形计（又叫 TS 位移计），把几支土变形计用连杆连成串，沿心墙中心线挖坑埋设，土变形计串的一端固定在岸坡基岩中，另一端用锚固板锚定在心墙填筑料内。

由观测成果可以确定心墙料沿坝轴线方向的拉伸范围，并可计算出相邻土变形计间土体的平均拉压应变值。

（c）两坝肩心墙料沿岸坡的剪切变形监测

两坝肩的心墙料在心墙填筑过程和往后的蓄水与运行期会产生沿岸坡的剪切变形，有必要观测剪切位移量。使用的还是土变形计，把仪器顺岸坡埋设，使其上端锚固在岸坡基岩或混凝土内，仪器下端用水平锚固板填筑在心墙料里。

由观测成果可以确定各个时期心墙料与岸坡的剪切变形量，并可计算出平均的剪切应变值。对于陡岸坡，剪切变形值颇大，会影响心墙与岸坡的连接，恶化接触面的防渗效果。

(d) 下游堆石体(反滤层) 的沉降与水平位移监测

监测堆石体(反滤层) 沉降，用得多的是水管式沉降仪，国内已有多个堆石坝成功地使用过。仪器的原理是连通管，使坝体内埋设测头中的水杯溢水面与观测房内测量玻璃管内的水位处于同一水平面。布置仪器的注意点，一是引至观测房的水管保持向观测房1%的坡度；二是观测房内测量玻璃管所能达到的最高水位应高于所有坝内埋设的测头，而玻璃管内的最低水位又要低于沉降后的最低测头。

国内用得多的测堆石体(反滤层) 水平位移的仪器是引张铟钢丝式水平位移计，已在鲁布革心墙堆石坝和西北口、成屏等面板堆石坝成功地使用过。一头固定在坝体内埋设测头上的铟钢丝穿在保护钢管里引入观测房，铟钢丝在观测房的一头绕过滑轮吊砝码施加引张力，用游标卡测定铟钢丝上下游方向的移动量，即测头的位移量。巴西 Segredo 坝的堆石体内埋设的水平位移计(Horizontal plate gauges) 是以电感原理制作的。

水管式沉降仪测头和引张铟钢丝水平位移计测头可以合并组装在同一测点，在坝体内同时进行埋设，也可以分开各自埋设。

下游坝坡的观测房应在仪器埋设前建成。在观测房顶的合适部位建立两个测量标点，使监测网的基点能够通视。以三角测量和水准测量确定观测房的空间坐标和高程，由此确定相对于观测房位移的各个坝内埋设测头的空间位置和绝对位移量。

3. 土压力和孔隙压力监测

土压力监测分为界面土压力观测和土中三向、两向与单向的土压力监测。土中土压力观测常和孔隙水压力观测在同一测点进行，以便能确定测点土体的有效应力。埋设的孔隙水压力计在蓄水和运行期就转为渗水压力观测。

(A) 界面土压力监测

界面土压力监测点常布置在心墙底部，或者在两坝肩心墙与岸坡的接触面上。布置在心墙底部的界面土压力计主要用于测定心墙在横断面内的拱效应，布置在两岸坡特别是陡岸坡接触面上的界面土压力计主要用于监测心墙与岸坡的连接状况，测定心墙土体对岸坡的压应力。在心墙与陡岸坡连接时，接触面上除了埋界面土压力计外还应同时埋渗压计，比较接触面上的土压力值和渗水压力值，以监测可能发生的水力劈裂。

(B) 土中土压力监测

1) 土中三向土压力监测点布置在两坝肩土体处于空间应力状态的位置。一个测点的空间应力包括 σ_x、σ_y、σ_z、τ_{xy}、τ_{yz}、τ_{zx} 6个应力分量，至少要有6个观测方程才能联立求解。为此，至少得埋6支土中土压力计。对于主要的应力分量可以同时埋设两支土中土压力计来测量。

先确定一个空间坐标系。沿心墙中心线为 x 轴，顺河流方向为 y 轴，铅垂线方向为 z 轴，构成一个右手坐标系。把六支土中土压力计布置成测定3个坐标轴方向土压力 P_x，P_y，P_z 和测定3个坐标平面 xy，yz，zx 内与坐标轴成45°角方向的土压力 $P_{xy}^{45°}$，$P_{yz}^{45°}$，$P_{zx}^{45°}$。该测点的6个应力分量即可联立下面6个方程确定：

$$\sigma_x = P_x$$

$$\sigma_y = P_y$$

$$\sigma_z = P_z$$

$$\tau_{xy} = 1/2(P_x + P_y) - P_{xy}^{45°}$$
$$\tau_{yz} = 1/2(P_y + P_z) - P_{yz}^{45°}$$
$$\tau_{zx} = 1/2(P_z + P_x) - P_{zx}^{45°}$$

6 个应力分量确定后就可据此计算测点的主应力及其主向。

空间坐标系有 8 个象限，应根据测点在坝体所处的位置选定一个象限，使所埋的六支土中土压力计都处在该象限内，这样可以应用上列公式。所选定的象限应该是使 6 支土中土压力计都处在受压的最好状态。

2）土中两向土压力监测点布置在河床最大断面内，该断面内的土体处于两向应力状态。一个测点的平面应力包括 $\sigma_y\sigma_z$ 和 τ_{yz}3 个应力分量，至少要有 3 个观测方程联立求解这 3 个应力分量。因此，至少得埋 3 支土中土压力计，对主要的应力分量可同时埋两支仪器测定。

按前述原则确定的空间坐标系内截取平面坐标 yoz，3 支土中土压力计布置成测定 P_y，P_z，$P_{yz}^{45°}$ 土压力。测点的 3 个应力分量、主应力（σ_1，σ_2）和主向 α 即可按下列公式求得。

$$\sigma_y = P_y$$
$$\sigma_z = P_z$$
$$\tau_{yz} = \frac{1}{2}(P_y + P_z) - P_{yz}^{45°}$$
$$\begin{matrix}\sigma_1 \\ \sigma_2\end{matrix} = 1/2(\sigma_y + \sigma_z) \pm \sqrt{(\sigma_z - \sigma_y)^2/2^2 + \tau y_{yz}^2}$$
$$\alpha = 1/2\mathrm{arctg}[(-2\tau_{yz})/(\sigma_y - \sigma_z)]$$

所埋设的 3 支或 4 支土中土压力计的压力盒承压面的外法线必须在垂直心墙轴线的 yoz 平面内。

3）单向土中土压力计常是用来观测主应力方向明确的土压力，如河床最大断面心墙中心线位置的最大土压力方向在垂直方向，可以埋 1 支水平安置的土中土压力计测量。

在大粒径的堆石体内也可以测定垂直向的堆石体压力，但在测点邻近的堆石料必须用小粒径的同种石料置换，并且石料粒径逐层减小，土压力计最终被小于 5mm 粒径的细料所包裹。堆石体内埋设的土中土压力计的压力盒直径应该比埋在土料中的土中土压力计大。

（C）孔隙压力和渗水压力监测

除前述为了确定测点土体的有效应力而同时埋孔隙水压力计和为陡岸坡监测可能出现的水力劈裂而埋渗压计外，还有一个目的就是为了绘制心墙断面的孔隙水压力等值线或绘制流网图。为此目的埋设的渗压计可在几个选定的高程成等距布置。所埋的渗压计在施工期可监测土料孔隙水压力的消散过程，同样为测土体有效应力而埋设的孔隙水压力计到蓄水期就转为监测渗水压力。

4. 水库地震监测

监测水库地震的必要性出于两个原因：原因之一是，建坝区如处在我国的几个强地震多发区，必须进行监测；原因之二是，由于水库蓄水后库盆区基岩受到重新加载的几十米到 100～200m 水深的压力作用，地应力重新调整造成岩体错动引发地震，对于库容达几十亿 m^3 以上的大型水库必须监测水库诱发地震。

监测水库地震的仪器是微震仪和强震仪。

(A) 微震仪

微震仪由拾震器、接收记录部分和石英钟计时部分组成。拾震器可以是单向的或者三向的，测定垂直地面方向或者再加测水平面内两个坐标方向的地面运动。

在大坝和库区范围建微震仪测站至少应布置 3 个点，这样才能用交会的方法确定发生在库区范围内的震源位置。微震仪测站应该在施工前期，甚至勘测时期就建站，以便连续地记录库区和坝址范围在施工期和蓄水以前时间的地震活动情况，与水库蓄水期和运行期的地震情况做一对比，就可看出蓄水对库区地震的诱发作用。

(B) 强震仪

用强震仪监测堆石坝不同坝高部位的地震加速度值，通常测定铅垂向及水平面内平行坝轴线和垂直坝轴线的 3 个方向。在最大坝高断面的坝址基岩上和坝顶必须各建一个测站，根据不同的坝高和观测房布置，在下游坝坡上可建 1～3 个测站。两岸坝肩的基岩上也可布置一个测站。强震仪测站内对空气湿度有一定的要求，应尽量地保持干燥。图 2－2－10、图 2－2－11 给出了两个工程强震仪布置的实例。

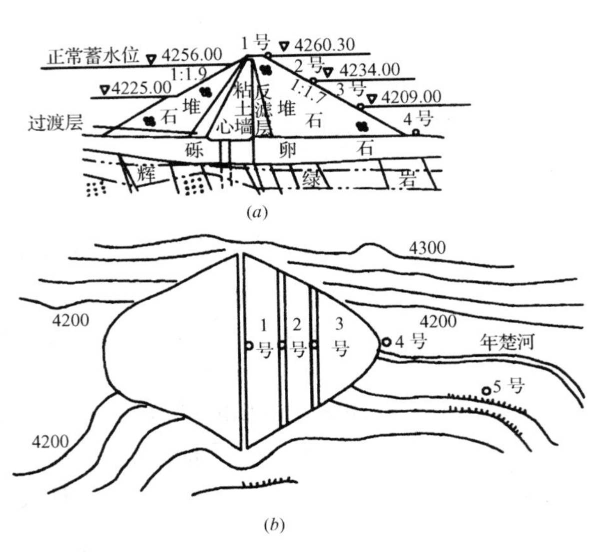

图 2－2－10　满拉水库心墙堆石坝强震仪布设图

(a) 最大横断面；(b) 平面

1 号、2 号、3 号、4 号、5 号—各测站编号

强震仪是自动记录的，在坝址区发生地震后应及时地去取记录底片，并及时做出处理。如果一个时期内坝址区没有发生地震，那么经过一个规定的时段，比如一个月或者一个季度，应该去检查记录底片。长期没有使用的底片必须更换，比方每年更换一次。强震仪的动作性能也应定期地做检查。记录到的地震资料可以请地震局帮助分析，并归入相应的档案。

5. 坝区降雨量和天气观测，水库水位监测

施工期坝区范围内的天气状况对心墙的填筑质量影响很大，如降雨量、日照和风燥程度。施工期在坝区内需要建立简易气象站，水库蓄水期和运行期影响堆石坝工作状态的最主要因素是水库水位和坝区范围内的降雨量。

6. 近坝区的滑坡监测

水库蓄水后，库区范围内的塌岸和滑坡是经常会发生的，对于近坝库区范围内危及到大坝安全的滑坡必须加以监测。

蓄水期监测库区滑坡的最简易办法是乘船巡视检查库岸情况，对于出现了滑坡或有滑坡迹象的部位进行摄影记录，随着库水位的上升，间隔一段时间后再巡视检查并摄影。前后几次的摄影对照就可以看出滑坡的状况和发展的程度。

对于蓄水前预计到蓄水后会滑坡的岸坡或堆积体，可在上面预先埋设几个观测标桩蓄水期通过监测网测量标桩的坐标和高程，以确定其位移和沉降值。对于蓄水后出现的大范围滑

坡,可沿滑坡体后缘埋设测缝计,观测裂缝张开的历时过程。也可在滑坡体上钻孔埋测斜管,根据地质的预测,使测斜管穿过滑面,把测管底座固定在不动岩层中。测斜仪观测值可以很明确地显示出滑面的位置和滑坡体的移动状况。

滑坡的观测对有必要进行治理的滑坡体采取怎样的治理措施,具有指导作用,对治理措施的效果可以做出鉴定,并最终对滑坡体的稳定状况做出评价。

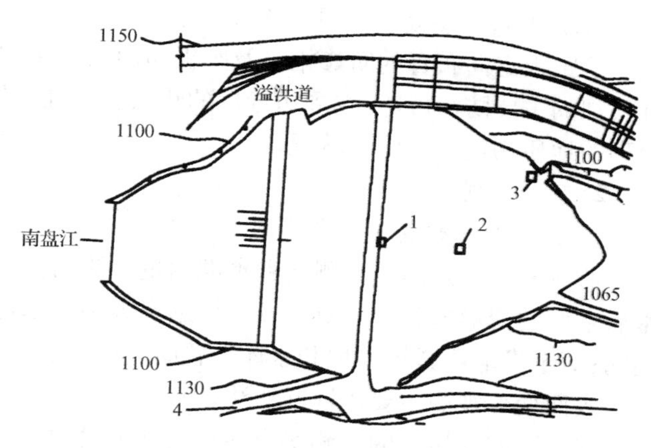

图 2-2-11　鲁布革水电站堆石坝强震仪布设图

1、2、3—测站编号;4—上坝道路

7. 有关监测自动化的若干问题

运用电子计算机和遥感技术来实现监测自动化。监测项目需要在设计前期初步布置并做出概预算,在后期根据仪器埋设情况修改布置。

并非每个电站都必须搞监测自动化,对于一些埋设仪器不多或者工程不复杂的电站,用人工测读加巡视检查也许是最好、最经济的方式。即便是实现了监测自动化的电站也还需要以人工测读作为核对。

施工期的半自动化监测可以方便而迅速地取得施工期的重要观测资料,这是很有意义的。

(七) 混凝土面板堆石坝测点的布置

混凝土面板堆石坝的施工受降雨的影响小,可以全年施工。

因为堆石体的边坡可以取得较陡,常取为 1: 1.4(垂直: 水平),一般地说,混凝土面板堆石坝的填筑方量要小些,而且可以更多地利用工程的各部位开挖料填入坝体不同的分区。因此,混凝土面板堆石坝常常是比较经济的。

对混凝土面板堆石坝的监测设计,着重谈及与心墙堆石坝的不同点。

1. 渗流监测

(A) 渗流量监测

对于混凝土面板堆石坝,渗流量的变化不光是反映帷幕的防渗效果,它更是监测面板与趾板间的周边缝和面板与面板间竖向缝的防渗效果的主要依据。

(B) 渗水水质监测

主要依靠巡视检查,观测涌水点状况。定期地做水质分析。

(C) 绕坝渗流监测

在两坝肩布置测压管观测绕坝渗流。

(D) 坝体浸润线监测

对于用河水冲积沙砾料或者是含碎屑量高的软岩做坝体填筑料的部位,必须埋渗压计或者是逐节埋花管做成的测压管,以测定坝体的浸润线。当测量周边缝或竖向开裂漏水而垫层料起不到阻水作用,垫层料后的排水又不畅时,必然会抬高坝体的浸润线。浸润线被抬高了的冲积沙砾料坝体是危险的,它会失稳溃决。

(E) 帷幕防渗效果及周边缝渗水水压监测

沿趾板走向布置的防渗帷幕及趾板与面板交接的周边缝的多道止水构成了混凝土面板堆石坝的主要防渗屏障,在周边缝后的垫层料内埋渗压计,观测周边缝止水的防渗效果和经处理的地质构造带的渗水状况。

2. 变形监测

(A) 监测网和表面变形监测

监测网分三角测量监测网和水准测量监测网,它们是确定大坝、各首部建筑物位置和蓄水后它们的变形的基准。对于发电厂远离大坝和水库的引水式电站,首部枢纽布置一个监测网;对于发电厂紧挨大坝和水库布置时,整个电站枢纽布置成一个监测网。

表面变形观测主要用视准线法。

建在下游坝坡上的观测房应该在房顶上设两个通视好的测量标点,通过监测网或者是视准线工作基点来测量观测房自身的位置、高程和自身的沉降及水平位移。

(B) 面板和接缝的变形监测

面板和接缝的变形观测属于外部变形观测,这里说的接缝包括面板和趾板间的周边缝、面板和面板间的竖向分缝。

(a) 面板的挠曲变形监测

作为防渗和隔水的大面积的面板在水库蓄水后承受巨大的水压力而产生沿坝轴线方向的挠曲变形及顺面板坡向的挠曲变形。沿坝轴线方向的挠曲可以通过沿坝轴线布置的和上游面板上布置的视准线的观测标点来进行测量;顺面板坡向的挠曲经常用斜面测斜仪来观测,也可在面板上用顺坡向布置的固定式测斜仪来观测。

斜面测斜仪的铝质或塑料质导管可顺上游坡面垂直于坝轴线方向敷设。导管多敷设在混凝土面板上。导管底座固定在趾板上。由于测头沿斜坡面导管的下滑力大大小于沿铅垂布置的测斜仪导管的下滑力,对于低于 100m 的面板坝,可在测头前配铅块帮助下滑,而对于高度在 100m 以上的面板坝就需配测头的牵引绳,牵引绳的导向滑轮与导管底座一块都固定在趾板上。

已建成的混凝土面板坝斜面测斜仪的观测资料说明,温度对测斜仪测值的影响颇大,特别是当水库底部水温与曝晒在日光下的面板顶部气温的温差达到几十度时就必须考虑温度对测值的影响。已经有了能自动消除温度影响的测头。

面板的挠曲观测值配合该点的水压力和土压力观测值,可以用来计算确定水压力作用下堆石体的变形模量,这个值通常是施工期自重作用下堆石体变形模量值的 2~3 倍,甚至更大。

埋在面板下垫层料里的测量沉降和水平位移的测头的观测值,可以用来对照斜面测斜仪的挠曲观测值。

(b) 周边缝变形监测

周边缝有 3 个方向的变形。它们是垂直面板平面的沉降和在面板平面内的缝张开与平行缝的剪切。用三向测缝计可直接测出某一个方向的变形或者用 3 个测值的组合计算出 3 个方向的变形。周边缝缝底的铜止水片只要做成合适的形状。平行缝的剪切位移最可能损害铜止水片。

三向测缝计的布置需要根据有限元的计算成果,布置在位移的最大点。通常剪切位移的最大值出现在两岸岸坡,特别是在陡岸坡。三向测缝计通常在以浇筑完并有足够强度后埋设，跨周边缝在趾板和面板上钻孔，用砂浆固定。埋设的仪器必须加保护罩。库水淹没仪器前，始终要注意三向测缝计的保护。

（c）面板间竖向分缝的变形监测

面板混凝土一般用滑模浇筑，为了方便施工，通常按同样的宽度用竖向缝分成块，每块的宽度有16、12m或10m的。竖向缝必须设止水。按照水库蓄水后竖向缝变形的不同分为张性缝和压性缝。通常，在面板靠两坝肩一定范围的竖向缝是张性缝，中间河床部位的竖向缝是压性缝。张性缝的设计要求和施工难度都高于压性缝。

对面板间竖向缝的变形观测，一是为了捕捉到两坝肩张性缝的延伸范围；二是观测分缝的张开或者压缩的数值。为了捕捉到面板在两坝肩部位张性缝的延伸范围，需要在面板的正常高水位附近沿着同一高程跨过数条竖向缝布置单向测缝计。使测缝计跨过计算成果揭示出面板水平受拉区。当没有计算成果时，可以参考已有工程的布置或者已建工程的观测成果。这些都有赖于各个工程的逐步积累。在河床部位竖向分缝布置的单向测缝计用来观测缝的压缩量，为以后设计确定缝的宽度积累资料。

（C）堆石体变形监测

测量堆石体内部沉降和水平位移的仪器，多用垂直水平位移计，它是把测沉降的连通管测头和测水平位移的引张铟钢线测头组合在一起埋设的机械式仪器。两种仪器也可以分开或单一地埋设。在面板下各高程的垫层料内埋设的垂直水平位移计测头，它们的观测值可用以绘制出面板的顺坡向挠曲线，以对照和校核面板上面敷设的斜面测斜仪导管的观测值。

垂直水平位移计的观测值可以用来评价堆石体的填筑质量，沉降观测值配合以堆石体的压力观测值，可以计算出堆石体在施工期自重作用下的变形模量。

3. 混凝土面板的应力应变及温度监测

混凝土面板在浇筑后经常会出现裂缝。虽然面板只是几十厘米厚的大面积薄壳结构，水化热比较易于发散，但环境温度的变化仍然是结构内部应力应变直至裂缝生成的主要因素。

（A）混凝土应变计和无应力计

通常只观测面板平面内的应力应变，多是观测平行坝轴线和顺坡两个方向，混凝土应变计按这两个方向成正交地布置。靠近两坝块的面板内可再加一支与坝轴线成45°角的应变计，以确定主应力的方向。无应力计要占据相当的空间，面板既薄又不能在其中留有空洞影响防渗效果。因此，把无应力计埋在紧靠面板的下部，用混凝土置换后的垫层料里是恰当的，虽然这和邻近应变计的环境条件有稍许差异，但在结构物内埋设观测仪器应以不妨碍结构物的功能为首要原则。

混凝土应变计可以用基距10cm的小应变计，埋设部位的混凝土应剔除粒径大于40mm的大骨料。所用的应变计应带温度测量功能，因为在分析观测资料时温度是影响应力应变的重要因素。

（B）钢筋计

混凝土面板的配筋以顺坡方向的钢筋为主要受力钢筋，钢筋计的布置也多顺坡方向。在两坝肩部位也可顺水平方向布置，以测定水平受拉区内钢筋主应力。

钢筋计应选用和被量测钢筋相同的直径。

(C) 温度计

可以选定2个或3个监测横断面,从面板底部起向上布置温度计,在水面下深部布置的温度计间距大些,向上逐渐加密。温度计埋在面板表面下10~15cm的混凝土里。温度计观测值可以确定夏冬各季水库水温随水深的变化,温度又是分析面板内埋设的其他仪器观测值的主要影响因素。

4. 堆石体压力和垫层料应力状态监测

(A) 堆石体压力监测

在坝轴线部位的最大主应力方向一般是铅垂方向,水平地埋在土中的土压力计测量铅垂向的堆石体压力。配合该点的沉降观测来测定施工期堆石体的变形模量。为埋设方便,测点可布置在垂直水平位移计埋设高程的坝中心线处,这样可利用垂直水平位移计的埋设基床,电缆在水平位移计保护钢管的一侧敷设,引入观测房,并且可以和堆石体沉降测头紧靠着布置。

(B) 面板下垫层料内的两向土中土压力监测

位于面板下的垫层料是一种细粒含量较高的半透水层料,它既有阻渗的作用,又起到支承并传递面板上部作用的巨大水压力的作用。观测垫层料内土压力状态,特别是在蓄水过程中土压力状态的变化,对于研究面板和整个坝体的受力状态是很有意义的。两向土中土压力测点的布置可以选在垂直水平计埋设的同一高程,利用垂直水平位移计的埋设基床。

5. 水库地震监测

水库地震采用在库区范围建立微震仪观测站网络和在大坝上布置强震仪进行监测。天生桥一级强震仪的布置如图2-2-12所示。

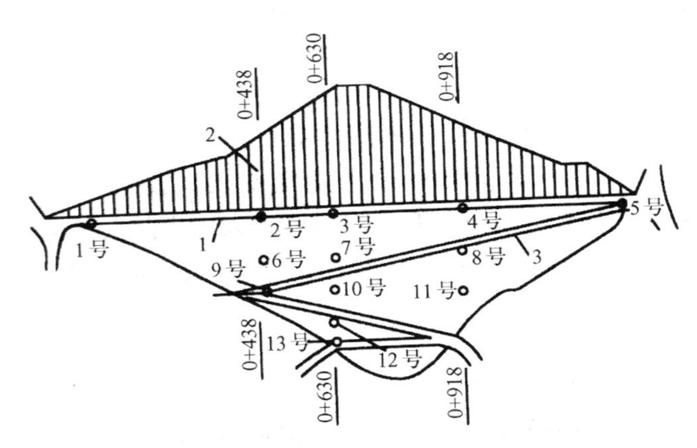

图2-2-12 天生桥一级混凝土面板堆石坝强震仪布置图

1—坝顶;2—混凝土面板;3—上坝道路(斜戗道);
o—强震仪测站

6. 水库水位监测

混凝土面板堆石坝的施工对降雨等天气条件的要求比较宽松,但是降雨量对于渗流监测资料的分析是很重要的,为此,要求建立坝区气象站。

水库水位是影响面板堆石坝工作状态的重要因素,要求进行监测。

7. 近坝库区的滑坡监测

伴随水库蓄水,库岸的坍塌和滑坡可能发生,对于近坝库岸的滑坡,特别是会危及大坝安全的滑坡,必须进行监测。有关滑坡的监测设计,详见本章第三节。

三、土坝安全监测设计

这里所指的土坝为均质土坝。进入20世纪七八十年代后,除中小型水库外,修建均质土坝的已不多,一般坝也不高。

土料的黏土含量较高,渗透系数K值小,施工期会由于填筑速度过快,孔隙水压力消散慢而造成填筑坝体的滑坡。监测填筑坝体的孔隙水压力和表面变形，以控制填筑坝体上升速度，保证工程和人身的安全，是施工期监测的主要目的。

蓄水和运行期，除了由于泄洪能力不足造成洪水溢过坝面的事故外，出现得更多的是由于坝趾排水不畅、坝体浸润线抬高造成下游坝坡的滑坡。监测土坝的浸润线和渗流量，监测下游坝坡的位移，确保坝坡的稳定和工程的安全是监测的主要目的。

对于为数不少的20世纪50年代修建的病险土坝加固处理的效果和安全程度的评价，又对土坝的安全监测提出了新的内容和要求。

（一）土坝安全监测设计资料和设计原则

坝区的工程地质和水文地质条件要了解清楚，除了坝基的岩层和分布以及地质构造外，还要了解坝基冲积层的深度和构成物的物理力学特性。要掌握填筑坝体土料的强度参数和渗流参数的试验成果。掌握设计计算和施工组织设计成果，除了知道坝料设计、坝体断面设计和坝坡稳定计算外，更要注意坝基的防渗处理对监测的要求。

监测应有重点地进行，施工期以监测填筑坝体的孔隙水压力和变形为主以保证填筑体的稳定，运行期以监测坝体浸润线和渗流量以及下游坝坡位移为主，以确保坝坡的稳定。

（二）土坝安全监测项目和监测仪器的选择

安全监测项目的选择以确保工程安全为前提，优先保证重点部位的监测。应该加强渗流观测和外部变形观测，同时辅之以一些特定项目的监测。

1. 渗流监测

（A）渗流量监测

在下游坝趾建量水堰，是常用而有效的办法。需要做截水墙以汇集渗水是必要的，对于建在深冲积层上的土坝更必须这样，否则大部分渗水都从下部的冲积层漏走了。截水墙在施工前期进行坝基处理时就做成，这样便于施工、减少一些重复工程量和后期施工时的困难。

（B）坝体浸润线监测

选定1～3个观测横断面，有两种观测浸润线的办法。一种是在每个横断面内从坝顶往下游坝坡布置3～5个测压管，观测测压管内水位，绘制浸润面；另一种是在每个横断面内间隔同样高程等距离地布置一排渗压计，由渗压计测值加测点对基准面的位势得出该测点的总势能，绘制出断面的等势线和成正交的流线及浸润面。两种方法各有利弊，前一种方法观测绘制的浸润面直观，一目了然，但是由于测压管内水位需要一个汇集过程，就有一个滞后时间，土料的渗透系数 k 值越小，滞后时间越长；后一种方法可以及时测到渗水压，没有滞后的问题，但是绘制流网流线要麻烦些，并且要有一定的技巧。

（C）绕坝渗流监测

注意观测绕坝渗水流在下游岸坡与坝坡交接带的溢出部位，当原河床两岸地下水水位高出河床水位的情况更要注意监测。

（D）沿接触面及地质构造带的渗水压力监测

土坝与混凝土坝段、混凝土边墩或挡墙等一样，应对其接触面的连接状况进行监测；沿地质构造带，特别是对位于坝基又贯通上游水库的断层与裂隙，需要进行渗水水压监测。

2. 表面变形监测

（A）监测网

监测网包括三角测量监测和水准测量监测网，这是坝体变形监测的基准。施工测量控制网在大坝填筑和水工建筑物施工前必须完成。对于中小型工程,前期作为施工测量控制网,后期作为监测网,使两者结合起来是有益的。为使两者结合,在做施工测量控制网设计时,要考虑后期监测测量的精度要求和控制的范围。网的基点要选在稳固的基岩上,并且不会被施工所损坏。施工期应做好基点的保护。施工开挖结束与蓄水泄洪后应进行网基点自身的复核测量。

(B) 视准线

用视准线测坝坡变形。坝面视准线测量标点和水准测量标点合成一点埋设,这样便于标点埋设和资料分析。

3. 特定项目监测

由于地质构造上的原因和建筑物布置或结构上的原因,有必要补充一些观测项目。

1) 当坝基存在地质构造带,如断层带和大裂隙,软弱或透水性强的岩层,特别是当地质构造带走向与土坝轴线交角近乎成直角并且和水库成上下游贯通时,除采取相应的工程处理措施外,还必须加强监测。蓄水后沿地质构造带渗流状态的变化是主要的监测对象,包括渗水水压和渗水流量的变化。沿地质构造带埋设 3 ~5 支渗压计,观测渗水水压和沿构造带的渗流坡降。同时,注意下游构造带出口部位的渗出水的状况和演变,必要时建一个专门的量水堰测量渗水流量。

2) 土坝和刚性建筑物的接触面必须加强监测,防止接触面冲蚀。可以沿接触面埋几支渗压计,监测渗水压力和渗流坡降。

3) 由于拱效应造成狭窄谷、沟槽的填土底部土压力减小,可能恶化该部位的渗流条件,甚至出现水力劈裂现象,需要进行监测。土坝与陡岸坡连接部位可能产生在接触面上土压力减小、渗流条件恶化的现象,在这些部位需要监测接触面土压力和渗水压力。在同一地点相邻地埋界面土压力计和渗压计,比较两个观测值,当出现土压力测值小于渗水压力测值时,该点将有出现水力劈裂的危险。

4) 在某些特殊的结构部位监测土体内部的变形或土压力。

(三) 土坝安全监测的布置

根据坝轴线的长度及沿坝轴线纵剖面的地形和地质变化特点选择 1 ~3 个观测横断面。原河槽的最大坝高断面是主观测断面,在该断面内布置作为坝体浸润线观测的测压管或者渗压计,在坝顶和下游坝坡布置视准线和沉降的观测标点。选择的仪器埋设高程应和土坝的填筑分期高程相一致,这样有利于仪器的埋设和电缆的走线。其他参看堆石坝监测相应章节。

(四) 土坝安全监测仪器的观测

土坝常按施工填筑期、蓄水期和运行期来划分它所处的工作阶段。运行期又可进一步分为运行前期(前 3 ~5 年)、稳定运行期和进入运行后期的老化阶段。不同时期有不同的侧重观测内容和不同的测读频次要求。

施工填筑期以观测孔隙水压力和坝坡表面变形为主,使不发生填筑坝体的滑坡。坝体内埋设的渗压计可以用来观测孔隙水压力的增长和消散过程。通常每星期测读一次,在填筑间歇期还可稀一些。

蓄水期以观测渗流状态变化和表面变形为侧重,这是土坝整体安全经受考验的关键时段。这个时段应加密测读,通常一天测读一次,当某个观测量(如渗水量)突然增加时,应增加到一天测读两次或三次。

运行期以观测渗流和变形的变化为重点，如渗流和变形趋向稳定，这是土坝工作状态良好的征兆；如渗流或变形一直不收敛，就必须认真地找出原因并进行必要的工程补救措施，直至渗流和变形趋向稳定为止。运行期的初期可恢复到施工期的一周一次，随着渗流和变形趋向稳定，可逐渐拉长间隔时段，如一月一次，或一季度一次。对渗流量的观测不能少于一月一次，对渗水状态的巡视检查更应坚持进行。

第三节　边坡稳定性安全监测设计

一、监测设计的原则

（1）监测应目的明确、突出重点　通常，边坡工程施工和运行期监测的主要目的在于确保工程的安全。边坡的安全监测以边坡岩体整体稳定性监测为主，兼顾局部滑动楔体稳定性监测。由于过大变形是岩体破坏的主要形式。因此，（地表和深部）变形监测是安全监测的重点。岩石边（滑）坡中存在的不利结构面常常是引起边（滑）坡破坏的主要内在因素。因此，岩石边（滑）坡监测的重点对象是岩体中的这些结构面，监测测点应放在这些对象上或测孔应穿过这些对象等。开挖爆破和水的作用是影响边（滑）坡稳定的主要外因，因此，施工期的质点振动速度、加速度的监测，运行期的渗流、渗压监测是必要的。当边（滑）坡范围大，需布置多个监测断面时，应区分重要和一般断面，重要断面的监测项目和监测仪器的数量应多于一般断面。

（2）应监测边坡性状变化的全过程　监测应贯穿工程活动（施工、加固、运行）的全过程。为此，监测最重要之点是及时，即及时埋设、及时观测、及时整理分析监测资料和及时反馈监测信息。4个及时环节中任何一个环节的不及时，不仅会降低或失去监测工作的意义，甚至会给工程带来不可弥补的影响或对人民生命财产造成重大的损失。要实现监测全过程，或利用已有洞室预埋仪器，或施工开挖前完成必要的监测设施、开挖下一个边坡台阶前完成上一个台阶的监测设施。

（3）施工期和运行期安全监测应相结合、相衔接　施工期监测设计应和运行期监测设计一样，纳入工程设计的工作范围，作为工程设计的一部分。即施工期安全监测实施前应进行监测设计，然后按设计实施。施工期监测设施能保留作运行监测的应尽量保留；运行期监测设施应兼顾作为实施以后施工过程（以下高程台阶、边坡的开挖）的施工期监测。

（4）布置仪器力求少而精。仪器数量应在保证实际需要的前提下尽可能减少；采用的仪器应有满足工程要求的精度和量程，精度和量程应根据工程的阶段、岩体的特性等确定；专做施工期监测的仪器，精度要求可稍低，也可采用简易的仪器；运行期监测仪器要求较高（特别是长期稳定性）；坚硬岩体变形小，应采用精度高、量程小的仪器，半坚硬、软弱或破碎的岩体可采用精度较低、量程较大的仪器。

（5）安全监测常以仪器量测为主，人工巡视、宏观调查为辅　力求仪器量测与人工巡查相结合；仪器量测常以人工量测为主，重点部位少量进行自动化监测；即使进行自动化监测的仪表，仍应同时进行人工测量，以便做到确保重点，万无一失。

（6）避免或减少施工干扰　施工干扰（如爆破、车辆通行、出渣、打钻、偷盗、破坏等）是施工监测中一大难题，应尽量避免。为此，应尽量利用勘探洞、排水洞预埋仪器，进行监测，便于保护；施工活动应各方通气，进行文件会签；应尽量采用抗干扰能力强的仪器；应加强仪器观测房、测孔孔口的保护，保护设施力求牢靠。

（7）监测设计应留有余地　监测过程中可能存在一些不确定的因素，如地质条件不十分清楚，随施工开挖可能发现一些地质缺陷、原设计时未估计到的不稳定楔体，即可能出现一些设计中未能考虑到的问题，那时，需要修改和补充设计。设计时应考虑到这种因素，在监测项目、仪器数量和经费概算上留有余地。届时，根据实际需要，补充设计。

二、监测设计需要的基本资料

监测设计所需资料见表2-3-1。

表2-3-1　　边（滑）坡各工程阶段所需基本资料

序号	资料名称	人工边坡		天然滑坡		
		施工期	运行期	前期	整治期	整治后
1	枢纽平面纵横剖面设计布置图	√	√			
2	地质勘探钻孔柱状图	√	√	√	√	√
3	地质报告及纵横地质剖面图	√	√	√	√	√
4	模型试验报告	√	√			
5	稳定性计算分析报告	√	√	√	√	√
6	开挖组织设计报告	√			√	
7	加固支护设计报告	√	√		√	√
8	岩石参数试验报告	√	√	√	√	√
9	工程经费概算	√	√	√	√	√

三、监测项目的选定及仪器的选型

（一）监测项目的选定

1）监测项目应根据不同工程阶段、地质条件、结构设计需要、工程的重要件、施工和支护方法以及经费的承受能力等选定。详见表2-3-2。

2）大地测量水平变形、垂直变形监测对边坡和滑坡及其不同阶段都可适用。

3）钻孔深部位移监测，包括测水平位移的钻孔测斜仪法和测钻孔轴向位移的多点位移计法，对边坡和滑坡及其不同阶段都可适用。对于有条件的大型边坡和重大滑坡，大地测量和钻孔深部位移测量可同时采用，对于一般的边坡和滑坡也可选择二者之一进行监测。大地测量法能控制较大的范围，即可监测一个“面”，且在临滑前有可能进行观测：而深部位移监测则可以及时发现滑动面的出现，确定其位置并监视其变化、发展。深部位移监测常用的钻孔测斜仪法更普遍和更适合于边（滑）坡稳定性监测。视具体工程情况（如重要性和经费条件）可二法同用，也可选择其中之一。

4）正、倒垂线法一般只用于重大的人工边坡工程，因为它要花费较多的经费。

表 2-3-2　　边（滑）坡监测项目选型

序号	监测项目	人工边坡		天然滑坡		
		施工期	运行期	前期	整治期	整治后
1	大地测量水平变形	√	√	√	√	√
2	大地测量垂直变形	√	√	√	√	
3	正垂倒垂线		√			
4	表面倾斜	√		√		
5	地表裂缝	√	√	√	√	
6	钻孔深部位移	√	√	√	√	
7	爆破影响监测	√		√		
8	渗流渗压监测	√	√	√	√	
9	雨量监测	√	√	√	√	
10	水位监测		√	√	√	√
11	松动范围监测	√				
12	加固效果监测	√	√		√	√
13	巡视检查	√	√	√	√	√

5）表面倾斜监测一般适合于边坡施工期和滑坡整治期监测，它有安装、观测、整理资料简便的优点，但缺点是测量范围小，受局部地质缺陷的因素影响大。

6）地表裂缝包括断层、裂隙、层面监测等。其监测包括裂缝地张开、闭合和剪切、位错等。一般用于施工和整治期，对于重大的裂缝，运行期和整治后也应继续监测。

7）爆破影响监测。一般只用于施工期采取爆破开挖的工程，只用于爆破开挖的施工阶段。其目的在于控制爆破规模、检验爆破效果、优化爆破工艺、减小爆破对边（滑）坡的影响，避免超挖和欠挖，确保施工期边（滑）坡的稳定和安全。

8）渗流渗压监测。是边（滑）坡重要监测项目。因为水的作用是影响边（滑）坡稳定和安全的重要外因。

9）雨量、江水位监测。它与渗流渗压监测同是水作用的 3 个不同方面的监测。江水位的变化对于临滑的测点、测孔的影响较敏感；降雨是引起江水上升的直接原因。

10）松动范围监测。它是指测定由于爆破的动力作用、边坡开挖地应力释放引起的岩体扩容所导致的边坡表层的松动范围。可以作为锚杆、锚索等支护设计和岩体分层计算的科学依据。

11）加固效固监测。只对采取了加固措施（如锚杆、锚索、阻滑键、抗滑桩等）的工程抽样进行。

12）巡视检查。无论对边坡工程还是天然滑坡，无论是施工（整治）期还是运行（整治后）期都是适用的，它是仪器监测必要和重要的补充。

（二）监测仪器的选型

1. 仪器选型的原则

监测仪器应根据监测项目来选择，而监测项目又要根据工程性质（人工边坡还是天然滑坡）、工程阶段（施工期还是运行期）和加固方式（锚杆、锚索、抗滑桩、锚固洞以及排水措施）来确定。至于选择仪器应遵从以下原则。

（1）可靠、实用　边坡监测仪器首先必须要求准确、可靠；具有防水、防潮、抗雷电、防磁等性能，能在温差较大的露天环境下工作且零漂小。长期稳定和正常工作。有很好的绝缘度（>50MΩ）。

（2）具有工程所要求的精度、量程、直线性和重复性　精度和量程应根据边坡的岩性构造不同而异。如量测的是位移，对软弱、破碎的岩体，0.1～1.0mm 的精度一般可以满足要求，而对于坚硬完整的岩体，精度可能要求 0.1～0.01mm。后者的量程一般在 10mm 左右，而对于前者可能要求 100mm，甚至更大。具体值宜根据经验和计算预估。直线性和重复性应符合规程、规范的要求，一般要求≤（0.5%～1.0%）F·S。

（3）施工期安全监测仪器应力求结构、安装和操作简单，价格较便宜　因为施工期间，仪器受爆破、钻孔、出渣、运载机械等干扰，容易损坏。仪器太贵，工程负担不起。而对于永久监测的仪器则要求便于维修、更换和保护牢靠。

（4）兼顾自动化监测的需要　对于要求自动化监测的仪器，应能满足实现自动化的要求，如测斜仪必须埋设固定式的，但为避免盲目性，宜开始采用活动式钻孔测斜仪，在发现滑动面并确定其位置后，再在滑动面的上下布置固定式钻孔测斜仪探头，以有的放矢和节约经费。自动化仪器应备有人工测读接口。

（5）仪器类型宜尽量单一　对于同一个工程或建筑物，仪器类型宜尽量少或单一，如都采用振弦式或电阻式等，以便二次仪表共用。

（6）综合比较　选择仪器要作综合分析比较，在保证可靠实用和满足其他基本要求的前提下，应进行成本和功能比较，尽量做到功能强、成本低。

2. 仪器的选型

（A）变形监测仪器

1）大地测量法监测边坡水平变形用仪器，通常有进行边长测量的精密测距仪，进行角度测量的经纬仪。有条件的可选用高精度 GNSS，实现全天候自动化监测。

2）大地测量法监测边坡垂直变形用仪器，通常有进行水准测量的精密水准仪。可供选用的精密测距仪、经纬仪、水准仪和 GPS 等，详见第三章。

通常，例如可选用 DI2002（精度 1mm+1ppm）进行边长观测；选用 T3 经纬仪（或 T2002 电子经纬仪）进行角度观测；选用 NI002 自动安平水准仪进行水准测量。

3）正垂线和倒垂线监测。正垂线和倒垂线监测的仪器采用垂线坐标仪。可供选用的垂线坐标仪详见第三章。

4）表面倾斜监测。表面倾斜监测可采用表面倾斜仪，即倾角计。可供选用的倾角计产品详见第三章。从表中可以看到，灵敏度高的量程小，灵敏度低的量程大。灵敏度在 0.2″～1′内变化，量程在 ±10′～±53°内变化。对岩石坚硬完整的人工边坡可选用灵敏度高、量程小的倾角计，对岩石破碎、软弱的人工边坡或天然滑坡可采用灵敏度较低但量程大的倾角计，美国 Sinco 公司新生产的 EL 水平原位测斜仪，可实现自动测量，当超出预置的警界值时,能够自动报警。

5）地表裂缝监测。对于边坡（马道、坡面）上出现的裂缝、断层等,需要监测时可采用测缝计、收敛计等仪器。测缝计和收敛计的选型可参看第三章。

6）钻孔深部位移监测。常用的钻孔深部位移监测有：

水平位移监测:常采用钻孔测斜仪。目前多采用活动式钻孔测斜仪,固定式钻孔测斜仪采用较少,且只有先采用活动式钻孔测斜仪,发现有滑动面且确定其位置后,才可能有针对性地采用固定式钻孔测斜仪监测,避免盲目和浪费。钻孔测斜仪的类型参看第三章。

钻孔轴向位移测量:多采用钻孔多点位移计。

（B）爆破影响监测仪器

爆破影响监测一般包括质点运动参数监测和质点动力参数监测,前者常以质点振动速度监测为主,加速度监测为辅。后者一般进行动应变测量。对破碎风化岩体,介质振动频率低,可选用低频仪器,如 65 型检波器和 CD－1 型速度计。对坚硬完整岩石,振动频率高,可选取频带高的 CDJ－28 型地震检波器。动应变测量可采用超动态应变仪和英国的 DL2808 型瞬态记录仪。另外,作为测量元件的应变砖应与介质的波阻抗（PC 值）或声阻抗相匹配。

为提高抗干扰能力,可选用 YCD－1 型超动态应变仪,采用 50Hz 滤波器消除电源干扰,采用三级滤波器消除时频电干扰,以提高仪器的抗干扰能力。有关仪器见表 2－3－3。

表 2－3－3　　爆破监测仪器汇总表

仪器名称	型号（参考）	生产单位	备注
速度传感器	如 DZJ5—70 型、65 型、哈林型		埋设或放置表面
加速度传感器	如 YD—1 型、A104、A302、A304、A306—IEPE、A306—ICP、A308	A 型号为北京必创科技产品	外接 941B 超低频测振仪
应变传感器	如 SG106、SG404、SG802	北京必创科技	外接 941B 超低频测振仪
测振传感器	如 G102	北京必创科技	外接 941B 超低频测振仪
扭矩传感器	如 TQ201	北京必创科技	外接 941B 超低频测振仪
瞬态记录仪	如 DL2808 型		
记录仪	如 YBJ 系列爆破自记仪	长江科学院	
超动态应变仪	如 YCD－1 型		
电火花发生仪	如 DHH－1 型		
声波仪	如 SYC－Ⅰ、SYC－Ⅱ型		

（C）渗流渗压监测

渗压观测一般用渗压计测量。渗压计的各种类型的仪器见第三章。渗压计量程一般为 0～3MPa 不等;应根据工程的水文地质实际情况选定。

渗流监测,一般采用量水堰,根据具体情况选用以下类型：

三角堰:适用于渗流量 1～70L/s;

梯形堰:适用于渗流量 10～300L/s;

矩形堰:适用于渗流量大于 50L/s。

(D) 雨量监测

雨量监测可采用雨量计或采用附近水文站的实测资料。

(E) 江水位监测

江水位监测可采用水位计自测,或向附近水文站索取所需资料。

(F) 松动范围检测

松动范围一般采用声波仪配换能器检测。目前较普遍采用的有 SYC—Ⅱ型岩石声波参数测定仪,可与相匹配的 30kHz 的增压式换能器配合使用。

四、监测仪器布置

(一) 监测断面的选择

1) 边(滑) 坡特别是边坡,常按断面(或剖面) 布置。监测断面通常选在地质条件差、变形大、可能破坏的部位,如有断层、裂隙、危岩体存在部位;或边(滑) 坡坡度高、稳定性差的部位;或结构上有代表性的部位;或者作过模型试验、分析计算的典型部位等处。

2) 当监测断面需布置多个时,断面宜有主要断面和次要断面之分。主次可分成 2 ~3 级不等。主次根据地质条件的好坏、边坡坡度的高低、结构上的代表性等选定。如三峡工程永久船闸监测断面分三级。选择边坡最高、闸首结构具有代表性的第三闸首及南、北两侧高边坡为关键监测断面。另外还有 4 个重要监测断面,若干个一般断面。

3) 重要断面布置的监测项目和仪器应比次要的多,自动化程度比次要断面高,且同一监测项目宜平行布置,如大地测量和钻孔倾斜仪、多点位移计同时布置,以保证成果的可靠性和相互印证。

4) 按断面布置的监测,以监控边(滑) 坡的整体稳定性为主,兼顾局部的稳定性。

(二) 监测点的布置❶

1. 大地测量变形监测的布置

(A) 大地测量变形监测布置的原则

1) 监测网点是高程工作基点,是进行水平位移和垂直位移观测的工作基点。监测网点应设在稳定的地区,远离滑坡体。

2) 监测网点的数量在满足控制整个滑坡范围的条件下不宜过多;图形强度应尽可能高,确保监测网点坐标误差不超过 ±2 ~ ±3mm。

3) 滑坡体上监测点的布置应突出重点、兼顾全面,尽可能在滑坡前后缘、裂缝和地质分界线等处设点。当滑坡上还有深部位移(如钻孔测斜仪、多点位移计等) 测孔(点) 时,也应尽量在这些测孔(点) 附近设点,以便相互比较、印证。

4) 监测点应布置在稳定的基础上,避免在松动的表层上建点,且测点数宜尽量少,以减少工作量,缩短观测时间。

5) 监测垂直位移的水准点应布置在滑坡体以外,并必须与监测网点的高程系统统一。

(B) 变形监测网的布置

为满足监测网点的三维坐标中误差不超过 ±2 ~ ±3mm,可以选择两种方案:

1) 建立满足 *XY* 坐标精度的平行监测网,配合建立满足点位高程精度的精密水准网。

---

❶ 黄青,清江隔河岩水库库岸重要滑坡体 1995 年变形监测报告,长江水利委员会综合勘测局,1996.2。

2）建立满足点位三维坐标精度要求的三维网。

当地形起伏大或交通不方便、进行精密水准观测有困难时，宜采用第(2）种方案。

(C）水平位移监测点的布置

水平位移测点布置方法通常有：

(a）视准线法

视准线法是在垂直于滑坡滑动的方向上，沿直线布设一排观测点，两端点为监测网点，中间的为监测点。以两端点为基准，观测计算中间监测点顺滑坡滑动方向的位移。其优点是观测工作量小，计算简单；但缺点是要求地形适合以下条件：①滑坡两侧都适合布置监测网点；②监测网点之间要互相能通视；③从监测网点能观测到视准线上所有的测点。

对于规模(范围）大、狭长的滑坡，如采用视准线法，视准线两端的监测网点点数多，观测工作量大，或者对于滑坡的任何一侧是堆积层，找不到稳定的基点，不管属于两种情况的哪一种，都不宜采用视准线法。

(b）联合交会法

角后方交会法为主、角侧方交会法为辅相结合的方法称为联合交会法。

监测点上设站，均匀地观测周围4个监测网点，计算监测点坐标的观测方法为角后方交会法。其优点是只需在监测点上(不需在监测网点上）设站观测；在同一滑坡上的不同监测点可同时施测而互不干扰；观测精度较高。该法的缺点是要求观测人员素质好；观测工作量大；监测网点分布要均匀，否则会影响监测点的精度。

实际上，受地形所限，不一定能满足所有监测点都能均匀地观测到周围4个监测网点。为此需要采用角侧方交会法为辅，以提高监测点的精度。所谓角侧方交会法，是在少数监测网点上设站观测监测点的一种方法。

采用联合交会法，大多数测点可设在监测点上，无需过江或爬高山；少数监测点可通过选择最有利的监测网点实施角侧方交会法来实现提高观测精度。

(c）边交会法

边交会法是以两个以上的监测网点为基准，观测这些监测网点到某测点的距离与高差。该法观测方便、精度高，可实现观测自动化。但这种方法要求到监测网点的交通方便。

(d）角前方交会法

角前方交会法是在两个以上的监测网点上设站，观测某一个监测点，求取该监测点坐标的一种方法。该法的优点是观测人员只需在监测网点上设站观测，不需要上滑坡体。因此，这种方法特别适合于滑坡快要发生，观测人员不便上滑坡进行监测的情况下。对于交通不便、观测距离太远、图形条件不好时不适用。

以上四种监测方法的优缺点归纳于表2-3-4。

(D）垂直位移监测点的布置

垂直位移监测点布置方法，常用大地测量法，其一是水准测量法，其二是测距高程导线法。

(a）精密水准测量法

此法直观性好，精度高，适合于较平坦的地区；当比高大的时候，设站很多，工作量大。当滑坡体的横断面一般沿等高线走，比高不大时，精密水准测量测线采取沿横断面布置较为合适。

表 2-3-4　　　　水平位移监测点布置方法比较

	布置方法	优缺点	适用条件
视准线法	沿垂直滑坡滑动方向布点，两端点为监测网点，中间为监测点	优点是观测工作量小，缺点是要求滑坡两侧宜布置网点；网点间能通视；从网点上能看到视准线上所有测点	不适用于范围大、狭长的滑坡或滑坡任何一侧找不到稳定基点的滑坡
联合交会法	监测点上设站为主，在少数网点上设站为辅	观测精度高、速度快，但要求观测人员素质高，工作量稍大，网点分布要均匀	适用于上监测网点交通不方便，上监测点交通方便的滑坡
边交会法	以两个以上监测网点为基准，观测这些网点到某一监测点的距离与高差	观测方便、精度高；但要求测距仪精度高、交通方便	适用于交通方便的滑坡
角前方交会法	在2个以上的监测网点上设站观测某一个监测点	优点是无需去监测点上设站，因而临滑前也可观测，但观测距离远，精度受影响	适合于监测点交通不便和滑坡临滑前

也可采用如下方案：先按三维网建立监测网点的高程，然后以观测横断面的两端或一端为工作基点，观测该横断面监测点高差的变化，各横断面水准点的稳定性则用监测网点检查，以形成既能测出垂直变形的相对变化量，又能测出绝对垂直变形量的观测方案。

(b) 测距高程导线法

测距高程导线法是测定两点之间的距离以及高度角，以计算两点之间高差的方法。方法的优点是可以直接确定相互通视的两点的高差。其缺点是要求仪器精度高、观测人员素质好。对于规模大、沿滑动方向窄长且比高大、沿横断面的两端布置水准点困难的边坡和滑坡宜采用测距高程导线法。采用这种方法时，通常以高程工作基点为基准，采用附合、闭合和支线等组成测线；为保证精度，应尽量使相邻两点间的比高小、距离短。

(c) 水准测量法和测距高程导线法的联合方法

对于建筑物多(如居民区)、通公路的边(滑)坡，可以采用以高程工作基点为基准，采用附合或闭合的方式组成一条混合测线。如沿公路布设观测水准线，用测距高程导线法量测建筑物上的监测点，二者相互衔接。

2. 正垂倒垂线的布置

正倒垂线一般用于大型人工边坡的运行期监测，其布置方法为：

1) 正倒垂线布置在地质条件差或边坡高度大的部位的马道上。

2) 正倒垂线宜开挖专门的竖井，以避免和其他竖井(如电梯井)共用而相互干扰，否则效果差。

3) 利用竖井口和正倒垂线穿过的排水洞进行观测。

4) 正倒垂线互相配合，互相验证。或在倒垂线旁布置正垂线，或在各监测断面相邻马道间布置正垂线，利用连续垂线监测边坡的水平位移。

5) 正倒垂线与进行深部位移监测的钻孔倾斜仪和多点位移计的监测相互配合、印证。

变形监测布置见图2-3-1~图2-3-4。

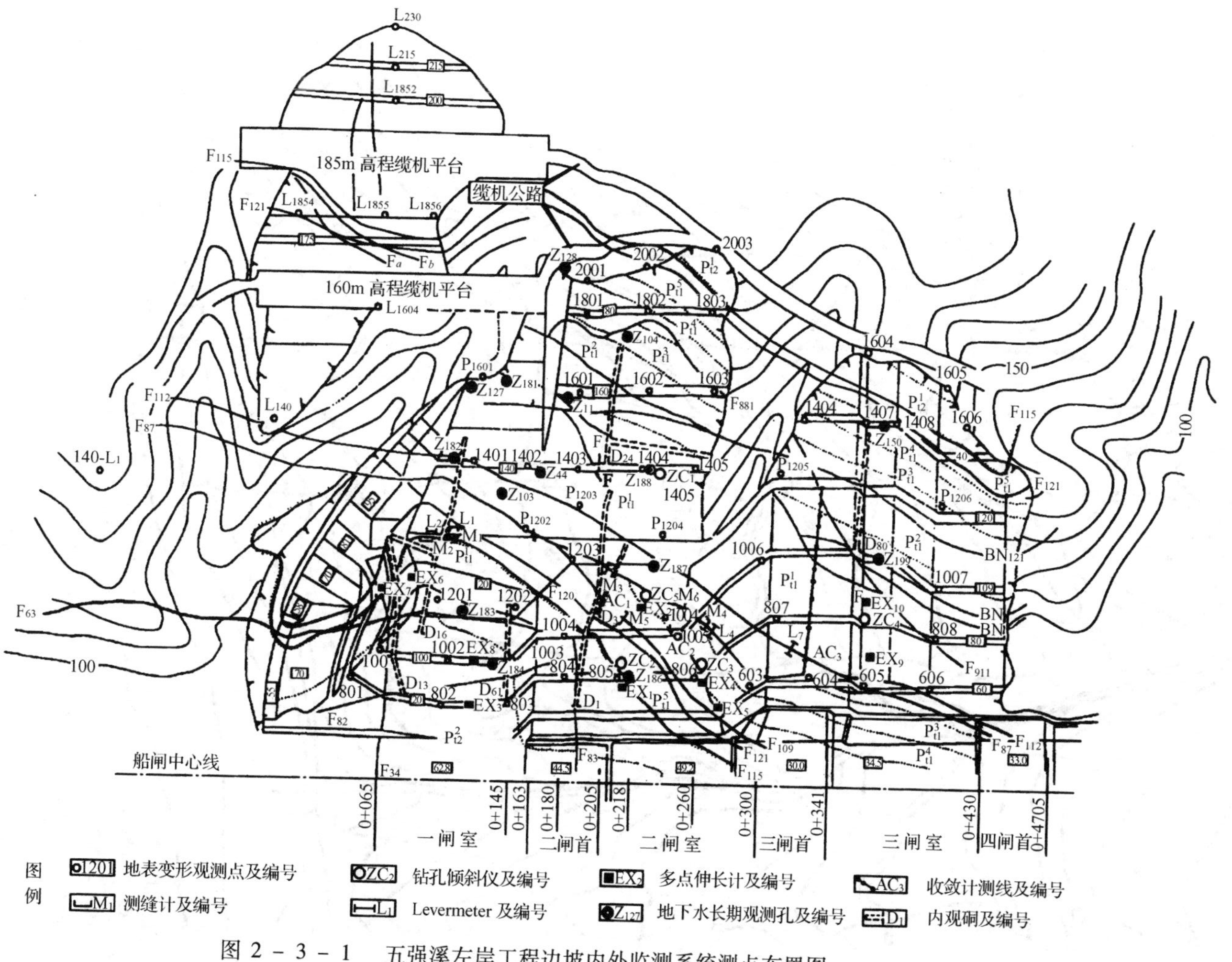

图 2－3－1　五强溪左岸工程边坡内外监测系统测点布置图

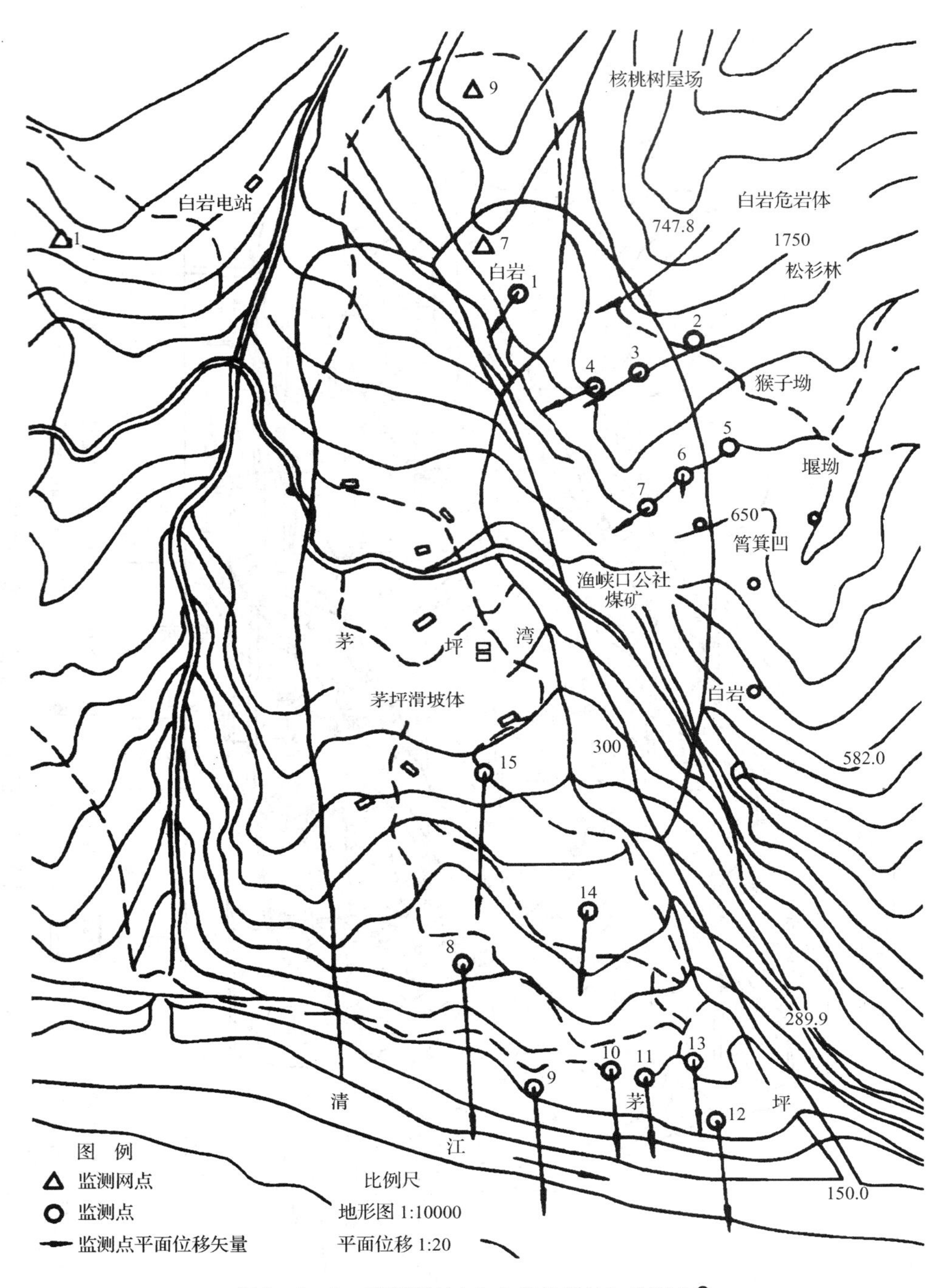

图2－3－2　茅坪滑坡(含白岩危岩体) 监测点[1]
1993年3月～1995年11月平面位移矢量图

[1] 黄青,清江隔河岩水库库岸重要滑坡体1995年变形监测报告,长江水利委员会综合勘测局,1996.2。

例：三峡永久船闸高边坡变形监测[1]

（A）水平位移监测网布置

对于规模大的边坡工程，水平位移监测网可采取从整体到局部，逐层发展的布网方案。整个三峡枢纽的水平位移监测网为第一层次网（下称全网），各主要建筑物部位的水平位移监测网分别为第二层次网和第三层次网（下称简网和最简网）。全网的固定点设在受建坝影响的变形范围之外。简网的固定点设在变形量极小的地方，它的稳定性由全网进行检测。最简网的相对固定点设在变形量很小的地方，它的稳定性由简网进行检测。三峡永久船闸设立简网和最简网。

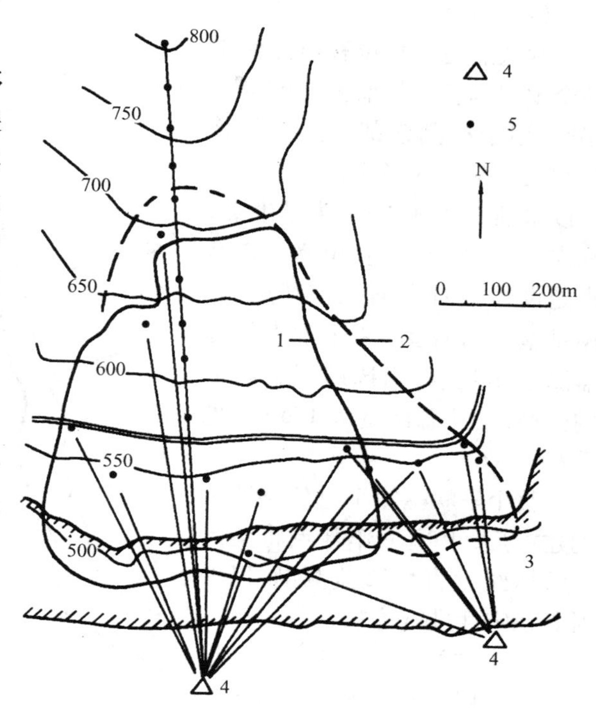

图 2－3－3　滑坡监测网（用激光测距仪测距）

1—老滑坡边界；2—潜在滑坡边界；3—河上的水库；

4—在对面稳定斜坡边上的基准点；

5—被监测斜坡上的混凝土标石

（a）简网

（1）网形　简网用于定期检测最简网相对固定点的稳定性，同时测定网中其他点位所代表的水平位移量。该网在工程影响的变形量极小之处设立两个固定点，再选择 8 个点共同组成永久船闸水平位移监测简网（图 2－3－5）。经优化设计后确定该网为边角网。要求最弱点位移量中误差不大于 ±2.0mm。

（2）标型　监测网的标志要求稳定可靠，故采用以钢管梅花桩为基础的强制归心混凝土观测墩标型。

（b）最简网

（1）网型　最简网选择简网中的点位为相对固定点，视需要可以分别组成若干个最简网，用以检测各种水平位移监测方法所用的工作基点。施工期间主要监测高边坡的水平位移，采用的监测方法是边（角）交会法等，仪器设站点即为该方法的工作基点。施工初期，先在船闸两侧开挖区以外布设 12 个工作基点（其中包括简网中的 7#、9#、10#点），并组成若干个最简网，要求最弱点位移量中误差满足施工期及运行期，使最后一级水平位移监测点位移量中误差不大于 ±5.00mm 的要求。随着施工进展，可以停测某个已建的最简网，也可以另行组成新的最简网，或采取某种必要的加强措施，以便快速、高精度地获得水平位移监测资料，满足施工监测的需要。

（2）标型　施工期最简网水平位移监测工作基点均采用强制归心混凝土观测墩，其基础需作必要的处理。

---

[1] 长江水利委员会，长江三峡水利枢纽单项工程技术设计报告（第七册）；建筑物安全监测设计及附图，1995.6。

（B）垂直位移监测网布置

永久船闸垂直位移监测网是整个枢纽垂直位移监测网的第二层网，用于检测该部位垂直位移监测工作基点的稳定性。它是一个以水准点Ⅱ坝4—1为基准点，在先设置的4个垂直位移工作基点处设一临时水准工作基点，以满足施工的需要。4个垂直位移监测工作基点，均选用双金属标的标型，钻孔总深度为175m。见图2－3－6。

整个三峡枢纽垂直位移监测网建立后，上述工作基点将纳入三峡枢纽垂直位移监测网，以便对其稳定性进行检验。

（C）监测断面布置

永久船闸第2闸室、第3闸室长约300m的南、北坡分别高120、160m，断裂发育密度较大，是边坡稳定监测的重点地段。

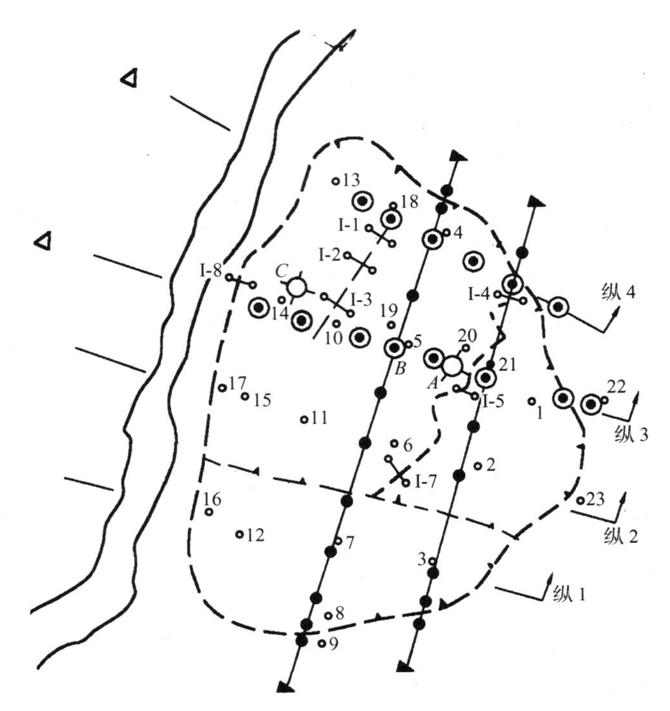

图2－3－4　Ⅰ号滑坡监测布置图（李家峡）

○—大地测量点；◉—激光测距标点；

-○- —测斜仪；▲●●●▲ —视准线；○—○—简易测桩；△—基点

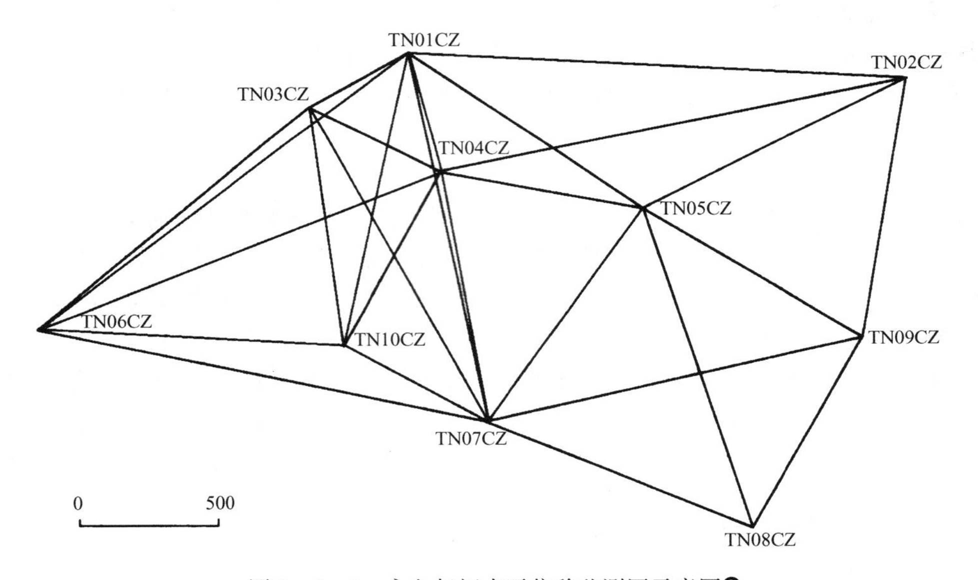

图2－3－5　永久船闸水平位移监测网示意图❶

---

❶ 长江水利委员会，长江三峡水利枢纽单项工程技术设计报告（第七册）；建筑物安全监测设计及附图，1995.6。

永久船闸第三闸首 17－17 断面（$X=15675.00$）为关键监测断面；第三闸室 20－20 断面（$X=15785.00$）、第二闸室 15－15 断面（$X=15575.00$）、13－13 断面（$X=15494.00$）、16－16 断面（$X=15620.00$）为高边坡的重要监测断面。

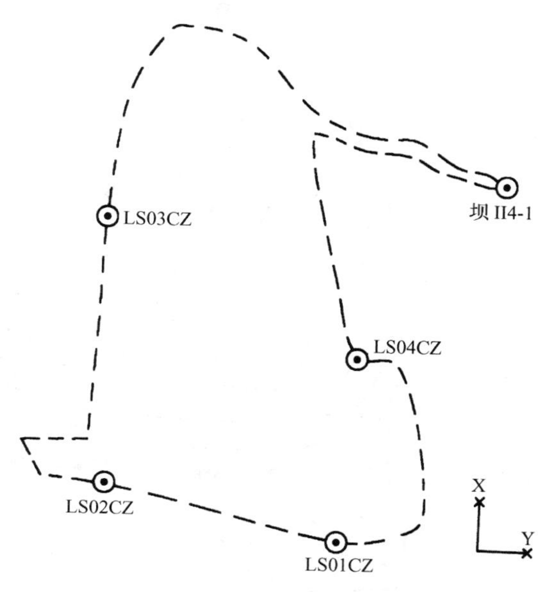

图 2－3－6　永久船闸垂直位移监测网示意图

（D）监测测点布置

（1）水平位移监测点布置　在南北坡各级马道及中隔墩顶部布设水平位移监测点，利用永久船闸简网、最简网作为工作基点，采用边或边角交会分层观测法，监测边坡表层不同高程处的水平位移。要求施工期观测误差不大于 ±5.0mm，运行期不大于 ±3.0mm。永久船闸高边坡及中隔墩共计布设永久性水平位移测点 76 个，临时性测点 36 个。

（2）垂直位移监测点布置　在南、北各级马道及中隔墩顶部，对应于各水平位移监测点布置垂直位移测点。

（3）挠度监测　永久船闸南、北坡各设有 2 个竖井。1#、3#竖井分别位于二闸室 13－13（$X=15494.00$）断面南、北坡；2#、4#竖井分别位于四闸室上游端的南、北坡。在每一竖井的最下一层排水洞，各布设 1 条倒垂线。在倒垂线旁布置 1 条正垂线，监测南、北坡的挠度变形。每条正垂线分别在竖井口及每一层排水洞处各设 1 个测点，共计布设 4 条倒垂线，4 条正垂线。设正垂线测点 18 点。

（4）竖直传高设施　在 4 个竖井中共布置竖直传高设施 18 套。

（E）关键断面（部位）变形监测

（1）水平位移监测点布置　在 17－17 监测断面边坡表层同各排水洞高程基本一致的马道上，各布置 1 个水平位移测点，并在该断面边坡最高处及最低处马道上各布置 1 个水平位移测点，共布置永久测点 10 点，在南、北坡及中隔墩直立坡顶布设临时测点 4 点，监测边坡表层不同高程处的水平位移。

（2）垂直位移监测点布置　在 17－17 监测断面边坡表层同各排水洞高程基本一致的马道上，各布置 1 个垂直位移测点，并在边坡最高及最低处马道上各布置 1 个垂直位移测点（垂直位移测点与水平位移测点一一对应），共布设永久测点 10 点，在南、北坡及中隔墩及直立坡顶布设临时测点 4 点，监测边坡不同高程的垂直位移。

3. 表面倾斜监测的布置

1）表面倾斜一般采用倾角计进行监测。人工边坡和天然滑坡均适用。

2）人工边坡的测点可布置在边坡的马道、排水洞或监测支洞的地表。

3）对于天然滑坡应在地质调查、确定滑坡主轴及边界的基础上，在剪出口、前缘、主轴和后缘等特征点上布置测点。

4）对于加固的边坡和滑坡，可在抗滑挡墙、抗滑桩等建筑物的顶部或侧面布置测点。

宝天铁路葡萄园滑坡倾角计（倾斜盘）的布置见图 2－3－7。

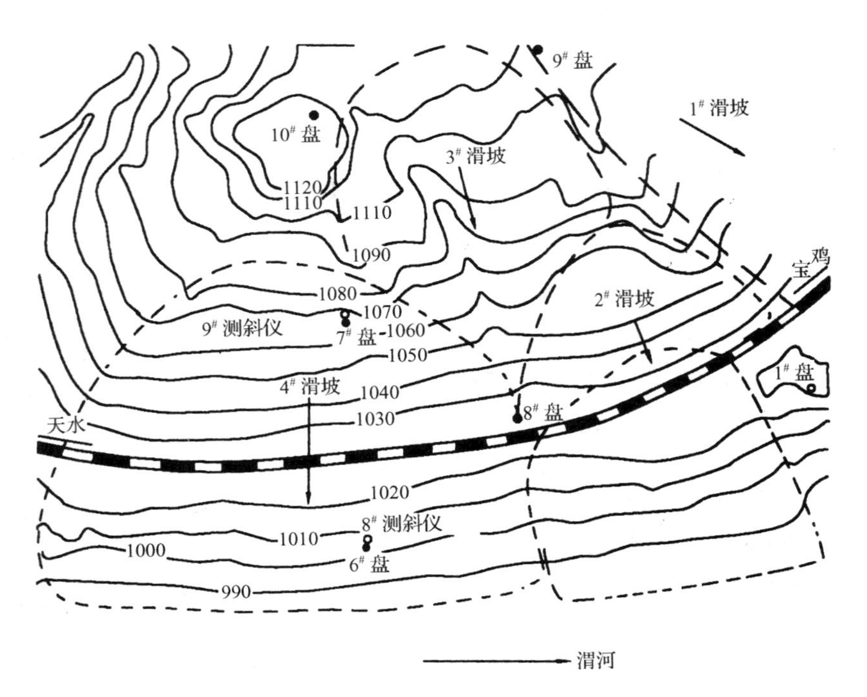

图 2-3-7　宝天铁路葡萄园滑坡倾角计监测布置图

○—测斜仪孔；●—倾角计

4. 地表裂缝监测的布置

地表裂缝的张合和位错常用测缝计、收敛计、钢丝位移计和位错计监测，位错计可布置成单向、双向或三向。

地表裂缝监测仪器一般跨裂缝、断层、夹层、层面等布置。仪器或选择在边坡马道、斜坡或滑坡的地表，或排水洞、监测支洞裂缝等出露的地方。

5. 深部水平位移监测的布置

深部水平位移监测普及有效的仪器有钻孔测斜仪。其布置方法为：

(A) 人工边坡

1) 在滑动面尚未出现时，应采用活动式钻孔测斜仪，当出现滑动面以后，方可在滑动面的上下安装固定式测斜仪。

2) 钻孔测斜仪布置在边坡监测断面的各级马道上。上一个钻孔孔底应达到下一个相邻钻孔的孔口高程，见图 2-3-8。

3) 一般，钻孔是铅直布置。但当边坡较缓，钻孔也可靠边坡坡面方向呈斜孔布置，但偏离铅直线不宜太大(10°~15°以内)，以防损失其量程过多。测斜仪斜孔布置见图2-3-9。

4) 深部水平位移监测孔宜与大地水平变形测点靠近布置，以便相互比较、印证。

(B) 天然滑坡

1) 天然滑坡的监测断面一般一个，主要控制滑坡的整体稳定。

2) 钻孔倾斜仪孔首先要控制滑坡的前缘和后缘。因此，在前后缘至少各布置一个钻孔。埋设仪器的钻孔宜尽量利用地质勘探钻孔，以节约经费。

3) 宜在地质分析、理论计算等预测的基础上将前后缘之间的钻孔，布置在变形大、可能发生

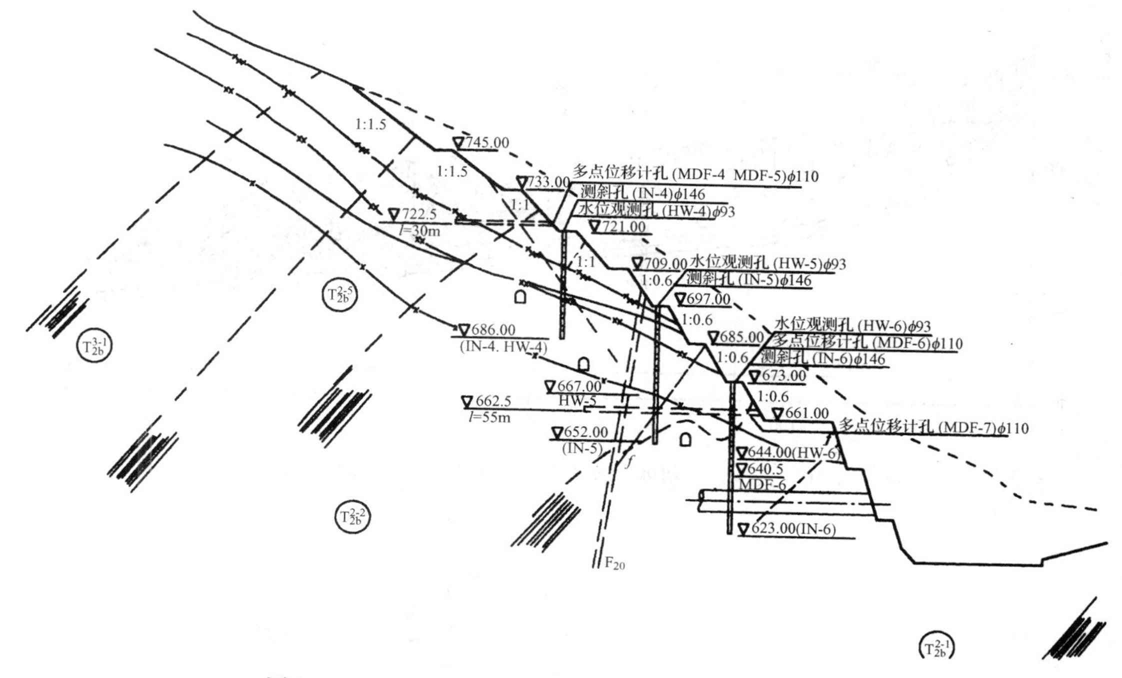

图 2－3－8　天生桥一级电站高边坡第 2 断面监测布置图

破坏的部位，或者地质上有代表性的地段。布置见图 2－3－10。

4）根据滑坡发展，也可能出现一些事先未能预计到的情况（如裂缝、塌方），根据这些新情况，如需要则补充测孔。

5）监测钻孔应穿过潜在滑动面，打到稳定的基岩。

6）深部水平位移监测孔宜与大地水平变形测点靠近布置，以相互比较。

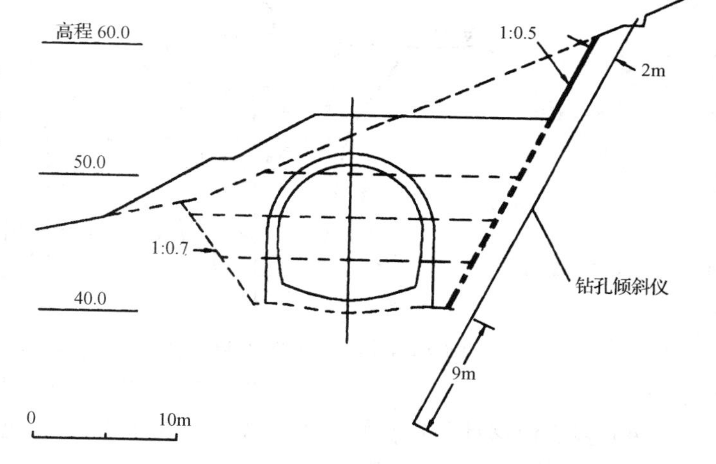

图 2－3－9　日本某高速公路隧道边坡监测（樱井春辅，1988）

6. 沿钻孔轴向位移监测的布置

1）沿钻孔轴向位移监测常采用多点位移计。不论人工边坡还是天然滑坡，都可布置多点位移计，但以人工边坡布置多点位移计较常见。

2）多点位移计测点远不及钻孔倾斜仪多，钻孔倾斜仪每 0.5m 一个测点，而多点位移计在同一钻孔中一般仅 4～6 个测点。但多点位移计可远距离测量，便于监测自动化。

3）多点位移计一般布置在有断层、裂隙、夹层或层面出露的边坡坡面。多点位移计钻孔常成水平略向上成 5°～10°的仰角（为便于灌浆，有时也采取 5°～10°的俯角），布置参见图 2－3－11～图 2－3－13。钻孔孔底应穿过要监测的软弱结构面。

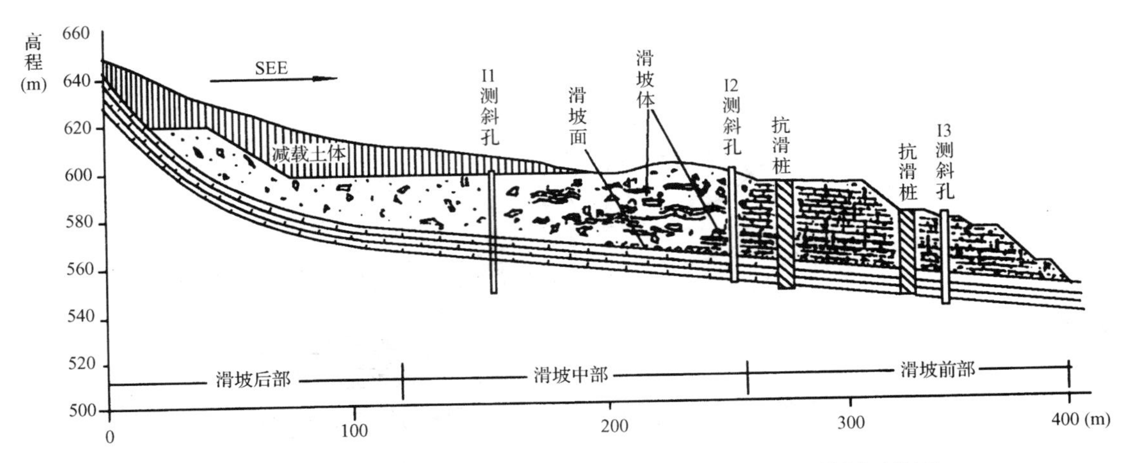

图 2-3-10　天生桥二级水电站厂房滑坡地质及监测布置纵剖面简图

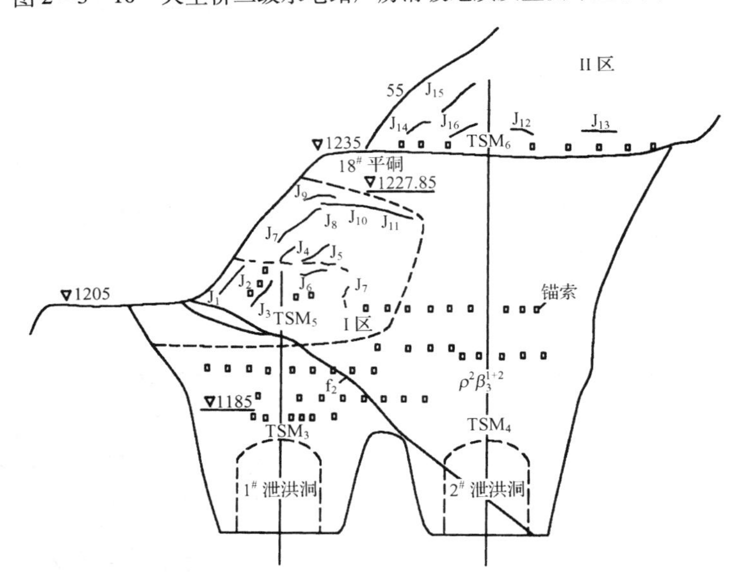

图 2-3-11　泄洪洞进口洞脸边坡监测示意图(小浪底电站)

$TSM_3 \sim TSM_6$—多点位移计;$J_1 \sim J_{16}$—测缝计

4）多点位移计与钻孔倾斜仪一般不重复布置,特别重要的工程例外。

7. 爆破影响监测的布置

1）爆破影响监测常在人工边坡的施工开挖期进行,天然滑坡整治过程中进行较少。爆破往往是边坡变形、破坏的重要外因。爆破影响监测的目的在于控制爆破规模、优化爆破工艺、减小爆破动力作用对边坡的影响、避免超挖和欠挖,确保边坡的稳定。

2）爆破影响监测以质点振动速度为主,质点振动加速度为辅。

3）选择若干个监测断面进行监测。为相互比较印证,有的监测断面可与深部变形监测断面一致,有的可选择在边坡最高、钻爆作业最频繁的有代表性的部位。

4）测点(传感器)可布置在靠近边坡坡面的钻孔中,或边坡的各级马道、坡脚、坡面上,或监测断面附近的排水洞、监测支洞中,视具体情况和要求确定。传感器一般埋设在新鲜基岩上,少数埋设在喷混凝土中。

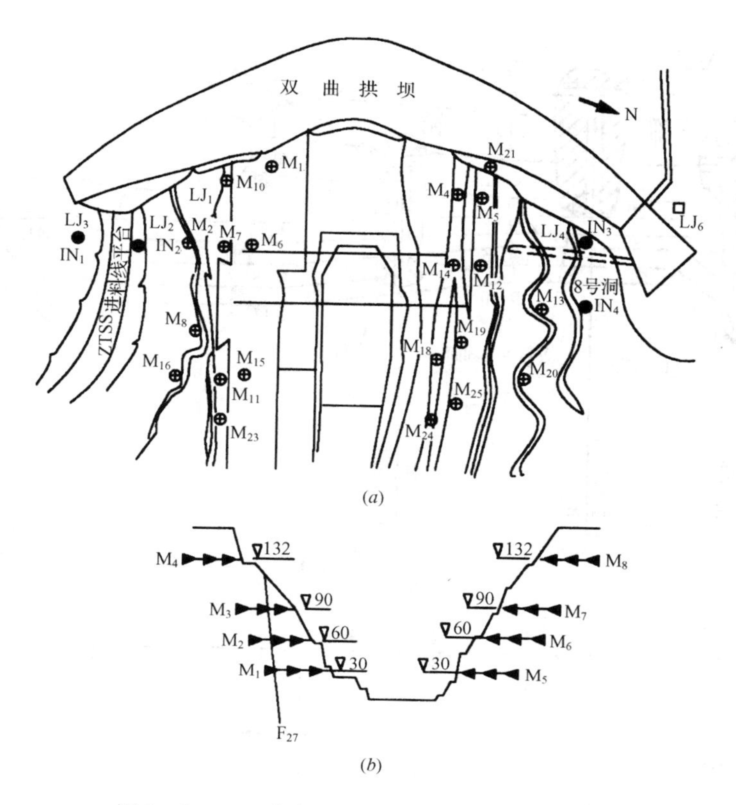

图 2－3－12　李家峡高边坡多点位移计布置图

（*a*）监测设施平面布置图；（*b*）多点位移计典型剖面布置图

⊕ M—多点位移计；　□ LJ—谷幅测点；　● IN—钻孔测斜仪

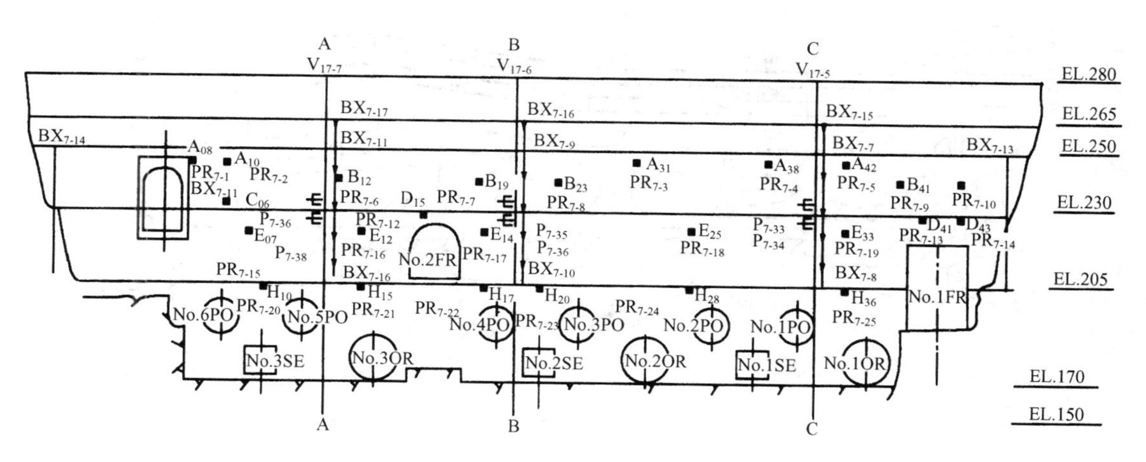

图 2－3－13　进水口边坡仪器布置示意图（小浪底电站）

5）应对不同爆破方法，起爆药量、爆破工艺和起爆顺序进行监测。

6）为获取爆破影响规律，可在距爆源不同距离处布置测点进行观测。

图 2－3－14 和图 2－3－15 是三峡永久船闸高边坡第一期开挖时爆破监测平面和断面

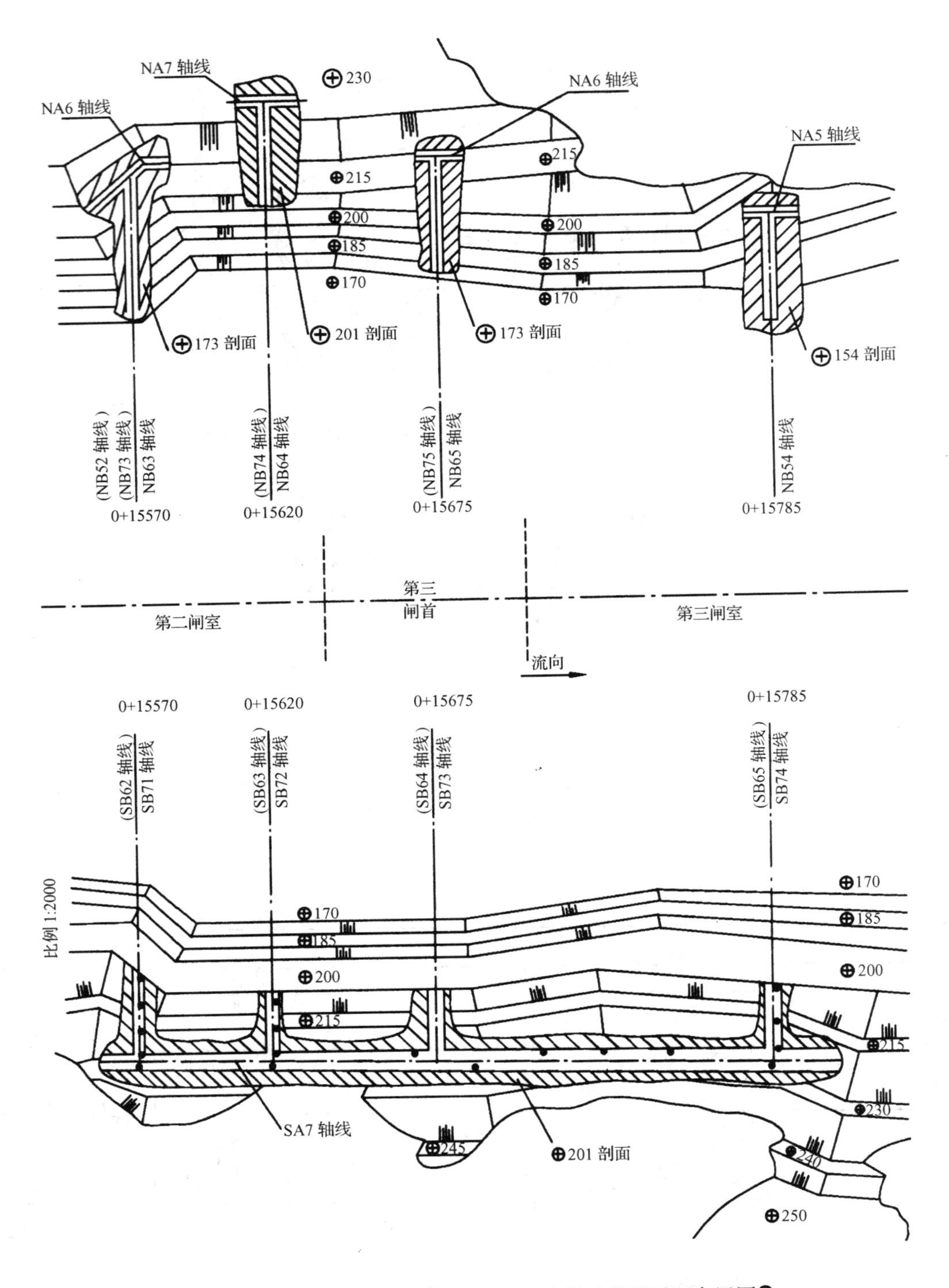

图 2-3-14　三峡工程永久船闸高边坡爆破监测平面布置图❶

⊕—170 高程(m)；•—监测点

---

❶ 朱传统等，1995 年三峡工程一期永久船闸边坡爆破监测成果与分析研究报告，长江科学院，1996.1。

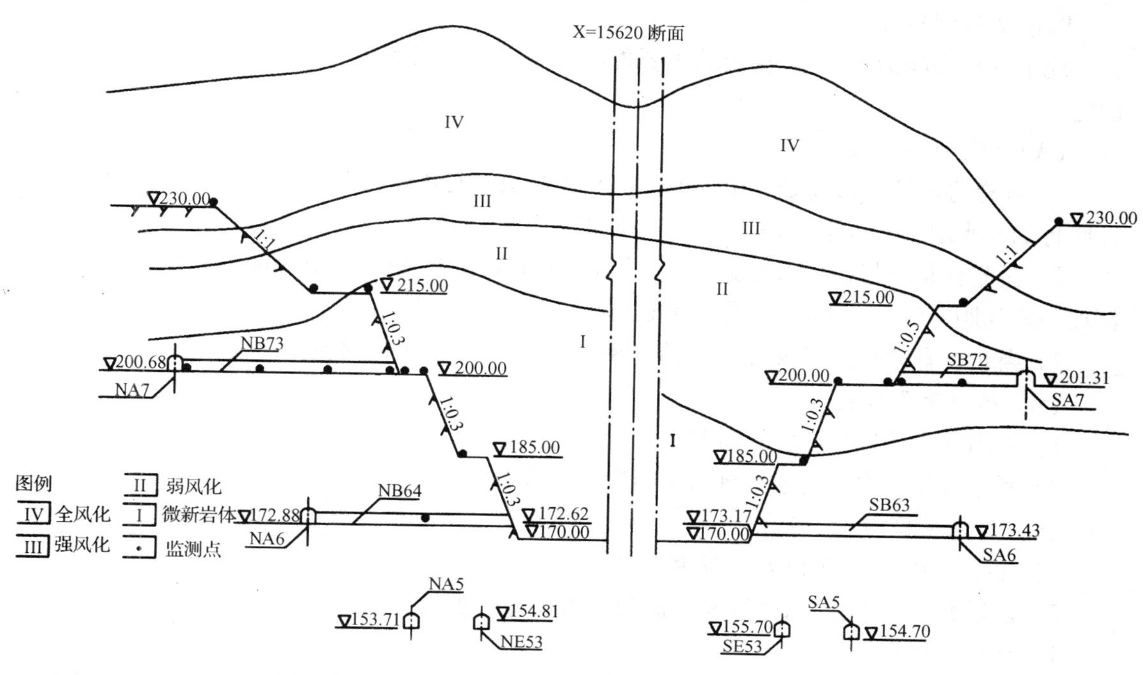

图 2-3-15　三峡永久船闸高边坡爆破监测断面布置图

比例:1: 1000　　说明:图中高程及坐标以 m 计

布置图。在船闸的南北坡各级马道(或平台)、坡面、坡脚共布置了监测断面 52 个。主要布置在第二闸室和第三闸室之间,即边坡最高、挖方最多的地段。主要观测质点震动速度,少数为质点加速度。采用长科院自行研制的 YBJ-Ⅱ型爆破震动自记仪,具有预置和自触发功能,与微机配套,可进行数据储存和分析资料。

8. 松动范围监测的布置

松动范围监测一般在大型人工高边坡上进行较多,监测由于边坡开挖中应力释放和爆破动力作用两个因素引起的对岩体扰动的范围,为锚杆设计和稳定性计算提供依据。通常采用声波法和声波仪监测,也可采用地震法和地震仪进行监测。监测的布置方法有:

(A) 双孔测试

1) 选定监测断面:除变形监测断面以外,适当增加一些监测断面,以便监测成果更具代表性。

2) 在监测断面的每一级斜坡上向山内平行钻两孔,孔略向下倾 3°~5°,以便充水耦合。孔距 2~3m,孔径 $d=42$mm 左右,孔深 5~10m,或预测确定,以采用双孔测试(即穿透)法测试,测点间距 0.2m。对重要断面可采取此法。

3) 为节约经费,也可利用锚杆孔进行监测,即在安装锚杆前,先进行声波检测。

(B) 单孔测试

1) 在先定监测断面的每一级斜坡上向山里钻单孔,孔略下倾 3°~5°,以便充分耦合。孔距 2~3m,孔径 $d=42$mm,孔深 5~10m,或预测确定,以采用单孔法测试,测点间距 0.2m。对一般监测断面可采取此法。

2) 为节约经费,也可利用锚杆孔进行监测,即在安装锚杆前,先作声波检测。

9. 渗流监测布置

地下水是影响边（滑）坡稳定的主要外因之一。渗流监测的布置方法可根据具体情况确定：

（A）地下水位监测

1）选择边坡坡高最高处的山顶或不同高程马道上打深钻孔，进行地下水长期观测。钻孔应打到含水层底板以下，参看图 2－3－8 和图 2－3－16。

2）在监测断面与各排水洞交会处，各布置 1 个测压管，进行重点监测。此外，利用排水洞按一定间距布置一些测压管，作一般监测。

3）当布置有钻孔倾斜仪时，可在每个钻孔倾斜仪孔孔底布置渗压计一支。

（B）降雨量及地表径流监测

1）采用雨量计进行降雨量监测。

2）利用坡顶截水沟的坡面排水沟布置量水堰。

（C）排水量监测

1）在排水洞、交通洞口处设置量水堰。

2）选择典型排水孔，采用容积法监测排水孔的排水量。

10. 江水水位监测

江水水位变化会影响边坡的稳定，江水水位的监测将为边坡稳定性计算提供科学依据。江水水位变化一般采取在边坡的坡脚靠近江边处设立水位标尺监测，也可取自附近水文站测得的水位资料。

11. 加固效果监测的布置

加固效果监测依据加固措施决定。对边坡的加固措施有锚杆、预应力锚杆、抗滑桩、阻滑键（锚固洞）等。各项监测的布置方法如下。

（A）锚杆监测

为监测系统锚杆或加强锚杆的受力状态，要进行锚杆应力监测。监测仪器常采用锚杆应力计。

锚杆监测常选择有代表性的地段（如不同岩层）和各种形式的锚杆（如不同长度、大小）抽样进行。用作监测的每根锚杆一般宜布置 3～5 个测点，以便了解锚杆受力状态和加固的效果，了解应力沿锚杆的分布规律。

锚杆监测的数量根据工程需要及经费情况确定。一般为锚杆总数的 3%～5%，或根据工程实际需要确定。

（B）预应力锚杆监测

用预应力锚杆加固边坡或滑坡，有扰动岩体少、施工灵活、速度快、干扰少，且处于主动受力状态等优点，故被工程广泛采用。如漫湾水电站左岸边坡在坍滑后，曾使用 2271 根不同吨位的预应力锚杆进行加固，采用的吨位级有 1000、3000、6000kN 三种。1000kN 级的间距为 3m×3m、5.5m×（4～4.5m）和 4m×3.5m；3000kN 的间距为 4m×3.5m、4m×5m 和 5m×5m（宽×高）。

预应力锚杆监测是对各种吨位的锚杆抽样进行。由于锚杆测力器价格较贵，进行监测的锚杆不可能多。进行监测锚杆的数量根据工程的需要、工程的重要性和经费的承受能力

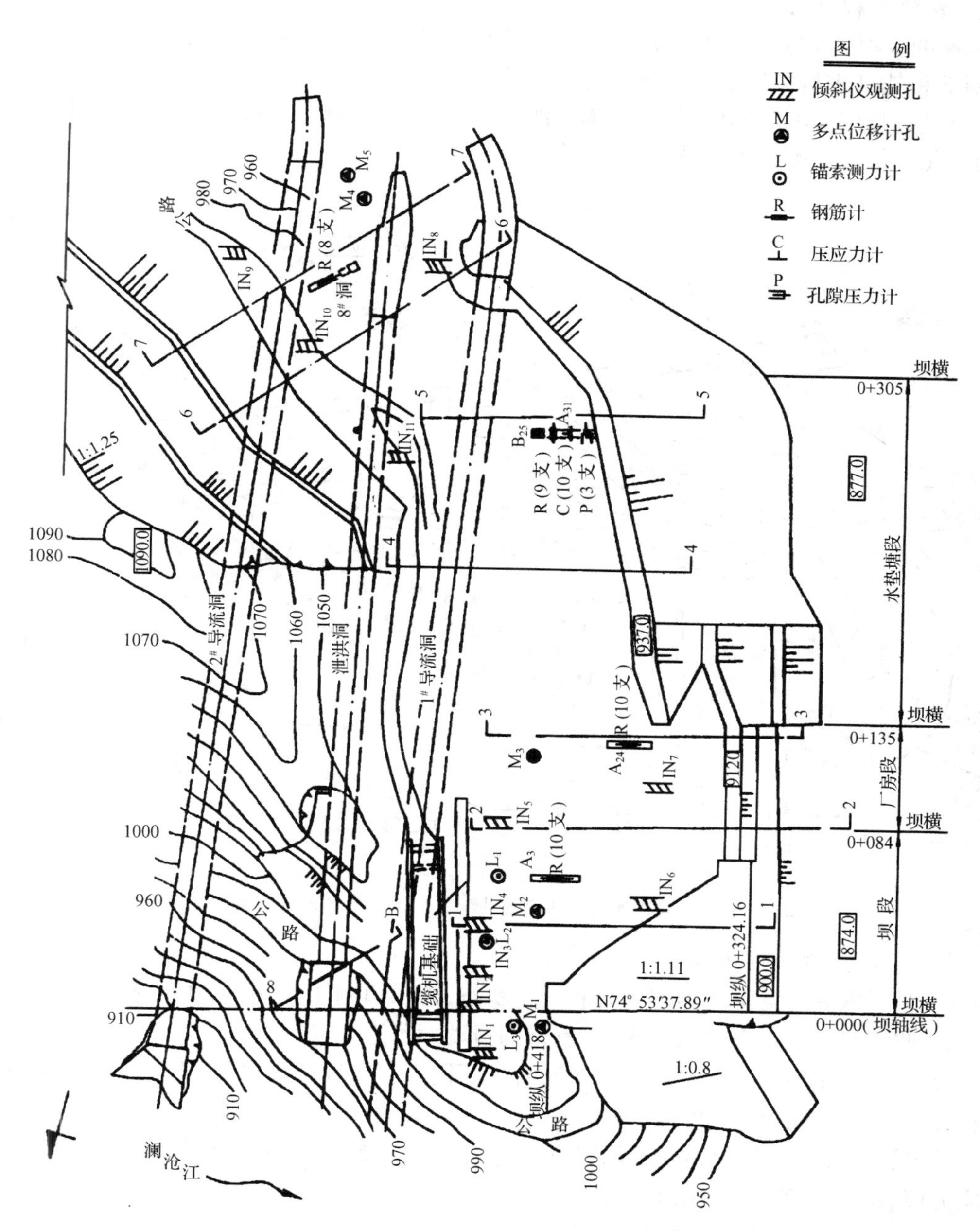

图 2-3-16　漫湾水电站左岸边坡内部观测平面布置图[1]

[1] 尹森箐,漫湾水电站左岸边坡监测,漫湾水电站左岸边坡加固处理论文集,昆明勘测设计院,1992.12。

确定,一般按3% ~5%抽样进行监测。每个典型地质地段或每种锚杆至少应监测1 ~2根。如上述漫湾工程,原设计进行预应力锚杆长期监测的锚杆1000kN的3根,3000kN的8根,6000kN的2根。但实际监测时每种只选取了1根,共3根。万县豆芽棚滑坡加固锚杆159根,对5根锚杆进行长期监测。前后排扩展抗滑桩中各2根,地基梁中1根。

对进行长期监测的锚杆,都应在锚杆的孔口端安装一台锚杆测力器,以监测锚固力随时间的变化。锚杆监测布置见图2 -3 -17。

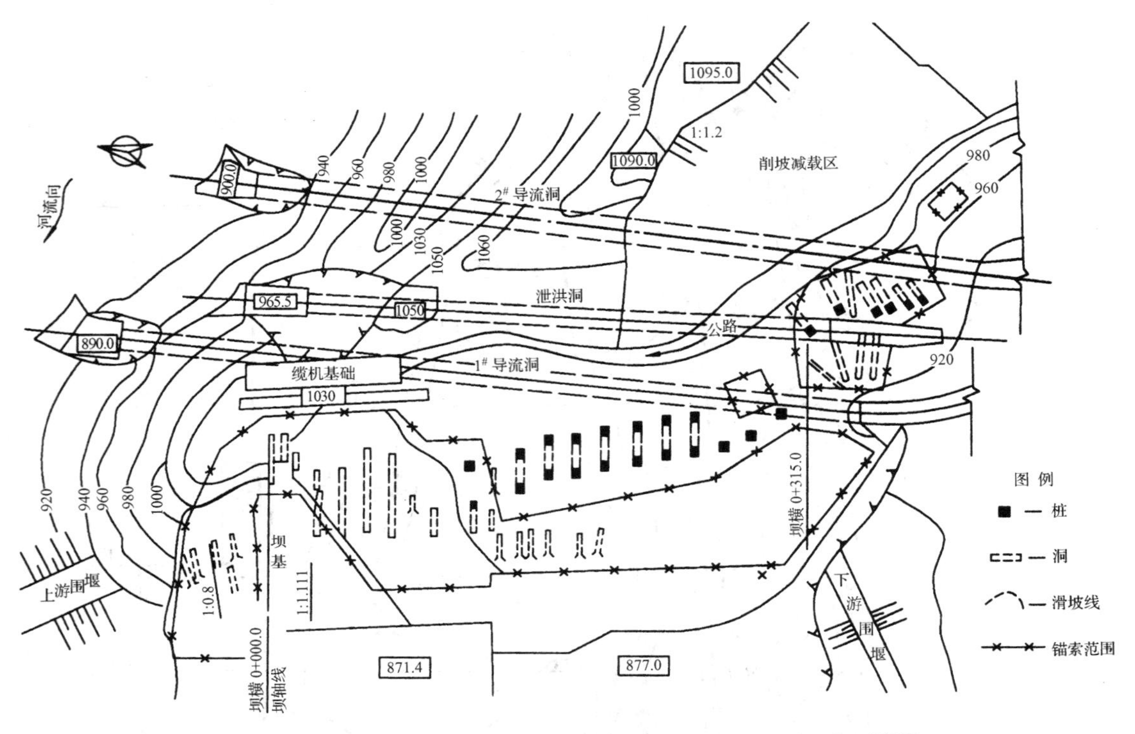

图2 -3 -17　漫湾水电站左岸边坡洞(桩)、锚索加固平面布置图❶

(C) 抗滑桩监测的布置

1) 为了掌握抗滑键的加固效果和受力状态,常采用钢筋计、压应力计进行监测。

2) 监测仪器布置在受力最大、最复杂的滑动面附近。

3) 沿桩的正面和背面受力边界面和桩的不同高程布置压应力计,分别监测正面的下滑力和背面岩体的抗力大小及其分布。

4) 在抗滑桩正面可能滑动面附近的混凝土受力方向上埋设钢筋计以求得最大(危险)的应力值,钢筋计宜埋在主滑面附近。

(D) 阻滑键(锚固洞) 监测的布置

为掌握阻滑键(锚固洞) 的加固效果和受力状态,常采用钢筋计、应变计、压应力计等进行监测。

沿键(或洞) 的有代表性的地段选取监测断面若干个。例如,隔河岩引水洞进口边坡

❶ 华代清等,漫湾水电站岩质,高边坡处理情况介绍,漫湾水电站左岸边坡加固处理论文集,昆明勘测设计院,1992. 12。

406#阻滑键选取了两个观测断面,具体布置如下:

沿监测断面的周边的滑动面出露处的不同方向布置监测仪器,每个断面布置钢筋计两支(水平、铅垂方向各一支)、压应力计一支、应变计一支。钢筋计、压应力计布置在406#夹层出露附近位置、洞的背面,应变计布置在夹层出露附近位置、洞的正面,详见图2-3-18。

(E) 渗压监测

和加固边坡措施相配合,往往要对边滑坡采取排水措施。排水措施有排水洞、排水沟和排水孔等。为检验排水效果,常采用渗压计、地下水位观测孔、量水堰等进行长期监测。

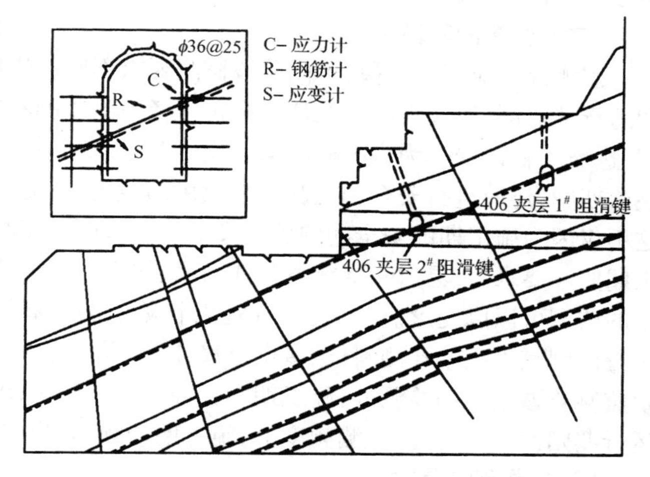

图2-3-18 隔河岩水电站引水隧洞进口边坡监测仪器布置

12. 巡视检查[1]

仪器监测无疑是边(滑)坡监测重要和主要手段,但由于经费和技术等原因,仪器监测毕竟有限,不可能覆盖整个边(滑)坡。因此,作为仪器监测的补充,进行人工现场巡视检查是十分必要的,并应作出设计,列入监测设计报告。设计应包括以下各主要方面。

1)巡视检查应有日常巡查、年度巡查和遇有险情的临时巡查之分,并根据施工期、运行期具体需要组织。

2)巡视检查的频度应根据上述第1)条的不同情况制定。正常情况下巡视间隔大,施工期、雨期(汛期),遇险情时加密。

3)根据第1)条的不同阶段组织有关的人员参加。参加人员应熟悉工程情况和具有一定的专业经验。

4)除对边(滑)坡普遍巡视外,应重点察看前后缘、主要断裂出露处和监测设施。

5)察看地表的裂缝发生和发展情况、岩体的坍塌情况、地下水的渗出和变化情况,以及监测设施有无损坏情况等。

6)巡视检查要建立制度,认真记载。

五、监测技术要求

(一)监测的针对性

边坡的监测设计应根据工程的地质条件、设计、施工和加固的需要有针对性地进行。通常应根据边(滑)坡的工程地质条件、形状预测边(滑)坡的变形和破坏机理,根据边(滑)坡的变形和破坏机理,预测监测参数的大小,据此选择监测项目和仪器。如果边(滑)坡是滑动破坏,则要预测滑动面;如滑动面较深,位移一般较大,可选用钻孔测斜仪;根据滑动面

[1] 清江水电开发有限责任公司,长江科学院,清江隔河岩水库库岸滑坡稳定性(内观)监测研究报告,1996.4。

位置设计测孔位置和深度，且钻孔一般铅直布置。如果边（滑）坡呈倾倒破坏，则宜采用多点位移计或钢丝位移计，垂直或斜交边坡布置，采用钻孔测斜仪则不一定见效。为防止爆破对边坡岩体的破坏，可布置爆破监测，控制爆破药量，改进施工工艺；为选定锚杆参数，可进行松动范围监测；为检验锚杆加固效果可进行锚杆应力监测等等。监测设计应力求有的放矢，避免盲目、浪费。

（二）监测的阶段性

监测设计应区分阶段，不同阶段监测要求不同。边坡工程和大坝工程一样，都有施工期和运行期监测，但大坝施工期从安全角度考虑的监测不广泛，项目也不多。但边坡工程则不同，边坡工程以安全为主的监测从开挖一开始就同时进行，甚至在施工之前还有前期监测；整治期间，还应进行安全和检验整治效果的监测；且施工期的监测和运行期监测同样重要，这不仅因为施工期的安全问题更为突出、重要，而且监测的初始值应在施工期尽早建立。施工期监测要求短、易、快，要求设备能简易、快上、经济，损坏一些是常有的；施工期以安全为主的监测可以以变形监测为主，且宜以收敛监测、钢丝位移计监测、测缝计监测为主进行。运行期则宜采用钻孔测斜仪、多点位移计等，因为这些设备较贵，施工期容易损坏，除非运行期监测兼顾施工期监测外，施工期不宜轻易单独使用；施工期有爆破监测、松动范围监测，而运行期则没有。另外，观测频度上，施工期较频，运行期较疏等等。

（三）监测的及时性

监测实施好坏的关键之一在于监测实施的各个环节是否及时。这些环节包括监测设计、合同的签订、仪器的埋设、观测读数、资料整理分析以及监测信息的反馈。及时反馈监测信息，保证施工的安全，是监测的目的，其余的各个环节则是达到目的的手段。任何一个环节的不及时都可能影响监测工作的进展和作用的发挥，甚至带来不可弥补的损失。监测设计的不及时，可能导致监测经费的渠道难以解决；监测合同的不及时签订，就会推迟监测的实施；边坡平台形成之后，如不及时埋设仪器，就不能进行平台以下开挖时岩（土）性状变化的监测；降雨往往是边（滑）坡坍塌的诱发因素，雨期不及时监测、及时预报就可能引发事故，造成损失；资料不及时整理等于不监测。

（四）监测设计的指导性

设计要根据边（滑）坡工程的固有特点、要求进行。放之四海而皆准的设计不一定是好的设计。如滑坡上的倾斜仪钻孔要求穿过预测滑动面以下的不动基岩，但边坡的钻孔一般只要求穿过下一个台阶，否则，钻孔会离边坡面很远，起不到应有的监测作用；雨水常常是诱发边（滑）坡失稳的因素，越是下雨，越要及时监测，但在降雨期或能见度低的天气，经纬仪较难以施测，所以边（滑）坡监测还要同时采用其他不受这些条件影响的监测手段。特别是施工期，要采用观测快捷的手段，如钢丝位移计、测缝计等；对于可能呈滑动破坏的边（滑）坡，为要监测滑动的发生、发展，就要依靠监测深部位移的钻孔测斜仪；安装测斜管时，要注意测斜仪套管的安全吊装、密实灌浆等等，这样的监测设计才可以更好地指导监测的实施。

（五）监测设施的保护

监测设施的保护和监测设施的建立具有同等的重要意义。作为监测设施的保护是保证监测工作得以顺利进行的重要环节。因为边（滑）坡都在露天，保护工作的困难更多，应从设置牢靠的保护装置、设施上标出醒目标记、加强宣传、加强监测、设计和施工单位之间的通气以及依靠公安部门的配合等各方面作好监测设施的保护工作。

（六）其他有关技术要求

其他有关技术要求参看本章第二节。

第四节　地下工程安全监测设计

地下工程是修建在存在地应力场、由岩石和各种结构面组合的天然岩体中的建筑物，是靠围岩和支护的共同作用保持其稳定性的。因此，工程的安全在很大程度上取决于围岩本身的力学特性及自稳能力，取决于其支护后的综合特性。由于地下工程是埋藏在地下一定深处，而这种天然地质体材料中存在着节理裂隙、应力和地下水，因此，地下工程的兴建比地面工程复杂得多。特别是在地下工程开挖之前，其地质条件、岩体形态不易掌握，力学参数难于确定，人们不得不借助现场监测，获取建筑物性状变化的实际信息，并及时反馈到设计和施工中去，直接为工程服务。

地下工程按用途可分为：交通运输、输水、公共事业以及地下贮库、地下工厂、地下冷暖气管道、地下街道、地下发电站等；按工程地点分，有山岭隧道、城市隧道、水下隧道；按开挖介质分，有岩石隧道、土质隧道；按施工方法分，有山岭隧道、盾构隧道、明挖隧道、沉埋隧道等❶。按照我国通常的习惯，把用于交通的地下通道叫隧道，如铁路隧道、公路隧道等；把用于输水的地下通道叫隧洞，如有压隧洞、无压隧洞等。因此，地下工程稳定性安全监测计分为：洞室、隧道、输水隧洞、城市地铁以及竖井、斜井等。

按照岩土工程建设的程序，地下工程监测可划分为：前期监测、施工期监测及运行期监测。各阶段监测的主要内容如下：

（1）前期监测：

1）利用勘探平洞进行。随勘探洞的开挖，或进行位移、应力及声波等量测，或试验研究岩体的力学参数，建立计算模型。

2）利用原位模型试洞，进行系统的位移、应力、围岩松动范围及声波量测，反演岩体力学参数，建立计算模型，为地下洞室稳定性研究、支护设计提供依据。

（2）施工期监测　随施工的进展，对围岩和支护进行位移、应力、应变、裂缝开合、地下水、爆破影响和环境等监测，并及时反馈，以保证施工安全和修改设计、指导施工。

（3）运行期监测　对围岩及支护进行现场监测，监测结构构件的安全、检验设计的正确性以及为地下工程技术研究积累资料。

一、地下工程安全监测设计原则

1）地下工程监测设计应在围岩条件和工程性状预测的基础上进行，设计应以施工期监测为重点，施工期监测又应以围岩稳定性和支护结构的工作状态监测为重点。

2）观测项目和测点的布置，应满足预测模型的要求。监测系统应能全面监控工程的工作性状，对各种内外因素所引起的相互作用，都应统一考虑。

3）观测仪器布置要合理，注意时空关系，控制关键部位。对按监测目的所选定的物理

❶　根据 OECD（联合国经济合作和发展组织）1970 年的隧洞分类。

量应测其空间分布和随时间变化的全过程。随地下工程开挖的进展或者说随时间的推移空间不断扩大,应监测空间和时间变化两个过程。空间变化过程中,应有选择地做到所监测的物理量沿一定方向或沿一定边界分布;时间变化过程中,应做到尽量早地开始观测读数,中间不间断。总之,做到空间和时间两个方面的监测都连续。因此,要掌握洞室开挖顺序(如图2-4-1),并根据施工开挖顺序进行监测设计。

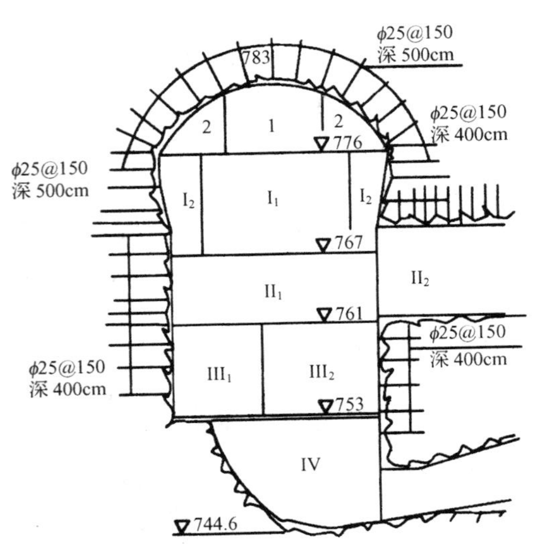

图2-4-1　喷锚支护开挖顺序(鲁布革电站)

4）为力求监测围岩和支护结构性状变化的全过程,在条件许可时,能从附近钻孔预埋观测仪器的,尽量采取预埋监测的方式;在不具备预埋条件时,应紧跟掌子面及时埋设。

5）安全监测设计应和工程设计一样,纳入设计正常工作范围内,分阶段进行设计,而不应等到工程开工前或开工后由监测实施承担者自行设计。设计时难免有些情况预计不到、估计不足,随工程开挖的推进,可能出现某些新问题,需要补充或修改监测设计。因此,在设计中应在随机测点、测孔所需要的工作量和仪器、设备、元件的数量上留有余地。

6）地下工程监测设计与其他的工程监测设计一样,施工期和运行期的监测,应作为一个整体统一进行设计。即二者是一个监测系统的不同监测阶段。其中有些项目只用于施工期,而其他项目可作为运行期监测;有些用作运行期的监测设施也可兼作施工期监测。

7）采取仪器监测为主,人工巡视调查与仪器监测相结合,以弥补仪器覆盖面的不足。

8）要求实现监测自动化的工程或部位,在设计监测自动化的同时,应保留人工观测,以保证监测资料连续,不致中断。

9）监测设计应由熟悉监测技术、掌握工程和地质条件的技术人员承担,或者由从事工程设计、地质勘测和从事安全监测工作的技术人员一起进行设计工作,避免设计上的片面性。

二、大型地下洞室安全监测设计

(一) 监测设计所需资料

大型地下洞室监测设计所需的基本资料如表2-4-1,在搜集资料时,应针对工程规模、不同设计阶段以及关键问题等选用表中的资料。

(二) 监测项目选定与仪器选型[1]

1. 项目选择原则

监测可选择的项目如表2-4-2所示。监测项目的选择,应以工程条件确定之后所进行的工程性状预测为基础,同时考虑下述原则。

---

[1] 长江水利委员会大坝安全监测中心,成功实施大坝监测的二十六个步骤,国外大坝安全管理及监测译文集(一),1998.8。

表 2-4-1 大型地下洞室监测设计所需基本资料

项目	资料内容
地质资料	1. 地质报告（含纵、横剖面图、钻孔柱状图及平洞展示图）；2. 结构面的统计资料，节理裂隙玫瑰图；3. 围岩分类，软弱结构面性状；4. 地震烈度；5. 地下水分布；6. 洞室稳定性评价
试验资料	1. 岩块及围岩力学试验参数；2. 软弱结构面力学参数；3. 模型试验研究报告
建筑物设计资料	1. 地下洞室布置图（包括各种平面、纵剖面、横剖面等）；2. 地下洞室围岩稳定分析计算与评价支护设计，开挖方法及施工程序等资料；3. 各种数值计算资料（包括地应力场分析、渗流场有限元、边界元等计算成果）
水文气象及其他资料	降雨量、气温等 水位 与监测设计有关的其他资料

表 2-4-2 观测项目一览表

分类	项目	观测内容	观测仪器	观测资料的用途
围岩变形	收敛变形观测	洞壁面之间距离变化、变形速率	收敛计、位移计、滑动式测微计	洞壁围岩稳定性、支护构件效果，根据变形速度推断以后变形量和混凝土衬砌浇注情况
		顶拱下沉	精密水准仪，收敛计、多点位移计	顶拱岩体和围岩稳定
		底板隆起	精密水准仪、收敛计、多点位移计	仰拱岩石锚杆加固和仰拱混凝土浇注的必要性，推测锚固最佳时间
	围岩内部变形观测	洞壁到围岩内部某点的相对变形观测	多点位移计、滑动式测微计	洞壁围岩松动区，合理确定岩石锚杆长度和岩体内变形分布及范围
		由地表或洞外到岩体内某点的水平和垂直变形观测	多点位移计、测斜仪、滑动测微计	开挖前岩体状态，隧洞前面岩体稳定性、围岩内部变形分布
	岩体滑移观测	地表位移、倾斜位移	位移计、测缝计、倾角计	预测滑坡产生
		岩体深部水平及垂直位移	多点位移计、测斜仪	滑动面位置、滑动方向
	岩体转动观测	角位移、倾斜	倾角计	岩体角位移和倾斜变化
	围岩松动范围观测	声波、地震波速度、振幅量测	声波仪、地震波仪	确定爆破、卸荷围岩松动范围，设计锚杆、支护等
	地表及其建筑物状态观测	地表下沉、隆起观测	水准仪、沉降计	隧洞开挖影响范围、隧洞上部岩体稳定性
		建筑物下沉、隆起、倾斜观测	水准仪、沉降测斜计	建筑物的影响范围及安全性

续表 2-4-2

分类	项目	观测内容	观测仪器	观测资料的用途
岩体应力地下水压力	围岩应力观测	开挖引起围岩内部应力的变化	液压应力计、应变计	切向应力增加、径向应力减少、岩体强度降低情况
	裂隙水压力观测	岩体中裂隙水压力状态	裂隙水压力计	涌水、围岩地下水位变化、裂隙水压变化、承压水变化、预测岩体稳定性
作用于支护结构和围岩上的荷载	（岩石）锚杆（索）轴向力观测	岩石锚杆（索）轴向力的分布、大小	锚杆应力计、测力计	岩石锚杆长度、根数、位置、锚固法及可靠性
		锚固荷载	圆盘式压力传感器、中心孔式测力计	岩石锚杆根数及可靠性，推断破坏时间
	混凝土应力观测	喷混凝土应力	混凝土应变计、混凝土应力计	喷混凝土厚度、施工可靠性、断面封闭效果
		衬砌混凝土应力、钢筋应力	混凝土应力计、钢筋计、混凝土应变计	早期浇注混凝土约束效果、结构变化状态、衬砌混凝土稳定性
	支护应力观测	支护应力、构件应力	应变计、压力计	支护钢结构尺寸及可靠性、喷混凝土承担荷载
	围岩压力观测	作用于衬砌上的围岩压力	土压力计、混凝土应力计、液压应力计	喷混凝土厚度、施工可靠性、断面封闭、混凝土衬砌产生的约束效果
	渗流观测	作用围岩的渗流压力和衬砌上的外水压力	渗压计	地下水引起荷载的增加（根据隧洞旁进行裂隙水压观测推断）
围岩及结构接缝裂缝	接缝裂缝开合度观测	围岩与结构接触缝及围岩结构裂缝的开合度、错动	测缝计、裂缝计	接缝、裂缝开合度及错动变化
围岩及支护温度	温度观测	围岩内部温度、支护结构温度、气温	温度计	计算温度对监测成果的影响
爆破影响	振动效应观测	质点振动速度、加速度、动应变	速度计、加速度计、动应变仪	控制爆破质量，改进爆破工艺
地下水	地下水位观测	地下水位变化	渗压计、测压管、量水堰	了解地下水压力水头
现场观察	人工巡查	掌子面地质调查施工进度纪录	地质锤、罗盘、卡尺等简易工具	确定围岩分类，评价洞室稳定性

1）根据监测目的分别选定重点项目。以安全监测为主要目的的监测项目，一般应以能监控影响安全的主要因素为目的选定。整体安全监测项目要系统、局部安全监测项目较单纯，但都要有针对性。一般情况下均以变形和支护结构的应力为主要项目。若以设计和施工方法校核为目的，则选择与其相关的项目。如选取锚杆轴力和围岩松动范围监测，校核锚杆参数。选取衬砌应力监测，校核混凝土、钢拱支护设计参数和检验施工方法。若用于新技术研究和对影响围岩稳定性因素的探索，则可选取与研究、探索内容密切相关的项目。

2）根据工程阶段分别选定项目。工程前期应根据工程性状预测的需要选择有关的项目。施工期在充分利用永久性观测项目的基础上，补选一些能为施工安全监控快速获取资料的项目。运行阶段应根据工程运行性状预测选择系统的项目。问题明确的可有针对性地选择项目。

3）根据工程的规模、等级（重要性）、经费的承受能力等因素综合确定。在满足需要的前提下，项目力求精简。但对于重要的项目、部位应考虑平行监测项目，以便比较、印证。如变形项目，在对顶拱和底板采取收敛监测的同时，也可采取水准监测。

4）根据覆盖层的厚度、岩性及断裂构造，岩体变形、破坏机制，从而应采取的支护方式选取监测项目。如对覆盖层浅的软岩或土中的地下工程，地面建筑对其存在影响，需采取刚性高的衬砌，尽量控制其变形。重点应监测建筑物变形的变化、围岩应力、支护结构应力等。如果覆盖层厚，但围岩强度低，围岩可能发生挤出、膨胀变形，重点应监测围岩变形、压力和支护结构应力等。当覆盖层厚、围岩坚硬、裂隙发育，喷混凝土仅起防止岩体表面风化，填平表面凹凸不平的作用，喷混凝土无需监测，但需加强巡视调查，并在洞室收敛前，在混凝土衬砌中进行应力和压力监测。

2. 仪器选型

仪器选型应按照以下一般原则进行。

1）根据确定的监测项目选择相应的仪器（详见表2－4－2），仪器数量宜少而精；

2）监测仪器的精度和量程应满足具体工程的要求，此要求应根据岩性、计算值或模型试验值等进行的预测的最大和最小值确定仪器的精度和量程；

3）仪器应准确可靠，坚固耐用，能适应潮湿甚至涌水、爆破振动和粉尘等恶劣环境下工作；

4）仪器轻便，布置简单，埋设安装快捷，操作读数方便，占用掌子面时间短，对施工干扰少。

（三）监测布置

1. 监测断面的选择

1）监测断面应按工程的需求、地质条件以及施工条件选择具有代表性的断面，通常按洞室的稳定性可分为系统布置与随机布置；按工程的部位来分，可分为对称型、非对称型以及局部型。

2）监测断面布置要合理，注意时空关系。采取表面与深部结合、重点与一般结合、局部与整体结合，务使测网、断面、测点形成一个系统，能控制整个工程的各关键部位。

3）在断面的选择上应注意埋深、岩体结构特性、围岩性态、结构物尺寸及形状、预计的变形及应力以及施工方法、施工程序等。

4）断面可分为主要监测断面和辅助监测断面，主断面可埋设多种仪器，进行多项监测；在主断面附近设辅助断面，辅助断面埋设仪器少，用于监测个别重大的有意义的参数，这种布置既保证了重点，又简化了工作面，降低了费用。

5）城区地下施工，需要预测地基变化和爆破震动对邻近建筑物的影响，注意研究开挖中的深层滑移和地层失稳，以及支护的设置。

6）在观测断面上，应根据围岩性态变化的分布规律、结构物的尺寸与形状以及预测的变形和应力等物理量分布特征布置测点，应在考虑均匀分布、结构特性和地质代表性的基础上，依据其变化梯度来确定测点数量。梯度大的部位，点距要小；梯度小的部位，点距要大。

国内一些工程的地下厂房观测断面布置及观测项目选定情况如表2－4－3所示。

表2－4－3　已建地下厂房观测布置

序号	名　称	建筑物尺寸(m)(高×宽×长)	支护形式	地下厂房支护及围岩观测
1	刘家峡电站地下厂房	63×33×86	钢筋混凝土	设两个支护、围岩观测断面，分别位于进口段、11段及机组段4段。两个断面内设有钢筋计22支、变位计12支、压力计4支、渗压计4支、土压力计及钢弦压力盒60支，厂房振动观测设备15个
2	以礼河四级电站地下厂房	23.7×16.8×82.7	钢筋混凝土支护	设两个顶拱支护观测断面。支护内设有：钢筋计14支，应变计16支，温度计8支，无应力计6支
3	渔子溪一级电站地下厂房	33.3×14×75.8	钢筋混凝土拱支护	设两个支护、围岩观测断面，分别位于0+036、0+041，两个断面仅进行顶拱观测，设有：变位计10支，钢筋计18支，测压计6支
4	龚嘴电站地下厂房	55×24.5×106	钢筋混凝土高脚拱支护	设3个支护、围岩观测断面，分别位于8、11、14段。顶拱支护钢筋应力观测，设钢筋计36支；拱端混凝土应力观测，设应变计6支；边墙外水压力观测，设渗压计13支。围岩强度观测
5	映秀湾电站地下厂房	39.5×17×87.3	钢筋混凝土高脚拱支护	原设两个支护与围岩观测断面，因观测电缆被割，停测后在顶拱裂缝采用玻璃片、钢筋计、裂缝计以及变形标点观测裂缝变化
6	回龙山电站地下厂房	37×17.2×66	钢筋混凝土拱梁	仅在吊车梁基座及厂房顶拱座进行变形观测： ①用精密水准、经纬仪测吊车梁基础变形； ②用千分表观测吊车梁下沉量； ③在吊车梁贴电阻片，进行应力观测
7	白山电站地下厂房	56.8×25×136	喷锚支护	围岩深部变形观测设一个观测断面，采用多点钻孔位移计14支，112个测点；围岩表面变形观测设一个观测断面，采用T3经纬仪观测，17个测点；围岩应力应变观测，设两个观测断面，采用差动电阻式应变计60支；支护结构观测设两个观测断面，采用锚杆钢筋计24支，采用锚索贴电阻片96片，钢环测力计5个；厂房外水压力观测，设4个断面，采用测压管观测，74个测点
8	镜泊湖电站地下厂房	30×18×61.7	钢筋混凝土肋拱与喷锚混合	设5#、9#、16#3个肋拱观测断面和吊车梁观测断面，进行围岩变位、肋拱内部应力、应变、温度及外水压力观测，共埋设应变计44个、钢筋计28个、渗压计23个
9	鲁布革电站地下厂房	39.4×18×125	喷锚支护	设3个围岩观测断面，每个断面7套多点位移计28个点，顶拱孔深27m，边墙孔深18m和9m。每个断面与位移计平行设置锚杆应力计，每孔深6m，3个测点。岩壁吊车梁与岩面间的缝隙观测，测缝计2支；吊车梁锚杆应力观测，钢筋计6支；岩体温度观测，温度计4支；内空变位观测，收敛计一套；爆破振动观测在边墙；地下水压力观测，渗压计2只

续表 2-4-3

序号	名　　称	建筑物尺寸(m) (高×宽×长)	支　护　形　式	地下厂房支护及围岩观测
10	广州蓄能电站地下厂房	44.5×22×146.5 (厂房) 27×17.2×138 (主变室)	喷锚支护	设5个主断面、3个副断面及一些随机断面,观测厂房围岩位移、应力、吊车梁锚杆荷载、吊车梁与岩壁间接触缝开合、地下水渗透压力。埋设多点位移计26套、锚杆应力计13套、钢筋计25套、渗压计6支、测缝计16支 此外,在主变室、排风洞和交通洞也作了相应的观测
11	黄河小浪底电站主厂房	57.94×25×249 (主厂房) 18.3×15.2×163.5 (主变室)	喷锚支护	主厂房、主变室3个观测断面。主厂房每断面有钻孔倾斜仪孔2个,多点位移计孔10个,锚索应力计孔8个,渗压计4支,锚索测力计3支,测缝计6支。主变室多点位移计孔3个,锚杆应力孔3个
12	十三陵蓄能电站地下厂房	48.5×23×147	钢筋混凝土拱及喷锚支护	主厂房设3个断面,主变室设3个断面、两个随机断面。观测围岩位移、锚杆应力、内空收敛、松动范围、围岩温度、混凝土应变、钢筋应力、渗透压力、锚索荷载。埋设多点位移计40套、锚杆测力计40套、收敛观测100点、渗压计7支、锚索测力计20个、声波测孔34个、应变计60支、钢筋计40支、温度计5支。多点位移计孔深9~25m,锚杆应力计孔深3~8m,声波测孔深8~10m
13	东风电站地下厂房	48×21.7×105	喷锚支护	主厂房和主变室布置5个主要观测断面,监测厂房开挖时的围岩变形及支护锚杆轴力。主厂房每个断面埋设7套4点钻孔多点位移计,主变室每断面埋设5套钻孔多点位移计,同时在各部位布置了锚杆应力计
14	天荒坪电站地下厂房	47×21×135	喷锚支护	主厂房设立观测断面4个,副断面两个,观测位移、锚杆应力、温度、渗压等。布置多点位移计28套,锚杆应力计28支,渗压计12支,收敛20个测点,温度计18支。岩壁吊车梁12个观测断面,6个主断面,布置多点位移计6套,锚杆应力计12支,每支2~4点。3向应变计6组,无应力计6支,测缝计6支,钢筋计6支
15	响洪甸蓄能电站地下厂房	45.24×23.2×67	喷锚支护	主厂房设4个观测断面,两个主断面,两个副断面,副厂房中设两个主断面。其中围岩变形:收敛观测5个断面,多点位移计18套20m深,锚杆应力计36套108个点,渗压计16个点,测松动范围声波孔10个,8m深。岩壁吊车梁观测8个断面,两个主断面,8根观测锚杆,24个点,8支测缝计,24个应变计

2.监测孔(点)的布置

(A)收敛测线(点)的布置

收敛观测一般在施工开挖过程中采用。当地下洞室已经支护或投入运行后则应用较少。由于当开挖空间(跨度和高度)已经很大时,观测的困难较大。因此,多在导洞开挖和拱部开挖边墙较矮时应用,用以观测围岩的初期变形。

跟随施工过程，一般收敛测线（点）各种布置如图2－4－2。为了配合多点位移计观测，测点可布置在多点位移计孔口附近，同时可以利用收敛计贴近开挖面提前观测的条件，校核多点位移计孔口的位移释放量。

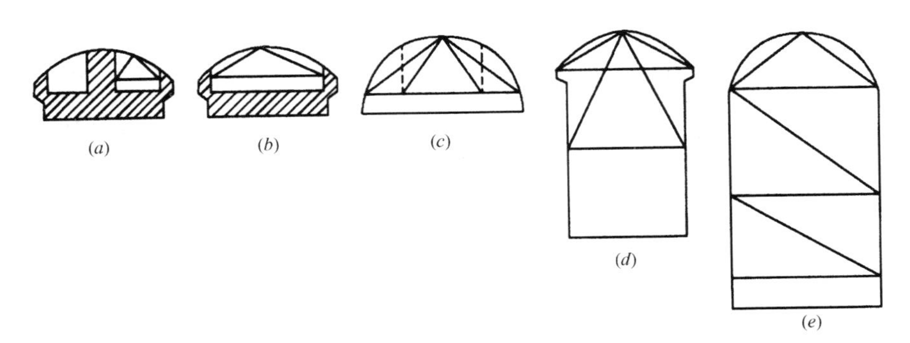

图2－4－2 收敛测线（点）布置图

（B）多点位移计测孔（点）的布置

1）多点位移计用于观测岩体内深部两点之间沿孔轴方向的相对位移。如果最深测点距洞壁大于1倍以上洞跨，或超出卸荷影响范围，则某点相对于最深点（若可近似视为不动）的位移可近似视为绝对位移。对于围岩中有预应力锚固的部位，多点位移计埋设最深点应超过锚固影响深度。

2）测孔一般布置在地下洞室的顶拱、拱座及边墙，有对称和非对称式布置，现埋和预埋孔两种方式。布置时应注意围岩变形的时空关系。

3）测点布置应考虑围岩应力分布、岩体结构等地质条件。同一孔中的测点可以是单点，也可以是多点，点距应根据围岩应力和变形梯度、岩体结构和断层部位等确定。测点（固定锚头）可以是灌浆式的，也可以是机械式的、气压式的或油压式的等等。锚头（即测点）应避开裂隙、断层和夹层，放在较坚硬完整的岩石上。大的夹层、断层两侧宜各布置一个锚头。

4）当洞室周围有排水平洞、勘探平洞或模型试验洞时，宜从这些洞向地下洞室提前钻孔，预埋多点位移计；当覆盖层不厚时，宜从地面向洞室钻孔预埋仪器。

5）侧墙上的水平测孔宜略向上倾斜5°左右（当固定锚头为机械式），便于渗水排出；或略向下成5°俯角倾斜（当固定锚头为灌浆式），以便于灌浆和防浆液外流。

各种多点位移计孔的布置，详见图2－4－3。

（C）钻孔测斜仪测孔的布置

1）测斜仪布置，应根据围岩应力分布状态和岩体结构，重点布置在位移最大、对工程施工及运行安全影响最大的部位。同时兼顾其他比较典型或有代表性的部位。

2）钻孔测斜仪常以铅垂钻孔布置于大型地下洞室的边墙附近，平行边墙或布置于大型地下洞室的出口正、侧面边坡内，观测岩体的挠度，监视侧墙或出口边坡的稳定，详见图2－4－3（*c*）。

3）大跨度洞室的拱部可以通过附近洞室垂直洞室轴线布置水平测斜管，用水平型测斜仪观测拱部位移。

（D）滑动测微计布置

滑动测微计是观测岩体内部沿孔轴方向两点间相对位移的一种多点位移计，不同的只

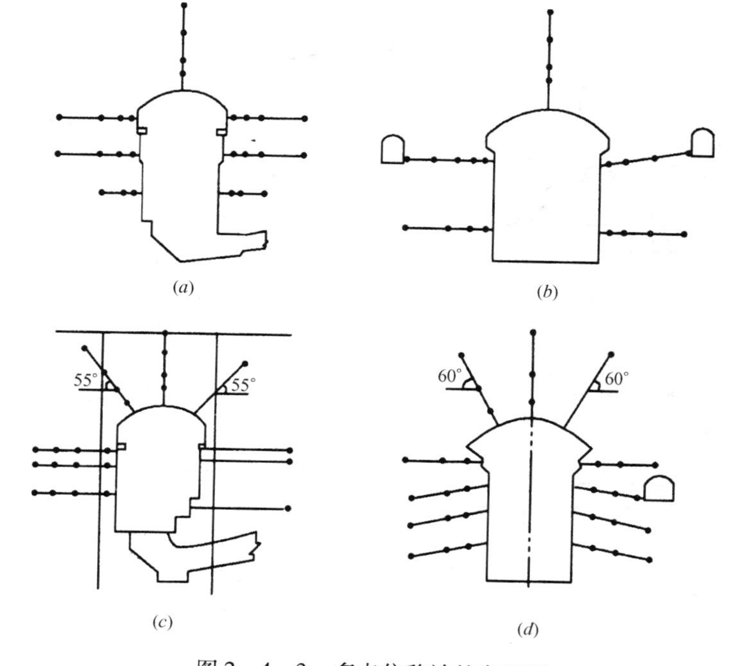

图 2-4-3　多点位移计的布置图

(a) 鲁布革电站厂房;(b) 十三陵蓄能电站主变室;
(c) 小浪底电站主厂房;(d) 日本下乡电站厂房

●●● —多点位移计;——•—钻孔测斜仪孔

是可以每相隔 1m 一个测点。其布置方式可与多点位移计相同,测孔方向不限。

(E) 锚杆应力计测孔(点)的布置

1) 用于观测轴向力的锚杆,既要起支护作用,又要有监测随岩体变形锚杆内产生的应力的功能,为保证观测的真实性,观测锚杆的材质、截面面积都应与实际的相同。

2) 锚杆应力计的测孔(点)的布置与多点位移计类似,除特殊要求外,一般与加固锚杆一致。布置方式有:按断面布置,按需要或在变形最大的部位随机布置,布置数量一般不作硬性规定。

3) 选定的观测锚杆应具有代表性,如代表不同锚杆型号、不同吨位、不同岩性(地段)等。

4) 锚杆应力计测点,可根据围岩条件和洞室结构,布置单测点或多测点。当需要了解应力分布情况时,一般一根锚杆至少布置 3 个测点。

天荒坪蓄能电站厂房的锚杆应力计的布置见图 2-4-4。

(F) 应变计和钢筋计布置

应变计和钢筋计主要用于支护结构、岩壁梁等结构物的应力、应变观测。有时也用来观测围岩的应力、应变。

在大型地下洞室顶拱设钢筋混凝土衬砌结构时,一般都根据顶拱受力方向在断面上沿拱圈外缘和内缘布设单向混凝土应变计及钢筋计,以资比较,如受力方向不明确,则采取成组布置,每组 2 支,分别沿洞轴向和切向埋设。测点一般在拱顶、45°中心角、拱座对称布置。为了解钢筋和混凝土联合受力情况,应变计布置在钢筋计附近,距离应不小于 6 倍应变计直径处。

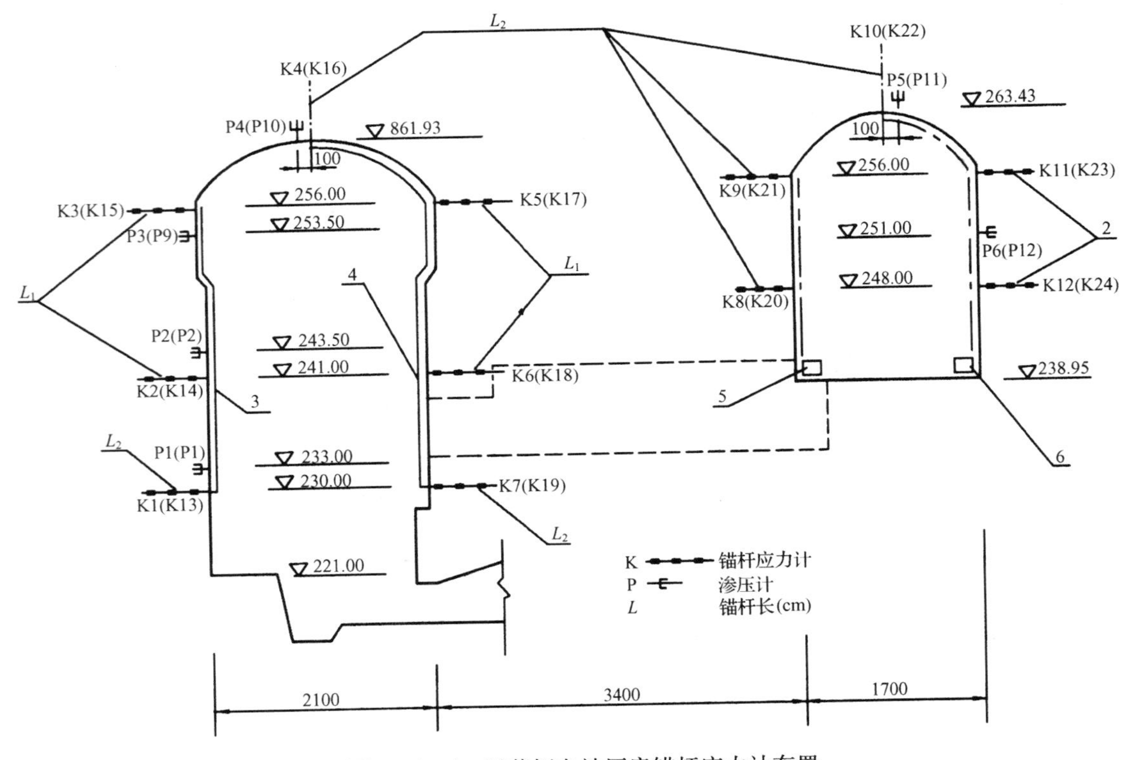

图2-4-4　天荒坪电站厂房锚杆应力计布置

1—L_1 =710;2—L_2 =510;3—电缆引入终端箱 B_1;

4—电缆引入终端箱 B_2;5—电缆引入终端箱 B_3;6—电缆引入终端箱 B_4

围岩内的应变计一般呈径向和切向布置。

(G) 压力(应力)计布置

压力(应力)计一般布置在围岩与支护结构的接触界面上,拱部的压力计布置一般与应变计相同。围岩内部和结构内部的压力计应根据压力分布和方向布置。

(H) 渗流观测布置

1) 在水文地质具有代表性或预计渗压最大的地方布置渗流观测仪器。渗流情况不明确时,在观测断面内拱顶、拱座和边墙的围岩内布置仪器。观测外水压力时,渗压计布置在衬砌与围岩界面处。

2) 对覆盖层浅的洞室,可从地表平行洞壁钻孔,埋设测压管或渗压计;对覆盖层厚的洞室,可从洞内向围岩钻孔埋设渗压计;如果周围有排水洞、勘探平洞等,也可利用这些洞向大型地下洞室钻孔埋设。

3) 在渗水处或设排水孔集中将水引至洞室下游适当位置处设量水堰,监测渗水量大小及其变化。

(I) 精密水准测量

1) 为观测大型地下洞室的顶拱下沉、仰拱上抬(隆起)、覆盖层薄的地表或房屋建筑物的沉陷及洞室顶拱下沉,常采用精密水准测量。

2) 为了量测上述垂直位移,测点应分水准基点、起测基点及位移标点三级。

3）水准基点。是垂直位移观测的基础，是假设的不动点。如该点超标变动，则影响整个观测精度，在布置时要适当远离测区，埋设在基岩内，避免各种人为活动对基点频繁的影响，保证埋设质量。

4）起测基点。通常布置在欲观测断面的两侧 3 倍洞径以远，靠近边墙部位，避开岩体断裂，避免施工干扰，尽可能地不影响架设仪器施测。

5）垂直位移（沉降）标点。一般布置在顶拱与多点位移计测孔、收敛计标点相衔接的部位；防止爆破损坏，应进行保护；不宜设于阻碍视线通视的地方。

（J）围岩松动范围观测布置

围岩松动范围观测是指测定由于爆破的动力作用、洞室开挖岩体应力释放引起的岩体扩容二者共同作用下，导致的围岩表层岩体的松动厚度。监测成果可以作为锚杆及其他支护设计和围岩稳定分析的依据。通常采用声波法（用声波仪观测）和地震波法（用地震波仪观测）。开挖前后都要观测，以便对比分析，确定松动范围。

（a）声波法

根据围岩应力、变形情况和洞室几何形状，考虑不同岩性、不同施工方法选定观测断面，一般应在预测的松动范围最大最小厚度的部位布置测孔。测孔应垂直围岩表面，呈径向布置；孔深应超过预测厚度；孔径应大于换能器的直径。测孔数一般应满足圈定松动范围界线的要求，如图 2－4－5 所示。

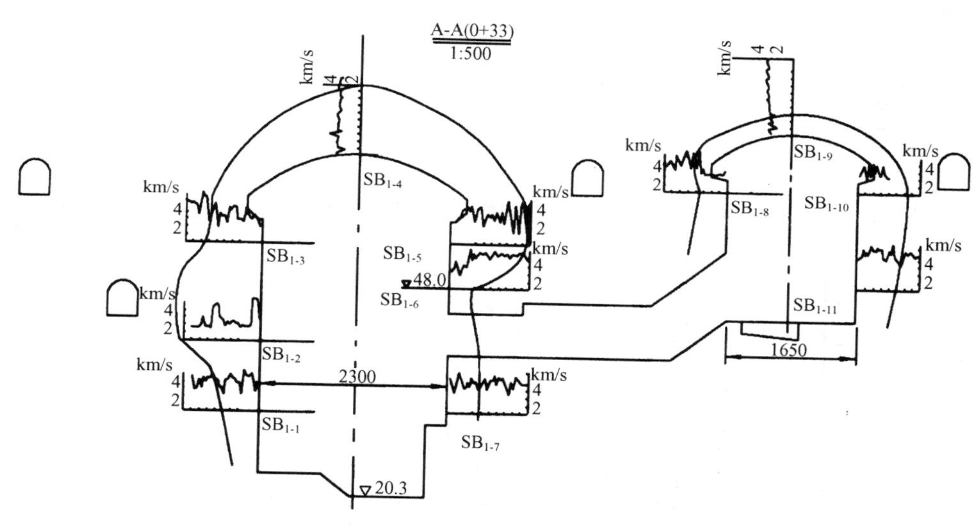

图 2－4－5　围岩松动范围监测孔布置图

（根据北京十三陵蓄能电站厂房观测）

（b）地震波法（地震剖面法）

1）沿平行洞轴线掌子面进尺方向在洞底板和洞壁布置测线。

2）每条测线 5～10 个测点，两测点间距 0.5～1.0m。

3）配合声波法观测时，断面和测点布置应与声波法相应。

声波法设备简单、便宜，地震波法测线可长达数十米，更有代表性，可根据具体情况选定。

（K）爆破影响监测布置

1）爆破影响监测，指介质质点速度、加速度和动应变监测。以质点速度监测最常用。

2）根据 SL47—94《水工建筑物岩石基础开挖工程施工技术规范》和工程的岩体性质等

具体情况确定允许质点振动速度(加速度或动应变),控制爆破质点振动参数在允许的范围内。当发现质点振动参数超过允许值时,应调整爆破参数、修改爆破设计。

3)监测内容上包括监测爆破对开挖洞本身围岩、衬砌支护的影响和对相邻洞室围岩、衬砌支护的影响。

4)测线可沿平行洞轴方向(监测爆破对开挖洞本身影响)或相邻洞与开挖洞掌子面同桩号靠近爆源侧的洞壁上(监测爆破对相邻洞影响)布置测线和测点[布置方法参看(J)之2]。

(L)巡视调查

1)施工期巡视调查应紧跟掌子面的推进及时进行,主要察看围岩的岩性、结构的产状及充填物、地下水活动等及它们的变化。调查的目的一是确定围岩分类;二是预测围岩的稳定和安全。

2)运行期巡视调查,主要察看洞壁裂缝的出现和变化、地下水渗出的情况。调查的目的主要是预测洞室的稳定和安全。

3)其他可参照本章第三节巡视调查的有关内容。

(M)电缆引线

1)仪器电缆沿顶拱衬砌或喷层敷设,或沿吊车梁走线。如果是岩壁梁,可在梁上布置临时观测站。

2)所有电缆集中到观测室或中控室。

3)电缆应注意保护,避免施工损坏。

3. 电站厂房布置实例

(A)广蓄电站二期地下厂房

厂房共设主副监测断面各2个。观测设备平面布置如图2-4-6。断面布置如

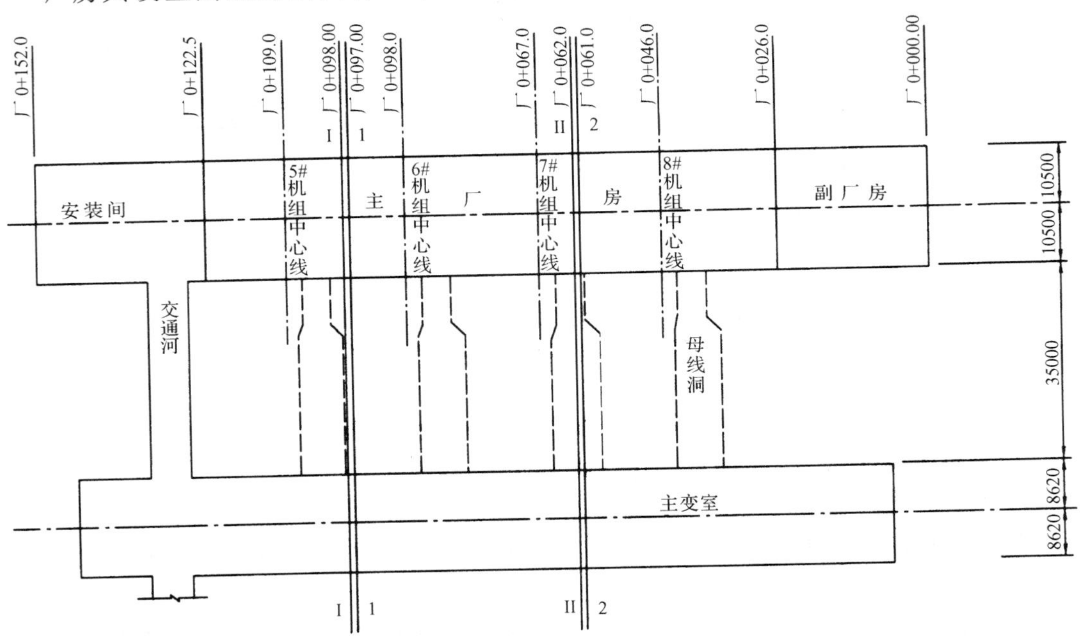

图2-4-6 厂房观测设备平面布置图(广蓄地下电站二期)

图2－4－7（*a*）、（*b*）。布置有4点式多点位移计20套，锚杆应力计（3～4点式）28支，测缝计6支，渗压计4支。在岩锚吊车梁的牛腿里布置有受拉、受压锚杆应力计。

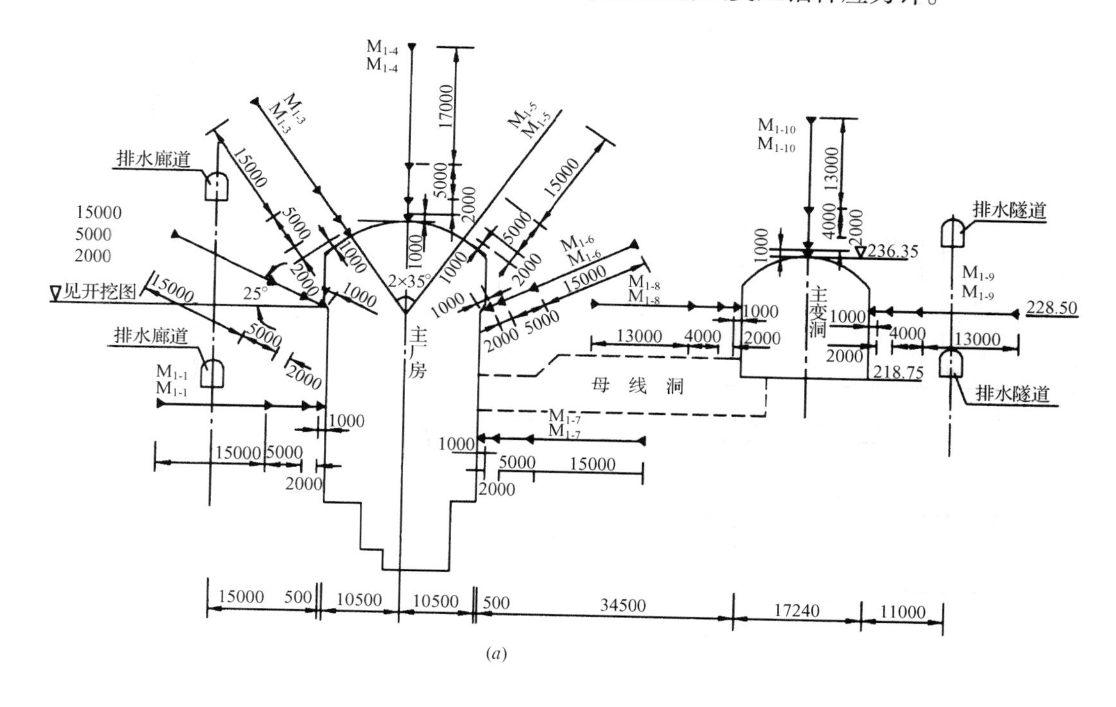

(*a*)

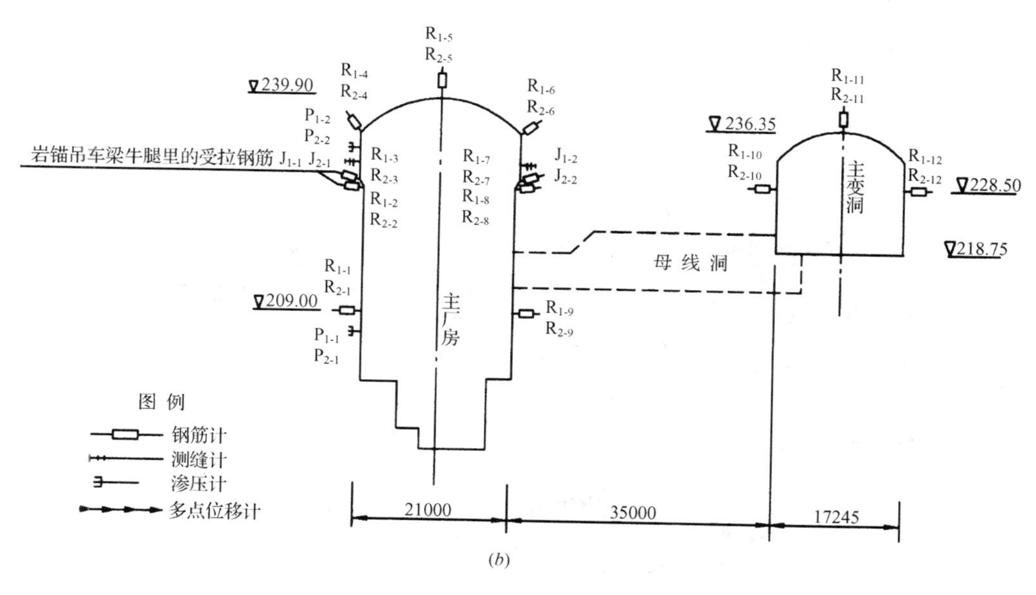

(*b*)

图2－4－7　地下厂房观测断面布置图（广蓄电站二期）

（*a*）Ⅰ—Ⅰ（Ⅱ—Ⅱ）断面布置图；（*b*）1—1（2—2）断面布置图

(B) 鲁布革电站厂房

鲁布革电站厂房的监测布置如图2-4-8。

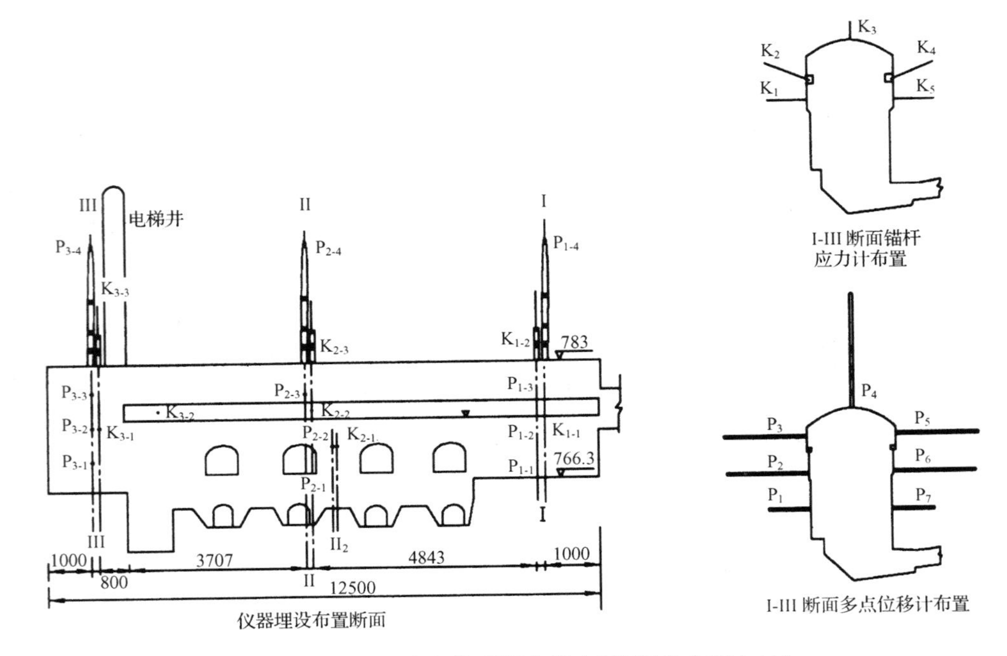

图2-4-8 厂房长期观测仪器布置图(鲁布革电站)

P—多点位移站;K—钢筋计

(C) 小浪底电站主厂房

小浪底电站主厂房的监测布置如图2-4-9。

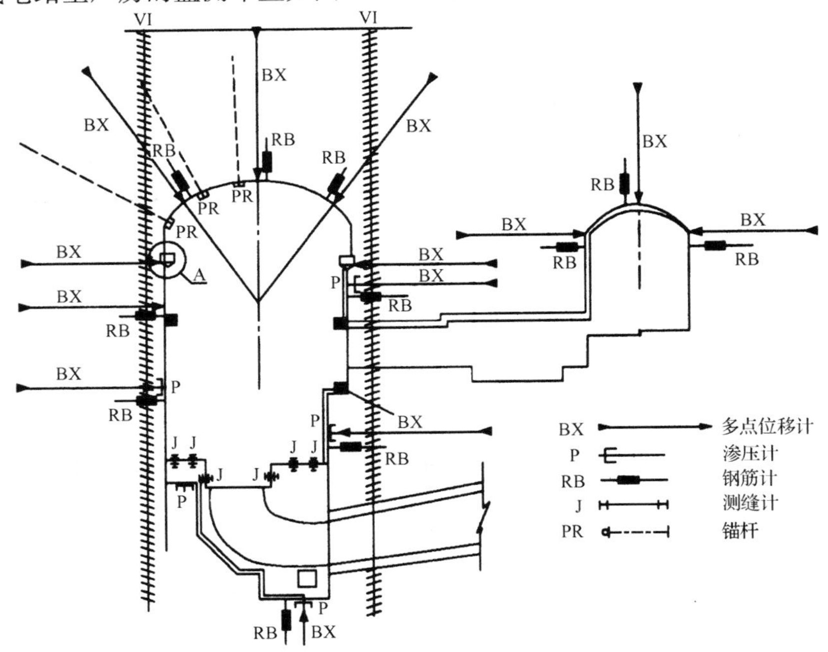

图2-4-9 主厂房仪器布置示意图(小浪底电站)

（四）监测设计技术要求

1）监测设计应包括工程设计的内容，设计工作大纲，仪器选型、监测布置及其设计说明、技术要求，概预算以及承包合同等。

2）监测仪器要求可靠、耐久、易安装和检修；有足够的灵敏度、准确度和重复性；价格低廉，操作方便。

3）仪器在埋设之前，要进行检验和率定，达到合格；在安装埋设之前，必须按设计图进行放线，并进行地质编录、绘制素描图及详细记录，必要时可进行简易测试；用钻孔电视或模拟测试，检查和记录钻孔情况，以利于监测成果的分析。仪器埋设时，要注意传感器位置准确无误，出线要方便并注意仪器及电缆的保护。

4）仪器安装检测无误后，要经过（监理工程师）验收。验收前要观测读数，建立初始值或称基准值、记录温度、湿度。经验收确认无误后，即可使用。

5）观测应按规程规范或技术标准执行。观测时间一般初期密，每天观测1～2次。后期稀，一周或一个月观测一次。测值变化大并呈发展趋势时，测次应加密，反之减少。在施工期还应结合开挖、支护等程序进行前后观测，出现异常，要及时反复测读，分析其原因，并做好记录。

6）资料整理要及时，发现数据错误应及时改正或补测。对原始数据要去伪存真、计算、分析，并绘制观测量与时间、深度曲线。

7）及时将监测得到的信息进行反馈，以修正设计、指导施工，确保地下洞室围岩稳定和安全。反馈的内容包括下列几方面：

a）要求预报围岩失稳的警报。

b）根据监测资料修正原设计和调整支护及整个施工方案。

c）利用量测的信息，反馈力学参数、模型，进一步优化设计。

d）对围岩稳定性和支护作出正确的定量评价，验证理论计算及模型试验结果。

8）报告编写。一般包括下列内容：①工作概况及任务；②监测设计；③仪器埋设与观测方法；④成果整理与分析；⑤结论及存在问题解决的途径。

三、隧道安全监测设计

隧道这个词用于表示不过水的地下通道，如铁路隧道、公路隧道、过江隧道、海底隧道以及其他用于交通、架设电缆等的通道。

（一）监测设计所需资料

隧道监测设计所需资料见表2－4－4。

表2－4－4　隧道工程监测设计所需要的基本资料

序号	项目名称	资料来源
1	隧道工程地质、水文地质资料及平面、纵、横剖面图和围岩分类	测绘
2	围岩（土）力学参数	试验
3	隧道设计的规模、使用年限、尺寸、几何形状、支护、开挖程序等	设计或委托单位
4	隧道及支护设计，模型试验	设计或科研、委托单位
5	勘探、试验、气象、地震、调查测绘原始资料	勘探、设计或委托单位

(二) 监测项目选定与仪器选型

隧道的监测项目选定与仪器选型一般可参照大型地下洞室的相应部分。此外,应考虑隧道本身的如下特点:

1) 隧道横断面尺寸相对较小,相应的物理量变化情况也有所差别。

2) 隧道的长度一般较长,沿线地质条件的差别可能较大。因此,监测工作量大,监测断面要多。施工期可以广泛采取收敛观测等安装简易、快速的项目进行监测。

监测项目的选定和仪器的选型可参照表2-4-5。

表2-4-5　　隧道监测的基本项目

工作阶段		项目		仪器设备
		必需的	一般的	
Ⅰ	前期原位量测	收敛	声波	收敛计 精密水准 声波仪
Ⅱ	施工期安全监控	人工巡视 收敛 沉降 围岩中位移 裂缝宽度 声波 锚索荷载 锚杆轴力 支护应力应变 爆破监测	质点速度、加速度 渗压 渗流 温度	简单手段 收敛计 精密水准 多点位移计 裂缝计 声波仪 测力计 锚杆应力计 应力计、应变计 速度计、加速度计 渗压计 量水堰 温度计
Ⅲ	运行期安全观测	变形(位移) 应力 荷载 支护应力应变	渗压 渗流 温度	多点位移计 应力计、液压应力计 压力盒、柔性土压力计 应力计、应变计 渗压计 量水堰 温度计

(三) 隧道的监测布置

1. 监测断面的选择

监测断面的一般选择原则参照大型地下洞室的相应部分。此外,还应考虑隧道本身的特点。

1) 监测断面应根据工程需要、地质条件以及施工的可能选择具有代表性的部位。

2) 主断面应布置在横跨、重叠、平行、交叉的隧道以及邻近地面有建筑物等情况较复杂的地段,辅助断面应在施工过程中随机布置,一般每50m布置1~2个。

3) 主断面可以布置收敛计、多点位移计等多种仪器,进行系统观测,解决关键性问题;在有支护的地方可布置锚杆应力计、应变计;利用锚杆孔进行围岩松动范围监测等。辅助断面以收敛观测为主。

2. 监测孔(点)的布置

(A)收敛测线(点)的布置

1)用收敛计观测隧道断面围岩变形,有多种测线(点)的布置形式。一般有2点1线式、3点3线式、5点6线式,如图2-4-10。层状围岩可按图2-4-11所示的形式布置。

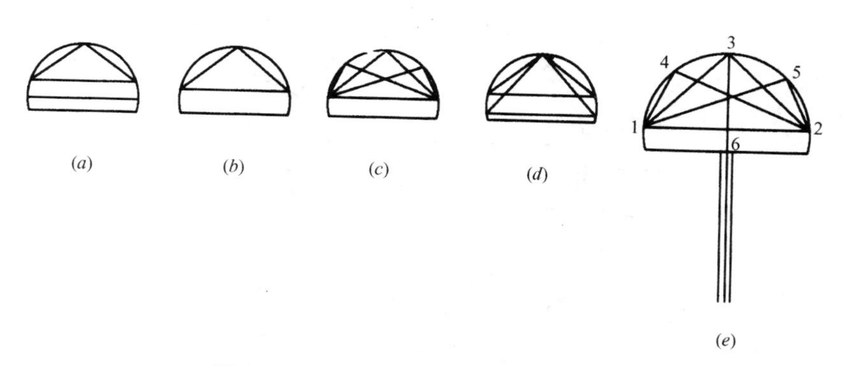

图2-4-10 隧道收敛测线布置示意图

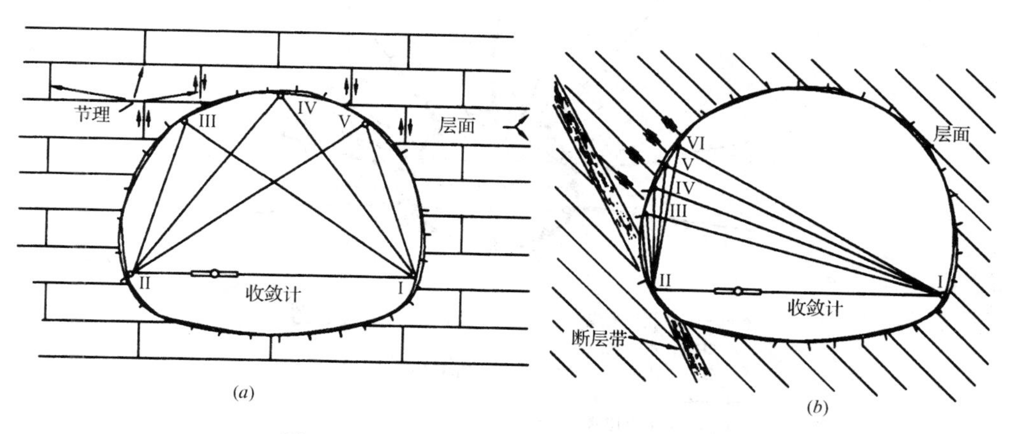

图2-4-11 成层岩层中收敛测线的布置

(a)水平地层中收敛计测点布置;(b)倾斜构造的收敛计测点布置

2)为了尽可能减少位移丢失量,测得全变形,布置时尽可能紧贴掌子面,一般距掌子面不大于1m,最好在0.5m以内。有可靠的计算模型的测段,为避免施工干扰,可在一倍洞径以外的距离布置,用计算机修正。

3)为了研究长隧道沿线的围岩性态,可布置多个断面,测线(点)布置应考虑孔洞的应力、位移分布和结构特点,一般主断面在拱顶、起拱线和边墙中部布置5个测点6条线;辅助断面,可采用3点3线式,即拱顶与边墙中部,或2点1线式,即边墙中部各设一个测点。

4)对于具有高应力或膨胀性的特殊岩体,宜在反拱(底板)中部布置测点。

5)测线(点)布置除了考虑自然条件外,还应考虑安装、观测条件。测点应设在稳固岩体上,注意岩体结构的影响,测桩应牢固并加以保护。

(B)多点位移计测孔(点)的布置

1)浅埋隧道或旁边有排水洞、勘探洞可布置预埋方式及一般采取在洞内向岩体钻孔现埋方式。

2）布置在隧道底板向下钻孔埋设的多点位移计，应避免施工运输、行人来往的干扰。

其他布置上的考虑可参看大型地下洞室相应部分。隧道布置多点位移计的各种形式如图 2－4－12。

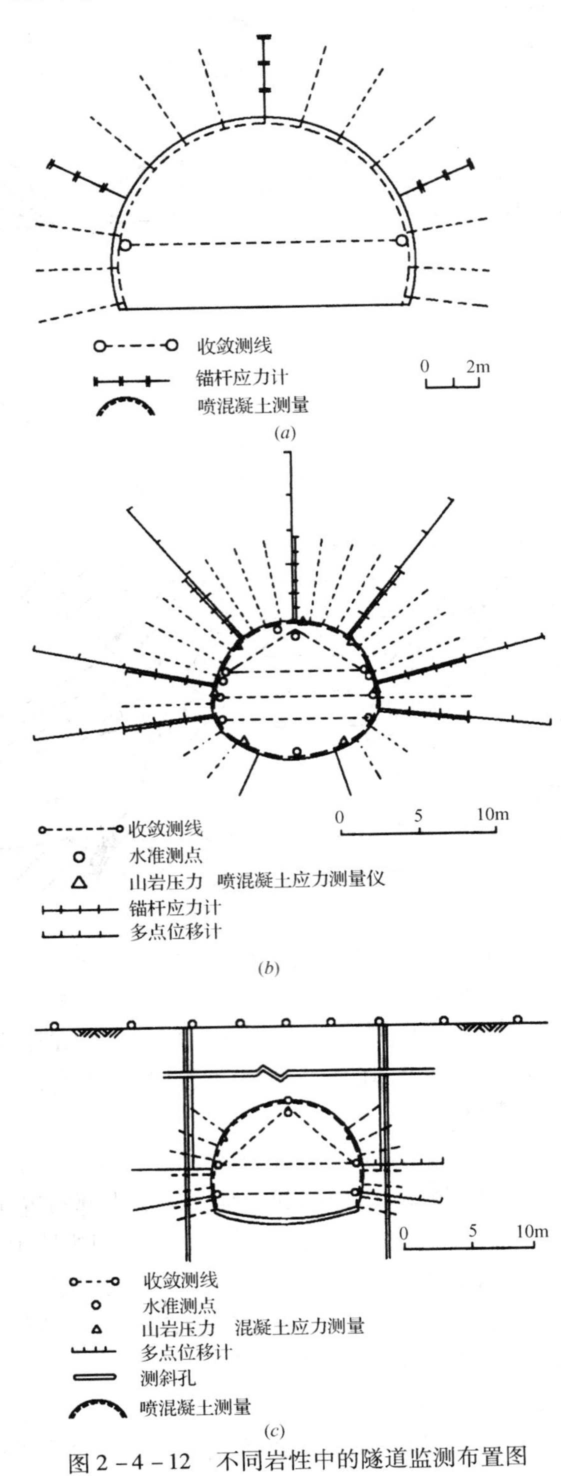

图 2－4－12 不同岩性中的隧道监测布置图

(*a*) 硬岩隧洞；(*b*) 膨胀岩隧洞；(*c*) 土砂软岩隧洞

(C) 滑动测微计和钻孔测斜仪测孔的布置

滑动测微计和钻孔倾斜仪布置,如图 2 - 4 - 13 所示。

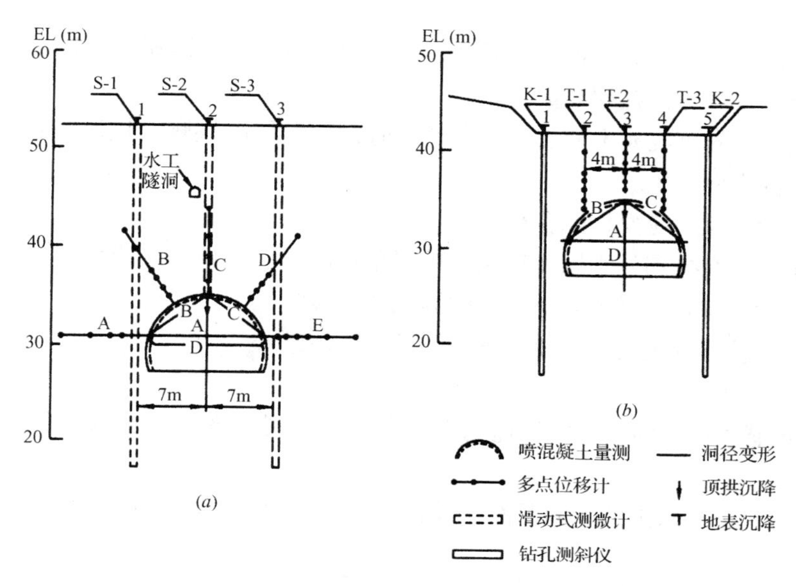

图 2 - 4 - 13　新奥法施工监测断面布置图(日本 28#国道隧道)

在隧道施工和运行过程中,为了监测地表沉降和侧向位移,一般在关键断面上布置测微计和钻孔测斜仪。测孔布置在隧道两侧,测孔深度应超过 1 倍洞直径,侧向距隧道内表面 1 ~ 2m。

(D) 沉降测点布置

1) 采用精密水准测量浅层隧道开挖引起的地表下沉或隆起,测点布置如下:

水准基点:为不动点,应布置在工程影响区之外,但不宜过远,以免影响测量精度;过近会受到施工影响,失去基点的功能。一般应根据地质条件、观测误差、工程影响等综合考虑。

起测点:可考虑设置在隧道观测段的两侧。

沉降标点:一般布置在隧道拱顶及其断面两侧的地面上,可对称,也可不对称,视地形及需要而定。

2) 观测浅层地基沉降,可采用单点、多点位移计或滑动测微计观测。但要与测量标点配合,表头上设置标点,使其形成整体。

3) 测洞内拱顶沉降和底板隆起,均可布置测量标点。

(E) 压力(应力) 计观测布置

隧道压力(应力) 观测多采用液压应力计。

(1) 界面接触压力观测　一般采用单个应力计,沿洞室表面布置,一个断面 3 ~ 5 个应力计,观测围岩径向压力的分布。由于隧道常处于偏压状态,应力计宜对称布置。反拱观测时,一般布置 3 个应力计。

(2) 围岩表层切向和轴向应力观测　应沿切向、轴向成组布置。一般分布在拱顶、拱腰、拱座,每个断面 3 ~ 5 组。

(3) 混凝土衬砌内切向和轴向应力观测　同样成组布置。

(F) 其他观测布置

隧道观测的其他仪器布置可参考大型地下洞室的观测布置方式,同时应注意考虑其本身特点。

(1) 锚杆应力计　一般布置在拱部,由于随机布置量较大,随机布置时,应根据工程需要和围岩稳定条件确定位置和数量。

(2) 应变计　衬砌混凝土的切向应力较大时,可在拱顶、拱腰及拱座布置切向应变计,并应靠近衬砌内表面布置。

(3) 钢筋计　宜与应变计配合布置。

(4) 渗压计　在衬砌外水压力较大的拱部布置渗压计,边墙可布置水平封闭式测压管。

(5) 测缝计　布置在衬砌与围岩接触缝或衬砌裂缝处。

(6) 围岩松动范围观测。主要布置在拱部和边墙腰部。

(G) 观测电缆走线布置

1) 监测传感器的电缆引线宜以监测断面为单元,沿拱圈经洞壁走线至集线箱或临时观测站。

2) 对于需要进行永久监测的断面,可沿洞顶或拱座引线至洞口,或通过钻孔引向地面观测站。

(四) 监测设计技术要求

与大型洞室相比,隧道长但断面小。根据隧道的特点,隧道监测设计上应考虑以下要求。

1) 布置的监测断面要比大型洞室多一些,以覆盖隧道沿线的不同代表性的地段。

2) 由于隧道断面(高和跨度) 比大型洞室小,可以广泛使用收敛测线进行监测,并节约费用。

其他技术要求可参照大型洞室有关部分。

四、水工隧洞安全监测设计

(一) 水工隧洞监测设计所需的基本资料

水工隧洞监测设计所需的基本资料见隧道监测所需的资料。此外,还应增加水力学和金属结构(如闸门) 等方面的水工设计资料和模型试验资料。

(二) 水工隧洞监测设计原则

水工隧洞不同于交通隧道,它不仅要研究围岩的稳定性,而且还要探讨围岩的承载能力、研究围岩、衬砌分担内水压的问题。因此,在监测设计中,除了考虑交通隧道与大型地下洞室等挖空结构的一些原则和要求外,还应针对水工隧洞的特点、承载内水压的工况进行监测设计。

1) 监测设计应贯穿整个工程,从前期勘测设计阶段到后期的电站运行阶段,都要进行系统地、全方位地考虑。

2) 水工隧洞安全监测的重点,应包括隧洞开挖时围岩稳定性安全监测,运行期整体结构承载能力的安全监测,以及内水外渗引起的边坡失稳,建筑物倒塌等环境的监测。

3）监测断面按平面问题考虑，可以选择具有代表性的断面，分主断面和辅助断面，以资比较验证。

4）监测仪器按一般要求还应着重选择抗水能力强，防潮性能高的仪器和电缆等，以保证仪器在高水压下正常工作。

（三）监测项目的选择与仪器选型

1. 项目选择

根据水工隧洞的实际工作状态，确定监测的项目。应区分是否衬砌、喷锚结构、素混凝土衬砌、钢筋混凝土衬砌、钢管衬砌、隧洞及闸门等，各自的工作特点和功能，选择监测项目。选择项目时，一般可参照大型地下洞室的监测项目表2－4－2。此外，还应根据水工隧洞特点增加一些项目：

1）对于水工隧洞来说，径向变形、环向应变、缝隙监测是重要的、必要的项目，是获取隧洞安全可靠和联合受力状态的关键性资料。

2）对于不衬砌的引水隧洞，除进行应力应变监测外，对于梯度大、岩石条件差的压力隧洞，要进行水的渗漏量和内水压力监测。

3）对于引水发电的隧道，应进行高速水流、气蚀监测。

4）对于引水发电的隧道，应进行金属结构诸如闸门等振动监测。

2. 仪器选型

选择监测仪器时，一般要求：①仪器能承受一定的内水压力；②仪器防潮性能要求严格；③能满足长期观测的要求。

（四）水工隧洞的监测布置

1. 监测断面的选择

1）监测断面应选择地质条件、结构形式、受力状态等具有代表性或关键部位，一般一个主观测断面，在其附近设辅助观测断面1～2个。

2）主断面应布置多种仪器手段，进行多项的监测，以便在同一条件下进行分析比较，提高监测成果的可靠性。

3）监测断面应按设计阶段和监测的内容不同分别选取，对于前期原位模型试洞的监测，即模拟性试验，监测可采用多种仪器手段，项目尽可能地全，研究内容尽可能地深。对于施工期监测，应充分利用永久观测断面和设备；结合运行期监测，布置一些临时性随机观测断面。

4）由于岩体的不均匀性和不连续性，为使监测覆盖一定的面，具有一定的代表性，监测断面要布置较多，能控制各种不同的地段。

2. 监测孔（点）的布置

隧洞围岩的应力应变及变形等监测孔（点）的布置，除可参考大型洞室、隧道的监测布置要求外，针对水工隧洞的工作特点，考虑围岩和衬砌结构在内水压力作用下的工作状态。还需考虑下列几方面的布置。

（A）隧洞充水试验径向变形观测的布置

1）围岩及衬砌的径向变形，一般均应通过隧洞中心布置4支元件和测杆及相应的基脚8个；测半径向时，需要8支元件和8根测杆及8个基脚，并设立中心及其支架一套，以支承半径向测表系统。

2）径向变形计元件及测杆，要求伸缩灵敏，测杆基脚要穿过混凝土衬砌，埋入围岩内10cm以上，测杆和混凝土之间要充填软填料密封。对于整体衬砌的隧洞，基脚也可以埋入混凝土衬砌中。

3）径向变形计宜与围岩多点位移计布置在一条轴线上，最好使二者连接起来，同步工作，这样既可研究开挖释放位移，又可探讨围岩在内水压力作用下的变形机制。

（B）隧洞围岩深部变形的监测

隧洞围岩深部变形一般采用多点位移计监测，施工期布置一般原则参见大型地下洞室及隧道的相应部分。运行期监测布置还应考虑内水压力作用，一般需要环向对称布置。

（C）隧洞衬砌的应变计布置

1）为了监测施工期和运行期混凝土衬砌的应力分布，一般采用标距不宜小于10cm的应变计，在隧洞衬砌的切向和轴向布置一组应变丛，并设温度计，以了解衬砌的应变变化，从而计算应力；由于衬砌应力的不均匀性，一般在断面上对称布置4～8组应变丛、温度计1支；也可采取非对称和特殊要求的单独布置形式。

2）应变丛的布置，可根据混凝土衬砌隧洞的功能，在隧洞的混凝土内表面、混凝土中及混凝土外表面布置的方式。

3）钢筋混凝土衬砌隧洞的混凝土衬体和环向钢筋的应力，可用应变计分别监测，混凝土衬体每个断面布置4～8组应变丛，钢筋上可相应布置4～8个应变计。

4）高压钢管应力监测，可用小应变计观测切向及轴向应力变化。管壁切向应力一般在内管壁设一个监测断面，布置应变计4～8支，温度计1支。值得提醒的是，地下埋管由于轴向尺寸远大于径向尺寸及厚度，管道埋设于地下，轴向变形受到约束（属平面应变问题），轴向应力监测断面可设少量（1～2支）轴向应变计，以了解轴向应力变化及局部弯曲应力的影响。

（D）隧洞衬砌与围岩接触缝的监测布置

1）隧洞接触缝的监测，包括地下高压钢管的钢管与混凝土衬砌之间的缝隙和混凝土衬砌与围岩之间的缝隙。

2）地下高压钢管是按钢管—混凝土—岩体三者联合受力设计的，其围岩所承担的内水应力的百分比，除取决于围岩本身的承载能力外，还受钢管—混凝土—岩体三者之间缝隙大小的影响。缝隙愈小，岩体所承担的内水压力百分比愈大，反之，缝隙愈大，岩体所分担的内水压力的百分比愈小。当缝隙大到一定程度时即使围岩有很高的承载力，也不可能帮助钢管分担内水压力，此时管道处于明管工作状态，对于预应力混凝土衬砌压力管道，监测围岩与衬砌间接触缝隙的开合度，可以了解衬砌开环的情况，结石层的厚度与变化，以及预应力的松弛等。因此，隧洞缝隙监测的意义就十分明显。

一般在断面上钢管与混凝土及混凝土与岩体之间各布置4支测缝计，布置形式可采用对称或非对称式。

（E）隧洞水压力监测

1）水压力监测，包括洞内、洞外水压力及渗透压力监测。

2）隧洞内水压力的监测，用水压计或水位观测管，一般测量最大内水压力，其位置设在最大压力附近，为了研究水头损失，负荷突变的附加水头压力，也可分段布置。

3）隧洞外水压力监测的布置，应根据洞线工程地质及水文地质情况，布置水位观测孔。同时，在隧洞具有代表性的监测断面上布置渗压计。

4）管道上的外水压力也是不均匀的，监测断面上的渗压计一般可对称布置在管道围岩顶部、腰部及底部的混凝土衬砌、围岩中，也可采取随机的非对称布置。

5）为了研究隧洞围岩渗水压力的分布，渗压计可布置在围岩的钻孔内不同深度处，一般孔深为 1 倍洞径，可沿不同孔深布置 2 ~4 支渗压计。无论在围岩或混凝土衬砌中埋设均可。

6）渗压计，都要防止水泥浆堵塞渗压计的进水口，为此，应采取保护措施。

7）用水位计观测钻孔水位变化，当孔内水位超出孔口时，可用压力表观测，也可用压力传感器观测。

8）渗水量监测常用三角形量水堰，一般设置在排水洞或交通洞内，监测各排水孔集水沟的总渗漏量；也可用水位计量测集水井（孔）的水位，以明确主渗漏量。

（F）管道温度监测布置

1）地下管道的温度监测，应包括洞（气、水）温，管壁温度，混凝土温度和围岩温度。

2）为了了解管道温度，温度计应布置在具有代表的地段，按管壁、混凝土、围岩表面及深部，分别布置温度计，管道温度均匀部位可设 1 ~2 支，非均匀部位设 3 ~4 支，围岩深部随孔深而定，一般 2 ~3 支。

3）温度计的布置应与管道其他观测仪器相配合。

各种隧洞的监测布置实例给出如图 2 －4 －14 ~图 2 －4 －18，这些隧洞全系小浪底电站所建。

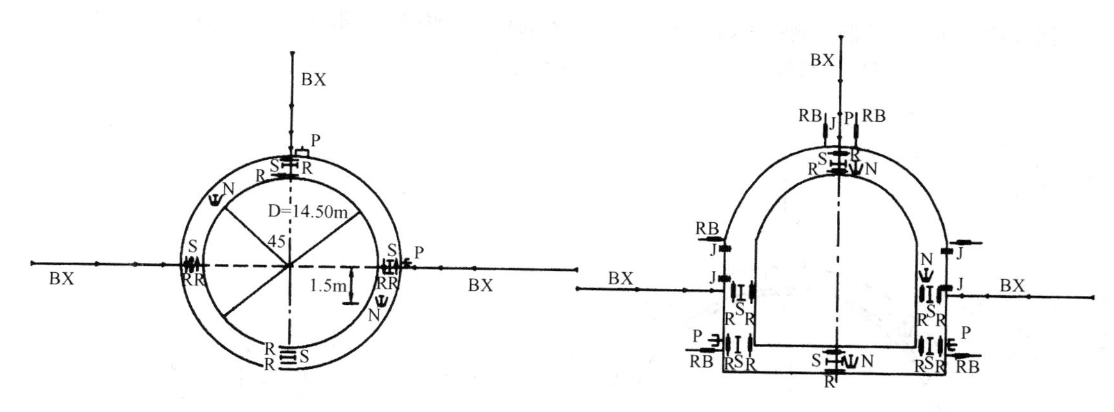

图 2 －4 －14　导流/孔板洞监测布置典型断面图（小浪底水电站）

图 2 －4 －15　明流洞监测布置典型断面图（小浪底水电站）

（五）监测技术要求

水工隧洞监测的技术要求，除应考虑挖空结构围岩应力、应变等项观测的技术要求［本节三之（四）和四之（四）］外，还应遵循下列特殊要求。

1）由于水工隧洞是过水结构。因此，监测工作至少应考虑在隧洞工作水头作用下，仪器设备及电缆等的长期稳定性和可靠性。保证不受潮，不渗水。在埋设前，一定要进行严格的水下率定，不合格的仪表，决不能埋设。

2）施工期和运行期的观测应一并考虑，统一规划，系统地连续观测。埋设仪器时要全盘考虑。观测时间、观测频率及观测标准，应根据工况和要求决定，如隧洞的开挖期间、充水期间及运行期，均应根据水隧洞的工况引起的围岩性态变化分别确定。

3）无论是单项专题监测，还是多项综合监测；无论是短期监测，还是长期监测，都应一律在工作结束后编写出成果报告。

4）在监测资料整理中，基准值的选取是十分重要的环节，不可草率从事，否则可能得出令人费解或错误的结论。

5）高压管道第一次充水的监测，极其重要。它是对整个管道进行一次压水试验，对检验设计、施工以及指导今后的运行，都是有裨益的。应予足够重视。

6）在充水期间，要重视人工巡检，特别是在高压水作用下，要注意有无内水外渗的现象，底部有无出水露头，地质条件是否改变等；在放水后，要从入孔进入管道内，仔细寻查有无裂缝、凹陷等局部破损的现象。必要时采取补救措施。

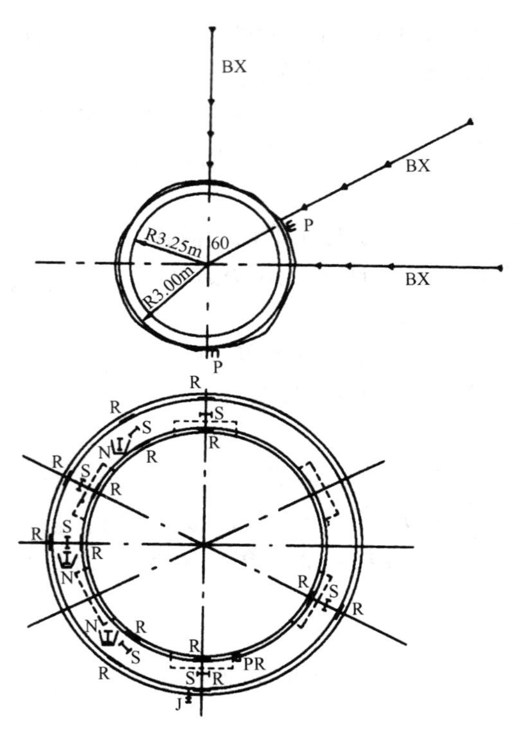

图 2-4-16　排沙洞监测布置典型断面图
（小浪底水电站）

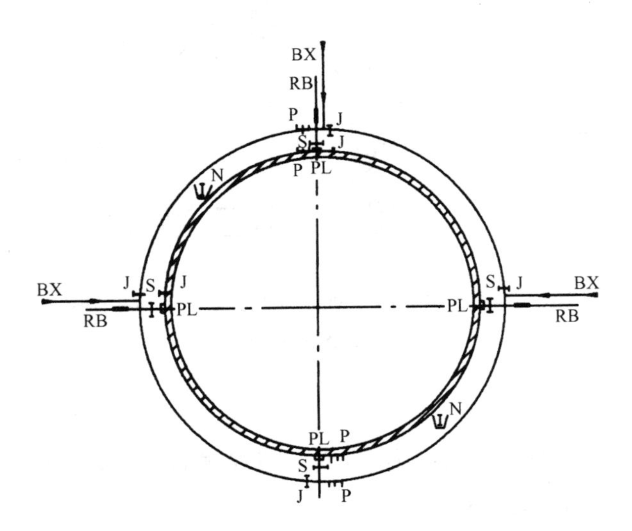

图 2-4-17　发电洞监测布置断面示意图
（小浪底水电站）

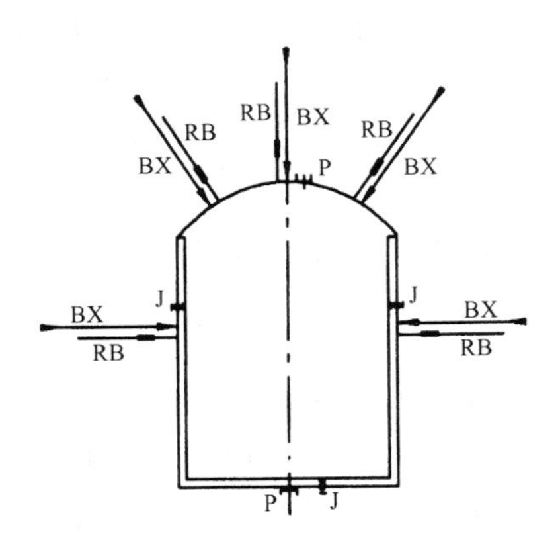

图 2-4-18　尾水洞监测
布置断面示意图
（小浪底水电站）

五、城市地铁的监测设计

根据地下结构形式，地铁可划分为地铁车站和地铁隧道两类。前者可归到大型地下洞室，后者可归到隧道类。从开挖方式看，又有洞挖和明挖之分。明挖的安全监测涉及到第五节，即工业与民用建筑安全监测，洞挖则同隧道。所以地铁安全监测设计可分别参阅本节的二、三和第五节。

但地铁和本节三、四两部分中的地下洞室、隧道有以下不同：一是地铁上部一般是城市街道、高层建筑物群和布置的各种管线；二是上伏的覆盖层一般不厚，特别是地铁站的进出口。在这里，我们只述及根据地铁本身具体情况所带来的有关安全监测方面的不同特点，相同的则分别参照本节的二、三和第五节。

（一）监测设计所需资料

除大型地下洞室、隧道所需的资料外，还需要提供地面街道的位置、建筑物群、层数（或高度）、性质、覆盖层厚以及地下管线的类型（煤气管、自来水管、电缆等）及分布图，详见表2－4－6。

表2－4－6　城市地铁安全监测设计所需资料（补充部分）

序号	项目名称	资料来源
1	地面建筑物资料（位置、层数或高度、性质，建筑物地基与地铁相对距离、街道位置等图纸及说明）	由设计或委托方提供
2	地下管线（煤气管、自来水管、电缆等）的位置，分布（走线）图及说明	由设计或委托方提供

（二）监测项目选定与仪器选型

1．钻爆施工法

地铁监测项目除本节二、三和第五节各部分所列出的以外，还需补充的监测项目及采用的仪器详见表2－4－7。

表2－4－7　地铁监测项目与仪器选型（补充部分）

工作阶段	项目		仪器设备
	建议的	必需的	
施工期	爆破振动监测，地面沉降，建筑物沉降和倾斜，建筑物和地表裂缝监测	地面沉降，建筑物沉降和倾斜	速度计、加速度计、精密水准仪、倾角计、电阻片（测裂缝）或人工巡视、游标卡尺
运行期	除爆破振动监测其他同施工期	建筑物沉降和倾斜	精密水准仪、倾角计、电阻片或人工巡视裂缝的情况

爆破振动监测的主要目的在于测定地铁开挖爆破施工对地面高层建筑物的影响程度。当出现以下情况，可视为开挖、爆破破坏：①出现新的裂缝或原有裂隙（缝）增宽、增长；②原有节理、层面错动。

爆破振动速度、加速度监测在于控制质点振动速度、加速度在允许范围内，避免上述破坏现象的发生。速度、加速度允许值应根据具体地基的岩（土）性状、开挖尺寸和施工方法等具体确定。

高层建筑物裂缝观测在于对现有的建筑物（或地面）的裂缝或用电阻片、游表、卡尺测量或用人工巡查的方法测定其开合度，了解地铁施工或运行期间高层建筑物是否有变化并掌握变化的趋势，这是一种简易可行的方法。

2. 盾构施工法

当在土基中修建地铁时，常用盾构法，可以减小爆破对土体和地面建筑的影响程度，但盾构掘进的挤压作用必须控制，由此对洞周土体和地面建筑物的影响应予以监测。监测项目与仪器除钻爆法监测的项目以外，应增补土压力监测和外水压力监测，可分别采用土压力盒和渗压计。

（三）地铁的监测布置

1. 钻爆施工法监测布置

（A）监测断面的选择

1）地铁站断面的选择参看大型地下洞室监测断面的选择。

2）地铁隧道监测断面的选择可参看隧道监测断面的选择。一般应区分重要（重点）监测断面和一般监测断面。重要（重点）监测断面应选在地铁通过的重要高层建筑物或居民集中区的部位，或者布置在高层建筑物或地面出现裂缝的部位。

（B）监测点（孔）的布置

监测点（孔）的布置一般可参照大型地下洞室和隧道的布置。

根据地铁覆盖层较薄的特点，多点位移计测孔宜尽量采取从地表向地铁站或地铁隧道洞周打孔布置的方式，详见图 2－4－19。

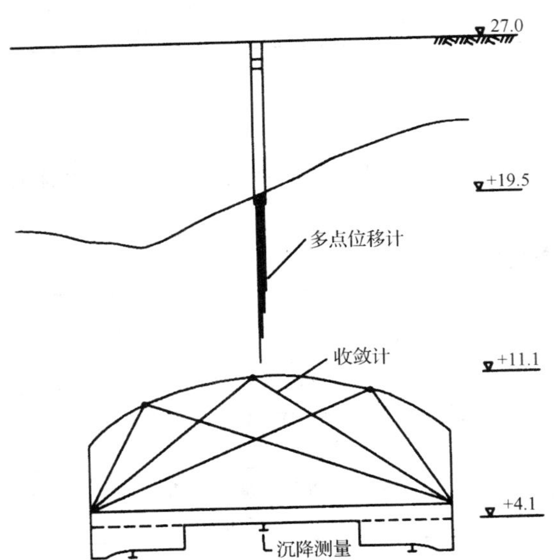

图 2－4－19　斯德哥尔摩地铁哈瓦德斯塔站断面 I 监测布置图[1]

地铁通常通过高层建筑物或街道的下面。因此，可以在建筑物顶部或墙体或街道地面布设测点。

2. 盾构施工法监测布置

盾构施工法监测布置一般可参照钻爆法的有关部分。但还应注意自己的特点和要求。

地表沉降测点的埋设时间，应在测点距盾构推进面的距离大于 $H+2B$ 时（H,B 为洞室的高与宽）；衬砌土压力计一般可以每个施工段布置 1 个断面。土压力计埋设在衬砌背面。埋设时应使传力膜与隧道土体表面贴紧，严防回填灌浆时脱开。

当分土层埋设土压力计时，测点（土压力计）应布置在土层上面的下部。

衬砌外水压力观测，一般每个施工段布置 1 个断面，孔隙水压力计应埋在未扰动的原状

[1] 哈克等，斯德哥尔摩地下铁道哈瓦德斯塔车站洞室的岩石力学测量，水电站昆明勘测设计院科研所译印，1984。

土中,对于淤泥层断面,在淤泥中多布置一只仪器。

埋设衬砌应变计时,应对称沿切向布置,并配合应变计在拱顶、洞腰和洞底各埋设 1 个无应力计。

(四)地铁的监测技术要求

1)地铁车站的监测技术要求参看大型地下洞室监测的相应要求。

2)地铁隧道的监测技术要求参看隧道监测的相应要求。

3)明挖隧道的监测技术要求参看工业与民用建筑物监测的相应要求。

4)除此之外,还要考虑地面建筑物和地下管线在施工期和运行期的安全增加一些监测项目。

第五节 工业与民用建筑安全监测设计

工业与民用建筑的岩土工程安全监测,主要是高层建筑的基坑边坡、地基基础和对环境影响的受力、位移和所关注问题的监测。其他公路、铁路、桥梁、机场和码头等涉及到基坑边坡、地基基础和对环境影响的相应问题时,可参照进行安全监测。

安全监测就是为了保证工业与民用建筑在施工、使用过程中对环境影响的安全,以及验证和改进相应的设计。

(1)保证施工安全　高层建筑当遇到地层软弱、高地下水位以及周围环境限制条件严格时,进行基坑开挖,必须采用支护结构体系或者将地下室结构形成支护结构体系才能使施工得以顺利进行,要保证其安全,则需对支护结构体系的受力和位移等参量进行监测。

(2)保证使用安全　高层建筑的地基基础和上部结构是建筑物安全的关键部位,地基基础的承载力是由地基和基础共同作用,在允许沉降量和沉降差的条件下确定的。地基与基础的共同作用是很复杂的,它所受的荷载和传递关系是千变万化的。基础上部柱子的受力由各种荷载及其分布和结构体系的刚度所决定,基础下部持力的周围介质则取决地质条件,要确切了解建筑物的变形量和变形差,基础工程的变形和承载力只有通过监测才能确定。所以对基础及上部结构的监测是保证建筑物安全使用的重要方法。

(3)保证环境安全　高层建筑一般兴建在市区,其施工过程要涉及到基坑开挖、基础和上部结构的施工等。必然产生对周围环境不同程度的影响,主要是因施工带来的地层位移、沉降和震动对周围环境的影响,则需要对基坑支护结构及周围的建筑物进行位移、沉降、震动和开裂的监测,以保证环境所受到的影响在安全范围之内。

(4)验证和改进设计　基坑支护、基础和上部结构的设计怎样才能说明其正确性和合理性呢?在此之前往往以建筑物安全投入使用来衡量,这一点是很重要的,但不足以说明其设计的合理性。以基础设计的承载力来讲,在设计初期,通常从规范中取一个估计值,或者由地质勘察部门根据地质条件提供某些数据,这些数据都是参照以往类似的地质条件,已建成的建筑物的状况估计的。设计完成后,对于重要的高层建筑,或者地质条件复杂的地区,常须通过现场试验核定其承载能力,现场试验所得到的数据,是根据建筑物的受力状况和地质条件的变化情况选择有代表性的测点,在短期加载条件下,测定加载与变形,以及与时间的关系曲线,按加载与变形曲线的第二拐点确定其极限承载力,或者按人为选定的最大变形量来确定其极限承载力,再除以通常认为的安全因素,得到允许承载力。这比从规范选取或从地质勘察报告中选用的数据进了一步,但与实际的差距仍然很大。其主要差别点是:①现场试验是短期加载,而实际受荷是长期加载;②确定极限承载力标准的人为因素很大,与按建筑物允许沉降量和沉降差标准的关系不太明确,大多数情况所确定的数据是比较保守的,也有某些情况是不够安全的。因此,在建筑物的施工过程中埋设仪器测试基础的受力和地基的变形关系是很有必要的,首先能得到建筑物在使用状态下的受力和变形的关系,既明确板→梁→柱的真实传力过程,又明确在此受力条件下建筑物产生了多大的沉降量和沉降差,具体形象地说明了建筑物的安全程度。能得到原位的受力和变形的关系,无疑对验证和改进设计,提高技术水平是很重要的。特别是使占总投资15%~30%、影响因素很复杂的基础工程的设计合理,对于城市建设将产生巨大的经济效益,也为修改规范积累了原位监测资料。这里还须说明,尽可能采用自动监测和记录是很必要的,当出现某种特殊情况,如台风、各种级别的地震,就能将建筑物可能遇到的特殊情况下的受力和变形都记录下来,这不论对建筑物出现某些损坏找到真正的原因,还是对其设计技术的发展都是极有意义的。

一、安全监测的设计原则

(一)根据建筑物的地质条件和环境条件

根据基坑边坡所处的工程地质和水文地质条件以及周围相关的环境条件,确定需要进行的基坑支护监测项目。特别是周围环境相距很小,高层建筑常需要作深基础或地下室时,在施工之前就须对周围的环境状况作一次全面调查,并且要请城市有关部门参加,将调查结果写成纪要形式,请有关部门签字认可作为施工之前的原始状况,同时按调查的主要问题确定需要对环境的监测项目,便于与施工后的情况进行对比,确定施工对周围环境的影响程度和是否对其安全造成损害。

(二)根据建筑地基基础等设计规范

根据地基基础和结构设计规范确定需要进行的建筑物的监测项目,并按照规范中要求的允许沉降量、沉降差和建筑物的倾斜度来确定技术要求,并考虑设计技术的发展和设计水平的提高。

(三)研究建筑物的控制断面,选择必要的监测项目和监测点

研究建筑物所处的工程地质和水文地质条件以及结构的受力状况,选取有代表性的角点、边中点和面中点作为监测点,设置相应的监测项目。监测点的数量和监测项目的确定既要保证安全监测的要求,又要考虑业主可能承受的监测费用。

(四)安全监测不同的监测阶段

安全监测首先考虑的是施工阶段的监测,同时还须考虑使用阶段的监测。对于某些特殊荷载如台风和地震经常出现的地区,也为了积累实测资料提高设计水平,宜设置自动监测系统,捕捉特殊荷载所产生的最大内力和位移,核定建筑物的安全状况。

(五)监测仪器选择需考虑的因素

安全监测经历的时间长,受到各方面的干扰大,故选择监测的仪器的精度要适当,设备要耐久,结构要简单。

(六)监测项目的相互关系

监测项目宜以比较直观的位移和位移速率监测为主,其他监测项目为辅并要互相协调,

形成可以相互印证的监测体系。

二、基坑边坡及对环境影响的安全监测设计

基坑边坡只有当该高层建筑的周围的构筑物很近、地质条件差和地下水位高等情况综合存在,才需要设置基坑支护和安全监测。基坑支护可以依据周边不同的情况,分别采取不同的基坑边坡形式,其结构可归纳为钉锚式、挡板(墙)式和支撑式等三种支护结构,其工作方式有各自的特点,相应的监测内容也有所不同,但共同的是基坑边坡的位移和位移速率,这也是对环境影响的主要参数。高层建筑对环境的影响也主要是由基坑边坡的变形产生的,所以将这两个问题放在一起讨论。

(一)监测设计所需资料

除前面各节中所提到的资料外,还有以下资料:①拟建地区的工程地质、水文地质资料;②基础及基坑的有关资料;③基坑支护的结构设计和施工记录资料;④周围环境的资料。

(二)监测项目的选定与仪器选型

监测项目随支护结构的不同而有所变化,可用表2－5－1简明列出各种支护结构所需监测的项目。不论哪种基坑边坡均需进行定期的人工巡检,是十分经济和有效的方法,人工巡检的内容可以参照监测项目考虑,每次巡检后填写巡检记录。基坑监测项目可参见表2－5－1。

表2－5－1　监测项目选择表

监测项目 / 支护结构形式	挡板位移	位移速率	挡板土压力	地下水压力	锚杆应力	支撑内力	土体深层水平位移
钉锚式	△	△	√	√	△		△
挡板(墙)式	△	△	△	△			√
支撑式	△	△	△	△		△	√

注　△为必测项目;√为建议项目。

上述监测项目仪器的选型要充分考虑监测时间长,受到各方面的干扰大,选择精度适当和便于保护的设备。

(1)位移观测　这里包括垂直位移(沉降)和水平位移的观测,其位移速率的观测在拟定监测计划时把观测位移的时间间隔作为一参量即可。位移观测仪器通常选择经纬仪和水准仪,这种观测方式留在现场的是观测点的觇标,易于保护,而观测仪器只有观测时才运至现场。位移观测是基坑边坡安全最主要的安全监测项目。

(2)土压力观测　土压力观测可采用土压力计,是为了了解挡墙的受力状况而设置的,以便校验和改进边坡支护结构的设计。基坑边坡的高差一般在15m以内,而且带有临时的施工期监测的性质,可选择国产的小量程的电测的在常温下工作的土压力计。

(3)水压力观测　可采用水压力计,又称为渗压计,与土压力计的作用和要求一样,可选用国产的小量程的电测的在常温下工作的孔隙水压力计。

(4)锚杆应力观测　是为了解挡墙后锚固钢筋的受力状况,以便校验和改进边坡锚固的设计。由于基坑边坡监测具有临时的施工监测性质,一般可采用简易的方法测定,国内通

常用电阻片直接粘贴在锚固钢筋表面上，经防水、防潮处理后进行观测。经济条件许可时，也可选用钢筋应力计或锚索测力计。

（5）支撑杆（锚杆）内力观测　许多基坑采用钢管或钢筋混凝土杆件来支撑四周的挡板，使其边坡稳定。为了保证边坡安全，常需对支撑杆件的内力进行监测，不论钢管或是混凝土杆件均可利用埋设在支撑杆件上的轴压力传感器，观测各道支撑杆件在不同开挖阶段的轴向压力。也可在型钢或钢筋上设置钢筋应力计，量测型钢或钢筋的应力，换算出支撑杆件的轴力和弯矩。用以判断支撑结构的稳定性，保证在开挖过程中的基坑安全。除使用轴压力传感器和钢筋应力计外，还常用电阻应变片直接粘贴在结构物表面设计规定的位置，经防水、防潮处理后进行观测。

（6）土体内深层位移观测　对于基坑边坡土体内的深层位移，涉及到的是基坑四周及其底部的垂直位移和水平位移。一般水平位移监测采用测斜仪，垂直位移监测采用沉降仪，深层垂直位移也可采用地表基准点用二等水准校验的多点位移计量测。土体内深层位移也是为查明基坑边坡周围的位移分布状况，校验和改进设计计算。同样由于是临时性的施工期监测，可以选择比较简易的仪器量测。

（7）地下水位观测　在基坑内布置地下水位观测孔，可测量地下水位的变化情况，通过对地下水位变化的观测分析比较，可以了解井点降水的效果，从而指导井点降水。

（8）环境监测　基坑开挖后必然对相邻地面建筑物产生不利的影响，如果设计施工得当，应该可以控制在安全范围之内。基坑周围建筑物的状况，一种是历史形成的；另一种是由于施工所引起的，对于前者，在施工之前就需对周围建筑物的情况进行调查，并写成初始状况调查报告，由有关方面予以确认。对于后者，就需进行环境监测，其内容包括基础周围房屋、道路和市政管线的垂直和水平位移监测，以及周围建筑物的裂缝状况和裂缝开展情况。在施工过程中通过对各种环境测点的监测，就可预知周围建筑物的安全情况，一旦出现危险信号，可及时采取措施，保证周围房屋、道路和市政管线的安全。对于位移监测通常采用经纬仪和水平仪。对于裂缝监测可采用裂缝计或近景摄影量测观测裂缝发展的方法。

（三）监测仪器的布置

基坑边坡依据四周工程地质、水文地质和环境条件，选择控制边坡稳定的边和角来布置监测仪器，对于土压力计和水压力计沿着边长可布置 2～3 处，也可考虑每隔 20m 设置一个测点，每处沿高度宜在地面以下 2m，然后以 5m 间距布置，一般水压力分布比较规律，其数量可为土压力计的一半，起点与终点与土压力计相伴布置中间可间隔布置。深层位移监测可结合土压力计、水压力计的布置，一个工程可布置 2 点即可。对于锚杆应力和支撑内力监测可选择受力比较大的控制部位，每条边选择 2～3 个点监测即可。

对于基坑边缘的位移和位移速度的监测，是基坑边坡支护安全的综合的直观的量测指标，又可用常规的经纬仪和水准仪观测。因此，选择的观测点可以多一些，可在四周各边的中点和角点都设置觇标，当基坑往下开挖的过程中每天均需观测。在基坑开挖完成后的基础和地下结构的施工过程中可按开始观测勤，逐渐减小观测次数的频率进行观测工作。

（四）监测技术要求

基坑支护的监测虽然是施工期的监测，但对于城市中周邻的建筑物关系极大，也影响本建筑物的基础及地下室的施工安全。因此，是在城市建设中提出的紧迫监测任务。

1）必须根据建筑物四周的不同情况，在基坑支护设计的基础上，进行基坑支护结构的监测设计，并列入工程设计的重要内容。监测设计应包括确定监测项目、仪器选型、仪器布置以及包含技术要求的设计说明。同时，还需有监测的概预算和承包合同等，才能保证有专门的人员予以实施。

2）监测项目的确定，既要有反映安全监测综合的直观的位移和位移速度的监测项目，可以根据其数据作出安全预报，还需有引起位移的土压力和水压力监测，可以更早地预报和指导加固。对于锚杆应力、支撑杆件内力和深层土中位移的监测，则根据不同的支护结构类型以及验证和改进设计的角度考虑是否安排。通常还应包含对周围建筑物的位移，位移速率和裂缝扩展的监测。

3）监测仪器的选型。首先考虑基坑边坡支护结构只在地下施工期内起作用，其时间一般在半年左右，通常不会超过一年，所以位移和位移速率的监测一般采用经纬仪和水准仪量测，只有当沉降参数对安全很敏感时可采用二等水准测量。对于其他监测项目的仪器选型，可考虑该项目的最大可能需要的监测量程，适应施工期的工作条件和仪器的精度可以适当放宽等要求来选型。既达到安全监测的要求，又使监测的费用低廉。

4）仪器埋设之前要进行检验和率定，绘制监测点的大样图及技术要求，按仪器的埋设要求作好埋设准备。

5）仪器埋设时，核定传感器的位置是否正确，埋设的准备是否符合技术要求，按监测的位置和方向埋设传感器，使出线要方便并注意仪器及电缆的保护。仪器安装检测无误后，观测读数，建立初始值或基准值，记录温度、湿度。请有关方面特别是监理工程师进行验收，经验收确认无误后，才可投入使用。

6）基坑支护结构的形成不外乎两种形式：一种是先支护后开挖；另一种是边开挖边支护，这两种支护结构的受力状态均是由小到大，达到基坑的底部，然后随着基础和地下室结构的形成又由大到小。其监测的频率随着施工进行、基坑逐渐加深，每天观测 1 ~2 次，基础完工后随着地下室结构的上升，可每天观测 1 次，3 天观测 1 次到每周观测 1 次，直至地下室结构施工完成。当发生台风和地震后应马上进行观测，加密观测次数，分析安全状态，作好监测和相关特征状况记录。

7）资料整理要及时，发现数据错误及时改正或补测；如发现有异常现象，加强监测，报主管部门，采取相应的加强措施。

原始数据要进行分析，去伪存真后方可进行计算，并绘制观测读数与时间、深度及开挖过程曲线，按施工阶段提出简报。

8）最终提出监测报告，一般包括下述内容：①监测及任务；②监测设计；③仪器埋设及观测方法；④成果整理及计算分析；⑤监测结论及改进途径。

9）当确定进行基坑支护结构监测时，必须委托有经验的专业队伍承担；承担监测工作的观测人员必须经过培训方可上岗。

10）因为埋设的监测仪器都是在若干点上，能否代表或控制所有的情况是很难预料的，所以必须把人工巡检补充作为基本的重要的监测项目，巡检频率可以与仪器观测频率一致，也可不一致，每次按统一表格填写巡检记录。

三、基础及上部结构的安全监测设计

工业与民用建筑很少进行安全监测，但近年来发生了武汉18层大楼建成时出现顶部偏差2.8m的工程事故，以及四川德阳与广东东莞修建大楼在施工期的垮塌事故，这些事故如果在施工开始时进行监测，应该早有所发现，也就可以及早进行处理，这些均说明工业与民用建筑的安全监测已迫在眉睫了。

工业与民用建筑的岩土工程监测应是指高层建筑的地基和基础，由柱、墙和梁板组成上部结构，其中柱和墙将上部结构的荷载传给基础，也就决定了整个建筑物的安全。将柱、墙和地基基础构成一个体系测定其内力和位移，既是基础问题，又是建筑物的主体问题。同时从建筑物的角度来讲，规范要求监测建筑物的沉降和沉降差，也可以说是建筑物的垂直偏差值和偏差率，是建筑物的问题，又是地基问题，所以将基础和上部结构的安全监测联系在一起是十分必要的。

（一）监测设计所需资料

除前面各节中所提到的资料外，还需有：①拟建地区的工程地质和水文地质资料；②该建筑物的土建设计资料，特别是基础设计资料；③建筑物特别是基础的施工记录等资料。

（二）监测项目的选定和仪器的选型

根据建筑物地基基础设计规范，要求监测建筑物的地基变形是否超出允许值，这一宏观的综合指标可以说是地基和建筑物安全监测最主要的项目。从另一角度上看，建筑物的垂直偏差与地基的沉降有关，同时反映了上部结构的施工质量，也可列入监测项目。对于引起基础沉降的柱、墙内力和沉降监测，不仅有利于分析产生建筑物沉降和沉降差的原因，也便于校核和改进地基和基础的设计，也应列入监测项目。

柱、墙和基础的内力与沉降的监测，一种是随着施工的进行，在原位进行该项目的监测；另一种是在设计完成后，对施工中的基础进行检核，这种抽样的短期加载试验，可以说是阶段性的监测，以便及早地发现问题进行处理，达到设计的预估值以后，再继续施工整个上部结构。下面的监测项目就是按这个思路列出的。

1.建筑物的沉降监测

对于建筑物的高度大于8层，跨度大于30m的二级建筑及其以上等级的建筑，规范要求进行变形验算，一般宜作沉降监测。某些虽未超出上述规范但体型复杂的建筑，或相邻基础荷载差异较大的建筑，或软弱地基上相邻建筑距离较近，可能发生倾斜的建筑，或地基内有厚度较大或厚薄不均的填土，且自重固结尚未完成的建筑，也须进行变形验算，相应的也宜作沉降监测。用监测的结果来说明是否满足地基基础规范中允许的沉降和沉降差的要求。同时记录观测的时间间隔，便于查明其稳定的趋势。建筑物的地基变形允许值见表2－5－2。

观测仪器宜用精密水准仪和铟钢尺进行二等水准测量，对于软土地基可使用普通水准仪和水准尺进行沉降观测。观测前应严格检验仪器，观测时宜固定测量人员、仪器和工具，固定设站和立点位置。

2.建筑物水平位移和各层轴线偏差的监测

规范中没有提出对建筑物水平位移的限度，一座成功的建筑物也不应该出现水平位移，但由于建筑物沉降的存在，又由于施工的误差，各层柱、墙的轴线位置总会有某种程度的偏离，这一点在施工验收规范中有相应的规定。另外对于某些工程事故，或者滑坡地区的建筑，建筑物也可能产生水平位移和转动。因此，就需对建筑物的水平位移和各层柱、墙轴线的偏离进行监测。由于涉及到建筑物从下到上的各层柱、墙轴线的水平位移或者偏差，可以得到建筑物的偏差率，考虑观测的时间间隔还可得到偏差的稳定趋势。监测的结果可与相应的施工验收规范对照，或者由设计人员研究确定是否达到要求。

监测的仪器可选用经纬仪、钢尺、觇标和其他测量工具等，测量人员需选派有经验的，最好是技师承担。

表 2－5－2　建筑物的地基变形允许值

变形特征	地基土类别	
	中、低压缩性土	高压缩性土
砌体承重结构基础的局部倾斜	0.002	0.003
工业与民用建筑相邻柱基的沉降差 （1）框架结构 （2）砌石墙填充的边排柱 （3）当基础不均匀沉降时不产生附加应力的结构	 $0.002L$ $0.0007L$ $0.005L$	 $0.003L$ $0.001L$ $0.005L$
单层排架结构（柱距为 6m）柱基的沉降量（mm）	（120）	200
桥式吊车轨面的倾斜（按不调整轨道考虑） 纵　向 横　向	 0.004 0.003	
多层和高层建筑基础的倾斜　$Hg \leq 24$ $24 < Hg \leq 60$ $60 < Hg \leq 100$ $Hg > 100$	0.004 0.003 0.002 0.0015	
高耸结构基础的倾斜　$Hg \leq 2$ $20 < Hg \leq 50$ $50 < Hg \leq 100$ $100 < Hg \leq 150$ $150 < Hg \leq 200$ $200 < Hg \leq 250$	0.008 0.006 0.005 0.004 0.003 0.002	
高耸结构基础的沉降量（mm）　$Hg \leq 100$ $100 < Hg \leq 200$ $200 < Hg \leq 250$	（200）	400 300 200

注　1. 有括号者仅适用于中压缩性土。
2. L 为相邻柱基的中心距离（mm）；Hg 为自室外地面起算的建筑物高度（m）。
3. 倾斜指基础倾斜方向两端点的沉降差与其距离的比值。
4. 局部倾斜指砌体承重结构沿纵向 6～10m 内基础两点的沉降差与其距离的比值。

3. 柱和桩基承载力和变形的原位监测

通常进行的地基或桩基的承载力和变形试验，都是抽样的和短期加载测得的数据。当遇到大直径桩基时，这种试验是一种费时、费力、费钱的需加荷上万 kN 甚至几万 kN 的试验。因此，寻求退而求其次的办法，对于人工挖孔桩可用桩底端地基承载力。对于钻孔灌注桩可用小直径桩的承载力试验，来推求大直径桩承载力的办法，来求得所需的数据，但还与建筑物原位地基或桩基的承载力和变形的关系有很大的差距。因此,在建筑物的柱底或桩底埋设应力计或者应变计测定内力,用沉降观测测定位移,可以得到在使用条件下,柱底的受力大小和桩底的承载力和变形的关系,就能比较真实地说明建筑物的安全状况。如果采用自动记录仪表,还可得到特殊受载条件下,如台风、地震时的承载力和变形的关系,不仅能够明确各种受载条件下建筑物的安全状况,还可为地基基础结构设计积累实测资料。

这项监测对于一个城市或一个地区的地基基础设计水平的提高是很有意义的,其经济效益也是明显的,对于该建筑的业主也能通过监测说明建筑物的安全状况。但是商业性房地产的经营关系和保险业的发展,业主在建筑物建成后交保险公司承担风险,对于建筑物的安全状况就不太关心了。因此,这项监测能否实施,一是靠城市管建设领导的支持;二是靠制定相应的政策。没有这样一些措施,即使像这项投入少效益高的监测也难于实现。

监测仪器的选择。测量承载力可用南京电力自动化设备厂生产的埋设式应变计,读取数据可用水工比例电桥,该电桥有人工读数和自动显示两种,还可用成都生产的应力计,插入泵后可直接读出应力。测量沉降则要求用精密水准仪和铟钢尺进行二等水准测量。

4. 地基承载力和变形的监测

对于一级建筑物下的地基必须作承载力试验,对于二级及其以下等级的建筑,只有当地基承载力没有参考依据时需作承载力试验。试验的测点数根据建筑物的受力状况和不同的工程地质条件确定,选择有代表性的不少于 3 个测点做试验,试验的承压板面积宜为 0.25 ~0.49m^2。对于硬土可用直径为 0.3m 的承压板。

一般选用 1500kN 以内的油压千斤顶、油泵、油管、测力计(或者油压表)和反力架的加载系统,以及用百分表等测位移的装置,也可选用电力测力计和位移计等在较远的距离外观测。地基承载力试验装置如图 2-5-1 所示。

对于大直径的挖孔桩,由于需要施加的荷载太大,不便直接测试其承载力,同时挖孔桩的桩底往往放在硬土或基岩上,可视为端承桩,规范提供了替代的试验办法,在挖孔桩底测持力层的地基承载力。其要求原则上与本项监测相同,只是挖孔桩底较深,面积较小,且多为基岩,所以承压板的面积可取小值,测试操作方式上可将加载反力架固定在挖孔桩的井筒壁上,油泵和测力计(油压表)引出地面,位移也传递或引至地面观测。

5. 单桩承载力和变形的监测

桩基主要用来承受垂直荷载,也有用来承受水平荷载的,故有垂直和水平两种承载力和变形的监测问题。桩基的垂直受力分为两部分,即桩周提供的摩擦力和桩端提供的端阻力,在测试过程中根据其测试的荷载——位移曲线,尽可能将这两部分反力予以区分,以便研究桩的受力特性。

桩基一般都要求进行试验,检测根数按规范确定不小于桩数的 1%,也不少于 3 根。只有当本地区同类型持力层上的桩基已做过大量试验,其承载力可参考时才可不作本项监测。但还须对建筑物的沉降进行监测来核查桩基的变形状况。另外对于直径≥800mm 的桩,整桩试验费用很高,对于当挖孔桩底地下水可以排干时,可采取检验桩端地基承载力的办法来弥补。对于大直径钻孔灌注桩则需采取测试小直径桩的承载能力来推求大直径桩的承载能力。

本项监测所用的仪器设备与 4 项监测相近,只是地基承载力试验的承压面用一块压板,桩基的承压桩顶需在试验之前作好承压的桩帽,并在其中预埋测试桩顶位移的十字角钢。

水平承载力的测试仪器与垂直承载力测试的仪器基本上相同，但整个试验装置要侧放，还需注意侧放后所带来的影响。两种测试装置的简图见图2－5－2和图2－5－3。

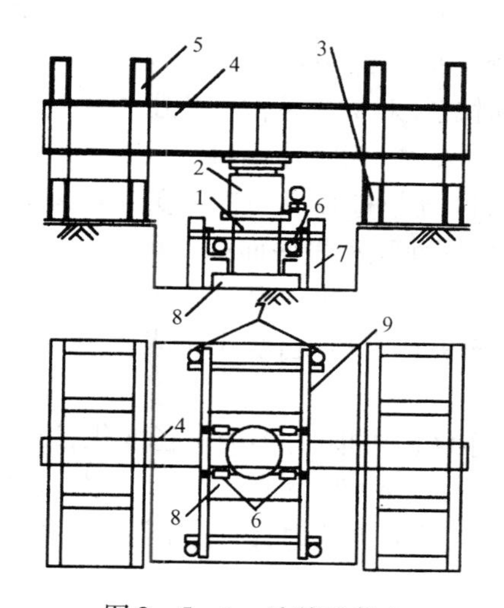

图2－5－1　地基承载力试验装置简图

1—传力筒；2—千斤顶；3—荷载架；4—主梁；5—次梁；6—百分表；7—基准桩；8—承压板500mm×500mm，707mm×707mm；9—基准梁（一端固定，一端可水平移动）

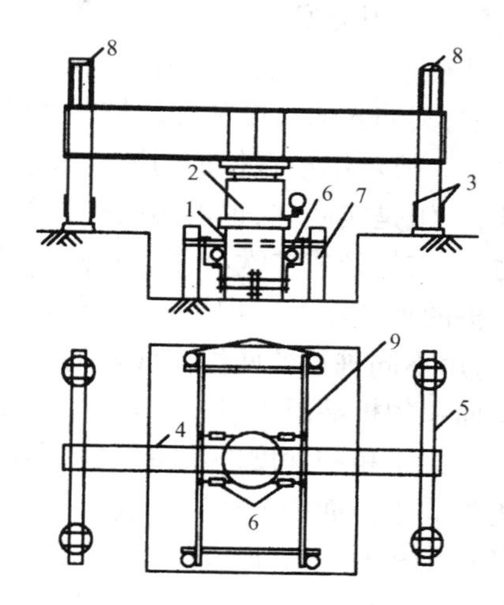

图2－5－2　桩基垂直静载试验装置简图

1—试桩；2—千斤顶；3—锚筋；4—主梁；5—次梁；6—百分表；7—基准桩；8—厚钢板（硬木包钢皮）；9—基准梁（一端固定，一端可水平移动）

6. 用小直径桩试验推求大直径桩的承载力和变形的监测

由于大桩承载力试验费用非常昂贵。因此，大桩承载力监测能否实施，取决于业主所能承受费用的能力以及在该地区的代表意义。另外在技术上加载力达到万kN也比较困难，所以对于高层建筑大直径的灌注桩承载力试验，寻求用小直径桩试验来推求大直径桩的承载力也是一种办法。

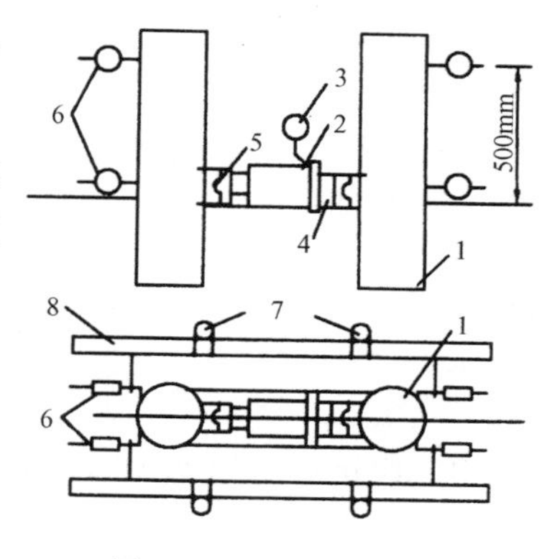

图2－5－3　桩基水平静载试验装置简图

1—试桩；2—千斤顶；3—油表；4—垫块；5—球铰；6—百分表；7—基准桩；8—基准梁

桩的承载力分为两部分，一是由桩周的摩擦力提供；二是由桩端反力提供，研究不同尺寸桩的这两部分反力的关系，才可在两种尺寸桩的这两部分承载力之间建立起对应关系。

桩周摩擦力与桩的形状和尺寸的关系的解析表明，对于不同形状和尺寸的两种极限情况，即圆形和方形桩的单位面积上的摩擦阻力差异很小，理论上表明两种情况很相近，实际工作上完全可以看成单位摩擦阻力与桩的形状尺寸无关，与桩周土层和桩周表面状况有关。

桩端阻力与持力层的岩层性质、深度和面积有关，在持力层的性质和深度相同的情况下，单位面积的桩端阻力随桩径的增加而稍有所减小，实际工程中也可以取单位面积上的桩端阻力为常数。考虑到大直径桩往往较深，桩的上部在土层中，首先是摩擦阻力发挥作用，然后桩端阻力发挥作用，通常在使用荷载作用下桩端阻力不能充分发挥作用，这样桩径大小对桩端单位面积上的阻力影响就小；另一方面大直径的挖孔桩的桩端要伸入到砂卵石或岩层中，其伸入的长度往往取桩径的倍数构成总的桩长，这时桩径对桩端单位面积阻力影响就更小。故可用小直径桩的试验来推求大直径桩的承载力。采用二组小桩试验，一组是空底柱，一组是实底柱，也可用同桩长不同桩径的二组实底桩，区分与桩径成一次方关系的摩阻力，和与桩径成二次方关系的桩端阻力，相应乘以大桩的桩周面积和桩底面积即可得到大直径桩的承载能力。如果精度要求高些，也可作三组小桩试验，即再加一组改变桩径的实底柱，用不同桩径的两组实底桩的试验数据，考虑桩端阻力随桩径有所变化，来推求大桩的单位面积的桩端阻力，进而可求得大直径桩的承载能力。

二组相同深度的小桩试验，即认为桩周和桩端的单位面积上的阻力不随桩径变化，设 q_s 为桩周单位面积的摩阻力；q_u 为桩端单位面积的端阻力；d_1 和 d_2 为小桩直径；d 为大桩直径；z 为桩长；P_{u0}、P_{u1}、P_{u2} 和 P_u 为空底桩、二组实底小桩和大桩的承载力，由一组空底桩和一组实底桩推求：

$$P_{u0} = \pi d_1 z q_s$$

$$q_s = P_{u0}/\pi d_{1z}$$

$$P_{u1} = \pi d_1 z q_s + \frac{1}{4}\pi d_1^2 q_u$$

$$q_u = 4(P_{u1} - P_{u0})/\pi d_1^2$$

由二组实底桩推求

$$P_{u1} = \pi d_1 z q_s + \frac{1}{4}\pi d_1^2 q_u$$

$$P_{u2} = \pi d_2 z q_s + \frac{1}{4}\pi d_2^2 q_u$$

$$q_u = \frac{4(P_{u2}d_1 - P_{u1}d_2)}{\pi d_1 d_2(d_2 - d_1)}$$

$$q_s = \frac{P_{u1}d_2^2 - P_{u2}d_1^2}{\pi d_1 d_2(d_2 - d_1)z}$$

由二组试验求出 q_s 和 q_u 后，大桩的承载力为：

$$P_u = \pi d z q_s + \frac{1}{4}\pi d^2 q_u$$

作三组小桩试验，用二组不同直径的实底桩来反映桩端单位面积端阻力的变化，一组空底桩来确定桩周摩阻力，所用的符号意义同前，则：

$$P_{u0} = \pi d_1 z q_s$$

$$q_s = P_{u0}/\pi d_1 z$$

$$P_{u1} = \pi d_1 z q_s + \frac{1}{4}\pi d_1^2 q_{u1}$$

$$P_{u2} = \pi d_2 z q_s + \frac{1}{4}\pi d_2^2 q_{u2}$$

由上式求出 q_s，联立求解 q_{u1} 和 q_{u2}，再用 q_{u1} 和 q_{u2} 推求大直径桩的 q_u。

$$q_u = q_{u1} - \frac{q_{u1} - q_{u2}}{d_1 - d_2}(d - d_1)$$

大直径桩的承载能力

$$P_u = \pi dzq_s + \frac{1}{4}\pi d^2 q_u$$

所用的仪器设备与(5) 项完全相同，只是试验小桩的数量至少为6根或者9根。

7. 桩基动测法监测

由于桩基静载承载力试验，即使采用小直径的试桩，其试验费用都比较高，试验周期也比较长，所以一直在寻求桩基的动测法。1991年12月中国工程建设标准化协会受国家计委委托，并经建设部同意，批准《锤击贯入试桩规程》为中国工程建设标准化协会标准，编号为CECS 35: 91。该法基于桩土体系的动力特性与静力特性都是复杂的应力应变系统，二者之间既有联系又有区别。桩基采用动力加载，需在该地区动静对比试验总桩数不少于20根，或在已通过省级鉴定单位的指导下，仍应对有代表性的土层和桩型再做3~5根桩的动静对比试验。基于上述考虑，关于锤贯法的适用范围，1981年鉴定意见为“一般中小型桩（指桩长15m，桩径或边长40cm以内的桩）”。后来工程实践表明，桩长达到20m，桩径或边长达到50cm的桩，仍可获得良好的结果。对于更长的桩，锤贯法是否还能适用，尚待进一步试验研究。这是因为该法要求单击贯入度不小于1.5~2mm大应变的基本试验条件。

锤贯法虽为动测法测定桩基承载力开辟了新的途径，但仍有许多限制条件，经过多年来的研究和试验，由地矿部勘察技术司主编的《基桩低应变动力检测规程》业经审查，现批准为推荐性行业标准，编号JGJ/T 93—95，自1995年12月1日起施行。该规程涉及的检测方法有：反射波法、机械阻抗法、动力参数法和声波透射法。反射波法适用于检测桩身混凝土的完整性，推定缺陷类型及其在桩身中的部位，也可对桩长进行核对，对桩身混凝土强度等级作出估计。声波透射法只适用于桩径大于0.6m灌注桩桩身完整性检测。机械阻抗法有稳态和瞬态两种激振方式，可用于无损检测柱身混凝土的完整性，推定缺陷类型及其在桩身中的部位，其有效测试范围为，桩长与桩径之比小于30。对于摩擦端承桩或者端承桩，此比值可达50。当有可靠的同条件动静试验对比资料时，该法可用于推算单桩的承载力。动力参数法包括频率——初速法和频率法。当有可靠的同条件动静试验对比资料时，频率——初速法可用于推算不同工艺成桩的摩擦桩和端承桩竖向承载力；频率法只适用于推算摩擦桩的竖向承载力，并要求有准确的地质勘察及土工试验资料作为计算依据，其中包括地质剖面图及各地层的内摩擦角和重度。桩在土中长度不宜大于40m，也不宜小于5m。

上述规程中一方面是桩基承载力推算；另一方面是桩身质量监测，后者也是很需要的，这是因为预制桩在其打入施工过程中可能发生断裂；钻孔灌注桩在水下浇注混凝土时质量难于保证，可能产生断裂、缩颈、扩颈、离析和夹泥等质量问题，在需查明这些问题时，以往必须采用费用很高的开挖验桩或钻孔取芯验桩才能说明该桩的质量好坏，而动测法的桩身质量检测正是经济并且有效的办法。

上述规程中涉及到的方法很多，本书不便于全部收入，当需使用某种方法时可以查阅CECS 35: 91和JGJ/T93—95两种规程。这里将使用比较普遍的，既能作桩基承载力推算，又可作桩身质量检测的机械阻抗法予以介绍。

机械阻抗法在桩基质量检测中，是通过测定施加于桩基的激励函数和桩在该激励下产生的动态响应函数来识别桩的动力特性。由于桩的动力特性与桩身完整性和桩—土体系相互作用的特性密切相关。通过对桩的动态特性的分析计算，可估计桩身混凝土的缺陷类型及其在桩身中的部位。机械阻抗法测定承载力的原理是，按导纳曲线的低频段确定的动刚度(K_d) 除以动一静对比系数(η)，换算成静刚度，再乘以单桩允许沉降量(s)，求得单桩承载力标准值的推算值(R)。

测试设备可采用专用的机械阻抗测试系统，也可采用通用测振仪器组成的仪器系统，详见图 2-5-4。

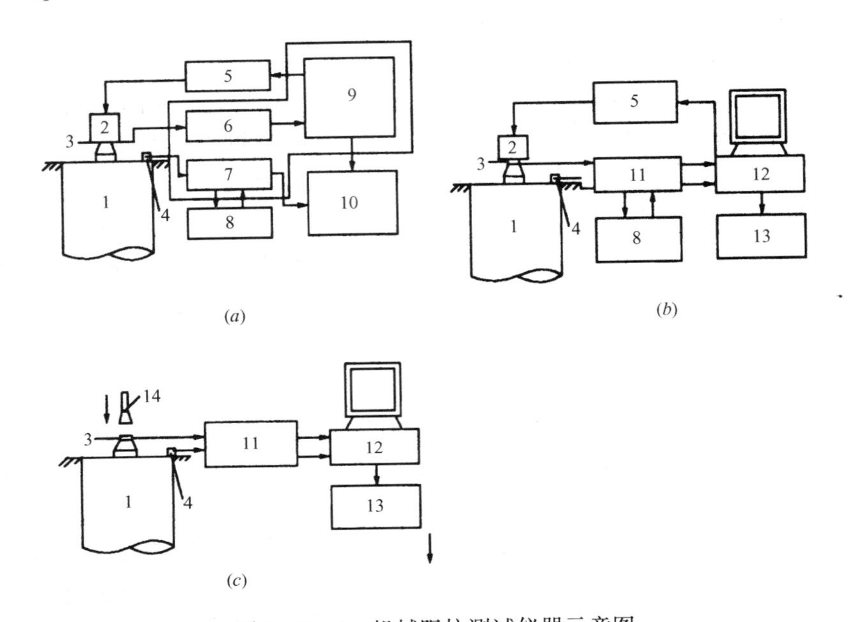

图 2-5-4　机械阻抗测试仪器示意图

(*a*) 模拟仪器系统；(*b*) 计算机系统(稳态)；(*c*) 计算机系统(瞬态)

1—桩；2—激振器；3—力传感器；4—速度传感器；5—功率放大器；6—电荷放大器；7—测振放大器；8—跟踪滤波器；9—振动控制器；10—*X*-*Y* 函数记录仪；11—信号采集前端；12—微计算机；13—打印机(绘图仪)；14—重锤

压电传感器的信号放大应采用电荷放大器；磁电式传感器应采用电压放大器。带宽均应宽于 5～2000Hz，增益应大于 80dB，动态范围应在 40dB 以上，折合到输入端的噪声应小于 10μV。在稳态测试中，为减少其他振动干扰，必须采用跟踪滤波器或在放大器内设置性能相似的滤波系统，滤波器的阻滞衰减应不小于 40dB。在瞬态测试分析仪器中，应具有频域平均和计算相干函数的功能。如采用计算机系统进行数据采集分析，其模一数转换器位数不应小于 12bit。信号采集前端可采用双通道以上的各种频响分析仪，也可采用 FM 磁带记录仪作脱机采集分析。信号处理分析的记录设备可采用磁记录，*X*-*Y* 函数记录器、与计算机配合的笔式绘图仪或打印机。磁记录不得少于两通道，信噪比不得低于 45dB，频率范围不得低于 5kHz。采用的各类记录仪的系统误差应小于 1%。

接收传感器和激振设备的技术要求：

(1) 力传感器：

频率响应：5～1500Hz，幅度畸变小于 1dB；

灵敏度不小于10Pc/kg；

量程：稳态激振时，视激振力最大值而定；瞬态冲击时，视冲击力最大值而定。

（2）测量响应传感器：

频率响应：5～1500Hz；

灵敏度：当桩径小于60cm时，要求速度传感器的灵敏度Sr＞300mV/（cm·s），加速度传感器的灵敏度Sq＞1000Pc/g；当桩径大于60cm时，Sr＞800mV/（cm·s），Sq＞2000Pc/g；横向灵敏度不大于5%；

加速度传感器的量程：稳态激振时，不小于5g；瞬态激振时，不小于20g。

（3）激振器选择　稳态激振应选用电磁激振器，以永磁式激振器为宜：

频率范围：5～1500Hz；

最大出力：当桩径小于1.5m时，应大于200N；当桩径在1.5～3m，应大于400N；当桩径大于3.0m时，应大于600N；

非线性失真小于1%。

（4）悬挂装置　瞬态冲击的悬挂装置可采用柔性悬挂（橡皮绳）或半刚性悬挂。在使用柔性悬挂时应注意避免高频段出现的横向振动。在使用半刚性悬挂时，在激振频率为10～1500Hz的范围内，系统本身特性曲线出现的（共振及反共振）谐振峰不应超过一个；其冲击锤头材料的计算谱宽度可大于1500Hz，冲击桩头时，力锤应保持为自由落体。

（三）监测仪器的布置

监测项目1、2、3是长期性的监测，其测点要选择角、边中点和面中心有代表性的部位，特别是受力比较大的控制部位，通过对它的监测可以包含同类部位的监测。由于经费关系其数量宜控制在十点左右，并最好将多种监测组成一个系统，各项监测的数据可以相互印证和补充。长期监测的观测从施工期开始，直至沉降或位移基本稳定。有时还需延长至若干年，以便捕捉到某些特殊条件下的受荷情况。施工开始时的观测频率高，逐渐降低，使用期内的观测频率更低，根据监测项目选择停止观测的标准。具体的观测次数可以按时间来分，也可按工程进度来分。

监测项目4、5、6、7是短期监测或者是一次性测试，观测点的数量按照规范或者规程的要求确定，观测点的布置原则上带有随机抽样的性质。为了保证高的可靠度，确定观测点布置之前，了解该建筑物的工程地质条件、结构的荷载分布状况以及基础的施工记录，选择能起控制作用的若干点来观测。观测的频率将在监测方法中介绍。

（四）监测技术要求

基础和上部结构的安全监测是关系到建筑物在施工和使用期间安全的大事，从已发生的事故来看应该引起有关方面的重视。城市建设的领导部门应该制定相应的政策，要求设计、施工和业主将安全监测工程作为建筑物工程建设的组成部分，具体落实在施工和使用期间的安全监测工作上。

1）监测设计主要指长期的监测项目，设计前需仔细研究拟建地区的工程地质条件和建筑物结构的受力状况，确定监测项目、仪器布置、仪器选型，并列出相应的技术要求，列出监测的概预算和承包合同等，保证有专门的人员予以实施。

2）监测项目的确定首先考虑决定建筑物安全的综合的直观的位移和位移速度项目；同时要考虑引起位移的柱（墙）和基础的承载力监测；必要时还需对梁板体系进行应力和应变

的监测。

3）监测仪器的特性，仪器埋设前的检验和率定，埋设时的技术要求和埋设后的验收等参见本节三之（四）监测技术要求的3）~5）条。

4）基础及上部结构的加载基本上是等速的，但后期加载所占总荷载的份额逐渐降低，观测频率可以等时间隔的，如每层浇筑混凝土进行观测；也可以逐渐放慢，直至施工完成。使用期第一年可以观测4~6次，第二年2~4次，以后可每年观测一次，但发生台风和地震后应马上进行观测，作好监测和相关特征的记录。

5）资料整理、监测报告、监测人员培训和人工巡检等参见本节二之（四）的第7）~10）条。

（五）工程实例

基础和上部结构的监测实例目前还没有，我们在作重庆菜元坝扬子江商城土建设计时，曾考虑进行该部分的监测工作，由于业主考虑该建筑物建成后交保险公司承担风险，对业主本身没有实际效益，因而取消了监测工作。但从监测设计的角度仍可作为参考。

重庆菜元坝扬子江商城位于重庆火车站、汽车站与长江之间，北邻滨江路，南依长江。该建筑物塔楼31层，裙房10层，分东西两部分各是一个业主，西部先期施工建筑面积63000 m^2，基础穿过弃土和沙砾石层，深度达30多米，且地下水位高。除在施工过程中进行了挖孔的桩端地基承载力试验之后，考虑作建筑物沉降和柱与桩的承载力监测。

首先说明这项工作的必要性和可行性：

1）该建筑物塔楼部分的挖孔桩直径为2.6m，扩底到3.8m，要进行整桩承载力试验是很难实现的，不得已只有作桩端局部地基承载力试验，替代试验的加载是短时的局部的，真实的受载状况和变位关系是推算的，其极限承载力也是估计的。

2）设计计算中的柱端荷载值是一个数，而实际传到柱端的荷载是多少？传到桩端的荷载又是多大？这里有从板到梁，再由梁到柱，经过土层再传到桩端的过程，测得这两部分在使用状态和特殊状态的受力大小是很有意义的。

3）由柱端和桩端的荷载差值可以弄清通过桩周摩擦传给地层的荷载是多少，和通过桩端传给地层的荷载是多少，有助于深入研究桩的工作机理，也便于对桩周和桩端提出确切的技术要求。

综上所述有必要对该建筑物塔楼的四角点、裙房四角点进行沉降监测，并对中部受力较大的柱和桩作承载力和沉降的原位监测，还可对其中某些桩进行桩身弯曲应力的监测。

该建筑物与正北方N有20°~30°的夹角，在图2-5-5中南北向有从南向北的A—Q轴线，主要间距为6000~8700mm不等。东西向有从西向东的①—⑧轴线，轴线间距均为7800mm。我们选择$3\times D$、$3\times M$、$4\times F$、$4\times L$、$7\times L$和$8\times C$轴线的交点，测试6根柱和桩的柱端和桩端的承载力（其中$3\times D$还在桩身中部，沿着X、Y方向埋设4个传感器，测试桩身中部的弯曲应力），同时还测该六点的沉降。用来查明6根桩的承载力和沉降的关系、6根桩的实际受力多少与计算值进行比较，以及桩身弯曲应力的状况。另外还选择塔楼的四个角点$3\times C$、$3\times F$、$8\times C$和$8\times F$，以及裙楼的四个角点$1\times B$、$1\times Q$、$8\times C$和$8\times Q$作建筑物的沉降和沉降差监测，与规范的要求进行对比。

承载力观测仪器选用南京电力自动化设备厂生产的埋设式的应变计和水工比例电桥，沉降观测委托重庆建筑大学测量教研室用读数为0.1mm的高精度水准仪作二等水准测量。

桩底应变计的埋设在所选择测点的桩底封底，并浇注混凝土到桩身直径段0.5m后，按

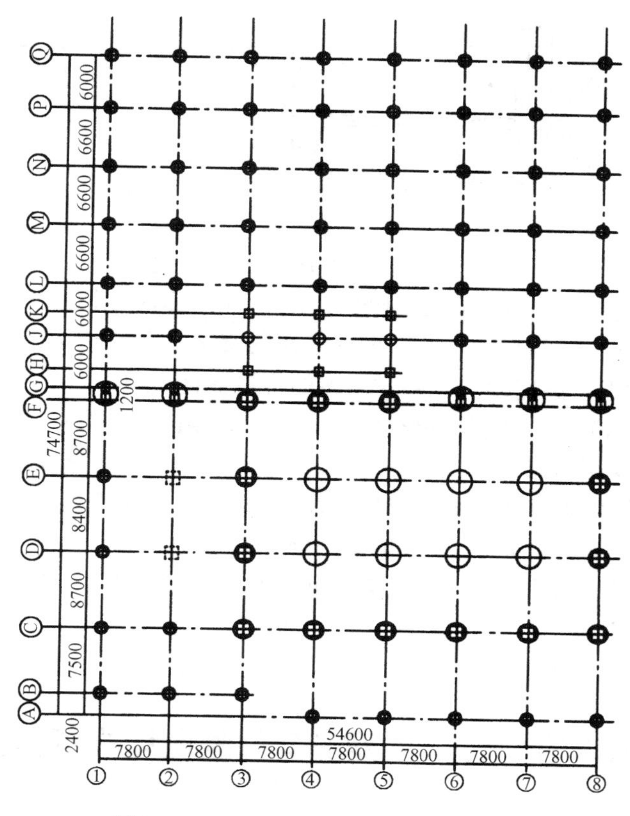

图 2-5-5　重庆扬子江商城平面简图

仪器说明书的技术要求埋设应变计，读取第一次读数，将引线整理并保护好从桩边引出。又当混凝土浇注到柱端上 0.5m 后，按同样要求埋设柱端应变计，同时读取柱端和桩端的初始读数，将引线引入特制的接线盒内保护。其中对需观测桩身曲弯应力的测点，当混凝土浇注到桩高一半时，沿着建筑物轴线与桩周的 4 个交点，退进 100mm 按同样的要求埋设 4 个应变计，读取第一次读数，用测定偏压值的方式来判断桩身受到的弯曲应力情况，与柱端的应变计埋设好后，再同时读数作为初始读数，并将引线整理保护好从桩边引出，到地面后引入接线盒，最后将接线盒固定在离地面 1.2m 高的柱子上。

对于沉降观测，首先要选择好附近已建成的并已沉降稳定的建筑物基脚作为水准点，水准点的数量不少于三点，按图 2-5-6 的要求埋设好水准点的观测觇标。当桩基浇注完并施工到底板后，在测点的柱边、底板的上表面埋设好测点的觇标。在柱端应变计读取初始读数时，同时观测沉降的初始读数，以后与应变计同步观测。在施工到 0.000m 标高之前，在柱边、底板上的觇标，有从地下室转移至 0.000m 标高的问题。

观测频率：读取初始读数后，从柱底往上施工第一个月内，每周对应变计和沉降观测一次，并记录建筑物的上升高度；当施工到第二个月后，可每两周观测一次，或者每上升一层观测一次，同时记录建筑物的上升高度；从第四个月起可每月观测一次，或者每上升二层观测一次，按此要求观测到施工结束。建成后（以结构完工为准）每三个月观测一次，直至应变计和沉降读数稳定。这些监测尚未考虑对特殊受载状况的捕捉和进行长期观测。

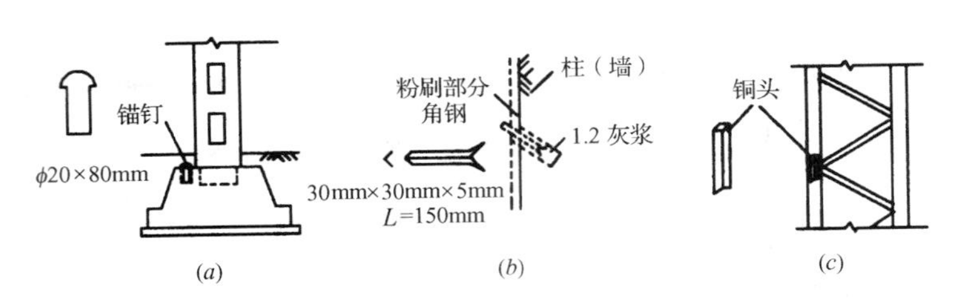

图 2－5－6　水准观测点觇标结构示意图

该项监测的经费预算，考虑需持续观测 2～3 年，预计达 40 次之多。除第一次安装调试外，每次在现场停留的时间短，但每次均需有来往的交通费和相应的食宿费，在预算中需予以考虑，同时还需考虑上述费用在观测时间内的价格变化。

沉降观测：总计 40 次，每次费用按 450 元计，2～3 年内交通食宿费按增加 20% 估计，总计 450×（1＋0.2）×40＝21600（元）＝2.16（万元）；

应力观测：16 个埋设式应变计和水工比例电桥的购置费 1.5 万元，应变计埋设、40 次观测及市内外差旅费按 2.1 万元考虑，该项费用合计为 3.6 万元；

技术工作和提供成果报告的费用，参照勘察收费标准，取为上述费用的 25%，金额为（2.16＋1.5＋2.1）0.25＝1.44（万元）；

全部费用共计 2.16＋1.5＋2.1＋1.44＝7.2（万元）。

第六节　岩土工程安全监测设计的概预算

一、岩土工程安全监测设计概预算的意义

随着党的战略目标向以经济建设为中心的转移，全国范围内展开了大规模的建设。各个领域的基础建设都涉及到岩土工程。岩土工程不但范围广，规模也日益变大。以长江三峡水电站工程为代表，高坝大水库，巨型的船闸和高边坡，二十六台装机的大厂房，为世人所瞩目。岩土工程的质量和安全变得越来越重要，对安全监测设计提出了越来越高的要求。安全监测从其实施的规模和产生的效益，已必须作为一项独立的工程。但是与这个客观的形势和要求不相适应的是，目前国内还没有一套完整的安全监测设计和概预算的规程可以遵循，从设计到施工和运行，对安全监测工程普遍的不够理解。有不少岩土工程在付诸实施中安全监测部分的经费漏项，设法开展安全监测工程的施工。因此，必须在岩土工程设计的可行性研究阶段（原初步设计阶段）作出安全监测的设计和概预算，以保证安全监测工程的实施。

目前我国正在向社会主义市场经济过渡，岩土工程建设作为一项建筑行业也走向了市场，正在推行业主负责的工程招标投标和监理制度。各个工程项目都实行投资监理，有项目有投资才能付诸实施。根据一次调查发现，承包商在投标的报价中普遍地把安全监测工程的费用压到最低，以至到了无法实施的地步。因此，不仅对做安全监测设计，同样对于承包商的投标报价，做出尽量符合实际的概预算是必不可少的。必须作为一项独立的工程，独立地立项作出概预算，必须将必要的投资用于安全监测工程。

二、安全监测工程概预算的内容和方法

（一）安全监测工程概预算内容分析

在做可行性研究阶段（原初步设计阶段）的设计时，应该把所设计的岩土工程中的所有安全监测项目一一列出，不能漏项。

分析每一个安全监测项目的经费，应该包括如下诸方面。

1. 仪器设备费用

仪器设备应包括传感器、电缆、二次仪表和必要的辅助设备。就费用的属性划分，可分为仪器设备按出厂价的购买费、运输和采购保管费用以及保险费三大部分，国外采购仪器的至岸价（CIF）就是算至所到口岸前的这三部分。国内采购的仪器设备以出厂价加到工地的运杂费计算，国外采购的仪器设备以到岸价加国内的各种税费和由口岸到工地的运杂费计算。

2. 仪器设备的埋设安装费

每件仪器的埋设需要经过一系列的操作步骤，包括在工地试验室进行的检验、率定和现场安装、调试等工作，所耗费的工时和材料都要计算费用。在现场埋设或安装大型仪器设备时还必须动用施工机械，如反铲、运输和碾压设备等，这些都要计算台班费。在钻孔内埋设的仪器如多点位移计、钻孔测斜仪套管，首先必须钻孔（钻孔的费用不小）然后测孔口坐标也必须计入。有些仪器的埋设费用甚至会超过仪器本身的购置费用。

3. 施工期观测费用

安全监测工程在做竣工验收并向业主移交前的整个时期，需要由承包商负责仪器的观测和维护。由于施工时段延续较长，观测维护和资料整理的工时费占不小的分量。

4. 基本试验费用

为了分析观测资料，必须做材料的物理力学性试验，如混凝土的弹性模量、自身体积变形、线膨胀系数和蠕变试验，土料的力学参数和渗透性试验等。

5. 资料分析整理和出版费用

初步的资料整理分析工作由观测单位在现场进行，但阶段性的观测资料，如施工期结束，蓄水期结束，经过一个较长时段，积累了比较多的观测资料后应该委托原设计单位或者某个科研单位、某所大专院校对资料进行计算分析、整理和刊印，及时反馈。

6. 前期费用

前期费用包括为某项安全监测工程的实施需要做的调研、收集资料和前期为某一特殊目的开展前期监测的费用，在实施过程中聘请专家的咨询费用等。按照国际上的做法，仪器的埋设图应由承包商绘制，这部分费用也该计入前期费用。

以上六部分是做概预算主要的直接费用和间接费用，还需计入计划利润和税金部分，才构成完整的概预算。

（二）安全监测工程费用预算方法

可以采用单价分析法和费率计算法两种方法来做预算。

1. 单项工程单价分析法

1）直接费包括的项目有：仪器设备和材料费；土建费如观测房的修建费；人工费由工日

折算，包含安装埋设（工日）、施工期观测（工日）、资料整理分析（工日）；机械使用费（台班）和其他直接费用。

2）间接费用有管理费及其他间接费用。

3）计划利润。

4）税金。

2. 费率计算法

1）仪器设备和材料费：按现行出厂价逐项单列。

2）土建工程费：查有关的单价，逐项单列。

3）安装埋设费：用仪器设备和材料费（1 项）的百分率计算列出。

4）施工期观测费：用 1 项与 3 项两项之和的百分率计算列出。

5）资料整理分析费：用 1 项、3 项和 4 项三项之和的百分率计算列出。

6）计划利润和税金：用上面 1 项至 5 项各项之和按规定百分比计算列出。

7）其他费用：包括咨询费、调研费等逐项单列。

第三章 岩土工程安全监测常用仪器

第一节 概 述

一、安全监测仪器的发展

(一) 国外的发展情况

安全监测工作始于坝工建设。第一次进行外部变形观测的是德国建于1891年的埃施巴赫混凝土重力坝。瑞士在1920年第一次用大地测量法测量大坝变形,这个系统包括基准点和观测点标架,大坝下游面的觇标和沿坝顶一系列的水准标点,该系统延用至今。而最早利用专门仪器进行观测的是1903年建于美国新泽西州的布恩顿(Boonton)重力坝所作的温度观测。建于1920年瑞士蒙萨温斯(Montsalvens)重力坝(高55m)首先埋设了电阻式遥测仪器。1925年美国垦务局对爱达荷州高25m的亚美利加—佛尔兹坝进行扬压力观测。1926年美国垦务局在斯蒂文逊(Stevenson Creek)试验坝(高18.3m)上埋设了用碳棒制成的电阻式应变计140支,研究拱坝的应力分布。1932年美国加利福尼亚大学教授卡尔逊(R. W. Calson)发明了差动电阻式传感器,1933年美国在阿乌黑(Owyhee)拱坝和莫利斯(Morris)重力坝上埋设了他的早期产品,并且采用了无应力计观测混凝土的自由体积变形。美国在20世纪三四十年代间修建的一系列混凝土大坝广泛使用了卡尔逊仪器。到了20世纪40年代建立了一整套从应变计资料计算混凝土应力的方法,提出一些大坝的观测资料,通过对这些成果的研究和应用,发展了混凝土坝的设计理论和施工技术。

在欧洲的许多国家使用着另一种类型的观测仪器——振弦式仪器。最早的振弦式应变计于1919年是谢弗设计由德国麦哈克公司生产。1932年克温设计了另一种形式的振弦式应变计,由法国泰勒马克公司生产。同一时期原苏联学者达维金可夫也制造了一种弦式仪器,首先埋设在第聂伯河列宁水电站的混凝土坝中,此后广泛用于苏联兴建的闸坝工程中,对扬压力和土压力进行观测。

土石坝最重要的安全监测项目是渗漏来源和渗流量、孔隙水压力、土体不均匀位移和总位移、水位和水质等。美国垦务局早期就意识到需要一种仪器来描绘土坝及坝基的浸润线并确定流线。1911年在贝尔富升(Belle Foueche)坝上安装了直径2in用白铁皮制成的观测管,可直接用带有浮标的绳子在这种观测井中测量其水位。1935年研制成的水位指示仪埋设在海勒姆(Hyrum)坝和埃真谷(Agency Valley)坝,用压缩空气置换观测管中的水,由压力表和测压计测得压力值。1938年在卡巴罗(Caballo)坝上埋设了静水压力指示仪,用带有触点的金属膜片压力盒作为测头,渗压水经测头前端透水面作用到膜片上,触点相接电路接通启动气压使薄膜恢复到初始形状,压力显示在压力表上。1939年的弗雷斯诺(Fresno)坝安装了水压式双管测压计用来测量坝体与坝基的孔隙水压力。它的主要优点有长期使用记录,比竖管测压计读数时间间隔更短,能利用中心观测井组成孔隙水压力观测系统。另外该测压计可测负孔隙水压力。这些不断改进的装置由较原始的量测水位,发展到可以直接测量孔隙水压力。水压式双管测压计在美国一直沿用到20世纪80年代。由于失效率高,而且存在结冰及10年要更换一次压力表等原因,新的气动式测压计开始取代了它。通过压缩氮气传递到测压计测头上,使其与作用在测头中橡皮膜上的孔隙水压力相平衡,多余气压力自动排出,测值可从便携式读数装置上读出。其他像振弦式测压计和卡尔逊式测压计也有应用,但不多。

20世纪30年代初在欧美几乎同时问世的卡尔逊式和振弦式两类观测仪器,其发展速度和完善程度却不尽相同。由于二次大战主战场在欧洲,建设基本停顿,加上弦式仪器的测量初期使用220V交流电源的电子管型的耳机式钢弦频率计测定,靠人耳听到拍频声来辨别频率,使用不便,从而应用受到限制,直到20世纪60年代初发展一直缓慢。而美国本土未受战争破坏,国内建设依然繁荣,20世纪三四十年代修建了不少混凝土坝和土石坝,促进了原型观测技术发展。卡尔逊仪器因其小巧玲珑、易于操作,便于野外作业等优点,被这期间修建的混凝土大坝所采用。1952年卡尔逊发表了直接测量混凝土压应力方法的论文,并发明了测定混凝土压应力的应力计,使卡尔逊仪器的品种形成系列。仪器结构和性能不断改进和提高,就混凝土坝内部观测的需要来说,基本达到较完善的程度。因而在美国、瑞士、日本、葡萄牙、澳大利亚和我国得到广泛应用,成为20世纪70年代以前混凝土坝内部观测的最主要的仪器系列。

卡尔逊仪器的内阻较低,只有60~80Ω,易于受到测量系统的电阻影响,特别是电缆芯线电阻以及芯线与测量仪表的接触电阻,常给测值带来较大的误差。另外仪器内部的弹性钢丝对装配工艺和工作环境要求较高,沾上水汽极易锈蚀而折断使仪器失效。针对这些缺点,日本渡边在20世纪50年代应用电阻应变片作为敏感元件开始研制一种称为“贴片式仪器”。20世纪70年代达到长期稳定性要求,开始生产并推广应用,在日本差不多已取代了卡尔逊仪器。

20世纪60年代末70年代初半导体技术、微电子技术和仪器量测技术的发展,使弦式仪器和卡尔逊仪器的发展产生了此起彼伏的变化。精度万分之一的袖珍式频率计解决了过去弦式仪器检测上的难题。由于弦式仪器的精度和灵敏度均优于卡氏仪器,而且结构简单,容易实现自动化巡检。因此,近年来弦式仪器的技术发展很快。

20世纪80年代世界科学技术飞速发展,岩土工程安全监测技术发展也很迅速。主要表现为监测手段现代化和监测方法的自动化。有关自动化的问题将在本章第三节中讨论。下面就部分新仪器作一些简介。

在变形观测仪器方面主要有变位计、测斜仪和垂线坐标仪。多点变位计又叫钻孔伸长计,最早用来测量岩体或土体钻孔的轴向位移及位移速率的变形监测仪器。意大利科南昂达(Conaonda)公司的产品把20世纪六七十年代用钢弦改为杆件,用1~6根长度不等的铟钢棒固定在岩孔内不同深度,最深可达70m,在孔口用百分表或传感器测量各点的变形。法国泰勒马克(Telemac)的多点变位计是利用电感原理制成的。同一钻孔可测12点,深度可达200m。美国基康(Geokon)的产品最多可测8点,深度70m。测斜仪器Sinco公司可测6点,最深可达183m。其他如加拿大的阿尔爱司特(RST)公司和洛克泰司特(Roctest)公司也都有同类产品。

另一种应用广泛的变形仪器是测斜仪,用探头在两个互相垂直的方向上测量偏离铅垂的倾角,以测定岩层和土层的水平位移。美国测斜仪器公司生产伺服加速度式测斜仪,分垂直测斜仪和水平测斜仪,又有活动式与固定式两种。美国基康公司,加拿大洛克泰司特公司和阿尔爱司特公司都有同类产品,都是数字显示的。法国泰勒马克公司的测斜仪是振弦式的。瑞士荷根堡公司则是差动电容式。另外液体静力水准也能有效长期监测基础的倾斜,还可测量廊道内的垂直位移。葡萄牙国立土木工程研究院(LNEC)已研制成静力水准系统,该系统应用静力水准测量原理,在储水容器中放置浮体,浮体上固定有指针并可直接在卷筒上随液面升降画出垂直位移。最近测斜仪器公司发明一种 EL 电解液平衡仪(Electrolytic Tilt Sensor),可监测建筑物的位移和转动,有水平式和垂直式两种,前者用于测量沉降和隆起,后者测量侧向位移和收敛。这种新产品分辨率高(0.005mm/m)、测量可靠、安装方便、坚固耐用、费用低、能实现遥测自动化。

20 世纪 40 年代发展的正垂线坐标仪是监测坝体和坝肩变形较简单的测量手段。早期产品是机械接触式的,如荷根堡公司的机械式垂线仪是靠钢丝推动仪器的传动杆进行读数的。20 世纪 60 年代出现倒垂线,是采用光学望远镜和测微计来监测坝体挠度的光学垂线坐标仪。到了 20 世纪 80 年代,随着科学技术的进步,垂线坐标仪实现了遥测,由接触式发展到非接触式,从步进马达光学跟踪的非接触式发展到步进马达传感器跟踪的非接触式。近十多年国际上又涌现出多种垂线坐标仪新产品。主要有法国泰勒马克公司和意大利舍利(Seli)公司生产的变磁阻感应式遥测垂线坐标仪。法国电力公司格勒诺布技术改进处研制的光电二极管编码遥测垂线坐标仪。意大利皮兹(Pizzi)公司生产的步进马达驱动差动磁场变化传感器的遥测垂线坐标仪。

在渗流量和渗透压力测量方面也有较大的发展。美国若斯蒙(Rosmount)公司制造的电容微压传感器测试液位精度高,长期稳定性好,很适于量水堰水位观测。英国朱阿克(Druck)公司的量测水深的传感器可放在量水堰中测出水深,从而求出流量,还可自动化遥测。由于采用振弦式渗压计,已很容易实现遥测自动化,而且精度高、反应迅速,据说已取得长期稳定的观测成果。美国基康公司、测斜仪器公司、法国泰勒马克公司、加拿大洛克泰司特公司、阿尔爱司特公司都是生产弦式渗压计的主要厂家。近来测斜仪器公司提供一种振带型渗压计,精度可达 0.1% FS,甚至可做到 0.05% FS。稳定性也很好,而且测值几乎完全不受温度影响,信号能长距离输送,并能方便地与自动化采集系统连接。

孔隙水压力是土坝的主要观测项目。除了液压式孔隙水压力计外,振弦式和气压式孔隙水压力计已用于土石坝。美国垦务局 1987 年以前已在 8 个坝装设了霍克(Hoke)公司的气压式孔隙水压力计。7 个坝安装振弦式孔隙水压力计。

在土坝内部垂直位移观测方面,有基康公司的振弦式沉降仪。坦斯(Tans)公司生产的水管式沉降仪,利用液体在连通管两端口保持同一水平面的原理制成。还有日本开发的电磁式分层沉降仪。

国外在大坝安全监测领域,从 20 世纪 60 年代即开始从事观测自动化的研制开发,20 世纪 70 年代已进入实用阶段。从意大利、法国、美国、西班牙、葡萄牙、日本和瑞士等工业发达国家实现自动化的情况来看,有的起始于资料管理自动化,有的则首先实现采集自动化。意大利发展较快,它的微机辅助监测系统(MAMS),可实现数据采集、校验、存储和传输,并具有快速在线判断和报警功能。但尽管各国所走的自动化道路不同,但总是随着技术进步,监测仪器有一个渐次提高自动化水平的过程。早期的做法是采用大规模集成电路及微处理器组成的便携式测读装置,对监测仪器进行检测,检测结果数字显示,也可存储打印。第二阶段研制出有集控和选数功能的装置,对仪器进行集中式数据采集,且测读的数据可输入到计算机中或上一级计算中心进行处理。20 世纪 80 年代中期,随着微电子技术和计算机的发展,各国又发展了分布式监控数据采集系统,即在观测现场设置多台小型化测量控制装置,分别对监控区域内的仪器进行自动监测,测量数据转换为数字量通过数据总线直接传送到监控中心的计算机进行处理。

美国基美星(Geomation)公司的 2300 系统就是其中的代表。它是将标准化设计的硬件、软件和微处理控制器组成由用户进行参数设置的遥测智能化的分布式监测控制系统。将测量、数据分析、控制和通讯等职能通过称作 MCU 的遥控单元来完成。每个 MCU 都有微处理器、时钟和标准的操作系统,都可同时操作通讯设备、测量仪表来控制、测量和通讯。MCU 功能的变化是通过配置转换器(直流或振弦等),输入模块、编程固态模块及输出模块,并经菜单驱动软件编程来完成。2300 系统的操作界面和工作站是一台台式或轻便的个人计算机。由基美星公司开发的 Geonet 软件是在 MS - DOS 操作系统下运行。由菜单驱动操作简单,人机界面友好。网络监测站、测控单元 MCU 与传感器间可实现双向通讯。并可以通过电缆、公共电话线、无线电、光纤或卫星实行信息共享。

加拿大 Roctset 公司的 SENS—LOG 安全监测自动化数据采集系统是一个集成化、系统总成式交钥匙系统。即可用于各种振弦式传感器的测量,也提供了各种电容式、电感式、线性位移等多种内外观监测传感器通用接口。该系统可从每一测控模块(MCM)的 12 个基本通道扩展至 384 个通道,还可进一步扩充。系统配置一套适用于用户编程操作、数据采集、处理、存储、传输与资料分析用的系统软件包。系统程序可在现场由手提式便携机 RS - 232 电缆直接进入,也可经由现代化通讯线路,由监控中心计算机远程连网进入。MCM 由微处理机、时钟、多功能表、校验、扫描、频率计数和控制器组成,安装在完全密封的不锈钢壳体内,并配置在模拟口和 I/O 串形口。该系统应用于水坝、水泵站、隧道、桥梁、边坡和地下工程的压力、水位、位移、倾转、温度、流量、变形和倾斜等物理量的远程自动化监测。

美国 Sinco 公司 Ida Datamate 系统从连通传感器到从 IDA 系统中读出和记录数据,都是在外形尺寸为 365mm × 267mm × 265mm,重量只有 5.3kg 的便携式测读装置中完成的。它既可以用作数据记录簿,也可用作手提式数据记录仪。数据仪配备键盘和显示屏,能在现场编制程序。能显示压力、长度、应变、温度等物理量。还能对原位测斜仪进行数据处理,能计算出运动加速度以及激发报警器等,并能通过调制解调器与办公室 PC 机进行数据传输。能储存时间、测量数据和不超过 500 个传感器的标定数据总共 10000 个数据。

自动化监测系统能胜任多测点密测次的观测,提供在时间和空间上的连续信息,实现数据采集、记录、自检、打印、传输及分析报警等适时安全监控。因此,监测自动化在国外受到高度重视,并继续向前发展。

(二)国内的发展情况

我国的安全监测工作也是从坝工建设起步。除表面变形观测开展较早外,20 世纪 50 年代初开始在官厅、大伙房土坝埋设了横梁式固结管沉降计观测坝体的沉降,用测压管测坝体的浸润线。同一时期在丰满和淮河上游的佛子岭、梅山等几座混凝土坝也仅仅作了位移、沉降等简单的观测工作。随后在上犹江、响洪甸、流溪河等混凝土坝内埋设了温度计、应变计、应力计等仪器,并安装了垂线。在横山坝埋设了横梁式的固结管沉降计、振弦式渗压计和土压计观测心墙的沉降、孔隙压力和总应力。20 世纪 50 年代末期才在新安江、三门峡等大型混凝土坝开展较大规模的内外部观测工作，当时所用的观测仪器和设备主要依靠国外进口。

1956 年北京航空学院首先研制出差动电阻式大应变计。

1958 年为满足大规模坝工建设上的需要，水利水电科学研究院组织有关单位研制内部观测用的差动电阻式（卡尔逊式）系列观测仪器。1964 年研制双管式水压孔隙水压力计埋设在以礼河毛家村土坝，观测心墙孔隙水压力。与此同时在南京水利科学研究院、铁道科学研究院和中国建筑科学研究院率先研制振弦式传感器。这些研制工作为我国观测仪器国产化和专业化生产奠定了基础。1958 年水利电力仪表厂（原南京电力自动化设备总厂）开始生产差动电阻式应变计、测缝计、钢筋计、孔隙水压力计、温度计以及比例电桥等系列化观测仪表提供工程使用，告别了依靠进口的年代。同样品种的振弦式仪器如土压力计、钢筋计、孔隙水压力计、表面应变计、反力计以及钢弦频率测定仪表等，也在国内几十个研究院所开始进行研制和逐步走向小规模生产。

20 世纪 70 年代初期南京电力自动化设备厂研制了以差动电感式为原理的隧洞变形仪，它可量测高压管道或隧洞在高压充水下的径向变形。随后该厂又陆续研制了差动电感式垂线坐标仪、引张线遥测仪以及数字式通用指示仪，为大坝外部观测的遥测自动化创造了条件。振弦式传感器的测定仪表在这期间已由电子管示波法的第二代产品向晶体管化数字式钢弦周期测定仪的第三代产品过渡，并开始研制采用 PMOS 集成电路的数字钢弦频率测定仪。外部观测技术在普及推广引张线、倒垂线及测斜仪的基础上，开始对引张线、正垂线、倒垂线及觇标的遥测，垂直位移及测压管水位的自动观测。

进入 20 世纪 80 年代，国外的安全监测技术发展突飞猛进。国内工程建设速度加快，86000 多座大坝，加上无法用数字表示的桥梁、道路、码头、机场、高边坡、深基础、高层建筑、地下工程等等，都关系着建设的成败和人民生命财产的安危。为此国家把观测仪器的研制和生产列为重点技术攻关项目。在“六五”国家技术攻关项目中列入以下 10 项观测仪器：

振弦式孔隙水压力计

电阻应变片式测斜仪

电磁式沉降仪

滑线电阻式位移计

水平垂直位移计

水管式沉降仪

双水管式孔隙水压力计

电阻应变片式孔隙水压力计

电阻应变片式压力计

差动电阻式土压力计

以上项目在承担单位的科技人员的努力下均已通过国家技术鉴定，部分产品同期投入了批量生产。

“七五”期间瞄准安全监测自动化又把以下仪器列入“七五”国家科技攻关项目：

电容感应式遥测三向垂线坐标仪

电容感应式双向引张线仪

高稳定性能压力传感器

三向测缝计
岩石多点变位计
链式绕度计
管口渗流量仪
量水堰渗流量仪
深层变位计
以上项目也均已通过国家技术鉴定，部分也同期投入批量生产。

“六五”与“七五”国家科技攻关项目所完成的具有实用价值的新仪器。不少是国内过去所没有的，也有的性能指标达到了当时国际同类仪器的先进水平。而且在品种规格上形成相互配套的系列，使我国安全监测手段得到较大的改善，基本上满足了同期工程安全监测工作的需要。

此外，国内从事仪器生产的厂家、科研单位和高等院校，在工程变形、渗流、渗压、应力、应变和基岩观测等方面开发出很多具有较高精度、性能优良、结构牢固、长期稳定性好的仪器设备，使我国安全监测手段进一步得到改善。比较有代表性的仪器有伺服加速度式测斜仪，真空管道激光准直测量装置，双线圈连续振荡的振弦式传感器等，都已发展成多种系列产品，与国外的差距已越来越小，有的已达到和超过了国外同类产品。

我国的安全监测自动化研制工作起步于20世纪70年代末，首先实施的是差动电阻式内观仪器的自动化。从研制自动化测读仪表着手，用了10多年的时间，也和国外一样经历了由初级到高级的发展过程。由于采用五芯电缆连接差动电阻式传感器和研制出用五芯测法的电阻比电桥，从理论上解决了该传感器长距离测量的难题，消除长导线电阻对测量精度的影响，从而使自动化测量技术有了长足的进步。接着有存储功能的数字化电桥，电阻比巡检仪等多种新型自动化测试仪表应市。20世纪70年代中期，中国科学院成都分院与龚嘴水电厂共同研制了我国第一台应变计自动化检测装置，使163支仪器的监测数据于1980年首次实现自动采集。1983年南京自动化研究所研制的BNZ－1自动化检测装置安装在葛洲坝二江电厂，1984年投运实现二江泄水闸184支仪器的自动检测。为了加快自动化的进程，“大坝安全自动化监测微机系统及仪器研制”列为国家“七五”攻关项目。南京自动化研究所、清华大学、中国水利水电科学研究院和松辽委勘测设计院等科研院校共同努力，通过攻关研制成工程急需的变形和渗流的监测仪器。南京自动化研究院大坝监测研究所研制的DAMS大坝安全自动检测装置和DSIMS大坝安全信息管理系统软件于1985年10月首次在梅山水库试运行。10多年来不断总结完善，该所已先后开发了DAMS－Ⅱ型混合式数据采集系统、DAMS－Ⅲ型分布式数据采集系统、DAMS－4智能型分布式数据采集系统和DSIMS大坝安全监控管理系统，并在工程中得到应用和推广。通过国家倡导和工程技术界的通力合作，近几年我国安全监测自动化技术取得了较大的发展，一批具有相当水平的大坝安全监控自动化系统在国内近百座大中型工程中实施和运行，取得了显著的经济效益和社会效益。除了上述的DAMS系统外，南京水利水文自动化研究所大坝监测分所研制的DC. 型分布式大坝安全监测自动化系统及监测仪器1996年通过部级鉴定，先后在葛洲坝和碧口等工程中投入运行。广东省水利水电科学研究所开发的大坝安全监控自动化系统，在该省几座电站的混凝土大坝的安全监测中取得了实施效果。南京水利科学研究院、水利部大坝安全管理中心承担的水利部水利科技重点项目《土石坝安全监测和评价》，已于1998年4月通过部级鉴定，其中适用于土石坝的大坝监测自动化采集系统，已在广西桂林青狮潭水库成功地运行了3年。南京电力自动化设备总厂研制的FWC－2000，通过数据采集装置可以对差动电阻式、振弦式、压阻式和CCD等多种传感器进行测量、存贮和处理，并通过远程或近程实现有线或无线通讯，FWC－2000型安全监测自动化系统。

二、安全监测仪器的基本要求

用于岩土工程的安全监测仪器所处的环境条件十分恶劣，有的暴露在100～200m的高边坡上，有的又要深埋在200～300m的坝体或基础中，有的长期在潮湿的廊道或水下工作，有的要在－30～50℃的交变温度场中工作。建筑物开始施工时仪器随同埋设，直到工程运行施工期就会长达10年以上。一般地说，仪器一旦埋进去就无法修理和更换。甚至观测人员都难以到达仪器布设的地方。因此，对仪器除了技术性能和功能符合使用要求外，通常设计制造要满足以下要求：

（1）高可靠性　设计要周密，要采用高品质的元器件和材料制造，并要严格地进行质量控制，保证仪器埋设后完好率在95%以上。

（2）长期稳定性好　零漂、时漂和温漂满足设计和使用所规定的要求，一般有效使用寿命在10年以上。

（3）精度较高　必须满足监测实际需要的精度，有较高的分辨率和灵敏度，有较好的直线性和重复性，观测数据不受长距离测量和环境温度变化的影响，如果有影响所产生的测值误差应易于消除。仪器的综合误差一般应控制在2%FS以内。

（4）耐恶劣环境性　可在温度－25～60℃，湿度95%的条件下长期连续运行，设计有防雷击和过载冲击保护装置，耐酸、耐碱、防腐蚀。

（5）密封耐压性良好　防潮密封性良好，绝缘度满足要求，在水下工作要能承受设计规定耐水压能力。

（6）操作简单　埋设、安装、操作方便，容易测读，最好是直接数显。中等文化水平的人员经过短期培训就应能独立使用。

（7）结构牢固　能够耐受运输时的振动以及在工地现场埋设安装可能遭受的碰撞、倾倒。在混凝土或土层振捣或碾压时不会损坏。

（8）维修要求不高　选用通用易购的元器件，便于检修和定时更换，局部故障容易排除。

（9）适于施工　埋设安装时与工程施工干扰要小，能够顺利安装的可能性要大，不需要交流电源和特殊的影响施工的手段。

（10）费用低廉　包括仪器购价、维修费用和施工费用、配套的仪表，传输信号的电缆等直接和间接费用应尽可能低。

（11）能遥测　自动监测系统容易配置。

以上这些要求构成了比较理想的监测仪器，实际上十全十美的仪器是很难实现的，还得根据实际需要和技术设计可能性、制造工艺性的保证程度，以及质量控制手段来共同创造。

第二节　常用传感器的类型和工作原理

一、差动电阻式传感器的基本原理

差动电阻式传感器是美国人卡尔逊研制成功的。因此，又习惯被称为卡尔逊式仪器。这种仪器利用仪器内部张紧在的弹性钢丝作为传感元件将仪器受到的物理量转变为模拟量，所以国外也称这种传感器为弹性钢丝式(Elastic Wire)仪器。

由物理学知道，当钢丝受到拉力作用而产生弹性变形，其变形与电阻变化之间有如下关系式：

$$\Delta R/R = \lambda \Delta L/L \tag{3-2-1}$$

式中　ΔR——钢丝电阻变化量；

R——钢丝电阻；

λ——钢丝电阻应变灵敏系数；

ΔL——钢丝变形增量；

L——钢丝长度。

由图3-2-1可见仪器的钢丝长度的变化和钢丝的电阻变化是线性关系，测定电阻变化利用式(3-2-1)可求得仪器承受的变形。钢丝还有一个特性，当钢丝感受不太大的温度改变时，钢丝电阻随其温度变化之间有如下近似的线性关系：

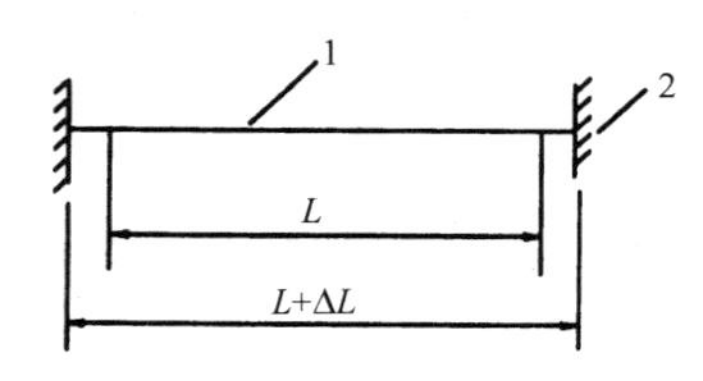

图3-2-1　钢丝变形

1—钢丝；2—钢丝固定点

$$R_T = R_0(1 + \alpha T) \tag{3-2-2}$$

式中　R_T——温度为T℃的钢丝电阻；

R_0——温度为0℃的钢丝电阻；

α——电阻温度系数，一定范围内为常数；

T——钢丝温度。

只要测定了仪器内部钢丝的电阻值，用式(3-2-2)就可以计算出仪器所在环境的温度。

差动电阻式传感器基于上述两个原理，利用弹性钢丝在力的作用和温度变化下的特性设计而成，把经过预拉长度相等的两根钢丝用特定方式固定在两根方形断面的铁杆上，钢丝电阻分别为R_1和R_2，因为钢丝设计长度相等，R_1和R_2近似相等，如图3-2-2所示。

当仪器受到外界的拉压而变形时，两根钢丝的电阻产生差动的变化，一根钢丝受拉，其电阻增加，另一根钢丝受压，其电阻减少，两根钢丝的串联电阻不变而电阻比R_1/R_2发生变化，测量两根钢丝电阻的比值，就可以求得仪器的变形或应力。

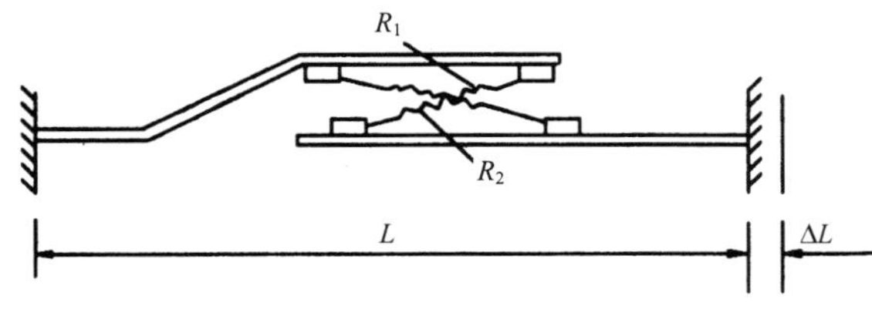

图3-2-2　差动电阻式仪器原理

当温度改变时，引起两根钢丝的电阻变化是同方向的，温度升高时，两根钢丝的电阻则都减少。测定两根钢丝的串联电阻，就可求得仪器测点位置的温度。

差动电阻式传感器的读数装置是电阻比电桥(惠斯通型),电桥内有一可以调节的可变电阻 R,还有两个串联在一起的 50Ω 固定电阻 $M/2$,其测量原理见图 3－2－3,将仪器接入电桥,仪器钢丝电阻 R_1 和 R_2 就和电桥中可变电阻 R,以及固定电阻 M 构成电桥电路。

图 3－2－3(a) 是测量仪器电阻比的线路,调节 R 使电桥平衡,则:

$$R/M = R_1/R_2 \tag{3-2-3}$$

因为 $M = 100\Omega$,故由电桥测出之 R 值是 R_1 和 R_2 之比的 100 倍,$R/100$ 即为电阻比。电桥上电阻比最小读数为 0.01%。

图 3－2－3(b) 是测量串联电阻时,利用上述电桥接成的另一电路,调节 R 达到平衡时,则:

$$(M/2)/R = (M/2)/(R_1 + R_2) \tag{3-2-4}$$

简化式(3－2－4)得:

$$R = (R_1 + R_2) \tag{3-2-5}$$

这时从可变电阻 R 读出的电阻值就是仪器的钢丝总电阻,从而求得仪器所在测点的温度。

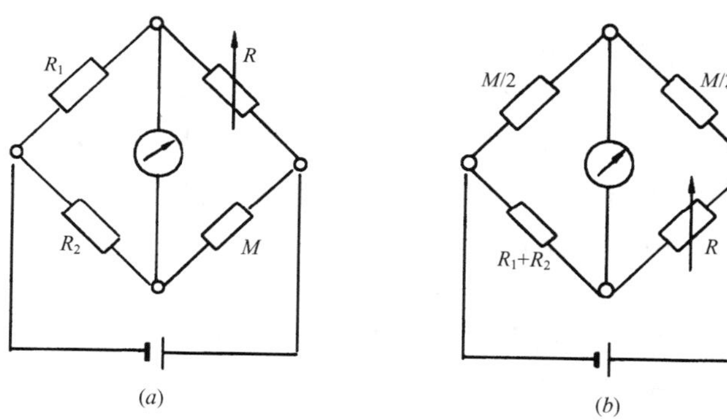

图 3－2－3 电桥测量原理

综上所述,差动电阻式仪器以一组差动的电阻 R_1 和 R_2,与电阻比电桥形成桥路从而测出电阻比和电阻值两个参数,来计算出仪器所承受的应力和测点的温度。

二、振弦式传感器的基本原理

振弦式传感器的敏感元件是一根金属丝弦(一般称为钢弦,振弦或简称“弦”)。常用高弹性弹簧钢、马氏不锈钢或钨钢制成,它与传感器受力部件连接固定,利用钢弦的自振频率与钢弦所受到的外加张力关系式测得各种物理量。由于它结构简单可靠,传感器的设计、制造、安装和调试都非常方便,而且在钢弦经过热处理之后其蠕变极小,零点稳定。因此,倍受工程界青睐。近年来在国内外发展较快,欧美已基本替代了其他类型的传感器。

振弦式传感器所测定的参数主要是钢弦的自振频率,常用专用的钢弦频率计测定,也可用周期测定仪测周期,二者互为倒数。在专用频率计中加一个平方电路或程序也可直接显示频率平方。

振弦式仪器是根据钢弦张紧力与谐振频率成单值函数关系设计而成的。由于钢弦的自振频率取决于它的长度、钢弦材料的密度和钢弦所受的内应力。其关系式为：

$$f = (1/2L) \cdot \sqrt{\sigma/\rho} \quad (3-2-6)$$

式中 f——钢弦自振频率；

L——钢弦有效长度；

σ——钢弦的应力；

ρ——钢弦材料密度。

由式(3-2-6)可以看出，当传感器制造成功之后所用的钢弦材料和钢弦的直径有效长度均为不变量。钢弦的自振频率仅与钢弦所受的张力有关。因此，张力可用频率 f 的关系式来表示：

$$F = K(f_x^2 - f_0^2) + A \quad (3-2-7)$$

式中 F——钢弦张力；

K——传感器灵敏系数；

f_x——张力变化后的钢弦自振频率；

f_0——传感器钢弦初始频率；

A——修正常数（在实际应用中可设为“0”）。

从式(3-2-6)中可以看出，振弦式传感器的张力与频率的关系为二次函数[图3-2-4(*a*)]，频率平方与张力为一次函数[图3-2-4(*b*)]通过最小二乘法变换后的式(3-2-7)为线性方程。仪器的结构不同，张力“F”可以变换为位移、压力、压强、应力、应变等各种物理量。从式(3-2-7)中可以看出钢弦的张力与自振频率的平方差呈直线关系。但不同的传感器中钢弦的长度、材料的线性度很难加工得完全一样。因此，修正常数（Y轴的截距）相对于每只传感器也都不尽相同，为以后资料整理时的起始值造成不一致，通常根据资料的要求人为设“A”值等于“0”，使一个工程中的多只传感器起点一致，以方便计算中的数据处理。

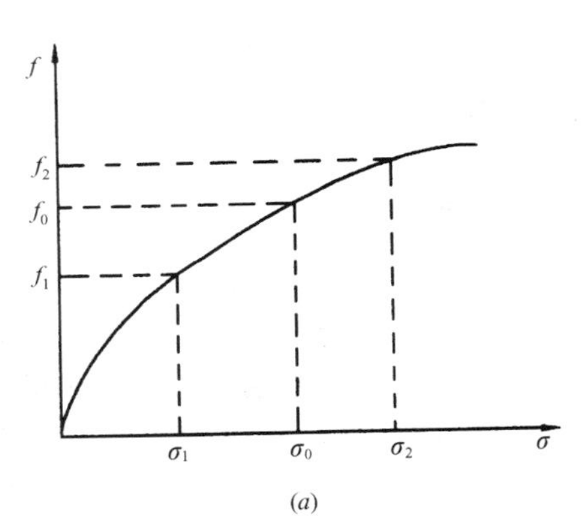

(*a*)

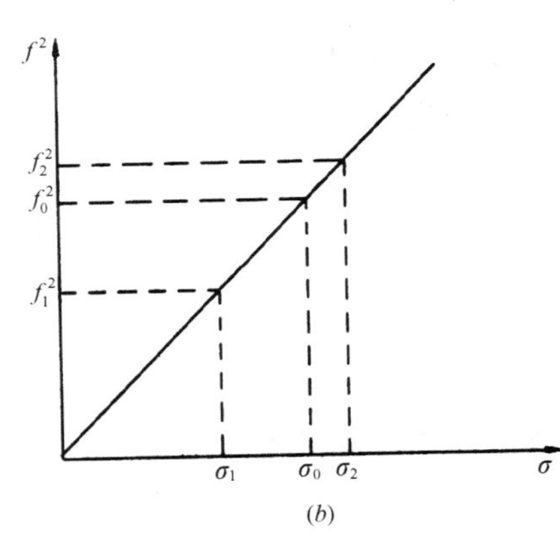

(*b*)

图3-2-4 钢弦传感器输出特性

f—钢弦自振频率；σ—钢弦张力

振弦式传感器的激振一般由一个电磁线圈（通常称磁芯）来完成。

工作过程可用图3-2-5来说明。经过把各类物理量转换为拉（或压）力作用在钢弦上，改变钢弦所受的张力，在磁芯的激发下，使钢弦的自振频率随张力变化而变化。通过频率的变化可以换算出被测物理量的变化值。由于钢弦被置于电测原件“磁芯”的磁场中，当钢弦振动时就在接收线圈中产生感应电动势 U。测出它的频率就确定了被测钢弦的自振频率，代入式(3－2－7)中即可换算成相应的物理量。

钢弦传感器的激振方式不同，所需电缆的芯数也不同。图 3－2－5 中的三种激振方式代表了振弦式传感器的发展过程。图 3－2－5(a)是单线圈间歇激振型传感器，它激振和接收共用一组线圈，结构简单，但由于线圈内阻不可能很大，一般是几十欧姆到几百欧姆。因此，传输距离受到一定限制，抗干扰能力比较差，传输电缆要求截面较大的屏蔽电缆为好。激振方式为单脉冲输入，如图 3－2－5(a_2)。当激发脉冲输到磁芯线圈上，磁芯产生一个脉动磁场拨动钢弦，所以国外也有叫“拨弦式”，钢弦被拨动后产生一个衰减振荡，切割磁芯的磁力线在磁芯的输出端也产生如图 3－2－5(a_3)的衰减正弦波。接收仪表测出此波的频率即为钢弦此刻的自振频率。

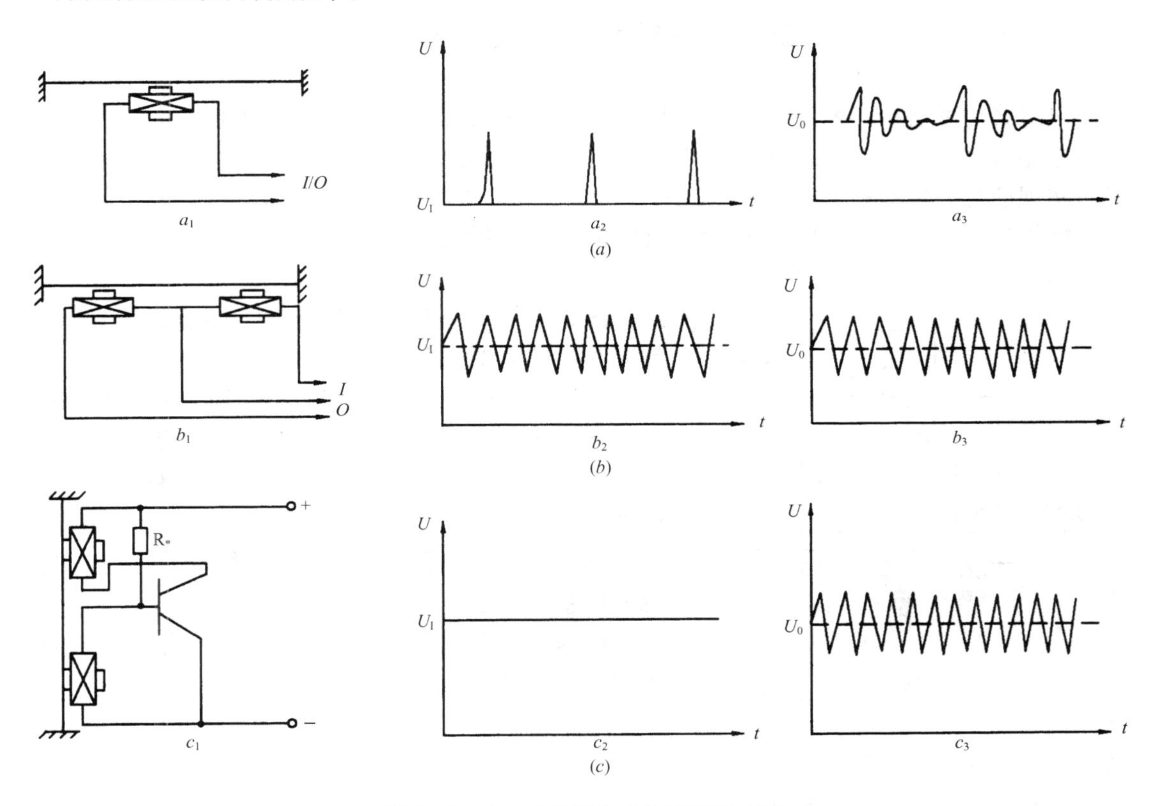

图 3－2－5　三种振弦式传感器原理图

(a) 单线圈间歇激振(拨弦式)型输入输出波形；(b) 三线制双线圈连续激振型输入输出波形；(c) 二线制双线圈连续激振型输入输出波形

图 3－2－5(b)是一组三线制双线圈振弦式传感器示意图。它有两个线圈组成[如图 3－2－5(b_1)]一个线圈为激振线圈，一个为接收线圈。激振线圈由二次仪表送来一个 1000Hz 左右的激发脉冲，一般为正弦波或锯齿波。当钢弦激振后由接收线圈传送到二次仪表中，经放大反馈一部分到激发线圈上，使激发频率与接收频率相等，让钢弦处于谐振状态，一部分送到整形、计数、显示电路测出频率。图 3－2－5(b_2)、(b_3)为激发和输出的波形。这种结构比单线圈的性能有了很大的改善，但同样存在线圈内阻小，对电缆要求较高的不

足。常用三芯或双芯屏蔽电缆，屏蔽层或其中一芯为公用线，一芯激发线，一芯接收线。

图 3-2-5(c)为一组二线制双线圈的钢弦传感器示意图。这种结构比较新颖，磁芯中有一组反馈放大电路，对二次仪表来说，由二芯传输线直流输入，经内部电路激发，正弦波输出。此方式采用了现代电子技术，把磁芯内阻做到 3500Ω 左右，内阻提高，传输损耗小，传输距离较远，抗干扰增强。因此，对电缆要求较低。一般用二芯不屏蔽电缆即可。若一组有几个传感器的，每增加一只传感器只需增加一芯电缆。例一组四点位移计只需一根 5 芯不屏蔽电缆，但设计要求在雷电地区须屏蔽的例外。

振弦式传感器利用电磁线圈铜导线的电阻值随温度变化的特性可以进行温度测量，也可在传感器内设置可兼测温度的元件，同样可以达到目的。振弦式传感器的优点是钢弦频率信号的传输不受导线电阻的影响，测量距离比较远，仪器灵敏度高，稳定性好，自动检测容易实现。

三、电感式传感器的基本原理

电感式传感器是一种变磁阻式传感器，利用线圈的电感的变化来实现非电量电测。它可以把输入的各种机械物理量如位移、振动、压力、应变、流量、比重等参数转换成电量输出，可以实现信息的远距离传输、记录、显示和控制。电感式传感器种类很多，常用的有Ⅱ形、E形和螺管形三种。虽然结构形式多种多样，但基本包括线圈、铁芯和活动衔铁 3 个部分，见图 3-2-6。

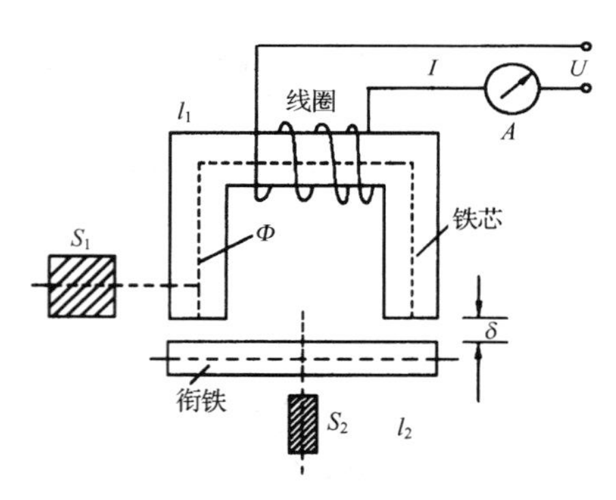

图 3-2-6　电感式传感器原理图

图 3-2-6 是最简单的电感式传感器原理图。铁芯和活动衔铁均由导磁材料如硅钢片或铍镍合金制成，可以是整体的或者是迭片的，衔铁和铁芯之间有空气隙 δ。当衔铁移动时，磁路中气隙的磁阻发生变化，从而引起线圈电感的变化，这种电感的变化与衔铁位置即气隙大小相对应。因此，只要能测出这种电感量的变化，就能判定衔铁位移量的大小。电感式传感器就是基于这个原理设计制作的。

根据电感的定义，设电感传感器的线圈匝数为 W，则线圈的电感量 L 为：

$$L = W\Phi/I \tag{3-2-8}$$

式中　Φ——磁通，Wb；

I——线圈中的电流，A。

磁通可由下式计算：

$$\Phi = IW/R_M = I_W/(R_F + R_\delta) \tag{3-2-9}$$

式中　R_F——铁芯磁阻，由下式计算：

$$R_F = (l_1/\mu_1 S_1) + (l_2/\mu_2 S_2) \tag{3-2-10}$$

R_δ——空气隙磁阻，由下式计算：

$$R_\delta = 2\delta/\mu_0 S \tag{3-2-11}$$

式中　l_1——磁通通过铁芯的长度，m；

S_1——铁芯横截面积，m^2；

μ_1——铁芯在磁感应值为 B_1 时的导磁率,H/m;

l_2——磁通通过衔铁的长度,m;

S_2——衔铁横截面积,m^2;

μ_2——衔铁在磁感应值为 B_2 时的导磁率,H/m;

δ——气隙长度,m;

S——气隙截面积,m^2;

μ_0——空气导磁率,为 $4\pi \times 10^{-7}$H/m。

μ_1、μ_2 可按下式计算:

$$\mu = (B/H)4\pi \times 10^{-7}\text{H/m} \tag{3-2-12}$$

式中 B——磁感应强度(特斯拉);

H——磁场强度,A/m。

由于电感传感器用的导磁材料一般都工作在非饱和状态下,其导磁率 μ 要大于空气的导磁率 μ_0 数千倍甚至数万倍,因此,铁芯磁阻 R_F 和空气隙磁阻 R_δ 相比是非常小的,常常可以忽略不计。这样把式(3-2-9)和式(3-2-11)代入式(3-2-8)便得下式:

$$L = W^2/R_\delta = W^2\mu_0 S/2\delta \tag{3-2-13}$$

式(3-2-13)就是电感传感器的基本特性公式。线圈匝数 W 确定,只要气隙长度 δ 和气隙截面积 S 二者之一发生变化,电感传感器的电感量就会随之变化。把电感传感器设计为变气隙长度的,就可用来测量位移,设计为改变气隙截面积,就可用来测量角位移。

把两只完全对称的简单电感传感器合用一个活动衔铁便构成了差动式电感传感器。图3-2-7(a)、(c)分别为 E 形和螺管形差动电感传感器的结构原理图。图示上下两个导磁体设计成几何尺寸完全相同,材料也一样,上下两只线圈的电气参数:线圈铜电阻、电感和匝数也完全一致。图3-2-7(b)、(d)为差动电感传感器的接线图。传感器的两只电感线圈接成交流电桥的相邻两臂,另外两个桥臂由电阻组成,构成了四臂交流电桥,由交流电源供电,电桥的另一角端即为输出的交流电压。

在起始位置时,衔铁处于中间位置,两边气隙相等。因此,两只电感线圈的电感量在理论上相等,电桥的输出电压 $U_{sc}=0$,电桥处于平衡状态。当衔铁偏离中间位置向上或向下移动时,使两边气隙不一样,导致两只电感线圈的电感量一增一减,电桥就不平衡。电桥输出电压的幅值大小与衔铁移动量大小成正比,输出电压相位则与衔铁移动的方向有关。因此,测量出输出电压 U_{sc} 的大小和相位,就能决定衔铁位移量的大小和方向。

在工程中也会采用差动变压器式传感器,习惯称为差动变压器,其结构与差动电感传感器完全一样,也是由铁芯、衔铁和线圈三部分组成。所不同之处仅在于差动变压器上下两只铁芯均绕有初级线圈(激励线圈)和次级线圈(输出线圈)。上下初级线圈串连接交流激磁电压,次级线圈则接电势反相串联。当衔铁处于中间初始位置时,两边气隙相等,磁阻相等,磁通相等,次级线圈中感应电势相等,结果输出电压为零。当衔铁偏离中间位置时,两边气隙不等,两线圈间互感发生变化,次级线圈感应电势不再相等,使有电压输出,其大小和相位决定于衔铁移动量的大小和方向。差动变压器就是基于这种原理制成。

电感式传感器结构简单,没有活动电接触点、工作可靠、灵敏度高、分辨率大、能测出0.1(μm 微米)的机械位移和0.1角秒的微小角度变化。重复性好,高精度的可以做到非线性度误差达0.1%。

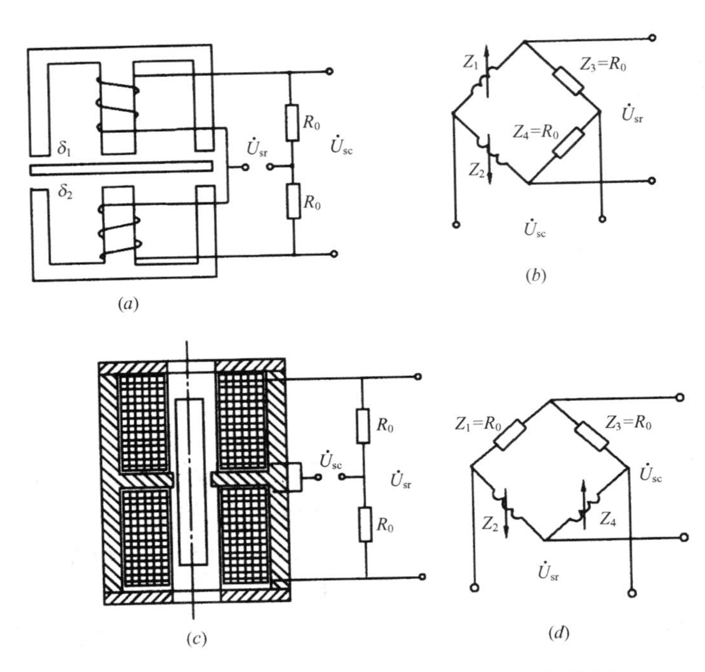

图 3－2－7　差动式电感传感器的原理和接线图

四、电阻应变片式传感器的基本原理

电阻应变片是一种将机械构件上应变的变化转换为电阻变化的传感元件。它是基于金属的电阻应变效应的原理制成，即金属导体的电阻随着所受机械变形（拉伸或压缩）的大小而变化，这就是电阻应变片工作的物理基础。因为导体的电阻与材料的电阻系数、长度和截面积有关，导体在承受机械变形过程中，这三者都要变化。因此，引起导体电阻产生变化。

一根长为 l、截面积为 S、电阻系数为 ρ 的金属丝（见图 3－2－8），其起始电阻为 R：

$$R = \rho l/S \qquad (3-2-14)$$

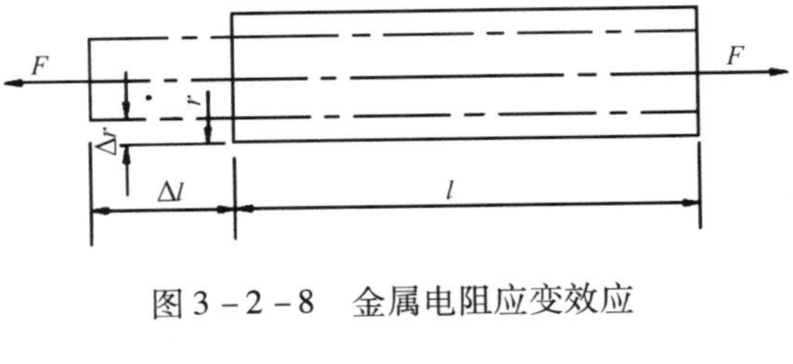

式中　R——电阻值，Ω；

ρ——电阻系数，$\Omega \cdot mm^2/m$；

l——电阻丝长度，m；

S——电阻丝截面积，mm^2。

图 3－2－8　金属电阻应变效应

设导线在力 F 作用下，其长度变化 dl，截面积 S 变化 dS，半径 r 变化 dr，电阻系数 ρ 变化 $d\rho$，因而将引起 R 变化 dR，将式（3－2－14）微分可得

$$dR = (\rho/S)dl - (\rho l/S^2)dS + (l/S)d\rho$$

$$= R[(dl/l) - (dS/S) + (d\rho/\rho)]$$

$$dR/R = (dl/1) - (dS/S) + (d\rho/\rho) \qquad (3-2-15)$$

因为

$$S = \pi r^2$$

$$dS = 2\pi r dr$$

所以

$$dS/S = 2(dr/r) \qquad (3-2-16)$$

令 $dl/l=\varepsilon$,为电阻丝轴向相对伸长即轴向应变,而 dr/r 为电阻丝径向相对伸长即径向应变,两者的比例系数即为泊松系数 μ,负号表示方向相反。

$$dr/r = -\mu dl/l = -\mu\varepsilon \qquad (3-2-17)$$

将式(3－2－17)代入式(3－2－16)得:

$$dS/S = -2\mu\varepsilon \qquad (3-2-18)$$

将式(3－2－18)代入式(3－2－15)并经整理后得:

$$dR/R = [(1+2\mu) + (d\rho/\rho)/\varepsilon]\varepsilon \qquad (3-2-19)$$

$$K_0 = (dR/R)/\varepsilon = (1+2\mu) + (d\rho/\rho)/\varepsilon \qquad (3-2-20)$$

K_0 称为金属材料的灵敏系数,它的物理意义为单位应变所引起的电阻相对变化。金属材料的灵敏系数受两个因素的影响:一个是受力后材料的几何尺寸的变化,即 $(1+2\mu)$;另一个是受力后材料的电阻率的变化,即 $(d\rho/\rho)/\varepsilon$。后者是由于材料变形时,其自由电子的活动能力和数量均发生变化所致。根据大量实验证明,在电阻丝拉伸的比例极限内,电阻的相对变化与应变是成正比的,因而 K_0 为一常数,因此式(3－2－20)可用下式表示:

$$\Delta R/R = K_0\varepsilon \qquad (3-2-21)$$

K_0 是依靠实验求得。常用的铜镍合金(康铜)其灵敏系数为1.9～2.1。

电阻应变片的基本构造见图3－2－9。它由敏感栅、基底、粘合剂、引线、盖片等组成。敏感栅由直径约0.01～0.05mm、高电阻细丝弯曲而成栅状,是电阻应变片的敏感元件,实际上就是一个电阻元件。敏感栅用粘合剂将其固定在基底上。基底的作用应保证将构件上应变准确地传递到敏感栅上去。基底一般厚0.03～0.06mm,材料有纸、胶膜、玻璃纤维布等,要求有良好的绝缘性能、抗潮性能和耐热性能。引出线的作用是将敏感栅电阻元件与测量电路相连接,一般由0.1～0.2mm低阻镀锡铜丝制成,并与敏感栅两输出端相焊接。

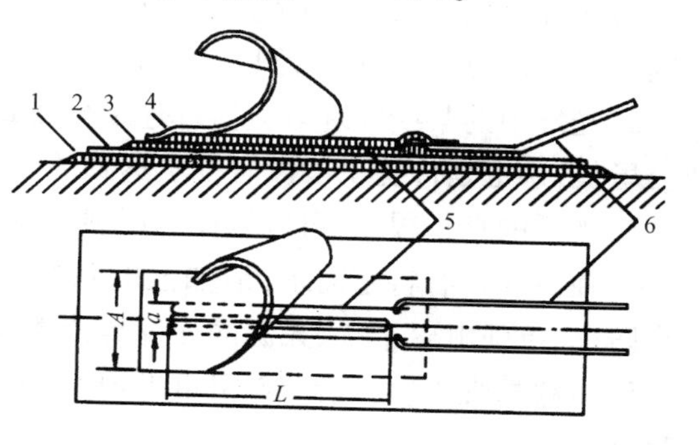

图3－2－9 应变片的基本构造

1—粘合层;2—基底;3—粘合层;4—盖片;5—敏感栅;6—引出线;L—基长;a—基宽

将应变片用粘合剂牢固地粘贴在被测试件的表面上,随着试件受力变形,应变片的敏感栅也获得同样的变形,从而使其电阻随着发生变化,且与试件应变成比例。用专用电阻应变仪将这种电阻变化转换为电压或电流变化,再用显示记录仪表将其显示记录下来,就可以测出被测试件应变量的大小。其框图如图3－2－10。

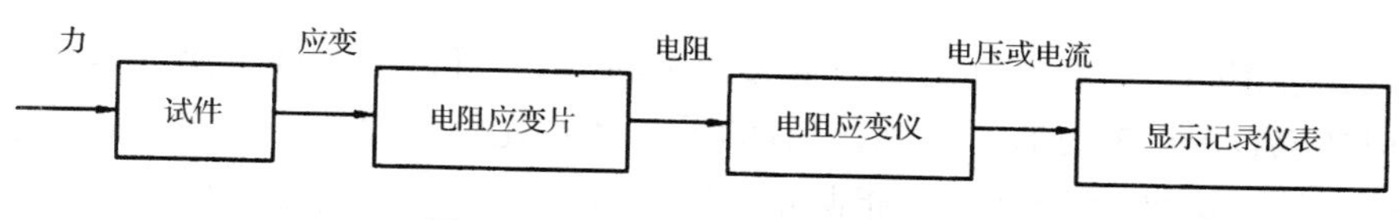

图3－2－10 电阻应变片测量框图

电阻应变片的品种繁多,按敏感栅不同分为丝式电阻应变片、箔式应变片和半导体应变片三种。常用的是箔式应变片,它的敏感栅由0.03~0.01mm金属箔片制成。箔片电阻应变片用光刻法代替丝式应变片的绕线工艺,可以制成尺寸精确形状各异的敏感栅,允许电流大,疲劳寿命长,蠕变小,特别是实现了工艺自动化,生产效率高。

电阻应变片是美国在二次大战期间研制并首先应用于航空工业。由于这种传感器尺寸小、重量轻、分辨率高、能测出1~2个微应变(1×10^{-6}mm/mm),误差在1%以内,适于远距离测量和巡检自动化。日本共和电业首先引进制成以电阻片为传感元件的观测仪器,称为"贴片式仪器"。在日本已代替卡尔逊式仪器,普遍用于工程建设。

五、光纤传感器

(一)光纤传感技术发展

光纤传感技术是光通信技术和电子技术发展的带动下产生的一种新兴技术,光通信技术和电子技术的发展为光纤传感技术提供了丰富的物质基础和手段。传统机电类传感器的开发已相当成熟,可靠性和成本已得到公认,并已经被广泛应用;但是光纤传感器本身所具有的电磁绝缘、高灵敏度、易复用、传输损耗低等诸多优势,使得光传感技术在很多领域有着很好的应用前景。比如:

1)光纤损耗小、传输距离远的优点,可以将传感器布置在远离解调仪的现场,而不需要中继放大,这是其他传感器难以实现的。

2)光纤中的某些物理效应实现连续分布式的温度和应变分布测量,分布距离可以达到数公里长,这也是传统手段没有办法达到的。

3)光纤的直径很小,可以以此为材料研制成尺寸极小的多种传感器。

4)在一些具有特定需求,诸如强电磁场、煤矿、油库类防爆要求较高的场合、具有本质安全防爆、抗强电磁干扰、无源的光纤类传感器在竞争中会有明显优势。

5)可移植性强,可以制成不同的物理量的传感器,包括声场、磁场、压力、温度、加速度、位移、液位、流量等。

目前的光纤传感器领域的研究比较注重与实际应用的密切结合。光纤光栅型传感器、FP传感器和分布式光纤传感系统是比较有代表性的几种技术。对于光纤光栅传感技术的工程应用,主要的问题还是解决封装工艺的稳定可靠,以及如何利用光纤光栅实现多种物理量的精确测量。

根据被测物理量来划分,应用于岩土工程安全监测的传感器大致可以分为:应变、压力、温度、加速度等若干种传感器。具体的传感器可以通过物理量之间的传递,将被测量的位移、压力等物理量,转换成光波的物理特征参量,如强度(功率)、波长、频率、相位和偏振态等。

分布式光纤传感是光纤传感的一种较为特殊的形式,可以沿光纤按照一定的空间分辨率测量出应变或者温度的分布。因此,也有的研究者将光纤传感按照分布方式分成准分布式和分布式两种。这里,准分布式是指测量不同物理量的光纤传感器之间用传输光纤连接起来的方式。

（二）安全监测常用的光纤传感器

1．光纤光栅传感器

光纤光栅是通过在一小段光纤的纤芯上形成周期性的折射率分布形成的光栅，这个光栅可以反射特定波长的光波，或者滤除特定波长的透射光。这个特定波长与应变和温度相关。因此光纤光栅传感器可以直接测量温度或应变，是目前在岩土工程中应用最多的一种光纤传感器。

2．FP 腔传感器

在光学上，FP（Fabry – Pérot）腔泛指由两个反射面形成的谐振腔，这是光学上常用到的一种光学结构。FP 腔的透射光必须满足谐振条件才能透射，透射峰之间有一定的波长间隔，通过测量波长间隔 $\Delta\lambda$ 就可以间接测量腔长的变化。利用这一原理在两根光纤之间或者光纤的端部形成空腔，就可以使之成为 FP 腔传感器，这个传感器可以用来测量应变、压力和温度。由图 3 – 2 – 11 可以看出，透射波往往是一系列透射峰，同光栅传感器相比，其波长复用性要差，一个测量通道一般只能测量一只传感器。

3．分布式光纤传感器

当光波在光纤中传播时会产生两类非弹性散射：拉曼散射和布里渊散射。所谓非弹性散射是指散射光的光频率发生变化，不再与入射光相同。拉曼散射是受介质中的分子振动和转动作用，布里渊散射则是受声子的作用。通过测量拉曼频移可以测量沿光纤的温度变化，通过测量布里渊频移能够测量沿光纤分布的应变和温度变化。

（三）光纤光栅传感器工作原理

光纤传感器感受应变、温度或压力等外界物理量的变化，解调仪器通过监控光纤传感器的光学特性的变化测量出相应物理量的变化。比如光栅类传感器通过测量反射波长、FP 腔类传感器通过测量腔长变化、分布式传感通过测量散射光频移，这样一些办法实现物理量和光学特性之间的转换。

光纤光栅就是一段光纤，其纤芯中具有折射率周期性变化的结构。根据模耦合理论，$\lambda_B = 2n\Lambda$ 的波长就被光纤光栅所反射回去（其中 λ_B 为光纤光栅的中心波长，Λ 为光栅周期，n 为纤芯的有效折射率）。

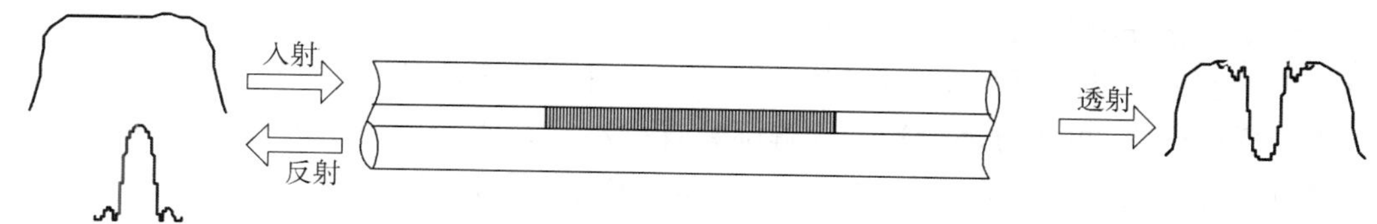

图 3 – 2 – 11　光纤光栅传感器工作原理示意图

反射的中心波长信号 λ_B，跟光栅周期 Λ，纤芯的有效折射率 n 有关，所以当外界的被测量引起光纤光栅温度、应力改变都会导致反射的中心波长的变化。也就是说，光纤光栅反射光中心波长的变化反映了外界被测信号的变化情况。光纤光栅的中心波长与温度和应变的关系为：

$$\frac{\Delta\lambda_B}{\lambda_B} = (\alpha_f + \xi)\Delta T + (1 - P_e)\Delta\varepsilon \qquad (3-2-22)$$

其中，$\alpha_f = \frac{1 \mathrm{d}\Lambda}{\Lambda \mathrm{d}T}$；　$\xi = \frac{1 \mathrm{d}n}{n \mathrm{d}T}$；　$P_e = \frac{1}{n}\frac{\mathrm{d}n}{\mathrm{d}\epsilon}$

式中　α_f——光纤的热膨胀系数；

ξ——光纤材料的热光系数；

P_e——光纤材料的弹光系数。

在1550nm窗口，中心波长的温度系数约为10.3pm/℃，应变系数为1.209pm/$\mu\varepsilon$。如果将FBG封装在温度增敏材料中，可以提高它的温度系数灵敏度，进而得到更大的测量精度。

传感器波长指的就是FBG反射谱中尖峰的中心波长。这些波长峰值随着应变和温度的改变而改变。当温度升高或应变增大时，FBG传感器的波长峰值变长。如图3－2－12，如果一个波长峰值为1535.050nm的传感器从25°C加热到35°C，传感器的波长峰值将增加到1535.150nm（每°C变化10pm）。大多数FBG查询系统工作在50nm范围内，从1520nm到1570nm。

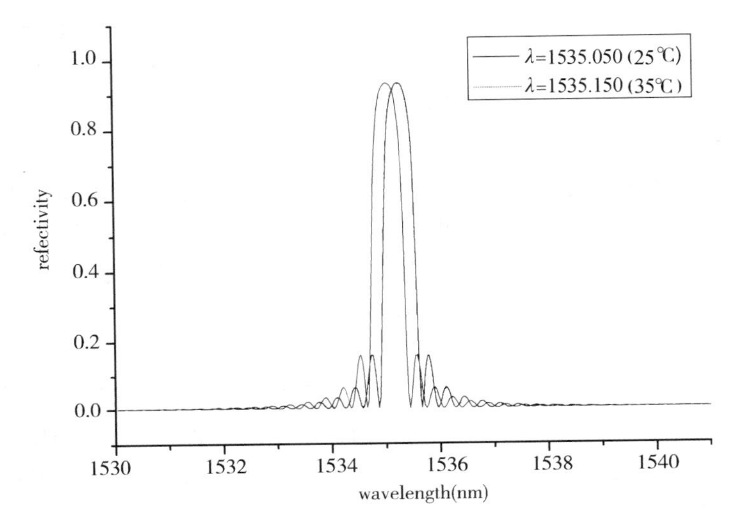

图3－2－12　FBG反射谱中的尖峰的中心波长示意图

传感器的中心波长是通过光纤光栅传感分析仪进行解调，转换为数字信号。其工作原理如下：

光纤布喇格光栅传感器的原理结构如图3－2－13，包括：宽谱光源（如SLED或ASE）将有一定带宽的光通过环行器入射到光纤光栅中，由于光纤光栅的波长选择性作用，符合条件的光被反射回来，再通过环行器送入解调装置测出光纤光栅的反射波长变化。当布喇格光纤光栅做探头测量外界的温度、压力或应力时，光栅自身的栅距发生变化，从而引起反射波长的变化，解调装置即通过检测波长的变化推导出外界被测温度、压力或应力。

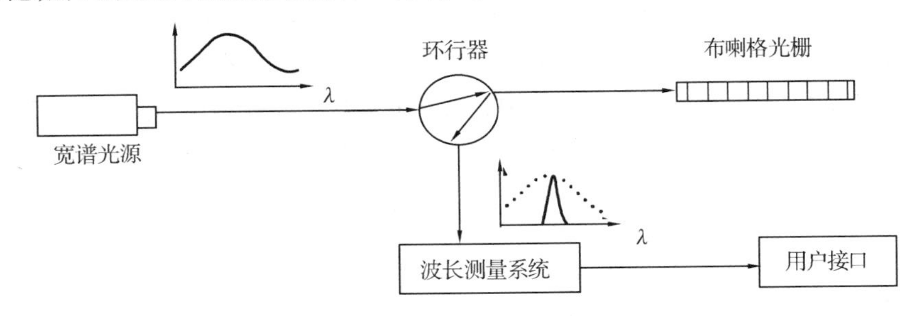

图3－2－13　光纤布喇格光栅传感器的原理结构原理框图

六、其他原理的传感器

除了上述5种类型的传感器以外，还有一些利用其他原理制成的安全监测仪器。例如电容式传感器、压阻式传感器、伺服加速度计传感器、电位器传感器等都被用来制成安全监测仪器。

电容式传感器是指能将被测物理量转化为电容变化的一种传感元件。众所周知，电容器的电容是构成电容器的两极片形状、大小、相互位置及电介质电介常数的函数。以最简单的半极式电容器为例，见图3－2－14。其电容量C为：

$$C = \varepsilon S/\delta \qquad (3-2-23)$$

式中 ε——介质介电常数；

S——极片的面积；

δ——极片间距离。

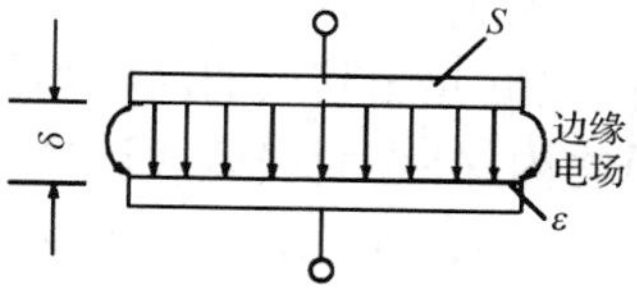

图3－2－14 平板电容器

由图3－2－14可知，如将上极片固定，下极片与被测物体相连，当被测物体上下位移（δ变化），或左右位移（S改变），将改变电容的大小，通过一定测量线路将电容转换为电压、电流或频率等信号输出，即可测定物体位移的大小。将两个结构完全相同的电容式传感器共用一个活动电极，即组成差动电容式传感器，其灵敏度高，非线性得到改善，并且能补偿温度变化。

固体受到作用力后，电阻率（或电阻）就要发生变化，这种效应称为压阻效应。压阻式传感器就利用固体的压阻效应制成，主要用来测量压力、载荷和加速度等参数。压阻式传感器灵敏度高，有时输出不要放大，就可以直接用来测量。另外分辨力高，1～2mm水柱的微压，也能反应。压阻式传感器是用半导体材料制成的，其对温度很敏感，所以必须要温度补偿，或在恒温条件下使用。

习惯称为伺服加速度计就是力平衡加速度计（Force－balance type accelerometer）。在工程安全监测中也采用伺服加速度计制成观测仪器来测量位移。它是利用检测质量的惯性力来测量线加速度或角加速度，其输出量与输入的加速度成比例。如石英挠性伺服加速度计是用石英片（环）作为感性支承，将感受到的加速度通过电容传感器或电感式传感器转换成相应电信号输出。测出输出电压的大小就可算出相应的位移值。

电位器只是一种常用的电器元件，广泛应用于各类电器和电子设备中。电位器式传感器可将机械的直线位移或角位移输入量转换为与其成一定函数关系的电阻或电压输出。它除了用于线位移和角位移测量外，还广泛应用于测量压力、加速度、液位等物理量。电位器式传感器结构简单、体积小、质量轻、性能稳定，对环境条件要求不高，输出信号较大，一般不需放大，并容易实现函数关系的转换。电位器式传感器种类较多，根据输入—输出特性的不同，电位器式电阻传感器可分为线性电位器和非线性电位器两种；根据结构形式的不同，又可分为绕线式、薄膜式、光电式等。电位器式电阻传感器一般由电阻元件、骨架及电刷等组成。电刷相对于电阻元件的运动可以是直线运动、转动或螺旋运动。当被测量发生变化时，通过电刷触点在电阻元件上产生移动，该触点与电阻元件间的电阻值就会发生变化，即可实现位移与电阻之间的线性转换。

以上各种类型传感器均需要与此配套的测量仪表，方能测出其输出的电信号，而测定出对应的物理量。为此在选用观测仪器时，应尽量使用同一种原理的观测仪器和测量仪表，有利于人员培训，操作使用与维护管理。

第三节　变形观测仪器

一、仪器的类型及分类

对建筑物和地基的变形观测包括表面位移观测和内部位移观测。目的是观测水平位移和垂直位移，掌握变化规律，研究有无裂缝、滑坡、滑动和倾复的趋势。

表面位移观测一般包括两大类：①用经纬仪、水准仪、GPS、电子测距仪或激光准直仪等，根据起测基点的高程和位置来测量建筑物表面标点、觇标处高程和位置的变化。②在建筑物内、外表面安装或埋设一些仪器来观测结构物各部位间的位移，包括接缝或裂缝的位移测量。如在坝体内部、坝基或坝肩、竖井、廊道、隧洞、压力钢管、发电厂房以及高边坡、深基础等部位安装位移测量仪器，观测其自身和相互间的位移和位移变化率。内部安装的位移测量仪器要在结构物的整个寿命期内使用。因此，这些仪器必须具有良好的长期稳定性，有较强的抗蚀能力，适应恶劣工作环境的能力强、耐久性好、易于安装、操作简单，记录仪表直读易掌握，而且能长距离传输。常用的内部位移观测仪器有位移计、测缝计、倾斜仪、沉降仪、垂线坐标仪、引张线仪、多点变位计和应变计等。

二、变形监测控制网用仪器

利用测距、测角、测水准和准直线的大地测量方法，建立平面控制网用以测量大坝、坝肩、基础和大坝周边地区的水平位移和垂直位移。其特点是使用经纬仪、水准仪、测距仪等光学仪器按视准线、边角网、交会法及导线法等方法测得网内点位相对于固定的大地参考点的绝对位移和变形。

根据国家对变形监测精度的有关要求(见表3-3-1)，受到光学仪器望远镜放大倍数的限制，照准误差大。特别大坝坝长、气候条件较差时，致使观测成果不能正确地反映坝体的实际变形。为此变形监测控制网多选用高精度的光学仪器(见表3-3-2、表3-3-3、表3-3-4)。国内生产光学仪器的厂家也很多，只要精度能满足要求，应优先选用。与光学测量仪器相配套的工具如标尺、觇标、水准标志、基座等，国内生产光学仪器的厂家均有供应。其中四川新都飞翔测绘工具厂生产的强制对中基座等结构新型，目前使用较多。

表3-3-1　　变形监测的精度表(供参考)

项目				位移量中误差限值
水平位移	坝体	重力坝、支墩坝		±1.0mm
		拱坝	径向	±2.0mm
			切向	±1.0mm
	坝基	重力坝、支墩坝		±0.3mm
		拱坝	径向	±1.0mm
			切向	±0.5mm

续表 3-3-1

项	目	位移量中误差限值
坝体、坝基垂直位移		±1.0mm
坝体、坝基挠度		±0.3mm
倾　斜	坝　体	±5.0″
	坝　基	±1.0″
坝体表面接缝和裂缝		±0.2mm
近 坝 区 岩 体	水 平 位 移	±2.0mm
	垂 直 位 移	±2.0mm
滑坡体和高边坡	水 平 位 移	±0.5~3.0mm
	垂 直 位 移	±3.0mm
	裂　缝	±1.0mm

表 3-3-2　国内常用部分经纬仪型号及主要参数表

名　称			光学经纬仪			电子经纬仪			激光经纬仪	
型　号			TDJ2E	J2B	J2-2	DT102	DT-02	DJJ2-C	J2-JDE	DJJ2-2
精　度			2″	2″	±2″	±2″	2″		±2″	2″
望远镜	成像方式		正像	正像	正像	正像	正像	正像	正像	倒像
	放大倍率		30x	28x	30x	30x	30x	30x	30x	30x
	物镜孔(mm)		40	40	40	45	45	45	40	40
	视场角		1°30″	1°20′	1°30′	1′30″	1°30′	1°30′	1°20′	1.5′
	视距乘常数		100	100	100	100	100	100	100	100
	视距加常数		0	0	0	0	0	0	0	0
	最短视距(m)		2	1.5	1.6	1.3	1.4	1.3	0.05	2
	筒长(mm)		172		155	155	157	155	155	172
测角	标准差	水平	≤±2″		≤±2″		≤±2″	≤±2″	≤±2″	≤±2″
		垂直	≤±6″		≤±6″				≤±6″	≤±6″
度盘	补偿范围		±2″		±3′	±3′	±3′	±3′	±3′	±3′
	安置误差/精度		±0.3″		±0.3″				±0.3″	±0.3″
	最小读数(格值)		1″/1cc		1″/1cc	1″			1″/1cc	1″/1cc
	刻度	水平	360°				360°	360°		360°
		垂直	360°				360°	360°		360°
水准器	圆水准器(min/mm)		8/2	8/2	8/2	8/2	8/2	8/2	8/2	8/2
	长水准器(s/mm)		20/2	20/2	20/2	20/2	30/2	30/2	20/2	20/2
环境	工作温度	℃			-30~50	-20~50	-20~45	-10~40	-20~50	-10~40
	贮存温度									
仪器重量		kg	6	6	6	4.8	4.3	4.9		6
仪器箱体积		mm^3	310×160×148			150×175×328	165×157×318	144×175×324		310×160×148
生产厂家			北光(博飞)	1002厂	苏一光		南方(科力达)	北光(博飞)	苏一光	北光(博飞)

表 3-3　　　　常用部分水准仪型号及主要参数

名　　称	精密水准仪				数字水准仪	
型　　号	DSZ2 + FS1	DNA03(电子)	AT-G2	AL-	DNA03	DINI
放大倍数	32x	24x	32x	22x	24x	32x
最小读数(mm)	≤ ±0.5	0.01mm,0.0001R,0.0005inch	1°(最小划分)		0.01	0.01
每 km 往返标准差(mm)	≤ ±0.5(铟钢尺)	0.3(铟钢尺)	0.4(带光学测微器)		0.3	0.3(铟钢尺)
最短视距(m)	1.6	0.5	1.0	0.5		1.5
测平时间(s)	2	3			3	3
测 程 (m)	1.5 ~ ∞	1.8 ~ 110(电子测量) 0.6 以上(光学测量)			1.8 ~ 110	1.5 ~ 100
数字存储		PCMCIA(ATA-Flash/SRAM) SRAM 与 Ommi 驱动器 MCR4 兼容(6000 个测量数据或 1650 组测站数据)			内存与 PCMCI 卡	2M 内存,存储达 30000 个测量数据;同时支持外接的 USB 存储
防护等级		IP53	IPX7		IP53	IP55
工作温度(℃)	-30 ~ 50	-20 ~ 5		-20 ~ 50	-20 ~ 50	-20 ~ 50
仪器重量(kg)	2.5	2.8(包括 GEB111 电池)	1.8		2.8	3.5(包括电池)
备　注						仅使用水准标尺 30cm 长的一段就可以进行测量,减少地形起伏对测量造成的影响
生产厂家	苏一光	瑞士莱卡	1002 厂	北光	瑞士莱卡	美国天宝

表 3-4　　　　常用部分测距仪型号及主要参数表

名　　称		激光测距仪			全站仪	
型　　号		CLASSIC5A	laser1200S	DCH3	RST710	S8 系列
放大倍数			7x			30x
分辨率				1mm	0.1"	0.1″
测距精度	标准模式	±1.5mm		±(5mm + 5ppm)	$\pm(2mm + 2\times10^{-6}D)$	±(0.8mm + 1ppm)
	跟踪模式	0.06in		±(10mm + 1ppm)		±(5mm + 2ppm)
测距范围(m)		0.2 ~ 200m 0.7 ~ 650ft	10 ~ 1100m (11 - 1200 码)	2000 ~ 5000	2100 ~ 2600	单棱镜模式 3.0km 单棱镜长测程模式 5.0km 三棱镜长测程模式 7.0km
测量时间	距离测量(s)	0.5 ~ 约 4s		0.5 ~ 10	0.7 ~ 1.7	2s
	跟踪测量(s)	0.16 ~ 约 1s			0.7	0.4s
补偿修正范围(ppm)						1ppm * D

续表 3-3-4

名称		激光测距仪			全站仪	
型号		CLASSIC5A	laser1200S	DCH3	RST710	S8 系列
附属功能	显示	多行显示	LCD 数字		320×240 触摸屏	外挂多种可选测量控制器，TFT 彩色显示屏。
	键盘	轻触式			21 键	外挂可选多种测量控制器，触摸式电阻屏。
	储存更改笔数	10 笔				外挂可选多种测量控制器，存储容量达几十个 G。
	调出常数数量	15 个				
仪器重量(kg)		0.37	0.28(包括电)	2.5		5.15
仪器箱体积(mm^3)		152×74×35	145×47×82			
电源		充电池 10000 次	CR2 锂电池 (DC3V)	12V12AH 锂电池	7.2V2.8AH 锂电池	内置 11.1V4.4Ah 可充电智能锂电池
备注		可以测量距离、面积、体积；可以跟踪、延迟测量；液晶显示有背光、内置望远镜			可直接绘制图形	磁驱伺服驱动系统，多目标跟踪技术，精确定点技术，自动锁定技术，GPS 授索技术，模块化升级等，配置多种测量程序，同时用户可以依据需要进行程序定制
生产厂家		瑞士莱卡	日本尼康	北京博飞	苏一光	美国天宝

三、激光测量仪器

激光准直是激光应用最早的技术之一。在矿井指向、打桩定位、船体放样等低精度短距离的应用中，国内外已有各种激光照准的设备销售。但在高精度远距离的应用领域，如大坝的位移测量至今尚无专业生产厂生产定型的激光准直仪器，一般仍靠科研、院校与使用单位共同研制。激光准直系统在我国大坝变形监测中已取得了成功经验，并通过 SDJ336—89 混凝土大坝安全监测技术规范的颁布加以推广。激光准直仪分为大气激光准直仪和真空激光准直仪两种。

（一）大气激光准直仪

过去大坝水平位移多用经纬仪视准线法进行观测，由于受到仪器望远镜放大倍数的限制和大气折光的影响，特别是坝较长，往往观测误差大于 2mm，甚至超过坝本身的位移量。利用激光的方向强、亮度高、单色性及相干性好的特性，以及光电探测远高于人眼分辨率的特性，在光学视准线基础上开发了激光照准法技术用于大坝水平位移的观测，增加准直距离，提高了准直精度，且实现全天候观测。武汉测绘科技大学研制的波带板激光准直系统于 1980 年前后分别安装在刘家峡大坝和西津大坝廊道中。武汉水利电力学院研制的激光准直波带板衍射装置用于湖北省徐家河水库（坝长 836m）进行水平位移观测。长办勘测总队研制的 JZB—800 型激光准直仪也于 1980 年安装在葛洲坝船闸的廊道中。

大气激光准直在坝基准线两端分别设置激光点光源（发射点）和激光探测器（接收靶），根据观测需要在位移标点上设置波带板及其支架（测点）。因此，大气激光准直又称为波带板激光准直（如图 3-3-1 所示）。从点光源发出的激光束，使它对准激光探测器，在测点 1

上利用强制对中装置插入相应焦距的波带板，激光束在该点波带板衍射后，便在接收靶上产生一个十字亮线，按三点准直原理，精确测定十字亮线的中心位置，即可算出测点1的位移值。当测点1观测结束后，取下该点波带板，插上测点2的波带板，重复前述方法观测，直到所有测点全部观测完，就可测得沿坝长方向坝体的水平位移情况。

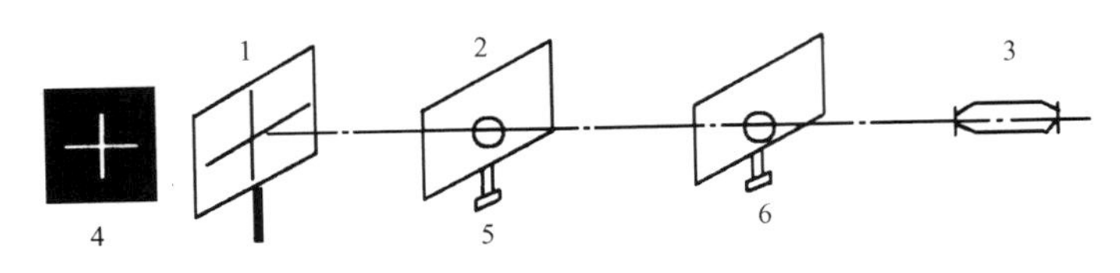

图3-3-1 波带板激光准直示意图

1—激光探测器；2—波带板；3—激光点光源；4—十字亮线；5—测点1；6—测点2

根据SDJ336—89规范的要求：

1）激光器应采用发散角小（1~3mrad）、功率适宜（一般用1~3MW）的氦氖气体激光器。

2）波带板宜采用圆形。当采用目测激光探测仪时，也可采用方形或条形波带板。

3）激光探测器应尽量采用自动探测，激光探测仪的量程和精度必须满足位移观测的要求。

波带板激光准直的优点是设备简单、观测方便，准直距离远（800m）、精度高（10^{-6}准直距离）、适应气候条件好。

（二）真空激光准直系统

真空激光准直系统是波带板激光准直装置和真空管道系统的结合。即将装有波带板装置的测点箱与适合大坝变形的软连接的可动真空管道联成一体。管道内气压控制在66Pa以下，使激光源发射的激光在真空中传输，减少大气折光和大气湍流对准直的影响，从而使激光接收装置上测得的大坝变形值更接近真实。该系统能同时观测各测点的水平位移和垂直位移，具有高精度、高效率、作业条件好、不受外界温度湿度和观测时间的限制等特点。

由松辽委科研院、杭州大学、水电四局、丰满发电厂和太平哨电站等共同研制的真空激光准直系统在东北太平哨电站和丰满电厂得到成功应用。太平哨电站真空激光准直系统1981年安装，1982年正式投入使用。管道长560m，13个坝段设置测点，至今已连续运行13年。丰满电厂1982年安装，1984年投入运用。真空激光系统布置在距坝顶4.3m的电缆廊道内，管道长1000m，在4号至55号坝段上共布置了52个测点，系统运行至今已经11年。由于这两个工程范例，进一步推广了真空激光准直系统在国内大坝工程上的应用，特别在结合应用电子计算机后，使得这项技术更趋完善，为大坝变形自动化量测提供了较为理想的手段。

真空激光准直系统参见图3-3-2，该系统中的激光准直系统的设计与大气激光准直相同。

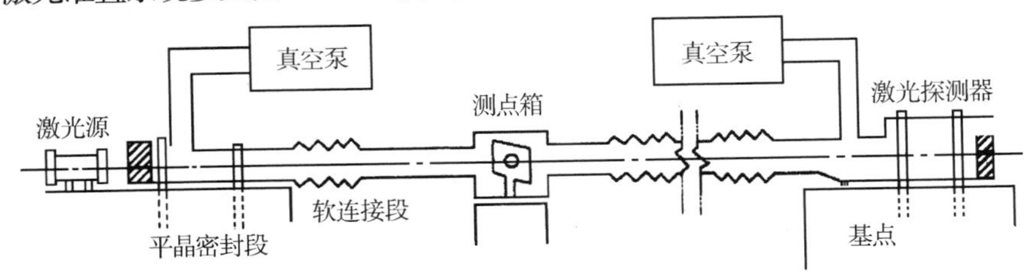

图3-3-2 真空激光准直系统示意图

真空管道系统的设计按照 SDJ336—89 规范的要求如下：

1）真空管道系统包括：真空管道、测点箱、软连接段、两端平晶密封段、真空泵及其配件。

2）真空管道宜选用无缝钢管，其内径应大于波带板最大通光孔径的 1.5 倍，或大于测点最大位移量引起像点位移量的 1.5 倍，但不宜小于 150mm。

3）管道内气压一般控制在 66Pa 以下。并应按此要求选择真空泵和确定允许漏气速度。

4）测点箱必须和坝体牢固结合，使之代表坝体位移，测点箱两侧应开孔，以便通过激光。同时应焊接带法兰的短管，与两侧的软连段连接。测点箱顶部应有能开启的活门，以便安装或维护波带板及其配件。

5）每一测点箱和两侧管道间必须设软连接段，软连接段一般采用金属波纹管，其内径应和管道内径一致，波数依据每个波的允许位移量和每段管道的长度，气温变化幅度等因素确定。

6）两端密封段必须具有足够的刚度，其长度应略大于高度，并应和端点观测墩牢固结合，保证在长期受力的情况下，其变形对测值的影响可忽略不计。

7）真空泵应配有电磁阀门和真空仪表等附件。

8）测点箱与支墩、管道与支墩的连接，应有可调装置，以便安装时将各部件调整到设计位置。

9）管道系统所有的接头部位，均应设计密封法兰。法兰上应有橡胶密封槽，用真空橡胶密封。在有负温的地区，宜选用中硬度真空橡胶并略加大胶圈的断面直径。

（三）拱坝三维激光变形监测系统

1. 拱坝激光变形监测

随着科学技术的飞速发展，激光及光电产品性价比的优势得到充分展示，其应用领域在不断扩大。已广泛用于直线性混凝土重力坝及土石坝的安全自动化监测领域，其监测长度超过 1200m，其高精度、可靠性、长期稳定性已得到用户、设计单位的一致认可。因此，激光准直大坝自动化监测的高精度、长距离及运行的稳定性是目前混凝土重力坝变形监测系统中其他自动化监测方法和设备无法比拟的。

目前，国内对混凝土重力坝、土石坝变形监测的方法和自动化设备是比较成熟的，在“混凝土监测技术规范”中也有明确的技术要求。因此，该技术也得到广泛的推广使用。但是对于拱坝、混凝土重力坝建基廊道及折线型混凝土坝的变形监测及自动化设备的研制和应用仍存在一些技术瓶颈，未能很好解决，在 1989 年规范中对拱坝各坝段径向、切向位移监测曾建议采用光学精密导线测量法结合正倒垂系统实施拱坝各坝段变形监测，但通过实践证明光学精密导线测量法在拱坝变形监测中精度无法满足规范要求。因此，在 2003 年规范修编中取消了光学精密导线测量法，只能采用正倒垂方法对个别坝段进行变形监测，对于坝顶及廊道同一平面各坝段的变形量监测由于存在技术瓶颈而无法进行自动化监测，这显然不能满足目前拱坝向高、薄、双曲拱坝建设和运行期安全监测的需求。

随着我国水电建设的蓬勃发展，大型及超大型薄拱坝的大量涌现，如云南的小湾拱坝、四川的锦屏拱坝及青海的拉希瓦拱坝，都是目前世界最高的薄拱坝，显然这些大坝变形安全监测的重要性是无需质疑的。西安交大激光红外研究所、西安华腾光电有限责任公司与西安二炮学院等单位，通过多年的研究、中间试验、现场安装调试试验和工程项目的实施，在总结经验的基础上，使拱坝变形监测自动化系统的研制工作取得了可喜的成果并不断完善硬软件的现场适应能力和长期稳定性。目前已成功的在陕西汉中石门拱坝坝顶、基础廊道、云南小湾拱坝1190廊道和贵州乌江渡拱坝737、726、717、713廊道安装了拱坝激光变形自动化监测系统。

2. 拱坝三维激光监测系统的监测原理

由于拱坝在平面上呈曲线布置,各坝段的测点均位于弧线上,大坝安全监测要求监测各坝段测点沿弧线的切线位移、法向位移(即径向位移)、垂直位移。本方案的实施可解决对拱坝各坝段的三维变形量的实时自动化监测。

激光三维监测方法是将拱坝按照一定的关系,把拱坝弧长分成 n 段,$n=0,1,\cdots i-1,i,i+1,i+2,\cdots n$,其中 i 为自然数,将各弧线段转化为直线段。在每一个直线段分别建立激光发射、接收装置,通过管道密封连接。因此,在每一个测点上同时安装有由前一个测点传来的激光接收装置和向下一个测点测量的激光发射装置,通过测点坐标系的转换传递三维位移变换量。因此,需在各个直线段相交处建立空间坐标系,各测点的坐标仪随测点的转角,进行坐标系转换。以坐标系的圆点作为测点平台的转角中心;并在每个测点上设置激光发射器和激光接收器,激光发射器和激光接收器安装在坐标系原点。激光发射器用于发射激光束,激光接收器用于接收大坝变形量的激光信号;用相应的数学模型推导出各个坐标系之间的关系和3个位移量和3个转角变换量建立联立方程组和平差原理测出各点的三维位移变化量,从而得到测点各方向的监测数据。本系统的特点在于将弧线上测点的位移变化,转变为弦线上测点位移变化,即将弧线上测点的三向位移转化为弦线上同一测点的切线位移、法向位移(即径向位移)、垂直位移,而局部的直线(坝段间)位移的测量,正好发挥激光测量的高亮度、高精度、高方向性的优势,可以一次性将测点的三向位移的测值,进行自动化采集测量并远程传输。

拱坝激光三维监测,需在测线两端布置两个双标倒垂孔,孔深需满足大坝安全监测规范的要求,将孔底深层基岩处,作为本系统位移的基点的零位移点,在坝顶或廊道该孔位处,建立基础点,并在此基础点(基点)建立 X、Y、Z 三维空间坐标系,基点的绝对位移可以通过基点引入装置、垂线坐标仪、双金属标仪测量出它的 XYZ 方向的绝对位移 ΔX、ΔY、ΔZ 和绕 XYZ 的转角 βX、βY、βZ。利用位敏传感器、激光电子水泡(测倾角)、激光器和相应的光学系统测量出第二个点相对第一个点的相对位移 $\Delta Xi'$、$\Delta Yi'$、$\Delta Zi'$,第二个点相对第一个点的相对转角 $\beta Xi'$、$\beta Yi'$、$\beta Zi'$,根据第一个点与第二个点的分布参数(已知),间距 Di,两点间的连线的空间角 θXi、θYi、θZi,即可建立空间六维方程组,通过坐标转换从而求解第二个点的绝对位移:ΔXi、ΔYi、ΔZi 和绕 XYZ 的转角 βXi、βYi、βZi 。依此类推,再测量相邻的下一个测点,从而实现每一个待测点的变形。为减少传递误差,拱坝激光自动化监测采用对称传递原理,即从拱坝两端分别向拱冠逐节监测传递的原理和提高单点监测精度的方法,以提高系统的观测精度。基点引入装置实现了将基点的绝对变形量引入系统,以便监测到拱坝各坝段的绝对变形量。激光三维监测原理框图3-3-3为对称测量及测点布置示意图。图3-3-4为云南小湾拱坝1190廊道三维激光自动化监测系统典型布置示意图。

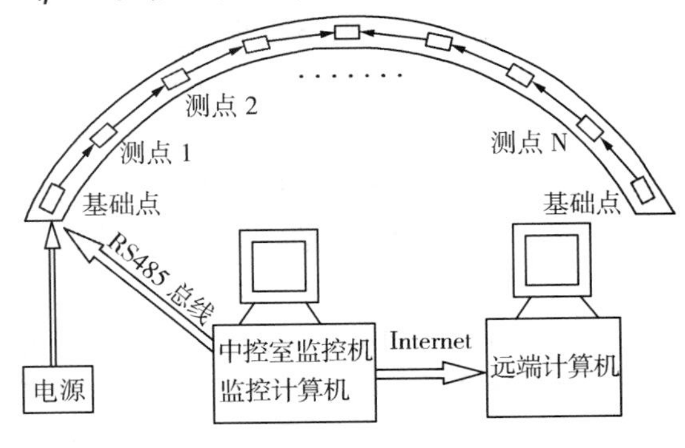

图3-3-3 拱坝变形三维激光监测系统原理

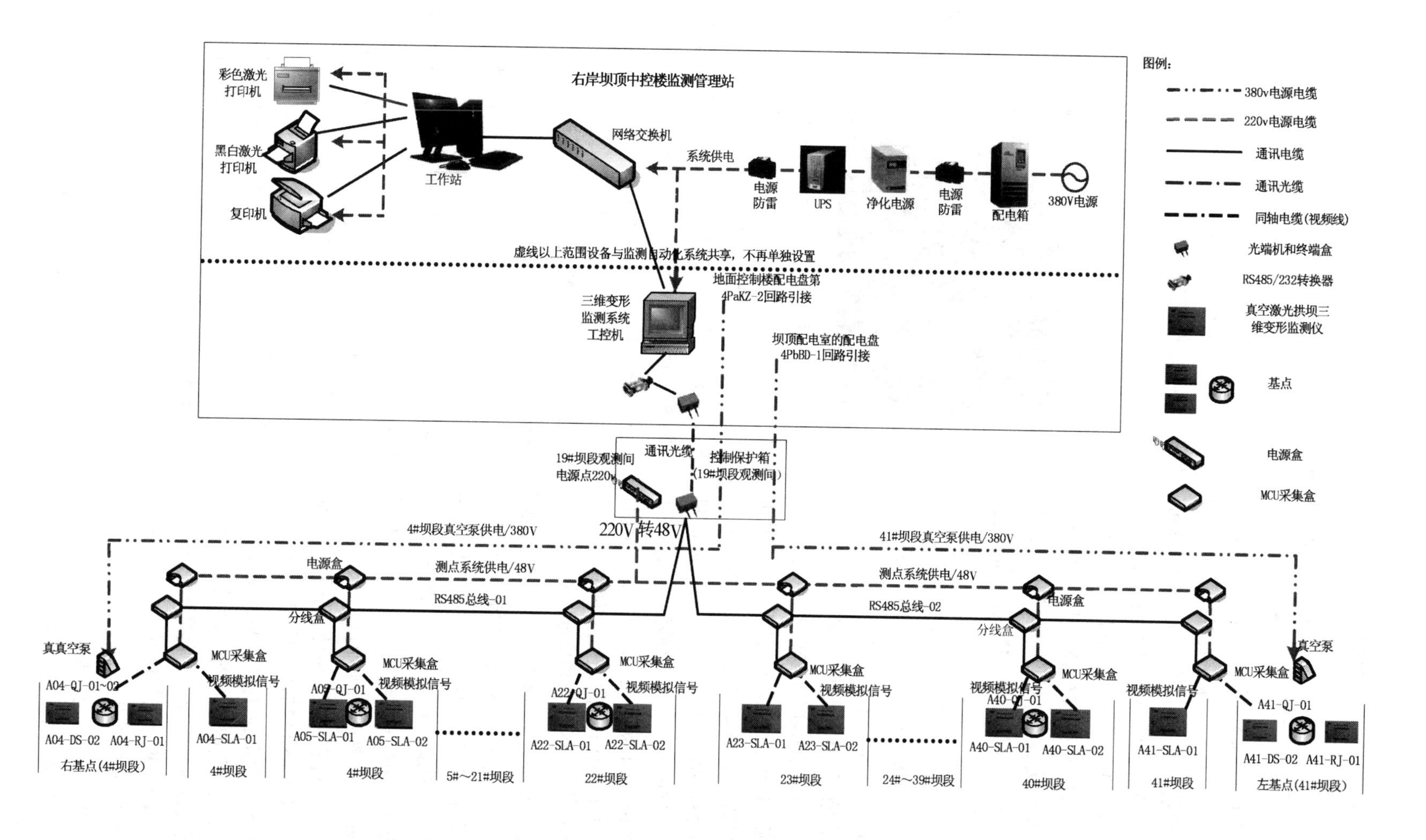

图3-3-4　云南小湾拱坝1190廊道三维激光自动化系统布置

四、GNSS 地表位移监测系统

(一) GNSS 及 GPS 系统概述

GNSS 的全称是全球导航卫星系统(Global Navigation Satellite System)的简称，它是泛指所有的卫星导航系统，包括全球的、区域的和增强的，如美国的 GPS、俄罗斯的 Glonass、欧洲的 Galileo、中国的北斗卫星导航系统，以及相关的增强系统，如美国的 WAAS(广域增强系统)、欧洲的 EGNOS(欧洲静地导航重叠系统)和日本的 MSAS(多功能运输卫星增强系统)等。

近年来，GPS 接收机制造厂商纷纷推出了高性能 GNSS 接收机(见图 3－3－5)。目前在运行的系统中，以美国的 GPS 系统最为完善，中国的北斗系统作为新的空间力量，在技术上有着更大的潜力，随着全球空间卫星站的发射，北斗系统的性能将不会逊色于 GPS 系统。

图 3－3－5　GNSS 接收机外形

GPS 是全球定位系统(Global Positioning System)的缩写，是美国国防部于 1973 年 11 月授权开始研制的海陆空三军共用的新一代卫星导航系统。GPS 卫星星座由 24 颗卫星组成，其中 21 颗是工作卫星，另外 3 颗是在轨备用卫星。它们基本上是均匀分布在 6 个等间隔轨道平面内，每一个都在时刻不停地通过卫星信号向全世界广播自己的当前位置坐标信息。任何一个 GPS 接收器都可以通过天线很轻松地接收到这些信息，并且能够读懂这些信息(这是每一个 GPS 芯片的核心功能之一)。

GPS 由空间部分、地面监控部分和用户接收机 3 部分组成。经过 20 多年的研究和试验，在地球上任何位置、任何时刻 GPS 可为各类用户连续地提供动态的三维位置和时间等信息，实现全球、全天候的连续实时导航、定位和授时。目前 GPS 已在航运、石油勘探、大地测量、精密工程测量、地壳形变、位移监测等领域得到广泛应用。通过大量的实践证明，利用 GPS 定位技术进行精密位移监测平面精度普遍为 2～3mm，高程精度为 3～5mm，高精度的设备解算后已可达亚毫米级(参数见表 3－3－5)。

利用 GPS 定位技术进行地表位移监测，在目前是一种先进的高科技的监测手段，也是 GPS 测量技术的一种典型应用。通常有两种方案：①用几台 GPS 接收机，由人工定期到监测点上观测，对数据实施处理后进行变形分析与预报；②在监测点上建立无人值守的 GPS 监测系统，通过软件控制数据的采集、传输，实现实时监测解算和变形分析。

(二) GNSS 位移监测原理

GNSS 用于定位主要有两大类型，一种是绝对定位；另一种为相对定位。绝对定位主要用在飞机、车辆、船舶导航等领域，精度目前一般在米级。相对定位主要用于测量和监测领域，主要技术有位置差分、伪距差分和相位差分等技术手段，相对定位精度可以提高到毫米级甚至亚毫米级，但实时性较差。以下以 GPS 系统为例进行介绍。

1. GPS 绝对定位

以 GPS 卫星与用户接收机天线之间的几何距离观测量 ρ 为基础，并根据卫星的瞬时坐标(XS , YS , ZS)，以确定用户接收机天线所对应的位置，即观测站的位置。

设接收机天线的相位中心坐标为(X, Y, Z)，则有：

$$\rho = \sqrt{(X_S - X)^2 + (Y_S - Y)^2 + (Z_S - Z)^2}$$

卫星的瞬时坐标(XS，YS，ZS)可根据导航电文获得，所以式中只有X、Y、Z 3个未知量，只要同时接收4颗GPS卫星(见图3-3-6)，就能解出测站点坐标(X，Y，Z)。可以看出，GPS单点定位的实质就是空间距离的后方交会。

图3-3-6　GPS绝对定位示意图

2. GPS相对定位

GPS相对定位，亦称差分定位，是目前GPS定位中精度最高的一种定位方法。其基本定位原理如图3-3-7(a)所示，用两台（或二台以上)GPS用户接收机分别安置在相应的测量位置，其中至少有一个为参考点(基准位置，也称参考站)，设参考点为相对稳定点，其他各点为需监测的可能会移动的监测点(站)，并同步观测相同的GPS卫星，解算得到各测点与参考点的相对位置。经多次测量比较即可得到各测点的X、Y、Z的相对位移量，精度可达亚毫米级，目前最高可达水平位移±0.5mm，垂直位移±0.8mm，在工程位移监测中，广泛应用的是相对定位方法。图3-3-7(b)所示为典型的相对定位监测方式，其中GPS1、GPS2为参考站，GPS3至GSS7为监测站。

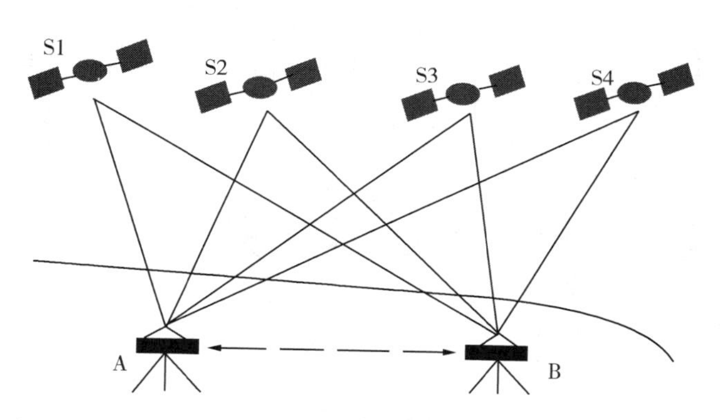

图3-3-7(a)　GPS相对定位原理示意图

图3-3-7(b)　GPS相对定位方法示意图

表 3－3－5　国内外常用部分 GNSS(GPS)接收仪的主要技术参数表

型号	E40	GT600	X60M	N71M	R5	R7	M3100
仪器类型	分体式 GNSS （北斗三星）	分体式 GNSS （进口主板）	分体式 GNSS 接收机	分体式 GNSS 接收机	分体式	分体式	分体式
通道数	220	220	54	220	72	72	52
RTK 作业精度	监测型设备 不支持 RTK	监测型设备 不支持 RTK	±10mm＋1ppm(H) ±20mm＋1ppm(V)	±10mm＋1ppm(H) ±20mm＋1ppm(V)	±10mm＋1ppm(H) ±20mm＋1ppm(V)	±10mm＋1ppm(H) ±20mm＋1ppm(V)	±10mm＋1ppm(H) ±20mm＋1ppm(V)
变形监测精度（实时）	AMS－Pro 解算系统 ±1.5mm(H)	加拿 mmVu™ 解算系统 ±0.5mm(H)	±2.5mm＋1ppm(H)	±2.5mm＋1ppm(H)	±5mm＋0.5ppm (H)	±5mm＋0.5ppm (H)	±2.5mm＋0.5ppm(H)
	±2.5mm(V)	±0.8mm(V)	±5mm＋1ppm(V)	±5mm＋1ppm(V)	±5mm＋1ppm(V)	±5mm＋1ppm(V)	±5.0mm＋0.5ppm(V)
监测软件	AMS	mmVu™	GPSensor		Trimble 4D Control		北斗玉衡 GNSS 变形监测预警系统
系统重量(kg)	0.55	0.58	0.8	0.8	1.5	1.5	1
工作温度(℃)	－45～80	－45～80	－45～75	－45～75	－40～65	－40～65	－40～75
存储温度(℃)	－55～85	－55～85	－50～85	－50～85	－40～80	－40～80	－45～95
生产厂家	上海米度测控	上海米度测控	上海华测导航	上海华测导航	美国天宝	美国天宝	北斗星通

型号	BGK－2800	VNet6	VNet8	NET S2	M300	莱卡 GMX901	莱卡 GMX902
仪器类型	分体式 GNSS 接收机	分体式（北斗三星）	分体式 （北斗、国产主板）	分体式	分体式 GNSS 接收机	分体式	分体式
通道数	120	220	192	52	120	14	52
RTK 作业精度	监测型设备 不支持 RTK	±10mm＋1ppm(H) ±20mm＋1ppm(V)	±10mm＋1ppm(H) ±20mm＋1ppm(V)	±10mm＋1ppm(H) ±20mm＋1ppm(V)	±10mm＋1ppm(H) ±20mm＋1ppm(V)	监测型设备 不支持 RTK	监测型设备 不支持 RTK
变形监测精度（实时）	±3mm(H)	±2.5mm＋1ppm(H)	±2.5mm＋1ppm(H)	±2.5mm＋1ppm(H)	±2.5mm＋1ppm(H)	±3mm＋0.5ppm(H)	±3mm＋0.5ppm(H)
	±5mm(V)	±5.0mm＋1ppm(V)	±5.0mm＋1ppm(V)	±5.0mm＋1ppm(V)	±5.0mm＋1ppm(V)	±6mm＋1ppm(V)	±6mm＋1ppm(V)
监测软件		ZMonitor	ZMonitor	SMOS	CDMonitor	GPS Spider	
系统重量(kg)	0.55	1.0	1.0	1.1	1.2	0.7	0.8
工作温度(℃)	－30～60	－40～65	－40～65	－40～65	－45～80	－40～65	－40～65
存储温度(℃)	－40～85	－40～80	－40～80	－65～85	－55～85	－40～85	－40～85
生产厂家	基康仪器	广州中海达	广州中海达	广州南方测绘	上海司南卫星导航	瑞士莱卡	瑞士莱卡

（三） GPS 监测系统组成

GPS 位移监测系统（图 3－3－8）总体分为四大部分，即传感器子系统、数据传输子系统、数据处理与控制子系统、辅助支持子系统四大部分组成。

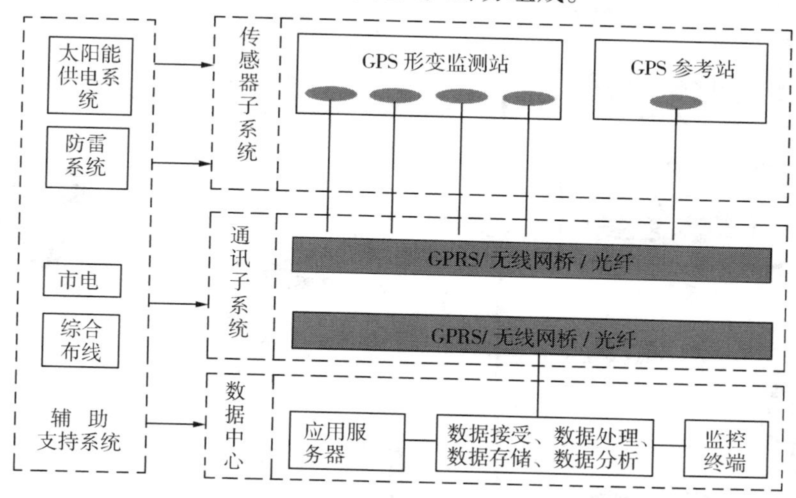

图 3－3－8　GPS 位移监测系统框图

1. 传感器子系统

传感器子系统由各 GPS 监测型接收单元组成，负责区域内各位移监测点监测数据的采集。GPS 传感器包括监测变形区域地表变化的 GPS 参考站、监测站及其辅助设备。各 GPS 接收机连续跟踪观测卫星信号，并实时按照一定规律把所接收的卫星信号变换成电信号或其他信号传输到控制中心，以满足信息的记录、计算处理、控制等要求，实现位移变化的实时监测目的。

2. 数据传输子系统

数据传输（通讯）子系统负责传感器系统采集数据的实时传输到控制中心。GPS 自动化监测系统数据传输主要是将各监测站和参考站原始数据通过有线或无线方式传输到控制中心。数据传输分为有线传输和无线传输，有线传输有光纤、网线等方式传送，无线传输常用无线网桥、2G/3G 通讯模块、Zigbee 等，可根据监测要求和现场环境选择合适的通讯方式。

随着计算机技术的发展和 GPS 解算技术的进步，为了避免远距离大数据流量传输，上海米度测控有限公司研发了一套软件，实现了 GPS 现场汇聚和现场数据解算，解算后得到的三维坐标结果数据由于数据量较小，可通过 2G/3G 通讯网络或北斗通讯进行远程传送，如图 3－3－9 所示。

数据处理与控制子系统由布置在监控中心的小型机系统、服务器系统及软件系统组成。数据处理与控制子系统总体又分为 3 个部分，即数据处理模块、数据传输与储存模块、数据分析模块。此 3 个部分是整个 GPS 自动化监测系统的核心，它们之间相互独立又紧密关联与配合，而且所有操作完全是人工提前设定后由软件自动完成，如图 3－3－10 所示。这 3 个模块将监测数据调制成可传输的信号，根据传输的距离、所处的位置选择无线或有线的通讯方式，在数据采集工作站完成数据的自检和本地存储，并通过控制信号对参数配置和采样控制进行操作。

数据处理是 GPS 自动化监测系统的核心组成部分，数据处理的结果关系到我们对稳定性的判断、分析以及管理人员的决策。

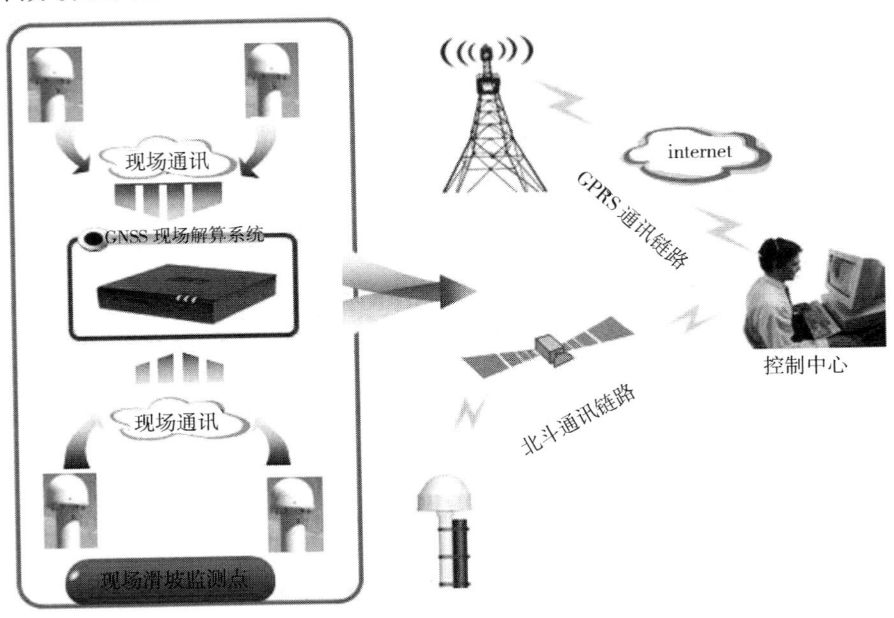

图 3－3－9　GPS 通讯示意图

监测系统的数据处理主要指监测区域内各 GPS 原始数据的采集控制，以实现数据处理的同时对数据采样间隔、各 GPS 原始数据的输入与处理、原始数据的检验、设备故障诊断等。变形监测网络中的每个 GPS 接收机只需要输出 GPS 的原始数据和星历，数据通过有线或无线等传输设备传到控制中心，控制中心的 GPS 解算软件根据每台 GPS 接收机对应的 IP 地址和端口号，获得每个监测点的原始实时数据，从而对这些原始数据进行实时差分解算，得到各个监测站的坐标，并存入数据库或发送给客户端，同时对数据进行评估和预警。数据处理完成的同时将原始数据和解算结果存储到数据库，数据分析得到的预警信息、时间信息、健康状态等存储到数据库，为分析模块提供历史监测数据等信息供调用。

3. 辅助支持系统

辅助支持系统由监测外场及监控中心辅助整个 GPS 自动化监测系统正常运行的设备组成，包括配电及 UPS、防雷、综合布线及外场机柜等子系统组成。

（A）配电及 UPS 系统

在系统建设中需要供电的设备为控制中心服务器及辅助设施，各基准站、监测站 GPS 接收机及辅助设施，根据其项目现场需供电设备功耗情况，选用安装方便、可靠、维护简单等原则。对控制中心设备和各 GPS 接收机选用不同的供电方式，即控制中心选用 220V 交流电，并以 UPS 作为有稳压功能的备用电源，而对于各 GPS 监测站无条件交流供电的则采用太阳能供电。

（1）交流电供电　在控制中心接入 220V 交流电，为防交流电不稳定，並偶有停电和电波动，在接入各设备的前端加装一个带稳压功能的 UPS，既能保证电压的稳定，为可以在断电的情况下继续给设备供电，建议所选用的蓄电池可保证为各供电设备持续供电 6～8h。为了保证用电安全，接入各设备的电源部分还需要加装空气开关，单相电源避雷器等设施。

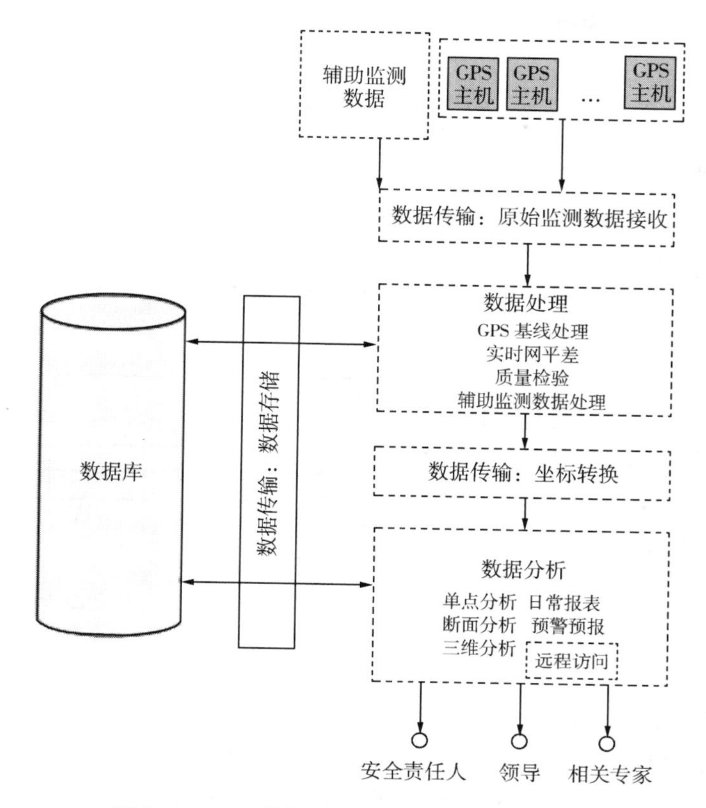

图 3－3－10 数据处理与控制子系统构架框图

(2)太阳能供电　太阳能供电系统由太阳能电池组、太阳能控制器、蓄电池组成。输出的电压为 12V,直接供给设备使用。

太阳能电池板是太阳能发电系统中的核心部件,也是太阳能发电系统中价值最高的部分。其作用是将太阳的辐射能量转换为电能,或送往蓄电池中存储起来,或推动负载工作。太阳能控制器的作用是控制整个系统的工作状态,并对蓄电池起到过充电保护、过放电保护的作用。在温差较大的地区,控制器还具备温度补偿的功能。光控开关、时控开关也是控制器的可选项,一般采用规格为 12V/10A 的控制器。

蓄电池一般采用铅酸电池或胶体蓄电池,在小微型系统中,也可用镍氢电池、镍镉电池或锂电池。其作用是在有光照时将太阳能电池板所发出的电能储存起来,到需要的时候再释放出来。设计容量以可根据当地日照情况选择,以能满足连续阴雨 7 天左右工作时间为佳。

(B) 防雷系统

雷电危害分为直击雷和感应雷。直击雷是带电云层(雷云)与防雷装置之间发生的迅猛放电现象,并由此伴随而产生的电效应、热效应或机械力等一系列的破坏作用。

感应雷是由于带电云接近地面,是在架空线路导线或其他导电凸出物顶部感应出大量电荷引起的,或是由于雷电放电时,巨大的冲击雷电流在周围空间产生迅速变化的电磁场引起的。

监测系统中各监测站及通讯系统由于雷击危害潜在因素,都要考虑防雷措施。雷电所产生的高电压脉冲对没有相应保护措施的电器设备会产生严重的毁坏作用,导致设备损毁不能工作。

五、位　移　计

(一) 差动电阻式土位移仪

1. 用途

差动电阻式土位移仪是一种供长期测量土体或其他结构物间相对位移的观测仪器。在外界提供电源时,它输出的电阻比变化量与位移变化量成正比,而输出的电阻值变化量与温度变化量成正比。

2. 结构形式

土位移仪由变位敏感元件、密封壳体、万向铰接件和引出电缆四部分组成如图3-3-11所示。变位敏感元件是差动电阻式传感器。仪器两端万向铰接件配有柱销连接头和螺栓连接头。可用于连接锚固板或长杆等。

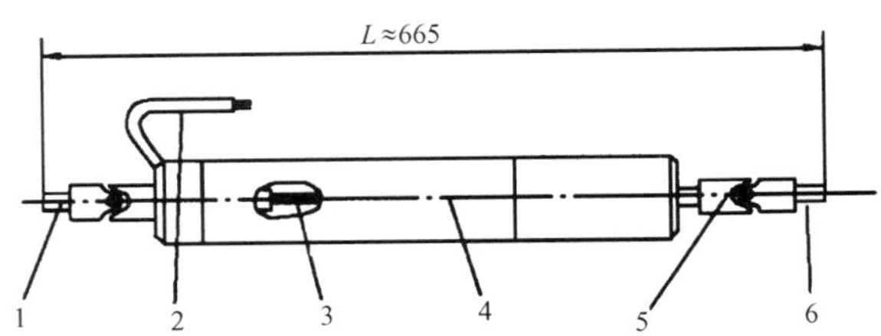

图3-3-11　差动电阻式土位移仪

1—螺栓连接头;2—引出电缆;3—变形敏感元件;4—密封壳体;5—万向铰接件;6—柱销连接头

3. 工作原理

由于被测位移量的作用,使差动电阻式变位敏感元件的两组电阻钢丝产生差动变化,即引起电阻比变化。位移量变化 ΔS 与电阻比变化量 ΔZ 具有下列线性关系:

$$\Delta S = S_i - S_0 = f \cdot (Z_i - Z_0) = f \cdot \Delta Z \qquad (3-3-1)$$

式中　f——仪器最小读数,mm/(0.01%);

S_i——位移值,mm;

S_0——初始位移值,mm;

Z_i——电阻比;

Z_0——初始电阻比。

仪器埋设点的温度可按下式计算

$$t = \alpha'(R_t - R_0) \qquad (3-3-2)$$

式中　t——埋设点的温度,℃;

α'——仪器的温度系数,℃/Ω;

R_t——仪器实测总电阻,Ω;

R_0——计算冰点0℃的电阻值,Ω。

4. 规格及主要参数

规格及主要参数列于表3-3-6。

5. 埋设安装要点

土位移计的埋设与安装,应根据实际需要配制不同规格的锚固板(一般为法兰盘)、支架、固定桩等,一般形式如图3-3-12。

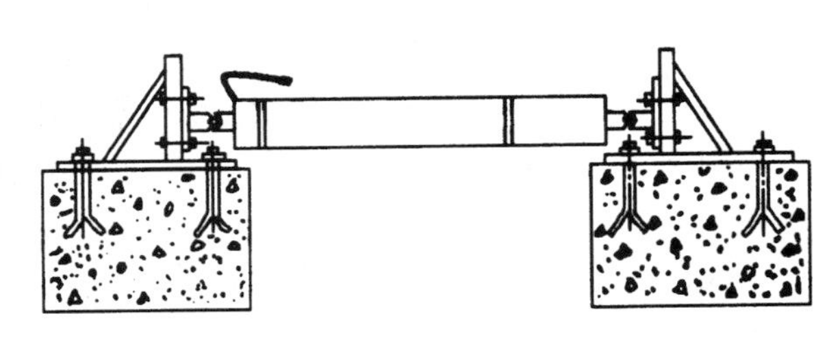

图3-3-12　土位移计埋设与安装示意图

表 3－3－6　　国内常用部分位移计品种规格表

名　称	差阻式	光纤光栅位移计		钢弦式位移计						引张线水平位移计				光电式
型　号	WY－A	GFD	BGK－FBG－4450	BGK－4430	VWJ	HXW－1	VWD	SDW	JTM－V7000	JTM－J7200	ST	NYW	BGK－4427	
规格(mm)	0～100	12、25、50、100	25、50、100、150	25、50、100、200、300	50、100	0～100	0～300	0～50、100	0～20、50、100、200	0～200、500	0～50、100、200	0～500	500、1000、2000	0～50、100
最小读数(分辨率)(%FS)	0.2mm	0.1	0.1	0.025	0.045	0.06	0.045	0.025	0.025	0.1mm	0.3mm	0.05mm	0.025mm	0.01mm
综合误差(%FS)	≤1.5				≤2.5	≤2.5	≤2.5	≤2.5	≤1.5	≤±10mm	≤±10mm	≤0.5	≤±10mm	≤0.5
测温特性	可测温						可测温		可测温±0.5℃				可测温±0.5℃	
防水压力(MPa)	0.5	0.5～3.0	0.5～5.0	0.5～5.0	全密封	全密封	0.5～5.0	0.5～2.0	0.5～3.0	防水淹	0.5			0.5
绝缘性能(MΩ)	50			>50	>50	>50	>50	>50	>50					
使用温度范围(℃)	－25～60	－20～80	－30～80	－20～80	－10～50	－10～50	－10～50	－20～70	－25～60	－30～60			－30～60	－10～50
生产厂家	国电南自	南京格能	基康仪器		南京格能	丹东环球	南京葛南	昆明畅唯	常州金土木		南京水文所	南京南瑞	基康仪器	西安华腾

（二）振弦式位移计

1. 用途

振弦式位移计采用振弦式传感器，工作于谐振状态，迟滞、蠕变等引起的误差小，温度使用范围宽，抗干扰能力强，能适应于恶劣环境中工作。广泛应用于地基基础，坝工建筑及其他土工建筑物的位移监测。

2. 结构形式

振弦式位移计由位移传动杆、传动弹簧、钢弦、电磁线圈、钢弦支架、防水套管、导向环、内外保护套筒、两端连接拉杆和万向节等部件构成（如图 3－3－13 所示）。电缆常用二芯屏蔽电缆。

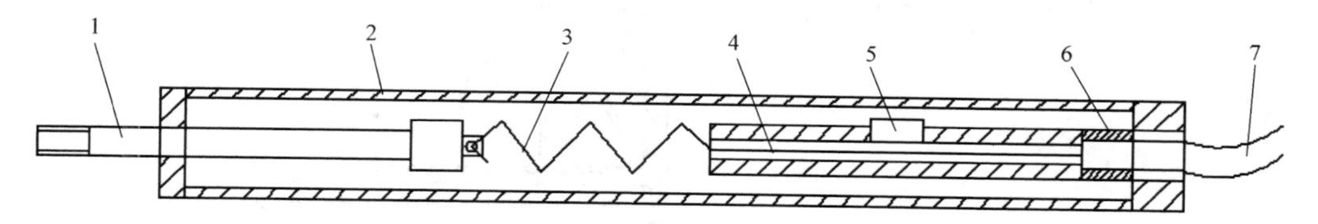

图 3－3－13　振弦式位移计结构示意图

1—拉杆；2—外壳；3—弹簧；4—振弦；5—线圈；6—密封件；7—电缆

3. 工作原理

当位移计两端伸长或压缩时，传动弹簧 7 使传感器钢弦 5 处于张拉或松弛状态，此时钢弦频率产生变化，受拉时频率增高，受压时频率降低。由于位移与频率的平方差呈线性关系。因此，当测出位移后的频率，即可按下式算出土体的位移量 d_t，计算公式为：

$$d_t = K(f_0^2 - f_t^2) \qquad (3-3-3)$$

式中　d_t——土体某时刻的位移量，mm；

K——仪器灵敏度系数，mm/Hz^2；

f_0——位移为零时钢弦频率，Hz；

f_t——相应位移 d_t 时的钢弦频率，Hz。

4. 规格及主要参数

规格及主要参数列于表3－3－6。

（三）引张线式水平位移计

1. 用途

引张线式水平位移计是由受张拉的铟瓦合金钢丝构成的机械式测量水平位移的装置。其优点是工作原理简单、直观、耐久，观测数据可靠，适合于长期观测。广泛用于土石坝和其他填土建筑物及边坡工程中，观测其水平位移。

2. 结构形式

引张线式水平位移计主要由锚固板、铟瓦合金钢丝、钢丝头固定盘、分线盘、保护管、伸缩接头、固定标点台和游标卡尺等组成（如图3－3－14所示）。

1）锚固板是一高350～400mm，长600mm，厚6～10mm的矩形钢板。

2）铟瓦合金钢丝是Co54和Cr9等材料冶炼拉制成直径为2～3mm的合金钢丝，有一定柔性，不生锈，线膨胀系数低（每1℃为$6\sim7\times10^{-7}$），强度高。

3）保护管多用镀锌钢管，或高强度的硬PVC塑料管。管径50.8～127mm。每根长1～4m。装锚固板的保护管应车制螺纹，中间管段两端口要打光锉毛。

4）钢丝端头固定盘和分线盘实际是同一件用铝合金制成的圆盘[见图3－3－15（*a*）]，厚度7～25mm，与伸缩接头相配，均布打穿线圆孔，孔数决定测点数量。

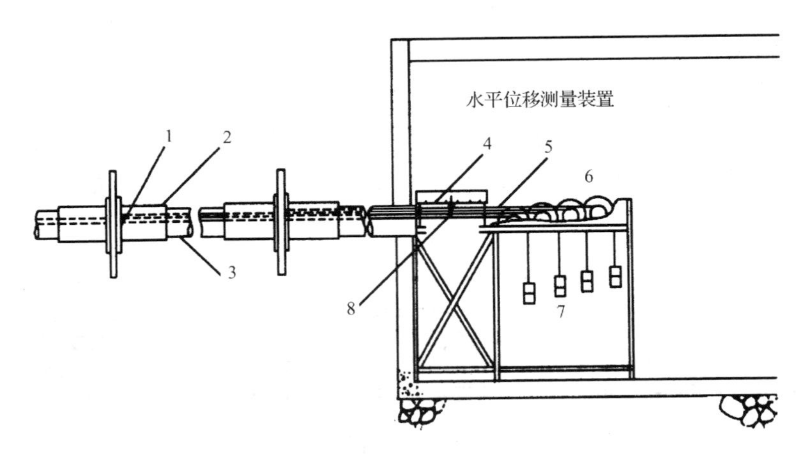

图3－3－14　引张线式水平位移计示意图

1—钢丝锚钢点；2—外伸缩管；3—外水平保护管；4—游标尺；

5—ϕ_2 铟钢丝；6—导向轮盘；7—砝码；8—固定标点

5）伸缩接头是内径比保护管粗且带法兰盘的短管。可与另一伸缩接头连接[见图3－3－15（*b*）]，其间可夹持锚固板、分线盘。与保护管连接处有压环、浸油石棉盘根和压紧螺帽构成的挡泥圈。

6）固定标点台就是观测台，在铁制钢性框架上装设有固定标点，游标卡尺，导向轮，拉直引张钢丝的恒重砝码。

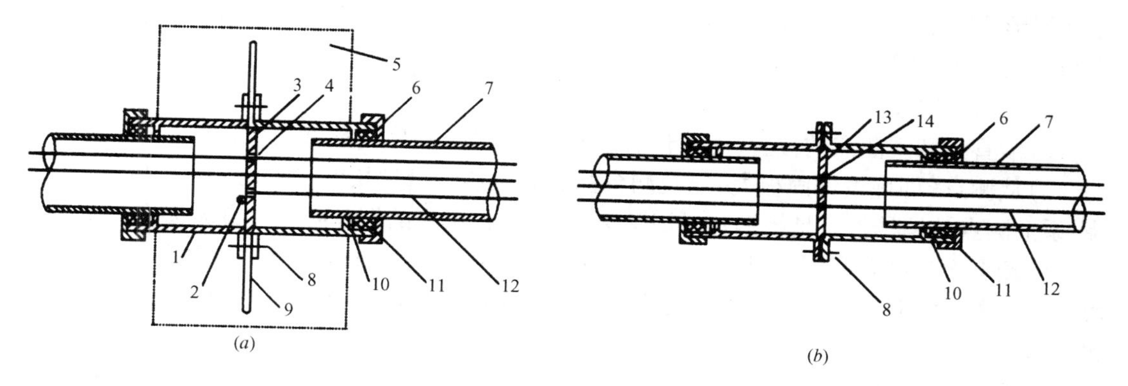

图 3-3-15

（a）锚固板固定盘结构；（b）伸缩接头分线盘结构

1—伸缩接头；2—钢丝固定点；3—固定盘；4—管套；5—混凝土块体厚 35cm，长 80cm，高 50cm；6—压帽；7—水平保护管；8—连接螺钉；9—锚固板；10—压环；11—盘根；12—铟瓦钢丝；13—分线盘；14—导套

3. 工作原理

引张线式水平位移计的工作原理见图 3-3-16。在测点高程水平铺设能自由伸缩、经防锈处理的镀锌钢管（或硬质高强度塑料管），从各测点固定盘引出铟瓦合金钢丝至观测台固定标点，经导向轮，在其终端系一恒重砝码，测点移动时，带动钢丝移动，在固定标点处用游标卡尺量出钢丝的相对位移，即可算出测点的水平位移量。测点位移大小等于某时刻 t 时读数与初始读数之差，加相应观测台内固定标点的位移量。

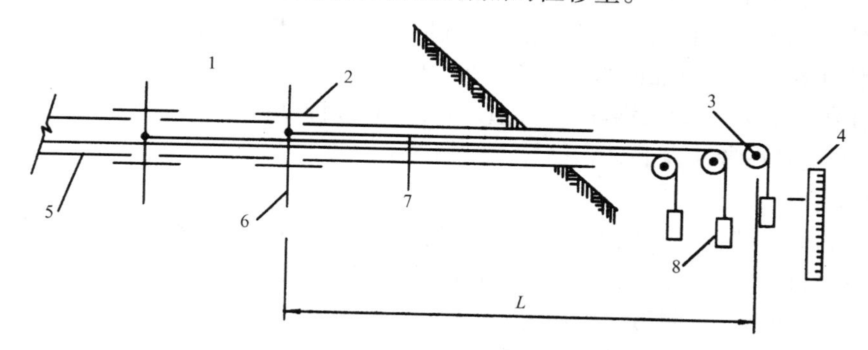

图 3-3-16　引张线式位移计工作原理示意图

1—坝体；2—伸缩管接头；3—导向轮；4—游标卡尺；
5—保护钢管；6—锚固板；7—钢丝；8—恒重砝码

4. 规格及主要参数

规格及主要参数列于表 3-3-6。

5. 埋设安装要点

引张线式水平位移计的埋设方法有挖坑槽埋设方法（坝体）和不挖坑槽（表面）埋设方法两种。具体埋设步骤要点如下：

（1）定位　表面埋设时，在土体填筑到距埋设高程约 30cm 时，测量定出埋设的管线和测点位置。挖坑槽埋设时，在填筑到埋设高程以上约 1m 时，测量定出埋设的管线和测点位置，开挖至埋设高程以下约 30cm。

(2) 细心整平埋设基床成水平　在细颗粒料中，整平压实到埋设高程。在粗颗粒料中，以滤层形式填平补齐压实到埋设高程。整平的基床不平整度不大于 ±2mm，达到的压实度应与周围土体相同。

(3) 水平位移计的安装：

1）沿管线和观测点的位置，配管长、锚固板、伸缩接头、分线盘、挡泥圈等。

2）从测点（即埋设锚固板处）至观测台标点的距离配钢丝长度，每根并放长 2m，分别盘绕，系上测点的编号牌。盘绕钢丝时切忌交叉和弯折，微弯的钢丝必须整直无损伤。

3）按下面步序装配钢丝：从观测房一端保护管→管端套的挡泥圈压紧螺帽→浸油石棉盘根→压环→伸缩接头→在接头上装分线盘→经伸缩接头另一端直至测点位置装上锚固板和钢丝。

4）按上一步序安装各测点钢丝，并汇集到固定标点台的测量装置上。钢丝在引穿过程中要用引线器，以防钢丝打弯和交叉缠绕。

(4) 检查安装的各环节　进行一次测试后认为正常，就可进行回填。首先在锚固板处（即测点处）立模浇一全包锚固板的混凝土块体或钢筋混凝土块体（厚 35cm，80cm，高 50cm）。浇筑时应防止砂浆进入伸缩接头与保护管之间的缝隙。

(5) 混凝土凝固拆模后　边养护，边回填，并人工仔细回填管线周围，并压实周围土体的密度。压实土料时切勿冲击管身。回填超过仪器顶面以上 1.8m，一般即可恢复至正常施工填筑。

6. 测读方法

当观测房设在上下游坝坡上时，在坝体两岸设固定标点，以视准线法定出观测房内位移计标点位置。观测房设在两岸时，在基岩上设固定标点。埋设安装完成即进行标点的观测并记录。估计各个测点可能的水平位移方向、大小、调整观测量程，钢丝通过导向轮加总重为 50kg（对直径 2mm 的铟瓦钢丝）。加重后待约 30 分钟读数一次，重复读数至最后两次读数值不变，并记录在考证表上。

7. 验收与维护

用户开箱验收仪器时应检查各部件的数量是否与装箱清单相符，因为整套仪器要在现场安装，要妥善保管不要丢失。要特别保管好铟瓦钢丝不能折弯损伤。钢丝的锤重 25kg 应长期挂上，不要卸下。观测房应保持干燥。

（四）滑线电阻式土位移计（TS 位移计）

1. 用途

滑线电阻式土位移计，也称土应变计或堤应变计，是一种坚固、测量精度高、埋设容易的位移测量仪器，可测土体某部位任何一个方向的位移，适用于填土中埋设。可单点埋设，亦可串联埋设。

2. 结构形式

滑线电阻式土位移计主要由传感元件、铟瓦合金连接杆、钢管保护内管、塑料保护外壳、锚固法兰盘和传输信号电缆构成（如图 3－3－17 所示），传感元件

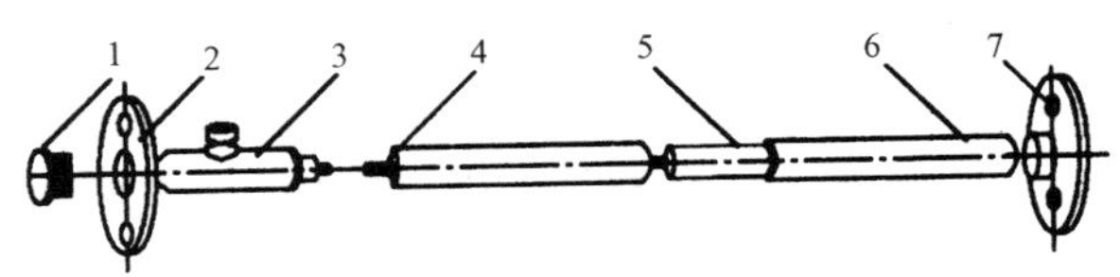

图 3－3－17　滑线电阻式土位移计示意图

1—左端盖；2—左法兰；3—传感元件；4—连接杆；5—内护管；6—外护管；7—右法兰

就是一种直滑式合成型电位器。其结构简单,尺寸小,重量轻,输出信号大,精度高,空载线性度 ±0.1%,分辨率高,在 1mm 行程中可分辨 200 ~ 1000 个点。

3. 工作原理

将电位器内可自由伸缩的铟瓦合金钢连接杆的一端固定在位移计的一个端点上,电位器固定在位移计的另一个端点上,两端产生相对位移时,伸缩杆在电位器内滑动,不同的位移量产生不同电位器移动臂的分压,即把机构位移量转换成与它保持一定函数关系的电压输出。用数字电压表测出电压变化,换算出位移量。换算公式:

$$d_t = C(V_1 - C'V_0)/V_0 \tag{3-3-4}$$

$$\Delta d = d_t - d_0 \tag{3-3-5}$$

式中 C、C'——位移计常数(由厂家给出);

V_0——工作电压;

V_1——实测电压;

d_0——t_0 时位移计的读数,mm;

d_t——t 时位移计的位移,mm;

Δd——土体实际位移,mm。

4. 规格与主要参数

规格与主要参数列于表 3-3-6。

5. 埋设安装要点

量测坝体中的位移多采用坑式埋设方法。量测坝体与岩坡交界面剪切位移多采用表面埋设方法。可单支埋设,亦可串联埋设,也可在任意方向埋设。埋设过程中应特别注意固定端点的锚固不能有位移。坝体中埋设的锚固板应与所测土体同步位移。

6. 测读方法

用三位半或四位半数字电压表来测量位移计中电位器输出的电压。

在 TS 位移计已应用 12 年并取得成功经验的基础上,南京水利科学研究院岩土所对引张线式水平位移计作了改进,1999 年研制成 NDCY—1 型电测水平位移计。该仪器采用特制的关节轴承和拉压连接杆结构,在坝体连续变形 26cm/3m 的沉降下,仍能正常工作,整体最大误差≤1.3mm/3m,满足土石坝水平位移观测的要求。选用的大量程的电位器式传感器,可使位移量程达 300 ~ 500mm,分辨率 0.015mm,精度≤0.2% FS。电测水平位移计可人工观测,亦可实现远距离自动化观测。它最大优点是可分段埋设安装观测,在坝体填筑过程中,边施工边观测,克服了引张线式水平位移计必须全线埋设完成后才能观测,造成施工期漏测的缺陷。

(五)变位计

变位计又称伸长计、钻孔伸长仪或钻孔位移计,主要是用来观测地下(深度 20m 以上)基岩变形的位移计,变位计分为单点变位计和多点变位计两类。多点数在国内最多已达 12 点,国外可多达 10 点。量测变形的传感器有使用百分表测量的机械式、电位器式、振弦式和差动电阻式。

1. 单双点锚固式变位计

(A)用途

单双点锚固式变位计是一种比较经济、操作简单、结构牢固、工作可靠、容易安装的测量地下形变的监测仪器。广泛用于矿井、隧洞及岩石开挖周边的应变测量，建筑物基础和桥墩变形观测，以及土坝边坡稳定监测等。

根据经验，在容易钻孔地方，在相邻钻孔不同深度安装多支单点变位计，进行各点之间的多点观测比在同一钻孔设置多点变位计要好。

(B) 结构形式

国内使用的单点杆式变位计由灌浆锚栓1；测杆与锚栓接头2；装在保护套管内的传递杆3；变位计基准端4；百分表座(或电测传感器)及可调节的测杆5；百分表6等组成(见图3-3-18)。

图3-3-19是用测缝计改装的基岩变形计。测缝计下部通过特制的变形接头与直径3.175×10^{-2}m(1.25英寸)加长钢管连接，钢管长度l根据设计需要决定，可达30m。钢管下部焊一$\phi60\times6$mm的钢板凸缘盘做锚固端。顶部用$\phi80\times100$mm的钢管保护，以防砂浆浸入粘结波纹管影响测缝计变形。下部凸缘盘与顶部用砂浆与基岩浇结固定，就可测定深部基岩的变形。

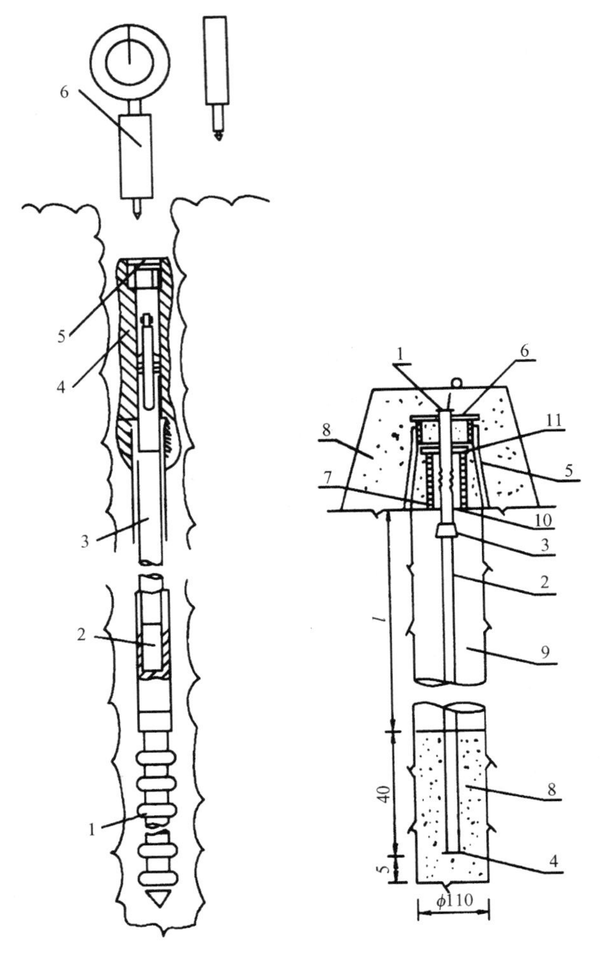

图3-3-18 单锚杆变位计

1—灌浆锚栓；
2—测杆与锚栓接头；
3—装在保护套管内的传递杆；
4—变位计基准端；
5—百分表座(或电测传感器)及可调节的测杆；
6—百分表

图3-3-19 基岩变形计

1—测缝计；
2—加长钢管；
3—变径接头；
4—凸缘盘；
5—钢三脚架；
6—马蹄形垫板；
7—保护钢管；
8—砂浆；
9—黄泥浆；
10—棉丝封口；
11—盖板

美国基康公司等国外厂商生产的单点变位计由可膨胀的岩石锚栓组成。测杆从钻孔锚栓伸到孔口的环轴锚栓(见图3-3-20)，用百分表测量变形。双点式结构见示意图3-3-21，与单点式相似，但有两个锚栓。用模拟或数字式深度千分表测量变形。

(C) 工作原理

变位计的灌浆锚栓与岩体牢固连成一体，当岩体沿钻孔轴线方向发生位移时，锚栓带动传递杆延伸到钻孔孔口基准端，使得位于基准端的伸长测量仪表也随着位移产生相应的变化，随着锚点的移动，相对于基准端的伸长即可测出。

(D) 规格及主要参数

美国基康公司、Sinco公司、加拿大RST公司及在ROCTEST公司和国内部分厂家都有类似的单点和双点锚杆变位计出售，主要技术参数也基本相同。因此，不按生产厂家单列，仅按产品类别列出主要参数。

测量数量: 单点

量程范围(mm): 100～150

分辨率(F·s%): 0.025～0.05

钻孔直径(mm): 40～60

最大深度(m): 30

(E) 埋设安装要点

变位计通常是埋设在无套管的钻孔中，钻孔应冲洗干净。钻孔可以是垂直的，水平的或任意方向的斜孔。由于安装需要，实际孔深一般要比设计要求深20～30cm。

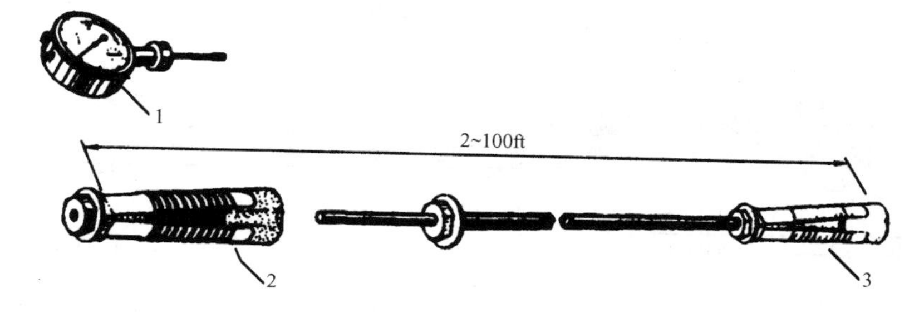

图3-3-20 单点锚杆变位计

1—测微计；2—环轴锚栓；3—钻孔锚栓

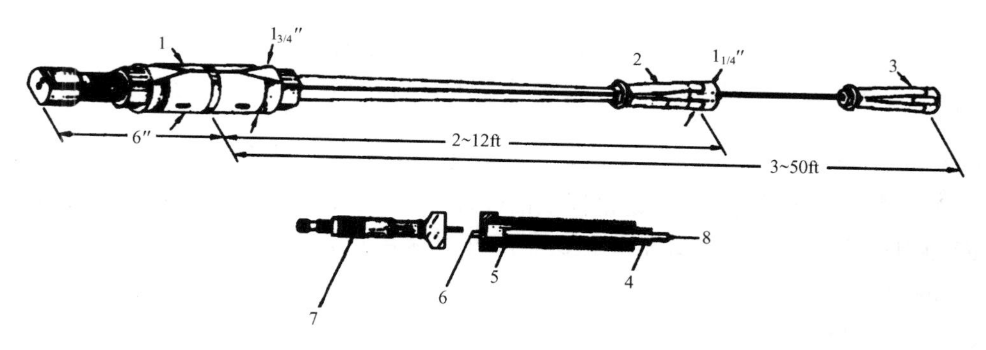

图3-3-21 双点锚杆变位计

1—环轴锚栓；2—中层锚栓；3—下层锚栓；4—不锈钢测杆；5—基准头；6—深度千分表插孔；7—模拟或数字式深度千分表；8—不锈钢管

(F) 测读方法

前已述及，位移量是在基准端进行量测。变位计的基准端配置一个可拆卸的基准测头，它应具有既可用机械式深度计又可用电测的兼容性。当测杆位移伸长到最大量程时，测量范围应可重置，以后读数则要加减该读数。

2. 多点变位计(多点位移计)

(A) 用途

在同一钻孔中沿其长度方向设置不同深度的测点3～6个，国外可多达10点，测量各测点沿长度方向的位移，适用于各种建筑物基础及岩土工程，如隧洞、厂房、洞室、边坡、坝基等基岩不同深度变形监测。

(B) 结构形式

多点变位计主要由锚头、传递杆、护管、支承架、前(后)护筒、传感器、护罩以及灌浆管(或压力水管)组成(见图3-3-22)。传感器可用人工测读的机械式测微仪表,也可用远程传输的电测传感器如线性电位器式位移计,差动电阻式位移计、振弦式位移计等。

常用锚头有四种:

(1) 可膨胀型岩石锚　多用于单双点变位计,快速安装。具有较大膨胀量和扭力,能在表面不平破碎岩石钻孔或受到爆破作用的地方有效地锚固。

(2) 弹簧锚头　适用于钻孔均匀平滑的坚硬岩石中,安装简捷,特别适用于同一钻孔有两个或更多锚头的变位计。

(3) 灌浆锚头　变位计先装好锚头与传递杆永久接触,再灌浆定位锚固。

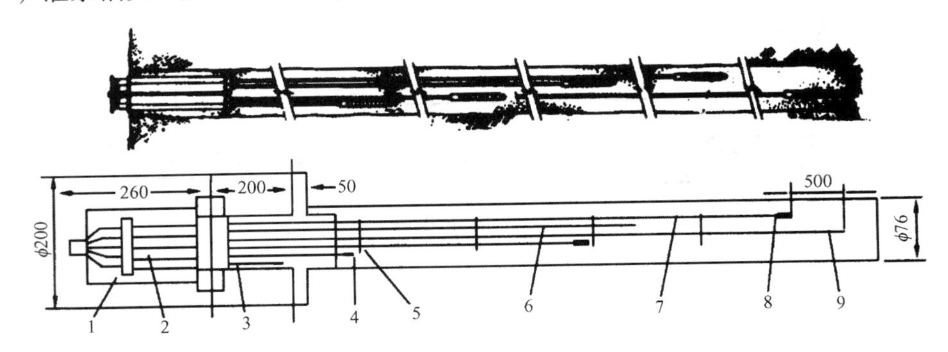

图3-3-22　多点变位计示意图

1—保护罩;2—传感器;3—预埋安装管;4—排气管;
5—支承板;6—护套管;7—传递杆;8—锚头;9—灌浆管

(4) 水力扩张锚头　用于土壤或软基,特别是预期要产生明显位移的钻孔。

传递杆常用的除了刚性的不锈钢杆或铝杆外,国外还用柔性杆。这种柔杆是用涂油的不锈钢、铟钢、炭化纤维、玻璃纤维或弹簧制成并包封在光滑配合的塑料管中。可盘成1~2m直径的圈,适用于有横向剪切的钻孔。

(C) 工作原理

当钻孔各个锚固点的岩体产生位移时,经传递杆传到钻孔的基准端,各点的位移量均可在基准端进行量测。基准端与各测点之间的位置变化即是测点相对于基准的位移。根据这原理可用多点变位计监测建筑物某一部位相对另一部位,建筑物相对基础,基础某一部位相对另一部位的位移。如果要观测岩石的绝对变形,可使变位计最深的锚头固定在基岩变形范围之外,即找到稳定不变的基准点,就可测出基岩的相应变形值。

(D) 品种规格及主要参数

多点变位计国内虽然应用较广,但定型生产的厂家不多,很多是勘察设计和科研院所自产自用,名称也极不统一,表3-3-7罗列出国内外常用多点变位计的主要参数,供参考。

(六)　滑动测微计

滑动测微计是瑞士 Solexperts 公司为监测沿某一直线的应变分布而制造的高精度便携式仪器,从原理和功能来看,这是一种比较新颖的钻孔多点变位计。

表 3-3-7　国内常用部分多点位移计主要参数表

型号	JTM-7000	SDW	5183612(40)	VWM	BGK-A3/A6	BOR-EX	HXW	BGK-FBG-A3/A6	BWC-	NZD	NCT-WY
工作原理	振弦式、机械式			振弦式				光纤光栅	差动电阻式		电位器式
量程(mm)	20、50、100	0~150	50、100	0~300	50,100,150,200,250	50,100,150,200,250	10~120	25,50,100,150	0~100	5~100	50,100,150,200
测点数	1~6	1、4、6	2~6	1~12	1~6	1~6	2~6	1~6	3~6	2~6	3~6
测孔深(m)	4~100	0~100		0~100	0~100	0~100	40~80	0~100	0~100	0~76	0~100
最小钻孔直径(mm)	40	42		45	45	76	40	45	76	75	70
分辨力(%FS)	≤0.04	≤0.025	0.04	≤0.025	0.025	0.02	0.06	0.1	0.1	0.012	0.1
传递杆	不锈钢	不锈钢	不锈钢、玻纤	不锈钢	不锈钢、玻纤	不锈钢、玻纤	不锈钢	不锈钢、玻纤	不锈钢	不锈钢	不锈钢
测量方式	机测、电测	机测、电测	机测、电测	电测	电测	电测	电测	电测	电测	电测	电测
测量仪表	钢弦频率计、百分表	钢弦频率计、百分表	测微计、频率计	钢弦频率计	振弦式读数仪	振弦式读数仪	振弦式读数仪	光纤光栅解调仪	电桥	电阻比指示器	电位器式读数仪
锚固方式	多种	注浆	多种	注浆	多种	多种	多种	多种	注浆	注浆	注浆
耐水压(MPa)	≥0.5~5.0	2		≥1	0.5~5.0	0.5、3.0	全密封	0.5~5.0		0.5~3.0	
生产厂家	常州金土木	昆明畅唯	美国 sinco	南京葛南	基康仪器	加拿大 Roctest	丹东环球金坛金源	基康仪器	国电南自	南京南瑞	南京卡尔胜

1. 用途

滑动测微计用来在岩石、混凝土和土中确定沿某一测线的应变和轴向位移的连续分布情况，可以广泛应用于各种不同类型的岩土工程结构安全监测、评估分析与科学研究等方面。典型的应用包括：

1）混凝土重力坝坝基、拱坝坝肩在库水位、环境温度和混凝土自生体积变化等因素影响下的稳定性监测，评估坝基裂缝（渗漏）的潜在发生位置，研究坝肩和岩石间的相互作用[见图3-3-23（a）]。

2）地下硐室、隧道、地铁、深基坑等地下开挖工程的变形监测与稳定性评估，比如围岩松动、拱顶沉陷监测等等[见图3-3-23（b）]。

3）边坡、滑坡稳定性监测。

4）桩基测试，可以进行桩身内力、桩周土摩擦力和负摩阻力等方面的测试。

5）地下连续墙、挡土墙等隔墙的曲率监测，可以估计其弯矩，确定其偏位曲线[见图3-3-23（c）]。

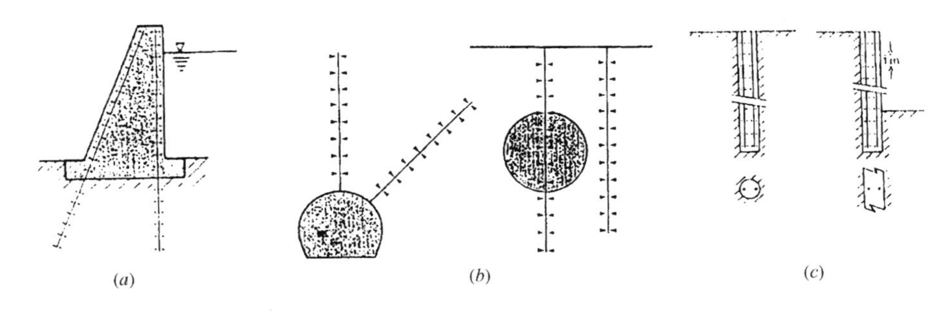

图3-3-23　滑动测微计的应用

（a）混凝土坝；（b）隧道；（c）桩和隔墙

2. 结构形式

图3-3-24是滑动测微计的外观图，测量系统的主体由探头、电缆、绞线盘和读数仪组成，标准配置还包括校准装置与操作导杆。探头的上下两个测头均由球面切割而成，探头内设有高精度数字式线性位移传感器（LVDT）。测量电缆为6芯铠装电缆（抗拉强度500KG，带6针防水接头，耐水压力1.5MPa），标配长度为50m或100m，出厂时已经装配在绞线盘上。数字式读数仪可以通过RS232与PDA掌上电脑进行连接，通过脚踏开关触发，由TRIVEC测量软件记录和存储测量数据。

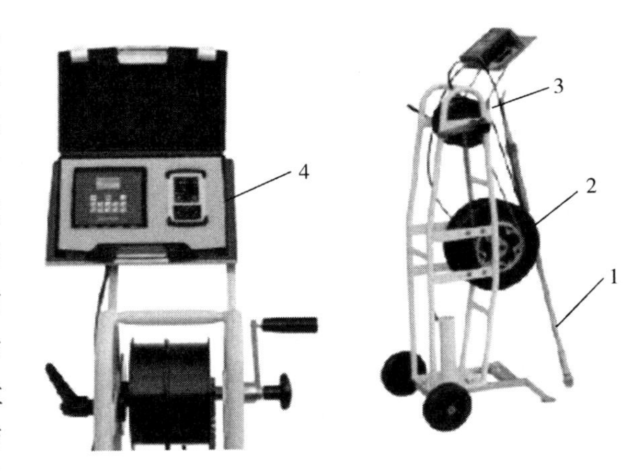

图3-3-24　滑动测微计

1—探头；2—带集线环的绞线盘；3—测量电缆100m；4—测读仪

该仪器标配有用铟瓦合金制造的便携式校准装置，可以随时用来检查仪器功能并校准探头测量误差，以保证仪器的长期稳定性和测量精度。滑动测微计探头和校准装置上都带有温度传感器，其温度均可在显示器上进行显示。

3. 工作原理和测量方法

进行测试时，先将滑动测微计探头插入到埋设于钻孔中的测量套管中，并在测量套管中标准安装间距为 1.0m 的两个相邻的测标之间进行位移测量与移动。在测标的滑移位置，探头可沿套管自动移动。当探头滑移到预定的测量深度时，使用测量导杆将探头旋转 45°，使其到达测标的测试位置，然后用力拉紧测量电缆，这时探头的上下两个测头就通过球锥定位原理在相邻的两个测标之间定位并张紧，探头中的高精度线性位移传感器同时被触发，并将测试数据通过电缆传到读数仪上。测量套管周围的介质（岩石、混凝土和土）的变形会引起对应位置的测标产生相对的位移变化，对相邻的测标连续进行测量，就可以得到沿测量套管轴向分布的应变或轴向位移变化。滑动测微计的测量原理简图 3－3－25。由锥面切割而成的环形金属测标，按 1.0m 的标准测量间距用 HPVC 保护套管连接起来，使用水泥砂浆（需根据钻孔周围介质进行配比）牢固地浇注在直径为 100mm 的钻孔或任何混凝土中预制的管状空间中。

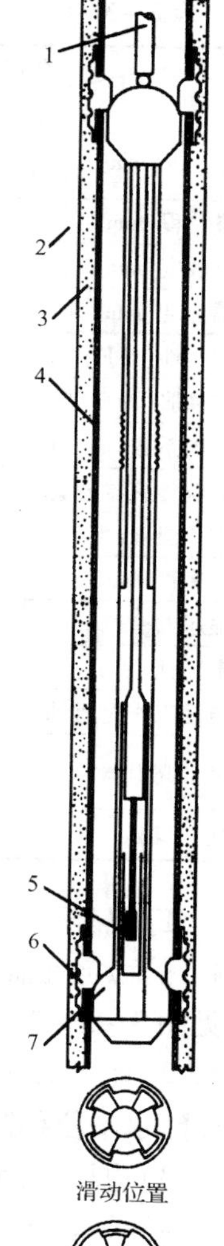

图 3－3－25　滑动测微计测量原理简图

1—导杆；2—土、岩石、混凝土；3—灌浆；4—套管；5—位移传感器 LVDT；6—测标（锥面）；7—测头（球面）

在垂直或向下倾斜埋设的测量套管中进行测试，使用导杆将探头导入到测量位置。深度不超过 30m 时，可以通过导杆使探头张紧进行测量和读数；深度超过 30m 时，必须要使用绞线盘上的助力把手通过加强电缆将探头张紧进行测量和读数。在水平或者近似于水平埋设的测量套管中，则不用绞线盘上的助力把手也可以测量长达 100m 的深度。

滑动测微计测试比较快捷，可以在较短的时间内完成测试。深度为 30m 的测量钻孔，自上而下和自下而上循环测试一次，可以在 30min 内完成。

4. 技术参数

滑动测微计的技术参数列于表 3－3－8 中。

（七）三向位移计

瑞士 Solexperts 公司的 TRIVEC 三向位移计是一台高精度便携式测量仪器，用来测量一个垂直钻孔（或者接近于垂直的钻孔）中沿钻孔轴向（Z 轴）和水平方向（X、Y 轴）的三维位移分量的变化与分布情况。

1. 用途

TRIVEC 三向位移计用来在岩石、混凝土和土中确定沿某一垂直测线的 X、Y、Z 轴方向 3 个位移分量的连续分布情况，可以广泛应用于各种不同类型的岩土工程结构安全监测、评估分析与科学研究等方面。典型的应用包括：

表 3－3－8　　　　　　　　滑动测微计的技术参数表

参数＼名称	探　头	数字式读数仪	校准装置	测量套管	导　杆
基　距（mm）	1000		E1＝997.5mm E2＝1002.5mm	套管直径：60mm； 伸缩接头（带测标） 直径：68mm 建议钻孔直径： 最小 100mm	单根长 2m
量　程（mm）	10	±10			
灵敏度（mm）	0.001	0.001			
精　度（mm）	±0.002				
线　性（%F·S）	<0.02				
热膨胀（%F·S/℃）	<0.01				
温度系数（mm/℃）	0.002		<0.0015		
测温传感器灵敏度（℃）	0.1		0.1		
工作温度（℃）	－20～60	－30～60	18～22		
水密性（bar）	15	防溅水			
显示器		LCD 液晶			
电　池		NiCd 电池			
电池工作时间（h）		8			
外部充电器		220V （50～60Hz）			
接　口	RS232	RS232			

1）混凝土重力坝坝基、拱坝坝肩在库水位、环境温度和混凝土自生体积变化等因素影响下的稳定性监测，评估坝基裂缝（渗漏）的潜在发生位置，研究坝肩和岩石间的相互作用［见图 3－3－26（*a*）］。

2）地下硐室、隧道、地铁、深基坑等地下开挖工程的变形监测与稳定性评估，比如差异沉降、水平位移监测等等［见图 3－3－26（*b*）］。

3）边坡、滑坡稳定性监测。

4）桩基测试，可以进行桩身内力、桩周土摩擦力和负摩阻力等方面的测试，并确定其偏位差。

5）地下连续墙、挡土墙等隔墙的曲率监测，可以估计其弯矩，确定其偏位曲线［见图 3－3－26（*c*）］。

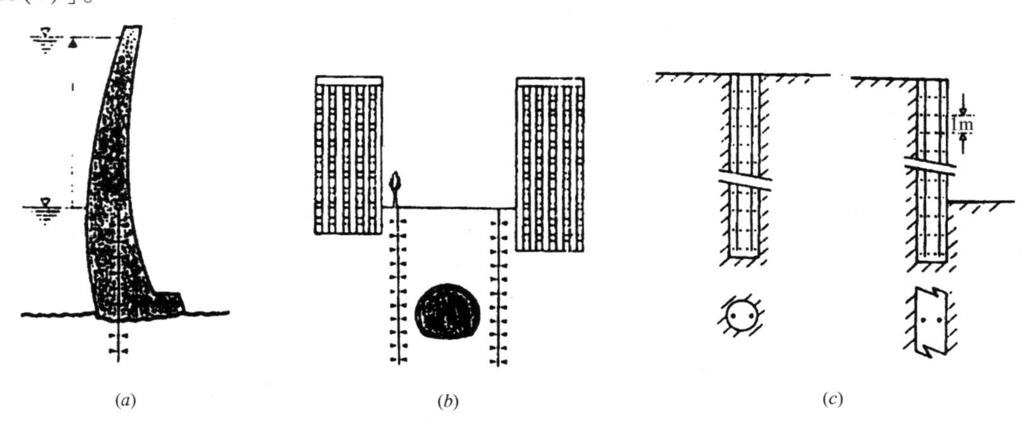

图 3－3－26　三向位移计的应用

（*a*）混凝土坝；（*b*）隧道和竖井；（*c*）桩和隔墙

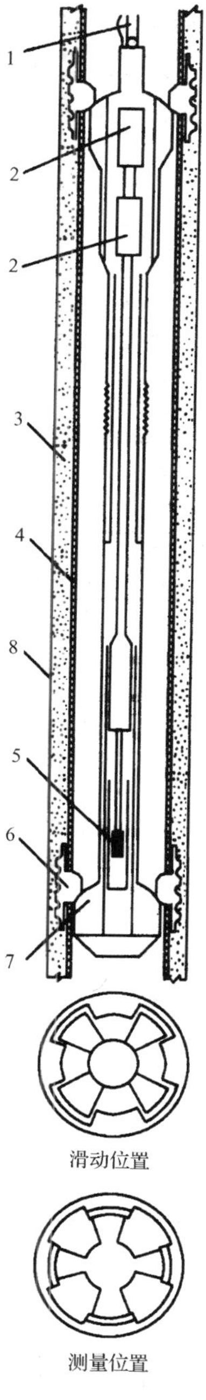

2. 结构形式

TRIVEC 三向位移计测量系统主体由 TRIVEC 探头、电缆、绞线盘和读数仪组成，标准配置还包括校准装置与操作导杆。三向位移计从系统配置到探头外形等方面基本上与滑动测微计相同，唯一不同之处是探头，TRIVEC 探头内部包括一个与滑动测微计探头相同的高精度数字式线性位移传感器（LVDT）和两个数字式电容倾斜传感器（见图 3－3－27），探头外观上也稍有差异。

该仪器标配有用铟瓦合金制造的便携式校准装置（见图 3－3－28），可以随时用来检查仪器功能并校准探头线性位移传感器（LVDT）和倾斜传感器的测量误差，以保证仪器的长期稳定性和测量精度。校准装置的倾斜度由两个高精度重合水准器来控制，可以在 X、Y 方向上产生倾斜变化并提供标准的倾斜角度作为校准依据。三向位移计探头和校准装置上都带有温度传感器，其温度均可在显示器上进行显示。

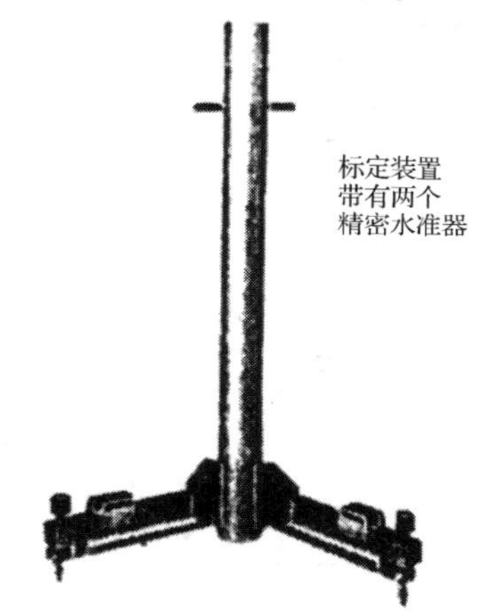

图 3－3－28　铟瓦合金校准装置

3. 工作原理和测量方法

三向位移计的工作原理与滑动测微计基本一致，即通过球—锥定位原理使探头定位于两个相邻的测标之间，然后通过导杆或者加强电缆张紧探头，触发探头的高精度线性位移传感器和倾斜传感器进行测量，并将测试数据通过电缆传输到读数仪上进行记录和存储。测量套管周围介质（岩石、混凝土和土）的变形会引起对应位置的测标产生 X、Y、Z 轴上的相对位移变化，对相邻的测标连续进行测量，就可以得到沿测量套管轴向分布的应变（或轴向位移）变化，同时可以得到不同深度上的水平位移（X、Y 轴）分布与变化。从测量原理和测试结果上来看，三向位移计的测量功能等同于一台滑动测微计与一台双轴测斜仪的测量功能的叠加。

滑动位置

测量位置

图 3－3－27　三向位移计测量原理简图

1—导杆；2—倾斜传感器；3—灌浆；4—测量套管；5—位移传感器 LVDT；6—测标（锥面）；7—测头（球面）；8—土、岩土或混凝土每一个测量回次结束之后，建议使用导杆将探头方位旋转 180° 之后重复一个测量回次，以补偿由于温度影响或探头系统误差带来的测量误差。完成一个深度为 30m 的钻孔的三向位移计测量，自上而下和自下而上完成一个测量回次之后，将探头旋转 180°再完成一个测量回次，总共需要约 一 个小时的时间。

4. 技术参数

三向位移计的技术参数列于表 3 –3 –9 中。

表 3 –3 –9　　三向位移计的技术参数表

参数＼名称		探　头	数字式读数仪	校准装置	套　管	导　杆
标　　距(mm)		1000		E1 = 997.5mm E2 = 1002.5mm	套管直径:60mm; 伸缩接头(带测标) 直径:68mm 建议钻孔直径: 最小 100mm	单根长 2m
测微计	量　　程(mm)	±10	±10			
	灵　敏　度(mm/m)	0.001	0.001			
	精　　度(mm)	±0.002				
测斜仪	量　　程(°)	±10	±10			
	灵　敏　度(mm/m)	0.001	0.001	2″/2mm 重合水准管		
	精　　度(mm/m)	±0.04				
	标 定 范 围(°)	±10		±15		
温度传感器灵敏度(℃)		0.1		0.1		
工 作 温 度(℃)		–20 ~60	–30 ~60	+18 ~22		
温 度 系 数(mm/℃)		<0.002		<0.0015		
水　密　性(bar)		15				
显　示　器			LCD 液晶			
电　　池			NiCd 电池			
电池工作时间			8h			
外部充电器			220V/50 ~60Hz			
接　　口		RS232	RS232			

六、收　敛　计

收敛计又叫带式伸长计或卷尺式伸长计。对于测量两个外露测点的相对位移是十分方便的，是一种比较简单而有效的，应用较为普遍的便携式仪器。

1. 用途

主要用于固定在建筑物、基坑、边坡及周边岩体的锚栓测点间相对变形的监测。它可以在施工期和竣工后定期观测隧洞顶板下沉，坑道顶板下垂，基坑形变，边坡稳定性的表面位移等。

2. 结构形式

收敛计主要由钢卷尺(铟瓦钢或高弹性工具钢)、百分表、测量拉力装置及与锚栓测点相连接的连接挂钩等部分组成(见图3-3-29)。钢尺按每2.5cm孔距用高精度加工穿孔,测力计张拉定位进行拉力粗调。弹簧控制拉力使钢尺张紧,百分表进行位移微距离读数测量。

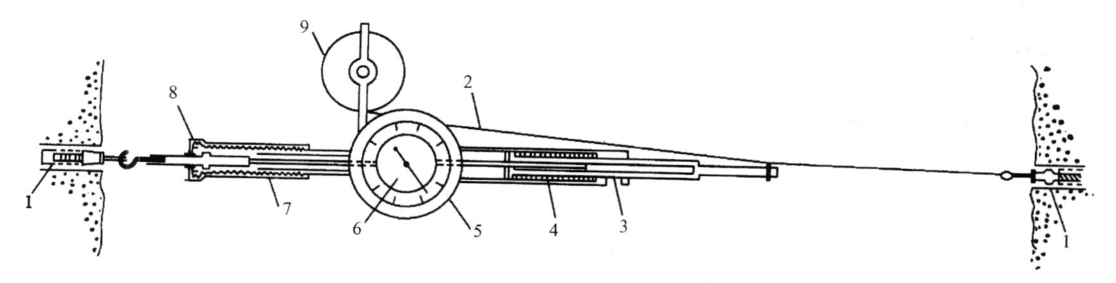

图3-3-29 钢尺式收敛计工作原理

1—锚固埋点;2—钢尺(每隔2.5cm穿一孔);3—校正拉力指示器;4—压力弹簧;5—密封外壳;6—百分表;7—拉伸钢丝;8—旋转轴承;9—钢带卷轴

3. 工作原理与测读方法

测量时将收敛计一端的连接挂钩与测点锚栓上不锈钢环(钩)相连,展开钢尺使挂钩与另一测点的锚栓相连。张力粗调可把收敛计测力装置上的插销定位于钢尺穿孔中来完成。张力细调则通过测力装置微调至恒定拉力时为止。在弹簧拉力作用下,钢尺固紧,高精度的百分表可测出细调值。记下钢尺读数,加上(减去)测微细调读数,即可得到测点位移值。

为提高测量精度,每一工程使用一专用的收敛计,并用率定架定期核对其稳定性,和确定温度补偿进行校验。更换钢尺时,则应建立新的基准读数。仪表使用前温度应稳定。

4. 品种规格及主要参数

国内外生产收敛计的主要厂家及品种规格列于表3-3-10中。

表3-3-10　国内常用部分钢尺收敛计主要品种规格

型　号	JTM-J7100	SL-3	NSL	51811510(30)	CONVEX	GK-1610	GK—4425(振弦式)	SL-2
分辨力(mm)	0.01		0.01	0.01	0.01	0.01	0.025%F·S	0.01
测力装置	弹簧		弹簧	弹簧	弹簧	弹簧		弹簧
材料	钢尺		钢尺	钢尺	钢尺	钢尺		钢尺
读数仪表	钢尺+百分表		数显	钢尺+百分表	钢尺+数显千分表	数显	振弦式读数仪	钢尺+百分表
连接方式	挂钩							
张紧力(kg)	8、12、20	8、12	7~8		10	10	10(可调)	12
量程(m)	20、30、50	20、30	10、20、30、50	20、30	15、20、30	10、15、30	可调	20、30
净重(kg)	1.8、2.2、3.2	1.75、2.2			2	2		2.75
仪器长(mm)	570	550		70×610	550	550	356、508、838	530
生产厂	常州金土木	昆明全超	南京南瑞	美国 sinco	加拿大ROCTEST	美国 Geokon		昆明畅唯

七、测　缝　计

测缝计顾名思义是测量结构接缝开度或裂缝两侧块体间相对移动的观测仪器。按其工作原理有差动电阻式测缝计、电位器式测缝计、振弦式测缝计、旋转电位器式测缝计以及金属标点结构测缝装置等。测缝计与各种形式加长杆连接可组装成基岩变形计,用以测量基岩变形。

（一）差动电阻式测缝计

1. 用途

差动电阻式测缝计用于埋设在混凝土内部,遥测建筑物结构伸缩缝的开合度,经过适当改装,也可监测大体积混凝土表面裂缝的发展以及基岩的变形。如测量两坝段间接缝的相对位移,大坝管道中结构裂缝(接缝)的监测,软弱基岩中夹泥层的变形与错动、断层破碎带的变形监测等。

2. 结构形式

测缝计由上接座、钢管、波纹管、接线座和接座套筒等组成仪器外壳。电阻感应组件由两根方铁杆、弹簧、高频瓷绝缘子和直径为0.05mm的弹性电阻钢丝组成。两根方铁杆分别固定在上接座和接线座上。两组电阻钢丝绕过高频瓷绝缘子张紧在吊拉簧和玻璃绝缘子焊点之间(见图3-3-30),并交错地固定在两根方铁杆上。外套塑料套以防止埋设时水泥浆灌入波纹管间隙内,保持伸缩自如。

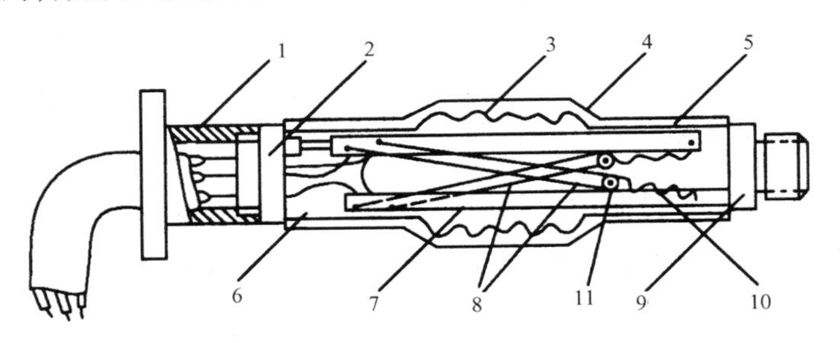

图3-3-30　测缝计结构

1—接座套筒;2—接线座;3—波纹管;4—塑料套;5—钢管;6—中性油;7—方铁杆;8—弹性钢丝;9—上接座;10—弹簧;11—高频瓷绝缘子

3. 工作原理

当测缝计承受外部变形时,由于外壳波纹管以及传感部件中的吊拉弹簧将大部分变形承担了,小部分变形引起钢丝电阻的变化。而且两组钢丝的电阻在变形时的变化是差动的,电阻的变化与变形成正比。测出电阻比即可算出测缝计承受的变形量,根据差动电阻式仪器的特性还可利用测出的电阻值算出测点的温度值。

4. 规格及主要参数

国内外单向测缝计参数列于表3-3-11。

5. 注意事项

测缝计外壳刚度很小。自由状态电阻比实际上不是一个稳定值,受油的膨胀,纵向受力的大小不同而异。因此,不能以自由状态电阻比作为考核仪器稳定的指标,而应该用冰点电阻值,当该电阻变化超过0.1Ω则应与厂方联系。埋设时也要注意在测缝计上堆积的流态

表3-3-11　国内外常用部分单向测缝计参数表

型号	JTM7000	JM/PF	BGK-FBG-4420	BGK-4400 BGK-4420	VWJ	SDF SDFH	HXF-1	52636081	CF	NCT-J	NZJ	ND
量程（mm）	20/50/100/200	25~300 25~50	20/50/100/200		20/50/100	12~100	10/20/50	50/60/100	5/12/40	5/12/40	50~100	0~200
工作原理	振弦式、机械式		光纤光栅	振弦式					差阻式			电位器式
测量方式	电测 机测		电测									
分辨率（%FS）	≤0.025	≤0.02	0.1	≤0.025	≤0.045	≤0.025	≤0.2	≤0.025	0.2	0.1	≤0.012	0.05
测量仪表	振弦频率计、百分表	振弦频率计、百分表	光纤光栅解调仪	振弦频率计					数字电桥			3DM-3
耐水压（MPa）	0.5~3（可选）	0.5~3（可选）	0.5~3（可选）	0.5~3（可选）	0.5~3（可选）	0.5~2（可选）	0.5~2（可选）	0.5~3（可选）	0.5~3（可选）	0.5~3（可选）	0.5~3（可选）	
生产厂家	金土木	加拿大 Roktest	北京基康		南京葛南	昆明畅唯	丹东环球	美国 Sinco	国电南自	南京卡尔胜	南京南瑞	

混凝土厚度不要超过30cm,以免仪器受压而损坏。

(二) 振弦式测缝计

振弦式测缝计常用振弦式位移传感器改装。国内外的振弦式测缝计的技术参数见表3-3-11。量程10、20、30、50mm,最大可达100mm。如大于100mm可用两个或多个传感器串联使用。

(三) 金属标点测缝装置

1. 用途

观测混凝土建筑物伸缩缝的开合度。

2. 结构形式

1) 对建筑物表面裂缝观测方法较多,可采用在裂缝两侧表面各埋设一个金属标点[如图3-3-31(*a*)、(*b*)、(*c*)所示]。用游标卡尺测定两金属标点间距的变化值,也可用各类测缝计来进行观测。即为裂缝宽度的变化值,精度可量至0.1mm。也可用电阻丝片贴在裂缝上,进行短期观测。

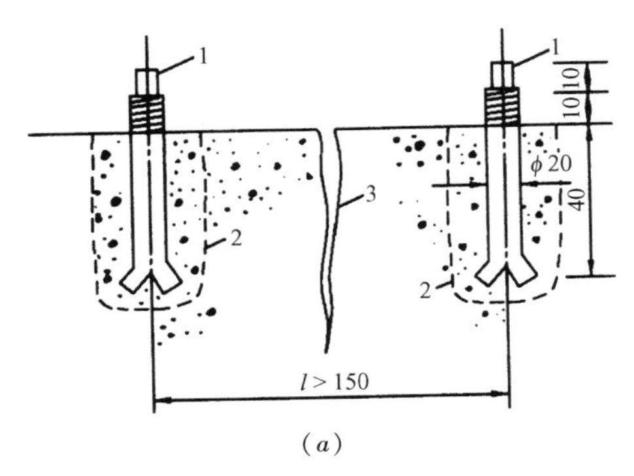

(*a*)

图3-3-31(一) 埋设一个金属标点图(单位:mm)

(*a*) 混凝土裂缝观测金属标点结构示意

1—游标卡尺卡测处;2—钻孔线;3—裂缝

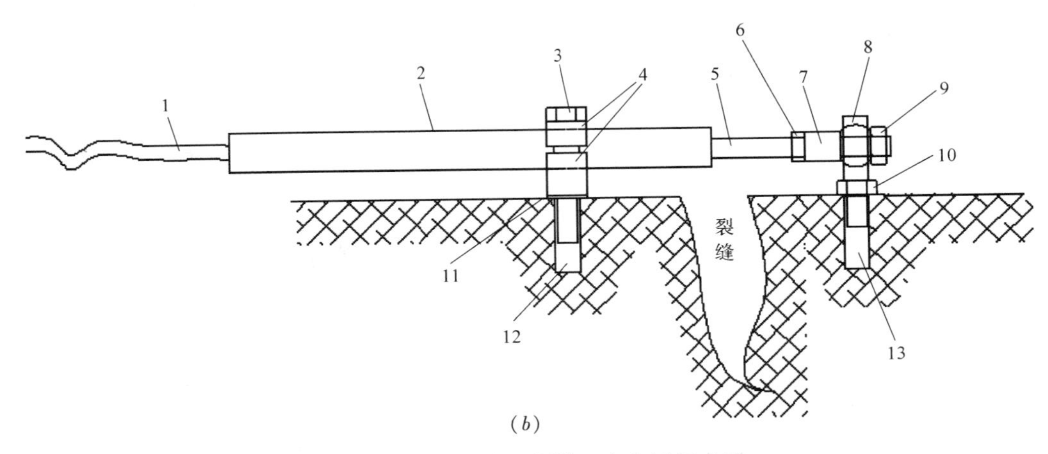

(*b*)

图3-3-31(二) 埋设一个金属标点图

(*b*) 测缝计安装示意

1—电缆;2—测缝计;3—长杆螺丝;4—安装支架;5—拉杆;6—压紧螺帽;7—连接杆;8—关节轴承;9—连接螺帽;10—定位螺帽;11—高度调整垫圈;12—自爆螺丝;13—自爆螺丝

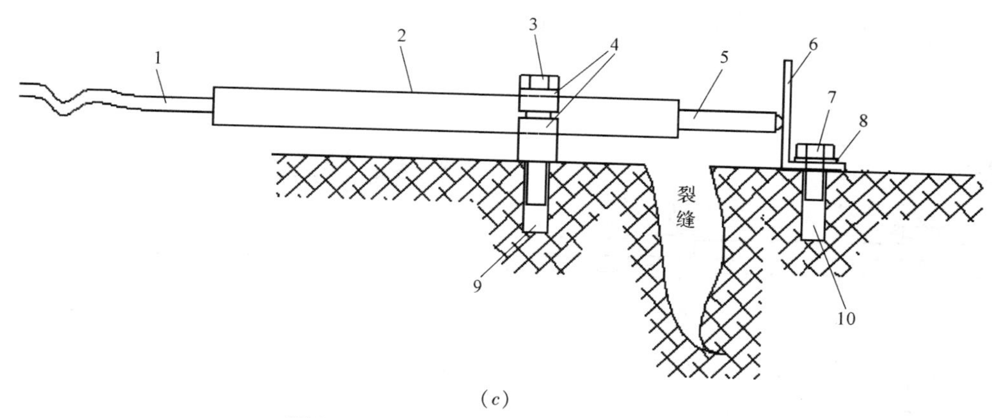

(c)

图 3-3-31(三) 埋设一个金属标点图

(c) 压缩式单向测缝计安装示意

1—电缆;2—测缝计;3—长杆螺丝;4—安装支架;5—伸缩杆;6—位移挡板;7—压紧螺丝;8—垫圈;9、10—自爆螺丝

2)为了观测伸缩缝的空间变化,可采用如图 3-3-32 所示的三点式金属标点。3 个金属标点中两点埋设在伸缩缝一侧,其连线平行于伸缩缝,并与位于伸缩缝另一侧的第 3 个标点构成等边三角形,且三点大致位于同一水平面上。

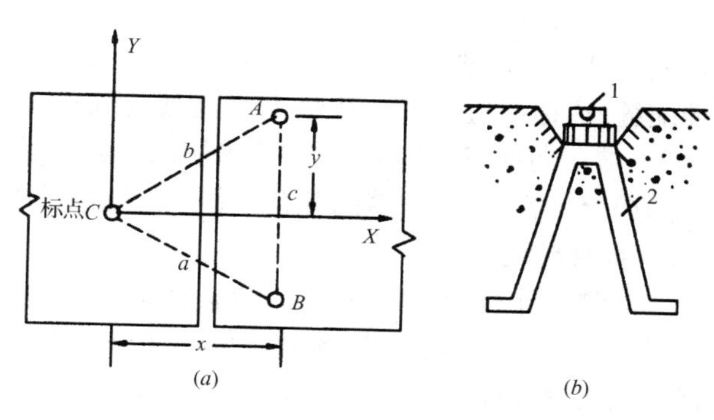

(a) (b)

图 3-3-32 三点式金属标点结构示意图

(a) 平面图;(b) 标点剖面

1—卡尺测针卡测的小坑;2—锚筋

采用如图 3-3-33 所示的特制卡尺来量测图 3-3-32 中 3 个标点的水平距离 a、b、c 及标点 A、C 之间的高差 Z_{α},并算出以 C 为原点时标点 A 和 B 的空间坐标。前后两次时间所测得新旧坐标的变化就反映了伸缩缝的变化,其计算公式如下式:

$$\text{标点 } A \text{ 的坐标} \left| \begin{aligned} y &= (b^2 + c^2 - a^2)/2C \\ x &= \sqrt{b^2 - y^2} \\ Z &= z_{\alpha} \end{aligned} \right. \tag{3-3-6}$$

$$\text{标点 } B \text{ 的坐标} \left| \begin{aligned} y &= (a^2 + c^2 - b^2)/2C \\ x &= \sqrt{a^2 - y^2} \\ Z &= z_{\alpha} \end{aligned} \right. \tag{3-3-7}$$

测量时将卡尺两测针插入 A、B、C 三点中任两个金属标点圆锥形小凹坑中,上下移动测针 1 用止动螺钉插入其小孔内固定,再微调垂直测微螺钉 5,使水泡 3 位于水准管中心,则两测针尖在同一水面上,即可从卡尺上读出垂直和水平读数(准确到 0.1mm)。

3)用图 3-3-34 所示的型板式三向标点,也可观测伸缩缝的空间变化。用宽 30mm,厚 5~7mm 的金属板制成 3 个方向相互垂直的测量拐角架。并在其上焊三对不锈钢或铜标点,用以观测 3 个方向的变化。用螺栓将拐角架锚固在混凝土上。用游标卡尺或千分卡尺测量三对标点的距离 X、Y、Z，两次观测间所测得数值的变化即反映伸缩缝的三向变化。

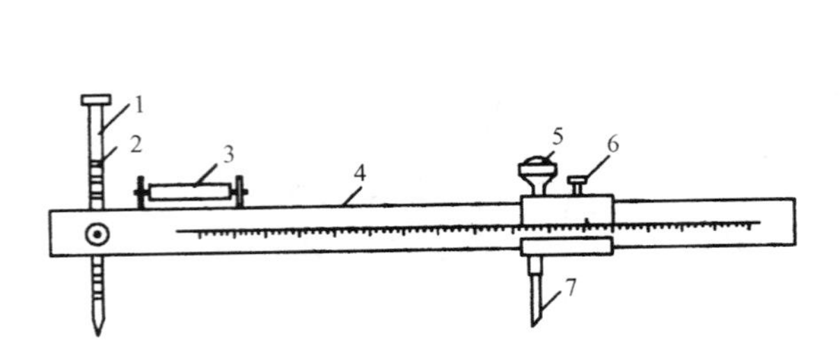

图 3－3－33　游标卡尺结构示意图

1—测针；2—定位小孔；3—水泡；4—尺身；5—垂直测微螺钉；6—水平测微螺钉；7—测针

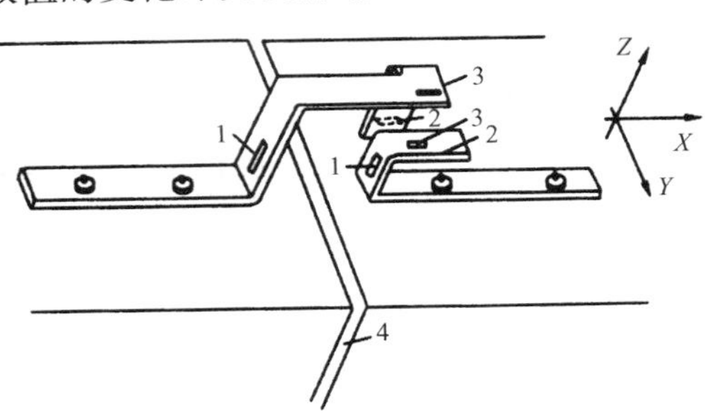

图 3－3－34　型板式三向标点结构安装示意图

1—观测 X 方向的标点；2—观测 Y 方向的标点；3—观测 Z 方向的标点；4—伸缩缝

（四）二向、三向测缝计

1. 用途

由单向大量程位移计构成的二向测缝计和三向测缝计，主要用于混凝土面板堆石坝周边伸缩缝开合度的观测。混凝土面板由趾板与岩坡和坝址牢靠连接。面板与趾板之间为周边伸缩缝，通称周边缝。观测最大坝高处的周边缝的两向位移，即垂直面板的沉降（或上升）和沿坡面向河谷的开合位移，应采用两向测缝计组。沿两岩坡周边缝的三向位移观测，即沉降或上升，垂直周边缝的开合位移及沿缝向的剪切位移，应采用三向测缝计组。

2. 结构形式

三向测缝计有 TS 型电位器式位移计组成的 TSJ 型三向测缝计，CF 型差动电阻式测缝计组成的 CF 型三向测缝计，振弦式位移计组成的振弦式三向测缝计和 3DM－200 型旋转电位器式三向测缝计等。前三种都是利用单向位移计组装成如图 3－3－35 所示的三向测缝计组。最后一种是专用结构，将在第五部分介绍。

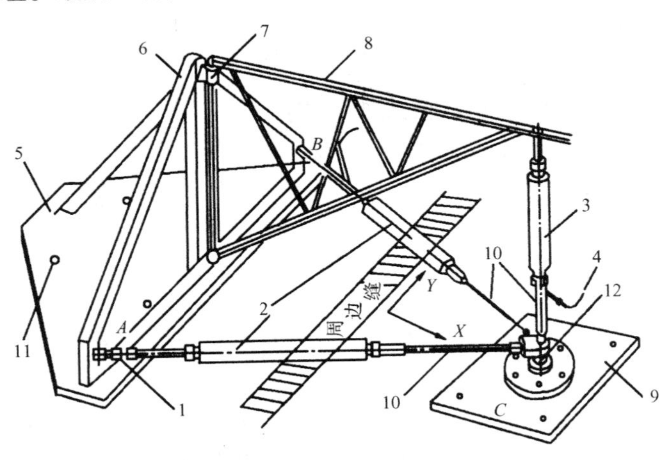

图 3－3－35　三向测缝计构造示意图

1—万向轴节；2—观测趋向河谷位移的位移计；3—观测沉降的位移计；4—输出电缆；5—趾板上的固定支座；6—支架；7—不锈钢活动铰链；8—三角支架；9—面板上的固定支座；10—调整螺杆；11—固定螺孔；12—位移计支座

由图 3－3－35 可见，由支架 6 和三角支架 8 构成的框架，安装三支单向位移（测缝）计。位移计 3 连在位移计支座 12 和三角支架 8 间，用来观测面板相对于周边趾板的升降。另两支位移计 2 接在同一位移计支座 12 和支架 6 间，用来观测面板向河谷的位移。支架 6 通过钢板 A、B（即趾板固定支座 5）固定在趾板上。位移计支架 12 通过 C 板（即面板固定支座 9）固定在面板上。为使测缝计能灵活自由变形，在每支位移计两端都配有一个万向轴节 1 及量程调节螺杆 10。

二向测缝计构造与三向测缝计基本相同,只是少装一个位移计 2。

设计测缝计组装框架的尺寸应根据混凝土面板堆石坝周边缝的结构形式而定。选购测缝计时,面板坝设计者应提供有关尺寸参数请仪器生产厂家进行设计制造。

3. 工作原理

通过测量标点 C 相对于 A 和 B 点的位移,计算出周边缝的开合度。当产生垂直面板的升降时,位移计 2 和 3 均产生拉伸,当面板仅有趋向河谷的位移时,位移计 3 应无位移量示出,位于上部的位移计 2 拉出,位于下边的位移计 2 压缩,如果有较大位移发生,该位移计也会拉伸。利用量程调节杆 10,可以调节每支位移计的量程在适当范围。

4. 测缝计的安装

三向测缝计是装在趾板与面板所在的平面上。当趾板均高出面板时,在面板上要作一安装墩,其顶部应与趾板面在一个平面上。面板和趾板上要预留固定螺孔。

测缝计的传输电缆埋设沟槽应预设在周围的趾板上,直通到观测房。这样电缆就不会因面板移动而受到拉伸,也免去通过面板纵横缝所遇到的困难。

测缝计安装步骤:

1）制备测缝计安装基面,使趾板和面板在同一平面上,用模板在安装基面上预留好安装螺孔。

2）将测缝计的两个固定支座分别放在趾板和面板的确定位置,从固定板螺孔中穿出地脚螺杆至趾板和面板内,浇注环氧水泥砂浆固定地脚螺杆,移去固定钢板,等待砂浆凝固。

3）将测缝计固定板对准地脚螺杆放置在安装基面上,拧紧螺帽,安装位移计并调整其量程,检查技术性能应满足设计要求。

4）盖上测缝计的保护罩,将传输电缆蛇形地放在电缆沟内,并用 150# 水泥砂浆封固。

5）记载安装的工作过程。测记各位移计的起始读数,测量 AB、BC、CA 的准确距离,供以后计算周边缝开合度。

（五）3DM—200 型二向、三向测缝计

1. 结构形式

3DM—200 型三向测缝计由 3 个旋转电位器式位移传感器、支护件和智能化二次仪表三部分组成。其结构示意图为图 3－3－36,支护件由坐标板、保护罩、伸缩节和标点支架组成。支护件的主要作用是在坐标板 2 上固定 3 个位移传感器,在预埋板 7 上设置位移标点 P,以形成一个相对的坐标系。3 个位移传感器 1 由 3 根不锈钢丝 4 引接并交于 P 点。保护罩用来保护不锈钢丝不受外界扰动或损坏。伸缩节由土工布制作,置于保护罩与位移标点之间,以保证当面板位移时,标点 P 在测缝计量程范围内自由移动。支护件的设计应根据周边缝的构造而定。

2. 工作原理

该种测缝计是基于在周边缝一侧的标点 P 相对于另一侧安装了三支传感器的坐标板的空间位移,通过测量 3 根钢丝位移的变化,来换算求得缝的沉陷（上升）、张合和切向位移。其测量原理见图 3－3－36(b)。

由图可导出:

$$
\begin{aligned}
z &= (h^2 - a^2 + b^2)2h \\
y &= (s^2 - c^2 - b^2)/2s \\
x &= \sqrt{b^2 - y^2 - z^2}
\end{aligned}
\qquad (3-3-8)
$$

式中　a、b、c——3 个传感器至 P 点的弦长；

h、s——传感器间距离。

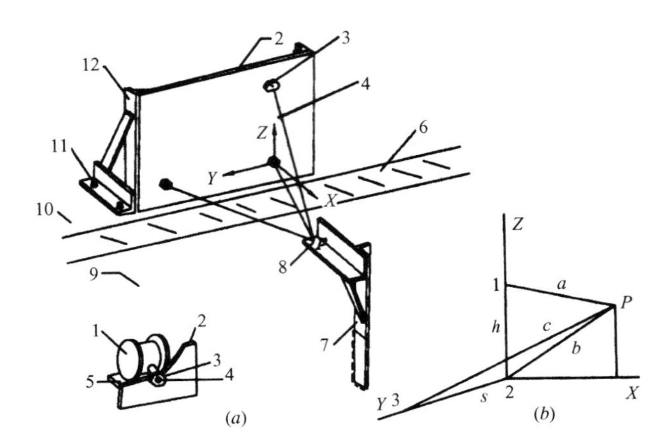

图 3-3-36　3DM 三向测缝计安装示意图

（a）传感器安装细部；（b）测量原理图

1—位移传感器；2—坐标板；3—传感器固定螺母；4—不锈钢丝；5—传感器托板；6—周边缝；7—预埋板（虚线部分埋入面板内）；8—钢丝交点（细部略）；9—面板；10—趾板；11—地脚螺栓；12—支架

为评价其测量精度，按台劳级数展开，并整理得出：

$$\Delta z = (-a \cdot \Delta a + b \cdot \Delta b)/h$$

$$\Delta y = (-c \cdot \Delta c + b \cdot \Delta b)/s \qquad (3-3-9)$$

由上式可知，线性误差与传感器误差 Δa、Δb、Δc 及弦长 a、b、c 成正比，而与传感器 h、s 成反比。x 方向测值误差的解析相当繁冗，它既与弦长有关，又与 P 点位置有关，在较不利的情况下，x 向测值的误差约为 x、y 向的一倍左右。该装置克服了分别采用三支传感器相互影响的问题。

3. *埋设安装要点*

1）根据观测设计进行测点的测量定位，设置预埋螺栓和电缆沟槽。电缆尽量沿变形小的趾板布置。有时需设置仪器的预留腔室和预埋电缆。

2）检查每支传感器和电缆的防水性能和电性能。根据设计确定的传感器在坐标板上的位置，检查传感器的初读数是否在预先规定的范围内。

3）在现场根据支护件安装图，将坐标板及预埋板分别安装定位在趾板和面板上。

4）将 3 个传感器按设计规定的位置，固定在坐标板上。3 个传感器的钢丝引到面板上预埋板的测量标点 P 并加以固定。用游标卡尺分别量出各根钢丝从传感器至标点的初始长度。

5）将传感器的初始读数，钢丝的初始长度以及其他有关数据，写进计算机程序中。

4. *测读方法*

用配套的智能化二次仪表 3DM-1 型检测仪来量测传感器的读数。因检测仪留有接口，与计算机及打印机相接，可将传感器的模拟量转换为数字量，并经运算处理直接打印出周边缘的 3 个方向位移量。

国内外常用的三向测缝计的品种和技术参数列于表 3-3-12。

表 3-3-12　国内外常用部分三向测缝计参数表

型号	JTM—7000G/F	RTF/VINCHON	BGK-4420M	VWJ		SDFJ	HXF-3	52636081	NVJ	ND	CF	NCT-J
量程(mm)	20/50/100/200	25~100 10~50	20/50/100/200	25~100	20/50/100	12~100	10~400	50/60/100	20~50	0~200	0~100	50/100
工作原理	振弦式、机械式		振弦式							电位器式	差阻式	
测量方式	电测/机测		电测									
分辨力(%FS)	≤0.025	≤0.02	≤0.025	≤0.025	≤0.045	≤0.025	≤0.2	≤0.025	0.02	0.05	0.2	0.1
测量仪表	振弦频率计、游标卡尺		钢弦频率计							3DM-3	数字电桥	
耐水压(MPa)	0.5~3(可选)	0.5~3(可选)	0.5~3(可选)	0.5~3(可选)	0.5~3(可选)	0.5~2(可选)	0.5~3(可选)	0.5~3(可选)	0.5~3(可选)		0.5~3(可选)	0.5~3(可选)
生产厂家	常州金土木	加拿 Roctest	北京基康	南京葛南	南京格能	昆明畅唯	丹东环球	美国 Sinco	南京南瑞		国电南自	南京卡尔胜

八、测斜类仪器

测斜类仪器通常分为测斜仪和倾角仪（计）两类；用于测斜管内的仪器，习惯称之为测斜仪，其中又有垂直测斜仪和水平测斜仪两种。垂直测斜仪是通过测量垂直向测斜管轴线与铅垂线之间夹角变化量，用来监测土、岩石和建筑物的水平位移的高精度传感器；水平测斜仪是通过测量水平向测斜管轴线垂直位移的高精度仪器。广泛用于坝体、面板、坝肩、坝基等地下位移的监测；天然和人工开挖边坡内部滑动的位置和位移方向及位移量的确定；码头、桥基、桥台、挡土墙和隔墙等的倾斜度观测；基坑开挖、大型洞室边墙、竖井、隧道、坑道及地下工程周边地区稳定性监测等。本处以广泛使用的垂直测斜仪为例叙述。而设置在基岩或建筑物表面，用作测定某一点的倾斜角度，或测某一点相对于另一点垂直位移量的仪器称为倾角仪。

测斜仪又有活动式和固定式两种。

活动式测斜仪用同一个探头在测斜管内移动，以固定间隔的分段测出各段处发生位移后的测斜管轴线与初始状态的夹角（t_i），求出该段的位移，再经累计得出位移量及沿管轴线整个孔深位移的变化情况。它的特点是一套测斜仪可供多个测孔使用，使用成本较低；但要人工操作，无法实现自动化，且劳动强度也较大。

固定式测斜仪是把测斜仪固定在测斜管某个位置上，测量该位置夹角（t_i）的变化，进而求出该位置的位移，若要得到测斜管轴线上多个位置上连续的位移，则要在测斜管中安装多个测头。它的特点是测头要固定在测孔内，一个测头只能测一个点，使用成本较高；但可以实现连续、实时的自动化监测，项目完成后可以回收。

测斜仪传感器的构造原理有多种，有伺服加速度计式、微机械电子式、电解质式、电阻应变式、电位器式、振弦式、电感式、差动变压器式等。国内多采用伺服加速度计式和电解质式，国内常用活动测斜仪主要参数见表 3－3－13。

（一）活动测斜仪

整套测斜仪装置包括测斜仪测头、电缆、测斜管和读数仪（见图 3－3－37）。

1. 测斜仪测头

测斜仪测头，由敏感部件、壳体和引出电缆接头三部分组成。

1）敏感部件为两个或一个倾角传感器，构成双向和单向两种形式。一个传感器只能构成单向测斜仪，测斜仪导向轮在测斜管的导向槽内滑动时，只能测所在平面的倾角。两个传感器可以构成平面交差 90°的双向测斜仪，可同时测量所在平面的倾角和垂直导向轮平面的倾角。

2）壳体由一根长约 650mm 的不锈钢杆件和 4 个导向轮组成，杆件内部装有倾角传感器，导向轮分别安装在位于同一平面的上下两个轮架上。轮架可绕轴心作压缩旋转，用弹力压支持导向轮在测斜管的导槽内滚动，使测头保持在测斜管的导槽所在平面内移动。两轮架旋转轴间的距离称为测斜仪的标距“L”，常用的活动测斜仪的标距“L”为 500mm。

3）引出电缆插座是和测斜仪电缆连接用的，除保证电气连接外，还要有承担拉力和防水密封的性能。

表3－3－13　国内外常用活动测斜仪主要参数表

名　称	垂直	水平	垂直	水平	垂直	水平	垂直	水平	垂直	水平	垂直	水平	垂直	水平	垂直
型号	U6000F	U6000E	NJX2		GN－1H		GN－1B(智能)		50302510	50303510	GK－6000	GK－6015	GK－6100	GK－6115	RT－20
轮距	500		500或定制		500		500		500		500		500		500
传感器	伺服加速度		伺服加速度		电解质式		伺服加速度		数字加速度		伺服加速度		微机械电子MEMS		伺服加速度
量程	±30°		±15°～30°		±12°		±15°～30°		±53°		±53°		±30°		±30°、±90°
分辨力	8″		14弧秒		≤4(″/F)		≤0.02(%FS)		±0.02mm/500mm		±0.05mm/m		±0.05mm/m		±0.01mm/500mm
重复性(%FS)	±0.4				±0.5		±≤0.5		±0.01		0.02		0.02		±0.008
线性误差(%FS)	0.06		≤0.1		≤1		≤0.8				0.02		0.02		
系统精度	±6mm/30m		≤0.1(%FS)		5mm/25m		4mm/25m		±6mm/30m		±6mm/30m		±3mm/30m		±6mm/30m
温度范围(℃)	－20～50		－25～60		－25～80		－30～70		－20～50		0～50		0～85		－25～65
温度系数(%℃)	内部自助补偿				自助补偿		自动修正		0.005%FS/℃		0.002%FS/℃		0.002%FS/℃		
尺寸(mm)	ϕ30×700				25/38		ϕ32		ϕ26×650		ϕ25×700		ϕ25×700		ϕ2 5×700
重量(kg)	2				6		6				7.5		7.5		
绝缘(MΩ)	≥50				≥50		≥100								
防水性能(MPa)	≥1.5		0.5		0.5		≥1								
材料	不锈钢				不锈钢		不锈钢		不锈钢		不锈钢		不锈钢		不锈钢
生产单位	常州金土木		南京南瑞		南京格能		南京葛南		美国sinco		美国Geokon		美国Geokon		加拿大Roctest

测头内的倾角传感器是测斜仪的核心部件，不论探头内采用何种原理的倾角传感器，除总长度和直径会稍有调整外，其外形和构造均无大的变化。

下面特将用得最多的伺服加速度计式传感器工作原理作一简介。

用力平衡式伺服加速度计作为敏感元件的测斜仪精度很高，稳定性也很好，是目前使用最多的一种。通常由敏感质量、换能器、伺服放大器、力矩器四部分组成[见图3-3-38(*a*)]，当外界加速度沿敏感轴方向输入时[见图3-3-38(*b*)]，敏感质量 m 相对平衡位置运动而产生一个惯性力 F 或惯性力矩 M，通过换能器将此机械运动转换成电压信号，再通过伺服放大器变成电流信号 I，将此信号反馈到处于恒定磁场中的力矩线圈而产生反馈力 F_{oc} 或反馈力矩 M_{oc} 与惯性力 F 或惯性力矩 M 平衡，直到敏感质量 m 再次恢复到原来的平衡位置，此时 $F_{oc}=F$。根据牛顿第二定律 $F=ma$，和电流通过恒定磁场内线圈所产生的电磁力 $F_{oc}=BLI$。得 $ma=BLI$，式中 B 为恒定磁场中磁感应密度；L 为线圈导线长度。令：$K=m/BL$ 则：

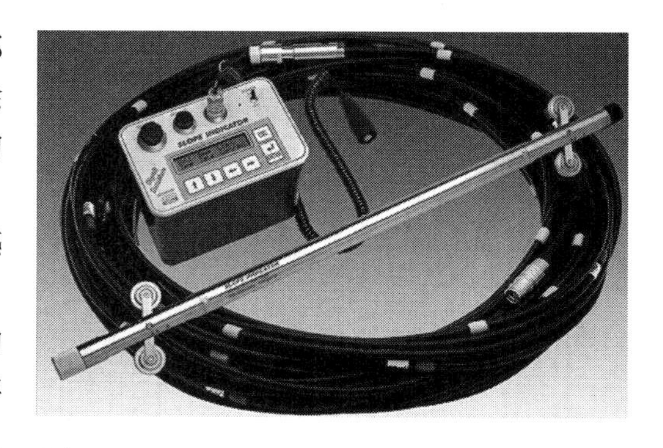
图3-3-37　测斜仪(测头、电缆和读数仪)

$$I = Ka \tag{3-3-10}$$

式中 K 为常数，反馈电流 I 正比于被测加速度 a 的大小。在伺服放大器输出端接精密电阻 R，即可取得输出电压 $U_c=IR=KaR$，故测出输出电压的大小，即可知被测加速度 a 值。以上是电感式伺服加速度计的原理，电容式伺服加速度计也同样是力平衡式伺服系统，输出电压也正比于被测加速度。

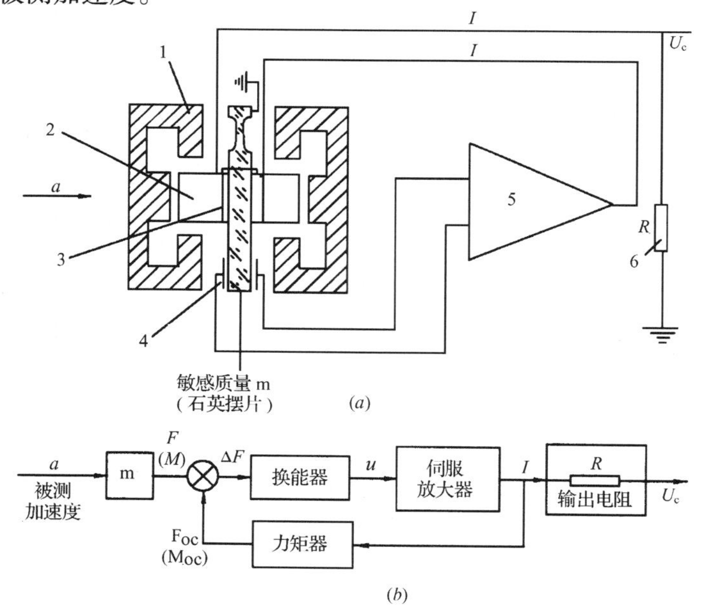

图3-3-38　伺服加速度计

(*a*)原理结构图；(*b*)原理框图

1—永久磁钢；2—力矩器；3—线圈；4—换能器；5—伺服放大器；6—输出电阻

测斜仪的工作原理是基于伺服加速度计测量重力矢量 g 在传感器轴线垂直面上分量大小，当加速度计敏感轴与水平面存在一个 θ 角时，则加速度计输出电压为：

$$U_c = K_0 + K_1 \cdot g\sin\theta \tag{3-3-11}$$

式中 K_0——加速度计偏值(V)；

K_1——加速度计电压刻度因素，校正档时为2V/g；工作档时为2.5V/g。

2. 测斜仪电缆

测斜仪电缆用来连接探头和读数记录仪，除传递电信号的作用外还要作为标尺、承担探头和部分电缆的重量。因此，要求电缆除导电性能良好外，还要具备较大的承载力、低温下保持柔软、抗化学腐蚀、耐久、不允许有拉伸变形、具有良好的尺寸稳定性和防水等综合性能。在电缆外皮上每隔0.5m做一明显持久的标记，以便指示测斜管中探头到达的深度位置。电缆两端各装有一个连接插头，分别为与探头端和读数记录仪端连接用。平时有胶套保护，使用时取下胶套与探头连接，插头与插座之间有防水密封装置，组合时要用专用工具牢固连接，电缆与读数记录仪端的插头插入读数记录仪的输入端并锁紧即可。

3. 读数仪

读数仪一般兼有读数和记录的功能，一方面在测试现场通过测斜仪电缆取得探头的测量信号并存储起来，另一方面在测量结束回到室内时，通过接口电缆和计算机连接，在专用程序支持下，将存储在记录仪内的测斜数据传送到计算机内，以便进行后续计算处理。为在工地和野外使用方便，一般做成便携式，用内部电池供电。面板上有一个小型的液晶显示屏，由面板上的按钮操作，可以对读数仪进行测孔信息的预设，也可通过该显示器指示人工操作，测量过程中有关的信息也通过该显示器通知操作人。

(二)测斜仪测量原理

测斜时将测斜仪的导轮纳入测斜管待测方向的一对导槽中，当测斜仪停在测斜管的某深度位置时，该处测斜管与铅垂方向的夹角"t"就被测斜仪所测出。从简单的数学关系可知此位置时测斜管与铅垂位置偏开的水平位移 $S = L \cdot \sin t$(图3-3-39)。

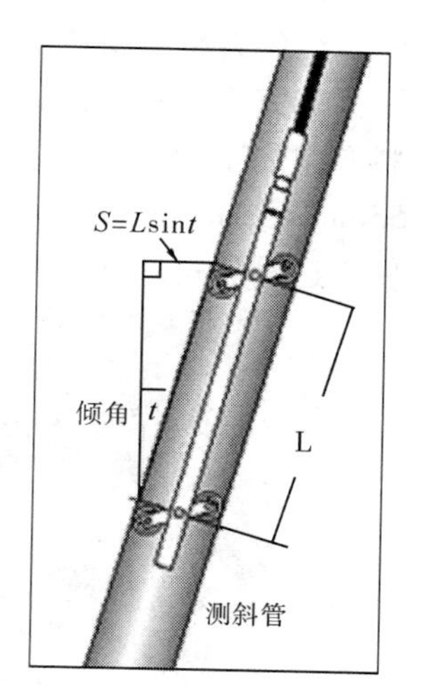

图3-3-39 测斜管水平位移测量原理

一般在开始测量前先把活动测斜仪测头放到孔底，测量时由孔底不断上提，当测斜仪停留在测斜管内部 D_1 深度时，测斜管与铅垂线的夹角为 t_1，水平位移 $S_1 = L \cdot \sin t_1$。接下来将测斜仪提高 L 的距离达到 D_2 深度处，此时测斜仪的下滑轮正好处在上一次的上滑轮停留的位置。此时 $S_2 = S_1 + L \cdot \sin t_2$，($t_2$ 不一定等于 t_1)。再将测斜仪提高一个 L 的距离，则 $S_3 = S_2 + L \cdot \sin t_3$(t_3 也又一定等于 t_1 或 t_2)，见图3-3-40所示。以此类推，不断上提测斜仪，始终是 $S_i = S_{i-1} + L \cdot \sin t_i$。实际上测斜管不一定向一个方向偏移，也可能会呈S形的弯曲状，所测的 t 角会有大有小，或正或负。图3-3-41就是一组多日实测的地下水平位移曲线。

1. 测斜仪方向的设定

在待测平面建立一个 $A-B$ 平面直角坐标系，测斜仪给出 A 和 B 两个方向的位移分量，实际的位移应是这两个分量的矢量和。测斜仪的 $A-B$ 方向定义为：测斜仪导轮所在平面为 A，导轮在自由状态下处在翘起稍高位置(俗称"高轮")一侧为 $+A$ 方向，顶视状态下从

$+A$方向按顺时针转 90°处为 $+B$ 方向。实际使用中，往往将待测对象水平位移的显著方向（如基坑的坑内）或明确的环境参照方向（边坡高端方向或上游方向）定为 $+A$ 方向，以突出测量结果。单向测斜仪工作时只测 A 方向，对于大多数只需观测一个方向位移的监测项目多用单向测斜仪，测量和计算过程都可以得到简化，仪器价格亦较低。

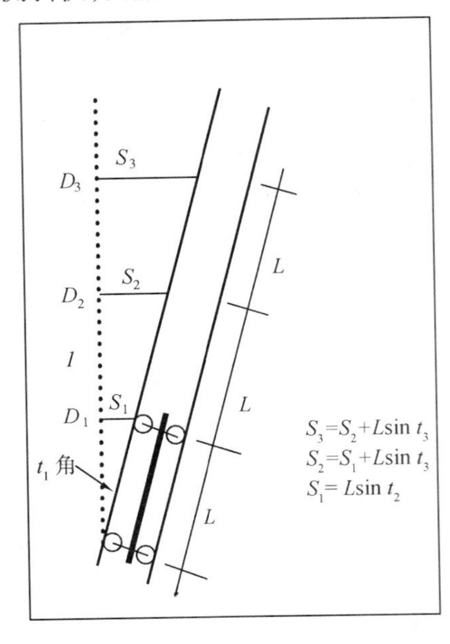

图 3－3－40　测斜仪的计算原理图

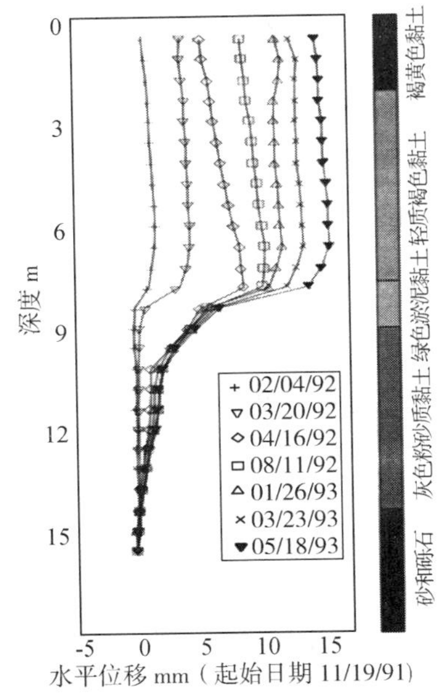

图 3－3－41　测斜仪实测曲线图

2. 测斜管

测斜管是测斜仪的特殊部件，是测斜中不可缺少的一部分，测斜仪必须在测斜管的配合下方能完成测斜工作。测斜管（图 3－3－42）是用 PVC、ABS 塑料、玻璃纤维或铝合金等材料专门加工而成，管内有互成 90°的 4 个导向槽供测斜仪滑轮的导向；常用的有外径分为 53mm、65mm 和 70mm 三种规格（国内外不同厂家略有差别），成品经常是按 2m 或 3m 截成便于运输的长度，到安装现场用若干段逐节拼接成需要的长度。

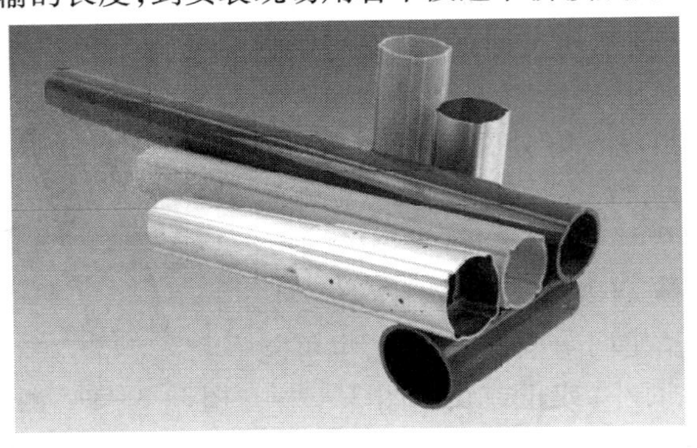

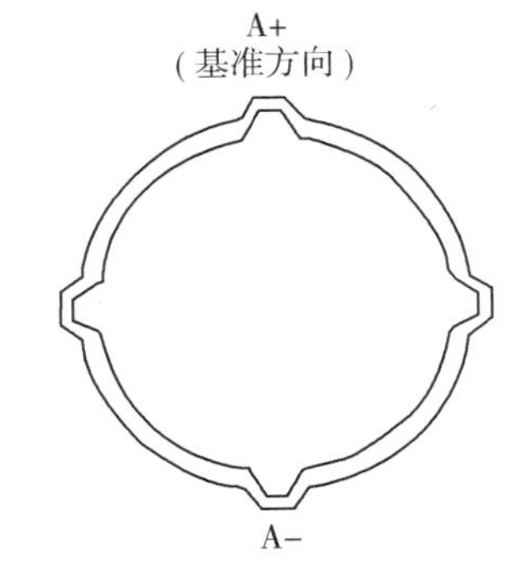

图 3－3－42　测斜管

测斜管要预先埋入被监测的对象内部，使它能随被监测对象同时变形，测斜仪在测斜管内测出变形量的角度，经计算就可得到被监测对象的位移量。所以测斜管的埋设方法正确与否，是测量成功的关键之一。

PVC 测斜管的价格相对便宜，但本身强度低且韧性不足，在变形较大的地层中，常常发生测斜管被压裂破损不能使用的情况。PVC 的耐热性也较差，埋设在大体积混凝土中的 PVC 测斜管曾有因受水化热的影响受热软化后变形，以致不能使用，一般用于短期和变形量较小的监测的项目。

ABS 测斜管具有强度高、韧性好、耐热、耐腐蚀的优点，是理想的测斜管，价格比 PVC 管贵，和金属管差不多。

金属测斜管主要是铝合金管，强度高，不存在受热变形的问题，一度是理想的测斜管。但会产生电化学的腐蚀，在有地下水，特别是常见的碱性地下水的侵蚀下，铝材会发生化学变化，导致测斜管穿孔，变形而不能使用。铝合金通常用于表面的位移观测，如混凝土面板堆石坝的挠度观测。

国内外主要制造厂商生产的测斜管的主要技术参数列于表 3－3－14。

（三）固定式测斜仪

一般的活动测斜仪对指定孔每天只能进行有限次的观测，不能实现连续实时的自动化监测。把数个测斜仪组合，上下成串联安装在同一个测孔中，各测斜仪不断将测得的数据通过电缆传到测孔外，再通过数据采集、传输可直接到达终端，就可实现自动化观测了。这就形成了“固定式测斜仪”的技术思路，经过多年的发展，目前已经形成稳定的固定测斜仪产品，表 3－3－15 是国内常用固定测斜仪主要参数。

1. 原理和特点

固定式测斜仪的工作原理、计算方法均与活动式类似，其内部电路结构形式也相仿；因不必经常活动，外形作了相应的简化。不论固定式测斜仪的外形如何变化，关键的一点是由于它仍遵循“$S = L\sin t$”的基本计算方式，所以其外形上每个探头必有上下两组凸点（或滑轮）用来与测斜管组合，组合的方式不同确定“$S = L\sin t$”式中的“L”不同。安装时不论各探头间用钢管作刚性连接或用钢缆、链条作柔性的连接，与活动式测斜仪不一样的是其“L”的长度。使用刚性（钢管）连接时，如图 3－3－44 中 L 是上下两轮间的长度。

图 3－3－43 的（a）、（b）、（c）各款分别为几种典型的固定式测斜仪，其中（a）款实用于滑轮导向硬杆连接，如图 3－3－43 所示。（b）款用滑撬导向，也使用硬杆连接，连接方法与图 3－3－43类似，（c）款用滑靴导向需采用柔性连接。其中（a）款和（b）款的上下滑轮组合可为不定距离，可离得比较开，但它的“L”是由上下二组滑轮间的距离而定；（b）款采用滑撬替滑轮，但“L”的定值和（a）款相同，由上下二组滑撬间的距离而定。在使用中“L”不易过长，一般控制在 1～3m 范围内，此时探头所对应深度范围内的测斜曲线基本类似于活动测斜仪，可实现“无缝连接”的折线图。“硬杆连接”中使用的杆件一般使用外径 18mm 左右，壁厚约1～1.5mm 的不锈钢管。（c）款采用的是在探头外壳两侧的一对滑靴来给传感器定位的目的，如图 3－3－45所示，“L”的长度为相邻的中间长度，它的折线图由各个相邻传感器的倾斜轴线延长线的交点相连。

在有的项目中由于条件限制，相邻两个探头间的距离随需要加大，往往要超过 3m，不宜采用硬杆连接方式。可采用如图 3－3－45 中柔性连接的方法，上下探头之间可用钢丝绳、链条、柔性尼龙杆等柔性材料连接，简化了安装时的操作，但“柔性连接”时为让测头顺利下滑需在仪器下端的柔性体上加适当的配重（配重可选用直径 28～36mm 的螺纹钢筋替代）。计算“柔性连接”时“L”如图 3－3－45 所示，为二测头之间中心距离。

表 3-3-14　　国内常用部分测斜管主要参数表

型号		G7600A				G7600B	G7600C						
材料		PVC				ABS	铝合金		PVC	ABS	玻璃纤维	ABS	铝合金
测斜管尺寸(mm)	外径	53	65	70	90	70	71	70	65/70	70	70	48/70/85	71/86
	壁厚	5	5.5	5	5.5	5	2	5.5	5.5	5.5	3	3	1
	导槽宽	5/4	4.5/2.5	5/4	5/4	4	5	4	4	4	4	4	4
	导槽深	2	2.5	2	2	2.5	3	2.5	2/2.5	2.5	2.5	2.5	2.5
	长度(m)	2.0/3.0				2.0	2.0/4.0	1.5/3.0	3.0	1.5/3.0	1.5/3.0	3.019 Z	1.5/3.0
连接管尺寸(mm)	外径	63	75	80	100	80	75		75/80	70			75/92
	长度	200						300	300	300	300	300	300
导槽两端扭角(°/m)		0.15							0.1	0.1	0.1	0.1	0.1
抗压强度(MPa)		1.2				1.5	1.5			1.5	1.4		1.5
荷载试验(kg)		>320					>270			>320	>600	>320	
使用温度(℃)		-20~80					-20~200			-20~80	-20~200	-20~80	
生产厂家		常州金土木						33 所	华光万邦	美国 Geokon		美国 Sinco	

表 3 - 3 - 15　　国内常用固定式测斜仪主要参数表

功　能	垂直	水平	垂直	水平	垂直	水平	垂直	水平	垂直	垂直	水平	水平	垂直	垂直	垂直	水平
型号	U6000P	U6000L	GN - 1B		ELT - 10、ELT - 10A		GK - 6150	GK - 6155	GK6300	NJX1		5680 4522	5680 4122	DIPI	DIS - 500	DIS - 500H
轮距(mm)	500 ~ 3000 可调		500		500 ~ 2000		可调		可调			500 ~ 3000		500 ~ 3000	可调	
传感器	数字加速度		电解质式		电解液		微机械电子式(MEMS)		振弦式	伺服加速度		电解质式		电水平	MEMS 双轴加速度计	
量程	±15°		±12°		0 ~ 12°		±10°		±10°	±15°		±10°		±10°	±30°	±10°
分辨力	4″		≤4(″/F)		≤0.02		±0.05mm/m		±0.05mm/m	≤14″/mV		±0.04mm/m		1″(0.005mm/m)	±0.01mm/500mm	
重复性(FS)	0.004		±≤0.5		≤0.5		0.5			0.004		±0.1mm/m		22″(0.11mm/m)	±0.008	
线性误差(%FS)	0.06		≤1		≤1		0.1			0.1				1 秒/数字位	±0.008	
温度范围(℃)	-20 ~ 50		-25 ~ 80		-30 ~ 70		-20 ~ 80		-20 ~ 80	-25 ~ 60		-20 ~ 50		-10 ~ 40	±2mm/25m	
温度系数(%℃)	内部自助补偿		自动修正		自动修正										0.002(%FS/℃)	
尺寸(mm)	ϕ34 × …		25/38		ϕ37		ϕ32 × 187		ϕ32 × 187					ϕ34 × 500	ϕ28 × 700	
重量(kg)			0.6		0.6		0.7		0.9						9.5(50m)	
绝缘(MΩ)	≥50		≥50		≥100		≥50		≥50							
防水性能(MPa)	≥1.5		≥0.5		≥1		2		2	0.5、1、1.2				3	4.0	
材　料	不锈钢		不锈钢		不锈钢		不锈钢		不锈钢			不锈钢		不锈钢	不锈钢	
生产单位	常州金土木		南京格能		南京葛南		基康仪器			南京南瑞		美国 Sinco		上海辉固(中美合资)	加拿大 Roctest	

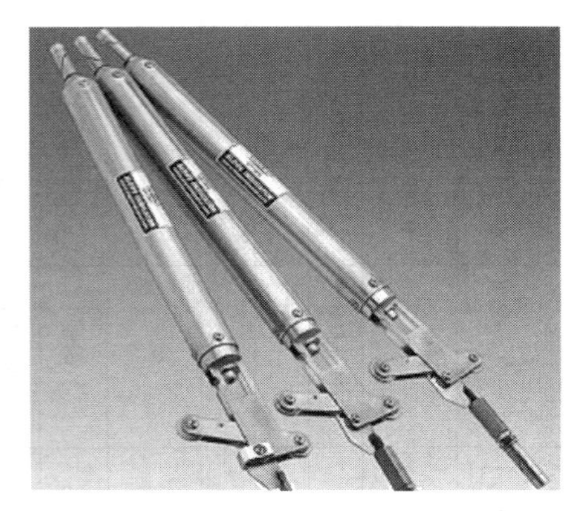

(*a*) 用滑轮组导向的

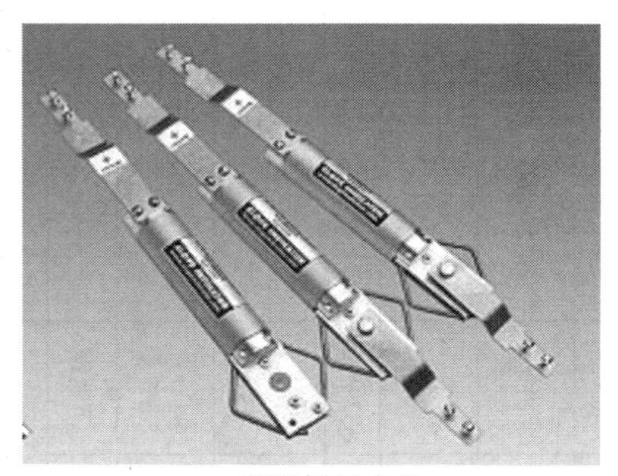

(*b*) 用滑撬导向的

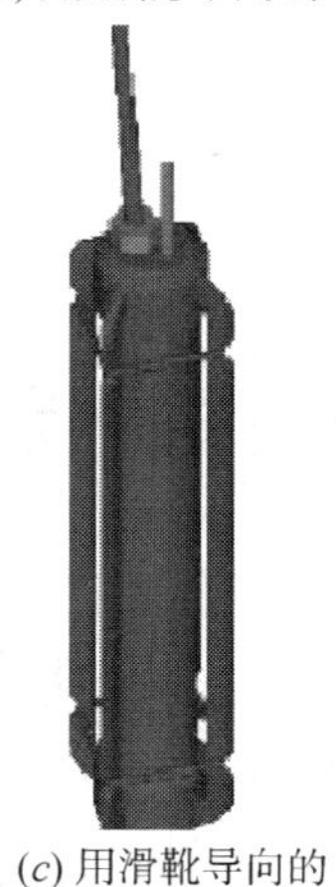

(*c*) 用滑靴导向的

图 3 -3 -43　固定式测斜仪

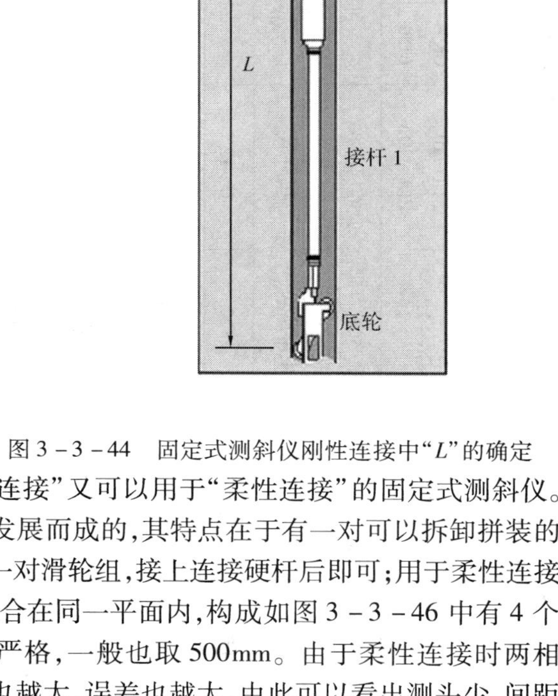

图 3 -3 -44　固定式测斜仪刚性连接中“L”的确定

图 3 -3 -46 是一款可以既适用于“硬杆连接”又可以用于“柔性连接”的固定式测斜仪。它是在图 3 -3 -43(*a*)所示的固定测斜仪上发展而成的,其特点在于有一对可以拆卸拼装的滑轮组,当用作硬杆连接时,每个探头只需有一对滑轮组,接上连接硬杆后即可;用于柔性连接时,把另一对滑轮与测头上原来的滑轮拼装组合在同一平面内,构成如图 3 -3 -46 中有 4 个导向轮的样式,柔性连接对轮距要求不是很严格,一般也取 500mm。由于柔性连接时两相邻传感器的间距越大,资料中折线图的拐点也越大,误差也越大,由此可以看出测头少、间距

"L"大，会带来大的误差。建议两相邻传感器的间距在3～5m之间，在比较完整的岩石孔中可以适当加大距离，为能形成曲线，每测孔内固定测斜仪传感器最少不得少于3个。

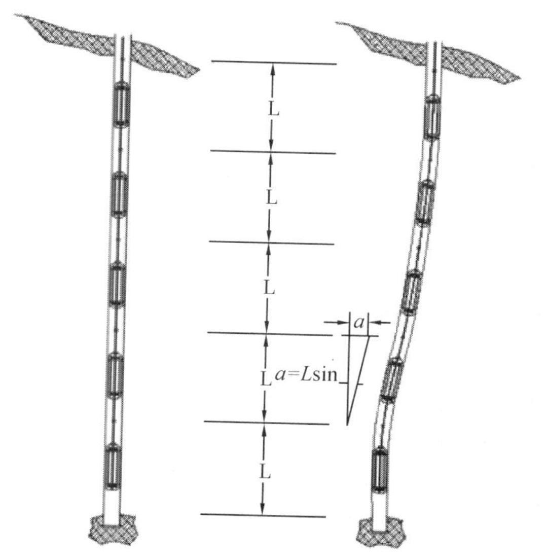

图3－3－45　柔性连接计算方法示意图

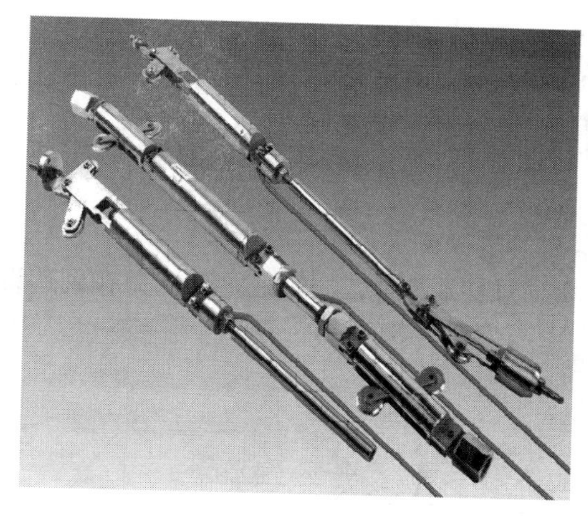

图3－3－46　可作刚性和柔性连接的通用式固定式测斜仪

2. 数字化通讯

固定式测斜仪实现了测斜自动化，但往往孔深时需要在一个测孔中安排多个、甚至多至20～30个探头时，而每个探头均有一条外径6～8mm的电缆，这些电缆从下到上汇集起来都要通过测斜管上端的管口引出，一个内径70mm的测斜管内要通过探头和多根电缆是困难的和不可实现的。现已有生产厂在固定式测斜仪探头内部增加单片机等部件，先在探头内部将测量的数据信号数字化，然后在各探头和数据记录仪之间建立如485总线形式的连接，实现了在一根总线电缆上"挂接"多个探头的方式来传送所有探头的测试信号，解决了一个测孔中安排多个探头的矛盾。实现了总线传输的固定式测斜仪，电缆内传送的已经是数字形式的测试信号和总线的控制信号，在理论上一根总线可分时传送几十个乃至上百个传感器的信号。在传感器内设置了单片机实现了数字化之后，全量程线性补偿、灵敏度归一化等技术均可实现，探头的灵敏度将能统一，为使用带来了很大的方便。

（四）水平式测斜仪

水平式测斜仪是监测水平建筑物内部不均匀沉降的测斜仪，和垂直测斜仪一样，水平式测斜仪也有活动式和固定式两种，图3－3－47是活动式水平测斜仪。水平测斜仪和垂直测斜仪只是内部敏感元件的安装方向不同，但其他的工作原理、外形、所配测斜管、计算方法等均可参照"垂直测斜仪"。

（五）EL梁式倾斜仪

梁式倾斜仪（见图3－3－48）分可监测沉降和隆起的水平尺形梁式倾斜仪和可监测位移和收敛的垂直形梁式倾斜仪两种。梁式倾斜仪可用来监测建筑物受地下隧洞或地下开挖对建筑物的影响；隧洞本身的收敛和位移的监测；滑坡区域建筑物稳定性的监测；挡土墙的变形及其方向的监测；桥梁结构在荷载下性态的评估；高铁路基与枕木的沉降；以及压力灌浆和地下灌浆稳定性等项目的监测。梁式倾斜仪可人工测读，也可与数据采集系统相连，实

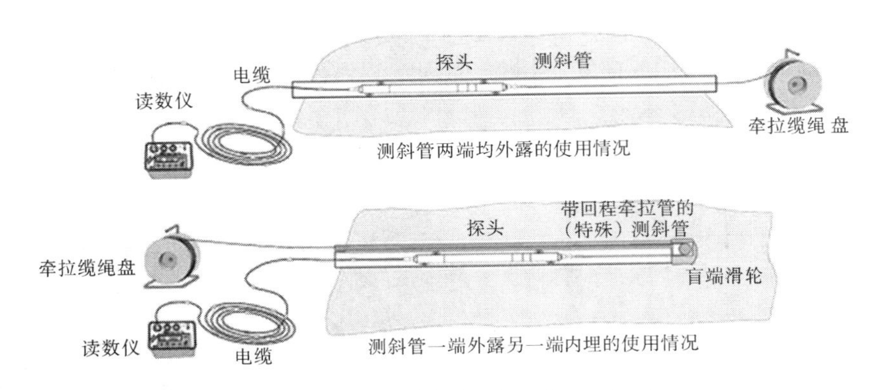

图 3-3-47 "水平式测斜仪"基本工作原理

现连续自动监测倾角、位移等参数,并在到达设定值时发出报警信号。

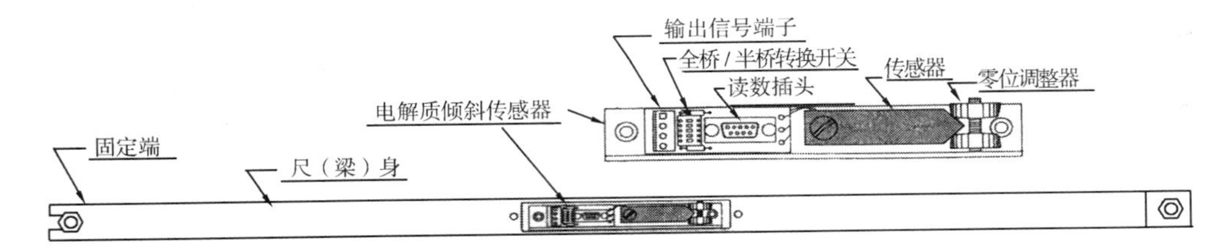

图 3-3-48 EL 梁式倾斜仪及其中的电解质倾斜传感器

EL 梁式倾斜仪由"梁"和"电解质倾角传感器"构成。该传感器是由精密水准泡原理构成的一个电解质电桥,桥路的输出和传感器的倾角成一定的关系。使用时两端锚固在被测物上,然后将传感器机械位置调平(调零)并紧固,当被测物变形产生沉降或位移时即改变了梁的倾斜角。沉降(或位移)量为 S,就有:

$$S = L(\sin\theta_1 - \sin\theta_0) \qquad (3-3-12)$$

式中 S——沉降或位移;

L——传感器标准测距(梁的两固定端距离);

θ_1——梁的现时倾角;

θ_0——梁的初始倾角。

EL 梁式传感器具有很高的灵敏度,可以测出 1 秒的角度,相当于梁的位移为 0.005mm/m。这是一种经济、可靠,安装简便的测量倾斜、沉降的精密仪器,性能参数见表 3-3-16。

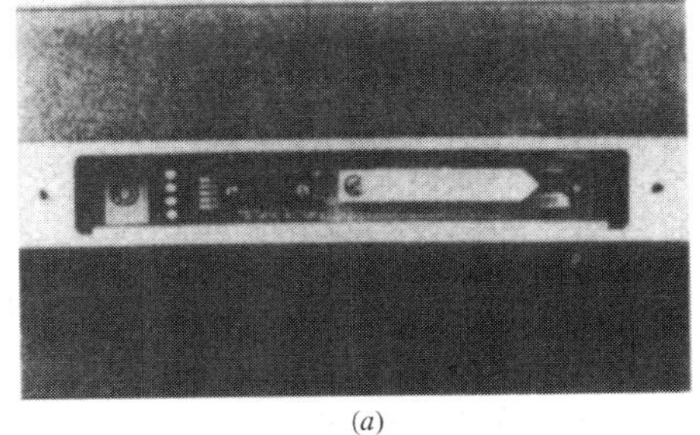

(*a*)

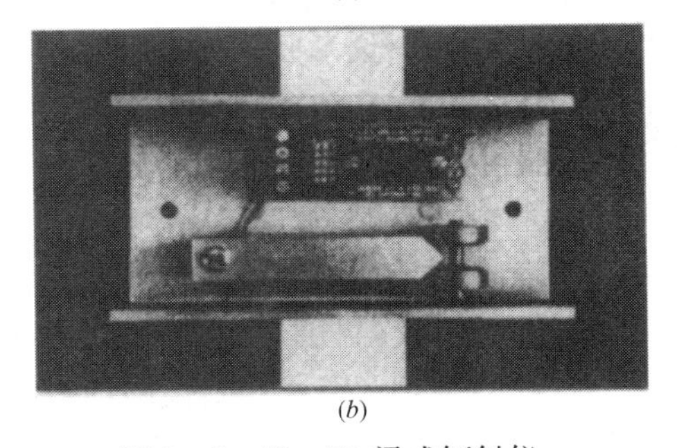

(*b*)

图 3-3-49 EL 梁式倾斜仪
(*a*)EL 梁式倾斜仪(水平型);
(*b*)EL 梁式倾斜仪(垂直型)

(六)倾角仪

1. 用途

倾角计是一种监测结构物和岩土的水平倾斜或垂直倾斜(转角)的快速便捷的观测仪器。可以是便携式,也可以固定在结构物表面,使倾斜计的底板随结构一起运动。这是一种经济、可靠、测读精确、安装和操作都很简单的仪器。其技术参数见表3-3-16。

表 3－3－16

国内常用倾斜仪、倾角仪主要参数表

名　称	固定倾斜(角)仪		水平梁固定倾斜仪		便携式测斜仪	固定倾斜仪	便携式倾斜仪	梁式倾斜仪	单点倾斜仪
	表面式	埋入式	表面式	埋入式	表面	表面	表面	埋入	表面
型号	JTM－U6000I	JTM－U6000M	JTM－U6000K	JTM－U6000L	JTM－U6000H	EL56802000	EL50304410	TUFF TILT 801	EL56801200
传感器	数字加速度					电解质			
量程	±15°		±15°		±15°	±40′	±53°	±40′	±10°
分辨力	4″		4″		4″	1″	8″	1″	9″
重复性(%FS)	0.004		0.004		0.004	±3″	±50″	±3″	±22″
线性误差(%FS)	0.06		0.06		0.06				
温度范围(℃)	－20～50		－20～50		－20～50				
温度系数(%℃)	内部自助补偿								
尺寸(mm)	110×63×38	ϕ34×150	40×40×(500～1000)	40×40×(635～1135)	160×90×180	125×80×59	ϕ140		1000、2000
重量(kg)									
绝缘(MΩ)	≥50	≥50	≥50	≥50	≥50				
防水性能(MPa)		≥1.5		≥1.5	≥1.5				
材料	铝合金	不锈钢	铝合金		不锈钢		铜质		
生产厂	常州金土木					美国 sinco			

续表 3-3-16

名　称	固定倾斜(角)仪		便携式倾角仪	水平梁固定倾斜仪		便携式测斜仪	固定倾角计	梁式倾斜传感器	梁式倾斜仪	固定倾角仪
	表面	埋入	表面	表面式	埋入式	表面	表面(可埋入)	表面	表面	表面/埋入
型号	ELT-15(智能)			ELT-15A(智能)		GN-1X	BGK-6160	BGK-6165	NCX11-B	NCX
传感器	伺服加速度					电解质	微电子机械式(MEMS)		伺服加速度	伺服加速度
量程	0~12°					±5°	±10°		±6°	±6°
分辨力	≤0.02(%FS)					≤4(″/F)	±0.05mm/m		14 弧秒	14 弧秒
重复性(%FS)	≤0.5					≤0.5				
线性误差(%FS)	≤0.8					≤1			≤0.1	≤0.1
温度范围(℃)	-30~70					-25~+80	-20~80	-20~80	-25~60	
温度系数(%℃)	自动修正					自动修正				
尺寸(mm)	$\phi32$					$\phi37$	$\phi32\times187$	1000,2000		
重量(kg)	0.6					0.6	0.7			
绝缘(MΩ)	≥100					≥50	≥50			
防水性能(MPa)	≥1					≥0.5	2			0.5、1、2
材料	不锈钢					不锈钢	不锈钢			
生产厂	南京葛南					南京格能	基康仪器		南京南瑞	

2. 结构形式

倾角计由传感器、倾斜板和记录仪三部分组成(见图3－3－50)。

图3－3－50 倾角仪

(1)传感器 便携式倾角计的传感器是采用两只闭环、力平衡式伺服加速度度计,互成90°放置在直径152mm、高89mm的铝外壳内。传感器安装在坚固的框架中,其外形尺寸为152mm × 89mm × 178mm。安装架的底,面和侧面均经过机械加工,以便与倾斜板能精密地定位。其底面用作与水平安装倾斜板相配,侧面与垂直安装倾斜板相配。

(2) 倾斜板 用特殊配方烧结的陶瓷板,也可用铸造青铜板或不锈钢板,两者都具有良好的尺寸稳定性和抗气候性。倾斜板固定在被监测物表面,同时作测量基准面。因此,表面有四只径向间距为102mm的传感器定位销。青铜板上有4个安装螺栓孔,并附有保护盖和地脚螺栓。陶瓷板外形尺寸为ϕ142 × 31mm,青铜板为ϕ140 ×24mm。

(3)记录仪 可用数字式指示仪,也可用数字式数据记录仪。前者操作简单,直接指示倾角,量程大,对水平倾角可到±30°,垂直倾角可达±53°。指示仪由充电电池供电。

3. 安装要求

1) 将待测结构物的顶部或侧面,岩石表面彻底清理干净。

2) 用砂浆或环氧树脂将陶瓷倾斜板黏结在待测表面,要注意把一组传感器定位销的方向调整到待测的方向。

3) 对青铜测斜板用预埋地脚螺栓固定在待测表面时,也同样应注意调整一组定位销方向与待测方向一致。

4) 要测量地下或岩石结构的某位置倾角变化,可用钢管埋到灌浆过的钻孔中,将倾斜板固定在管子的顶部。

5) 倾斜板固定后即测读倾角计的起始读数。

4. 测读方法

将倾角计与记录仪相接。把倾角计放置在与安装时调整过方向的倾斜板的一组定位销上,测出一倾角数值。然后把倾角计转动180°,测出第二组数值,两次读数平均抵消了传感器系统误差。将现时测得的数值与初值相比即求得倾角变化。

5. 维护

1) 周期清扫陶瓷板的定位销。青铜板的保护盖盖好,以防丢失。

2) 倾角计用毕,要放在干燥、通风、无腐蚀性气体的室内,不受日光照射。要不定期用角度器来校验倾角计的传感器。

3) 记录仪不用时要放在室内保管好,要注意定期给充电电池充电。

九、沉　降　仪

垂直位移观测是岩土工程变形观测的一项重要内容。其目的是要测定建筑物及其基础、边坡、开挖和填方在铅垂方向的升降变化。观测方法分两类：一类是用几何水准方法对标石、标杆或觇标等观测对象，进行垂直位移连续的周期性观测；另一类是在建筑物及基础内、外表面安装埋设观测仪器，来监测其垂直位移。并结合水平位移、转动位移的观测对建筑物的变形情况作全面的综合分析。

对于混凝土建筑物的垂直位移观测，主要采用前一类方法(有时也用水平测斜仪来监测垂直位移)。而土坝、土石坝、边坡、开挖和填方等岩土工程的沉降或固定情况的观测则主要采用后一类方法。故这类观测仪器习惯称沉降仪。常用沉降仪有横梁管式沉降仪；电磁式沉降仪；干簧管式沉降仪；水管式沉降仪和振弦式沉降仪。近年来，随着工程的大型化，不断用位移计(单点、多点)作深度较大的土体沉降测试，详见本书软土地基有关章节。

(一) 横梁管式沉降仪

1. 用途

土石坝坝体内部的固结式沉降，一般采用在坝体内逐层埋设横梁管式沉降仪。

2. 结构形式

由管座、带横梁的细管、中间套管等三部分组成，如图 3－3－51 所示。

1) 管座为直径 50mm 的铁管，长 1.1m，管底用铁板封底。

2) 带横梁的细管由长 1.2m、直径 38mm 的铁管与长 1.2m、60mm×60mm×4mm 角钢(或 75mm×75mm×5mm)正交焊接而成。角钢两端各焊一块 300mm×300mm×3mm 的钢板作翼板，两翼板应保持在同一平面内并与细管正交，如图 3－3－52。

3) 套管为直径 50mm，其长度根据测点间距而定，一般管长比测点间距短 0.6m。如测点间距 3m，则套管长度为 2.4m。为施工方便，截为两段，每段长 1.2m。

管座、细铁管及套管内壁应打掉毛刺，并保持光洁。

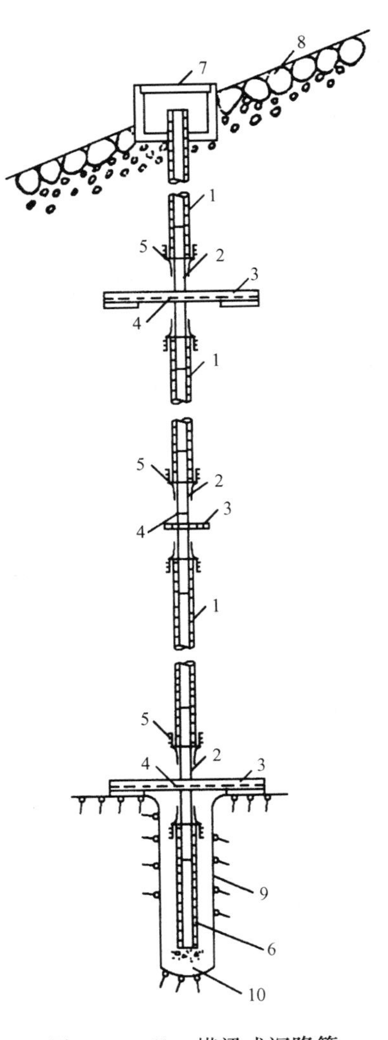

图 3－3－51　横梁式沉降管结构示意图

1—套管；2—带横梁的细管；3—横梁；4—U 型螺栓；5—浸以柏油的麻袋布；6—管座；7—保护盒；8—块石护坡；9—岩石；10—砂浆

3. 工作原理

利用细管在套管中相对运动来测定土体的垂直位移。即当土体发生沉降或隆起时，埋设在土中的横梁翼板也跟随一道移动，并联带细管在套管中作上下运动。

测定细管上口与管顶距离变化就可求出各个测点土的沉降值。

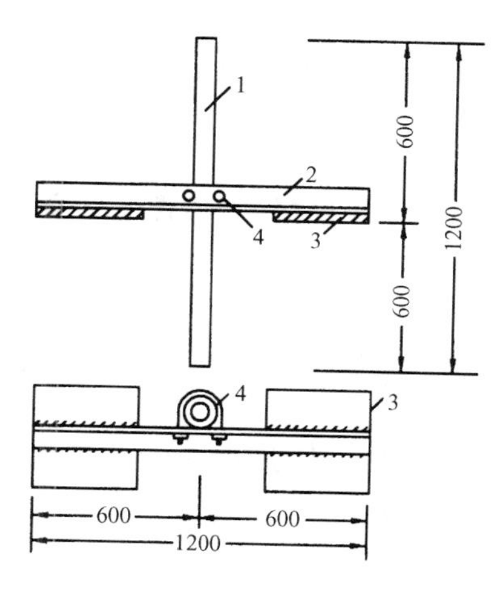

图 3－3－52 带横梁的细管结构示意图（单位：mm）

1—铁管；2—横梁；3—翼板；4—U 形螺栓

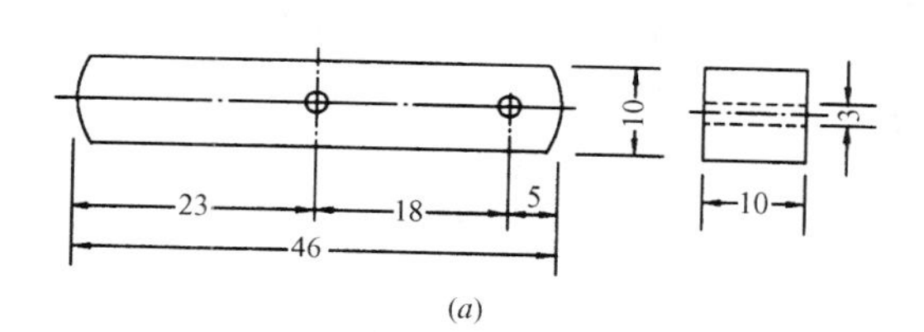

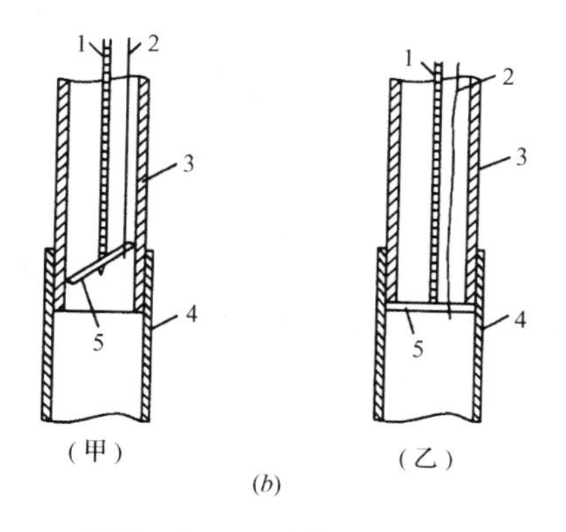

图 3－3－54 测沉棒

（a）测沉棒结构示意图（单位：mm）；

（b）测沉棒操作示意图

1—钢卷尺；2—绳索；3—细管；4—套管；5—测沉棒

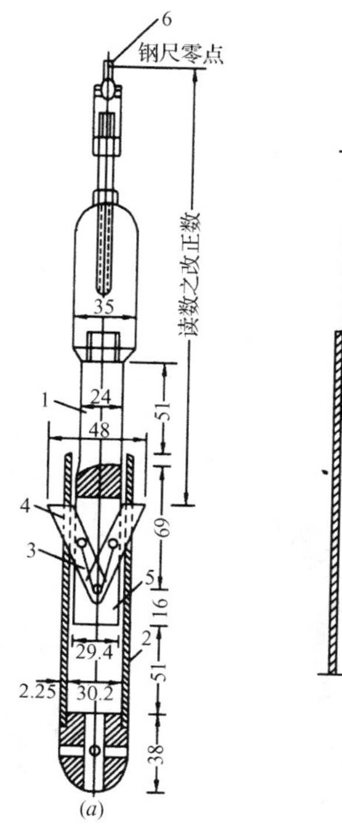

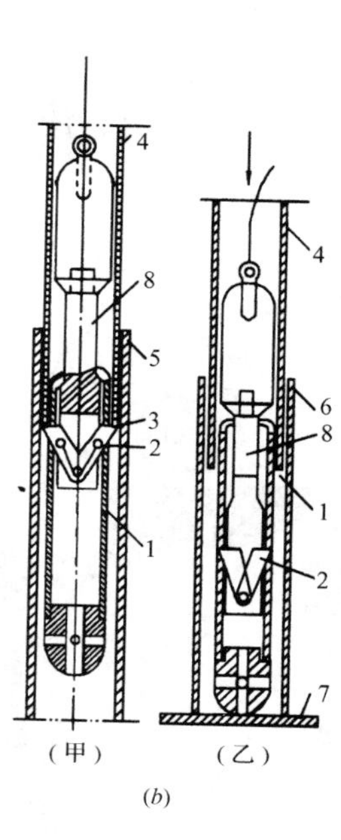

图 3－3－53 测沉器

（a）测沉器结构图（单位：mm）

1—圆棒；2—套筒；3—弹簧；4—翼片；5—小方孔；6—钢尺

（b）测沉器使用示意图

1—套筒；2—弹簧翼片；3—施测点；4—带有横梁的细管；5—套管；6—基础套管；7—底板；8—圆棒

4. 观测方法

每次观测时，用水准仪测出管口高程，用如图 3－3－53 的测沉器或图 3－3－54 的测沉棒，自上而下依次逐点测定管内各细管下口至管顶距离，换算出相应各测点的高程。

测沉器外径稍小于沉降管内径，由圆棒和套筒两部分组成。圆棒下部开口槽内装有带弹簧的翼片。观测时，先使翼片从套筒两侧长方孔伸出套筒外，然后放入沉降管，当经过细管下口后，将钢尺向上拉紧，翼片卡在细管下口，即可量得距管顶距离。测量时用弹簧秤固定拉力在 4～7kg，并对准管顶固定读数。当测量最后一个测点时，继续下放测距器直至管底，套筒受阻，而圆棒继续下落，将弹簧翼片压回测沉器套筒内。稍提起使弹簧翼片尖进入小方孔受限不再外露，测沉器即可顺利提出。

测沉棒长度略小于套筒内径，棒中心与钢卷尺连接。棒的一端系一绳索兼作护绳。观测时将绳索稍稍提起，使沉降棒倾斜放入沉降管中，当沉降棒通过细管进入套管后，放松绳索，拉紧钢卷尺并固定拉力，测沉棒即卡在细管下口，测记测点至管顶距离。逐节向下测量，直至最下一个测点测毕，平提绳索，即可将测沉棒提出管外。测沉棒也可自下而上逐节测量。

沉降观测时，每测点需重复两次，读数差不大于2mm。

（二）电磁式沉降仪

1. 用途

适用于土石坝的分层沉降量的观测，以及路堤，地基处理过程中的堆载试验。基坑开挖或回填作业中引起的隆起和沉降的测量，也可测得一般堤坝的水平位移即侧向位移。

2. 结构形式

仪器由测头、三脚架、钢卷尺和沉降管组成（见图3-3-55）。测头由圆筒形密封外壳和电路板组成。测头一端系有50m长钢卷尺及三芯电缆。钢卷尺和电缆平时盘绕在滚筒上，滚筒与脚架连成一体。测量时脚架放置在测井管口上。沉降管由硬聚氯乙烯塑料制成，由主管与连接管组装而成。连接管是伸缩的套于两节主管之间，用自攻螺丝连接定位。另在主管上套一只铁沉降环，环的内外径与连接管相同，厚度2mm。铁环与沉降管一道埋入土坝或钻孔中。

现用多数沉降仪所用的钢尺和电缆是同被压注在尼龙中形成一体，测量时只要一人即可轻便操作。

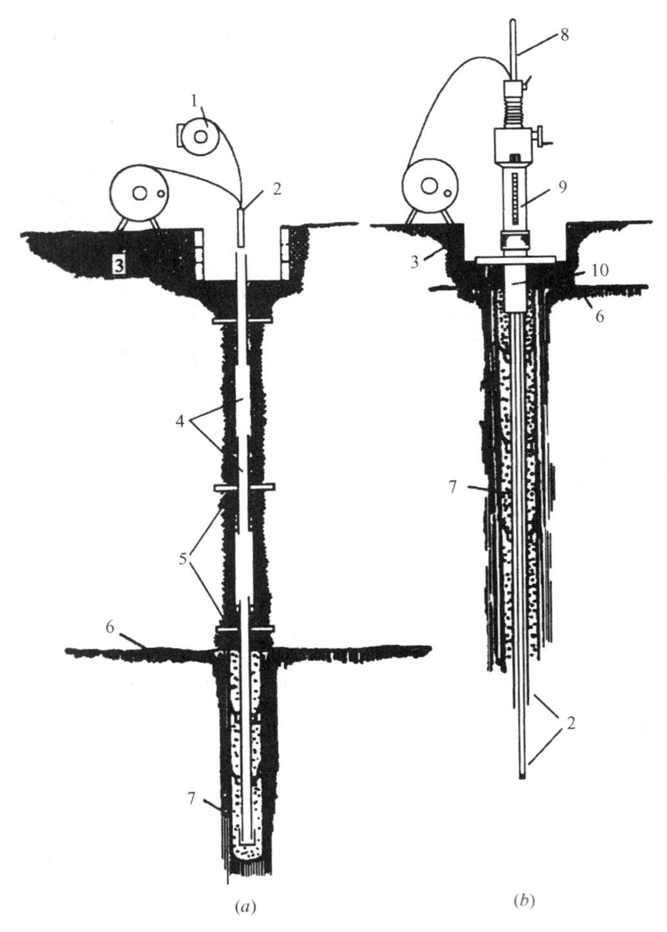

图3-3-55 电磁式沉降仪

1—测尺；2—测头；3—回填土；4—伸缩式接管；5—铁环；6—天然土；7—灌浆；8—测杆；9—显读测尺；10—基准环

3. 工作原理

埋入土体的沉降管要按设计需要隔一定距离设置一铁环，当土体发生沉降时该环也同步沉降，利用电磁探头测出沉降后铁环的位置，与初始位置相减，即可算出测点的沉降量。

电磁式沉降仪测头的工作原理见图3-3-56，在振荡线圈未接近铁环时，振荡器产生振荡后，经放大整流，施加于触发器上，使触发器无输出，执行器不工作。当振荡器一接近铁环时，由于铁环中产生涡流损耗，大量吸收了振荡电路的磁场能量，从而使振荡器振荡减弱，直至停止振荡。此时放大器无输出，触发器翻转，执行器（继电器）动作。晶体音响器便发出声音。在声响刚发出的一瞬间，确定铁环位置，并立即在钢卷尺上读出铁环所在深度。

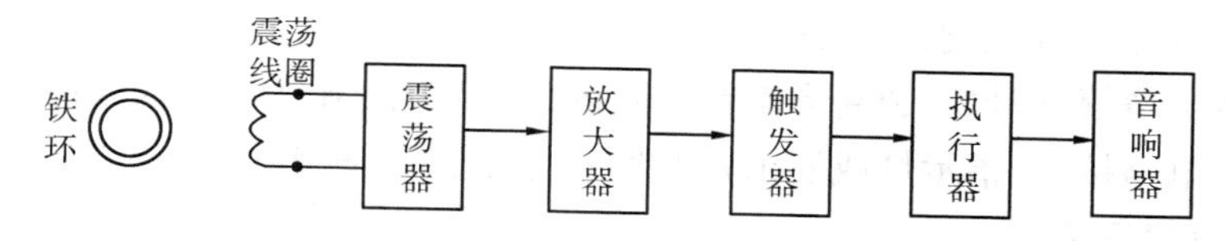

图 3－3－56　电磁沉降仪原理框图

4. 主要参数

国内外主要几种电磁式沉降仪的规格和技术参数列于表 3－3－17。

表 3－3－17　国内外常用部分电磁式沉降仪主要参数表

型　号	JTM－8000	NCJM	BGK－1900		R－4	GN－110
测量深度(m)	30、50、100、150、200	30、50、100	50、100、150、200	30、50、100、150	30～150	20～100
最小读数(mm)	1	1	1	2	1	1
重　量(kg)	3.5、4.5、6.5、10、15					
测头尺寸(mm)	ϕ30×140	ϕ32×240	ϕ16	ϕ16、ϕ43	ϕ16	ϕ18
耐水压(MPa)	3	3	2	2		2
电源	9VDC	9VDC	9VDC	9VDC	9VDC	9VDC
构造形式	钢尺电缆	钢尺电缆	钢尺电缆	激光刻电缆	钢尺电缆	钢尺电缆
生产厂家	常州金土木	南京南瑞	基康仪器	美国 Geokon	加拿大 Roctest	南京格能

5. 测读方法

1）三脚架支在测孔上方，放平稳。测头挂在钢卷尺端部。用螺钉销紧。

2）测头慢慢放入管中，同时电缆跟进。

3）接通滚筒面板上的电源开关。

4）测头下降到铁环中间时，音响立即发出声音，找准发音的确切位置。让钢卷尺与脚架中的基准尺对齐，即读出该环所在深度。

5）每次观测时用水准仪测出孔口高程，测得铁环深度，即可换算出高程，观测点沉降量等于测点初始高程减去观测时测点高程。

6. 注意事项

1）电池容量有限，测量完毕立即关电源。

2）测量后将测头和电缆等擦拭干净。卷尺上涂上轻油，电缆整齐盘绕在滚筒上。

3）测头要求密封，绝对禁止拆卸。应轻拿轻放，切忌剧烈振动。发现故障应送厂检修。

4）电缆和钢卷尺不准弯折，尤其近测头端部防止损坏和断裂。

5）仪器应存放在温度－10～40℃，无腐蚀气体，干燥通风的室内。

（三）干簧管式沉降仪

干簧管式沉降仪的构造和电磁式沉降仪基本相同，所不同的仅是测头用干簧管制成，示踪环不是普通铁环，而是用永久磁铁。

测头内装干簧管，密封于圆筒形塑料外壳内，当测头接触到环形永久磁铁时，干簧管即被磁铁吸引使电路接通，指示灯或发出音响信号，据此即可测出测点的位置。

（四）水管式沉降仪

1. 用途

水管式沉降仪是可直接测读出结构物各点沉降量的仪器，尤其适合土石坝的内部变形观测。

2. 结构形式

水管式沉降仪主要由沉降测头、管路、量测板等三大部分组成（见图3－3－57）。

（1）沉降测头　由外径200mm、高340mm的有机玻璃筒（或防锈处理过的钢管），上、下铝合金盖板组成。底座上设有带保护的进水管（与连通水管相接）、通气管及排水管。

（2）管路　所有管路均应坚固，径向变形小，吸湿量小。进水管采用能承受0.2MPa内压的1010尼龙管。通气管、排水管及保护管应采用聚氯乙烯塑料管。

（3）量测板　与测头相连的进水管、通气管及排水管的终端均固定在量测板上，与进水管相通的玻璃测量管附有最小刻度为1mm的不锈钢尺。量测板上还配有抽气、供水装置。

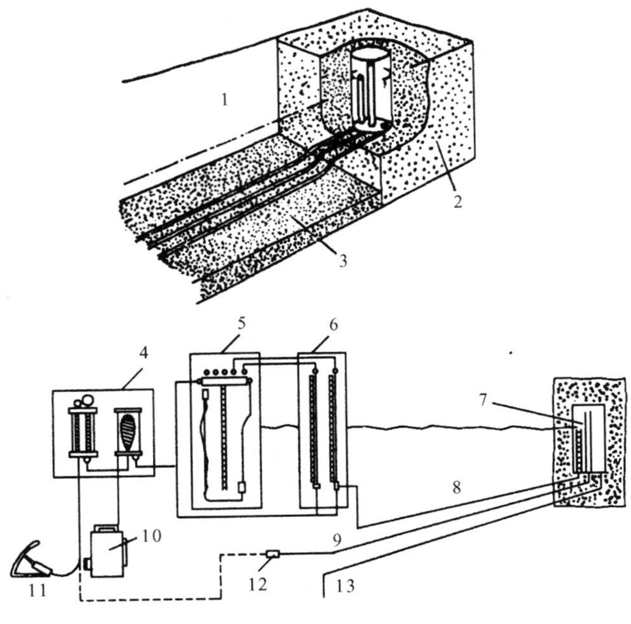

图3－3－57　水管式沉降计量测原理示意图

1—挖槽；2—混凝土；3—砂或黏土；4—脱气设备；5—反压设备；6—测验板；7—沉降计筒；8—溢流管；9—通气管；10—脱气水；11—水泵；12—气泵；13—排水管

3. 工作原理

采用连通管原理测量测头的沉降（如图3－3－58），即采用水管将坝内测头连通水管的水杯与坝外量测板上的玻璃测量管相连接，使坝内水杯与坝外量管两端都处于同一大气压中，当水杯充满水并溢流后，观测房中玻璃管中液面高程即为坝内水杯杯口高程。测得水杯杯口高程的变化量即为该测点的相对垂直位移量。

4. 主要技术指标

南京水利科学研究院土工所制造的水管式沉降仪测量系统量程为100mm（可按用户要求定），准确度±2mm，管长小于300m。南京自动化研究院南瑞大坝监测公司生产的NSC－1型水管式沉降仪量程为0～100mm，测量精度为±1～±5mm。

5. 埋设安装要点

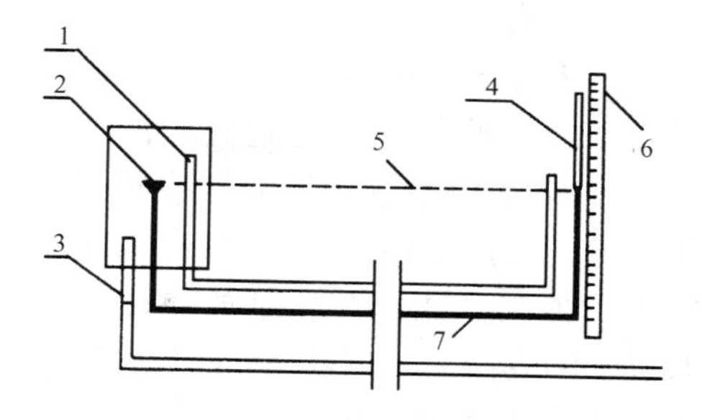

图 3-3-58　连通管原理图

1—通气管；2—水杯；3—排水管；4—测量管；5—水位；6—标尺；7—进水管

水管式沉降仪通常采用挖沟槽方法埋设，也可不挖沟槽直接在填筑面铺设。现简述挖沟槽埋设要点。

1）当填筑到测点以上 1m 高程时，沿埋设线开挖沟槽，深约 1.2m。在埋设处浇筑 10cm 厚混凝土基床，并用水平尺校平，不平整度不应大于 2mm。

2）将测头置于基床面上，连接各管路，在其周围大于测头外径 10cm 处立模浇筑混凝土，至距顶面 10cm 时，平放钢筋网，继续浇筑，将顶面抹平。正常护养至拆模。

3）各管路外套保护管，然后沿已整平的基床蛇形平放至观测房的量测板上。

4）将各测头的管路对号就位接到量测板上，打开通气管路上阀门，给各测头排气充水，气泡排尽后开通向玻璃量管的阀门，使其水位升高一点，并紧水阀，待管内水位稳定后，读出水面刻尺数值，此值即测头起始读数。

6. 测读方法

每次测读前，用水准仪测出测量板的标点高程，读出测量板上各测点玻璃管上的水位。然后逐个向测头连通管的水杯充水排气。进水速度要小于排水管的排水速度，避免测头内积水位上升，溢出的水会进入通气管，破坏大气连通，招致测量系统工作失常。如果通气管堵塞，可向管内抽气或抽水。

量测管的稳定数值判定标准是每 20 分钟读一次数，直至最后两次读数不变为止。

寒冷地区为防止管路被冻坏，可用乙二醇和甲醇的配比为 655∶345（体积比）混合液，再掺入 0.4（体积比）的水所配成的防冻液来代替脱气水，可达到 -52℃ 以上的防冻效果。

（五）振弦式沉降仪

1. 用途

用于测量填土、堤坝、公路、储油罐、基础等结构的升降或沉陷。适用于遥测和自动数据采集。

2. 结构形式

由振弦式探头、充满液体的管路、液体容器、测读装置组成振弦式沉降系统，见图 3-3-59。鱼雷状的测头内装振弦式灵敏压力传感器。也可在沉降点固定埋设振弦式压力传感器代替移动式测头（见图 3-3-60），管路中充填的液体是无空气的防冻液体。为增加灵敏度可用水银。

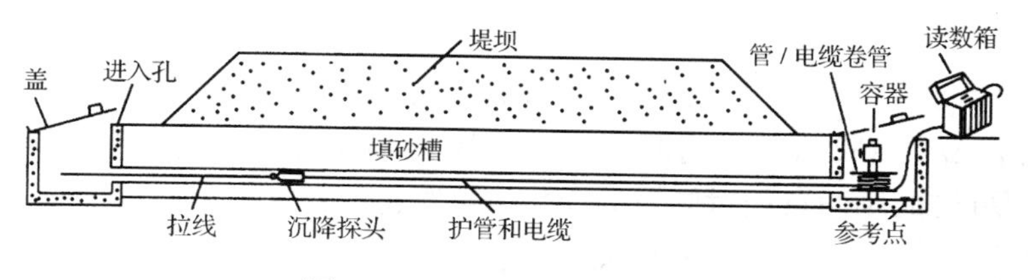

图 3-3-59　振弦式沉降系统

3. 工作原理

振弦式压力传感器作为沉降测头放入填土或堤坝中的测管中，它通过充满液体的管路与液体容器连接，由振弦式压力传感器测得探头内液体压力，就可测出探头与容器内水位的高差。而容器和振弦式测读装置是放在位于稳定的水准基点上的卷筒上。因此，探头在测管中移动就可测出测管的高程变化，与起始高程比较，就可测得测管的测降量。固定式测头当埋设部位沉降时，振弦式压力传感器测得的液体压力也随之变化，即可求出与液压容器水位的高差，而测得相应测点沉降量。

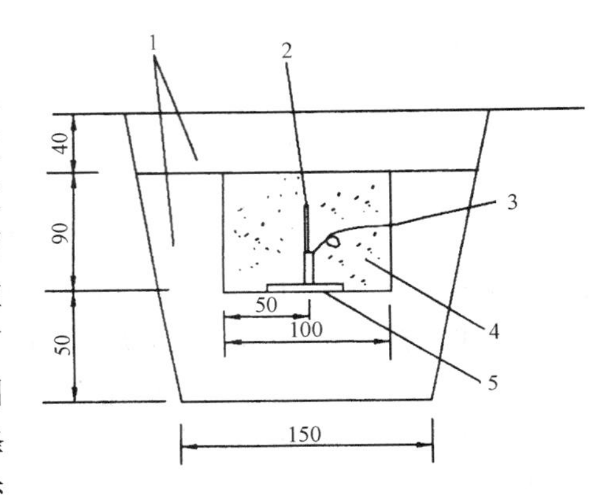

图 3－3－60　固定式振弦式沉降测点示意图
1—填料；2—液压管路连液压容器；3—电缆连读数箱；4—回填料；5—振弦式压力传感器

（六）电测垂直水平位移测量仪

该仪器是利用活动振弦式测斜仪原理，测量水平向埋设的测斜管各区段的垂直沉降情况。同时利用仪器中干簧管与水平向测斜管导管外壁的磁环的磁感应原理来测量结构物的水平位移。

南京水利科学研究院士工所生产的这种电测垂直水平位移测量仪，垂直测量的量程为 $\pm 10°$，准确度 $\pm 1\mu\varepsilon$（$\pm 36''$），水平测量准确度为 ±2mm。

十、静 力 水 准 仪

1. 用途

静力水准仪是测量两点或多点间相对高程变化的精密仪器。主要用于大坝、核电站、高层建筑、矿山、滑坡等垂直位移和倾斜的监测。可以目视观测，也容易实现自动化观测。

2. 工作原理

静力水准仪又称连通管水准仪，如图 3－3－61 所示，在两个完全连通容器中充满液体，当液体完全静止后 1、2 两个连通容器内的液面应同在一个大地水准面上，即 $H_{10}=H_{20}=H_0$［见图 3－3－61(a)］。假设测头 1 的基墩下沉，测头 2 的基墩不变，则两个连通容器内液面相对于基墩面的高度变化为 H_{10}增加 $\Delta h1$，H_{20}减少 $\Delta h2$，而达到新的水准面 O_1、O_2［见图 3－3－61(b)］，即

$$H_1 = H_2 \qquad (3-3-13)$$

由于容器内径相等，因此

$$|\Delta h1| = |\Delta h2| \qquad (3-3-14)$$

沉墩下沉量：

$$\Delta h = |\Delta h1| + |\Delta h2| \qquad (3-3-15)$$

测得液面变化量 $\Delta h1$、$\Delta h2$ 即可求得测点相对高差，也就可知道测点垂直位移。如果两测点的水平距离 S 是已知，则两点相对倾斜的变化也可算得。

依照上述原理，不只是可以观测两测点之间的相对垂直位移，也可在建筑物及其地基内，布置多个测点并连成系统，测点各点之间相对位移和倾斜，也可以选一稳定不动点作为

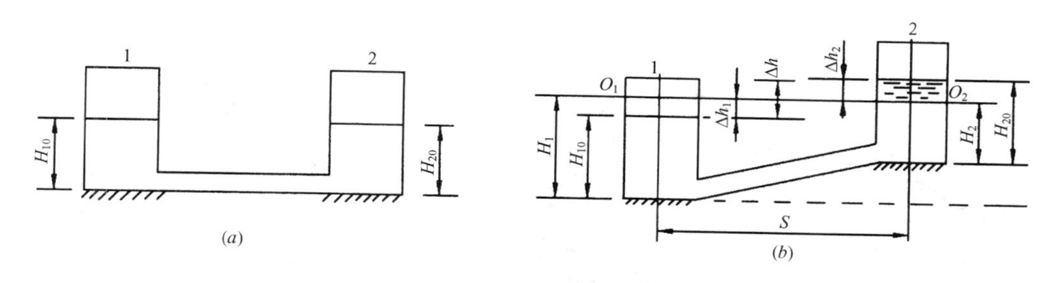

图 3-3-61 静力水准原理图

基准点，来观测各点的绝对垂直位移。对于多测点的静力水准系统，每个测头均需加接三通接头，使各测点水管连通，各点容器上部与大气连通，且各点高程应基本相同，参照容器必须设在稳固的水准基点处。

3. 结构形式

静力水准仪在我国50年代就有称为水管仪的定型产品供工程使用，如座式水管仪，悬挂式水管仪等。仪器采用内径为5~7mm塑料管做空气连通管，内径11~14mm塑料管做连接水管，测点液面高程计数用水面测针目视。早期的产品无自动记录装置，不能遥测。

为了实现遥测和自动化，目前国内使用的静力水准仪均已改用浮子升降来进行液面高程的自动测记。图3-3-62所示为差动变压器式静力水准仪，当测头内水位升降，浮子也跟随升降，与浮子相连的传感器的铁芯也连同产生上下垂直位移，通过传感器将此位移量转换成电压信号的变化，经传输实现遥测自动数字显示。该仪器在传感器电路和数字显示器中都装有防雷击保护元件。测量结果除直接显示外还可打印储存，并留有微机接口以便与自动化监测系统相连。测微器用作人工目视直接测得水位变化。

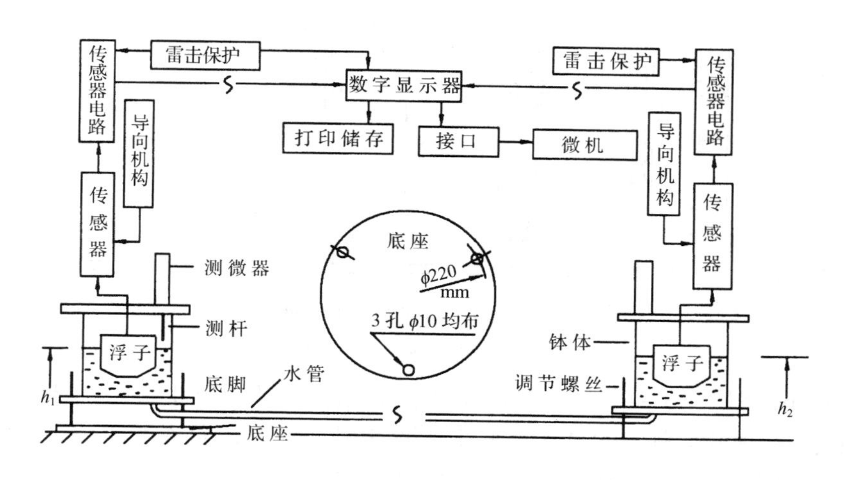

图 3-3-62 差动变压器式静力水准示意图

液体静力水准仪的种类很多，主要区别在于测读液面高度的方法和手段不同。除了前面介绍过的水管式沉降仪是一种目视测读法外，电测法应用比较广泛。

图3-3-63是振弦式多点静力水准仪。图3-3-64是电容感应式静力水准仪。仪器的基本组成包括容器、浮子、传感器、液体、连通管、通气管等。

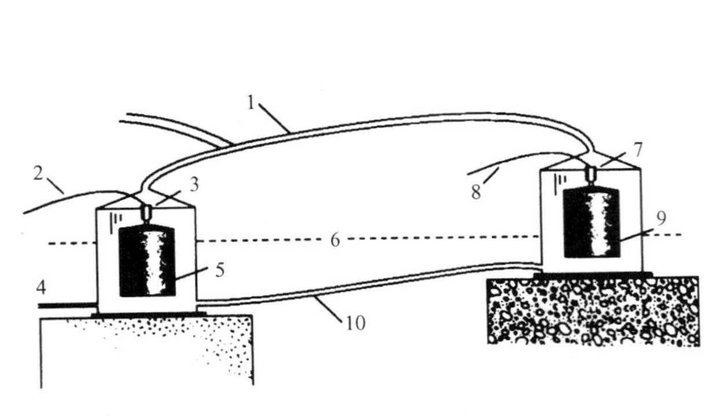

图 3-3-63 振弦式多点静力水准系统

1—连接管(空气);2、8—电缆;3、7—弦式传感器;
4、10—连接管(液体);5、9—圆柱状浮筒;6—水位

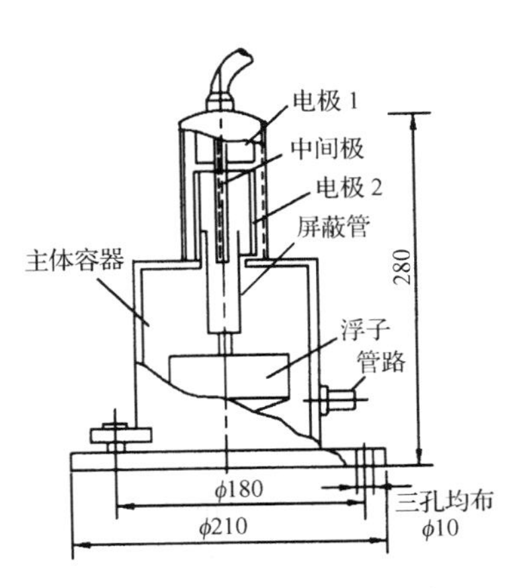

图 3-3-64 电容感应式静力水准仪

图 3-3-65 是磁致式静力水准仪。磁致静力水准仪是近年来刚传入我国的新型传感器,是利用磁致伸缩原理设计的新一代高精度液位测量仪器。它由脉冲电路、波导线、回波信号单元、磁环浮子、结构件和保护套管组成。脉冲发生器产生波导脉冲,经电子部分加以变换成沿波导线传播的电流脉冲'起始脉冲',其产生的磁场和磁环浮子形成的磁场相叠加,产生瞬时扭力,使波导线扭动并产生张力脉冲,这个脉冲以固定的速度沿波导线回传,在线圈两端产生终止脉冲,通过测量起始脉冲和终止脉冲之间的时差就可以精确地测量液位或位移,测量精度视脉冲频率而定,一般为 0.05 ~0.5mm,常用分辨力为 0.1mm。

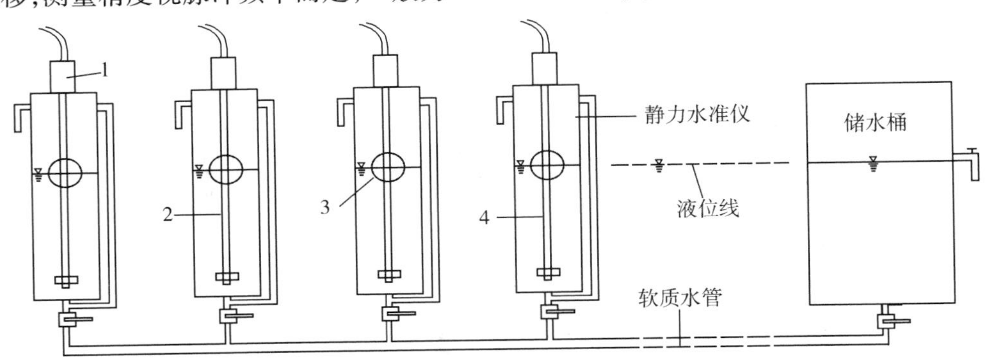

图 3-3-65 磁致式静力水准仪

1—电器部分;2—磁致杆;3—磁环浮子;4—水

图 3-3-66、图 3-3-67 是光电式静力水准仪,适用于混凝土重力坝、拱坝、堆石坝等建筑物的廊道、坝顶的各测点的自动化水准测量,其优点是自动化程度高、安装简单、测量精度优于用光学水准仪闭合测量的精度。其缺点是对测点与测点间温差变化大的环境下,其精度会降低。故在坝顶应用时应将仪器及管道至于混凝土沟道中,避免阳光不均匀照射造成测点之间的温差而降低测量精度。该仪器依据连通管原理的方法,测量每个测点容器内容器底面安装高程与液面的相对变化。通过基准点双金属标的基准高程即可换算出各测点的高程变化。

仪器选择光电传感原理,采用 CCD 器件开发成的光电一体化位移传感器检测微量位移，实现了宽测量范围、高分辨率、高精度、无电学漂移等优良的技术指标。测量传感器单元由点光源、光学透镜组（形成平行光光源）和 CCD 光接收器三部分组成。平行光光源和 CCD 光接收器都固定在仪器底板上，点光源发出的光束经透镜组转换为平行光，垂直照射 CCD 光接收器窗口。标志物置于光路中，其阴影投射到光接收器上被 CCD 识别、处理、量化成与标志物位置相对应的数据。点光源置于透镜的焦点处。透过透镜的平行光视场足够大，以能充分覆盖整个测量范围和 CCD 光接收器窗口，传感器的测量原理结构如图 1 所示，通过提取液面在 CCD 上的光强变化来计算液面的位置，利用液面变化计算出测点高程变化。

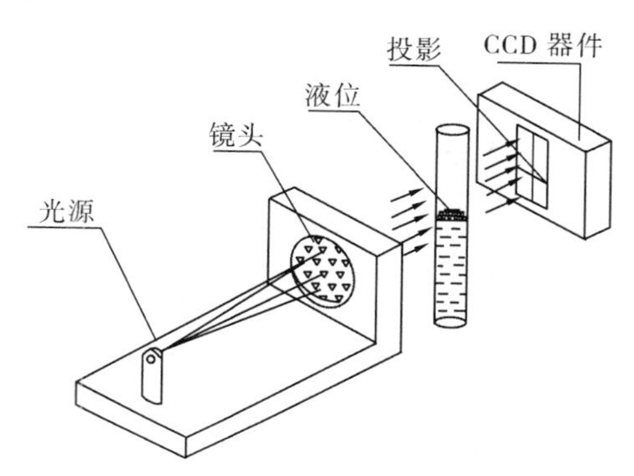

图 3－3－66　传感器的测量原理图

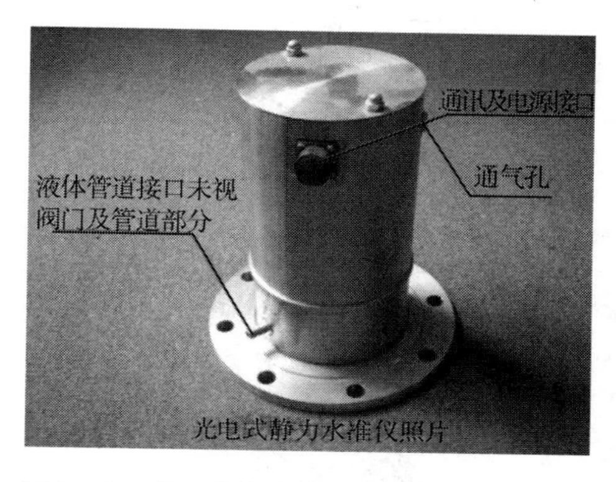

图 3－3－67　光电式静力水准仪的实物外形

4. 规格及主要技术参数

几种主要的液体静力水准的规格及技术参数列于表 3－3－18。

表 3－3－18　国内常用部分静力水准仪主要参数表

型　号	JSY－Ⅰ	BGK－6880	BGK－4675T	HT. BJG－1	JTM－U7000	NGDJ
工作原理	差动变压器	CCD	光纤式	CCD	磁致式	光电式
测量范围（mm）	±15	10～50	100、150、300、600	30、50、100	0～200	100
分辨力（%FS）	0.01	0.01	0.01	≤0.02	0.05～0.1	≤0.05
零漂	<0.01%/℃	无	0.03%			
适应温度（℃）	4～50	－15～65	－20～80	－20～60	－20～65	－20～60
环境湿度（%）	98%	100	≥95	≥95	≥95	95
尺寸（mm）	ϕ250×356	取决于量程		取决于量程	取决于量程	取决于量程
生产厂家	武汉科衡	基康仪器		西安华腾	常州金土木	南京南瑞

十一、垂线坐标仪

建筑物除需要进行垂直位移观测和水平位移观测外，还要进行挠度观测，这对混凝土大坝，特别是拱坝和双曲拱坝尤为必要。所谓挠度观测就是指建筑物垂直断面内，各个高程点相对于底部基点的水平位移的观测。垂线就是观测挠度的一种简便有效的测量手段。

常用的垂线有正垂线和倒垂线两种。

正垂线观测系统包括专用竖井、悬线装置固定线夹、活动线夹、观测墩、垂线、重锤和垂线坐标观测仪器等组成[见图 3－3－68(a)]。通常采用直径 1.5～2mm 不锈钢丝，下端挂上 20～40kg 的重锤，用卷扬机悬挂在坝顶某一固定点，通过竖井直接垂到坝底的基点。根据观测要求，沿垂线在不同高程及基点设置多处观测墩，利用固定在测墩上坐标仪，测量各观测点相对于此垂线的位移值。固定线夹是用作更换垂线时，保持垂线悬挂点位置不变。活动线夹是用在正垂多点夹线法中，把垂线固定在被观测点位上的专用装置。

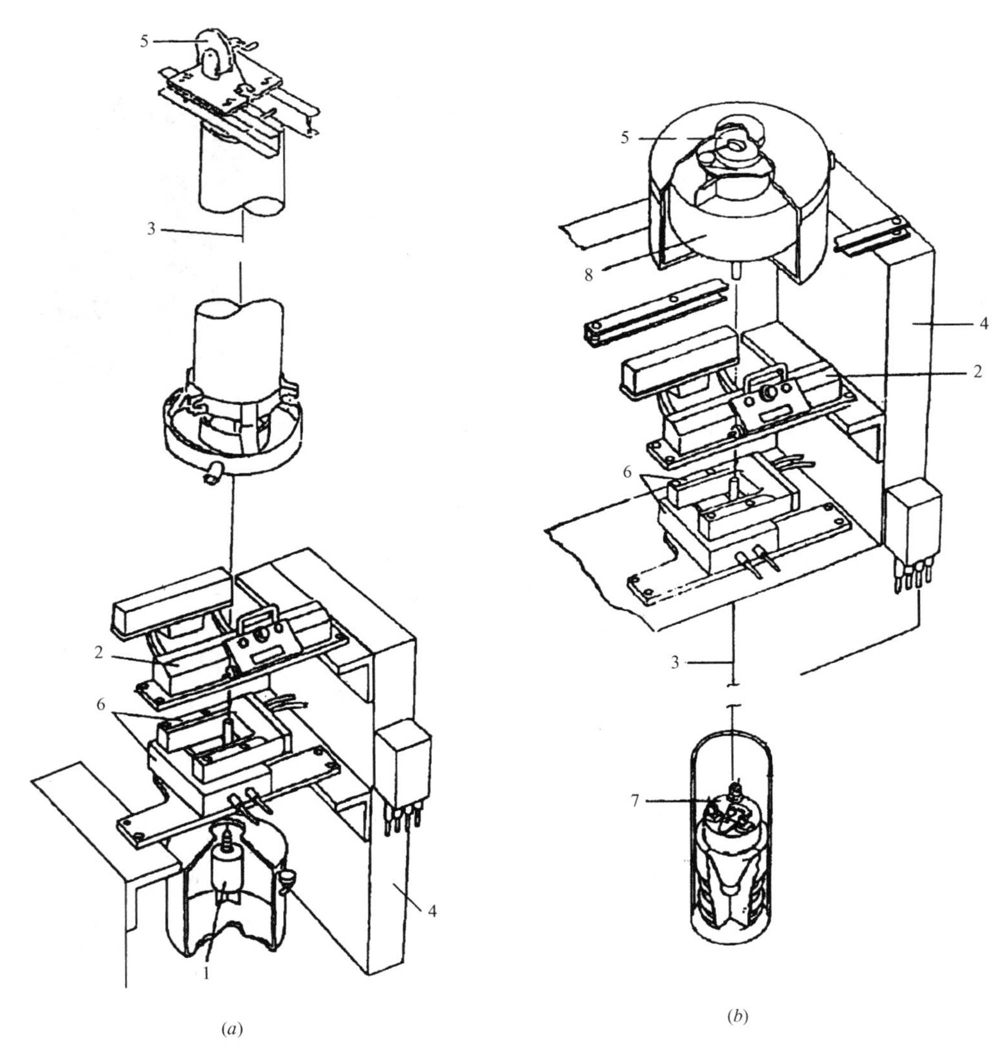

图 3－3－68　垂线坐标仪观测系统结构示意图

(a) 正垂线；(b) 倒垂线

1—重锤；2—垂线坐标仪；3—垂线；4—观测墩；5—卷扬机；6—线夹；7—倒锤锚块；8—浮筒

正垂线观测方法分一点支承多点观测法和多点支承一点观测法两种。前者是利用一根垂线观测各测点的相对位移，如图 3－3－69(a)所示的 S_0、S 等，则任一点 N 的挠度 S_N 为：

$$S_N = S_0 - S \qquad (3-3-16)$$

式中　S_0——垂线最低点与悬挂点之间的相对位移；

　　S——任一点 N 与悬挂点之间的相对位移。

该法在各测点均设置观测墩放置垂线观测仪。后者是用一台设在垂线最低点的垂线观测仪，并在各高程测点埋设活动夹线装置，自上而下依次在各测点用活动线夹把垂线夹住，用观测仪来观测各点所得观测值减去初始值即为各测点与垂线最低点之间的相对挠度，如图3－3－69（b）中的 S_0、S_1、S_2 等。

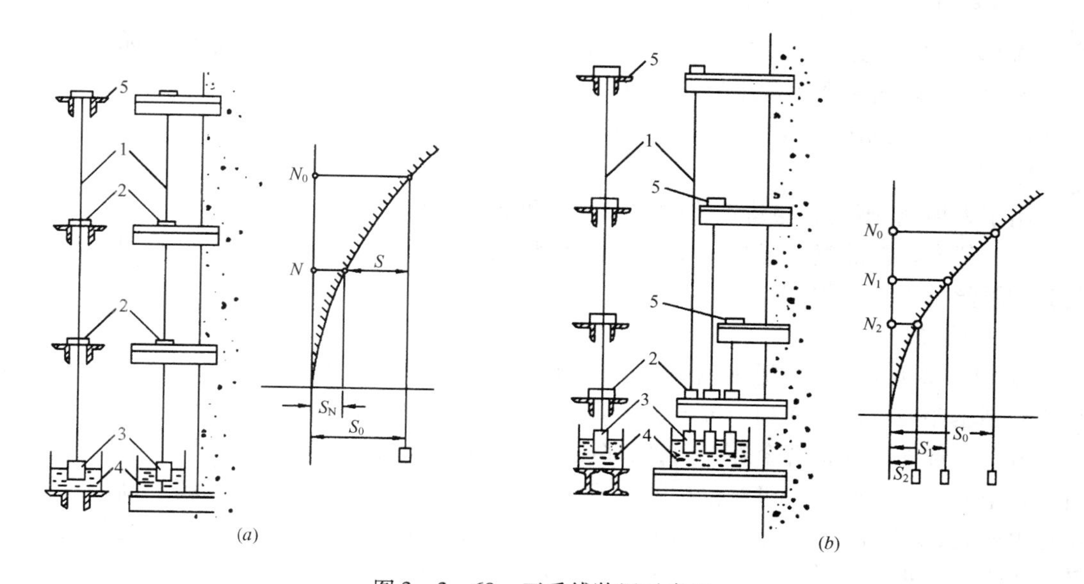

图3－3－69　正垂线装置示意图

（a）正垂线一点支承多点观测装置示意图；（b）正垂线多点支承一点观测装置示意图

1—垂线；2—观测仪器；3—垂球；4—油箱；5—支点

图3－3－68（b）所示为倒垂线观测系统，由倒垂锚块、垂线、浮筒、观测墩、垂线观测仪等组成。垂线下端固定在基岩深处的孔底锚块上，上端与浮筒相连，在浮力作用下，钢丝铅直方向被拉紧并保持不动。在各测点设观测墩，安置仪器进行观测，即得各测点对于基岩深处的绝对挠度值，如图3－3－69中的 S_0、S_1、S_2 等。这就是倒垂线的多点观测法。因倒垂线的一端要锚固在基岩下稳固不产生位移的位置，倒垂线具有相当高的精度，而且稳定可靠。但是设置一个倒垂系统代价较大。前苏联学者 N. C. 拉布茨维厅研制了一种类似多点夹线法的多点倒垂，可以利用同一根倒垂线测出各测点的水平位移。

为了测定垂线相对于观测墩在 X、Y 方向坐标值的变化，可利用垂线坐标仪来测定。垂线坐标仪一般分光学垂线坐标仪和电测垂线坐标仪两大类。光学垂线坐标仪结构较简单，性能稳定，价格便宜，但难以实现观测自动化。垂线监测自动化是国内外坝工专家们致力研究的内容。近二十多年来，随着技术的进步，遥测垂线坐标仪由接触式发展到非接触式。非接触式坐标仪从步进马达光学跟踪式发展到步进马达传感器跟踪式以及光电二极管编码式。特别是感应式垂线坐标仪的研制生产，为垂线遥测自动化提供了较理想的监测手段。

垂线坐标仪国内外生产的厂家较多。据不完全统计，瑞士、法国和意大利都有垂线产品应市。如：瑞士荷根柏公司生产的携带式双向光学坐标仪和电容式单向接触式坐标仪；法国泰勒马克公司生产的变磁阻感应式遥测垂线坐标仪；法国电力公司格勒诺布技术改进处研制的光电二极管编码遥测垂线坐标仪；意大利国家电力局自动化与计算技术研究中心与米兰大学、舍利（Seli）公司生产的变磁阻感应式遥测垂线坐标仪；意大利伊斯美斯（Ismes）研究所制造的步进马达驱动光电跟踪式遥测垂线坐标仪；意大利皮兹（Pizzi）公司的步进马达驱动磁场差动传感器型遥测垂线坐标仪等。国内也有很多单位生产垂线坐标仪。如国家地震局武汉地震研究所生产的 EMD－S 型磁场差动传感器式遥测垂线坐标仪和 CXY 型 CCD 式自动垂线观测仪；南京自动化研究院生产的 RZ 型电容感应式垂线坐标仪；南京水利水文自动化研究所大坝分析研制的 STC 型步进电机遥测垂线坐标仪；南京电力自动化设备总厂生产的 GZ－50 型差动电感式垂线坐标仪和 GYC－500 型 CCD 充电遥测垂线坐标仪等。

下面介绍国内生产的常用的几种垂线坐标仪。

（一）步进电机光电跟踪式垂线坐标仪

1. 用途

用于大坝、船闸或高层建筑物的水平位移和挠度的监测。

坐标仪安装在混凝土观测墩或钢支架上，和正垂线或倒垂线的钢丝配套使用。仪器的测头和钢丝是不接触的。

2. 结构形式

以 STC 型步进电机式遥测垂线坐标仪为例，由传动机构和测量机构两部分组成。传动机构包括基座、丝杆、导杆和步进电机。测量机构包括底板、基准杆、基准杆座、探头及电缆插座等。全部安装在铝合金外壳内，内部还装有恒温加热元件（详见图 3－3－70）。步进电机是将电脉冲信号转变成机械位移的直流执行元件。选用步距角小、定位精度高的反应式步进电机，其误差不积累，停转不断电时具有自锁能力。步进角为 1.5°，即步进电机主轴旋转一周需 240 步，丝杆螺距 2.5mm，则每进一步直线运动为 0.1mm。

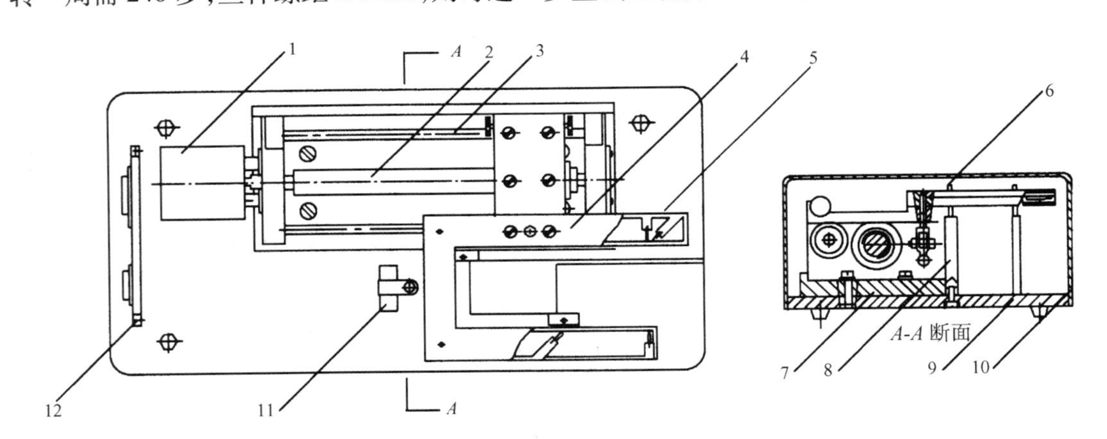

图 3－3－70　STC－5 型遥测坐标仪示意图

1—步进电机；2—丝棒；3—导棒；4—探头；5—光缆索；6—基准杆；
7—基座；8—基准杆座；9—底板；10—外壳；11—加热体；12—插座板、插座

探头采用 U 形结构，内装多支光电管，可同时测得垂线在 X、Y 两坐标方向的位移量。且采用双照准配置，当一套光电照准发生故障时，备用的另一套即自动启用。

两根基准杆与支承它的基准杆座安装在底板上，并永久固定在混凝土观测墩上。第一根基准杆是测量基准点。两根基准杆之间距离是固定不变的，用作自校的基准长度。

因垂线坐标仪长期在低温潮湿环境中工作，设计采用恒温加热元件自动加热，保持仪器

内部干燥。

3. 工作原理

在变形检测仪或测控装置的控制下，步进电机运转并驱动丝杆带动探头作直线运动。探头中的光电照准器依次扫描基准杆和垂线，一旦光线被基准杆和垂线遮断，光电管将立即记录基准杆和垂线位置的信号返送给检测仪或测控装置，经自动处理测得垂线在 *X*、*Y* 轴方向的位置。与初始位置相比而求出垂线的位移量。

4. 规格及主要技术参数

目前步进电机式坐标仪国内有南京水利水文自动研究所大坝监测分所等几家单位生产，其规格及参数列于表 3－3－18。

（二）电容感应式垂线坐标仪

1. 用途

南瑞大坝监测所研制生产的 RZ 型垂线坐标仪用于安装在水工建筑物或其他大型建筑物所设置的正、倒垂线上，测量建筑物的挠度或水平面内 *X* 向与 *Y* 向的位移量，而 SRZ 型三向垂线坐标仪还可增加测量建筑物在沉降方向（即 *Z* 向）的位移。

2. 结构形式

仪器由测量部件、标定部件、挡水部件及屏蔽罩组成［如图 3－3－71（*a*）所示］。测量信号由电缆引出。

3. 工作原理

仪器采用差动电容感应原理，如图 3－3－71（*b*）所示在垂线上固定了一个中间极 5。固定于测点的垂线坐标仪内有一组上下游向的极板 6、7 和左右岸向的极板 8、9。每组极板与中间极组成差动电容感应部件。当垂线与测点之间发生相对变位时，则两组极板与中间极间的电容比值会相应变化，分别测量两组电容比即可测定出测点相对于垂线的水平位移（*X*、*Y* 向）。三相垂线坐标仪则在线体上又固定一个圆盘状的中间极板。在测点上，位于中间盘状极板上下安装一组平行极环（见图 3－3－72）。当测点相对于线体沉降方向发生变化时，则一组极环与中间圆盘组成的差动电容值会发生变化，通过测量电容比，就可测出沉降量。

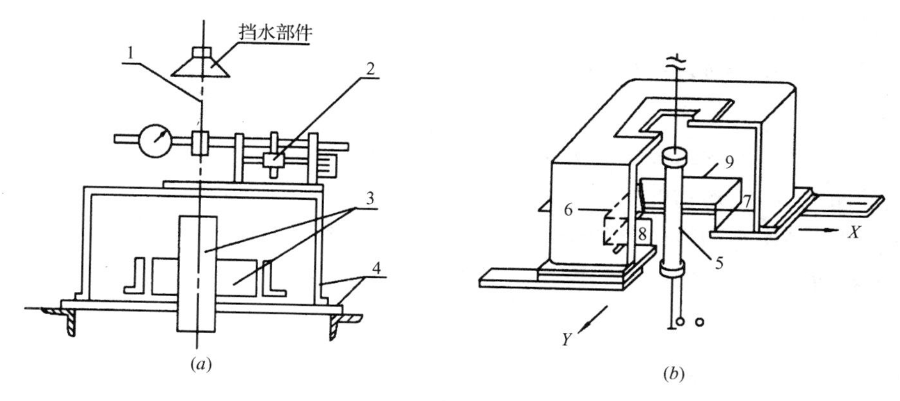

图 3－3－71　电容双向垂线坐标仪

（*a*）结构示意图；（*b*）原理示意图

1—垂线；2—标定部件；3—测量部件；4—屏蔽罩；5—中间极；

6、7—*X* 向极板；8、9—*Y* 向极板

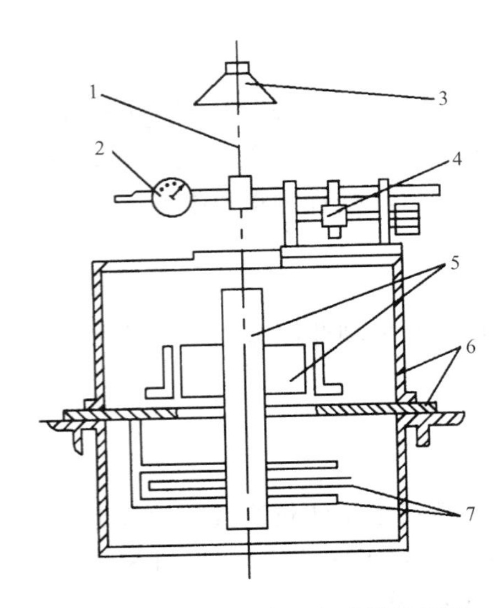

图 3－3－72 电容三向垂线坐标仪

1—垂线；2—百分表；3—挡水部件；4—标定部件；5—水平变形测量部件；6—屏蔽罩；7—垂直变形测量部件

4. 规格及主要参数

国内常用的垂线坐标仪的规格及主要技术参数列于表 3－3－19。

5. 现场安装

（A）仪器安装架的准备

仪器安装架原则上由设计单位和工程单位根据工程特点进行设计、制作。安装架可固定在测点的混凝土壁上，也可固定在测点的混凝土墩上，也可做成钢架形式。安装架与壁、墩的连接要稳定可靠，无相对变位。

（B）电缆准备

RZ 型垂线坐标仪连接电缆为五芯屏蔽电缆。SBZ 型则分别用五芯屏蔽电缆和三芯屏蔽电缆。确定仪器所需电缆长度后，要对电缆作如下检查：

1）用万用表检测每根电缆芯线是否有断线。

2）用 500V（或 1000V）兆欧表分别检查每根芯线与屏蔽层的绝缘电阻，要求阻值大于 500MΩ。检查信号线与其他 4 根挤压线间的屏蔽层的电阻其阻值应大于 50MΩ。

3）垂线坐标仪的现场安装：将中间极固定在正、倒垂的线体上，将仪器底板安装在安装架上。调整好中间极和底板之间的位置，焊接电缆接头，再将焊头进行绝缘处理，把电缆引至集中转换点，最后安装挡水罩。三向垂线坐标仪的 Z 向的安装：将中间极圆盘极板固定在线体上，调整好中间极圆盘和底板上下二极环的相对位置，将三芯屏蔽电缆焊接好，并对焊头绝缘处理后，引出电缆至集中转换点。

4）水平的 X、Y 向的灵敏度系数是在现场标定得出的，垂直 Z 向灵敏度系数是以系统配制在专门设备上由厂家标出。

（三）电磁差动式遥测垂线坐标仪

1. 用途

电磁差动式遥测垂线坐标仪是测量垂线位置的自动化观测仪器，适用于水电工程、矿山竖井、高层建筑、大型结构物的水平位移和挠度监测。

由于采用磁场作为测量位移的传递媒介，垂线与传感器之间的空间被潮湿结露、水滴、尘垢等物质充填时均不会影响测量精度。具有良好防潮性能。

2. 结构形式

整套仪器由传感器、框架、转接器、电子放大器、便携式测读器和传输子站等部件组成。图 3－3－73 是最简单的单机测量组合，由传感器＋框架＋电子放大器＋便携式测读器组成，人工操作读数。多点测量时，按其图示配置，测读器共用，或者每个测点的传感器通过转接器共用一个电子放大器，再用便携式测读器测量。

仪器基座采用大理石，具有良好的机械稳定性。基座上装有两组相互垂直的接收线圈

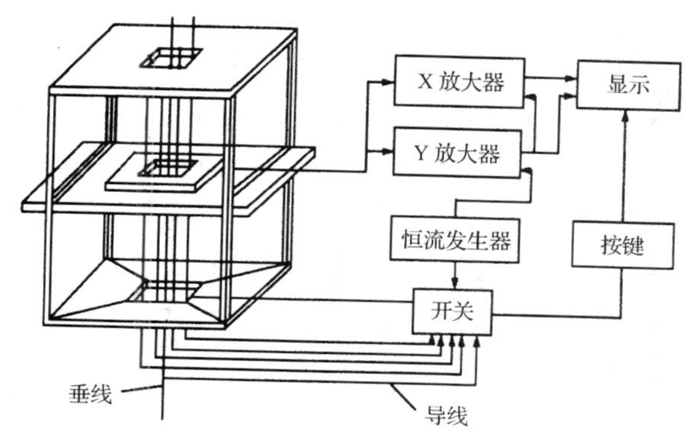

图 3－3－73　EMD－S 型遥测垂线仪结构图

组。不锈钢框架上有 4 根导线与垂线构成电流回路。工作时每根导线流过 1/4 电流，由于对称关系，其总影响为零，线圈仅感应出垂线电流引起磁场变化。框架上还另装有两根标定金属线，位置固定不变。当激励电流切换到标定金属线上，相当于垂线位于标定线位置，得到 X、Y 方向的 4 个最大位置数值，由此算得仪器的零点和格值系数。

垂线激励电流由高精度电流发生器提供。通过垂线上的线夹与框架上下端的接线用柔线连接。激励电路中装有切换开关，根据输入的开关信号将电流送入垂线或任一根标定线。仪器设有防浪涌和雷电感应保护措施。

3. 工作原理

该垂线坐标仪是采用一种新的二维位移测量原理，即当垂线上输入稳频稳幅的交变电流时，在垂线周围产生的相应频率的交变磁场，接收点上的磁感应强度与导线距离成反比，检测出的直流电压与垂线位移成正比。因此，测出输出直流电压的大小，即可求得垂线位移量的大小。因输出为模拟电压信号。因此，易于进入各种自动化监测系统。

4. 规格及主要技术参数

武汉三维科技开发公司生产的 EMD－S 型磁场差动式遥测垂线坐标的规格及主要技术参数见表 3－3－19。

5. 安装要求

1）垂线引入仪器内孔后，将垂线坐标仪用螺栓固定在观测墩或安装架上。

2）将 2 个线夹固定在垂线上，线夹与框架接线柱用柔丝焊接，焊头用硅胶密封。

3）按说明书将放大器分别与仪器传感器、激励电流、电源、输出信号及测读器相连。

4）安装完毕进行率定。将率定器固定在仪器上板，每推动线 1mm 读取一相应读数，直至推动 10mm 或 15mm，由此算得仪器线性度和格值系数。

（四）差动电感式垂线坐标仪

1. 结构形式

该仪器由差动电感传感器、杠杆传动系统、油箱、底板及保护罩等部分组成［如图 3－3－74（a）］是属接触式垂线坐标仪，当大坝发生变位时，由垂线推动仪器传动杆，通过杠杆系统使差动电感传感器中磁芯产生移动，从而把机械位移变成电讯号在电感比例电桥上显示出。

2. 工作原理

差动电感传感器的工作原理见图 3－3－74（b），在传感器中两组线圈的电感 L_1、L_2 与接收仪表（电感比例电桥）的桥路电阻 R_1、R_2 组成四臂电桥，当铁芯位于两线圈中间时，$L_1=L_2$。如仪表的桥臂 $R_1=R_2$，则 $i_1=i_2$，即表头指零。当铁芯向上移动时，L_1 增加，L_2 减少，桥路失去平衡，则 $i_1>i_2$，表头有相反的指示输出。设计将传感器中铁芯用吊丝与杠杆系统相连，当垂线推动杠杆移动时，铁芯即在传感器中作上下移动，仪表上指示的电讯号反映了垂线的位移量。

表 3-3-19 国内部分常用垂线坐标仪主要参数表

型号	HT-CZY0140	CW-CGⅢ型	CG-3A 型	BGK-6850A	RxTx	NGDZ	NGYZ
品种	CCD	三维遥测垂线坐标仪	光学垂线坐标仪	CCD	CCD 光电式 垂线坐标仪	光电式垂线坐标仪	感应式垂线坐标仪
测量范围(mm)	双向 50mm、100mm	X 向 0~30　0~50 Y 向 0~30　0~50 Z 向 0~10　0~10	X 向 0~50 Y 向 0~50 Z 向 0~8	X 向 0~50、0~100 Y 向 0~50、0~100 Z 向 0~20	X 方向:0~50 Y 方向:0~50 Z 方向:0~25	X 方向:25~50 Y 方向:25~100 Z 向:25~100	X 方向:20~60 Y 方向:20~60
精度(mm)	0.1	0.1	0.1	0.1	±0.05		
分辨力(mm)	0.01	0.01	0.01	0.01	0.0075	0.02	0.1
钢丝材料		特殊铟钢	特殊铟钢	特殊铟钢	高强不锈钢、铟钢	高强不锈钢、铟钢	铟钢
钢丝直径(mm)		ϕ1.2~ϕ1.65	ϕ1.2~ϕ1.65	ϕ1.2~ϕ1.65	ϕ1.2~ϕ1.65		
环境温度(℃)	-10~50	-10~50	/	-15~60	-10~40	-20~60	-20~60
环境湿度(%)	RH98%、密封、精铸铝材、防锈	RH98%	/	100	95	95	98
特点	具有存储功能	1. 485 端口、数字量输出; 2. 具有自动测量、数据存储、通讯功能; 3. 带有防雷击、防浪涌及抗静电功能		非接触测量、数字/模拟双输出	非接触测量、数字/模拟双输出	双路 4 位 LED,485 信号输出,适合长距离信号传输	在潮湿环境下能长期稳定工作
生产厂家	西安华腾	武汉科衡地震仪器厂		北京基康	加拿大 Roctest	南京南瑞	

3. 规格及主要参数

南京电力自动化设备总厂生产的 GZ－50 型垂线坐标仪的主要技术参数见表 3－3－18。

（五）光学垂线坐标仪

光学垂线坐标仪的种类很多，以武汉地震研究所三维科技开发总公司生产的 CG－3A 型光学垂线坐标仪为例作简单介绍。

1. 用途

主要用于测定大坝、高层建筑物和大型工程的变形，也可用于电视塔、矿井及危岩体滑坡等的安全监测。可测得垂线三方向的位移。

2. 结构与原理

图 3－3－75 所示为仪器外形图。仪器上部是瞄准部分，由照明灯、转象系统、瞄准部分和铅垂向测微器所组成。仪器下部是量测部分，由纵、横向导轨、精密螺旋副、水准器和脚螺旋等组成。

仪器的光学系统如图 3－3－76 所示，测量时，照明灯发出的光线使视场形成一个光亮的背景，当垂线位移遮断了光线，就会形成一条黑影，经半棱镜 3 与观测物镜 4 成像在划板 7 上呈一竖直线像，5 为转 45°棱镜，将光线折 45°以便于观测。同时，铅垂线经转向物镜 1 及反射镜与棱镜后，进入观测系统，在分滑板上呈水平线像。为量测铅垂向形变量，在观测视场钢丝段装有分划尺附件，在转像物镜的像面上装有测微指标 2。分滑尺与指标成像于分滑板上，观测者通过目镜 6 观测。

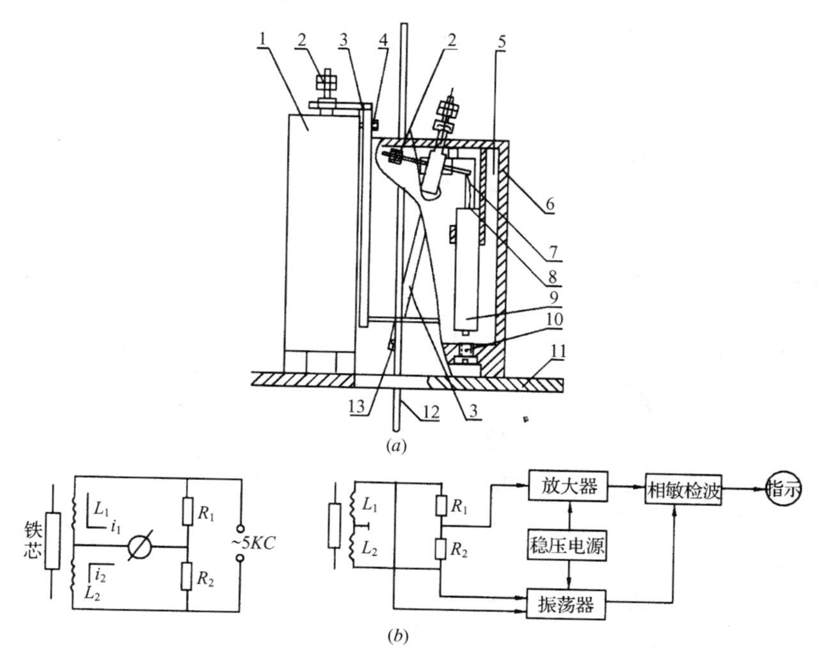

图 3－3－74　差动电感式垂线坐标仪

（*a*）结构示意图；（*b*）工作原理图

1—*Y* 向油箱；2—平衡螺母；3—垂直杠杆；4—防震销；5—变压器油；6—*X* 向油箱；7—吊丝；8—铁芯连杆；9—线圈磁罩；10—止油螺钉；11—安装底板；12—垂线；13—传动杆

图 3－3－75　CC－3A 型垂线观测仪外形图

利用上述光学成像原理，只要操作纵、横向导轨及铅垂向测微器，用瞄准系统进行瞄准使纵线像夹于纵双丝中央，横线像夹于横双丝中央［见图 3－3－76(*b*)］，然后分别在分滑直尺上读得毫米数，在测微鼓轮上读得尾数，经多次瞄准与读数，即可取得测点的坐标值。

光学垂线观测仪为可移式仪器，可搬动仪器到各测点进行观测。仪器上装有可自检的圆水准器，调节脚螺旋使圆水准器置中，以使每次观测时都具有相同高度和水平基准。

在每一测点可固定安装二台仪器来监测垂线在 *X*、*Y* 向的位移。

3. 规格及技术参数

国内光学垂线坐标仪的主要品种及技术参数列于表 3－3－18。

（六）CCD 光电遥测垂线坐标仪

1. 用途

河海大学光电技术实验室与南京电力自动化设备总厂协作，研制成 GYC－500 型光电遥测垂线坐标仪。该仪器不需要光学透镜等容易受潮霉变的光学元件，能长期可靠地在大坝等潮湿环境下，进行坝体的变形观测。

近年来西安华腾生产的 CCD 垂线坐标仪采用先进的线阵电荷耦合器件（CCD）作为传感单元的主要部件，用单片机实现 CCD 的程控驱动、信号处理和识别、细分、计算和通信等功能。传感器配置了由 LED 点光源和复合透镜组成的宽视场平行光源，投影到接收器上，构成光学投影测量单元。为了保证仪器在高湿环境下长期可靠工作，采用发热元件对传感器的光学部件进行局部加温，以防止镜片雾化结露。CCD 图像传感单元由 CCD 线阵传感器、驱动控制电路、单片机电路、通信接口电路和遮光保护罩组成。传感器的原理结构如图 3－3－76 所示。

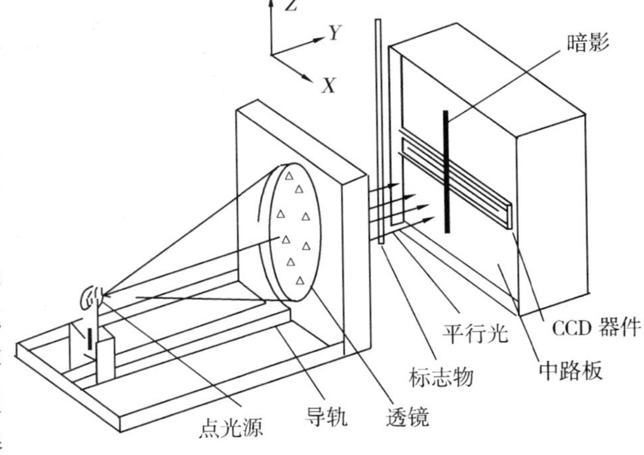

图 3－3－76　传感器的原理结构

2. 结构与原理

传感器单元由点光源、平行光源和 CCD 接收器三大部分组成。平行光源和 CCD 接收器固定在仪器底板上,点光源发出的 X 向平行光束垂直投射到接收器的窗口上。标志物在 X 方向移动时,遮挡一部分光线。因此,在接收器的窗口上形成其轮廓的暗影。由于光线平行,暗影的 X 向位移等于标志物的 X 向位移。CCD 接收器可实时地将暗影的 X 向位置经信号放大、中值滤波、A/D 转换成数值量的电信号,以 RS－485 串行通信方式传送给后续的计算机或数据采集器。当标志物在 Y 向平行光在 Y 方向的移动,同样可在 Y 方向的 CCD 接收器上形成暗影,通过处理转换成数值量的电信号,以 RS－485 串行通信方式传送给后续的计算机或数据采集器。

3. 规格参数及特点

(A)技术参数

1)测量范围:25mm×25mm;50mm×50mm;

2)最小分辨率:0.01mm;

3)测量精度:≤0.1mm;

4)重复性误差:<0.1%FS.;

5)非线性误差:<0.3%FS.;

6)环境温度:－10～＋50℃;

7)环境湿度:95%RH;

8)数显接口:本机具有 LED 数显装置;
可直读出位移变化数字量(mm);

9)遥测接口:RS－485/CAN。

(B)主要特点

1)智能型数字化自动测量。

2)高分辨率和高准确度。

3)具有自诊断和自校正功能。

4)非接触连续测量,可直读位移变化的数值量。

5)仪器密封性能可靠,具有加热除湿装置。

6)无电学漂移,可靠性强。

7)可对采集数据进行存储,当系统出现故障时,可用计算机在现场读取采集的数据。

8)具有与自动化仪器同精度的光学人工比测装置及现场 LED 数显装置。

9)即可独立自动化采集、存储、数显,又可由远端上位机进行遥测、遥控。

10)配有专用不锈钢支架,具有定位装置,能保证由于设备更换时,不影响监测数据的连续性。

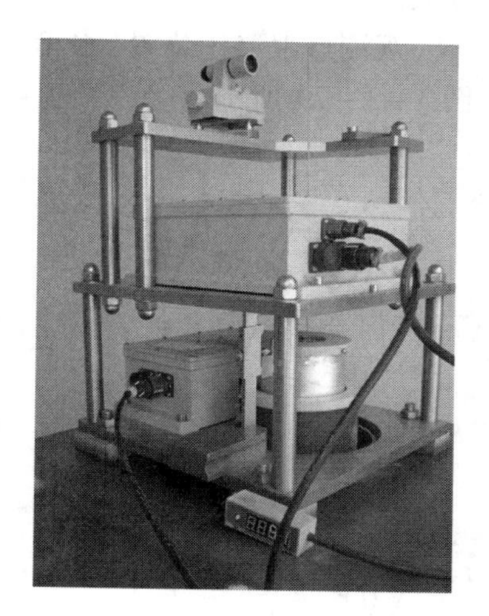

图 3－3－77　西安华腾的垂线坐标仪外形

垂线坐标仪(图 3－3－77)安装在坝体两端正、倒垂测量墩上的垂线专用支架上。垂线坐标仪测量时点亮发光二极管照亮垂线线体,垂线投影到 CCD 上,记录垂线位置变化完成测量。坝体水平方向的位移分为顺水流方向和垂直水流方向,所以垂线坐标仪的结构就要满足垂线在两个方向上位移的测量。

十二、引 张 线 仪

1. 用途

引张线仪是用于监测大坝安全的仪器，与安装在直线型坝上的引张线装置相配合，可测量坝体沿上下游方向的水平位移。双向引张线还可同时监测垂直位移。仪器结构简单，适应性强，易于布设，测量不受环境影响，观测精度高。因此，得到普遍应用，技术发展较快。

2. 结构形式与工作原理

引张线用一条不锈钢丝在两端挂重锤，或一端固定另一端挂重锤，使钢丝拉直成为一条直线，利用此直线来测量建筑物各测点在垂直该线段方向上的水平位移。引张线一般在两端点以倒垂线为工作基点。引张线测量系统由端点、测点、测线、保护管和测读仪等部分组成。

引张线的端点由混凝土墩座、夹线装置，滑轮和重锤等部件组成，如图 3－3－78 所示。

混凝土墩是设置端点各部件的基础，它也是整条引张线的基准，常与倒垂线相连。夹线装置起着固定不锈钢丝的作用，使钢丝在各次观测中相对于墩座的位置始终保持不变。它是一个关键部件，在各次测量中，为了不使钢丝磨损，夹线装置的 V 形槽和板上应嵌有铜质的金属。滑轮和重锤用以拉紧钢丝，锤的重量应视钢丝直径，允许应力、整条测线及测点之间的距离而定。长度为 200～600m 的引张线，一般采用 40～80kg 的重锤张拉。

测线通常采用直径为 1m 左右的不锈钢丝，钢丝要求表面光滑、粗细均匀和抗拉强度大。

观测点由浮托装置（水箱、浮船）、保护管、读数尺（或测读仪）及托架等部件组成，如图 3－3－79 所示。

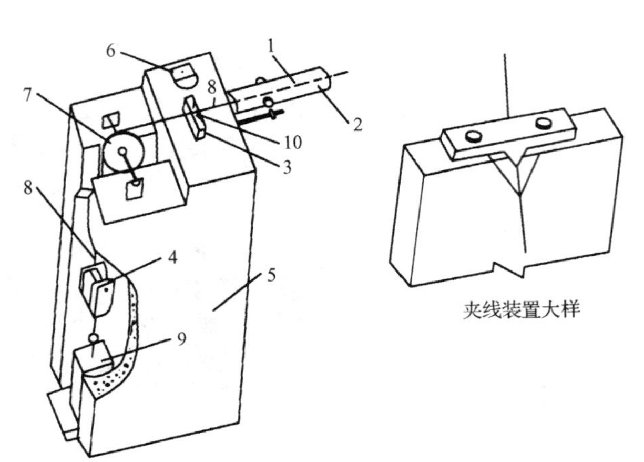

图 3－3－78　引张线端点结构

1—引张线；2—保护管；3—夹线装置；4—线锤连接装置；5—混凝土墩；6—仪器座；7—滑轮；8—引张线钢丝；9—重锤；10—“V”形槽

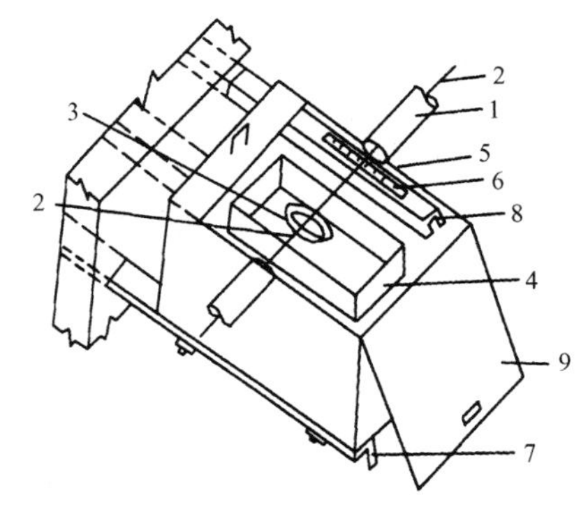

图 3－3－79　引张线测点结构

1—保护管；2—引张线；3—浮船；4—水箱；5—保护箱；6—读数尺；7—托梁；8—槽钢；9—箱盖

引张线的端点和测点装置，在四川新都飞翔测绘工具厂已有成品应市。

早期安装在坝上的引张线仪，采用直接设置在测点上的读数尺，由人工测读水平位移。随着自动化技术的发展，已将引张线与自动化测读仪表做成一体化的观测系统，如步进电机光电跟踪式引张线仪、电容感应式引张线仪以及光机式引张线仪均已应市。这些观测仪的工作原理与同原理的垂线坐标仪相仿。在结构上为适应引张线仪作水平向变形测量的要求，也作了相应的改进。图3－3－80所示为电容感应式单向引张线仪的结构示意图。

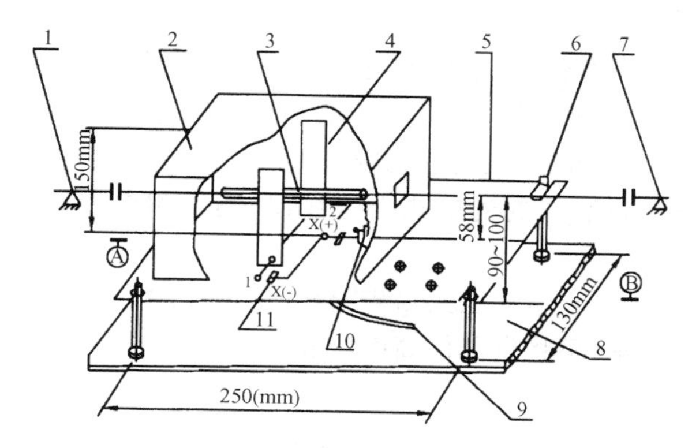

图3－3－80　遥测引张线仪结构及安装示意图

1—固定端点；2—屏蔽罩；3—中间极；4—极板；5—仪器底板；6—调节螺杆；7—张紧端点；8—埋设底板；9—三芯屏蔽电缆；10—接线柱；11—固线头

3. 光电式引张线仪

(1)光电式(CCD)引张线仪原理

光电式引张线仪(图3－3－81)是引张线监测系统中的测点自动化采集装置。引张线监测系统由不锈钢丝、固定端装置、N个测点装置、张紧端装置、电源接口、信号传输接口、人工测读接口等组成。用固定于测点装置的光电式引张线仪，测量测点相对于不锈钢丝的微量水平位移。

引张线仪测量系统是在两个固定的测量基点之间拉一根钢丝，为保持钢丝水平不触及护管，隔一定距离有一个浮子(或浮船)来托起钢丝。这样钢丝就作为水平方向变形测量的基准，采用光电式(CCD)引张线仪来读取大坝测点相对于钢丝位置的变动。

针对大坝安全监测的测量精度、分辨率的要求，我们采用了投影成像测量的测量方法，投影测量原理同光电式垂线坐标仪。投影测量法利用点光源透过透镜组产生一束平行光，当该光束中置有被测线材时，在CCD上产生与线材直径相当的阴影，测量在CCD上的阴影重心就可以得到线材的位置。当线材移动时阴影会随着线材同时移动，阴影中心移动的距离就是线材移动的实际距离。

图3－3－81　光电式引张线仪

系统CPU将CCD接收到信号经放大、中值滤波、A/D转换成数值位置信号，以RS—485串行通信方式传送给后续的计算机进行远程控制或数据采集器可在现场进行显示测值。

(2)主要技术特点

1)智能型数字化自动测量。

2)高分辨率和高准确度。

3)具有自诊断和自校正功能。

4)非接触连续测量,可直读位移变化的数值量。

5)无电学漂移,可靠性强。

6)可对采集数据进行存储,当系统出现故障时,可用计算机在现场读取采集的数据。

7)光电式引张线仪是引张线监测系统中的测点自动化采集装置。引张线监测系统,由不锈钢丝、固定端装置、N 个测点装置、张紧端装置、电源接口、信号传输接口、人工测读接口等组成。应用固定于测点装置的光电式引张线仪,测量测点相对于不锈钢丝的微量水平位移。

8)具有精度 0.5mm 的光学人工比测装置及现场 LED 数显装置。

根据现场情况和要求,可将仪器作高墩位和低墩位二种测点布置方式,详见图 3-3-82、图 3-3-83。

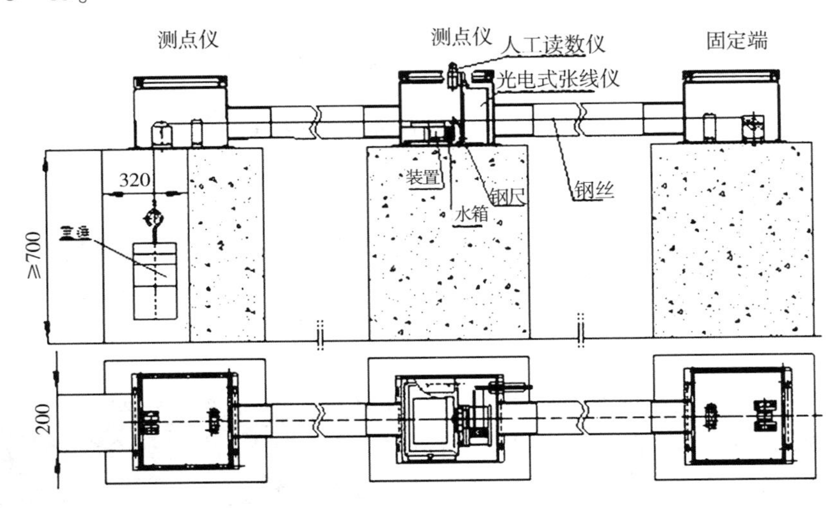

图 3-3-82　高墩位测点装置布置方式

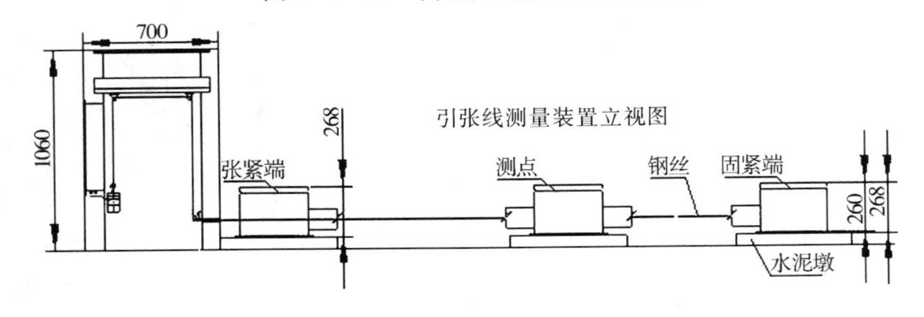

图 3-3-83　低墩位测点仪器布置方式

4. 品种、规格与主要技术参数

国内主要厂家生产的引张线仪的品种规格及技术参数列于表 3-3-20。

表 3-3-20

国内部分常用引张线仪主要参数表

型号	JTM-J7200	SS-4A 型	CW-YZⅡ型	YZY-Ⅰ型	SWT-50	RY/RY-S、RYS/RYS-S	NGDY	BGK-6860	HT-YZX0140
工作原理	机械式	丝式伸缩仪	遥测引张线观测仪	光学引张线观测仪	步进电机式	电容式、智能式	CCD光电式	CCD光电式	CCD光电式
测量范围(mm)	0~800	10	0~30	0~25	30、50、100	X方向:20~40 Z方向:10	25~100	0~50	50mm、100mm
点数	1~7		3~30	3~30		任意	任意	任意	任意
精度(%FS)	±2.0/100	0.1	0.1	0.1		≤0.2	≤0.2	0.1	0.1mm
分辨力(%FS)	0.05	0.01	0.01	0.01		0.01mm	0.02mm	0.01	0.01
钢丝长度(m)	10~300	10~30	10~600	10~600				任意	根据测点数定
钢丝材料	铟钢	特殊铟钢丝	1Cr18Ni9Ti	1Cr18Ni9Ti		碳素纤维丝、铟钢丝	碳素纤维丝、铟钢丝	铟钢或高强不锈钢	高强不锈钢
钢丝直径(mm)	2	$\phi1.2$	$\phi1.2$	$\phi1.2$		1.0、1.2	1.0、1.2	1、1.2、1.5	1.2
环境温度(℃)	-20~50	-10~50	-10~50			-20~60	-20~60	-15~65	-10~60
环境湿度(RH%)	100	98	98			95	95	100	Rh95
特点	人工测读	485端口、自动测量、数据存储				RS-485信号输出,适合长距离信号传输	RS-485信号输出,适合长距离信号传输	非接触测量、自动驱潮、数字输出	1.485端口; 2. 具有自动测量、数据存储、通讯功能; 3. 带有防雷击、防浪涌及抗静电功能
生产厂家	常州金土木	武汉科衡地震仪器厂			南京水文所	南京南瑞		基康仪器	西安华腾

十三、应　变　计

建筑物及基岩内部应力应变观测的目的，在于了解其应力的实际分布，求得最大拉应力、压应力和剪应力的位置、大小和方向，核算是否超越材料强度的允许范围，以便估量建筑物强度的安全程度。但是观测混凝土应力是个十分复杂的技术难题，迄今人们还没有研制出能直接观测混凝土拉、压应力的实用而有效的仪器。因此，长期以来，混凝土应力应变的观测，主要还是利用应变计观测混凝土应变，再通过力学计算，求得混凝土应力分布。所以从某种意义上说，应变计是混凝土应力应变观测的重要手段。

常用的应变计有埋入式应变计、无应力式应变计和表面应变计。从工作原理分，有差动电阻式、振弦式、差动电感式、差动电容式和电阻应变片式等。国内多采用差动电阻式应变计。配合埋设无应力应变计，进行混凝土应力应变观测。差动电阻式应变计经国内近40年长期使用，是一种性能可靠的仪器。近年来也使用振弦式应变计，它与其他形式的应变计相比，长期稳定性较好，分辨率高，且不受传输电缆长度的影响。

（一）差动电阻式应变计

1. 用途

应变计用于埋设混凝土内中或表面观测其应变，也可用来测量浆砌块石污工建筑物或基岩内的应变。通过改装，还可用于测量钢板应力。应变计可以同时兼测埋设点的温度。

2. 结构形式

差动电阻式应变计，主要由电阻传感器部件、外壳和引出电缆三部分组成。详见图3-3-84所示。电阻传感器件由两组差动电阻钢丝、高频绝缘瓷子和两根方铁杆组成。两根方铁杆组成一个弹性框架，其两端分别固定在上接座和接线座上。方铁杆上各装两只高频瓷子，杆端为半圆形瓷子，杆中部为圆形瓷子。在一对半圆形瓷子上绕三圈牛钢丝，形成外圈钢丝电阻 R_1。在一对圆形瓷子上绕四圈半钢丝，形成内圆钢丝电阻 R_2。弹性波纹管与上接座及接线座焊成一体。接线座、接座套筒、橡皮圈组成密封室，内部填充环氧树脂防水胶，电缆由此引出。仪器整个外壳构成一个可以伸缩密封的中性油室，内部灌满不含水分的中性油，以防钢丝氧化生锈。同时在钢丝通电发热时，也起到吸收热量的作用，使测值稳定。应变计除两端外，波纹管的外表应包裹一层布带，使仪器埋入混凝土后，不被其粘接，仪器能自由变形。仪器出厂时引出电缆只有1m长，头部要用电缆套保护。

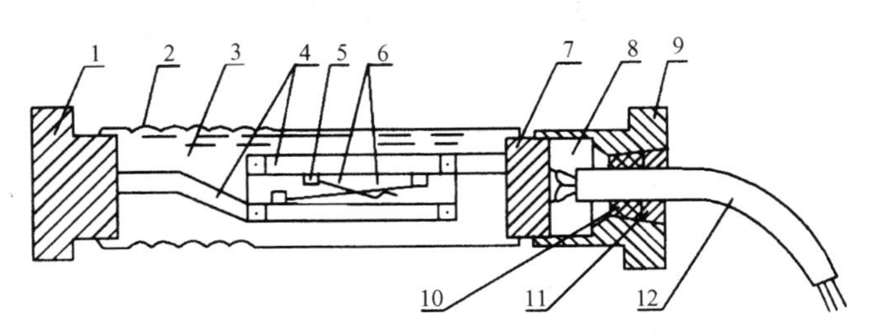

图3-3-84　差动电阻式应变计结构示意图

1—上接座；2—波纹管；3—中性油室；4—方铁杆；5—高频瓷子；6—电阻钢丝；7—接线座；8—密封室；9—接座套筒；10—橡皮圈；11—压圈；12—引出电缆

加拿大 RST 公司生产的卡尔逊应变计结构示意图，见图 3－3－85。

3. 工作原理

1）当仪器温度不变而轴向受到应变量为 ε 的变形时，电阻比变化 ΔZ 与 ε 具有 $\varepsilon = f \cdot \Delta Z$ 的线性关系，f 为仪器最小读数（10^{-6}/0.01%）。

2）当仪器两端标距不变，而温度增加 Δt 时，电阻比变化 $\Delta Z'$，表明仪器存在应变量 ε'，且 $\varepsilon' = f\Delta Z'$，是由温度变化产生的。由实验知 $\varepsilon' = f\Delta Z' = -b\Delta t$，常数 b 为仪器的温度修正系数（10^{-6}/℃）。

3）埋设在混凝土建筑物内部的应变计，受变形和温度双重作用，其应变计算公式为：

$$\varepsilon_m = f\Delta Z + b\Delta t \qquad (3-3-17)$$

式中　ε_m——混凝土应变量（10^{-6}）。

4）仪器内部总电阻 $R_t = (R_1 + R_2)$ 与仪器温度 t 有如下关系：

当 60℃ ≥ t ≥ 0℃ 时，

$$t = \alpha'(R_t - R_0') \qquad (3-3-18)$$

当 0℃ ≥ t ≥ －25℃ 时，

$$t = \alpha''(R_t - R_0'') \qquad (3-3-19)$$

式中　t——埋设点的温度，℃；

R_t——仪器总电阻值（$R_t = R_1 + R_2$），Ω；

R_0'——仪器计算冰点电阻 Ω，由厂家给出；

α'——仪器零点温度系数（℃/Ω），由厂家给出；

α''——仪器零下温度系数（℃/Ω），由厂家给出。

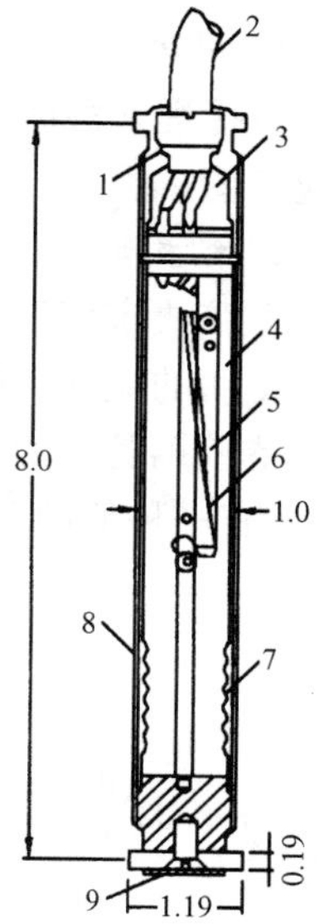

图 3－3－85　RST 公司应变计（单位：in）
1—O 型封口电缆锚固；2—电缆；3—止水材料；4—油；5—弹性弦；6—陶瓷线轴；7—波纹管；8—聚氯乙烯管；9—泡沫塑料

由上述可知测出应变计的电阻值 R_t 和电阻比 ΔZ 即可算出混凝土的应变量。

4. 规格及主要参数

差动电阻式应变计主要参数见表 3－3－21。

表 3－3－21　差动式电阻应变计主要参数表

型　号	DI－10	DI－15	DI－25	NZS－10	NZS－15	NZS－25	S－100	S－150	S－250
标　距（mm）	100	150	250	100	150	250	100	150	250
瑞头直径（mm）	27	27	37	27	27	37	27	27	37
量　程（με）	－1500～1000	－1200～1200	－1000～600	－1500～1000	－1200～1200	－1000～600	－1500～1000	－1200～1200	－1000～600
分辨力（%FS）	0.1			0.1			0.1		
弹性模量（MPa）	150～500			150～500			150～500		
温度范围（℃）	－25～60			－25～60			－25～60		
抗外水压力（MPa）	0.5～3.0			0.5～3.0			0.5～3.0		
绝缘电阻（MΩ）	≥50			≥50			≥50		
配套电缆	YSSX/YSZW 5×0.75			YSSX/YSZW 5×0.75			YSSX/YSZW 5×0.75		
生产厂家	国电南自			南京南瑞			南京卡尔胜		

（二）振弦式应变计

1. 用途

直接埋入混凝土内的振弦式应变计，通常用于测量基础、桩、桥、坝、隧道衬砌等混凝土的应变值。

2. 结构形式

振弦式应变计主要由端头、应变管、钢弦、电磁激励线圈和引出导线等组成。低弹模混凝土使用的应变计的应变管多采用波纹管（见图3－3－86）。高弹模混凝土用的应变计则采用薄壁钢管作为应变管（见图3－3－87）。国外常用的埋入式钢弦应变计除了前述两种外，还有一种如图3－3－88所示的结构形式。

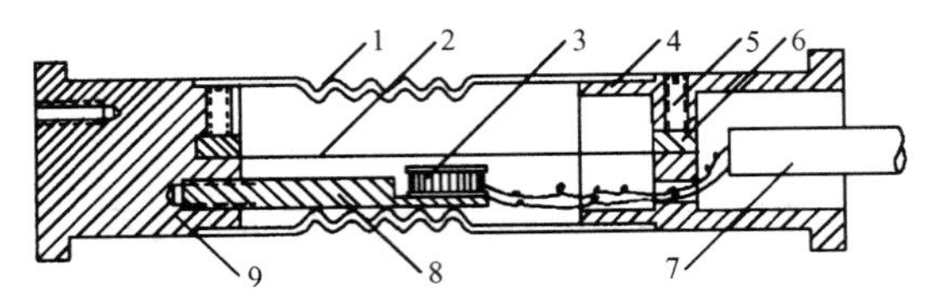

图3－3－86　波纹管应变传感器

1—波纹管；2—钢弦；3—电磁激励线圈；4—端头1；
5—止头螺钉；6—紧销；7—导线；8—线圈架；9—端头2

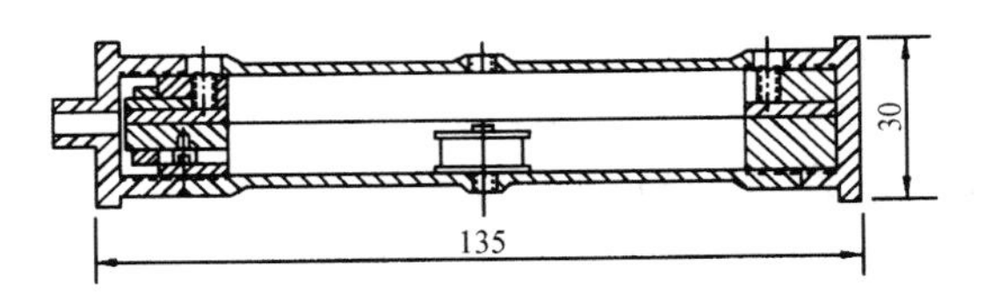

图3－3－87　薄壁钢管型应变传感器

3. 工作原理

埋入式应变计被固定在混凝土结构物中，通过两端的端头与混凝土紧密嵌固，中间受力的应变管用布缠绕，与混凝土隔开，当混凝土产生应变时，则由端头带动应变管产生变形，使钢弦内应力发生变化，用频率测定仪测钢弦受力变形后的频率值，即可求得混凝土真正变形值。

4. 规格及主要技术参数

国内常用的振弦式应变计的规格及技术参数列于表3－3－22。

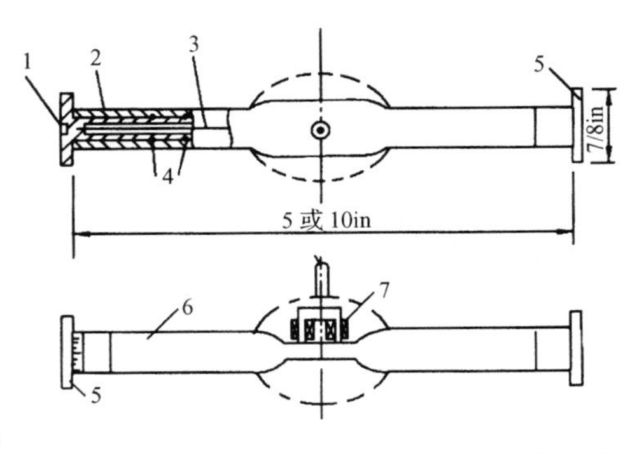

图3－3－88　EM型埋入式钢弦应变传感器

1—钢弦夹；2—端头；3—钢弦；4—O型圈；5—凸缘；6—应变管；7—电磁激励线圈

（三）无应力应变计

1. 用途

混凝土由于温度、湿度以及水泥水化作用等原因产生“自由体积变形”，实测混凝土自由体积变形的仪器称为无应力应变计，简称“无应力计”。用锥形双层套筒，使埋设在内筒

表 3-3-22 国内部分常用振弦/光纤式应变计主要参数表

型　号	JTM-V5000	SDB	VWS-10/15	BGK 4200/4210	EJ-61	52650126	EM/C-110	NVS-150E	NCT-VS	BJK-FBC 4200/4210	NFS
工作原理	振弦式									光纤光栅	
标距(mm)	100/150/250	100/150/250	100/150	150/250	100/150	140/250	50/168/254	150	100/150/250	150/250	100、150、250
端头直径(mm)	27/33	20	33	20/50	33	20/50	20/50	19	33		
量程(με)	0~3000	±1500	0~3000	0~3000	0~3000	0~3000	0~3000	0~3000	0~3000	0~3000	0~3000
分辨力(%FS)	0.02	0.025	0.05	1με/0.5με	0.05	0.04	0.05	0.15	0.05	0.1	1με
温度范围(℃)	-25~60	-20~70	-30~70	-20~80	-20~70	-20~80	-20~80	-25~60	-25~60	-20~80	-20~60
线圈电阻(Ω)	300	380	300	180	300	180	180				
耐水压力(MPa)	0~3	0~3	0~3	0~3	0~3	0~3	0~3	0~3	0~3	0~3	0~3
绝缘电阻(MΩ)	≥50	≥50	≥50	≥50	≥50	≥50	≥50	≥50	≥50		
配套电缆	四芯屏蔽	四芯屏蔽	四芯屏蔽	四芯屏蔽	四芯屏蔽	四芯屏蔽	四芯屏蔽	四芯屏蔽	四芯屏蔽	单模铠装光纤	
生产厂家	常州金土木	昆明畅唯	南京格能	基康仪器	金坛金源	美国 Sinco	加拿大 Roctest	南京南瑞	南京卡尔胜	基康仪器	南京南瑞

中混凝土内的应变计，不受筒外大体积混凝土荷载变形的影响，而筒口又和大体积混凝土连成一体，使筒内与筒外保持相同的温湿度。这样内筒混凝土产生的变形，只是由于温度、湿度和自身原因引起的，而非应力作用的结果。因此，内筒测得的应变即为自由体积变形造成的非应力应变，或称自由应变。

2. 结构形式

图 3－3－89 所示为无应力应变计几种结构形式。其中（*a*）为规范推荐的大口向上的形式，适用于埋设在靠近浇注层表面。（*b*）种形式则埋设在浇注块底部和中部。其他几种也都是常用的。应变计可以用差动电阻式应变计，也可用振弦式应变计。

（四）表面应变计

1. 用途

表面应变计主要用于混凝土，钢筋混凝土及钢结构的桥、墩、桩、隧道及坝表面的表面应变的测量。国外多采用振弦式传感器，而国内一般用电阻应变片式直接粘贴在结构物表面设计规定位置，经防水防潮处理后，进行量测。

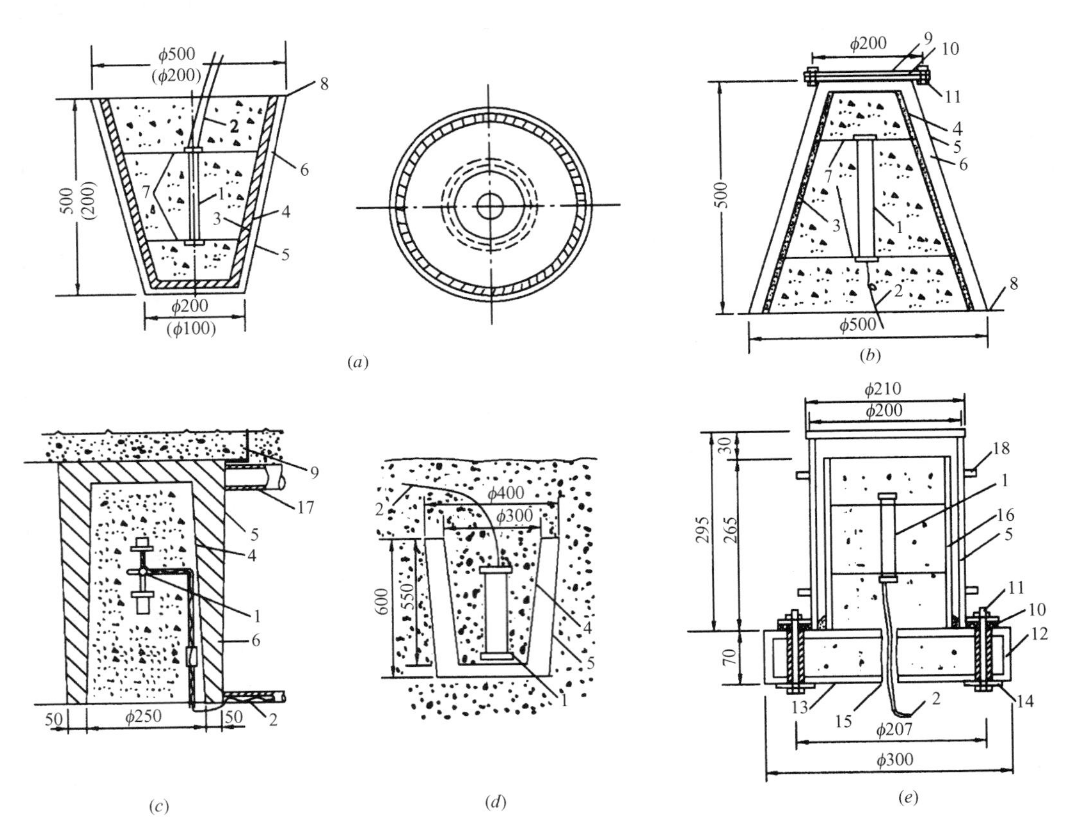

图 3－3－89　几种无应力应变计（单位：mm）

1—应变计；2—电缆；3—5mm 厚沥青层；4—内筒（0.5mm）；5—外筒（12mm）；6—空隙；7—铅丝拉线；8—周边焊接；9—盖板；10—橡皮垫圈；11—螺栓；12—钢筋；13—预制混凝土板；14—钢管；15—不封口；16—白铁皮筒涂沥青橡皮或油毡二层；17—排水管；18—钢筋把手

2. 结构形式

介绍表面安装型钢弦应变计和点焊型钢弦应变计。

1）美国基康公司 VSM－400 型钢弦应变计（见图 3－3－90），在两块钢块之间张拉一根钢弦，把钢块焊接在待测的钢表面，当表面产生变形，将改变钢块相对位置，钢弦的张力也发生相应变化，用电磁线圈激发钢弦振动并测出共振频率，即求得表面应变大小。

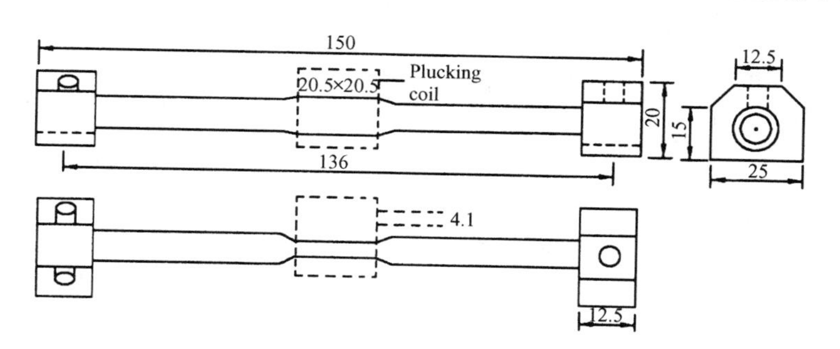

图 3－3－90　VSM 型钢弦应变计（单位：mm）

2）点焊型钢弦应变计。把预先受一定应力的钢弦点焊在一块薄钢片上［如图 3－3－91（*a*）］或两块钢片上［如图 3－3－91（*b*）］，钢片用点焊或环氧方法固定在被测钢件或混凝土表面。用覆盖式感应线圈盒放在钢弦上，通电使线圈盒内电磁线圈激振钢弦，测出弦的振动频率，由读数仪把频率变化转换为应变变化并显示出来。

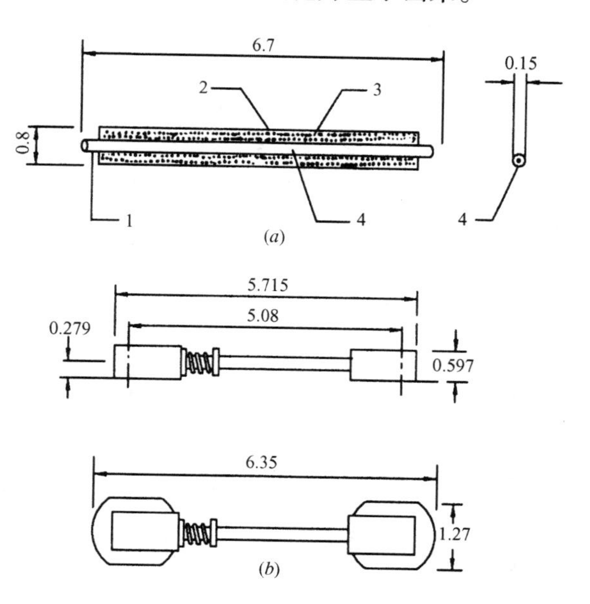

图 3－3－91　点焊型钢弦应变计（单位：cm）

1—应变计；2—焊接片；3—焊点；4—振动弦

3. 规格及主要技术参数

国内常用表面应变计主要技术参数见表 3－3－23。

表 3 - 3 - 23　　部分常用表面应变计主要参数表

型　号	JTM - V5000	SDY	VWSF	BGK - 4000	NVGS	53650306	SM	EFO、SF0	DI	BGK - FBG - 4000，BGK - FBG - 4150
工作原理	振弦式							光纤	差阻式	光纤光栅
标　距(mm)	100、150、250	100、150、250	100	150	150	150	50 ~ 166	50 ~ 166	100 ~ 150	160、72
端头直径(mm)	14、16	14	24	12	22	12			27	
量　程(με)	0 ~ 3000、6000、20000	- 1500 ~ 1500	0 ~ 3000	0 ~ 3000	0 ~ 3000	0 ~ 3000	0 ~ 3000	1000 ~ 3000	1000 ~ 2500	2000、3000
分辨力(%FS)	0.02	0.025	0.05	1με	0.15	1με	0.5 ~ 1με	0.01	0.01	0.1
温度范围(℃)	- 25 ~ 60	- 20 ~ 80	- 30 ~ 70	- 20 ~ 80	- 20 ~ 60	- 20 ~ 80	- 20 ~ 80	- 55 ~ 80	- 20 ~ 60	- 30 ~ 80
温度系数(με/℃)			13.5							
线圈电阻(Ω)	300	380	300	180		180				
使用电缆	4 芯屏蔽	聚乙烯	4 芯屏蔽	4 芯屏蔽	4 芯屏蔽	4 芯屏蔽	4 芯屏蔽		YSSX5 × 0.75	单模单芯铠装光缆
生产厂家	常州金土木	昆明畅唯	南京葛南	基康仪器	南京南瑞	美国 Sinco	加拿大 Roktest		南自厂	基康仪器

第四节　压力测量仪器

一、仪器类型及分类

工程建筑物的压力(应力)观测包括:混凝土应力观测;土压力观测;孔隙压力观测;坝体及坝基渗透压力观测;钢筋压力观测;岩体应力(地应力)及岩土工程的荷载或集中力的观测等。

对于混凝土建筑物应力分布,是通过观测应变计的应变计算得来的。为了校核应变计的计算成果,有时通过埋设应力计来测量基础的垂直应力与之比较;当然这种应力计只能测量压应力。

土压力的观测对研究土体内各点应力状态的变化是非常重要的。观测的仪器有:边界式土压力计和埋入式土压力计两类。土压力计测得的土压力均为总压力,要求得到土体有效应力,在埋设土压力计的同时,应埋设孔隙水压力计。

孔隙水压力计又叫渗压计,在土石坝和各种土工结构物中埋设渗压计,可以了解土体孔隙压力分布和消散的过程。在坝基和坝肩观测孔隙水压力,对测定通过坝体接缝或裂缝,坝基和坝肩岩石内的节理、裂缝或层面所产生的渗漏,以及校核抗滑稳定和渗透稳定也是至关重要的。在高层建筑的地基、高边坡、大型洞室以及帷幕灌浆等工程中,埋设孔隙水压力观测仪器也是必不可少的。渗压计用于混凝土坝基扬压力观测时,也称扬压力计。

通常称作钢筋计的是用来观测钢筋混凝土结构物内钢筋受力状态的仪器,国内常用的有振弦式和差动电阻式两类。

二、混凝土应力计

1. 用途

混凝土应力计埋设在混凝土水工建筑物或其他大体积的混凝土建筑物内,直接测量混凝土内部压应力,并可同时兼测埋设点的温度。

2. 结构形式

混凝土应力计,由感应板组件和传感部件组成(见图3-4-1)。感应板组件和面板焊接而成,两板之间有0.3mm的空腔,其中灌满传压的特种溶液。传感器部件与内部结构相通。压应力计形状扁平,受压板直径185mm,仪器厚度12mm,直径与厚度比为15:1,这种形状的压应力计感受非应力应变的影响很小。外壳刚度很大,又套上橡胶套,这些都是为了使传感部件中的压力随感应板的变形而变化,但这种结构不能承受拉力,只能受压。

3. 工作原理

传压液体将受压面板上感受的混凝土压应力传递到感应背板上,感应背板产生变形使内部液体压力改变,内部压力通过传压液体传递给压力传感器,则测出相应的应力。

4. 型号规格及主要技术参数

国内外生产的各种形式的混凝土应力计的技术参数,列于表3-4-1。

5. 埋设安装要点

1）应特别注意应力计受压面板要与混凝土完全接触，不允许有空隙或软弱层。

2）用应力计测量水平应力时，其受压面板是铅直放置的，用支架固定在测定位置，再把8cm以上粗料剔除掉后将混凝土振捣密实即可。

3）用应力计测量垂直或倾斜方向应力时，应在混凝土硬化后埋设。先在混凝土表面留深30cm的坑，终凝后用钢刷打毛，铺5cm厚砂浆垫层；初凝后再用80g水泥、120g砂（粒径≤6mm）和水拌成塑性砂浆，做成圆锥状放在坑底中央；然后把应力计平放在砂浆7上，轻轻旋压使砂浆从应力计底盘边缘挤出，再用三脚架放在应力计表面，加上200N荷重，覆上除8cm骨料的混凝土并捣实；凝固后撤除三脚架，插上标志。

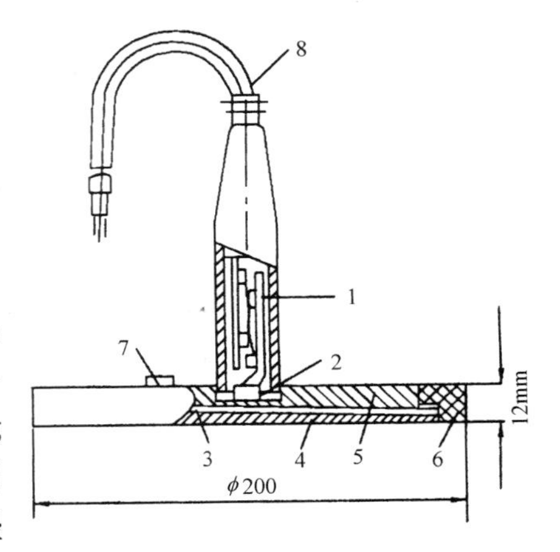

图3-4-1 混凝土应力计结构
1—传感器；2—中性油；3—传压液体；4—面板；5—背板；6—护圈；7—封闭螺丝；8—引出电缆

表3-4-1 国内部分常用混凝土应力计主要参数表

型　号	JTM-V2000F	GK-4370		VWES	HXH	NZYL	WL
工作原理	振弦式				差动电阻式		
测量范围（MPa）	0~25	0~35	0~2.5	0~2.5	0~6.0	0~2.5	0.025~12
分辨力（%FS）	≤0.04	0.04	≤0.05	≤0.045	≤0.08	≤0.045	0.01
精度（%FS）	≤1	0.1	≤1	≤1		≤1	≤2
测温范围（℃）	-25~60	-20~80	-30~70	-30~70	-10~50	-30~70	-20~60
温度精度（℃）	±0.5	±0.5	±0.5	±0.5		±0.5	±0.5
绝缘电阻（MΩ）	≥50	≥50	≥50	≥50	>500	≥50	≥50
生产厂家	常州金土木	美国Geokon	加拿大Roktest	南京葛南	丹东环球	南京南瑞	国电南自

三、土压力计

1. 用途

土压力观测是土力学理论和实验研究的一个重要方面，是工程测试的重要内容。除在特定条件下，通过测定土体支撑结构物的变形来换算土压力外，一般采用土压力计来直接测定。土压力计按埋设方法分为埋入式和边界式两种。顾名思义，埋入式土压力计是埋入土体中，测量土中应力分布，也称土中压力计或介质式土压力计。边界式土压力计是安装在刚性结构物表面，受压面面向土体，测量接触压力。这种土压力计也称界面式或接触式土压力计。

土压力计可用于下列工程的土压力测量：土石坝、防波堤、护岸、挖方支撑、码头岸壁、挡土墙、桥墩基础、隧道、地铁、机场跑道、高层建筑基础、油罐基础、公路和铁路路基以及地下洞室和防护结构等。单只土压力计一般只能测量与其表面垂直的正压力，3~4只土压力计成组埋设，相互间成一定角度，即可用应力状态理论求得观测点上的大、小主应力和最大剪应力。

2. 结构形式

土压力计有立式、卧式和分离式三种结构形式，均应满足以下要求：

1）压力计直径（D）与其工作面中心挠度（δ）之比：$D/\delta >2000$。

2）压力计直径（D）与其厚度（H）之比：$D/H>10\sim20$（边界式土压力计可不受此限）。

3）压力计刚度要大，其等效模量大于土的模量 5～10 倍。

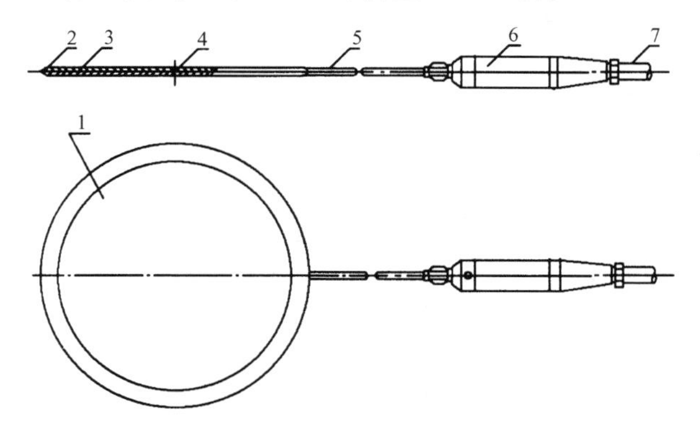

图 3-4-2　振弦式土压力计结构示意图（埋入式）

1—膜盒；2—橡皮边；3—承压膜；4—油腔；5—连接管；6—传感器；7—屏蔽电缆

4）压力计工作面受力产生的过程应尽量接近于平移过程，且只对受力方向的力反应灵敏，而不受侧向压力的影响。

为了满足上述要求，埋入式土压力计均设计成分离式结构（如图 3-4-2）。主要由压力盒、压力传感器、油腔、承压膜、连接管和屏蔽电缆等组成。压力盒由两块圆形或矩形的不锈钢板焊接而成。两块钢板间约有 1mm 间隙，构成一空腔，腔内充满防冻的液体（如硅油）。油腔通过一根高强度钢管的连接管与钢弦传感器连接形成封闭的承压系统。这种采用两次膜分离式结构的优点在于传感器只感应由压力盒经连接管传递来的液体压力，而不直接测量土压力。因此，它对周围土体应力场的扰动不会影响到土压力盒。又因设计使直径与厚度之比远远大于 10 倍，且空隙充满油、刚度大，所以土压力计与土体匹配误差小，测值精度高。边界式压力计也可用分离式结构，所不同的是埋入式的是双膜，而边界式是单膜。

竖式与卧式土压力计均没有连接管。以振弦式土压力计为例，竖式土压力计[见图 3-4-3(a)]的钢弦垂直于受压板的中心，一端固定在受压板上，另一端则固定在与受压板连成一体的刚性构架上。因此，当传感器受力后使钢弦松弛，频率降低。卧式土压力计[见图 3-4-3(b)]的钢弦则平行于受压板，钢弦固定支架垂直于受压板。因此，受压板受力后使钢弦拉紧，频率增高。土压力计按采用的传感器不同有振弦式、差动电阻式、电阻应变片式、电感式和变磁阻式之分。其结构外形基本相同，只是传感器不同使内部结构有相应改变。图 3-4-4 为差动电阻式土压力计，图(a)为分离式，图(b)为竖式。电阻应变片式土压力计则在其压力传感器的弹性膜片上，粘贴圆形箔式电阻应变片（见图 3-4-5），所以内部结构更为紧凑，压力传感器的外形尺寸较之其他原理的都要小。差动电阻式土压力计和电阻应变片式土压力都有充满液体的空腔，用以传递液体压力，所以也是二次膜结构。

表 3－4－2　　国内外常用土压力计主要参数表

型　　号		JTM－V2000	VWE(智能)	SDTY	TPC	BGK－4800/4810	BGK－4850	HXY		NZTY－B/E	YUB	BGK－FBG－4800
工作原理		振弦式								差阻式		光纤光栅
量程(MPa)		0.1～10	0～2.5	0～5	0.2～7	0.35～7.5	0～3.0	0.1～10	0～6.0	0.2～3.5	0.2～3.2	2,5
分辨力(%FS)		≤0.05	≤0.025	≤0.025	≤0.025	≤0.04	≤0.04	≤0.08	≤0.05	0.01	0.01	0.1
零漂(%FS)		≤0.04	≤0.04	≤±0.25				≤0.05		≤0.04		
温度范围(℃)		－25～60	－30～70	－20～70	－20～80	－20～80	－20～80	－10～50	－25～60	－25～40		－30～80
防水性能(倍量程)		1.2	1.2	1.2	1.5	1.2	1.2	1.2	1.2	1.2	1.2	
绝缘电阻(MΩ)		≥50	≥100	≥50	≥50	≥50	≥50	≥50	≥50	≥50	≥50	
外形尺寸(mm)	边界式	φ117×25	φ160×23	φ110×25		φ230×12		φ114×28	φ117×25			φ230×17
		φ117×40(双膜)							φ117×40			
		250×250×(40～60)										
	埋入式	φ117×25(40)	φ160×23		φ230×6.3	φ230×12	200×100×6	φ117×28				φ230×17
		250×250×(40～60)			100×200×6.3	φ230×6		φ117×36				
		750×450×6(柔性) 600×600×6(柔性)			150×250×6.3		250×150×6					
生产厂家		常州金土木	南京葛南	昆明畅唯	加拿大 Roctest	基康仪器		丹东环球	金坛金源 金坛华光	南京南瑞	国电南自	基康仪器

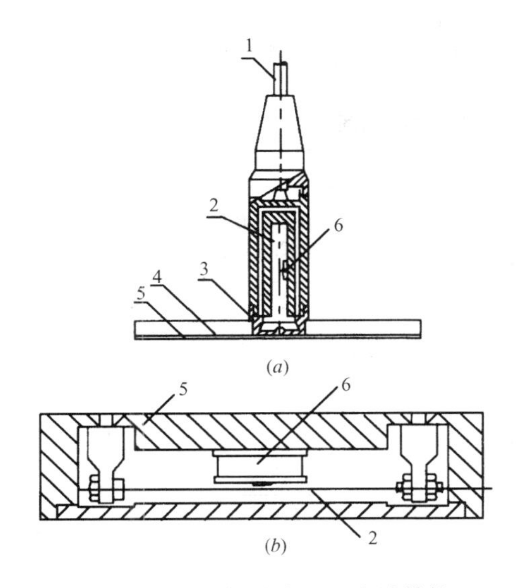

图 3－4－3　振弦式土压力计结构示意图（边界式）

（*a*）竖式；（*b*）卧式

1—屏蔽电缆；2—钢弦；3—压力盒；4—油腔；5—承压膜；6—磁芯

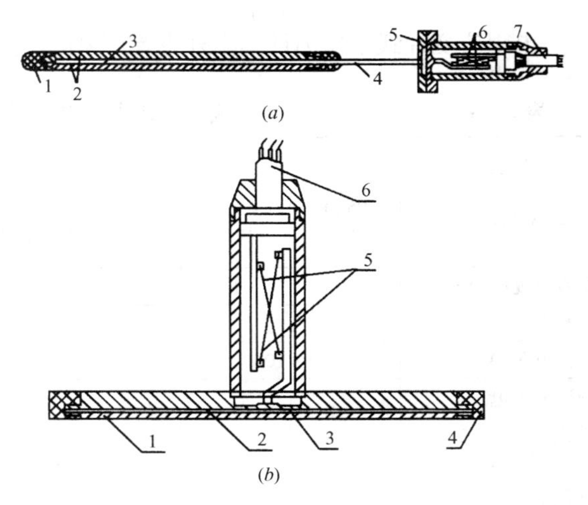

图 3－4－4　差动电阻式土压力计

（*a*）YUA 型土压力计结构简图

1—护圈；2—压力盒体；3—传压油；4—传压管；5—二次膜；6—感应组件；7—引出电缆

（*b*）YUB 型土压力计结构简图

1—受压板；2—传压油；3—二次膜；4—护圈；5—敏感元件；6—引出电缆

3. 工作原理

以分离式土压力计为例，当土压力作用于压力盒承压膜（一次膜）上，承压膜即产生微小挠性变形，使油腔内液体受压，因液体不可压缩特性而产生液体压力，通过接管传到压力传感器的受压膜即二次膜上，或使振弦式传感器的自振频率发生变化，或使差动电阻式传感器的电阻比和电阻值发生变化。对电阻应变片式传感器而言，则使四个桥臂的电阻发生变化。通过测读仪表，测出相应的变化值，经换算即可求得所测土压力值。

4. 规格及主要参数

振弦式土压力计长期稳定性好，结构牢固，操作方便，容易实现自动化。特别采用二次膜分离结构，可提高灵敏度和刚度，减少埋设中“拱效应”和边界应力集中。因此，在国内外得到广泛应用。表 3－4－2 列出一些主要厂家的振弦式土压力计的型号规格和主要技术参数。

南京电力自动化设备总厂与加拿大 RST 公司生产的差动电阻式土压力计的型号规格及主要技术参数列于表 3－4－3。

表 3－4－3　差动电阻式土压力计型号规格及技术参数表

类别	埋入式				边界式				边界式			
型号	YUA－2	YUA－4	YUA－8	YUA－16	YUA－2	YUA－4	YUA－8	YUA－16	S25	S50	S100	S200
测量范围（kPa）	200	400	800	1600	200	400	800	1600	172	345	689	1379
最小读数（kPa）	2	4	8	16	2	4	8	16	0.7	1.4	2.8	5.6
温度测量范围（℃）	－20～60											
温度测量精度（℃）	±0.5								0.5			
温度修正系数	0.5%F·S/℃											
绝缘电阻	≥50MΩ											
生产厂家	南京南瑞、国电南自、南京林经、南京卡尔胜								加拿大 RST 公司			

电阻应变片式土压力计国内外主要厂家的产品型号规格及主要技术参数列于表3－4－4。

表3－4－4　电阻应变片式土压力计型号规格与技术参数表

型　号	BE		KD		3650　3660	TT	BY
里程(MPa)	0.05、0.1 0.2	0.05、1.0 0.2	0.2	0.05、1.0 2.0	0.17～34.5	0.5、1.0 2.0	0.1、0.2、0.3、 0.4、0.5、0.6、 0.8、1.0
非线性度(%FS)	2～3	1	2	1	0.5	1.5	＜±0.5
分辨率						≤0.1%FS	
激盛电压(V)	2～10		建议1～3允许10		最大10		
额定输出电压(mV/V)	0.3　0.5	1	约0.8	约1	3		1
桥电阻(Ω)	350		350				输出阻抗120
过载范围	150%				200	150%	
工作温度(℃)	－30～80		－20～60		－40～120	－5～50	－30～60
承压膜直径(mm)	60　80　160		34　92　172				
外形尺寸(mm)	ϕ65×8 ϕ80×18 ϕ200×25		ϕ50×11.5 ϕ100×20 ϕ200×26			ϕ80×6	ϕ15×3.5 ϕ30×15 ϕ67×13 ϕ180×24
生产单位	日本共和电业株式会社		东京测器株式会社		美国Geokon公司	南京南瑞	丹东电器仪表厂

四、孔隙水压力计

孔隙水压力计形式多种，一般分为竖管式、水管式、气压式和电测式四大类。电测式又依传感器不同分为：差动电阻式、振弦式、电阻应变片式和压阻式等。国内土石坝和其他土工结构物多采用竖管式、水管式、差动电阻式和振弦式；混凝土建筑物则多用差动电阻式和振弦式；气压式孔隙水压力计美国和英国应用很广泛；电阻应变片式孔隙水压力计则日本是主要市场。

各种孔隙水压力计的优缺点列于表3－4－5。

表3－4－5　各种孔隙水压力计的性能比较表

孔隙水压力计类型	优　点	缺　点
竖管式 测压管式	构造简单，观测方便，测值可靠，无需复杂的终端观测设备。使用耐久，无锈蚀问题。有长期运行记录	埋设复杂，钻孔费用高，易受施工干扰破坏。存在冰冻问题。竖管套管要尽量竖直放置，易堵塞失效。有时响应较慢
水管式 双水管式	有长期使用记录，响应快，观测直观可靠。能利用观测井集中测量。双管式还可测出负孔隙压力。相对竖管式不易受施工干扰破坏	存在冰冻及与水有关的微生物滋生堵塞问题，要用脱气水定期排气，长期运行失效率达30%。要在下游设观测井，费用高，与施工有干扰，高程不能高过测头位置5～6m
差动电阻式	长期稳定性较好，有长期运行记录。结构牢固不受埋设深度影响。施工干扰小，能遥测实现自动化，无冰冻问题，测读方便并能兼测温度	内阻小，对电缆长距离传输要求高，要用五芯电缆，消除电缆电阻对测值的影响。制造工艺要求高。小量程的精度低，无气压补偿，温度修正系数不稳定

续表

孔隙水压力计类型	优点	缺点
振弦式	读数方便，维护简易，响应快，灵敏度高。能测负孔隙压力，能遥测实现自动化。测头高程与观测井高程无关，无冰冻问题。输出频率信号可长距离传输，电缆要求较低，使用寿命长	偶有零点漂移，有时会停振，对气压敏感，室外须有防雷击保护
电阻应变片式	响应快，灵敏度高。可长距离传输，易实现遥测自动化。加工制作简单，无冰冻问题。测头高程与观测井高程无关。能测负孔隙压力，适宜动态测量	对温度敏感，有零点漂移危险。对温度电缆长度和连接方式的改变敏感。对长期稳定性有疑义
气压式	测头高程与观测井高程无关，无冰冻问题。响应快，易于维护，测头费用低。可直接测出孔隙压力值	须防止湿气进入管内。使用时间较短，需要熟练操作人员

（一）竖管式孔隙水压力计

1. 用途

竖管式孔隙水压力计是美国卡萨格兰德教授（Casaprande）1949 年创用的。因此，国外也称卡萨格兰德渗压计或测压管。适用于渗透系数 $10^{-4} \sim 10^{-7}$cm/s 的黏性土、粉土和较强透水性黏土的渗透水压力的观测。我国土石坝安全监测技术规范（SL60—94）规定作用水头小于 20m 的坝，渗透系数 $\geq 10^{-4}$cm/s 的土中宜采用测压管。

2. 结构形式

竖管式渗压计是结构最简单的渗压计，下部有进水管段，上部连竖管引至地面，所以也简称测压管。国外所采用竖管式渗压计与我国目前所用的粗管测压管不同，前者如图 3－4－6 所示。竖管式渗压计下端是外径为 38m、壁厚 6mm 的透水碳化硅管段（或透水塑料管），其长度一般根据土质和土层情况分别为 15cm、30cm、45cm、60cm。上部接外径 12mm、壁厚 1.5mm 的硬塑料管。透水管段下端用塑料制品黏结封堵坚固不漏水。竖管式渗压计常用钻孔方法埋设，用沉放测锤来测定水位，当竖管承受水压力过大时，可在竖管顶端接压力表测量渗透压力。国内所用的测压管式孔隙水压力观测设备由导管、测压管式孔隙水压力测头、横梁十字板及管帽等组成（见图 3－4－7）；导管内径 25～50mm 的塑料管或内壁光滑的镀锌钢管，测头长 20cm，管壁上钻有 $\phi 4 \sim 6$mm 的钻孔，孔数与间距由开孔率定，黏性土为 15%，砂性土为 20%，外壁包扎无纺土工织物滤层，这种结构类似国外的槽孔管式测压管。

3. 埋设方法

测压管或孔隙水压力观测设备应在坝体填筑过程中埋设，也可在竣工后钻孔埋设。SL60—94 规范有详细规定。

（二）水管式孔隙水压力计

1. 用途

埋设在饱和或非饱和土体中，可测得施工期和运行期土中孔隙水压力的分布和消散情况，如测头配以高进气值滤质陶瓷板还可测得负孔隙水压力。

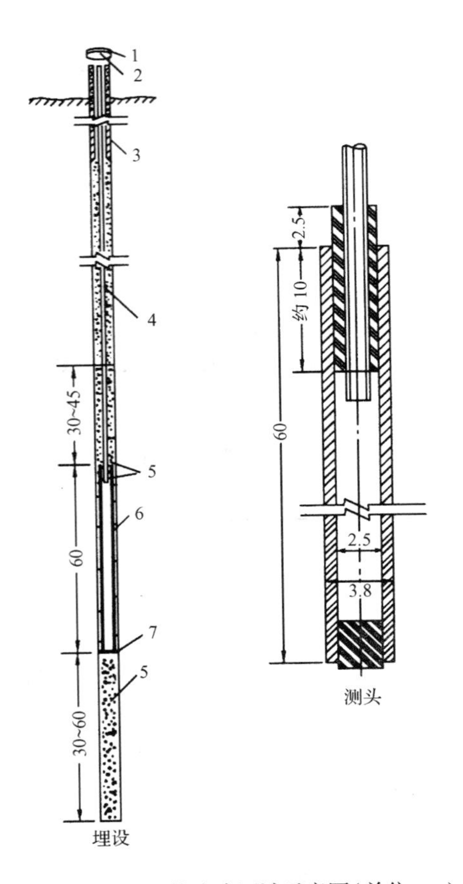

图3－4－6　竖管式渗压计示意图(单位:cm)

1—钢顶盖;2—塑料顶盖;3—保护套管;
4—塑料管;5—回填饱和净砂;6—滤水管;
7—橡皮底基

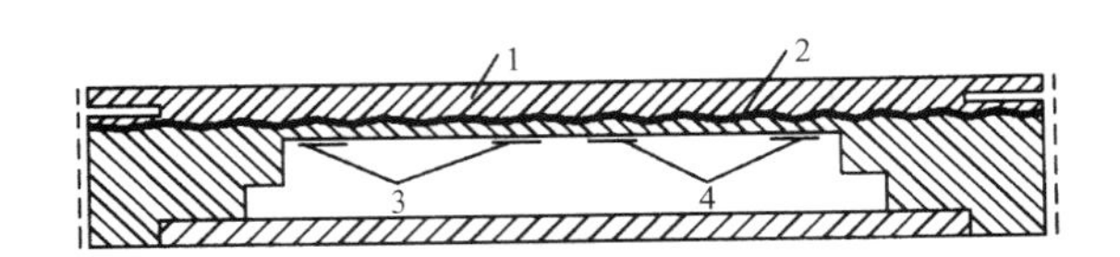

图3－4－5　电阻应变片式土压力计示意图

1—承压面;2—水银;3、4—电阻丝片

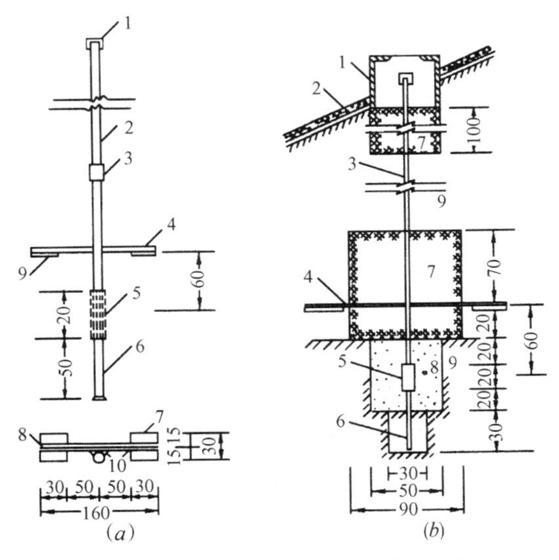

图3－4－7　测压管式孔隙水压力观测设备图(单位:cm)

(a)观测设备

1—盖帽;2—导管;3—管箍;4—横梁十字板;5—测头;6—沉淀管;
7—横梁十字板结构;8—角铁(8.5×5×0.4);9—铁板(30×30×0.4);10—焊接

(b)测压管埋设回填示意

1—管口保护设备;2—护坡;3—导管;4—横梁十字板;5—测头;
6—沉淀管;7—膨润土;8—反滤砂;9—坝身填土

2. 结构形式

水管式孔隙水压力计由测读系统和循环水系统两部分组成(见图3－4－8)。

测读系统由水管式测头、水管、压力表组成。测头有圆板式和锥体式(如图3－4－9),均有进出水的双管与测头空腔相通。水管采用聚乙烯或尼龙管,外径6mm,内径3～4mm,长度最好由测头到观测房整根连接,避免有接头。压力表用真空压力两用表,量程为0.25～0.6MPa。

循环水系统按不同的组成形式有两种。一种是图3－4－8所示,由供水箱、压水箱、压气筒、滤水箱、抽气筒、压力表、水银测压计及管路组成;另一种如图3－4－10所示,由集水箱、供水箱、压水箱、打气筒、抽气筒、压力表、水银测压计及管路组成。

3. 工作原理

采用脱气水将整个管路充水排气,从测头至压力表成为封闭系统,当土体中孔隙压力经测头—多孔透水板进入管路改变了管路中液体体积,零位指标器水银面失去平衡,偏离零位,用调压筒加压使水银面复至零位,此时由压力表读数按下式计算该测点孔隙水压力:

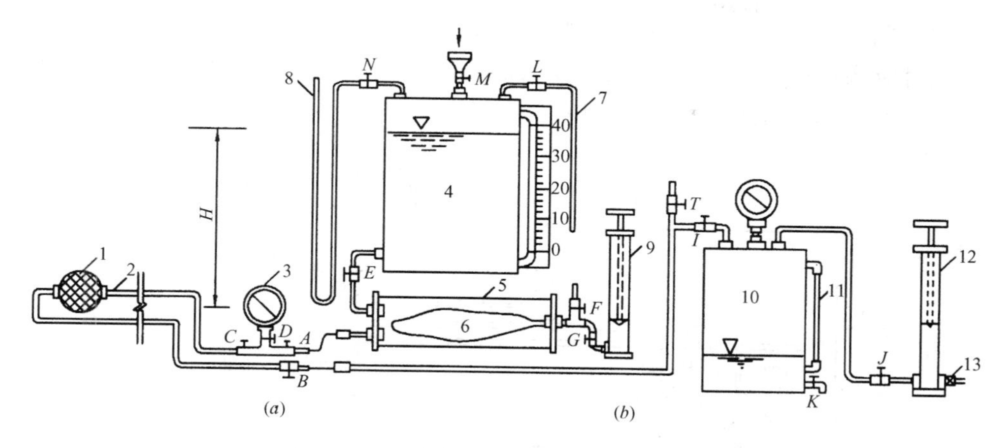

图 3-4-8　水管式孔隙水压力观测设备示意

(a)测读系统示意;(b)灌水循环系统Ⅰ示意

1—测头(埋入坝体);2—水管;3—压力表;4—供水箱;5—压水箱;6—橡皮袋;7—进气排气管;8—水银测压计;9—压气筒;10—滤水箱;11—水位管;12—抽气筒;13—单向阀门;A—进水管阀门;B—出水管阀门;C、D、E、F、G、I、J、K、L、M、N、T—阀门

$$U = P \pm r_{\omega} \cdot H \cdot g \qquad (3-4-1)$$

式中　U——孔隙水压力,MPa;

P——压力表读数,MPa;

r_{ω}——水的密度,kg/m^3;

H——测点至压力表基准面的高度,m;

g——重力加速度,m/s。

4. 型号规格及技术参数

南京电力自动化设备总厂和南京水利科学研究院都有水管式孔隙水压力计产品,其型号规格和技术参数见表 3-4-6。

5. 埋设安装注意事项

1)水管式孔隙水压力计在坝体填筑过程中采用挖沟埋设,同时在坝址下游建立观测房,一般压力表基准高程应比测头高程低 3~5m。

2)当填土面超过测点高程 30~50cm 时,垂直坝轴方向,在测头埋设点和观测房之间挖一条平整的埋设沟,宽 30~50cm,深 30cm。

3)将充满水的塑料管与测头连接并使测头灌满水,透水石面朝下,周围包以厚 30cm 且满足反滤要求的干净砂砾料。

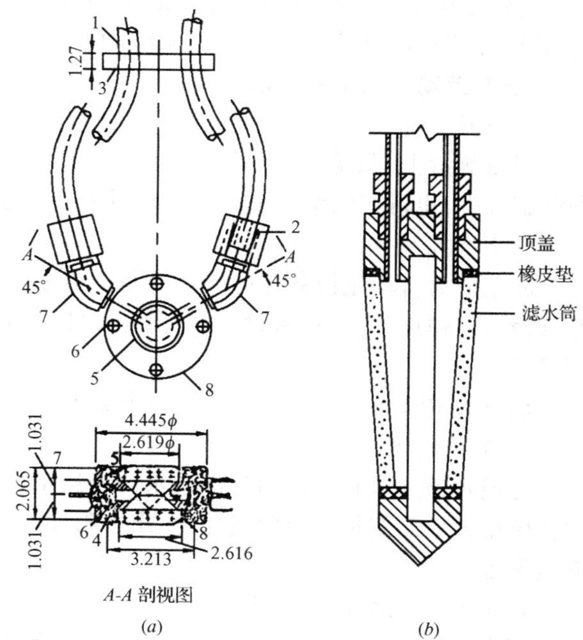

图 3-4-9　水管式孔隙水压力测头(单位:cm)

(a)圆板式;(b)锥体式

1—尼龙管;2—接头;3—固定板;4—"O"圈;5—滤盘;6—螺钉;7—弯头;8—塑料盖盘

测定测点高程，同时将塑料管平顺引至观测房与循环系统连接。

4）回填时应将管路编号，管路布设应放松以适应坝体沉陷。沿管路每隔 20～30m，填塞一段膨润土，厚度 0.5m，然后用填料回填。

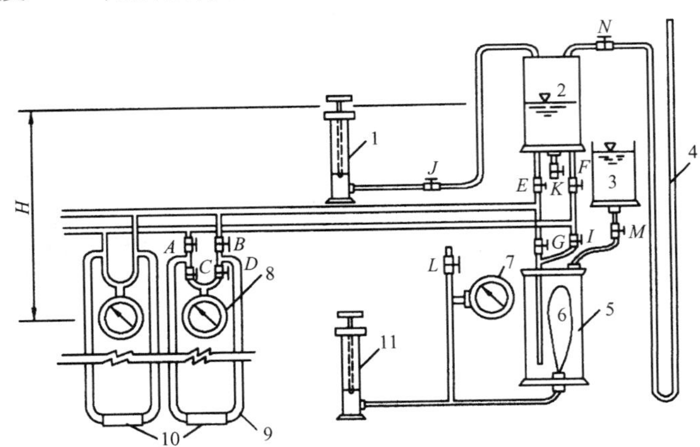

图 3－4－10　水管式孔隙水压力仪循环系统Ⅱ设备示意

1—抽气筒；2—集水箱；3—供水箱；4—水银测压计；5—压水箱；6—橡皮袋；7—压力表；8—压力真空表；9—塑料管；10—测头（埋入坝体）；11—打气筒

A、*B*、*C*、*D*、*E*、*F*、*G*、*I*、*J*、*K*、*L*、*M*、*N* 均为阀门

6. 维护

每年至少维护一次，目的是补充漏掉的水，给管路排气，率定压力表。管路中用水应脱气，并应加防止水藻滋长及驱赶气泡的抗菌素和湿润剂。

（三）差动电阻式孔隙水压力计

1. 用途

用以测量土、混凝土或基岩内的渗透水压力，也可以兼测埋设位置的介质温度；配备动态测试仪表，也可用以测量水流的脉动压力或动态水位。

2. 结构形式

南京电力自动化设备总厂生产的差动电阻式孔隙水压力计［见图 3－4－11（*a*）］由前盖、透水石、弹性感应板、密封壳体、传感部件和引出电缆等组成；传感部件为差动电阻式感应组件。

加拿大 RST 公司的卡尔逊式渗压计结构如图 3－4－11（*b*）所示。

3. 工作原理

渗透水流通过孔隙压力计的进水口经透水石作用于感应板，使其变形并推动传感器，引起传感组件上两组钢丝电阻变化，测出电阻比值和电阻值，就可计算出埋设点的渗透压力和介质温度。

4. 规格及主要技术参数

国内常用的差动电阻式孔隙水压力计的规格及主要技术参数列于表 3－4－6。

（四）振弦式孔隙水压力计

1. 用途

振弦式孔隙水压力计因传输信号为频率，不受电缆电阻、接头电阻及接地漏电等因素影响，允许长电缆数据传输，而且灵敏度高，能在恶劣条件下长期稳定工作，因此广泛用于监测土坝、混凝土建筑物、岩基、钻孔(井)、基础、管道及压力容器内孔隙水压力、水位或液体压力。

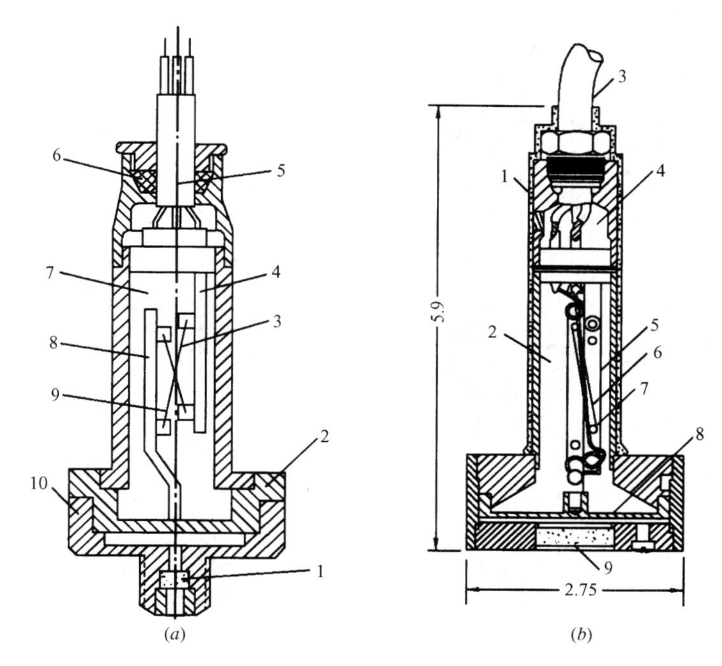

图3-4-11 差动电阻式孔隙水压力计测头结构示意

(a)南京电力自动化厂 SG 型孔隙压力计

1—透水石;2—感应板;3、9—电阻钢丝;4、8—方铁杆;5—引出电缆;6—止水橡皮圈;7—变压器油;10—前盖

(b)RST 公司孔隙水压力计

1—泡沫橡胶;2—油;3—电缆引线;4—止水材料;5—应变单元;6—弹性弦;7—陶瓷线轴;8—内部薄膜;9—多孔不锈钢

2. 结构形式

振弦式孔隙水压力仪由透水板(体)、承压膜、钢弦、支架、线圈、壳体和传输电缆等构成(如图3-4-12),图(a)为钻孔埋入式,图(b)为填方埋入式。

透水板有圆锥形和圆板形两种,材料一般用氧化硅,或不锈钢或青铜粉末冶金烧结;高进气压力透水板则用陶瓷材料烧结。

钢弦国内均采用机械式夹紧方式,并与支架做成一体;国外则采用特殊的夹持技术来固定钢丝。因此,使敏感元件做到微型化,也随之缩小了外形尺寸。

承压膜是传感器的受力元件,多采用小直径受压膜片结构,膜片厚度决定于量程大小。

线圈有单线圈和双线圈两种,前者为间隙激振型,后者为连续激振型。

根据孔隙压力计的使用情况,仪器壳体的外形设计成多种形式。除图3-4-12所示标准埋入型用于填土外,还有锥体贯入型可以直接推入软基中,配有螺纹管型可接入液压或气压管路。此外,用于低压量程的通大气型和安装在测压管内的超小型,也都先后应市。美国基康公司有各种类型的测头,供用户选择,见图3-4-13。在土石坝的测压管内观测孔隙水压力,要选用小尺寸、小量程、高精度的渗压计。基康公司最小尺寸为外径11.1mm;国内南京水利科学研究院土工所已研制出GKDM型超小型振弦式孔隙水压力计,外径为18mm,

其性能指标已接近基康公司的同类产品。

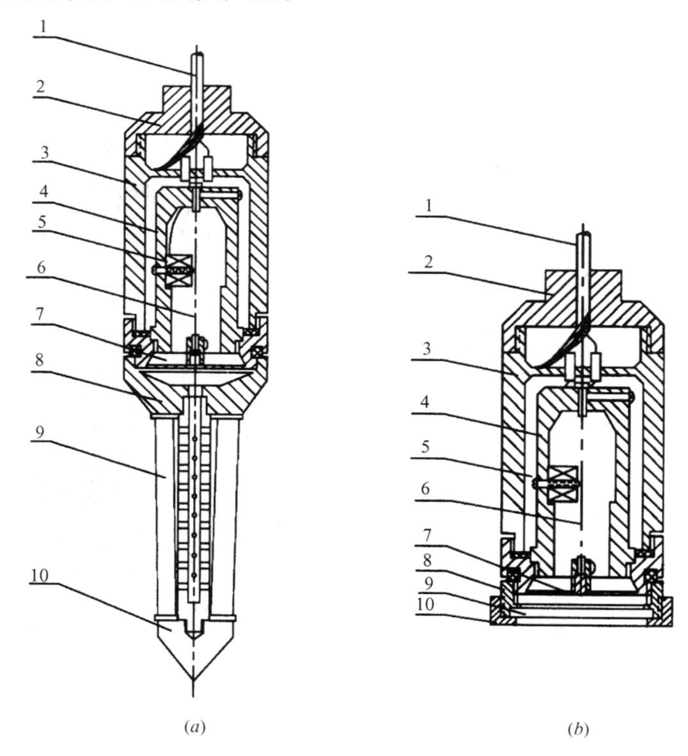

图 3－4－12　振弦式孔隙水压力仪测头

（a）钻孔埋入式；（b）填方埋入式

1—屏蔽电缆；2—盖帽；3—壳体；4—支架；5—线圈；6—钢弦；7—承压膜；8—底盖；9—透水体；10—锥头

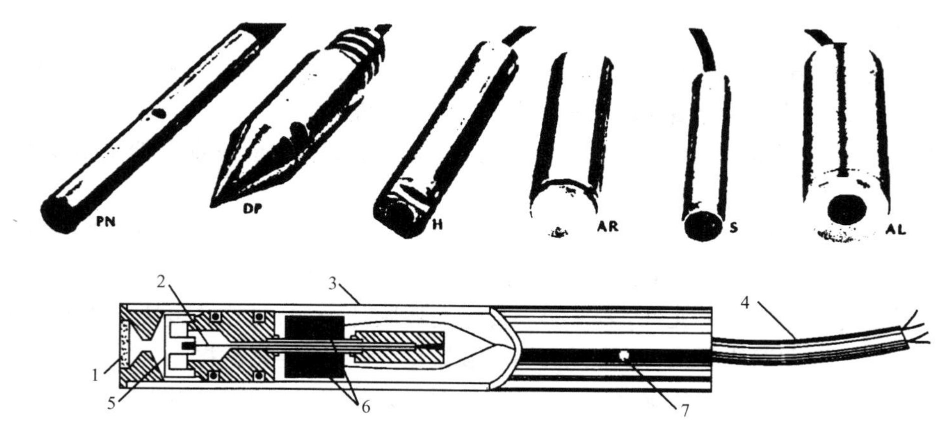

图 3－4－13　多种振弦式渗压计外形及结构图

1—透水石；2—钢弦；3—不锈钢体；4—四芯电缆；5—膜片；6—激励及接收线圈；7—内密封

电缆通常采用氯丁橡胶护套，或聚氯乙烯护套二芯（三芯）屏蔽电缆；对高土石坝则应采用带加强钢丝和加厚护套的屏蔽电缆。

3. 工作原理

振弦式孔隙水压力计将一根振动钢弦与一灵敏受压膜片相连，当孔隙水压力经透水板传递至仪器内腔作用到承压膜上，承压膜连带钢弦一同变形，测定钢弦自振频度的变化，即可把液体压力转化为等同的频率信号测量出来。

4. 型号规格及技术参数

产品型号规格及主要技术参数见表 3－4－6(a)。

(五) 电阻应变片式孔隙水压力计

1. 用途

电阻应变片式孔隙水压力计，习惯称为贴片式渗压计。50 年代荷兰菲利浦公司就有这种产品，但限于当时电子技术水平，质量不佳；经过二十年的研究发展，特别是日本共和电业、东京测器和土木测器三家公司成功的技术开发，使贴片式传感器已形成品种齐全的系列产品。该种传感器的优点是反应迅速、传输距离长、易实现遥测自动化和加工制作简单，尤其适于动态测量。1978 年水电部已将贴片孔隙压力计在《水工建筑物观测工作手册》中予以推荐，但因应用历史较短，对它的长期稳定性持有异议，经过"六五"国家重点技术攻关，改进了设计、工艺和加工技术，研制新型的电阻应变片式孔隙水压力计，为工程监测提供了新的仪器产品。

2. 结构形式

电阻应变片式孔隙水压力计由锥头(或顶盖)、承压薄膜、筒身、防水闷头和引出电缆组成，如图 3－4－14 所示。承压薄膜与承膜环是一个整体，由不锈钢制成；电阻应变片粘贴在薄膜上，薄膜厚度决定承受水压力大小；筒身材料为钢、铜或不锈钢，筒身和承膜环之间用螺纹紧密连接，并加止水铜片以保证其密封性；防水闷头由金属头、橡胶、止水铜片和硅橡胶组成；电缆即由此引出并防止水沿着电缆从尾部渗入测头内部，电缆通常用四芯橡套或塑套电缆。

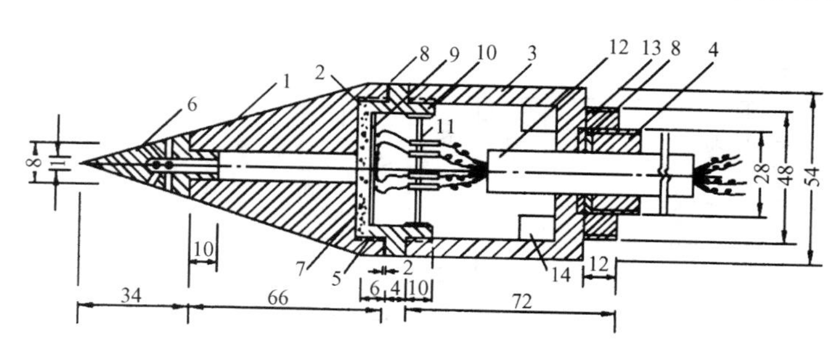

图 3－4－14　电阻应变片式孔隙水压力测头结构(单位：mm)

1—顶盖；2—透水石；3—筒身；4—防水闷头；5—薄膜；6—进水帽；7—电阻应变片；8—垫圈；9—补偿片；10—承膜环；11—绝缘板；12—四芯电缆；13—橡皮垫圈；14—干燥剂

3. 工作原理

孔隙水压力通过测头顶盖上的透水石，施加压力于贴有电阻应变片的弹性薄膜上，薄片的变形引起电阻应变片四个桥臂的电阻变化，用电阻应变仪测出与孔隙压力成正比的电桥输出，即可算出测点孔隙水压力大小。

4. 型号规格与技术参数

国内外主要厂家生产的电阻应变片式孔隙水压力计的型号规格及主要技术参数列于表 3－4－6(b)。

表 3-4-6(*a*)　国内外部分常用渗(孔)压计主要参数表

型号		JTM-V3000	SDS	VWP(智能)	NVP	HXS	PW	52611020	BGK-4500	BGK-FBG 4500	FOP	SZ
工作原理		振弦式								光栅光纤	F-P空腔白光干涉	差阻式
量程(MPa)		0~6.0	0.2~3.0	0~2.5	0.5~5.0	0.1~1.0	0.035~7	0.3~6.0	0.01~10	0.01~6	0.2~7	0.2~3.2
分辨力(%FS)		≤0.025	≤0.025	≤0.025	0.05	0.05	0.025	0.025	0.025	0.01	0.025	0.01
精度(%FS)		≤1	≤±0.25	≤1		0.1	0.1	0.1	0.1		0.25	
零漂(%FS)		≤0.05	≤±0.25	≤0.04		0.02			0.02			
温漂(%FS/℃)		≤0.05		≤0.04								
工作温度(℃)		-25~60	-20~70	-30~70	-20~60	-20~80	-20~80	-20~80	-20~80	-30~80	-20~80	
测温精度(℃)		±0.5	0.5	±0.5	±0.5	0.2~0.5	0.2~0.5		0.2~0.5	0.5	0.5	0.5
温度修正系数(kPa/℃)			0	≈0.3								
过范围限(倍量程)		1.20	1.2	1.25	1.2	1.2	1.5	2	2		1.5	1.2
耐水压(倍量程)		≥120%	2MPa	≥1	1.2	1.2	1.5	≥120%			1.5	1.2
电缆		四芯屏蔽	聚乙烯	四芯屏蔽	四芯屏蔽	PVC	四芯屏蔽	4芯屏蔽	4芯屏蔽	单模单光缆	多模光纤	
外形尺寸(mm)	直径	26	24	24	28		19~38	19	12~38	19、25、29	19~25.4	
	长度	190	190	120	110		200	197	127~187	115、240	122.2	
生产厂家		常州金土木	昆明畅唯	南京葛南	南京南瑞	丹东环球	加拿大 Roctest	美国 sinco	基康仪器		加拿大 Roctest	国电南自

表 3-4-6(*b*)　国内外常用气压式孔隙水压力(渗压)计参数表

型　　号	JTM-Q3000	51417800	2510
量程(MPa)	0.00~2.00	0.00~1.20	0.00~2.00
精度(MPa)	0.01(与选用压力表有关)	0.01(与选用压力表有关)	0.01(与选用压力表有关)
重复性(%FS)	≤±0.25	±0.25	
传感器尺寸(mm)	ϕ39×98	ϕ25.4×76	ϕ25×80
传感器材料	ABS	ABS	不锈钢+ABS
气管尺寸(mm)	ϕ4×2	ϕ5×2	ϕ4×2
气管材料	尼龙	尼龙	尼龙
气管长度(m)	10~150	15~100	15~150
生产厂家	常州金土木	美国 Sinco	韩国 ACE

(六) 气渗式渗压计

1. 原理和用途

气压式渗压计是一种非电测传感器,是将孔隙水压力值转换为气体压力值,通过精密压力表测量气体压力实现孔隙水压力测量的装置。工作原理见图 3-4-15(*b*)。

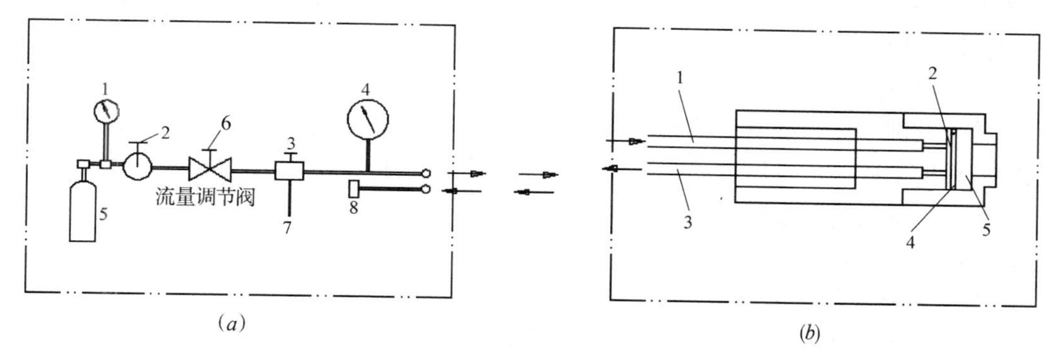

图 3-4-15　气压式渗压计工作原理

(*a*)测读仪器

1—气瓶压力表;2—限压调节阀;3—三通控制阀;4—精密压力表;5—蓄气瓶;6—流量调节阀;7—排气;8—排气显示器

(*b*)气压式渗压计

1—进气管;2—压力膜;3—排气管;4—密封圈;5—透水石

将传感器埋入被测位置后,胶片状的压力膜受外水压力后将紧贴于支撑面上,测量时由装有排气管指示器的测读仪器通过进气管对传感器支撑面内侧向弹性压力膜供气,当供气压力大于外水压力时压力膜向外凸出,大于外水压力的气体会通过向外凸出的压力膜空间由排气管向外排出,此时关闭供气阀。当排气管停止排气时,外水压力与供气压力相等,压力膜两面压力平衡又回到原来位置,此时读取供气压力表数值,即为该测点的外水压力。气压式渗压计见图 3-4-16。

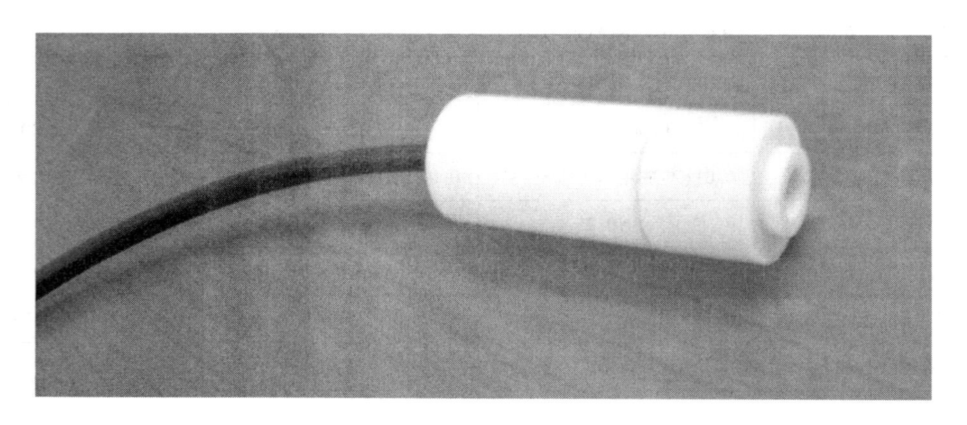

图 3－4－16　国产气压式渗压计实物照片

2. 型号规格及技术参数

美国 Sinco 公司生产的气压式渗压计量程可达 3.5MPa，英国的 GE 公司、加拿大的 RST 公司、韩国的 AEC 公司等均有此类产品。我国常州金土木公司也已开发生产了此产品，量程达 2MPa。而气压式渗压计的精度则由读数仪上压力表精度确定。参数详见表 3－4－6（*b*）。

图 3－4－15 所示为双管型气压式孔隙水压力计的结构示意。测头由滤水管、顶盖、管座、筒身、滚动隔膜、球阀、进气管、回气管和 PVC 套管等组成。

3. 工作原理

土体中孔隙水压力经测头滤水管传递至橡皮压力膜上，传压力膜紧贴在进气口上，此时进气管开始向空腔施加气压力并逐渐增大，使排气管有气排出时停止供气，直到使排气管压力与隔膜另一侧的孔隙水压力相等，这时隔膜平衡回复到原来位置，此对测定供气管径的气压值，即为孔隙水压力值。

4. 型号规格及技术参数

英国 GE 公司和韩国 ACE 公司气压式孔隙水压力计测量范围为 200m 水头，精度 < 0.5% FS ±0.2m，灵敏度为 0.1m 水头。

美国 Sinco 公司生产的气压式孔隙水压力计，测量范围为 0～1.2MPa，主要技术参数见表 3－4－6（*b*）。

加拿大 RST 公司气压式孔隙水压力计，测量范围为 0～13.8MPa，灵敏度为 0.1%，精度为 0.25% 或 0.15%。

五、钢筋（应力）计

钢筋计又称钢筋应力计，用以测量钢筋混凝土内的钢筋应力。将不同规格的钢筋计两端对接，焊在与其端头直径相同的欲测钢筋中，直接埋入混凝土内；它不管钢筋混凝土内是否有裂缝，可以测得钢筋一段长度的平均应变，从而确定钢筋受到的应力。常用的钢筋计有差动电阻式和振弦式两种，近年来光纤式钢筋计也已开始问世。

（一）差动电阻式钢筋计

1. 结构形式

仪器由连接杆、钢套、差动电阻式感应组件及引出电缆组成[见图 3－4－17(*a*)]。感应组件内部结构与差动电阻式应变计(DI－10 型)相同，用制紧螺钉与钢套紧固在一起。感应组件端部的引出电缆从钢套的出线孔引出，钢套两端各焊接一根连接杆，连接杆的直径大小形成钢筋计的尺寸系列。

2. 工作原理

钢筋计与受力钢筋对焊后连成整体，当钢筋受到轴向拉力时，钢套便产生拉伸变形，与钢筋紧固在一起的感应组件跟着拉伸，使电阻比产生变化，由此可求得轴向的应力变化。由于差动电阻式仪器的特性，还可兼测测点的温度。

3. 型号规格及主要技术参数

国电南京电力自动化设备总厂生产为代表的 KL 型钢筋计型号规格及主要技术参数列于表 3－4－7。

（二）振弦式钢筋计

振弦式钢筋计由应变体、钢弦、磁芯、钢套和引出电缆等组成[如图 3－4－17(*b*)所示]。由于应变体和钢弦是同类材料。因此温漂极小，作为大体积混凝土或面板坝混凝土中使用，用线圈电阻或加装测温元件，即可测得温度。在高边坡或地下洞室内将数只钢筋计按要求串接后，可作锚杆测力计使用，其主要技术参数见表 3－4－7。

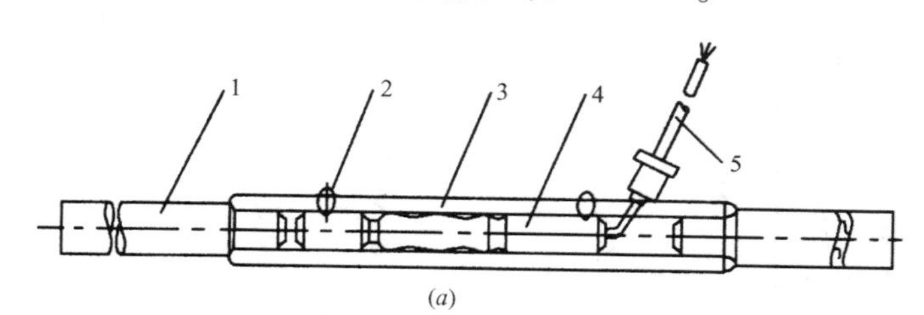

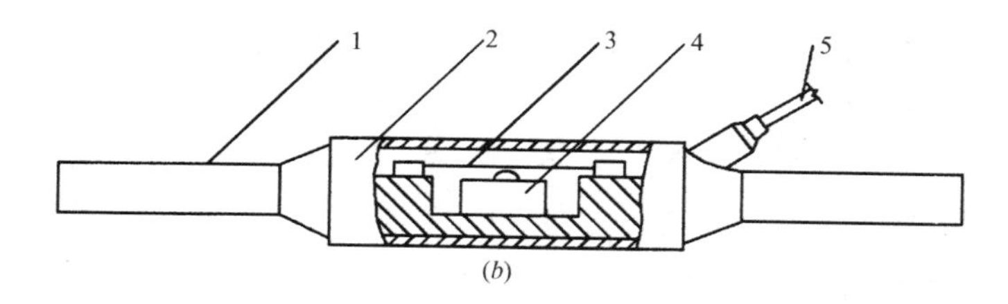

图 3－4－17　钢筋计结构示意

(*a*)差动电阻式：1—连接杆；2—制紧螺丝；3—钢套；4—传感组件；5—引出电缆

(*b*) 振弦式：1—应变体；2—钢套；3—钢弦；4—磁芯；5—引出电缆

（三）电阻应变片式钢筋计

日本共和电业株式会社生产的 BF 系列的钢筋计，最大拉力可达 3000kgf/cm^2；电阻应变片式钢筋计在日本应用较广泛。

表 3－4－7 **国内部分常用钢筋计主要参数表**

型 号	JTM－V1000	SDG	VWR（智能）	BGK4911	HXG	NCT－VR	NVR	NZR	KL	NCT－R	BGK－FBG－4911
工作原理	振弦式							差阻式			光纤光栅
配筋直径（mm）	10～40	20～40	20～40	12～40	10～40	16～40	12～40	16～40	16～40	16～40	12～40
量程（MPa）	－100～300			－100～400	－100～300	－100～300	－100～300	－100～300	－100～300	－100～300	－100～400
分辨力（%FS）	≤0.05	≤0.025	≤0.025	0.016	≤0.05	0.05	0.01	0.01	0.05	0.05	0.1
重复性（%FS）	≤0.05	≤0.5	≤0.5		≤0.05	≤0.05					
工作温度（℃）	－20～60	－20～70	－30～70	－20～80	－10～50	－25～60	－25～60	－25～60	－25～60	－25～60	－30～80
测温精度（℃）	±0.5	±0.5	±0.5	±0.5	±0.5	±0.5	±0.5	±0.5	±0.5	±0.5	±0.5
过范围限	1.2	1.2	1.25		1.2	1.2	1.2	1.2	1.2	1.2	
耐水压（MPa）	0～3	0～3	0～3	0～3	0～3	0～3	0～3	0～3	0～3	0～3	0～5
配套电缆	四芯屏蔽						四芯屏蔽	五芯水工电缆			四芯屏蔽
生产厂家	常州金土木	昆明畅唯	南京葛南	基康仪器	丹东环球	南京卡尔胜	南京南瑞		国电南自	南京卡尔胜	基康仪器

六、岩体应力观测仪器

为观测岩体应力(初始应力和二次应力)及其变化,需布设岩体应力观测仪器,该仪器系观测垂直于钻孔平面内一维、二维或三维应力变化。一般一个钻孔为一个测点。目前用来测量岩体应力的传感器有振弦式、电阻应变片式、电容式和压磁式等(详见表3-4-8)。压磁式和电容式已设计出新的产品,可满足在同一钻孔中进行多点应力变化的测量。

表3-4-8　　岩体应力监测传感器型号规格及技术参数表

名　称	一维振弦式	二维振弦式	三维空心包体电阻应变片式		二维电阻应变片式	二维、三维压磁式		二维电容式
型　号	4300	4350	CSIROH1	KX-81	Yoke	YJ-81	YJ-92	RYC-2
测量范围(MPa)	拉3　压70	压70	100	0~±19999(με)				
分辨率(με)	14~70kPa与岩石弹模有关		1	1	1	0.005~0.02MPa与弹模有关		0.1
精度(%F·S)		0.1						
测量孔深(m)	30	60						
适用孔径(mm)	37~77	60	38		56~60	36		
测点数	1孔1点		1孔1~2点	1孔1点	1孔3点	1孔1点		1孔1点
工作温度(℃)	-20~80		5~50					
说　明	可长期监测					可长期监测		
生产单位	美国Geokon		加拿大RST公司	中国科学院地质力学所	澳大利亚	地矿部地壳应力研究所		

(一)振弦式传感器

1. 二维振弦式仪器

用于监测垂直于钻孔面内二维应力场(主要为压应力场),这类仪器主要有美国Geokon公司生产的4350型二维应力计,系刚性应力传感器,通过灌浆埋设在钻孔中,一个钻孔一般装一个测点。

2. 一维振弦式应力传感器

用于监测垂直于钻孔平面内某方向的应力变化,主要有美国Geokon公司生产的4300型弦式应力计,系刚性应力传感器,通过加压装置固定于钻孔孔壁上,钻孔孔径为ϕ37~77mm,最大埋设深度为30m,每孔一般装设一个测点。

(二)电阻应变片式传感器

1. 三维应力传感器

主要有CSIROH1空心包体传感器,可监测钻孔周围拉压三维应力变化,系柔性传感器,主要用于岩体初始应力测量,20世纪70年代后期在澳大利亚将这类传感器用于应力变化监测(已有500多天的应力现场监测资料),这种传感器适用于孔径ϕ28mm的钻孔,每孔可安装1~2测点。

2. 二维应力传感器

有澳大利亚研制的Yoke式应变计,可用于监测垂直钻孔平面内二维应力变化,已有三年监测资料,钻孔孔径为 ϕ56 ~ 60mm,每孔可设 3 个传感器。

(三) 电容式传感器

主要有由地矿部地壳应力研究所研制的 RYC – 2 型中等灵敏度的钻孔应变应力计等,用于垂直钻孔平面内二维应力变化的监测。每个钻孔一般安装一个传感器,已应用于地震预报中的地壳应力变化长期监测,其稳定性较好。

(四) 压磁式传感器

主要有由地矿部地壳应力研究所研制的 YJ – 81 型和 YJ – 92 型压磁式应力计,可进行二维或三维应力测量。用于应力变化监测时,每个钻孔只能安装一个传感器,该仪器已应用于地壳应力变化的长期监测,具有长期稳定的性能。

(五) 利用岩石声发射技术测定岩体应力

岩石对受过的力具有记忆性,即所谓"凯塞效应"。利用声发射的"凯塞效应"可测定岩体应力,其原理是:承受过应力作用的岩石,当再次加载时,如果该荷载没有超过以前的应力状态,此时没有或很少发生声发射现象;当施加的力超过原来曾受过的应力时,声发射现象将明显增加,其明显增加的起始点即为岩石的先存应力,即初始应力。应用"凯塞效应",在三维场中可测定岩石三维场的先存应力,就可确定岩体中的原始应力。这种方法在三峡、小浪底、龙门、大广坝和龙滩等水电工程中得到应用,测得地应力值和方向与现场应力解除法测得的应力值和方向基本一致,且岩体应力值偏高,这是因为声发射法测定的地应力值包含了构造应力所记忆的历史最大的岩体应力值,而现场应力解除法的测值只是现存的实际应力值。

七、荷载(力)观测仪器

用于岩土工程的荷载或集中力观测的传感器,称为测力计。在岩土工程中采用预应力锚杆加固时,为了观测预应力锚固效果和预应力荷载的形成与变化,采用锚杆测力计;在观测锚索拉力、承载桩和支撑柱(架)的荷载时,也可使用此类测力计。用来测锚索的中空测力计叫锚索计、用来测量支撑柱(架)荷载的叶反(轴)力计。

目前常用的测力计有轮辐式测力计、环式测力计和液压式测力计三种,均带有中心孔。轮辐式测力计(见图 3 – 4 – 18),由内外两个钢环与四个轮辐连为一体,辐内装有应变计。环式测力计(见图 3 – 4 – 19)由工字型钢环形成缸体,在环内 4 个对称位置安装 4 个应变计。液压式测力计(见图 3 – 4 – 20)由压力表或传感器和一个充满液体的环形容器组成。

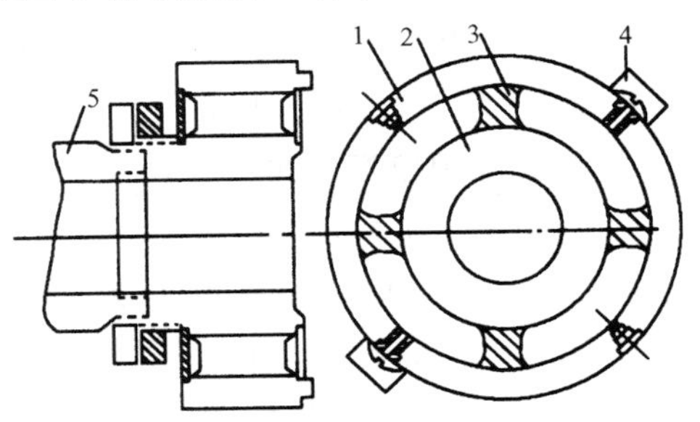

图 3 – 4 – 18 轮辐式测力计示意

1—外环;2—内环;3—轮辐(贴应变片处或装传感器);4—电缆装口;5—传力环

另外,按所采用的传感器不同,有差动电阻式、振弦式和电阻应变片式等数种测力计。

(一) 差动电阻式锚索测力计

1. 用途

差动电阻式 MS – 5 型锚索测力计,应用于预应力锚栓、锚索的张拉应力的测量和监测锚束的破断。

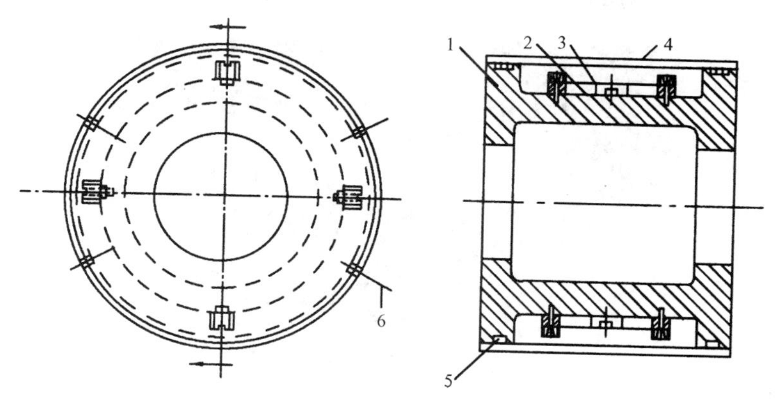

图 3－4－19　环式锚索计结构示意图

1—荷载传感器缸体；2—缸体的 4 个磨平面；3—传感器；
4—外罩；5—O 形密封圈；6—平头螺钉

2. 结构形式

锚索测力计，由测压钢筒及其四周均布四支 DI－10 型差动电阻式应变计组成，应变计组成全桥测量线路，由单根电缆线输出，电缆线从保护套筒内引出。

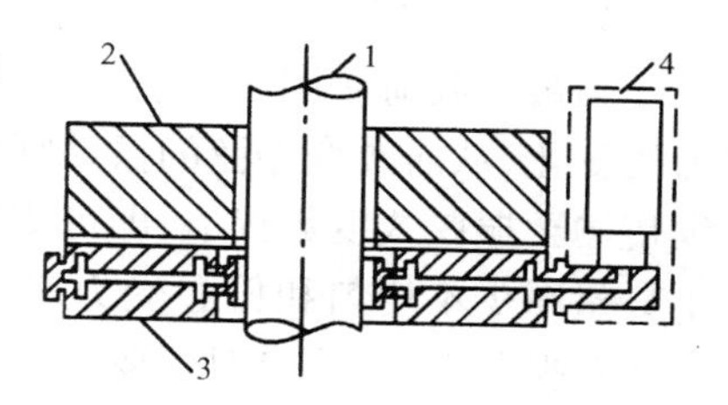

图 3－4－20　液压测力计断面示意

1—锚索；2—均衡垫圈；3—盛有液体的高压容器；4—压力表或传感器

3. 工作原理

当钢筒承受荷载产生轴向变形时，钢筒均布的四支应变计也与钢筒同步变形，应变计的变化与承受的荷载成正比；同时，环境温度变化所产生的热胀冷缩变形，也引起应变计发生变化。因此，要对观测值进行温度修正。

4. 产品型号、规格及主要技术参数见表 3－4－9

（二）振弦式锚索测力计

振弦式锚索计为中空结构，便于各类不同直径的锚索、锚杆从轴心穿过，腔体内沿周边装由数根振弦（3 弦、4 弦、6 弦）组合成测量系统。

表 3－4－9　　**常用锚索计反力计基本参数表**

规　　格	50	100	150	200	300	400	500	600
测量范围（kN）	0～500	0～1000	0～1500	0～2000	0～3000	0～4000	0～5000	0～6000
分辨率（% FS）	≤0.1							
适用温度范围	－25～60℃							
温度测量范围	±25～60℃							
温度测量精度	±0.5℃							

振弦式锚索测力计（见图 3－4－21），主要用来测量和监测各种锚杆、锚索、岩石螺栓、支柱、隧道与地下洞室中的支撑以及大型预应力钢筋混凝土结构（桥梁和大坝等）中的载荷和预应力的损失情况。

锚索计的组成原理和主要技术参数指标。

图 3－4－21　振弦式锚索计

1. 仪器组成

振弦式锚索测力计由弹性圆筒、密封壳体、信号传输电缆、振弦及电磁线圈等组成。

2. 工作原理

当被测载荷作用在锚索测力计上，将引起弹性圆筒的变形并传递给振弦，转变成振弦应力的变化，从而改变振弦的振动频率。电磁线圈激振钢弦并测量其振动频率，频率信号经电缆传输至振弦式度数仪上，即可测读出频率值，从而计算出作用在锚索测力计的载荷值。为了尽量减少不均匀和偏心受力影响，设计时在锚索测力计的弹性圆筒周边内平均安装了3～6套振弦系统，测量时只要接上振弦读数仪就可直接读出每根振弦的频率，取其平均值进行计算。表 3－4－9 中列出常用的锚索计反力计的基本参数。

（三）振弦式反（轴）力计

反力计又叫轴力计，是用于测试支撑梁、柱轴向压应力的传感器。反力计的结构比较简单，振弦式反力计由于牢固、耐颠震冲击等恶劣环境，应用较多，这里介绍一下振弦式反力计（图 3－4－22）。振弦式反力计是一个圆柱状钢体，中心装有一根钢弦，当两端受压时主体产生压应变，振弦所受的张力也随之减小，自振频率跟着降低。根据自振频率的变化量计算出该时刻梁（柱）的支撑轴力。反力计的规格、量程与锚索计基本相同，只是名称、型号不同，生产锚索计的厂家基本都生产反力计（见表 3－4－9）。安装见本书第五章第二节六、支撑轴力测试。

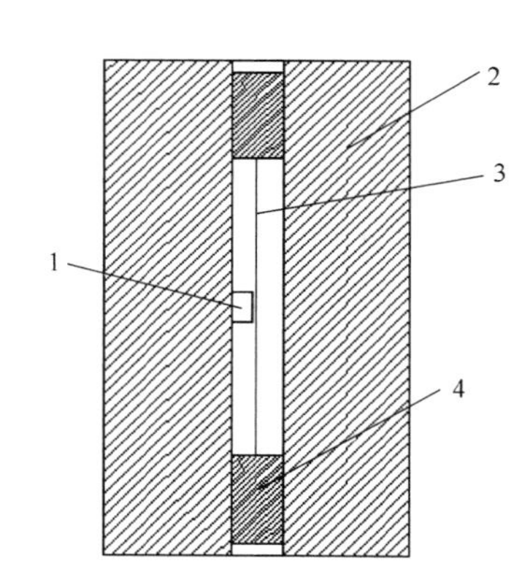

图 3－4－22　振弦式反力计原理示意图

1—激振器；2—主体（应变体）；3—振弦；4—封堵装置

（四）电阻应变片式锚杆测力计

1. 结构原理

电阻应变片式锚杆测力计，是用一种高强度钢或不锈钢圆筒，沿周边粘贴 8～16 片高输出电阻应变片构成惠斯通全桥结构；当受荷载时，全桥输出阻值发生变化，用以测量其压缩或张拉的荷载。电阻应变片的上述布置可补偿温度影响和偏心加载。

2. 型号规格及技术参数

国内常用的锚索测力计型号规格及主要技术参数列于表 3－4－10。

表 3-4-10　国内部分常用锚索测力计主要参数表

型　号	JTM-V1800	JMZX	SDM	VWA	MSJ	BGK-4900	DGK	NVMS	NZMS	MS	AC	BGK-FBG-4900
结构形式	环形 3~6 弦											
工作原理	振弦式								差阻式			光纤光栅
孔径(mm)	50~200	16~286	100~180	50~200	50~200	25~200	25~200	80~200	80~200	105~200		25~200
量程(kN)	50~6000	100~800	250~3000	0~5000	50~4000	250~10000	250~5000	250~5000	500~10000	100~10000	100~500	250~5000
过限范围(%)	20	20	20	25	20	25	10	20	20	20	20	
精度(%FS)	±0.5	±0.5		±0.5	±0.5	±0.5	±0.5	±0.5	±0.5	±0.5	±0.5	±0.3
分辨力(%FS)	0.05	0.05	0.05	0.05	0.1	0.025	0.05	0.1	0.3	0.3	0.3	0.1
工作温度(℃)	-25~60	-25~60	-20~70	-30~60	-25~60	-40~65	-20~80	-20~65	-20~65	-20~65	-20~65	-30~80
生产厂家	常州金土木	长沙金码	昆明畅唯	南京葛南 南京格能	丹东环球	基康仪器	大连基康	南京南瑞		国电南自	南京卡尔胜	基康仪器

第五节 水位、渗流量及温度测量仪器

水库建成后,由于水文条件的改变,对大坝、基岩、坝肩、岸坡及地下建筑物的工作状态都会产生很大影响。特别是蓄水以后,对大坝产生了水压荷载,并在上下游水位差的作用下,对坝体、坝基和绕坝产生渗流。因此,按照有关规范的要求,需设置必要的仪器设备对水位和渗流量进行观测。

一、水位观测仪器

水位观测分地表水位观测和地下水位观测两部分。

水位观测常用的仪器设备有水尺,电测水位计和遥测水位计等。

(一)水尺

水位最直观的测读装置就是水尺,常用的水尺有直立水尺和倾斜水尺。

1. 直立水尺

一般分木质和搪瓷两种。木质水尺宽10cm,厚2~3cm,长1~4m,表面用红白蓝或红黄黑油漆划分格距,每格距为1cm,每10cm和每米处标注数字。搪瓷水尺宽7cm,长1m,尺面是白底蓝条或白底红条分格距并标注数字。水尺钉在桩上,并面对库岸以便观测。水尺的观测范围要高于最高水位和低于最低水位各0.5m。因此,常需设置一组水尺,相邻水尺间应有0.1~0.2m的重合(如图3-5-1)。

2. 倾斜水尺

倾斜水尺安置在库岸斜坡上,适用于流速大的地方。如图3-5-2所示,水尺上的刻度是先用水准仪测量每米水位标记线的位置,再把相邻两条米标记线间距离等分100格距,并用油漆划分线条标上数字。

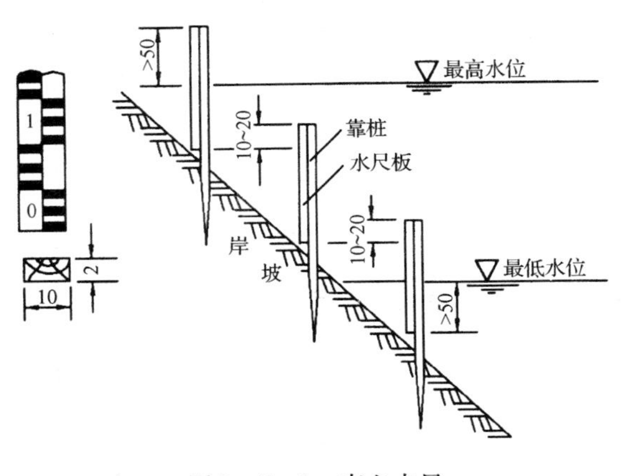

图3-5-1 直立水尺

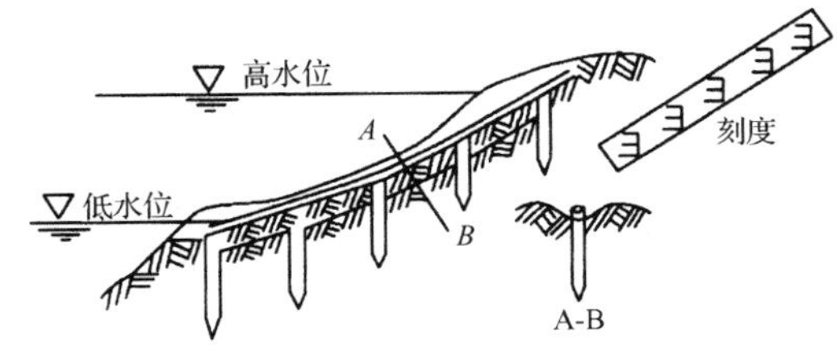

图3-5-2 倾斜水尺

(二)电测水位计

1. 用途

适用于测压管、钻孔、井体和其他埋管中低于管口的水位或地下水位的测量。

3. 结构形式

电测水位计由测头、电缆、滚筒、手摇柄和指示器等组成。典型结构有提匣式[如图3-5-3(*a*)]和卷筒式[如图3-5-3(*b*)]。

测头为金属制成的短棒，两芯电缆在测头中与电极相接，形成电路闭合的“开关”。当测头接触水面使电极在水面接通电路。测头构造如图 3－5－4 所示。

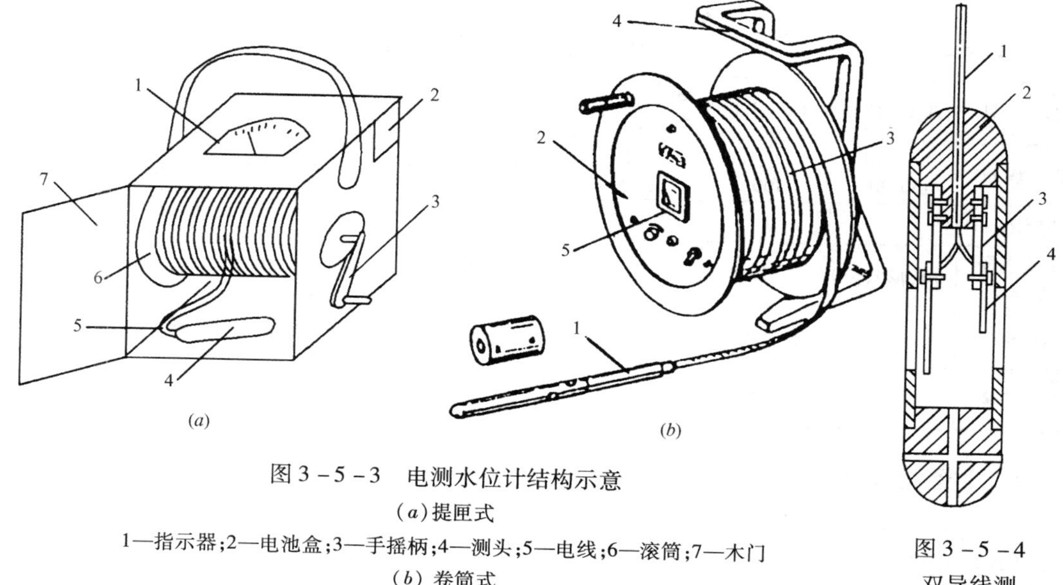

图 3－5－3　电测水位计结构示意

（*a*）提匣式

1—指示器；2—电池盒；3—手摇柄；4—测头；5—电线；6—滚筒；7—木门

（*b*）卷筒式

1—测头；2—卷筒；3—两芯刻度标尺；4—支架；5—指示器

图 3－5－4　双导线测头构造示意

1—电线；2—金属短棒；3—隔电板；4—电极

两芯电缆除了传输信号外，还用作测头的吊索。因此，电缆每隔一米应有一长度标记。以测头下端为起点，自下而上注明米数。也可用聚乙烯两芯刻度标尺代替电缆（如图 3－5－5）。滚筒用来盘卷电缆或标尺，并用手摇柄来操作滚筒以放收电缆。

指示器最常用的是微安表（或毫伏表），需要时还可配置蜂鸣器和指示灯，其电源采用干电池。

有的电测水位计在测头中还装有测温元件，在测水位的同时可兼测水温。

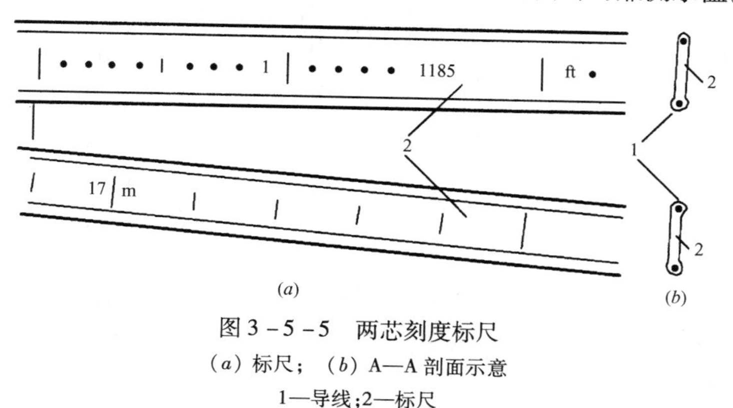

图 3－5－5　两芯刻度标尺

（*a*）标尺；（*b*）A—A 剖面示意

1—导线；2—标尺

4. 工作原理

电测水位计是根据水能导电的原理设计的，其电路示意图见图 3－5－6，当探头接触水面时两电极使电路闭合，信号经电缆传到指示器及触发蜂鸣器和指示灯，此时可从电缆或标尺上直接读出水深。

5. 型号规格技术参数

国内常用的电测水位计的品种规格及技术参数列于表3－5－1。

表3－5－1　　国内常用电测水位计主要参数表

型　　号	JTM－9000	GN－120	DSW－1精密数字水位仪		JDSC	GK/BGK－101	CPR6	WLI
量　程(m)	30、50、100、150、200	30、50、100、150	0～10可扩展到300	30、50、100	30、50	50、100、150	30、50、100 150	30、50、100 150、300
分辨率(mm)	1	1	0.1%FS	1		1	1	2
测头直径(mm)	ϕ16、ϕ20、ϕ30	ϕ16		ϕ20、ϕ30		ϕ16	ϕ11	ϕ9.2
测量标尺	钢尺电缆	钢尺电缆		钢尺电缆		聚乙烯	钢尺电缆	ϕ3.2光刻电缆
生产厂家	常州金土木	南京格能	武汉科衡	金坛华光 金坛万邦	金坛传感器厂金坛金源	基康仪器	加拿大Roctest	美国Sinco

(二) 遥测水位计

1. 浮子式遥测水位计

(A) 用途

用作江河、湖泊、水库、河口、渠道、地下水、船闸、大坝测压管及各种水工建筑物的水位测量;也可供闸门开度及其他液体测深测距等参数测量。

(B) 结构与工作原理

浮子式遥测水位计品种很多,但基本结构大同小异,主要由水位感应、水位传动、编码器、记录器和基座等部分组成。

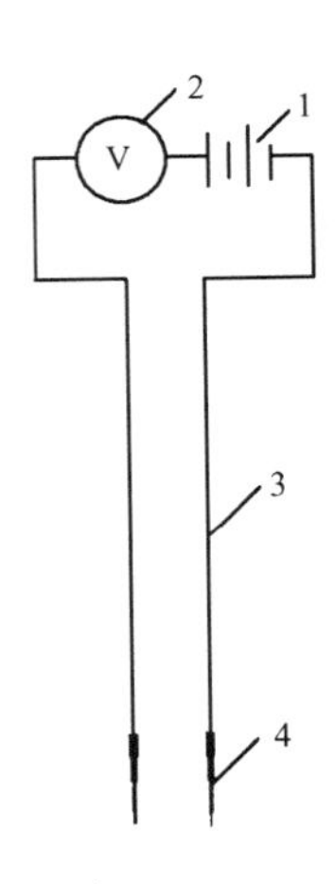

图3－5－6　电测水位计电路示意

1—电源;
2—指示器;
3—导线;
4—电极

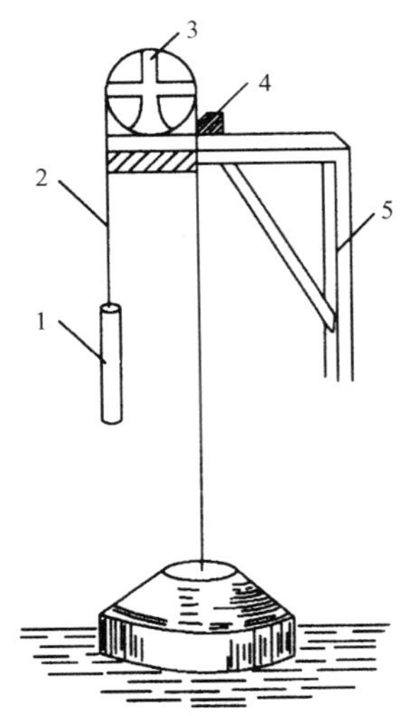

图3－5－7　浮子水位计

1—平衡锤;2—悬索;
3—水位轮;4—浮子;
5—支架

水位感应部分由浮子、平衡锤、悬索和水位轮组成(见图3－5－7)。悬索用多股不锈钢丝绳,有的则采用穿孔不锈钢带以防打滑;也有用1010尼龙绳。浮子感应水位涨落,带动水位轮旋转,产生与水位变化相应的转角。

水位转动部分,主要是将水位转角通过传动轴齿轮准确地传递给编码器。

编码器接收传递来的转角位移并完成相应的数字编码;由数字轮显示相应的水位,并通过电缆输出一定码制的电信号远传给记录器,以显示、记录其水位(用纸筒式记录仪或数字式显示器)。

基座（或箱体）主要用来组装支撑上述结构部件，组装成为整体。

（C）型号规格及技术参数

由南京水利水文自动化研究所等单位生产的各种浮子式遥测水位计的型号规格及技术参数见表3－5－2。

表3－5－2　　浮子式遥测水位计主要参数表

型　　号	WFH－2	WFY	FW390	WFC－2	FYC－3型	WFX－40型	SSC系列	YJD－1P
名　　称	细井式遥测水位计		长期遥测水位计	光电遥测水位计				
测量范围（m）	10、20、40、80	10～40	10～50	0～20 9～48	10－5、10、20 32、40、80、320	10～40	0～160	0～40
精度（mm）	<2				0.1%	10（10m内）/0.1%	0.1%	—
分辨率（mm）	1～10				0.1、10	10、5、1	10	10
回差（mm）	<2				≤±2	≤±2	—	≤±2
温度（℃）		－10～50	－10～42	－20～50	－20～80	－10～50	－25～55	－10～45
相对湿度（%RH）		5～95	<95	<90	≤95%	≤95%	≤95%	≤90%
生产厂家	南京水文所				徐州正天科技	徐州伟思研究所	徐州电子技术研究所	南京丹杰科技

2. 传感器式遥测水位计

（A）用途

在江河、湖泊、水库、地下水及其他天然水体中，无需建造水位测井、实现水位远传显示和定时记录。对于小孔径以及水位深埋超过数十米甚至数百米的地下水位变化测量，更能突出其优点。

（B）结构与原理

仪器由水位传感器、水位显示器及记时数字记录仪三部分组成。利用传感器测量静水压力来实现水深测量。再将水深加上传感器零点高程即可得水位。水位信号可远传连续显示。配套的记时数字记录仪可按实际需要定时记录水位和相同时间。

（C）型号规格及技术参数

表3－5－3列出两种传感器式遥测水位计的型号及主要技术参数。在前面介绍的孔隙水压力计只要量程精度满足需要，也可选用作遥测水位计。

表3－5－3　　常用遥测水位计型号及主要参数表

型　　号	YSW－1A型 YSW－2型压力水位计	SWJ－1型精密水位仪	JTM－V3000	GL－122
传感器名称	固态压阻式压力传感器	电容式传感器	振弦式	超声波水位计
水位测量变幅（mm）	10,20	2,10（可扩展）	0.5～10	0～15

续表

型　　号	YSW－1A 型 YSW－2 型压力水位计	SWJ－1 型精密水位仪	JTM－V3000	GL－122
最大静水压	130%		0.12MPa	
精　　度	0.2%变幅 ±1cm	0.2%	0.2%	
分辨率(mm)	1	0.1	5	1
传输距离(m)	<2000		可无线传输	可无线传输
工作温度(℃)	－10～40		－20～60	－20～60
生产单位	南京水文所	武汉三维科技公司	常州金土木	南京格能

二、渗流量观测仪器

大坝蓄水后，需对通过坝体、坝基和两岸绕坝渗流的渗漏水的流量进行观测。绕坝渗流一般通过布置在绕流线或沿着渗流较集中的透水层中的测压孔来观测其水位变化。渗压仪器已在本章第四节作了介绍，本节主要介绍通过坝体和坝基的渗透流量的观测仪器。

（一）量水堰

1. 用途与要求

量水堰适用于渗流量为1～300L/s的范围内。一般设置在集水沟的直线段上，上下游沟底及边坡需加护砌以免漏水，可建造专门的混凝土或砌石引水槽。设计堰下水深低于堰口，造成堰口自由溢流。为了获得准确的观测成果，堰壁需与引水槽和来水方向垂直，并且直立。堰板采用不锈钢板制成，表面应平整光滑，将堰口靠下游边缘制成45°角。量水堰的水尺应设在堰口上游，离堰口距离为3～5倍堰上水头，水尺刻度至毫米，为使量水堰上游水流稳定，可在水尺上游安装稳流设备。

为提高观测精度，应尽可能用水位测针代替水尺来观测，读数至0.1mm。有条件时可采用遥测或自记渗漏量观测仪进行观测。

2. 三角堰

过水断面为三角形的量水堰称为三角堰，三角堰的缺口为一个等腰三角形，底角采用直角，如图3－5－8、图3－5－9。

三角堰适用于渗透流量小于100L/s的情况，堰上水深一般不超过0.35m，最小不小于0.05m，常用的直角三角形量水堰标准结构及安装尺寸见表3－5－4。

表3－5－4　　直角三角堰标准尺寸表　　（单位：cm）

编号	最大堰上水深	堰口深	堰坎高	堰板高	堰肩宽	堰口宽	堰板宽	流量范围
	H	h	P	D	T	b	L	L/s
1	22	27	22	49	22	54	98	0.8～32
2	27	32	27	59	27	64	118	0.8～53
3	29	34	29	63	29	68	126	0.8～64
4	35	40	35	75	35	80	150	0.8～101

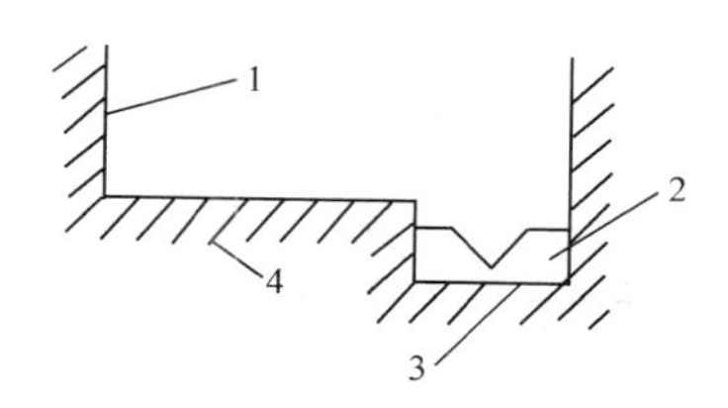

图 3-5-8　量水堰布置

1—检查廊道；2—三角形量水堰；3—排水沟；4—混凝土

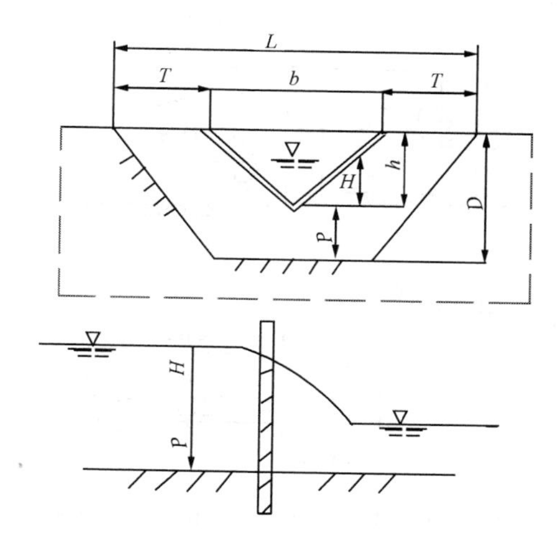

图 3-5-9　三角形量水堰

直角三角堰自由出流的流量计算公式为：

$$Q = 1.4H^{5/2}(\mathrm{m^3/s})$$

式中　H——堰上水头，m。

3. 梯形堰

梯形堰的过水断面为一梯形，常用边坡为 1:0.25，如图 3-5-10。

梯形堰口应严格保持水平，底宽 b 不宜大于 3 倍堰上水头，最大过水深一般不超过 0.3m。适用于渗透流量为 1～300L/s。其标准结构及安装尺寸详见表 3-5-5。

对于堰口坡度为 1:0.25 的梯形量水堰的渗透量计算公式为：

$$Q = 1.86H^{3/2}b(\mathrm{m^3/s})$$

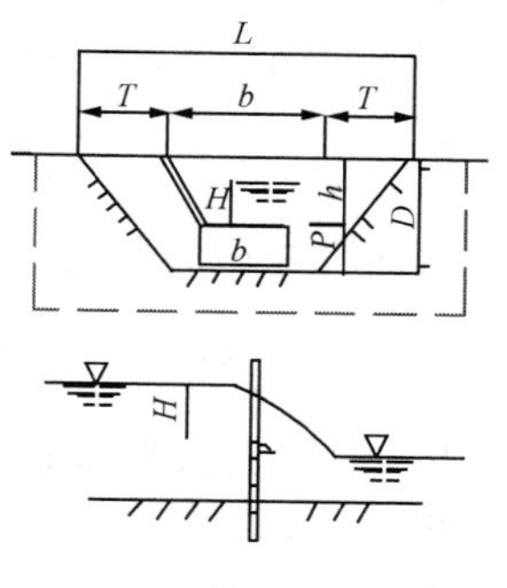

图 3-5-10　梯形量水堰

表 3-5-5　**梯形量水堰标准尺寸表（边坡 1:0.25）**　（单位：cm）

编号	堰坎宽	堰口宽	堰上水深	堰口深	堰坎高	堰板高	堰肩宽	堰板宽	流量范围
	b	B	H	h	P	D	T	L	L/s
1	25	31.6	8.3	13.3	8.3	21.6	8.3	48.2	0.5～11.5
2	50	60.8	16.6	21.6	16.6	38.2	16.6	94.0	0.9～65.2
3	75	90.0	25.0	30.0	25	55.0	25.0	140.0	1.4～174.4
4	100	119.1	33.3	38.3	33.3	71.6	33.3	185.7	1.9～360.8

4. 矩形堰

矩形量水堰可分为有侧向收缩和无侧向收缩两种，如图 3-5-11 及图 3-5-12 所示。

1）有侧向收缩矩形堰：其堰前每侧收缩 T 至少应等于两倍最大堰上水头，即 $T \geqslant 2H_{max}$；堰后每侧收缩 E 至少应等于最大堰上水头，即 $E \geqslant H_{max}$。

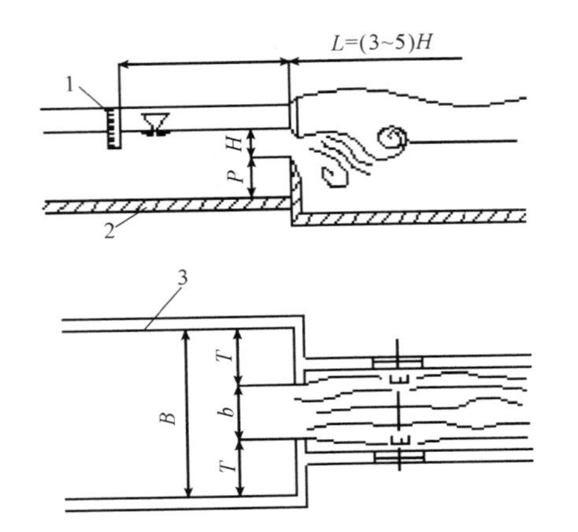

图 3－5－11　有侧向收缩的矩形量水堰

1—水尺；2—堰底；3—堰墙

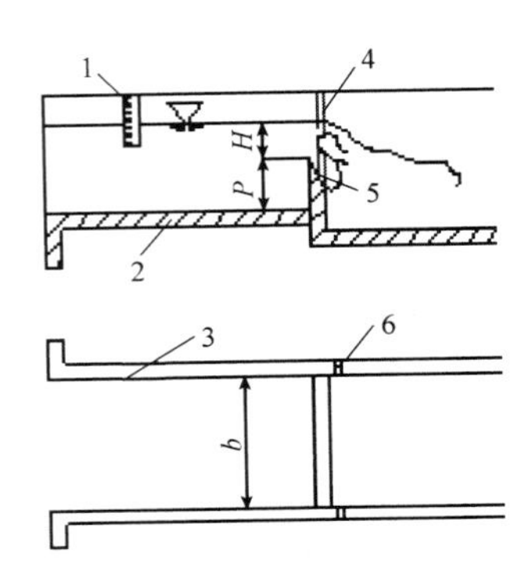

图 3－5－12　无侧向收缩的矩形量水堰

1—水尺；2—截水墙；3—翼墙

4—通气管；5、6—通气孔

2）无侧向收缩矩形堰：在堰后水舌两侧的边墙上应设置通气孔。

矩形量水堰口应严格保持水平，堰口宽度一般为 2～5 倍堰上水头 H，约为 0.25～2.0m，适用于渗透流量大于 50L/s 的情况，矩形量水堰渗透量的计算方法如下。

有侧向收缩矩形堰流量计算公式如下：

$$Q=\left(0.405+\frac{0.0027}{H}-0.030\frac{B-b}{B}\right)\left[1+0.55\times\left(\frac{b}{B}\right)^2\left(\frac{H}{H+P}\right)^2\right]b\sqrt{2g}H^{\frac{3}{2}}$$

无侧向收缩矩形堰流量计算公式如下：

$$Q=\left(0.402+0.054\frac{H}{P}\right)b\sqrt{2g}H^{\frac{3}{2}}=Mb\sqrt{2g}H^{\frac{3}{2}}\ (\mathrm{m^3/s})$$

式中　H——堰上水头，m；

P——堰高，m；

b——堰口宽，m。

（二）FL－1 型堰槽流量仪

1. 用途

用于堰或槽内水流量测量；可以遥测，也可以人工目测。

2. 结构与原理

如图 3－5－13 所示，堰壁的堰口采用三角形、矩形或梯形，利用浮子自动监测三角堰水位，通过三角堰的流量公式，求得渗流量的大小。

仪器由保护筒、浮子、导向装置、传感器、电路盒、数字显示仪及量水堰组成。保护筒底板用地脚螺栓固定在堰槽测点的地基上；浮子通过连杆与传感器的铁芯相连；导向装置保证浮子随水面变动作上下垂直运动，从而连动铁芯在传感器的线圈内上下位移，将位移量转换成电量，通过电路盒经电缆传输至观测室，由数字显示仪显示水位，实现遥测。如果人工测读，则利用测针读取水位。

3. 主要技术参数

由国家地震局地震研究所武汉三维科技开发总公司生产的 FL－1 型堰槽流量仪，其技术参数如下：

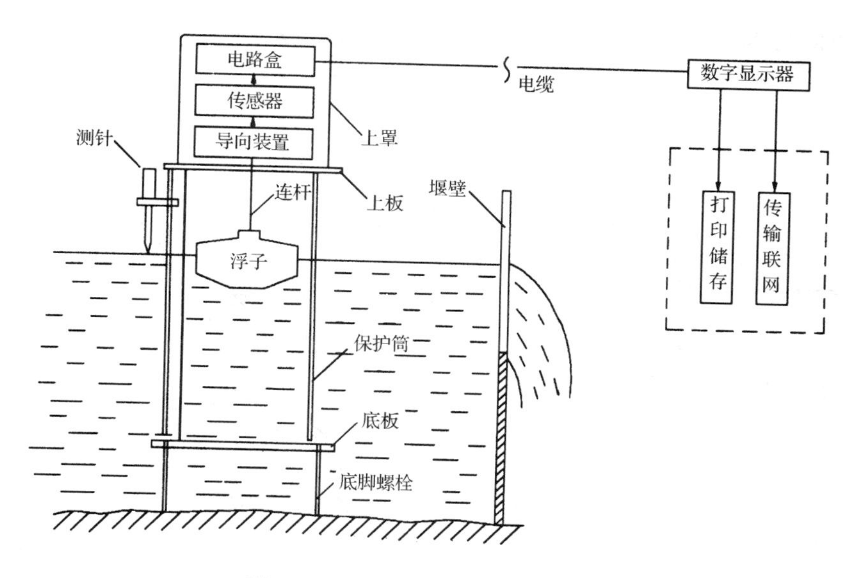

图 3－5－13　FL－1 型堰槽流量仪

量程：　　100mm，可扩展到 200mm；
刻度：　　0.1mm 或 0.01mm；
传输距离：　　100m；
相对湿度：　　可在 100% 环境条件下工作。

4. 安装与调试

1）仪器应放置距堰壁 0.5m 以上的沟槽内，也可距堰几米至十几米远的位置设置水池，用水管将水池与堰相通，仪器放在水池中。如放在沟槽内，上游应设挡泥墙，防止泥沙将仪器淤积。

2）根据水深选用底脚螺栓长度，保证保护筒底板离水面距离 80mm；底脚螺栓与基础用水泥砂浆浇结。

3）将浮子漂于水面上，仔细调整浮子上平衡螺丝，浮子连杆处于垂直位置；加上保护筒，安装上板及传感器、电路盒；调平上板，使传感的线筒处于垂直位置。

4）布设电缆，检查无误后进行通电，数字显示器即有数字显示。

5）标定：调整传感器线圈筒位置，此位置用百分表测量，相应数字显示变化，反复几次，即可得到仪器标定值。

（三）YL 型量水堰渗流量仪

1. 用途

用于测量设置在坝体、坝基和基岩等各部位量水堰中的水头变化，来自动遥测大坝渗漏状况。

2. 结构和原理

YL 型量水堰渗流量仪由量水堰和差动电容感应式液位传感器组成（见图 3－5－14）。通过测量堰上的水位变化，而求得渗流量。依据堰形要求，在堰体前 3H 处引一水管，接入量水堰仪的容器内。量水堰仪的主体上、下位置安装有两只圆筒，主体容器内浮子中间装有一中间极，当堰上水位变化时，则浮子带动中间极在两只圆筒板中差动变化，测出差动电容的比值,即可测得水位变化 H 值。根据堰形可计算出渗流量。

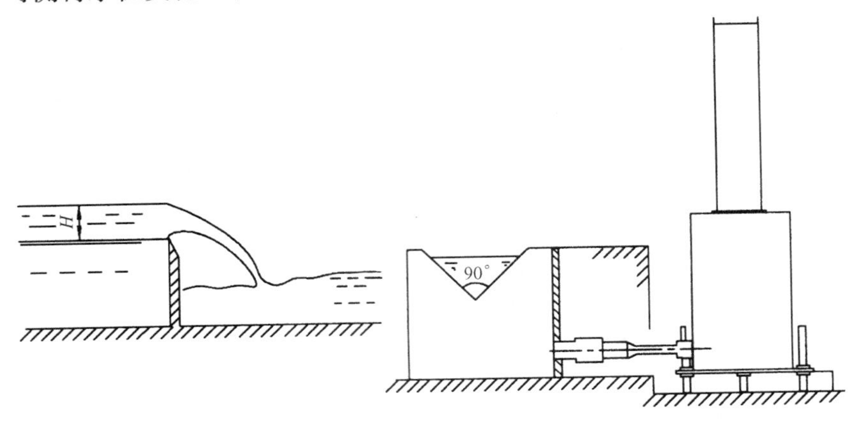

图 3-5-14 YL 型量水堰渗流量仪示意

3. 主要技术参数

南京自动化研究院大坝监测研究所生产的 YL 型量水堰渗流量仪的主要技术参数如下:

量程:	0~100mm(H_2O)	综合精度:	±0.1~±0.2mm
最小分辨率:	0.2mm(H_2O)	长期稳定性:	<0.05% FS/年
温度系数:	<0.05% FS/℃		
相对湿度:	能在 100% 的环境下长期稳定工作		

(四) 超声波流量计

这是国内外近年采用的一种新的流量监测仪器。长沙电子仪器厂生产的 SP-1B 型超声波流量计安装在孔口;日本 Fusi 电子公司生产的 FL13 型流量计则安装在管壁上,对管内流量无阻力,可远距离测量,但价格较高。此外,东南大学也有类似产品。

三、温度测量仪器

按照规范的要求,水库蓄水后,要进行气温和水温的观测,了解其变化对建筑物性态的影响。另外混凝土建筑物在浇筑过程中,由于水泥的水化热而发生温升,大体积混凝土通常在浇筑后 7 天至 20 天达到峰值温度,薄壁结构或采用人工冷却的结构中,一般浇筑后 2~6 天即达到峰值温度。其后温度缓慢下降,控制温度变化速率可减少混凝土开裂的可能性。为此还要对混凝土坝体的温度进行观测(许多测量应力和应变的仪器也能兼测温度)。

(一) 气温测量仪器

通常在百叶箱内设直读式温度计、最高最低温度计、或自记式温度计,需要时可增设干湿球温度计。

(二) 水温测量仪器

规范规定在坝前水位测点附近设置固定水温测点(水面下 1m)。在坝前或泄水建筑物进口前设置水温测量的固定断面。每断面设 3 条测温垂线。每条垂线至少在水面下 20cm

处、$\frac{1}{2}$水深处和接近水库底部定 3 个测点。温度测量采用深水温度计、半导体水温度计、电阻温度计等。深水温度计如图 3－5－15 所示。温度计 1 的水银球部位于存水筒 2 内，仪器入水后，存水筒活门 3 受水顶托而开启，水涌入筒内，水满即从通水孔 4 溢出。上提仪器时，通水孔即被橡皮盖 5 封住，活门受压盖住底孔，提出水面即读出水温。

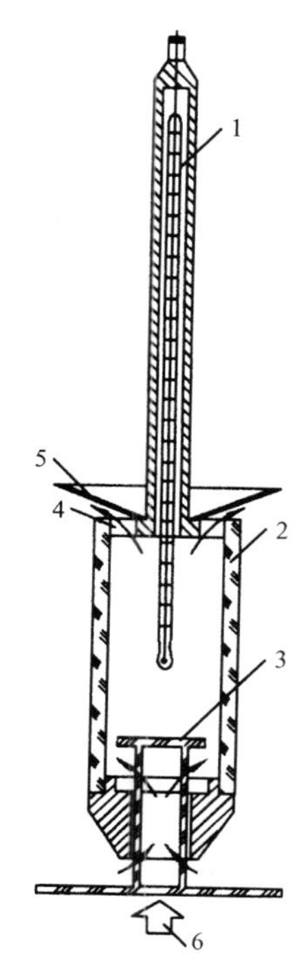

图 3－5－15
深水温度计
1—温度计；2—存水筒；
3—活门；4—通水孔；
5—橡皮盖；6—水力顶托

（三）电测温度计

1. 电阻温度计

（A）用途

通常将电阻温度计置于坝体、隧洞、厂房等混凝土建筑物内，进行长期的温度测量。在施工期使用这些仪器，可以控制混凝土冷却系统的运行，并可测得混凝土温度随时间变化的关系，研究水泥水化热的机理，并对大体积混凝土中温度裂缝的形成条件作出评估。也可用作基岩和水的温度测量。

（B）结构形式

电阻温度计由铜电阻线圈、引出电缆和密封外壳 3 部分组成（如图 3－5－16 所示）。感温元件的铜电阻线圈是采用高强度漆包线按一定工艺绕制在瓷管上，并将 0℃ 时电阻值和电阻温度系数做成常数。外壳为紫铜管与引出电缆滚槽密封而成。

（C）工作原理

电阻温度计的工作原理是基于铜线电阻随温度而变化的性质。将电阻温度计三芯引出电缆的白、黑两芯线与水工比例电桥的白、

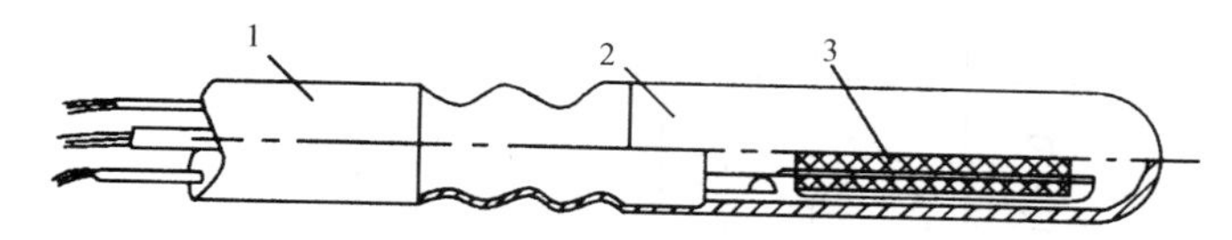

图 3－5－16　电阻温度计
1—电缆；2—外壳；3—电阻线圈

黑接线柱相接，红芯线接于电桥的绿接线柱上，见图 3－5－17 所示，当温度变化时，电阻线圈的电阻值即随温度成线性变化。将电桥“3、4”开关指向“4”，接上电源开关，并旋转电桥可变臂旋钮 R，使检测指针重新指零。这时可变臂 R 的读数即为电阻线圈的电阻值 R_t。用下式可计算电阻温度计的温度值 t：

$$t = (R_t - R'_0)\alpha \tag{3-5-1}$$

式中　R_t——t℃ 时仪器的电阻值，Ω；

R'_0——0℃ 时电阻值，制造时做成常数为 46.60Ω；

α——电阻温度系数，也作为常数，数值为 5℃/Ω。

（D）型号规格及技术参数

国内部分常用的电测温度计型号规格及技术参数见表 3－5－6。

表 3-5-6　　国内部分常用电测温度计主要参数表

型　号	DW	NZWD	T	TCM-1	JTM-T4000	RT-1	SDT	52631510	BGK-3700	BGK-FBG-4700
原　理	铜电阻			铂电阻	热敏电阻					光纤光栅
测量范围(℃)	-25~60	-30~70	-30~70	±10(可选)	-30~70	-55~125	-20~80	-20~80	-30~70	-30~200
分辨率	5℃/Ω			0.001	±0.1	±0.1	±0.5	0.025(%FS)	0.1	0.1
准确度(℃)	±0.3	±0.3	±0.5	0.01	±0.3	±0.3	±0.5	±0.1(%FS)	0.2,0.5	0.3
外形尺寸(mm)					ϕ7、ϕ9	ϕ8	10×150	19×115	ϕ11	
耐水压(MPa)	0.5~3.0			30	≥1	≥1	0.5			
25℃时电阻值(kΩ)	46.60/0℃			0.39×25+100	2、3、5	2	0.3		3	
读数仪类型	数字电桥			配套专用	数显	数显	通用		通用	光纤测温系统
使用电缆	YSSX5×0.75				二芯	二芯	聚乙烯	聚乙烯		专用光缆
生产厂家	国电南自	南京南瑞	南京卡尔胜	武汉科衡地震仪器厂	常州金土木	南京葛南	昆明畅唯	美国 Sinco	基康仪器	基康仪器

2. 振弦式温度计

(A) 用途

与其他振弦式应变计、渗压计配套使用,对混凝土、岩石和土体进行长期的温度测量。

(B) 结构与原理

由不锈钢传感体和与传感体连接的振弦元件组成,真空密封防水。该传感器是利用传感体与钢弦的温度膨胀系数不同的原理而制成,其特点是结构简单、灵敏度高。输出信号为频率。因此,信号的精度和稳定性不受由于浸水而引起的电缆电阻的变化、接触电阻的变化及温度变化的影响。

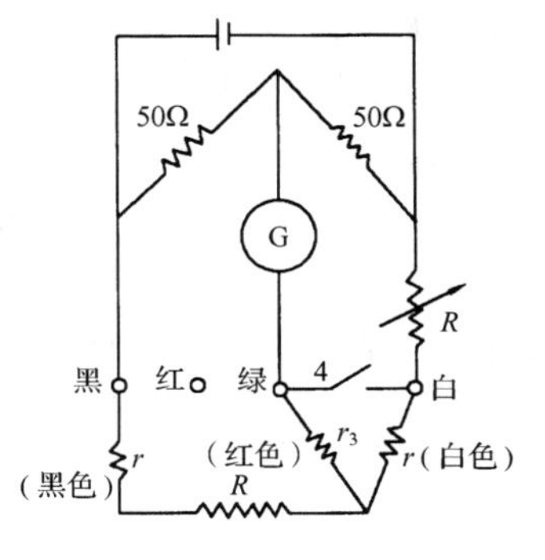

图 3-5-17 电阻温度计测量原理图

(C) 技术参数

美国 Geokon 公司生产的振弦式温度计技术参数见表 3-5-6。

3. 热敏电阻式温度计

(A) 结构与原理

由热敏电阻 1、不锈钢保护管 2 与电缆 3 密封而成(如图 3-5-18)。热敏电阻是用一种半导体材料制成的温度敏感元件,其电阻随温度而显著变化,并能将温度的变化直接转换为电量的变化。其特点是灵敏度高、体积小、性能较稳定和制作简单,易于实现远距离测量和控制。

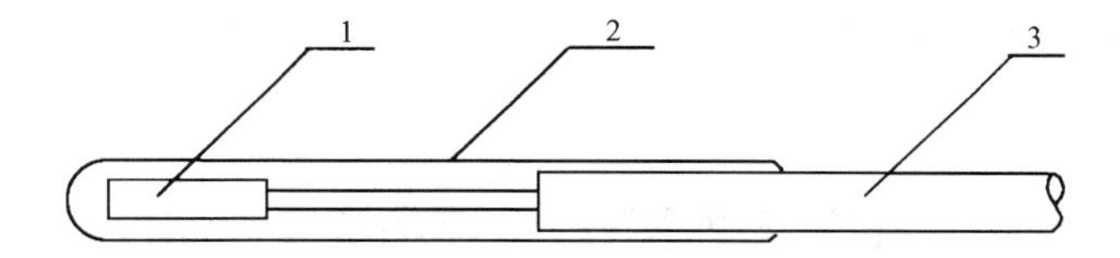

图 3-5-18 热敏电阻式温度计结构

1—温度敏感件;2—护管;3—电缆

(B) 主要技术参数

技术参数见表 3-5-6。

4. 热电偶式温度计

(A) 用途

适用于测量大体积混凝土结构的温度,尤其适宜施工期的短期温度观测,包括测量混凝土浇筑后最初几小时或几天的详细温度变化过程,及靠近结构外表处温度的周期变化。

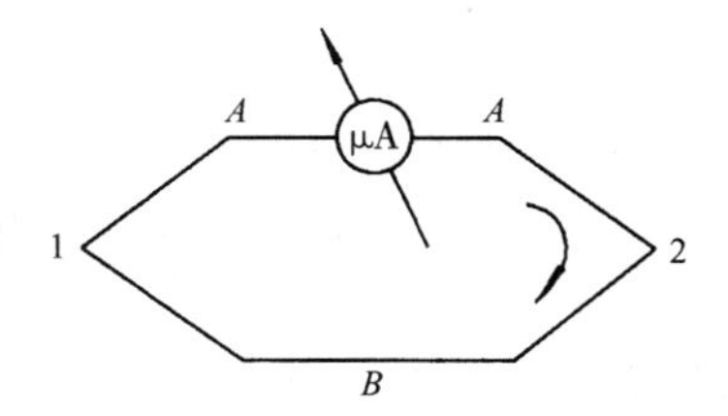

图 3-5-19 热电效应示意图

(B) 结构与原理

热电偶是把两种不同导体(金属丝)A 和 B 接成一闭合回路(如图 3-5-19),利用热电效应来测量温度。当两结合点 1 和 2 出现温差,在回路中就有电流产生,这种由于温度不同而产生的电压,其大小取决于所用金属的种类,并与结合点温度成正比。用专用仪表测出该处电压便可确定温度。

热电偶的种类很多,其结构与外形也不相同,但基本上都由热电极金属丝、绝缘材料、保护管、电缆等所组成。监测混凝土温度的热电极金属丝是铜与康铜的组合体,测温范围从 -200 ~400℃。热电极之间和连接导线之间均要求有良好的绝缘。保护管一般用铜或不锈钢材料制作。

热电偶外形尺寸很小,且相应热容量低。因此,可测量很小点上的温度,并有助于迅速反应温度的变化;此外还具有价格低廉、施工方便、坚固耐用的优点。但热电偶产生的电压信号极小,且易受外界干扰,为此要求配置高灵敏度的测量仪器,同时其精度易受长电缆不均匀性的影响,故通常在混凝土中安装电阻温度计比用热电偶温度计更为可靠方便和普遍。

5. 电阻应变片式温度计

由于电阻应变片的电阻值在不受外力作用下可随环境温度的改变而变化,故可利用这一特性将其做成温度传感器来测量温度的变化。该传感器可做成粘贴式(响应很快),也可封装在金属管内,或组成全桥和应变计做成一体测定相对温度。

第六节　水力学原型观测仪器

水力学原型观测仪器具体是指泄水建筑物的水力学原型观测仪器。这方面的观测项目较多,按规范要求,一般应进行水流流态、水面线、流速、流量、动水压力、空蚀、通气量、掺气浓度、振动、雾化、冲刷和消能等项目的观测。所采用的仪器有相当一部分是沿用室内试验使用的仪器,特别是动态测量仪器。由此产生的问题是:抗干扰性能差,零漂和温漂大,不适应长导线测量,测量精度不高,仪器笨重,数量多,搬运安装调试复杂,观测费用高,成功率低等。“八五”期间国家组织科技攻关,研制了一些适用于原型观测的仪器,并在一些工程中得到良好的应用。

一、水流流态、水面线、流速和流量观测仪器

水流流态观测的常用方法是目测法,用文字描述、或地面同步摄影以及录像记录。

(一)水面线观测

水面线观测包括:

1)明流溢洪道的衔接水面线及沿程水面线观测,采用直角坐标网格法、水尺法或摄影法。

2)挑流水舌轨迹线观测,采用经纬仪测量水舌出射角、入射角、水舌厚度,也可用立体摄影测量平面扩散的方法。

3)观测水跃水面,需测量水跃长度及平面扩散。

4)观测明流泄洪洞,采用水尺或预涂粉浆法测量最高水线,也可用遥测水位计测量任意时刻的水面线,测点间距为5~20m。

(二)流速观测

可用流速仪、浮标、毕托管。观测浮标有目测法、普通摄影法、连续摄影法、高速摄影法、经纬仪立体摄影法和经纬仪交会测量法等。常用流速仪有旋杯式和旋桨式流速仪;也有用电波流速仪,这是一种非接触式测速仪器,测速范围0.5~16m/s,距离为20~25m。此外,还可用超声波时差法和毕托管测速法,可较精确地测量流速分布,其构造是通过测量动水压强和静水压强之差 ΔH 来计算流速 V,即:

$$V = C\sqrt{2g\Delta H} \tag{3-6-1}$$

式中　C——毕托管修正系数,可近似取 1.0;

g——重力加速度。

(三)流量观测

流量观测,可根据流速及水流断面来推算流量。

二、动水压力观测仪器

当泄水建筑物进出口水位差超过 80~100m 时,应对过水表面的时均压力、瞬时压力和脉动压力进行观测。时均压力常用测压管水银比压计和压力表作为观测仪表。瞬时压力和脉动压力常用电阻式或压阻式传感器进行观测,其型号规格和技术参数见表 3-6-1。

表 3-6-1　　动水压力传感器型号规格及技术参数表

类别	固态压阻式						电阻应变片式
型号	CYG××	LY-2	BPR3	CY××	KY×G		RB 系列
量程(MPa)	0~3	0~1	200kg		160kg	>588kPa	0~1.0
线性度(%FS)						<0.5	<1.0
温漂(%FS)						<0.5	<1.0
输出(mW)	100	80	500	>100	>30mV/V		
频率响应(kHz)						0~1	0~1.5
生产单位	宝鸡秦岭晶体管厂	哈尔滨通江晶体管厂	成都科学仪器厂	甘肃国营永红器材厂	安徽电子科学研究所	清华大学水利系	昆明勘测设计院三川科技开发中心

三、掺气观测仪器

掺气观测包括:明渠水流表面自然掺气及坝后水流底层掺气浓度的观测。可以用负压取样器取水样,用水汽分离处理测得掺气量。也可用电测方法,通常用电阻法,其工作原理是利用水和空气的导电率不同,当水气混合后其导电能力将随水中掺气量的多少而异,可用下式计算:

$$C = \{(R_t - R_{0t})/[(R_t - R_{0t})/2]\} \times 100\% \qquad (3-6-2)$$

式中　C——水流的体积掺气浓度;

R_t——掺气水流两电极间水电阻;

R_{0t}——清水时两电极间水电阻。

中国水利水电科学研究院水工研究所依据此原理研制了微机化的掺气传感器。其技术参数如下:

1)量程:0~100%。

2)输出:0~150mV。

3)线性:绝对误差 0.1%。

4)调零:300 ~2000Ω。

5)能耗:12V/50mV。

6)引线:四芯屏蔽,不需作长线率定。

四、空蚀观测仪器

对于水流曲率突变或水流发生分离现象的下游处(包括扩散段、弯道、岔道、消力墩、闸门门槽、溢流面反弧段、坝身底孔与坝面溢流交汇处、不平整处及凸体处),要进行空化、空蚀观测。空化现象可用水下噪声测试仪观测。南京水利科学研究院水工所研制的 NHC 水下噪声测量系统,可对 0 ~1MHz 的噪声进行采集、存贮和分析。空蚀破坏可用目测摄影和录像来记录空蚀破坏情况。

五、通气观测仪器

对泄水管道的闸门、掺气槽坎,及水电引水管道的快速闸门下游处的通气管道,要进行通气效果和通气量的观测。观测通气效果需测量进气量或进气风速,有的还需测量通气管末端的负压值,可用测压管或压力表测量。通气量可用孔口板孔、毕托管、风速仪等方法测出通气孔风速,并计算通气量。

六、振动观测仪器

对泄水时易导致振动的部位如溢流厂房顶部面板、高压闸门、输水管道段、导墙、坝顶、开关站及进水塔等处应进行振动观测。观测仪器有加速度计、拾振器、电动式振动变位计、接触式振动仪和振动表及电磁式位移传感器等,详见表 3 -6 -2。

表 3 -6 -2　　振动观测仪器型号规格及技术参数表

名　称	加速度计		拾　振　器					测振仪		测振传感器
型　号	YD 系列	A30 系列	65	PA -2	GMS -100	WLJ -100	DLS -100	CZ -2	CZ -5	Bz 系列
测量范围	200g	±2g,4g,8g,16g	±0.5 mm		±0.01m/s ±0.005m/s	±1.5g	±10g ±10m/s	电压范围 ±5V		
频率范围(Hz)	2 ~10000	3 ~1000(Y 方向 550Hz)	DC -80	0.5 ~50 3 ~200	0.01 ~30 0.05 ~30	0 ~80	0.05 ~80	2 ~10000	0.3 0.5 ~20	0.2 ~500
灵敏度	2PC	5mg	780mW/cm/s²	800mW/cm/s²	IkV/m/s²	5V/g	10V/g 1V			400pc/m/s²
线性度(%F·S)	1	±1			0.1	1	1			
工作温度(℃)	-40 ~15	-40 ~85℃				-10 ~50				
生产单位	北京测振仪器厂扬州无线电二厂	北京必创科技公司	国家地震局地震仪器厂	北京思摩公司	哈尔滨国家地震局工力所仪器厂			北京测振仪器厂		北戴河电气自动化研究所

七、雾化观测仪器

对泄水建筑物及其下游公路、边坡、发电厂房、开关站等区域的雾化要进行观测。测量仪器有雨量器、自记雨量计等。南京水利科学研究院水工所研制的β射线雨雾浓度计用北京核仪器厂的FH－448型β射线记录仪，可测量雾流区的浓度，其最低浓度为0.14%，射线源为锶90。

八、消能和冲刷观测仪器

消能观测包括底流、面流和挑流及各类水流形态的测量和描述。可用目测和摄影法，也可用单经纬仪或双经纬仪交会法测量。

冲刷观测的重点是溢流面、闸门下游底板、侧墙、消力池、消力戽、下游泄水渠道和护坦底板等处。水上部分可直接用目测或测量；水下部分则用抽干检查或测深，也可用水下电视检查。

第七节　岩体地球物理测试仪器

地球物理测试，是依据物理学原理解决地质问题的勘测方法。该方法自20世纪50年代应用至今，发展很快，并成为提供岩体物理力学参数的重要现场测试手段。这方面的仪器类型很多，这里主要介绍地震反应观测仪器、声波仪和声波换能器等属结构动力特性方面的监测仪器。

一、地震反应观测仪器

在地震区的大坝等建筑物应设置强震仪，以观测其在地震时的振动反应情况；强震观测应与专门地震观测网点相结合。

采用爆破震动的方法，用地震仪测量人工激发的弹性波在地层中的传播规律，可以用来勘测地下地质构造、划分地层和求取岩体的物理力学参数。地震仪在测定岩体弹性力学参数方面，可测得弹性波运动学指标，如纵波速、横波速、波速比、振动频率、频率比、衰减截距和能量衰减率等；并可计算岩体结构和力学参数，如岩体完整性系数、泊松比、动弹性模量等。这些指标，可为工程岩体分类、岩体质量和岩体稳定性评价等提供定量依据。此外，地震仪还可用于测试地下洞室围岩松动范围及二次应力分带研究；检查地基灌浆效果；验收基坑开挖；测定松散土层原位动力参数、横波速度，判别砂基液化的可能性。

（一）强震仪

强震仪包括强震加速度仪和峰值记录加速度仪两部分；其测量物理量有质点振动位移、振动速度和振动加速度。常用的强震仪观测系统及其型号规格列于表3－7－1。

黄河小浪底工程引进了美国彼森BISON公司的1575B型地震仪和美国乔美特利（GEO－METRICS）公司的ES－125型地震仪，用于坝址岩基的工程物探，并取得较好的效果。上述两种地震仪的型号规格及技术参数见表3－7－2。

表 3-7-1　　国内常用强震仪观测系统及其型号规格表

名称及型号	记录器型号	被测物理量	观测范围	频率范围（Hz）	振动方向	生产单位
701 型脉动仪配低频放大器	SC-16 示波器	位移、速度	±0.6~6.0mm	0.5~100	垂直和水平	
65 型地震仪	SC-16 或 SC-60 示波器	位移、速度	2.0mm	<40	垂直和水平	北京测振仪器厂
维开克弱震仪	SC-10 或 SC-16 示波器	位移、速度	2.0mm	<40	垂直和水平	
CZ-2 测震仪配传感器（CD-7、CD-1）	SC-16 或 SC-60 示波器	位移 位移、加速度	1.9~12mm	2.0~100000	垂直和水平	国家地震局北京测振仪器厂
RPS$_1$-66 加速度计	SC-10 示波器	加速度	2g	1.25~2	垂直	
DJ651-B 加速度计 RDZ$_1$-12-66 强震仪（配 FC$_6$-10、FC$_6$-12）	SC-16 示波器 磁电式多道记录仪	加速度 速度 加速度	0.5~2.0g	0.5~33.3	垂直和水平	
2810-1606 晶体加速计	SC-11	加速度				
QZY-1V 强震仪， ВБП-3 强震仪， АПТ-1 加速度计	机械光记录 SC-16 示波器	加速度 速度 加速度	0.3~1.0g 1.0~200cm/s 2g	16.7~20 1~100 0.15~500	垂直和平行 垂直	
哈林强震仪	SC 系列光线示波器	位移 速度	1~100mm 100cm/s	1~50	垂直和水平	
702 强震仪配 CZ$_2$ 六线测震仪	SC 系列光线示波器	位移 速度	100cm/s	<60	垂直和水平	国家地震局北京测振仪器厂
CD-1 型磁电式传感器配 CZ$_2$ 六线测震仪	SC 系列光线示波器	位移 加速度	1mm（单峰） 5g	10~500	垂直和水平	
DZJ$_5$-70 型地震小检波器（阻尼电阻 600Ω）	SC 系列光线示波器	加速度	30cm/s	30~250	垂直	
RDZ$_1$-12-66 强震仪	SC 系列光线示波器	加速度	3g	0.5~80	垂直和水平	
YD 系列压电晶体加速度计	SC 系列光线示波器或阴极射线示波器	加速度	200g 500g	10000	垂直和水平	北京测振仪器厂
WLJ-1 型微功力平衡加速度计	SCQ-1 型数字磁带记录仪和回放仪	加速度	±2g	0~70	垂直和水平	哈尔滨国家地震局工力所仪器厂
机械光学式位移地震仪（Sprengnether VS-4000）		位移		1~100	垂直和平行	
电磁式速度地震仪（Sprengnether VS-1100）		速度		1.8~250	垂直和平行	
多特性曲线电磁式地震仪（Sprengnether VS-1200）		加速度				
GQⅢ-A 型工程地震仪		加速度	10~500Gal	DC~20	垂直和水平	国家地震局测振仪器厂
EDS 工程数字地震加速度记录系统配 PA-1 加速度计		加速度	0.0001~2.0g	0.5~50	垂直和水平	北京思摩公司

表 3-7-2　引进的地震仪主要技术参数表

型　号	BISON 1575	ES-125	GMSplus
计时精度(%FS)	0.1		
分辨率(μs)		各测程均为 100	
储存器容量	1024×1024 二进制数字	8 位×256 码	
可调延迟时间(ms)	0~9999	0~9999.9	
扫描时间(ms)	10、20、50、100、200、500、1000	10、25、50、100、200、400	1000、500、250、200、100、50
可调增益(dB)	0~99	1-2-5-10-20-50-100-200-500-1k-2k-5k	
时基精度	10MHz 石英钟	0.01%	2.5ppm TXCO (75 s/year @ -10 ~ +50℃),学习后可达0.5ppm (16 s/year 或 2ms/h)
荧光屏尺寸(cm)		8×10	Ethernet, Wi-Fi,串行线,控制台,或直接通过
主机尺寸(cm)	20×30×35	28×18×28	30×18×14
重　量(kg)	13.5	7.9	7.3(含电池 2.6kg)
电　源	2 组 6V 可充电镍镉电池	装充电电池或外接 12V 直流电源	12VDC,7.2Ah,可充电蓄电池
特　点	信号强,视屏大,仪器通频带宽,显示波形可任意水平或垂直移动、放大,波形对比性强,可纸带或磁带记录,便携式,触发灵敏度较低,电池衰老较快	仪器轻便,性能稳定,有波形选加功能,抗干扰能力强,读数方便,显示清晰,可永久显示,提高工作效率,频率特性低,分辨率比 BISON1575B 型地震仪低	内置或外接传感器,灵活授时,多种触发灵活配置,同步数据流传输给多位客户,简单、安全的网络通信,包含丰富的远程管理功能,内置电池,低功耗,共同时间和共同触发
生产厂家	美国 Bison 公司	美国 Geometrics 公司	瑞士 GeoSIG 公司

强震仪除了用示波器记录外,现时已较普遍采用磁带记录器,表 3-7-3 和表 3-7-4 列出了部分国产和进口的磁带记录器的主要技术性能。

表 3-7-3　部分国产磁带记录器的型号规格及技术参数表

型　号	SZ-2	SZ-3	SZ-1	KPC-1	JCM-101	DCJ-1
磁带带宽(mm)	12.7(1/2in)	25.4(1in)	(1in)	25.4(1in)	25.4(1in)	(1/4in)
磁带容量(m)	>1000			800	1000	—
通道数 记录方式	FM-3 道 脉冲-2 道	FM-14 道	FM/FM112 道 DR-16 道	FM-16 道	FM-18 道	FM-5 道
磁带带速(m/s)	$\frac{1}{32}$、$\frac{1}{64}$	1、$\frac{1}{2}$、$\frac{1}{4}$、$\frac{1}{8}$、$\frac{1}{16}$、$\frac{1}{32}$	2、$\frac{1}{2}$、$\frac{1}{8}$、$\frac{1}{16}$	2、1、$\frac{1}{2}$、$\frac{1}{4}$	2、1、$\frac{1}{2}$、$\frac{1}{4}$、$\frac{1}{8}$、$\frac{1}{16}$	~19.05cm/s
带速误差(%)	—	±0.5	—	< ±0.5	< ±0.5	

续表 3 - 7 - 3

型　号	SZ - 2	SZ - 3	SZ - 1	KPC - 1	JCM - 101	DCJ - 1
工作频带(kHz)	0 ~ 0.2	0 ~ 10	DR、 100 ~ 150Hz	2m/s:0 ~ 20 1　:0 ~ 10 1/2 :0 ~ 5 1/4 :0 ~ 2.5	2m/s: 0 ~ 24 1　:0 ~ 12 1/2 :0 ~ 6 1/4 :0 ~ 3	DC ~ 100
线性度(%)	<3			<3	< ±1	
信噪比(dB)	≥40	≥40	—	≥36	≥40	≥40
输入电压(V)	50mV ~ 1.5 (有效值)	1(有效值)	1	1 ~ 6 (有效值)	0.5 ~ 1.5 (有效值)	±5(峰-峰值)
输出电压(V)	—	1(有效值)	1	1(有效值)	1(有效值)	±2.5(峰-峰值)
输入阻抗(kΩ)	50	50	≥10	50	100	50
输出阻抗(Ω)	<600	<600	<10	600	50	<2.5
电　源	AC220V DC27W 260W	AC220V	AC220V DC48、24、12、6V	AC220V,330W	AC220V, 700W	DC ±15V
外形尺寸 (mm)	100 × 360 × 420		450 × 350 × 610	700 × 1300 × 500	机械箱 700 × 450 × 320 电路箱 700 × 450 × 360	316 × 235 × 107
重　量(kg)		150	~ 100	160	机械箱 70 电路箱 80	
生产单位	上海电表厂			822 厂	甘肃省 光学仪器厂	北京西城 录音机厂

表 3 - 7 - 4　　部分国外磁带记录器的型号规格及技术参数表

型　号	7003	417C	5600	RTP - 207E	SR - 50	WE7000M	SR - 70
调制方式	FM、DR	FM、DR	FM、DR	FM	FM、DR	DR、FM	FM
通道数	4	7	14	7	14	7(1/2 英寸磁带) 14(1 英寸磁带)	21
磁带速度(cm/s)	3.8,38	9.5 ~ 76 (4 种)	2.4 ~ 152 (7 种)	9.5 ~ 76 (4 种)	1.19 ~ 76.2 (7 种)	8 种	1.19 ~ 76.2 (7 种)
工作频带(kHz)	FM:0 ~ 12.5 DR:0.1 ~ 50	FM:0 ~ 10	FM:0 ~ 40	0 ~ 10	FM:0 ~ 20 DR:0.2 ~ 150	FM: Ⅰ:0 ~ 80 Ⅱ:0 ~ 500 DR: ~ 2000	0 ~ 20
输入电压(V)	1 ~ 50 (有效值)	-	±1.0	±0.5 ~ 10	±0.2 ~ 20	±0.1 ~ 2.5 (有效值)	±0.2 ~ 20
输出电压(V)	1(有效值)	-	±1.0	±1.0	±5	1(有效值)	±5
线性度	<1%	-	-	-	±0.4%	-	±0.4%
供电电压(V)	DC:12	AC:110 DC: -12	AC:110,220 DC: -12, -24	DC: -24	DC:12 AC:100 ~ 240	-	DC:12 AC:100 ~ 240
功耗(W)	-	6	250	55	96	-	126
尺寸(cm^3)	100 × 270 × 380	354 × 386 × 162	580 × 400 × 230	400 × 260 × 220	464 × 515 × 266	-	472 × 585 × 266
重　量(kg)	7.6	11.4	29.5	19.8	28	便携式	35
生产单位	B&K(丹麦)	Lockheed Electronics (美)	Honevwell (美)	共和(日)	Teac(日)	EMI Technology Inc.(美)	Teac(日)

（二）TSP 超前地质预报系统

瑞士徕卡公司开发的 TSP202 超前地质预报系统，是利用地震波在不均匀地质构造中会产生反射特性的原理来预报地下工程掘进面前方及周围邻近区域的地质状况。该系统可在已开挖的隧道侧壁上进行探测，简便易行，不影响掘进面施工，在瑞士、法国、意大利、日本、韩国和中国台湾等地工程中实际采用。并已由徕卡仪器有限公司和成都经纬科技公司引进国内，在洛阳新龙门铁路双线隧道中首次应用。该系统由测量设备（硬件）和相应的分析软件两部分组成（见图 3－7－1）。硬件包括接收传感器、数据记录设备及起爆设备三部分。软件由 3 个程序模块组成，即数据库、波场分析和确定反射事件三部分。采用 TSP 测量系统，除了能通过确定反射事件预报隧道前方和周围的地质变化外，还能获得地震波的纵波和横波传播速度，由此导出岩体的动弹性模量和泊松比等动态特性指标。

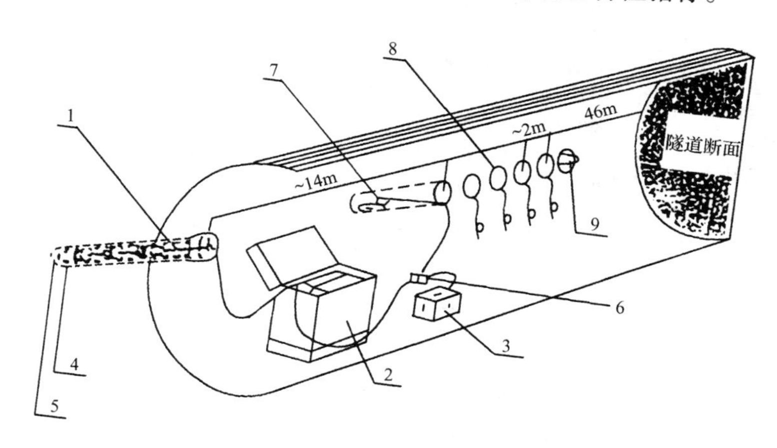

图 3－7－1　TSP 测量系统

1—接收传感器；2—数据记录设备；3—起爆机；4—传感器安装钻孔（32mm，深 2.4m）；5—固结砂浆；6—触发盒；7—雷管和炸药；8—微型爆破钻孔（19mm，深 1.5m）；9—塑料护管

二、声　波　仪

声波仪是利用声波和超声波（频率 1～100kHz）作为信息的载体，来对岩体进行探测的一种仪器。由于频率高、波长短。因此，分辨率高，对于岩体的微观结构也能有所反映。

声波探测技术分为主动工作方式（包括波速测定、振幅测定、频谱测定）和被动工作方式（如声发射）两大类；目前常用的工作方式是进行波速的测定。

声波测试主要用于：

1）央岩体的纵、横波速的测量，根据波速变化规律进行岩体的工程地质分类及岩体质量评价。

2）定量测定地下工程围岩的松动范围，为支护设计、施工和评价围岩稳定提供依据。

3）测定岩体或岩石的物理力学参数，如泊松比、动弹性模量等。

4）根据测得的波速，计算岩体的裂隙系数，完整性系数、各向异性系数及风化程度等指标。

5）混凝土构件的探伤及水泥灌浆效果的检查等。

声波仪的种类很多，目前较常用的声波仪列入表3－7－5。

表3－7－5　　声波仪型号及主要技术参数表

名　称	型　　号	主要技术参数	生产单位
声波岩石参数测定仪	SYC－2型	测量范围：1～999μs　2～9999μs两档 频率范围：1～100kHz 精　　度：Δt＜0.5% 放大器增益：＞110db 放大器灵敏度：＜3μV/mm 脉冲宽度：5～100μs 外形尺寸：375mm×360mm×160mm 重量9.5kg	湘潭无线电厂
电火花声波仪	SYT－1声波仪 DHH－1电火花发射机	测量范围：2～9999μs×1μs档 0～99990μs×10μs档 测时误差：Δt＜±0.5% 放大器灵敏度：2μV/mm 外形尺寸：355mm×338mm×190mm 重量14kg	湘潭无线电厂
超声岩石检测仪	CYC－5A型	岩石声速范围：3000～700m/s 最小读时：5μs 脉冲宽度：0～5μs 前置放大：40db 频率带宽：50～1500kHz 该仪器具有计算功能，配用纵横波换能器	地矿部水文地质工程地质技术方法研究队
岩体声波检测仪	SSY－6B型	频带宽：500～50kHz 接收增益：＞80db 接收灵敏度：＜10μV 信号增强型仪器，具有对单次激发震源（电火花锤击）进行接收波形存储、叠加、打印输出波形，实时进行频谱分析功能	
声波岩石参数测定仪	SYC－3型带 EYC－032A 微机数据处理系统	该测试系统可通过微机记录数字声波波形，经快速频谱分析及二次谱处理后，可输出各种声波参数及振幅谱，相位谱，功率谱和有关的谱参数	湘潭无线电厂
岩样超声波速测试系统	SonicViewer－SX	发射机 输出电压：500V±20V；脉冲宽度：6μs±2μs 接收机 频率范围：10～1000kHz；A/D转换分辨率：10位 采样率：50、100、200、500、1000、2000ns 数据长度：1024 重量：8kg	日本OYO公司

三、声波换能器

声波换能是声波测试中的关键设备。发射换能器是将脉冲发射系统输出的电脉冲信号，转换成声信号辐射给被测介质。接收换能器是将被测介质传播来的声信号，转换成电信号，送入放大器。声波换能器的主要技术性能列于表3－7－6。

声波换能器的种类很多(见表3－7－7)。对于岩面试样,通常用压电陶瓷晶片做成的压电换能器,推动模式多为厚度振动型。专用横波换能器分为切变振动型、扭转振动型、横波转换型等。

表3－7－6　　声波换能器的主要技术性能表

主要参数	技术性能
工作频率	1. 由设备的要求和使用的目的确定的 2. 发射:要求工作在它的谐振动基频上,以获得最大电声效率和最大发射灵敏度 3. 接收:要求有平坦的接收响应
频率特性	频率特性即换能器的频率响应,起伏越小,则工作频率范围就越宽,其性能就越好
阻抗特性	1. 考虑换能器阻抗特性,应与发射、接收放大器进行充分匹配和调谐的性能 2. 对于发射换能器而言,换能器的输入阻抗要最小 3. 对于接收换能器而言,放大器的输入阻抗必须远大于换能器的输出阻抗
品质因数	是描述代振线上共振峰尖锐程度的量
电声效率	是电机效率和机电效率和的乘积,也是衡量一个发射换能器质量的主要标志之一
方向性	1. 对于发射换能是用来说明换能器向空间辐射声能的分布情况 2. 对于接收换能器是指接收的灵敏度随声波入射方向而变化的特性

表3－7－7　　压电换能器类型及主要用途表

换能器类型	主要用途
喇叭型(或夹心式)	主要用作发射换能器,尤其在岩石表面用作对穿及同侧测试
单片弯曲线	具有结构简单、轻便、低频、灵敏度高等优点,但强度差,所以一般只作为接收用
增压式	具有轻便、低频、宽频及低于谐振点时有较高接收灵敏度等特点,用于钻孔,加工复杂
圆管式	加工较增压式简单,一般用此代替,用于钻孔测试
单孔测试式	为一发双收、双发双收等组合形式
高频换能器	用于岩石试样,频率一般大于100kHz以上
横波换能器	为厚度切变型压电陶瓷,用于室内岩石测试
斜入射换能器	用于地下洞室围岩喷混凝土厚度检测

第八节　测　读　仪　表

一、差动电阻式传感器测读仪表

差动电阻式传感器有两个测量参数,即电阻比值和电阻值,可用专用仪表电阻比电桥来检测。国内在研制生产差动电阻式仪器的同时,就配套生产了SBQ－2型水工比例电桥。测量时,通过电缆将差动电阻式仪器的钢丝电阻和电桥内的电阻连接,电缆电阻及电缆芯线与电桥接线柱间接触电阻,会给测值带来较大的误差。实践证明,当接长电缆超过25m时,仪器的灵敏度会下降很多。国内20世纪60年代以前埋设的仪器,普遍存在着电缆接长而造成的误差,严重地损害了观测结果。

为了克服上述缺点,仿效凯尔文电桥原理,即将电缆电阻、接线电阻及电桥步进盘开关的接触电阻均接入电桥的高阻支路上;同时采用五芯电缆,将四线制观测系统改进为五线制观测系统。20世纪70年代初国内开始推广SBQ-4型水工比例电桥,该电桥虽在测量原理上解决了接长电缆的问题,但测量比较麻烦,且防潮性能不够理想,在实现自动巡测方面仍有不少技术难题。随着电子技术的发展,国内一些厂所在20世纪80年代先后研制出数字式水工比例电桥。这种电桥采用恒流激励电压测量原理,能有效地克服长导线及芯线电阻变差的影响,能按四芯及五芯线路测量仪器的电阻值及电阻比。该电桥具有自动校准精度的功能并采用液晶显示器,仪器接线后,只要按薄膜面板上的按键,就自动显示测试数据。配置可充电电池后使电桥成为适应野外工作的便携式仪表。数字式电桥经过改进完善,不仅测量精度有所提高,而且测量数据可以储存,并能与微机实现通讯。

配合差动电阻式传感器的测量,还有一些专用的校验率定仪表及埋设附件工具,如电桥率定器、校正仪、支座、支杆和电缆硫化器等,是观测工作所必备的。

(一)数字式水工电桥

1. 用途

数字式电桥是用于测量差动电阻式传感器的电阻比、电阻值及埋入式铜电阻温度计的电阻值的数字化仪表。该电桥接四芯或五芯电缆的传感器,均能在实用范围内有效地克服引线电阻对测量灵敏度的影响,实现远距离、高精度测量。测值准确、稳定、分辨率高,液晶显示。配有断电保护的数据存储器,可将测量数据自动存储,并能与计算机通讯,以便数据存盘进行资料处理分析。

2. 结构形式

采用全密封结构,触摸式面板,操作简单方便。主要部件包括机壳、面板、单片机、模数转换板、显示电路板和直流电源。

面板布置以SQ-2型数字式电桥图为例(见图3-8-1),面桥上装有电源开关ON/OFF、充电及外接电源插座"PWR",计算机通讯接口"SIO"、五个接线柱(黑、蓝、红、绿、白)、显示器及功能键。电源为可充电的12V电池。电桥外形尺寸为245mm×176mm×129mm。

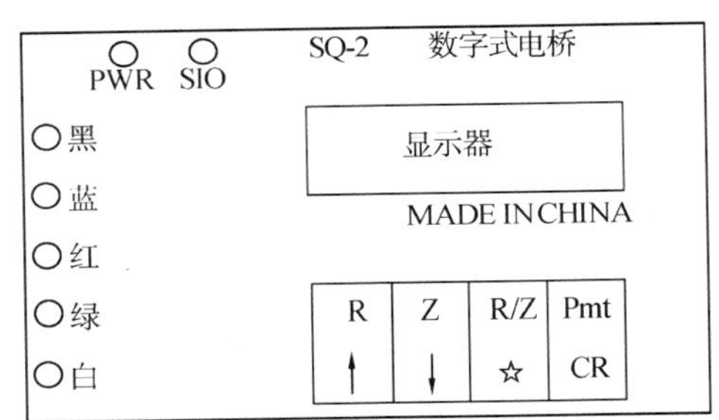

图3-8-1 SQ-2型数字式电桥

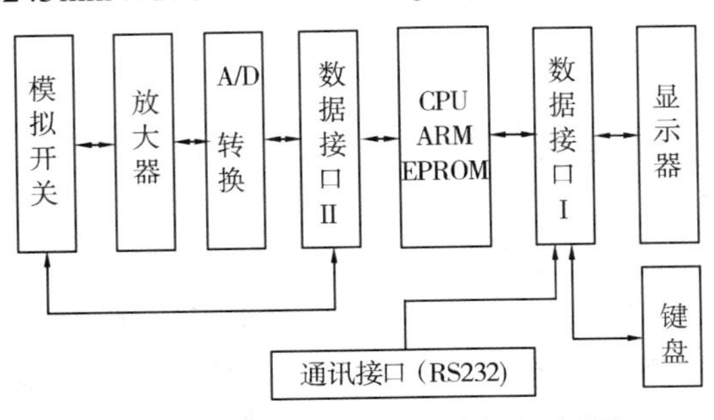

图3-8-2 数字式电桥原理框图

3. 工作原理

数字式电桥基本原理框图如图3-8-2所示。由恒流源供电,传感器输出相应电压信号在机内单片机的控制下,多路开关将相应的传感器输出电压接到放大器放大后,信号经高精度模数转换器将模拟量转换为对应的数字量。单片机读入数字量,经运算把数字量转换成电阻比或电阻值,并直接显示图

3-8-7 SQ-2 型数字式电桥在液晶屏上。

4. 型号规格及主要技术参数

国内生产的数字式电桥的厂家不多,基本原理均相同,其主要技术参数列于表 3-8-1。

表 3-8-1　　数字式水工电桥型号规格及技术参数表

名称		数字式电桥			电阻比指示器	
型　　号		SQ-2	NCT101	NCT102	NDA1111	NDA1151
测量范围	电阻比(0.01%)	9000~11000	8000~12000	8000~12000	8000~12000	8000~12000
	电阻值(Ω)	0~120.00	0~125	0~199.99	0.1~120.00	40.02~120.02
	温度(℃)	-30~70	-30~70	-30~70		
测量精度	电阻比(0.01%)	1	1	1	2	2
	电阻值(Ω)	±0.02	±0.02	0.01	±0.01	
	温度(℃)	≤±0.5	≤±0.5	≤±0.5	0.02	0.02
分辨率	电阻比(0.01%)	0.1	0.1	0.1	1	1
	电阻值(Ω)	0.01	0.01	0.001	0.01	0.01
	温度(℃)	0.05	0.01	0.01		
测量距离(m)		2000	2000	3000		
存储容量		512×8 测点/次	/	1280 支仪器/次	499 测次	
电　　源		12V 2.3AH（可充电）	6F22	12V（可充电）	6V4AH 可充电	三节 5 号电池
尺　　寸(mm)		245×176×129	190×95×50	280×230×90		160×68×30
重　　量(kg)		3	0.5	2.5		0.3
生产厂家		国电南自	南京卡尔胜		南京南瑞	

(二)集线箱

集线箱是用于连接传感器,以便切换测点的专用设备。通常将集线箱设置在传感器比较集中的位置,将多支传感器的引出电缆汇集并通过编号的插头,分别固定插入集线箱相对应编号的插座中,通过其转换开关接向电桥,逐点对各传感器进行测量。

1. MJ-20 型集线箱

(A)用途

MJ-20 型集线箱是一种人工切换测点的集线箱,可接 20 支引出电缆为三到五芯差动电阻式、振弦式、电位器式或其他类型传感器,单台使用时实际可接 21 支传感器。

(B)结构原理

集线箱外形尺寸为 210mm×170mm×173mm,内部配有 5 刀 22 位转换开关一只。扳动转换开关的旋钮,即可依次与 1~21 支传感器相联通。每切换一刀位,接通一支仪器,可测得一组测量数据。

(C)主要技术要求

1)转换开关进行 5000 次磨损试验后,各接点内阻变差小于 0.002Ω。

2)各接点内阻包括导线电阻、开关内阻,接触电阻,应不大于 0.03Ω。

3)各接点内阻之差，不大于0.008Ω。

4)在使用环境下绝缘电阻，不小于50MΩ。

2. NCT－MJ－16型自动集线箱

NCT－MJ－16型自动集线箱内部不设置电源，适合在没有固定电源的场合使用，既保留了手动集线箱不需要电源的优点，又克服了传统波段开关容易失灵的缺点，可作为施工期人工测量的集线设备，也可以作为自动化测量的节点设备及辅助人工观测设备使用。

NCT－MJ－16型自动集线箱单台通道数为16通道，采用单总线接口，所有集线箱共用一个通道控制器，可以把测量通道的数量扩展为32、48、64、80等。通过远距离选择测量通道，适合高边坡等不易到达环境的仪器测量。

(三)差动电阻式传感器的附属仪器和设备

1. 电桥率定器

(A)用途

南京电力自动化设备总厂生产的SQL型电桥率定器，是专门来率定各种型号水工比例电桥(电阻比电桥)的电阻和电阻值的标准设备。

(B)结构原理

电桥率定器由两个旋钮及4个接线柱组成，其外形尺寸为143mm×150mm×118mm。旋钮尺是标准的10×1Ω步进开关，共分十档：10、20、30、40、50、60、70、80、90、100Ω；旋钮Z是一可变的标准电阻比，共分十档：0.95、0.96、0.97、0.98、0.99、1.00、1.01、1.02、1.03、1.04、1.05。率定器电气原理图如图3－8－3所示。当旋钮Z置于R处时，此时黑、白两接线柱是一可变的标准电阻。而当旋钮R置于Z处时，此时白、红、黑3个接线柱输出一个可变的标准电阻比。

(C)主要技术参数

1)基本误差见表3－8－2。

2)温度附加误差见表3－8－3。

表3－8－2

参比工作条件		基本误差	
温　　度	相对湿度	电阻比	电阻值
20±1℃	<80%	±0.01%	－0.01

表3－8－3

使用温度条件	附加误差	
	电阻比	电阻值
0～40%	0	±0.01℃

3)绝缘电阻：

正常情况下：大于50MΩ

湿度大于90%情况下：大于50MΩ

4)电气绝缘强度：大于500V

2. 大、小校正仪

(A)用途

大校正仪是率定 DI－25 型差动电阻式应变计及 CF 型差动电阻式测缝计的最小读数(灵敏度)的专用设备;小校正仪是率定 DI－10 型差动电阻式应变计的最小读数的专用设备。大、小校正仪也可用作其他类型传感器的校验设备。

(B)结构及操作

大小校正仪由固定板、活动板、支承杆、拉杆、传动螺杆、传动杆轴套、摇把和千分表支架等组成(见图 3－8－4)。

使用校正仪率定应变计时,仪器用压板螺栓紧固平整;将摇把顺时针转动,活动板向右移动,使仪器受拉,反之向左移动,仪器则受压。

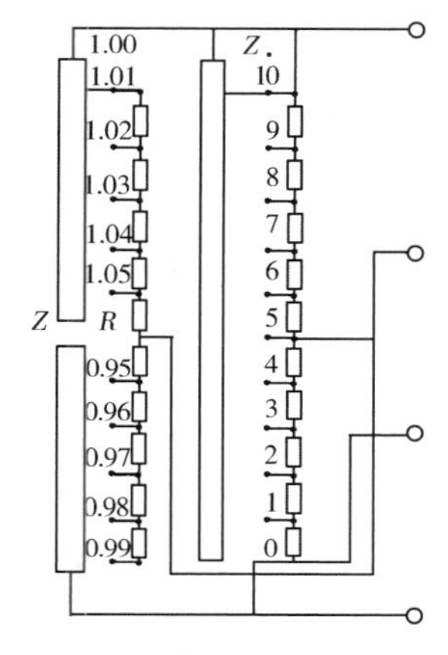

图 3－8－3　电桥率定器电路

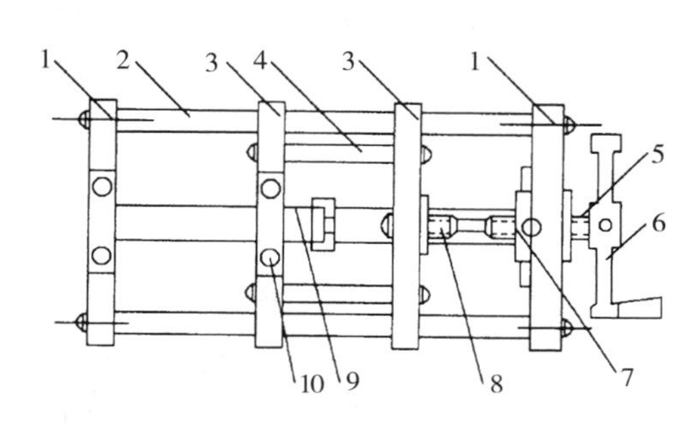

图 3－8－4　校正仪

1—固定板;2—支承杆;3—活动板;4—拉杆;5—传动杆轴套;6—摇把;7—紧圈;8—传动螺杆;9—千分表支架;10—压板螺栓

3. 支座支杆

(A)用途

支座支杆是埋设应变计组的安装附件,用以固定应变计方向和应变计组的位置。

(B)结构形式

支座支杆包括预埋件、支座、支杆及支杆套等四部分组成(见图 3－8－5)。支座可分别安装三、四、五、七、九、十三等方向仪器,可在水平面、铅直面或倾斜面内排列。

4. 电缆硫化器

(A)用途

电缆硫化器是硫化橡皮电缆接头的专用工具。差动电阻式传感器出厂时引出电缆只有 1 m,使用时必须将电缆接长到设计长度,为此每一支传感器至少要用硫化器进行一次电缆接头的硫化。

(B)结构与原理

硫化器由上下成形钢模、电热丝片、双金属热敏控制器及外壳等组成(见图 3－8－6),其工作原理如图 3－8－7 所示。R_1、R_2 两组电热丝片分别装夹在上下钢模的背面。控制器贴近钢模表面。硫化器接通 220V 电源后,指示灯亮,电热丝发热使硫化器升温,温度高低由控制器调节。

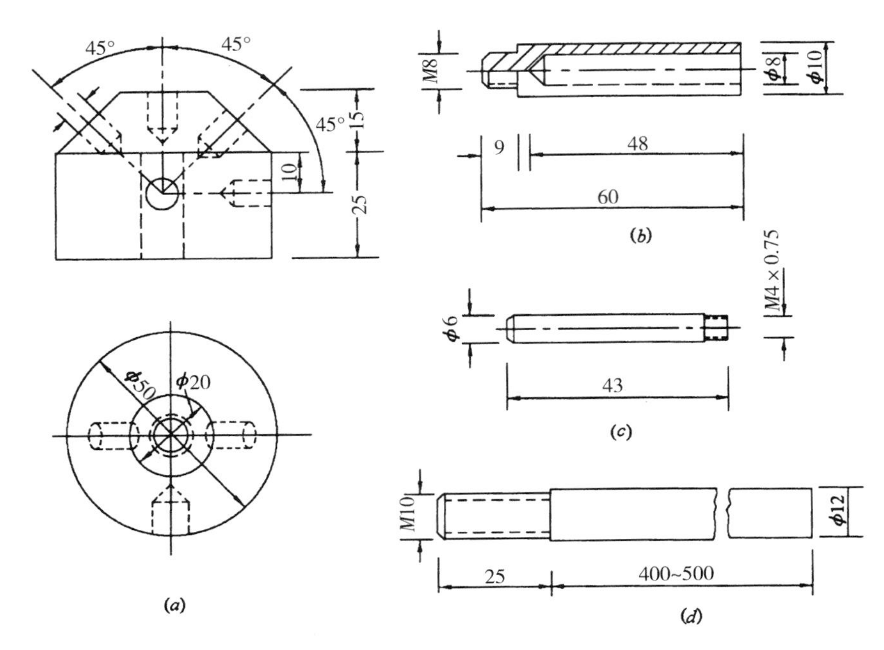

图 3-8-5　小应变计的支座支杆(mm)

(a)支座;(b)支杆套;(c)支杆(外部套塑料管);(d)支座锚杆

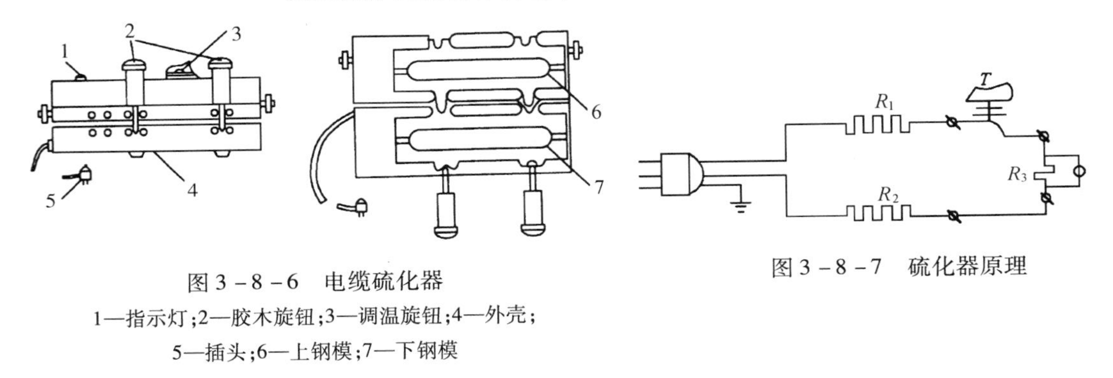

图 3-8-6　电缆硫化器

1—指示灯;2—胶木旋钮;3—调温旋钮;4—外壳;
5—插头;6—上钢模;7—下钢模

图 3-8-7　硫化器原理

(四)差动电阻式传感器使用的电缆

由于传感器特性对电缆有特殊要求,加上使用环境恶劣及受压力水的作用等因素影响,用作差动电阻式传感器的信号传输电缆,要具有以下三方面特性:①电缆芯线间导线电阻误差要小;②电缆护套层要具有良好的防水性能;③电缆应能防酸碱,耐高低温,质地柔软,具有长期稳定抗老化性能。

国内外工程实践告诫我们,差动电阻式仪器信号电缆的质量对测量系统的长期稳定性能有极大的影响。瑞士荷根堡公司认为"百分之九十的堤坝内观测仪器的失误是由于电缆故障引起的,而故障多出现在电缆端部或接头处";国内丹江口大坝有百分之八十的仪器测值精度受到电缆芯线电阻变差的严重影响,而且几乎所有基础部分的水下仪器,电缆芯线间绝缘降低,测值不稳。为此对电缆质量应引起高度重视。

为保证差动电阻式仪器的测量精度,并能达到长期稳定地进行观测,仪器所用的三芯、四芯和五芯电缆应满足以下各项要求:

1）电缆护套层应能防酸碱、耐高低温、防水防潮、质地柔软和不易老化。

2）要平衡芯线间的电阻，各芯线间电阻差值≤0.05Ω，铜芯规格：48/0.20（$1.5mm^2$），单芯电阻每100m应≥1.5Ω。

3）芯线外皮应采用着色，三芯分黑、红、白三色、四芯分黑、红、白、绿四色，五芯分黑、红、白、绿、蓝五色。

4）铜芯应镀锡，芯线要求100m内无接头，或有接头处应采用熔焊接。

5）护套层与芯皮间，芯皮与铜芯间不能用麻线、棉线等易湿材料作填料。

6）电缆外形要求圆整光滑无绞纹，外径尺寸误差为±0.5mm。

为提高电缆的防水性能，国外已采用聚乙烯芯线绝缘，聚胺脂护套的全塑型电缆来代替橡缆；国内为解决电缆防水问题，1985年由南京电力自动化设备总厂与沈阳红星电缆厂共同研制了双层护套软电缆，耐水压性能达到2MPa，该电缆已逐步得到推广应用。

有关电缆接头硫化问题，国外应用一种硫化胶的离子化的专利技术，使新老橡胶接头界面产生化学键接合，提高了防老化性能。由于电缆接头硫化工艺繁琐，在现场施工有时难以找到220V交流电源。因此，工程界已开始采用热缩管处理电缆接头新工艺，这种热缩管是一种记忆橡胶，套在电缆接头处，通过加热使热缩管均匀收缩，但体积保持不变，而使接头被热缩管紧紧地严密地包裹起来，经过室内试验可耐水压3.0MPa。

二、振弦式传感器测读仪表

振弦式传感器可以通过二次仪表测读其振动频率的变化，也可测读钢弦振动周期的变化，前者的测读仪表称为钢弦频率测定仪，后者则称为钢弦周期测定仪。在国内，伴随着振弦式传感器量测技术的发展，测读仪表也经历了耳机式钢弦频率测定仪、示波器式钢弦频率测定仪、晶体管化数字式钢弦周期（频率）测定仪、集成电路数字式钢弦频率测定仪和单片机式钢弦频率测定仪等几个阶段。现今振弦式传感器测读仪表已实现了频率、频模巡回检测、自动运算和自动记录存贮，并可与微机通讯进行数据分析、处理等量测技术的自动化，提高了量测数据的精度和准确度，而且做到仪表体积小、重量轻、携带方便。从功能上看与国外的同类测读仪表相比达到相近水平。

（一）振弦式传感器测读仪表分类

在工程测试中，振弦式传感器测读仪表按照其激振方式可以分为两大类。一类是间歇振荡型，即由脉冲激发钢弦间歇振荡，从而测得其频率（周期）的仪表。它适用于单线圈振弦式传感器和部分二线制双线圈振弦式传感器的测试；另一类是连续振荡型，即提供钢弦一个工作电压，使其连续振荡，从而测得频率的仪表，适用于二线制或三线制双线圈振弦式传感器的测试。

（二）间歇激振荡型仪表

图3-8-18为间歇激振型钢弦频率计原理框图。当激发脉冲信号到达振弦式传感器的磁芯线圈时，在磁芯周围产生一个磁场，拨（吸）动钢弦，使之产生一个衰减振荡。同时钢弦又对磁芯产生切割磁力线运动，在磁芯的线圈中产生与钢弦振动一致的感生电动势，此时在电路中截取其中一个周期的波形，经电路处理、计算，即可测出此波的频率。这是钢弦频率计中最简单的一种，主要用于单线圈间歇激振式传感器。有的传感器结构上采用双线圈，但工作原理仍然是间歇振荡，引出电缆采用二线制。因此，所应用的测读仪表也属于间歇振

荡型。目前国内外多数频率计为间歇振荡型，其主要技术参数见表3－8－8。

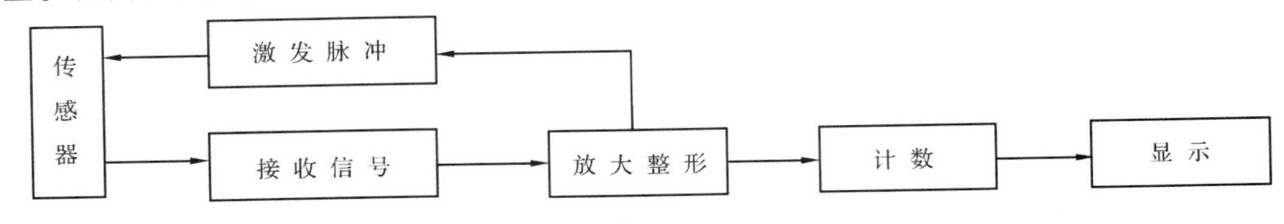

图3－8－8　间歇振荡型钢弦频率计原理框图

由于结构位置的限制，振弦式传感器磁芯线圈的内阻一般在150～800Ω。当传感器传输电缆较长，线路电阻较大时，对激发脉冲电压损耗也较大，严重时钢弦不能起振；为了减小线路电阻，可加粗电缆导线直径，但此法成本提高太大。因此，生产厂家采取了提高传感器激振线圈的电阻和提高频率计激振电压的措施。前者是减小漆包线的直径并增加线圈匝数；后者是在钢弦频率计激发电路中加设升压电路，使激振电压升到几十伏。

电子技术的发展，使新近研制生产的频率计在功能上具有较好的兼容性，既可用于单、双线圈的间歇振荡的钢弦传感器，也可用于部分双线圈连续振荡的钢弦传感器。

（三）连续激振型仪表

连续激振型钢弦频率计是用于双线圈钢弦传感器的测试。当传感器与频率计接通电源后，激振线圈受到频率计施加的10～12V直流电压，传感器根据本身内阻稳定在6V左右的工作电压上，激发钢弦起振；同时在接收线圈中产生与钢弦同频率的微小感应电动势，传送至频率计，经放大整形再反馈到激振线圈，增强钢弦振动，产生更强的感应电动势，钢弦与电路形成振荡系统。如此反复循环，使钢弦稳定在谐振状态。钢弦频率计的电源端，同时又作为传感器的信号输入端，将传感器等幅振荡的电压正弦波信号传输到频率计，而测出相应频率。连续振荡型频率计的原理框图见图3－8－9。

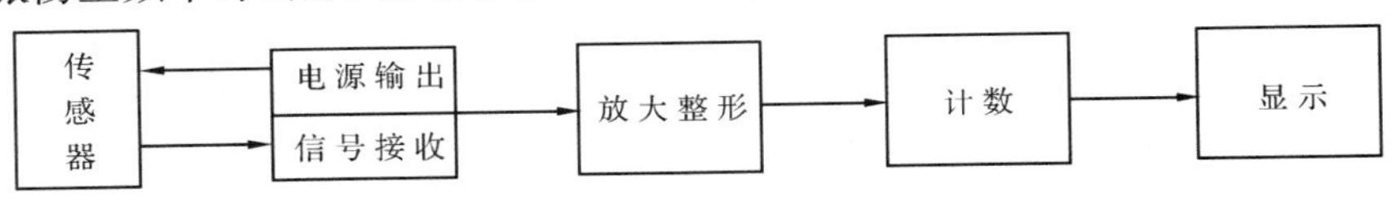

图3－8－9　连续振荡型钢弦频率计原理框图

目前国内大部分生产厂均有配套的振弦式测读仪表，俗称二次仪表，也叫钢弦频率计。除各厂家的型号、外形、功能的多少等稍有区别外都基本相同，国内大部分厂家的钢弦频率计可通用，只有少数厂生产的频率计有加强激振功能，脉冲的电压稍高，在通用时要注意激振的脉冲电压范围（原理见图3－8－10）。

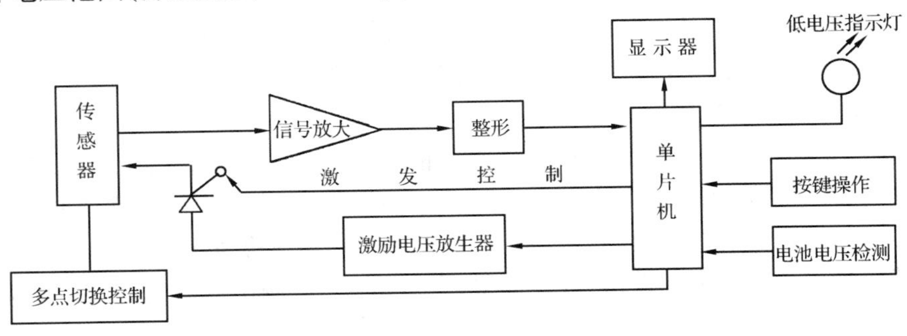

图3－8－10　通用的钢弦频率计原理框图

由于近年来我国电子技术的飞跃发展，自动化数据采集系统、无线数据传输系统、使用手机进行无线遥控遥测系统都已相济出现。目前国内常用的二次表见表3－8－4。

表3－8－4　国内部分常用振弦式传感器测读仪表参数表

名　称	频率读数仪	钢弦频率指示仪	振弦读数仪	振弦读数仪	振弦读数仪	通用综合测试仪	振弦式智能读数仪
型　号	JTM－V10	NDA1411	VW－102(4)	BGK－408	VW	JMZX－2001	HQ－32T
频率范围(Hz)	400～5000	400～5000	400～4500	400～6000	400～5000	600～3500	600～5000
显示方式	LCD	LCD	LCD(LED)	LCD	LCD	LCD	LCD
最小读数(Hz)	0.1	0.1	0.1	0.01	0.1	0.1	0.1
激振方式	间歇	间歇	间歇	间歇	间歇	间歇	间歇
测试功能	频率、频模、温度	频率、频模、温度	频率、频模、温度	频率、频模、温度	频率、频模、温度	频率、频模、温度	频率、频模、温度、物理量
外形形式	袖珍式	便携式	便携式	便携式	便携式	便携式	便携式
环境温度(℃)	－20～60	－5～45	－25～70	－10～50	－20～50	－10～40	－10～40
生产厂家	常州金土木	南京南瑞	南京葛南	基康仪器	美国Sinco	长沙金码	丹东环球

（四）智能型钢弦频率测定仪表

随着微机技术的发展，国内一些科研院所和生产单位先后研制出一些振弦式传感器的微机化智能型测读仪表。这些仪表，能定时自动巡测、存贮直接显示被测物理量，可与微机或自动化系统通讯联网。

三、电容式传感器测读仪表

南京南瑞大坝监测系统公司生产的SRB－1型变形检测装置，是用于该公司生产的各种电容式观测仪器的接收仪表，可以进行集中或分散式采集，并将数据作实时处理，可迅速测得各测点的变形位移量。

该装置采用电桥平衡测量原理，将差动电容传感器与感应分压器组成变压器比例臂交流桥路，用单片机自动进行逐位比较和反馈编码的平衡测量。当电桥平衡时，感应分压器的分压比等于差动电容传感器的电容比。测量电路由基准环节、比较器和控制器组成，图3－8－11为其电气框图。模拟电路和数字电路之间采用电磁及光电隔离，以提高装置的分辨率。该装置还设有防雷保护。

检测装置具有选点测量或巡回检测功能，观测结果可数字显示或打印记录，也可存入内存或磁盘，并配有RS－232C和RS－485通讯接口与计算机进行通讯。测量电路能有效地克服长线电缆芯线分布电容对测量的影响，可测得总电容为1PF左右传感器的微小电容的变化量，遥测距离可达1000m。其主要技术指标如下：

测量范围：　0000～9999

桥路比率精度：　1×10^{-6}

测量精度：　$1\times10^{-4}\pm1$ 个数字 ± 传感器精度

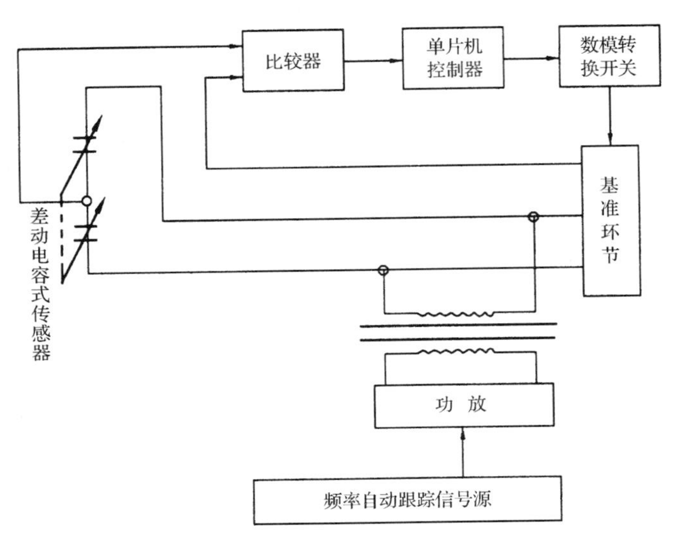

图 3－8－11 SRB－1 型变形监测装置框图

检测灵敏度： ±1 个数字

检测速度： 3 秒/点

检测容量： 256 点可扩充到 512 点

供桥电压： 1.6KC、20～35V

电源电压： 220V±10%、50Hz

遥测距离：

集中采集 观测仪器至集线箱≤150m，集线箱至检测装置≤1000m

分散采集 观测仪器至集线箱≤100m，集线箱至检测装置≤1500m

环境温度： 0～40℃

环境湿度： ≤80%

SRB 型变形检测装置，可与遥测集线箱、电容式观测仪器和微型计算机组成变形监测系统。检测装置与微机连接时，在应用软件支持下进行实时自动检测，可直接显示和输出位移变形的报表和图形，并可将观测资料存贮到盘内的数据文件中；检测装置也可脱离计算机运行操作，即通过装置上的键盘来实现选点测量或巡回检测，观测结果可数字显示或打印记录，也可存入数据存贮器中。

四、电阻应变片式传感器接收仪表

电阻应变片式传感器的功能是将被测应变 ε 转换为敏感栅电阻变化 ΔR，式(3－1－21)表示了它们之间的关系 $\Delta R/R=K_0\varepsilon$。在习称贴片式观测仪器中，通常采用桥臂电阻值 R 为 350Ω 和 120Ω 两种，灵敏系数 K_0 在 2.1～1.9 之间。因此，其电阻变化 ΔR 也很小。为了便于测量，需要将此微小信号进行放大、处理，并将应变信号转换为电压信号，最后用应变量指示出来。被测应变中既有拉、压应变，又有静态应变和各种频率的动态应变，就需要有一种专用仪表来接收测量信号，这种仪表就是电阻应变仪。

电阻应变仪按供桥电压的种类分直流电桥式和交流电桥式两种。后者因交流信号电流易受测量系统的电阻、电容和电感等参数变化的影响,不适合贴片式观测仪器作为长期测量用。采用恒流源的直流电桥式电阻应变仪,由于仪表内有阻抗很高的恒流电源,向贴片式观测仪器内的全桥电路输出恒定电流,它不随测量电路内的电阻变化而变化,而且是直流电,测量系统的电容、电感特性的影响也极小。因此,利用这种接收仪表进行长期观测时,不必考虑测量系统的电容、电感以及电缆电阻变化对测值的影响。按照这些要求,国内曾研制了SDY－1 型多用数字应变仪;在实际应用中现在多采用通用的数字式电阻应变仪进行测量。日本应用贴片式仪器最为广泛,这方面的接收仪表品种很多,如共和电业的 SDB－300B 型、SDB－310B 型数字式应变指示仪;东京测器的 TC－21L 和 TC－31K 型手持式数字式应变计。后者是一种手持多功能的数字应变计,用作应变片和应变式传感器测量,还可用来测量温度、直流电压、应变片阻值和绝缘电阻。测量结果用液晶显示,并可内存,也可利用 RS－232C 接口与外部计算机通讯。上述型号测读仪表的技术参数列于表 3－8－5。

表 3－8－5　　电阻应变片式传感器测读仪表

名称型号	TC－21 手持数字式荷载计	SDB－300B 应变计式传感器测读仪	SDB－310B 应变计式传感器测读仪
测量范围	0～±19999×10⁻⁶应变		
桥电阻(Ω)	≮120	120，350	120，350
桥流或桥压	直流 2V	恒流 16.7mA(120Ω),5.7mA(350Ω)	
显　示	LCD 显示 μ. kgf. tf. mm. kgf/cm^2. G	7 位 LCD 显示	7 位 LCD 显示
电　源	可充电镍镉电池连续工作 4～6h	可充电镍镉电池连续工作 17h	
尺寸与重量	94mm×44mm×220mm　0.7kg	手持式	便携式
说　明	TC－31K 型还可测:电阻、电压、温度和绝缘性能	电缆长 1.5km(120Ω),5km(350Ω)	可测温度－30～70℃
生产单位	东京测器株式会社	日本共和电业株式会社	

五、光电跟踪式传感器的接收仪表

南京水利水文自动化所大坝监测分所为光电跟踪式垂线坐标仪和引张线仪配套研制了专用的检测仪表——PSM－S 型便携式变形检测仪。这是一种智能型便携式仪表,由 8031 单片机控制、驱动步进电机运转,推动光电探头作直线运动,光电探头中的光电照准器依次照准垂线(或引张线)和基准杆,通过光电测量电路检测到信号变化,记下驱动步进电机转动的脉冲次数,从而计算出 X 向或 Y 向测值的变化。该仪表具有对该所 MCU－8S 变形测控装置进行选点测量和巡回测量的功能,测量数值可存入仪表的存储器中,存储容量为 500 测点/次的数据;并具有和计算机通讯的 RS－232/RS－485 接口,可将仪表内存数据直接输入微机进行处理。该装置还具有对故障和测值可靠性的自检功能。

PSM－S 便携式变形检测仪的技术参数为:

测量范围(mm)：　X　999.99

　　　　　　　　　Y　999.99

分辨率(mm)： 0.01
精　度(mm)： 0.1
测量距离(m) ： 300
存贮容量： 500 测点/次
工作环境温度(℃) ： -10~40
工作环境湿度： ≤80%
电　源： 可充电蓄电池 12V、6AH
尺　寸(mm)： 280×200×110
重　量(kg)： 4

六、伺服加速度计式传感器的接收仪表

伺服加速度计元件本是用于飞机、导弹等飞行器的一种导航元件，由于具有灵敏度及精度高、体积小等优点，20 世纪 80 年代开始被移植到测斜仪，用来测量工程建筑物的斜度变化。伺服加速度计式测斜仪是通过测量加速度计输出的电压，来测得斜角的变化。其接收仪表可以采用通用数字式电压表，一般是 4(1/2) 位液晶数字显示，可以是台式仪表，并可自动记录或打印记录。

七、电感式传感器的接收仪表

在安全监测工程中通常采用差动电感式传感器作为观测仪器，因此测量仪表为专用的电感比例电桥。图 3-8-12 为电感比例电桥电气原理框图。传感器中两组线圈的电感 L_1、L_2 与仪表的桥臂电阻 R_1、R_2 组成四臂电桥，当铁淦氧芯位于两线圈中间时 $L_1=L_2$，仪表的桥臂 $R_1=R_2$ 时，则指示仪表表头指零；当铁淦氧芯向上或向下移动，桥路失去平衡，表头有指示输出。输出大小与铁淦氧芯位移成正比。把传感器的测杆与铁淦氧芯固联起来，所以测杆上下移动时，就把机械位移变成电压信号在表头上指示出来。

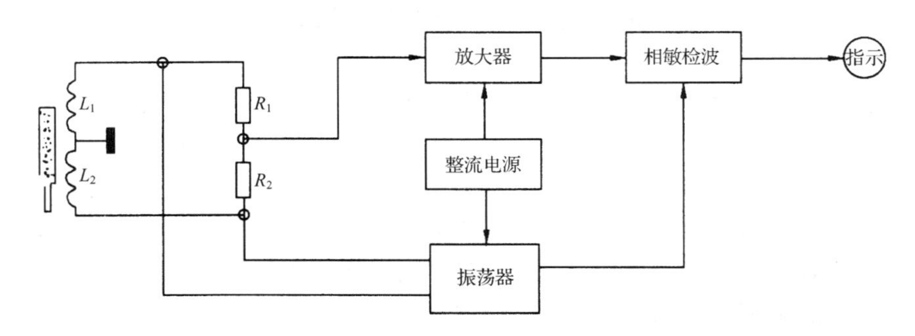

图 3-8-12　电感比例电桥电气原理框图

电感比电桥由桥臂电阻(R_1、R_2)，振荡器(5kHz)、放大器、相敏检波、指示表头，整流电源等组成。振荡器提供频率为 5kHz 和一定幅值的电压信号，一路供给桥路，一路供给相敏检波作比较电压。当传感器有微小位移变化时，经桥路到放大器加以放大，再经相敏检波，整流出正或负的直流电流加到微安表头指示出来。南京电力自动化设备总厂生产的 GQ-

1 型电感比例电桥就是按照该原理设计制造的，可用作差动电感式传感器的接收仪表；最近对电路改进已做成数字式电感比电桥可直接显示出测量数值。

八、光纤式传感器的接收仪表

1. 便携式光纤光栅解调仪

便携式光纤光栅解调仪（图 3－8－13）适用于现场的人工测量。具有高精度、高分辨率、多功能的解调读数特点。采用 LCD 屏显示，界面友好，操作简单，具有数据存储、数据查询、通讯等功能。内置锂电池可连续工作 10 小时。机壳采用 ABS 工程塑料，重量轻、抗冲击、抗变形，可适应恶劣工作环境。

图 3－8－13　便携式光纤光栅解调仪

技术指标为：

通道数量：　1
波长范围：　1525～1565nm
精　　度：　±5pm
分 辨 率：　1pm
动态范围：　>50dB
扫描频率：　2Hz
光学接口：　FC/APC
通信接口：　USB
显示方式：　点阵式液晶屏：　240×128
电　　源：　100～240VAC，50～60Hz 或 12VDC±10%
工　　耗：　典型值：5W；峰值：<10W
工作环境：　温度－10～50℃；湿度 0%～80%
存储环境：　温度：－20～60℃；湿度：0%～95%
外形尺寸：　（L）278mm×（W）228mm×（H）98mm
重　　量：　2kg

2. 中速光纤光栅解调仪

中速光纤光栅解调仪（图 3－8－14）是一款高精度、高分辨率的光纤光栅解调仪。该仪器集成了激光光源、数据采集和分析模块、网络通讯等几大部分，并采用 TFT 彩屏显示。系统采用全光谱运算法、高速数字滤波技术、实时动态波长校准技术，具有动态范围大、长期稳定性好、精度高等特点。软件工作基于 Windows XPE 平台，具有多种视图显示功能，操作简单。该解调仪是目前最先进的中速光纤光栅解调仪，能实现在 100Hz 频率下 16 通道同步动态测量，并具有全光谱查询功能。

图 3－8－14　中速光纤光栅解调仪

技术指标为：

通道数量：　8、16
波长范围：　1525～1565nm

精　　度：　±2pm

分 辨 率：　0.1pm

动态范围：　>50dB

扫描频率：　1～100Hz 可调

扫描方式：　所有通道并行扫描；全光谱

光学接口：　FC/APC

通信接口：　RJ45、USB

显示方式：　彩色 TFT 液晶屏（分辨率：640＊480）

电　　源：　交流 220V/50Hz

工　　耗：　<65W

FBG 带宽：　<0.6nm

工作温度：　0～40℃

存储温度：　-5～55℃

外形尺寸：　(L)432mm×(W)432mm×(H)176mm

九、多用途读数记录仪

美国 Sinco 公司新近推向市场的 Datamate MP 多用途读数记录仪，可以显示和记录在岩土工程和结构工程监测中用到的几乎所有类型传感器的读数。该仪器能保证在任何恶劣的环境下工作，其电子元件防潮且能适应较大温度范围，显示屏的亮度和背光式显示可确保仪器在任何光线条件下使用。

Datamate MP 的手动模式可模拟常规测试，对绝大多数传感器直接进行测量而无须其他准备工作。该仪器真正实用之处是它还有一套多用途数据处理程序（MP Manager）和多用途图表程序（MP Graph）可配套使用。系统工作如下：

1）在 IBMPC 机中用 MP Manager 程序建立传感器明细表，再把它传送到 Datamate MP 中去。其中包括传感器的标签号，标定系数和选定的工程单位。

2）测量前，把 Datamate MP 与传感器或终端箱相连接。然后从传感器明细表中找出该传感器，如果有电子标签号（EID），Datamate MP 就可自动选定相应的传感器，此时按输入键，激发传感器，就可记录读数。

3）接着再次运行 MP Manager 程序，处理从 Datamate MP 获取的数据，并将其存入 Micrasoft Access 数据库，这样就可以在 PC 机中用 MP Graph 程序来查看数据和绘制图表。

Datamate MP 多用途读数记录仪的技术特性如下：

（1）传感器的兼容性　振弦式传感器、电解质传感器、4～20mA 的电流式传感器、热敏电阻式温度传感器和热电偶式温度计、电位计、伺服加速度计、应变片式和半导体式应变计、差动电阻式传感器，以及其他在岩土工程和结构工程监测中用到的几乎所有类型的传感器都可使用 Datamate MP 来测读和记录数据。使用者还可将它当做万用表来测量电阻和电压。

（2）分辨率　Datamate MP 的显示为 6 位浮点数字，该仪器 20 比特的分辨率相当于一百万分之一。

1）VW（Hz）：读数值的 ±0.02%。

2）VW（应变）：读数值的 ±0.04% ±1$\mu\varepsilon$。

3）电解质传感器：读数值的 ±0.03% ±0.02% 的量程值。

4）4～20mA 传感器：读数的 ±0.03% ±0.01 的量程值。

5）电位计：读数值 ±0.02%。

6）压力盒（2.5mV/V）：读数值的 ±0.02% ±0.2% 的量程值。

7）数字式倾斜伺服加速度计：读数值 ±0.03%。

8）差动电阻式（Cals0n）的六线传感器：读数值的 ±0.03%。

9）10mV/mA 和 100mV/mA 的激励：读数值的 ±0.02% ±0.1% 量程。

10）万用表电阻与电压测试：读数值的 ±0.03%。

（3）工程单位　任何工程单位都能通过标定系数设定，MP Manager 程序中有常用单位的转换系数。

（4）储存容量　Datamate MP 能存储 8000 组数据并附有日期和时间。存储器由电池供电。数据存储安全。

（5）显示　128×64 点阵的液晶显示屏，适应在较大温度范围内使用。上面一半屏幕显示当前数据，下面一半屏幕显示传感器明细表和各传感器最近的测量数据。

电子标识号（EID）：当 Datamate MP 检测到一个电子标识号，它会自动在传感器明细表查找出一个与该电子标识号相应的传感器，并查出相应的激励方式和标定系数备用。如果没有找到，仪器会发出信息，同时显示全部传感器明细表。

通讯连接 MP Manager 程序可使 Datamate MP 与 PC 相通讯，另外还需要将随机提供的通讯电缆与 PC 机上的 RS232 接口连接。

使用时间：在 20℃ 下可连续 10 小时对振弦式或电解质（EL）传感器进行测读。若传感器耗电太多，使用背光显示或天气过冷使用时间会缩短。

电　　池：12V、2Ah 可充电电池、充电时间为 16 小时

温度范围：-20～50℃

外　　壳：ABS 塑料、防潮

尺　　寸：292mm×107mm×64mm（11.5in×4.2in×2.5in）

重　　量：1.64kg（3.7 磅）

第九节　安全监测自动化

一、自动化的基本要求

安全监测自动化是集工程建筑、传感器、测试仪表、微电子、计算机、自动化和通讯技术为一体的系统工程。一个成功的安全监测自动化系统必须具备 3 个基本条件：一是符合安全要求的、合理的安全监测设计；二是性能良好、经久耐用的仪器设备；三是精通业务、忠于职守的监测人员。首先要结合工程（大坝、路基、钢筋混凝土结构、桥梁、边坡、地下工程、隧

洞、矿山)的具体特点,制定合理的设计方案。要求设计者不仅要了解工程结构特点及工程建成后的运行特点,还要了解仪器性能和使用要求,合理科学的安置仪器设备,使得工程安全监测系统能真正起到确保工程正常运行的作用。仪器设备的可靠性和长期稳定性是自动化系统成败的关键,因系统是长期工作在恶劣环境下,要求故障率低、结构简单、传动件少、元器件需严格筛选。先进的仪器设备离不开优良素质的技术人员去运行和管理,他们不仅要有仪器和计算机硬软件的专业技能,还应具备对安全监测工作的敬业精神,这是自动化运作的可靠保证。

二、自动化系统的性能要求

完整的安全监测自动化系统应包括数据自动化采集、资料处理分析自动化和自动化安全管理,为此其技术性能应满足以下要求。

1)选用的各类传感器和仪器、测读装置、遥控接线箱等,应具有良好的可靠性、长期稳定性和对环境的适应性,保证工作精度的寿命应在10年以上。尽可能采用全密封结构,能在常年湿度100%的恶劣环境下工作。采用高可靠性的电子元器件和开关元件、插头插座。电路板应有可靠的防雷击保护和过载冲击保护。要防止模拟地与数字地之间的干扰,具有较高共模抑制能力。

2)自动化数据采集系统应有良好的通用性和兼容性。系统应能测读各种类型的传感器,通道具有通用性,同时可以测量多种类型的信号,包括差动电阻式、振弦式、电阻式、电流式、差动变压器式等。系统接入的传感器容量,可通过测控单元联网进一步扩充。监测系统对分布在建筑物及其地基中的各种遥测传感器,按规范规定的测次进行定期的自动监测,或长期连续监测,并将监测的变形、应力、渗透压力、渗漏量、水位及温度等实测数据加以记录和储存。系统应具有自检、自校、越限报警和故障报警等功能。实测数据应能在监测网络内及与上一级监控中心实现有线或无线通讯。

3)自动化数据采集系统应具有组成全网络结构的能力。网络技术和信息化技术的发展带来了全新的通讯方式,以太网和光纤通讯以其传输距离长、传输速度快、兼容性强、维护方便等特点已经成为通讯的主流。因此,自动化数据采集系统应自身携带以太网接口,这样可以充分保证数据传输的实时性和有效性。

4)自动数据采集系统具备在不改变现有仪器接线的情况下能够进行人工比测。这是系统运行管理的需要,也便于管理单位统一操作维护作业,有利于提高管理水平。

5)建立数据库对监测资料进行管理和处理。数据的管理功能包括:数据显示、数据更新、增删、修改和恢复,对数据进行多种分类,单项或组合项的检索、查询,多种项目的简单加工,编制和打印报表,绘制各种监测数据的历时曲线等。系统应具有对实测数据进行预处理功能,主要包括可靠性检验,粗差剔除,数据插外,误差处理及物理量转换与计算等。数据管理还应包括建筑物的设计资料、环境资料和施工记录等。

6)建立反映建筑物工作性态的各种模型(统计模型、确定性模型和混合模型),对监测资料进行分析,做出测值预报和安全性评估。这部分工作还包括:监测成果的反演分析和反馈分析,从中找出某些规律和信息;校核设计参数,并及时反馈到设计、施工和运行中去。此外,利用数据库吸收专家的知识和经验,建立专家咨询决策系统,开展专家咨询工作。

三、自动化监测内容

1）建筑物内部应力、应变、钢筋应力、渗透压力、温度等自动化监测。内观仪器主要采用差动电阻式和振弦式两个系列。主要品种有应力计、应变计、测缝计、钢筋计、渗压计和温度计等。

2）建筑物外观变形监测，包括水平位移和垂直变形两部分。前者采用各种原理的垂线坐标仪和引张线进行遥测自动化；主要仪器有：步进电机式、电容感应式、光电耦合陈列（CCD）式和激光准直式。垂直变形遥测自动化仪器有差动变压器式静力水准装置和电容式静力水准装置。地基和边坡变形监测，则采用多点变位计和钻孔倾斜仪等。

3）扬压力和渗漏量监测。扬压力遥测主要仪器有：振弦式、差动电阻式、电阻应变片式、电感式和压阻式。监测渗漏的仪器有：管口渗流量计及多种形式的量水堰水位遥测仪。

4）环境变量包括水位、水温、气温和降雨的自动监测，通常由水文气象测报系统进行。

四、自动化系统结构模式

自动化监测系统按采集方式分为集中式、分布式和混合式三种结构模式。

（一）集中式自动化监测系统

集中式自动化监测系统，是将现场数据采集自动化，数据运算处理自动化及资料异地传输均集中在专设的终端监测室内进行。布设在各处的传感器经集线箱（或切换装置）与监测室内采集装置相连，通过集线箱切换对传感器进行巡测或选测。集线箱到采集装置之间传输的是电模拟量，抗干扰能力差，可靠性低。而且不同的传感器要用不同的集线箱和专用的测量装置（见图3－9－1）。因此，集中式适用于仪器种类少、测量数量不多、布置相对集中和传输距离不远的中小型工程中，如鲁布革水电站心墙堆石坝施工期原型观测，即采用集中式结构（见图3－9－2）。

（二）分布式自动化监测系统

分布式（集散式）自动化监测系统，是一种分散采集、集中管理的结构，是将称为 MCU 的测控单元分布在传感器附近，而 MCU 具有模拟量测量、A/D 转换，数据自动存储和与上位机进行数据通讯等功能。每个测控单元可看作是频率、脉冲、电压、电阻等某种测量信号的一个独立子系统，各个子系统采用集中控制，所有监测数据经总线输入上位计算机集中管理。这种结构的优点是：测控单元就近传感器，缩短了模拟量传输距离，由测控单元传输出去的都是数字量，传输距离可超过1000m，即使一个子系统发生故障也不会影响整个系统运行。集散式采集方式适合于工程规模大、测点数量多，而且是分散的监测系统。建设中的三峡工程安全监测自动采集及管理系统，就是设计为分区、分层、分布式结构。图3－9－3为分布式安全监测系统的结构框图。

（三）混合式自动化监测系统

混合式是介于集中式和集散式之间的一种结构模式。它具有集散式布置的外形，而采用集中方式进行采集的系统。设置在传感器附近的遥控转换箱类似 MCU，虽可汇集其周围传感器信号，但不具备 MCU 的 A/D 转换和数据存储功能。其传输的模拟信号汇于一条总线中，传输到监控站进行集中测量和 A/D 转换，然后将数字量送入计算机进行存贮处理。混合式监测系统较好地解决了模拟量的长距离传输，既有分散汇集大量传感器的灵活性和扩展性，又只需一套测量与控制装置，是一种符合我国国情、有较高性能价格比的自动化监测系统。南瑞大坝监测公司研制的混合式安全监测系统如图 3 -9 -4 所示。

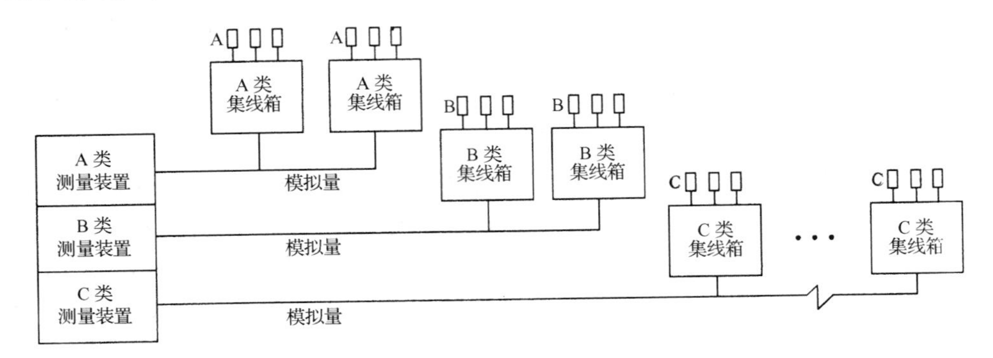

图 3 -9 -1　集中式安全监测系统框图

A、B、C—不同类型传感器

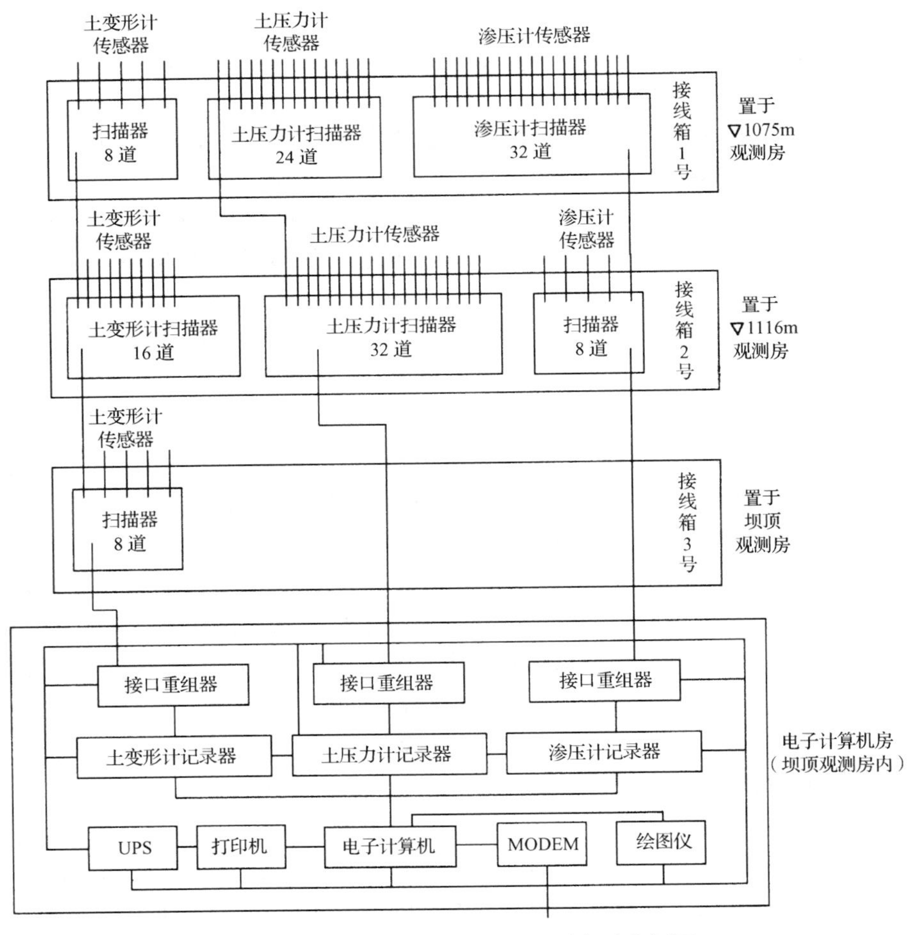

图 3 -9 -2　鲁布革工程大坝遥测自动化框图

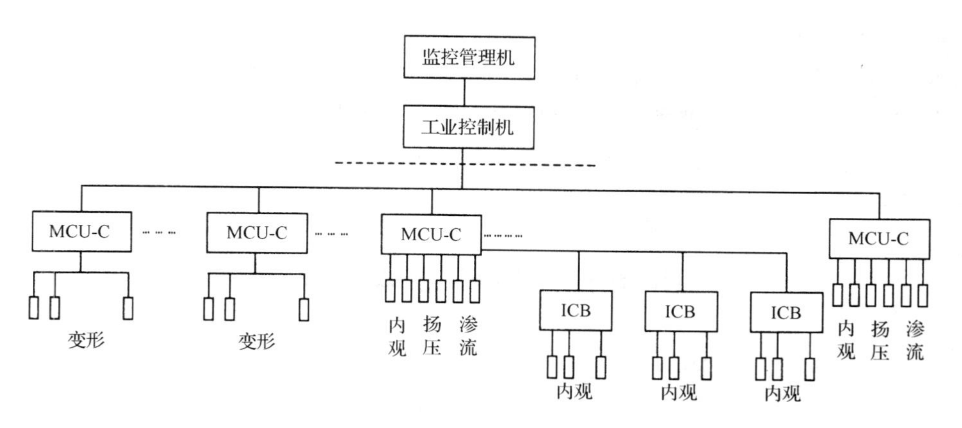

图 3-9-3 分布式安全监测系统结构框图

MCU-C—电容仪器测控装置；ICB—智能转换箱

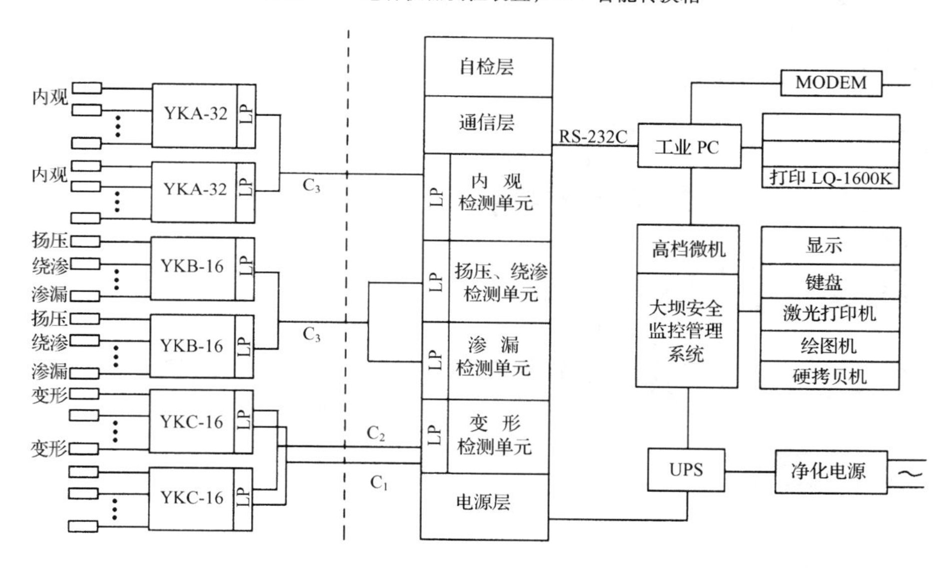

图 3-9-4 混合式安全监测系统框图

LP—雷电保护；C_1—3 芯屏蔽电缆；C_2—14 芯控制电缆；C_3—20 芯专用电缆

五、自动化采集系统的组成

安全监测数据自动采集系统主要由现场数据采集单元（MCU）、机柜、网络通讯系统、电源系统、防雷接地系统及数据自动采集系统软件等组成。现场数据采集单元（MCU）可按设定时间自动进行巡测、选测、存储数据，并向远方的管理处报送数据。即使管理处的上位机出现故障，各现场数据采集单元仍能独立工作，并能将数据通过通信网络传送到指定的管理处或通过便携计算机读取存储在现场数据采集单元内的监测数据。

数据自动采集系统主要包括四部分：数据采集与控制子系统、网络通讯子系统、供电子系统和防雷接地子系统。其中，数据采集与控制子系统主要由 MCU 现场数据采集单元和现场的监测仪器等组成；网络通讯子系统分为有线通讯和无线通讯两种，有线通讯主要由交换机、光端机和通讯光纤等组成，无线通讯主要由无线通讯发射设备、无线通讯接收设备和无线网络通讯卡等组成；供电子系统分为220V交流市电和太阳能供电两种，市电供电主要由稳压电源、AC/DC充电控制器和蓄电池组等组成，太阳能供电主要由太阳能板、太阳能充电控制器和蓄电池组等组成；防雷接地子系统主要由电源避雷器、同轴避雷器、通道防雷板和系统接地等组成。

六、目前常用的数据采集单元(MCU)

(一)澳大利亚DTMCU系统

澳大利亚DTMCU数据采集单元采用模块化结构，以DTMCU80G型为例。DTMCU80G现场数据采集单元(内部框图如图3-9-5所示)由密封保护机箱、DT80G主机测量模块、CEM20通道扩展模块、LSA-20通道防雷模块、免维护蓄电池、防潮加热器、接线端子、系统接地等组成。其中，DT80G主机测量模块自身带有通讯模块、网卡、电源管理模块、显示模块等，集成一体化结构，保证了很好的一致性。

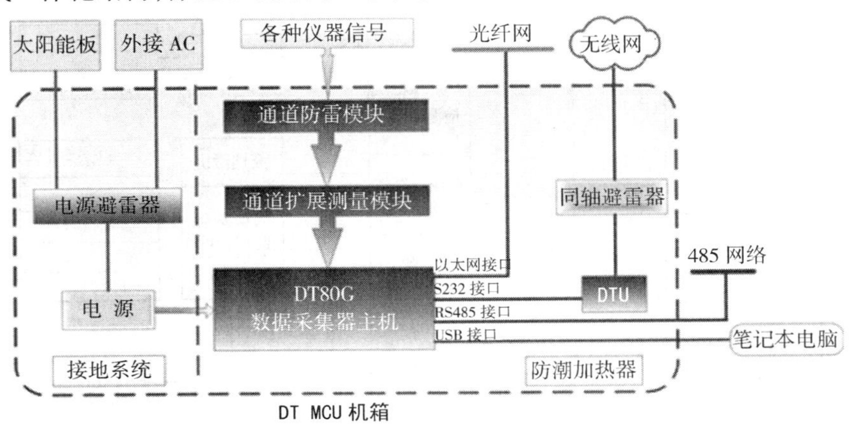

图3-9-5 DTMCU80G内部框图

DTMCU数据采集单元的主要优越功能：

1）每台DTMCU数据采集方式可分为中央控制方式和自动控制方式，DTMCU可以通过上位机软件来控制数据采集，也可以根据预设的内置采集程序自动进行数据采集。

2）DTMCU的监测数据采集功能，具有通过重复计划、即时计划、X计划等方式可任意设置采样方式：定时、间断、单检、巡检、选测或任设测点群测量，同时可实现分类、分部位仪器的不同测量周期测量。

3）DTMCU可接收数据采集工作站的命令设定、修改时钟和控制参数、测试、状态检查(运行状态、报警状态、数据存储状态、电源状态、内部温度、出厂状态)等。

4）DTMCU的数据管理功能包括完成原始数据测值的工程单位转换、计算(线性、非线性、函数)、统计、存储、数据显示、传输等，可进行各类仪器的测值实时浏览查看。

5）DTMCU可以非常方便地使用便携计算机通过双方的USB端口直接进行通讯和实施现场测量，并能从DTMCU中获取其暂存的数据，更方便的是可通过自带的U盘存储接口直接在现场通过U盘获取暂存的数据。

6）DTMCU 自身具备人工观测接口（如图3-9-6所示），在进行人工比测时，不会影响自动化系统的正常运行和接线配置，不需要去掉任何一个监测仪器的接线，只需要通过一个自带的人工比测程序和自带的屏幕操作按键，即可实现与读数仪的连接而进行人工比测。

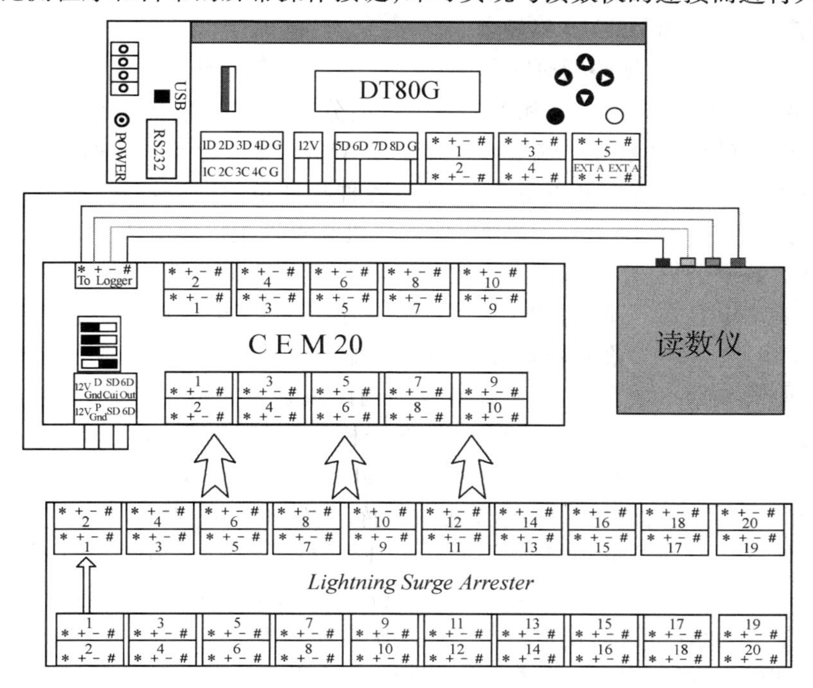

图3-9-6　DTMCU 人工比测接口示意图

7）DTMCU 通道万用：主机和通道扩展测量模块可同时接入不同类型的传感器，包括差阻式仪器、振弦式仪器、电位器式仪器、电阻式仪器、RS232/RS422/RS485 智能式仪器和输出标准电压、电流信号的仪器等。

8）DTMCU 测量可采用恒流源激励，200μA 和 2.5mA 电流可选，对测量电阻型传感器时可有效排除导线电阻的影响，保证测量精度。

9）DTMCU 自带以太网网络接口，可方便的组成全网络结构，同时具有冗余的通讯接口，测量模块预留有与便携式微机接口，可实现现场标定、调试以及数据采集等功能，支持电缆、光纤、无线等通讯方式，提供较大灵活性。

10）DTMCU 可提供128M 的内部存储空间，可存储10000000个数据点的数据，同时具有掉电保护功能，所有参数和测量数据存储于专用非易失性存储器中，可确保掉电后参数和数据的安全。

11）DTMCU 通讯协议完全开放，MCU 提供开放的数据采集协议，包括 PPP、ASCII 或 MODBUS 协议，MCU 上传的数据结构开放且可根据具体要求自定义设置。

12）DTMCU 测量单元采用了32位工业级微处理器和最新的大规模集成电路，体积小、重量轻、价格低、性能优。

13）DTMCU 设备具有防尘、防腐蚀等保护措施，适应恶劣温湿度环境，具有防潮密封及加热干燥措施，以便 MCU 能在极端寒冷的气温下能正常工作。DTMCU80G 系统具有高可靠性和耐恶劣环境性，其机箱按照全天候设计，其主机工作环境温度宽广至-45～70℃，其温度特性已经超过我国的工业标准。主机箱为全密封防水结构，可在≤100%湿度环境下可靠工作而不会受到潮气的侵入或水的渗透，在温度环境-45～+70℃条件下能保持长期连续稳定运行。

（二）国产 DAMS 和 DSIMS 系统

南京自动化研究院大坝监测研究所结合国内大坝安全监测自动化的需要，研制生产了DAMS-2型混合式数据采集系统和DAMS-Ⅲ型分布式数据采集系统，以及与此配套的DSIMS大坝安全监控管理系统。这里着重介绍在AMS-Ⅲ型分布式数据采集系统。

DAMS-Ⅲ型分布式数据采集系统，由监测各种物理量（变形、渗流、应力、应变、温度及水位等）的传感器，测量控制单元（MCU），监控主机和管理主机等组成。设置在野外的测量控制单元，具有数据采集、存贮和通讯功能。其防护性能好，可对安装在现场的差动电阻式、差动电感式、差动电容式、压阻式、电阻应变片式和振弦式等各类传感器进行定时自动测读，由监控主机实现监视操作、数据采集、数据入库和显示打印；利用键盘或鼠标调度多级显示画面，修改相应的参数和系统配置，实施系统的测试维护。在DSIMS大坝安全监控管理系统的软件支持下，该系统可完成离线分析、视图分析、报表制作、图文资料及数据库的管理。软件在Windows95/NT的环境下工作，采用Visusal C++、Visual Basic、Fortran、Asm等语言编程。用Visual Basic语言，应用先进的开放数据库互连（ODBC）技术编制的图文声象数据库，具有数据保密和自动备份功能，并与D Base、Fox Base、Foxpro、Access和MSSQL Server等数据库兼容。系统充分利用Windows的丰富资源，并把Microsoft字处理软件、中文Word、Excel等软件集成到系统内，为用户构造了高层次功能丰富的应用平台。系统可以实时多任务方式运行，在确保在线监控的同时，可对变形、扬压、渗漏、应力、应变等内外观测项目进行离线分析，可形象直观地显示监测对象的分布规律及发展趋势，及时预报当外界荷载变化时的测值变化规律。根据需要制作图表和年报。并可在厂区局域网和省局远程网实现远程监控和数据通讯。该系统的总体性能为：

传输距离：1200m，加中继可达12000m

从站数量：28个，加中继可达250个

每从站MCU数量：1～28个

每个MCU测点数：16～32点

网络通讯速率：≤2400bps

通讯方式：RS485、光纤、无线或三种组合

1997年在隔河岩水电站投入运行的DAMS-Ⅲ型分布式数据采集系统，接入差动电容式、差动电感式、差动电阻式和振弦式等各类传感器及仪器共363台（套），分别由17个测控单元（MCU）进行测控。由大坝及引水洞出口高边坡的两个控制室内的工控机实现控制。办公楼总控室的工作站与现场两个控制室内的工控机间采用光纤和无线构成局域网络。隔河岩水利枢纽安全监测自动化系统结构及监测设备布置，详见图3-9-7和图3-9-8。

该所在DAMS-3型推广运用的基础上，近期又开发了新一代DAMS-4智能型分布式数据采集系统，其关键技术是DAUl000系列数据采集单元DAU的研制。DAU由数据采集智能模块、通信模块和电流模块组成。现有差动电阻式、电感式、电容式和振弦式等四种数据采集智能模块（NDA）。各种NDA直接挂在485总线上，独3-L运行，互不干扰。通过各类不同模块任意组合，可将多种类型的传感器接入同一台数据采集单元DAu中。DAu具

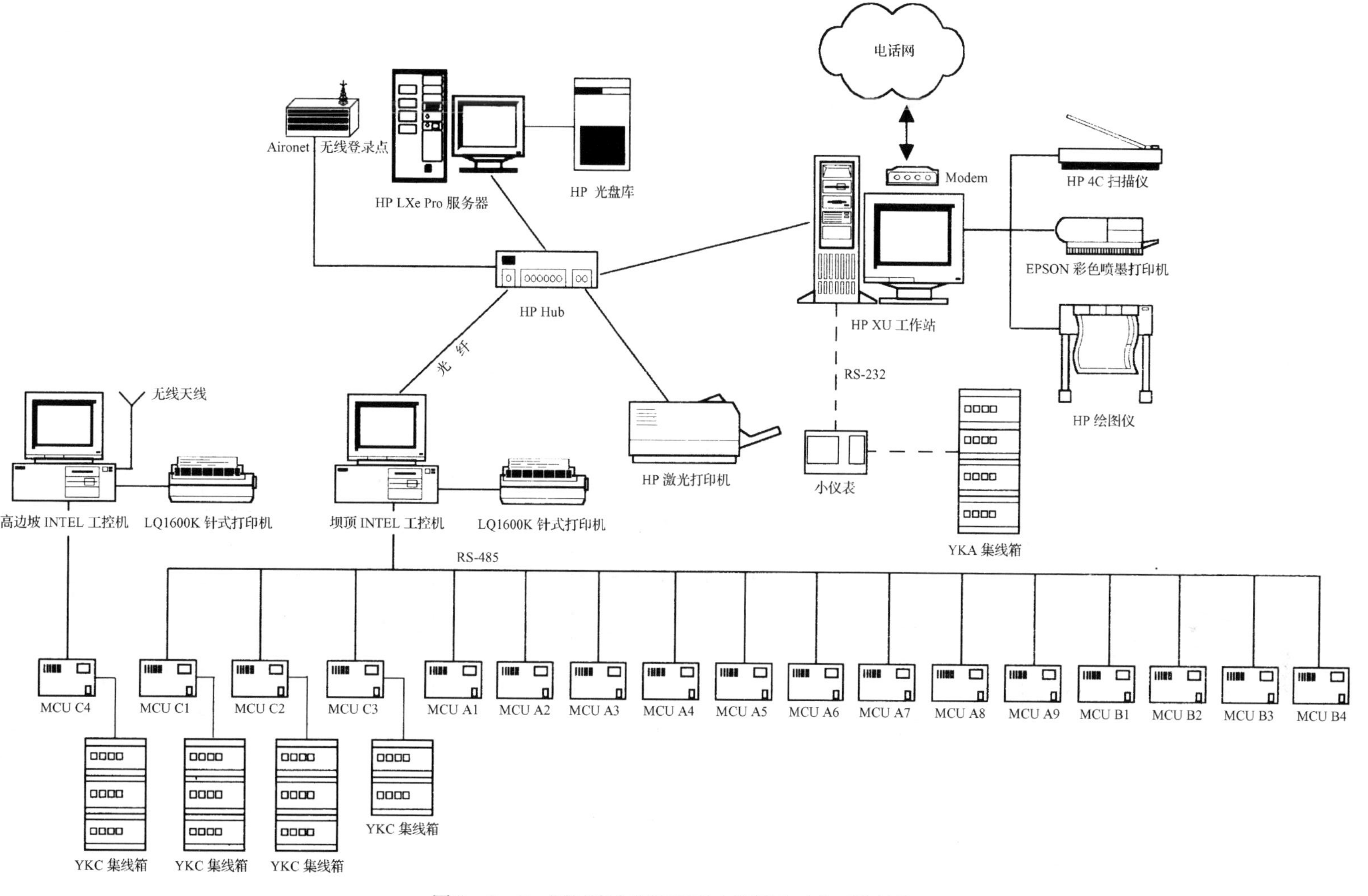

图 3－9－7　隔河岩水利枢纽安全监测自动化系统结构

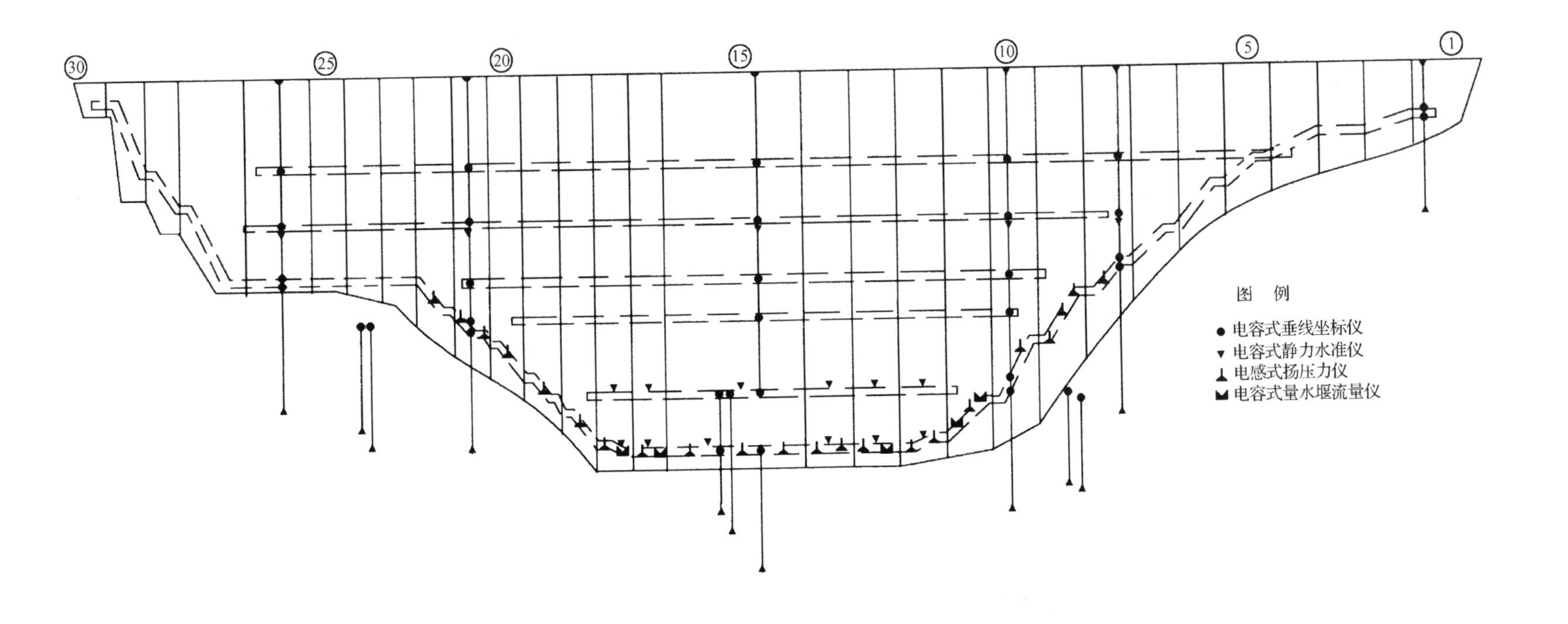

图3-9-8　隔河岩大坝安全自动化监测设备布置简图

备与有线、无线或光纤通信直接接口能力。系统提供市电和蓄电池两种供电方式，并配有防雷措施，确保安全连续运行。

(三)国产 DG 型系统

南京水利水文自动化研究所大坝监测分所研制的 DG 型分布式大坝监测系统和监测仪器，已在葛洲坝二江泄水闸、碧口土坝、李家峡拱坝和陈村拱坝等工程中投入运行(详见表 3－9－1)。

表 3－9－1　　DG 型分布式大坝安全监测系统应用情况一览表

序号	系统名称	监测项目	测点数	运行情况	备注
1	葛洲坝二江泄水闸系统	引张线、垂线、内观仪器	200	1994 年 10 月投运，1996 年 3 月鉴定，连续稳定运行 3 年	获水利部 1997 年科技进步二等奖
2	碧口大坝监测系统(土坝)	引张线、垂线、内观仪器、测压管、扬压力、绕坝渗流、集水井、危岩边坡	72	1996 年 1 月一期投运，1996 年 12 月二期投运，连续稳定运行 2 年	1997 年 12 月 9 日验收
3	李家峡变形监测系统(拱坝)	垂线	26	垂线仪 1996 年 11 月投运，正常运行	采用便携式仪表测量
4	百丈祭大坝监测系统(土坝)	引张线、垂线、扬压力、量水堰	45	1997 年 10 月投运，正常运行	
5	三峡施工期测控装置	内观仪器、弦式仪器	60	室内考机已通过，1998 年 4 月安装	用笔记本电脑采集
6	陈村大坝监测系统(拱坝)	垂线、内观仪器、水位、气温	113	室内考机已通过，1998 年 3 月安装投运	
7	金山大坝监测系统(重力坝)	引张线、垂线、扬压力	32	1998 年 1 月已安装投运	
8	黑河大坝监测系统	内观仪器、弦式仪器	120	1998 年 1 月已安装	
9	东张大坝监测系统(重力坝)	引张线、垂线、内观仪器、扬压力、绕坝渗流、量水堰、水位、雨量、气温、水温	74	1998 年 3 月已部分安装投运	水利部中加合作项目，已实施
10	水府庙大坝监测系统(砌石坝)	引张线、垂线、内观仪器、静力水准、扬压力、量水堰、水位、雨量、气温、水温	102	1998 年 11 月将安装	水利部中加合作项目，已实施
11	鲁布革大坝监测系统(土坝)	测压管、绕坝渗流、量水堰、内部仪器、栅后水位、内部位移(一期工程)	146	1998 年 6 月将安装	已通过设计审查，已实施
12	潘家口大坝监测系统(重力坝)	引张线、垂线、内观仪器、静力水准、扬压力、量水堰、集水井、边坡倾斜、水位、雨量、气温、水温、地震	655	1998 年加方系统 4 月开始安装 6 月投运，中方系统 9 月安装 10 月投运	水利部中加合作项目，已实施
13	飞来峡大坝监测系统(重力坝、土坝)	引张线、垂线、内观仪器、静力水准、扬压力、量水堰、水位、雨量	337	1998 年 10 月将安装	已实施
14	葛洲坝二江泄水闸系统(扩展)	内观仪器	930	1995～1997 年间投运，稳定运行	拟继续扩充
15	白石大坝监测系统(碾压重力坝)	引张线、垂线、静力水准、扬压力、量水堰、集水井、水位、基岩变形气象	156		设计选用
16	十三陵工程安全监测系统(抽水蓄能)	内观仪器、弦式仪器、面板位移、量水堰	985		设计选用
17	黄龙滩大坝监测系统(重力坝)	引张线、垂线，(一期工程)	41		已通过设计

DG 型分布式自动监测系统由 MCU－30 型通用测控装置，CCU 型中央控制装置及分布于大坝各部位的监测仪器（传感器）组成分布式数据采集网络。图 3－9－9 所示为用于碧口水电厂 DG－95 型分布式大坝监测系统。系统中配置一台 CCU－2 型中央控制装置和 9 台 MCU 装置。接有引张线、垂线、渗压计、钢筋计、测压管、扬压力、绕坝渗流、集水井以及危岩边坡等各种监测仪器共 72 个测点。中央控制装置与各台 MCU－30 型通用测控装置之间用 RS－485 数据总线连接，网络结构一般采用总线拓朴，便于扩展或分期实施。MCU－30 型通用测控装置是装有单片机的智能型多功能装置，具有控制、测量、储存、切换、自检、自校、通讯等功能，能接入差动电阻式、振弦式、步进电机式、电感式、差动变压器式、可变电阻式和浮子式等七种类型和输出标准工业信号的各类传感器。装置密封防潮并配有防雷、防潮、防霉、防腐蚀电路和加热干燥器件，可在恶劣的环境下长期工作。CCU 型中央控制装置安装有 DG 型数据采集管理软件，是对数据采集网络进行管理的设备，具有控制、通讯、存储、数据管理、系统自检和供电等六种功能。中央控制装置可以和信息管理计算机系统组成“中央监控室”，也可利用通讯电缆与信息管理主机进行远程信息通讯。软件的运行环境为 Windows3.1 全汉化显示，人机界面友好，实用性强，可靠性高，操作方便。系统除了 MCU－30 通用测控装置外，还配套研制了 MCU－L 型集水井测控装置，实现渗流量自动测量。PSM－V 型弦式仪器检测仪，可直接对进口或国产的单线圈或双线圈振弦式传感器进行测量，也可控制 MCU－30 型通用测控装置实现自动巡测和自动选测。PSM－S 型步进式检测仪可直接用于该所生产的 STC 型垂线坐标仪、STC 型量距仪和 SWT 型引张线的测量，也可

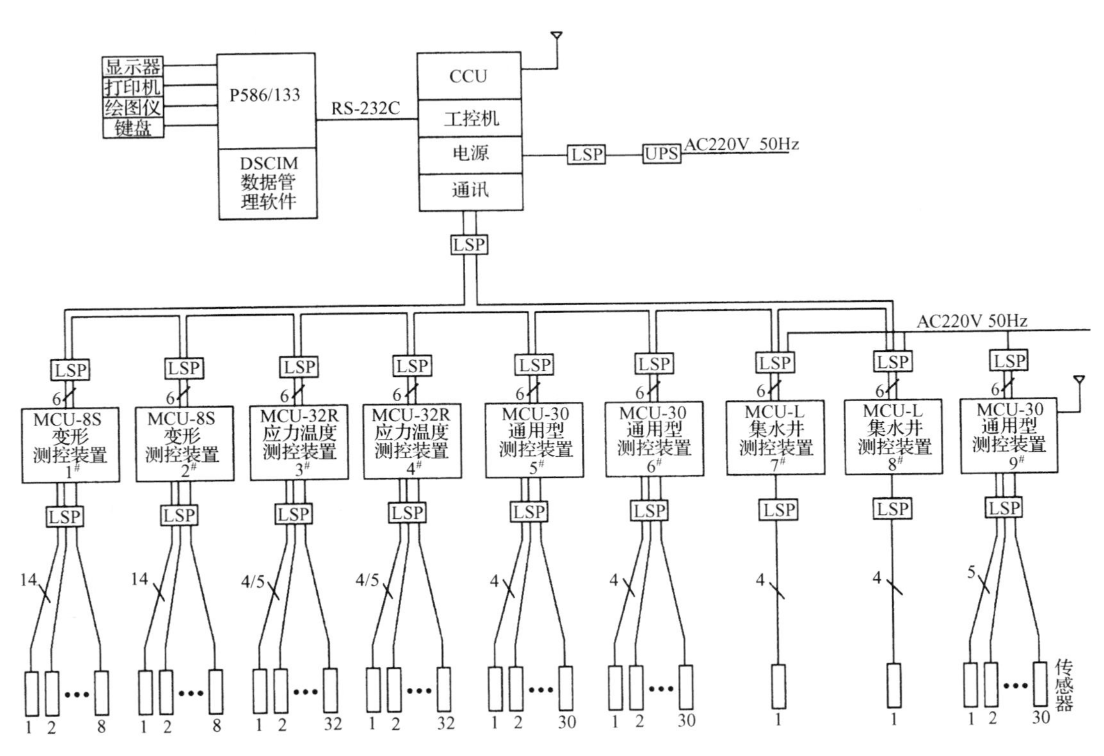

图 3－9－9　DG－95 型分布式大坝监测系统（用于碧口水电厂）

控制 MCU－30 型通用测控装置进行自动巡测和自动选测。PSM－R 型差阻式检测仪可用

于测量四芯或五芯差动电阻式仪器的电阻、电阻比、芯线电阻及埋入式铜电阻温度计的温度电阻，同时也可控制 MCU－30 装置和 RSU－60R 型差动电阻式仪器自动切换装置，实现自动巡测和自动选测。此外，还有 MCU－32R 型差动电阻式仪器测控装置，MCU－8 S 型步进电机仪器测控装置，LSP 雷电流保护器等装置的配备，增强了系统的实用性。

（四）美国 Geomation 2300 系统

黄河小浪底水利枢纽工程是我国特大型水利工程，只有实现工程安全监测的自动化，才能对工程进行实时有效监控和安全预报。为此必须建立一套可靠的安全监测自动化系统。经过广泛地对国内外知名厂商的自动化系统进行调研，又着重对美国 Sinco 公司的 IDA 系统和 Geomation 公司的 2300 系统及意大利 Ismes 公司的 GPDAS 系统作了深入技术经济比较研究，并派专家出国进行现场考察，工程设计选用美国 Geomation 公司的 2300 系统，如图 3－9－10 所示。2300 系统由连接传感器的测量控制单元 MCU、网络中继单元 NRU、网络工作站 NMS 及数据传输、通讯线路组成。2300 系统具有以下特点：

1）测控单元 MCU 内除配微处理器、通讯板、电源及 RS232 接口外，还有模拟信号、频率信号转换器，各种仪器接口板、激励电源、雷电保护和防水机箱等模块和部件，可直接与一般标准传感器和非标准化水电、土木工程采用的传感器相连接，包括差动电阻式、振弦式、脉冲式、差动变压器式、步进电机式及各种输出为电流、电压、电阻的仪器。南京自动化研究院生产的差动电容式垂线坐标仪和引张线仪已有专用接口板，可与 2300 系统 MCU 连接。

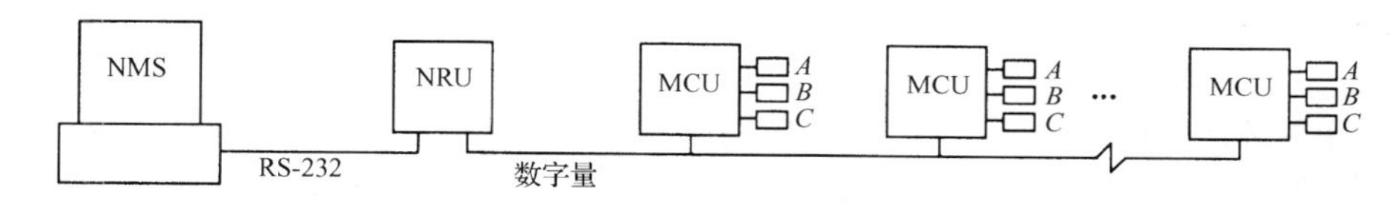

图 3－9－10　Geomation 2300 系统

NMS—网络工作站；NRU—网络中继单元；MCU—测量控制单元

2）2300 网络系统采用分布式智能结点驱动结构。以微处理器为基础配有时钟和标准操作系统的 MCU 结点，在系统内完全可以脱离 NMS 自主运行，具有测量、数据分析处理、控制及 MCU 之间的通讯功能。这不仅减小了中央控制单元的尺寸、费用和编程困难，也减少了电能消耗，同时更便于现场诊断和运行诊断。由于分散处理，抗干扰能力强，避免了在运行中由于局部（节点）出现故障或发生电源跌落、断电而产生全系统停运的事故，提高了系统的可靠性。

3）硬件、软件和微处理控制器都已标准化和模块化的 2300 系统，运用灵活，不受地形、距离和环境的制约，便于用户对自动化系统的配置。拥有 70～120 多个通道 MCU2350 系列和拥有 6～12 个少通道的 MCU2370 系列，可满足现场各测站仪器数量不均匀分布的布置要求，也节约一次电缆及设备的费用。而且系统规模不受限制。一个 MCU 可以自成一个系统。一个工程的各个监测子系统，如大坝、电站、边坡、泄水建筑物等监测系统可组成一个统一系统。一个流域、数座坝可组成一个大系统。同时系统的扩展和子系统的加入，可依工程需要而定，不会影响系统的原有部分。

4）先进完备的通讯功能，允许用户选择无线电、电缆、光纤、微波电话网络以及通讯卫星网络进行远程实时监控和数据传输。测控单元 MCU 和中继单元 NRU，可通过一对简单电缆连接来实现通讯。也可通过无线电联系在一起，可将测控网络扩展到不能安装通讯电缆的地方。2350 系列测控单元的通讯硬件及软件的适应性，使得点到点光纤信息联系能够实现。更进一步的网络适应性设计，是利用公共电话网来实现网络节点与节点之间的通讯。由于系统可用多种传输媒介进行实时监控和数据传输，就可以将分布于纵横数千里的数十座坝的小网络，组成一个可在河流管理中心及总部进行监控和数据传输的大网络。

5）系统的人机界面友好，编程、使用、升级和扩充都很方便。2300 系统的操作界面和工作站是一台台式或轻便的个人计算机，由自己开发的 Geonet 软件，是在工业标准 MS - DOS 操作系统下运行；也可在 DbaseⅢ，Plus 和 Lotusl - 2 - 3 * TM 等应用程序中运行。菜单驱动操作十分简单易学，用户可通过固定或便携的网络监视器上的菜单驱动指令，来对每个 MCU 进行测控；也可在网络监测站中对新的测控单元进行编程，输入参数，设置测量、控制、报警、自校、白诊断及通讯条件，对原有的测控单元进行程序的修改。

6）具有较高的可靠性和耐恶劣环境性。其关键部件均采用军用和工业级的 CMOS 电路，插头、插座普遍采用触点镀金连接方式，电路板也经特殊工艺处理，有可靠的防雷击保护和过载冲，击保护装置，因而能在温度 -30 ~ 70℃，湿度达 95% 的非常恶劣环境条件下，长期连续工作。系统为数值化网络系统，A/D 转换采用 20BITS 的器件，使系统整体具有相当高的精度。

7）易于安装维护，相对费用较低。传感器可直接接入 MCU 的接线柱，MCU 可简单放置在任何的工程环境中，不需特殊土建。MCU 之间只用 44mm^2 的二芯电缆或无线电连接。3300 系统采用标准接插件，维护非常简单，只要拔掉旧的，插入新的即可，不会延误系统运行。

小浪底水利枢纽工程安全监测自动化网络系统，由传感器→MCU（观测站）→NMS（网络监测站，即分中心）→监控中心组成（见图 3 - 9 - 11）。网络监测站分大坝监测站（NMSl）、泄水建筑物监测站（NMS2）和电站监测站（NMS3）。NMSl 承担大坝所属 MCU 及传感器，包括划归的北岸山体 MCU 及传感器的监测和管理，共计 17 个测站和 422 支传感器。NMS2 承担塔架、综合消力池及进出口边坡以及划归的北岸山体部分 MCU 和传感器的监测管理，共计 27 个测站、393 支传感器。NMS3 承担电站地下厂房以及划归的北岸山体部分 MCU 和仪器的监测与管理，共计 17 个测站、403 支传感器。为便于管理和减少电缆长度，所有的传感器电缆均就近引到观测站内。观测站分地下式（TS）和地面式（TH）两种，地下观测站设在地下廊道或洞室内，地面需建造观测房。网络监测站、观测站及传感器的配置见表 3 -9 -2。

小浪底枢纽工程各观测站的传感器一般比较集中，故多数采用 2350 系列的 MCU；有些观测站接入的传感器，在 6 ~ 12 支以下者则采用 2370 系列的 MCU。观测站 MCU 的功能为：多通道联结、A/D 转换；信号调节；数据采集、工程单位转换计算及统计计算；数据简单处理、检查、校核、临时存储、逻辑评价、报警限值校核；操作控制和通讯；以及自动诊断等。

3 个网络监测站均配 386 微机，打印机和绘图机各一台，并配套相应的操作软件（Ceo - net）、遥控软件（Geolink）和绘图软件（Geograph）。网络监测站的功能为：系统自动启动；数据自动采集（连测、选测、正常、加速）；输入人工读数或记录器读数；汇集所属 MCU 内存储的数据到 NMS 站中；监测数据检查、校核（包括系统硬、软件自查、数据可靠性的逻辑检查和数学模型检查）；显示、打印、绘图；数据存储、记录处理；仪器位置、参数和工作状态显示；安全监控、预报和报警；数据传输与通讯等。

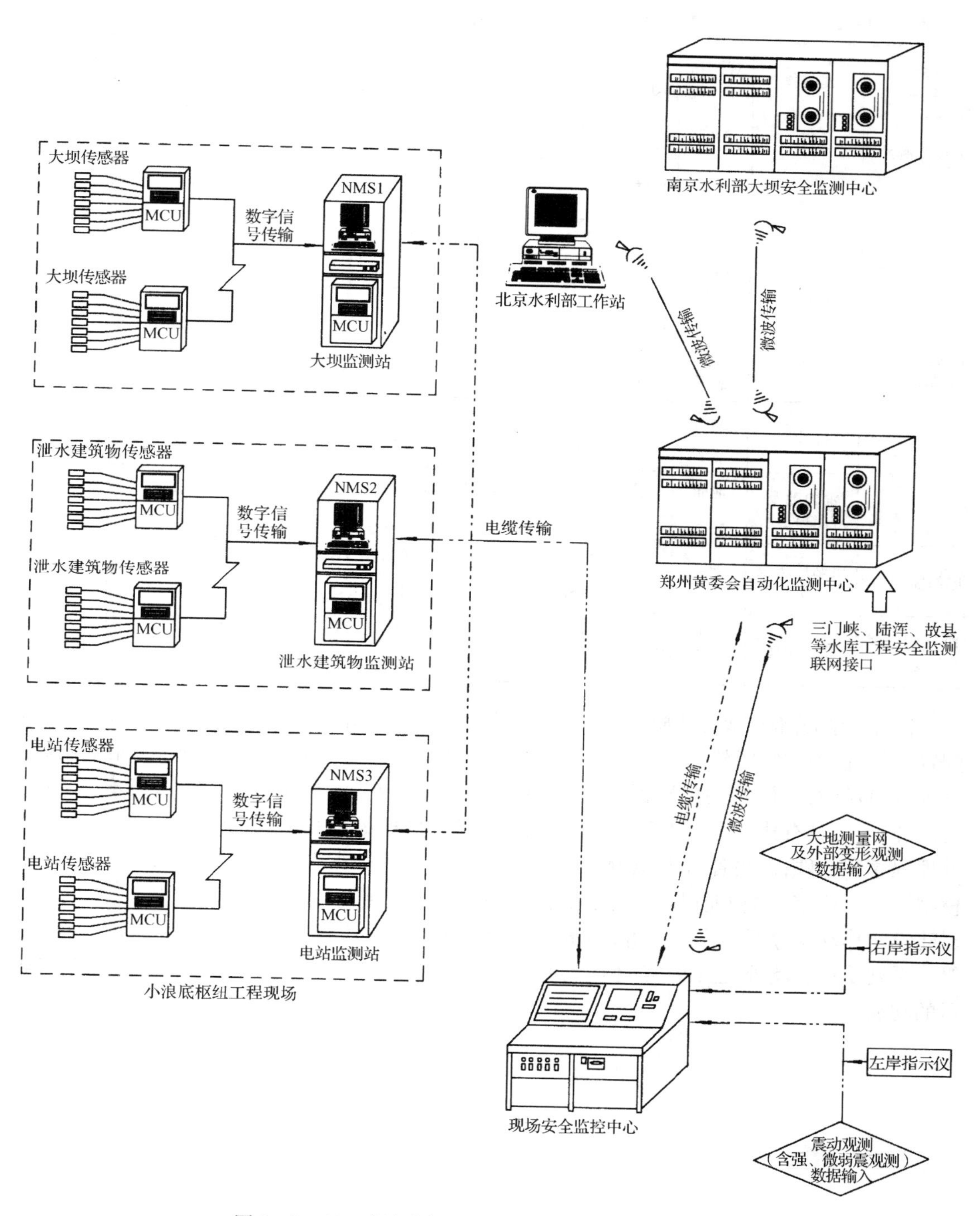

图 3-9-11　小浪底枢纽工程安全监测自动化网络示意

表 3-9-2　　小浪底工程网络监测站、观测站及传感器的配置明细表

网络监测站	建筑物	观测站形式	观测站数量	观测站编号	联网传感器数量
大坝监测站	大坝	地面	9	TH_1、TH_2、TH_3、TH_4、TH_5、TH_6、TH_7、TH_8、TH_9	221
		地下	6	TS_1、TS_2、TS_3、TS_4、TS_5、TS_6	185
泄水建筑物监测站	塔架	地面			
		地下	5	TS_{3-1}、TS_{3-2}、TS_{3-3}、TS_{3-4}、TS_{3-5}	143
	孔板洞	地面			
		地下	3	TS_{4-1}、TS_{4-2}、TS_{4-3}	0
	明流洞	地面	2	TH_{5-1}、TH_{5-2}	0
		地下	1	TS_{5-1}	0
	排沙洞	地面	1	TH_{6-1}	0
		地下	1	TS_{6-1}	0
	消力池及进出口边坡	地面	3	TH_{7-1}、TH_{7-2}、TH_{7-3}	35
		地下	3	TS_{7-1}、TS_{7-2}、TS_{7-3}	86
电站监测站	电站厂房及发电引水洞	地面	8	TH_{9-1}、TH_{9-2}、TH_{9-3}、TH_{9-4}、TH_{9-5}、TH_{9-6}、TH_{9-7}、TH_{9-8}	0
		地下	7	TS_{10-1}、TS_{10-2}、TS_{10-3}、TS_{10-4}、TS_{10-5}、TS_{10-6}、TS_{10-7}	383
划分到上述3个监测站	北岸山体	地面	7	TH_{2-2}、TH_{2-4}、TH_{2-5}、TH_{2-6}、TH_{2-7}、TH_{2-8}、TH_{2-9}	106
		地下	5	TS_{2-1}、TS_{2-2}、TS_{2-3}、TS_{2-4}、TS_{2-5}	59

监控中心配486微机、网络服务器、打印机、绘图仪，调制解调器及数字化仪各一台；并配置操作，控制和绘图软件一套。监控中心承担整个小浪底枢纽工程安全监测网络系统的管理，可直接对全网络的传感器、MCU、NMS进行监测、控制、通讯和诊断。除具有NMS的功能外，还应具有建立大型工程数据库和数据管理；脱机处理功能，并备有齐全的数据分析处理程序和软件；汇集各NMS监测站的数据和人工监测数据至中心数据库；具有建立数学模型（统计、确定）的功能；具有安全综合评估专家系统；绘制各种图表；采集强震、微震信息对建筑物作动态分析与安全评价；与水文水情、水电站监控自动化系统联网，实现信息共享等一系列功能。此外，监控中心还应具有向三门峡、郑州、南京和北京实现数据远传、双向通讯的功能。

第四章　岩土工程安全监测方法

第一节　监测工程施工组织设计

岩土工程安全监测仪器设备安装和施工期监测是监测工程的施工阶段。因此,需要做施工组织设计。

一、施工组织设计的依据和基本资料

编制施工组织设计时,应具备下列资料:

1）岩土工程的勘测设计文件,地形地质资料,工程布置图、体形图、测量图。

2）标书和有关图纸、技术规范。

3）工程施工组织设计文件、施工布置图、工期网络图。

4）监测工程设计文件、技术规范、仪器布置图、仪器种类、型号和数量。

5）与工程建设有关的文件。

6）有关规程、规范、定额。

7）新工艺、新技术资料。

二、施工组织设计内容

监测工程施工组织设计内容包括:

1）分析基本资料,进行现场考察,研究工程特点和施工条件。

2）选择施工程序和施工方案。

3）编制施工组织和作业循环图表。

4）编制施工进度计划。

5）计算临建工程量,编制仪器设备、材料、风、水、电、劳动力计划,技术的供应计划和质量安全计划。

6）绘制施工布置图、施工大样图。

7）编制设计报告和实施技术规程。

8）施工预算。

三、施工组织设计步骤

监测工程施工组织设计的步骤如图 4－1－1 所示。

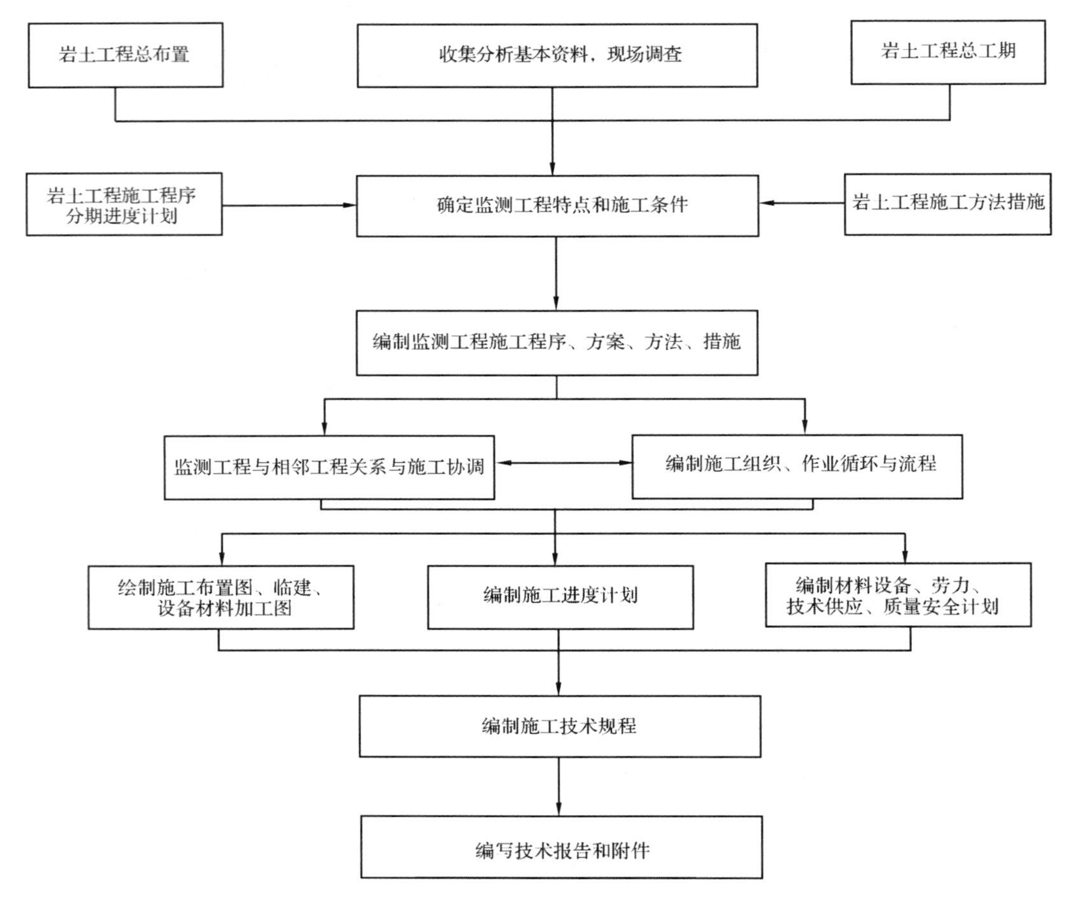

图 4-1-1　监测工程施工组织设计步骤框图

四、基本资料分析和现场调查

基本资料是进行施工条件分析，编制施工组织设计的主要依据。为了选择最优的施工技术方案，采用科学的施工方法，做好各种施工措施的准备，必须对基本资料进行详尽的综合分析研究和处理。

现场调查是综合分析资料、研究施工条件的重要手段。现场调查应贯穿在施工组织设计过程和监测工程施工的始终。

基本资料分析和现场调查要在熟悉岩土工程总布置和施工总工期的条件下进行，会有更明确的目标。

五、监测工程的施工特点和施工条件

监测工程本身是隐蔽性较强、精度和准确度要求较高的工程，同时又是穿插在总体工程之中，跟随总体工程施工始终的工程。基于这种特殊性，施工组织设计中，必须明确地确定它在某一岩土工程施工中的特点,为施工方案和施工程序的制定提供前提条件。

监测工程施工条件分析是监测工程施工质量、进度、安全的保证。对施工条件的研究,首先应详尽地分析研究工程所在地段的工程地质和水文地质条件和总体工程的施工程序,并预测施工中可能出现的问题和干扰。其次分析研究地形条件、工程布置和交通运输条件及风、水、电供应和材料供应条件。

六、监测工程的施工程序和施工方案

监测工程施工程序有总体程序和工艺程序。选择合理的施工程序是确保施工质量和安全、缩短工期、降低造价的关键所在。监测工程的施工程序包括:施工准备、土建工程施工、临建工程施工、材料设备加工、仪器设备检验率定、仪器组装与电缆连接、仪器设备安装埋设、观测电缆走线工程施工、终端及自动化系统安装调试、观测资料整理分析、施工期观测与反馈、编写施工竣工图与竣工报告、工程验收等项目。质量与安全控制贯穿在每道工序各个环节之中。

编制施工程序应考虑岩土工程总进度计划和施工程序的协调平衡,避免冲突和干扰;确保初期监测和施工监测能够取得时间和空间上连续的全过程的资料;避免仪器设备损坏,确保仪器设备安装埋设的质量要求。

在选定施工程序的基础上,从上述施工工序项目作业衔接上组合多种施工方案进行比较,根据每个阶段和每个部位的施工条件,因地制宜地择优选用。

七、施工组织与作业循环流程

一个大型监测工程,需要合理地组织施工,并按照工作面条件和与附近工程施工的关系编制顺序作业、平行作业或平行流水作业的循环图表。

八、施 工 进 度 计 划

监测工程实施计划,应根据工程总体计划来制定。它应满足工程总进度和总安排。总体施工网络应反映监测工程所需时间。监测工程的实施在满足工程总体施工的前提下来考虑各项工作的安排。监测工程实施计划应包括组织机构、人员培训、仪器和材料购置、零附件加工、仪器检查率定、电缆连接、仪器安装、观测等主要工作计划;编制施工进度计划、绘制进度网络图、施工方法及措施、仪器设备与工程规模相适应的材料购置计划、材料设备加工计划、劳动和人员安排计划、质量控制计划、技术供应计划和安全防护措施。

单项监测实施进度,必须根据整个工程的进度来制定。如:要适时地实施,必须满足安全监测的要求;开挖工程常常要先埋好仪器后开挖,混凝土浇筑时,考虑由有利于保护仪器和埋设方便来决定;工程的实施要考虑监测仪器的安装、埋设工序的合理要求;监测仪器的安装、埋设如与施工相干扰时,不要无故拖长时间而延误工期。

监测工程开始实施时,要按标书要求的型号、规格尽早地向厂商询问其生产仪器的规格及报价。选择好厂商，只要资金落实，就尽快地签订购置合同，并要求迅速运到工地。购置仪器的数量，应考虑搬运、安装及施工过程的损坏量。一般情况下考虑损耗率为5%（注：不包括产品本身的不合格量）。因此，要求产品必须满足各项指标。根据工程的需要，要求产品有使用保证期，特别是对那些安装埋设后不易更换的仪器。订购仪器设备时，必须有此条款的要求。不能满足使用期要求者视产品不合格。

监测工程的组织机构应根据工程规模来考虑人员多少。复杂的工程分专业组，由对监测工作有经验的工程师领导，由若干有实践经验的专业人员组成。一般人员也应经过专业培训之后上岗。一般设技术、质量安全、财务、物资供应、生活等管理。技术管理还可分组（如室内率定组、现场安装组、零附件设计组等）。小工程也应有这方面机构，但可兼职管理。

监测工程专业技术性强，新来人员必须经专业培训，可分长期、中期、短期培训。长期为半年以上，中期为1个月至6个月，短期为1个月内。一般人员可通过短期培训。进行培训只针对所承担的监测工作，如介绍本工程特点，所设的监测仪器种类，仪器的基本原理，检查率定方法，熟悉有关的规程、规范，仪器现场安装的工序及注意事项，观测资料的整理等。做到参加人员对该工作的一整套工序有比较透彻的了解，并能掌握各种仪器操作要领，使之做起来不会出现大的或原则性的误操作。经培训后仍不合格者，不得独立进行操作。

九、施 工 技 术 规 程

为保证监测工程严格地遵循有关的规程规范，确保监测工程保质保量完成，预期实现工程安全、质量要求的监测目的，为日后工程技术理论分析提供可靠的数据，使仪器正常发挥作用，需要编制一套现场实施技术规程。

（一）技术规程的编制原则

1）现场施工技术规程应根据设计要求和现行的有关规程、规范、技术标准编制。

2）技术规程的类别与项目应与施工程序内容一致。

3）内容应具体到工艺程序和标准，切实可行。

4）规定的技术要求应给执行者留有余地和随机量。

5）技术规程应包括对影响安全和质量的因素提出控制要求。

（二）技术规程的内容

1. 土建工程施工技术规程

土建工程施工技术规程包括钻孔、开挖、灌浆、浇筑等。

（1）监测工程仪器孔　编制的内容包括，打孔机械、孔位、钻孔个数、孔径、孔深、孔内是否冲洗、孔壁光滑度、是否下套管、孔斜率，工期，孔口装置及注意事项等。

（2）仪器孔注浆　注浆方式、砂灰比、浆液浓度、与仪器安装的配合方式、注浆前后的处理，对仪器的保护及灌浆、进浆标准等。

2. 仪器设备组装率定技术规程

（1）仪器的率定　应写明率定时使用的仪器、工具，率定时的拉压量分级数，循环次数，率定方法及要求,率定后的计算,率定后对仪器质量判断的标准。

(2)仪器的电缆连接　对电缆本身质量的要求、芯数、连接方式、接线前后的检查方式和质量标准。

(3)仪器附件要求　设计加工的原则要考虑尺寸大小要求,使用材料,达到的性能。

3. 仪器设备安装埋设技术规程

仪器的安装、埋设,要求写明安装埋设时现场应具备的条件,埋设时注意事项(特别是可能会发生质量和安全事故的问题),埋设步骤,工艺要求和标准,环境要求,工具、材料及附件的要求,仪器保护及电缆走线要求。

4. 观测及资料整理分析技术规程

技术规程中,提出观测频率的确定原则与方法;资料的处理和资料整理分析方法与要求;各种监测报告的编写要求。

此外,在技术规程中,对监测工程施工有影响的施工条件提出有限定要求的文件。

十、施工组织设计的经济条件

监测单位与业主签订承包监测工程的合同,应力求尽早签订,以便于监测实施单位有充分时间作好监测工程的各项准备。

要落实实施监测工程的经费。一般监测工程都属于总工程的一个子项工程,费用有时没有细分出来,或没有将监测工程的各子项经费细分。在签订合同之前必须将经费明确并划定实施时的报量单位及单价。业主应按时付款,若逾期付款应按同期银行最高汇率偿还,或按约定的违约条款偿还。

明确付款方式、付款时段。一般开工时预付款为整个监测工程的10% ~30%,而后按各时段完成的工程量报量付款,付款扣出相应比例的预付款。应允许扣除报量费用的5%作履行合同的保证金,该保证金待监测工程保证期满后还给监测工程承包商,并按银行规定付给利息。

十一、监测工程施工监理要求

1)监测项目合同签订后,承包单位在进场前应将进驻工地的专家简历和其他人员的情况报建设监理单位审批,并按监理单位审批后的人员进场。

2)监测项目承包单位驻工地人员中至少有一位经过监理单位批准的专家,专家资格应具备:至少有五年安全监测仪器安装、埋设、观测、资料整理分析的经历;至少在一个类似工程监测系统中负责过安全监测仪器的埋设安装、观测、资料分析的工程师以上职称。

3)监测项目承包单位应于该项目(单位)工程开工前30天,将施工实施计划报送监理单位审批,同时申请工程开工。实施计划应包括:

a)仪器布置及埋设详图(仪器埋设安装大样图,以及设备安装的施工辅助性设计图等)。

b）施工进度计划及网络图。

c）施工方法及措施。

d）仪器设备、材料及人员安排计划。

e）安全防护措施。

f）其他。

上述计划一式二份，经监测项目负责人签署后送监理单位审批。

单位工程一般以一个合同作为一个单位工程或项目工程，一个合同的内容较多，有外观变形监测、内观应力应变及温度监测、渗流监测、岩体监测、水力学、振动监测等，可将每一种监测作为分项工程或单位工程。分项工程中的每一种仪器可视为单元工程。

4）监测项目承包单位收到监理单位审批的单位工程开工申请书后，按安全监测技术规范和设计要求进行仪器设备埋设安装前的准备工作。

5）各单项工程开工前20天，监测项目承包单位应向监理单位申请分部（分项）工程开工申请单。需要钻孔的监测项目应同时申请监测仪埋钻孔开工申请单。

6）监测项目承包单位在进行各类仪器检验、电缆联接时，应通知监理单位派人进行监理，当监理工程师认为有违反规范和操作规程时，应按监理工程师的意见进行修改。

7）各类仪器安装前10天，监测承包单位应将仪器设备清单及检验结果（包括仪器制造厂家、说明书、仪器厂家参数和检验参数、防水性能、电缆联接等资料）一式三份，经承包单位负责人签署后，送监理单位审查，当监理单位认为不合格时，应按监理工程师的意见修改，重新检验或更换仪器。只有监理工程师审批后的仪器才能进行埋设安装，否则监理工程师可拒绝验收和付款。

8）各类仪器埋设安装时，监测项目承包单位应提前二天向监理单位申请仪器埋设，并通知监理单位派人到现场进行监理。仪器埋设时承包单位应填写仪器埋设清单，并请监理工程师签字验收，验收后的清单作为结算付款依据。仪器埋设安装过程中如有违反规程规范和设计图纸现象，监理工程师有权制止，施工单位应按监理工程师的意见修改。否则监理工程师拒绝验收签字和付款。

9）各类仪器安装埋设人员必须是经过培训，并取得上岗资格的人员，埋设时应佩带资格证明，以备监理人员抽查。仪器埋设安装时至少应有一名专业工程师在场。

10）仪器安装埋设后至移交前，承包单位应加强观测设施的维护和保养，保证各项安全监测设施的正常运行。

11）监测仪器安装埋设完毕后，承包单位应严格按安全监测技术规范中的观测频率进行观测。观测时必须二人以上，且为经过培训并取得上岗资格的人员。观测人员应具有处理观测中出现的一般异常情况的能力，不得聘用临时工单独进行观测工作。

12）观测原始记录应为正规的观测记录表格，不得用其他表格和记录本代替，原始记录必须在现场用铅笔或钢笔填写，填写时发生错记不得涂改，应用铅笔或钢笔将错处直线划掉，然后在右上角填写正确记录；对有疑问的记录应在左上角标识记号，并在备注栏内说明原因，不得无故漏测。

13）施工承包单位应及时整理资料，每月月底前将监测成果报送监测单位，每年进行一次资料整编分析，观测成果报监理单位及建设单位（业主）。

14）施工承包单位应根据业主计划，监理单位的控制性进度计划，结合施工进度，必须在每年年前20天向监理单位送交下一年的施工进度计划，每季度前10天，每月开始前5天送交下季度、下月的施工进度计划，并报当月计划完成情况，其内容应包括：

a）当月完成的工程量（指仪器安装数量）、下月的进度计划和预计完成的工程量。

b）主要仪器设备材料供应计划和当月消耗情况。

c）当月在场施工人员数量和下月施工人员计划。

d）工程价款结算情况（指当年、季、月）以及下期（指计划年、季、月）预计完成工程量和投资。

e）其他需要说明事项。

15）审查批准的施工进度计划，是作为施工承包单位申请开工（仓）、要许可证和申请工程支付的依据之一。

16）单元工程的检查及其开工（仓）签证是工程质量控制的最基本环节，是工程质量等级评定的基础。施工承包单位施工班组“自检（初检）”、施工队或专职质检员“复检”、施工承包单位质检机构“终检”后送监理单位进行单元工程检查签证。单元工程检查签证的主要任务是检查单元工程（或工序）的质量，并对工程质量进行评定，以及确定后续工程（或工序）能否开工（仓）。单元工程检查的主要成果是签发施工质量终检合格（开工、开仓）证及单元工程质量评定表。

现场施工设计：安全监测工程按惯例，设计图纸均由设计单位提供。一般供图程序是：设计单位将设计文件（图纸、技术要求、修改设计通知等）送交建设单位（业主），业主批转监理单位，监理单位审查确认和签字后送交施工单位施工。未经监理单位审查确认和签字并盖监理单位公章的图纸，施工单位不能作为依据，否则监理有权拒绝支付。

第二节　监测仪器现场检验与率定

一、监测仪器检验率定的目的

岩土工程使用的传感器多为计量仪器，在以下情况下应作再次率定：

1）存放一年以上未使用的在使用前须重新率定。

2）使用年满一年的各类读数仪表。这类仪器一般现场无率定条件，可送厂家或送当地具有率定资质和条件的单位委托率定。

3）对业主有特殊要求的传感器可作现场参数检验率定，率定设备、率定方法、参数计算方法等可按有关仪器标准执行。以下作常用仪器率定方法，供参考。

由于监测仪器大多在隐蔽的工作环境下长期运行。仪器一旦安装埋设之后，一般无法再进行检修和更换。因此，需对仪器进行检验和率定。其主要的任务是：

a）校核仪器出厂参数。

b）检验仪器工作的稳定性。

c）检验仪器在搬运中是否损坏。

二、监测仪器现场检验内容

监测仪器运到现场必须检验，具体检验的内容是：

1）出厂时仪器资料参数卡片是否齐全，仪器数量与发货单是否一致。

2）外观检查。仔细查看仪器外部有无损伤痕迹，锈斑等。

3）用万用表测量仪器线路有无断线。

4）用兆欧表测仪器本身的绝缘是否达到出厂值。

5）用二次仪表试测一下仪器测值是否正常。

经检验，若有上述缺陷者暂放一边，待以后详查。如发现有缺陷的仪器较多应退货或与厂商交涉。

6）有条件的可作简易率定。

三、仪器的率定

岩土工程使用的传感器多为计量仪器，在以下情况下应作再次率定：

1）存放一年以上未使用的在使用前须重新率定。

2）使用年满一年的各类读数仪表。这类仪器一般现场无率定条件，可送厂家或送当地具有率定资质和条件的单位委托率定。

3）对特大型重点项目的重点部位或业主有特殊要求的传感器可作现场参数检验率定，率定设备、率定方法、参数计算方法等可按有关仪器标准执行。

目前我国使用的监测仪器主要有差动电阻式仪器，通常使用的有：大小应变计、钢筋计、测缝计、渗压计、温度计、应力计、土压计等，二次仪表均为水工比例电桥。率定的内容有：最小读数(f)、温度系数(α)、绝缘电阻(防水能力)。各种仪器的具体率定方法如下：

(一) 差动式应变计率定

1. 最小读数(f)率定

(1) 率定设备及工具　大小校正仪各1台，水工比例电桥1台，活动扳手2把，尖嘴钳1把，起子1把，记录表(例如表4－2－1)。

(2) 率定准备　在记录表中填好日期、仪器名称、仪器编号、率定人名。按仪器芯线颜色接入水工比例电桥的接线柱，测量自由状态电阻比及电阻值。将大应变计放入校正仪两夹具中，用扳手旋紧螺丝将两端凸缘夹紧。拧螺丝时，四颗要同时缓慢地进行，边紧螺丝边监视电阻比的变化。仪器夹紧时，电阻比读数与自由状态下电阻比之差值应小于20。否则，放松后重按上述进行。而后，将千分表放入固定支座内夹紧，但须注意让千分表活动伸缩杆能自由移动为限。移动千分表支座，使千分表活动杆顶住仪器端面，并顶压0.25mm之后，固定千分表支座，转动表盘使长针指零。摇动校正仪手柄，对仪器预拉0.15mm，回零再压0.25mm。这样往返3次之后，可正式进行率定。

(3) 正式率定　开始时，千分表盘上的小针指0.05(mm)，长针指零。摇动校正仪手柄，每拉0.05(mm)读一次电阻比，并记入表4－2－1内。拉三次后反摇手柄分级拉压。每级仍为0.05mm读一次。再继续反摇手柄，使仪器压0.05(mm)读一次电阻比，照此继续使仪器压至0.25mm后又分级退压直到回零。完成一个循环的率定，即可结束该支应变计的率定。取下仪器，测量率定后自由状态电阻比及电阻值。小应变计率定步骤同上，拉伸范围为0.06mm，压缩范围为0.12mm。

表4-2-1　　应变计率定记录

率定前自由状态		率定后自由状态	电桥编号	1#	0.5级压力表编号		仪器型号	DI-250
电阻比	10155	10151	0级千分表编号		万能试验机编号			
电阻值	78.12	78.27	0级百分表编号		校正仪部编号	1#	仪器编号	99216

千分表读数		电阻比数值											
仪器受压状态	-250		9838		9838		9888		9888	58	9888		
	-200									9946 55	9945		
	-150									10001 57	9999		
	-100									10058 56	10058		
	-50									10114 56	10112		
仪器受拉状态	0	10170	10169	10170	10169	10170	10169	10170	10169	10170 56	10169	10170	
	+50									10226 59	10226		
	+100									10285 56	10285		
	+150	10340		10341		10341		10341		10341			

$\Delta Z = Z_{max} - Z_{min}$	453	绝缘试验(MΩ)	0℃冰水中	≥200	温度试验	温度	0℃		60℃		仪器使用参数			
$\Delta Z = \Delta Z/n$	56.6		60℃水中	≥200			实测	计算	实测	计算	0℃电阻比	10121	负温度系数	5.11
直线性次数	5		0.5MPa水中	≥200		R	75.87	75.80	88.64	88.59	R_0计算值	75.80	灵敏度	3.53
重复性次数	1		试验时室温	≥500		Z	10121		10270		正温度系数	4.69	温度补偿系数	11.3

率定者：　　　　　　　　　　　　　　率定日期　　　年　　　月　　　日

（4）率定后最小读数的计算：

$$f = \frac{\Delta L}{L(Z_{max} - Z_{min})} \tag{4-2-1}$$

式中　ΔL——拉压全量程的变形量，mm；

L——应变计标距长度，mm；

Z_{max}——拉伸至最大长度时的电阻比，0.01%；

Z_{min}——压缩到最小长度时的电阻比，0.01%。

率定结果，f值相差小于3%认为合格。

（5）直线性a的计算：

$$a = \Delta Z_{max} - \Delta Z_{min} \tag{4-2-2}$$

式中　ΔZ_{max}——实测电阻比最大级差，0.01%；

ΔZ_{min}——实测电阻比最小级差，0.01%。

若$a \leqslant 6(\times 0.01\%)$为合格。

2. 温度系数率定

差动电阻式应变计对温度很敏感，它可兼作温度计使用。计算应变时须用温度修正测值，因此，应率定温度系数。

（1）率定设备及工具　恒温水浴一台，水银温度计1支（读数范围为－20～50℃，精度0.1℃），水工比例电桥1台，千分表1块，扳手2把，记录表若干张。

（2）率定步骤：

1）将若干冰块敲碎，冰块小于30mm备用。

2）恒温水浴底均匀铺满碎冰，厚100mm，把仪器横卧在冰上，仪器与浴壁不能接触，再覆盖100mm厚的碎冰，仪器电缆线按色接上电桥的接线柱，把温度计插入冰中。向放好仪器的碎冰槽内注入自来水，水与冰的比例为3: 7左右，恒温2h以上。

3）0℃电阻测定每隔10分钟读一次温度和电阻值。并记下测值。连续三次读数不变后，结束0℃试验。得到零度时的电阻值（R_0）。

4）再加入水或温水，搅动使温度升到10℃左右，恒温30分钟。保持10分钟读一次温度和电阻。连续测读了三次，结束该级温度测试。再加入温水搅匀，使温度保持恒温后读数。按上述办法，测四级。

（3）温度系数α的计算：

$$\alpha = \frac{\sum_{i=1}^{n} T_{\mathrm{i}}}{\sum_{i=1}^{n} (R_{\mathrm{i}} - R_0)} \tag{4-2-3}$$

式中　T_{i}——各级实测温度，℃；

R_{i}——各级实测电阻值，Ω；

R_0——零度电阻值，Ω。

（4）温度T的计算：

$$T = \alpha \times (R_{\mathrm{t}} - R_0) \tag{4-2-4}$$

式中　R_{t}——计算温度时用的电阻值，Ω；

其余符号意义同上。

如果率定温度与式（4－2－4）的计算温度之差小于0.3℃以下，则认为合格。

3. 防水试验

（1）试验设备及工具　压力容器、压力表、进水管、排水管、排水阀、手动或电动压水试验泵、水工比例电桥、兆欧表、扳手等。

（2）试验步骤：

1）用兆欧表测仪器绝缘度。将绝缘值大于50MΩ的仪器放入水中浸泡24小时之后，测浸泡后的绝缘值。若浸泡后绝缘值下降，视为不能防水。

2）将初检合格仪器放入压力容器，把电缆线从出线孔中引出，将封盖关好。用高压皮管将泵与压力容器连接，启动压力泵，使高压容器充水，待水从压力表安装孔溢出，排出压力容器内所有的空气后，再安装上0.2级的标准压力表。拧紧电缆出线孔螺丝。

3）试压水。可加压到最高试验压力，看密封处是否已封好。打开回水阀降压至零。如没有封堵好，处理好后再试压，直至完全密封不漏水为止。

4）把仪器的电缆按芯线颜色接到水工比例电桥上。

5）按最高水压分为4～5级（等分）。从零开始，分级加压至最高压力后，又分级退压，直到回零。各级测读一次电阻比，并记录到正规的记录表中。完成上述试验，循环后结束。

6）用500V兆欧表测仪器的绝缘电阻。绝缘电阻大于50MΩ为防水性能合格。

（二）钢筋计率定

钢筋计的率定有最小读数的率定，温度率定，防水检验等。

1. 最小读数率定

（1）率定的设备及工具　主要设备为万能材料试验机。

（2）率定步骤：

1）把仪器电缆按芯线颜色接到读数仪的接线柱上。测量钢筋计的自由状态电阻比及电阻值。

2）将钢筋计与拉压接手相连。两端夹在万能材料试验机上。

3）由万能材料试验机的工作人员操作。按仪器规格决定最大拉力，分4～5级预拉，退零，重复三次。

4）等分4～5级拉到最大拉力后，分级退回零处，每级都测读电阻比，记录。

5）取下仪器，去掉接手，测量仪器的自由电阻比。

（3）直线性a的计算：

$$a = \Delta Z_{max} - \Delta Z_{min} \tag{4-2-5}$$

式中　ΔZ_{max}——前级Z值减后级Z值之差的最大数，0.01%；

ΔZ_{min}——前级Z值减后级Z值之差的最小数，0.01%。

若$a \leqslant 6(\times 0.01\%)$为合格。

（4）重复性a'的计算　a'为加荷卸荷两次率定过程同档位两个电阻比的最大差值。$a' \leqslant 6(\times 0.01\%)$为合格。

（5）最小读数f计算：

$$f = \frac{F}{S(Z_{max} - Z_0)} \tag{4-2-6}$$

式中　F——最大拉力，kN；

S——钢筋计算标准断面面积，cm^2；

Z_{max}——最大拉力时的电阻比，0.01%；

Z_0——拉力为0时电阻比，0.01%。

2. 温度率定

钢筋计的温度率定与应变计的温度率定方法相同。

3. 防水检验

钢筋计的防水检验与应变计的防水检验方法相同。

（三）测缝计率定

测缝计率定主要作最小读数f、温度系数α、防水性能检验三个方面的率定。

1. 最小读数f的率定

（1）率定设备及工具　校正仪一台，量程为50mm的百分表一只，水工比例电桥一台，扳手2把，起子一把。

(2) 率定步骤：

1）在记录表上填好仪器编号，校验日期，人员。把测缝计的电缆线按芯线颜色相应地接入水工比例电桥的接线柱上，测量仪器自由状态下的电阻和电阻比。

2）把测缝计放入校正仪两夹具中，用扳手上紧，必须两端同时进行，并且在紧螺丝时要观测电阻比的变化。使夹紧后的电阻比接近自由状态下的电阻比，差值不得大于20（×0.01%）。否则，放松后重新夹紧。

3）把百分表放进校正仪的表架上，移动表架使百分表的活动杆顶住测缝计的一端中部，根据测缝计的量程来决定预压长度，使百分表内小指针指到中部位置后固定，调整表盘，使长针指零。

4）摇动率定架手柄，对仪器预拉到仪器最大拉伸长度后，反摇手柄，回零。继续反摇，压缩仪器到最大压缩长度。反摇手柄，回零，如此反复进行三次。

5）记录下仪器未拉压前的电阻比，分级拉压仪器，级数为4～5级，每级拉或压都测一次电阻比，记入表中，结束率定。

(3) 最小读数f的计算　直线性a及重复性a'的计算，计算公式同应变计。由于测缝计量程不同，误差允许值不同。CF－5型$a \leqslant 6$（×0.01%）$\geqslant a'$，为合格；CF－10型$a \leqslant 10$（×0.01%）$\geqslant a'$，为合格。

2. 温度系数α率定

测缝计温度系数α的率定方法与计算完全与应变计同。

3. 防水检验

测缝计的防水检验原则上与应变计同。但由于测缝计长、断面大，在高压水中纵向受压时易使仪器损坏。因此，需用钢度大的钢板焊上夹具，把两端夹紧后，放入高压容器。

（四）渗压计率定

渗压计需作最小读数f的率定，温度系数α的率定，防渗检查。

1. 最小读数f的率定

(1) 率定设备及工具　活塞式压力计或手摇水（油）泵，0.35级标准压力表，读数仪，起子，记录表。

(2) 率定步骤：

1）在表格上填好校验日期、人员。将渗压计电缆按芯线颜色相应地接到读数仪表的接线柱上，记好仪器编号。

2）把渗压计进水口螺丝与油泵螺纹旋紧，必要时加止水垫圈，装上压力表。油泵用干净的变压器油，排除油管内空气后与仪器连接。

3）试压3个循环后，分4～5级加压和减压，测读各级压力下的读数，作一个循环后结束。

(3) 按有关标准的计算方法　计算最小读数(f)、计算直线性a和重复性a'，其计算方法与应变计同。

2. 温度系数α的率定

渗压计温度系数率定方法与应变计同。

3. 防水检验

渗压计防水检验的设备、检验方法与应变计同。

（五）差动电阻式读数仪的率定

差动电阻式读数仪是测定差动电阻式仪器的读数仪表，它的准确性直接影响所测的精度，必须经常进行率定，最好每次观测前率定一次。电桥率定器每年应送厂家鉴定一次。率定方法可参照说明书。

1. 率定器法率定

（1）检验设备和工具　电阻比电桥率定器一台，100V 直流兆欧表一台，QJ－103 型双臂电桥一台。

（2）绝缘检验　将电桥“ε、t”开关指向“ε”，“3，5”开关指向“5”，检流计阻尼开关指向“关”。用兆欧表的一根火线接电桥“黑”（或白）接线柱，地线接电桥面板，如环境相对湿度在 80% 以下，兆欧表指出值大于 200MΩ，则表示合格。

（3）零位电位和变差检查　将电桥面板反面置放，使内部线圈向上，将可变电阻全部转向零位。将双臂电桥的 P_1，C_1 两引线接到白接线上，P_2，C_2 两引线接可变 R 与 50Ω 固定电阻的焊接点处，注意不使鳄鱼夹相碰。旋转双臂电桥滑线电阻使双臂电桥平衡，双臂电桥测值即为比例电桥的零位电阻。零位 0.01Ω 为合格。将可变电阻的 4 个旋扭转三圈，再测零位电阻，前后两次零位电阻测值之差不得大于 0.002Ω。

（4）准确度检验　进行电桥电阻比检验时，首先将电桥与率定器相应的接线柱用专用连接片接好，旋转率定器及电桥各旋转三次，以后将电桥可变电阻臂的“×1”、“×0.1”、“×0.01”三档置于零位。对“×10”档进行检验。将电桥“ε、t”开关指向“t”，再将率定器“Z”旋扭置于“R”位置，“R”旋扭置于“L”，调节电桥的可变电阻使“×10”档置于“L”，按下电源开关，记录检流计指针的偏转角 α 后，将桥面电阻旋扭转到“×0.01”档，使电阻增加 0.01Ω 再记录检流计指针偏转角 α'，$\alpha_{\mathrm{T}}=\alpha'-\alpha$，则“×10”档的误差 $\Delta=\dfrac{\alpha}{\alpha_T}\times0.01\Omega$，以后用同样的方法将“×10”档由 2 至 10 逐一检验。

对“×1”档进行检验。将电桥“ε、t”开关指向“ε”，将电桥率定器“R”旋扭置于“Z”，使“Z”旋扭置于“0.95”，将电桥“×10”档置于“9”，“×1”档置于“5”，“×0.1”档和“×0.01”档置于“0”，按下电源开关，记录检流计指针偏转角 α，再将电桥“×0.01”档置于“0”，按下电源开关，记录检流计指针偏转角 α，再将电桥“×0.1”拨进一档，使可变电阻增加 0.01Ω，记录检流计偏转角“α'”，则得检流计常数 $\alpha_{\mathrm{T}}=\alpha'-\alpha$。如此，则“0.95”档的误差为 $\alpha/\alpha_{\mathrm{T}}\times0.01\%$。用同样的方法检验“0.96”至“1.05”等 10 档。

对“×0.1”，“×0.01”档的检验，这两档电阻值小，其误差不影响电阻和电阻比测值。检验的目的只是查明电阻是否有假焊和接触不良。检验结果记入电桥检验记录表（例如表 4－2－2）。

2. 简易法率定

水工比例电桥检验的简易方法，仅采用一般的比例电桥即可求得被检验的比例电桥在量测电阻比时的绝对误差，以及在测量电阻时的相对误差，从而满足实用的要求。用比例电桥作媒介的作法是：当以 A 比例电桥为媒介进行检验时，必须使 A 电桥的固定电阻 M_{A} 与可变电阻 R_{A} 形成如比例电桥盖内的线路图中的 R_1 及 R_2 的两比例臂，然后与被检测的 B 电桥相连接。其具体接线方法可以从线路图中看出，接线柱 1.5 为 M_{A} 与 R_{A} 相串联的两端，

如果从 M_A 与 R_A 之间引出一线，即可形成比例臂，为了避免损伤仪器的焊接点，可把 A 电桥的电池去掉，将正负两极连通，将“ε”按钮接上，并将转换开关“ε、t”扳向“ε”处，即可接 3 号接线柱。

表 4－2－2　　电桥检验记录表

电桥编号 98001　　零位电阻 0.0045Ω　　变差 0.0002Ω

率定器编号 1#　　检验温度 12℃　　检流计灵敏度 0.35mm/0.01%

湿度 80%　　绝缘电阻 200MΩ　　检验日期　　年　　月　　日

电阻比				电阻×10					×0.1		×0.01	
检验值	α	α_T	误差$\frac{\alpha}{\alpha_T}$（×0.01%）	检验值	Δ	α	α_T	误差$\frac{\alpha}{\alpha_T}\times 0.01\%+\Delta$	检验值	α	检验值	α
0.95	5	60	0.08	1	－0.001	24	45	0.004	1	正常	1	正常
0.96	10	60	0.17	2	－0.002	10	38	0.001	2	正常	2	正常
0.97	8	60	0.13	3	－0.002	4	30	－0.001	3	正常	3	正常
0.98	7	60	0.12	4	－0.002	－7	168	－0.002	4	正常	4	正常
0.99	5	60	0.08	5	－0.003	－25	132	－0.004	5	正常	5	正常
1.00	8	60	0.13	6	－0.003	－35	109	－0.006	6	正常	6	正常
1.01	6	60	0.10	7	－0.003	36	94	－0.007	7	正常	7	正常
1.02	7	60	0.12	8	－0.004	－42	80	－0.009	8	正常	8	正常
1.03	10	60	0.17	9	－0.004	－47	71	－0.011	9	正常	9	正常
1.04	9	60	0.15	10	－0.004	－49	64	－0.012	10	正常	10	正常
1.05	7	60	0.12									

检验者　　　　　　　　记录者

转动 A 电桥的可变电阻 R_A，即可对 B 电桥的不同档位进行检验，交换接线柱 1、5 就相当于反测。

求算比例电桥量测的固定电阻 M 的误差基本公式：

$$M = \sqrt{R'B - R''B} \tag{4-2-7}$$

式中　$R'B$——实测 B 电桥的电阻值，Ω；

$R''B$——反测 B 电桥的电阻值，Ω。

误差 Δ(Ω)的计算：

$$\Delta = M - 100 \tag{4-2-8}$$

例如表 4－2－3 中的固定电阻为 99.96Ω，因而电阻比误差为固定常量 －0.04%，这为正常。反之，当检验结果 M 误差为变量时，表示电桥已不能使用。

表 4－2－3　　用比例电桥作媒介检验电桥电阻比

72#	102#电桥实测电阻		102#实测电阻增量		102#固定电阻计算值	102#电阻比误差
R_A(Ω)	正测 R'_B	反测 R''_B	正测 $\Delta R'_B$	反测 $\Delta R''_B$	M_B	%
96.00	96.05	104.03	1.00	1.07	99.96	－0.04
97.00	97.05	102.96	1.00	1.05	99.96	－0.04
98.00	98.05	101.91	1.00	1.03	99.96	－0.04
99.00	99.05	100.88	1.00	1.01	99.96	－0.04
100.00	100.05	99.87	1.01	1.00	99.96	－0.04
101.00	101.06	98.87	1.00	0.97	99.96	－0.04
102.00	102.06	97.90	0.99	0.94	99.96	－0.04
103.00	103.05	96.96	1.00	0.93	99.96	－0.04
104.00	104.05	96.03	1.00	0.91	99.96	－0.04
105.00	105.05	95.12			99.96	－0.04

四、振弦式仪器率定

目前岩土工程监测主要使用的振弦式仪器有应变计、位移计、钢筋计、压力盒。

（一）应变计率定

1. 灵敏系数 K 值的率定

（1）率定设备及工具　率定架一台，千分表一块，8″扳手二只，起子一只，钢弦频率计一台。

（2）率定步骤：

1）在表 4－2－4 上填写好率定日期、试验者、仪器编号、自由状态下频率。

2）将钢弦应变计放入率定架夹头内，扳手将仪器两端夹紧前后的频率变化不得大于 20Hz。

3）在率定架上安装千分表，使千分表测杆压 0.5mm 后固定，转动表盘使长针指零。

4）对仪器拉压三次，拉 0.15mm 后，压 0.15mm 记录零位频率。分级拉压，0.03mm 一级，完成一次拉压之后回零为一个循环。每级测读一次频率，作三个循环后结束。取下仪器，测其自由状态下频率。

（3）计算灵敏系数 K：

$$K=\frac{\sum_{i=1}^{n}\frac{L_i}{L}}{\sum_{i=1}^{n}(f_i^2-f_0^2)} \qquad (4-2-9)$$

式中　L_i——各级拉压长度，mm；

L——仪器长度，mm；

f_i——各级测读的频率，Hz。

（4）判断率定资料合格的方法：

$$\varepsilon_i' = \frac{k(f_i^2 - f_0^2)}{L}$$

$$\Delta = \frac{\varepsilon_i - \varepsilon_i'}{\varepsilon_i} \leq 1\% \qquad (4-2-10)$$

式中　ε_i——实测各级应变值；

ε_i'——计算的各级应变值；

Δ——相对误差。

当$|\Delta| < 0.01$为合格。

表4-2-4　　型振弦式传感器率定记录表

仪器编号＿＿＿＿＿　　率定日期：　年　月　日　环境温度＿＿＿＿＿℃

量　程	第一循环		第二循环		第三循环		平　均　值		
（　　）	拉	压	拉	压	拉	压	拉	压	平均
率定结果：　$K=$　　$\times10^{-5}/\mathrm{Hz}^2$		$R=$　　%FS		$L=$　　%FS		$C=$			
		$H=$　　%FS		$Ec=$　　%FS		最大量程：			

率定：　　　　记录：　　　　计算：　　　　第　　页

2. 防水试验

振弦式应变计的防水试验与差动电阻式应变计的做法相同，只是测量仪表由水工比例电桥改为频率计。

3. 温度系数α率定

振弦式应变计温度系数α的率定与差动电阻式应变计的率定方法相同，只是测量仪表改用频率计。由于温度对振弦式仪器的影响较小,工地若无条件可免作。

(二)位移计的率定

位移计一般是由传感器及其若干附件组成。它的率定是指对传感器的率定和组装率定,另法和要求详见有关国标。

1. *灵敏系数 K 的率定*

(1)率定的设备及工具 大率定架附一套传感器夹具(能夹住传感器又能夹住拉杆的夹具)。扳手两把,起子 1 把,频率计 1 台,大量程百分表 2 只。

(2)率定方法:

1)把专用夹具固定在大率定架上,组成位移计的率定架。将传感器筒和拉杆夹在率定架上,再安装好百分表。摇动手柄,按传感器的量程分级拉压三次。

2)在记录表中写好仪器编号,试验日期,人员等,用频率计读出初读数。按量程等分若干级进行拉压,各级读一次频率数记入表中,作 3 个循环后结束,取下传感器。

(3)灵敏系数 K K 的计算:

$$K=\frac{\sum_{i=1}^{n}L_i}{\sum_{i=1}^{n}(f_i^2-f_0^2)} \tag{4-2-11}$$

式中 L_i——每次拉伸长度,mm;

f_i——每次拉伸 L_i 长度的频率,Hz;

f_0——未拉时的初始频率,Hz;

n——拉压次数。

(4)误差 Δ 的计算:

$$L_i'=K(f_i^2-f_0^2)$$

$$\Delta=\frac{L_i-L_i'}{L_i} \tag{4-2-12}$$

式中 L_i——各级拉伸长度,mm;

L_i'——各级计算的长度,mm。

若误差 Δ 值小于量程的 1% 为合格。

2. *温度系数率定*

位移计温度系数率定与差动电阻式应变计的率定相同。因温度影响较小,因此,工地无条件时,可免作。

3. *防水检查*

水下型位移计的防水检查与差动式应变计的防水检查相同。普通型可根据厂家提供的参数做现场检验。

4. *位移计的现场组装检查*

位移计是通过长传递杆测量二点之间的相对位移量,现场组装,埋设中任一环节未做好都将会带来较大的测量误差。有条件的工地最好做组合后的率定工作,使安装后的传递杆变形对测值影响减小到最低程度。没有条件的工地一般也要模拟现场条件组装一次,根据工地情况测试一下综合性能和检验组装效果,以免发生失误。

（三）钢筋计（锚杆应力计）率定

以下主要介绍灵敏系数 K 的率定。

（1）率定的设备及工具　振弦式钢筋计（锚杆应力计）的率定设备和工具与差动电阻式钢筋计相似，只是用钢弦频率计代替水工比例电桥，另法和要求详见有关国标。

（2）率定方法　振弦式钢筋计（锚杆应力计）的率定方法，完全与差动电阻式钢筋计相同。

（3）灵敏系数 K　计算：

$$K = \frac{P}{s(f^2 - f_0^2)} \tag{4-2-13}$$

式中　P——最大拉力，kN；

f——最大拉力时的频率，Hz；

s——钢筋计断面积，mm^2；

f_0——未拉时的频率，Hz。

（4）仪器误差判断

$$p_i' = sK(f_i^2 - f_0^2)$$

$$\Delta = \frac{p_i - p_i'}{p_i} \tag{4-2-14}$$

式中　p_i——各级拉力，kN；

p_i'——用 K 值计算求得的拉力，kN。

（四）压力计的率定

压力计的率定根据使用条件采用相应的试验方法。不同的传力介质所率定出的参数有一定差别。因此，标定工作需在压力计使用前提出标定方法。常用如下方法标定。

1. 油压标定

（1）标定方法　油压标定是把压力计放入高压容器中，用变压器油作传力媒介，试验方法同差动电阻式应变计防水试验。标定时，应等分五级以上压力级，每级稳压 10～30 分钟之后才能加压或减压。如有规范请按规范进行。

（2）灵敏系数 K　计算：

$$K = \frac{\sum_{i=1}^{n} p_i}{\sum_{i=1}^{n} (f_i^2 - f_0^2)} \tag{4-2-15}$$

式中　p_i——各级压力时标准压力表读数，MPa；

f_i——各级压力下的频率，Hz；

f_0——压力为零时的频率，Hz。

（3）仪器的误差 Δ　计算：

$$p'_i = K(f_i^2 - f_0^2)$$

$$\Delta = \frac{p_i - p_i'}{p_i} \tag{4-2-16}$$

式中　p_i'——计算得的压力值，MPa。

$|\Delta| \leqslant 1\%$为合格。若此规定与国家有关规范有出入，以规范为准。

2. 水压或气压标定

此法是把压力计放入高压容器内，用水压或气压作媒介对压力计进行加压。除气压需高压打气泵外，其他所用的设备、工具、试验方法都与油压试验同。

最小读数f值的误差计算与油压法同。

3. 砂压标定

（1）主要设备　砂压标定罐，其内径应大于压力计外径的6倍，罐的底板和盖要有足够的刚度，在高压下应无大的变形。0.35级标准压力表一只，小型空压机一台，频率计一台。

（2）标定方法　将压力计放在标定罐底板上，让压力计的受力膜向上，盒底与放置底板紧密接触，导线从出线孔引出罐外。

标定用砂要与工程实际相似，如为土需夯实，厚度应大于10cm。

正式标定前，先试加压至最大量程，观察标定罐有无漏气，仪器是否正常。再按压力计允许量程，等分五级，逐级加荷，卸荷，照此作一个循环，在各级荷载下测读仪器的频率值。

（3）K及合格判断　灵敏系数的K的计算及合格判断均同油压试验。

压力计使用前，还应通过率定确定压力盒或液压枕边缘效应的修正系数、转换器膜片的惯性大小和温度修正系数。

五、锚杆测力计率定

锚杆测力计是一个承载钢体，钢体上组装有差动电阻式传感器或弦式传感器。率定方法与采用的传感器类型有关，测力计的率定是标定钢体变形与荷载的关系，测定最小读数和温度修正系数，其率定方法要求如下：

1）测力计的率定，应选用相应量程的标准压力机。

2）率定时，测力计的工作条件应与测力计的实际工作条件基本相同。带有专用传力板的测力计，应与传力板组合在一起进行率定。

3）率定时，逐级加载和逐级卸载，循环三次。三次测试结果，直线性和重复性均应小于1%（FS）。绘制仪器读数与读数荷载值的关系曲线，并计算测力计的最小读数值。

4）测力计应抽样在压力机上水平转动90°、180°、270°进行率定，检验其差值。当其最大差值超过1%（FS）时，应进行允许偏心距离和允许偏斜角的测定。

5）各种测力计均应进行温度率定，确定温度修正系数。率定方法与应变计相同。

第三节　常用监测仪器安装埋设技术

一、监测仪器安装埋设前的准备

监测仪器安装埋设施工前应进行充分的准备，准备工作的主要内容有：技术准备、材料设备准备、仪器检验率定、仪器与电缆连接、仪器编号、土建施工等。

（一）技术准备

技术准备的目的是了解设计意图、布置和技术规程，以便满足设计要求，达到设计目的。技术准备的主要内容有：

1）阅读监测工程设计报告及各项技术规程，熟知设计意图和实施技术方法与标准。

2）施工人员技术培训是设计交底的过程。通过培训，使工作人员了解技术方法和技术标准的依据和目的，确保施工质量。

3）研究现场条件。监测工程的施工是与其他工程交叉进行的，仪器安装埋设施工，既要达到设计的时机要求，又要克服恶劣环境的影响，避免干扰。因此，仪器安装埋设前，对现场条件要进行全面的分析研究，提出具体措施，在施工过程中还要随时进行研究和调整。

（二）材料设备准备

材料设备准备见表 4－3－1 所列内容。

（三）仪器检验率定

仪器安装埋设前应按规程规范的规定进行率定或组装率定检验，按照合格标准选用。现场检验率定的方法和要求见第四章第二节和有关的规程。

（四）仪器与电缆连接

仪器与电缆的连接是保证监测仪器能长期运行的重要环节之一。尽管仪器经过各种测试而保证无任何质量问题，可是，如因电缆或连接头有问题，仪器也不能长期正常地工作。因此，电缆与仪器的连接在安装前必须引起足够重视。

1. 电缆质量的要求

以差动电阻式仪器对电缆的要求为例，要求芯线电阻小、每芯差值小、防水等。因此，要求选购观测专用电缆，其橡胶外套具耐酸、耐碱、防水、质地柔软等特点，芯线直径不小于 0.2mm。铜丝镀锡，100m 单芯电阻小于 1.5Ω。

电缆有两芯、三芯、四芯、五芯。用前作浸水检查，检查时把电缆浸泡在水中，线端露出水面，不得受潮。浸泡 12 小时，线与水之间的绝缘值大于 200MΩ 为合格。若电缆埋在高水压下，应在压力水中进行检查。用万用表测芯线有无折断，外皮有无破损（用打气筒向外皮内打气是否出气泡）。如与要求一致，电缆质量方为合格。

2. 电缆线的连接

仪器的电缆线连接，必须按要求进行：

（1）电缆长度　按仪器至观测站实际需要长度，加上松弛长度进行裁料。松弛长度根据电缆所经过的路线要求确定。土坝中须按“S”型延伸，松弛长度为实际长度的 15%，一般不得少于 5%，如有特殊要求，另行考虑。

（2）剪线头　将选好的线端橡胶包皮剪除 100mm，按表 4－3－2 和图 4－3－1 所示，把芯线剪成长度不等的线段。另一线的一端按相同颜色的长度相应剪短，各芯线连接之后，长度一致，结点错开。切忌搭接处在一起。

（3）接线　把铜丝的氧化层用砂布擦去，按同种颜色互相搭接，铜丝相互叉入，拧紧，涂上松香粉，放入已熔化好的锡锅内摆动几下取出，使上锡处表面光滑无毛刺，如有应锉平。

（4）包扎　用黄漆绸小条裹好焊接部位，再用高压绝缘胶带缠绕一层，用木锉打毛电缆端部橡皮，长约 30mm，用脱脂棉沾酒精洗净后，涂以适量的胶水，将芯线并在一起裹上高压绝缘胶带，或硅橡胶带，或宽度 20mm 的生橡胶。裹时一圈一圈地依次进行，并用力拉长胶带，边拉边缠，使粗细一致。包扎体内不能留空气，总长约180mm，直径30mm，比硫化器模子长2mm，外径也比硫化器大约2mm为宜。为使胶带之间易胶合，缠前宜在胶带表面涂以汽油。

表4-3-1　仪器安装埋设施工的主要材料设备表

项　　目	内　　容	说　　明
1. 土建设备	(1)钻孔和清基开挖机具 (2)灌浆机具与混凝土施工机具 (3)材料设备运输机具	在岩土体内部安装埋设仪器时，需要钻孔、凿石、切槽和灌浆回填，机具的型号根据工程需要确定
2. 仪器安装设备、工具	(1)仪器组装工具 (2)工作人员登高设备及安全装置 (3)仪器起吊机具和运输机具 (4)零配件加工：如传感器安装架及保护装置等	根据现场条件和仪器设备情况加以选用 安装仪器要借助一些附件，这些附件有厂家带的，大多数情况是根据设计要求和现场实际情况自行设计加工 登高和起吊设备应根据地面或地下工程现场条件选择灵活多用的设备
3. 材料	(1)电缆和电缆连接与保护材料 (2)灌浆回填材料 (3)零配件加工材料、电缆走线材料和脚手架材料 (4)零星材料、电缆接线材料及零配件加工材料等	电缆应按设计长度和仪器类型选购 零星材料需配备齐全，避免仪器安装因缺一件小材料而影响施工进度和质量
4. 办公系统	(1)计算机、打印机及有关软件 (2)各种仪器专用记录表 (3)文具、纸张等	计算机软件包括办公系统、数据库和分析系统 记录表应使用标准表格
5. 测试系统	(1)有关的二次仪表 (2)仪器检验率定设备、仪表 (3)仪器维修工具 (4)测量仪表工具 (5)有关参数测定设备、工具	二次仪表是与使用的传感器配套的读数仪 岩土、回填材料和其他材料检验时的材料参数测定设备、工具

表4-3-2　电缆连接时对接芯线应留长度表　　单位：mm

芯 线 颜 色	仪器电缆接头芯线长	接长电缆接头芯线长	
黑	25	65	(85)
红	45	45	(65)
白	65	25	(45)
绿	(85)	(25)	

注　若电缆为4芯时，应用括号内数值，5芯时可依次加长。

(5) 硫化　电缆接头硫化时，在硫化器模内均匀地撒上滑石粉，将裹扎好的电缆接头放入模槽中，合上模，拧紧旋扭，合上电源加热。一边加热，一边拧紧压紧旋扭，升温到155～160℃，恒温15分钟，关闭电源，自然降温，冷却至80℃后方可脱模。

电缆连接，也可以采用热缩材料代替硫化。目前热缩管广泛应用于观测电缆的连接，操

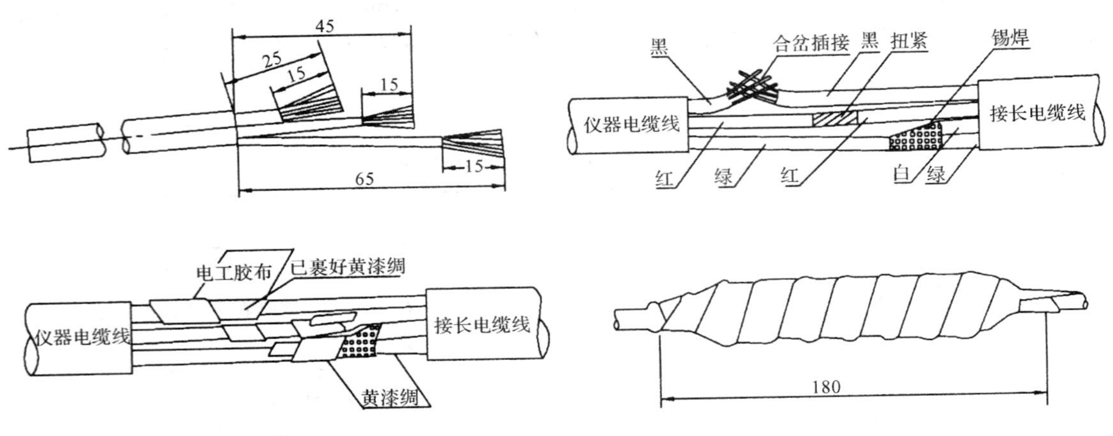

图 4-3-1　电缆连接工艺图(单位:mm)

作简单,有密封、绝缘、防潮、防蚀的效力。接线时,芯线采用 $\phi5\sim\phi7$mm 的热缩套管,加温热缩,用火从中部向两端均匀地加热,使热缩管均匀地收缩,管内不留空气,热缩管紧密地与芯线结合。缠好高压绝缘胶带后,将预先套在电缆上的 $\phi18\sim\phi20$mm 热缩套管移至缠胶带处加温热缩。热缩前在热缩管与电缆外皮搭接段涂上热熔胶。

(6) 检查　当接头扎好后测试一次,硫化过程中和结束后各测一次,如发现异常,立即检查原因,如果断线应重新连接。

(五) 仪器编号

(1) 仪器编号的意义　仪器编号是整个埋设过程中一项十分重要的工作,常常由于编号不当,难以分辨每支仪器的种类和埋设位置,造成观测不便,资料整理麻烦,甚至发生错乱。

(2) 仪器编号原则　仪器编号应能区分仪器种类,埋设位置,力求简单明了,并与设计布置图一致。如某仪器编号为 $M1-2-3$,它的含义是"M"为多点位移计,"1"是第一个断面,"2"是第二个孔,"3"是第三测点。只要知道编号的含义,一见编号就知道是什么仪器,在第几个断面以及孔号和测点号。

(3) 编号应标的位置　编号应注在电缆端头与二次仪表连接处附近。为了防备损坏和丢失,宜同时标上两套编号标签备用,传感器上无编号时,也应标注编号。

(4) 仪器编号标签　仪器编号比较简单的方法是在有不干胶的标签纸上写好编号,贴在应贴部位,再用优质透明胶纸包扎加以保护。也可用电工铝质扎头,用钢码打上编号,绑在电缆上,用电缆打号机把编号打在电缆上更好。编号必须准确可靠,长期保留。

振弦式仪器常是用多芯电缆,如某四点式位移计,只需用一根 5 芯电缆与 4 支传感器相连,这样除在电缆上注明仪器编号外,各芯线也要编号。也可用芯线的颜色来区分,最好按规律连接,如红、黑、白、绿分别连接 1、2、3、4 各号仪器。

(六) 仪器安装埋设的土建施工

监测工程的土建施工包括:临时设施工程施工、仪器安装埋设土建施工、电缆走线工程土建施工、观测站及保护设施土建施工。这些土建施工项目,分别在有关的项目中,根据具体要求提出施工方法和标准。仪器安装埋设的土建施工,在各类工程监测中也有具体的方法和标准。这类土建施工工艺和技术标准比一般工程为高,而且细,这是仪器性能和观测精度的需要。所以仪器安装埋设前应做好土建施工,经验收合格后,才能安装埋设仪器。

二、仪器安装埋设

监测仪器的安装埋设工作是最重要的环节。这一工作若没做好,监测系统就不能正常使用。大多数已埋设仪器是无法返工或重新安装埋设的。这样;导致观测成果质量不高甚至整个工作失败。因此,仪器的安装埋设必须事前做好各种施工准备,埋设仪器时尽量减少其他施工的干扰,确保埋设质量。下面按仪器种类分别叙述安装埋设的要求。

(一) 应变计安装埋设

应变计的应用范围比较广,在岩土工程中主要用在混凝土和岩体内的应变观测,也用于其他结构物和介质的应变观测。

1. 混凝土应变计安装埋设

根据设计要求,确定应变计的埋设位置。埋设仪器的角度误差应不超过1°,位置误差应不超过2cm。埋设仪器周围的混凝土回填时,要小心填筑,剔除混凝土中8cm以上的大骨料,人工分层振捣密实。下料时应距仪器1.5m以上,振捣时振捣器与仪器距离大于振动半径,不小于1m。埋设时,应保持仪器的正确位置和方位,及时检测,发现问题要及时处理或更换仪器。埋设后,应作好标记,以防人为损坏,要专人守护。

(1) 单向应变计　可在混凝土振捣后,及时在埋设部位造孔(槽)埋设。

(2) 双向应变计　两应变计应保持相互垂直,相距8~10cm。两应变计的中心与混凝土结构表面距离应相同。

(3) 应变计组　应将应变计固定在支座及支杆等附加装置上,见图4-3-2。以保证在浇注混凝土过程中仪器有正确的相互装配位置和定位方向,并使其保持不变。根据应变计组在混凝土内的位置,分别采用预埋锚杆或带锚杆的预制混凝土块固定支座位置和方向。埋设时,应设置无底保护木箱,并随混凝土的升高而逐渐提升,直至取出。

(4) 无应力计　埋设时,将无应力计筒大口向上固定在埋设位置,然后在筒内填满相应应变计附近的混凝土,人工捣实。其结构见第三章。

2. 岩体应变计安装埋设

岩体应变计用以观测岩体在埋入应变计之后的内部变形,即由于岩体的应力变化引起的变形相对变化率。应变计在岩体内不应跨越结构面,但在节理发育的岩体内,应变计标距应加长,一般为1~2m。在埋设位置造孔(槽),其横截面的尺寸在满足埋设要求的基础上尽可能要小。孔(槽)内应冲洗干净,不允许沾油污。埋设时应用膨胀性稳定的微膨胀水泥砂浆填充密实。仪器轴向方位误差应小于1°。埋设前后应及时检测。为了防止砂浆影响仪器变形,使应变计与岩体同步变形,应变计中间应嵌一层隔离材料,见图4-3-3。应变计组应固定在支架或连接杆上,或埋设在各个方向的钻孔内。单向应变计组可固定在连接杆上埋入钻孔内的不同深度。

3. 钢结构应变计安装埋设

在钢结构表面安装应变计,采用如图4-3-4所示的模具定位。采用焊接固定模具时,应冷却至常温后安装应变计。埋入混凝土内的钢应变计应加保护罩。

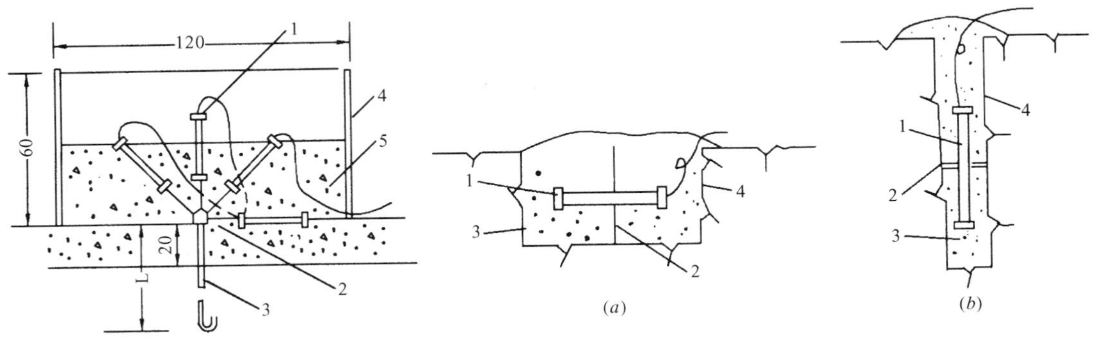

图 4－3－2　应变计组埋设示意图（单位：mm）

1—应变计；2—支座（支杆）；3—预埋锚杆；4—保护箱；5—混凝土

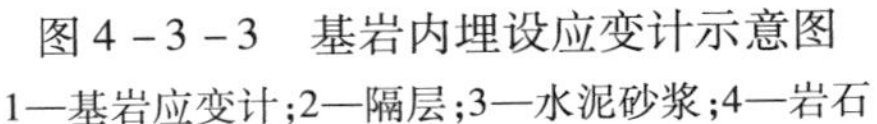

图 4－3－3　基岩内埋设应变计示意图

1—基岩应变计；2—隔层；3—水泥砂浆；4—岩石

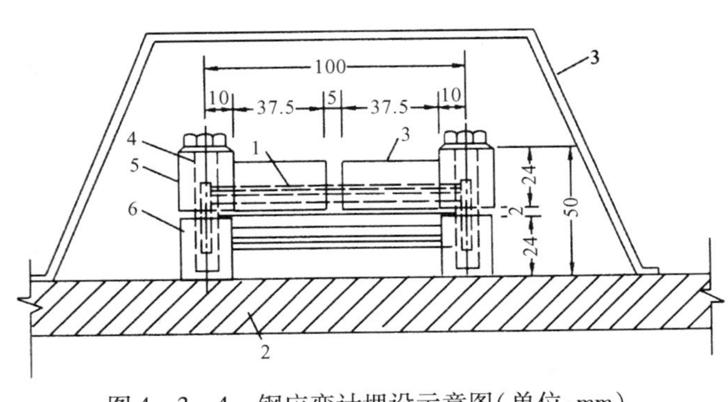

图 4－3－4　钢应变计埋设示意图（单位：mm）

1—应变计；2—钢管；3—保护盖；4—M8 螺钉；5—上卡环；6—下卡环

（二）钢筋计安装埋设

在岩土工程中，钢筋计主要用于观测钢筋混凝土中的钢筋应力和岩土体中的锚杆应力。安装埋设时，将钢筋或锚杆按要求的尺寸裁截，然后将钢筋计对接或对焊在钢筋或锚杆上，并保证钢筋计与钢筋或锚杆在同一轴线上。对接时，采用预先焊在钢筋上的钢接头连接，钢接头是根据钢筋计端头的螺纹配制的。焊接时，可采用对焊、坡口焊或熔槽焊，焊接时仪器应浇水冷却，使仪器温度不超过 60℃。

1. 混凝土钢筋计安装埋设

钢筋计对接埋设时，与仪器两端连接带螺纹的钢接头应焊接在钢筋上。钢筋计与焊有接头的钢筋对接扭紧后，代替被测钢筋绑扎在观测部位（绑扎长度比有关规范要求略长些）。对焊的钢筋计安装时，将观测部位的钢筋按照钢筋计对焊长度裁开，然后将与钢筋计两端连接的钢筋（长度应大于 1m）对焊在相应位置的钢筋上，经现场监理检测合格后，方可浇注混凝土，仪器周围人工振捣密实。混凝土固化后测基准值。

2. 岩土体锚杆应力计安装埋设

钢筋计用于测锚杆应力时，称为锚杆应力计。装上锚杆应力计的锚杆称为观测锚杆。观测锚杆的安装埋设，应根据观测设计的安装时机进行埋设。具体步骤如下：

（1）根据设计的要求造孔　钻孔直径应大于锚杆应力计最大直径。钻孔方位应符合设计要求，孔弯应小于钻孔半径。钻孔应冲洗干净，并严防孔壁沾油污。

（2）按照观测设计的要求裁截锚杆长度　选用螺纹连接的锚杆应力计，需要在裁截后的锚杆上先焊接螺纹接头，然后再与锚杆应力计用螺纹连接，接头与锚杆应保持同轴。

（3）观测锚杆的组装　将锚杆应力计按设计深度与裁截的锚杆对接，同时装好排气管。需要对焊的锚杆应力计，应在水冷却下进行对焊，锚杆应力计与锚杆应保持同轴。

（4）检测组装　组装检测合格后，将组装的观测锚杆缓慢地送入钻孔内。安装时，应确保锚杆应力计不产生弯曲，电缆和排气管不受损坏，锚杆根部应与孔口平齐。

（5）封闭孔口　锚杆应力计入孔后，引出电缆和排气管，装好灌浆管，用水泥砂浆封闭孔口。

（6）灌浆埋设　安装检测合格后，进行灌浆埋设。一般水泥砂浆配合比宜为：灰砂比为1∶1～1∶2，水灰比为0.38～0.40。灌浆时，应在设计规定的压力下进行，灌至孔内停止吸浆时，持续10分钟，即可结束。砂浆固化后，测其初始值。

（三）测缝计安装埋设

在岩土工程中，测缝计主要用于观测混凝土分缝和裂缝开度变化、混凝土与岩体接触缝的开度变化、岩体裂隙的开度变化。测缝计安装埋设时，应确保仪器波纹管能自由伸缩。安装埋设过程中应注意检测，测缝计安装前后电阻比差应小于20（0.01%）。

1. 混凝土测缝计埋设

1）在先浇的混凝土块上预埋测缝计套筒，见图4－3－5。当电缆需从先浇块引出时，应在模板上设置储藏箱，用以储藏仪器和电缆。为了避免电缆受损，接缝处的电缆用布条包上。

2）当后浇的混凝土浇到高出仪器埋设位置20cm时，振捣密实后挖去混凝土露出套筒，打开套筒盖，取出填塞物，安装测缝计，回填混凝土。

2. 混凝土与岩体接触缝测缝计埋设

1）在岩体中钻孔，孔径应大于90mm，深度0.5m，岩体有节理存在时，视节理发育程度确定孔深，一般应大于1.0m。

2）在孔内填满水泥砂浆，砂浆应有微膨胀性，将套筒或带有加长杆的套筒挤入孔中，筒口与孔口平齐。然后将螺纹口涂上机油，筒内填满棉纱，旋上筒盖，见图4－3－6。

3）混凝土浇至高出仪器埋设位置20cm时，挖去捣实的混凝土，打开套筒盖，取出填塞物，旋上测缝计，回填混凝土。

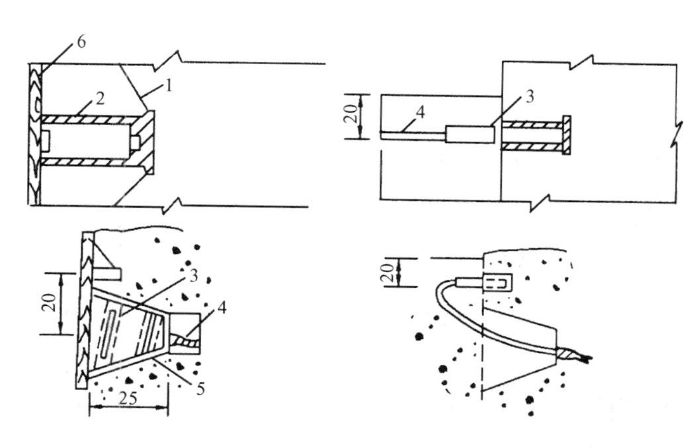

图4－3－5　测缝计埋设（单位：cm）

1—铅丝；2—测缝计套筒；3—测缝计；4—电缆；5—储藏箱；6—模板

3. 混凝土或岩体裂缝测缝计埋设

测缝计作为裂缝计观测混凝土和岩体预计形成裂缝或已有裂缝的开度及其变化时，主要有以下埋设方法：

（1）混凝土内预计裂缝观测　将测缝计除加长杆弯钩和测缝计凸缘外，全部用塑料布缠上并包封。在埋设位置上将捣实的混凝土挖出深约20cm的槽，放入测缝计，回填混凝土，见图4－3－7。

（2）岩体内部裂缝观测　在岩体内钻孔，使钻孔跨越待测裂

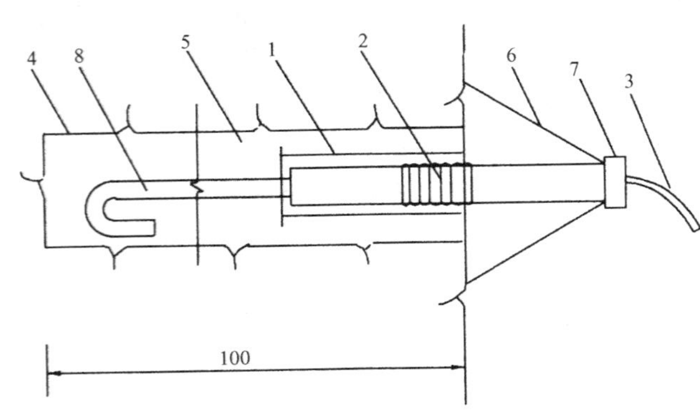

图 4-3-6　接触缝面测缝计埋设(单位:cm)
1—测缝计套筒;2—测缝计;3—电缆;4—钻孔;5—砂浆;
6—支撑三脚架;7—预拉垫板;8—加长杆

缝,将测缝计埋入孔内跨越裂缝。测缝计加长杆长度应根据岩体结构确定。

(3) 混凝土和岩体表面裂缝观测可采用如图 4-3-4 所示的模具,将测缝计垂直横跨在裂缝上进行观测。

(四) 压力计安装埋设

在岩土工程中,压力计用于观测混凝土和岩土体内部压力、岩土体与混凝土或结构物接触面上的压力。在介质中钻孔、切槽埋设压力计,不是测总压力值,而是测埋设压力计时起的总压变化值。因此,压力计的安装埋设,可分为:混凝土浇筑过程中的压力计埋设、土体填筑过程中压力计的埋设和在岩土体或混凝土中钻孔或切槽安装埋设压力计。

压力计有不同的类型,常用压力计的压力传递方式基本相同,埋设时,应特别注意受压板或压力枕与介质完全接触密合。

压力计可以观测各种不同方向的压力,可以单只埋设,也可以成组安装埋设。

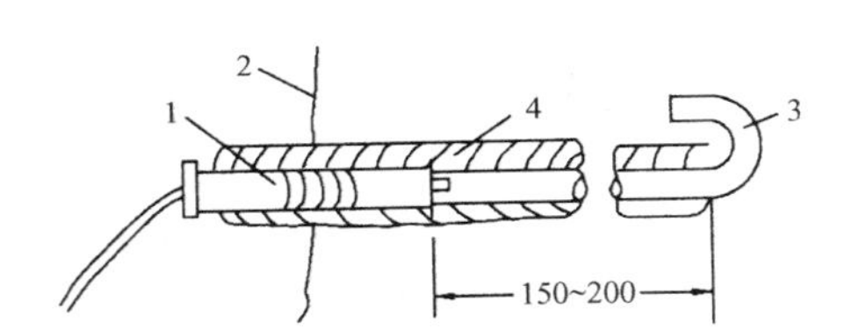

图 4-3-7　裂缝计埋设图(单位:cm)
1—测缝计;2—裂缝;3—加长杆直径 32mm 钢筋;
4—包塑料布涂沥青

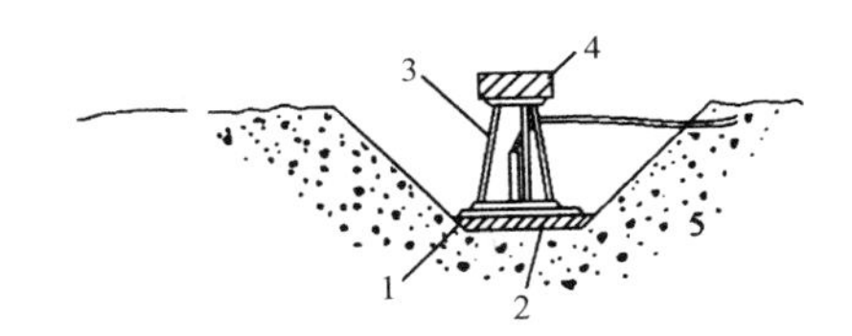

图 4-3-8　压力计埋设示意图
1—应力计;2—砂浆垫层;3—三脚架;
4—加重块;5—混凝土

1. 混凝土浇筑过程中的压力计安装埋设

观测水平压力时,可在尚未硬化的混凝土内进行埋设;观测垂直和斜方向压力时,压力计应在混凝土硬化后进行埋设。因为在混凝土未硬化前埋设,混凝土内的水分使应力计与混凝土不能完全接触。因此,埋设垂直和倾斜压力计时,应在混凝土表面预留或挖一个深为 0.5m 的坑,底面应平整。

垂直压力计的埋设方法,见图 4-3-8。埋设位置的混凝土面应冲洗凿毛,底面应水平。在底面铺 6mm 厚强度高于混凝土的水泥砂浆,水灰比为 0.4。待砂浆初凝后,将稠水泥砂浆铺在垫层上,压力计放在砂浆上,边扭动边挤压以排除气泡和多余水泥砂浆,随时用水平仪校正,置放三脚架和约 10kg 压重。12 小时后,浇筑混凝土,捣实后取出三脚架,注意不得碰动仪器。安装埋设前后应对仪器检测。

水平方向或倾斜方向埋设压力计。混凝土浇注到埋设位置以上 0.5m 时,在混凝土初凝前,挖深 0.5m,将压力计放入定位后,回填剔除 8cm 以上骨料的混凝土轻轻捣实,使混凝土与仪器受压面密合，同时应保证仪器的正确位置和方向。

2. 土石填筑过程中的压力计埋设

在土石填筑过程中埋设压力计可采用坑埋和非坑埋两种方式，并根据工程和施工现场情况决定采用哪种方式。一般采用非坑埋，特别是在堆石体中埋设最适宜。

1）非坑埋就是在填方高程即将达到埋设高程时，在填筑面上测点位置制备仪器基面。基面必须平整、均匀、密实，并符合规定的埋设方向。在堆石体内，仪器基面应分层填筑，先以较大的砾石或碎石填充堆石表面孔隙，再以较小粒径砂砾、砂铺平，压实。然后按设计观测方位安装压力计，掩埋保护层，铺平、压实。仪器周围安全覆盖厚度以内的填方，应采用薄层铺料、专门:匠实方法，确保仪器安全，并尽量使仪器周围材料的级配、含水量、密度等与邻近填方接近。为了不损坏受压板，与其接触的材料一般宜采用中细砂。

2）坑埋时，根据填方材料的不同，在填方高程超过埋设高程约1.2~1.5m时，在埋设位置挖坑至埋设高程，坑底面积约$1m^2$。在坑底制备基面，仪器就位后，将开挖的土石料（筛除粒径大于5mm的碎石）分层回填压实。对于水平方向和倾斜方向埋设的压力计，按要求方向在坑底挖槽埋设，槽宽为2~3倍仪器厚度，槽深为仪器半径。回填方法同上。如在堆石中埋设时，同样挖坑，按上述要求制备基面。

3）压力计组的埋设，可采用分散埋设，但间距应不大于1m。

4）压力计埋设后的安全覆盖厚度，一般地在黏性土填方中应小于1.2m，在堆石填方中应不小于1.5m。

3. 接触面压力计安装埋设

接触面压力计的安装埋设，根据已有基面和填筑料类型，可采用上述相应于混凝土或土石料填筑时的压力计埋设方法进行埋设。埋设时，首先在埋设位置按要求制备基面，然后用水泥砂浆或中细砂将基面垫平，放置压力计，密贴定位后，回填密实。

4. 在岩土体或混凝土内钻孔切槽安装埋设压力计

在岩土体内或在混凝土内，通过钻孔或切槽安装、埋设压力计，宜采用液压式压力计，因为这种压力计可预先补压，提高其灵敏度。具体安装埋设步骤如下：

1）埋设压力计的孔、槽或岩体与结构物接触面的施工，应按设计要求和有关规程进行。一般安装液压枕的表面起伏差应小于1.0cm，面积略大于压力计的受压面，并垂直于测压方向。应避免与压力计接触的介质面被扰动。

2）根据观测要求，选择相应型号的压力计。压力计液压枕的刚度应与它周围的材料相近。

3）压力计组中，相邻压力计液压枕的间距应不小于液压枕的最大尺寸。

4）被测介质尺寸应大于三倍压力计液压枕最大尺寸。

5）仪器安装时，应使压力计受力面与观测压力方向垂直，偏差应在±1°内。

6）压力计进行固定后，用填充料回填均匀密实、无空隙，回填料的弹性模量应与周围材料相近。

7）液压式压力计测量液的管路应编号标记，沿着沟槽引出，并按编号顺序引入集流箱，避免扭曲或压扁。

8）液压应力计埋设填充料固化稳定后，进行补压，测定初始值。

（五）锚杆测力计安装

锚杆测力计用于观测预应力锚杆预应力的形成和变化。当前，预应力锚杆广泛地应用于岩土工程的锚固结构中，通过安装测力计观测锚杆，可以了解锚固力的形成与变化，从而保证监测工程的质量与安全。测力计的安装包括安装测力计和观测锚杆的张拉锁定，即测力计安装后加载的过程。具体步骤如下：

1）观测锚杆张拉前，将测力计安装在孔口垫板上。带专用传力板的测力计，先将传力板装在孔口垫板上，使测力计或传力板与孔轴垂直，偏斜应小于0.5°，偏心应不大于5mm。

2）安装张拉机具和锚具，同时对测力计的位置进行校验，合格后，开始预紧和张拉。

3）只作施工监测的测力计，应安装在外锚板的上部。

4）观测锚杆应在与其有影响的其他工作锚杆张拉之前进行张拉加荷。张拉程序一般应与工作锚杆的张拉程序相同。有特殊需要时，可另行设计张拉程序。

5）测力计安装就位后，加荷张拉前，应准确测得初始值和环境温度。反复测读，三次读数差小于1%（FS），取其平均值作为观测基准值。

6）基准值确定后，分级加荷张拉，逐级进行张拉观测。一般每级荷载测读一次，最后一级荷载进行稳定观测，以5分钟测一次，连续三次读数差小于1%（FS）为稳定。张拉荷载稳定后，应及时测读锁定荷载。张拉结束之后，根据荷载变化速率确定观测时间间隔，进行锁定后的稳定观测。

7）长期观测锚杆测力计及电缆线路应设保护装置。

（六）渗压计安装埋设

在岩土工程中，渗压计用于观测岩体、土体和混凝土内的渗透水压力。安装埋设前，应做好以下准备：

1）仪器室内处理。仪器检验合格后，取下透水石，在钢膜片上涂一层防锈油。按需要长度接好电缆。

2）将渗压计放入水中浸泡2小时以上，使其充分饱和，排除透水石中的气泡。

3）用饱和细砂袋将测头包好，确保渗压计进水口通畅，并继续浸入水中。

1. 混凝土浇筑时渗压计的埋设

在混凝土内埋设渗压计，其细砂包体积应为1000cm^2。将准备好的渗压计固定在设计位置上，走好电缆，浇筑混凝土，应勿使水泥浆渗入渗压计内部。

在施工缝上埋设渗压计，应在浇筑下层混凝土时，靠缝面预留一个深30cm、直径20cm的孔，在预留孔内铺一层细砂，将渗压计放在砂垫层上，再用细砂将仪器埋好，孔口放一盖板，即可浇筑混凝土，见图4－3－9。

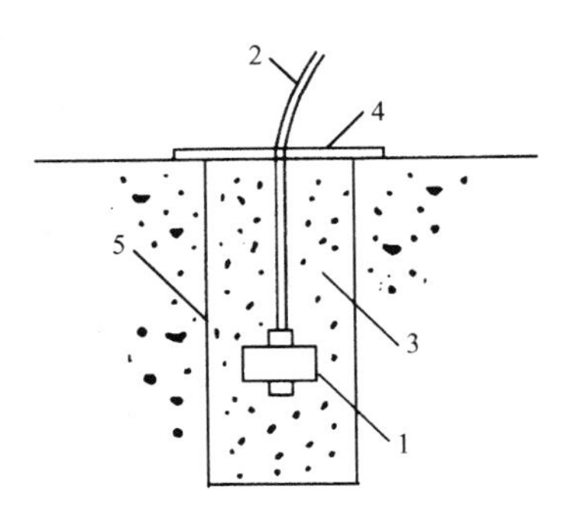

图4－3－9
1—渗压计；2—电缆；3—细砂；4—盖板；5—预留孔

2. 土料填筑过程中埋设渗压计

土料填筑超过仪器埋设高程0.5m后，暂停填筑。测量并放出仪器位置，以仪器点为中心人工挖出长×宽×深为1m×0.8m×0.5m的坑，在坑底用与渗压计直径相同的前端呈锥形的铁棒打入土层中，深度与仪器长度一样，拔出铁棒后，将仪器取出读一个初始读数，做好记录，然后将仪器迅速插入孔内，但不得用锤敲打，只能用手加压。将仪器全部压入孔中，再把仪器末端电缆盘成一圈，其余电缆线从挖好的电缆沟向观测站引去。分层填土夯实。

3. 在基岩面上埋设渗压计

在设计位置钻一集水孔，孔径50mm，孔深不大于1m，经渗水试验合格后，将准备好的渗压计放入集水孔中，砂袋用砂浆糊住，砂浆凝固后，即可浇筑混凝土或土石填料，见图4－3－10。

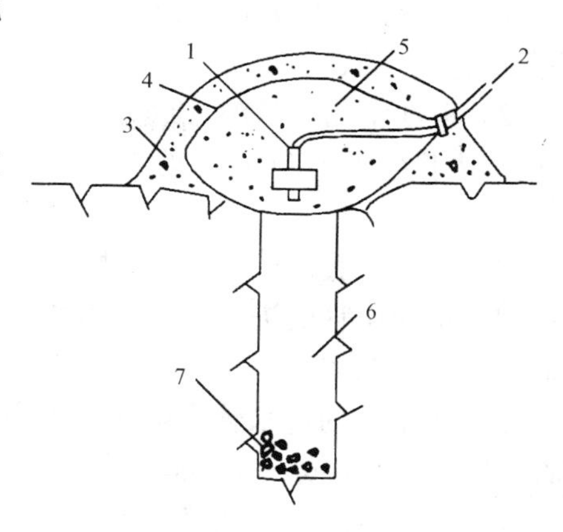

图4－3－10

1—渗压计；2—电缆；3—砂浆；4—麻袋；5—细砂；6—钻孔；7—砾石

在土石填筑体的基岩面上埋设渗压计，也可以采用坑埋方法。当土石料填筑已高于仪器埋设处0.5m至1m时，暂停填筑，测量人员按设计要求测出仪器埋设位置。挖去周围50cm的填土，露出基岩，在底部铺上20～30cm厚的砂，把浸泡在水中的仪器取出放入砂中，仪器电缆线绕一圈后，向外引出，再盖上20～30cm厚的砂，浇水使砂饱和，在上面填土，分层夯实。电缆线从已挖好的电缆沟引到观测间。电缆沟宽0.5m，深0.5m，电缆线之间相互平行排列，呈S型向前引。而后分层填土夯实。

4. 在水平浅孔内埋设渗压计

在地下洞室围岩内或边坡基岩表面浅层埋设渗压计，需要用水平浅孔埋设和集水。浅孔的深度为0.5m，直径150～200mm，如果孔无透水裂隙，可根据需要的深度，在孔底套钻一个ϕ30mm左右的孔（见图4－3－11），经渗水试验合格后，孔内填入砾石，在大孔内填细砂，将渗压计埋在细砂中，并将孔口用盖板封上，然后用水泥砂浆封住，砂浆终凝后即可填筑混凝土或土石料。

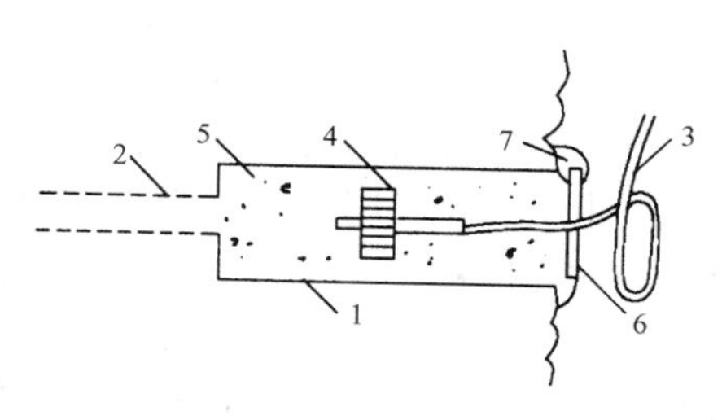

图4－3－11

1—孔洞；2—钻孔；3—电缆；4—渗压计；5—细砂；6—盖板；7—砂浆

5. 在深孔内埋设渗压计

在坝基深部、边坡、运行时期建筑物内渗压监测时，需要在深孔内埋设渗压计。根据需要的深度钻孔，孔径由渗压计尺寸确定，一般不小于150mm。岩体钻孔应做压水试验，钻孔位置应根据地质条件和压水试验结果确定。

将渗压计装入能放入孔内的细砂包中，先向孔内填入40cm中粗砂至渗压计埋设高程，然后放入渗压计至埋设位置，经检测合格后，在渗压计观测段内填入中粗砂，并使观测段饱和，再填入20cm细砂，最后在剩余孔段灌注水泥浆或水泥膨润土浆。

分层测渗透压力时，可在一个钻孔内埋设多支渗压计。应注意做好相邻渗压计之间的封闭隔离。

观测点压力时，应将渗压计封闭在不大于0.5m的钻孔渗水段内。

钻孔岩体渗透系数很小时，渗压计应埋在体积较小的集水孔段内。

6. 测压管的安装埋设

在介质渗透系数较大的部位宜采用测压管观测渗透水压力，在重要的观测地段常同时布置渗压计和测压管进行复测。测压管的安装类型与方法，一般如下：

1）在设计孔位处造孔，孔径为110～150mm，孔深根据设计要求确定，钻孔应取岩心，并分段进行压水试验。

2）根据钻孔柱状图、压水试验成果以及观测设计要求，确定测压管进水管段的位置和长度，用于点压力观测的进水管长度应小于0.5m。进水管下端应预留0.5m长的沉淀管段。

3）在钻孔底部填入20～30cm厚，粒径为5～10mm的砾石垫层。

4）将测压管的进水管和导管依次连接放入孔内。下管过程中，必须连接严密，吊系牢固，保持管身顺直。

5）在钻孔的进水管段填入粒径为10～25mm的砾石，其上填入20cm厚的细砂，上部全部填入水泥砂浆或水泥膨润土浆。

6）测压管进水管段必须保证渗水能顺利进入管内，钻孔有可能塌孔或产生管涌时，应加设反滤装置。

7）在较完整的岩体中安装测压管时，可不安装进水管和导管，只安装管口装置。

8）分层测渗透压力时，可采用一孔多管式测压管。其孔径应由埋入的测压管根数决定，注意做好各层进水管之间的封闭隔离。

9）需要埋设水平管段时，水平管段应略有倾斜，靠近进水管端略低，坡度约为5%。

（七）多点位移计安装埋设

岩土工程监测用的多点位移计，大多是在钻孔中安装的位移计，用于观测沿钻孔轴向的位移。钻孔位移计有单点位移计和多点位移计。其孔内测点（锚头）的固定方式，有机械式和粘结式两种。测点与传感器的连接方式，有传递杆连接和钢丝连接，其外部均用PVC管封闭保护。传感器均安装在孔口，孔内最深的测点应位于不动层中。具体安装埋设方法如下：

1. 造孔

1）在预定部位，按设计要求的孔径、孔向和孔深钻孔。钻孔轴线弯曲度应不大于钻孔半径，以避免传递杆（丝）过度弯曲，影响传递效果。孔向偏差应小于3°，孔深应比最深测点多1.0m左右，孔口保持稳定平整。

2）钻孔结束后应冲洗干净，并检查钻孔通畅情况。

3）距离开挖工作面近的孔口，应预留安装保护设施的位置。

2. 仪器组装

多点位移计适用于水利水电工程、地铁、公路隧道、基坑开挖等大中小型隧洞的施工和运营中安全监测使用。

多点位移计安装需先在现场找一块足够大的平整地面上，按设计要求依照下列方法进行组装。

（A）传递杆、护管、锚头的组装

按设计要求的长度进行传递杆牢固连接，如作长期观测时建议在连接头处加少许黏合剂（请按您选用的有关黏合剂的使用说明进行操作），并在传递杆埋入孔内的一端装上锚头，所有接头处均应加胶。然后在传递杆外安装好护套管（注意：护套管两端一定要用PVC胶安装黏结牢固，否则在注浆中漏入水泥浆后将使位移计失效），见图4－3－12（a）～图4－3－12（c）。

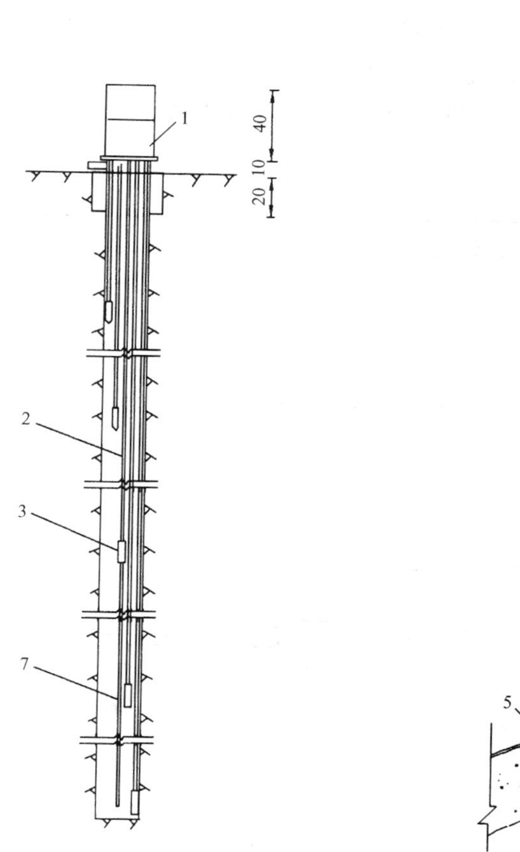

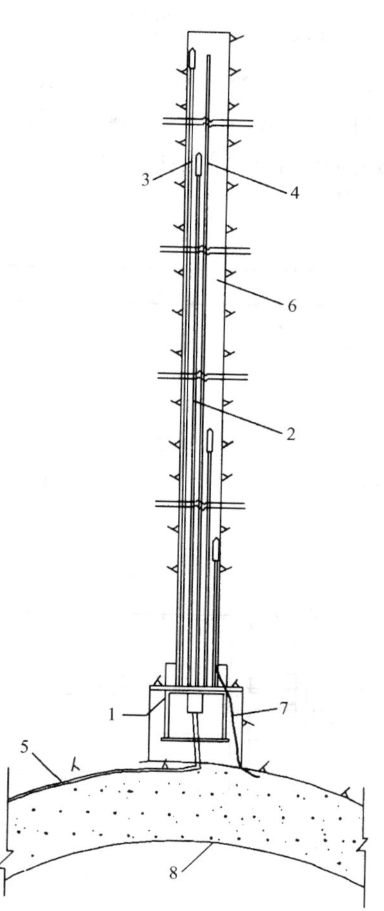

图 4-3-12(*a*) 多点位移计安装埋设图

1—传感器装置;2—带护管的传递杆;3—测点锚头;4—排气管;
5—电缆;6—水泥砂浆;7—灌浆管;8—混凝土衬砌

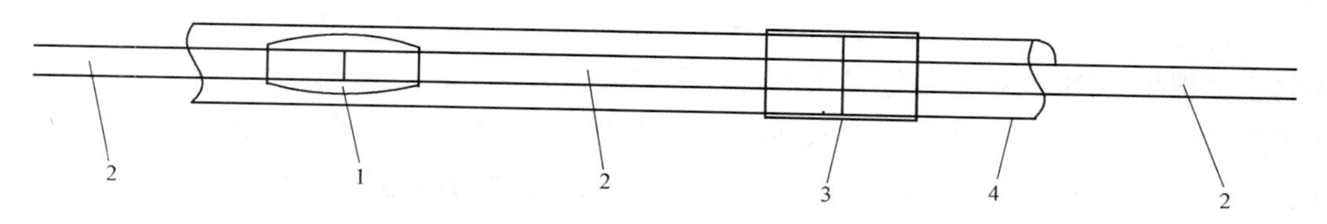

图 4-3-12(*b*) 传递杆和护管连接示意图

1—传递杆连接头(ABS 或不锈钢);2—传递杆(ϕ6 不锈钢);3—护管连接头;4—PVC 护管

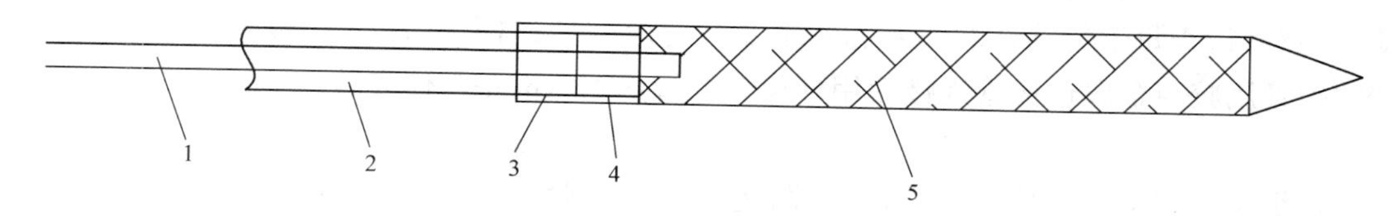

图 4-3-12(*c*) 注浆锚头连接示意图

1—传递杆;2—PVC 护管;3—PVC 接头无牙端;4—PVC 接头有牙端;5—注浆锚头

（B）排气管和注浆管的安装

排气管应长出最深的锚头30cm以上，终端的侧面用小刀削3～5个面积大于10mm^{2}的小孔，便于排气[见图4－3－12（d）]。排气管和注浆管从孔口侧面斜向插入传递杆外侧孔内。主体外筒用和排气管、注浆管须用较干的快速水泥砂浆固定牢固。

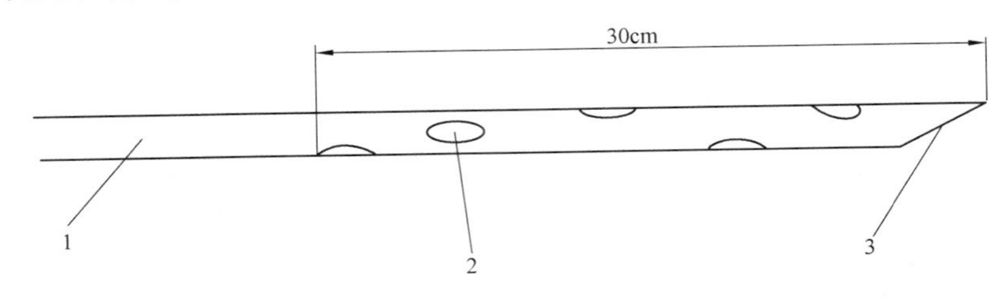

图4－3－12（d） 排气管终端削孔示意图

1—排气管；2—通气孔；3—排气管终端斜面

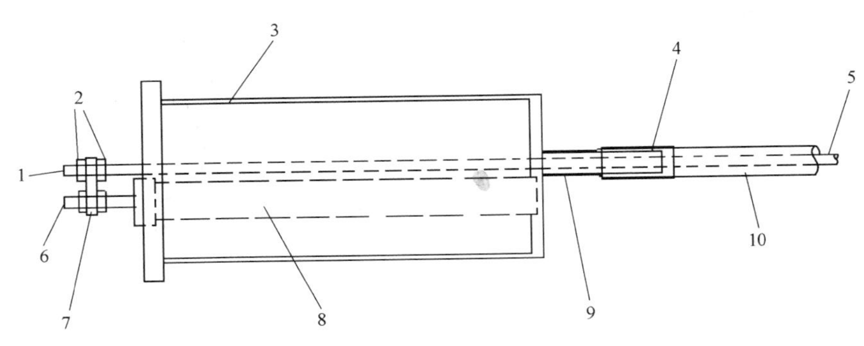

图4－3－12（e） 位移传感器安装示意图

1—传递杆；2—紧固螺丝；3—主体外筒；4—金属连接管；5—传递杆（不锈钢）；6—位移计拉杆；7—连接块；8—位移传感器；9—热缩管；10—PVC护管

3. 主体组装

主体连接见图4－3－12（e）所示。先将4个金属连接套管拧入外筒下端的4个孔中，再将主体保护罩卸下，把安装好锚头的传杆和护管按计算好的长度连接好，在PVC护管与主体连接管处套上一根10～15cm长ϕ18的热缩管。逐一将上端留出（留出尺寸需先算好）无护管的传递杆穿过金属连接管和外筒，在上瑞用连接块与传感器连接（连接后应按估计值设置一定的预拉量，一般按量程的70%预拉），在连接部分用上下2个螺母与位移计拉杆紧固，同时将PVC护管套在金属连接管上，并用套入的多少微调传感器拉杆的预拉长度。传感器预拉后可用一长度与预拉相等的竹片、木条之类固定传感器拉杆（预防安装时变动）。然后检查每个传感器的编号和频率及所对应的传递杆长（深）度，做好记录。将传递杆的护管用胶与金属连接管连接后用外包热缩管热缩。准备整体安装。

4. 安装

将组装好的多点位移计由数人（为防运输拆断和脱落）共同搬运到安装位置。10m以内的孔可先在安装孔内注入一定量的水灰比为0.5：1水泥浆，然后将组装好的多点位移计插入孔中（上斜孔除外）；深孔安装应随传递杆装入排气管（内径应大于10mm且有一定强度的半硬塑料管)，排气管应长出最深的锚头 30cm 以上。排气管和注浆管从孔口侧面斜向插入传递杆外侧，主体外筒和排气管、注浆管用较干的快干水泥砂浆固定牢固后上好保护罩，待砂浆凝固后用注浆设备向孔内注入水灰比为 0.5∶1 水泥浆，注浆过程中排气管内应不断地有空气排出，当排气管中有水泥浆溢出(水泥浆较干时以停止出气为准)时为注浆已满，此时封住排气管口停止注浆。下斜孔注浆时不用安装排气管，把仪器装好就位后在孔侧面扩开一沟槽，用一根长于孔深的 6 分自来水皮管插入孔底，边注浆边不断向上拉动管子，直到注满。数小时后待水泥浆凝固即可测读初始读数。

5. 资料的测取

测取资料时先拧下保护罩，分别测量各点频率，每点返复测三次以上，做好记录。

6. 资料的计算与分析

计算公式：

$$L = K(f_0^2 - f_i^2)$$

式中 L——位移量；

K——系数(厂家给出)；

f_0——初始值，Hz；

f_i——实时值，Hz。

或用频率模数计算，公式如下：

$$L = K(F_0 - F_i)$$

式中 L——位移量；

K——系数(厂家给出)；

F——频率模数($F = f^2/1000$)。

目前国内多点位移计传感器的安装方向有两种，一种是正装，频率随两点距离增加而增加。另一种是反装，频率随两点距离增加而减小。这里介绍的是反装形式，频率降低时 L 为正值，两测点间距离增加，反之减小。正装时的初始值在工作范围的低端，计算时常把 F_x 值放在前面作被减数。

(八) 测斜管的安装埋设

1. 钻孔安装测斜管的方法

在工程应用中绝大部分测斜管都采用钻孔安装，也就是先钻孔后安装，方法如下。

(A) 钻孔

采用工程钻探钻机，一般用 ϕ100mm 以上的钻头钻孔，为了使测斜仪测量到位，防止安装时测斜孔中有沉淀，视地质情况测斜孔一般都需比安装深度深 0.5～1.0m，破碎和易塌孔的地层应采用相应方法的护壁。

(B) 清孔

钻头钻到预定位置后，不要立即提钻，用水泵向下灌入清水，直至泥浆水变成清水为止，提钻后立即安装。

(C) 安装

安装的全过程可分为三步。

（1）测斜管的连接　测斜管一般长度为2m/根，需要一根一根地连接到设计的长度。连接的方法是采用边向孔内插入边连接，首先将第一根测斜管在没有外接头的一端套上底盖，用三只M4×10自攻螺钉拧紧並封口，封口是为防止缝隙漏浆，办法有多种。通常先用电工胶带沿缝隙缠绕后再用封口胶带缠紧或用布料缠紧后用扎带捆实，然后插入孔中慢慢地向下放。放完一节，再向管接头内插入下一节测斜管，必须插到两根管子端面相距为设计预留压缩空隙量为止（由于观测期间岩土层一般会有一定的沉降量，如预先不预留压缩空隙量或预留不足，会将测斜管压弯、压裂或损坏。预留空隙量必须不小于该管长度内土层的压缩量，同时要小于导致测斜仪跳槽的空隙量。如不满足上述条件，可以减少管长或采用设有专门适应沉降需要的“滑动接头”的管材。一般留3～5mm，可事先由模拟试验决定，各接头的空隙总和与总沉降量相近最好。混凝土中可以不设预留量），用自攻螺钉拧紧（或铝铆钉连接，该铆钉易被剪断，以适应沉降），接头处为防缝隙漏浆，需作密封处理。按此方法一直连接到设计的长度（见图4－3－13）。当测孔较深，测斜管重量较大时，可用尼龙绳吊住测斜管下端往下放。若孔内有水测斜管向上浮，放不下去时，应向测斜管内注入清水，边注下放边注水。

（2）调整方向　当测斜管长度安装到位后，需要调整导槽的方向，先把最上一节测斜管上的接头取下，露出导槽，看清管内凹槽方向，把管子向上提起少许，慢慢转动测斜管，使测斜管内的一对导槽重合于测量面的A方向。一人提不动时，可用多人协助，对准后再缓慢放下，开始回填。

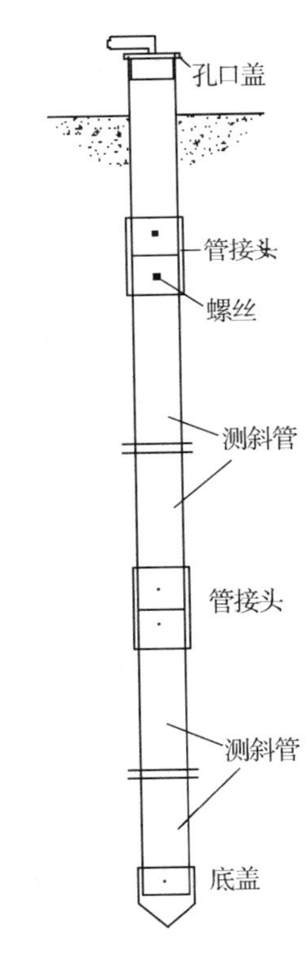

图4－3－13　测斜管安装示意图

（3）回填　测斜管安装合格后，应向测斜管与孔壁之间的空隙中回填，使测斜管与周边有机结合。回填时用手扶正测斜管，不断向测斜管内注入清水，保持满管清水，以防回填时浆液渗入测斜管内。回填的原料视钻孔确定，岩石钻孔用水泥沙浆或纯水泥浆回填；土中钻孔可用中粗沙、爪子石或原状土、膨胀泥球等回填。一边回填一边轻轻地摇动管子，使之填实。回填速度不能太快，以免塞孔后回填料下不去形成空隙。填满后盖上管盖，用自攻螺丝上紧。一天后再去检查，回填料若有下沉再补充填满。

（4）试测　测量前打开孔口盖，首测时先用软质水管插入孔底，用压力水冲洗测斜管内，直到翻出清水为止。以上工作完成后可开始试测，试测是用一个外形与测斜传感器一样的一个假探头，也叫测斜管预通器，用它在测斜孔内两个方向先走一边（目的是怕孔内异常卡住测头造成损失），正常后方可开始正式测量。管口周围应加保护措施，以防人畜碰损，并注有测点位置点号等基本信息（见图4－3－14）。

图 4－3－14　测斜管地面保护罩

图 4－3－15　测斜管在混凝土桩中的安装图

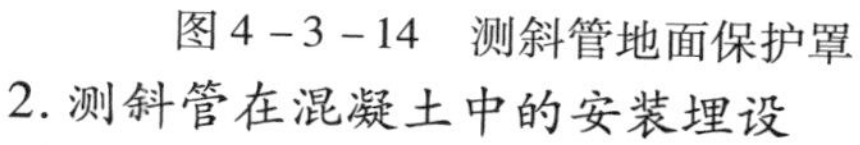

2. 测斜管在混凝土中的安装埋设

(A)预埋安装

测斜管安装在混凝土桩或混凝土连续墙、混凝土围堰等构筑物中时，可先在平地上完成一部分组装工作。把数节测斜管在平地上拼装连接，在每个管接头处须作严格的密封处理，将组装好的测斜管小心插到加工好的钢筋笼中(见图 4－3－15)，调整好槽口方向后用铁丝绑扎，每 1m 扎一道，逐节连接好，再次检查接头密封是否有损。绑扎牢固后装好底盖和孔口盖，底盖也须用粘胶带密封。吊装钢筋笼时要小心轻放。圆形钢筋笼在就位前，要调整其位置将测斜管“十”字槽处在正确方向上，在混凝土浇筑前将测斜管内注满清水后盖上顶盖，浇筑混凝土时要有专人在现场协调。混凝土初凝后打开孔口盖，用软质水管插入孔底，用压力水冲洗测斜管内，直到翻出清水为止。作好孔口保护，试测方法同钻孔安装。

(B)插入安装

当测斜管用在围护的 SMW 工法桩上，施工时要在完成水泥土搅拌尚未固结的桩身内插入大型工字钢，在这种场合的测斜管要预先安装在工字钢上随其一起插入桩内。先用 Ω 型的钢制匝箍将接好的测斜管用电焊的方法固定在工字钢上(图 4－3－16)，匝箍可用厚度 2～3mm、宽 30mm 左右的带钢制成，每隔 0.5m 安排一道，并用电焊与工字钢焊合，以保证测斜管牢牢地与工字钢结为一体。测斜管的“十”字槽要预先调整在主方向上。

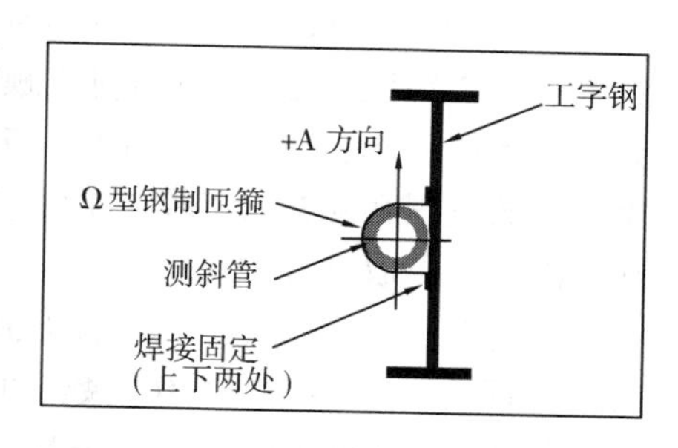

图 4－3－16　测斜管和(SMW)工字钢的安装结合

测斜管的连接处须严格做好防水密封，测斜管与工字钢等长(深)。为使插入时的端阻力不直接作用在测斜管的底端，应在底端专门加一个用金属板弯制的半锥形保护罩，锥尖向下，整个测斜管的底端应全部罩在此保护罩内，保护罩长度 20～30cm 即可，用电焊与工字钢结合。工字钢插入桩内的过程中要有专人协调。最后作好孔口保护，试测方法同钻孔安装。

3. 填筑土中堆埋法安装

在土石坝的芯墙和土坝的堆筑过程中安装测斜管见本章第五节“土石坝及坝基监测方法”。

4. 测扭

在孔口看到的“十”字槽方向只是孔口处的状况，由于整个孔内的测斜管是用若干根连接成的，安装时接头的间隙和每节在制造时的导向槽扭角误差的积累，较深的测斜孔其深处的“十”字导向槽的方向可能会有所偏离，此偏离角度称“扭转角”，而且随深度位置不同，扭转角也不会一样。显然，若忽视扭转角的存在而用正常方法计算出来的水平位移，会带有一定的误差。要克服扭转角带来的计算误差，是把指定孔各深度的扭转角（大小及方向）预先测出，然后在日后计算中加以修正，才能得到正确的地下水平位移数据。

图 4－3－17　测扭仪及现场操作

测试地下测斜管扭转角的仪器叫测扭仪，见图 4－3－17，其外形如一个加长加粗了的测斜仪测头。用它可以测得指定孔槽在不同深度处的扭转角。测扭仪的制造商会随同仪器提供修正测斜数据的应用软件，该软件包括修正后的其他测斜数据计算步骤，一次完成全部计算。

（九）测斜仪的使用

测斜仪都带有配套的数据读数仪，使用时按说明书正确联结测斜仪测头、电缆和记录仪即可。使用前要按制造厂的说明书操作在记录仪上预设各个孔的孔号、深度和测量间距（0.5m 或 1m）等项。

1.使用方法

1）测斜仪上同一组滑轮有两个单轮分处在仪器的两侧，自由状态下一高一低。将测斜仪竖立起来，接电缆端向上，滑轮组所在平面为 A 方向，其中稍高的滑轮称为高轮“A＋”或“A0”方向，稍低的称为低轮，低轮指向“A－”方向或“A180”方向。

2）将测斜仪 A0 方向对准测斜管的“A＋”方向，先把下面一组滑轮纳入测斜管的导槽中，然后放下测斜仪，将上面的滑轮组亦纳入同一组导槽内，紧握电缆不能松手。

3）将电缆微微松开，使测斜仪顺利的顺导槽下滑，逐渐到达孔底。这时看电缆外的标记可知孔深度，让探头在孔内静置 15min，以适应孔内的温度，此时记录仪上应有读数显示。整个下放过程必须在人工控制下缓慢进行，严禁利用测头自重自由下滑，突然的震动会严重损坏测头。下放过程中应控制好电缆的尾部，防止电缆全部滑入孔内。

4）将测头按电缆外的标记提升到对应孔底的测量高度，在记录仪液晶屏中的读数稳定后，按钮记录下此深度的 A0 读数，如是双向可同时自动记下的有 B0 的读数。

5）按 0.5m 或 1m 的间隔依次上提电缆，采集各深度的数据，直至孔口。也可以在 15min 静置后，将探头提升到管口起测点，逐次向下读取各深度层的读数。

6）将测头取出，反转 180 度，按测头低轮（A180 方向）指向测斜管＋A 方向将测头送入测斜管，重复上述 4）、5）的步骤。此时若没有“测头重复误差”和“探头与导槽的定位误差”，在同样深度上，理论上前（A0）后（A180）两次所得同深度位置的读数应是绝对值相同但符号相反的二组数据，这是检验单次测量是否发生太大误差的方法。如 0 和 180 两次绝对值相差太多，超过制造厂设定的值，记录仪会有提示，此时或 A180，或 A0 应重测。实际上以后计算时是取 A0 和 A180 的绝对值平均数按 A0 的符号参加计算的。

7）有些型号的记录仪还有将每孔的数据按一定的统计方法加以检验的计算（方差计算），并当场在液晶屏上显示检验是否通过，以帮助观测人员的判断。

8）记录仪在现场依次采集记录下设定好的测孔的数据后，送回室内处理。

2. 数据处理

对测斜仪现场实测数据的处理是一项细致的工作，一般应回到室内进行。野外工作完成后，将记录仪带回室内，通过各自的接口建立记录仪和计算机的通信，在计算机中预装的专门程序的控制下，将记录仪中的数据转存到计算机中。用厂家附带的计算软件进行计算。

(A)孔口法和孔底法

计算有孔口法和孔底法二种方式。孔口法用于孔底存在位移的情况，一般假定孔口为不动点，测出其余各测点相对于孔口的偏移。常用于基坑围护体、尾矿坝、部分滑坡体等。孔口若存在水平位移，要用其他方法(全站仪或 GPS)测出孔口在计算方向上的位移，并将其作为修正值调整累计曲线在绝对平面坐标系中的位置；孔底法是孔底位于基岩，设为不动点，各测点相对于孔底的偏移，常用于水利水电大坝和部分滑坡体。图 4－3－18(a)、(b)是分别用孔底法和孔口法计算的例图。

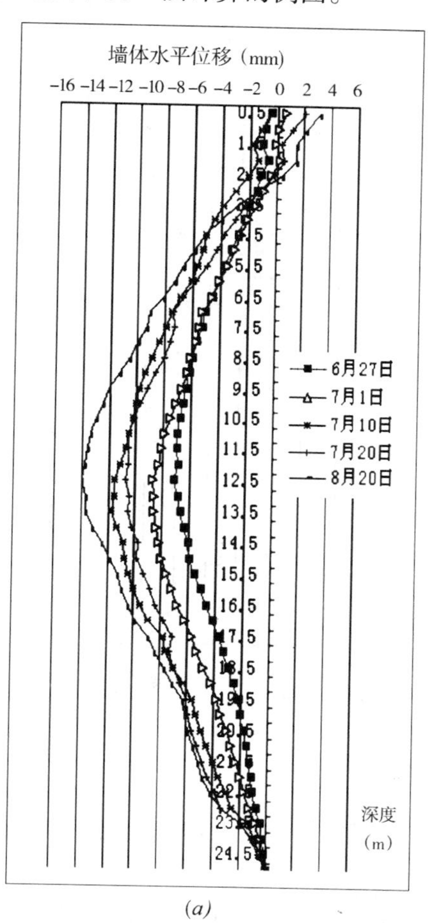

(a)

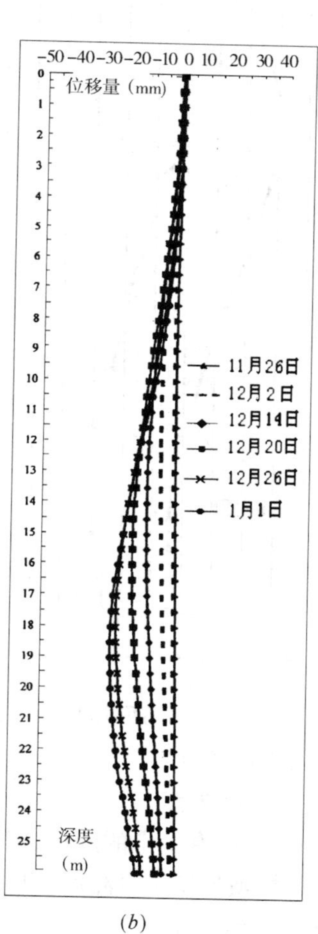

(b)

图 4－3－18　常用的测斜数据图

(a)孔底法；(b)孔口法

(B)计算处理原则

安装完成后的第一次测值设为初始值，初始值很少为一条直线，这与钻孔不直或测斜管安装不直有关，只要不影响测斜仪在管内的上下活动都无大碍，与测斜成果基本无关，因测斜仪需要监测的是变化量。为了在计算中把起始点设成直线，往往用初始值减去初始值，以后的每次测值都要减去初始值，如图4－3－19曲线 a 为第一次测量的初始值，b 为第 i 次的测值，两次测值相减就得到如图4－3－20中的曲线 $b-a$。这就是在图4－3－20中只有变化曲线而没有初始值曲线的缘故。这个"$b-a$"曲线代表的是实际的位移变化量，其大小可以从曲线偏离坐标纵轴的程度来度量。这个曲线称为水平位移的累计曲线（俗称测斜累计曲线），而相应把图4－3－20的曲线 a 和 b 直接称为"测斜曲线"。

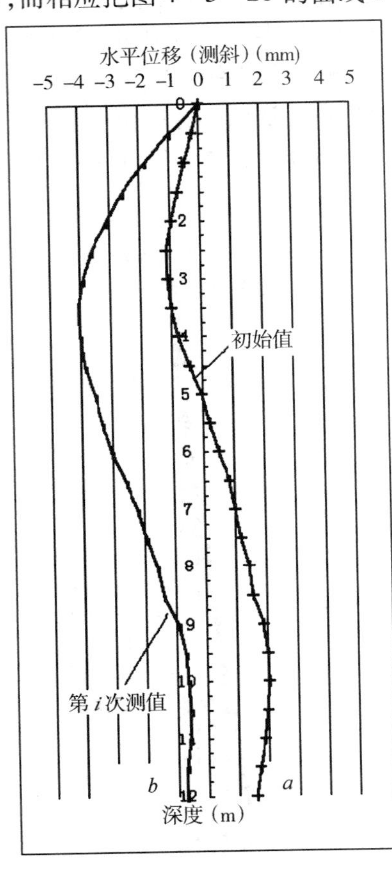

图4－3－19　a 和 b 两时刻的测斜曲线

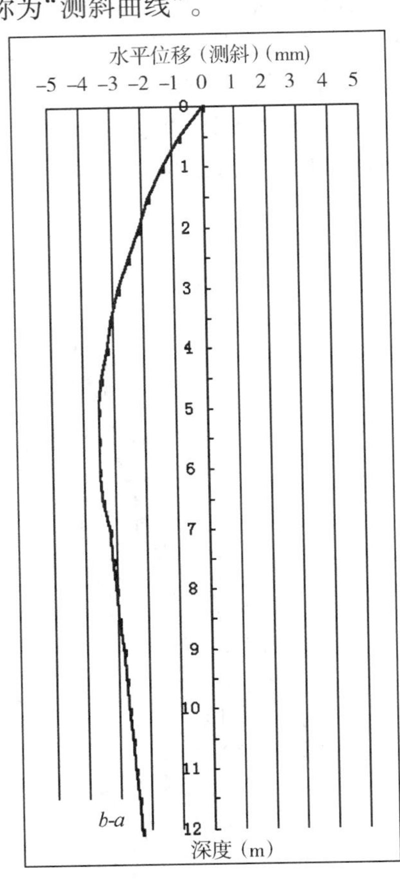

图4－3－20　以 a 为起始，b 时刻的累计曲线

3．其他注意事项

（A）测斜仪的替换

由于一个工程有一定的周期，期间要对测斜孔作持续的观测，在此过程中，使用的测斜仪发生故障时，须另换一台测斜仪接着观测。

由于每一台测斜仪本身有一定的系统误差，而且每台仪器的系统误差都不会一样，换仪器时要处理好前后两台仪器不同的系统误差修正，以保证数据的平顺接续。最好的办法是事先将两台（或几台）完好的测斜仪在同一个测斜孔中得出它的各自的"测斜曲线"留作测斜仪档案。这个工作应尽量在同一时间进行，以保证两台仪器读数时测斜管本身位置没有变化。若在日后实测中，发生要更换测斜仪的情况时，如用"P"代替"Q"，只需调出当初的P、Q两条曲线，求出两者之间的差值"P_i-Q_i"（i是孔深）。并将此"P_i-Q_i"作为P号仪器代替 Q 号仪器时的转换系数，以后凡用 P 号仪器的测量结果在计算时，都应减去这个转换系数，这样可以保证换用测斜仪时前后数据平顺接续。若无此条件时可将替补的测斜仪第一次测值拟合到损坏的测斜仪最后一次测值上，求出近似的转换系数。

若不作此步处理，则在换用之前后的两组累计值间会有一个明显的突变，后段的数据与前段的数据理论上无可比性，会造一定的替换误差。

(B)标定

活动测斜仪出厂时，都对探头逐个进行单独标定，并有表明合格的标定证书和相关的标定数据。测斜仪和其他计量仪器一样，在使用一段时间后需要通过计量标定，一般是返回生产厂或请有资质作标定的部门和单位进行标定。

(C)电缆

活动测斜仪的电缆也是测斜仪的主要附件，它兼有传递测试信号和承重的作用，还有防水要求，所以不能做的太纤细。一般外径在 8 ~ 10mm，而且因内部有一根承重的钢丝绳，电缆的整体显得较“硬”。要使电缆保持顺直，不扭转和“拧麻花”状。应将电缆卷在一个电缆盘中（图 4 – 3 – 21）。接测斜仪的一端作为末端卷在最外层，接记录器的一端卷在最里层与固定在电缆盘上记录器接头相连。

图 4 – 3 – 21　测斜仪的电缆盘

(D)保养

测斜仪探头上的滑轮和安装滑轮的摇臂都是精密的机械部件，滑轮和摇臂应可灵活地转动，并且还没有明显的晃动间隙；此外还有精密防水的电气接插头，在使用时应加以仔细的维护保养：

1）由于测斜孔中多存有积水，积水中往往含有极细的泥沙颗粒，测斜仪从测斜孔中取出时表面会有泥水，每次使用后要用清洁的水将被浸湿的部分冲洗干净，特别注意冲洗滑轮和摇臂的活动部分，以防止泥沙颗粒沉积影响活动部件的正常活动。

2）冲洗后用柔软干净的干布将水擦干后，用生产厂提供的专用扳手将探头和电缆分开，在探头的插头端套上保护罩。探头应继续在流动的空气中放置几分钟，直至活动部分的水分被吹干，并在活动部位加注少量生产厂提供的润滑油（可用市售的钟表油代替）。放在出厂时提供的专用避震金属存储盒内保存。

3）电缆接头应放在保护罩内，电缆用干布擦净后盘起或收回到电缆盘内，注意电缆在保存时应保持顺畅，如有“拧”劲，应放松后重卷。

4）现场使用后的读数仪要用柔软干净的干布将表面擦净，尤其注意清洁电缆插口，使其不带有污物和沙土颗粒，清洁后连接读数仪和计算机，进行数据传输工作。传输完成后，关闭电源，拔出传输电缆，用出厂时提供的绝缘软盖将各插口盖上，确认电源关闭后盖上机箱盖，方可存放在仪器架上。

（十）固定式测斜仪、倾角仪的安装

固定测斜仪和倾角仪埋入后，可实现长期远程自动测斜和动态监控。用于人不易到达的区域或需自动监测的项目。但由于固定测斜仪价钱昂贵，一般在一个测斜孔中只选几个典型深度安装。

1. 垂直固定式测斜仪的安装

(A)钻孔安装方式

按图4－3－22所示，将一组传感器测头水平放置于一固定平面上，使每支仪器的轴线在同一条直线上，按设计要求调整好标距L(一般3～10m)，并调整每支传感器的测角方向处于相同平面内，注意传感器同一组颜色接线所对应的测量线处于同一侧向，固定好传感器使其不可扭动，用配备的正反牙螺母连接各组传感测头，连接过程中，各组传感测头仅沿轴线方向平移不得有圆周向移动时旋紧正反牙螺母。连接时，螺纹上可适量涂以AB胶或环氧胶，用钢尺准确测量各测点的深度，按顺序编号做好记录。待胶凝固后即可安装。孔内埋设以吊装为宜，在孔口端固定好接杆尾部，使仪器串联组自由悬垂于钻孔中心位置。若一安装不需更换和回收，可回填膨润土球或原状土回填，回填过程每填至3～5m进行一次注水，目的是为使膨润土遇水后能与管壁紧密配合，使传感测头可靠定位。露出地表的连接(吊装)杆应妥善保护，地表连杆段最好用混凝土浇筑一个混凝土墩，并做警示标识予以保护。

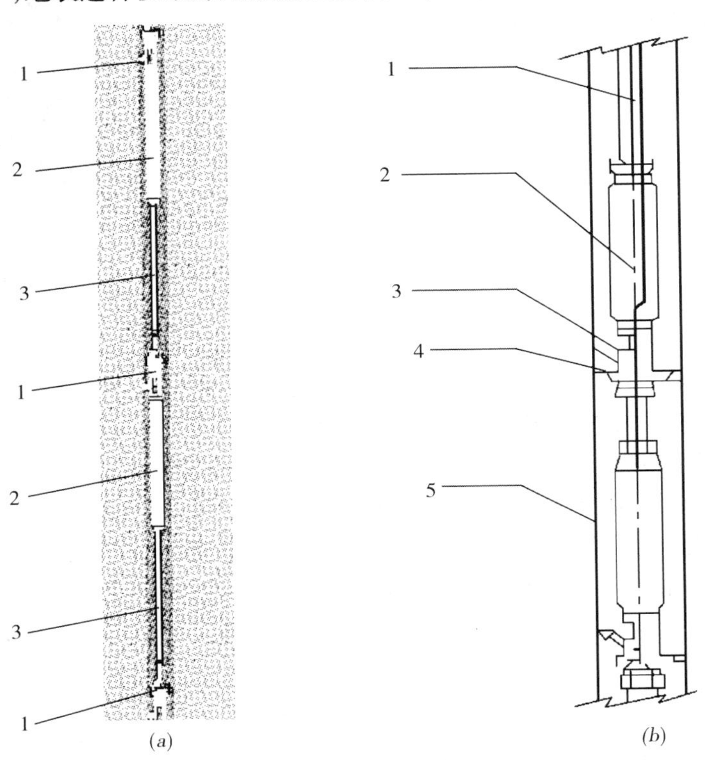

图4－3－22　固定式测斜仪安装示意图

(*a*)1—导轮；2—倾斜仪；3—连接杆；

(*b*)1—4芯屏蔽电缆；2—倾斜仪；3—导轮及支架；4—铰接头；5—测斜管

(B)测斜管内安装方法

固定测斜仪一般都采用测斜管内安装的方法。在装有测斜管的测孔内先用活动测斜仪试放一遍，确认与设计一致方可。如图4－3－22(*a*)所示，每只倾斜仪的传感器与安装附件(硬杆或柔性连接件)在地面连接完好。传感器的两端各配有一只严格处于同一平面内的导向定位器件。多只传感器串联使用时，需按图4－3－22(*a*)、(*b*)所示将单只传感器分别用连接配件于安装现场连接固定可靠，此时每只测斜仪的导向轮处于同一平面内。把不同深度的连接杆和测头按顺序连接放入时，注意滚轮的方向和电缆编号，做好记录，逐一确认后方可向管内安装，管口固定参照钻孔埋设的要求，可根据现场情况采用适宜的方法。

固定测斜仪的外形结构和安装现场可参看本书第七章第五节四、复杂环境条件下地铁车站的基坑监测和附录中的有关实物图片。

(C)注意事项

1)安装时必须切记仪器正、负值变化的方向，便于资料分析和判断。

2)正确选取仪器的额定测量范围。

3)仪器在接长测量电缆时请注意防水密封的可靠性。

4)仪器未使用放置12个月以上时，使用前应重新率定。

2. 水平固定测斜仪的安装

固定测斜仪水平埋设与垂直测斜管埋设方法基本一样，只是将垂直孔改成水平孔，注意槽口方向即可。

3. 固定式倾角仪的安装

固定式倾角仪有挂式和座式，安装都比较简单。挂式多用于垂直建筑的墙体类测倾斜角度，座式多用于测量混凝土面板坝各不同高程在施工期和蓄水期的顺坡向倾角变化。仪器是一样的，外形有多种。挂式的固定螺丝多在测面或在一端。座式的在底部有一个安装底座墩。

(A)挂式固定倾角仪的安装

挂式固定倾角仪的安装比较简单，在选定的测量部位按厂家配备安装架固定螺丝的孔位打孔，装入预埋螺丝。待预埋螺丝牢固后即可安装，安装时注量倾角方向和水平零位调整，做好记录。

(B)座式固定倾角仪的安装

座式固倾角仪安装都须有一个表面近似水平的平台。面板坝表面一般须顺面板坡线上按设计的测点数，在各测点处用砂浆浇筑一个小平台，在小平台上用电锤钻孔安装基座，并以膨胀螺丝固定，然后在基座上安装倾角仪并调整水平，确定倾角仪的初始状态，旋紧固定螺丝，做好记录。再用一厚度约3mm的金属外罩盖住倾角仪，外罩上用混凝土保护墩封闭保护。仪器电缆沿顺坡敷设的电缆槽汇集中并引至分期浇筑面板顶部，最终进入观测房。

(十一)倾角计的安装埋设

在岩土工程中，倾角计用于观测岩土体以及建筑物表面的转动角位移，或在其内部某位置的转动角位移。

便携式倾角计观测时，事先将基准板固定在地面或地下洞室的岩土体表面或其他建筑物表面上。定期测量每一块基准板的表面斜度，以确定转动变形的大小、方向和速率。

非便携式倾角计，可以将传感器固定在观测点的表面上，就地直接取读数，也可以设置遥测读数器。

根据观测要求不同，倾角计基准板在岩土体表面上或其他建筑物表面上可以水平安装，也能垂直安装。下面关于倾角计基准板的安装和观测，主要针对水平安装的基准板。对于垂直安装的倾角计基准板，其安装与观测的要求与水平安装类似，一般在仪器说明书中均有交代，也可参照下文中的方法与要求。

1）根据观测设计测量定位测点位置。

2）在测点处清理出 50cm×50cm 的基面。

3）用水泥砂浆或树脂胶等黏结材料将基准板牢固地固定在基面上，同时调整一组定位销的方位与待测方向一致，方位角精度为±3°。

4）安装基准板保护装置。保护装置的尺寸应大于传感器框架的尺寸。

5）在有风化层或完整性差的岩土体表面安装基准板时，应采用锚杆或钢管桩将基准板基座与岩土体固结成一体，然后在基座上安装基准板和保护装置。

6）观测地下岩土体结构等位置的转动位移时，可用钢管埋到经灌浆扫孔后的钻孔中，将基准板固定在钢管顶部。

7）基准板安装结束后，应记录测点高程、平面坐标、各组定位销的方位和竣工情况。

8）倾角计基准板安装固定后，应及时观测倾角计稳定的初始读数，作为观测基准值。

（十二）梁式倾斜仪的安装

梁式倾斜仪广泛用于长期监测混凝土坝、面板坝、土石坝等水工建筑物和岩体的水平倾斜或垂直倾斜，同样也适用于长期监测其他各类建筑的倾斜监测。梁式倾斜仪的最大特点是能在建筑物或面板坝原有固定角度的基础上进行精密测量，可以把建筑物或面板坝原有固定角度调整为梁式倾斜仪的零点后再进行倾斜的测量，直接显示变化值。也可在现有的角度上变化，显示当前的倾斜值。

1. 安装埋设

梁式倾斜仪的使用场合很多，仪器的工作环境条件不完全相同，所以埋设安装的方法也不完全一样，一般安装示意如图 4－3－23。

梁式倾斜仪有表面式和埋入式两种，外形基本一样，但使用材料和耐水压强度不同，一般表面式多为铝合金外壳，埋入式多为不锈钢制作。

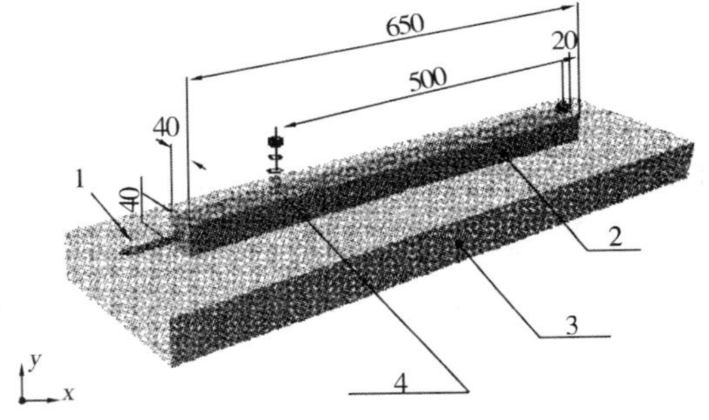

图 4－3－23　梁式倾斜仪安装示意图（单位：mm）

1—仪器电缆；2—梁式倾斜仪；3—被测结构；4—膨胀螺栓

2. 注意事项

1）安装时必须记住仪器正、负值变化的方向，便于资料分析和判断。

2）仪器应在额定测量范围内工作。

3）仪器在接长测量电缆时请注意各芯线功能蓝做好防水密封。

4）特别提醒！仪器的电源输入端与信号输出端不能相混淆（图 4－3－24），千万不能把信号输出端与电源输入端短接。

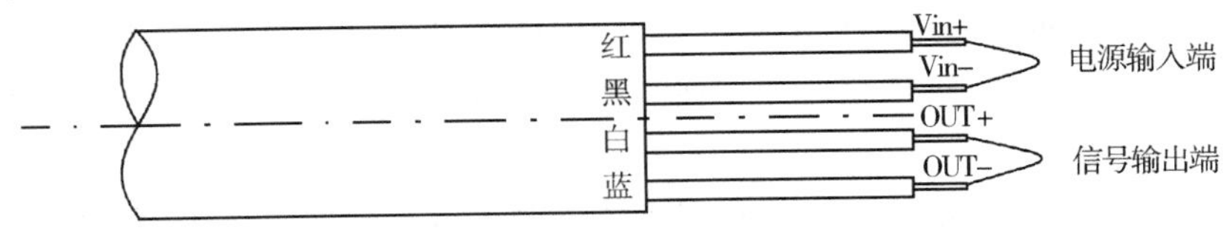

图 4－3－24　电缆各芯线功能

3. 一般计算公式

$$\theta = K \cdot V$$

式中 θ——N 斜仪的倾斜角度,(°);

K——倾斜仪的率定系数,(°)/mV;

V——倾斜仪的输出值,mV。

(十三)锚索计的安装

1)安装前应先加工一个垫板,垫板的材料要足够使锚索计在工作过程中不会产生变形的厚钢扳制作。上下两层,中间夹焊与锚索水平夹角相同角度的小三角形垫块,用以调整角度,使锚索计安装后与锚索轴线方向相同。垫板大小要能方便安装锚索计为限。将锚索计内孔与垫板对准并在四周分别做上记号,焊 4 个支撑耳朵,垫板中心用氧焊割一个与锚索计内孔相等的孔。

2)将加工好的垫板按设计要求位置焊在锚梁上,将锚索计安装到位。安装时锚索应从锚索计中心穿过,如图 4-3-25 所示。穿孔时各锚索应按顺序,不得在孔内交叉。

3)安装过程中应不断对锚索计进行监测,并从中间锚索开始向周围锚索逐步加载,以免锚索计的偏心受力或过载。安装过程中稍有偏差都有可能造成安装偏心,一旦偏心过大将会造成测值误差或失败。

图 4-3-25 锚索计安装图

4)影响锚索计安装偏心的主要因素有以下几点:

a)钻孔的精度:主要是孔的直线度。钻孔同心度不好,锚索安装后直线度同样不好,锚索在张拉过程中会与孔壁之间产生摩擦。带来张拉过程中的锚固力损失。

b)编索的质量:为了避免索体之间打绞而产生摩擦,一般用隔离架分开,但隔离架中的单索编号顺序必须前后一致。否则,单索之间在张拉过程中会产生摩擦。

c)穿(送)索的质量:由于索体很长,在送索过程中,可能位于孔上部的索体至孔底后会位于下部或翻转了多圈,这样张拉时会产生扭转。

d)锚固端的施工质量:锚固端的施工质量决定锚固端的强度,强度不够将导致锚索在张拉过程中锚固端产生位移,从而达不到预期张拉效果。

e)锚墩的施工质量:锚墩在张拉过程中直接受力,并使锚索受力合理地传递给墙体,所以锚墩的强度必须满足张拉要求,锚墩制作时应保证混凝土与岩土紧贴,并保证承压面与钻孔轴线垂直。

f)锚索测力计与锚垫板的同心连接:为了使锚索测力计与钻孔同心,应在锚梁上人工焊接固定板(如图 4-3-17 所示);否则,锚索测力计在张拉过程中会产生滑移。

g)锚索测力计与张拉千斤顶的同心:锚索张拉过程中靠千斤顶提供作用力,而千斤顶本身的自重较大，如果千斤顶与测力计不同心，则在张拉过程中千斤顶与测力计之间产生偏移或滑移，势必造成测试所得的锚固力与千斤顶的出力有差别。针对该问题，采用在测力计上部的工作锚板上套一同心环，另一端连接千斤顶，保证了测力计与千斤顶同心。测试结果表明对纠正偏心的效果非常明显。

h）预紧时的顺序：锚索在张拉前，一般先进行预紧，目的是将孔内的单索锚索拉直，但预紧应按对称的原则进行，否则同样会产生偏心。而偏心主要受施工工艺影响，如果在施工过程严格控制各施工步的质量，并采取积极有效的措施，将有效控制锚固预应力的损失，更好地达到锚索在施工中加固作用。

5）测量及计算：

a）振弦式锚索测力计的手工测量用振弦频率读数仪完成。测量方法请参照相应读数仪的使用说明书，测量完成后，记录传感器的频率值（或频率模数值）、温度值、仪器编号、设计编号和测量时间。

b）振弦式锚索测力的计算公式（以4根弦来举例）：

$$P = K(f_0^2 - f_i^2)$$

式中 $f_0 = (f_{01} + f_{02} + f_{03} + f_{04})/4$；

$f_i = (f_{i1} + f_{i2} + f_{i3} + f_{i4})/4$；

P——被测锚索荷载值，kN；

K——仪器标定系数，kN/Hz^2；

f_0——锚索测力计4根弦零荷载时的频率平均值，Hz；

f_i——锚索测力计4根弦i级荷载时的频率平均值，Hz；

f_{01}、f_{02}、f_{03}、f_{04}——4根弦在零荷载时的测值，Hz；

f_{i1}、f_{i2}、f_{i3}、f_{i4}——4根弦在i级荷载时的测值，Hz。

6）注意事项：

a）仪器应在额定测量范围内工作，超量程将会损坏仪器。

b）根据现场需要接长电缆时，应注意接头处的防水密封要可靠。

c）仪器未使用放置12个月以上时，使用前应重新进行标定。

（十四）振弦式反（轴）力计的安装

振弦式反力计是一个柱状钢体，中心装有一根钢弦，适用于测量支撑体系中的钢和混凝土梁、柱的支撑轴力，在深基坑开挖中用量较多，量程与锚索计基本相同。详见本书第五章第二节中支撑轴力测试部分。

（十五）静力水准仪的安装

1. 静力水准仪的检验

安装前应对每一台静力水准仪按出厂要求进行检验，确认正常后再投入使用，以保证测量结果稳定可靠。

2. 静力水准仪的安装

1）静力水准仪通常安装在廊道侧壁或测墩上。

2）利用水准仪等仪器，依据设计位置现场进行放样定位。

3）在确定的位置安装静力水准仪的安装板。静力水准仪的安装板必须安装牢固、水平，同一组静力水准各测点之间安装板的高差不得大于10mm。

4）用螺栓将静力水准仪固定在安装板上，用微调锣丝调整高度，安装固定后各点高差应不大于3mm，并需安装水平（见图4－3－26）。

5）将静力水准管路与各测点仪器连通，要求连接处稳固、密封，不易脱落及漏液。

6）加入静力水准专用液体。加液时应从一端开始，匀速加液，同时排出管路中的气泡。

7）检查管路中是否还有气泡，接头处是否漏液。

8）将浮子放入主体容器中，并将装有传感器的上盖板装在主体容器上。

9）将仪器电缆接入安装在现场的测量控制单元，开始试测，检查各点工作情况。

10）试测正常后接入自动化系统，检查自动化采集数据是否稳定并与现场试测际相一致。

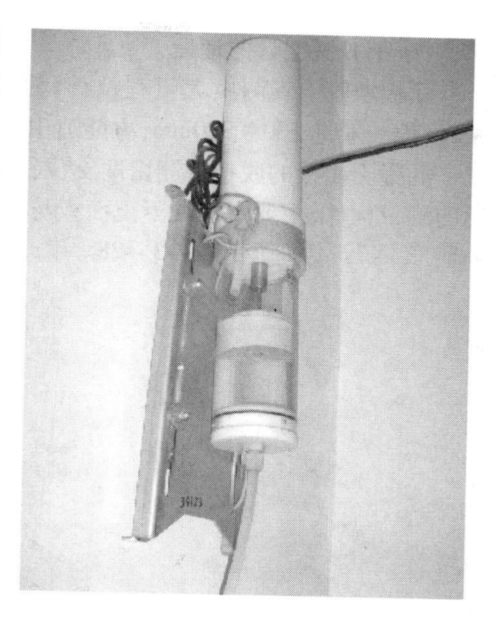

图4－3－26　静力水准仪的安装图

（十六）位错计的安装埋设

位错计由位移计改装而成，用来监测两坝块垂直位移及相对错动，其安装方法如下：

1）在先浇混凝土坝块仪器安装部位预留一个60cm（高）×30cm（宽）×30cm（厚）的槽坑。

2）坝块浇筑毕拆钢模露出槽坑，再撬去槽坑内木模板，回填60cm（高）×30cm（宽）×20cm（厚）混凝土，在槽坑的上方（离顶10cm处）预埋30cm（长）×5cm（宽）×0.5cm（厚）的上锚固钢板，埋进长20cm。待混凝土初凝后安装位错计。

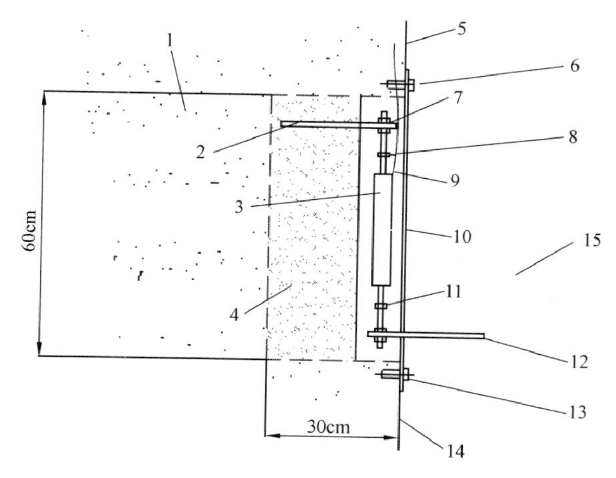

图4－3－27　位错计安装埋设示意图

1—先浇坝块混凝土；2—锚固板1；3—位移传感器；4—回填砂浆混凝土；5—分缝面；6—膨胀螺栓；7—紧固螺栓；8—万向接头；9—仪器电缆；10—封堵板；11—万向接头；12—锚固板2；13—膨胀螺栓；14—分缝面；15—后浇坝块混凝土

3）位错计上、下万向接头分别与上、下锚固钢板用螺钉连接，然后根据经验判定先浇坝块或后浇坝块混凝土沉降量，再决定将位错计调至3/4或1/4量程，将下锚固钢板垫平，使下锚固钢板平伸至后浇混凝土坝块里18～20cm。用隔离材料裹包好位错计，并用木板或其他材料封堵槽坑，以防浇筑混凝土砂浆侵入，影响仪器正常工作。待后浇坝块混凝土浇筑到仪器埋设部位时人工捣实回填即可。

4）在仪器安装埋设过程中始终用读数仪监测仪器工作状况，待后浇坝块混凝土凝固24h后测取初始值。

位错计安装埋设示意见图4－3－27。

（十七）脱空计的埋设

面板坝脱空观测属大量程位移（测缝）观测。应选用大量程、高性能的位移传感器来做，量程一般选 100 ~ 300mm，方能适用于面板堆石坝脱空观测。

混凝土面板的脱空观测由两支位移计和一块固定支架（基准板）构成的近似等边三角形的测量构件，主要观测混凝土面板与过渡料间垂直面板方向的变形“Y”和平行面板方向的变形“X”。原理见图 4 -3 -28。

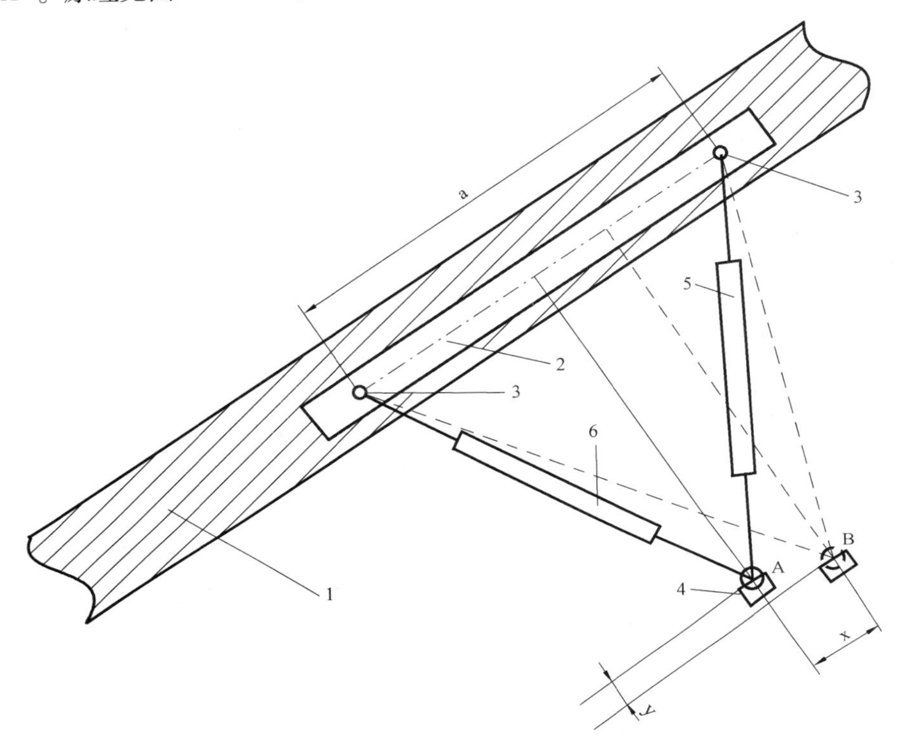

图 4 -3 -28　拓空计工作原理图

1—面板；2—基准板；3—关节轴承；4—混凝土底座；5—位移传感器 1；6—位移传感器 2

y—底座至基准板的垂直位移；x—底座与基准板的平行位移；a—基准板有效长度（900mm）

按设计要求的点位，在垫层料中先预制一个约 50cm × 50cm × 50cm 边长的混凝土底座并与周连接，在混凝土底座内预埋与 2 个位移传感器连接的关节轴承安装附件。基准板一般用块宽 100mm、长 1100mm、厚 8 ~ 10mm 钢板，在中心位置打 2 个孔距 900mm、直径约 10mm 的孔供安装关节轴承用。然后分别将 2 只位移传感器与之连接，构成边长为 900mm（传感器预拉约 1/3 时）的等边三角形，包裹隔离物。调整使三角形平面垂直于面板，回填垫层料压实，待浇筑面板时将基准板一并浇入。当混凝土底座由 A 位移动到 B 位时，用位移传感器 1 和 2 的位移量计算出面板与混凝土底座之间的位移 X 和 Y 值。

（十八）温度计的安装埋设

温度计的埋设应根据被测介质的实际条件确定埋设方法，分为钻孔埋设法和填筑埋设法。

钻孔埋设法是将温度计按设计深度绑扎在细木条上，送入孔内之后，用与被测介质相当的材料回填、埋设。

填筑埋设法是在土、石和混凝土填筑过程中埋设，埋设时按设计要求的位置和方向直接埋入即可，其安全保护层应不小于1m。

三、观测电缆走线

观测电缆走线是监测工程施工的一个组成部分。电缆走线和仪器安装、埋设的重要性是等同的，设计阶段与施工阶段均应予以重视。

电缆走线有明走、暗走之分。明走电缆包括明管穿线、缠裹和裸束等方式；暗走电缆包括裸束埋线、缠裹埋线、埋管穿线、钻孔穿线和沟槽敷设等方式。

（一）观测电缆明线敷设

观测电缆明走，一般用在室内、地下洞室和廊道内电缆走线，露天应用较少。

1. 裸线敷设

走线距离较短，根数较少时，将裸线扎成束悬挂敷设，悬挂的撑点间距视电缆重量和强度而定，一般不大于2m。每个撑点处不得使用细线直接绑扎来固定电缆。电缆较多时，可采用托盘。

2. 缠裹敷设

当电缆线路上的环境较好，没有损坏电缆的因素存在，电缆的数量较大时，一般均可采用将电缆缠裹成束敷设。条件许可时，均应悬挂或托架走线。

缠裹电缆的材料，以防水、绝缘的塑料带为宜。电缆应理顺，不得相互交绕。一般在电缆束内复加加强绳，加强绳应耐腐。

悬挂走线的撑点间距，视电缆束重量而定，重量较大时，应设连续托架。

3. 套护管敷设

户外走线或户内条件不佳时，需要将电缆束套上护管敷设。护管一般为钢管、PVC管或硬塑管。

（二）观测电缆暗线敷设

暗线敷设是常用的方法，在填筑体内走线、穿越、避免干扰等均要采用暗走。

1. 埋线敷设

在混凝土、土、石方填筑过程中埋设的仪器，观测电缆均要直接埋入填筑体内。敷设时，电缆有裸体的，也有缠裹的。走线时，在设计线路上，在已经振捣好的混凝土或已经压实的土体上刻槽埋线。混凝土内埋深不得小于10cm，土体埋深不得小于50cm。埋线裕度视周围介质材料、位置、高程和预计最终变形而定，一般约为敷设长度的5%～15%。在土坝等变形较大的填筑体内，电缆应呈“S”型敷设。

在堆石体内埋线敷设，电缆应加保护管，安全覆盖厚度应不小于1m。

2. 埋管穿线敷设

埋管穿线一般是在观测电缆走线与工程施工交叉时，需要在先期工程中沿线路预埋走线管，待观测电缆形成之后，再穿管敷设。预埋穿线管时，管直径应大于电缆束直径4～8cm，管壁光滑平顺，管内无积水。转弯角度大于10°时，应设接线坑断开，坑的尺寸不得小于50cm×50cm×50cm。

穿线敷设时,电缆应理顺,不得相互交绕,绑成裸体束或缠裹塑料膜,穿线根数多时,束中应复加加强绳,线束涂以滑石粉。

3. 钻孔穿线敷设

线路穿越岩体或已有建筑物时,需要钻孔穿线敷设。具体要求与埋管穿线相同。注意钻孔应冲洗干净,电缆应缠裹避免电缆护套损坏。

4. 电缆沟槽走线敷设

电缆数量较大,或有特殊要求时,可修建电缆沟或电缆槽进行走线敷设。也可以利用对观测电缆使用无影响的已有电缆沟走线。在沟内敷设时,需要有电缆托架,在槽内敷设时,槽内不得有积水,应考虑排水设施,沟槽上盖要有足够强度,严防损坏、砸断电缆。室外电缆沟槽的上盖应锁定。

(三)观测电缆走线的一般要求

1)施工期电缆临时走线,应根据现场条件采取相应敷设方法,并加注标志,注意保护,选好临时观测站的位置,尤其在条件十分恶劣的地下工程施工中,观测电缆的保护需要有切实可靠的措施。

2)电缆走线敷设时,应严格按照电缆走线设计图和技术规范施工,尽可能减少电缆接头。遇有特殊情况需要改变时,应以设计修改通知为依据。

3)在电缆走线的线路上,应设置警告标志。尤其是暗埋线,应对准确的暗线位置和范围设置明显标志。设专人对观测电缆进行日常维护,并健全维护制度,树立"损坏观测电缆是违法行为"的意识。

4)电缆跨施工留缝时,应有5~10cm的弯曲长度。穿越阻水设施时,应单根平行排列,间距2cm,均要加阻水环或阻水材料回填。坝内走线时,应严防电缆线路成为渗水通道。在填筑过程中,电缆随着填筑体升高垂直向上引伸时,可采用立管引伸,管外填料压实后,将立管提升,管内电缆周围用相应的料填实。

5)电缆敷设过程中,要保护好电缆头和编号标志,防止浸水或受潮;应随时检测电缆和仪器的状态及绝缘情况,并记录和说明。

四、仪器安装埋设后的工作

为了便于对观测仪器的维护管理和对观测资料的整理分析,为工程安全做出准确的评估,使观测资料发挥应有的作用,仪器安装埋设后,必须做好下列各项工作。

(一)仪器安装埋设记录

仪器安装埋设记录应贯穿在全过程中,记录应包括下列内容:

1. 准备工作记录

1)技术资料记录。

2)技术培训情况。

3)现场调查记录。

4)设备仪器检验记录。

5)电缆连接和仪器组装记录。

6)仪器编号记录。

7）土建施工记录。

2. 仪器安装埋设记录

1）工程名称与项目名称。

2）仪器类型、型号。

3）位置坐标和高程。

4）安装日期和时间。

5）天气、温度、降雨、风速状况。

6）安装期周围施工状况。

7）安装过程中的安装记录、方法、材料和检测记录。

8）结构的平、剖面图、显示仪器的安装、仪器位置、电缆位置、电缆接头位置以及安装过程中使用的材料。

9）安装期间的照片、录像，仪器埋设前的情况。

10）安装期的调试及其测试数据。

3. 观测电缆走线记录

1）电缆编号（仪器号）。

2）电缆类型、型号、规格。

3）电缆接头数量、位置。

4）敷设方法、线路、辅助设施结构。

5）敷设过程中的检测记录。

6）敷设前后的照片、录像。

7）电缆线路图。

4. 工程施工记录

1）填筑工程　记录包括的内容：工程部位、施工方法、填筑厚度、起止时间、温度、填料特性、材料配合比、气候条件。

2）开挖工程　记录包括的内容：工程部位、施工方法、开挖动态、开挖动态图、爆破参数、支护方式与时机、地质描述。

3）试验与检验　也要做记录。

（二）编写仪器安装竣工报告

1. 资料收集与整理

1）工程资料。

2）观测设计资料及仪器出厂资料和率定资料。

3）仪器安装埋设记录。

4）绘制仪器安装埋设竣工图（单只仪器考证图表及仪器总体分布图）。

5）仪器安装埋设后初始状态图表。

2. 报告内容

（1）单只仪器安装竣工报告内容　①观测项目；②仪器类型、型号；③仪器位置、高程；④安装埋设时间；⑤土建工程情况；⑥仪器率定情况；⑦仪器组装与检测；⑧仪器安装埋设与检测；⑨仪器初始状态检测；⑩仪器安装埋设状态图（平面、剖面图）；⑩验收情况。

（2）仪器安装、埋设竣工总报告内容　①监测工程设计概况；②监测工程施工组织设计概述;③仪器设备选型、仪器装置图及仪器性能明细一览表;④安装、率定和监测方法说明(含率定结果统计表);⑤土建施工情况;⑥仪器安装埋设竣工图、状态统计表及文字说明;⑦仪器初始状态及观测基准值。

(三)仪器安装埋设后的管理

1. 建立仪器档案

仪器档案内容一般包括:名称、生产厂家、出厂编号、规格、型号、附件名称及数量、合格证书、使用说明书、出厂率定资料、购置商店及日期、设计编号及使用日期、使用人员、现场检验率定资料、安装埋设考证图表、问题及处理情况、验收情况。

2. 仪器设备的维护管理

1)建立维护观测组织。

2)编制维护观测制度。

3)编制维护观测技术规程。

第四节　常用监测仪器观测方法

监测仪器安装埋设测得初始状态数据,确定基准值之后,仪器便进入正常的工作状态,开始观测运行。正常观测时,首先应确定观测频率,制订仪器操作规程、观测数据处理要求和常规资料整理方法与报告内容,建立观测运行管理程序。

一、观测基准值的确定

各种观测仪器的计算皆为相对计算,所以每个仪器必须有个基准值。基准值也就是仪器安装埋设后开始工作前的观测值。基准值的确定是观测的重要环节之一。基准值确定得适当与否直接影响以后资料分析的正确性,由于确定不当会引起很大的误断。因此,基准值不能随意确定,必须考虑仪器安装埋设的位置、所测介质的特性、仪器的性能及环境因素等,然后从初期数次观测及考虑以后一系列变化或稳定情况之后,才能确定基准值的数值。一般确定基准值,必须注意不要选择由于观测误差而引起突变的观测值。

(一)应变计基准值的确定

在混凝土内,确定应变计基准值的主要原则是考虑弹性上的平衡。对九方向应变计组,四组三个直交应变的和相差不超过 15 ~25$\mu\varepsilon$ 范围时,可认为已达到平衡状态;四方向和五方向应变计组,相差范围要在 10$\mu\varepsilon$ 之内;单向应变计应与同层附近的应变计组达到平衡的时间相同。此时,埋设点的温度也达到均匀时的测值,即可确定为基准值。如果测混凝土的膨胀变形,可以用混凝土初凝时的测值作为基准值。

在岩体内,一般在埋设后 12 小时以上,水泥砂浆终凝后或水化热基本稳定时的测值可作为基准值。

(二)测缝计基准值的确定

测缝计埋设后,混凝土或水泥砂浆终凝时的测值可作为基准值。

(三)钢筋计基准值的确定

钢筋计的基准值可根据使用处的结构而定,一般取混凝土或砂浆固化后,钢筋和钢筋计能够跟随其周围材料变形时的测值作为基准值，一般取24小时后的测值。

（四）压力计基准值的确定

压力计埋设后，其周围材料的温度达到均匀时的测值为基准值。

（五）渗压计基准值的确定

渗压计以其埋设后的测值为基准值。

（六）位移计基准值的确定

位移计安装埋设后，根据仪器类型和测点锚头的固定方式确定基准值的观测时机，一般在传感器和测点固定之后开始测基准值。采用水泥砂浆固定的锚头，埋设灌浆后24小时以上的测值可作为基准值。基准值观测应取三次连续读数，其差小于1%（FS）时的平均值。

（七）倾角计基准值的确定

倾角计基准板安装固定之后，观测其稳定的初始读数，若三次读数差小于1%（FS），取其平均值作为基准值。

（八）测斜仪基准值的确定

测斜仪导管安装埋设的回填料固化后，经三次以上的稳定观测，两次测值差小于仪器精度，取其平均值作为基准值。

二、观测频率的确定

仪器观测分为正常观测和特殊观测两种。

正常观测是按照规定的时间间隔进行，测得各种参量随时间的连续变化情况的观测。特殊观测是根据工程需要，在施工和运行的有代表性的时刻或原因参量发生异常变化时进行的观测。

上述两种观测均可以根据各种参量预计的和已经发生的变化速率确定和调整观测频率。特殊观测也可以根据观测计划的频率进行。

观测频率的具体方案，在各类岩土工程的规范中均有规定，见下面各节。

常用仪器的观测频率，一般是在仪器安装埋设后测定基准值，初期（施工期）每天1～2次，施工影响消除之后按参量变化速率调整。

三、观测读数方法

各种仪器的读数应按照仪器说明书进行测读，观测数据用专门表格记录。观测应系统、连续地进行，严格遵守观测频率的规定。每次读数时，必须立即同前次测值对照检查，读数值应是稳定值。在观测中若发现异常，要及时进行复测，分析原因，记录说明。

观测误差有过失误差、系统误差、随机误差三种，取决于测量系统各个误差的综合影响，对误差的控制要消除以下产生误差的原因：

1）仪器设备经常标定、修正其各部分的误差。

2）定期对仪器设备标定、检修，确保性能稳定，消除仪器设备各种物理性质变化产生的误差。

3）定期对基准点检测，修正由温度、腐蚀、震动等因素引起的基准点移动。

4）制订操作技术规程、进行人员培训、更换人员和仪器时做好交接、克服观测方法不同和人员设备不同而产生的误差。

5）仪器性能超限，及时检修更换引起的误差。

观测读数的误差判断十分重要，现场常用的简易判断方法有：

1）本次读数与以前测值比较，在原因参量没有较大变化时，效应参量变化速率不会很大。有异常变化时应复测。

2）原因参量变化较大，但效应参量的变化超出了其可能的变化限度，应复测分析。

3）读数超出仪器限量，如仪器读数大于仪器量程的上限值或小于下限值均为有错。

4）通过正反测测斜仪和倾角计，可以确定相对成双读数的表面误差，并且在各部的误差应大致恒定不变。这一方法可用来检验读数的可信度。

5）差动电阻式仪器正反测电阻比读数之和远大于或小于 20000（0.01%）时，该测值有错。

6）弦式仪器可根据仪器标定的量程频率范围（厂家标定的或自检的）来判断读数的可信度。

四、观测物理量的计算

观测的原始数据一般需要转换成欲测物理量的计算。不同的仪器，其物理量计算方法也不同。出厂仪器说明书中一般都有物理量的计算方法，为了使用方便，下面将常用仪器的物理量计算方法列出供参考应用，其他仪器的计算方法，见下面各节和第三章。

（一）差动电阻式仪器物理量的计算

1. 应变计的应变计算

$$\varepsilon_m = f'\Delta Z + b\Delta T \tag{4-4-1}$$

式中 ε_m——总应变（又称实际应变），$\times 10^{-6}$；

f'——应变计最小修正读数，$10^{-6}/0.01\%$；

b——温度补偿系数，$10^{-6}/℃$；

ΔZ——电阻比变化量，0.01%；

ΔT——温度变化量，℃。

岩体应变计的应变计算：

$$\varepsilon = f'\Delta Z + (b - \alpha_r)\Delta T \tag{4-4-2}$$

式中 ε——岩体应变（应力应变），$\times 10^{-6}$；

α_r——岩石的线膨胀系数，$10^{-6}/℃$；

其他符号意义同上。

无应力计的应变计算同式（4-4-1）。

2. 钢筋计的应力计算

$$\sigma = f'\Delta Z + b\Delta T \tag{4-4-3}$$

式中 σ——钢筋应力，MPa；

f'——钢筋计最小修正读数，MPa/0.01%；

b——钢筋计温度补偿系数，MPa/℃；

其他符号意义同上。

3. 测缝计、裂缝计开合度计算

$$J = f'\Delta Z \quad (4-4-4)$$

式中 J——缝的开合度，mm；

f'——测缝计最小修正读数，mm/0.01%；

其他符号意义同上。

4. 渗压计的渗透压力计算

$$P = f'\Delta Z - b\Delta T \quad (4-4-5)$$

式中 P——渗透压力，MPa；

f'——渗压计最小修正读数，MPa/0.01%；

b——渗压计的温度补偿系数，MPa/℃；

其他符号意义同上。

5. 压力计的应力计算

$$\sigma = f'\Delta Z + b\Delta T \quad (4-4-6)$$

式中 σ——压应力，MPa；

f'——压力计最小修正读数，MPa/0.01%；

b——压力计的温度补偿系数，MPa/℃；

其他符号意义同上。

压力计的压力计算

$$P = f'\Delta Z + b\Delta T \quad (4-4-7)$$

式中 P——压力，MPa；

f'——压力计最小修正读数，MPa/0.01%；

b——压力计温度补偿系数，MPa/℃；

其他符号意义同上。

6. 温度计的温度计算

$$T = (R_t - R'_0)\alpha \quad (4-4-8)$$

式中 T——温度，℃；

R_t——T 温度时的电阻值，Ω；

R'_0——零度电阻值，Ω；

α——电阻温度系数。

（二）弦式仪器物理量的计算

1. 应变计的应变计算

$$\varepsilon = K(f_t^2 - f_0^2) + A \quad (4-4-9)$$

式中 ε——t 时刻的应变量，$\times 10^{-6}$；

K——传感器仪器系数，$\times 10^{-6}/\mathrm{Hz}^2$；

A——应变计仪器修正值，$\times 10^{-6}$；

f_0——基准频率值，Hz；

f_t——t 时刻频率值，Hz。

2. 钢筋计的应力计算

$$\sigma = K(f_t^2 - f_0^2) + A \quad (4-4-10)$$

式中　σ——钢筋应力,MPa;

K——钢筋计仪器系数,MPa/Hz²;

其他符号意义同上。

3. 渗压计的渗透压力计算和压力计的压力计算

$$P = K(f_t^2 - f_0^2) + A \tag{4-4-11}$$

式中　P——渗透压力或压力,MPa;

K——渗压计或压力计仪器系数,MPa/Hz²;

其他符号意义同上。

4. 位移计和测缝计的位移和开合度计算

$$L = K(f_t^2 - f_0^2) + A \tag{4-4-12}$$

式中　L——位移计的位移量或测缝计的开合度,mm;

K——位移计或测缝计仪器系数,mm/Hz²;

其他符号意义同上。

以上计算的物理量符号,正值为拉力,负值为压力。

(三)测斜仪物理量的计算

伺服加速度计式滑动测斜仪计算:

$$\lambda = L\sin\theta \tag{4-4-13}$$

式中　λ——测斜仪轮距长为 L 的相对铅垂线的位移量,mm;

L——测斜仪轮距长,mm;

θ——与铅垂线的偏角。

电阻片式滑动测斜仪的计算:

$$\lambda = K\Delta\varepsilon \tag{4-4-14}$$

式中　K——仪器率定常数;

$\Delta\varepsilon$——观测的应变,$\times 10^{-6}$。

(四)倾角计物理量的计算

伺服加速度计式倾角计的计算:

$$\theta = \sin^{-1}\left(\frac{A_0 - A_{180}}{5} \times 10^{-4}\right) \tag{4-4-15}$$

式中　θ——基准板角位移,角度;

A_0——倾角计沿某一方向的读数;

A_{180}——倾角计旋转180°的读数。

(五)液压式压力计的压力计算

$$P = \beta(p_r - p_i - p_t) \tag{4-4-16}$$

式中　β——室内率定的液压枕边缘效应修正系数;

p_r——液压式压力计读数装置中,压力表读数,MPa;

p_i——液压式压力计安装完成后对压力计施加的初始压力值,MPa;

p_t——温度修正值(MPa),$p_t = k_t(t_r - t_i)$,k_t 为量测系统温度修正系数,根据室内率定确定,t_r 为压力计读数时的温度,t_i 为初始温度值。

（六）振弦式锚索测力计的计算

振弦式锚索测力一般由数(3～6)根振弦组成，计算时应把数振弦看作一根弦，详见本书第四章锚索计的安装。

（七）物理量的判断

物理量的正确与异常判断常用比较法、作图法、特征值统计法和数学模型法等方法。

1. 比较法判断物理量的正确性

1）建筑物在一定的工作条件下，它的变形、位移、温度、渗流、压力等物理量的大小是有一定范围的。观测时所得到的值与理论或试验所得出的值相比较，相差甚大者、正负号相反者、超越仪器本身测量范围者、与建筑物工作状态相矛盾者都可判定该测值有错。

2）建筑物的运行所引起的各种参量（物理量）的变化，都有理论或试验的规律。假如观测所得的规律与其不一致甚至相反，这种现象可判为不正确。

2. 用作图的方法判断物理量的正确性

根据观测所得的数据，可以画出相应的过程线图、相关图、分析图、综合分析图等，由图可直观地了解和分析观测值变化大小和规律。从中可看出各种因素对观测值的影响程度、观测值有无异常。

3. 用特征值的统计来判断物理量的正确性

观测所得的特征值系指每年某日的测值，最大值或最小值，最高温度时的测值，最高水位时的测值，最高压力时的测值等等。可进行相互间对比，由此得出监测物理量之间的一致性、合理性。

4. 用数学模型进行物理量间的比较

将观测中所获取的各种量，建立一定的数学模型，可以定量地分析观测资料的规律性，可靠性等。一般常用的统计模型如回归分析，求出原因量与效应量之间的函数关系，再将其函数关系进行比较，即可了解和掌握两组或多组数之间的区别。

关于物理量的判断、异常分析、误差分析和补插等方法详见第五章。

五、观测成果图表的绘制

根据各种不同的观测项目，使用不同的观测仪器所测的结果及所反应的物理量的变化大小和规律，绘出各种图。主要的图有：

1）物理量随时间变化的过程曲线图。

2）物理量分布图，如物理量沿钻孔分布图、物理量沿建筑物轴线分布图、断面分布图、平面分布图等。

3）物理量相关关系图，如物理量与空间变化关系图、物理量之间的相关关系图、原因参量和效应参量相关关系图。

4）物理量比较图。

成果表也同样有上述各种关系的数据表和数据与图一览表等。

六、监　测　报　告

监测阶段成果简报和施工期成果报告，都是把观测所得的成果用文字、图表系统地展示出来，让有关人员对工程的现有状况有较清楚的了解，两者的监测时间长短不同，在报告中的内容就有些区别，一般地说，监测时间越长，掌握的资料越多，对工程安全度的论述就越充分，一般应有以下内容：

（一）工程概况

包括工程位置、地形、地质条件、工程规模、复杂性和重要性等。

（二）监测仪器布置

除有监测仪器布置图外，应详细说明各种仪器布置的位置和设置原则、应达到的目的等。

（三）监测仪器的安装埋设

应将各种监测仪器在各部位具体安装、埋设方法用图文说明。

（四）监测成果

（A）提供的图件

1）各仪器观测资料图，如随时间变化过程线、相关图、分布图、综合比较图等。

2）各仪器观测成果汇总表，如最大、最小值统计表，仪器完好情况统计表。

3）各种物理量的比较图和比较表。

4）其他有关观测成果的图表。

（B）资料分析内容

1）根据各物理量的变化过程线，说明该监测结果的变化规律、变化趋势是否会向不利方向发展。

2）将观测资料，特别是变化过程线，与理论上或与其他同类的物理量的变化比较有无异常现象。

3）判别测得的异常值的方法：①用观测值与设计值比较；②目前的观测值与以前各次观测值的比较；③与建筑物相邻的相同观测的物理量进行比较；④用一段时间以来各阶段的物理量的变化量，特别是变化趋势进行分析；⑤用各种物理量相互验证，进一步分析比较与工程安全度相适应的各种物理量之差。

（C）评价

根据资料对工作状态及存在的部位和性质进行评价，并分析今后的发展趋势，提出工运、维护、维修意见和措施。提出加强观测意见和对处理工程异常或险情的建议。

资料分析内容与方法见第五章和各类工程监测方法。

第五节　大坝及坝基监测方法

大坝及坝基监测方法，在SDJ 336—89《混凝土大坝安全监测技术规范》和《土石坝安全监测技术规范》中，已有比较全面的技术要求和方法。本节在《规范》的基础上，以实际应用为主，介绍大坝与坝基监测系统中的主要方法、程序和实施细则，与规范不同之处，以规范为准。

一、混凝土坝及坝基监测方法

（一）监测设计

1）监测工程设计，见第二章。

2）监测工程施工组织设计，见本章第一节。

3）各种监测方法的仪器设备安装埋设与观测的设计，将在各种方法中介绍。

（二）监测仪器的组装、率定检验

外部变形观测仪器的检验率定，见 SDJ 336—89《混凝土大坝安全监测技术规范》；内部观测常用仪器的组装率定，见本章第二节。其余，在相应的方法中介绍。

（三）观测断面和测点的定位放样

仪器埋设的位置应由测量人员按设计图定位放样，标明测点的高程、平面坐标。

1）定位放样开始之前，认真阅读有关的设计文件资料，对图纸资料中的有关数据和几何尺寸进行检核，确认无误之后，作为定位放样的依据。放样标记的符号要和设计的规定一致。

2）在放样过程中，应建立完整的数据记录，记录的主要内容包括：工程部位、断面和测点的位置、放样日期、设计编号、坐标和高程、实测资料、图形及成果。

3）放样前，要根据放样点的精度要求、现场的作业条件和仪器设备状况，选择合理的放样方法。主要平面位置放样和各种平面位置的放样，可以由等级平面控制点测设轴线点，再由轴线点测设观测部位轮廓点；也可以由等级平面控制点直接测设观测部位轮廓点。

4）开挖细部放样点可直接由基本控制点测设，也可由轴线点测设。

5）断面轮廓可以从实测的地形图或展示图上截取，但原图比例尺不应小于断面图的比例尺。

6）坝体内埋设或预留的各种孔洞（如正、倒垂孔，各种观测仪器孔和点位）应与坝体填筑放样精度一致，正、倒垂孔应与同类建筑物填筑放样精度相同。

7）仪器安装埋设的钻孔轴线，可利用该部位土建施工时的轴线测设。由轴线点测设测点距离应用经检验过的钢带尺丈量。

8）仪器安装点高程测量，应以土建施工时邻近布设的水准点（二、三、四等）作为安装高程控制点，若需重新建立安装高程控制点，则其施测精度不应低于四等水准。

9）定位放样的精度与技术要求参照 SDJS 9—85《水利水电工程施工测量规范》的规定。

（四）仪器设备安装埋设的土建工程施工

仪器设备安装埋设的土建施工，应根据监测设计的施工详图和技术要求进行。其质量控制标准应符合国家规范的规定。

混凝土坝及坝基监测仪器设备安装埋设时所需要的土建项目主要有：钻孔、埋管、凿孔、挖槽、灌浆、回填、各种标点和观测墩施工、观测站施工和电缆敷设施工等。施工方法和技术要求，一般与建筑物施工一致。有特殊要求的在监测设计中提出，在本节，将在各种方法中分别加以阐述。

（五）变形监测仪器设备安装埋设与观测

变形监测是观测大坝的各种位移和接缝裂缝的开合度。常用的观测方法见本章第三，四节，或其他有关节和《规范》，下面介绍几种主要的方法。

1. 倒垂线的安装埋设与观测

倒垂线主要用于观测坝基挠度、近坝区岩体水平位移、作为正垂线或其他位移观测方法的基准。

埋设倒垂时，首先要在设计的坝体部位钻孔，所钻的孔必须铅直。此外，为了发挥倒垂装置在变形监测中的作用，还应该根据孔的倾斜情况而确定倒垂线锚块最佳的埋设位置。

(A) 造孔

倒垂装置对钻孔的铅直度要求很高，钻孔质量的好坏直接影响垂线设置的成败，有时钻孔不合要求，已打孔报废重打，造成极大经济损失，为使钻孔符合要求，需注意下列事项：

1) 倒垂钻孔时，应选择性能好的钻机，钻机滑轨（或转盘）应水平，立轴应竖直，钻杆和钻具必须严格保持平直。

2) 一般宜在钻孔处用混凝土浇筑钻机底盘，预埋紧固螺栓。严格调平钻机滑轨（或转盘），其倾斜度应小于0.1%。然后将钻机紧固在混凝土底座上。

3) 孔口处宜埋设长度大于3m的导向管。导向管必须调整垂直（倾斜度小于0.1%），并用混凝土加以固结。

4) 钻具应尽量加长，深度大于25m的钻孔。钻具长应大于8～10m，钻具上部宜装设导向环。导向环外径可略小于导向管内径2～4mm。

5) 钻进时，宜采用低转速、小压力、小水量。

6) 必须经常检测钻孔偏斜值。一般每钻进1～2m即应检测一次。此项检测，一般采用倒垂浮体组配合弹性置中器进行。

7) 发现孔斜超限，应及时采取相应措施加以纠正。

(B) 钻孔倾斜度的测量

(1) 一般孔斜的测定　钻孔的倾斜度一般采用弹性导中器和浮体组配合进行测量，这种方法适用于各种不同孔径的钻孔测定倾斜度。

图4－5－1为一种改进型的弹性导中器，导中器内有六个固定在外壳上各自间隔60°的压缩弹簧，弹簧的自由长度为35mm。导中器顶板和底板依靠三根定位杆调整。导向器组装后，应进行室内严格调试，其偏心差必须小于±1mm。弹性导中器外壳每一组对称球带形叶片的径向设计距离大于孔径20mm，使它能检测孔径变化不规则的钻孔偏斜度。图4－5－2为弹簧式弹性置中器。

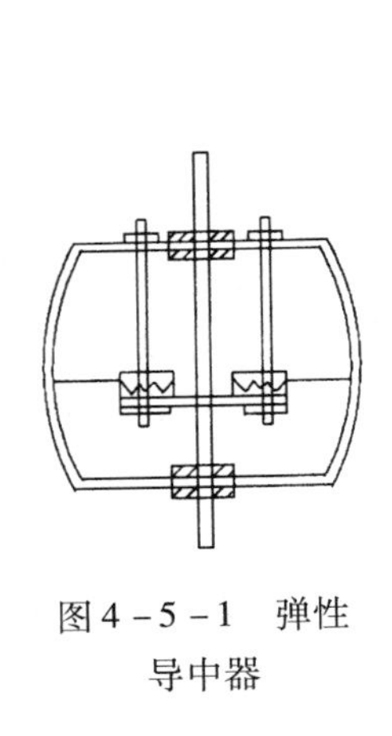

图4－5－1　弹性导中器

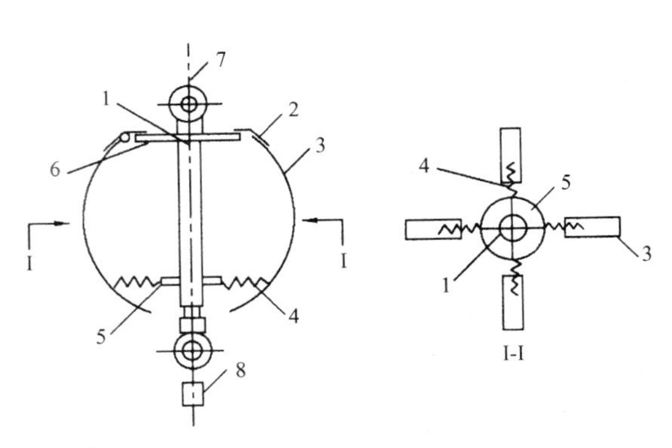

图4－5－2　弹簧式弹性置中器

1—连接杆；2—铰链；3—弹簧钢片；4—弹簧；5—下盘；6—上盘；7—悬线；8—重锤

测量钻孔倾斜的浮体组如图4－5－3所示，在框架1上装有浮桶2和环状浮体3，它们组成了倒垂的上部。利用卷扬机4和夹紧装置5控制钢丝的活动，钢丝一端与弹性导中器的中心杆相连。

框架 1 中设有一直尺 9 和另一根与之相垂直的直尺 10，读数指示器可在直尺 9 上移动。当直尺 9 及指示器与钢丝相接触时，即可由直尺 9 和 10 上读出钢丝的位置。直尺 9 和 10 的方向应在孔口实地标出。

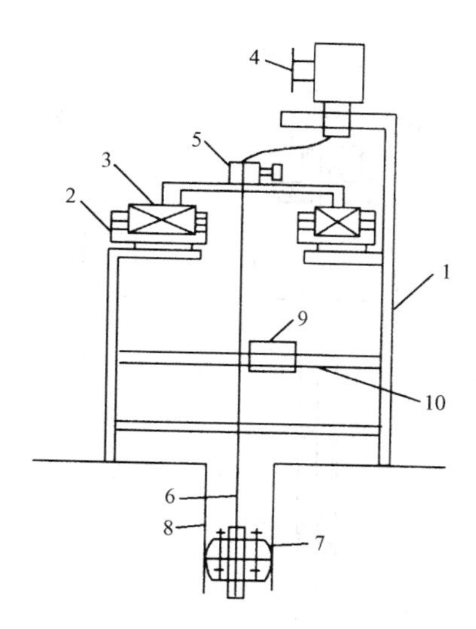

图 4-5-3　钻孔测斜装置

1—框架；2—浮桶；3—环状浮体；4—卷扬机；5—夹紧装置；6—垂线；7—导中器；8—钻孔；9—直尺；10—与 9 相垂直的直尺

钻孔倾斜测量时，应每隔 2～3m 就实测一次，若弹性导中器位于孔口时测得的坐标为 X_0 及 Y_0，当深度为 h 时测得的坐标为 X_i 及 Y_i，那么在此深度上，钻孔中心的偏移值为：$\Delta X_i = X_0 - X_i$；$Y_i = Y_0 - Y_i$，而钻孔的倾斜角度 $\theta = t_g^{-1}[(\sqrt{\Delta X_i^2 + \Delta Y_i^2})/h]$。

如果在测量过程中，浮体接触到浮桶壁，则应当移动水槽，使浮体脱离接触后再进行测量，测量的资料表明，用以上方法测定倒垂孔的倾斜度，其误差不大于 ±3mm。

（2）葛洲坝工程孔斜测量　孔斜测量即测定钻孔不同高程处钻孔中心线位置与孔口中心位置的偏心距。

如图 4-5-4 所示，为使倒垂线有设计规定的必要活动范围（图中 a 值），倒垂孔的垂直度应有一定限制，所以规定钻孔的最大允许偏心距为：

$$e \leqslant D - d - 2T \tag{4-5-1}$$

式中　e——允许的最大偏心中距，mm；

D——钻孔直径，mm；

d——保护管直径，mm；

T——保护管壁厚，mm。

孔斜测量是用倒垂浮体组配合“鼓形弹性导中器”来完成的，由葛洲坝工程测量队研制的“鼓形弹性导中器”如图 4-5-5 所示。

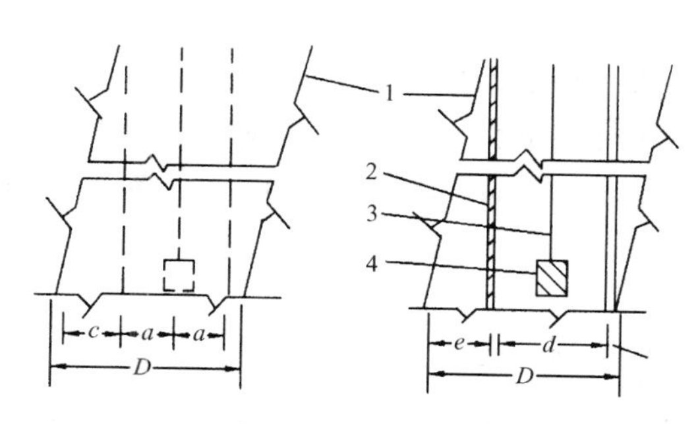

图 4-5-4　孔斜示意图

1—钻孔；2—保护管；3—倒垂线；4—锚块

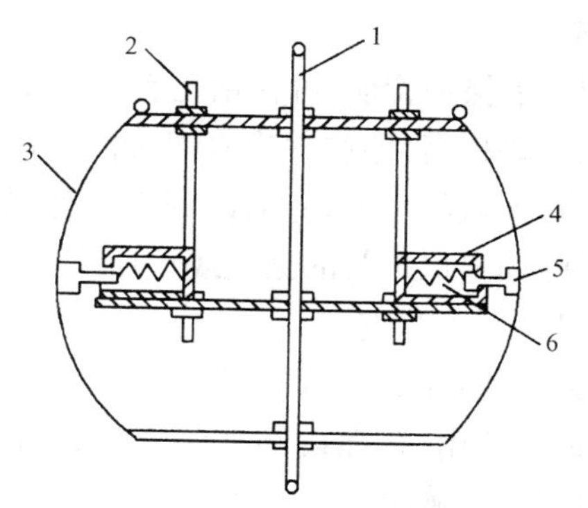

图 4-5-5　鼓形弹性导中器结构示意图

1—中心丝杆；2—定位杆；3—圆弧钢叶片；4—螺纹管；5—连接杆；6—弹簧

进行孔斜测量时，将导中器与倒垂浮体组相连接，并放入钻孔内需量测的部位，待浮子稳定后，用小钢尺量出铅丝与管口中心的偏离值，即可求出钻孔斜度，如图 4-5-6 所示。

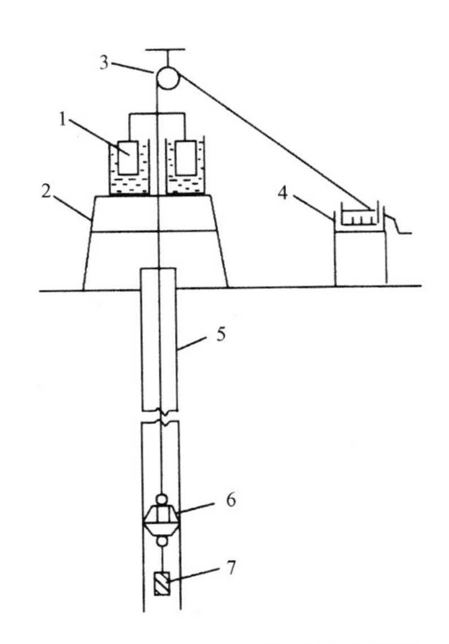

图 4－5－6　孔斜测量示意图

1—浮体组;2—支架;3—滑轮;4—绞线架;5—钻孔;6—鼓形弹性导中器;7—重锤

实践证明,“鼓形弹性导中器”测量孔斜法,具有操作简便、浮子稳定快、精度高,且不受钻孔直径变化及孔内有水的影响,隔日观测同一点之差在 ± 3mm 以内。

(C) 钻孔纠斜

在施工倒垂孔中,难免出现钻孔偏斜,一旦出现偏斜,首先分析造成偏斜原因,同时采取切实可靠的纠斜措施,否则就越钻越偏,造成钻孔报废。

1) 钻孔在 10m 以内出现偏斜时,应采用调整钻机来进行纠斜,孔底的中心点偏在什么地方,就把钻机立轴中心对到孔底偏离的中心位置。

2) 钻孔超过 10m 以上出现偏斜,还是采用调整钻机的办法来解决,其做法与上述纠斜基本一样,只是将钻机立轴的中心点与孔底的中心位置相反方向调整,主要是利用作用力与反作用力的要素,来改变钻头在孔内钻进受力的方向,达到纠斜的目的,这种纠斜效果非常好,但一定要用 1m 左右的短钻具,长钻具效果不佳。

3) 当地层完整,岩石级别低,可采用水泥砂浆回填的办法,将已偏斜的孔深用水泥砂浆回填,重新钻孔。此方法一定要慎重,否则就达不到纠斜的目的。

(D) 保护管埋设

1) 全面冲洗钻孔,除净孔内残留物。

2) 自下而上准确测定钻孔偏斜值、确定钻孔保护管埋设位置。

3) 钻孔保护管应保持平直,底部宜加以焊封。底部 0.5m 的内壁应加工为粗糙面,以便用水泥浆固结锚块。各段钢管接头处,应精细加工,保证连接后整个保护管的平直度,并防止漏水。

4) 下保护管前,可在钻孔底部先放入少量水泥浆(高于孔底约 0.5m)。保护管下到孔底后,宜略提高(不得提出水泥浆面)并用钻机或千斤顶进行固定,然后准确测定保护管的偏斜值,如偏斜过大,应加以调整,直到满足设计要求,方可用水泥浆固结。待水泥浆凝固后,拆除固定保护管的钻机或千斤顶。

(E) 垂线安装

为了使垂线能设置在倒垂孔中的最佳位置处,发挥倒垂最大效用,在埋设倒垂前应根据钻孔各高程位置的偏心值作图,确定垂线的埋设位置。

取一页白纸,画出 X、Y 轴,O 点即为孔口中心。把各高程测得的孔中心按一定比例标定在图上,再以同样比例尺,以各标的中心为圆心,以钻孔相应的半径值为半径画圆如图 4－5－7 所示。

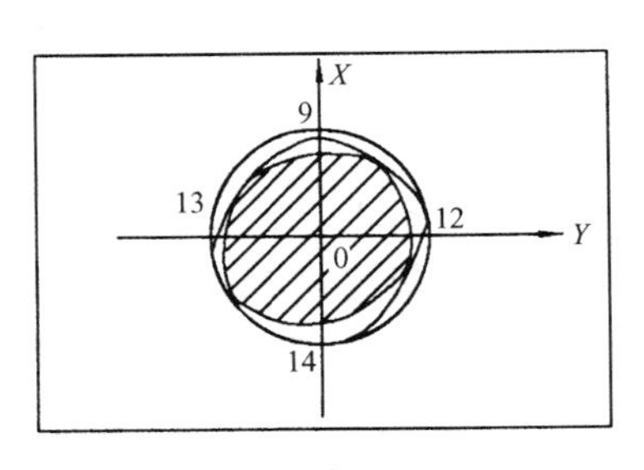

图 4－5－7

各圆共同的部分(图上阴影部分)为有效空间,根据此阴影部分可确定倒垂线埋设的最佳位置。

埋设锚块时,向孔底放入一定数量的水泥砂浆,把垂线从圆形木板上钻好的小孔中穿过,在钢丝下端固定好锚块。把圆形木板上标出的 X、Y 轴与测倾斜度时在井口实地所标出的 X、Y 轴相重合,然后将钢丝沿小孔慢慢放下,当锚块到达孔底后,再慢慢向上提起一些,再放置锚块,这样反复操作几次,就可以使锚块正确地在设计的位置处固定下来。

(F) 浮体组安装

锚块埋设 5 ~7 天后,安装浮体组,安装方法有两种:

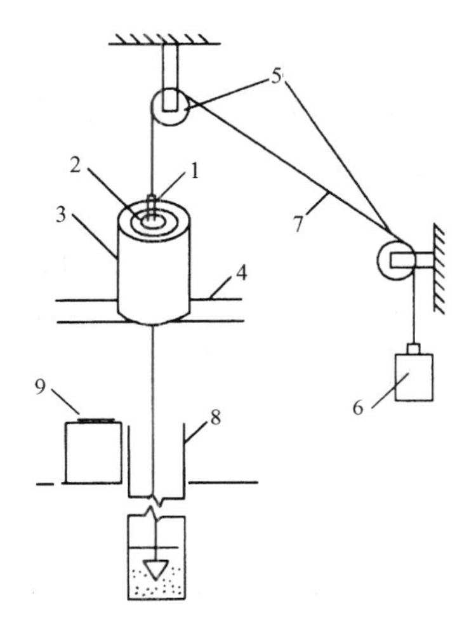

图 4 -5 -8 倒垂浮体组安装示意图

1—中心丝杆;2—浮子;3—油桶;4—支架;5—滑轮;6—重锤;7—钢丝;8—倒垂保护管;9—倒垂观测墩

(1) 按设计浮力安装 如图 4 -5 -8 所示。

将倒垂与浮体组相连,并在末端悬吊一个与设计浮力相等的重锤,经注油和调整钢丝与连接杆的固接位置合格后,即安装完毕。

(2) 按安装拉力安装 安装拉力按下列经验公式计算:

$$P = P_0 - E \cdot F \cdot h/L \qquad (4-5-2)$$

式中 P——安装拉力,N;

P_0——设计浮力,N;

E——钢丝的弹性强度,MPa/mm^2;

F——钢丝的横截面积,mm^2;

h——浮子距桶底设计高度,m;

L——倒垂线长度,m。

安装时,与(1)法不同之处是不用悬吊重锤,而是在浮体组上面,用弹簧秤对钢丝施以安装拉力,经注油和调整钢丝与连接杆的固接位置合格后,即安装完毕。

以上介绍的是保护管底部用钢钣封口时,倒垂的埋设方法,倒垂锚块是埋设在保护管内底板上的,如图 4 -5 -9(a)所示。还有一种办法是采用底部不封口的保护管,倒垂锚块与基岩固接,如图 4 -5 -9(b)所示,其施工程序大略是:先在已冲洗干净的钻孔内倒入事先计算好的一定容积的、加了缓凝剂的水泥浆;下保护管,管长要减去水泥浆在钻孔内已填充的高度,调整其倾斜度至最佳位置,在管口用支架把保护管吊住,不让它沉入水泥浆,埋设倒垂锚块,让锚块沉入泥浆深处;待水泥浆基本凝固后,撤去支架,放保护管落在水泥浆面上;在管口处灌浆,尽量填满保护管与钻孔壁的空隙,并作好收尾工作。

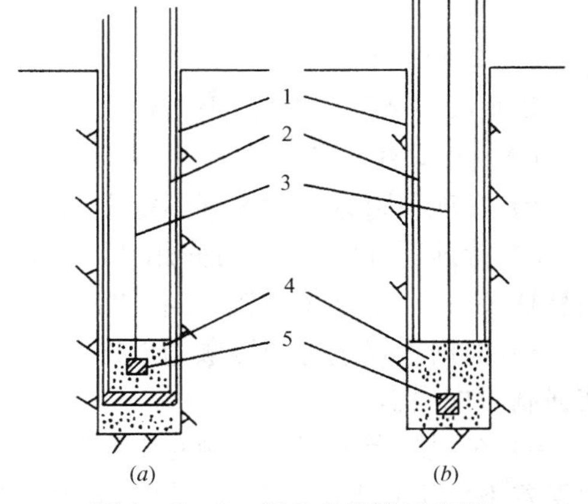

图 4 -5 -9 倒垂点埋设示意图

1—钻孔;2—保护管;3—倒垂线;4—砂浆;5—倒垂锚块

(G) 倒垂线观测墩的建造及垂线仪底板基座的埋设

在距离倒垂孔 25～30cm 的合适位置建造倒垂线观测墩，墩面与倒垂线保护管管口齐平。

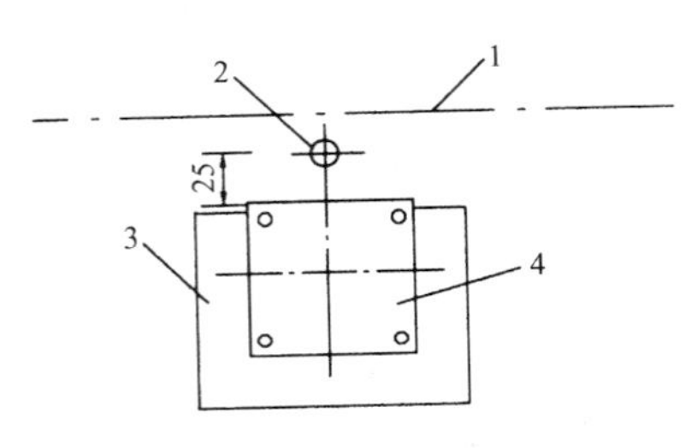

图 4-5-10　坐标仪基座底板埋设示意图

1—坝轴线；2—倒垂孔；3—观测墩面；4—坐标仪基座底板

在墩面上用二期混凝土埋设垂线坐标仪的基座底板，如图 4-5-10 所示。基座底板的位置应满足如下要求：将来观测倒垂线时，观测值应处于仪器读数范围的中间值 25～30mm 附近；应使仪器的纵、横轴读数尺各平行一坝轴线坐标线，基座底板应埋设水平，倾斜不得大于 2′。

(H) 倒垂线观测

倒垂线观测前，首先要检查钢丝是否有足够的张力，浮体与浮桶壁有无接触，若浮体与浮桶壁接触时，应把浮体与浮桶稍微移动，到两者脱离接触为止。待钢丝静止后，用垂线观测坐标仪对钢丝精确地观测两个测回。每一测回中，应使仪器从正、反两方面导入而照准钢丝两次，两次读数差不得大于 ±0.15mm。光学垂线观测仪在垂线观测前应精确测定其零位漂移值，并对观测值结果施加零位漂移改正。观测有关注意事项同正垂线。其观测精度见表 4-5-1。观测资料整理，见本章第四节。

表 4-5-1　**倒垂线观测精度表**　单位：mm

观测项目	坝　型	时　间　范　围		
		一年时间内	一季时间内	连续两次测量
坝基水平位　移	重 力 坝	±0.3	±0.2	±0.10
	拱　坝	径向 ±1.0	±0.5	±0.15
		切向 ±0.5	±0.3	±0.15
坝基挠度		0.3	±0.2	±0.1

2. 正垂线的安装与观测

正垂线主要用于观测坝体挠度。

(A) 正垂线安装

1) 在坝顶附近先预埋好固定垂线的部件。

2) 待预埋件固定后，可先用 ϕ1.2mm 的不锈钢丝进行预安装，用夹线装置将垂线固定在悬挂装置上，下端吊重锤，并将重锤放入油桶内。

3) 根据垂线进行观测墩的放样、立模、浇注观测墩，并在顶部预留二期混凝土，以便安装强制对中底盘。

4) 在观测墩上安装强制对中底盘，底盘中心线与垂线距离控制在 8.5cm 左右。底盘对中误差不大于 0.1mm，并应控制光学垂线坐标仪轴线应与坝轴线平行或垂直，安装时应作详细记录，以便确定位移方向。

(B) 正垂线观测

垂线观测可采用光学垂线坐标仪、两线仪或其他精度仪器,也可采用遥测垂线坐标仪。

1) 用光学机械式仪器观测前后,必须检测仪器零位,并计算它与首次零位之差,取前后两次零位差之平均值作为本次观测值的改正数。

2) 观测前,必须检查该垂线是否处在自由状态。

3) 一条垂线上各测点的观测,应从上而下或从下而上,依次在尽量短的时间内完成。

4) 每一测点的观测:将仪器置于底盘上,调平仪器,照准测线中心两次(或左右边沿各一次),读记观测值,构成一个测回。取两次读数的均值作该测回的观测值,两次照准读数差(或左右沿读数差与钢丝直径之差)不得超过 0.15mm。每测次应观测两测回(测回间应重新整置仪器),两测回观测值之差不得大于 0.15mm。

3. 引张线的安装和观测

引张线主要用于重力坝或支墩坝坝体和坝基水平位移观测。

(A) 引张线安装程序

(1) 定线测量　把引张线的位置在现场标定的工作叫定线测量。根据引张线长度和廊道内的明亮度,可用以下几种方法之中的一种。定线测量有直接控线法、仪器端点定线法、仪器中点定线法、激光准直法等。前两种方法较简便,只适用长度较短的引张线。若长度大于 250m,宜采用仪器中点定线法和激光准直法进行定线。

(2) 确定测点高程　设计要求相邻两测点上的读数尺尺面间高差不得超过 ±3mm。要保证这一精度,需特制一根长 1m 的钢钣尺作为专用水准尺,以廊道内的二等水准点为起点,用水准测量法为测点直接引测高程,在测点处的廊道壁上标出高程记号,记号的高程比测点设计高程高出 20cm,以便于以后测点处读数钢钣尺的埋设。

(3) 引张线设备的安装　引张线的设备较多,安装工作一般都是采用二期混凝土埋设和金属焊接的方法,不必赘述,只需注意以下事项:

1) 当端点端形成后,先将滑轮支架埋设在设计预定位置上,夹具和滑轮要待穿线后再行埋设。

2) 测点处的设备,机械式测读装置有保护箱、浮船水箱、读数钢钣尺等。最重要而又最难埋设好的是支托读数钢钣尺的槽钢(槽钢支托是预加工件,上面留有预留孔以备装读数钢钣尺)要用支架辅助妥为埋设,待穿线后再安装读数钢钣尺。

3) 保护管安装的主要工作是支架焊接,依据已确定的引张线位置(包括平面和高程),在相邻测点间一条直线,即为保护管的中心线位置,廊道壁上已预留有钢筋头,将预加工好的支架按照要求焊接在钢筋头上,然后在其上铺设保护管,并使之牢固。

4) 穿线(不锈钢丝)。安装端点滑轮和夹具,穿线是将不锈钢丝从一端穿向另一端,特别要注意不能使钢丝折损。两端钢丝通过已放置在端点支架上的滑轮,滑轮可以用调整滑轮轴的办法,使之沿左右方向移动,使钢丝通过每个测点处槽钢支托读数钢钣尺的中段(允许偏差 10mm)。而滑轮顶的高程也要调整妥当:当水箱充水后,浮船将钢丝托起来,使每测点处钢丝读数尺尺面的高度大致一样。再用水准仪测定其高程,比读数尺尺面高出 2mm 为宜。夹具是使引张线两端固定在同一位置的重要部件,埋设时要求夹具的 V 形槽底与读数尺尺面同高,槽底中心线与引张线方向一致。

5) 读数尺安装须在引张线已形成后进行。安装时,以多数测点为准,将钢丝调整到适当高度，将读数尺靠近钢丝用铆钉固定在槽钢上，所有测点上的读数钢钣尺尺面距离钢丝的缝隙须满足 ±0.3～3.0mm 的要求。

6）调试观测，当一条引张线的设备安装完毕后，应进行测试，全面检查有无遗漏之处，确认无误后，统一测定测点读数尺和端点夹具高程，以作竣工资料。

（B）引张线观测

观测前应检查浮船和测线是否处于自由状态，然后固定定位卡，一测次应观测两测回（从一端观测到另一端为一测回），测回间应在若干部位轻微拨动测线，待其静止后观测另一测回。观测时将仪器分别照准钢丝两边缘读数，取平均值作为该测回的观测值。左右边缘读数差和钢丝直径之差不得大于 0.15mm，两测回观测值之差不得超过 0.15mm（当使用两用仪、两线仪或放大镜观测时，不得超过 0.3mm）。观测位移量计算式如下：

$$d_i = L + K\Delta + \Delta_{右} - L_0 \tag{4-5-3}$$

式中 d_i——i 点位移量，mm；

K——归化系数，$K = S_i/D$；

S_i——测点至右端点的距离，m；

D——准直线两工作基点的距离，m；

Δ——左、右端点变化量之差，$\Delta = \Delta_{左} - \Delta_{右}$，mm；

L_0——i 点首次观测值（基准值），mm；

L——i 点本次观测值，对引张线，L 为观测仪器或分划尺的读数，mm。

4. 视准线的安装和观测

视准线主要用于观测坝体或岩体的水平位移。

（A）视准线安装

视准线的安装施工，是修筑观测墩，即工作基点观测墩和测点观测墩。按照观测设计进行施工安装：

1）工作基点一般采用钢筋混凝土观测墩，并修建观测室。测点一般采用双层观测墩，觇标高出地面 1.2m 以上，墩上安装强制对中底盘，并保证精度不低于 0.2mm。

2）安装强制对中底盘时，要调整水平，倾斜不得大于 4′。

3）各测点底盘中心应埋设在视准线两端点连线上，其偏差不得大于 10mm。

（B）视准线观测

1）视准线观测之前，应测定活动觇牌的零位差，经纬仪（视准仪）应按《国家三角测量和精密导线测量规范》要求检验：①望远镜光学性能的检验；②垂直微动螺旋使用正确性的检验；③水平轴不垂直于竖轴之差的测定。

2）活动觇牌法一测回的观测程序，按以下要求进行：在视准线一端点设置仪器，后视另一端点，固定照准部，前视测点上的活动觇牌，指挥前视人员转动活动觇牌的微动螺旋，使觇牌中心与视线重合后，进行读数。每一测回正倒镜各照准活动觇牌两次，读数两次，取均值作为该测回之观测值。正倒镜两次读数差应小于 2.0mm，两测回观测值之差应小于 1.5mm。

3）当采用小角法观测时，各测次均应使用同一个度盘分划线；如各测点均为固定的觇牌，采用方向观测法。小角法观测方向的垂直角大于 3°时，要进行纵轴倾斜改正。小角法观测值 L 按下式计算：

$$L = \frac{\alpha_i''}{\rho''} S_i \quad (4-5-4)$$

式中 L——观测值,mm;

α_i''——观测之角值;

ρ''——206265″;

S_i——工作基点至测点的距离,mm。

活动觇牌法,L 等于活动觇标读数。位移量计算用式(4－5－3)。

5. 激光准直的安装和观测

激光准直主要用于观测重力坝和支墩坝坝体和坝基的水平位移和垂直位移。

(A) 激光准直测量

(1) 大气激光准直测量　大气激光准直测量要符合下列要求:

1) 大气激光准直由激光点光源、波带板及其支架和激光探测仪组成。

2) 激光点光源包括定位扩束小孔光栏、激光器和激光电源。小孔光栏的直径应使激光束在第一块波带板处的光斑直径大于波带板有效直径的1.5～2倍。

3) 激光器应采用发散角小(1～3毫弧度)、功率适宜(一般用1～3MW)的氦氖气体激光器。

4) 激光电源应和激光器相匹配。外接电源应尽量通过自动稳压器。

5) 测点宜设观测墩,将波带板支架固定在观测墩上。采用微电机带动波带板起落,由接收端操作控制。

6) 波带板采用圆形。当采用目测激光探测仪时,也可采用方形或条形波带板。

7) 激光探测仪有手动和自动探测两种,有条件时,应尽量采用自动探测,激光探测仪的量程和精度必须满足位移观测的要求。

(2) 真空激光准直系统　真空激光准直系统分为激光准直系统和真空管道系统两部分。激光准直系统的要求和大气激光准直相同。真空管道系统要求如下:

1) 真空管道系统包括:真空管道、测点箱、软连接段、两端平晶密封段、真空泵及其配件。

2) 真空管道选用无缝钢管,其内径大于波带板最大通光孔径的1.5倍,或大于测点最大位移量引起象点位移量的1.5倍,但不宜小于150mm。

3) 管道内的气压一般控制在66Pa以下。并按此要求选择真空泵和确定允许漏气速率。

4) 测点箱必须和坝体牢固结合,使之代表坝体位移。测点箱两侧开孔,以便通过激光。同时焊接带法兰的短管,与两侧的软连接段连接。测点箱顶部有能开启的活门,以便安装或维护波带板及其配件。

5) 每一测点箱和两侧管道间必须设软连接段。软连接段一般采用金属波纹管,其内径和管道内径一致,波数依据每个波的允许位移量和每段管道的长度、气温变化幅度等因素确定。

6) 两端平晶密封段必须具有足够的刚度,其长度略大于高度,并和端点观测墩牢固结合,保证在长期受力的情况下,其变形对测值的影响可忽略不计。

7) 真空泵配有电磁阀门和真空仪表等附件。

8）测点箱与支墩、管道与支墩的连接，应有可调装置，以便安装时将各部件调整到设计位置。

9）管道系统所有的接头部位，均应设计密封法兰。法兰上要有橡胶密封槽，用真空橡胶密封。在有负温的地区，选用中硬度真空橡胶并加大橡胶圈的断面直径。

重力坝或支墩坝坝体和坝基水平位移观测，有条件时可采用真空激光准直法。坝体较短，条件有利，坝体水平位移也可采用大气激光准直法观测。

（B）大气激光准直设备的安装与观测

1）按设计要求建造观测墩，点光源的小孔光栏和激光探测仪必须和端点观测墩牢固结合，保证其相对位置长期不变。

2）波带板要垂直于准直线，将波带板的中心调到准直线上，其偏差不得大于10mm。距点光源最近的几个测点的偏差不得大于3～5mm。

3）大气激光准直的观测要在大气稳定、光斑抖动微弱时进行，坝顶宜在夜间观测。首次观测前，将点光源光束中心调到与第一块波带板中心重合。用手动激光探测仪观测时，每测次观测两测回（每测回由往、返测组成，由近至远依次观测完各测点，再由远至近依次观测各测点）观测限差与活动觇牌法相同。用自动激光探测仪观测，要先启动电源，使仪器预热，认真进行调整后，按上述同样程序观测。水平位移计算用式（4－5－3），观测值 L 用式（4－5－5）计算：

$$
\begin{aligned}
L &= Kl \\
K &= S_i/D
\end{aligned}
\qquad (4-5-5)
$$

上二式中　L——观测值，mm；

l——接收端仪器读数值，mm；

K——归化系数；

S_i——测点至激光点光源的距离，m；

D——激光准直全长，m。

（C）真空激光准直设备的安装与观测

1）设备安装时，首先用水准仪按等视距测量放样真空管道轴线的高程。

2）真空管道安装前后，以及正式投入运行前反复彻底清洁处理真空管道内壁，除去锈皮、杂物和灰尘。

3）测点箱和法兰短管的焊接，要采用内外焊，长管道的焊接，采用坡口对焊。每一测点箱和每管道焊接完成后，均要充气检验是否漏气，充气压力应大于大气压力。

4）每根钢管焊接前或一段管道焊好后，均应作平直度检验，不平直度不得大于10mm。每段管道的中部用管卡固定在支墩上，其余支墩上设滚杠。

5）激光点光源、探测器和波带板的安装同大气激光准直设备安装。

6）观测前先启动真空泵抽气，使管道内压力降到66Pa以下。用激光探测仪观测时，每测次往返观测一测回，两半测回测值之差不得大于0.3mm，物理量计算同大气激光准直观测。

6. 其他外部变形观测的安装和观测

混凝土坝垂直位移观测和倾斜观测采用精密水准测量、三角高程测量、汽泡倾斜仪观测和倾角计观测；拱坝坝体和坝基水平位移观测采用导线法、交会法观测；拱坝和高重力坝的近坝区岩体水平位移观测采用边角网法（包括三角网、测边网）观测。

这些观测方法可参照《混凝土大坝安全监测规范》中的有关技术要求去做。现简单介绍几种方法：

（A）精密水准测量

1）在水准测量中，应尽量设置固定测站和固定转点，以提高观测的精度和速度。

2）精密水准观测的要求应按《国家水准测量规范》中关于一、二等水准测量的规定执行。

3）精密水准路线闭合差不得超过表 4－5－2 的规定。

4）用精密水准法进行倾斜观测，应满足表 4－5－2 关于一等水准之限差规定。观测时，必须保证标心和标尺底面清洁无尘。每次观测均由往、返测组成，由往测转为返测时，标尺应该互换。必须固定水准仪设站位置，宜将水准仪装设在观测墩上。在基础廊道中观测时，应读记至水准仪测微器最小分划的 1/5。

（B）三角高程测量

1）推算高程的边长不大于 600m，每条边的中误差不大于 3mm。

2）天顶距应以 J_1 型经纬仪对向观测 6 测回（做到同时对向观测），测回差不得大于 6″。

3）仪器高的量测中误差不得大于 0.1mm。

表 4－5－2　　精密水准线路闭合差之限值

		往返测不符值	符合线路闭合差	环闭合差
一等	坝外环线	$2\text{mm}\sqrt{R}$		$1\text{mm}\sqrt{F}$
一等	坝体及坝基垂直位移	$0.3\text{mm}\sqrt{n_1}$	$0.2\text{mm}\sqrt{n_2}$	$0.2\text{mm}\sqrt{n_2}$
二等		$4\text{mm}\sqrt{R}$	$4\text{mm}\sqrt{F}$	$4\text{mm}\sqrt{F}$
二等		$0.6\text{mm}\sqrt{n_1}$	$0.6\text{mm}\sqrt{n_2}$	$0.6\text{mm}\sqrt{n_2}$

注　R—测段长度，以 km 计；F—环线长度或符合线路长度，以 km 计；n_1—测段站数（单程）；n_2—环线或符合线路站数。

（C）气泡倾斜仪观测

用气泡倾斜仪观测时，每测次均将倾斜仪重复置放在底座上三次，并分别读数。读数互差不得大于 5″。

倾角计观测见本章第三节。

（D）导线测量

（a）导线安装

1）相邻两导线边的长度不宜相差过大。

2）弦矢导线在安装仪器底盘时，保证矢距必须在矢距测距仪的量程范围内，并顾及位移量的变化范围。

（b）导线观测

1）对于测角量边导线，转折角用"双照准法"观测。左角及右角各测两个测回，测回差不大于 1.5″。左角与右角之和与 360°之差不大于 1.5″。

2）对于弦矢导线，矢距丈量应有特殊的技术措施。其量测中误差不大于设计规定值。

3）边长用专用因瓦尺丈量，其中误差不得大于0.15mm。

（E）交会法测量

（a）测角交会

1）在交会点上所张的角不宜大于120°，或小于60°。工作基点到测点的距离，在观测曲线坝体时，不宜大于200m；在观测高边坡和滑坡体时，不宜大于300m。当采用三方向交会时，上述要求可适当放宽。

2）测点上应设置觇牌或塔式照准杆。

（b）测边交会

1）交会点上所张的角不宜大于135°，或小于45°。工作基点到测点的距离，在观测曲线坝体时，不宜大于400m；在观测高边坡和滑坡体时，不宜大于600m。

2）测点上应埋设安置反光镜的强制对中底盘。

（c）交会点安装

交会法测点上的固定觇牌面应与交会角的分角线垂直。觇牌上的图案轴线应调整铅直，不铅直度不得大于4′。塔式照准杆亦应满足同样的铅直要求。

（d）交会观测

1）水平角观测应采用方向法观测4测回（晴天应在上、下午各观测两测回）。各测回均采用同一度盘位置，测微器位置宜适当改变。

2）每一方向均须采用“双照准法”观测，即照准目标两次，读测微器两次，两次照准目标读数之差不得大于4″。

3）各测次均应采用同样的起始方向和测微器位置。

4）观测方向的垂直角超过±3°时，该方向的观测值应加入垂直轴倾斜改正。

（F）边角网测量

（a）边角网设计

1）视线坡度不宜过大，并应超越或旁离建筑物2m以上。

2）测距边应避开强电磁场的干扰，视线与大于110kV的高压输电线平行时，应旁离30m以上；与高压线交叉时，不得在几条高压线之间穿过。

3）观测墩应设置可靠的保护盖。基准点宜设计观测室。室内观测墩可采用普通钢筋混凝土墩，经常暴露在野外的观测墩宜采用双层观测墩。

4）边角网的设计最后定稿前，应进行现场踏勘。在踏勘中核定点位条件，通视状况和观测环境是否满足要求。

5）精度估算及可靠性评价可采用下列公式：

精度估算的公式：

$$m_i = \sigma \sqrt{2(Q)_{ii}} \tag{4-5-6}$$

可靠性因子的计算公式：

$$r_j = 1 - (AQA^T P)_{jj} \tag{4-5-7}$$

两式中　m_i——第i个位移量的中误差；

σ——单位权中误差；

r_j——第 j 个观测量的可靠性因子；

Q——边角网的协因数矩阵[$Q=(A^TPA)^{-1}$]；

A——观测方程的系数矩阵，又称设计矩阵；

A^T——A 的转置矩阵；

P——观测的权矩阵；

$(Q)_{ii}$——矩阵 Q 的第 i 个对角元素；

$(AQA^TP)_{jj}$——矩阵(AQA^TP)的第 j 个对角元素。

（b）测点安装

观测墩顶部的强制对中底盘应调整水平，倾斜度不得大于4′。全组合测角法可参照《国家三角测量和精密导线测量规范》有关的规定执行。

（1）水平角观测的一般要求：

1）水平角一般采用方向法观测12测回，也可用全组合测角法观测，其方向权数 $m\cdot n=24(25)$。应使用具有调平装置的觇标作为照准目标。

2）全部测回应在两个异午的时间段内各完成约一半，在全阴天，可适当变通。

3）方向法观测的要求，见下面方向观测的操作要求。

（2）方向观测的操作要求：

1）水平方向观测度盘及测微器位置见表4－5－3。

表4－5－3　　水平方向观测度盘及测微器位置

测回序号	度盘及测微器位置		
1	0	00	02g
2	15	04	07
3	30	08	12
4	45	12	17
5	60	16	22
6	75	20	27
7	90	24	32
8	105	28	37
9	120	32	42
10	135	36	47
11	150	40	52
12	165	44	57

2）水平方向观测一测回的操作按以下①～⑤的程序，并构成一个测回：①照准起始方向按表4－5－3对好度盘及测微器位置；②顺时针方向旋转照准部1～2周后，精确照准起始方向觇标，读出水平度盘及测微器数值（重合对径分划二次）；③顺时针方向旋转照准部，精确照准第2个方向的觇标，按②的要求读数；顺时针方向旋转照准部依次进行其他各方向的观测，最后闭合到起始方向（方向数小于4者，不闭合到起始方向）；④纵转望远镜，逆时针方向旋转照准部1～2周后，精确照准零方向，按②的要求读数；⑤逆时针方向旋转照准部，按与上半测回相反的顺序依次观测各方向，直至起始方向。

3）水平方向观测的限差见表4－5－4。

表 4-5-4　　水平方向观测的限差

序号	项　目	限　差
1	光学测微器两次重合读数之差	1″
2	半测回归零差	5″
3	一测回内 $2C$ 互差	9″
4	测回差	5″
5	三角形闭合差	2.5″
6	按菲列罗公式计算的测角中误差	0.7″
7	极条件闭合差	$1.4\sqrt{[\delta\delta]}$
8	边条件闭合差	$2\sqrt{0.49[\delta\delta]+m_{1gs1}^2+m_{1gs2}^2}$

注　1. 观测方向之垂直超过 ±3°时，该方向 $2C$ 互差在同一时间段内各测回间进行比较，但应在记录中注明；
2. δ—求距角正弦对数 1″表差，以对数第六位为单位；m_{1gs1}、m_{1gs2}—起始边长对数中误差。

4）分组观测的规定：当方向总数多于 9 个时，分两组进行观测。两组方向数大致相等，并包括两个共同方向（其中一个为共同起始方向）。两组观测结果分别取中数后，共同方向之间的角值互差不超过 1.4″。分组观测的结果，按等权分组进行测站平差。

5）水平方向观测注意事项：①观测时用灯光照明进行度盘及测微器读数；②观测前先精细调平水准气泡，在观测过程中气泡中心位置偏离整置中心不得超过一格，气泡位置接近限值时在测回之间重新整平仪器；③在使用微动螺旋照准目标或用测微器对准分划时，其最后旋转方向应为“旋进”；④方向的垂直角超过 ±2 时，须读记水准器，进行垂直轴倾斜改正。

6）垂直轴倾斜改正数的测量和计算见《国家三角测量和精密导线测量规范》。

7）方向观测成果的重测和取舍：①凡超过规定限差的结果均应重侧，基本测回的“重测方向测回数”超过“方向测回总数”的 1/3 时，应将整份成果，重侧；②在一测回中，需要重测的方向数超过所测方向总数的 1/3 时则此一测回应全部重测，观测 3 个方向有一个方向需要重测时该测回亦应全部重测，但计算重测方向测回数时，仍按超限方向数计算；③采用分组观测时，各组的重测方向测回数须独立计算；④测回互差超限时，除明显孤立值可重测该测回外，原则上应重测最大和最小值所在的测回；⑤个别方向重测时，只需联测零方向；⑥基本测回的观测结果和重测结果均须抄入记录簿，重测与基本测回结果不取中数，每一测回（即每一度盘位置）只采用一个符合限差的结果；⑦因三角形闭合差、极条件闭合差或边条件闭合差超限而重测时应将整份成果重测。

7. 基岩垂直变形计的埋设

基岩变形计埋设前首先按设计要求选好基岩变形计长度，一般长度可为 1、2、3、5、7、10、15、20、30m，所测变形为基岩变形计长度的总变形。其埋设方法与质量控制如下（参见图 4-5-11）：

1）根据设计图纸放样，用取芯钻机钻孔，孔径 ϕ110mm，孔深根据设计要求而定，钻孔倾斜控制 3%，钻孔过程中对基础岩石要做好地质描素。

2）用高压水将孔内杂物冲洗干净，并排出积水。

3）孔底回填 40cm 厚的膨胀水泥砂浆，砂浆比例 0.5∶1∶2.0，放入 ϕ32mm 加长钢管，并捣实砂浆，使钢管下凸缘盘埋入砂浆内。

4）如遇钻孔内有承压水喷出时，采用固结灌浆扫孔后埋设。

5）孔底砂浆固化后，为了防止坝基灌浆时水泥浆进入孔内黏结钢管，除钢管缠布涂沥青外，孔内需灌注浓度较大的黄泥浆，泥浆填至距孔口20cm处即可。

6）安装联结接头和测缝计。孔口处周围塞一层棉纱，然后放上保护波纹管的钢管，并为保护钢管顶部盖上盖板。

7）安装三脚架，并对仪器进行预拉。一般预拉三分之二量程约8～9mm，预拉时用预拉垫板，并用读数仪表控制仪器预拉范围。

8）预拉完后，在三脚架周围放上一个30cm×30cm×30cm木框，经检测合格后，回填砂浆，将仪器上端固定在基岩表面上。

9）埋入24小时后，经检测合格后其上部方可浇注混凝土。埋设后要防止碰撞，并有专人维护和检测。

8. 夹层错动变形计的埋设

该变形计仍是将仪器两端分别固定于夹层上、下岩盘，上端采用预埋测缝计套筒。

将测缝计丝口端旋入套筒内固定于夹层的上岩盘，仪器的另一端是通过槽钢固定于夹层的下岩盘，槽钢的一端用砂浆固定于夹层下岩盘，槽钢的另一端铣有一槽口，卡住测缝计法兰盘，并用不同厚度的预拉垫板对测缝计进行预拉，预拉范围为仪器量程的三分之二。

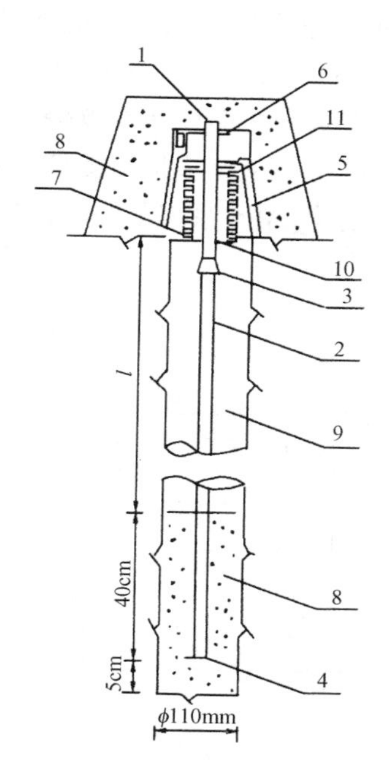

图4－5－11　垂直基岩变形计埋设图

1—测缝计；2—加长钢管；3—变径接头；4—凸缘盘；5—钢三脚架；6—马蹄形垫板；7—保护钢管；8—砂浆；9—黄泥浆；10—棉纱封口；11—盖板

（A）夹层水平错动变形计的埋设方法（参见图4－5－12）

1）先在岩壁上挖15cm×15cm×$h$cm的槽，槽的上部打一ϕ10cm深20cm的孔，用于埋设测缝计套筒，h为槽的高度，依夹层厚度而定。

2）孔的周围涂一层水泥浆，然后回填0.5∶1∶2.5的膨胀水泥砂浆，并捣实。将套筒预埋于孔内，套筒丝口涂黄油，筒内填棉纱，以防砂浆进入筒内，套筒方向应平行于夹层。

3）将槽钢的下端用砂浆预埋，使其固定于夹层的下岩盘。槽钢的高度由夹层厚度而定。

4）待预埋件的砂浆固化后，进行仪器安装。测缝计安装时，先将套筒内棉纱取出，然后旋入测缝计，测缝计的另一端放入槽钢槽口内。

5）用预拉垫板对测缝计进行预拉，预拉范围一般为测量范围的三分之二。预拉时用比例电桥进行测量控制。

6）用厚1～2mm钢板将槽口盖住以防混凝土进入坑槽内影响仪器变形。盖板用预埋螺丝杆固定。

上述方法也适用于ϕ1000mm钻孔内夹层处埋设。当钻孔内回填混凝土时，在夹层上下1.0m范围内填黄泥，以免混凝土柱影响夹层的变形。

当在观测廊道内埋设夹层水平错动变形计时，可在夹层下岩盘上浇注30cm×30cm×60cm的混凝土墩子。在墩子上部埋设两支水平基岩变形计，用以测量水流向或坝轴线方向的变形，埋设方法类似夹层垂直变形计的埋设。仪器的一端固定于夹层上岩盘，也是打孔预埋加长钢管凸缘端，另一端埋设在墩子上。埋设时，仍需对测缝计进行预拉和检测。

(B) 夹层垂直变形计的埋设（参见图4－5－13）

将基岩变形计两端点分别固定于夹层的上、下盘。上端通过水泥砂浆固定，另一端铣有一槽口。用预拉垫板对测缝计预拉，预拉量程为测量范围的三分之二，下端通过联结接头与加长钢管，用砂浆将下凸缘固定于夹层的下盘。

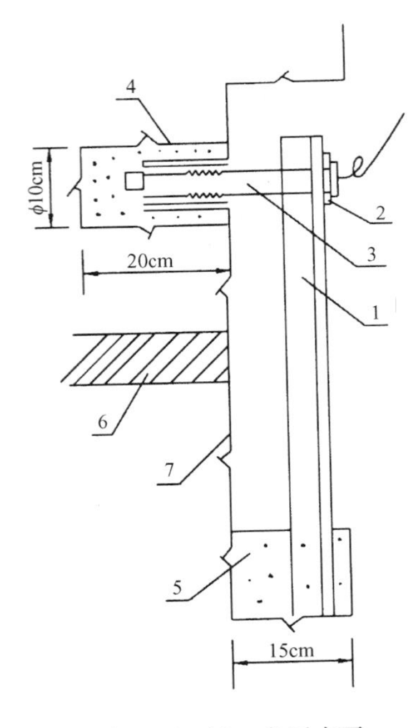

图4－5－12 夹层水平变形计埋设图

1—槽钢；2—预拉垫板；3—测缝计；4—测缝计套筒；5—砂浆；6—软弱夹层；7—岩面

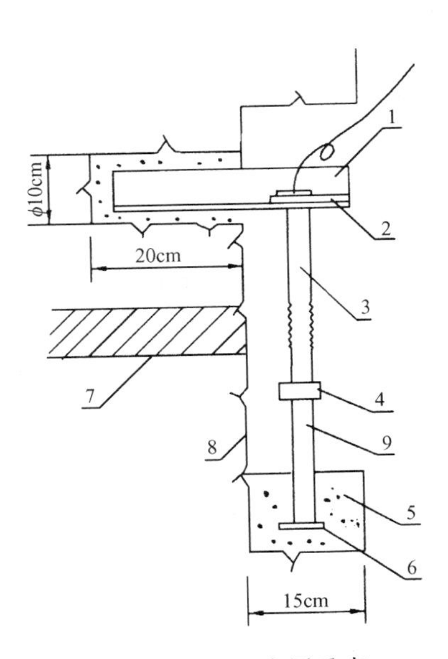

图4－5－13 夹层垂直变形计埋设图

1—槽钢；2—预拉垫板；3—测缝计；4—联结接头；5—砂浆；6—下凸缘盘；7—软弱夹层；8—岩面；9—加长钢管

夹层垂直变形计埋设方法：

1）在夹层岩壁面上用人工挖15cm×15cm×$h$cm的槽，h视夹层厚度而定。

2）在夹层上盘打一ϕ10cm深20cm的孔，用以预埋槽钢。

3）孔壁涂一层水泥浆，用0.5∶1∶2.5的膨胀水泥砂浆填入孔内，并捣实，然后将槽钢插入孔内，最后用砂浆填满埋设孔，槽钢安装时要水平，在砂浆未凝固之前，可用支架支撑。

4）加长钢管下凸缘用水泥砂浆固定于下盘。安装时，加长钢管应垂直。

5）待预埋件砂浆固化后，安装连接接头和测缝计，并用不同厚度预拉垫钣对测缝计进行预拉，预拉8mm左右。

6）坑槽用一块1～2mm铁板盖住以防砂浆或混凝土进入孔内，影响其变形。

9. 软缝变形计的埋设

软缝变形计一般埋设在坝基填有软料的人工缝上，监测缝的变形，见图4－5－14。

先在靠近基岩面浇一层混凝土，然后从混凝土面打一ϕ100mm的水平孔，深入基岩内40～50cm，并用砂浆将加长钢管固定于钻孔内，钢管另一端安装连接接头和测缝计。测缝计仍用三脚架和预拉垫板进行预拉，预拉范围为仪器量程的三分之二，然后埋入混凝土内。当软缝宽度发生变化时，测缝计就能反应其变形。埋设有关注意事项与基岩垂直变形计的相同。

上述基岩软缝变形计的观测方法和物理量计算均与测缝计相同，见本章第四节。

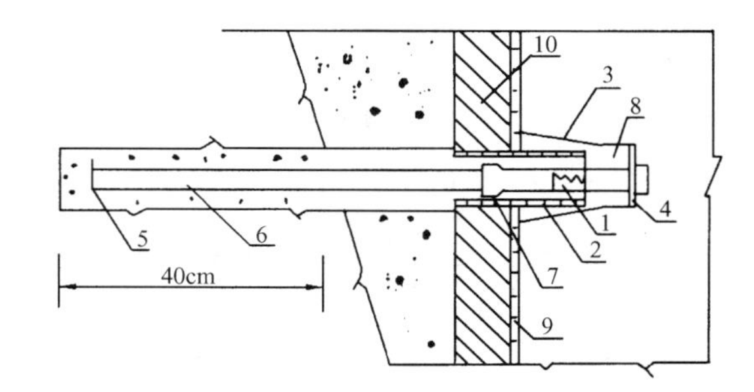

图 4-5-14　软缝变形计埋设示意图

1—测缝计；2—保护套筒；3—三脚架；4—预拉垫板；5—ϕ60×10mm 凸缘盘；6—ϕ32mm 加长钢管；7—联结接头；8—棉纱封口；9—模板；10—软缝

10. *基岩三向变位计的埋设方法*

1）根据设计要求，用钻机打 ϕ100mm 的钻孔，孔深依设计定，最深可达 100m，一般 40～50m 即可。

2）将测量标点与外壳套管联结起来，套管 1.0m 一根，与钻孔倾斜仪套管相同，接头要求密封，不漏浆。接头接缝处可用粘胶带缠绕，但标点处不得缠绕。否则影响标点的固定。

3）将联结好的套管依序放入孔内，放至孔底为止，套管的底端与测斜套管一样，配套管盖。

4）将安装好的套管进行注水检验、检查接头是否漏水，如漏水应重新安装检查。

5）套管与基岩之间的空隙进行灌浆充填，灌浆完毕后，等待 3 天回填砂浆固结，并有一定强度后，即可开始观测。其观测方法及物理量计算见仪器说明书及第三章。

11. *差动电阻式三向测缝计的埋设和观测*

差动电阻式三向测缝计，在坝的纵横缝上、坝基可能不均匀沉陷的坝块缝面上、坝块与坝基的接触缝上、软弱夹层层面上应用。

（A）仪器率定

仪器率定项目为：灵敏度 f_x、f_y、f_z；零度电阻 R_0；温度系数 α；绝缘度。

仪器灵敏度率定可在车床上进行。分别对 x、y、z 3 个方向进行率定，求出变形量与电阻比的关系，即 $f=\Delta L/\Delta Z$。ΔL 为变形量 mm，ΔZ 为电阻比变化量，剪切灵敏度 f_x、f_y 约为 0.04～0.06mm/0.01%，伸长灵敏度为 0.0238～0.0357mm/0.01%，其变形计算式见本章第四节，其他率定项目同第二节。

（B）仪器的埋设

三向测缝计的埋设方法与埋设测缝计的方法相似，需要注意之处是：

1）三向测缝计的 3 个方向是：Z 向代表仪器的长度方向；X 和 Y 方向标刻在仪器的凸缘盘上，Y 方向代表铅垂方向。将仪器放入套筒内时，要用铅垂线校准 Y 方向。

2）根据设计估计的 Z 方向受力情况（受压或受拉），预先调节连接套筒，使仪器在 Z 方向上预先受拉（或受压），并做好记录。在混凝土块缝上的埋设；见图 4-5-15。

3）设置在大口径钻孔中埋设三向测缝计用以监测剪切带的变形，其埋设方法如下（参见图 4-5-16）：

a）在剪切带上下挖一 80cm×25cm×25cm 的槽坑，在坑内再钻 4 个 ϕ5cm 深 6cm 的钻孔（孔内填木塞）。

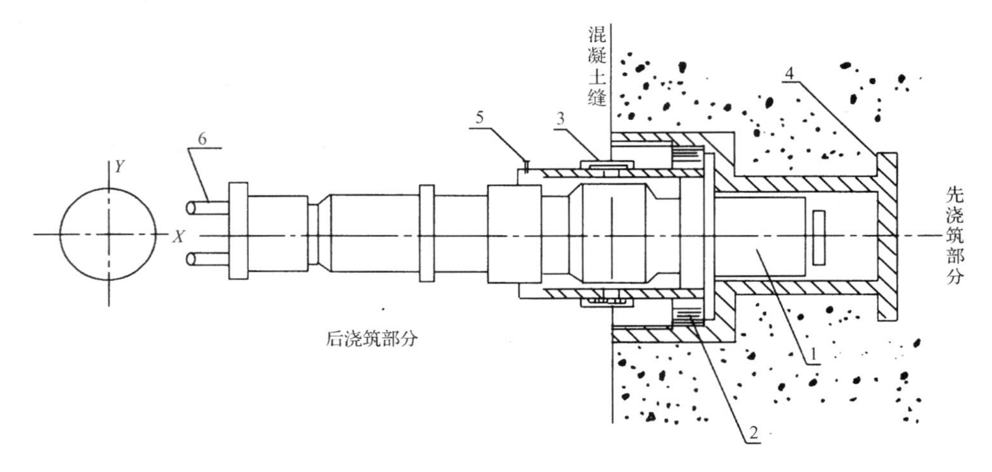

图 4－5－15　在混凝土块缝上埋设三向测缝计

1—测缝计;2—环形压环;3—塑料套;4—插座;
5—调节螺丝;6—电缆

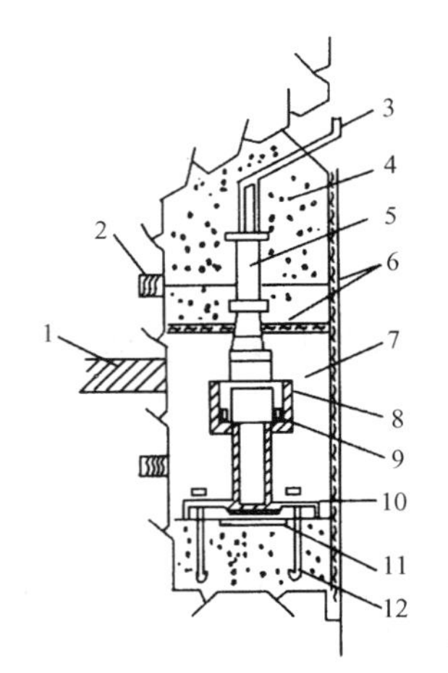

图 4－5－16　监测剪切带的三向测缝计(在大口径钻孔中)埋设示意图

1—剪切带;2—木塞;3—电缆;4—水泥砂浆;5—三向测缝计;6—木板;7—黄泥;8—套筒;9—环形压圈;10—夹具;11—垫板;12—螺栓

b）槽底浇砂浆预埋固定螺栓和垫板,垫板面要求水平。

c）安装套筒,套筒底部放垫板垫高 4mm,然后用夹具将套筒夹紧,套筒轴线要求垂直。

d）在套筒内安置仪器,调整仪器位置(即对准 X、Y 方向),将环形压圈旋紧。

e）回填混凝土,将仪器上端凸缘盘固定在岩槽中,剪切带泥化层上下 50cm 范围内应回填黄泥。

f）埋设完毕后,还应在各有关部位涂上黄油,以防锈蚀。

(C) 观测方法

观测方法与技术要求的内容同第四节,要注意两根电缆不能弄错,测量时按图 4－5－17 要求接线。观测资料初步整理与测缝计同。

(六) 渗流监测仪器设备安装埋设与观测

1. 测压管的安装埋设与观测

测压管宜在基坑开挖验收后,浇注基础混凝土前,开始埋设。测压管的安装埋设一般方法与规定见本章第三节。混凝土坝采用测压管进行渗流观测还应注意以下要点和方法。

(A) 埋设在坝底基岩面的单管式测压管(参见图 4－5－18)

1）在设计点位上、下游方向 50cm 的范围内,选择基岩节理较发育的岩石处作为埋设的位置。记录点位并描述地质情况。

2）在确定的位置用手风钻打孔,孔径为 50mm,孔深离建基面不大于 1m。

3）将 $\phi2''$的镀锌管,按照第一层混凝土浇注高度架立,架立方法采用预埋插筋,焊接拉筋固定。

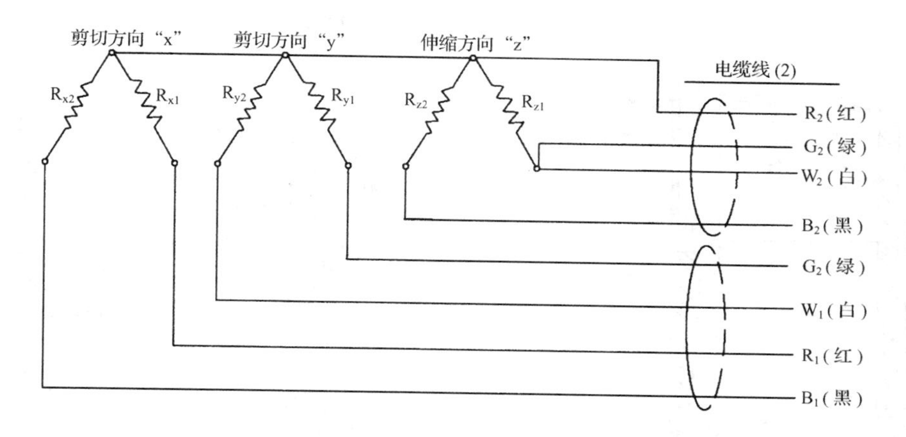

图 4-5-17　三向测缝计测量电路及接线图

4）每层管长不宜过高，根据现场施工机械、施工方法而定，在浇注过程中继续上接安装埋设。

5）测压管在安装、埋设上接过程中，应保证管子垂直，管口应加盖保护。

6）对于从廊道中打孔补埋的测压管，必须严格控制深度和垂直度，如有倾斜，应测出其斜度，以便准确计算底部高程。

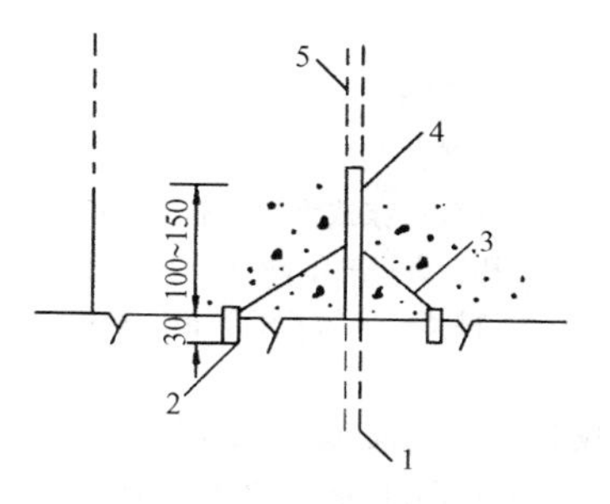

图 4-5-18　单管式测压管
（单位：cm）
1—基础灌浆后钻孔 ϕ50mm；
2—预埋插筋 ϕ20mm；
3—固定拉筋 ϕ20mm；
4—ϕ2″镀锌管；5—上接管子

（B）深孔单管式测压管埋设方法［参见图 4-5-19（*a*）］

1）在设计定位处钻孔，孔径 110～150mm，孔深依据设计的要求而定，孔壁力求完整光滑。

2）在钻孔底部灌注 15cm 厚的水泥砂浆或水泥膨润土浆。

3）把内径 60mm 的塑料管（下部管端应钻小孔）放入孔内。

4）先填入 10～25mm 砾石约 40cm，再填入 20cm 厚的细砂。

5）上部全灌注水泥砂浆或水泥膨润土浆。

6）管顶加盖保护。

（C）深孔多管式测压管［参见图 4-5-19（*b*）］

多管式测压管的埋设方法与（B）基本相同，钻孔的直径应由埋入的塑料管的根数决定，孔内反滤料、细砂及水泥浆的分布情况见图。应注意做好各岩层进水管之间封闭隔离工作。

（D）测压管进水管的反滤保护装置

1）将微孔塑料管即多孔聚氯乙烯料管，外包土工布，置入有可能塌孔的钻孔（如断层破碎带中的钻孔）内，作为保护装置。

2）组装式过滤体以聚乙烯硬质塑料花管为进水管段，其外包涤纶过滤布，过滤布外套上专用的泡沫塑料做孔壁撑体，用土工布将泡沫软塑料缠紧，使其外径小于钻孔直径，并用

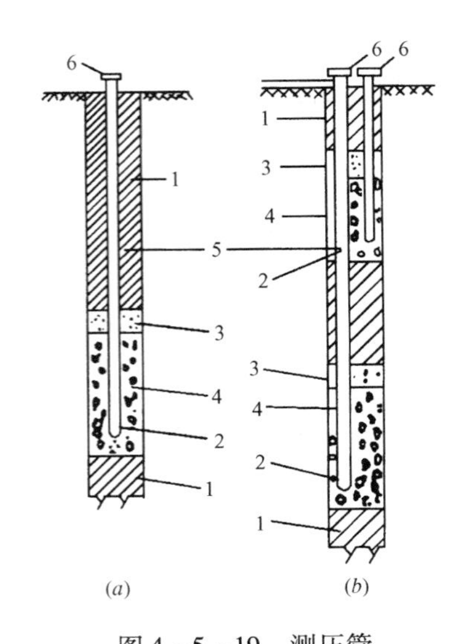

图4-5-19 测压管

(a)单管式测压管;(b)多管式测压管

1—水泥砂浆或水泥膨润土浆;2—有孔管头;3—细砂;4—砾石反滤料;5—聚氯乙烯管;6—管盖

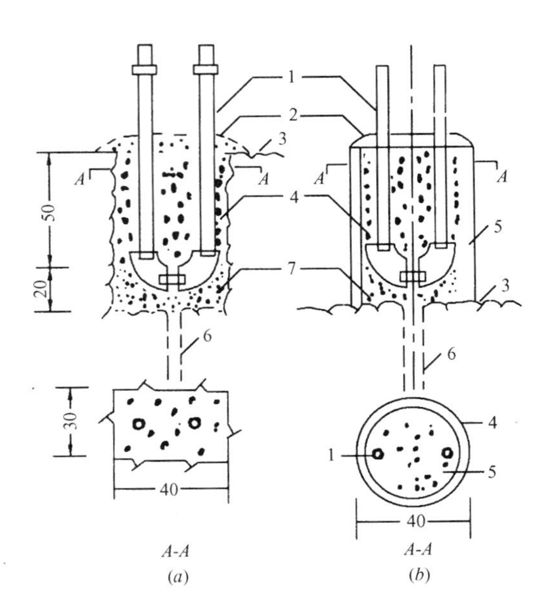

图4-5-20 U型管的埋设(单位:cm)

(a)埋在岩槽内;(b)埋在岩面上

1—U型管;2—砂浆;3—岩面;4—小石(粒径10~20mm);5—透水混凝土管;6—集水孔;7—细砂

胶粘紧,以便放入孔内,粘胶遇水自动脱开,组装过滤体则紧靠孔壁。这种装置适用于可能产生管涌的断层破碎带内。

(E) U型管的埋设方法

(1) 埋设在岩槽内的U型测压管:

1) 用ϕ60mm的风钻钻头,按图4-5-20的尺寸套钻凿槽,槽深为70cm,平面尺寸40×30cm。

2) 在槽中的基岩内,用ϕ50mm的风钻打一深为0.5~1.0m的集水孔。

3) 将清洗干净的细砂填入槽内20cm,并铺平。

4) 将外裹土工布的白铁镀锌U型管(ϕ36mm)放入槽内,校正垂直后回填小石子,直至岩面,再铺设一层砂浆。

5) 管子接长时,接头应以油漆麻丝止水,以防渗漏。

6) 附近灌浆时,要用水将U型管反复冲洗,洗去水泥浆液,以免进口被堵。

(2) 埋设在基岩面上的U型测压管 将预制的一个透水混凝土管(高70cm,内径40cm)放在埋设位置,管底周围用水泥浆封好,在管中的基岩内,用ϕ50mm的风钻打一深为0.5~1.0m的集水孔,然后按照(1)的步骤,在混凝土管内埋设U型测压管,见图4-5-20。

测压管水平牵引时应有1%坡度,严禁倒坡以防气塞。

(F) 测压管观测

1) 无压测压管管内的水位,采用水位计观测,水位观测两次读数差应不大于1cm。

2) 有压测压管,采用安装在测压管孔口上的压力表进行观测。观测压力值的读数应在压力表1/3~2/3量程范围内。压力表的精度应根据渗透压力的变化幅度选择。管内有气时，先将气排除，待压力表指针稳定后，才可读数。

2. 渗压计安装埋设与观测

渗压计安装埋设见本章第三节。渗压计观测，应按照仪器说明书的要求进行操作，两次读数差应不大于仪器最小读数。

（七）应力、应变及温度监测仪器设备安装埋设与观测

1. 仪器设备安装埋设

1）根据监测设计完成预留槽孔、导管、集线箱壁龛及各种预埋件的施工，并对埋设点进行测量放样，进行电缆连接，先将仪器附件进行试安装。

2）仪器埋设方法见本章第三节。

2. 观测方法见本章第四节

（八）巡视检查

巡视检查，也叫目视观察，是大坝监测不可缺少的方法。因此，在大坝监测文献中均作为主要项目列出。对于混凝土坝的巡视检查，《混凝土大坝安全监测规范》中有比较全面的要求，如下所述。

1. 一般要求

1）从施工期到运行期，各级大坝均须进行巡视检查。

2）巡视检查中如发现大坝有损伤、附近岸坡有滑移崩塌征兆或其他异常迹象，应立即上报，并分析其原因。

2. 检查分类和次数

（1）日常巡视检查　应根据大坝的实际情况制定日常巡视检查的程序。巡视人员应按巡视检查程序对大坝作例行检查，以便及时发现异常迹象。日常巡视检查的次数：在施工期，每周一次；水库第一次蓄水或提高水位期间，每天一次或每两天一次（依库水位上升速率而定）；大坝移交后正常运行期，可逐步减少次数，但每月不宜少于一次；汛期应增加巡视检查次数；水库水位达到设计水位前后，每天至少巡视检查一次。

（2）年度巡视检查　在每年汛前、汛后及高水位、低气温时，按规定的检查项目，对大坝进行较为全面的巡视检查（在汛前可结合防汛检查进行）。年度巡视检查，每年进行 2～3 次。

（3）特殊情况下的巡视检查　在坝区（或其附近）发生有感地震或大坝遭受大洪水以及发生其他特殊情况时立即进行巡视检查。

3. 巡视检查的程序

巡视检查程序应由设计、施工、运行部门共同按照工程特点制订。程序中应包括检查项目、检查顺序、记录格式、编制报告的要求以及检查人员的组成和职责等内容。

4. 检查人员的素质要求

1）检查人员中必须由一名经验丰富、熟悉本工程情况的水工专业工程师负责主持工作，并应有熟悉本工程金属结构、机械、电气设施的专业工程师参加。

2）巡视检查工作人员应是专业技术人员或高级技术工人。

3）检查人员经上级主管部门批准后，不应任意抽调。

4）特殊情况下的巡视检查组可由上级主管部门聘请有关专家另行组成，但应有原巡视检查人员参加。

5. 检查项目

(A) 坝体

1) 相邻坝段之间的错动。

2) 伸缩缝开合情况和止水的工作状况。

3) 上下游坝面、宽缝内及廊道壁上有无裂缝;裂缝中漏水情况。

4) 混凝土有无破损。

5) 混凝土有无溶蚀或水流侵蚀现象。

6) 坝体排水孔的工作状态,渗漏水的水量和水质有无显著变化。

(B) 坝基和坝肩

1) 基础岩体有无挤压、错动、松动和鼓出。

2) 坝体与基岩(或岸坡)接合处有无错动、开裂、脱离及渗水等情况。

3) 两岸坝肩区有无裂缝、滑坡、溶蚀及绕渗等情况。

4) 基础排水设施的工作状况、渗漏水的水量及浑浊度有无变化。

(C) 引水建筑物

进水口和引水渠道有无堵淤,进水口、拦污栅有无损坏。

(D) 泄水建筑物

1) 溢洪道(泄水洞)的闸墩、边墙、胸墙、溢流面等处有无裂缝和损伤。

2) 消能设施有无磨损、冲蚀。

3) 下游河床及岸坡的冲刷和淤积情况。

4) 上游拦污栅的情况。

(E) 近坝区岸坡

1) 地下水露头变化情况。

2) 岸坡裂缝变化情况。

(F) 闸门

1) 闸门(包括门槽、门支座和止水设施等)能否正常工作。

2) 启闭设施,能否应急启动工作。

3) 电气控制系统的设备和备用电源能否正常工作。

(G) 其他设施

1) 过坝建筑物、地下厂房等的巡视检查,可参照以上有关条款进行。

2) 附属设施的检查项目。对大坝所有的附属设施也应进行日常巡视检查和年度巡视检查,以保证其正常运行。检查应包括(但不限于)下列项目:

a) 液压和空压系统。

b) 通风设备。

c) 供水和消防系统。

d) 各种泵及其管路。

e) 照明系统及事故应急照明。

f) 通讯系统及应急通讯设施。

g) 对外交通及应急交通工具。

6. 检查方法

巡视检查除依靠目视、耳听、手摸外,可辅以简单工具、仪表进行。

7. 检查记录和报告

（A）记录和整理

1）每次检查均应作好详细的现场记录，必要时应附有略图、素描或照片。

2）现场记录必须及时整理，登记专项卡片，还应将本次检查结果与上次或历次检查对比，分析有无异常迹象。在整理分析过程中，如有疑问或发现异常迹象，应立即对该检查项目进行复查，以保证记录准确无误。

（B）报告

1）日常巡视检查中发现异常情况时，应立即编写检查报告，及时上报。

2）年度巡视检查和特殊情况下的巡视检查：在现场工作结束后一个月内必须交出详细报告，报告的内容一般如下：

a）日常巡视报告：报告内容应简单、扼要说明问题，必要时附上照片及略图。

b）年度巡视报告的内容：①检查日期；②本次检查的目的和任务；③检查组参加人员名单及其职务；④对规定项目的检查结果（包括文字记录、略图、素描和照片）；⑤历次检查结果的对比、分析和判断；⑥不属于规定检查项目的异常情况发现、分析及判断；⑦必须加以说明的特殊问题；⑧检查结论（包括对某些检查结论的不一致意见）；⑨检查组的建议；⑩检查组成员的签名。

c）特殊情况下的巡视检查，在现场工作结束后，还应立即提交一份简报。

3）各种记录、报告至少应保留一份副本，存档备查。

（九）观测频率

观测频率确定的一般原则见本章第四节。混凝土坝安全监测的正常观测频率可参照 SDJ 336—89 规范，见表 4-5-5。美国国家大坝委员会的观测频率，见表 4-5-6。

表 4-5-5　各监测项目各阶段的测次

各监测项目	各阶段			
	第一次蓄水前	第一次蓄水期	第一次蓄水期后的头五年运行	第一次蓄水期后运行超过五年以后
水平位移	1次/旬~1次/月	1次/天~1次/旬	1次/旬~1次/月	1次/月~1次/季
垂直位移	1次/旬~1次/月	1次/天~1次/旬	1次/旬~1次/月	1次/月~1次/季
挠　度	1次/旬~1次/月	1次/天~1次/旬	1次/旬~1次/月	1次/月~1次/季
倾　斜	1次/月~1次/季	1次/天~1次/月	1次/月~1次/季	1次/季~1次/年
大坝外部接缝、裂缝	1次/旬~1次/月	1次/天~1次/旬	1次/旬~1次/月	1次/月~1次/季
下游冲淤			每次泄洪后	每次泄洪后
渗漏量	2次/旬~1次/旬	1次/天	2次/旬~1次/旬	1次/旬~2次/月
扬压力	2次/旬~1次/旬	1次/天	2次/旬~1次/旬	1次/旬~2次/月
绕坝渗流	1次/旬~1次/月	1次/天~1次/旬	1次/旬~1次/月	1次/月~1次/季
水质分析	1次/季	1次/月	1次/季	1次/年
大坝及坝基的应力、应变	1次/旬~1次/月	1次/天~1次/旬	1次/旬~1次/月	1次/月~1次/季
大坝及坝基的温度	1次/旬~1次/月	1次/天~1次/旬	1次/旬~1次/月	1次/月~1次/季
水　位		1次以上/天	1次以上/天	1次以上/天
库水温		1次/天~1次/旬	1次/旬~1次/月	1次/月~1次/年
气温				
近坝区岸坡稳定				
大坝内部接缝、裂缝	1次/旬~1次/月	1次/天~1次/旬	1次/旬~1次/月	1次/月~1次/季
钢筋、钢板、锚索、锚杆应力	1次/旬~1次/月	1次/天~1次/旬	1次/旬~1次/月	1次/月~1次/季
泥沙压力，坝前淤积			视淤积情况而定	视淤积情况而定

注　1. 气温一般用自己温度计观测，故表中未列测次；

2. 近坝区岸坡稳定测次，视具体情况确定。

表 4-5-6　仪器监测计划

时期	测量种类		
	位移/变形	应力/应变/温度	渗流/压力水位
施　工	PL—每周测一次 SL—蓄水前测读 FD—每周测一次 MP—每周测一次	SS—每周测一次 SM—每周测一次 T—每周测一次	U—每周测一次 D—每周测一次 P—每周测一次
初次蓄水	PL—蓄水期间或水位特别上升高度，每天测读 SL—水位达到维持水位后，测读一次 FD—蓄水期或上升到一定程度，每天测读 MP—蓄水期或上升到一定程度，每天测读	SS—上升一定高程测读一次 SM—水库到维持水位时，测读一次 T—水库到维持水位后，测读一次	U—随蓄水进行测读 D—随蓄水进行测读（除非遇到非常水流） P—蓄水时每天测一次或上升到一定高程时测一次
初次停蓄（如果有时）	PL—第一周每天测读，以后每周测一次 SL—每月测一次 FD—每周测一次 MP—每周测一次（除非出现徐变）	SS—每周测一次 SM—每周测一次 T—每周测一次	U—第一周每天测一次，以后每周测一次 D—每周测一次 P—第一周每天测一次，以后每周测一次
运行第一年以后	PL—每两个月测一次 SL—每个季度测一次 FD—每个月测一次 MP—每个月测一次	SS—每两个月测一次 SM—每两个月测一次 T—每两个月测一次	U—每周测一次 D—每周测一次 P—每周测一次
坝的性能稳定后	PL—每个月测一次 SL—高水位时，每年测一次 FD—每个月测一次 MP—每个月测一次	SS—每个月测一次 SM—每个月测一次 T—每个月测一次	U—每周测一次 D—每周测一次 P—每周测一次
备　注	PL—垂线 SL—测量导线、三角测量 FD—基础变形计 MP—多方位应变计	SS—应力计 SM—应变计 T—温度计	U—扬压力 D—渗流 P—压力计

注　施工前观测：1. 微观大地，施工前测一次；2. 地下水位，施工前测一次；3. 地震活动，施工前早期测量，建立起参考基准。

特殊观测的频率可参照 SDJ 336—89 规范。

1. *发生地震、大洪水后的观测*

1）巡视检查。地震及大洪水发生后，立即进行巡视检查。

2）快速监测与紧急措施。观测人员应测定位移、渗漏量、裂缝等主要监测项目的数据，与地震大洪水前的观测数据对比后，判断大坝处于异常或险情状态，立即报告，采取紧急措施。

采取紧急措施后，加密监测测次，以验证措施的有效性。并密切监视各种异常迹象的发展趋势，供进一步处理提供依据。

2. *大坝工作状态异常时的观测*

当大坝处于异常状态，也按上述内容进行工作。当决定采取加固措施时，在加固过程中加强观测工作。

根据大坝损坏迹象，参照表4－5－7的内容进行调查分析。

表4－5－7　　大坝损坏迹象调查分析

部位	损坏迹象	原　因	影　响	应进行的工作
坝体	(A) 混凝土表面一般发现有龟裂、裂缝、剥落	1. 冻　融 2. 硫酸根侵蚀 3. 溶蚀析出 4. 老　化	1. 加速大坝老化破坏 2. 材料强度减低 3. 削弱有效断面 4. 应力增加 5. 自重变小 6. 渗漏量增大	1. 对坝体应力加强观测分析(应力的变化及其分布) 2. 观测渗漏量 3. 加强巡视检查
坝体	(B) 混凝土表面局部发现裂缝、剥落	1. 应力集中 2. 冻　融 3. 错　动	1. 应力集中 2. 大坝破损加速发展 3. 渗漏量过大 4. 坝体稳定性	1. 与(A)相同 2. 对各测缝计加强观测分析
坝体	(C) 混凝土坝体发生深部裂缝、贯穿性裂缝	1. 超　载 2. 应力过大 3. 扬压力增大 4. 膨　胀 5. 早期干缩 6. 基岩错动 7. 地震作用 8. 强度降低 9. 徐　变	1. 应力增加 2. 应力发生重分布 3. 大坝破损加速发展 4. 裂缝发展 5. 坝体稳定性变差 6. 渗漏量变大 7. 较大错动变位	1. 与(B)相同 2. 外部变形观测 3. 进行全面的综合分析；应力、变变与外部变形及荷载的关系(考虑徐变) 4. 校核坝体稳定性
坝体	(D) 轻微渗漏，混凝土表面发现集中潮湿面或滴水	1. 裂　缝 2. 老化破坏 3. 不密实	1. 渗漏变率增大 2. 淋蚀析出 3. 自重变小 4. 强度变低 5. 渗漏增大	1. 观测渗漏量 2. 加强巡视检查
坝体	(E) 局部通过混凝土有较大渗漏	1. 裂　缝 2. 错　动 3. 接缝张开 4. 扬压力增大 5. 输水管漏水 6. 排水孔堵塞 7. 混凝土冲蚀、溶蚀破坏	1. 混凝土材料流失 2. 结构整体性破坏 3. 扬压力增大 4. 应力重分布	1. 与(D)相同 2. 用图示法算出各集中漏水地点的渗漏量 3. 分析库水位与渗漏量的关系 4. 查明排水系统破坏情况
坝基与坝肩	(F) 渗　漏	1. 坝基恶化 2. 排水系统故障 3. 坝踵接缝张开 4. 坝基裂隙、裂缝错动	1. 坝基软化引起滑动 2. 坝体发生管涌 3. 扬压力增大 4. 坝体发生错动 5. 坝体不稳定 6. 库水流失	1. 与(E)相同 2. 坝基变位观测

注　库区不稳定边坡监测参照(F)进行。

(十)仪器设备安装埋设后的工作

见本章第三节。

(十一)资料初步整理分析

资料整理分析方法，见本章第四节和第五章。根据SDJ 336—89规范要求，资料整理分析应参照下述要求和内容。

1. 资料整理的一般要求

每次观测后立即对原始数据加以检查和整理，并及时作出初步分析。每年进行一次资料整编。在整理和整编的基础上，定期进行资料的分析。

资料整理和初步分析中，如发现不正常现象或确认的异常值，立即向主管人员报告。

整编成果做到考证清楚，项目齐全，数据可靠，方法合理，图表完整，说明完备。

在下列时期进行资料分析，并提出监测报告：

1）第一次蓄水时。

2）蓄水到规定高程时。

3）竣工验收时。

4）运行期每年汛前。

5）大坝鉴定时。

6）出现异常或险情状态时。

在第一次蓄水、竣工验收及大坝鉴定时，先作资料分析，分别为蓄水、验收及鉴定提供依据。

蓄水后，每次分析资料时，根据规定，对大坝工作状态作出评估。

资料整理要做好原始观测数据的检验、观测数据的计算、填表和绘图、初步分析和异常值之判识。

对原始观测数据作以下检验：

1）作业方法是否合乎规定。

2）各项检验结果是否在限差以内。

3）是否存在系统误差。

经检验后，若判定观测数据不在限差以内或含有粗差，立即重测；若判定观测数据含有较大的系统误差时，分析原因，并设法减少或消除其影响。

经检验合格的观测数据，换算成监测物理量。当存在多余的观测数据时，先作平差处理再换算物理量。常用的换算公式见第四节。

对于测得的上、下游水位和坝区气温应计算各自的日、旬、月及年平均值。

将所得的物理量填入相应的表格或存入计算机。

绘制各物理量的过程线图及原因量与效应量的相关图；绘制有关物理量的分布图。

应根据上述图表和有关资料，及时进行初步分析。分析各监测量的变化规律和趋势，判断有无异常的观测值（判识的方法参见第四节）。对于经检验分析初步判为异常的观测值，应先检查计算有无错误，量测系统有无故障。如未发现疑点，则及时重测一次，以验证观测值的真实性。经多方面比较判断，确信该监测量为异常值时，及时报告。

资料分析工作的一般要求如下：

资料分析的项目、内容和方法根据实际情况而定，但对于变形量、渗漏量、扬压力（扬压力非大坝基本荷载者除外）及巡视检查的资料是必须分析项目。

直接反映大坝工况（如大坝的稳定性和整体性，灌浆帷幕、排水系统和止水工作的效能，经过特殊处理的地基工况等）的监测成果，要与设计预期效果相比较。

分析大坝材料有无恶化的现象，并查明其原因。

对于主要监测物理量建立（或修正）数学模型，借以解释监测量的变化规律，预报将来的变化,并确定技术警戒范围。

分析各监测量的大小、变化规律及趋势,揭示大坝的缺陷和不安全因素。

分析完毕后应对大坝工作状态作出评估。

2. 资料整理的步骤

(A) 收集资料

(1) 观测资料　包括各项现场观测和检查的记录、统计表、报表、过程线、关系曲线、成果说明以及巡视检查记录等。

(2) 考证资料　包括各项监测设备的考证表、监测系统设计、施工详图、加工图、设计说明书、仪器规格和数量、仪器安装埋设记录、仪器检验和电线连接记录、竣工图、仪器说明书和出厂证明书、观测设备的损坏和改装情况以及与观测设备有关的资料等。

(3) 技术警戒值(范围)资料　包括有关物理量设计计算值和经分析后确定的技术警戒值(范围)。

(4) 其他资料　有关参考资料、工程资料、有关文件等。

(B) 审查资料

1) 审查所有考证资料、有关图表及文字说明等有无遗漏。

2) 校核原始资料、坐标系统及各项计算(如平差计算、监测物理量的换算等)有无错误。

3) 将各种曲线图相互对照,检查其合理性。

4) 鉴定资料整理中提出的各项说明是否合理。

(C) 资料的审定编印

全部成果整编完成后,应进行一次全面的校核(整编时收集的参考资料可分册装订存档,不再校核),并报送主管部门审定编印。

3. 资料分析的内容

(A) 分析监测物理量随时间或空间而变化的规律

1) 根据各物理量(或同一坝段内相同的物理量)的过程线,说明该监测量随时间而变化的规律、变化趋势,其趋势有否向不利方向发展。

2) 同类物理量的分布曲线,反映了该监测量随空间而变化的情况,有助于分析大坝有无异常征兆。

(B) 统计各物理量的有关特征值

统计各物理量历年的最大和最小值(包括出现时间、变幅、周期、年平均值及年变化趋势等)。

C) 判别监测物理量的异常值

1) 观测值与设计计算值相比较。

2) 观测值与数学模型预报值相比较。

3) 同一物理量的各次观测值相比较,同一测次邻近同类物理量观测值相比较。

4) 观测值是否在该物理量多年变化范围内。

(D) 分析监测物理量变化规律的稳定性

1) 历年的效应量与原因量的相关关系是否稳定。

2) 主要物理量的时效量是否趋于稳定。

(E) 应用数学模型分析资料

1) 对于监测物理量的分析,一般用统计学模型,亦可用确定性模型或混合模型。应用已建立的模型作预报,其允许偏差一般采用 $\pm 2s$(s 为剩余标准差)

2) 分析各分量的变化规律及残差的随机性。

3) 定期检验已建立的数学模型,必要时予以修正。

(F) 分析坝体的整体性

对纵缝和拱坝横缝的开度以及坝体挠度等资料进行分析,判断坝体的整体性。

(G) 判断防渗排水设施的效能

1) 根据坝基(拱坝拱座)内不同部位或同部位不同时段的渗漏量和扬压力观测资料,结合地质条件分析判断帷幕和排水系统的效能。

2) 在分析时,应注意渗漏量随库水位的变化而急剧变化的异常情况。还应特别注意渗漏出浑浊水的不正常情况。

(H) 校核大坝稳定性

重力坝的坝基实测扬压力超过设计值时,宜进行稳定性校核。拱坝拱座出现上述情况时,亦应校核稳定性。

(I) 分析巡视检查资料

应结合巡视检查记录和报告所反映的情况进行上述各项分析。并应特别注意下列各点:

1) 在第一次蓄水之际,有否发生库水自坝基部位的裂隙中渗漏出或涌出;有否渗漏量急骤增加和浑浊度变化。

2) 坝体、坝基的渗漏量有无过量;在各个排水孔的排水量之间有无显著差异。

3) 坝体有无危害性的裂缝;接缝有无逐渐张开。

4) 在高水位时,水平施工缝上的渗漏量有无显著变化。

5) 混凝土有无遭受物理或化学作用的损坏迹象。

6) 大坝在遭受超载或地震等作用后,哪些部位出现裂缝、渗漏;哪些部位(或监测的物理量)残留不可恢复量。

7) 宣泄大洪水后,建筑物或下游河床是否被损坏。

(J) 评估大坝的工作

根据以上的分析判断,按上述有关规定,应对大坝的工作状态作出评估。

4. 资料分析的一般方法

资料分析的方法有比较法、作图法、特征值的统计法及数学模型法。

(A) 比较法

比较法有:监测值与技术警戒值相比较;监测物理量的相互对比;监测成果与理论的或试验的成果相对照。

1) 技术警戒值是大坝在一定工作条件下的变形量、渗漏量及扬压力等设计值,或有足够的监测资料时经分析求得的允许值(允许范围)在蓄水初期可用设计值作技术警戒值,根据技术警戒值可判定监测物理量是否异常。

2) 监测物理量的相互对比是将相同部位(或相同条件)的监测量作相互对比,以查明各自的变化量的大小、变化规律和趋势是否具有一致性和合理性。

3）监测成果与理论的或试验的成果相对照比较其规律是否具有一致性和合理性。

(B) 作图法

根据分析的要求，画出相应的过程线图、相关图、分布图以及综合过程线图（如将上游水位、气温、技术警戒值以及同坝段的扬压力和渗漏量等画在同一张大图上）等。由图可直观地了解和分析观测值的变化大小和其规律，影响观测值的荷载因素和其对观测值的影响程度，观测值有无异常。

(C) 特征值的统计法

特征值包括各物理量历年的最大和最小值（包括出现时间）、变幅、周期、年平均值及年变化趋势等。通过特征值的统计分析，可以看出监测物理量之间在数量变化方面是否具有一致性和合理性。

(D) 数学模型法

用数学模型法建立原因量（如库水位、气温等）与效应量（如位移、扬压力等）之间的关系是监测资料定量分析的主要手段。它分为统计学模型、确定性模型及混合模型。有较长时间的观测资料时，一般常用统计模型（回归分析）。

当有可能求出原因量与效应量之间的函数关系时，亦可采用确定性模型或混合模型，详见第五章。

5. 监测报告的主要内容

(A) 第一次蓄水时

1）蓄水前的工程情况概述。

2）仪器监测和巡视工作情况说明。

3）巡视检查的主要成果。

4）蓄水前各有关监测物理量测点（如扬压力、渗漏量、坝和地基的变形、地形标高、应力、温度等）的蓄水初始值。

5）蓄水前施工阶段各监测资料的分析和说明。

6）根据巡视检查和监测资料的分析，为首次蓄水提供依据。

(B) 蓄水到规定高程、竣工验收时

1）工程概况。

2）仪器监测和巡视工作情况说明。

3）巡视检查的主要成果。

4）该阶段资料分析的主要内容和结论。

5）蓄水以来，大坝出现问题的部位、时间和性质以及处理效果的说明。

6）对大坝工作状态的评估。

7）提出对大坝监测、运行管理及养护维修的改进意见和措施。

(C) 运行期每年汛前

1）工程情况、仪器监测和巡视工作情况简述。

2）列表说明各监测物理量年内最大最小值、历史最大最小值以及设计计算值。

3）年内巡视检查的主要结果。

4）对本年度大坝的工作状态和存在问题作分析说明。

5）提出下年度大坝监测、运用养护维修的意见和措施。

（D）大坝鉴定时

1）工程概况。

2）仪器监测和巡视工作情况说明。

3）巡视检查的主要成果。

4）资料分析的主要内容和结论。

5）对大坝工作状态的评估。

6）说明建立、应用和修改数学模型的情况和使用的效果。

7）大坝运行以来，出现问题的部位、性质和发现的时间，处理的情况和其效果。

8）根据监测资料的分析和巡视检查找出大坝潜在的问题，并提出改善大坝运行管理、养护维修的意见和措施。

9）根据监测工作中存在的问题，应对监测设备、方法、精度及测次等提出改进意见。

（E）大坝出现异常或险情时

1）工程简述。

2）对大坝出现异常或险情状况的描述。

3）根据巡视和监测资料的分析，判断大坝出现异常或险情的可能原因和发展趋势。

4）提出加强监视的意见。

5）对处理大坝异常或险情的建议。

二、土石坝及坝基监测方法

（一）监测设计

见第二章和本章第一节。

（二）监测仪器组装率定检验

土石坝常用监测仪器如孔隙水压力计、土压力计等的组装率定，见本章第二节，外观仪器检验见本节一。土石坝一些专用监测仪器如沉降仪、堤应变计、引张线式水平位移计等的组装率定大致可以分为以下三个步骤进行：

1. 检验

所有仪器运到工地试验室以后，均应根据规范和该工程监测实施技术要求，在试验室对传感器和测头、接收仪表、电缆、导管以及各种零配件进行检验。检验的内容有：观察有无伤损、零配件是否配套、绝缘电阻和传感器电阻及电缆电阻是否符合要求，接收仪表工作是否正常等。填写检验记录表，作为原始资料保存，检验不合格的不能使用。

2. 率定

主要是对电测式仪器的率定，如堤应变计、振弦式沉降仪、电磁式沉降仪等。率定方法参考本章第二节位移计的率定。一般的作法是：利用特制的率定装置对传感器（或测头）给定几个等级差的位移量，相应地接收仪表读出数。每个循环给定的位移量和读数应不少于5级，对每个传感器（或测头）的率定一般应进行三个循环。填写率定记录表，作为原始资料保存。率定求得的灵敏系数、直线性、重复性等达到规定标准的，方可使用。

对于目读式的仪器，如水管式沉降仪、引张线式水平位移计等，由于每套仪器体积较大，仪器工作跨度太长，往往要连接很长的管路、钢丝等，室内率定一般无法进行。由于是目读式的仪器，只要保证安装埋设质量，读数是准确的，因此可以不进行工地试验室的率定工作。

3. 组装与电缆的连接

有些监测仪器在埋入坝体或坝基之前。往往有些零附件需要与传感器（或测头）组装成一整体。该项工作应根据不同仪器的特点分别在工地试验室或大坝表面进行。电测式仪器的电缆一般应根据设计的长度在室内接好。连接电缆的方法必须严格遵守操作规程。有些仪器电缆设计长度很长或者因工地现场条件不允许一次连接的，也应该有计划的完成首次接线长度。

（三）监测断面和测点定位放样

根据设计图纸，监测人员会同工程测量人员在施工现场用工程测量方法确定监测断面和测点的位置，记录测点的高程和平面坐标，有时受现场条件限制需要移动测点位置，必须经过监理工程师批准，并记录测点的实际位置。具体要求见本节一。

（四）监测仪器安装埋设的土建施工

常用监测仪器安装埋设的土建施工在第三节已有介绍。对于土石坝某些监测仪器安装埋设的土建施工有一定特殊性，此处予以说明。

1. 观测房的修建

水管式沉降仪、振弦式沉降仪器和引张线式水平位移计的埋设，由于测读装置与埋在坝体内的测头应处在近似同一高程上，所以在这些仪器埋设前，安装测读装置的观测房就应该修建。如果确因工期等条件限制，在埋设这些仪器前不能完成观测房修建的，也应该在埋设这些仪器的同时，修建临时观测房，将测读装置安装在临时观测房内进行测读。以后不久应该将临时观测房改建为永久观测房。改建中必须严格保护好测读装置。

有些土石坝，填筑是分区进行的，埋设上述几种仪器困难很多，特别是当不能顺着横断面一次将上述埋设仪器引到下游坝坡时，分段埋设就需要两次或多次修建临时观测房，直到下游坝坡区填筑完并将仪器的管路、钢丝、导线等引到下游坝坡的永久观测房中的测读装置进行观测。

2. 工程施工的配合

一些仪器在填筑坝面上安装埋设时，需要工程施工密切配合才能完成。如水管式沉降仪、钢丝式沉降仪、引张线式水平位移计、测斜管等，埋设仪器的垫层和仪器上面的保护都需要与工程土建施工共同完成。

3. 其他土建施工

如钻孔、修建量水堰、挖槽坑和回填、建观测墩等工作，按照设计要求进行。

（五）变形监测仪器安装埋设与观测

土石坝的变形监测，主要有外部（表面）变形、内部变形、裂缝及接缝、混凝土面板变形及岸坡位移等观测。表面变形观测见混凝土坝观测，岸坡位移观测见本章第六节。常用仪器的安装埋设与观测见本章第三节。下面的方法是土石坝专用的或用于土石坝观测时有特殊要求的方法。

1. 视准线的安装埋设与观测

视准线在大坝坝顶，下游坝坡和上游坝坡的上段，往往布置几条视准线，一般坝顶视准线设置的变形观测点最多，坝坡上的视准线变形观测点往坡下逐渐减少。在各条视准线两端稳定边坡上设置工作基点和校核基点。为了保证观测精度满足设计要求，校核基点应由地形测量控制网并定期观测检验，确保校核基点不发生变位。

工作基点、校核基点、变形观测点的建立，应严格遵照设计提供的表面标点安装详图进行，观测墩顶一般都设有强制对中盘、水准标心、觇标等，并必须加盖牢固的保护罩。

观测用的仪器应选用能满足精度要求的经纬仪。近几年来，重要的大坝都已使用先进的电子经纬仪、红外测距仪等进行观测。

2. 测斜仪的安装埋设与观测

土石坝中的测斜管的埋设属填筑过程中的埋设。

(A) 铅直向测斜管的安装埋设与观测

此法是观测大坝沿铅直方向各不同高程平面的水平位移值。在大坝填筑之前，在坝底钻孔，钻孔应深入基岩1.5～2.0m，孔径大于测斜管外径20mm。将底部密封的测斜管放入孔中，注意保持测斜管垂直两对槽与坝轴线和横断面一致，管周围用砂浆与孔壁固定，保持测斜管铅直。以后随着坝体填筑升高，不断向上接长测斜管。埋设的方法有两种：

第一种方法是挖坑埋设法见图4－5－21。首先将已埋入坝基的测斜管口用钢板盖住，当填筑高度达2.0～2.5m时，对准底部测斜管位置挖坑到底板，坑底的尺寸不宜太宽，以站两个人操作接测斜管工作方便为限。移开保护钢板，将一节1.5～2m长的测斜管接在下部的测斜管上，连接测斜管使用专用接头，接头处留足预估的沉降段，保证管内两对导槽与下部测斜管两对导槽完全一致，测斜管顶部用专用堵头严密封堵。如果是在心墙内，可将挖出的坝料填回坑内，用小型机械或人工夯实（测斜管周围25cm范围内只能人工夯实）并注意保护测斜管垂直。如果在堆石体内埋设，回填到坑内的填料应根据设计要求，在管周围一定范围内填筑细料并夯实。以后坝体每向上填筑1.5～2.0m，重复挖坑埋设测斜管的上述程序，挖坑时倍加小心，切不可将下部已埋好的测斜管挖断或挖伤。此法耗用较多工时，且因坑较大，回填后用小型机械夯实效果较差，难于做到坑内回填料的压实度与大坝填筑料的压实度一致，因此这种方法一般不常采用。

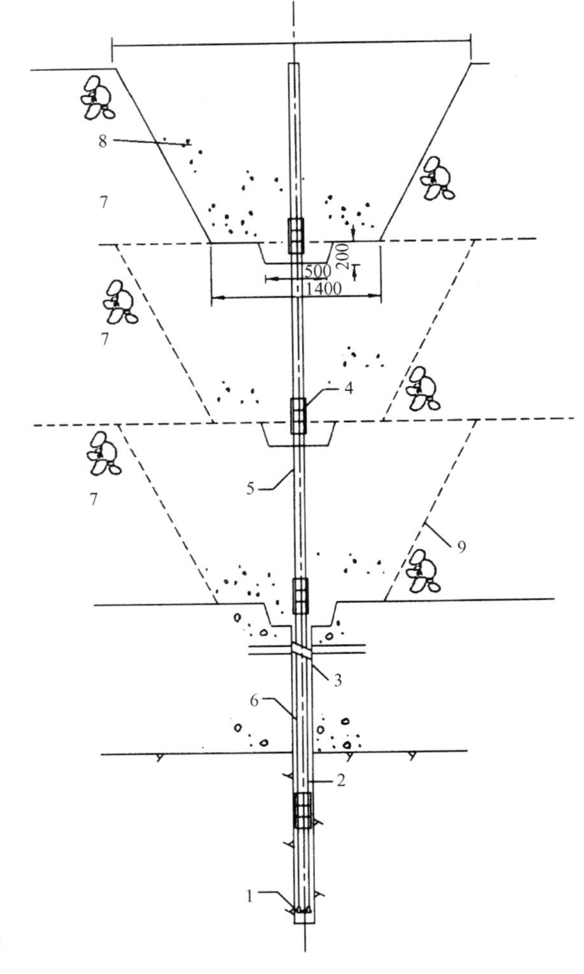

图4－5－21　土石坝填筑时铅直向测斜管坑式埋设法（单位：mm）

1—管座；2—水泥砂浆；3—钻孔；4—导管接头（滑动式）；5—导管；6—黏土水泥浆；7—填筑料；8—二期填料；9—开挖线

第二种方法是坝面埋设法，见图4－5－22。大坝填筑之前，在坝基测斜管上连接一节测斜管，长度不宜长，以1.5～2.0m较好。连接时仍应注意上下管的导槽对准。接头处留足预估的沉降段。心墙坝料填筑时，应专人值班保护测斜管，测斜管周围50cm范围内人工夯实，保持测斜管铅直。50cm以外可由机械正常碾压，但应注意机械碾压尽量在测斜管四周交替进行，才能保持测斜管铅直。如遇在堆石体内埋设直向测斜管，应根据设计要求测斜管周围使用细料夯实，避免堆石与测斜管直接接触而损伤测斜管。当填筑面接近测斜管顶端10cm时，可将上一节测斜管接好，重复上述值班保护，回填夯实步骤。此法以较好的保证填筑质量但必须填筑施工人员与测斜管埋设人员良好配合。

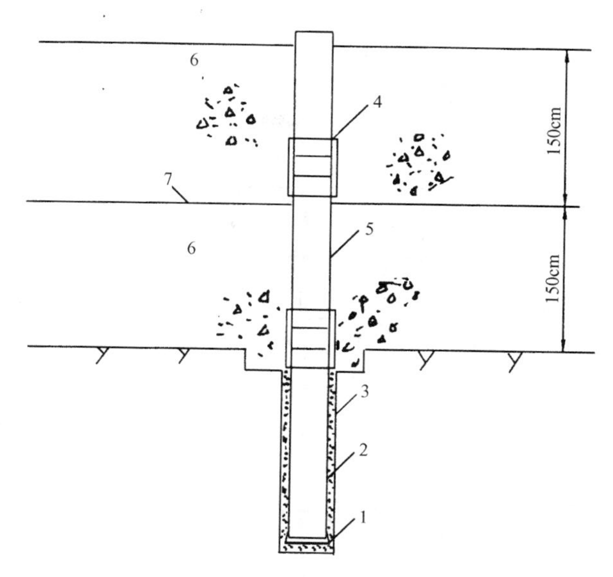

图4－5－22　土石坝填筑时铅直向测斜管坝面埋设法

1—管座；2—水泥砂浆；3—钻孔；4—导管接头（滑动式）；5—导管；6—填筑料；7—填筑面

当测斜管埋设到大坝顶面后，管口保护宜修建保护墩，盖板应加锁。特别应注意，在埋设过程中及埋设完毕以后千万不能有物品掉入测斜管内。

测斜管的观测采用移动式测斜仪。埋设过程中应加强观测，一般需做到每加长一节测斜管应观测一次。观测时，将测斜仪探头从口沿内导槽下滑至管底，静止片刻（约5分钟），向上提拉测读，直到管口。如为单向测头，管内两对导槽分别测读。双向测头则可同时读出两对导槽方向的测值。注意准确计算并在每次测读时将探头置于同一位置，才能保证观测精度。

（B）斜向测斜管的安装埋设与观测

斜心墙的堆石坝，有时也布置在斜心墙中埋设测斜管。由于一般倾角较大测斜仪的探头仍可依靠自重沿管内导槽下滑至预定观测位置，不必另外安装装置，斜向测斜管的安装埋设可参考铅直向测斜管的埋设方法。不管采用挖坑埋设或坝面埋设，保持测斜管的倾角不变都比较困难。当挖坑埋设时，人工回填不但要保证测斜管倾角，而且回填料要密实。当采用坝面埋设时，可用移动支撑架维持测斜管倾角不变，并分层人工夯实回填料。每埋一段测斜管，必须用探头放入管内观测以便检验测斜管倾角，若有异常应挖开重埋。

（C）水平向测斜管的安装埋设与观测

土石坝中埋设水平向测斜管，可以观测到测斜管位置的坝体沉降值，而且观测到的沉降值是连续的。埋设时除埋一条测斜管外，还应紧靠这条测斜管埋一条装有牵引绳子的管子。或者在测斜管内壁安装牵引导轨，导轨位置不能影响测斜仪探头在测斜管内正常行走。

安装埋设的具体方法（参见图4－5－23）是：首先沿测斜管位置按设计要求铺一层细料垫层（一般最大粒径<20mm，厚度≥20cm，宽度≥60cm），将测斜管平放在已铺好的垫层上，

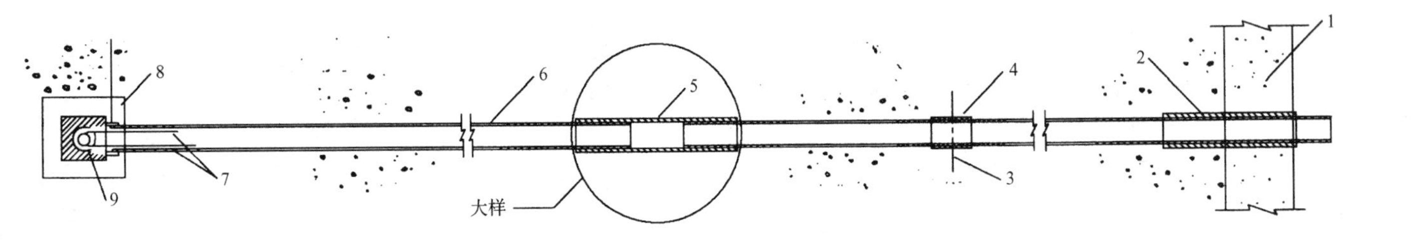

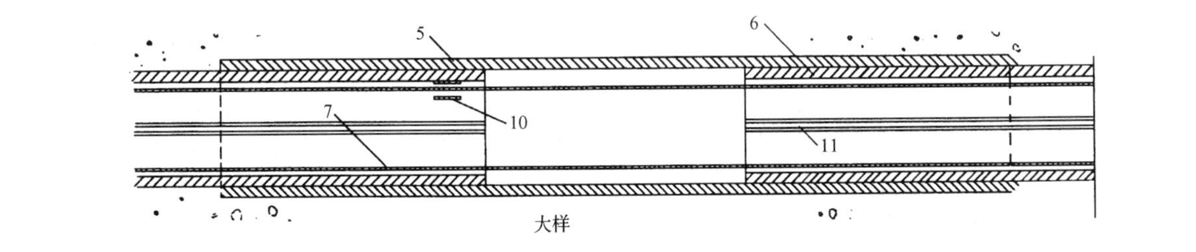

图 4-5-23　土石坝填筑时水平测斜管埋设图

1—观测房侧墙;2—钢管;3—铝盘;4—橡胶套;5—滑动接头;6—导管;
7—电缆牵引线;8—混凝土锚块;9—滑轮;10—导轨;11—导槽

连接好各接头，注意测斜管应平直。如果有专用安装牵引绳的管子应紧靠测斜管平行安装。在坝体内测斜管顶端安装牵引滑轮，将牵引绳安装在牵引管内或测斜管内的专用导轨上，在测斜管外端（下游坝坡）设置专门的保护装置，最好修建观测房。在测斜管上部按设计要求填筑细料（厚度≥100cm，宽度≥60cm），人工或小型机械夯实，或者机械碾压。上部即可正常填筑坝料并振动碾压施工。

观测时，利用牵引线将测斜仪探头沿管内导槽接到坝内管顶端，静止片刻（约5分钟），向外拉动探头，每0.5m或1.0m测读一次。注意每次观测时，应尽量保证探头在同一位置测读，才能保证观测精度。

3. 沉降仪的安装埋设与观测

观测土石坝分层竖向位移时，采用沉降仪。常用沉降仪安装埋设的主要方法如下。

（A）水管式沉降仪的安装埋设与观测

埋设方法分为坑式埋设法和坝面埋设法。坑式埋设法的工序为：修建观测房—挖坑槽—整平基床—安装各测头和管路—回填—碾压机械正常施工。埋设时应严格遵照设计详图进行。为了保证坑槽底部平整且保证设计提出的均匀坡度，槽底部一般应回填细料（厚度一般≥20cm），并用水准测量控制坡度。沉降仪各测头包裹在大约高90cm×50cm×50cm的混凝土墩内并安装在预定位置，从各测头中引出连通管路到观测房的测读装置上。心墙部位回填心墙料，堆石体中回填过度料并压实（一般采用机械碾压），当测头上部回填超过1.5m，管路上部超过1.0m时，即可填筑坝料并正常碾压施工。见第三章图3－3－44所示。

此法由于在高密度的堆石体中挖槽困难，且顺填到原填筑状态更不容易，因此现在宜优先采用不挖坑槽的坝面埋设法。坝面埋设法的工序为：修建观测房—铺平基床—安装各测头和管路—回填—碾压机械正常施工。即当坝面填筑接近埋设高程时，堆石体中沿埋设管线路铺一层宽≥100cm，厚≥40cm的细料，细料的两侧仍填铺堆石坝料。正常碾压后，在细料带上按设计要求的均匀坡度挖小沟槽，槽深≤20cm，将连通管沿沟槽引至下游观测房，测头仍按前述方法安装。测头和管路上部回填要求同前。

测读方法见第三章第三节。观测时，应先排尽管路内的水和气，用测量板上带刻度的玻璃管测定，应平行测读两次，读数差不得大于2mm。

（B）振弦式沉降仪安装埋设与观测

埋设方法与水管式沉降仪基本相同，注意各振弦式沉降测头的电缆应随同通水管路引至观测房。振弦式沉降仪有固定式传感器和移动式传感器。前者埋设见图4－5－24，后者见第三章图3－3－46。水准观测与表面垂直变形观测精度相同。

（C）电磁式沉降仪安装埋设与观测

此法一般随同竖向测斜管一起埋设，其方法是：在测斜管外部每间隔3～5m套埋一金属铁环，观测时，将电磁式沉降仪的探头从管口缓慢放下，当经过各金属铁环时，探头的敏感元件将信号输送至地面的接收仪表，即可测得各金属环的高程，从而计算出各金属环的沉降值，即各测点的沉降值，当不埋测斜管而需要单独埋设电磁式沉降仪时，可以仿照埋设测斜管的方法埋设沉降管，并参照前述方法套埋金属铁环，如图4－5－25和图4－5－26。

观测方法见第三章第三节。观测时，用测头自下而上测定，每测点应平行测定两次，读数差不得大于2mm。

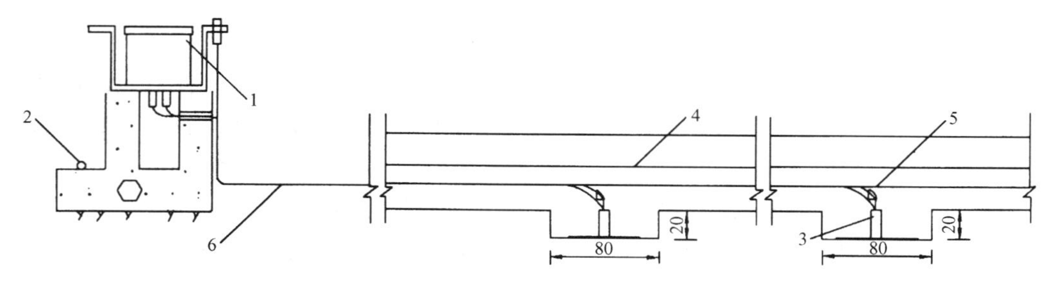

图 4－5－24　振弦式沉降仪埋设图(单位:cm)

1—共用液体箱;2—水准标点;3—传感器;4—防雷电缆;5—液体管、电缆;6—液体管

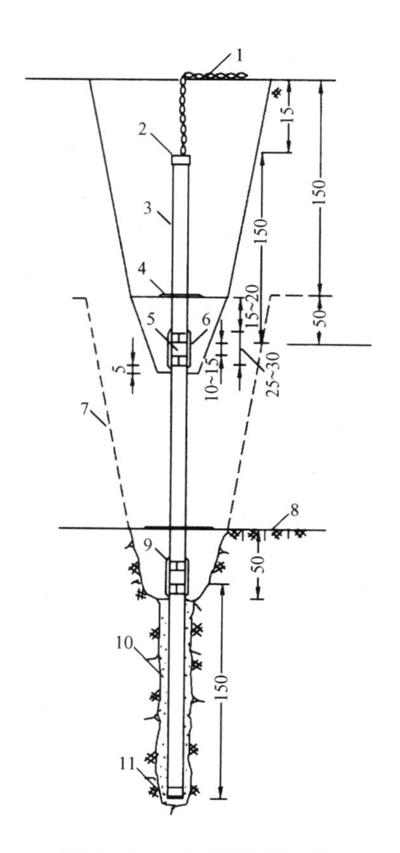

图 4－5－25　沉降管坑式埋设过程示意图(单位:cm)

1—铁链;2—管盖;3—沉降管(每节 1.5m);4—沉降环;5—连接管;6—无纺土工织物;7—开挖线;8—岩基面;9—连接管上的滑槽;10—水泥砂浆;11—管座

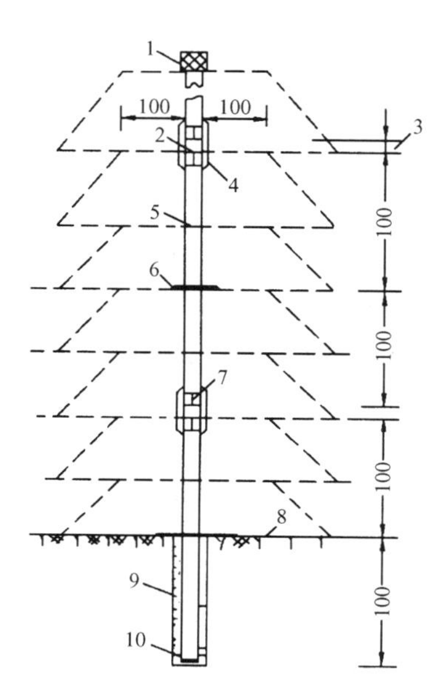

图 4－5－26　沉降管非坑式埋设过程示意图(单位:cm)

1—管盖;2—连接管;3—预留沉降段;4—无纺土工织物;5—沉降管;6—沉降环;7—连接管上的滑槽;8—岩基面;9—水泥砂浆;10—管座

4. 引张线式水平位移计安装埋设与观测

埋设方法与水管式沉降仪的埋设方法相同。往往与水管式沉降仪在同一位置同步埋设。由于传递变形的铟瓦钢丝必须平直,因此保护铟瓦钢丝的可伸缩的钢管埋设必须保证平直,平面高差按设计详图控制,一般高差应小于 ±5mm,见第三章图 3－3－6 至图 3－3－8。

观测方法见第三章第三节。观测时,应平行测读两次,其读数差不得大于 2mm。

5. 土位移计安装埋设与观测

土位移计，也称堤应变计，在土石坝监测中一般使用在心墙内，观测心墙土料顺坝轴线方向的变形。或者观测岸坡与心墙接合面的位移。也常常用来观测反滤层堆石体与心墙接合带的位移。

埋设方法：当观测岸坡与心墙接合面接触位移时，一般先在岸坡上钻孔，孔中用砂浆埋入锚固杆，将土位移计平放在土体上已挖好的沟中，一端与岸坡锚固杆连接，如图 4－5－27 所示。上部回填入工夯实的保护层，保护层按设计要求处理，厚度一般≥1.5m。

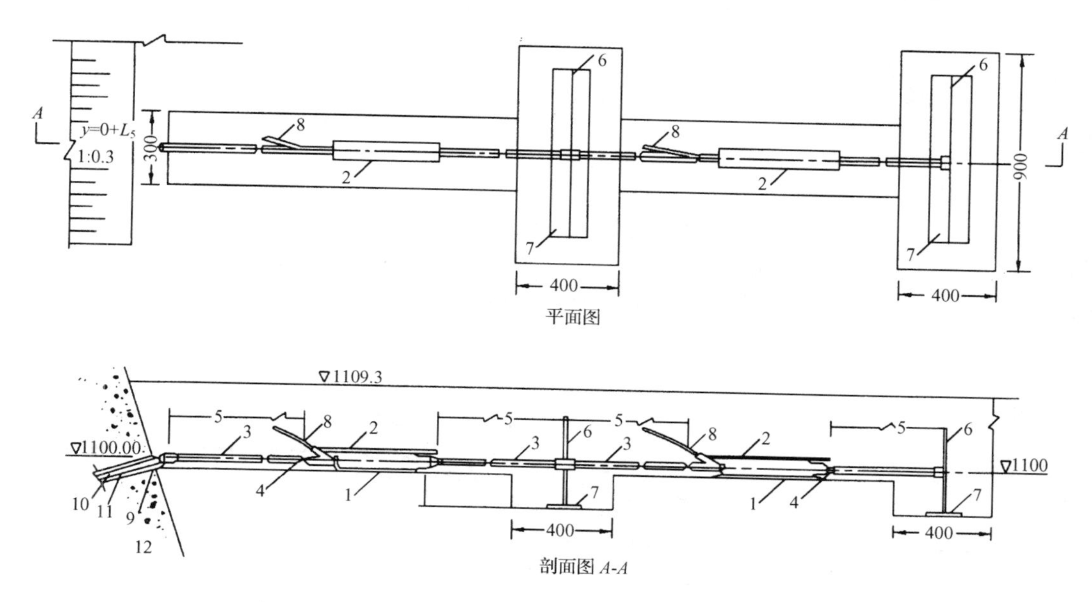

图 4－5－27　土位移计坑式埋设法示意图（单位：cm）

1—位移计；2—保护钢管；3—塑料保护管；4—铰；5—拉杆；6—锚固板；7—垫板；8—电缆；9—钻孔（$\phi>60$mm，$L=1000$mm）；10—锚固钢筋（$\phi20$mm，$L=1000$mm）；11—充填水泥砂浆（200#）；12—混凝土

当观测岸坡与心墙接合面的剪切位移时，埋设方法仍是先在岸坡上钻孔，孔中用砂浆埋入锚固杆，顺岸坡按设计安放位移计，位置用水泥砂浆铸成一稍大于土位移计的半圆模，水泥砂浆凝固后将土位移计安放在半圆模中，一端与孔中锚固杆连接，另一端与下部埋于土中的锚固板连接。土位移计应用圆弧形保护罩盖住。回填入工夯实的保护层按设计要求处理。另一种埋设方法如图 4－5－28 所示，用保护钢管套上土位移计，然后放在砂浆垫层上。

当观测心墙与堆石体和反滤层相对位移时，埋设方法是当坝面填筑超过埋设高程约 1.0m 时，沿埋设线挖沟槽至埋设高程以下约 0.2m，回填反滤料并夯实整平，将土位移计安放好，并与固定在心墙、反滤层、堆石体中的锚固板连接牢固，回填反滤料（心墙中回填心墙料）并分层夯实，达到坝面高程以上可恢复正常填筑碾压施工。如图 4－5－29 所示。

土位移计的观测，由于传感器类型不同，观测方法也不同，见第三章或仪器说明书。

当观测心墙本身的水平位移时，其埋设方法与上述方法基本相同，见图 4－5－27。土位移计观测的变形一般都比较大，因此传感器引出电缆特别容易被拉断，所以在埋设时应特别注意，紧靠传感器的引出电缆应特别放松，切不可填土将此段电缆压实。

以上所述，不管埋设何种电测式的传感器，均应随同引出电缆埋设防雷铜线，防雷铜线

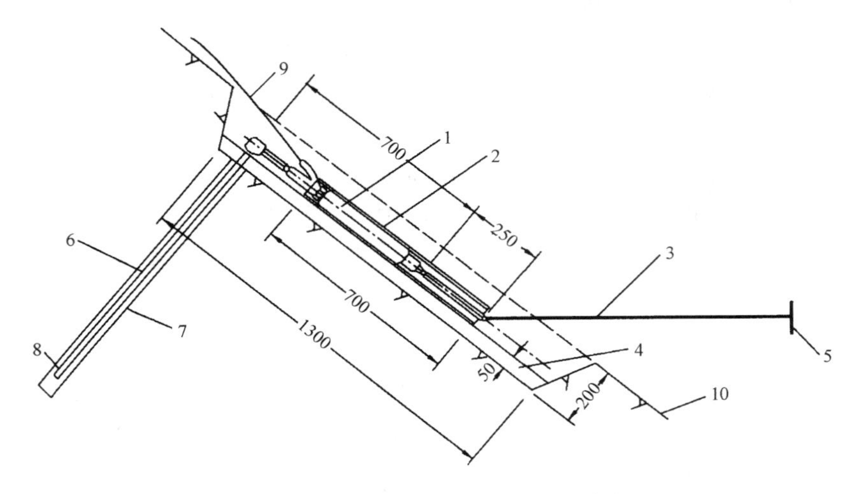

图 4-5-28 剪切位移计表面埋设法(单位:mm)

1—土位移计;2—保护钢管;3—锚固钢板;4—砂浆垫层(200#);5—钢板(现场焊接);6—锚杆;7—钻孔;8—水泥砂浆;9—电缆;10—基岩面

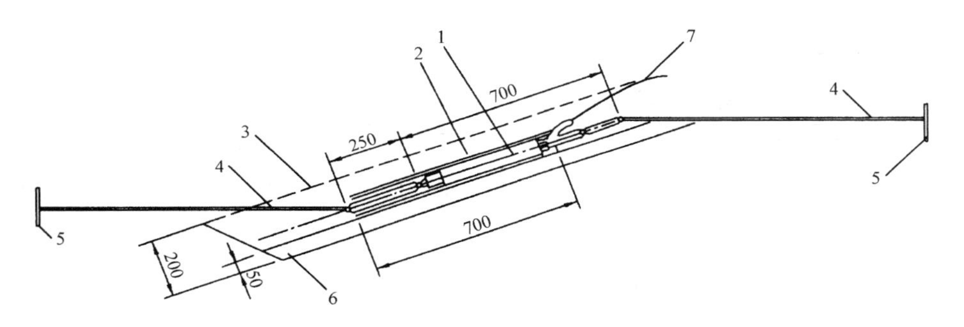

图 4-5-29 反滤层与斜心墙界面上的土位移计埋设方法(单位:mm)

1—土位移计;2—保护钢管;3—交界面;4—锚固钢板;5—钢板(现场焊接);6—反滤料细砂垫层;7—电缆

应与接地网连接,这些要求在设计图上都已标明。

土位移计安装埋设后,测读初始读数。一般在埋设前,仪器放入设计位置,回填保护层后和埋设完毕恢复正常填筑施工时都应测读,重视检验埋设仪器的完好程度并保证初始读数的正确。观测时,平行测读两次,读数差可用仪器精度控制。将测定的位移量除以锚固板的间距便获得应变值。

6. 混凝土面板变形监测仪器安装埋设与观测

混凝土面板变形监测包括面板的表面位移、挠度、应变及接缝位移观测,其表面位移及应变观测见混凝土坝变形监测和本章第三节。下面介绍两种主要方法。

(A) 混凝土面板斜坡测斜仪安装埋设与观测

这种仪器是观测混凝土面板在承受水压力后出现挠曲的形态与量值。埋设方法:第一种方法,在已形成的混凝土面板表面,沿着埋设位置线,将测斜管用特别的管卡锚固在面板上,最先安装面板最底端与趾板接合处的测斜管,后逐段连接测斜管至面板顶端。注意测斜管安装必须平直。测斜管的一对导槽与板面垂直，另一对导槽平行于板面。由于大坝混凝土面板倾角变小，测斜仪探头仅依靠自重不能准确到达量测位置，因此必须安装探头牵引装置。牵引装置由安装在面板底端趾板上的滑轮与测斜管、并排安装的牵引绳管，或者测斜管内有特殊专用导轨并安装有牵引绳和测斜管顶端的专用绞车组成。测斜管顶端应修建观测房，管口设置保护盖。整个测斜管和牵引管，应全部用弧形钢板保护。第二种方法，将测斜管浇在面板混凝土中。

观测方法同铅直测斜仪观测。

（B）混凝土面板上的多向测缝计安装埋设与观测

混凝土面板周边缝的变形，一般说来是三向的。即面板与趾板间的平面拉位移（张开），面板与趾板间的剪切位移和面板与趾板间的垂直位移（沉降）。因此，在对面板周边缝的观测时，应该同时在一个测点上观测上述三种位移值，埋设三向测缝计。

而对于面板与面板之间缝隙的观测，往往只需要观测缝的张开（或闭合）与错动，因此埋设两向测缝计即可。有时只需要埋设观测缝的张开（或闭合）的单向测缝计。

多向和单向测缝计的安装埋设方法详见第三章第二节。

观测时，旋转电位器式测缝计，用专用检测仪按仪器操作说明分别测定各传感器钢丝测读数，两次平行测读差不得大于0.0002V。单只测缝计的测读，用仪器精度控制。

（C）混凝土面板堆石坝堆石体中的仪器埋设

混凝土面板堆石坝堆石体中常见的仪器与心墙堆石坝堆石体中的仪器一般相同，埋设方法也一样。需要提出的是：混凝土面板堆石坝的堆石体施工，往往是分为主堆石区和次堆石区的。为了求得合理的工期，往往是主堆石区填筑到一定高度以后，才开始填筑次堆石区。这对于安装埋设水管式沉降仪、振弦式沉降仪和引张线式水平位移计将十分困难。这需要将成套的仪器分期埋设。首先在主堆石区埋设，在主堆石区下游坡上设临时观测房，将水管式沉降仪和水平位移计的测读装置也安装在临时观测房内。在坝下游边坡修建观测房，然后拆除主堆石区下游坡上的临时观测房，将临时观测房中的管路、电缆和铟瓦钢丝等按照前述的埋设方法引到坝坡观测房并与测读装置连接，同时埋设次堆石区的测点。

7. 土石坝裂缝观测仪器设施安装埋设与观测

1）对土石坝表面裂缝，一般可采用皮尺、钢尺及简易测点等简单工具进行测量。对2m以内的浅缝，可用坑槽探法检查裂缝深度、宽度及产状等。

2）对深层裂缝，当缝深不超过20～25m时，可采用探坑或竖井检查，必要时埋设测缝计（位移计）进行观测。

3）位移计的埋设方法。对在建坝，与界面位移及深层应变观测相同；对已建坝，在探坑或竖井中埋设，可采用将锚固板插入裂缝两边土体内的埋设方法。

4）表面裂缝的长度和可见深度的测量，应精确到1cm。

5）裂缝宽度，可用钢尺在缝口测量。对表面裂缝宽度的变化，采用在缝两边设简易测点，测量测点的距离来确定。裂缝宽度应精确到0.2mm。

6）对于深层裂缝，除按上述要求测量裂缝深度和宽度外，还应测定裂缝走向，精确到0.5度。其开合度的观测方法及精度要求，见界面位移和沉降观测。

（六）压力（应力）监测仪器安装埋设与观测

1. 界面土压力计安装埋设与观测

界面土压力计，一般埋设在土心墙底部与混凝土垫层接合处。使用单面承压膜的土压

力计,埋设方法参见第三章第三节和本章第三节。其要点如下:

1）界面接触土压力计埋设时,应在埋设点预留孔穴,孔穴的尺寸应比土压力计略大,并保证埋设后的土压力计感应膜与结构物表面或岩面齐平。

2）当在混凝土结构内埋设时,应在埋设点混凝土浇筑28天后进行。

3）土压力计埋设后应认真保护,当填方不能及时掩盖时应加盖保护罩。当填方即将掩盖时,依覆盖材料的类型、性质应作不同的保护。

4）按接触土压力计测点附近取样试验的规定,取样进行干密度、级配等土的物理性质试验。

2. 土中土压力计安装埋设与观测

土中土压力计一般埋设在土坝心墙中、反滤层中、堆石体中。使用双面承压模的土压力计。埋设方法参见第三章第三节和本章第三节。此外,注意如下几点:

1）土压力计的埋设,应特别注意减小埋设效应的影响,必须做好仪器基床面的制备、感应膜的保护和连接电缆的保护及其与终端的连接、确认、登记。

2）土压力计埋设时,一般在埋设点附近适当取样,进行土密度、级配等土的物理性质试验,必要时尚应适当取样进行有关土的力学性质试验。

土压力计的测读方法,依所用仪器类型而定。

3. 孔隙水压力计安装埋设与观测

孔隙水压力计(渗压计)与土压力计配套埋设或单独埋设在饱和土中时,由于量测到的是土中的孔隙水的压力,所以称为孔隙水压力计。埋设在坝基岩石中、反滤层、堆石体等处,都是量测渗透水压力的。

(A) 施工期埋设

1）土石坝内、坝基表部孔隙水压力计的埋设,可采用坑式埋设法。在坝内埋设,当坝面填筑高程超出测点埋设高程约0.3m时,在测点挖坑,坑深约0.4m,采用砂包裹体的方法,将孔隙水压力计在坑内就地埋设。砂包裹体由中粗砂组成,并以水饱和。然后采用薄层铺料、专门压实的方法,按设计回填原开挖料。埋设后的孔隙水压力计,仪器以上的填方安全覆盖厚度应不小于1m。

2）孔隙水压力计的连接电缆可沿坝面开挖槽敷设。当横穿防渗体敷设时,应加阻水环;当在堆石坝壳内敷设时,应加保护管。当进入观测房时,应以钢管保护。

3）连接电缆在敷设时必须留有裕度,并禁止相互交绕。敷设裕度一般依敷设的介质材料、位置、高程而定,一般约为敷设长度的5%～10%。

4）连接电缆、水管以上的填方安全覆盖厚度,在黏性土填方中应不小于0.5m,在堆石填方中应不小于1m。

(B) 运行期埋设

1）运行期孔隙水压力计的埋设,应采用钻孔埋设法。钻孔孔径,依该孔中埋设的仪器数量而定,一般采用ϕ108～116mm。成孔后应在孔底铺设中粗砂垫层,厚约20cm。

2）孔隙水压力计的连接电缆,必须以软管套护并铺以铅丝与测头相连。埋设时,应自下而上依次进行,并依次以中粗砂封埋测头,以膨润土干泥球逐段封孔。封孔段长度,应符合设计规定。回填料、封孔料应分段捣实。

3）孔隙水压力计埋设与封孔过程中,应随时进行检测,严禁损坏仪器测头与连接电缆,一旦发现,必须及时处理或重新埋设。

(C) 观测方法

孔隙水压力计的测读方法,依所选用仪器类型而定。振弦式孔隙水压力计,通过测读其自振频率的变化以确定其反应的孔隙水压力的变化。

孔隙水压力的观测测次,依坝的类型和监测阶段而定,除满足表 4－5－8 的要求外,还要考虑下面要求:

1) 在施工期,每当填方升高 5～10m 或 10 天至 15 天时应观测一次。同时必须测记观测断面填方的填筑高程变化。

2) 对于已运行的坝,如新建观测系统,在第一个高水位周期,应按初蓄期的规定进行观测。

4. 混凝土防渗墙土压力计的埋设

混凝土防渗墙作为垂直防渗的手段在土石坝中已普遍采用,而在混凝土防渗墙中埋土压力计并得到预期的成果却很少。究其原因,除土压力计本身存在的问题以外,埋设技术也存在一些问题。要在 30～40m 的泥浆槽中而且槽为砂卵石、壁面凹凸不平的条件下埋设土压力计,主要问题是,要保证压力盒与壁面紧密接触。

在浇注混凝土前,压力计与槽壁之间应排开护壁泥浆,浇注混凝土后,压力计与槽壁之间更不得流入混凝土或砂浆。为此,采用水压法活塞式埋设装置。这种水压法活塞式埋设方法见图 4－5－30,就位时将装有土压力计的活塞式装置用螺钉与安装定位框架连接,而安装定位框架则根据土压力计的布置、安装及运输方便分成若干节,在槽口处依次组装,然后用吊车将其对准槽中徐徐下放到预定高程,之后将进水管与加压装置连接,适当施加水压推动活塞使土压力计压向槽壁。当仪器读数表明土压力计已接触槽壁之后,再适当增加水压使其紧贴槽壁,并保持这个压力到混凝土浇筑之后待混凝土初凝时再卸除。

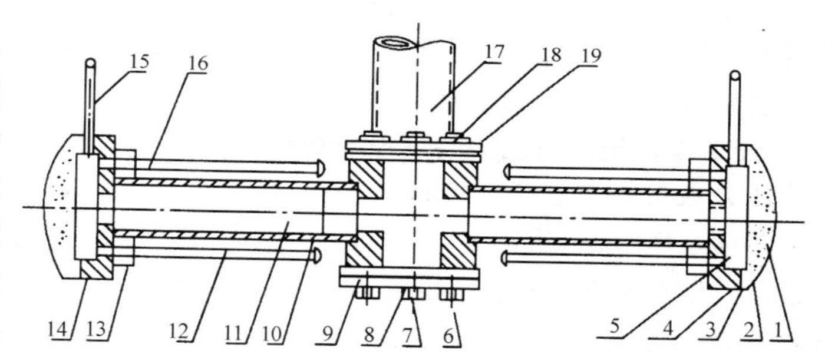

图 4－5－30　土压力盒活塞式埋设装置图

1—标准砂;2—橡皮块;3—细棉布;4—塑料薄膜;5—土压力盒;6—接头;7—螺栓;8—垫圈;9—法兰(A);10—活塞缸;11—活塞;12—限位杆;13—限位板;14—护盒;15—电缆;16—密封圈;17—进水管;18—橡皮垫圈;19—法兰(B)

整个设备由三部分组成:

1) 活塞式装置包括活塞、活塞缸、密封圈、限位器、护盒、砂包等。活塞及活塞缸按槽宽 80cm 设计,但考虑到槽壁凹凸不平及某些局部坍塌,允许调节范围为 70～110cm。若仍超过此范围时,限位器能保护活塞不致在水压下冲出脱落。砂包的作用是防止护壁泥浆及混凝土砂浆进入压力计的承压面,同时在紧贴槽壁时起到一定的垫层作用。表面的弧面可改善接触状态,使压力传递时比较均布。

2) 安装定位框架,包括承重角钢、U 形卡环、连接板及定位架等。

3) 加压装置,由手摇泵、水管、阀门等组成。

5. 混凝土面板应力监测仪器安装埋设与观测

混凝土面板应力观测，包括应变、无应力应变、钢筋应力和温度观测，仪器埋设方法与观测参照本章第三节，此外，需要注意下述要点。

1）应变计埋设，应使用专用仪器支座、支杆，并在面板钢筋绑扎后随面板混凝土浇筑进行。应变计埋设时，依埋设部位应预调出其测量量程的30% ~50%。

2）无应力计的埋设，主要采用板下埋设法，即将无应力计埋设于面板之下的垫层中。无应力计埋设时，宜使其隔离筒大口向上，其应变计周围的混凝土浇筑，应使用同样的相应应变计组周围的混凝土。

3）钢筋计的埋设，应采用焊接法。可在钢筋加工场预焊，亦可在现场截下被测的钢筋就地焊接。焊接时，仪器内的温度不得超过70℃。

4）温度计的埋设，可按将仪器在埋设点的钢筋网格中固定的方法进行。

5）埋设于混凝土中的差动电阻式仪器，必须确定相应仪器的电阻比与温度基准值。基准值的确定，应根据观测仪器的刚度与周围混凝土的硬化时间等而定，一般可在初期合格的观测值中选取。

6）应变计、无应力计、钢筋计、温度计的测读方法，依所选用的仪器类型而定。

7）面板应力观测的测次，除遵照表4 -5 -8 之外，在仪器埋设初期，应按确定观测基准值的要求加密测次。当进行应力观测时，必须同时进行混凝土温度观测，记录气温、库水位、下游水位，并应同面板变形观测相结合。

（七）渗流监测仪器安装埋设与观测

1. 测压管安装埋设与观测

在坝基坝岸安装测压管，一般均使用钻孔埋设法，参见本章第三节测斜管的安装埋设，如果穿过堆石坝坝体安装埋设测压管，由于坝填筑以后钻孔成孔困难，也可使用随着坝填筑升高不断接长测压管的埋设方法。该方法与埋设竖向测斜管的坝面法相似，但每次加长测压管必须保证接头处不渗水。在进水管测头段，处理方法与单管式测压管相同。测压管经过堆石体，管周围约30cm范围内宜填较细的过渡料，以保证测压管不被挤压破裂。测压管管口应设置混凝土保护墩和加锁的保护盖。

测压管安装、封孔完毕后，需进行灵敏度检验。检验的方法采用注水试验，一般在库水位稳定期进行。试验前先测定管中水位，然后向管内注清水。若进水段周围为壤土料，注水量相当于每米测压管容积的3 ~5 倍；若为砂砾料，则为5 ~10 倍。注入后不断观测水位，直至恢复到或接近注水前的水位。对于粘壤土，注水位在5 昼夜内降至原水位为灵敏度合格；对于砂壤土，一昼夜降至原水位为灵敏度合格；对于砂砾土，1 ~2 小时降至原水位或注水后水位升高不到3 ~5m 为合格。

当一孔埋多根测压管时，应自上而下逐根检验，并同时观测非注水管的水位变化，以检查它们之间的封孔止水是否可靠。

测压管观测及测压管埋设后的工作见本章第三节和混凝土坝测压管观测。

为测水库蓄水后绕坝渗流的情况，根据设计要求，往往在大坝两岸坡上设置若干渗流观测孔。一般说来，这些钻孔如果岩石较好，不需要全孔下套管保护，往往只需要对孔口段实施护孔措施。孔口设混凝土保护墩，并加盖上锁。观测时，打开孔盖，将水位计放入孔中即可测得孔中水位。为便于遥测和自动化检测，也可以孔中安装水位传感器如渗压计等。

2. 量水堰安装与观测

在堆石坝的下游坝坡脚修建一座或几座量水堰。多用三角形堰口，堰板一般用不锈钢板制成，堰口部分设有最小读数为毫米的刻度，以便直接读出量水堰中的水位高度。为便于遥测和自动化检测，也可以在量水堰中安装水位传感器如微压计等。

（八）巡视检查

SL 60—94 规范中对巡视检查提出如下要求：

1. 一般规定

对土石坝，从施工开始，都应自始至终地进行本章规定的巡视检查。土石坝的巡视检查分为日常巡视检查、年度巡视检查和特别巡视检查三类。

（1）日常巡视检查　应根据土石坝的具体情况和特点，制订切实可行的巡视检查制度，具体规定巡视检查的时间、部位、内容和要求，并确定日常的巡回检查路线和检查顺序，由有经验的技术人员负责进行。日常巡视检查的次数：在施工期宜每周两次，但每月不得少于四次；在初蓄期或水位上升期间，宜每天或每两天一次，但每周不少于两次，具体次数视水位上升或下降速度而定；在运行期，一般宜每周一次，或每月不少于两次，但汛期高水位时应增加次数，特别是出现大洪水时，每天应至少一次。

（2）年度巡视检查　在每年的汛前汛后，用水期前后，冰冻较严重的地区的冰冻期和融冰期、有蚁害地区的白蚁活动显著期等，应按规定的检查项目，由管理单位负责人组织领导，对土石坝进行比较全面或专门的巡视检查。检查次数，视地区不同而异，一般每年不少于二至三次。

（3）特别巡视检查　当土石坝遇到严重影响安全运行的情况（如发生暴雨、大洪水、有感地震、强热带风暴，以及库水位骤升骤降或持续高水位等）、发生比较严重的破坏现象或出现其他危险迹象时，应由主管单位负责组织特别检查，必要时应组织专人对可能出现险情的部位进行连续监视。

当水库放空时亦应进行全面巡视检查。

2. 检查项目和内容

（A）坝体

（1）坝顶　有无裂缝、异常变形、积水或植物滋生等现象；防浪墙有无开裂、挤碎、架空、错断、倾斜等情况。

（2）迎水坡　护面或护坡是否损坏；有无裂缝、剥落、滑动、隆起、塌坑、冲刷、或植物滋生等现象；近坝水面有无冒泡、变浑或旋涡等异常现象。

（3）背水坡及坝趾　有无裂缝、剥落、滑动、隆起、塌坑、雨淋沟、散浸、积雪不均匀融化、冒水、渗水坑或流土、管涌等现象；排水系统是否通畅；草皮护坡植被是否完好；有无兽洞、蚁穴等隐患；滤水坝趾、减压井（或沟）等导渗降压设施有无异常或破坏现象。

（B）坝基和坝区

（1）坝基　基础排水设施的工况是否正常；渗漏水的水量、颜色、气味及浑浊度、酸碱度、温度有无变化；基础廊道是否有裂缝、渗水等现象。

（2）坝端　坝体与岸坡连接处有无裂缝、错动、渗水等现象；两岸坝端区有无裂缝、滑动、崩塌、溶蚀、隆起、塌坑、异常渗水和蚁穴、兽洞等。

（3）坝趾近区　有无阴湿、渗水、管涌、流土或隆起等现象；排水设施是否完好。

（4）坝端岸坡　绕坝渗水是否正常；有无裂缝、滑动迹象；护坡有无隆起、塌陷或其他损坏现象。

(5) 上游铺盖　有条件时尚应检查上游铺盖有无裂缝、塌坑。

(C) 输、泄水洞(管)

(1) 引水段　有无堵塞、淤积、崩塌。

(2) 进水塔(或竖井)　有无裂缝、渗水、空蚀等损坏现象。

(3) 洞(管)身　洞壁有无裂缝、空蚀、渗水等损坏现象;洞身伸缩缝、排水孔是否正常。

(4) 出口　放水期水流形态、流量是否正常;停水期是否有水渗漏。

(5) 消能工　有无冲刷或砂石、杂物堆积等现象。

(6) 工作桥　是否有不均匀沉陷、裂缝、断裂等现象。

(D) 溢洪道

(1) 进水段(引渠)　有无坍塌、崩岸、淤堵或其他阻水现象;流态是否正常。

(2) 堰顶或闸室、闸墩、胸墙、边墙、溢流面、底板　有无裂缝、渗水、剥落、冲刷、磨损、空蚀等现象;伸缩缝、排水孔是否完好。

(3) 消能功　有无冲刷或砂石、杂物堆积等现象。

(4) 工作桥　是否有不均匀沉陷、裂缝、断裂等现象。

(E) 闸门及启闭机

(1) 检查闸门　闸门及其开度指示器、门槽、止水等能否正常工作,有无不安全因素。

(2) 检查启闭机　启闭机能否正常工作;备用电源及手动启闭是否可靠。

(F) 观测、通讯、照明、交通

观测、通讯设施是否完好、畅通;照明、交通设施有无损坏及障碍。

3. 检查方法和要求

(A) 检查方法

(1) 常规方法　用眼看、耳听、手摸、鼻嗅、脚踩等直观方法,或辅以锤、钎、钢卷尺,放大镜,石蕊试纸等简单工具对工程表面和异常现象进行检查。

(2) 特殊方法　采用开挖探坑(或槽)、探井、钻孔取样或孔内电视、向孔内注水试验、投放化学试剂,潜水员探摸或水下电视、水下摄影或录像等方法,对工程内部、水下部位或坝基进行检查。

(B) 检查工作要求

1) 巡视检查必须是熟悉土石坝情况的管理人员参加。

2) 日常巡视检查人员应相对稳定,检查时应带好必要的辅助工具和记录笔、簿。

3) 年度巡视检查和特别巡视检查,均须制定详细的检查计划并做好如下准备工作。

a) 安排好水库调度,为检查输水、泄水建筑物或进行水下检查创造条件。

b) 做好电力安排,为检查工作提供必要的动力和照明。

c) 排干检查部位的积水,清除检查部位的堆积物。

d) 安装好临时交通设施,便于检查人员行动。

e) 采取安全防范措施,确保工程、设备及人身安全。

f) 准备好工具、设备、车辆或船只,以及量测、记录、绘草图、照相、录像等器具。

4. 检查记录和报告

(A) 记录和整理

1) 每次巡视检查均应作出记录。如发现异常情况,除应详细记述时间、部位、险情和绘出草图外，必要时应测图、摄影或录像。

2）现场记录必须及时整理，还应将本次巡视检查结果与以往巡视检查结果进行比较分析，如有问题或异常现象，应立即进行复查，以保证记录的准确性。

（B）报告和存档

1）日常巡视检查中发现异常现象时，应立即采取应急措施，并上报主管部门。

2）年度巡视检查和特别巡视检查结束后，应提出简要报告，并对发现的问题及时采取应急措施，然后根据设计、施工、运行资料进行综合分析比较，写出详细报告，并立即报告主管部门。

表 4-5-8　　土石坝安全监测项目测次表

观测项目＼阶段和测次	第一阶段（施工期）	第二阶段（初蓄期）	第三阶段（运行期）
1. 日常巡视检查	10～4 次/月	30～8 次/月	4～2 次/月
2. 表面变形	6～3 次/月	10～4 次/月	6～2 次/年
3. 内部变形	10～4 次/月	30～10 次/月	12～4 次/年
4. 裂缝及接缝	10～4 次/月	30～10 次/月	12～4 次/年
5. 岸坡位移	6～3 次/月	10～4 次/月	12～4 次/年
6. 混凝土面板变形	6～3 次/月	10～4 次/月	12～4 次/年
7. 渗流量	10～4 次/月	30～10 次/月	6～3 次/月
8. 坝基渗流压力	10～4 次/月	30～10 次/月	6～3 次/月
9. 坝体渗流压力	10～4 次/月	30～10 次/月	6～3 次/月
10. 绕坝渗流	10～4 次/月	30～10 次/月	6～3 次/月
11. 孔隙水压力	6～3 次/月	30～4 次/月	6～3 次/月
12. 土压力（应力）	6～3 次/月	30～4 次/月	6～3 次/月
13. 接触土压力	6～3 次/月	30～4 次/月	6～3 次/月
14. 混凝土面板应力	按需要	按需要	按需要
15. 上、下游水位	2 次/日	4～2 次/日	2～1 次/日
16. 降水量、气温	逐日量	逐日量	逐日量
17. 水温	按需要	按需要	按需要
18. 波浪	按需要	按需要	按需要
19. 坝前（及库区）泥沙	按需要	按需要	按需要
20. 冰冻	按需要	按需要	按需要
21. 地震强震	按需要（自动测记加定期人工检查、校测）		
22. 动孔隙水压力	按需要（自动测记加定期人工检查、校测）		
23. 泄水建筑物水力学	按　需　要		

注　1. 表中测次，均系正常情况下人工测读的最低要求。如遇特殊情况（如高水位、库水位、特大暴雨、强地震等）和工程出现不安全征兆时应增加测次。

2. 阶段的划分如下：第一阶段；原则上从施工建立观测设备起，至竣工移交管理单位止。坝体填筑进度快的，变形和应力观测的次数应取上限。若本阶段提前蓄水，测次需按第二阶段执行。

第二阶段：从水库首次蓄水至达到（或接近）正常蓄水位后再持续三年止。在上蓄过程中，测次应取上限；完成蓄水后的相对稳定期可取下限。若竣工后长期达不到正常蓄水位，则首次蓄水三年后按第三阶段要求执行。但当水位超过前期运行水位时，仍需按第二阶段执行。

第三阶段：指批二阶段之后的运行期。渗流、变形等性态变化速率大时，测次应取上限；性态趋于稳定时可取下限。若遇工程扩（改）建或提高水位运行，或经长期干库又重新蓄水时，需重新按第一、二阶段的要求执行。如因水库淤满、废弃、改变用途，或因多年运行性态稳定等，需减少测次、减少项目或停测时，应报上级主管部门批准。

3）各种巡视检查的记录、图件和报告等均应整理归档。

（九）观测频率

观测频率的确定，见本章第四节，参考混凝土坝监测，下面介绍SL60—94规范中的规定，见表4－5－8，加拿大国家大坝委员会的报告中介绍的两个工程的频率规定，见表4－5－9和表4－5－10。

表4－5－9　Revelstoke工程土坝监测频次

阶段		观测仪器									巡视检查
		心墙测压管	坝基和坝壳测压管	垂直位移计	水位位移计	水平应变计	表面标石	土压力盒	量水堰和集水井	强震自动加速度仪	
施工期		由现场人员经常观测				1/月	1/月	1/月	1/月	连续	1/月
水库蓄水		1/2日	1/2日	1/周	2/月	2/月	1/月	2/月	1/2日	连续	1/日
水库第一次蓄水后	头6个月	1/周	1/周	1/月	1/月	1/月	1/月	1/月	1/周	连续	1/日
	6个月至1年半	2/月	2/月	4/年	4/年	4/年	4/年	4/年	2/月	连续	1/周
	1年半至2年半	2/月	2/月	4/年	4/年	4/年	4/年	4/年	2/月	连续	1/周
	2年半至6年半	6/年	6/年	2/年	2/年	2/年	2/年	2/年	6/年	连续	2月
	6年半以后	2/年	2/年	1/年	1/年	1/年	1/年	1/年	2/年	连续	1月

表4－5－10　La Grande Complex工程测读频次

阶段		观测仪器						
		密封测压管	卡氏压力计	测斜仪	冰冻观测	表面标石	应变计、总压力盒、沉陷盒	量水堰
施工期	施工阶段	1/月	1/月	6/年	—	—	1/月	—
	临时阶段	1/季	1/季	1/季	—	—	1/季	—
水库蓄水		1/2日	1/日	2/月	1/月	2/月	2/月	2/周
水库第一次蓄水后	第1年	1/周	1/周	6/年	1/月	1/月	1/季	2/周
	第2年	2/周	2/周	1/季	1/月	1/季	1/季	1/周
	第3至第5年	6/年	1/月	2/年	1/月	2/年	2/年	1/月
	5年以后	2/年	4/年	1/年	1/月	1/年	1/年	6/年

（十）土石坝中观测电缆的敷设要点

在心墙堆石坝或均质土坝中安装埋设仪器的电缆一般不宜直接穿过心墙向下游引出，而应该先向上游引到反滤层后向两岩坡引，经过岩坡埋入混凝土垫层再向下游堆石体引出。或者将电缆顺着上游反滤层不断升高至坝顶。其次要注意，由于土石坝变形较大，电缆通过土中或反滤层在堆石体中埋设均应适当放松，以免拉断。在堆石体中埋设电缆，必须设电缆沟，沟中用反滤料或其他细料保护电缆，以免电缆被坚硬的石块挤坏。

在混凝土面板内埋设仪器电缆，一般应浇注在面板混凝土内，从面板中引到坝顶。不宜直接将电缆穿过混凝土面板向下游堆石体引出，以免增加渗水的可能性。

（十一）仪器安装埋设后的工作

参见本章第三节。

（十二）资料整理分析

监测资料整理分析方法，见本章第四节和第五章。根据 SL 60—94 规范要求，一般应参照下述内容和要求：

1. 一般要求

1）资料整编包括平时资料整理与定期资料编印：

a）平时资料整理的重点是查证原始观测数据的正确性与准确性；进行观测物理量计算；填好观测数据记录表格；点绘观测物理量过程线图，考察观测物理量的变化，初步判断是否存在变化异常值。

b）定期资料编印，应在平时资料整理的基础上进行观测物理量的统计，填制统计表格；绘制各种观测物理量的分布与相互间的相关图线；并编写编印说明书。定期编印的时段，在施工期和初蓄期，视工程施工或蓄水进程而定，最长不超过一年。在运行期，视工程规模以1～5 年为宜。

2）资料的整编、分析工作，在工程竣工前应由水库施工单位负责完成；工程竣工后应由水库管理单位负责完成。工程有问题时，设计单位配合。必要时可邀请专业研究单位协作。整编成果应项目齐全，考证清楚，数据可靠，图表完整，规格统一，说明完备。

3）在整个观测过程中，均应及时对各种观测数据进行检验和处理，并结合巡视检查资料进行分析。有条件的应利用计算机建立数据库，并采用适当的数学模型；分析重点主要是对土石坝的安全性态作出评价。

4）全部资料整编、分析成果应建档保存。如土石坝存在安全问题，则提出处理意见。如停止或减少观测项目的资料整编和分析工作，应经上级主管部门批准。

2. 资料整编

（A）平时资料整理工作的内容

1）检验观测数据的正确性、准确性。每次观测完成之后，应立即在现场检查作业方法是否符合要求，有否缺漏现象，各项检验结果是否在限差以内，观测值是否符合精度要求，数据记录是否准确、清晰、齐全。

2）观测物理量的计算。经检验合格后的观测数据，应换算成观测物理量，记入相应记录表。

3）绘制观测物理量的过程线图。

4）在观测物理量过程线图上，初步考察物理量的变化规律。发现异常，应立即分析该异常量产生的原因，提出专项文字说明。对原因不详者，还要向上级主管部门报告。

（B）定期资料编印的一般步骤

（1）资料收集（包括基本资料与观测资料收集）：

1）基本资料主要是：各项观测设备的考证图表，监测系统施工竣工资料，仪器出厂证书和说明书，土石坝的工程设计、勘探、试验资料等。

2）观测资料即平时资料整理的成果，包含所有观测数据、文字和图表。

（2）资料复查　复查收集到的资料是否齐全，各项物理量计算及坐标、高程系统有无错误，记录图表是否按统一规定编制，物理量过程线图是否连续、准确、清晰。

（3）观测物理量统计　按统一规定对各观测物理量进行统计，填入相应的统计表格；绘制观测物理量的分布图，有关各量间的相关图。

(4) 编制编印说明　重点阐述本编印时段的基本情况、编印内容、编印组织与参加人员,存在哪些观测物理量异常及其在土石坝的分布部位,以及对观测设备和工程采取过何种检验、处理等。

(5) 资料存档　各规定时段的原始资料及其整编成果应建档保存。

(C) 资料整编的成果图表

(1) 各项目观测设备的考证表　如各种基(测)点考证表,各种位移计、压力计的考证表,测压管和量水堰的考证表等。

(2) 各项观测物理量的统计表　如各种水位(如上下游水位、渗压力水位)统计表,降水量统计表,测点竖向及水平位移量统计表,渗流量统计表等。

(3) 各观测物理量的过程线图、分布图、相关图　如测点竖向及水平位移过程线,渗压力水位及渗流量过程线;各断面上的竖向及水平位移分布图,竖向位移量平面等值线分布图,断面及平面上的渗流等势线分布图;渗压力水位及渗流量与作用水头的相关图等。

3. 资料分析

(A) 资料分析方法

资料分析的方法通常有:比较法、作图法、特征值统计法、数学模型法。

1) 比较法的一般内容是:

a) 通过巡视检查,比较土石坝外表各种异常现象的变化和发展趋势。

b) 通过各观测物理量数值的变化规律或发展趋势的比较,预计土石坝安全状况的变化。

c) 通过观测成果与设计的或试验的成果相比较,看其规律是否具有一致性和合理性。

2) 作图法的一般内容是:通过绘制观测物理量的过程线图(如将库水位、降水量、测压管水位绘于同一张图),或特征过程线图(如某水位下的测压管水位过程线图);相关图;分布图等;直观地了解观测物理量的变化规律,判识有无异常。

3) 特征值统计法的一般内容是:对各观测物理量历年的最大和最小(包括出现时间)、变差、周期、年平均值及年变化率等进行统计分析,考察各观测物理量之间在数量变化方面是否具有一致性和合理性。

4) 数学模型法的一般要求为:建立表达观测物理量的原因量与效应量之间的关系的数学模型。对于观测资料系列较长的土石坝,宜建立统计学模型(回归分析),有条件时也可建立确定性模型或混合模型,详见第五章。

(B) 资料分析的内容

资料分析的内容,一般包括如下几方面:

1) 对观测物理量的分析:

a) 分析观测物理量随时间、空间变化的规律性。

b) 分析观测物理量特征值的变化规律性。

c) 分析观测物理量之间相关关系的变化规律性。

从分析中获得观测物理量变化稳定性、趋向性及其与工程安全的关系等结论。

2) 将巡视检查成果、观测物理量的分析成果、设计计算复核成果进行比较,以判识土石坝的工作状态、存在异常的部位及其对安全的影响程度与变化趋势等。还应特别注重土石坝施工期和初蓄期的资料分析,其中尤应注意对坝体裂缝、变形、渗漏、有感地震、暴雨反应等情况的分析。

(C) 资料分析报告

资料分析报告,一般按下列要点编制:

1) 观测设备情况的述评,包括设备、设施的管理、保养,完好率、变更情况等。

2) 巡视检查开展情况,有何主要成果、结论。

3) 观测资料整编、分析情况,有何主要成果、结论。

4) 综合评价土石坝的安全状况;保证土石坝的安全运行应采取的措施建议。

5) 对改进安全管理工作和运行调度工作有何建议。

三、尾矿坝的监测方法

(一) 尾矿坝安全监测的意义

由金属和一些非金属矿山开采出来的矿石,需经选矿厂粉碎后从中选出有用的部分,称为"精矿",大量的暂时无用的泥沙状物体称为"尾矿"。有色金属选矿厂精矿产率一般只有 10% ~20%,尾矿数量很大,产率一般为 80% ~90%,甚至还要大些。大量的尾矿若不妥善处理,危害甚大。另外在尾矿中含有暂时未能回收的有用成分,若随意排放,不仅造成资源的流失,还会大面积的覆盖农田,淤塞河道,造成严重的环境污染。因此,必须将尾矿集中存放。集中存放尾矿的地方需事先建一个尾矿库,尾矿库一般是选在山谷的谷口(图 4 -5 -31)处,用透水性较好的堆石筑成一个不太高的初期坝(或叫初始坝),尾矿一般成泥浆状用输送泵送入尾矿库内,用在库内沉积后的尾矿筑成后期的主要坝体称为子坝,初期坝和后期不断升高的由尾矿堆积的子坝统称尾矿坝(图 4 -5 -32)。

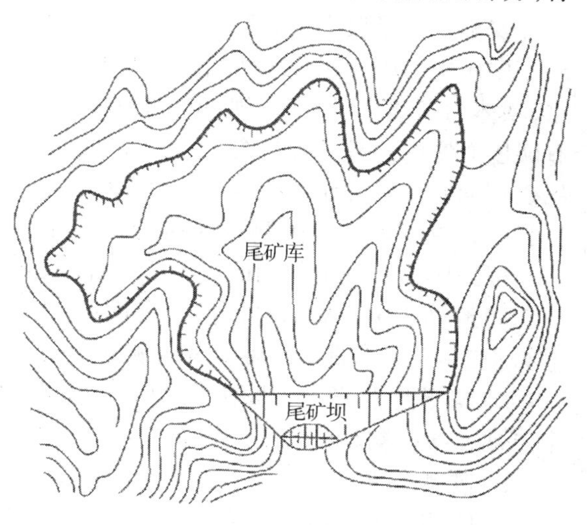

图 4 -5 -31　尾矿库的选址

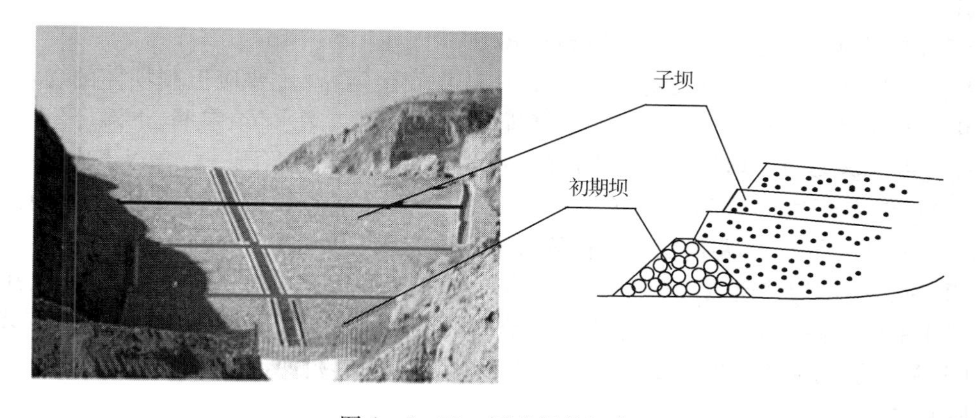

图 4 -5 -32　尾矿坝的组成

目前,我国现有尾矿库约13000多座,其中在建的约1500多座,年排放的尾矿约12×10^8t,并以每年3×10^8t的速度在增长,尾矿的重大事故时有发生。如1962年9月26日云锡公司火谷都尾矿库发生溃坝,造成171人死亡,92人受伤,受灾人口达13970人;1985年8月25日湖南柿竹园尾矿库发生溃坝,造成49人死亡;1986年4月30日,安徽梅山铁矿尾矿库发生溃坝,造成19人死亡,100人受伤;1992年5月24日,河南栾川赤土店乡钼矿抢修尾矿库排洪洞时发生大规模坍塌,死亡12人;1993年福建省潘洛尾矿库库区发生大规模滑坡,4人死亡,4人受重伤;1994年7月13日,湖北大冶龙角铜矿由于暴雨冲击,尾矿库溃坝,28人死亡,3人失踪;2008年9月8日,山西襄汾新塔矿业尾矿库溃坝,造成270多人死亡,教训非常惨痛;2010年9月21日,广东信宜紫金矿业有限公司高旗岭尾矿库发生溃坝事件,造成重大人员伤亡和财产损失。溃坝共造成22人死亡;据茂名市、信宜市房产局房屋鉴定所核定,房屋全倒户523户、受损户815户。受溃坝影响,下游流域范围内交通、水利等公共基础设施以及农田、农作物等严重损毁。总之,尾矿坝能否安全运行给人民生命财产及环境安全造成了极大的威胁。

尾矿坝不同于水库大坝,由于筑坝的材料和对坝体的要求不同。水库大坝的功能是拦水,坝体为不透水材料,大坝一旦筑成即基本定型。而尾矿坝一般用透水材料堆积而成,没有碾压夯实的过程。而且各项参数都在随着尾矿的排放在不断的变化中,直至闭库。因此,尾矿坝的安全监测十分重要,而且宜采用全自动在线监测。

(二)尾矿坝安全监测设计的依据和原则

根据国家及有关部门的法律法规和坝体的堆筑材料、地理环境等要素应遵循以下原则:

1)遵循科学可靠、布置合理、全面系统、经济适用的原则,可根据尾矿库等级在尾矿坝上布置1~3个垂直于坝轴线的观测断面。

2)监测仪器、设备、设施的选择,应先进和便于实现相结合,终端设备具有报警功能的全自动在线监测系统。

3)监测布置应根据尾矿库的实际情况,突出重点,兼顾全面,统筹安排,合理布置。

4)监测仪器、设备、设施的安装、埋设和运行管理,应确保施工质量和运行可靠。

5)监测周期应满足尾矿库日常管理的要求,相关的监测项目应在同一时段进行。

6)由于尾矿坝的动态变化,监测系统的总体设计应根据最终坝高进行一次性设计,分步实施。

(三)尾矿坝安全监测的内容及仪器选择

根据尾矿坝的构造特点及功能,要确保尾矿坝安全运行,主要应控制坝体的含水量,防止液化。应随时掌握与此相关的浸润线高程、孔隙水压力、库水位、渗漏、干滩、降水及由于不断变化的库区参数对坝体表面和内部的位移的影响等,安全监测一般含以下内容。

(1)坝体表面位移监测　坝体表面位移监测根据尾矿坝的环境和要求可使用GPS(GNSS)、测量机器人、远距离摄影定位等技术手段完成。

(2)坝体内部位移监测　坝体内部位移监测一般用固定测斜仪确定水平位移,用多点位移计或单点位移计垂直埋设测量坝体内部的不均匀沉降或坝面与某高程之间的沉降。

(3)坝体渗流量和绕坝渗流监测　坝体渗流监测与土坝安全监测相同,详见本章“土坝安全监测设计”。

(4)坝体浸润线监测　尾矿坝的浸润线是坝体渗流网的自由水面线。浸润线高度直接关系到坝体的稳定及安全状况，是监测项目的重中之重，一般系用量程为0.2MPa的振弦式或电压式渗压计埋在安全线下1~2m处来实现在线监测。

(5)库区降水量监测　库区降水量监测可选用全自动雨量计来测量。由于尾矿坝的特殊结构，外界的自然降雨很容易导致坝体稳定出现波动，尤其是雨季大量降水时期应加强库区降水量实时监测，及时调整库水位，降低浸润线高程。

(6)库水位监测　由于尾矿库的库水位在不断的变化和波动，库水位在线监测可在库区内埋设小量程高精度的孔隙水压力计(0.1~0.2MPa)或超声波液位计来实现在线监测。

(7)干滩监测　干滩监测包含滩顶高程、干滩长度、干滩坡度3个指标，随着矿砂的排放，这些指标在不断变化和波动，要实现在线定量监测比较困难，过去很多情况下只能用视频实现定性监测。随着科学技术的发展和激光技术的推广应用，定量测量设备已经出现。上海米度测控科技有限公司研制的MDGT-01型干滩测量系统有机结合单片机技术、激光技术、超声波技术和库水位测量技术，可同时测得干滩滩长、滩顶高程和干滩坡度，可满足实时在线监测的需要。

(8)视频监测　在尾矿库安全监测系统中，为能实时掌握库区的情况和运行状况，通常在溢水塔、滩顶放矿处、坝体下游坡等重要部位设置视频监测系统，以满足准确清晰地把握尾矿库的运行状况。

(四)尾矿坝安全监测的方法

1. 坝体GPS表面位移监测

目前国内大部分均采用GPS相对(差分)定位法来监测坝体表面位移。方法是在坝体周边的山体或选矿厂的办公区楼顶部选1~2个不动点建GPS的参考站，在坝区选择的监测断面上，每断面自下而上布置3个以上的GPS观测点，如图4-5-33所示。GPS参考站和各监测点的建筑等请参照本书第三章第三节中GPS位移监测的相关内容。

图4-5-33　GPS测点布置

2. 坝体内部水平位移监测

坝体内部水平位移可用固定测斜仪监测，一般可以选用量程为正负15度的单向固定测斜仪。方法是在选定的点位用钻机钻孔，孔径视坝体的尾矿粒径和密实程度确定，一般孔径在100～130mm。由于测斜仪整个安装在子坝内，测斜管整体都在移动，计算时取孔口法。孔口法是设定测斜管的孔口为不动点的方法来分析固定测斜仪位移资料的一种方法。但实际上孔口随整个坝体同步在移动。因此，测斜孔的位置应尽量靠近GPS观测点，计算可用GPS观测点的位移量来校正孔口位移。如图4－5－34所示，在算出地下各测斜仪倾角和位移量后，将各测点按要求连成折线图或曲线图，然后再根据GPS的地表位移量整体移动测斜仪的折线图。测斜管及固定测斜仪的安装等可参照本书第三章第三节中测斜类仪器的相关内容。

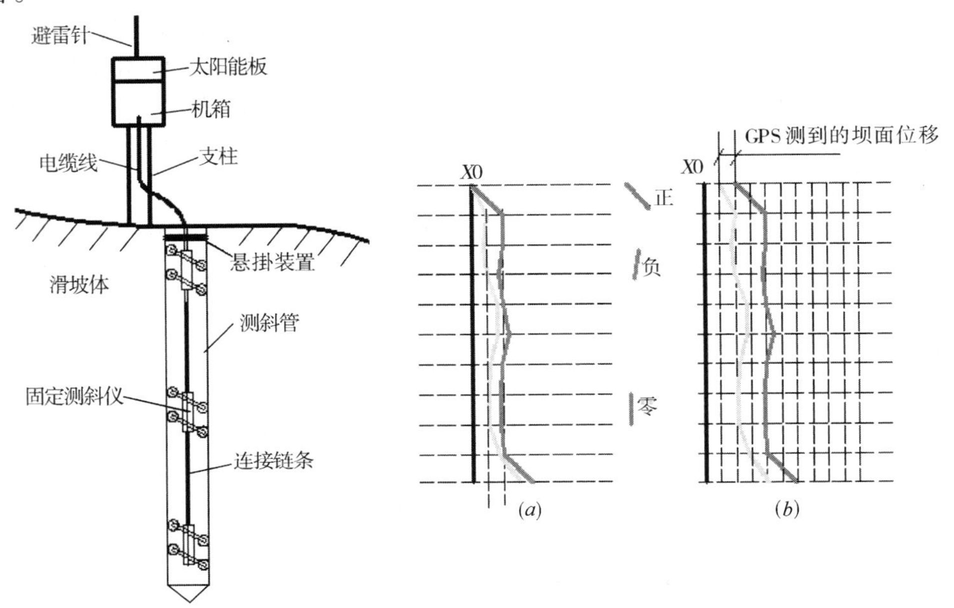

图4－5－34　孔口位移校正示意

(*a*)用孔口法测到的坝体内部位移；(*b*)加入GPS孔口校正后的实际位移

3．坝体浸润线监测

浸润线自动化监测是在坝面上选定的点位打孔(见图4－5－35)，在孔内装测压管，将渗压计用土工布袋包好，袋内装入适量洗净的沙子，直接放入观测浸润线的测压管内，用电缆线接入现场观测房(箱)的自动化采集与传输系统中。

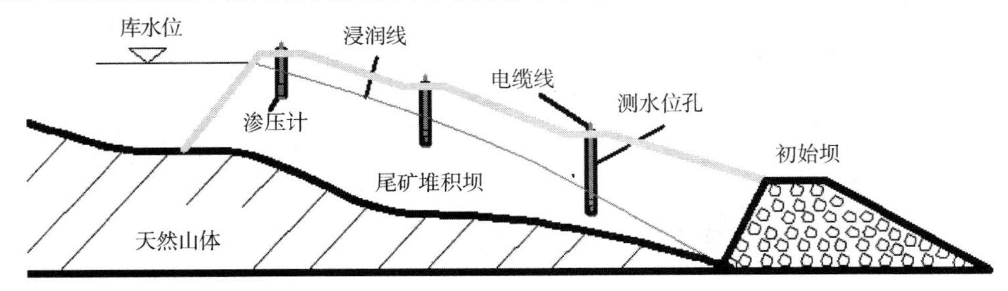

图4－5－35　尾矿坝浸润线电测示意图

人工测量浸润线计算方法见式(4－5－8)，用渗压计测值计算见式(4－5－9)，用仪器测到的浸润线高程应与人工测量相同，若误差有大于渗压计量程的2%时，应用人工测量为准，修正渗压计安装时的仪器高程，建立以后计算该点浸润线高程的一个恒定的修正系数 ΔL。

$$HQ_{人工} = HK - L \tag{4-5-8}$$

$$HQ_{仪器} = HY + H \tag{4-5-9}$$

$$\Delta L = HQ_{人工} - HQ_{仪器}$$

式中 HQ —— 浸润线高程；

HK——孔口高程；

L——水面到孔口的距离；

HY——仪器高程；

H——仪器测得的孔内水深；

ΔL——修正系数。

（注：式中的高程可以是绝对高程，也可以是独立的系统高程，下同。）

通过现场监测管理站的无线传输系统，将数据与其他项目自动监测的数据一起传送到监控中心，进行显示和存储，它与GPS系统、视频系统、测斜系统、其他位移系统等的监测数据一起传送到监控中心进行数据分析和处理。并可在终端平台，根据实时采集数据绘出坝体实时的浸润线图表和报警。

（A）测压管的制作与安装

尾矿坝中安装的测压管视坝体情况可采用内径50～70mm的无缝钢管或硬塑料管钻孔埋设，孔深以枯水季节打到水下2m左右，丰水季节打到水下4m左右为佳，钻孔中不可采用泥浆护壁。由于尾矿坝浸润线以下多为流沙状，一般多采用无缝钢管。如图4－5－36所示，钢管前端约0.5m处做一尖头，埋设时宜于压入流沙中。

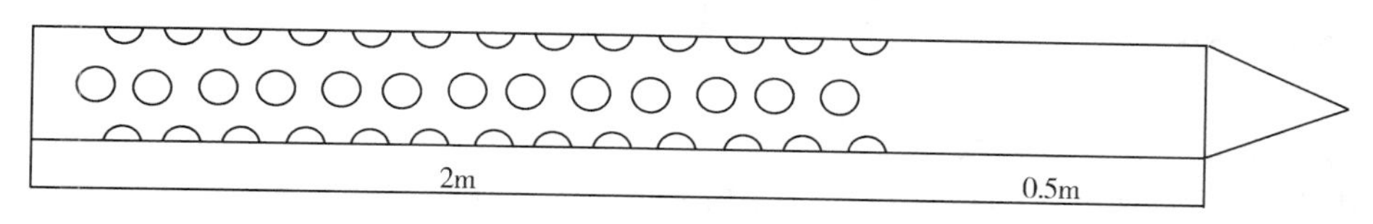

图4－5－36 测压管的透水段制作示意图

测压管的透水段，一般长2m，当用于分层测量点压力观测时应长约0.5m（尾矿坝中很少用到），透水孔直径可在8mm左右，占空面积约10%。外部包扎足以防止周围土体颗粒进入的无纺土工织物，透水段与孔壁之间用洗净的粗沙充填。管口应高于地面约30cm，并加保护装置（见图4－5－37、图4－5－38）。

图4－5－37 管口保护装置－1

图4－5－38 管口保护装置－2

有些尾矿坝从建坝初期就开始随坝体升高逐级向上安装埋设测压管，用于人工水位观测，这些测压管如位置偏差不大都可作为坝体浸润线的监测孔，以减少重新打孔。但在安装渗压计之前一定要准确地测量孔深和孔内水深，以确定选配相应量程的渗压计。

(B)渗压计的安装

渗压计(图4－5－39)是测量水压力的传感器，通过计算可得到测点位置到水面线的距离(水深)，量程一般可选择在0.2MPa(相当于20m水深)。

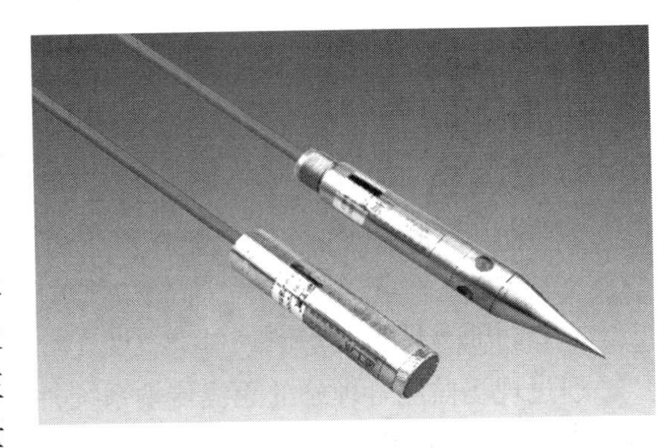

图4－5－39　渗压计实物图

安装渗压计时先在一只土工布袋包好，袋中装入粒径0.5～1.0mm的洗净沙子，将渗压计放在沙子中间，用扎带扎紧，泡入水中，使之充分饱和后读取读数。在放入测压管之前先用其他仪器(如钢尺水位计)测量孔内水面高度和水深，然后将浸泡过的渗压计缓缓放入孔内，直达孔底后读取读数。计算出相关数据与钢尺水位计人工测值比较，误差应小于全量程的2%FS为合格，如误差较大则需修正。然后向孔内投入2L左右粒经1.0～2.0mm的洗净粗沙如图4－5－40所示，最后做好电缆和孔口保护。

(C)渗压计电缆的埋设

渗压计采购时一般应请生产厂把电缆线长度一次性配接，长度应比实际距离多出约10%。沿坝体挖沟埋设时，电缆在沟中应如图4－5－41所示呈蛇形走线，以避免坝体位移时拉断。

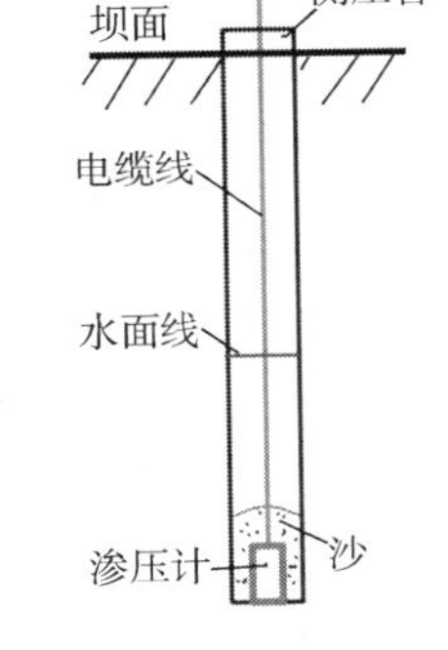

图4－5－40　渗压计安装示意图

(D)测压管钻孔位置的选择

测压管在尾矿坝坝面的布置数量应按相关规范要求确定，具体孔位应参考以下原则。

(1)平面布点原则　测压管埋设的目的是要求尽可能准确地测出坝体内浸润线的高度，而尾矿坝筑坝的材料一般为均质沙(土)。因此，可如图4－5－42所示在尾矿堆筑的坝体平面上相对均布。编号可由下而上，以便将来坝体升高时编号随之增加。

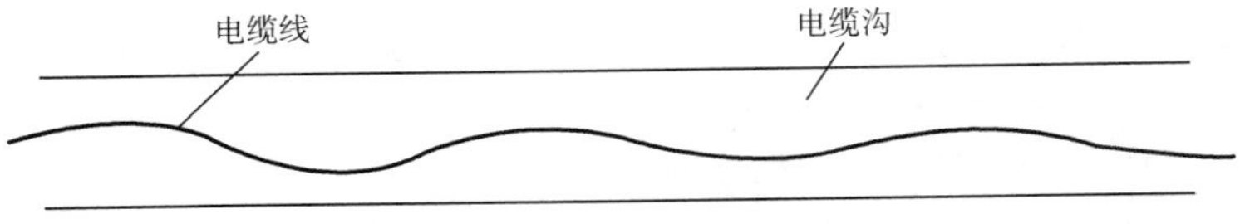

电缆线　电缆沟

图4－5－41　渗压计电缆埋设示意图

(2)纵向布点及测孔深度　测压管埋设的深度由该点浸润线的设计高程确定，一般伸入设计浸润线的安全高程下1～2m。由于坝体内滤水管很多，钻孔时应与坝内滤水管错开，千万不能打通滤水管，否则会有客水流入，至使该点的浸润线测值偏高。如孔位下有滤水管时可如图4－5－43所示，将孔位向左或向右作适当调整，让钻孔从滤水管间通过。

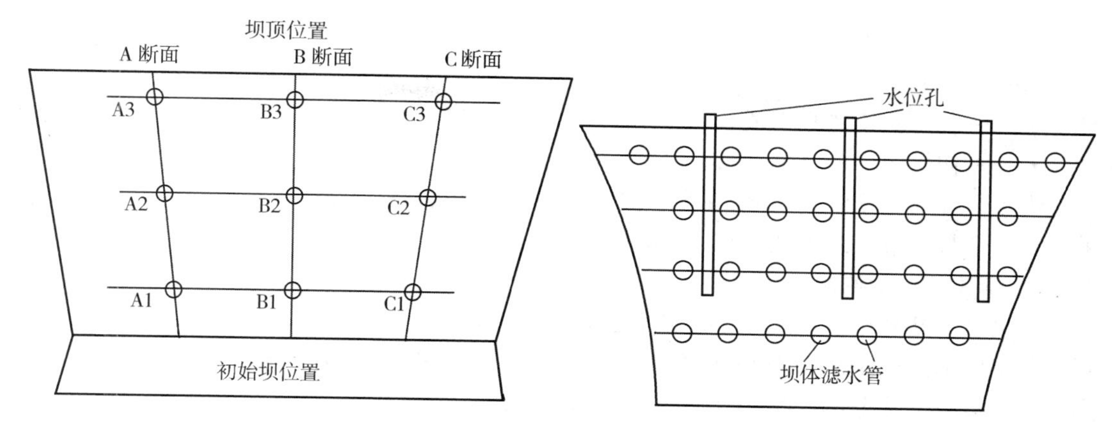

图 4－5－42　测压管平面布置示意图

图 4－5－43　测压管纵向布置示意图

4. 库水位监测

由于尾矿库的库水位在不断的变化和波动，库水位在线监测可在库区内埋设小量程高精度的孔隙水压力计（0.1～0.2MPa）或超声波液位计来实现在线监测。

用超声波的方法成本高，安装位置不易确定，工作量又大。常州金土木公司生产了在原 JTM－V3000A 型孔隙水压力计基础上的改进产品。量程可达 0.1MPa（10m 水头）的振弦式水位计。该水位计库水位在 0.5～10m 范围内精度可达 ±2cm，外形见图 4－5－44。

振弦式水位计的安装点，一般应选在库周边的山体上人员容易到达，施工方便且距现场测站距离较近的位置，如图 4－5－45 所示。

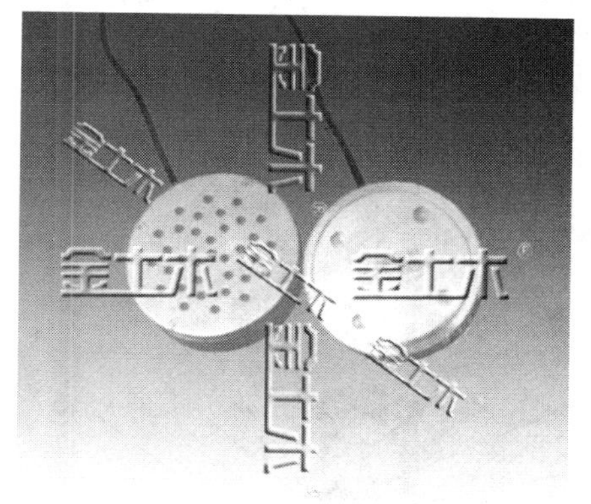

图 4－5－44　振弦式水位计外形图

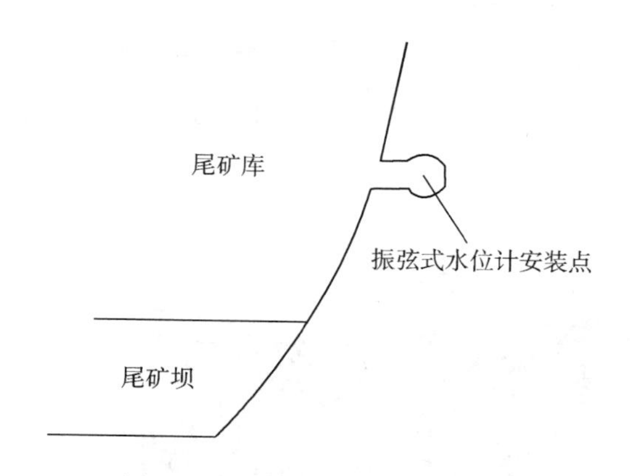

图 4－5－45　振弦式水位计安装位置

在选定点位距库水面 30～50cm 的岸边原状山体上挖一个直径 30～50cm，深度低于水面 100～120cm 的土坑，坑底铺 10－20cm 厚的混凝土，待混凝土初凝后在坑内放入用土工布袋套好的振弦式水位计，透水孔一面向上，坑内填入粒经 0.5～1.0mm 的洗净沙子，如图 4－5－46 所示。

安装完成后挖开与库体连接一边的缺口，使其与库体连通，待数据稳定半小时后读取的频率值定为初始值 f_0，此时的 $f_i = f_0$，库水位 $H = H_0$ 为初始库水位：

$$H_i = K(f_i^2 - f_0^2) \times 10m/\text{MPa} + H_0$$

式中　H_i——实时测量的库水深，m；

H_0——初始库水位，m；

K——灵敏系数，MPa/ f^2；

f_i——实时测量的频率值，Hz；

f_0——初始频率值，Hz。

将水位计的电缆统一引到信号集中的采集箱中，然后将采集到的信号通过总线方式输出，连入系统。

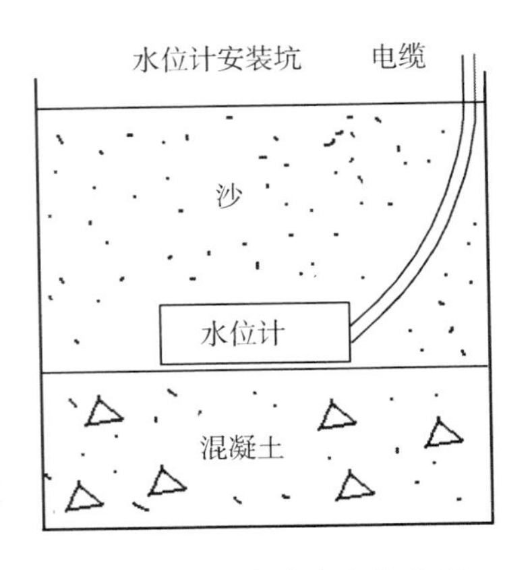

图 4－5－46　振弦式水位计坑式安装方法

5. 库区降水量监测

降水量包括降雨、降雪及其他如冰雹等，库区降水量监测主要是监测降雨量。一般在库区设置一台雨量自动化监测站。雨量自动化监测站采用膨胀螺栓三角点固定的方式，安装前对传感器进行初步校准测试，底部要求不少于 20cm 的混凝土固定基础，避免大风对设备造成损坏，信号电缆需穿管进行保护，如图 4－5－47(*a*)、(*b*)所示。

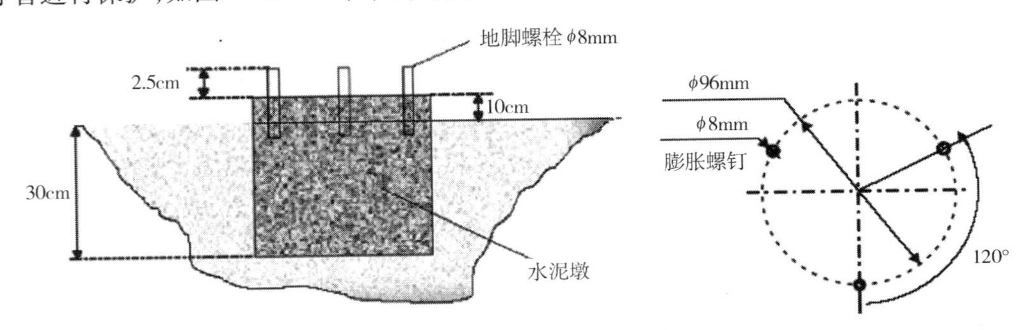

图 4－5－47(*a*)　雨量计安装基础示意图

图 4－5－47(*b*)　雨量计屋顶安装示意图

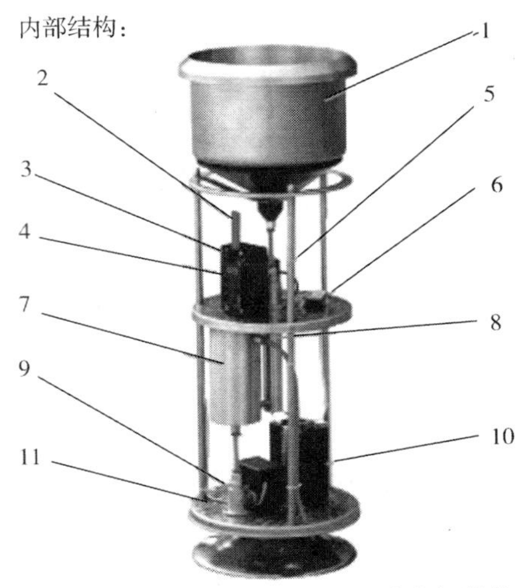

图 4－5－48　容栅式雨量计内部结构

1—盛水器；2—感应尺；3—停止感应尺活动螺钉；4—容栅板；5—进水阀门；6—外接端子板；7—贮水室；8—过盈口；9—排水阀门；10—电瓶；11—螺钉

图4－5－48为用得较多的容栅式雨量计内部结构，精度为1mm。

尾矿库雨量监测计的输入输出数据用RS—485总线传输，直接通过数据电缆、光纤或其他方式传输至监控中心进行分析，监控中心可绘制降雨量与库水位、浸润线的关系曲线图，掌握降雨量与库水位、浸润线的关系，预测和及时调节控制库水位和浸润线的高程。

雨量监测系统采用避雷针进行直击雷防护，使用单项电源避雷器、通讯电缆防雷器主要对感应雷的防护。

6. 视频监测

为了实现尾矿库库区与排洪管道自动化可视监控，需要在库区尾矿排放管区域设置视频监测系统，使生产、管理人员以直观形式监测测尾矿排放情况。根据国家有关法规的要求，大多数尾矿库都安装了视频监控。通常在溢水塔、滩顶放矿处、坝体下游坡等重要部位设置视频监测系统。视频信号一般采用光纤和无线网桥相结合的方式传输，主要根据现场的条件来决定，有条件的地方应优先考虑光纤传输。图4－5－49是视频监控器实物和架在溢水塔后面的摄像头拍摄的尾矿库全景。

图4－5－49 视频监控器和拍摄的尾矿库全景

设备一般选择有自动调光、自动感知动态目标、实时调整红外灯亮度、远近光线合理配置等功能的高清晰度彩色网络摄像机，如PSD7251W，即使在星光暗夜条件下，有效拍摄距离也可达120～150m。

视频监控点一般采用立杆安装，杆件系用直径120～150mm厚5mm左右的涂锌无缝钢管预制，基础为预埋钢筋混凝土，图4－5－50所示的是某单位常用的立杆图和基础钢筋图。立杆为上下2节中间用法兰连接，基础钢筋混凝土配筋为ϕ16，预埋穿线管。

7. 干滩监测

干滩监测包含滩顶高程、干滩长度、干滩坡度3个指标，随着矿砂的排放，上述指标在不断变化和波动中，传统视频监视系统只能实现定性监测。随着科学技术的发展和激光技术的推广应用，综合了单片机技术，激光测距技术、超声波技术、Zigbee无线通讯技术的干滩综合测试仪已经产品化。如上海米度测控科技有限公司MDGT—01干滩综合测试仪，可同时实时输出干滩长度、干滩坡度、滩顶高度等数据。

MDGT—01干滩综合测试仪（见图4－4－51）由传感器部分、通讯部分和数据处理部分三部分组成。由库水位测量装置测得的水位值通过测控的Zigbee无线传输装置实时传输

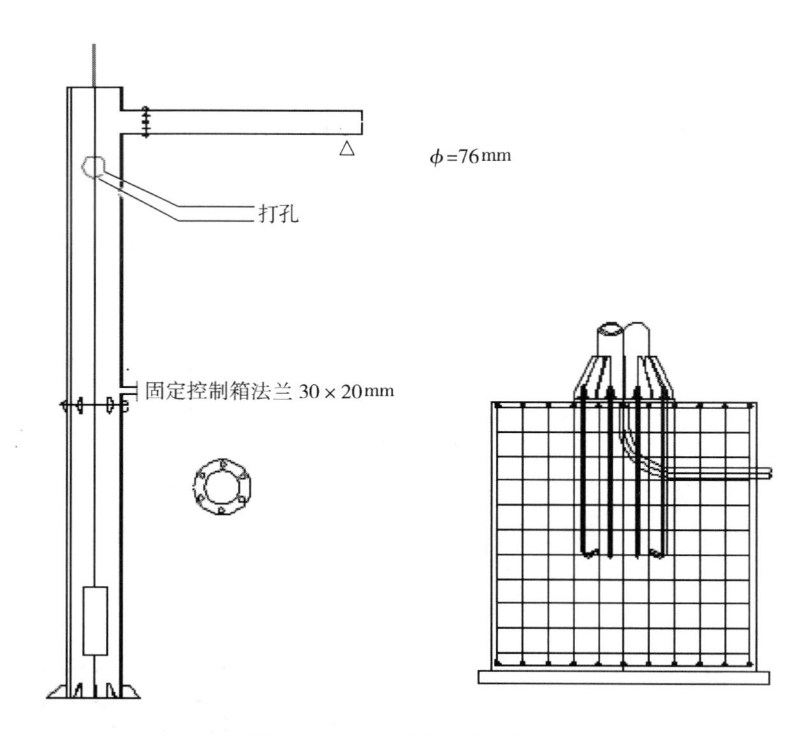

图 4－5－50　视频立杆示意图

到干滩测量仪上，作为一个参数设为 h，干滩测量仪再通过超声波物位计实时测得滩顶高程设为 h_1，由干滩测量仪自带马达的激光测距仪实时测得断面上各点的斜距 S_n 和测量时的角度 A_n，从而根据三角形（滩顶高程 h_1，斜距 S_n 和角度值 A_n）已知两边和一角便可解算出整个三角形的其他未知量，通过多个此类三角形的解算，便可精确得到所测量干滩的坡度值，结合滩顶高程 h_1 和库水位值 h，通过内部软件自动解算，便可得到干滩长度、干滩高度和坡度 3 个指标。图 4－5－52 是 MDGT—01 综合测试仪与视频摄像头安装在同一立杆上组合体，图 4－5－53 为尾矿坝安全监测综合布置示意图。

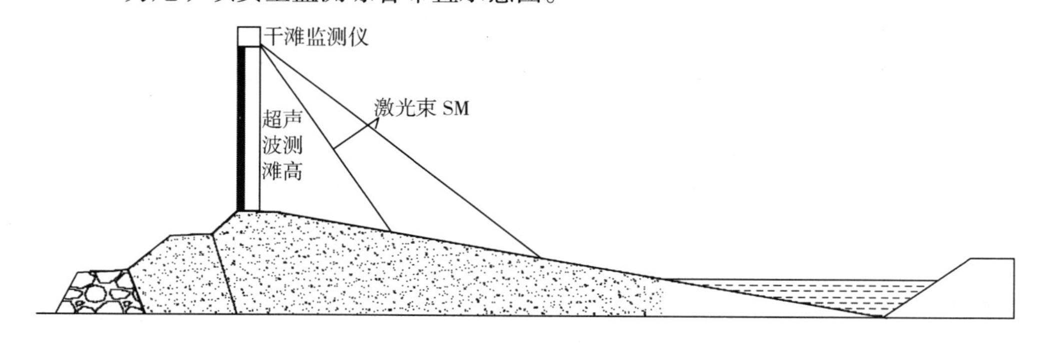

图 4－5－51　MDGT—01 干滩综合测试仪测量原理

MDGT—01 综合干滩测试仪参数如下：

1）最大量程：200m。

2）激光类型：635nm，二级安全，自动巡航扫描。

3）防雨防尘。

4)支持多款库水位监测系统。

5)RS232 输出,可同时输出滩长度、干滩坡度、高度和库水位。

6)硬件。

7)体积。

8)重量。

9)温度操作范围:-40~50℃。

(五)尾矿坝的监控终端

尾矿库的控制中心(机房)一般都设在选矿厂的办公区的调度值班室内或隔壁,中心机房建设按照国家相关规范设计施工。主要设备有电视大屏、监测结果显示终端、服务器群、网络设备、UPS 电源、软件管理平台、报警装置、防雷接地系统及辅助设备等。

图 4-5-52　MDGT—01 综合测试仪与视频同立杆组合

中心平台对各系统所采集的数据、预警信息、处理结果等都会自动存储备份。

中心机房环境温度保持在 20~30℃,湿度保持不大于 85%。系统工作电压为 220(1±10%)V。

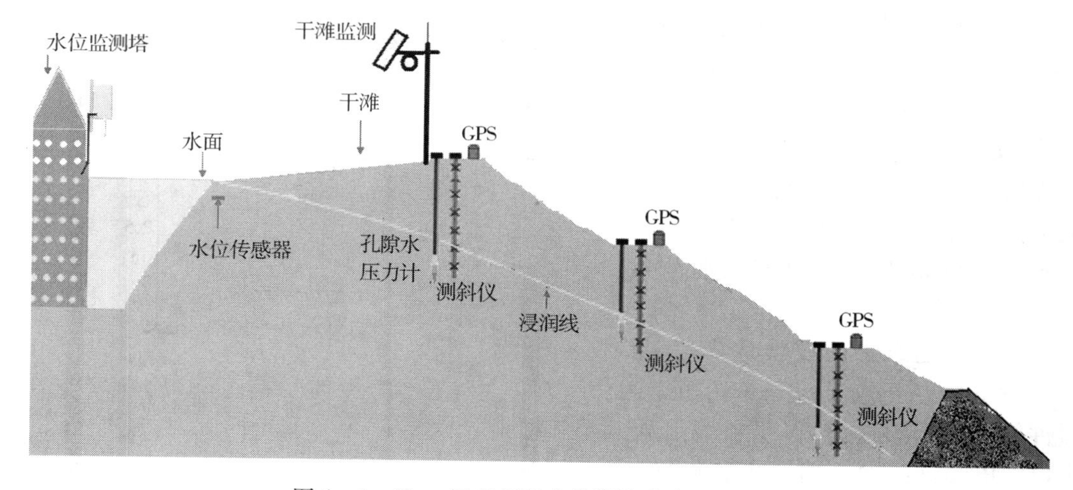

图 4-5-53　尾矿坝安全监测综合布置示意图

1. 监控室环境要求

(A)机房供配电、UPS 系统及照明系统

该系统主要包括:UPS 及供电系统、设备供电插座、辅助电源插座、市电照明。

机房配电系统采用 50Hz、220/380V 电源,采用放射式和树干式相结合的方式。机房市电电源从大楼配电房经电缆井引入,选用阻燃电缆,电缆截面 $70mm^2$。机房采用三相五线制 TN—S 供电系统,电压为 380/220V,单相负荷均匀分配在三相线路上。

(1)UPS 及柴油发电机供电　UPS 供电系统是保障机房设备 365×24 小时"全天候"稳定、可靠、安全运行的关键因素之一,根据机房实际用电量并保证适当冗余,建议采用 6KW

UPS,保证良好接地。

(2)机房照明　机房内的照明应分工作照明和事故照明两类,工作照明接入配电柜,事故照明接入 UPS。机房内照明装置宜采用无眩光灯盘,照明亮度应大于 400Lux,事故照明亮度应大于 60Lux。

(3)机房内的插座　机房内的插座应分三种,分别是:不间断电源(UPS)供电的计算机主机专用防水插座,不间断电源(UPS)供电的设备用三孔标准插座,市电直接供电的设备用五孔标准插座。插座品牌要采用国内外名优产品。

(B)综合布线系统

整个综合布线系统全部采用六类 UTP 布线系统,线缆、模块、线架、跳线均要求使用同一品牌产品。线缆均有镀锌金属槽、管、盒保护。

(C)机房消防报警及灭火系统

机房全区域选用无污染的气体灭火系统,建议采用国产长防牌环保型气溶胶自动灭火装置。

(D)机房接地防雷系统

完备系统防雷方案包括外部防雷和内部防雷两个方面:

外部防雷包括避雷针、避雷带、引下线、接地极等,其主要的功能是为了确保建筑物本体免受直击雷的侵袭,将可能击中建筑物的雷电通过避雷针、避雷带、引下线等,泄放入大地。

内部防雷系统是为保护建筑物内部的设备以及人员的安全而设置的。在需要保护设备的前端安装合适的避雷器,使设备、线路与大地形成一个有条件的等电位体。将可能进入的雷电流阻拦在外,将因雷击而使内部设施所感应到的雷电流得以安全泄放入地,确保后接设备的安全。

按国家建筑物防雷设计规范,本设计对机房电气电子设备的外壳、金属件等实行等电位连接,并在低压配电电源电缆进线输入端加装电源防雷器,防雷接地电阻要求小于 10Ω。

2. 监控中心平面布置

监控中心平面布置如图 4－5－54 所示。

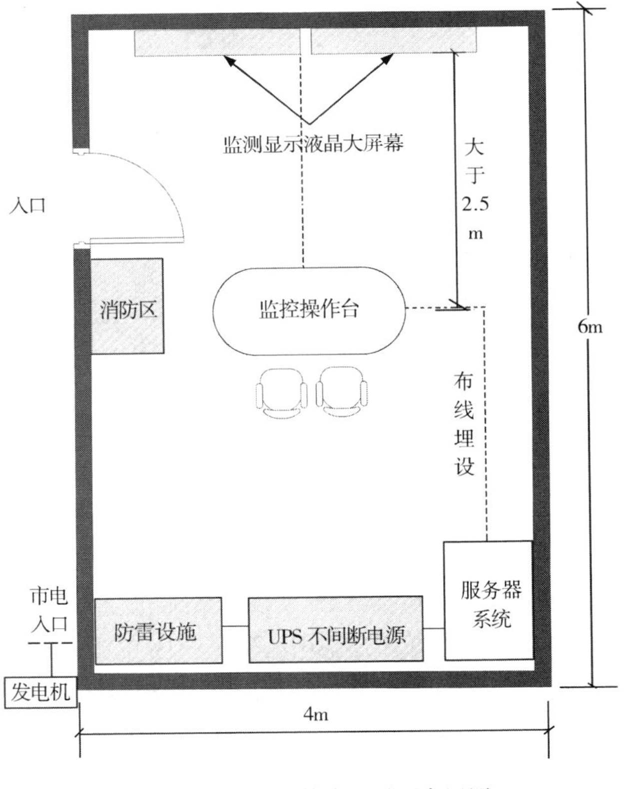

图 4－5－54　监控中心平面布置图

屏幕显示:根据尾矿库的等级、规模、测点多少等确定屏幕显示的规模,一般取下图的 1 大屏,[见图 4－5－55(a)]或 1 大屏加 6 小屏[见图4－5－55(b)]的方式。

图 4－5－55（a） 1 大屏监控中心显示平台

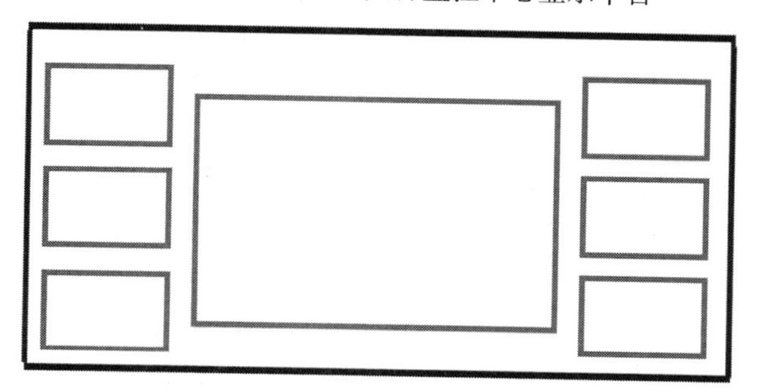

图 4－5－55（b） 1 大屏加 6 小屏监控中心显示平台布置图

3. 监控室设备配置

监控中心设备配置见表 4－5－11。

表 4－5－11　　监控中心设备配置表（按 1 大屏加 6 小屏配置）

序号	设备名称	参考规格型号	设备指标	单位	数量
1	数据处理分析服务器	DELL PowerEdge R210	CPU：Xeon X3430 内存：2G 硬盘：500G 主板芯片组：Intel 3420	台	1
2	数据存储管理服务器	DELL PowerEdge R210	CPU：Xeon X3430 内存：2G 硬盘：500G 主板芯片组：Intel 3420	台	1
3	现场操作终端电脑	DELL T110	CPU：Xeon X3430 内存：2G 硬盘：250G 主板芯片组：Intel 3420	台	1

续表 4－5－11

序号	设备名称	参考规格型号	设备指标	单位	数量
4	液晶显示	海信液晶电视	42 英寸	台	4
		DELL 显示器	19 英寸	台	2
5	操作台	平台式	现制	个	1
6	交换机	MOXA—510	3 光七电口交换机	个	1
7	短信模块	厦门四信 F2103	响应时间小于 10ms	个	1
8	声光报警模块	Qlight ST56MEL	DC:12－24V 声音分贝:最大 90DB 发光闪烁:60～80 分钟可调节	个	1
9	UPS 备用电源	山特 C3KS	容量:2KVA 免维护 后备时间:6～8 小时	套	1
10	漏电保护器	施耐德 F30	额定电压:220V,50HZ 额定电流:80A 额定突变漏电动作值:≥30mA 额定缓变漏电动作值:150mA GB6829—95 标准 分断时间:≤0.2s	个	1

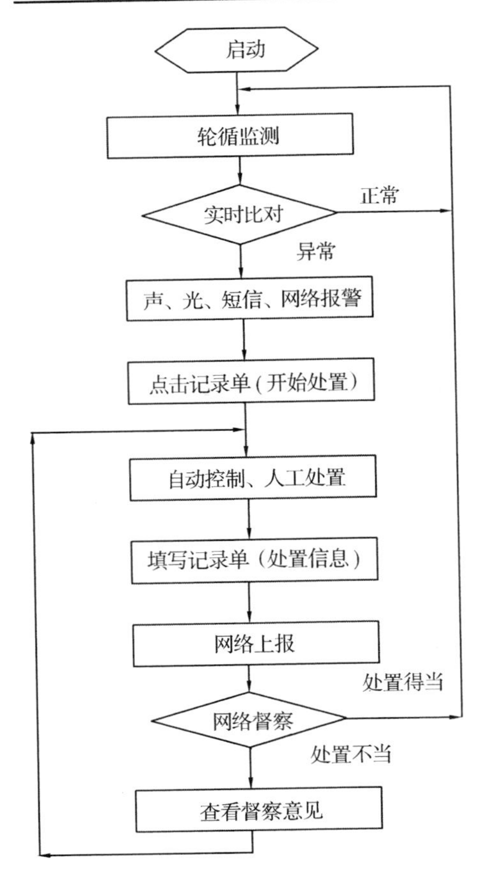

图 4－5－56　软件设计流程

4. 监控中心平台软件

(A) 软件流程

软件流程见图 4－5－56。

数据采集软件将传感器采集数据接收并保存至数据库,同时将设计的报警门限也保存在数据库,数据分析软件可实时比较最新的实时数据和门限的关系,如果超限即启动声光报警器模块、短信报警模块、网络报警功能模块,同时发出警报。

(B) 配套软件功能介绍

尾矿坝在线监测系统软件部分包括各传感器数据采集与处理软件、现场数据分析软件、在线发布平台软件。

(a) 采集与数据处理软件

采集与数据处理软件见界面图 4－5－57。支持 GPS、测斜仪、浸润线等监测设备监测数据的采集与数据的上传,同时可以远程控制各监测设备,支持串口、TCP/IP 等协议。

GPS 原始数据自动处理软件包括 GPS、浸润线、干滩等各个传感器的采集和接收。GPSensor 软件是 GPS 的核心软件,其他均有独立的采集软件进行数据采集,GPSensor 软件界面见图 4－5－58,具体功能如下:

数据采集软件

文件　视图　控制　帮助

项目列表
- 项目1
  - 位移
  - 库水位
  - 浸润线
  - 最小干滩
- 项目2
  - 位移
  - 最小干滩
  - 浸润线

数据接收：

编号	数据类型	链接IP	端口号	状态	数据大小	累计数目
1	位移1	192.168.0.131	2000	正常	432	981
2	库水位1	192.168.0.131	2001	正常	432	891
3	库水位2	192.168.0.131	2001	正常	432	891
4	浸润线1	192.168.0.131	2002	正常	432	341
5	浸润线2	192.168.0.131	2002	正常	432	341
6	浸润线3	192.168.0.131	2002	正常	432	341
7	雨量计1	192.168.0.131	2003	正常	432	445

数据发送：

编号	数据类型	目的地址	端口号	状态	数据大小	累计发送数目
1	位移1	192.168.0.131	2000	正常	432	981
2	库水位1	192.168.0.131	2001	正常	432	891
3	库水位2	192.168.0.131	2001	正常	432	891
4	浸润线1	192.168.0.131	2002	正常	432	341
5	浸润线2	192.168.0.131	2002	正常	432	341
6	浸润线3	192.168.0.131	2002	正常	432	341
7	雨量计1	192.168.0.131	2003	正常	432	445

2011-4-8 12:00:00

图 4－5－57　数据采集软件

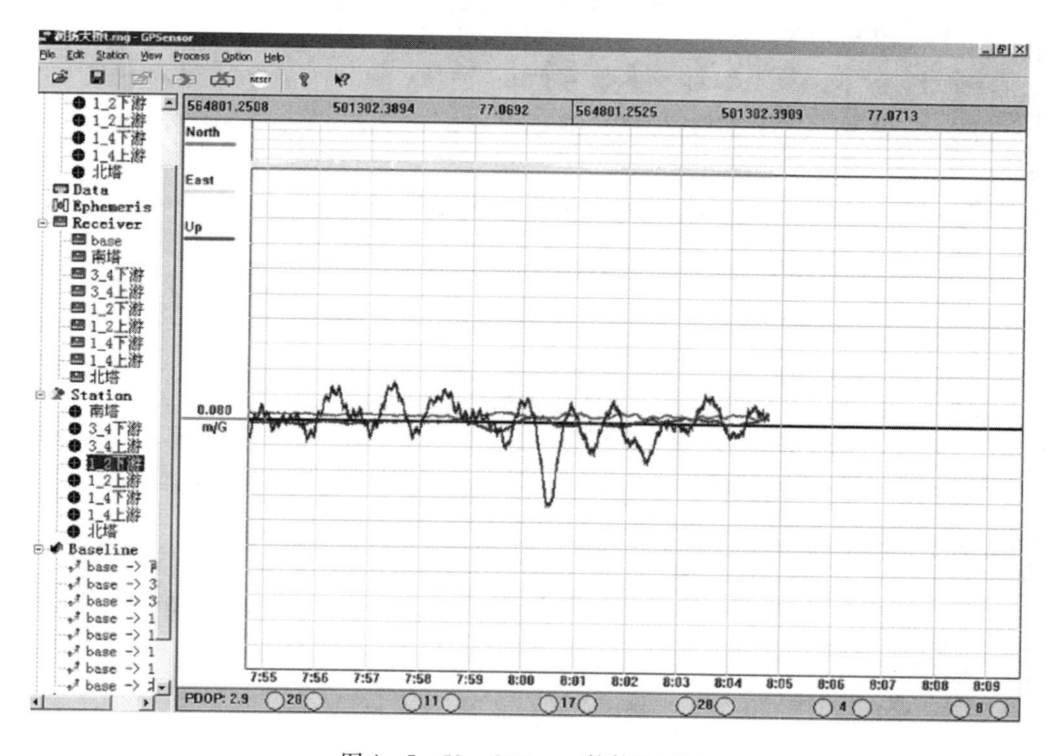

图 4－5－58　GPSensor 软件界面图

1）Windows95/NT 32bit 结构；

2）多线程，多任务设计；

3）先进的 GPS 数据算法：具有 OTF 解算、卡尔曼滤波、三差解算等，同时支持实时、后处理解算，解算精度可达 2 ~ 3mm；

4）图形用户界面，实时显示基准站、监测站的工作状态；

5）具有防死机功能，一旦某个监测站出现死机现象，软件马上会通过数据信号触发的方式实现接收机自动重启；

6）支持远程控制功能，软件可自动向 GPS 接收机发送用户更改参数的命令（如采样间隔、高度截止角等）；

7）兼容多个品牌的接收机，如 Trimble、Leica、Topocon、Magellan 等，同时也支持"一机多天线"技术；

8）软件自动保存解算数据到数据库，同时自动保存 GPS 原始数据到本地磁盘；

9）支持有线、无线多种通讯方式等功能；

10）提供接口源代码，支持用户二次开发。

（b）现场数据分析软件

本软件系统为单机版尾矿监测数据分析软件，其功能为坝体位移、浸润线、库水位等监测分析，自动异常报警、自动生成报表等功能见图 4 -5 -59 ~ 图 4 -5 -64。

实时显示坝体表面位移等监测数据并进行变化过程线的绘制，见图 4 -5 -59。

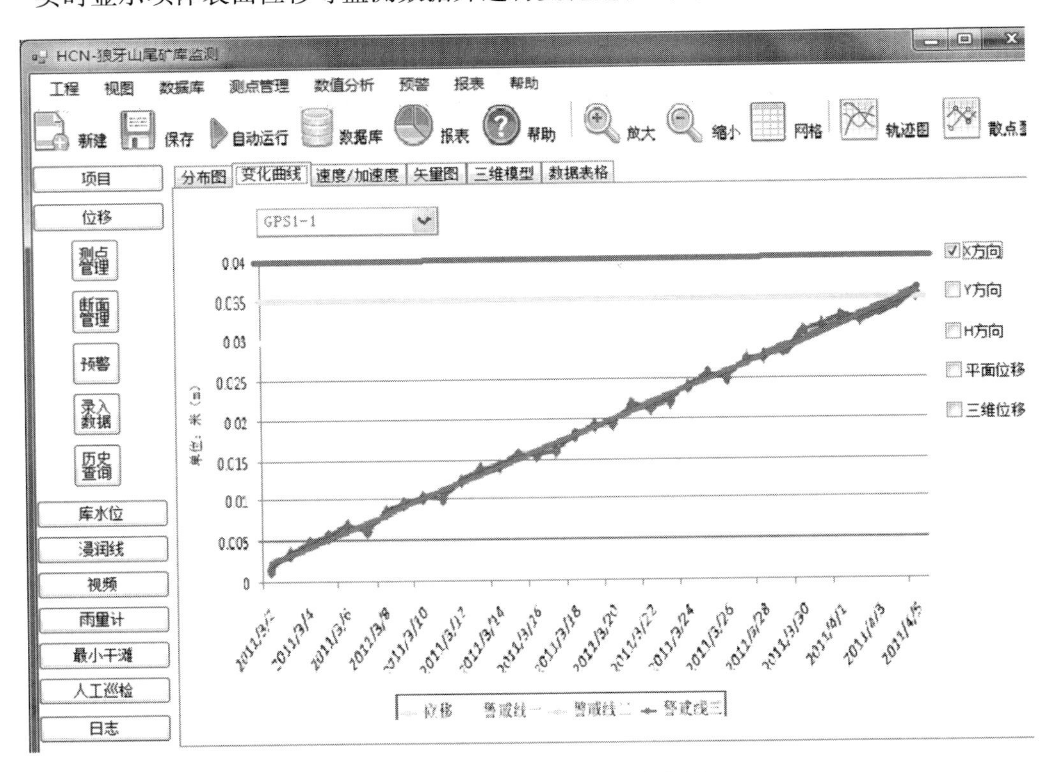

图 4 -5 -59　坝体表面位移分析

实时显示坝体内部位移监测数据并进行断面线绘制，见图 4 -5 -60。

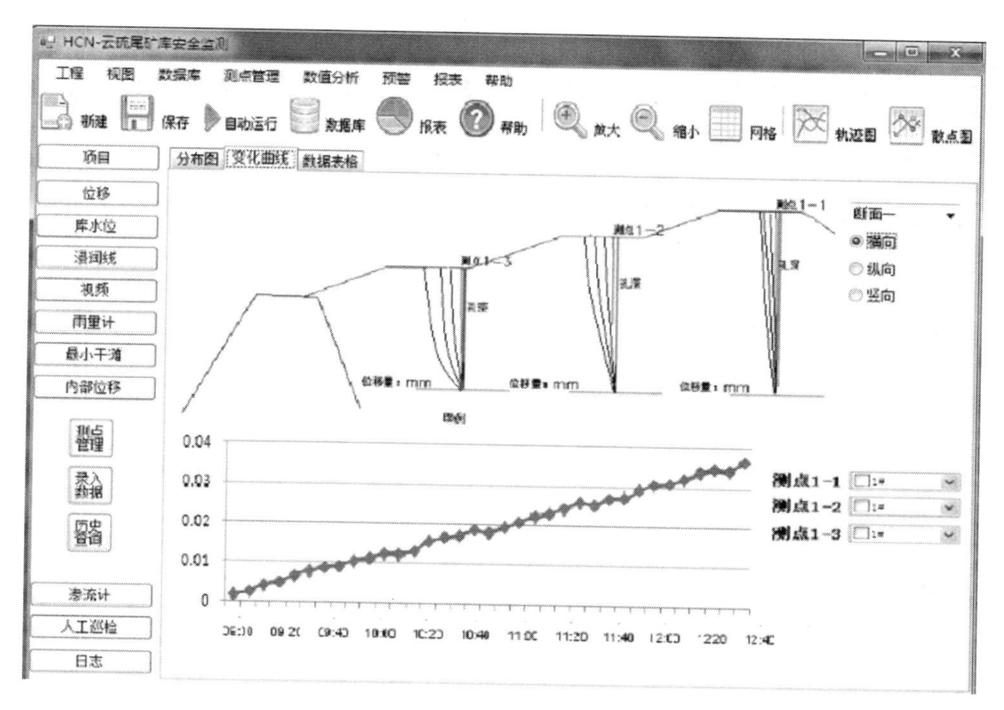

图 4－5－60　坝体内部位移监测分析

实时显示坝体浸润线监测数据，支持历史查询和断面动态显示功能，见图 4－5－61。

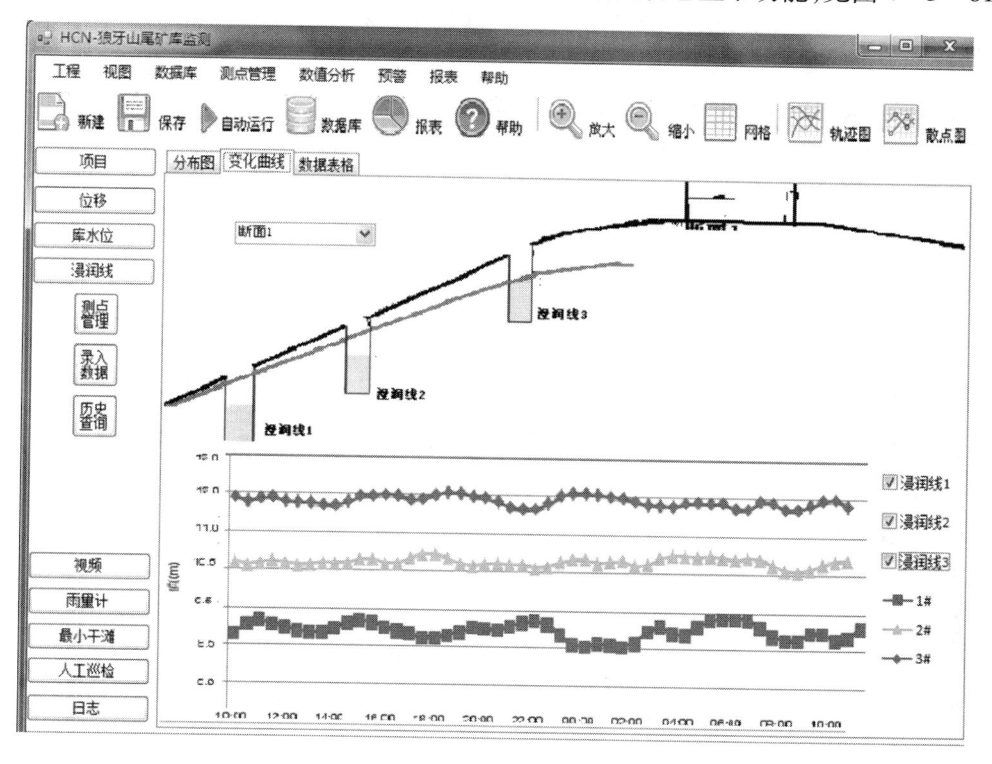

图 4－5－61　图浸润线监测分析

实时显示坝体库水位监测数据，支持历史查询和断面动态显示功能，见图4－5－62。

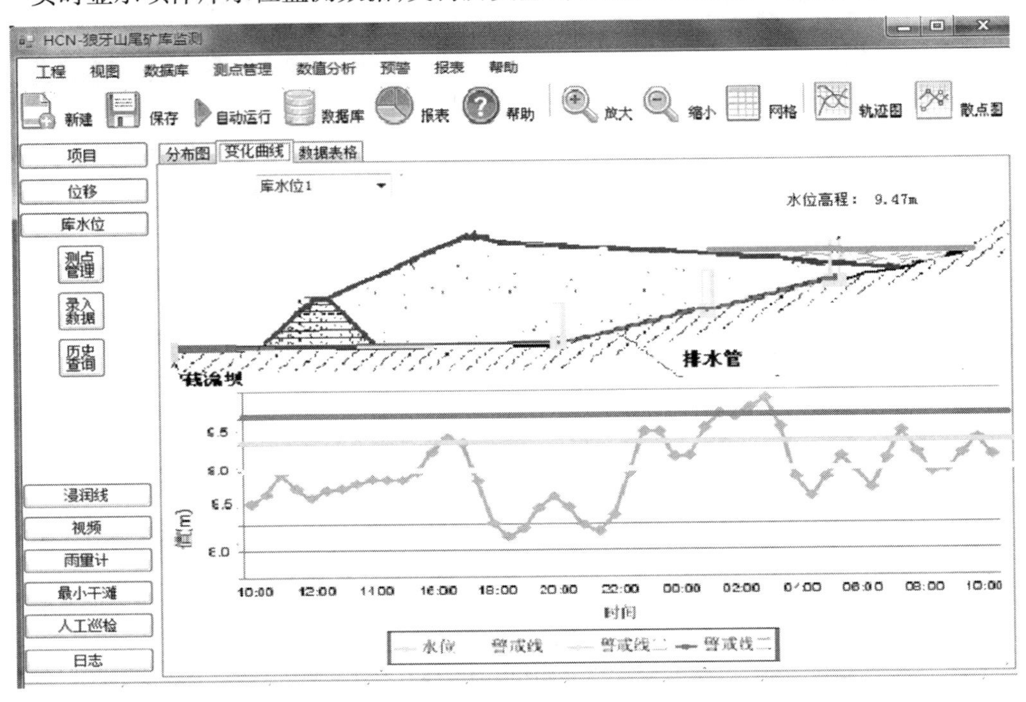

图4－5－62　库水位监测分析

实时显示坝体降雨量监测数据，支持历史查询和按日、月分类统计功能，见图4－5－63。

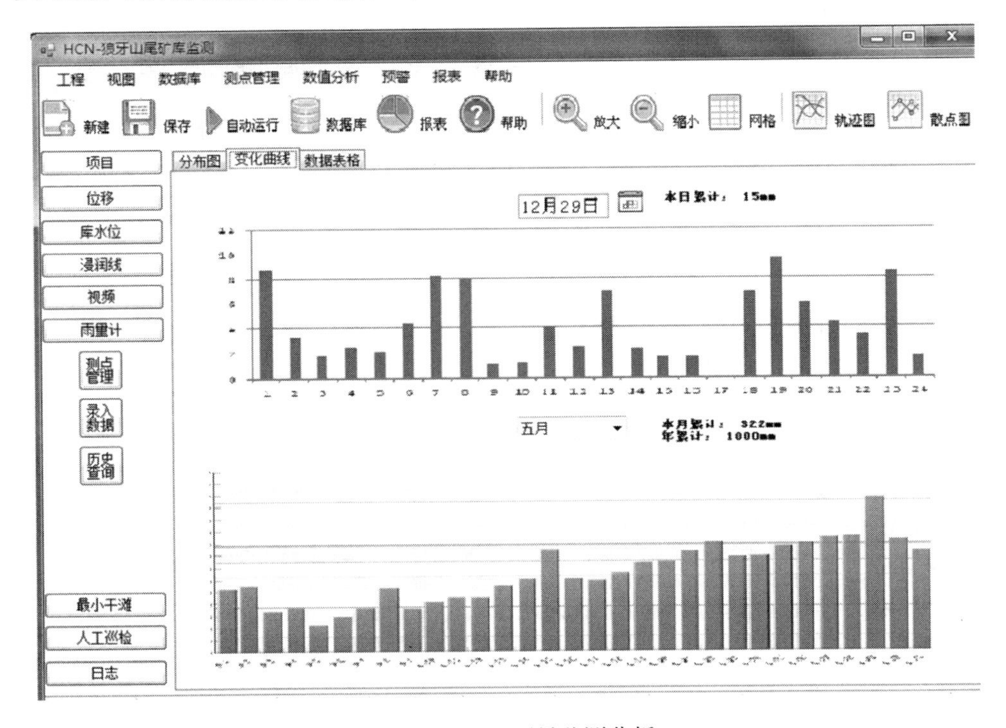

图4－5－63　雨量监测分析

实时显示尾矿库干滩监测数据，支持历史数据查询及断面动态显示功能，见图4－5－64。

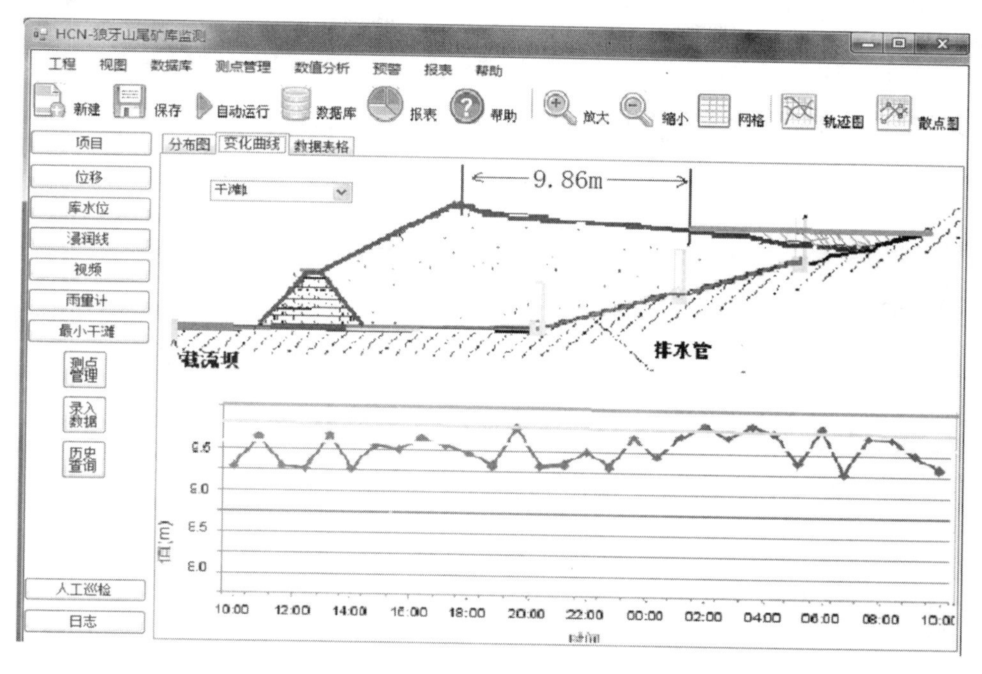

图4－5－64　干滩长度监测分析

(c)在线发布平台软件(见图4－5－65～图4－5－72)

本软件系统为B/S与C/S混合架构，其功能为尾矿库坝体位移、浸润线、库水位等监测手段在线分析、发布等，主要功能如下：

用户管理及登录

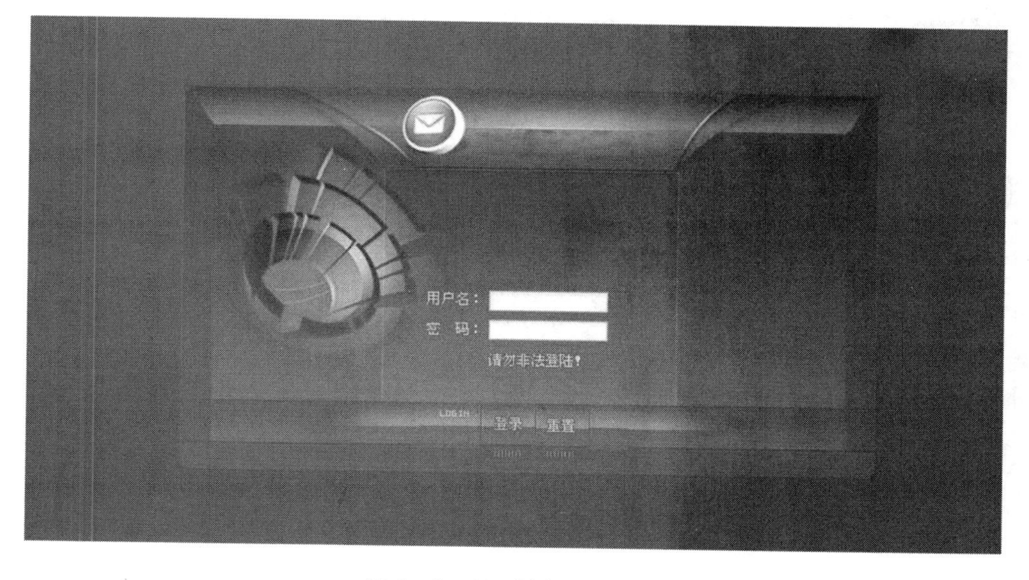

图4－5－65　用户登录界面

授权用户需通过 IE 浏览器输入本尾矿库在线发布软件服务器的 IP 地址或者域名即可弹出如上对话框，然后输入所授权的用户名与密码即可登录发布软件平台，查看各监测手段监测情况，若为管理员权限可对各监测设备参数进行修改。

(C)参数配置

参数配置功能主要分为系统用户的权限设置、报警参数及人员设置及监测项目配置等功能。

图 4-5-66　授权用户配置

分级报警参数设置；

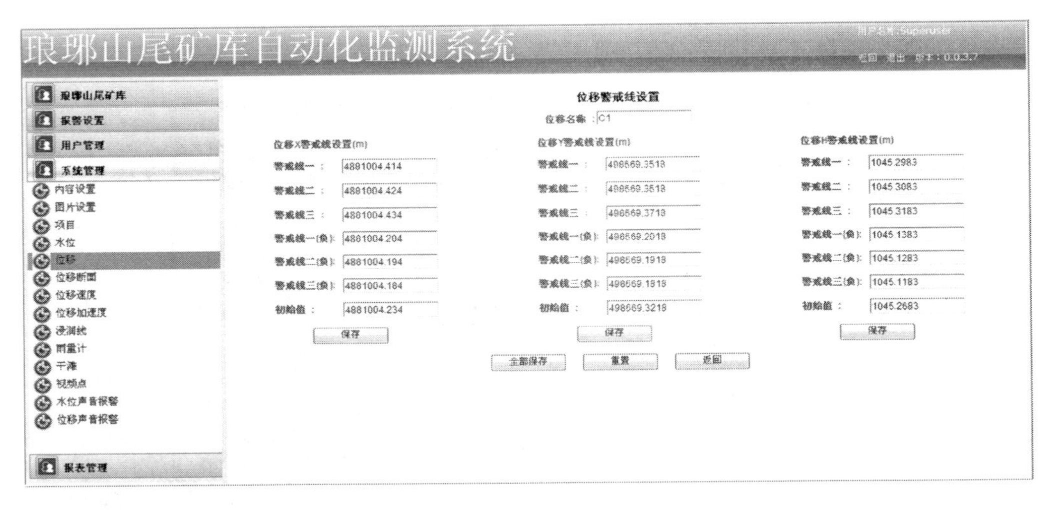

图 4-5-67　报警警戒线配置

报警人员设置，支持对相应的分级报警级别进行人员设置；

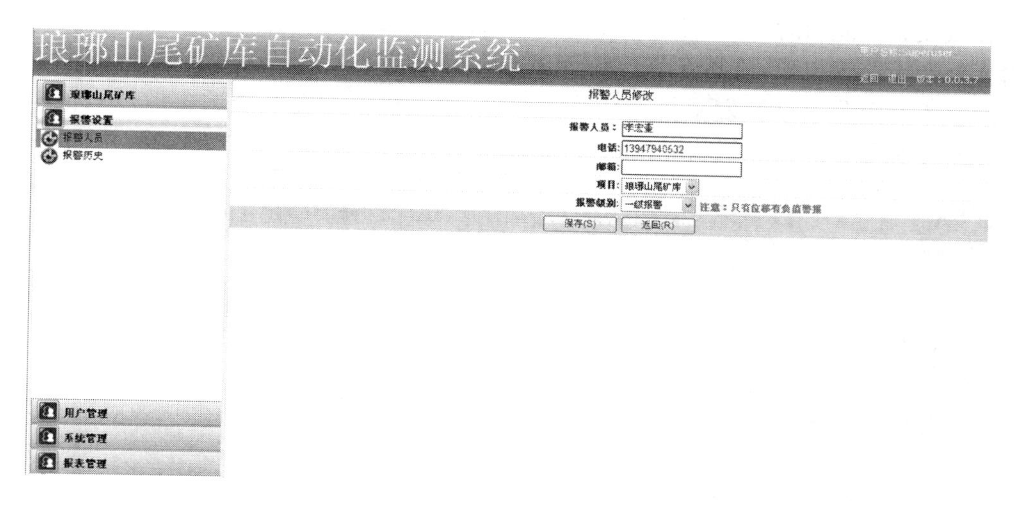

图 4－5－68　报警人员及级别配置

图 4－5－69　监测项目配置

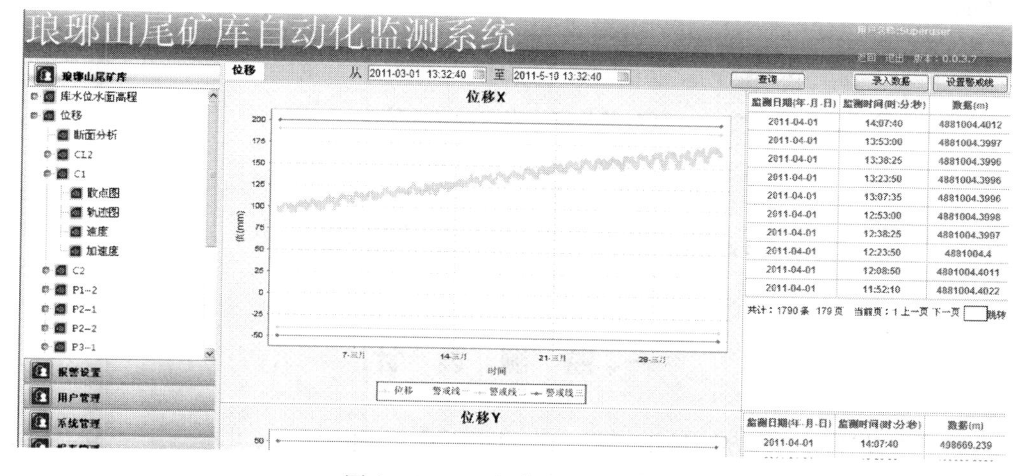

图 4－5－70　坝体位移在线显示

在线发布功能为对各监测设备实时监测数据通过 IE 浏览的方式实时显示，对市、县、矿监管人员授予监管权限，只要可以上网，可实现随时随地查看尾矿库监测情况（最近上海华测导航技术有限公司已开发手机在线监测软件，用手机上网在线查看各监测点的工作状况），从而掌握尾矿库的运行状况，如下为部分功能示意：

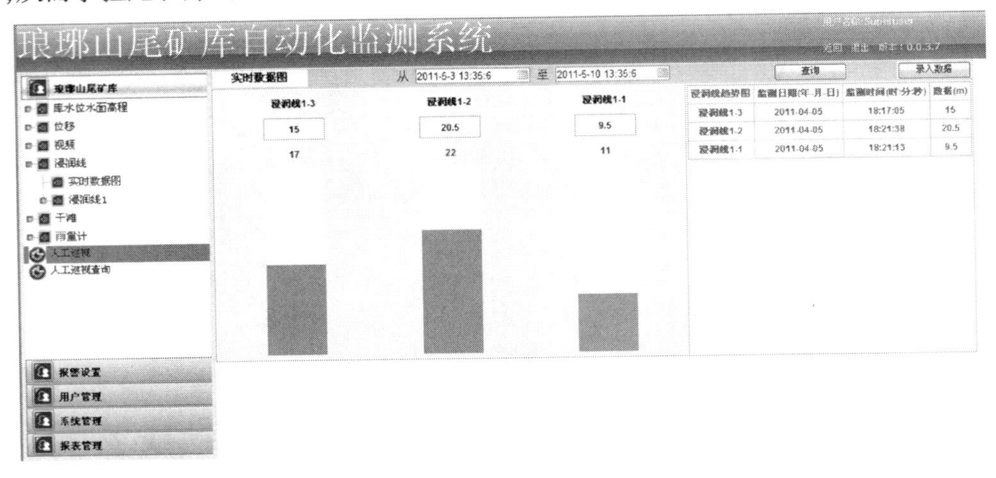

图 4-5-71　浸润线在线显示

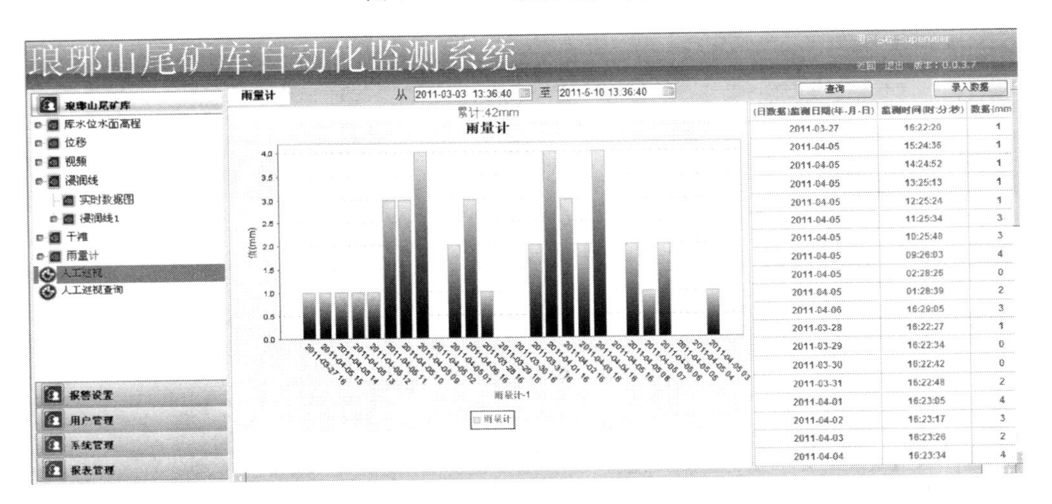

图 4-5-72　降雨量在线显示

第六节　边（滑）坡工程监测方法

一、监　测　设　计

监测工程设计的具体方法见第二章。监测工程施工组织设计，见本章第一节。监测方法的仪器安装埋设与观测设计，在各种方法中介绍。

二、监测仪器的组装率定检验

（一）岩土工程监测的通用仪器率定检验

岩土工程监测的通用仪器率定检验，见本章第二节。

（二）组装仪器的率定检验

在边坡工程监测中，有些仪器需要将多支一次仪表组装在一起，然后埋设安装，如多点位移计、锚杆应力计。有的设备（如钻孔测斜仪导管）需要一节一节连接起来，然后埋设到钻孔中。它们都存在组装后的率定检验问题。多点位移计的组装率定，见本章第二节。

钻孔测斜仪导管是将一节一节（通常每节长2m）用空心铆钉连接后下放到钻孔中的。连接前进行导槽子直度检验合格后再进行安装连接。连接后，导管的凹槽的方向可能随导管的延长而发生扭转，需要用测扭仪自钻孔孔底沿导管的相互正交的凹槽自下而上每0.5m测量一次，将凹槽方向的变化情况检测一次，然后根据导管的扭转再修正钻孔测斜仪的观测值。

三、监测断面和测点定位放样

定位放样的一般要求见第五节。在边坡工程监测断面和测点定位放样中，还应注意以下几点要求：

1）边坡监测仪器安装埋设时，常利用边坡地质勘探钻孔，埋设前应收集地质勘探钻孔定位放样时的各项资料、钻孔参数和地质资料。

2）有马道的边坡，如果没有特殊要求，表面测点一般在马道与监测断面交会处。

四、监测仪器安装埋设的土建施工

（一）表层变形监测仪器安装埋设的土建施工

1. 监测网点观测标志的浇筑

监测网点观测标志采用钢筋混凝土观测标墩，或选择其他的标准观测墩。标墩基础力求稳固，或除去表面风化层使标墩浇筑在新鲜基岩上；或当地表覆盖层较厚时，应开挖出一基坑，深度不少于1m，同时在底部打5根2m长的桩。标墩应现场浇筑；顶部仪器基盘采取二期混凝土埋设且仪器基盘要求水平。

由于监测网点也是高程工作点，为观测方便，监测网点观测标墩的底盘上要设置一水准标志，水准标志的标心应高出底盘面0.5cm左右。监测点标志尺寸见图4-6-1。

2. 水准标志的制作和浇筑

水准标志采用岩石嵌标型，同时浇筑钢筋混凝土指示盘和标盖，其尺寸详见图4-6-2。土坡采用标准水准标志。

（二）钻孔测斜仪、多点位移计安装埋设的土建施工

1）钻孔测斜仪、多点位移计需分别钻孔，孔径不小于110mm，孔深根据设计确定。

2）孔口保护墩。为保护孔口，宜浇筑混凝土保护墩，墩高约1m，底约30cm×30cm，顶

20cm×20cm。

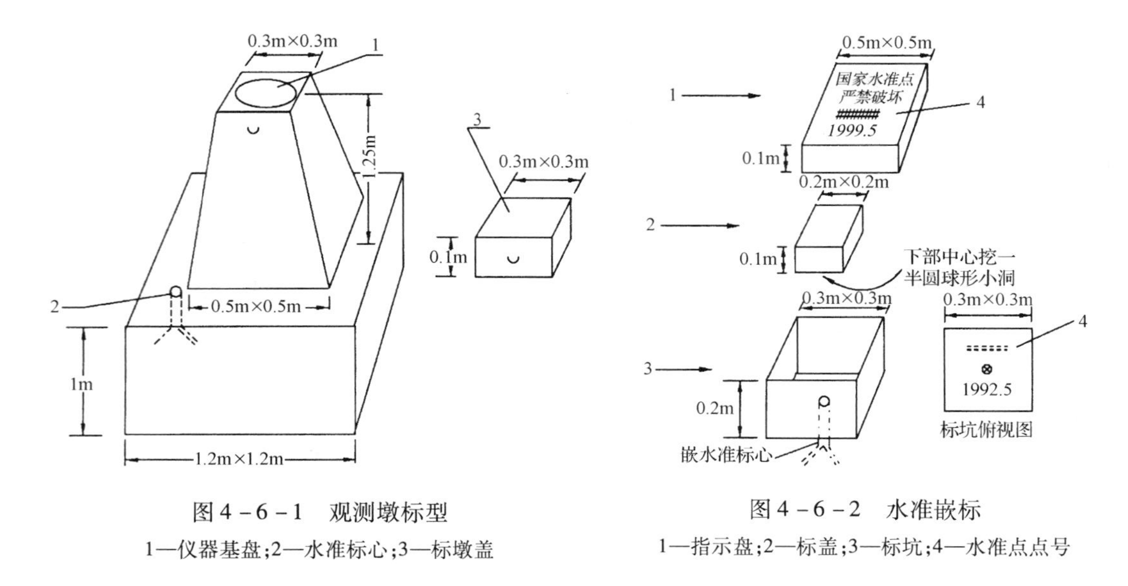

图 4－6－1　观测墩标型

1—仪器基盘;2—水准标心;3—标墩盖

图 4－6－2　水准嵌标

1—指示盘;2—标盖;3—标坑;4—水准点点号

（三）观测房施工

观测房或利用排水洞、观测支洞加门加锁作观测房,或另行建砖木房。观测房大小根据实际需要确定。

五、监测仪器安装埋设与观测

（一）变形监测仪器的安装埋设与观测

边坡工程的变形监测包括水平位移监测、垂直位移监测,挠度及倾斜监测、接缝与裂缝监测。

1. 水平位移监测

表层水平位移监测采用表面测量方法,见第五节;深层水平位移监测采用钻孔测斜仪、滑动测微计、伸缩仪等,也可以在边坡内的洞室里采用表层测量方法。钻孔测斜仪法观测见本章第三节和第五节。

滑动测微计安装埋设与观测:

1）滑动测微计可以在垂直钻孔、水平钻孔和与滑移面小角度(20°～30°)相交的钻孔中埋设测环及套管。也可以几种方向的钻孔相互配合安装。滑动测微计结构及原理见第三章。

2）埋设在岩体中按测线布置原则选定测线方向及长度后,即可先钻直径为 110mm 的钻孔,并冲洗干净,再将环形标与套管按刻线方向用环氧树脂对接成 1m 一段,逐段对接,旋紧定位螺丝,送入钻孔内,两头用塑料碗盖住,套管外部注入水泥浆。

3）根据规定的观测频率进行观测。观测前或观测后,在标定筒中进行标定,记下测值,以便修正测量读数。

4）观测读数。将测头、电缆、仪器全接好,打开仪器预热 20 分钟,待仪器稳定后,再将测头放入测量孔底部，从下而上每 1m 读数三次，记录下平均值。精度要求三次读数差 < ±0.003mm。与此同时根据测管中温度梯度，每隔一定间距，测定温度变化。

若读数差 > ±0.003mm，则有可能在测量环表面沾有杂物，可在测量面上将测头多转几次，除去杂物。另外，也可能读数超出量程范围，则说明这段间距太大，无法测量。故在安装时要注意检查两测环的间距（以 1000 ±3mm 为宜）。

5）根据读数计算出相应测段在不同时刻的读数差：

$$m = m_2 - m_1 = (a_2 - a_1) - (e_2 - e_1) \tag{4-6-1}$$

式中 a_1、a_2——前后两次的实际读数；

e_1、e_2——两次标定时，两种状态下的算术平均值；

m_1、m_2——为前后两次测值。

用图或表格示出各测段的读数差，即为该测线上前后两次测定的应变分布（1×10^{-6}）。其读数差的累积值为各绝对位移（单位为 10^{-3}mm）。

平行地埋设两根或三根测线的情况下，可计算相应测段的应变差，并进而计算其挠度。先算出每段的相对挠度：

$$\Delta = (\varepsilon_1 - \varepsilon_2)L^2/a \tag{4-6-2}$$

式中 $L = 1000$mm；

a——两测线间距离。

再从下往上算出每深度处的累积挠度：

$$Z(z-n) = n\Delta_1 + (n-1)\Delta 2 + (n-2)\Delta 3 + \cdots \tag{4-6-3}$$

2. 垂直位移监测

表层垂直位移监测一般均在水平位移监测点布置垂直位移监测点，深部垂直位移监测采用多点位移计或在边坡内的洞室里布置表面垂直位移测点。上述方法见有关章节。

3. 挠度及倾斜监测

挠度观测采用正倒垂线，在边坡监测中需要在竖井内安装。倾斜观测用倾角计，具体方法见本章第三节，正倒垂线方法见本章第五节。

4. 接缝及裂缝监测

接缝及裂缝观测采用测缝计和裂缝计，具体方法见本章第三节。

（二）渗流监测仪器的安装埋设与观测

渗流监测中，渗流压力和地下水位采用测压管及渗压计观测，此外有渗流量观测和水质分析，具体方法见本章第三节和第五节。

（三）松动范围监测

松动范围监测采用声波测试法。根据测试要求，采用直达波法（穿透法）或平透法（折射波法、反射波法）进行岩体表面测试。采用单孔法或跨孔法进行孔中岩体测试。

1. 直达波法、平透法岩体表面测试

1）当岩体完整性较好，或者要求两测点间距较小时，一般采用夹心式换能器作发射源，用单片弯曲式换能器作接收。当岩体比较破碎，或要求两测点间距较大时，采用锤击激发声波，用单片弯曲式换能器作接收。

2）按图 4-6-3 中直达波法$(a)_1$、平透法$(a)_2$，$(a)_3$ 布置接收、发射换能器。

3）架设仪器，检查接线是否正确。将工作方式置于内同步状态，开机检查仪器、换能器等设备是否正常。仪器开机并预热10min后开始工作。

4）擦净换能器，涂抹2～5mm厚的黄油（或凡士林），利用不等长标准有机玻璃测读仪器与换能器的滞后延时 t_0 值，或者压紧收、发换能器直接测读。

5）将换能器安放在测点上并压紧，调整输入衰减和放大器增益，使收到的声讯号清晰出现在荧光屏上。调整扫描延时，量测纵波传播时间 t_p 和横波传播时间 t_s。

6）量测两换能器中点间的距离 L，量测的相对误差应小于1%。

7）锤击激声波时，声波仪需置于外触发工作状态，加大示波的辉度。锤击的间隔时间以2～3s一次为宜，锤击用力应均匀。

8）为了减少干扰，测试时应尽量保持现场处于安静状态。地表测试时，应用太阳伞遮挡太阳或雨；洞内测试时，必须配安全员，查看洞内危石，监视过往的车辆等。

2. 单孔、平透折射波法孔中测试

1）一般一发二收。一发一收和二发二收较少使用。换能器按图4－6－3$(b)_1$、$(b)_2$、$(b)_3$布置。

2）将钻孔注满水。

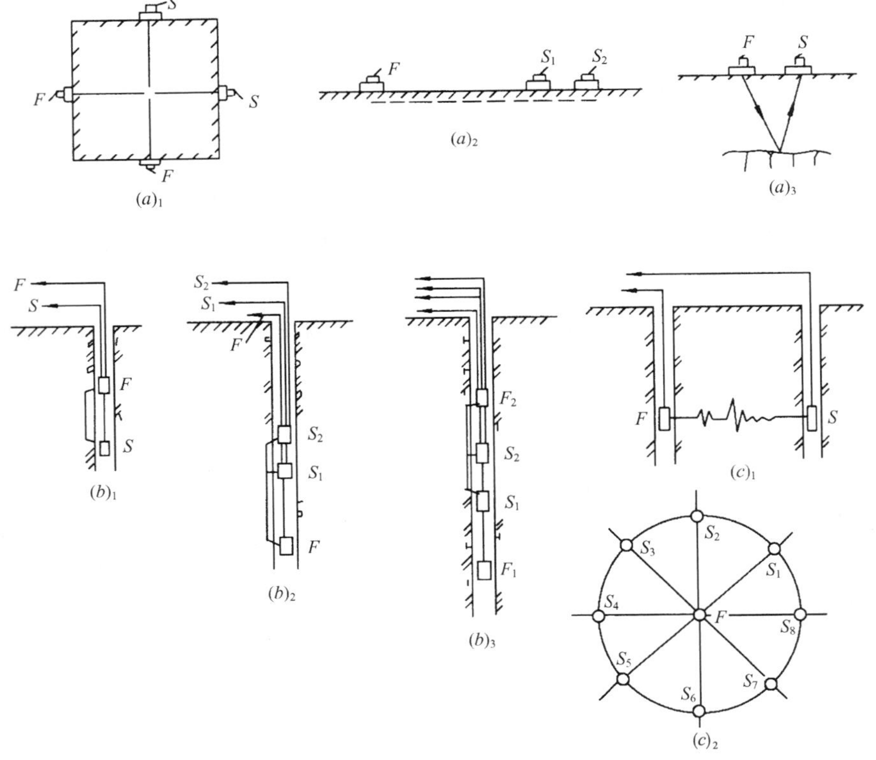

图4－6－3　岩体声波测试的各种工作方式示意图

$(a)_1$—表面穿透直达波法；$(a)_2$—表面、平透折射波法；$(a)_3$—表面平透反射波法；$(b)_1$—单孔、平透折射波法（一发一收）；$(b)_2$—单孔平透折射波法（一发双收）；$(b)_3$—单孔、平透折射波法（双发双收）；$(c)_1$——双孔穿透直达波法；$(c)_2$—钻孔、穿透直达波法（一发多收）；F—发射换能器；S—接收换能器

3）装上换能器扶位器，对浅孔一般用换能器撑杆提升或送进换能器。

4）将仪器置于同步状态，检查接线是否正确，开机预热10min后开始工作。

5）从孔口（孔底）每次将换能器下（或提升）一个固定的长度时，应测读出S_1、S_2两接收换能器的相应传播时t_1、t_2。

6）有特殊要求时，使用干孔测试设备。

3. 双孔、多孔穿透直达波法孔中测试

1）当岩体比较完整，或两测孔间距较小时，一般发射、接收均采用增压式换能器（或圆管式换能器）。当岩体破碎或两测孔间距很大时，可采用火花发射，用增压式换能器（或圆管式换能器）接收。

2）按图4－6－3$(c)_1$、$(c)_2$布置换能器。测试时两换能器同步移动；也可固定一个，移动另一个，同时量测相应的测距。

3）架设仪器，检查接线是否正确。将工作方式置于同步状态，开机检查仪器、换能器等设备工作是否正常。仪器开机预热10分钟后开始工作。

4）在水中利用作时距曲线法或者压紧收、发换能器直接测读仪器换能器的滞后时间t_0值。

5）钻孔注满水后，将换能器放入孔中，自上而下（或相反）进行测试。

6）对顶板或边墙朝上的孔，应采用有效的止水设备进行测试。

7）使用电火花激发声波时，应注意安全。声波仪置于外触发工作状态，加大示波的辉度。

4. 物理量计算

1）选取适当比例，绘制纵、横波速度与测点间（或孔深）变化关系曲线。

2）根据波速一测点间距（或孔深）曲线图，结合工程岩体情况，对测试资料给予解释或说明。

3）岩体波速及有关参数的计算：

a）纵波（压缩波）波速和横波（剪切波）波速的计算，分别按下列公式进行：

$$V_p = L/t_p - t_0 \qquad (4-6-4)$$

$$V_s = L/t_s - t_0 \qquad (4-6-5)$$

$$V_p = L/t_2 - t_1 \qquad (4-6-6)$$

式中 V_p——岩体纵波速度，m/s；

V_s——岩体横波速度，m/s；

L——声波在岩体中传播时，发、收换能器两点间的距离，一发双收测孔时，为两接收换能器中心间的距离，m；

t_p、t_s——纵、横波的传播时间，s；

t_0——仪器、换能器的延时时间，s；

t_1、t_2——一发双收时两接收换能器分别测得的时间，s。

b）弹性模量E_d和泊松比μ的计算：

弹性模量E_d。

对于符合各向同性，或近似各向同性的岩体，试验资料表明，被测介质的尺寸，大于或等于纵波波长2～3倍，即$D \geqslant (2\sim3)\lambda$时，可按无限介质传播公式计算：

$$E_d = \rho V_p^2 (1+\mu)(1-2\mu)/(1-\mu) \times 10^{-3} \qquad (4-6-7)$$

式中　E_d——动弹性模量,MPa;

ρ——岩体密度,kg/m^3;

μ——泊松比。

对于现场岩心,若岩心纵波波长大于或等于杆的直径2~3倍,即$\lambda \geq (2\sim3)D$时,可按细的无限长的杆件公式计算:

$$E_d = \rho V_p^2 \times 10^{-3} \tag{4-6-8}$$

对于层状岩体,垂直层面测量单一岩层时,当纵波波长大于或等于层厚2~3倍,即$\lambda \geq (2\sim3)D$时,可按无限大的薄板公式计算:

$$E_d = \rho V_p^2(1-\mu)(1+\mu) \times 10^{-3} \tag{4-6-9}$$

$$\text{泊松比}\ \mu = (V_p/V_s)^2 - 2/2[(V_p/V_s)^2 - 1] \tag{4-6-10}$$

c)其他弹性参数的计算:

$$G = \rho V_s^2 \times 10^{-3} \tag{4-6-11}$$

$$\lambda_d = \rho(V_p^2 - 2V_s^2) \times 10^{-3} \tag{4-6-12}$$

$$K_d = \rho[(3V_p^2 - 4V_s^2)/3] \times 10^{-3} \tag{4-6-13}$$

式中　G——刚性模量(或剪切模量),MPa;

λ_d——拉梅系数,MPa;

K_d——体积模量,MPa。

(四)爆破影响监测

为了控制爆破对边坡稳定的影响,边坡工程施工时,对爆破振动效应进行监测。爆破振动强度与药量大小、爆破方式、起爆程序、测点距离以及地形地质条件等有关,通常以测定爆破引起的质点运动的位移、速度和加速度的峰值来判别。

1.爆破振动效应的观测方法

(A)宏观调查法

爆破前后在爆区以内和仪器观测点附近选择有代表性的建筑物、洞室、岩体裂缝、断层、滑坡、个别孤石以及专门设置的某些器物进行观测描述和记录,以对比方法了解爆破时的破坏情况。调查内容有:

1)宏观调查的位置、范围和名称。

2)地质、地形以及岩石构造情况。对于裂缝的观测应反映出裂缝方向、倾角、深度、宽度、长度等。对于断层、滑坡移动,则应系统地观测地形地貌的变化。

3)建筑物的特征和破坏情况。

4)所设置的某些器物的移动情况。

5)必要时在距爆源一定距离处放置一些动物,以观察其爆破后的生理变化,为确定安全距离或药量提供必要的资料。

描述、记录的方法,可用文字叙述、素描、照像、录像等。

(B)爆破震动效应的仪器观测方法

爆破震动效应观测系统一般由拾震器(或测震仪配合传感器)和记录器(包括计时器)两个基本部分组成(参见图4-6-4),常用仪器观测系统见第三章。

(a)仪器灵敏度的标定

为了保证记录的准确性，使用前观测系统必须在振动台上进行仪器标定。

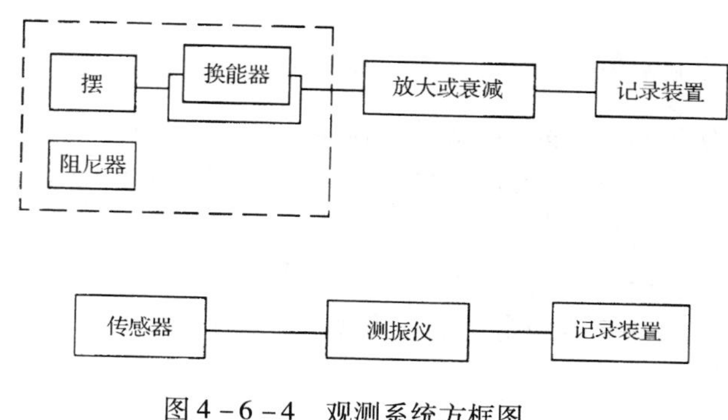

图 4－6－4　观测系统方框图

(b) 观测方法

影响爆破振动效应的因素很多，为将研究的问题简化，可假定地震波在均匀弹性介质中传播时，介质质点做简谐运动，质点运动的数学式为

位移
$$x = A\sin\omega i \tag{4-6-14}$$

速度
$$v = \frac{dx}{dt} = \omega A\sin\left(\omega t + \frac{\pi}{2}\right) \tag{4-6-15}$$

加速度
$$a = \frac{d^2x}{dt^2} = \omega^2 A\sin(\omega t + \pi) \tag{4-6-16}$$

在评定地震效应时，通常只采用地震波形图上的最大波幅值。故取：

$$x = A \tag{4-6-17}$$

$$v = \omega A = 2\pi fA \tag{4-6-18}$$

$$a = \omega^2 A = 2\pi fv = 4\pi^2 f^2 A \tag{4-6-19}$$

上三式中　x——时间为 t 时，质点的位移；

A——最大振幅；

ω——角频率，$\omega = 2\pi f$；

f——振动频率。

由以上各式可见，如已知位移、速度和加速度 3 个物理量中的一个，经过微分或积分就可求出其余两个。因为在数据换算中存在着固有的误差，所以在实际观测中最好直接量测所需的物理量。

(C) 波形分析

1）在观测爆破震动效应时，将地震波分为初震相和主震相两部分。波形图参见图4－6－5。

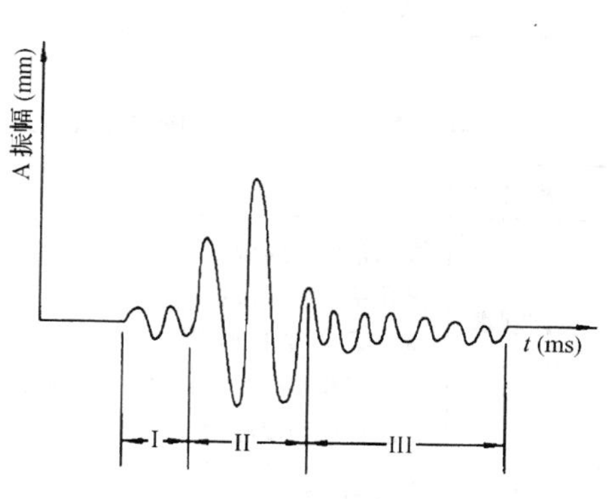

图 4－6－5　爆破地震波形

Ⅰ—初震相；Ⅱ—主震相；Ⅲ—余震相

2）地震波中几个物理量的测量方法，一般使用光学读数放大器准确地测量；粗略的测量可以使用三棱尺。

3）振幅的读数。由于主震相振幅大、作用时间长，故主要测量主震相中的最大振幅，即波形图上的最大偏移。当波形图对称时，量出当中振幅 A 即可，当波形变化不明显对称时，首先画出波形中心线，再以此线为基准，量取最大单振幅（也有的量取双振幅取其一半作为 A 的读数）。

4）振动持续时间的读数。常采用量取波形图中振幅较大的那一部分。从初至波到波

的振幅值 $A=\frac{A_{max}}{e}$（e 为自然对数的底）这段振动称为主震段，与其对应的延续时间为振动延续时间。时间的计算是利用时间振动子的振动频率或频闪灯的时间标志作为依据。

5）频率和周期的读数。频率和周期互为倒数关系，由于爆破震动具有瞬时性，以量取周期为好。

（D）爆破振动物理量的计算

（1）我国常用的质点振速 v 公式：

$$v = K\left(\frac{Q^{\frac{1}{3}}}{R}\right)^{a} \tag{4-6-20}$$

式中 v——爆破地震对建筑物（或构筑物）及地基产生的质点垂直振动速度，cm/s；

Q——炸药量，齐发爆破时取总装药量，延期爆破时取最大一段装药量，kg；

R——从爆破地点药量分布的几何中心至观测点或被保护对象的水平距离，m；

K——与岩土性质、地形和爆破条件有关的系数，见表4-6-1、表4-6-2；

a——爆破地震随距离衰减系数，见表4-6-1、表4-6-2。

上式也可表述为

$$v = K\rho^{a} \tag{4-6-21}$$

式中 ρ——比例药量，$\rho=\frac{Q^{\frac{1}{3}}}{R}$。

根据爆破工程的场地条件，选取 K、a 值，依上述公式可以预算出每次爆破时质点振动速度。

表4-6-1 爆区不同岩性的 K、a 值

岩性	K	a
坚硬岩石	50~150	1.3~1.5
中硬岩石	150~250	1.5~2.0
软弱岩石	250~350	2.0~2.2

表4-6-2 国内水电工程实测爆破地震衰减规律 K、a 值

工程名称	爆破条件	地质条件	K	a	ρ 值范围
葛洲坝水利枢纽	潜孔钻梯段爆破	粉砂岩（表层）·中细粒砂岩	42.8	1.16	0.22~1.11
	潜孔钻毫秒梯段爆破	粉砂岩（表层）·中细粒砂岩	48.1	0.89	0.17~0.32
	减振试验，通过预裂缝松动爆破	中细粒灰色砂岩	67.9	1.00	0.10~0.50
	减振试验，未通过预裂缝松动爆破	中细粒灰色砂岩	45.0	1.36	0.10~0.50
	轮胎钻顶裂爆破	砂岩，粘土质粉砂岩	87.0	1.17	0.10~0.30
大化水电站	手风钻电炮爆破	灰岩（硬）·泥灰岩（软）	135.0	2.02	0.075~0.286
白山水电站	放射型深孔爆破	混合岩	8.9	1.49	0.0652~0.80
	通过预裂缝手风钻梯段爆破	混合岩（地表）	250.0	1.78	0.03~0.55
	通过预裂缝手风钻梯段爆破	混合岩（岩体内）	140.0	2.00	0.15~0.93

续表 4-6-2

工程名称	爆破条件	地质条件	K	a	ρ 值范围
东江水电站	潜孔钻预裂爆破	中细粒少斑状花岗岩	49.6	1.46	0.10~0.60
	手风钻预裂爆破	中细粒少斑状花岗岩	100.6	1.17	0.08~0.6
	通过预裂缝手风钻掏槽爆破	中细粒少斑状花岗岩	70.6	1.26	0.10~0.40
	通过预裂缝手风钻掏槽爆破	中细粒少斑状花岗岩	31.7	1.00	0.05~0.40
	导洞光面爆破	中细粒少斑状花岗岩	191.1	1.46	0.04~0.40
龙羊峡水电站	延长药包毫秒松动爆破	花岗闪长岩(右坝肩)	59.14	1.07	0.067~0.171
	延长药包毫秒松动爆破	花岗闪长岩(左坝肩)	51.03	0.855	0.06~0.178
	延长药包毫秒松动爆破	花岗闪长岩(溢洪道出口)	39.44	1.41	0.103~0.845
	延长药包毫秒松动爆破	花岗闪长岩(爆源近区)	28.45	1.09	0.14~0.762
密云水库	集中药包毫秒爆破	变质岩,花岗片麻岩	203.0	1.50	0.16~0.75
官厅水库	梯段爆破	硅质灰岩(近区)	216.95	2.31	0.04~0.32
	预裂爆破	硅质灰岩(近区)	584.4	2.46	0.08~0.4
	预裂爆破	硅质灰岩(近区)	38.74	1.53	0.047~0.14
响洪甸蓄能电站	梯段爆破	凝灰岩(近区)水平切向	44.8	1.25	
		水平径向	41.2	0.94	
		竖　向	249.5	1.85	

为保证记录器、记录纸(胶片)记录的波形不产生出格现象,根据记录纸宽度 B 和使用的振动子个数 N,计算记录纸(胶片)上最大允许的振幅 A 应为

$$A = \frac{B}{2N} \tag{4-6-22}$$

根据预算的质点速度、仪器的灵敏度及记录纸上允许的最大振幅值可以计算衰减倍数 β 为

$$\beta = \frac{v\eta}{A} \tag{4-6-23}$$

式中　v——预算的质点振速,cm/s;

η——测试系统的灵敏度,s;

A——最大允许的振幅值,cm。

依计算的衰减倍数(或放大倍数),计算衰减电阻(或选取放大器)。

实测后,根据波形图上最大振幅值,按下式求出振速 v 为

$$v = \beta \frac{A_{max}}{\eta} \tag{4-6-24}$$

式中　β——衰减倍数;

A_{max}——波形图上最大振幅值,cm;

其余符号代表意义与公式(4-6-23)同。

(2) 系数 K、a 值的计算　根据式(4-6-20),每一次测定时,均可按上述方法计算出一个速度值 v。在公式中,Q、R、v 值为已知量,K、a 值为待求量。为简化计算,将公式变为线性函数方程,两边取对数

$$\lg v = \lg K + a\lg\left(\frac{Q^{\frac{1}{3}}}{R}\right) \tag{4-6-25}$$

令 $y=\lg v$、$b=\lg K$、$a=a$、$x=\lg\left(\frac{Q^{\frac{1}{3}}}{R}\right)$，则 $y=b+ax$

依最小二乘法得出

$$a = \frac{\Sigma x \cdot \Sigma y - n \cdot \Sigma(x \cdot y)}{(\Sigma x)^2 - n \cdot \Sigma x^2} \tag{4-6-26}$$

$$K = \lg^{-1}\left[\frac{1}{n}(\Sigma y - a\Sigma x)\right] \tag{4-6-27}$$

上二式中　n——测点数。

（3）质点振速计算实例　某工程进行大爆破时，使用炸药量为9850kg，在不同的地点对岩石质点垂直振速进行测量，其 K、a 值计算如表4－6－3所示。

表4－6－3　K、a 值计算

观测点	测点至爆源中心距（m）	$\rho=\left(\frac{Q^{\frac{1}{3}}}{R}\right)$	v（cm/s）	$x=\lg\rho$	$y=\lg v$	x^2	$x\cdot y$
1	245	0.0875	1.320	－1.058	0.121	1.119	－0.128
2	215	0.0996	6.230	－1.002	0.794	1.004	－0.796
3	330	0.0649	1.820	－1.188	0.260	1.411	－0.309
4	470	0.0456	0.812	－1.341	－0.090	1.797	0.121
5	653	0.0328	0.570	－1.484	－0.244	2.204	0.362
6	415	0.0517	0.926	－1.286	－0.033	1.655	0.042
7	595	0.0360	0.488	－1.444	－0.312	2.084	0.450
8	790	0.0271	0.240	－1.567	－0.620	2.456	0.972
Σ				－10.370	－0.124	13.730	0.714

注　$a=\frac{\Sigma x\cdot\Sigma y-n\Sigma(x\cdot y)}{(\Sigma x)^2-n\Sigma x^2}=\frac{(-10.370)-(-0.124)-8(0.714)}{(-10.370)^2-8(13.73)}=1.92$

$K=\lg^{-1}\left[\frac{1}{n}(\Sigma y-a\Sigma x)\right]=\lg^{-1}\left\{\frac{1}{8}\left[-0.124-1.92(-10.370)\right]\right\}=297.4$

2. 爆破对边坡破坏范围的观测方法

观测的目的在于合理地使用爆破方法、选择最优的爆破参数、采用有效的防护措施，以便提高施工质量、加快施工进度。

岩体破坏程度的判断标准，见表4－6－4和表4－6－5。

表4－6－4　爆破后岩体表面破坏的检查

破坏程度	地质描述和裂隙调查
破裂区	岩体破碎、抛掷，形成可见漏斗及其四周被拉裂成大块岩体，岩体整体性被完全破坏
破坏区	岩层被抬动，产生新的裂缝，原有裂缝明显张开和错动，相对错动值大于5mm
轻微破坏区	原有裂缝张开（＞0.1mm），无错动，无新的裂缝产生
非破坏区	岩体未受破坏或者原有裂缝微小张开（＜0.1mm）

表 4-6-5 岩体内部破坏的检查

破坏程度	压水试验	弹性波观测	声波观测
破坏区	四处冒水，漏水量大，有时不起压		
轻微破坏区	单位吸水率与爆破前比较超过试验允许范围	纵波速度变化值超过仪器观测累积误差 ±6%	声波振幅的变化超过仪器观测累积误差 ±0.5*NP*，或声波速度变化值超过仪器观测累积误差 ±3.5%
非破坏区	爆破后的单位吸水率与爆破前一致，未超过允许范围	弹性波速度值与爆破前一致或变化甚微（未超过测量精度误差范围）	声波振幅变化与爆破前一致，或变化甚微（未超过测量精度误差范围）

注 压水试验检查标准见表 4-6-6。

表 4-6-6 压水试验检查标准 ［单位：L/(min·m·m)］

ω_1	ω_2
0.01~1	$(1\pm0.3)\omega_1$
1~10	$(1\pm0.3)\omega_1\sim(1\pm0.1)\omega_1$
>10	$(1\pm0.05)\omega_1$

注 ω_1 表示爆破前岩石的单位吸水率。

（A）岩体表面破坏范围的观测

常用观测方法有以下两种。

（1）地质描述和裂缝调查 从爆破前后地质构造和裂缝张开错动资料的对比来估计表面破坏范围。

爆破前将裂缝数量、产状和密度描绘在 1∶100 的平面地质图上，标出裂缝观测点，用读数放大镜测量裂缝宽度（放大镜的最小刻度为 0.5mm，可估计至 0.1mm）；爆破后再进行描述读数并与爆破前加以比较。

（2）质点振动观测 地表非破坏区的质点垂直振速一般应小于 13cm/s。

（B）岩体内部破坏范围的观测

常用观测方法有以下三种。

（a）压水试验

根据爆破前后漏水量的变化来估计岩体深部和水平方向的破坏范围。

常用 100 型岩芯钻（钻头直径 91mm）在爆区中心钻压水孔，测定深部破坏范围。由爆区中心向外或向后方向打一排压水孔（4~5 个），观测内部水平方向破坏范围。

爆破前后在同一孔相同部位作综合分段压水（每分段 1m）检查。压水孔的深度应大于爆破孔深度的两倍，压水压力以不使岩层抬动为宜，一般采用 50kPa，每分钟读一次数，稳定时间为 1 小时。

爆破前需用细砂将压水孔回填至爆破孔孔底的标高，以便爆破后找孔和防止石渣掉入孔内而有碍爆破后进行压水观测。

（b）弹性波观测

弹性波观测是用水下压敏检波器、测振仪和示波器组成观测系统，测定爆破前后岩体内不同深度的纵波速度变化，来判断破坏范围。

在爆区内布置几条测线，每条测线布置三个观测孔，其中一个孔放置雷管作为发射孔，另外两孔放置检波器（用水耦合）作为接收孔。

观测孔比放炮孔深一倍以上，孔距一般大于4m。爆破前由药包底部标高算起，向下每隔0.5m测量一次水平方向纵波速度，一直测到孔底；爆破后在原孔相同部位重复爆破前的测量，从而，求出爆破前后纵波速度变化率随深度的变化图。

(c) 声波观测

它是利用声波传播到微裂缝分界面上时，由于两种介质的波阻抗不同，其能量变化非常明显的特点来估算爆破的破坏深度。

测量方法是在爆区钻1～2对观测孔，孔深为爆破孔深度的两倍以上。每对孔的孔距1m，相互平行。用水做耦合剂，将发射换能器和接收换能器分别置于相邻两孔内。沿孔深方向每隔0.2m观测一次，每次重复读数三次。对比前后观测资料，绘出声波能量（振幅）随深度变化关系图。爆破前后声波能量的变化超过仪器观测系统积累误差±0.5NP（奈培）者为爆破破坏区。

除以上观测方法外，还有岩芯获取率和深孔电视以及层面张开与错动等方法。

(C) 边坡稳定的允许振动速度控制标准

1) 长沙矿冶研究院，根据多年的研究，提出闪长岩、大理岩的边坡坡脚允许振动速度的控制标准见表4－6－7，并为许多工程采纳。

表4－6－7　　边坡稳定允许振动速度

边坡稳定情况	边坡稳定系数 K	允许振速（cm/s）
稳定地段	>1.2	35～42
较稳定地段	1.08～1.2	28～35
不稳定地段	<1.08	22～28

2) 长江科学院在国家“七五”三峡工程重大科技《边坡岩体工程问题研究》课题中，提出坡脚振速控制指标为：距爆源20m处，$v \leqslant 25$cm/s。

3)《施工组织设计手册》中介绍的标准，见表4－6－8～表4－6－10。

依据表4－6－10定出的标准，只要三个正交方向中的某一方向的振动峰值等于或超过它都认为是不允许的。

表4－6－8　　爆破地震效应对基岩破坏标准参考资料

资料来源	振速 v（cm/s）	基岩状况
长沙矿山研究院	13.5～24.7	岩石产生细微裂缝或原有裂缝张开
地球物理研究所	60～70	基岩露头出现裂缝
长江水利水电科学研究院	>19（垂直）	地表破坏区，岩层被抬动产生新的裂缝，老裂缝明显张开和错动（相对错动值>5mm）
	13～19（垂直）	地表轻微破坏区，老裂缝有张开（>0.1mm），无错动，更无新的裂缝产生
	<13	地表非破坏区

续表 4-6-8

资料来源	振速 v(cm/s)	基岩状况
A. H. 哈努卡耶夫	34~50 17~24 3~10	坚硬矿石中等破坏(裂缝间距>1.0m) 中硬矿石强烈破坏(裂缝间距0.1~1.0m) 低强度矿石破坏(软层面和岩石面接触不良)
U. 兰格福尔斯	30.5 61	岩石崩落 岩石破碎
L. L. 奥里阿德	5.1~10.2 61	岩石边坡安全 大量岩石损坏
阿兰·包兰	25.4 63.5~254	较小的张力片帮 强张力片帮,并呈放射状破裂
基尔斯特洛姆	<11 <35	花岗岩临界值 砂质泥质临界值

表 4-6-9　爆破地震效应对建筑物的破坏标准参考资料

序号	资料来源	破坏标准	工程安全状况
1	铁道部,《铁路工程爆破安全规则》	$v \leq 5$ 12 20 50 150	可以保证建筑物安全 房屋墙壁抹灰有开裂、掉落 斜坡陡崖大石滚落,地表出现细小裂缝,一般房屋被破坏 松软岩石出现裂缝,建筑物严重破坏;干砌片石移动 岩石崩裂;地形有显著变化,建筑物严重破坏
2	水电部东北勘测设计院	$v \leq 10$ $a \leq 1 \sim 3$ $A \leq 1$	对地面与地下水工结构物,破坏标准同时还应考虑振动的频率与结构物固有频率之间的关系、结构型式、材料特性及基础条件
3	地球物理研究所	$v = 10 \sim 15$ >30 60~70	普通平房开始有轻微破坏 一般有破坏 建筑物严重破坏,基岩露头出现裂缝
4	M. A. 萨道夫斯基	$v < 10$	安　全
5	U. 兰格福尔斯 B. 基尔斯特朗 H. 韦斯特伯格	$v = 10.9$ 16.0 23.1	产生细裂缝,抹灰脱落 产生裂缝 产生严重裂缝
6	A. T. 爱德华兹 T. D. 诺思伍德	$v < 5.1$ 5.1~10.2 >10.2	安　全 引起注意 破　坏
7	A. 德沃夏克	$v = 1.0 \sim 3.0$ 3.0~6.1 >6.1	开始出现小裂缝 抹灰脱落,出现小裂缝 抹灰脱落,出现大裂缝,影响建筑物坚固性
8	美国矿务局	$a > 1$ $0.1 < a < 1$ $a < 0.1$	建筑物破坏 引起注意 无破坏
9	R. 古斯塔夫松	$v < 7$ <10 <15 ≤22.5	无显著裂纹 细微裂纹及落泥灰(开始值) 开　裂 严重开裂

注　1. 表中 v(单位 cm/s),a(单位为 g)、A(单位 mm)分别代表振动速度、加速度和位移;
2. 序 9 的破坏标准是指波速 $c = 4500 \sim 6000$m/s,岩石为花岗岩、片麻岩、硬石灰岩、石英质石灰岩、辉绿岩。

表 4-6-10　　允许爆破振动速度和破坏标准

质点振动速度（cm/s）	大体积混凝土	基岩和边坡	地下工程
<1.2	浇筑 1~3 天的混凝土		
1.2~2.5	浇筑 3~7 天的混凝土		
2.5~5.0		1. 软弱破碎基岩原有裂缝有可能扩大 2. 基岩边坡有小块碎石滚落	
5.0~10.0	28 天以后到达设计强度的混凝土	1. 软弱坝基原有裂缝有可能扩大 2. 接近地表的泥化夹层有微小错动或张开	1. 土洞有掉块 2. 未衬砌的松散洞体有小的掉块
10.0~20.0	1. 老混凝土 2. 新浇 7 天内的混凝土，可能产生裂缝	1. 软弱基岩原有裂缝张开和延长，泥化夹层有小错动 2. 中等硬岩原有裂缝有时有微小张开	1. 隧洞原有裂缝有时扩大 2. 破碎岩体有掉块 3. 管道接头有细微变位
20.0~30.0	老混凝土有可能出现微小裂缝	1. 坚硬岩石原有裂缝有微小张开 2. 中等硬岩原有裂缝扩宽、延长，有时出现新裂缝 3. 层面错动	1. 隧洞有大掉块，有时有小的塌落 2. 岩柱有掉块
30.0~60.0	老混凝土出现少量裂缝	1. 坚硬岩石出现少量裂缝 2. 基岩露头有掉块 3. 松散土体或夹石土体大塌方，岩石边坡局部塌方 4. 土壤地表开裂	1. 衬砌混凝土出现裂缝 2. 管道变形 3. 顶板有塌方
60.0~90.0		岩石产生较大破裂	1. 地下建筑物或衬砌体破裂 2. 硬岩体裂缝严重扩张
>90.0		岩体破坏	地下建筑物严重破坏

注　表内所列数据为重复爆破时的速度值，单次爆破时振速值可适当加大，但不超过 50%。

（五）边坡加固效果监测

边坡加固前后，加固施工过程中，利用已经安装的仪器观测其加固效果。

采用挡墙和阻滑结构物进行加固的边坡，需要观测接触压力、结构物的位移和内部应力，具体方法见本章第三节。

采用预应力锚固结构的边坡，需要观测预应力变化，其测力计的安装与观测方法见本章第三节。

（六）仪器安装埋设后的工作

见本章第三节。

六、巡　视　检　查

采用仪器进行监测是边坡监测不可缺少的重要手段，但由于仪器监测毕竟有限，不可能覆盖整个边（滑）坡面，因此，作为补充，进行地表人工巡视检查是必要的，巡视检查方法如下：

（1）人工巡视检查　人工巡视检查是观测人员或组织有关监理、设计、施工等各方人员和观测人员一起赴边(滑)坡现场察看。参加巡视的人员应有一定的专业经验。

(2) 巡视检查分日常巡查、年度巡查　日常巡查,施工期(人工边坡开挖和天然滑坡整治期)应经常进行,一般一周一次,雨期应加密,运行期,正常情况下每月一次。运行期的年度巡查,应在每年汛期、汛后全面地进行。特殊情况下(如遇地震等)应及时组织巡视检查。

(3) 检查内容:

1) 边(滑)坡地表或排水洞有无新裂缝、坍塌发生,原有裂缝有无扩大、延伸,断层有无错动发生。

2) 地表有无隆起或下陷;滑坡后缘有无拉裂缝;前缘有无剪出口出现;局部楔体有无滑动现象。

3) 排水沟、截水沟是否通畅、排水孔是否正常。

4) 是否有新的地下水露头,原有的渗水量和水质有无变化。

5) 安全监测设施有无损坏。

(4) 巡视检查纪录和报告　每次巡视检查都应有记录,记录内容包括:检查时间、参加检查的人员、检查的目的和内容、检查中发现的情况。记录方式采取文字、照相、摄像、素描等。

(5) 巡视检查的工具　巡视检查应携带地质锤、地质罗盘、皮尺、放大镜、照相机、摄像机等。

除上述要点之外,可同时参考本章第五节巡视检查内容。

七、观 测 频 率

边坡工程监测的观测频率,除设计和工程的特殊规定,一般要求如下所述。

(一) 大地变形观测

1. 人工边坡

1) 水平位移监测网每两个月至一年观测一次,各测点水平位移每月观测一次。首次观测应在最短时间内连续、独立观测两次。

2) 边角交会测量要求,是使最后一次水平位移监测点位移量中误差,在施工期不大于±0.5mm;在运行期不大于±3.0mm。

3) 按《国家一、二等水准测量规范》中二等水准测量精度进行垂直位移测量,每月观测一次。首次观测应在最短时间内连续独立观测两次。

4) 特殊情况下适当加密。

2. 天然滑坡

1) 监测网每年观测一次。

2) 监测点一般每年4~8次。即每年旱季两个月一次,雨季一个月一次。或每4、7、8、11月各一次。

3) 监测网和监测点的首次值观测应连续观测两次。

4) 要求监测网点坐标中误差不大于±3mm;监测点坐标中误差不大于±5mm。

5) 观测频率应根据实际的需要和经费的可能适当加密。

3. 国内外若干滑坡的变形量及精度

国内外若干滑坡的变形量及精度见表4－6－11。

表4－6－11　　国内外若干滑坡的变形量及精度

序号	滑坡名称	变形量（mm）	观测精度（mm）
1	黄河李家峡一号滑坡	1984～1987年：上部20～80；中部250～320；下部130～350	5～10
2	黄河龙羊峡	30～150	10
3	长江新滩滑坡	缓慢期19～24mm/月；发展期87～133mm/月；加剧期110～279mm/月；滑坡前1个月6～10mm/月	
4	长江黄腊石滑坡	20～100	
5	意大利Vaiont滑坡	滑坡前一天400mm/天；滑坡当天800mm/天	5～10
6	清江慕坪滑坡	水平方向：17～1725	≤5
7	清江茅坪滑坡	水平方向：200～500；垂直向：0～145	≤5

（二）正倒垂线观测

正倒垂线观测参看第五节大坝正倒垂线相应内容。

（三）表面倾斜观测

1）埋设完以后一周开始观测读数。

2）第一周内每天观测1次。

3）取得初始稳定值后每周观测1次。

4）如遇异常，视实际需要，加密观测。

（四）钻孔测斜仪观测

1）钻孔灌浆后24小时开始读数，每天观测一次，达到初始稳定状态后开始正式观测读数。

2）在施工期间，3～5天观测一次，或根据变化速率调整。

3）放炮开挖前后各观测一次。

4）运行期间7～10天观测一次。

5）如遇特殊情况，视实际需要适当加密观测。

（五）多点位移计观测

1）对于注浆固定的锚点，应待安装灌浆后24小时开始观测初始读数。然后每天观测一次。

2）在施工期间，3～5天观测一次，或根据变化速率调整。

3）放炮开挖前后各观测一次。

4）运行期间7～10天观测一次。

5）如遇特殊情况，视实际需要适当加密观测。

（六）爆破影响监测

1）监测点附近的爆破影响和下部爆破对上部边坡的动力作用。

2）监测应在爆破过程中进行，放炮前应通知监测人员，事先做好准备。

3）每测点观测5～6次。

4）要求测量误差不大于±15%。

（七）岩体松动范围观测

1）工程开挖结束后一次性观测稳定值。

2）工程开挖过程中，根据开挖阶段进行观测，最后进行稳定观测或留作长期观测。

（八）加固效果监测

用于加固效果观测的仪器，在加固前测一稳定值，加固过程中进行阶段观测，加固后测一稳定值后转入正常观测，开始一天测一次，或根据物理量变化速率调整测次。

八、观测资料整理分析

观测资料的初步整理分析可参照本章第五节的方法和要求，深层次的整理分析见第六章。

第七节 地下工程监测方法

地下工程监测的条件复杂、环境恶劣，具体操作时，应注意下述特点：

1）登高作业多，作业空间有限，施工干扰比较大，要有相应的设备和方法的准备。

2）施工期的进度受工程施工控制，需要采取交叉、平行等作业方式和充分利用施工空隙，尽可能少地占用工程的直线工期。

3）由于地质条件和施工条件的不确定性，需要准备相应的随机仪器设备和措施。

4）地下工程属隐蔽工程，监测仪器设备的安装埋设与观测质量要求，应按照规范和设计要求，一次达标，并有相应的维护和检验措施。

5）地下工程洞室内的监测不受外界气候影响，但洞内工作条件较差，工作人员和仪器设备的安全问题比较突出，需要具备较强的防护措施，仪器设备要具有较强的抗冲击和抗腐性能。

6）大型洞室三维尺寸大，施工时常采用分层开挖和支护。因此，监测仪器的安装埋设也必须分层进行。监测仪器一经埋设，便立即投入对后续施工的监控，整个开挖支护过程既是监测系统形成的过程，又是信息收集、反馈和应用控制的过程。地下工程施工期的观测有其突出的重要性。

7）地下工程经济设计和安全施工、运行的重要前提是对围岩特性的准确判断和对初始应力状态、二次应力变化的正确估计。

为此，在地下工程监测方法中，需要根据上述特点要求，提出相应的措施和标准。

一、监 测 设 计

监测工程设计，见第二章。监测工程施工组织设计的一般要求，见本章第一节。此外，应根据地下工程监测的特点要求，在施工组织设计中作出相应而有效的设计，在每种监测方法的实施设计中，同样应做好随机准备设计。

二、监测仪器的组装率定检验

常用仪器的组装率定检验，见本章第二节。下面介绍用于地下工程监测的常用仪器组装率定检验的要求。专用仪器的率定检验,可参照仪器说明书。

1）仪器率定前进行系统编号,同时建立档案和记录,号牌应牢固耐腐。

2）仪器到场后,进室内率定检验。安装埋设过程中,每道工序都应检验并记录,合格后再进行下一道工序施工。

3）在有渗透水压力环境下工作的仪器和电缆,如水工压力隧洞的观测仪器和电缆,必须经过严格的压水检验。一般在具有1.2倍设计内水压力的容器中,压水24小时后测定仪器的抗水性能。

4）地下工程监测仪器一般是在距离爆破中心较近处埋设,同时又受开挖爆破长时期的振动,因此,需要考虑抗震性能的检验。

三、监测断面和测点的定位放样

1）监测断面和测点的定位放样,可按照SDJ 59—85《施工测量规范》进行。

2）地下洞室仪器安装埋设的土建施工放样,应与地下洞室施工测量相同,以施工导线标定的轴线为依据。

3）埋入围岩中的仪器一般分为预埋与现埋两种,所谓预埋是指开挖前预先埋入围岩,以达到测量开挖全过程的岩体变化;所谓现埋是指在开挖面附近埋设仪器,这样可以测到大部分过程的岩体变化。因此,地下工程监测,定点放样有个时机问题,预埋的仪器孔点位置应在被测洞室的开挖面距离观测断面一倍洞径之前定位放样,现埋仪器孔点位置应在开挖面越过1~2m时放样。

4）其他要求,参见本章第五节。

四、仪器安装埋设的土建工程施工

土建工程施工的一般要求参见本章第三节和第五节。对于地下工程监测,由于使用的仪器种类比较多,又大部分埋设在围岩内,钻孔、切槽等一般在断面的36°范围内分布变化。难度大,要求高,因此土建施工时应注意下述要求。

1）钻孔过程中,要随时校核孔位,孔向、孔弯和孔径。一般应采用岩心钻,或采用潜望镜、潜孔摄影或地球物理测井仪检查钻孔状况。

2）切槽和清理岩面时,尽可能避免岩体的松动。

3）土建施工的同时,对仪器所涉及范围内的围岩地质资料应进行记录和描述。

五、监测仪器安装埋设与观测

（一）变形监测仪器的安装埋设与观测

地下工程的变形监测主要有:围岩表面和内部位移监测;各种结构物的变形监测;地表、地中沉降和由此引起的地震、地中建筑物变形的监测。观测的内容有:变形值、变形速率、变形分布、变形范围、变形空间效应、变形时间效应、围岩松动范围等。下面将介绍常用的变形监测方法,其中有些是岩土工程监测的常用方法,已在本章第三节作了详细介绍,这里只说明为适应地下工程监测特点的技术要求。

1. 收敛计安装埋设与观测

地下洞室围岩收敛观测，是应用收敛计量测围岩表面两点在连线（基线）方向上的相对位移，即收敛值。收敛观测是岩体原位位移观测的重要方法之一，已广泛地应用于岩土工程安全监测。

应用收敛计观测岩体位移，仪器结构简单，使用灵活，经济易行。

收敛观测也适用于岩体表面两点间的距离变化的观测。收敛观测采用卷尺式收敛计，对于其他形式的收敛计，可参照使用。

收敛观测受登高设备条件制约很大，如果登高问题能够解决，则收敛观测不受洞径大小的限制。

（A）收敛观测断面的测线布置

1）当地质条件、洞室尺寸和形状、施工方法等已定时，地下洞室围岩的位移主要受空间和时间两种因素的影响。因此，围岩位移存在“空间效应”和“时间效应”。“空间效应”是掌子面的约束作用产生的影响。“时间效应”是指在掌子面约束作用解除后，收敛位移随时间的延长而增大的现象。这两种效应是围岩稳定情况的重要标志。可用来判断围岩稳定情况，确定支护时机，推算位移速率和最终位移值。因此，根据地质条件、围岩应力大小、施工方法、支护形式及围岩的时间和空间效应等因素，按一定间距选择观测断面和测点位置。观测断面间距宜大于 2 倍洞径。

2）初测观测断面应尽可能靠近开挖掌子面，距离不宜大于 1.0m。因为根据实测资料分析，一般情况下，当开挖掌子面距观测断面 1.5～2.0 倍洞径后，“空间效应”基本消除。距离掌子面越远，围岩位移释放量越大，距离 1.0m 时，位移释放约 20%～30%。因此，要求测点埋设应尽量接近掌子面。

3）基线的数量和方向应根据围岩的变形条件和洞室的形状与大小确定。典型的测线布置，见第二章。

4）测点布置要优先考虑拱顶、拱座和边墙，若围岩局部有稳定性差的岩体，也应该设置测点，遇软弱夹层时，应在其上下盘设测点。

（B）测桩的埋设

1）为了使测点能代表围岩表面，测点应牢固地埋设在围岩表面，其深度不宜大于 20cm。

2）清除测点埋设处的松动岩石。

3）用钻孔工具垂直洞壁钻孔，将测桩固定在孔内（见图 4－7－1），并在孔口设保护装置。

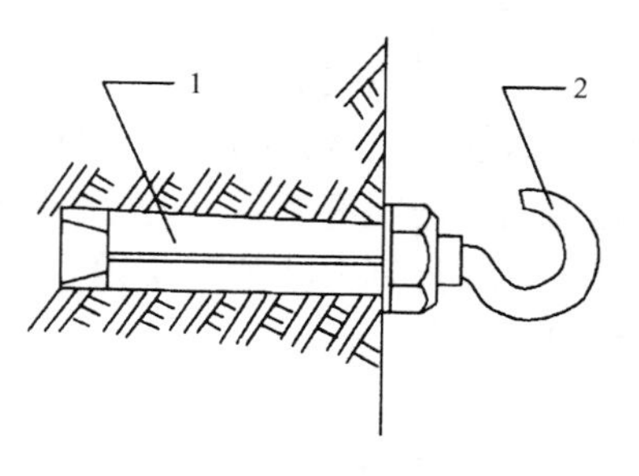

图 4－7－1　测桩埋设图

1—锚栓；2—挂钩

（C）收敛观测

对收敛观测的要求：

1）观测前应在室内进行收敛计标定。

2）观测前必须将测桩端头擦洗干净。

3）将收敛计两端分别固定在基线两端的测桩上，按预计的测距固定尺长，并保证钢尺不受扭。

4）不同的尺长应选用不同的张力。调节拉力装置，使钢尺达到已选定的恒定张力，读记收敛值,然后放松钢尺张力。

5）重复第4)条的程序两次,三次读数差,不应大于收敛计的精度范围。取三次读数的平均值作为计算值。

6）观测的同时,测记收敛计的环境温度。

可以根据速率确定观测间隔时间时,除了正常速率外,在掌子面每次推进之后,或观测断面距离掌子面2.0倍洞径,变形稳定后,观测断面附近有工程处理时,或测值出现异常时,需要调整观测间隔时间。速率变化能为调整测次提供比较准确的依据。

收敛计中不同的尺长应使用不同的张力,是为了减小尺的曲率,保证测量的准确度。

收敛计是机械式仪器,为了减少人为的误差,观测由固定的人员进行操作,并测读三次取其平均值以保证观测精度。

温度对测值的影响较大,因此,需要准确地测量收敛观测时的环境温度,以便对观测值进行修正。

(D) 资料整理

地下洞室围岩收敛观测记录应包括:工程名称、观测段和观测断面及观测点的编号与位置、地质描述、收敛计编号、观测时间、基线长度、收敛计读数、观测时的环境温度、观测断面与开挖掌子面的距离。

现场观测记录应在24小时内及时进行校核、整理。观测资料的及时整理,有利于及时纠错和跟踪分析。

按下列公式计算温度修正的实际收敛值:

$$u = u_i + aL(t_i - t_0) \tag{4-7-1}$$

式中 u——实际收敛值,mm;

u_i——收敛读数值,mm;

a——收敛计系统温度线胀系数(取1.17×10^{-5}或参照仪器说明书)

L——基线长,mm;

t_i——收敛计观测时的环境温度,℃;

t_0——收敛计标定时的环境温度,℃。

绘制收敛位移与时间的关系曲线、收敛位移与开挖空间变化的关系曲线、位移速率变化的时空关系曲线、断面的位移分布图。

基线的长度是指两测点埋设测桩钻孔孔口之间的距离。采用收敛计观测的围岩位移,是两测点的距离变化,即两测点位移之和。两测点各自的位移,可以通过近似的分配计算求得。具体计算方法如下所述。在选择计算方法时,要考虑方法的假定是否接近所测洞室的情况。

(E) 收敛观测测点位移分配计算方法

收敛观测断面上各测点的位移,可利用实测的收敛位移,通过近似计算求得。其计算条件假设:①洞壁轮廓线上测点的位移为径向位移,切向位移忽略不计。若有较大的切向位移时,则另设位移量进行计算。②基线的角度变化忽略不计。

(a)轴对称三角形测点位移计算方法

方法1:参照图4-7-2。

$$\left.\begin{aligned}\Delta A &= h - h_t \\ \Delta B &= l_b - l_{bt} \\ \Delta C &= l_c - l_{ct}\end{aligned}\right\} \quad (4-7-2)$$

式中　ΔA、ΔB、ΔC 分别为 A、B、C 三测点的位移，a、b、c 和 a_t、b_t、c_t 分别为三条基线初始长度和 t 时刻的长度。

$$l_c = \frac{a^2 + b^2 - c^2}{2a}$$

$$l_b = a - l_c$$

$$h = \sqrt{c^2 - l_b^2}$$

$$l_{ct} = \frac{a_t^2 + b_t^2 + c_t^2}{2a_t}$$

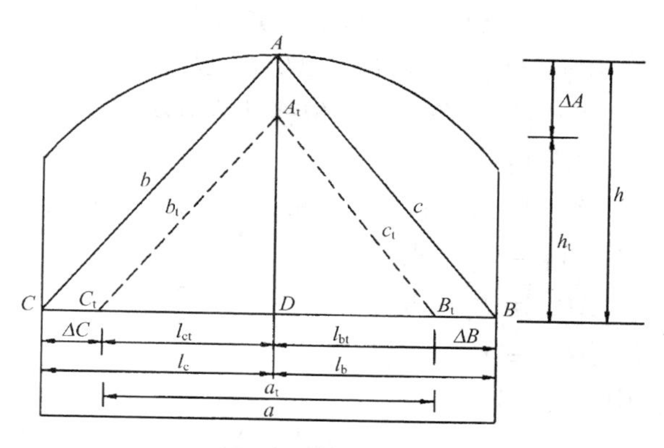

图 4－7－2　轴对称三角形测点位移计算图

$$l_{bt} = a_t - l_{ct}$$

$$h_t = \sqrt{c_t^2 - l_{bt}^2}$$

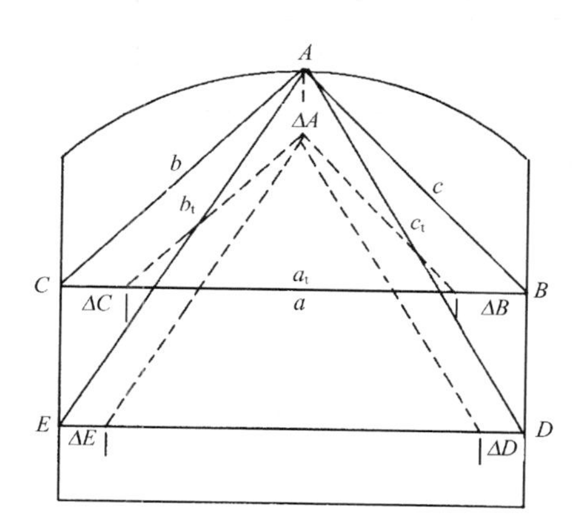

图 4－7－3　轴对称三角形测点位移计算图

方法 2：

1）计算 $\triangle ABC$ 中，A、B、C 测点的位移（参照图 4－7－3）。

$$\left.\begin{aligned}\Delta A &= \sqrt{b^2 - \left(\frac{a^2 + b^2 - c^2}{2a}\right)^2} \\ &\quad - \sqrt{b_t^2 - \left(\frac{a_t^2 + b_t^2 - c_t^2}{2a_t}\right)^2} \\ \Delta C &= \frac{a^2 + b^2 - c^2}{2a} - \frac{a_t^2 + b_t^2 - c_t^2}{2a_t} \\ \Delta B &= a - a_t - \Delta C\end{aligned}\right\} \quad (4-7-3)$$

式中　a、a_t——分别为 B、C 两测点的基准值和 t 时刻的测值；

c、c_t——分别为 A、B 两测点的基准值和 t 时刻的测值；

b、b_t——分别为 A、C 两测点的基准值和 t 时刻的测值。

2）在 $\triangle ADE$ 中，用上述方法同样可以计算 A、D、E 三点的位移。

3）在 $\triangle ABC$ 和 $\triangle ADE$ 计算出 A 点的下沉量一致时，说明边墙不产生垂直位移。否则其差值便是 BD 或 CE 范围内所产生的垂直位移。

4）B、C 两测点垂直下沉位移 ΔB_y、ΔC_y 的计算，假设：

$$\Delta B_y = \Delta C_y$$

$$\Delta B_y = \Delta C_y = \sqrt{b_t^2 - \left(\frac{b_t^2 + a_t^2 - c_t^2}{2a_t}\right)^2} + \Delta A - \sqrt{b^2 - \left(\frac{b^2 + a^2 - c^2}{2a}\right)^2}$$

式中　ΔB_y、ΔC_y——B、C 两测点的垂直下沉位移；

ΔA——A 测点的实测值。

用同样的方法可计算 ΔD_y 和 ΔE_y。

(b)规则三角形测点位移计算方法

方法 1：

(1) 求 t 时刻 A、B、C 测点的位移(参照图 4－7－4)：

$$\left.\begin{aligned}\Delta A_{yt} &= A_y - A_{yt}\\ \Delta B_{xt} &= B_x - B_{xt}\\ \Delta C_{xt} &= C_x - C_{xt}\end{aligned}\right\} \quad (4-7-4)$$

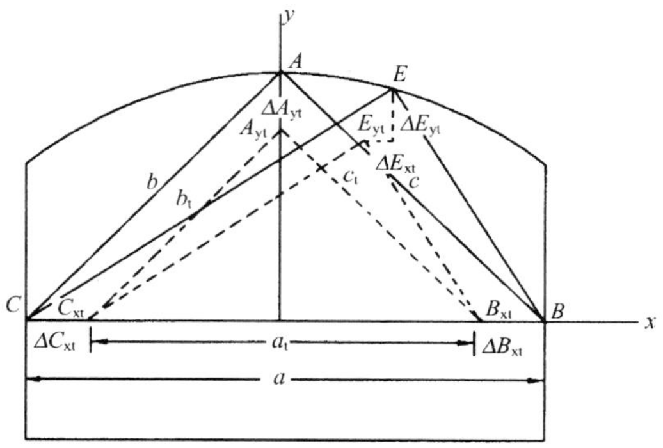

式中 $A_x = 0$；

$A_y = c\ \sin\ \arc\ \cos\left(\dfrac{a^2+c^2-b^2}{2ac}\right)$；

$B_x = \sqrt{c^2 - A_y^2}$；

$B_y = 0$；

$C_x = -\sqrt{b^2 - A_y^2}$；

$C_y = 0$；

$A_{xt} = 0$；

$A_{yt} = c_t\ \sin\ \arc\ \cos\left(\dfrac{a_t^2+c_t^2-b_t^2}{2a_tc_t}\right)$；

$B_{xt} = \sqrt{c_t^2 - A_{yt}^2}$；

$B_{yt} = 0$；

$C_{xt} = -\sqrt{b_t^2 - A_{yt}^2}$；

$C_{yt} = 0$；

a、b、c 及 a_t、b_t、c_t 分别为初始和任意时刻 t 时的基线长。

图 4－7－4 规则三角形测点位移计算图

(2) 求 t 时刻 E 点的位移：

当 $E_x > 0$ 时：

$$\left.\begin{aligned}\Delta E_{xt} &= E_x - E_{xt}\\ \Delta E_{yt} &= E_y - E_{yt}\end{aligned}\right.$$

当 $E_x < 0$ 时：

$$\left.\begin{aligned}\Delta E_{xt} &= E_{xt} - E_x\\ \Delta E_{yt} &= E_y - E_{yt}\end{aligned}\right\} \quad (4-7-5)$$

式中 $E_y = b\ \sin\ \arc\ \cos\left(\dfrac{b^2+a^2-c^2}{2ab}\right)$；

$E_x = B_x - \sqrt{c^2 - E_y^2}$；

$E_{yt} = c_t\ \sin\ \arc\ \cos\left(\dfrac{a_t^2+c_t^2-b_t^2}{2a_tc_t}\right)$；

$E_{xt} = B_x - \sqrt{c_t^2 - E_{yt}^2}$。

方法 2：

(1)求 t 时刻 A、B、C 测点的位移：

$$\left.\begin{aligned} \Delta B_{xt} &= \frac{1}{2}\left(\frac{b_t^2 - c_t^2}{a_t} + 2B_x - a_t\right) \\ \Delta C_{xt} &= \frac{1}{2}\left(\frac{c_t^2 - b_t^2}{a_t} - 2C_x - a_t\right) \\ \Delta A_{yt} &= A_y - \sqrt{c_t^2 - (B_x - \Delta B_{xt})^2} \end{aligned}\right\} \quad (4-7-6)$$

式中　$A_y = c \sin \arccos \left(\dfrac{a^2 + c^2 - b^2}{2ac}\right)$;

$B_x = \sqrt{c^2 - A_y^2}$;

$C_x = -\sqrt{b^2 - A_y^2}$。

（2）求 t 时刻 E 测点的位移：

当 $E>0$ 时：

$$\left.\begin{aligned} \Delta E_{xt} &= \frac{1}{2}\left[\frac{2E_x - B_x + \Delta B_{xt} - C_x - \Delta C_{xt} - (b_t^2 - c_t^2)}{C_x + \Delta C_{xt} - B_x + \Delta B_{xt}}\right] \\ \Delta E_{yt} &= E_y - \sqrt{c_t^2 - (E_x - \Delta E_{xt} - B_x + \Delta B_{xt})^2} \end{aligned}\right\} \quad (4-7-7)$$

当 $E<0$ 时：

$$\left.\begin{aligned} \Delta E_{xt} &= \frac{1}{2}\left[\frac{C_x + \Delta C_{xt} - 2E_x + B_x - \Delta B_{xt} - (b_t^2 - c_t^2)}{C_x + \Delta C_{xt} - B_x + \Delta B_{xt}}\right] \\ \Delta E_{yt} &= E_y - \sqrt{c_t^2 - (E_x + \Delta E_{xt} - B_x + \Delta B_{xt})^2} \end{aligned}\right\} \quad (4-7-8)$$

式中　$E_y = b \sin \arccos \left(\dfrac{b^2 + a^2 - c^2}{2ab}\right)$;

$E_x = B_x - \sqrt{c^2 - E_y^2}$;

B_x、C_x、ΔB_{xt}、ΔC_{xt}意义同上。

（c）任意三角形测点位移计算方法

方法1：三测点位移计算方法（参照图4－7－5）。

A、B、C为洞壁上的任意三个测点，解下式方程组可求得三测点垂直洞壁的位移，分别为 u_a、u_b、u_c：

$$\left.\begin{aligned} u_a \cos\alpha + u_c \cos\alpha &= S_m \\ u_a \sin\beta + u_b \cos(\beta + B) &= S_n \\ u_c \cos\gamma + u_b \cos(90° - \gamma - \theta) &= S_l \end{aligned}\right\} \quad (4-7-9)$$

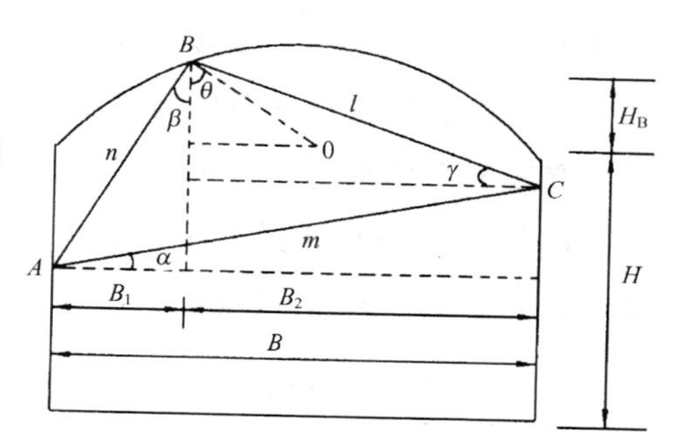

图4－7－5　任意三角形三测点位移计算图

当 B 点在拱顶 A、C 点在同一高程时，则 $\alpha=\theta=0$，上述方程为：

$$\left.\begin{aligned} u_a + u_c &= S_m \\ u_a \sin\beta + u_b \cos\beta &= S_n \\ u_c \cos\gamma + u_b \sin\gamma &= S_l \end{aligned}\right\} \quad (4-7-10)$$

式中　$\cos\alpha = \dfrac{B}{m}$，$\sin\alpha = \sqrt{1 - \dfrac{B^2}{m^2}}$;

$\cos\gamma = \dfrac{B_2}{l}$, $\sin\gamma = \sqrt{1 - \dfrac{B_2^2}{l^2}}$;

$\cos\beta = \sqrt{1 - \dfrac{B_1^2}{n^2}}$, $\sin\beta = \dfrac{B_1}{n}$;

$\tan\theta = \dfrac{B/2 - B_1}{H_B}$;

l、m、n——基线长度；

S_l、S_m、S_n——分别为 l、m、n 基线测得的并经温度修正后的收敛值；

o——洞拱圆心；

H——边墙高度；

H_B——为 B 点至圆心垂直高度。

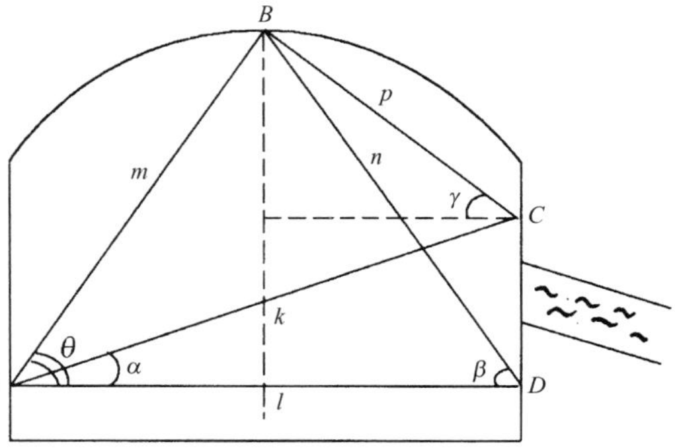

图 4－7－6　任意三角形四测点位移计算图

方法 2：考虑一侧边墙下沉的四测点位移计算方法（参照图 4－7－6）。

解下列方程组，计算 A、B、C、D 四测点垂直洞壁的位移 u_a、u_b、u_c、u_d 和 C 测点的下沉位移 v_c（向下为正值）：

$$\left.\begin{aligned}
&u_a + u_d = S_l \\
&u_a\cos\alpha + u_c\cos\alpha + v_c\sin a = S_k \\
&u_a\cos\theta + u_b\sin\theta = S_m \\
&u_b\sin\beta + u_b\cos\beta = S_n \\
&u_b\sin\gamma + u_c\cos\gamma - v_c\sin\gamma = S_p
\end{aligned}\right\} \tag{4-7-11}$$

上式中　l、m、n、k、p——基线长度；

S_l、S_m、S_n、S_k、S_p——分别为 l、m、n、k、p 五条基线测得的并经温度修正后的收敛值。

方法 3：考虑两侧边墙下沉的五测点位移计算方法（参照图 4－7－7）。

解下列方程组，计算 A、B、C、D、E 测点垂直洞壁向洞内的位移 u_a、u_b、u_c、u_d、u_e 和 B、C 两点的下沉位移 $v_b = v_c = v$（向下为正值）：

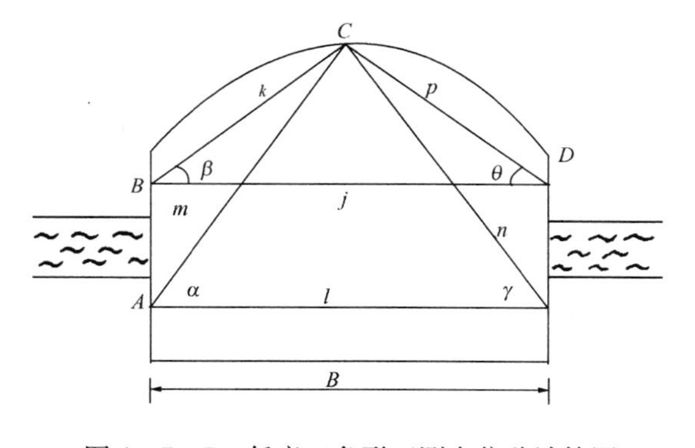

图 4－7－7　任意三角形五测点位移计算图

$$\left.\begin{aligned}
&u_a + u_e = S_l \\
&u_a\cos\alpha + u_c\sin\alpha = S_m \\
&u_c\cos\gamma + u_c\sin\gamma = S_n \\
&u_b + u_d = S_j \\
&u_b\cos\beta - v\sin\beta + u_c\sin\beta = S_k \\
&u_d\cos\theta - v\sin\theta + u_c\sin\theta = S_p
\end{aligned}\right\} \tag{4-7-12}$$

式中　l、m、n、j、k、p——基线长度；

S_l、S_m、S_n、S_j、S_k、S_p——分别为 l、m、n、j、k、p 六条基线测得的并经温度修正后的收敛值。

方法4：不考虑边墙下沉的五测点位移计算方法。

在洞室观测断面上，需要设五点或更多点时，由于方程的个数大于未知数的个数，为矛盾方程，所以需要采用最小二乘法或其他数学方法求解方程。假定 $v=0$，则上节方程为：

$$\left.\begin{aligned} &u_a + u_e = S_l u_a \cos\alpha + u_c \sin\alpha = S_m \\ &u_e \cos\gamma + u_c \sin\gamma = S_n \\ &u_b + u_d = S_j \\ &u_b \cos\beta + u_c \sin\beta = S_k \\ &u_d \cos\theta + u_c \sin\theta = S_p \end{aligned}\right\} \qquad (4-7-13)$$

可变成：$[K]\cdot\{\bar{u}\}=\{\bar{S}\}$

其中：

$$[K]=\begin{bmatrix} 1 & 0 & 0 & 0 & 1 \\ \cos\alpha & 0 & \sin\alpha & 0 & 0 \\ 0 & 0 & \sin\gamma & 0 & \cos\gamma \\ 0 & 1 & 0 & 1 & 0 \\ 0 & \cos\beta & \sin\beta & 0 & 0 \\ 0 & 0 & \sin\theta & \cos\theta & 0 \end{bmatrix}$$

$$\{\bar{u}\}=\begin{Bmatrix} u_a \\ u_b \\ u_c \\ u_d \\ u_e \end{Bmatrix} \qquad \{\bar{S}\}=\begin{Bmatrix} S_l \\ S_m \\ S_n \\ S_j \\ S_k \\ S_p \end{Bmatrix}$$

方程可变为：$\sum_{i=1}^{5} K_{ij} u_j = S_i \quad (i=1,2,3\cdots\cdots6)$

设误差函数：$S=\sum_{i=1}^{6}\left(\sum_{i=1}^{5} K_{ij}u_j - S_i\right)^2$，当 $\dfrac{\partial S}{\partial u_j}=0$ 时，$S\to\varepsilon$ 有极小值。

可列出5个方程式：$\dfrac{\partial S}{\partial u_a}=0$

$$\frac{\partial S}{\partial u_b}=0$$

$$\frac{\partial S}{\partial u_c}=0$$

$$\frac{\partial S}{\partial u_d}=0$$

$$\frac{\partial S}{\partial u_e}=0$$

即可求唯一解：u_a、u_b、u_c、u_d、u_e。

2. 多点位移计安装埋设与观测

在地下工程监测中,多点位移计是测钻孔轴向变形的仪器,主要用于围岩表面和围岩内部位移观测;地表和地中沉降观测;以及结构物的位移观测。

多点位移计种类比较多,但在安装埋设方法上大同小异。因为其结构都是由传感器、锚固点、传感器与锚固点的连接件三部分组成的,不同的是锚固点锚固的方式有所不同,传感器有并联和串联两种方式。在本章第三节以传感器为并联方式,锚固点为灌水泥浆锚固方式,二者以杆式连接的多点位移为代表,已经介绍了多点位移计的安装埋设与观测方法。本节主要介绍在地下工程监测中的特点和要求。

(A) 多点位移计的埋设布置

1) 每支多点位移计的位置、轴向、长度及锚固点的数量,要按照地下工程技术的特点选择。同时考虑预期的岩体位移方向和大小、所安装的其他仪器的位置和性能,以及仪器安装前后和安装过程中工程活动的过程和时间。

2) 位移计的长度应考虑到围岩预期的松动范围。欲测绝对位移并以最深点为基准点时,最深一个锚固点应设置在工程影响范围以外。在有围岩锚固结构的部位,最深一个锚固点应固定在锚杆的内端点以外。总之锚固点的设置应使位移计能测到最大的变形值。软弱结构面、接触面、滑动面等部位,宜在两边各设置一个锚固点。位移计锚固点的间距要根据围岩位移变化梯度来确定,梯度大的部位,如靠近内表面部位,锚固点加密。

3) 在地下工程中,位移计应尽可能在开挖之前埋设,或在开挖面附近1 ~2m 之内埋设,或在导洞、耳洞内预先埋设,以便及早地测得开挖后的全变形,这对运行期的监测也是必要的。

(B) 多点位移计的安装埋设

1) 埋设在拱部上斜或上垂孔内的位移计,要充分估计仪器安装埋设时孔口承受的荷载(仪器自重和灌浆压力)。若孔口岩面较好,可用锚栓和钢筋作担梁支撑;岩石差的孔口需专门搭设构架作孔口支撑,直至钻孔注浆固化后方能将构架拆除。对于水平孔和下斜孔,孔口固定件只需保证组装头壳体不动即可,同时也要注意因孔内沉浆而导致壳体固定不牢。

2) 仪器安装,应由多人将组装好的多点位移计整体托起,缓缓放入钻孔内。注意在放入过程中,杆系不能有过大弯曲,不能用力牵拉,以防传递杆折断和护管脱开。组装头就位前要用浓水泥浆把扩孔壁和壳体外侧均匀涂抹,就位后用孔口支承构件固定,24 小时后注浆。

3) 钻孔灌水泥浆时,要严格控制工艺标准。尤其上斜孔和上垂孔,要确保灌注饱满,保证每个锚固点都能锚固。为此,灌浆至不吸浆时,继续灌注 10 分钟之后,排气管出浆比重和浓度与吸浆槽浆液相同时方可闭浆。闭浆时严防孔内浆液回流。

4) 待水泥浆固化 24 小时之后,调试仪器,观测初始读数。打开传感器组装筒,用手预拉每一根传递杆,同时用仪器读数监视,调试完之后,密封传感器和电缆接头,最后密封组装筒,装上孔口保护装置。观测初始读数,每隔 30 分钟测一次,连续三次读数差小于 1%(FS)时的平均值作观测基准值。

5) 仪器埋设注浆结束 24 小时后;其附近开挖面才能爆破。

(C) 多点位移计观测

1) 基准值确定后,在测孔近区爆破时,每排炮爆前爆后各观测一次,并作计算:

动态位移增量 = 爆后测值 - 爆前测值;

静态位移增量 = 下排炮爆前测值 - 本排炮爆后测值。

当静态增量大且发展较快时应加密观测次数，反之则减少观测次数或只在爆破前后各测一次。

当爆区离测孔较远时，可放宽观测频率，如3～7天测一次。

2）围岩稳定监视。当发现排炮影响量（动、静态位移增量）较大时，应加强观测次数并认真分析。

3）正常观测频率见本节观测频率部分。

（D）物理量计算及初步分析

物理量的一般计算，见本章第四节。并及时将各物理量点绘到下述曲线图上。

（a）测点位移过程线的绘制

过程线记录测点的全部信息，包括监测物理量大小、变化和走势，是安全分析的重要依据之一。

（b）测孔区段位移分布图绘制

反映各相邻锚头之间和第1锚头到孔口之间发生相对位移的分布情况。设测点序号由浅向深排列，测点的位移测值为δ，则

第一段位移量 $\Delta\delta_1=\delta_l$（孔口至第1锚头）；

第二段位移量 $\Delta\delta_2=\delta_2-\delta_l$（第1、2锚头之间）；

第三段位移量 $\Delta\delta_3=\delta_3-\delta_2$（第2、3锚头之间）；

⋮

⋮

当n段位移量 $\Delta\delta_n=\delta_n-\delta_{n-1}$（第$n$、$n-1$锚头之间）。

图4－7－8是一组实测的钻孔区段位移分布图，对位移发生的部位和深度展示得较为清楚。

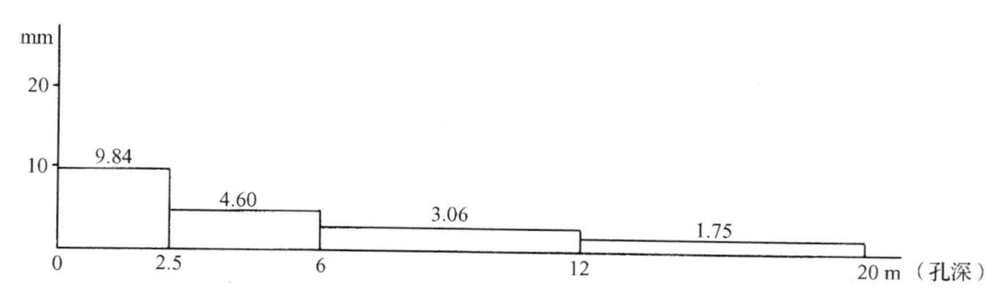

图4－7－8　测孔区段位移分布图

（c）测孔相对孔底位移分布图绘制

以孔底（最深锚头）为参考不动点：

孔口位移：$\Delta_0=\delta_n$；

第1锚头：$\Delta_1=\delta_n-\delta_1$；

第2锚头：$\Delta_2=\delta_n-\delta_2$；

⋮

⋮

第i锚头：$\Delta_i=\delta_n-\delta_i$；

⋮

⋮

第 n 锚头：$\Delta_n = \delta_n - \delta_n = 0$；

图 4－7－9 是实测钻孔相对孔底的位移分布图。对“绝对位移量”展示得较为清楚。

图 4－7－9 是图 4－7－8 的积分。

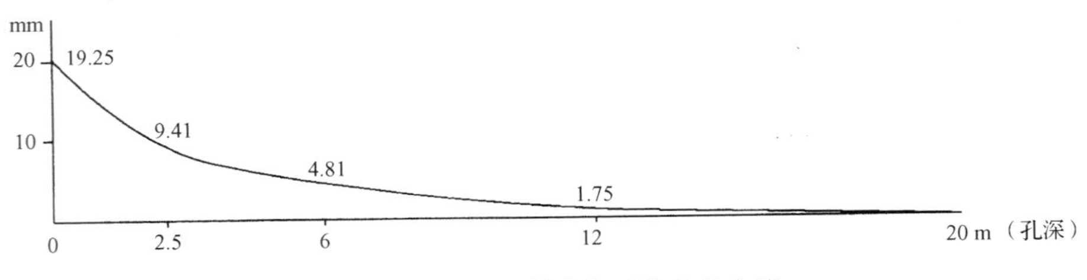

图 4－7－9　测孔轴向相对位移分布线

3. 滑动测微计安装埋设与观测

滑动测微计是测钻孔轴向变形的仪器，钻孔可以伸入围岩的各个方向测量围岩内部变形。具体方法见本章第六节和第三章。

4. 钻孔沉降仪安装埋设与观测

钻孔沉降仪是测钻孔竖向位移的仪器，在地下工程中用于观测由于地下工程开挖引起的地中沉降和洞室拱顶围岩下沉。一般可随竖向管或竖向测斜管一起埋设，具体方法见第三章和本章第五节。

5. 测斜仪安装埋设与观测

在地下工程监测中，测斜仪通过测量钻孔的侧向位移观测围岩的内部位移。测斜仪的导管一般均预埋，并且常以对称的钻孔埋设于地下洞室的两侧。

（A）测斜仪的埋设布置

1）测斜仪钻孔一般穿越变形最大和有代表性的部位，距离被测围岩表面 1～2m。因此，钻孔偏斜应小于 1°。

2）测斜管的基准点设在孔口或孔底的不动点上，或者在钻孔的一端设参考点，参考点的位移，采用其他方法测量。测斜管一般进入不动或无侧向位移层 1.5～2.0m。测斜管的一对导槽方向应与预计的最大位移方向一致。

3）测量点的间距一般是两导轮的间距，在位移变化较大的部位，为了更准确地确定其范围，可采用较小的间距；深度较大的钻孔，为了节省观测时间，也可采用较大的间距。变化测距必须在对所有因素分析之后再采用。

（B）测斜管的安装埋设

测斜管安装埋设的一般方法，见本章第三节。对地下工程监测尚需注意下述要点：

1）测斜管多从地面垂直向下埋设，深度大。埋设时必须采用与导槽相对应的双钢绳吊装。为了确保导管顺直和导槽不产生扭转，每节导管两端的一对导槽，对应固定在钢绳上。埋设在拱上围岩内的水平测斜管，需要采用导轨来控制导槽不产生螺线。

2）测斜管安装完毕，应准确地测出测斜管与洞室内表面的间距。

3）测斜管安装完之后，对其所在断面的位置进行准确的测量，并将其结果通知工程施工单位，在该断面附近施工时注意维护测斜管。

（C）施工期观测

测斜管均在开挖之前埋设，施工期间开挖掌子面距离测斜观测断面一倍洞径以内时，应加密测次。

6. 挠度计安装埋设与观测

钻孔挠度计是用于测量钻孔侧向位移的仪器，地下工程监测可用其观测围岩或结构物内部的位移，可在任意方向的钻孔中安装，根据需要及现场条件可作成固定式或回收式。当测区有振动影响或用于长期观测时，采用固定式，即现场安装调试后用砂浆固定，或浇注在混凝土内部。

（A）仪器安装要点

1）在设计部位，按要求的孔径和深度钻孔，钻孔直径应大于套管50mm，钻孔应平直，孔向偏差应不大于1°/50m。

2）钻孔达到深度后，应将钻孔冲洗干净，检查钻孔的通畅程度。

3）安装钻孔套管。先将孔底一节套管的底端密封，然后逐节连接下入孔内，将灌浆管沿套管外侧下入孔内至孔底1.0m以上处进行灌浆，回填料的力学特性与钻孔岩体的力学特性应近似，即以刚度相类似，作为回填料配制的标准。

4）安装有导槽的套管时，其中一对导槽应与预计最大位移方向相近，装后应测扭。有的挠度计在传感器上有固定方向的导轮。因此，需要带导槽的套管。这种套管的安装与测斜仪导管的安装相同。套管安装时，有导槽的套管，要首先对准导槽连接，目的是要保证导槽不产生扭转。在垂直钻孔中安装套管时，目前常用承重绳托底，并将套管固定在绳上，既防止套管拉断掉入孔内，又可防止导槽扭转。有导槽的套管，安装后需要测导槽的扭转情况，并且以实测的导槽状态作为初始状态。

5）将组装好的挠度计逐节送入孔内。送入各测点传感器时，传感器测量变形的方向应与预估的岩体位移方向一致，并记录传感器的固定深度。

6）对孔内已装好的传感器进行检测和调整，并记录读数值。

7）孔口应加保护装置。

8）仪器埋设后，绘制埋设竣工图、套管初始形状曲线及导槽扭转曲线，编写记录说明。

（B）观测方法

1）仪器的初始观测是通过测得一套稳定的数据来确定基准值或提供一条基准线。

2）下述挠度计变形值计算方法是一般性的计算方法。挠度计有电阻式、电感式、伺服加速度计式，其传感器均由带万向节的连接杆连接组装。具体计算，可按照仪器说明书提供的方法进行。

下列公式计算各测量传感器的变形值：

$$S = \eta AL \tag{4-7-14}$$

式中 S——测量传感器变形值，mm；

η——率定系数，mm/m；

A——仪器读数；

L——每两个传感器之间距离，m。

按下式计算各测点的位移值：

$$U_n = \eta_{n-1}A_{n-1}L_{n-1} + \eta_{n-2}A_{n-2}(L_{n-1} + L_{n-2}) + \cdots + \eta_1 A_1(L_{n-1} + L_{n+2} + \cdots + L_1) \tag{4-7-15}$$

式中符号同上式。

3）绘制各测点位移与时间关系曲线、不同时间钻孔轴线位移曲线图、位移方向与孔深关系曲线。

7. 倾角计安装与观测

观测洞室上部地面及其近区建筑物的倾斜变化、洞室围岩及结构物的倾斜变化，可以使用倾角计观测某一表面的转动角位移。倾角计基准板的安装与倾斜观测方法，见本章第三节。

8. 其他变形监测方法

在地下工程监测中，由于工程需要常采用一些联测方法：

1）采用水准测量与三向倒垂的联测，观测各点的绝对竖向位移。

2）通过静力水准系统与倒垂线的联测，观测廊道内务测点的绝对沉降值。

3）几何水准法和静力水准法观测地面、拱顶、吊车梁、发电机层、水轮机层各层的沉降量。

4）采用双向引张线和倒垂线联测，观测岩壁吊车梁或其他结构的垂直、水平向的位移。

5）用正倒垂线观测竖井挠度。

（二）应力应变监测仪器安装埋设与观测

地下工程的应力、应变监测主要有：围岩应力、应变监测；围岩与支护结构接触压力监测；支护结构应力、应变监测；其他结构物的应力、应变监测等。常用的观测仪器及观测方法已在本章第三节、第四节作了介绍，这里介绍一下在地下工程监测中的要点。

1. 围岩应力监测仪器的安装埋设与观测

围岩应力监测主要是观测围岩初始应力变化和二次应力的形成与变化，用测得的应力信息反馈分析初始应力场。这项观测对于以应力控制稳定的围岩尤其重要。目前的观测方法主要是通过埋入围岩内部的应力计或应变计观测，欲测两次应力的形成，应将仪器预先埋入围岩内。仪器埋设采用钻孔或坑、槽。测量变化范围的仪器需要组装埋设。常用的应变计和液压应力计的安装埋设与观测方法，见本章第三、四节。

2. 围岩与支护结构接触压力监测仪器安装埋设与观测

围岩与支护间的接触压力或支护与支护间的接触压力观测，目的是了解围岩与支护间的相互作用。一般采用压应力计、液压应力计，也可以采用应变计观测，这些仪器的安装埋设与观测方法，在本章第三、四节已介绍。

3. 支护结构及其他结构物的应力、应变监测仪器的安装埋设与观测

1）在锚杆上或受力钢筋上串联锚杆应力计或钢筋计，测量锚杆或钢筋的受力情况及支护效果。通过锚杆受力观测，也可间接了解围岩变形与稳定状态。锚杆应力计和钢筋计的安装埋设与观测方法，见本章第三、四节。

2）在衬砌内部埋设水银型液压应力计，元件沿径向和切向布置，分别测量衬砌内法向正应力和切向剪应力，了解衬砌受力过程及大小，对支护可靠性进行判断。也可以在衬砌内埋设应变计观测衬砌应力分布。在钢支撑上或钢管上安装应变计观测其受力情况。

3）在预应力锚杆（锚索）上安装测力计，观测预应力荷载及预应力变化。

4）在吊车梁、蜗壳、机墩、闸门等其他结构物安装应变计、钢筋计、钢板计，观测应力、应变。

（三）围岩松动范围监测方法

围岩松动范围及其变化是地下工程设计、施工和评价围岩稳定的重要参数之一。围岩松动范围的观测方法主要有声波观测法、多点位移计观测法和地震波法。

1. 用多点位移计观测围岩松动范围的要点

1）选择有代表性的部位，按照围岩的类型和洞室的几何尺寸布置测孔，其孔数主要考虑松动范围圈定的需要。

2）每个多点位移计孔的测点的数量和位置，应根据预计松动范围和变化确定。

3）最深一个测点的深度，应不小于预计松动范围深度的 2 倍。

2. 声波法观测围岩松动范围的要点

声波观测可分为施工期观测和长期观测，换能器布置方式分为埋入式和移动式两种，具体方法本章第六节已有介绍，下面介绍一下围岩松动范围观测的要点。

（A）观测孔的布置

1）应根据工程规模、地质条件、围岩应力大小、爆破施工方法、支护形式及围岩的时间和空间效应等因素，选择有代表性的断面进行观测。

2）观测断面及观测断面上观测孔的数量，应根据工程规模、工程特点以及地质条件进行布置。

3）观测孔的深度，应超出应力扰动区 2 倍范围，观测孔的方向应垂直洞室壁面。

4）观测方法宜采用单孔测试和孔间穿透测试，必要时亦可采用预埋式换能器的方法进行。

5）在条件具备时，应考虑与多点位移计观测相对应进行布置。

6）观测时，换能器每次移动距离宜为 0. 2m。

（B）观测方法

1）将钻孔冲洗干净，孔内注满清水，并对各孔进行编号。

2）进行孔间穿透测试时，量测两孔口中心点的距离，测距相对误差应小于 1%；当两孔轴线不平行时，应量测钻孔的倾角和方位角，计算不同深度处两测点间的距离。

3）可采用干孔法测试，用水耦合观测时，对仰角孔应有效止水。

4）对进行重复观测的孔应作好孔口保护。

5）观测所用岩石声波参数测试仪应按中华人民共和国水利部发布标准，SL119—122—95《岩石专用测试仪器校验方法》中的岩石声波参数测试仪校验方法进行校验。

6）测试前，应测定仪器与换能器系统的零延时值。

7）使声波仪处于正常工作状态，将换能器用刻度撑杆准确地推至每一测点，待接收到的波形稳定后，调节时标至纵波初至位置，测读纵波传播时间。

8）每一测点应测读三次，读数之差不宜大于 3%。

9）对进行长期观测的孔，应按一定时间间隔进行测读，记录各测点的深度及其传播时间。

10）按式(4-6-4)至式(4-6-6)计算纵波速度和横波速度，同时绘制下列曲线：

a）绘制波速与深度关系曲线。

b）长期观测孔需绘制波速变化与深度关系曲线。

c）根据波速与深度关系曲线确定围岩松动厚度。

11）根据波速变化与深度关系曲线确定围岩松动厚度的变化情况。

3. 地震波法（地震剖面法）观测围岩松动范围

1）在洞室底板和洞壁布置的测线上安装换能器。

2）沿测线可一发多收，也可固定一个接收测点，逐点由近及远分别先后多点激发。

3）每个接收点设置换能器一个，换能器与岩面用石膏耦合。

4）设置换能器处岩面应无浮渣、松石且较平整。

5）按下述公式计算岩体松动厚度 h：

$$h = t_2 v_2 v_1 / 2\sqrt{v_2^2 - v_1^2} \qquad (4-7-16)$$

式中 v_1、v_2——分别为松动带和原状岩体波速，km/s；

t_2——时距曲线拐点相应的时间，s。

（四）接缝与裂缝监测仪器安装埋设与观测

围岩不连续面的开合度或错位的观测，围岩与衬砌接缝、结构物的建筑缝或裂缝的观测可以使用测缝计观测。具体观测方法见本章第三、四节。同时应注意下述要点。

1）观测围岩不连续面或接缝开合度用的测缝计，要布置在缝开合度变化较大的部位。观测围岩与衬砌接缝时，考虑围岩接缝有沿围岩表面裂隙脱开的可能，应将测缝计伸入围岩的一端固定在较深部位的稳定岩体内。

2）若需控制由应力或荷载变化而引起的缝开合度变化时，测缝计要布置在应力或荷载最大的部位。

3）条件相同的部位，布置一个断面或两个平行测缝计；环境变化大的或同一条缝各处开合程度不等的，应分点进行观测。

4）对既开合，又有错动变位的缝，应使用三向测缝计或三角形测缝计组观测。

（五）渗透压力监测仪器安装埋设与观测

地下水的渗透压力是围岩稳定的主要影响因素，外水压力又是衬砌、厂房周边和基础等结构物的基本荷载，而且它是一种可变荷载。因此，渗透压力监测是地下工程的必要项目。渗透压力观测的常用仪器主要是渗压计和测压管。这两种仪器的安装埋设与观测方法，可参见本章有关节。此外，还应注意下述要点。

1）观测外水压力时，渗压计埋设在外水压力作用面附近与地下水相通的裂隙或钻孔上。观测内水外渗时，渗压计埋在渗水量大的部位。

2）外水压力均匀的部位，布置单只或两个平行的渗压计，外水压力不均匀的部位，可用断面控制。在断面内压力梯度大的部位加密布置。

3）埋设渗压计注意两个问题：一是防止渗压计进水口堵塞；二是采取措施防止长期高水压破坏仪器和电缆的绝缘度。

（六）爆破震动监测仪器安装与观测

为了观测爆破震动效应的规律，检验减振措施，确定爆破安全距离或最大允许药量，以保证减少对围岩的松动和结构物的安全，施工期需要进行爆破震动效应观测和爆破对围岩破坏范围的观测。

爆破震动效应观测方法，见本章第六节；爆破对围岩破坏范围的观测方法，见第六节和本节围岩松动范围观测方法。围岩支护系统动荷载观测，采用如表4－7－1和表4－7－2所示观测仪器观测。这些仪器的安装埋设是直接将应变砖或应力计埋入所需观测的结构内部观测设计的部位和深度。

表4－7－1　　应变观测系统

<table>
<tr><th>传感元件</th><th>放大器</th><th>记录器</th></tr>
<tr><td rowspan="4">岩石应变传感器，环氧砂浆应变砖，水泥砂浆应变砖，应变式钢环，应变片等</td><td>Y6D3A动态应变仪</td><td rowspan="4">SC系列光线示波器，磁带机，阴极射线示波器</td></tr>
<tr><td>YD—15动态应变仪</td></tr>
<tr><td>Y6C9超动态应变仪</td></tr>
<tr><td>YTF2型高频应变仪</td></tr>
</table>

表4－7－2　　应力测量系统

传感元件	放大器	记录器
应变应力计，压电位力计，压阻式应力计，变磁阻应力计	动态应变仪，前置放大器，监频器	SC系列光线示波器，磁带机，阴极射线示波器

第三章所介绍的TSP202测量系统，也可用于观测爆破对围岩和结构物破坏情况的观测。

（七）巡视检查

地下工程巡视检查的要求和频率可参考大坝监测的巡视检查。地下工程的巡视检查分为施工期和运行期两个阶段。施工期检查的主要对象是围岩，到了运行期，一般围岩被封闭，肉眼可见的是外部结构，围岩的情况也多通过外部结构的观察情况来判断。巡视检查的项目如下：

1）开挖掌子面及其附近的围岩稳定性。

2）围岩结构情况。

3）支护结构变形与稳定情况。

4）校核围岩分类。

5）岩体结构的地质力学描述。

6）岩体破坏形式。

7）地下水出露情况。

8）衬砌及其他混凝土结构的变形、裂缝的力学性质及其变化。

（八）仪器安装埋设后的工作

仪器安装埋设后的工作，见本章第三节。需要注意的是，对观测电缆的布置与保护应予以足够的重视，特别是大型洞室，应遵守下述原则：

1）电缆一般要贴紧永久岩壁面布置，布线走向取断面环向和洞室轴向，二者之间用直角过渡。

2）电缆布置方案大致分为：断面一次集线水平引线方案；多断面双侧分层引线方案。后者方案对分层开挖适应性好，常采用此法。

3）在上述基础上，力求电缆线路较短。

4）电缆保护要充分利用混凝土喷护施工，电缆布线位置要在喷层面上标记准确、清楚。

5）电缆的测点编号与仪器的测点编号相对应，要准确无误，电缆各段接头须焊接良好，作好防潮绝缘处理。

6）对于观测房位置，要求引线方便、干扰较少、地点干燥。

（九）观测频率

观测频率确定的一般要求和方法，见本章第四节。表4－7－3、表4－7－4和表4－7－5为有关地下工程的规范中规定的观测频率，可供参考。

表4－7－3　　监测项目与观测频率

项目名称		手段	布置	测试时间			
				1～15天	16天～1个月	1～3个月	3个月以上
应测项目	周边收敛	收敛计或测杆	每25～50m一个断面，每个断面1～3对测点	1～2次/天	1次/2天	1～2次/周	1～3次/月
	拱顶下沉	水准仪或测杆	每30～50m，1～3个测点	1～2次/天	1次/2天	1～2次/周	1～3次/月
选测项目	围岩位移	多点位移计	选择有代表性的地段测试	参照上述测试间隔时间进行			
	围岩松弛区	声波仪及多点位移计					
	锚杆和锚索内力及预拉应力	应变片及测力计					
	接触压力	压力传感器					
	喷层切向应力	应变计、应力计					
	喷层表面应力	应变计					
	地表下沉	水准仪					

注　1. 测点布置与地质和工程性质有关。凡地质条件差和重要工程，应从密布点。测垂直收敛时，可不测拱顶下沉。

2. 此表为GBJ86—85《锚杆和混凝土支护技术规范》附录二。

表4－7－4　　监测项目与观测频率

类别	内容	手段	断面间距	测点布置	频率			
					0～15天	16～30天	1～6月	半年以后
必测项目	洞内宏观调查		全坑道	各作业面	1次/天	1次/天	1次/天	1次/天
	周边收敛	收敛计	视围岩情况10～50m	1～5条测线	2～1次/天	1次/2天	1次/周	1次/月
	不稳定块体位移	钻孔位移计等	不稳定块体处	1～2个	2～1次/天	1次/2天	1次/周	1次/月

续表 4-7-4

类别	内容	手段	断面间距	测点布置	频率			
					0~15天	16~30天	1~6月	半年以后
选测项目	围岩中位移	多点钻孔位移计	选择有代表性地段	3~5根,2~4点/根	2~1次/天	1次/天	1次/周	1次/月
	喷层切向应变	应变计	选择有代表性地段	3~5个	1次/天	1次/2天	1次/周	1次/月
	接触应力	压力计	选择有代表性地段	3~5个	1次/天	1次/2天	1次/周	1次/月
	松弛范围	声波	选择有代表性地段	3~5个孔	1次/2天	1次/2天	1次/周	1次/月
	地表下沉	精密水准仪	浅埋地段埋深小于三倍跨度	每断面至少11个点	作用面在量测断面前后2D(D—跨度)1次/天 作业面在量测断面前后5D(D—跨度)1次/2天 作业面在量测断面前后>5D(D—跨度)1次/周			

注 1. 当地质条件变差或量测值出现异常情况时,断面布置数量、量测频率应适当增加;当地质条件变好或量测值变化甚小时,断面布置数量、量测频率可适当减少。

2. 测点布置仅为示意,实施时应根据实际情况作出具体测点布置图。

3. 此表为总参1984《国防工程锚喷技术暂行规定》中的表6。

表 4-7-5　　监测项目与观测频率

	量测项目	量测距离	布置	量测次数		
				0~15天	16~30天	31天以上
A量测	洞内观察及调查	全长	各开挖面	1次/天	1次/天	1次/天
	内室变位测定	每10~50m	水平两测线或者6测线	1次/天	1次/2天	1次/周
	顶拱下沉测定	每10~50m	1点	1次/天	1次/2天	1次/周
	锚杆拉拔试验	每10~50m	1个断面5根			
B量测	围岩试样试验	每200~500m				
	围岩内部变位测定 锚杆的轴向力测定	每200~500m	一个断面3~5处,5种以上不同深度	1~2次/天	1~2次/天	1次/周
		每200~500m	3~5处,一个断面应布置5点以上	1~2次/天	1~2次/天	1次/周
	衬砌应力测定	每200~500m	一个断面的切向,半径方向各3~5处	1~2次/天	1~2次/天	1次/周
	洞内弹性波速度测定	每500m	测线长100~200m	1次	1次	1次

注 此表取自日本《测量指南》。

(十)观测资料整理分析

观测资料整理分析要求与方法,见本章第四、五节和第五章。

附录一

常用监测仪器、测点的代号及符号

（推荐使用）

序号	名称	代号	符号
1	应变计	S	$i+N$
2	单向应变计	S^1	
3	双向应变计	S^2	
4	三向应变计	S^3	
5	四向应变计	S^4	
6	五向应变计	S^5	
7	六向应变计	S^6	
8	九向应变计	S^9	
9	应力计	C	
10	无应力计	N	
11	温度计	T	
12	表面温度计	T^s	
13	钢筋计（锚杆应力计）	R	
14	孔隙压力计（渗压计）	R	
15	总压力计（土压计）	E	
16	裂缝计	K	
17	测缝计	J	
18	多点位移计	M	
19	水管式孔隙压力仪	Z	
20	脉动压力仪底座	F	
21	掺气仪底座	A	
22	流速仪底座	V	
23	集线箱	B	
24	自动检测装置	D	

续表

序号	名称	代号	符号
25	电缆	W	
26	正垂线	PL	
27	倒垂线	IP	
28	垂线中间支点	MS	
29	垂线测点	PP	
30	倾斜仪及其基座	CL	
31	水管式倾斜仪水箱	TC	
32	水管式倾斜仪水箱	TA	
33	量水堰	WE	
34	引张线	EX	
35	测准线	AL	
36	激光准直	LA	
37	测压管（单管）	UP	
38	测压管（双管）	DU	
39	测压管遥测水位计	UW	
40	表面测缝器	SJ	
41	表面测缝器	SJ	
42	水准测量 基准点	LB	
43	水准测量 工作基点	LS	
44	水准测量 水准点	EM	
45	水准测量 坝体观测点	LD	
46	水准测量 基岩测点	LR	

续表

序号	名称	代号	符号	序号	名称	代号	符号	序号	名称	代号	符号	序号	名称	代号	符号
47	三角测量 三角网点	TN		53	测斜仪	IN		59	收敛计测桩		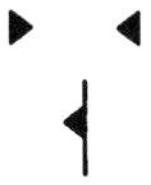	65	钢板计	GB	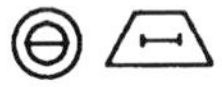
48	三角测量 工作基点	TB		54	分层沉降仪(固结管)	ES	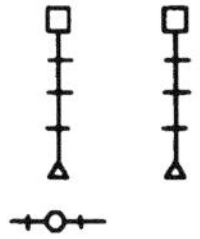	60	地下永久观测站	TS		66	倾角计	TJ	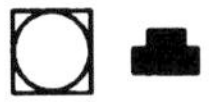
49	三角测量 测点(设站)	TS		55	土坝沉降仪	ET		61	地面永久观测站			67	强震仪	QZY	
50	三角测量 测点(不设站)	TP		56	锚杆(索)测力计	PR	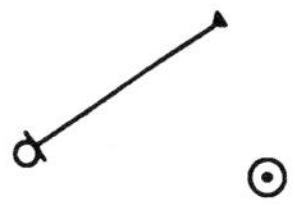	62	时均压力计	AP	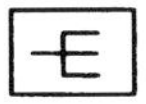	68	微震仪	WZY	
51	三角测量 定向点	TO	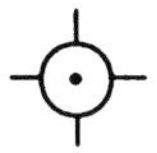	57	全站仪	TC	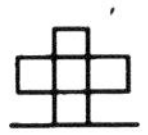	63	拾震计	MVT		69	声波测孔	VP	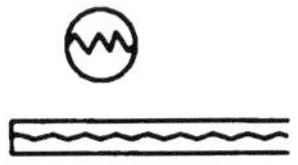
52	铟钢线位移计	ID		58	静力水准仪	LS	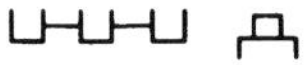	64	气压式测压计			70	滑动测微计	HV	

附录二

国内外部分常用仪器图片

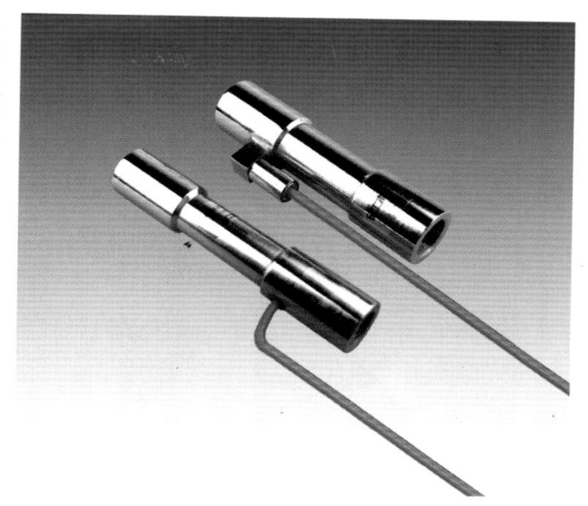

JTM-V1000 系列振弦式钢筋计

JTM-V2000F 振弦式混凝土应力计

JTM-V1800 振弦式锚索计

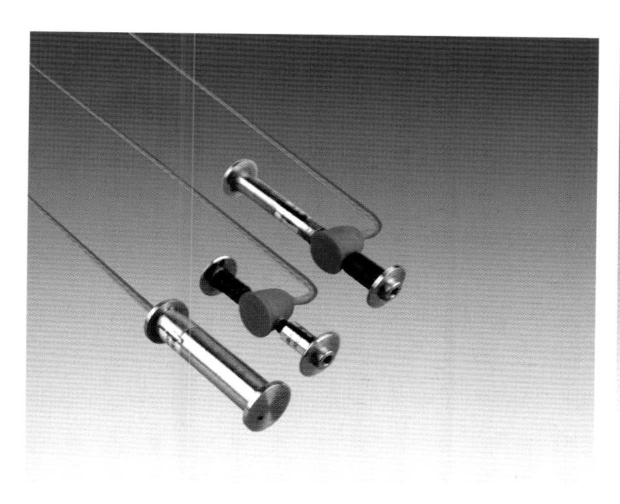

JTM-V5000 系列振弦式应变计

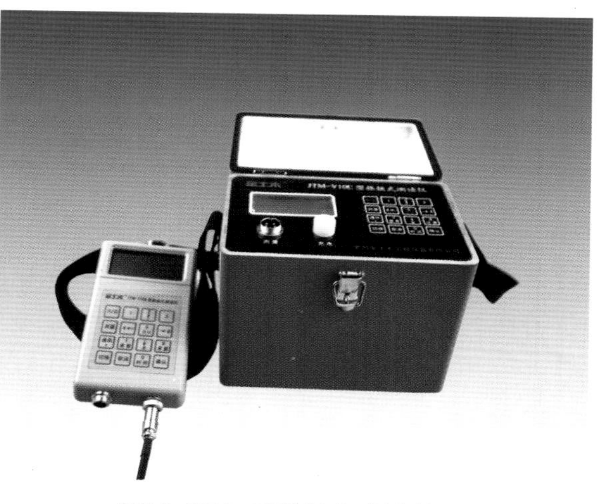

JTM-V10 系列振弦式读数仪

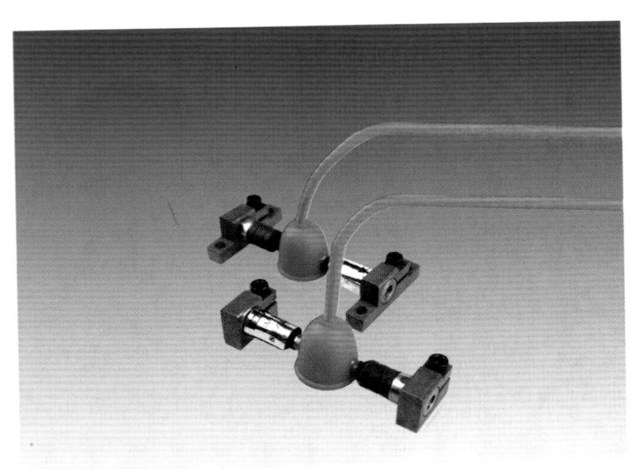

JTM–V5000F/G 振弦式表面应变计

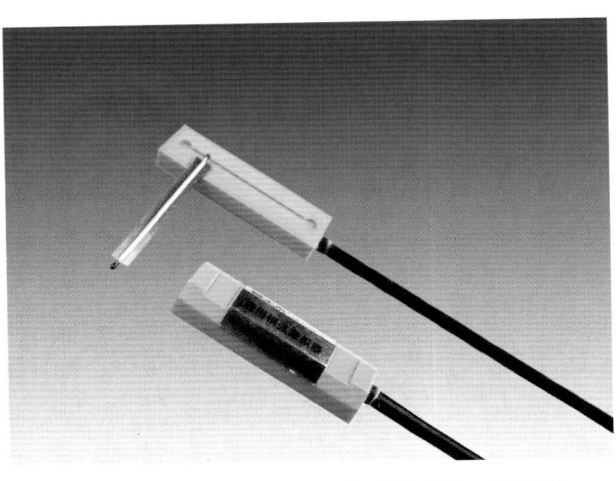

JTM–V5000P 振弦式通用激振器／应变片

JTM–V2000B 振弦式土压力计

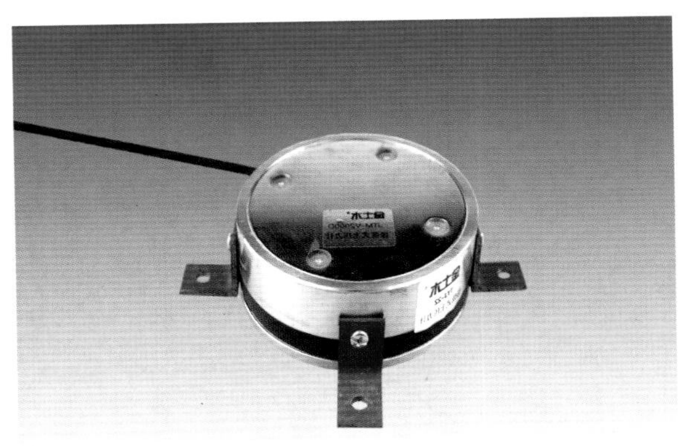

JTM–V2000D 振弦式土压力计

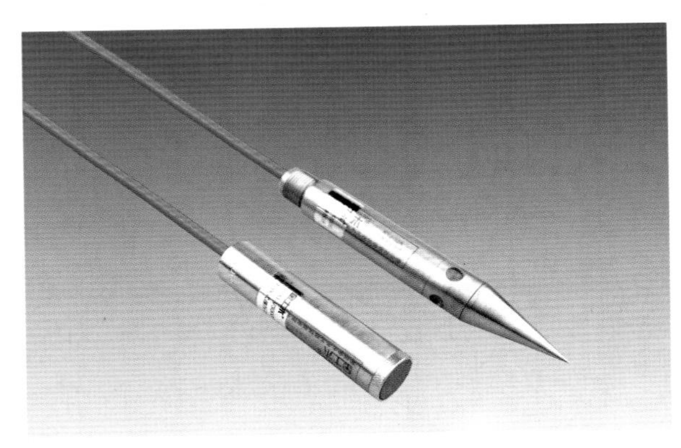

JTM–V3000 振弦式孔隙水压力计

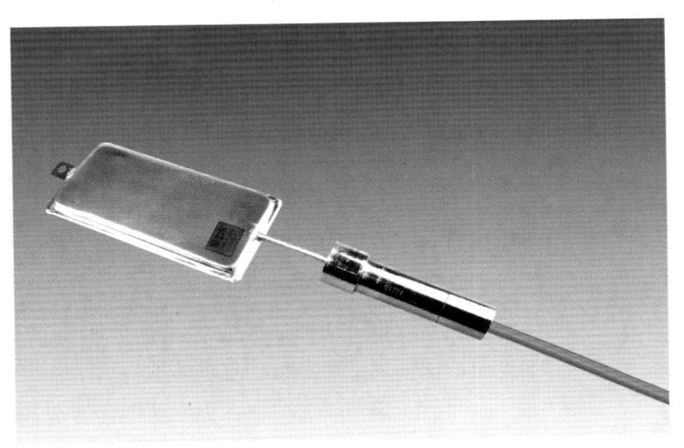

JTM–V2000E 振弦式土压力计

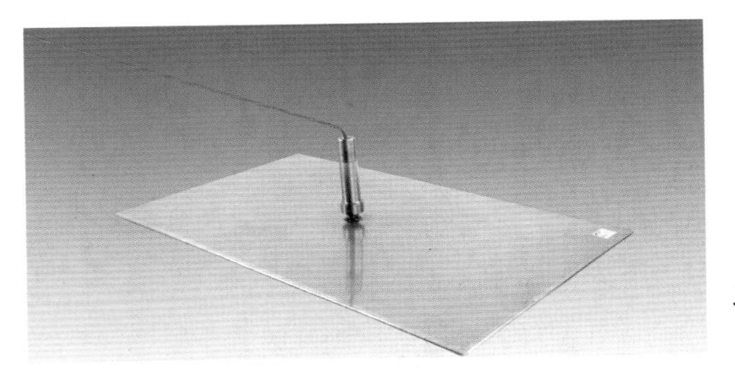

JTM–V2000G 振弦式揉性土压力计
（750mm×450mm×6mm）

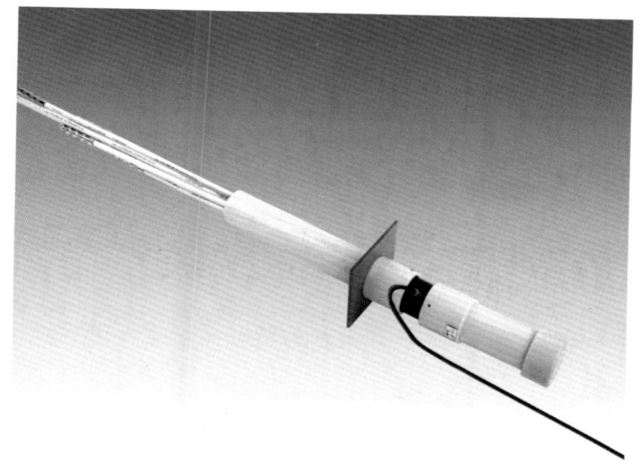

JTM－V7000－I 振弦式多点位移计

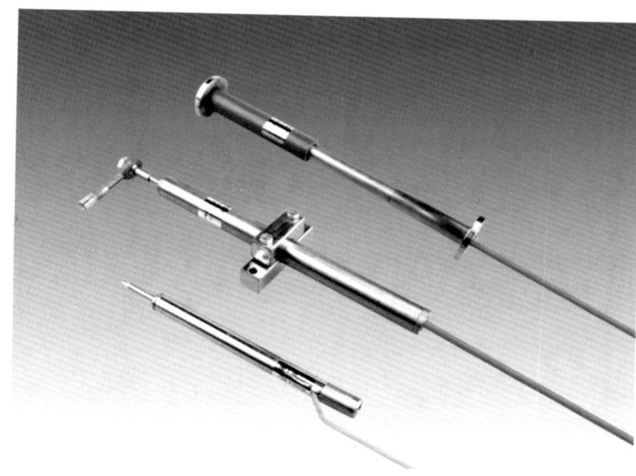

JTM－V7000 系列振弦式测缝计

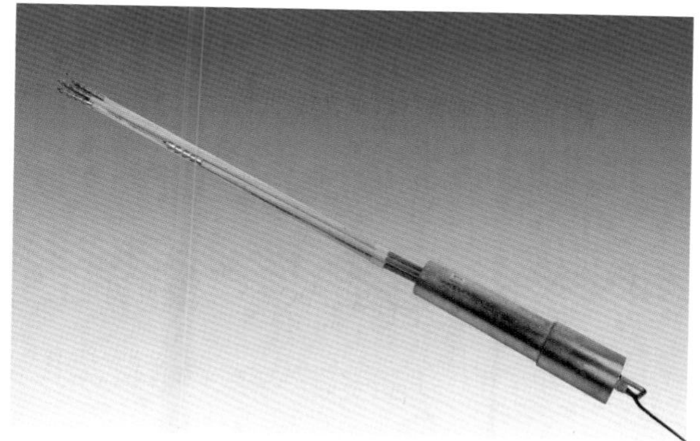

JTM－V7000－J 振弦式多点位移计

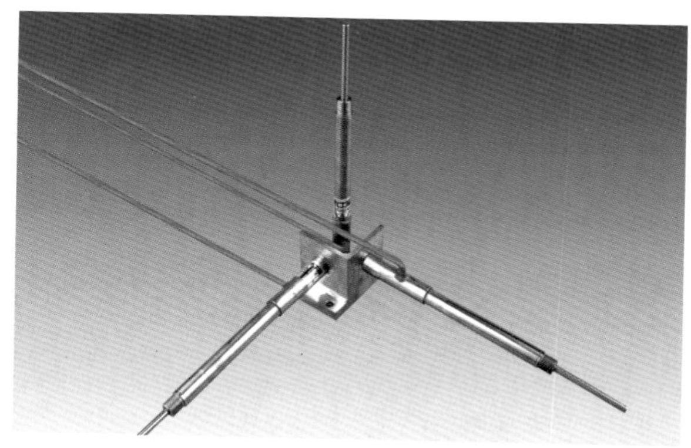

JTM－V7000F 振弦式三向测缝计

JTM－9000 钢尺水位计 JTM－8600 水位管

JTM－8000 钢尺沉降仪
JTM－8800 沉降管
JTM－H8800 沉降磁环

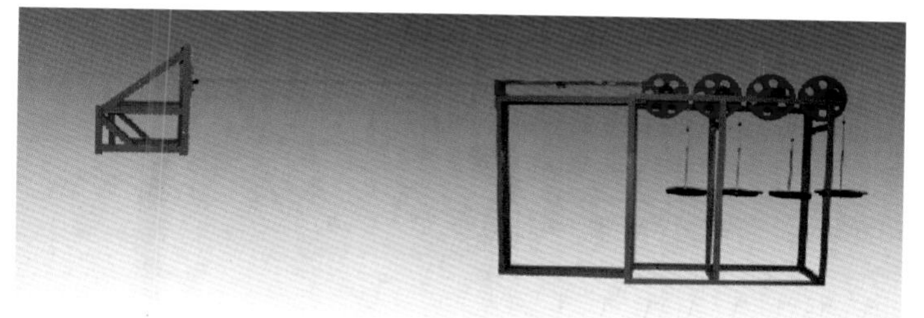

JTMJ7200 引张线式水平位移计

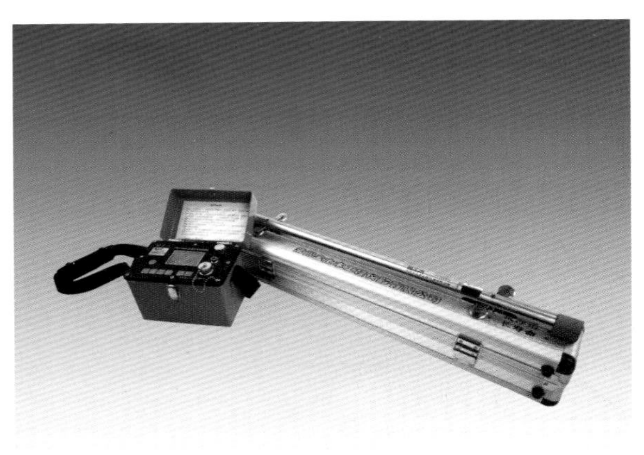

JTM-U6000FA 测斜仪

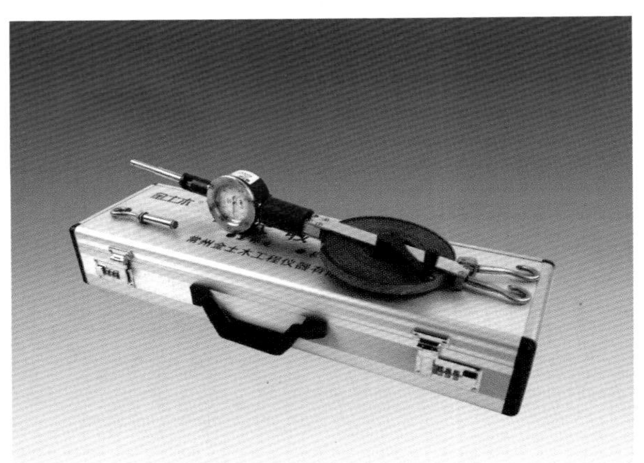

JTM-J7100 钢尺收敛计

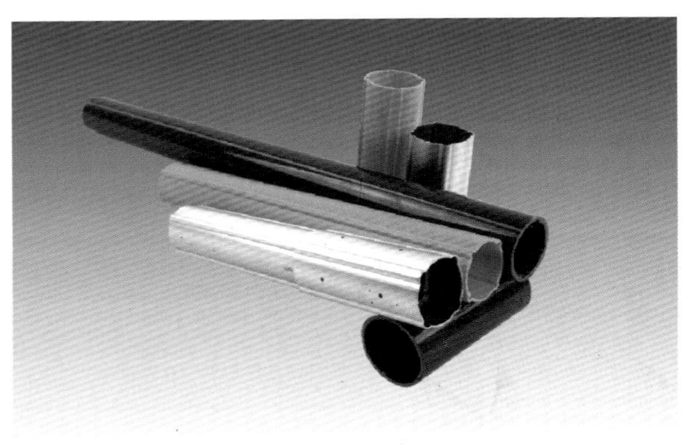

JTM-7600 系列测斜管

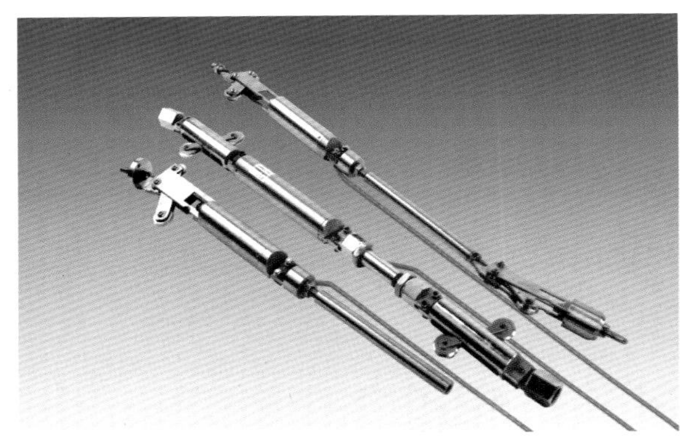

JTM-U6000K 固定测斜仪

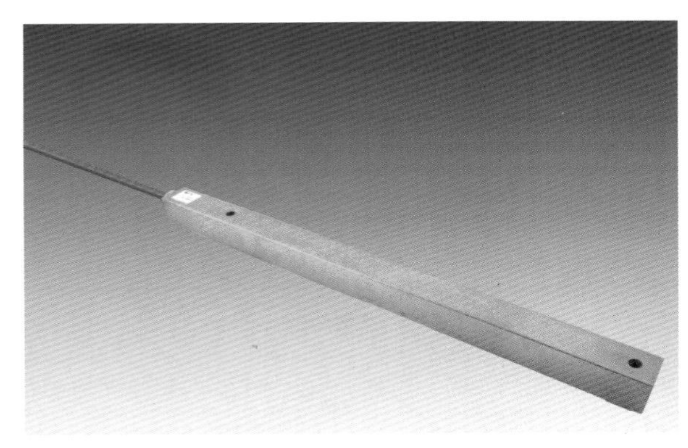

JTM-U6000 JB 水平梁式倾斜仪

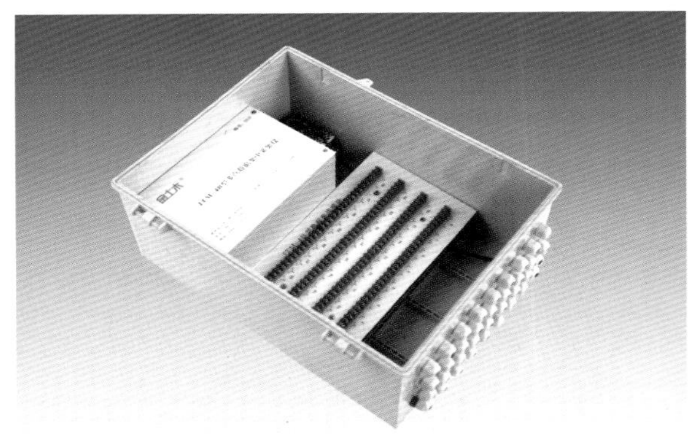

JTM-4B 数据采集仪

JTM-J8200 型水管式沉降仪

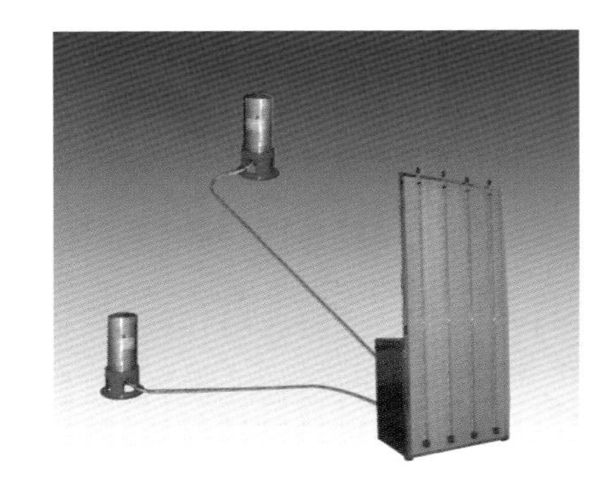

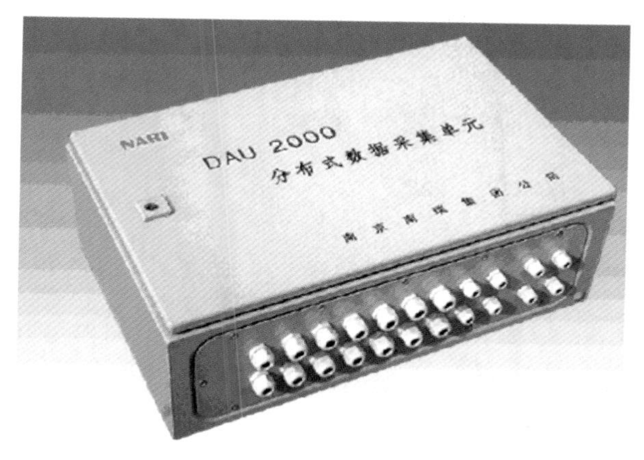

DAU2000 数据采集单元

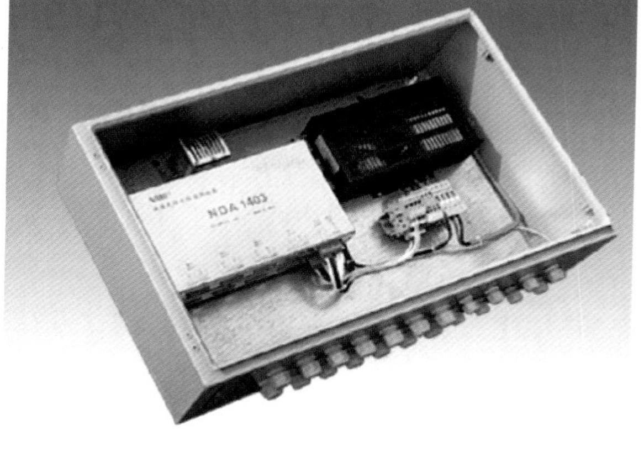

NDA 系列智能数据采集模块

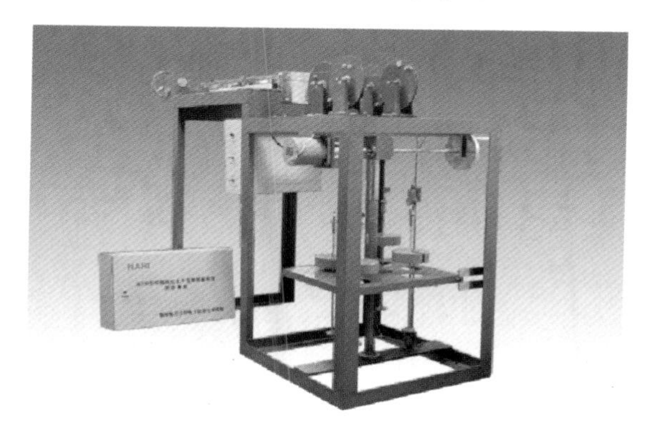

NYW-B1 型引张线式水平位移计

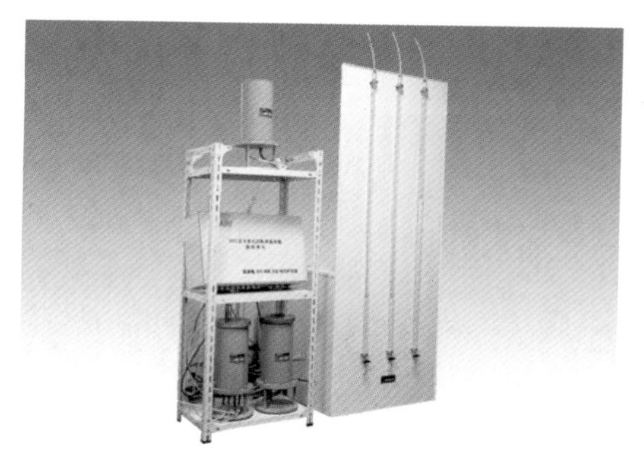

NSC-B1 型水管式沉降仪

NDW 型电位器式位移计

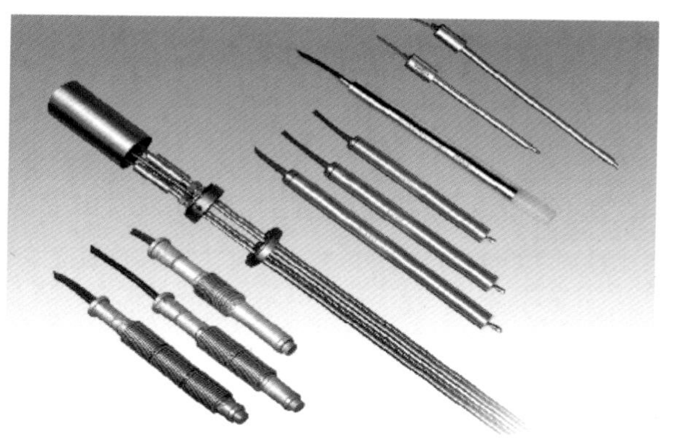

NZD、NVD、ND、RD 型多点变位计

地址：南京市南瑞路 8 号　邮编：210003

电话：025-83096904/6964

028-87051177（成都）

0871-5130177（昆明）

传真：025-83096757

网址：http：//www.sgepri.sgcc.com.cn

E-mail:nari_dams@163.com

NARI 国网南京自动化研究院大坝及工程监测研究所

南京南瑞集团公司水利水电技术分公司部分产品图（1）

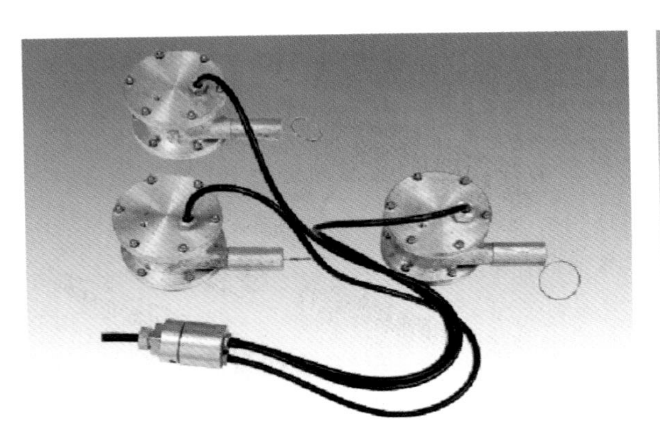

3DM 型电位器式三向位移计

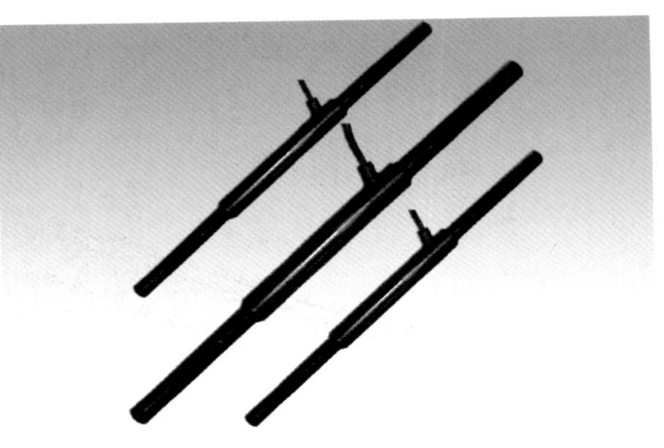

NZR 系列差阻式钢筋计（锚杆应力计）

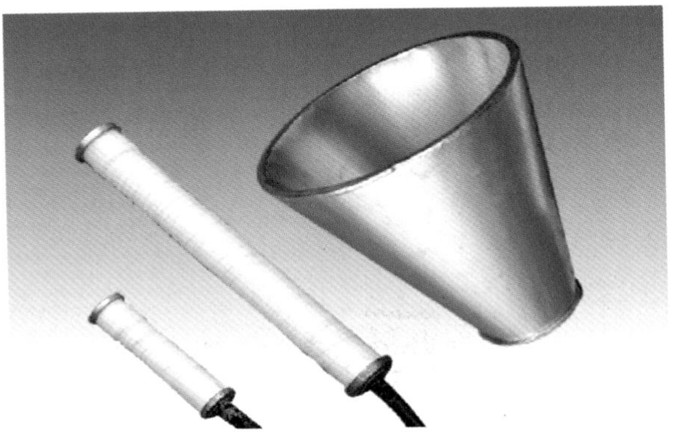

NZS 系列差阻式应变计（无应力计）

NZMS 系列差阻式锚索测力计

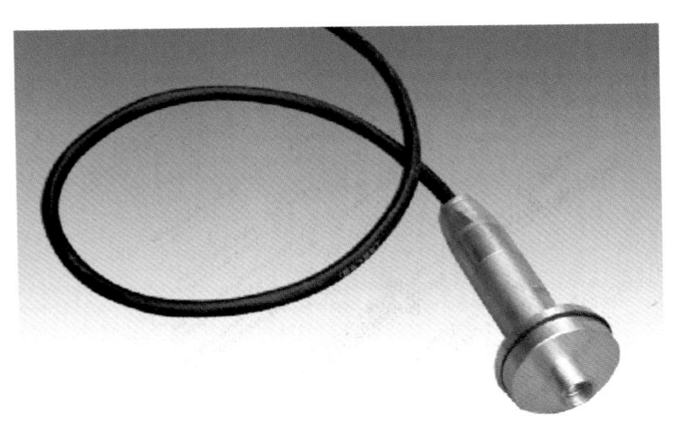

NZP 系列差阻式渗压计

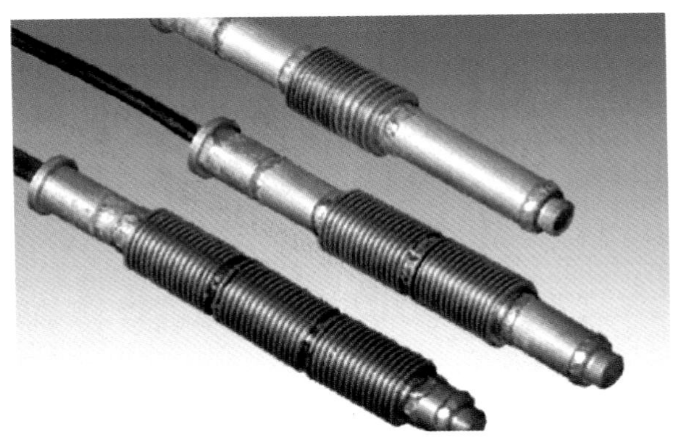

NZT 系列差阻式测缝计（位移计及多点位移计）

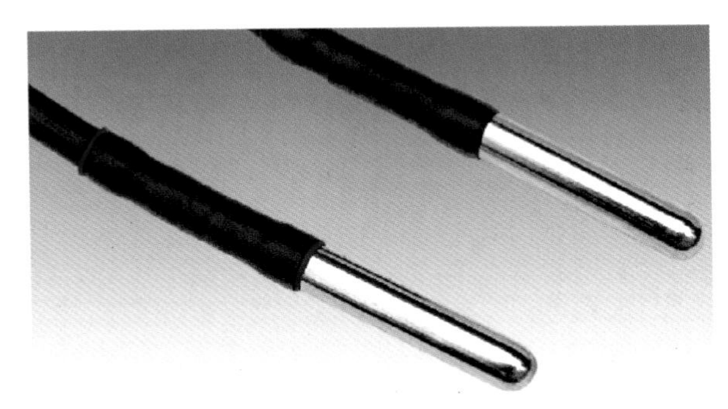

NZWD 型电阻温度计

NARI 国网南京自动化研究院大坝及工程监测研究所
南京南瑞集团公司水利水电技术分公司部分产品图（2）

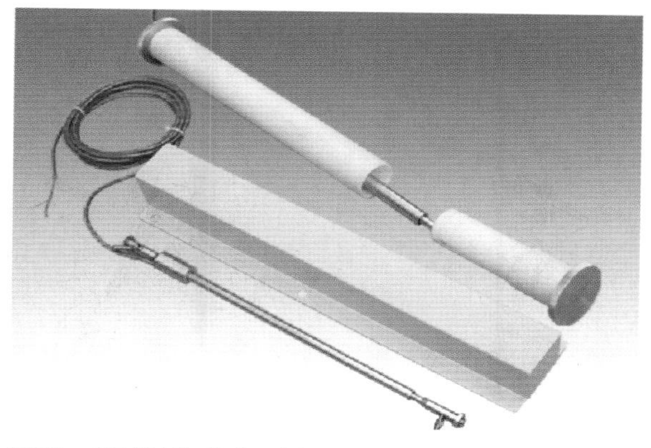

NVJ 系列振弦式表面式及埋入式测缝计(位移计)

NVMS 系列振弦式锚索测力计

NVTY-E 系列振弦式介质土压力计

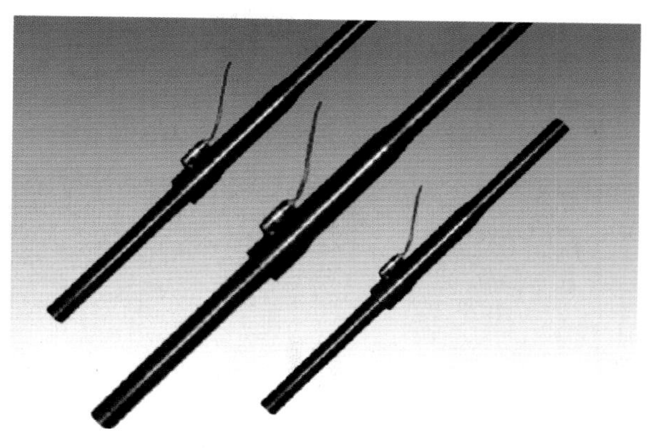

NVR 系列振弦式钢筋计（锚杆应力计）

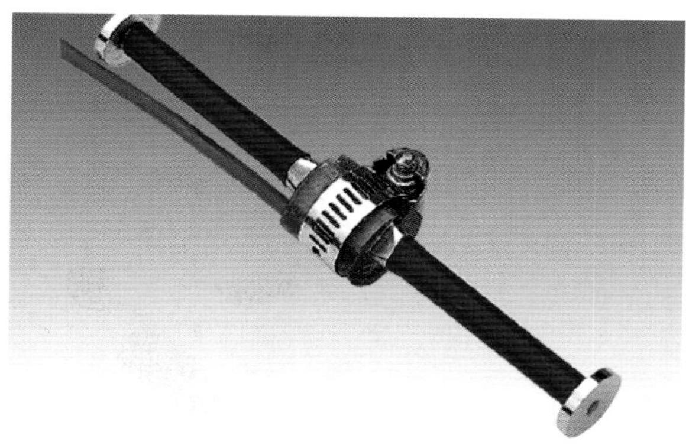

NVS 系列振弦式应变计

NVTY-B 系列振弦式边界土压力计

NVWG 系列振弦式精密量水堰仪

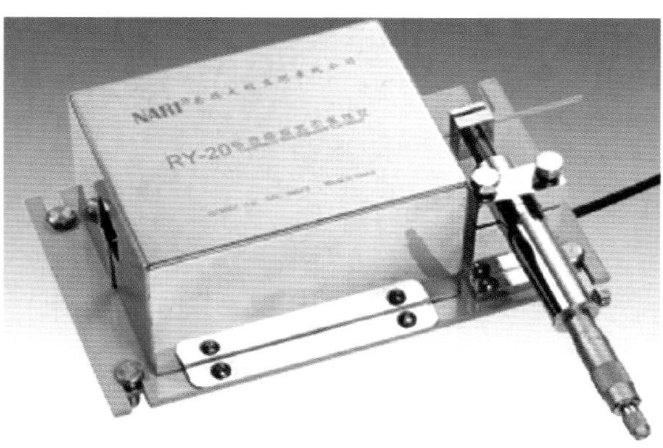

RY 型电容式引张线仪

RJ 型电容式静力水准仪

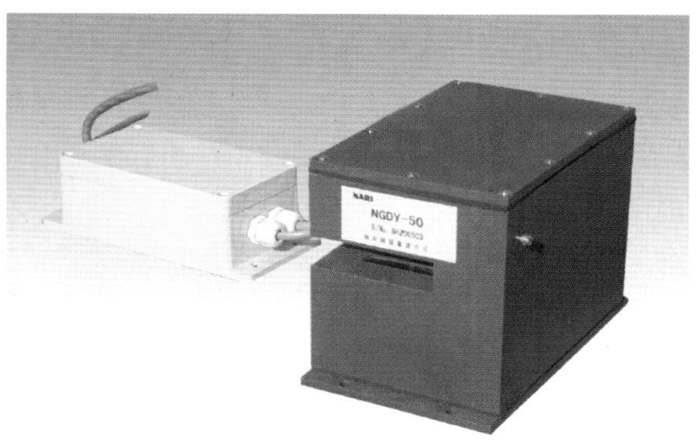

NGDY 光电式引张线仪

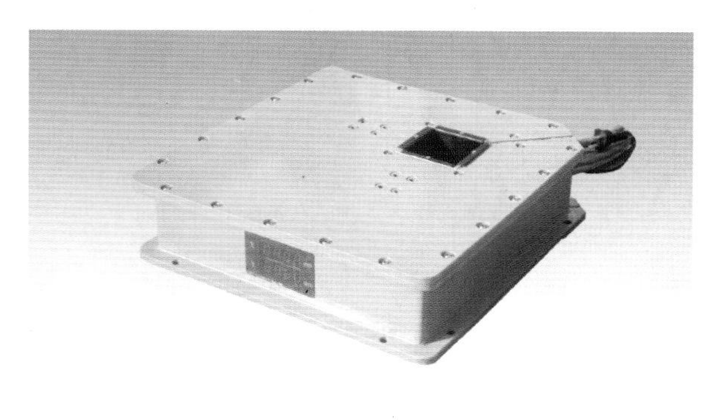

NGDZ 光电式垂线坐标仪

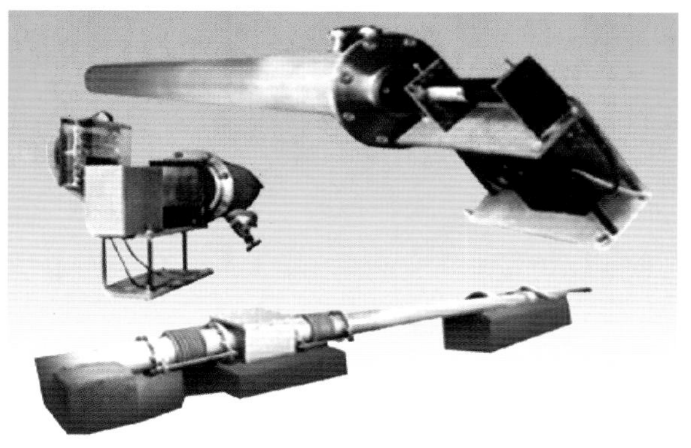

NJG 型真空管道 激光准直测量系统

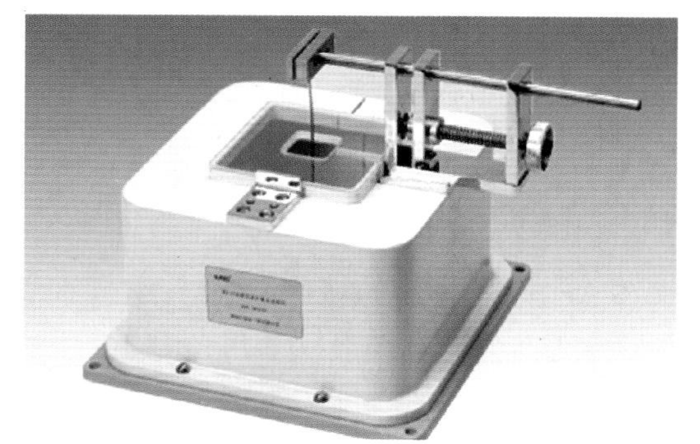

RZ 型电容式垂线坐标仪

NARI 国网南京自动化研究院大坝及工程监测研究所
南京南瑞集团公司水利水电技术分公司部分产品图（4）

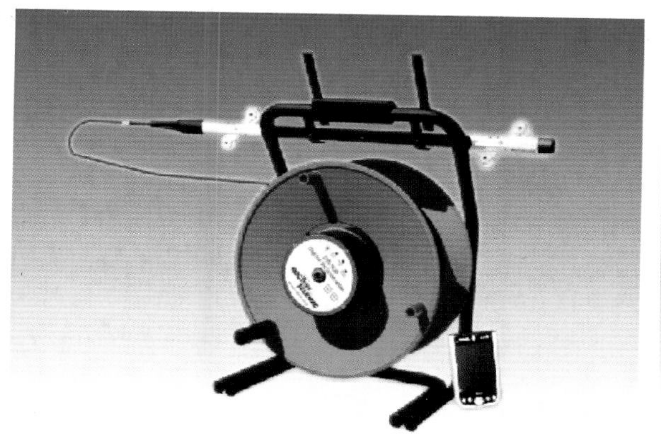

蓝牙技术测斜仪

型号：DIS-500
厂家：加拿大 Roctest 公司

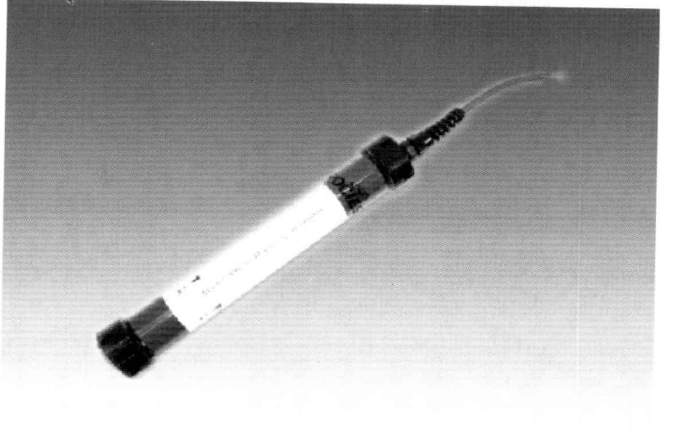

固定式测斜仪

型号：LITTLE DIPPER MODEL 906
厂家：美国 AGI 公司

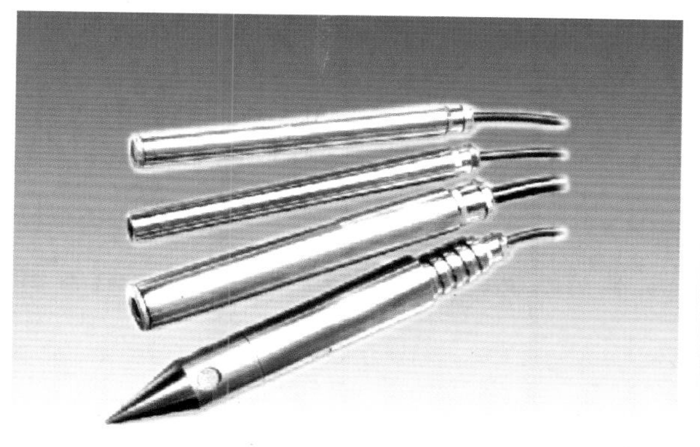

振弦式/光纤渗压计

型号：PW/FOP 系列
厂家：加拿大 Roctest 公司

多点位移计

型号：BOR-EX
厂家：加拿大 Roctest 公司

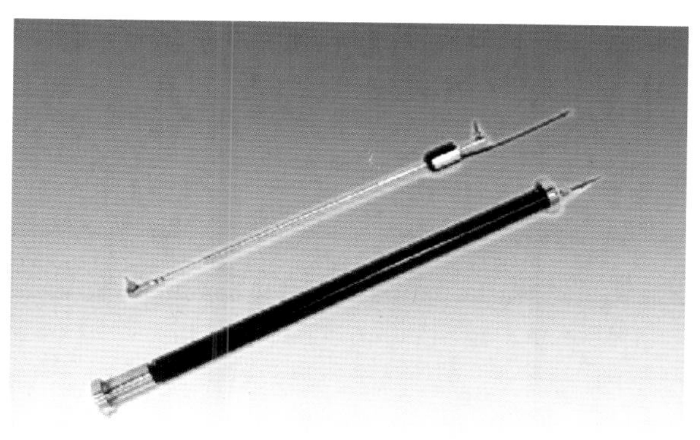

振弦式测缝计

型号：JM-S & JM-E
厂家：加拿大 Roctest 公司

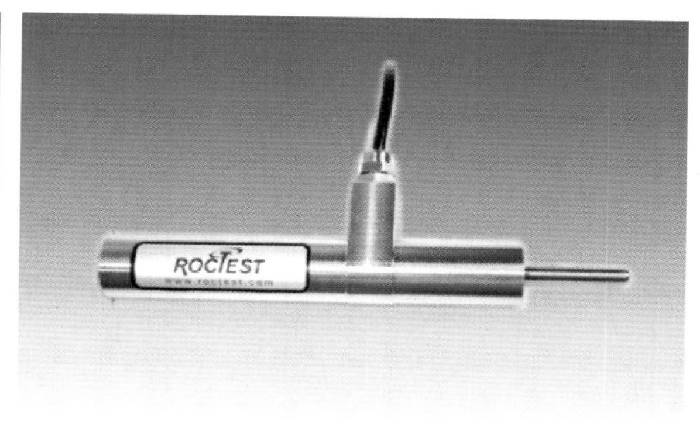

光纤位移计

型号：FOD
厂家：加拿大 Roctest 公司

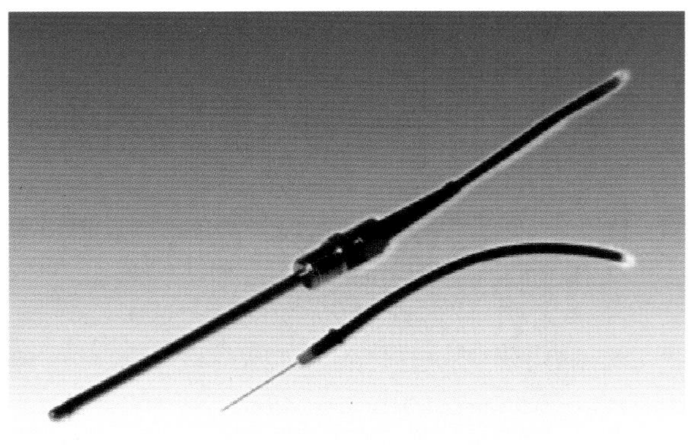

光纤温度传感器

型号：FOT
厂家：加拿大 Roctest 公司

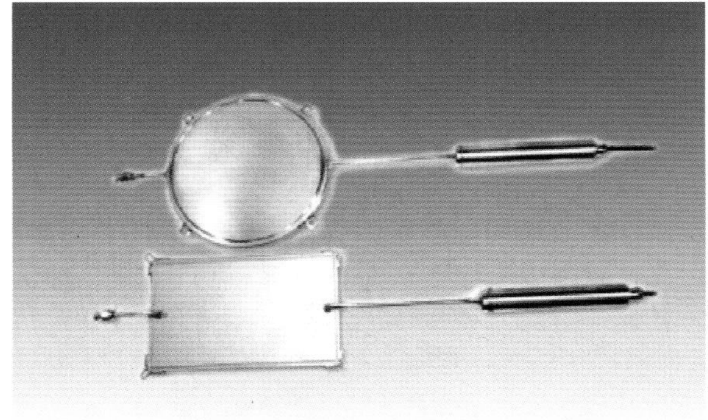

土压力盒

型号：TPC
厂家：加拿大 Roctest 公司

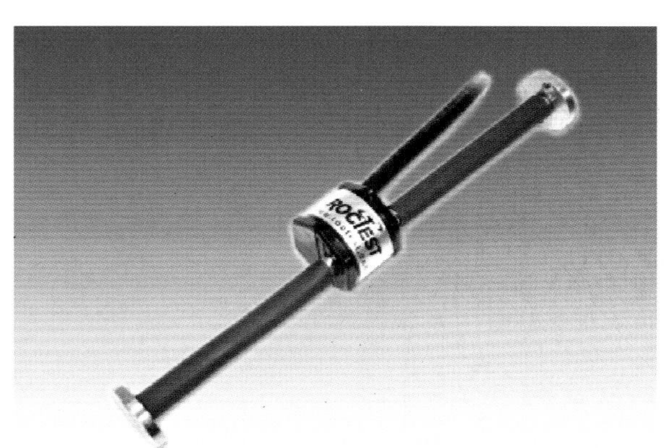

埋入式振弦应变计

型号：EM 系列
厂家：加拿大 Roctest 公司

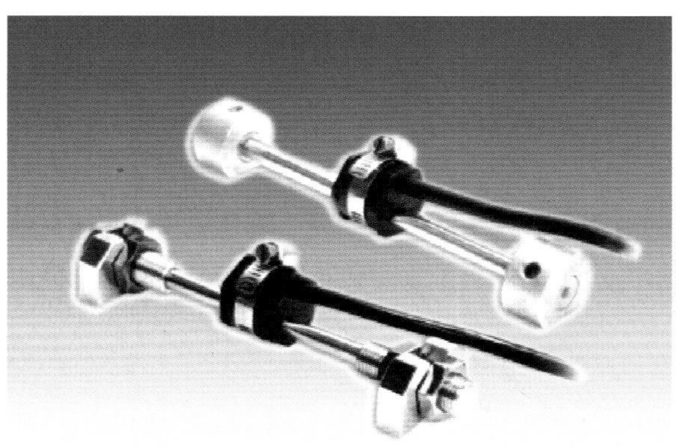

表面安装振弦应变计

型号：SM−5 系列
厂家：加拿大 Roctest 公司

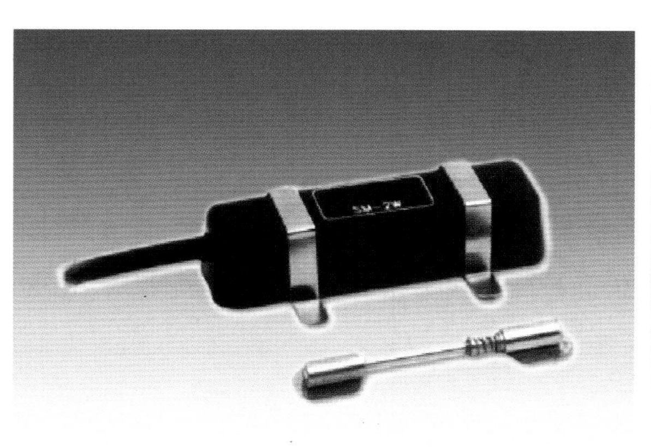

小型振弦应变计

型号：SM−2 系列
厂家：加拿大 Roctest 公司

遥测垂线坐标仪

型号：RxTx
厂家：加拿大 Roctest 公司

型号：GDM
厂家：瑞士 Solexperts 公司

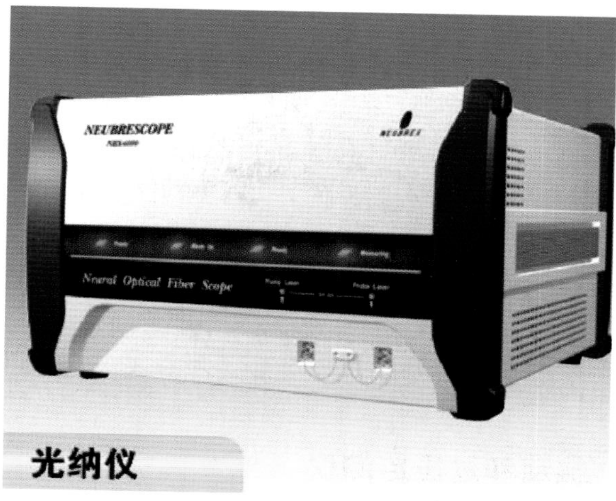

型号：NBX−7000
厂家：日本 Neubrex 公司

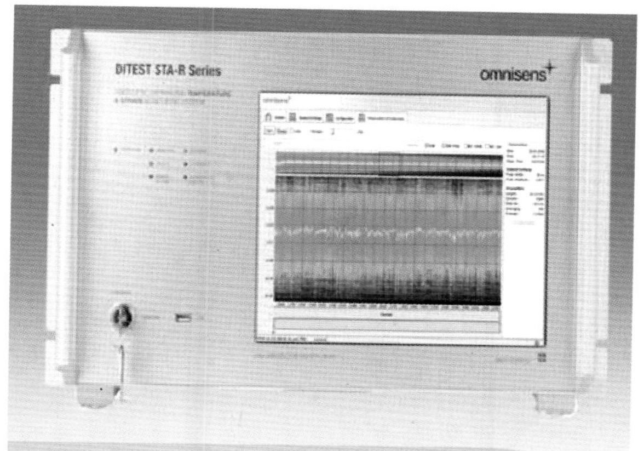

型号：DiTeSt
厂家：瑞士 Smartec 公司

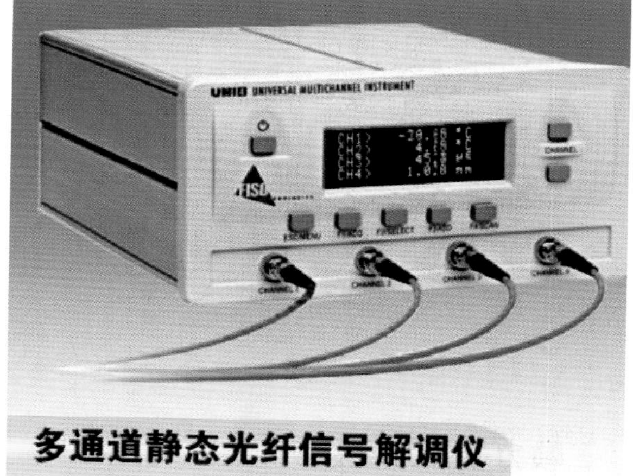

型号：UMI
厂家：加拿大 Roctest 公司

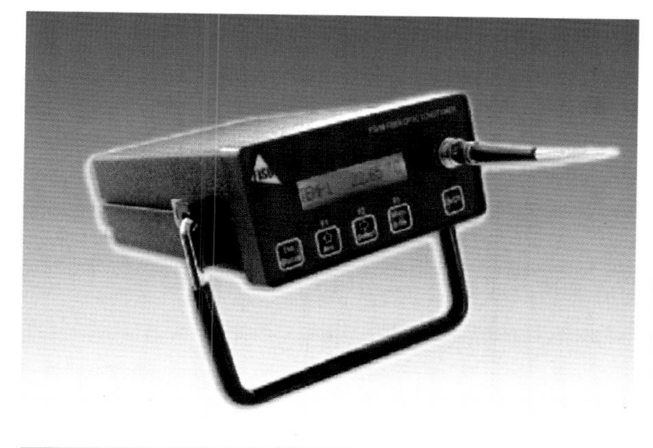

型号：FOR−1
厂家：加拿大 Roctest 公司

型号：BUS
厂家：加拿大 Roctest 公司

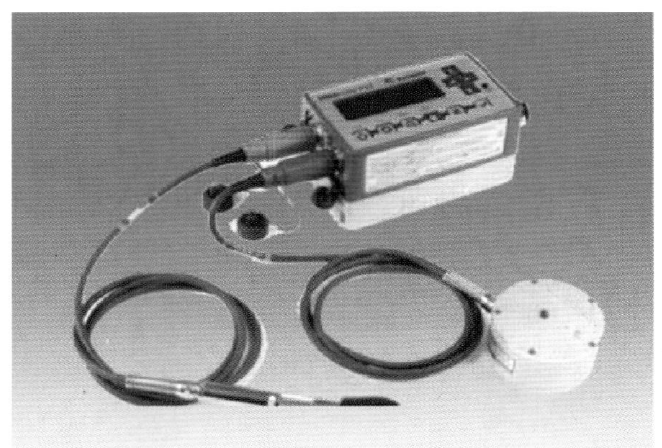

振动和过压监测仪

型号：Minimate Pro4
厂家：加拿大 Instantel 公司

数据采集器

型号：DT80G
厂家：澳大利亚 dataTaker

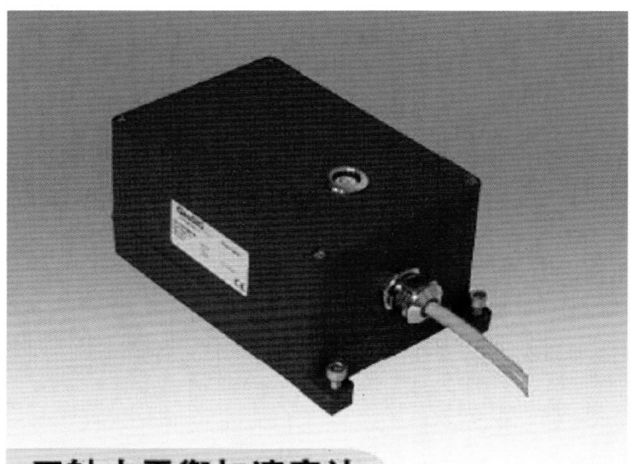

三轴力平衡加速度计

型号：AC-73
厂家：瑞士 Geosig 公司

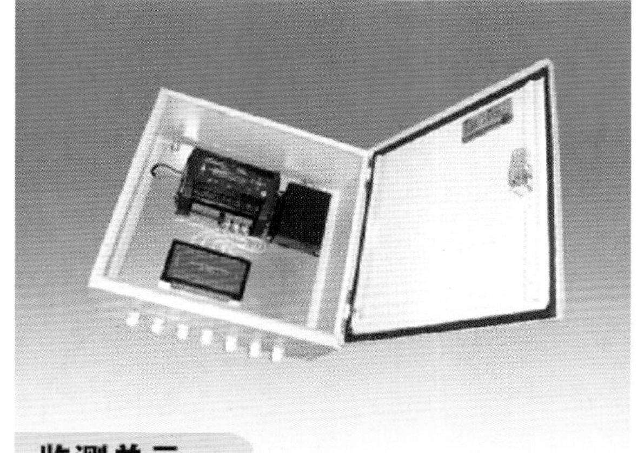

监测单元

型号：DTMCU
厂家：澳大利亚 dataTaker

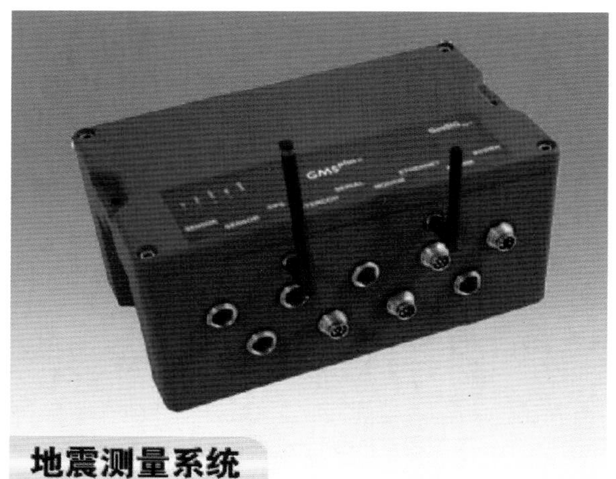

地震测量系统

型号：GMSplus
厂家：瑞士 Geosig 公司

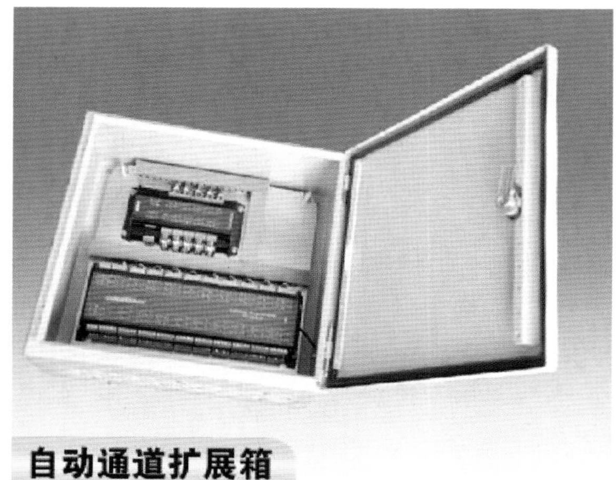

自动通道扩展箱

型号：DTCEM20
厂家：澳大利亚 dataTaker

BGK 基康仪器

GEOKON INSTRUMENTS(BEIJING)CO.,LTD

基康仪器（北京）有限公司

地　　址：北京市海淀区彩和坊路 8 号天创科技大厦 1111 室

邮　　编：100080

电　　话：010—62698899

传　　真：010—62698866

网　　址：www.bgk.cn　www.geokon.cn

邮　　箱：info@geokon.com.cn

客服专线：010—62698855

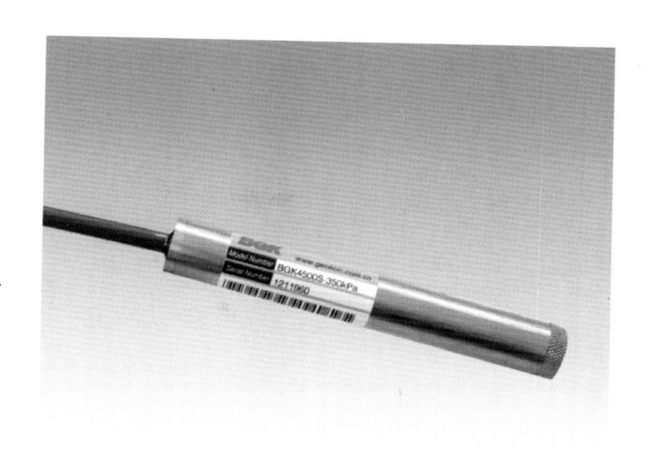

BGK—4500S
振弦式渗压计

BGK—4900
振弦式锚索测力计

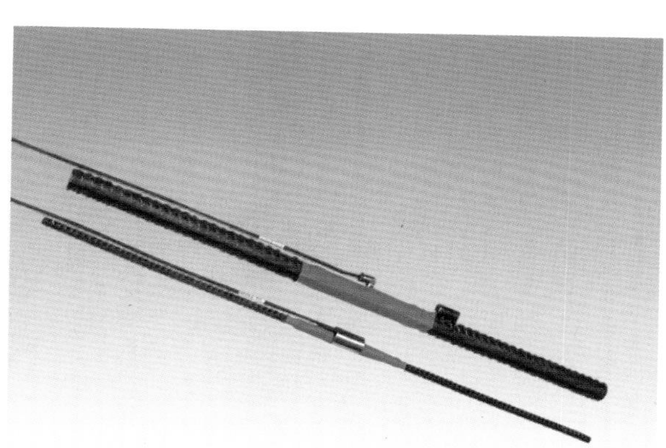

BGK—4911
振弦式钢筋计

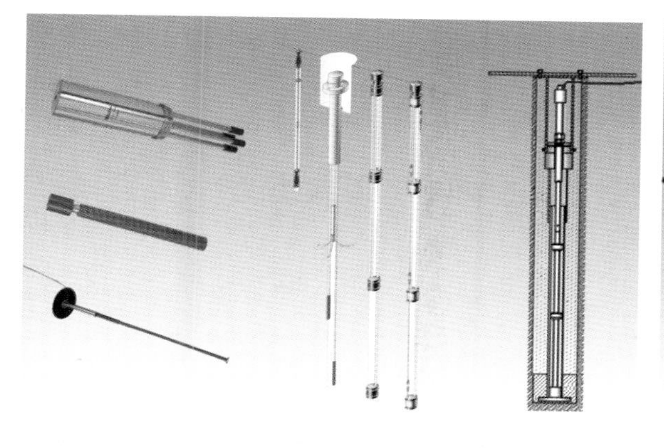

BGK—A3/A6
振弦式多点位移计

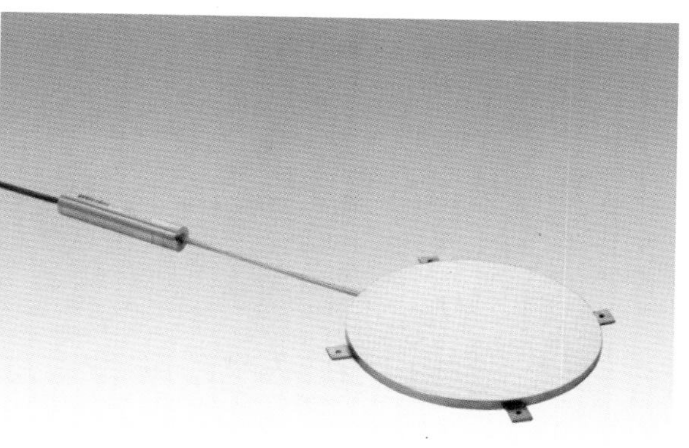

BGK—4800
振弦式土压力计

BGK 基康仪器（北京）有限公司部分产品图（1）

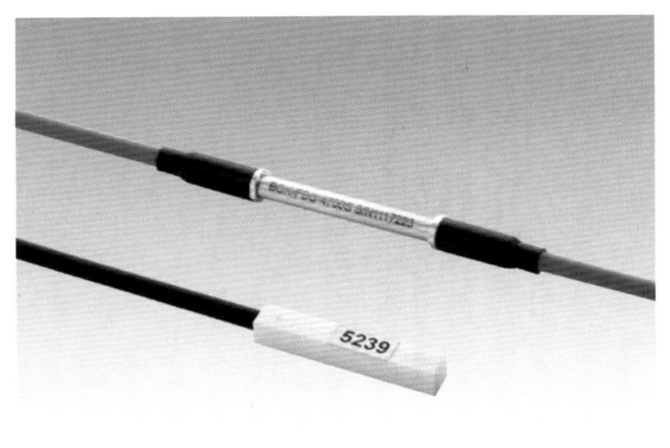

BGK−FBG−4700
光纤光栅温度计

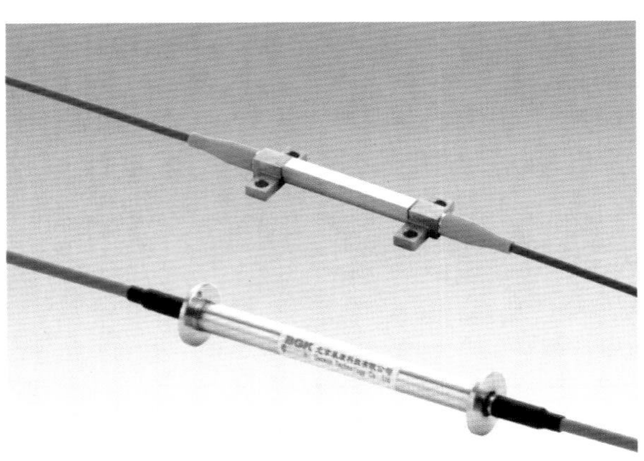

光纤光栅应变计

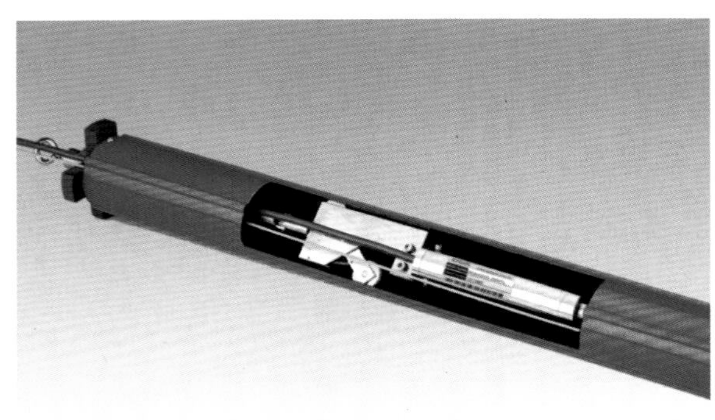

BGK−6150
固定式测斜仪

BGK−6850A
增强型 CCD 垂线坐标仪

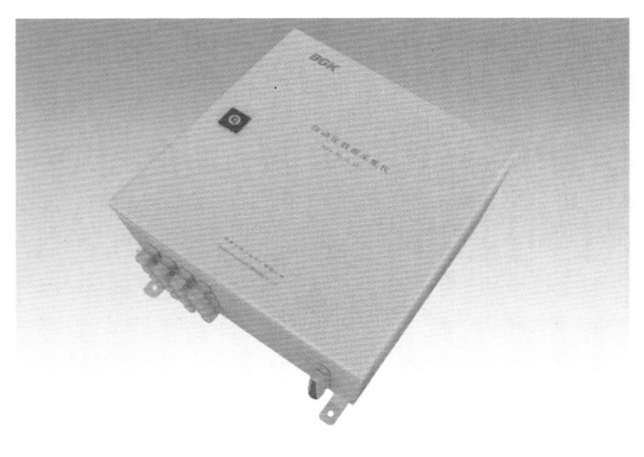

BGK−Micro−40
自动化数据采集仪

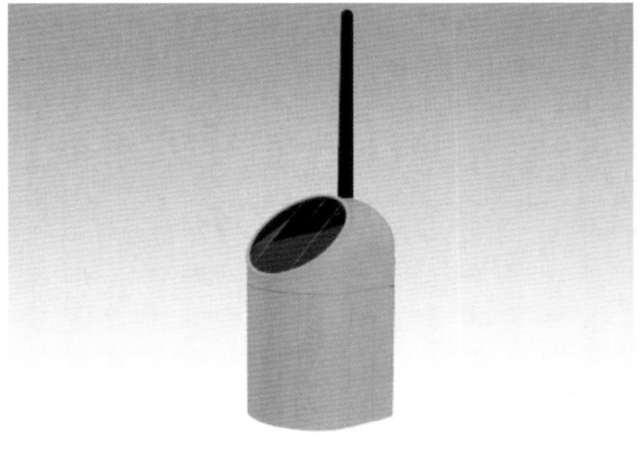

BGK−8001WD
系列智能无线数据记录仪

BGK 基康仪器（北京）有限公司部分产品图（2）

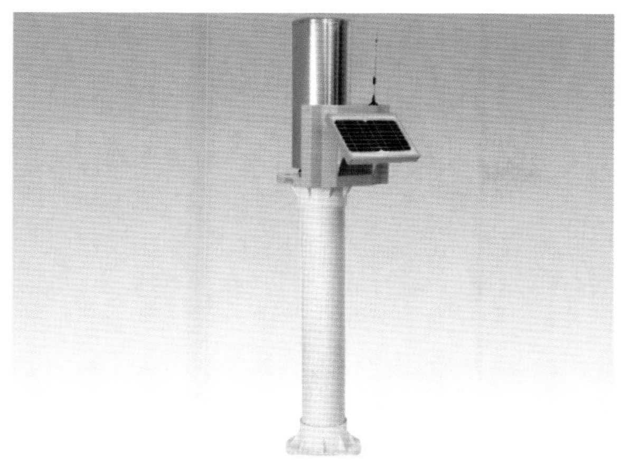

BGK－1000R
一体化雨量／水位监测站

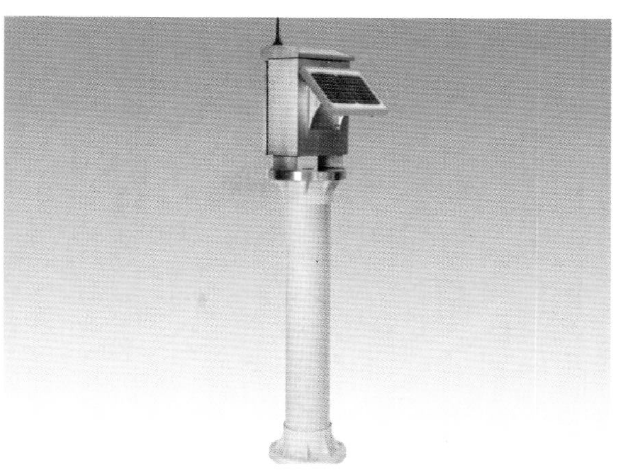

BGK－2000G
一体化岩土监测站

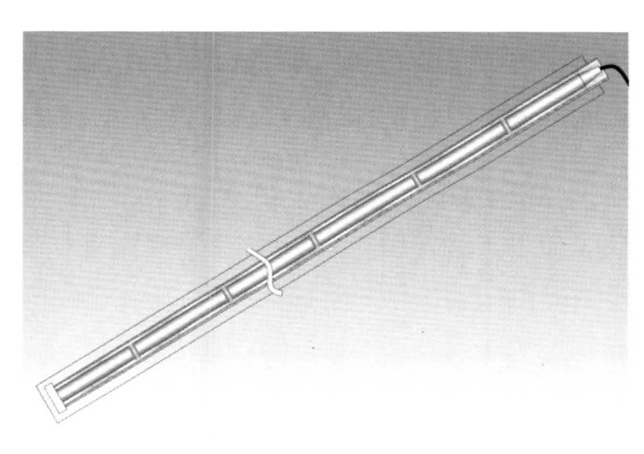

BGK－6150SI
柔性测斜仪

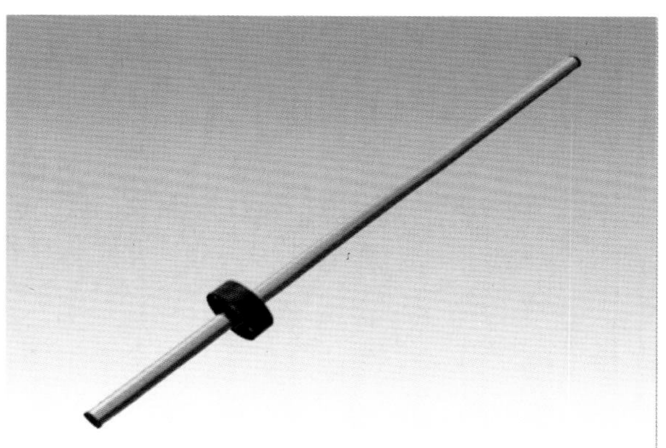

BGK－3427EM
智能电磁式土体位移计

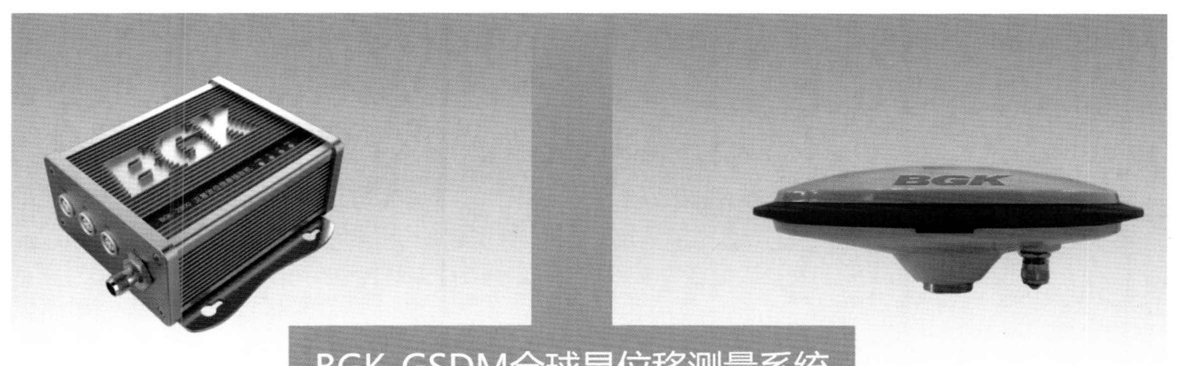

BGK－2800－1
卫星信号接收机

BGK－2800－2
双频天线

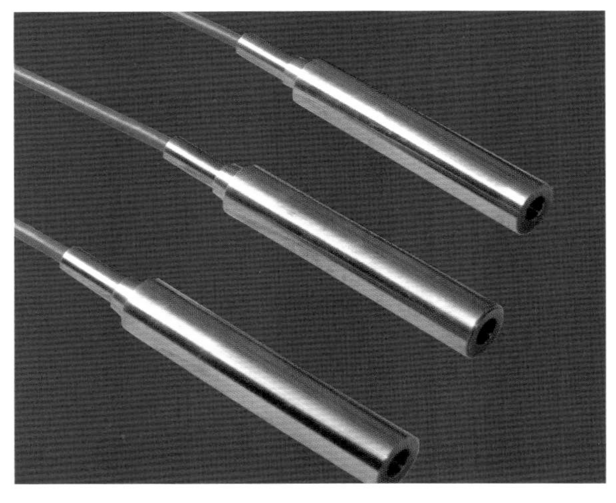

SDS 型振弦式渗压计

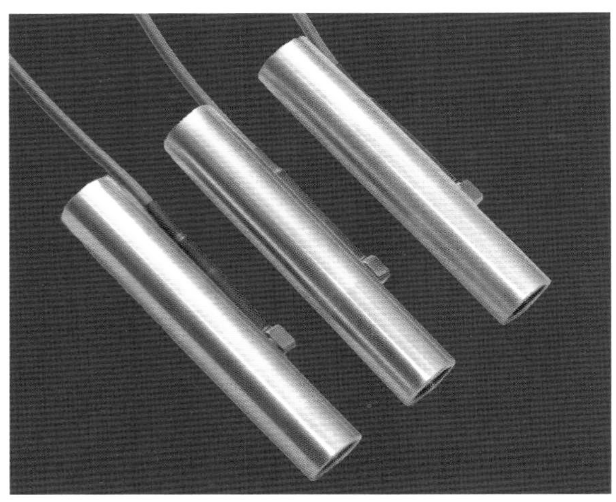

SDG 型振弦式锚杆应力计

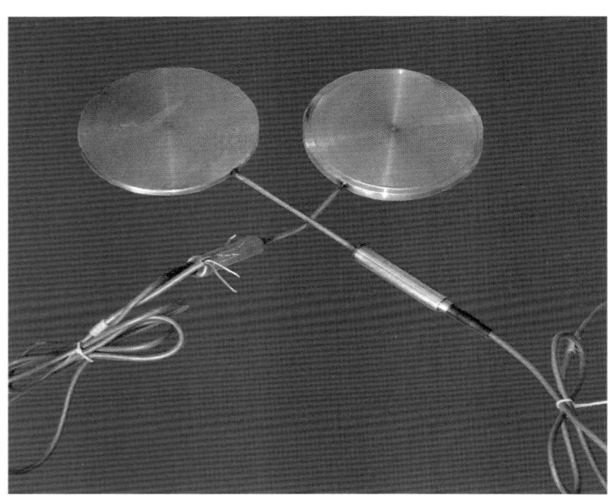

SDY 型振弦式土压计

SDM 型振弦式锚索测力计

SDW 型振弦式多点位移计

国电南自

（南京电力自动化设备总厂）

地　　址：南京市新模范马路 38 号
邮　　编：210003
电　　话：025-83437464
传　　真：025-83437463
网　　址：www.sac-china.com
邮　　箱：damtest@sac-china.com

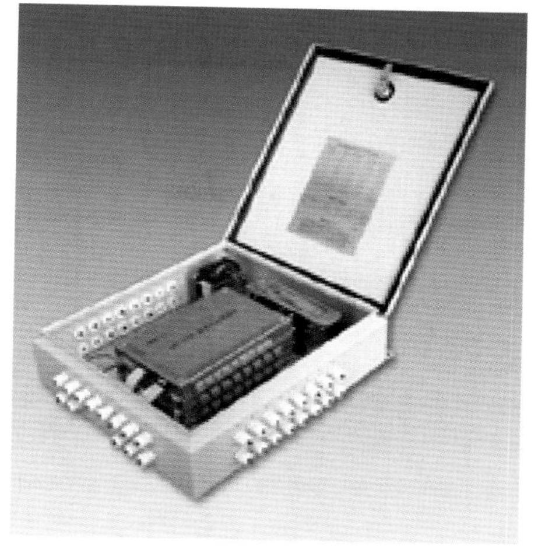

FWC 2000 安全监测自动化系统

BJC/Y 系列坐标仪

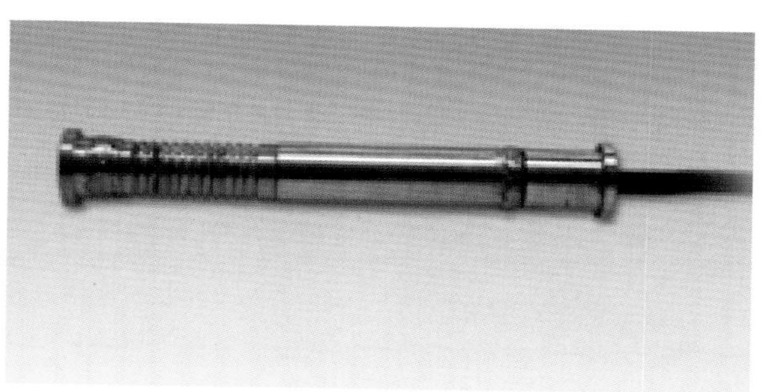

DI 系列应变计

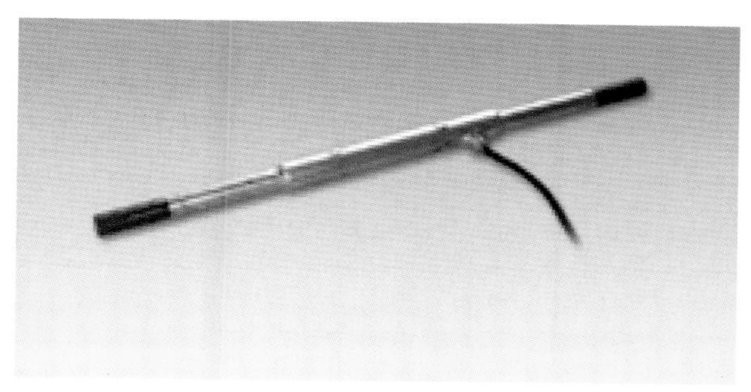

KL 系列钢筋计

CF 系列测缝计

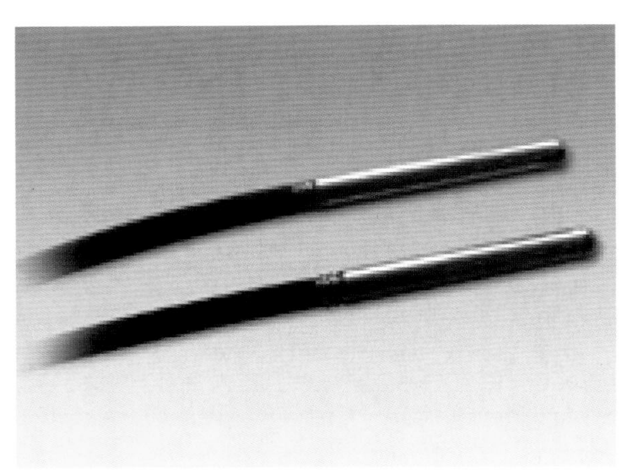

DW 系列温度计

YUB 系列土压力计

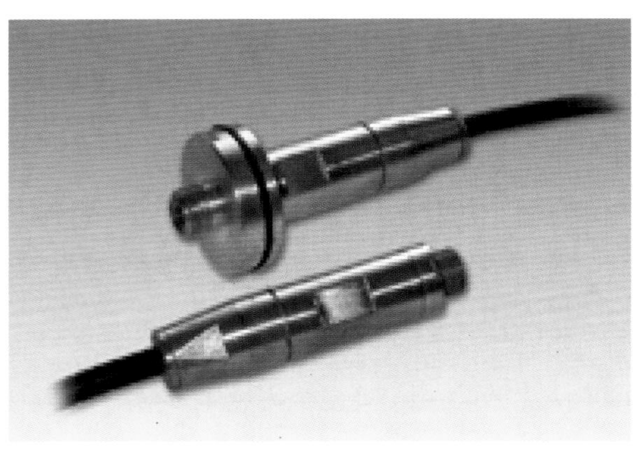

SZ 系列渗压计

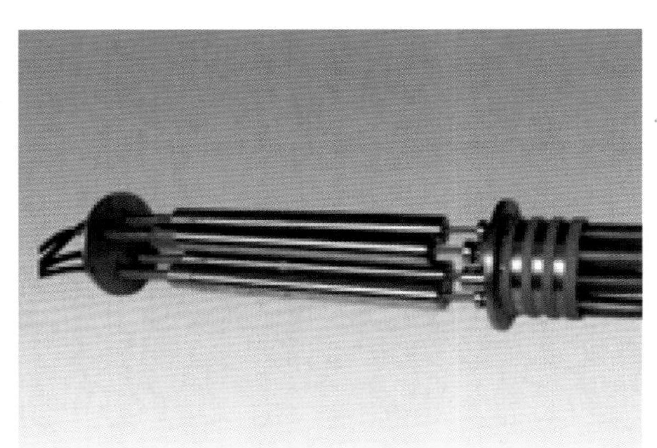

BWC 系列多点位移计

MS 系列锚索测力计

MJ 系列集线箱

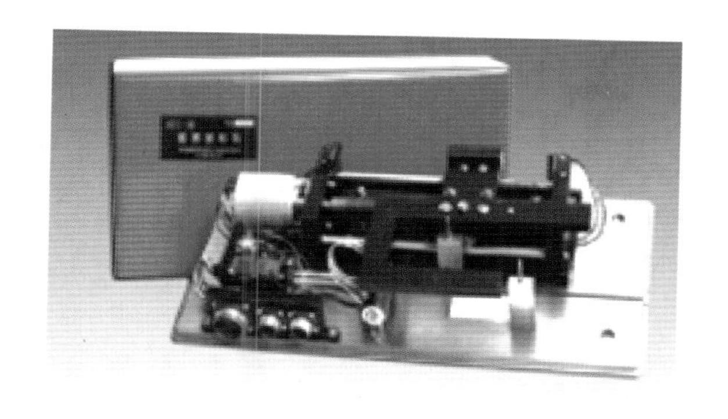

STC—30/50/100(T) 型步进式垂线坐标仪

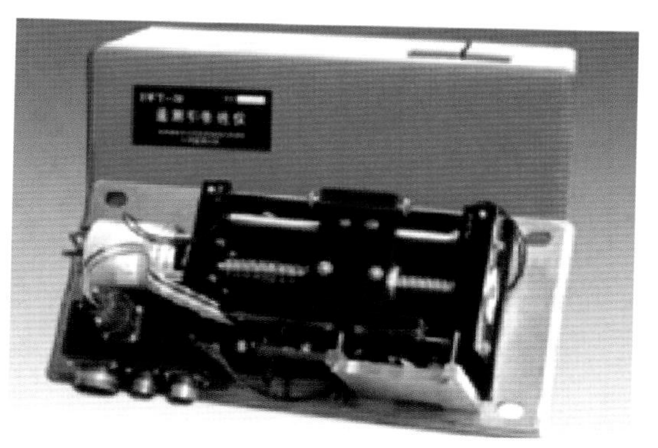

SWT—30/50/100(B) 型步进式引张线仪

ESL—30/50/100 差动变压器式静力水准仪

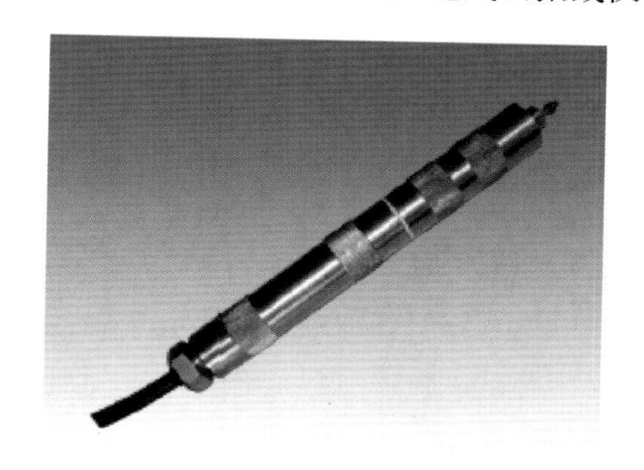

JM—25/50/100/150/200 型电阻式测缝计／位移计

DG—4560S/WYC 型钢弦式／压阻式渗压计

SPL—1/2/5/10 型翻斗式单管渗流量计

WHR—1/2 型引张线水平位移计

TSR—1/2 型水管式沉降仪

水利部南京水利水文自动化研究所
南京达捷大坝安全技术发展公司

部分产品图 (1)

MCU-1M 型测控装置　　MCU-2M 型测控装置　　测控装置内置系列智能数据采集模块

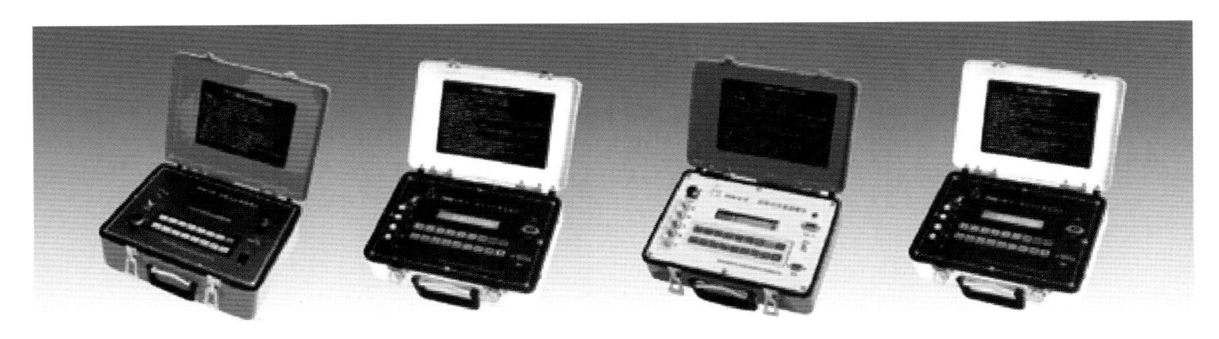

PSM-R/PSM-V/PSM-S/PSM-E 型差阻式/钢弦式/步进式/电阻式仪器检测仪

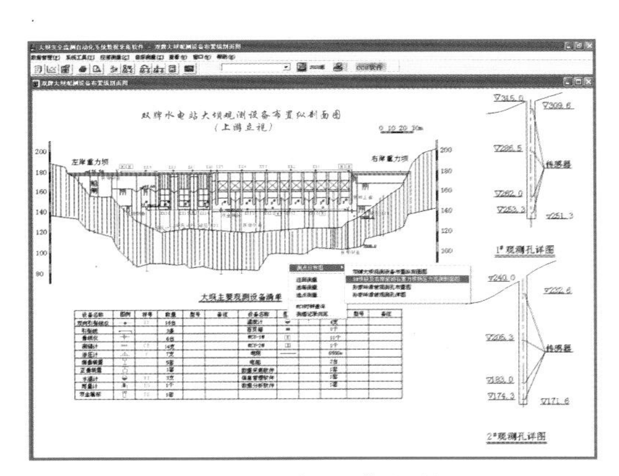

DG 型数据采集软件

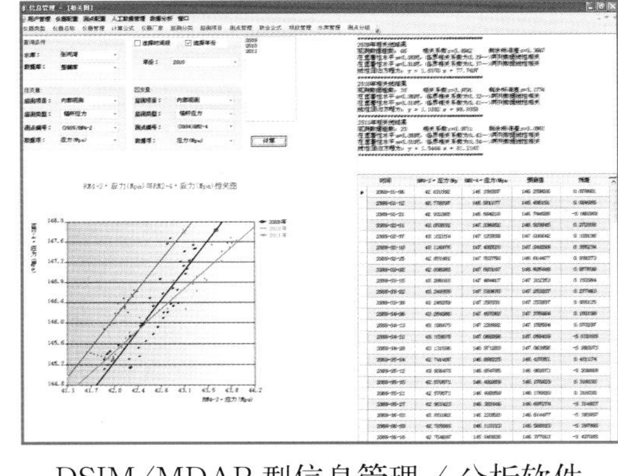

DSIM/MDAP 型信息管理/分析软件

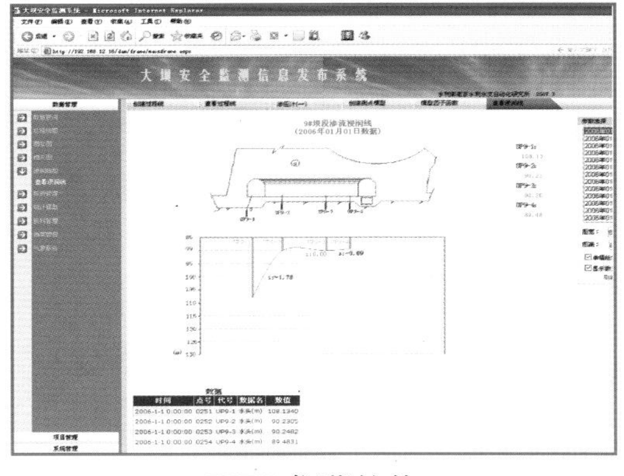

WEB 浏览软件

水利部南京水利水文自动化研究所
南京达捷大坝安全技术发展公司
地　　址：南京市雨花台区铁心桥街 95 号
邮　　编：210012
电　　话：025-52898422/52898419
传　　真：025-52423091
E-mail：dam@nsy.com.cn
网　　址：www.nsy.com.cn

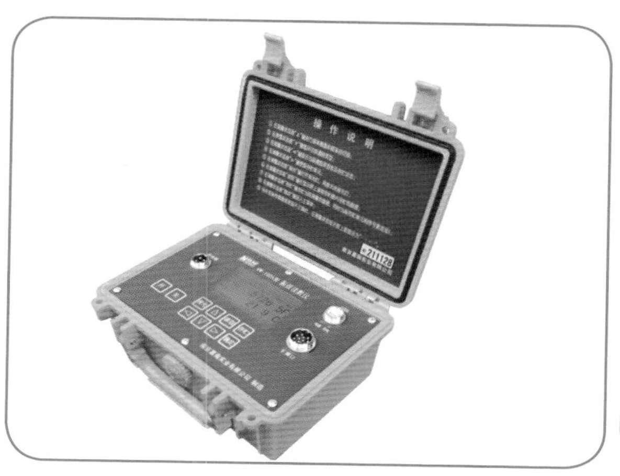

VW-102A 型振弦读数仪（智能）

VWS 型多向应变计组（智能）

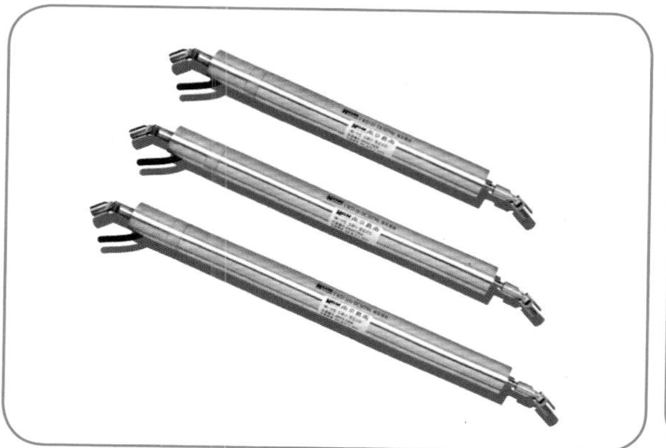

VWD 型振弦式位移计（智能）

VWP 型振弦式渗压／扬压力计（智能）

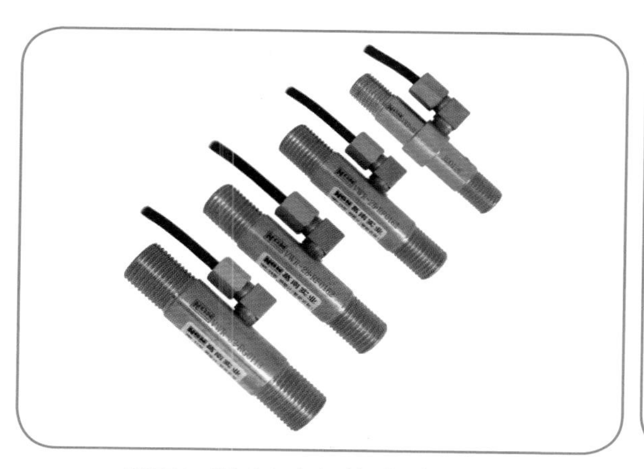

VWR 型振弦式钢筋计（智能）

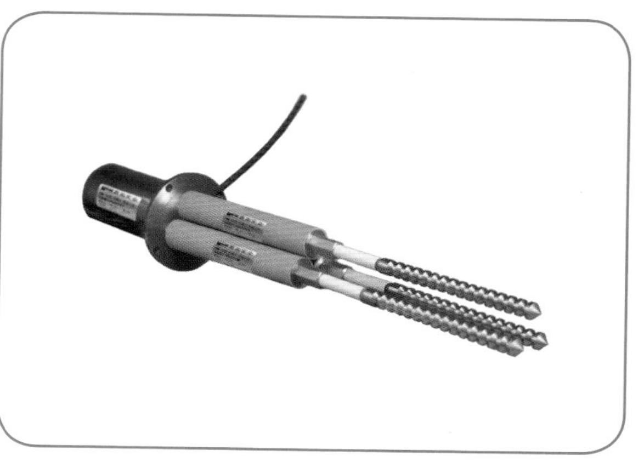

VWM 型振弦式多点位移计（智能）

地　　址：南京市马家街 26 号 13 楼

邮　　编：210009

电　　话：025-68891111　传真：025-68847904

E-mail:njgn@njgn.com

网　　址：www.njgn.com

南京葛南实业有限公司

部分产品图（1）

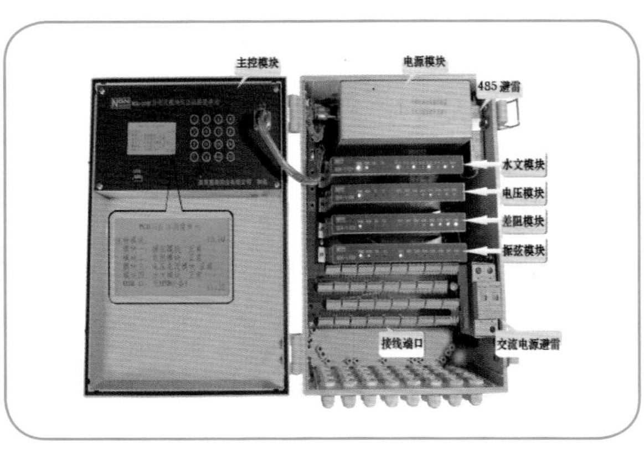

MCU－32 型分布式模块化自动测量单元

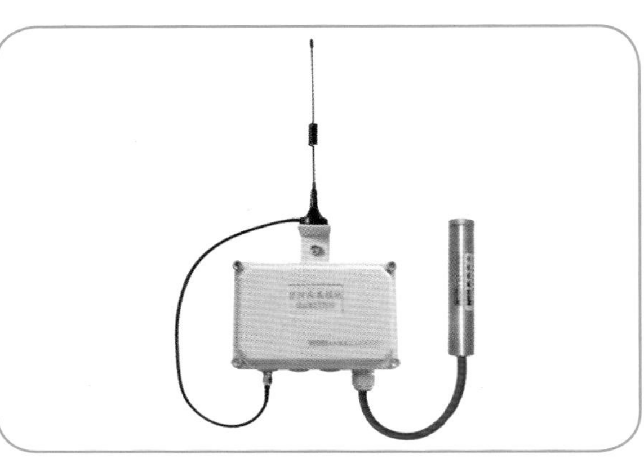

GDA1801 型振弦采集模块

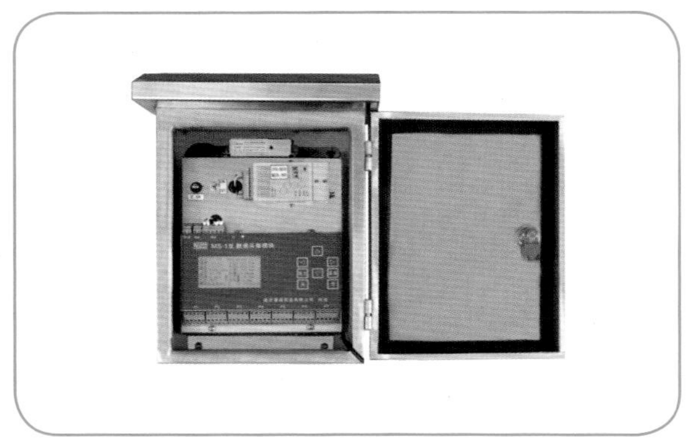

WA－1 型水雨情监测站

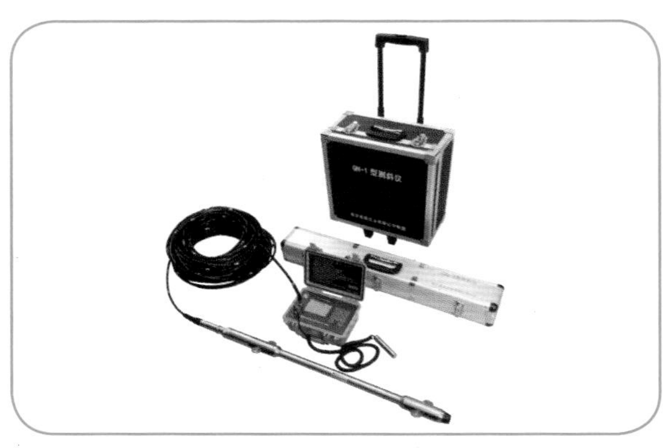

GN－1 型测斜仪（智能）

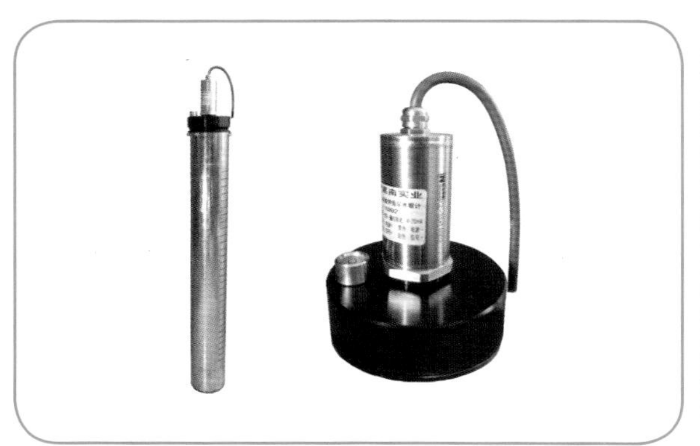

GL－1A 型量水堰计（智能）

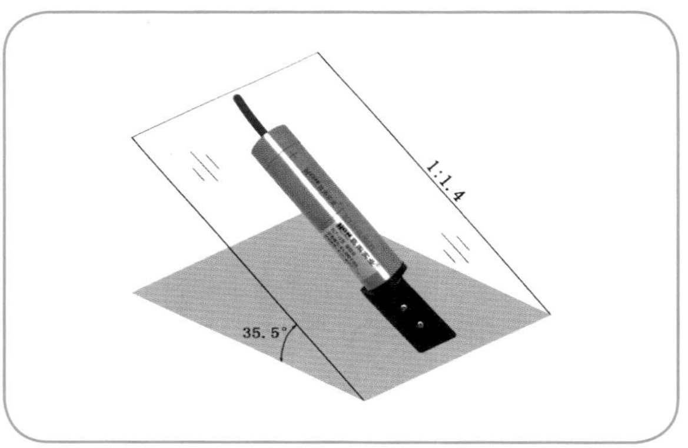

ELT－15 型倾斜仪（智能斜坡式）

JL－1 型静力水准仪（智能）

振弦式传感器

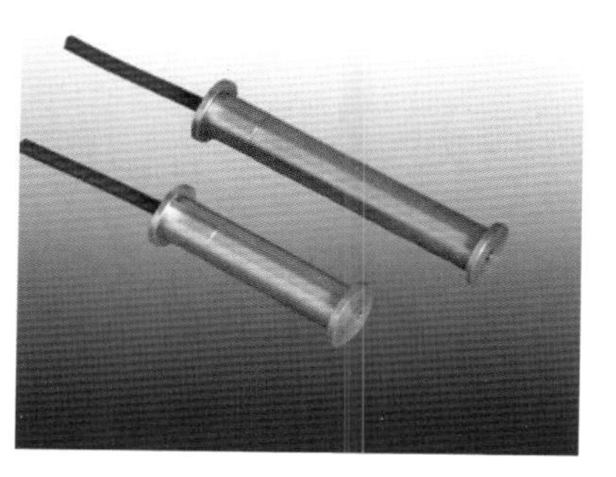

VWS 系列振弦式应变计

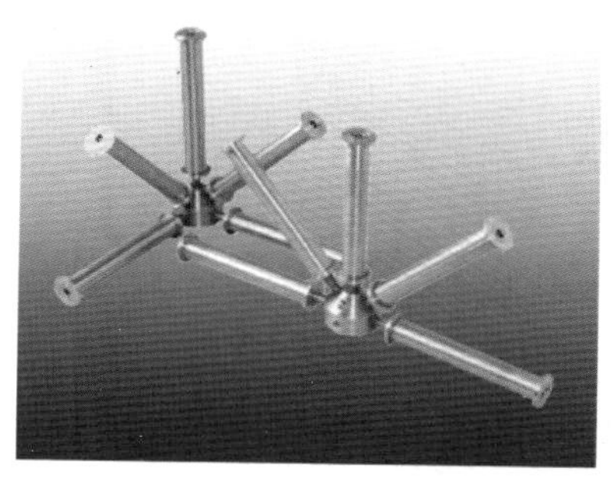

VWSS 型振弦式多向应变计组

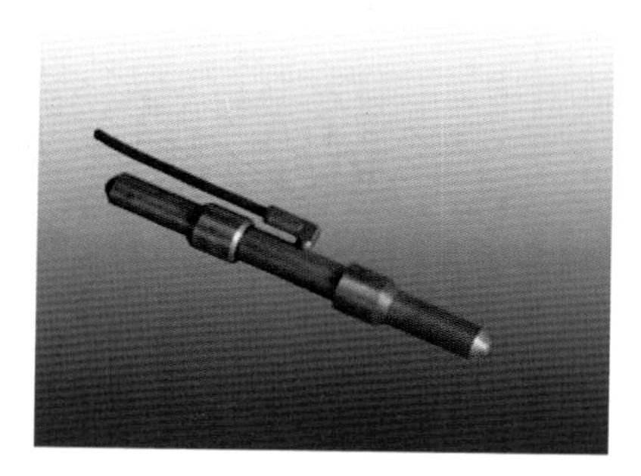

VWR 系列振弦式钢筋计

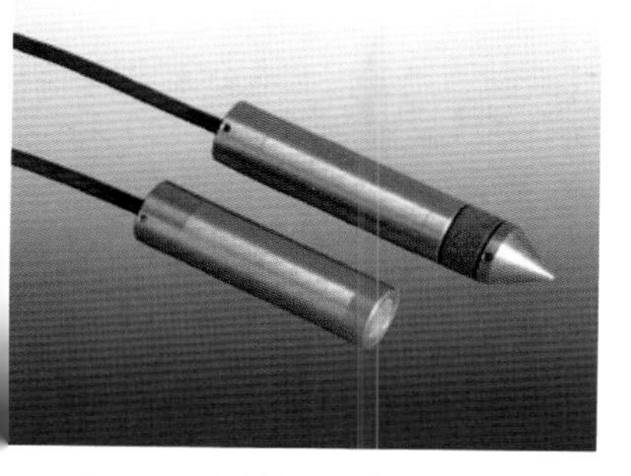

VWP 系列振弦式渗压计

VWA 系列振弦式锚索测力计

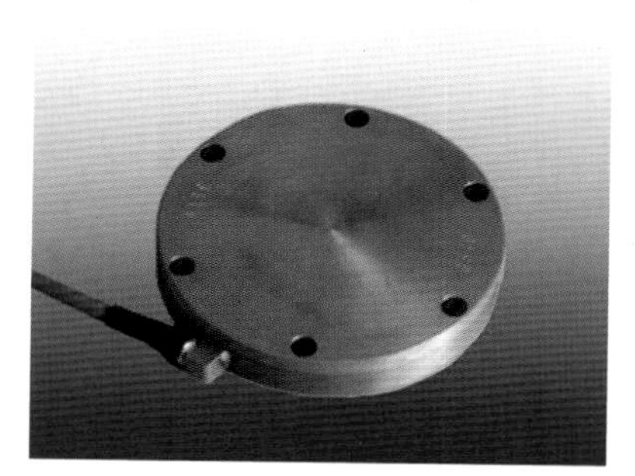

VWE 系列振弦式土压力计

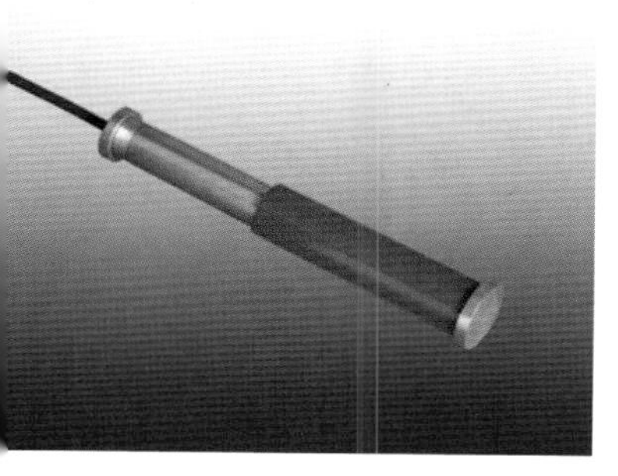

VWJD 系列振弦式测缝计

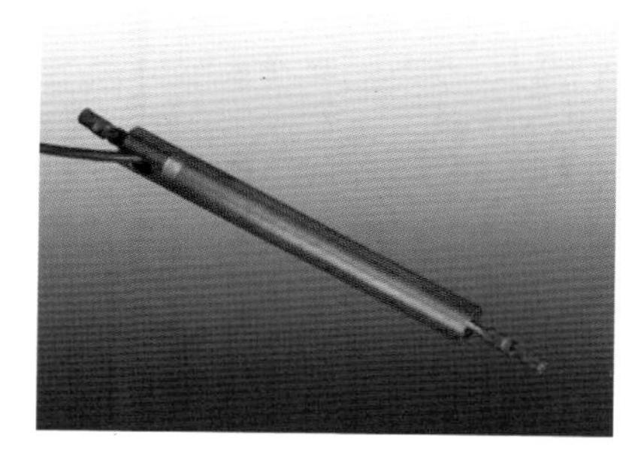

VWJD 系列振弦式位移计

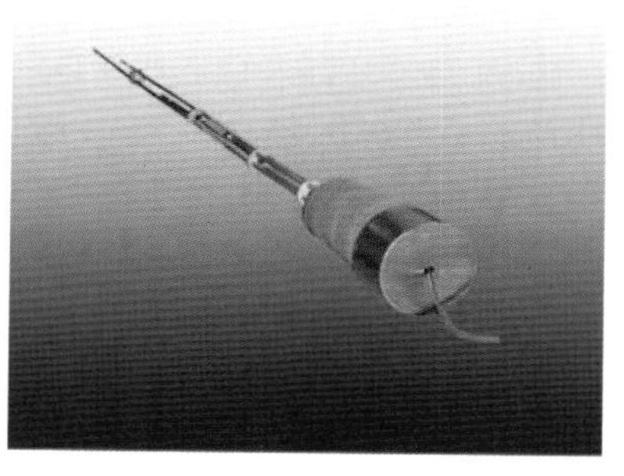

VWM 系列振弦式多点变位计

测读仪表、自动化监测设备

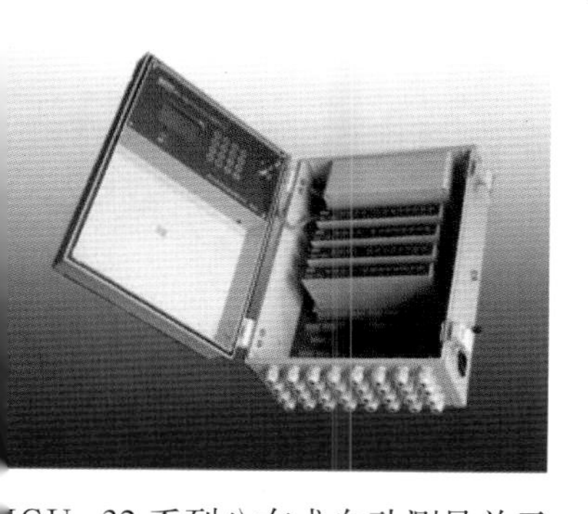

ICU-32 系列分布式自动测量单元

GF-01 系列光纤光栅解调仪

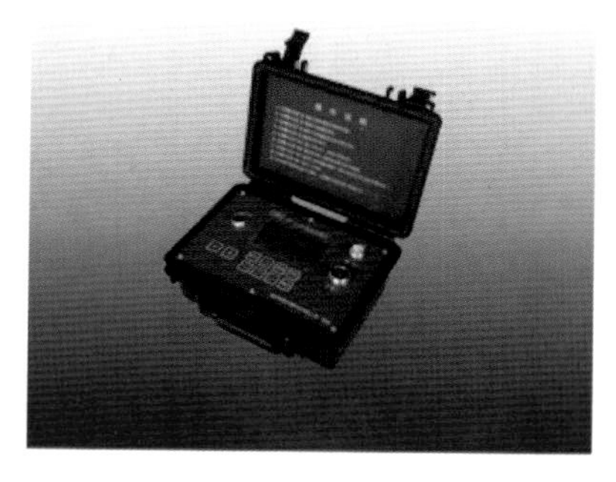

VW-102 系列振弦读数仪

址：南京市建宁路 22 号亚都大厦 503 号　　邮　编：210037

话：025-85620112　　传　真：025-85620113

址：www.ngn-cn.com　　邮　箱：mail@ngn-cn.com

NGN 格能仪器 南京格能仪器科技有限公司

Nanjing Geneng Instrument Technology Co,Ltd

光纤光栅传感器

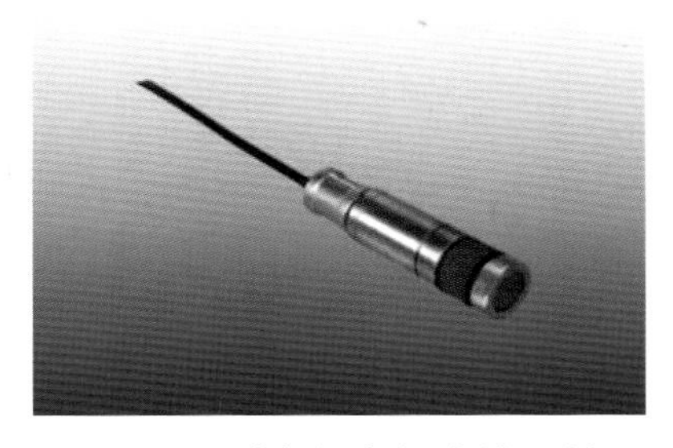

GFP 系列光纤光栅式渗压计

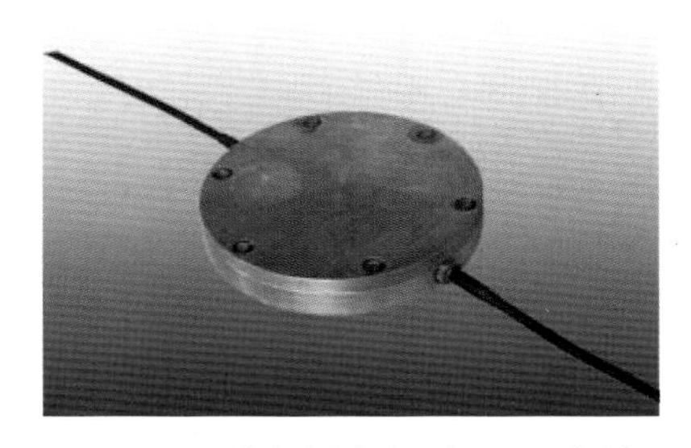

GFE 系列光纤光栅式土压力计

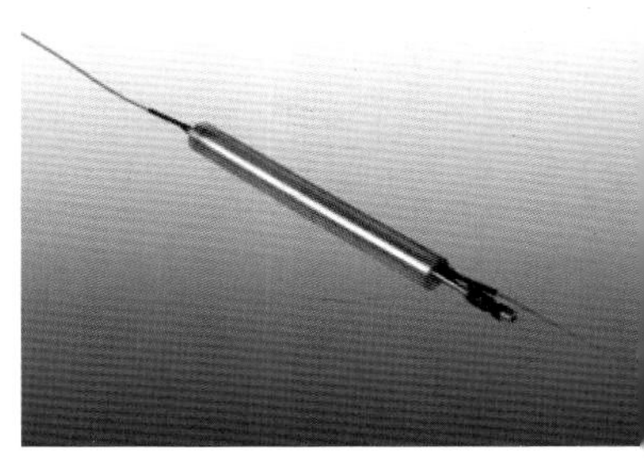

GFD 系列光纤光栅式位移计

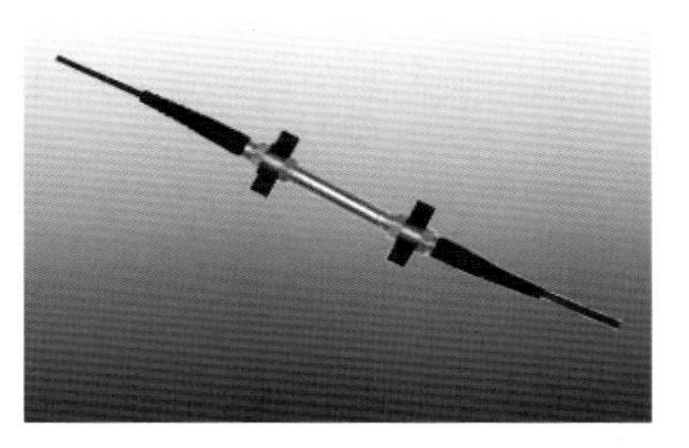

GFSB 系列光纤光栅式应变计

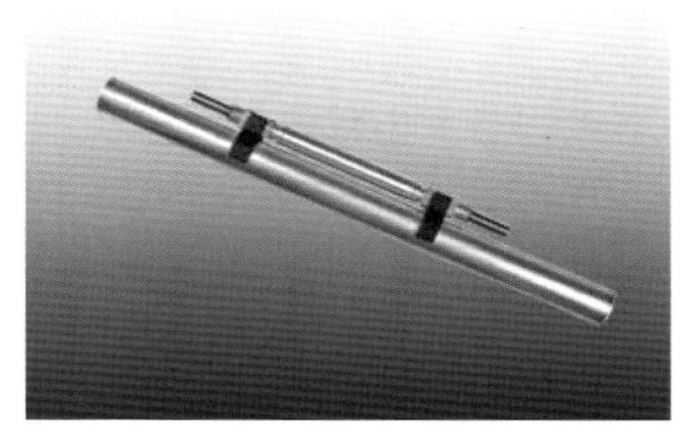

GFR 系列光纤光栅式钢筋计

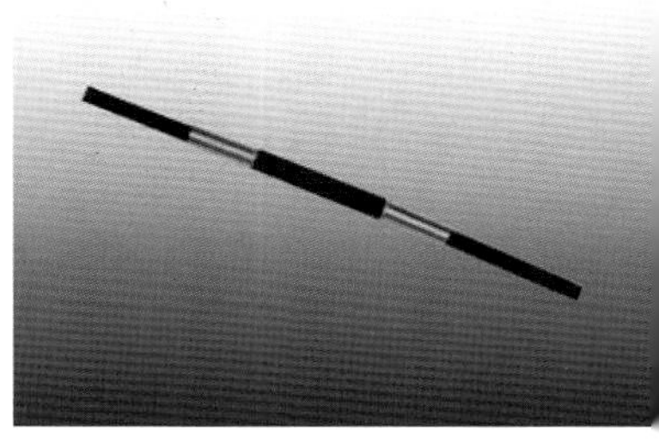

GFTE 系列光纤光栅式温度计

倾斜传感器、其他设备

GN－1X 系列倾斜仪

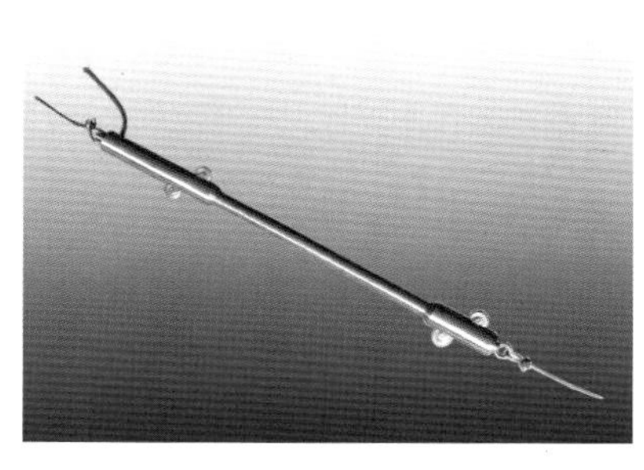

GN－1B 系列固定式测斜仪

GN－1XL 系列梁式倾斜仪

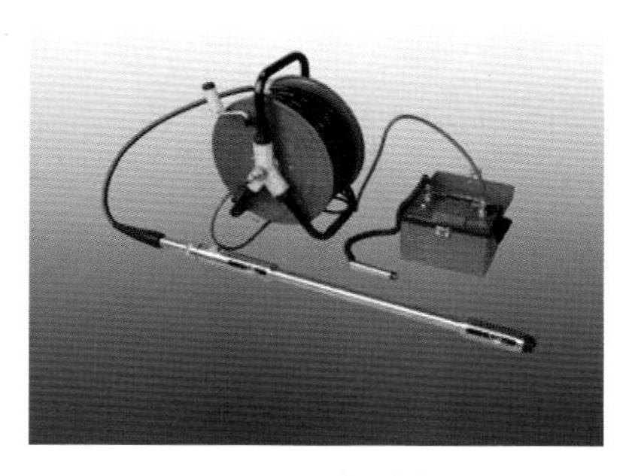

GN－1 系列测斜仪

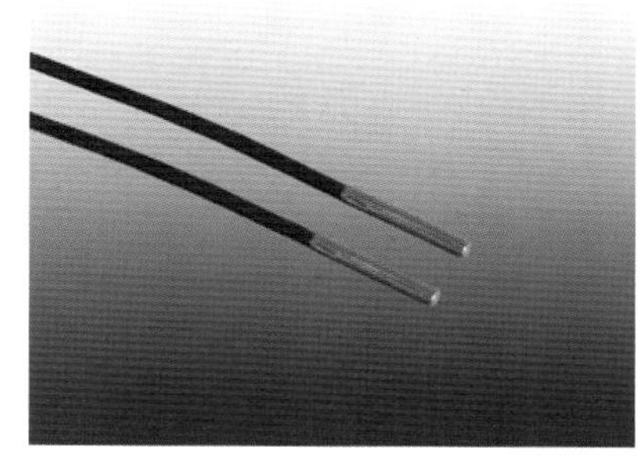

RT 系列电阻温度计

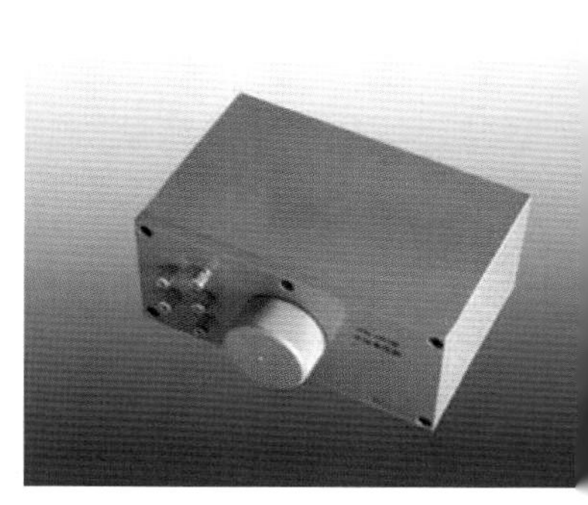

VW－201 系列手动型集线箱

其他厂家部分仪器

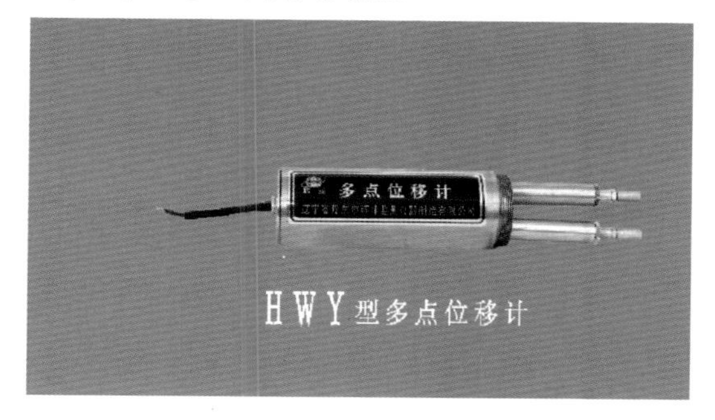

HWY 型 振弦式多点位移计
(丹东环球 0415-6177966)

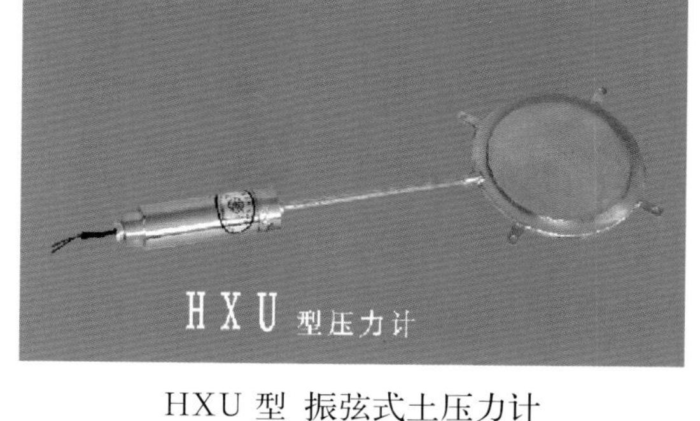

HXU 型 振弦式土压力计
(丹东环球 0415-6177966)

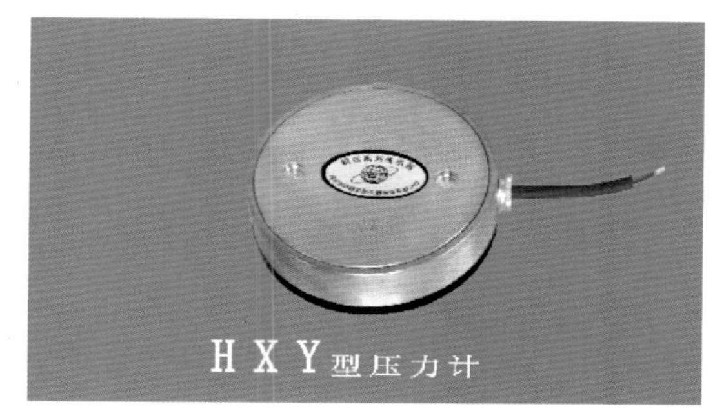

HXY 型 振弦式压力计
(丹东环球 0415-6177966)

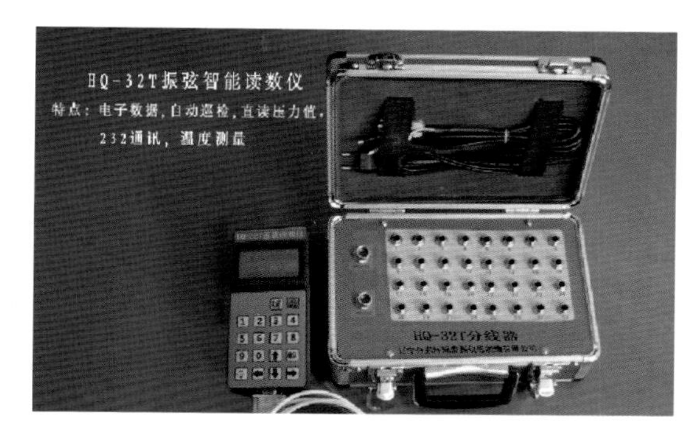

HQ-32T 型 振弦式智能读数仪
(丹东环球 0415-6177966)

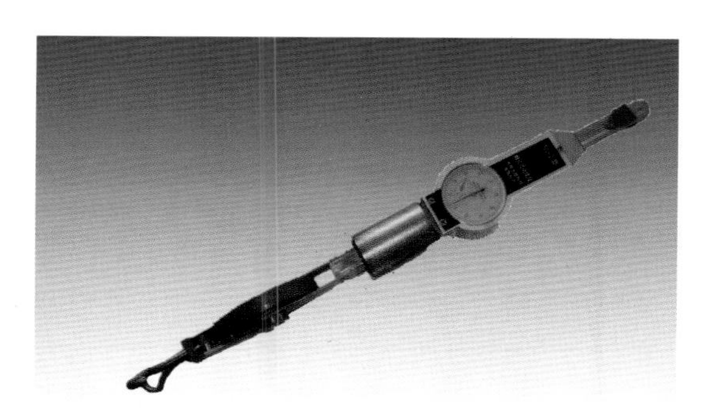

SL-3 型钢尺式收敛计
(昆明全超 0871-3373204)

CX 系列钻孔测斜仪
(航天部 33 所 010-63791786)

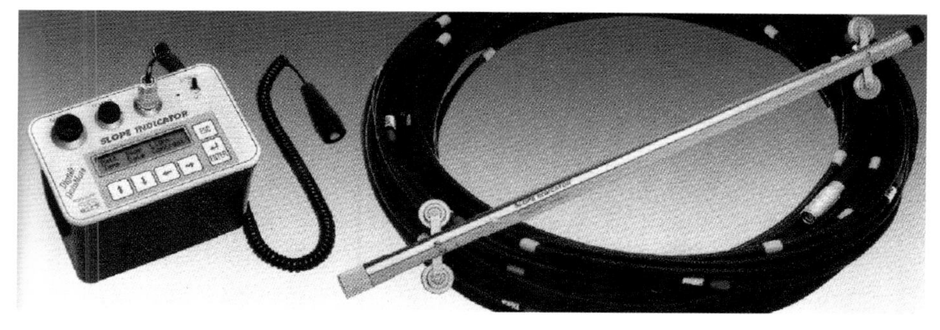

美国 sinco 伺服加速度测斜仪
(010-68483334　　021-68705170)

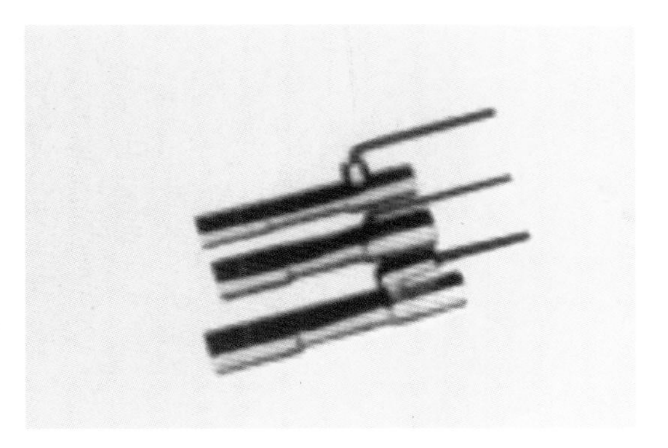

GJ－17 型 振弦式钢筋计

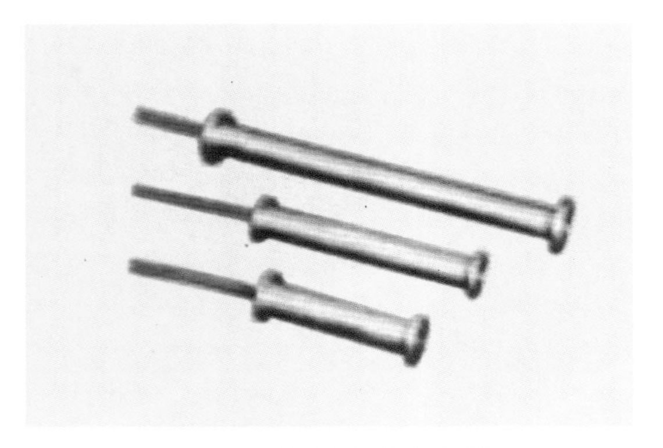

EJ－61 型 振弦式应变计

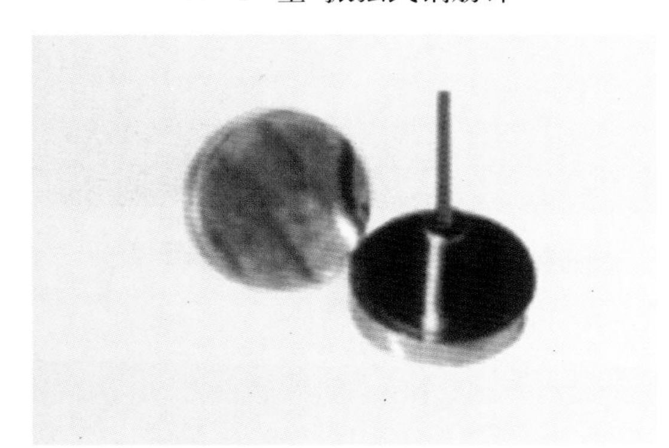

TJ－23 型 振弦式土压力计（土压力盒）

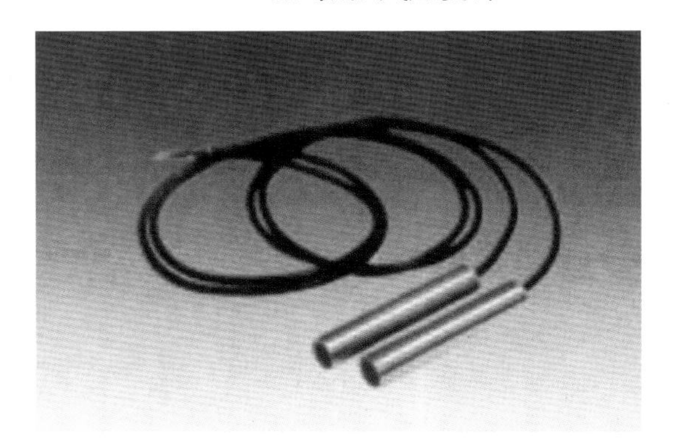

KJ－42 型 振弦式孔隙水压力计（渗压计）

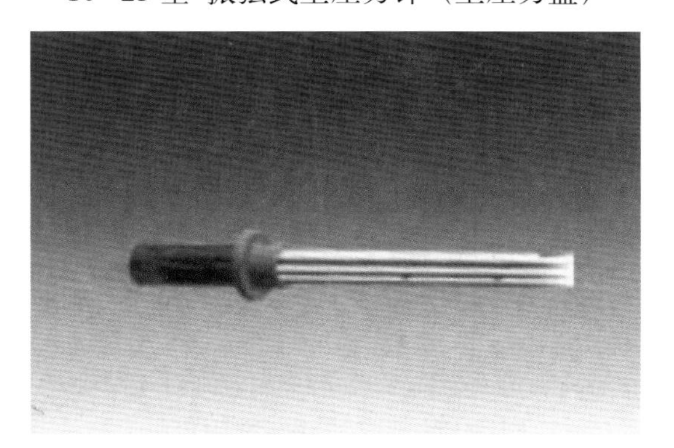

DJ－901 型 振弦式多点位移计

MJ－102 型 振弦式锚索计

HY－201 型 振弦式混凝土应力计

四川省飞翔测绘设备有限公司
地　　址：成都市新都区电子路550号4-1-8
邮　　编：610500
电　　话：028-83965262/83966710
传　　真：028-83966380
E-mail：cjw@fxchc.com
网　　址：www.fxchc.com

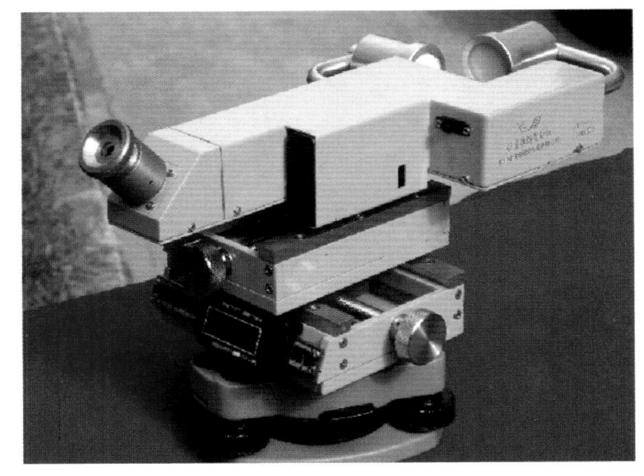

ZBY-2数显垂直坐标仪（纵50mm、横50mm）

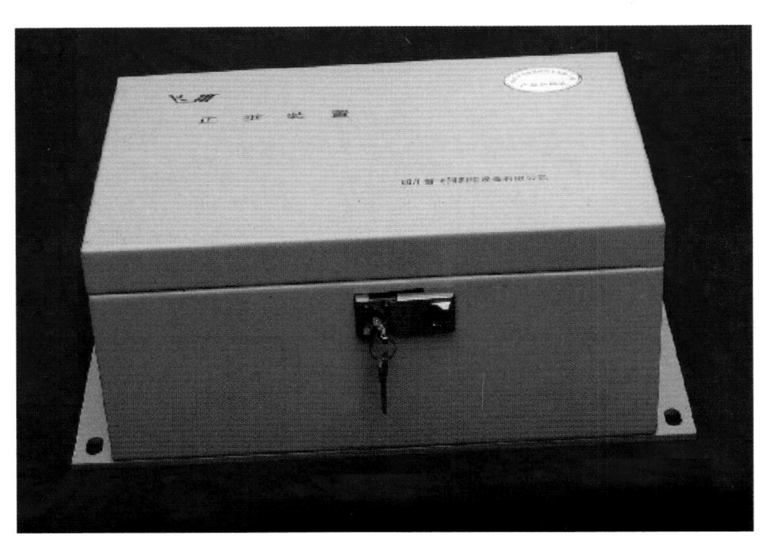

ZC-400A 正垂悬挂装置

ZC-400A 正垂装置（油桶）

ZC-400A 正垂装置（重垂）

DC-450C 倒垂装置

YZD−2(YZC−2)
引张线端点和测点装置

M−450B 固定觇标

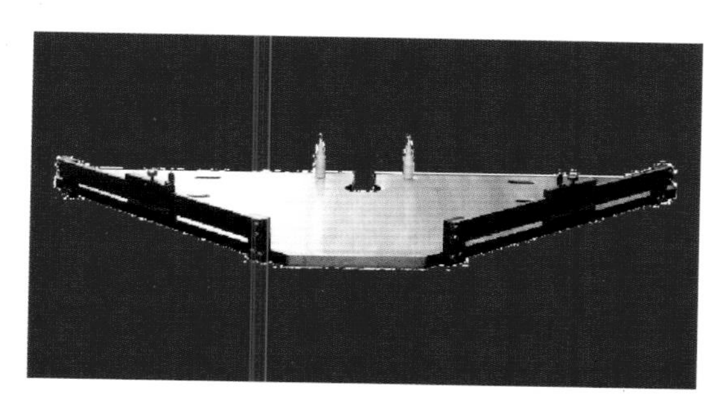

MQ−2 垂线瞄准仪

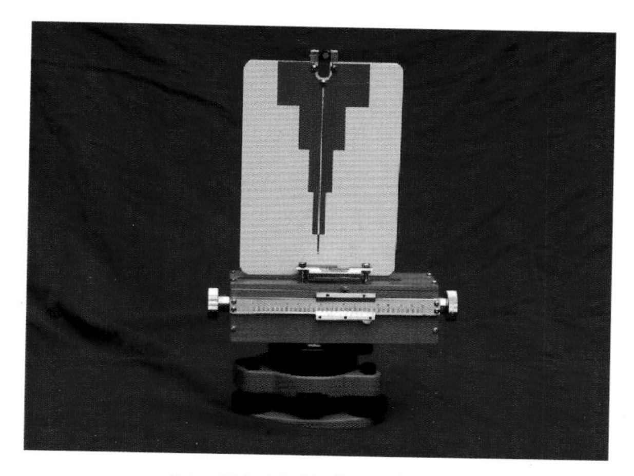

M−400A1 精密活动觇标
(0 ~ 100mm)

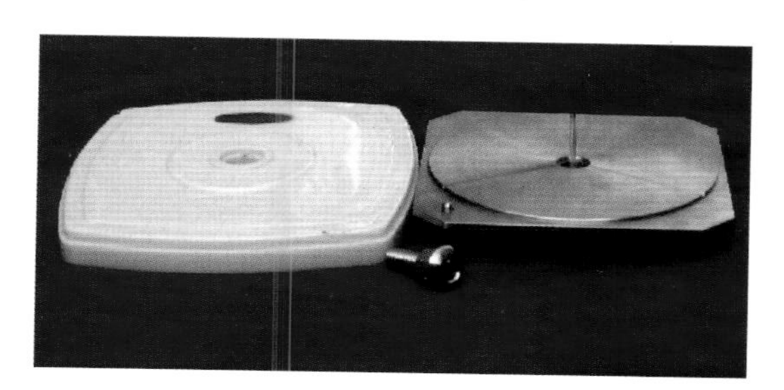

F−1A 通用式强制对中基座

F−2 钢管标强制对中基座

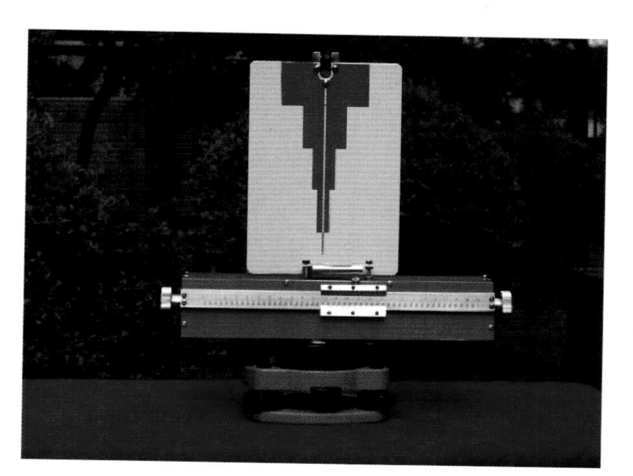

M−400C1 活动觇标 (0 ~ 200mm)

F-3 通用式
大型精密强制对中基座

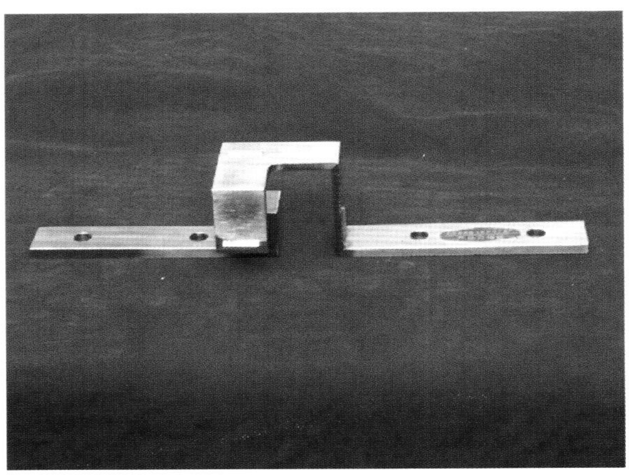

SC-1 三向板式测缝标点
(不锈钢)

B-2 水准标志
P-2 水准标志保护罩

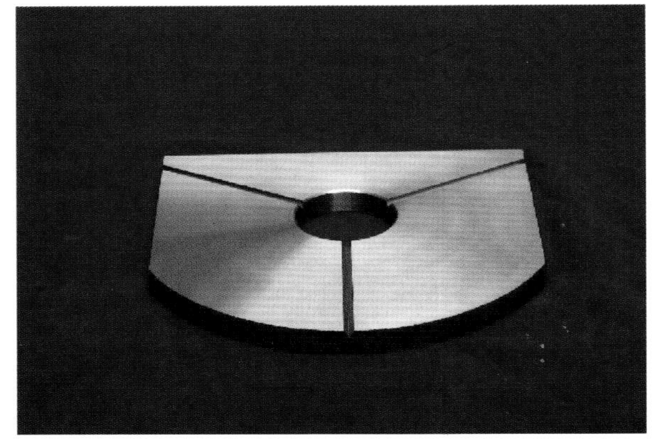

F-5 坐标仪底座

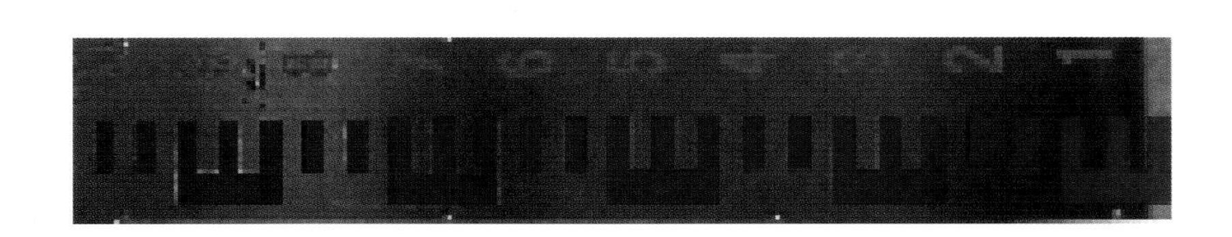

SG-1 不锈钢水尺
(长 1000mm、宽 100mm)

米度测控部分产品图

系统名称	型号	备注
米度测控在线监测综合管理软件	MD—NET	数据采集、传输、存储、管理、分析、预警
米度测控 GPS 监测型接收机	E30、E40	
米度测控 GPS/北斗监测型接收机	E40C	
米度测控单双频 GNSS 形变监测系统（基础版）	AMS—basic	平面 3.0mm，高程 5.0mm
米度测控 GNSS 形变监测系统（专业版）	AMS—pro	平面 1.5mm，高程 2.5mm
地基合成孔径雷达形变监测系统	Fast GBSAR	监测距离 4km，精度 0.01mm，非接触式测量

E30 单频接收机

E40 多频多星接收机

E40C 多频多星接收机

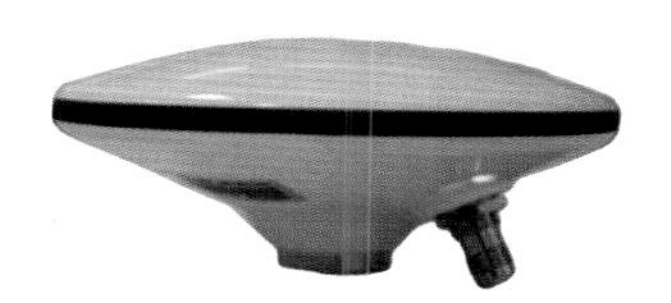

A30 单频天线

米度扼流圈天线

合成孔径雷达传感器

A40 多频多星天线

北京天拓斯特科技有限公司
地址：北京市海淀区上地东路 9 号得实大厦 4 楼北区
邮编：100085
电话：010－51662388　　传真：010－62668559
网址：www.titest.com.cn　　邮箱：info@titest.com.cn

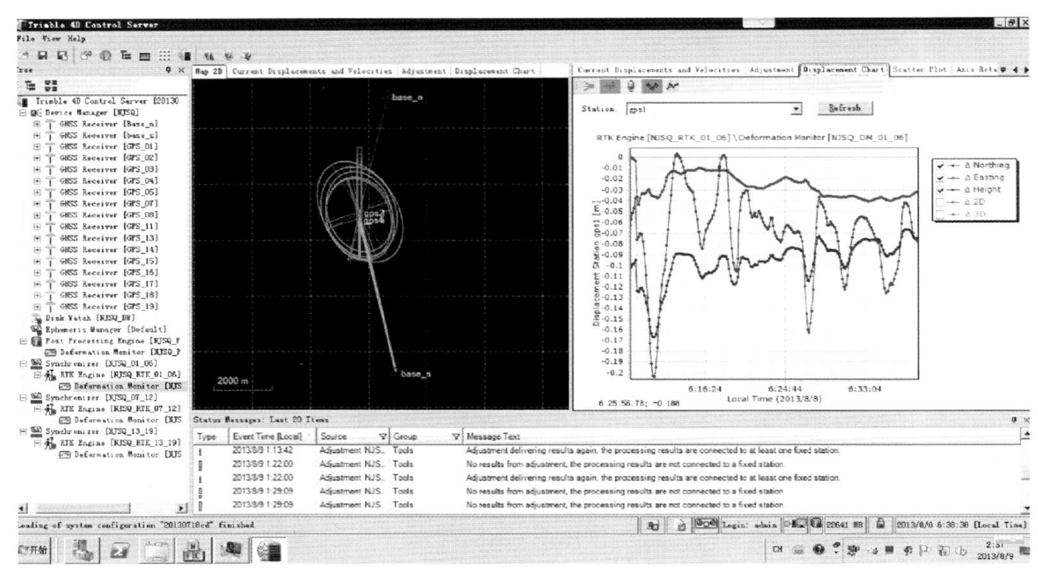

Trimble 综合型监测管理软件——4D Control

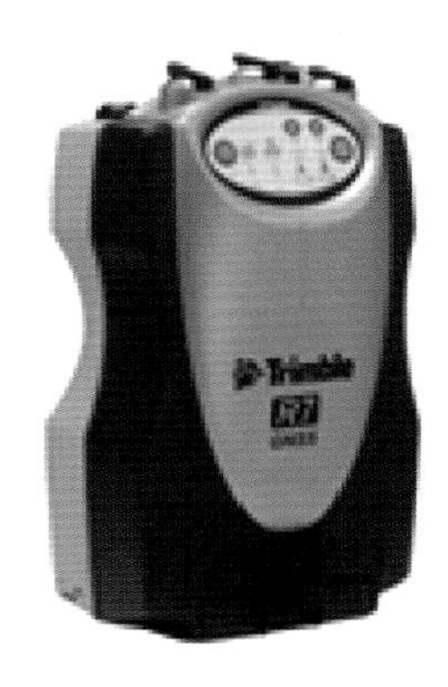

TrimbleR7GNSS 接收机

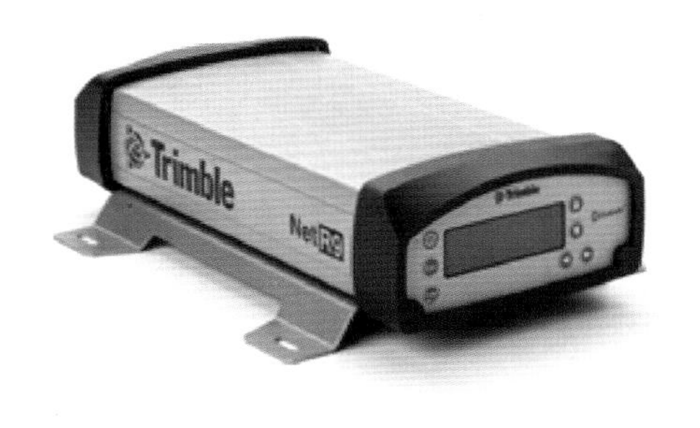

Trimble NetR9GNSS 接收机

Trimble Zephyr GeodeticII 天线

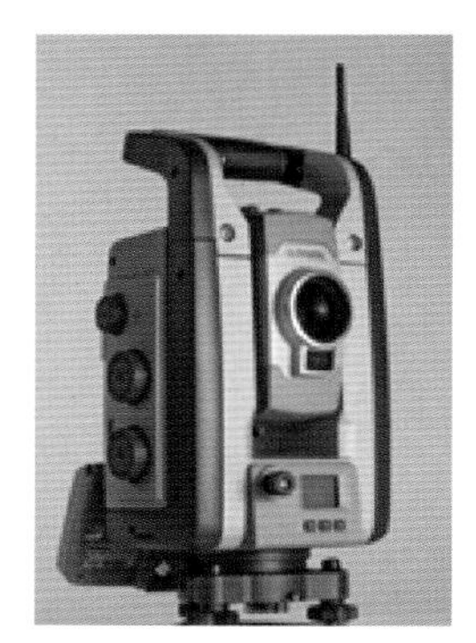

Trimble S8 全站仪

Trimble DINI03 电子水准仪

Trimble 扼流圈天线

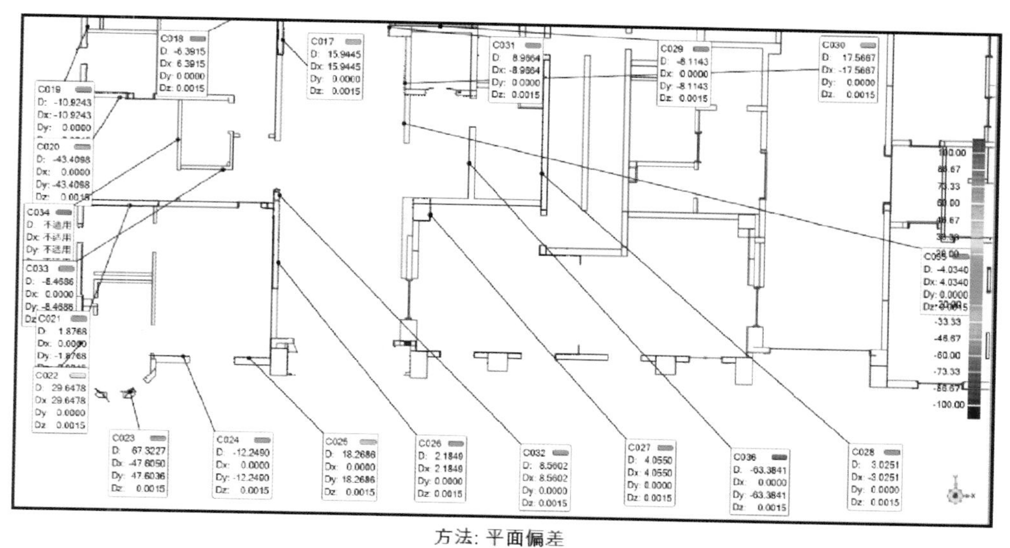

Trimble Scanner 在地铁站监测解决方案

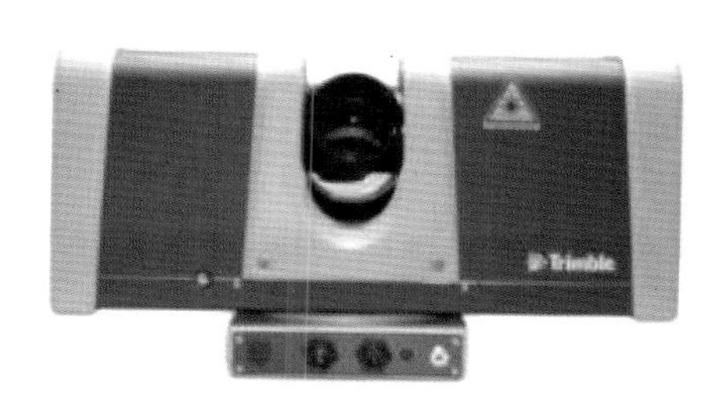

Trimble FX 扫描仪

Trimble CX 扫描仪

Trimble TX5 扫描仪

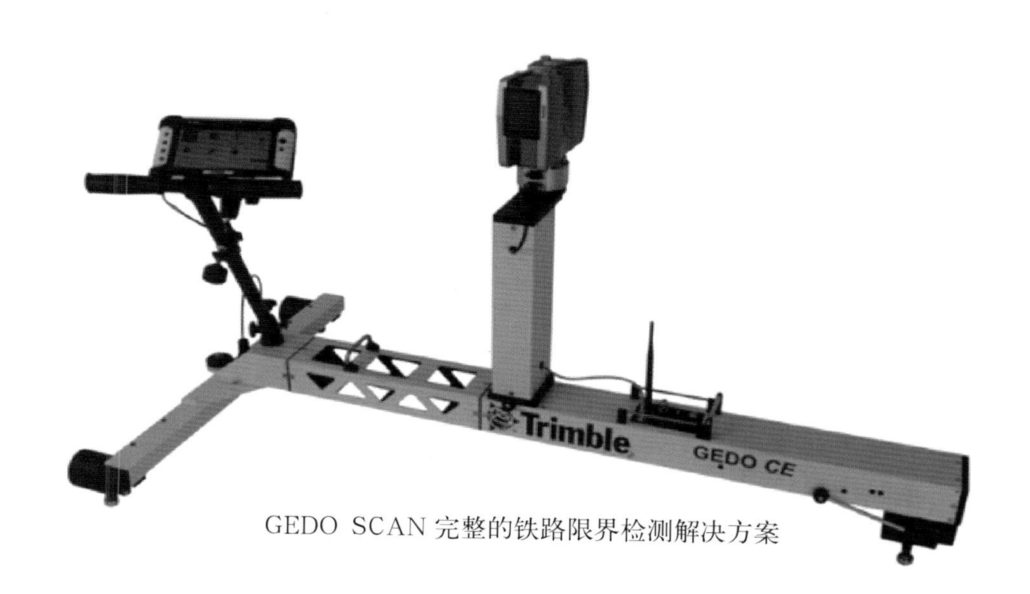

GEDO SCAN 完整的铁路限界检测解决方案

上海华测导航技术有限公司
地址：上海市徐汇区桂平路 680 号
35 幢 1 层
邮编：200233
电话：021-51508100
传真：021-64950603
网址：www.huace.cn

华测 GNSS 解算软件	HCMonitor
华测监测型 GNSS 接收机	N71M
华测监测型 GPS 接收机	X60M、X300M
华测监测型 GNSS 天线	A220GR
华测监测型 GPS 天线	A300
华测 GNSS 扼流圈天线	C220GR
华测 GPS 扼流圈天线	A500

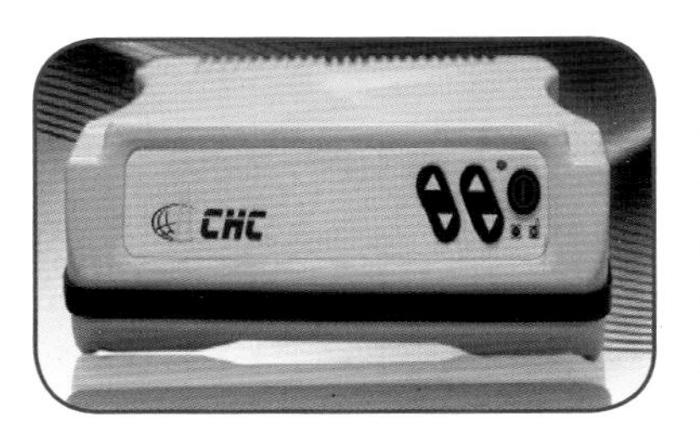

N71M GNSS 接收机

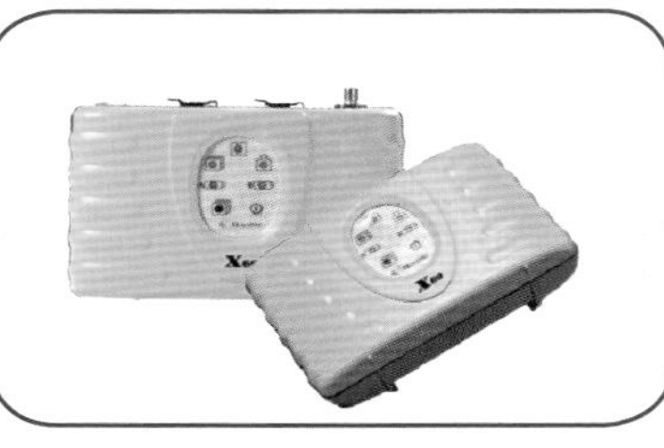
X60M GPS 接收机

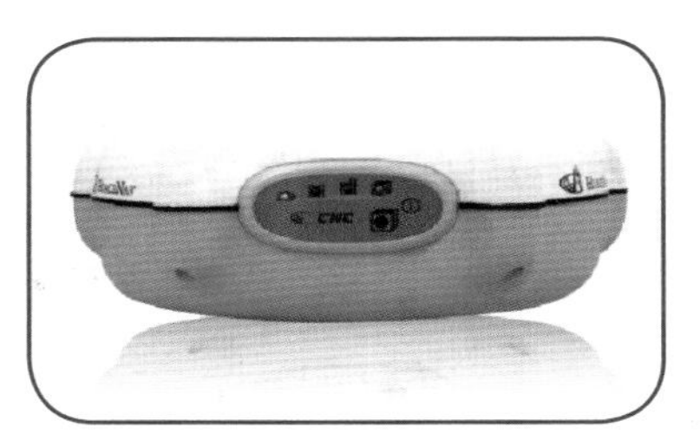

X300M GPS 接收机

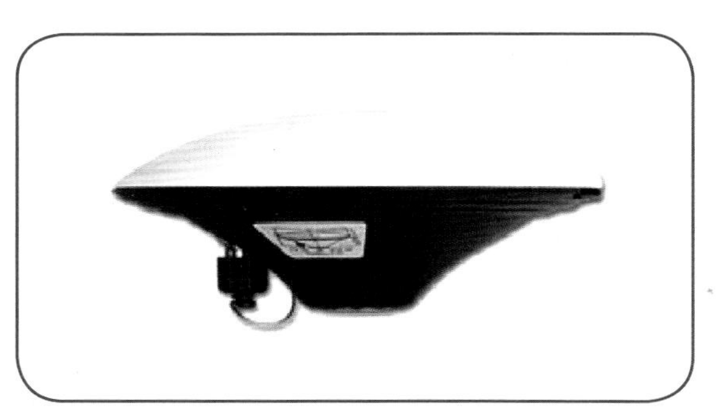
A220GR 大地测量天线

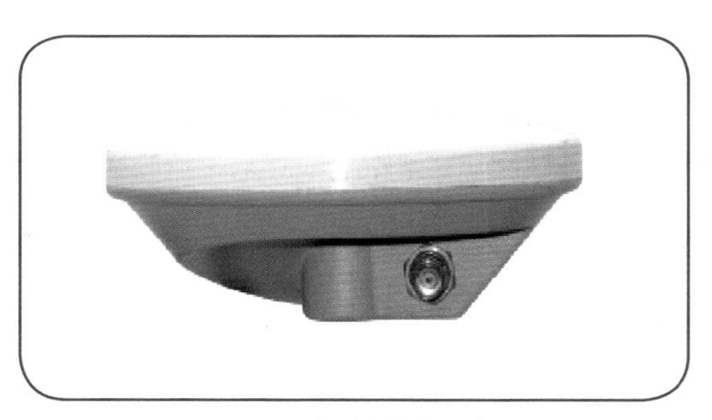
A300 大地测量天线

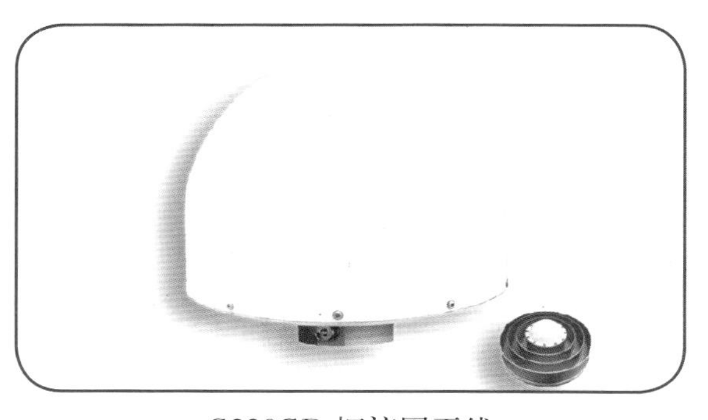
C220GR 扼流圈天线

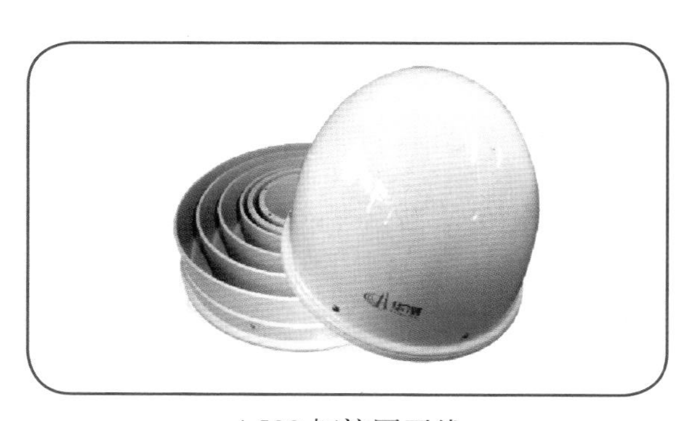
A500 扼流圈天线